Nr. 33
S. 11797—12164

1962
15. August

Chemisches Zentralblatt

Vollständiges Repertorium für alle Zweige der reinen und angewandten Chemie

1830 gegründet. 1897—1945 von der Deutschen Chemischen Gesellschaft fortgeführt. Im Auftrage der Deutschen Akademie der Wissenschaften zu Berlin, der Chemischen Gesellschaft in der DDR, der Akademie der Wissenschaften zu Göttingen und der Gesellschaft Deutscher Chemiker (in der BRD)

herausgegeben von Prof. Dr. **Heinrich Bertsch** und Prof. Dr. Dr. h. c. **Wilhelm Klemm**

133. Jahrgang
1962

Chefredakteure: Dr. Eugen Klever und Dr. Willi Barz

Akademie-Verlag GmbH., Berlin — Verlag Chemie, GmbH., Weinheim/Bergstr.

Inhalt

Chemisches Zentralblatt

1962 **Bibliographien** Nr. 33

Neue Bücher

A. Allgemeine, physikalische und anorganische Chemie

Siegfried Flügge, Lehrbuch der theoretischen Physik. 5 Bde. Bd 3: Klassische Physik. 2: Das Maxwellsche Feld. Berlin, Göttingen, Heidelberg: Springer. 1961. (VIII + 335 S. m. 71 Abb.) 8⁰. DM 29,80.

G. P. Malkowski, Über die Masse und Energie in der gegenwärtigen Physik. Kasan: Verl. der Kasaner Univ. 1961. (179 S. m. Abb.) 88 Kop. [Russ.]

G. Analyse. Laboratorium

P. N. Kowalenko und **K. N. Bagdassarow**, Physiko-chemische Analysenmethoden. (Prakt. Handbuch.) Rostow/Don: Verl. der Rostower Univ. 1962. (349 S. m. Abb.) 1 Rbl. 20 Kop. [Russ.]

Cecil Leeburn Wilson and **David Woodburn Wilson**, eds., Comprehensive analytical chemistry. Vol. 1 C: Classical analysis. Amsterdam: Elsevier; London: Van Nostrand. 1962. (XXX + 728 S. m. Tab. u. Diagr.) 7 £.

H. VII. Agrikulturchemie. Schädlingsbekämpfung

D. J. Kuenen, Symposium. The ecological effects of biological and chemical control of undesirable plants and animals. 8th Technical meeting. Warszawa 15—24. VII. 1960. Leiden: E. J. Brill. 1961. (128 S.) hfl. 9,—.

L. D. Stonow, Defolianten und Dessikanten. Chemikalien für die Defoliation und Trocknung von Kulturpflanzen. Moskau: Gosschimisdat. 1961. (100 S. m. Abb.) 32 Kop. [Russ.]

VIII. Metallurgie. Korrosion

Martin Donath, Chrom. Stuttgart: Enke. 1962. (XVI + 371 S. m. 94 Abb. u. 73 Tab.) 8⁰. — Die metallischen Rohstoffe. Bd. 14. DM 111,—.

N. S. Dnesstrowski und **Ss. N. Pomeranzew**, Kurzes Handbuch zur Bearbeitung von Buntmetallen und Legierungen. Moskau: Metallurgisdat. 1961. (410 S. m. Zeichnung.) 1 Rbl. 20 Kop. [Russ.]

A. W. Lakedemonski und **W. Je. Chrjapin**, Löten und Lötstoffe. Moskau: Metallurgisdat. 1961. (230 S. m. Abb.) 31 Kop. [Russ.]

Ss. A. Leibenson und **A. F. Tregubenko**, Herstellung von Stahl durch das Elektroschlackenschmelzen. Moskau: Metallurgisdat. 1962. (237 S. m. Abb.; 1 Bl. Abb.) 86 Kop. [Russ.]

A. D. Manassewitsch, Physikalische Grundlagen des Spannungszustandes und der Festigkeit von Metallen. Moskau-Kiew: Maschgis. 1962. (198 S. m. Abb.) 80 Kop. [Russ.]

W. P. Nikitin, Grundlagen der Antikorrosionstechnik. Usst-Kamenogorsk: Republik u. Ost-Kasach. Räte NTO. 1961. (313 S. m. Abb.; 9 Bl. Tab.) 1 Rbl. [Russ.]

N. M. Pulzin, Titanlegierungen und ihre Anwendung im Maschinenbau. Moskau-Leningrad, Maschgis. 1962. (168 S. m. Abb.) 66 Kop. [Russ.]

Ausgewertete Bibliographie-Fachzeitschriften

Belgien	Bibliographie de Belgique — Belgische Bibliographie	**England**	British Books (Incorporating the Publishers Circular & Booksellers Record)
ČSSR	Bulletin — Die Neuesten Forschungsergebnisse der Tschechoslowakischen Wissenschaft		British National Bibliography
	Nové Knihy (Neue Bücher)	**Frankreich**	Bibliographie de la France
	Novinky (Neuheiten)	**Holland**	Nieuwsblad voor de Boekhandel
Dänemark	Danske Bogmarked	**Italien**	Bibliografia Nazionale Italiana
Deutschland	Börsenblatt für den Deutschen Buchhandel — Frankfurter Ausgabe	**Japan**	Nōhon Shūhō (Current Publications)
	Börsenblatt für den Deutschen Buchhandel — Leipziger Ausgabe	**Österreich**	Österreichische Bibliographie
	Deutsche Bibliographie. Wöchentliches Verzeichnis. Ausgabe II. [Frankfurt/Main]	**Schweiz**	Schweizer Buch. Serie A und Serie B
	Deutsche Nationalbibliographie. Reihe A: Neuerscheinungen des Buchhandels [Leipzig]	**UdSSR**	Bücherverzeichnis des Jahres (Книжная летопись)
		USA	Publishers' Weekly

Namenregister

Patentregister

Belgische Patente (Belg.P.)

Canadische Patente (Can.P.)

Dänische Patente (Dän.P.)

Englische Patente (E.P.)

Finnische Patente (Finn.P.)

Französische Patente (F.P.)

Chemisches Zentralblatt

1962 Nr. 33 15. August

Geschichte. Unterricht

I. N. Stranski zum 65. Geburtstag am 2. Januar 1962. W. Jost. (Z. Elektrochem., Ber. Bunsenges. physik. Chem. **65.** 819. Dez. 1961.) (Dt.)
Kurze Glückwunschadresse zum 65. Geburtstag des Prof. für physikal. Chemie an der TU Berlin. — Bild. A. BLASCHETTE. 1□

Ernest Edward Ayling. 1900—1960. L. E. Hinkel und R. H. Davies. (Proc. chem. Soc. [London] **1962.** 91. Febr.) (Engl.)
Nachruf auf AYLING (gest. am 30/3. 1960 in Swansea). Beschäftigte sich mit der Verw. von substituierten aromat. Aldehyden bei der HANTZSCHschen Pyridin-Kondens., der GATTERMANNschen Cyanid–Aldehyd-Synth., substituierten Dihydroresorcinen, der Chlorierung von Phthalsäure u. anderem. CH. WEISKE. 1□

Das Leben von Raymond Delaby. Georges Champetier. (Bull. Soc. chim. France **1961.** 2041—45. Nov. Sorbonne.) (Franz.)
Nachruf auf den Präsidenten der Société Chimique de France, Vizepräsidenten der IUPAC u. Prof. an der Faculté de Pharmacie in Paris, R. DELABY (geb. 20/9. 1891 in Lens, gest. 2/6. 1958), u. Würdigung seiner wissenschaftlichen Tätigkeit. A. BLASCHETTE. 1□

Bemerkung über die wissenschaftliche Aktivität von Raymond Delaby. Jean Albert Gautier. (Bull. Soc. chim. France **1961.** 2047—54. Nov. Paris, Fac. de Pharm.) (Franz.) — Vgl. vorst. Referat.
Übersicht über seine Arbeiten auf dem Gebiet der reinen u. pharmazeut. organ. Chemie, der analyt. Chemie, der Hydrologie u. der industriellen Hygiene. — Chronolog. Listen der Veröffentlichungen (152), Dissertationen seiner Schüler (36), Vorträge (41), Mitgliedschaften u. Auszeichnungen. A. BLASCHETTE. 1□

Raymond Delaby und die Industrie. André Quevauviller. (Bull. Soc. chim. France **1961.** 2055—56. Nov.) (Franz.) — Vgl. vorst. Referate.
Kurze Würdigung. A. BLASCHETTE. 1□

Juri Witalewitsch Moratschewski. Anonym. (Вестник Ленинградского Университета, Серия Физики и Химии [Nachr. Leningrader Univ.] **16.** Nr. 10. [Ser. Physik Chem.] Nr. 2. 159—60. 1961.) (Russ.)
Nachruf auf den Professor der Univ. Leningrad J. W. MORATSCHEWSKI (gest. am 4/1. 1961), der durch seine Arbeiten auf dem Gebiet der Geochemie u. der analyt. Chemie bekannt geworden ist. — Bild. E. KLEVER. 1□

A. M. Tyndall, C.B.E., F.R.S. C. F. Powell. (Nature [London] **193.** 825—26. 3/3. 1962.) (Engl.)
Nachruf auf den Tod von ARTHUR MANNERING TYNDALL (geb. 1881 in Bristol, gest. 29/10. 1961 in Bristol), Prof. u. Direktor des Physikal. Labor. der Univ. Bristol, u. Würdigung seiner Arbeiten auf dem Gebiete der elektr. Entladungen in Gasen. Verfaßte Monographie über die Beweglichkeit von Ionen in Gasen. CH. WEISKE. 1□

Von optischen Arbeiten M. v. Laues im sichtbaren und besonders im Röntgen-Gebiet. R. Brill. (Naturwissenschaften **49.** 25—27. 2. Jan.-H. 1962. Berlin-Dahlem, MPG, Fritz-Haber-Inst.) (Dt.)
Vortrag über den Ausgangspunkt der Arbeiten, Erläuterung der Habilitationsschrift u. Bericht über die Unterss. v. LAUES in den letzten Jahrzehnten, die sich vor allem auf das Gebiet der dynam. Theorie der Interferenzen erstrecken. CH. WEISKE. 1□

Über die Arbeiten von N. D. Zelinsky auf dem Gebiet der Chemie der Aminosäuren und der Struktur der Eiweißkörper. A. W. Ssilajew und L. N. Akimowa. (Вестник Московского Университета, Серия II [Nachr. Moskauer Univ., Ser. II] **16.** Nr. 2. 46—52. März/April 1961.) (Russ.) E. KLEVER. 1□

Französische Vorläufer der chemischen Revolution. Henry Guerlac. (Chymia [Philadelphia] **1959.** 73—112. Ithaca, N.Y., Cornell Univ.) (Engl.)

Vf. zeigt, wie im Frankreich des 18. Jahrhunderts die prakt.-techn. Erfordernisse der industriellen Revolution, die die Textilien, Keramik, den Bergbau u. die Metallurgie erfaßte, Anfänge einer chem. Wissenschaft erzeugten, die durch die Regierung gefördert u. durch ausländ. Einfl. (Übersetzungen) befruchtet wurden. Auf diesem Hintergrund erwuchs die entscheidende Grundlegung der modernen Wissenschaft der Chemie durch Lavoisier. W. Kuntz. 2□

Lavoisiers verhältnismäßig unbekannte Zersetzung und Synthese von Wasser in großem Maßstabe am 27. und 28. Februar 1785. Maurice Daumas und Denis Duveen. (Chymia [Philadelphia] **1959.** 113—29. Paris, Conservat. des Arts et Métiers.) (Engl.)

Nach bisher ungedruckten Labor.-Aufzeichnungen von Lavoisier werden die Vorbereitungen u. der Verlauf der Experimente beschrieben u. ihre Bedeutung für die Widerlegung der Elementnatur des W. u. der Phlogistontheorie klargestellt. W. Kuntz. 2□

Die Ausbreitung der Theorie Lavoisiers in Rußland. Henry M. Leicester. (Chymia [Philadelphia] **1959.** 138—44. San Francisco, Calif., Coll. of Physicians and Surgeons.) (Engl.)

Vf. berichtet über die Annahme der antiphlogist. Theorie bes. durch Petrow, Scherer (Bild), Severgin (Bild) u. Zakharov um 1801 in Rußland, während Lomonossow (1711-65) die Ideen Lavoisiers sogar schon vorausgenommen hatte, wovon Lavoisier Kenntnis gehabt haben müßte. W. Kuntz. 2□

Über einige neuere Ergebnisse der angewandten Ionen- und Kernphysik. M. v. Ardenne. (Technik **11.** 65—72. Febr. 1956. Dresden.) (Dt.)

Vortrag über die Größe u. Bedeutung des deutschen Anteils an der Erschließung der Atomenergie. Gerhard Schmidt. 2□

Die friedliche Verwendung der Kernenergie. Reuben G. Gustavson. (Univ. Hawaii occas. Pap. **1958.** Nr. 66. 1—14. Juni. Hawaii, Univ.) (Engl.)

Vortrag anläßlich des 50. Jahrestages der Univ. von Hawaii. Gerhard Schmidt. 2□

Entwurf für die Regelung der Benennung anorganischer Stoffe. St. Škramovský. (Chemie [Praha] **9.** 746—49. Nov. 1957.) (Tschech.) J. Tůmová. 4□

Abstoßung zwischen Elektronenpaaren. Eine mechanische Analogie. H. R. Jones und R. B. Bentley. (Proc. chem. Soc. [London] **1961.** 438—40. Nov. Eastham, Wirral, Central Coll. of Further Educ.) (Engl.)

Vff. beschreiben die Verw. länglicher Spielzeugluftballons zur Herst. von Mol.-Modellen homöopolarer Verbindungen. — 2 Tafeln. A. Blaschette. 6□

Obligatorisches mikroanalytisches Praktikum. C. J. van Nieuwenburg. (Proc. int. Sympos. Microchem., London **1958.** 532—36, herausgeg. 1959. Delft.) (Engl.)

Vf. vertritt die Auffassung, daß die Studenten schon im chem. Grundpraktikum mit halbmikro- u. mikroanalyt. Arbeiten vertraut gemacht werden sollten. — Kurze Erläuterung der Vorteile dieser Arbeitstechnik. Diskussion. G. Bock. 6□

Die Anwendung der Mikroexperimentation im Chemieunterricht. 3. Mitt. **Experimente zur allgemeinen Chemie unter Verwendung von Glasretorten.** Nicholas D. Cheronis und Herman Stein. (Microchem. J. **4.** 195—200. Juni 1960. Brooklyn, N.Y., Brooklyn Coll., Dep. of Chem.) (Engl.) — 2. vgl. C. **1961.** 2162.

Das Blasen einer kleinen Retorte u. die Darst. von 100%ig. HNO_3, HCl, HBr, HJ u. Ammoniak mit ihrer Hilfe werden beschrieben. W. Betcke. 6□

Die Anwendung der Mikroexperimentation im Chemieunterricht. 4. Mitt. **Halbmikrodarstellung der Nitrosylchloride und Bromide von Terpenen.** Seymour Commanday und Nicholas D. Cheronis. (Microchem. J. **4.** 201—05. Juni 1960.) (Engl.) — 3. vgl. vorst. Referat.

Verff. zur präparativen Darst. von D-Limonennitrosylchlorid, α-Pinennitrosylchlorid, β-Caryophyllennitrosylchlorid u. D-Limonentetrabromid im Halbmikromaßstab (mit 200—500 mg Substanzmengen) in Anlehnung an bekannte Meth. werden mitgeteilt. W. Betcke. 6□

A. Allgemeine, physikalische und anorganische Chemie

Kosmische Häufigkeit und Entstehung der Elemente. Tetraederstruktur. C. G. Bedreag. (An. ştiinţ. Univ. „Al. I. Cuza“ Iaşi, Sect. I **4.** 95—103. 1958.) (Franz.)

Die kosm. Häufigkeit der einzelnen Elemente, ferner ihre Häufigkeit auf der Erde u. in Meteoren wird diskutiert. Ausgehend von der Tetraederstruktur der Silicate behandelt Vf. eine Tetraederstruktur des α-Teilchens. Bzgl. der Entstehung der Elemente diskutiert Vf. 3 Möglichkeiten: Vereinigung von Proton u. Elektron zum H-Atom u. Kondens. zu höheren Elementen, Vereinigung von Proton u. Elektron zum Neutron u. Bldg. eines Deuterons aus Proton u. Neutron; Entstehung von α-Teilchen aus 2 Deuteronen. M. WIEDEMANN. 10□

Siegfried Flügge, Lehrbuch der theoretischen Physik. 5 Bde. Bd 3: Klassische Physik. 2: Das Maxwellsche Feld. Berlin, Göttingen, Heidelberg: Springer. 1961. (VIII + 335 S. m. 71 Abb.) 8⁰. DM 29,80.

G. P. Malkowski, Über die Masse und Energie in der gegenwärtigen Physik. Kasan: Verl. der Kasaner Univ. 1961. (179 S. m. Abb.) 88 Kop. [Russ.]

A_1. Kernphysik und Kernchemie

Spektrum der galaktischen Radioemission. F. Graham Smith. (Nature [London] **191.** 1381. 30/9. 1961. Cambridge, Mullard Radio Astron. Observ.) (Engl.)

Es wurde angenommen, daß die Radioemission der Galaxis auf Synchrotronstrahlung energiereicher Elektronen in einem Magnetfeld beruht. Doch stimmt hiermit das Verhältnis zwischen dem Radiospektralindex u. dem Energiespektrum der Höhenstrahlelektronen nicht überein. M. WIEDEMANN. 85□

Messung der Korpuskularstrahlung in Höhen bis zu 100 km. L. A. Antonowa. (Известия Академии Наук СССР, Серия Теофизическая [Nachr. Akad. Wiss. UdSSR, geophysik. Ser.] **1961.** 1437—38. Sept. Akad. der Wiss., Inst. für angew. Geophys.) (Russ.) — Vgl. C. **1961.** 12717.

Am 21/8. 1959 wurde mittels Photomultiplier u. Lichtfiltern auf Höhen bis zu 100 km bei einer Sonnenhöhe von 1^0 der Strom der korpuskularen Strahlung bestimmt. Die Intensität lag auf 85—105 km bei 10^{-2} erg/cm²ssterad. Die Energie der Elektronen überschritt nicht 40 keV. M. WIEDEMANN. 85□

Breitenabhängigkeit der täglichen Variation der Höhenstrahlintensität. R. P. Kane und S. R. Thakore. (Proc. Indian Acad. Sci., Sect. A **52.** 122—29. Sept. 1960. Ahmedabad, Physic. Res. Labor.) (Engl.)

Die Daten der Neutronenmonitoren in der Zeit vom Juli 1957 bis Juni 1958 an verschiedenen Orten werden analysiert. Die Amplitude u. die Zeit des Maximums hängen stark von der Breite ab. Die großen Differenzen zwischen Orten auf gleicher Breite werden erörtert. M. WIEDEMANN. 85□

Weltweite Verteilung der Tagesschwankung der Neutronenintensität der Höhenstrahlung. Tsunekichi Kanno. (Nature [London] **192.** 250—51. 21/10. 1961. Fukushima, Univ., Dep. of Phys.) (Engl.)

Die Daten einer Reihe (39—45) Stationen während der Jahre 1957 u. 1958 werden miteinander verglichen, bes. wird die Abhängigkeit der lokalen Zeit des Maximums von der geomagnet. Breite untersucht. Die Höhenstrahlintensität scheint demnach abzuhängen 1. vom magnet. Dipol der Erde, 2. von den magnet. Wolken im interplanetar. Raum u. 3. von der Deformation der Kraftlinien des erdmagnet. Felds durch diese Wolken. M. WIEDEMANN. 85□

Nahe dem geomagnetischen Pol am 4. Mai 1960 durch die Sonne erzeugte Höhenstrahlung. Martin A. Pomerantz und Vasant R. Potnis. (J. Franklin Inst. **270.** 227—31. Sept. 1960.) (Engl.)

Vff. berichten über das am obigen Datum gemessene plötzliche starke Ansteigen der Höhenstrahlung, das mit der von anderen Stationen beobachteten großen Protuberanz in Verbindung gebracht werden kann. C. GOTTFRIED. 85

Über die Inelastizität für energiereiche Kernwechselwirkungen. Shigeo Matsumoto und Shoji Mikamo. (J. physic. Soc. Japan **16.** 350—51. Febr. 1961. Osaka City Univ., Inst. of Polytechn.) (Engl.)

108 Emulsionen (Ilford-G 5) von 9 in. × 6 in. × 0,6 mm wurden auf 29 km Höhe 6 Std. lang geflogen. Es wurden 54 Kern-Wechselwrkg. durch ein einzelnes geladenes Teilchen u. 12 durch neutrale Teilchen erzeugt. Für die Inelastizität ergab sich ein Mittelwert in Sternen mit weniger als 5 stark ionisierenden Zacken von 0,34. M. WIEDEMANN. 85□

Nachweis der Richtigkeit einer Formel für die Bestimmung der primären Energie von Jets bei 27 GeV. A. Barbaro Galtieri, G. Baroni, A. Manfredini, C. Castagnoli, C. Lamborizio und I. Ortalli. (Nuovo Cimento [10] **20.** 487—97. 1/5. 1961. Roma, Univ., Ist. di Fis.; Parma, Univ., Ist. di Fis.) (Engl.)

Die Protonen-Wechselwrkg. in Kernemulsionen werden bei 27 GeV untersucht, um nachzuweisen, daß bei dieser Energie die Formel $\log \gamma_c = \langle \log|\mathrm{cotg}\, \Theta| \rangle$ gilt. Für Wechselwrkg. bei $N_h < 4$ u. $n_s > 4$ stimmen erwartete u. experimentelle Werte überein.

Eine Korrektur wird unter der Annahme eines π-Mesonenspektrums auf Grund der statist. Theorie eingeführt. H. Schibilla. 85□

Photoerzeugung von Pionenpaaren durch polarisierte Nucleonen. S. K. Srinivasan und K. Venkatesan. (Proc. Indian Acad. Sci., Sect. A **54.** Nr. 6. 392—97. Dez. Madras, Indian Inst. of Technol., Dep. of Appl. Math., Dep. of Phys.) (Engl.) — Vgl. C. **1961.** 726.

Für die Erzeugung von Pionenpaaren ($\pi^+\pi^-$ u. $\pi^+\pi^0$) durch polarisierte Photonen an polarisierten Nucleonen werden die Wrkg.-Querschnitte theoret. ermittelt. Die Winkelverteilungen hängen stark vom Polarisationszustand der einfallenden Photonen ab. M. Wiedemann. 90□

Winkel- und Energiedispersionen von π^--Mesonen im Streumagnetfeld des 6-m-Synchrocyclotrons. W. G. Kirillow-Ugrjumow, A. A. Kropin, W. Ss. Roganow und A. W. Ssamoilow. (Атомная Энергия [Atomenergie] **11.** 245—46. Sept. 1961.) (Russ.)

Die Bewegungen u. Bahnen von negativen Pionen, die am inneren Target des 6-m-Synchrocyclotrons gebildet werden, werden für verschiedene Anfangsbedingungen u. einen Abstand des Targets vom Zentrum des Magneten von 277 cm an ca. 1000 Fällen berechnet. Das magnet. Streufeld zeigt beachtliche analysierende u. fokussierende Eigenschaften, Winkel- u. Energiedispersion der π^- werden berechnet. Eine Verringerung des Abstands zwischen Target u. Magnetzentrum müßte die fokussierende Wrkg. des Streufeldes verstärken. M. Wiedemann. 90□

Wechselwirkung von negativen 560-MeV-Pionen mit Emulsionskernen. Å. Frisk, S. Nilsson, B. E. Ronne und W. Schneider. (Ark. Fysik **19.** 69—82. 1961. Uppsala, Univ., Inst. of Phys.) (Engl.)

120 Emulsionen von 4 in. × 7 in. × 0,6 mm wurden den 560-MeV-π^- ausgesetzt. 4454 Sterne wurden gefunden, was eine mittlere freie Weglänge für Wechselwrkg. einschließlich Absorption, Ladungsaustauschstreuung u. unelast. Streuung von 28 ± 2 cm ergibt. 485 Sterne wurden im einzelnen analysiert. Die Häufigkeit der Sterne mit geladenen Pionen u. schweren Zacken ergab sich zu 33 ± 4%. Bei Sternen mit einem negativen Pion ist die mittlere Pionenenergie 176 ± 20 MeV, die Winkelverteilung zeigt Vorwärtsbevorzugung. Der Anteil der Fälle mit Erzeugung geladener Pionen ergibt sich zu 7 ± 4%. 8 Fälle mit 2 geladenen Pionen u. 10 mit einem positiven Pion wurden gefunden. M. Wiedemann. 90□

Über die Größe des Erzeugungsquerschnittes seltsamer Teilchen in Nucleon-Nucleon-Stößen bei Cosmotronenergie. V. S. Barashenkov und V. M. Maltsev. (Acta physica polon. **17.** 397—99. 1958. Dubna, Joint Inst. for Nucl. Res.) (Engl.)

Vff. berechnen die Wahrscheinlichkeiten der Erzeugung verschiedener Arten von Teilchen u. ihre Impulsverteilung für (NN)-Stöße bei $E = 3$ GeV nach der statist. Theorie. Die Ergebnisse der Berechnung werden mit dem Experiment verglichen. Gerhard Schmidt. 90□

Statistische Gewichte in der multiplen Teilchenerzeugung. J. Shapiro. (Suppl. del Nuovo Cimento Nr. 1 (zu [10] **18**). 40—54. 1960. New York, N.Y., Fordham Univ.) (Engl.)

Bei dem Prozeß der multiplen Teilchenerzeugung bei energiereichen Stößen spielen die statist. Gew. eine Rolle. Für diese Gew. wird eine einfache analyt. Formel abgeleitet, die für beliebige Teilchenzahlen im Endzustand gilt, falls die Teilchen Isospins von 0, 1/2 oder 1 besitzen. M. Wiedemann. 90□

Über die anomale Beziehung zwischen Spin und Statistik. Ss. G. Matinjan und M. Je. Perelman. (Сообщения Академии Наук Грузинской ССР [Mitt. Akad. Wiss. GrusinSSR] **27.** 25—32. Juli 1961. Tbilissi, Inst. für Phys. der Akad. der Wiss. der GrusinSSR.) (Russ.)

Die Hypothese der anomalen Statistik der seltsamen Teilchen führt zu einer Reihe von Schlußfolgerungen. Die Möglichkeiten einer experimentellen Prüfung werden erörtert, bes. wird auf die Beziehung zum CPT-Theorem eingegangen. M. Wiedemann. 90□

Neue Gleichung für Spin-1/2-Teilchen und Isomorphismus zwischen verschiedenen Transformationen. Zensuke Tokuoka. (Progr. theoret. Physics [Kyoto] **21.** 471—73. März 1959. Wakayama, Univ., Dep. of Phys.) (Engl.)

Für Teilchen mit dem Spin 1/2 wird eine Gleichung aufgestellt u. hieraus abgeleitet, welche Transformationen isomorph sind. Auch die Invarianz unter verschiedenen Transformationen wird behandelt. M. Wiedemann. 90□

Bloch-Gleichung für gekoppelte Systeme von zwei Teilchen mit dem Spin 1/2. N. N. Korst. (Вестник Московского Университета, Серия III [Nachr. Moskauer Univ., Ser. III] **16.** Nr. 1. 76—78. Jan./Febr. 1961.) (Russ.)

Ein Syst. von Paaren in Wechselwrkg. stehender Spins mit der Quantenzahl I = 1/2, auf das die phänomenolog. Bloch-Gleichung angewandt wird, wird behandelt. Die Dichtematrix u. die Komponente des magnet. Moments werden berechnet.

M. Wiedemann. 90□

Bemerkung über relativistische Coulomb-Wellenfunktionen. J. D. Jackson, S. B. Treiman und H. W. Wyld jun. (Z. Physik **150.** 640—47. 8/4. 1958. Urbana, Ill., Univ. of Illinois, Dep. of Phys.; Princeton, N.Y., Univ.) (Engl.)

Es werden Resultate über relativist. Coulomb-Wellenfunktionen angegeben, die für Berechnungen beim β-Zerfall von Nutzen sind. Die Drehimpuls- u. Paritäts-Eigenfunktionen werden verwendet, um Lsgg. zu erhalten, die asymptot. eine ebene Welle mit einfallender oder emittierter sphär. Welle beschreiben. M. Wiedemann. 90□

Eine Bemerkung über den Isobarenspinraum. Th. A. J. Maris. (Nuclear Physics [Amsterdam] **24.** 346—52. April 1961. Porto Alegre, Univ. do Rio Grande do Sul, Inst. de Fís.) (Engl.)

Vf. zeigt, daß eine vollständige γ^5-invariante Dirac-Theorie Freiheitsgrade enthält, die in der Weise interpretiert werden können, daß sie dem Isobarenspin eines Fermion–Isofermion-Feldes entsprechen. Gerhard Schmidt. 90□

Über eine Methode der starken Kopplung in der Theorie des quantisierten Feldes. Ju. M. Lomsadze. (Nuclear Physics [Amsterdam] **24.** 143—51. April 1961. Uzhgorod, Ukraine, Univ.) (Engl.)

Für starke Wechselwrkg. der Varianten der quantisierten Feldtheorie wird eine Näherung entwickelt, so daß die Bewegungsgleichung in dieser Theorie gelöst werden kann. Dabei wird die Hamilton-Funktion der Wechselwrkg. als ungestört u. die des freien Feldes als leicht gestört angesehen Die Wechselwrkg.-Hamilton-Funktion wird exakt auf die diagonale Form ohne Fixierung des Nucleonenstromes reduziert.

M. Wiedemann. 90□

Neue Wechselwirkungstypen in der nichtlokalen Mesonenfeldtheorie. E. Arnous. (J Physique Radium **21.** 807—08. Nov. 1960. Inst. Henri Poincaré.) (Franz.)

Experimentelle Daten lassen die Existenz eines Cut-off der Wechselwrkg. in der Nähe der Masse M des Nucleons vermuten. Für die verschiedenen möglichen Wechselwrkg.-Typen werden nach der Elektrodynamik u. in der mes. Theorie die entsprechenden Faktoren angeführt. Gerhard Schmidt. 90□

Photonen-Wechselwirkung mit einem homogenen, konstanten Magnetfeld. A. Minguzzi. (Nuovo Cimento [10] **19.** 847—49. 16/2. 1961. Geneva, CERN.) (Engl.)

Die Wechselwrkg. eines Photonenfelds mit einem homogenen u. konst. elektromagnet. Feld kann durch 2 Brechungsindices beschrieben werden. Die Lebensdauer des Prozesses $\gamma \rightarrow \gamma' + \gamma''$ wird ermittelt. Der Nachw. wäre ein Beweis für die Nullmasse des Photons. M. Wiedemann. 90□

Über die Emission energiearmer Photonen aus einem quantisierten System. R. Ascoli. (Nuovo Cimento [10] **12.** 191—217. 1/5. 1959. Torino, Univ., Ist. di Fis.) (Engl.)

Die Emission von Photonen niedriger Energie ohne Beachtung der Rk. des elektromagnet. Felds auf die Ladungen wird für ein quantisiertes Syst. ermittelt. Die mittlere Zahl der Photonen, die emittiert werden kann, ist stets endlich, sie ist dem ersten Term der e-Potenzreihe der Emissionswahrscheinlichkeit eines Photons gleich.

M. Wiedemann. 90□

Photonenstrahlung durch schnelle Teilchen im inhomogenen Feld. M. L. Ter-Mikajeljan. (Известия Академии Наук Армянской ССР, Серия Физико-Математических Наук [Nachr. Akad. Wiss. ArmenSSR, Ser. physik.-math. Wiss.] **14.** Nr. 2. 103—33. 1961.) (Russ.; Auszug: Armen.) — Vgl. C. **1962.** 4796.

Die Resonanzbedingung wird abgeleitet u. die Strahlung in die einzelnen Ordnungen zerlegt, für die Frequenzintervall u. Energieschwelle ermittelt werden. Für verschiedene Medien wird die Intensität der Resonanzstrahlung berechnet. M. Wiedemann. 90□

Über eine Schrödinger-Gleichung für ein strahlendes Elektron. G. Valentini. (Nuovo Cimento [10] **19.** 1280—83. 16/3. 1961. Milano, Univ., Ist. di Sci. Fis.) (Engl.)

Behandlung des Syst. eines Elektrons, das elektrodynam. Rk.-Kräften unterworfen ist, die nicht aus einer Potentialfunktion abgeleitet werden können.

Herbert Weber. 90□

Über die Ausstrahlung eines relativistischen, sich auf einer Spirale im Magnetfeld bewegenden Elektrons. I. M. Ternow und A. Ss. Stepanow. (Вестник Московского Университета, Серия III [Nachr. Moskauer Univ., Ser. III] **16.** Nr. 5. 83—89. Sept./Okt. 1961. Lehrstuhl für statist. Phys. u. Mechan.) (Russ.)

Die Strahlung eines relativist. Elektrons, das sich im konst., gleichförmigen Magnetfeld bewegt, wird nach der Quantentheorie unter Berücksichtigung des Spinzustands des

Elektrons behandelt. Für den Fall, daß der Impuls in Feldrichtung von Null verschieden ist, werden die spektrale u. Winkelverteilung der polarisierten Strahlung erhalten.
M. Wiedemann. 90□

Übergangsstrahlung beim schiefen Einfall der Ladung. G. M. Garibjan. (Журнал Экспериментальной и Теоретической Физики [J. exp. theoret. Physik] **38.** 1814—16. Juni 1960. Physik. Inst. der Akad. der Wiss. der ArmenSSR.) (Russ.; Auszug: Engl.)

Vf. untersucht theoret. die Vorwärts-Übergangsstrahlung bei geneigtem Einfall der Ladung an der Grenze zweier Medien. Der Energieverlust eines äußerst relativist. Teilchens durch Vorwärtsstrahlung bei geneigtem Eintritt in ein Medium wird nach der Landau-Meth. u. durch direkte Berechnung des Energieflusses berechnet. Es zeigt sich, daß die Strahlungsintensität fast nicht vom Einfallwinkel abhängt. Eine Ausnahme bilden Winkel nahe 90°. G. Ewald. 90□

Ableitung der Spektren thermischer Neutronen aus Durchlässigkeitsdaten. Edward A. Burke und Lester F. Lowe. (Nuclear Instruments Methods [Amsterdam] **7.** 193—96. Mai 1960. Bedford, Mass., Air Force Cambridge Res. Center.) (Engl.)

Vff. zeigen, daß ein Neutronenspektrum aus Durchlässigkeitsdaten durch Lösen einer Fredholmschen Integralgleichung erster Art erhalten werden kann. Eine geeignete Laplace-Transformation gibt die Durchlässigkeitskurve gut wieder.
Gerhard Schmidt. 90□

Versagen der Näherungsgleichungen für den Neutronentransport in kleinen Zellen bei zylindrischer Geometrie. J. A. Thie. (Nuclear Sci. Engng. **9.** 286—87. Febr. 1961. Argonne, Ill., Argonne Nat. Labor.) (Engl.)

Vf. vergleicht mehrere Näherungsgleichungen zur Berechnung des Neutronentransportes in kleinen Zellen bei zylindr. Geometrie untereinander sowie mit der Monte-Carlo-Meth. u. der Näherung nach Amouyal (C. **1962.** 9968). Es wird festgestellt, daß in vielen Fällen nicht auf die beiden letzten Meth. verzichtet werden kann, wenn genauere Ergebnisse verlangt werden. H. Schroeder. 90□

Effektive thermische Diffusionslänge in einem Sandwichreaktor. B. Davison. (J. nuclear Energy **7.** 51—68. Aug. 1958. Toronto, Ontario, Univ. of Toronto, McLennan Labor.; Chalk River, Ontario, Atom. Energy of Canada Ltd.) (Engl.)

Nach der Transporttheorie wird die effektive therm. Diffusionslänge ermittelt u. mit früheren Werten verglichen. Bei einem Sandwichreaktor müssen 2 Diffusionslängen berücksichtigt werden, u. zwar für die Diffusion parallel u. senkrecht zu den Schichten.
Gerhard Schmidt. 90□

Eine Näherungsformel zur Reaktorphysik unter Verwendung der Ergebnisse von Integralexperimenten. Karl H. Puechl. (Nuclear Sci. Engng. **9.** 241—59. Febr. 1961. Apollo, Pa., Nucl. Mater. and Equipm. Corp.) (Engl.)

Vf. entwickelte eine Näherungsformel zur Reaktorphysik, die auf der Analyse experimenteller Daten an Gitteranordnungen mit schwach angereichertem U u. H_2O beruht. Es wurde gezeigt, daß bei der obigen Gitteranordnung der therm. Nutzungsfaktor u. die Resonanzentkommwahrscheinlichkeit mit ausreichender Genauigkeit berechnet werden können. Ergebnisse der Berechnungen für die Kritikalität u. Core-Lebensdauer für den Calder Hall-Reaktor u. den Yankee-Reaktor mit verschiedenen Anreicherungsgraden wurden mitgeteilt. H. Schroeder. 90□

Reaktorbetrieb und kritische Masse. G. W. Stuart. (J. nuclear Energy **7.** 97. Aug. 1958. Pleasonton, Calif., Vallecitos Atom. Labor.) (Engl.)

Es wird ein Theorem aufgestellt, wonach ein Reaktor den Brennstoff in solcher Weise ausbrennt, daß die erforderliche krit. Masse zunimmt u. der Reaktor sich selbst abschaltet. Gerhard Schmidt. 90□

Kleinste kritische Dimensionen für wässerige Lösungen. C. B. Mills. (Nuclear Sci. Engng. **9.** 377—90. März 1961. Los Alamos, N.Mex., Univ. of California, Los Alamos Scient. Labor.) (Engl.)

Vf. bestimmt mittels des Los Alamos-Transport-Codes eine Reihe von Parameter der krit. Bedingungen für eindimensionale Geometrien von H_2O-Lsgg. der Spaltsubstanzen ^{233}U, ^{235}U u. ^{239}Pu. In Diagrammen sind die kleinsten krit. Dimensionen für Platten u. Zylinder u. der krit. Radius, die krit. Masse u. das krit. Kugel-Vol. als Funktion der Lsg.-Konzz. (kg/Liter) u. das H/X-Atomverhältnis für Lsgg. ohne Reflektor u. mit H_2O-Reflektor zusammengestellt. Ergebnisse von Unterss. der krit. Abmessungen sind tabelliert. H. Schroeder. 90□

Exponentielle Reaktorexperimente mit natürlichem Uran und Schwerem Wasser. R. Persson, E. Blomsjö, M. Bustraan und R. Meier. (J. nuclear Energy **3.** 188—206. Okt. 1956. Stockholm, A/B Atomenergi, Dep. of Phys.) (Engl.)

In einem Experiment kleinen Maßstabs, in einem Tank von 3 m Höhe u. 1 m Ø, wurde für Stäbe aus natürlichem U mit 2,00, 2,53 u. 3,05 cm Ø in verschiedenen hexagonalen Gittern in D_2O das krit. Vol. bestimmt. Die Neutronen wurden mit BF_3-Proportionalzählern nachgewiesen. Die relativen Werte sind genauer als die absoluten. Der Multiplikationsfaktor, das Resonanzintegral u. die Zahl der je absorbiertes Neutron emittierten Neutronen wurden berechnet. Die Beziehung der Intensität zur Diffusionslänge wird diskutiert. M. Wiedemann. 90□

Die Abhängigkeit des Brutgewinns und der Leistung vom ^{233}U-Einsatz im Brutmantel (blanket) eines homogenen Zweibereichsreaktors. B. P. Rastogi. (J. nuclear Energy **6.** 99—103. 1957. Bombay, Atom. Energy Establ.) (Engl.)

Zum Brüten von ^{233}U wird ein Zweibereichsreaktor verwendet, der aus einem sphär. Core mit einer hoch angereicherten Brennstoffsalz-Lsg. in D_2O besteht u. von einem konzentr. Mantel umgeben ist, der ein Gemisch von ThO_2-D_2O enthält. Die Berechnungen über die Abhängigkeit des Brutgewinnes u. der Leistung von der Menge des spaltbaren Materials im Mantel zeigen, daß der Brutgewinn ansteigt u. der Wärmefluß sich abflacht, wenn die ^{233}U-Menge im Mantel zunimmt. Gerhard Schmidt. 90□

Einfluß des Druckes auf das dynamische Verhalten des Siedewasserreaktors bei Atmosphärendruck. Joseph A. Fleck jun. (Nuclear Sci. Engng. **9.** 271—80. Febr. 1961. Livermore, Calif., Univ. of California, Lawrence Radiat. Labor.) — Vgl. C. **1961.** 7478.

Das dynam. Verh. des Siedewasserreaktors (SWR) ist stark abhängig von Druckänderungen entsprechend der starken Abhängigkeit der Wasserdampfsättigungs-Temp. vom Druck. Vf. entwickelte eine Reihe von Gleichungen für diese Fälle bei einem SWR mit Naturumlauf. H. Schroeder. 90□

Ein Theorem über Potentiale mit harten Cores. G. H. Derrick. (Nuclear Physics [Amsterdam] **6.** 287—94. März 1958. Sydney, School of Med., F.B.S. Falkiner Nucl. Res. and Adolph Basser Comput. Labor.) (Engl.)

Allg. wird für ein Teilchen-Syst. gezeigt, daß ein Potential mit hartem Core beim Grenzübergang des Kernradius gegen Null dieselbe Bindungsenergie ergibt wie ein Potential ohne hartes Core. M. Wiedemann. 95□

Das optische Modell für hohe Energie und die Kernkräfte. J. Dąbrowski und J. Sawicki. (Nuclear Physics [Amsterdam] **22.** 318—35. Jan. 1961. Seattle, Wash., Univ. of Washington, Dep. of Phys.; Warsaw, Inst. for Nucl. Res.; Berkeley, Calif., Univ. of California, Dep. of Phys.) (Engl.)

Entw. u. Diskussion eines Iterations-Verf. für die Integralgleichung, welche die *t*-Matrix für 2 Nucleonen im Medium zur freien Nucleon–Nucleon-*t*-Matrix in Beziehung setzt. Numer. Ergebnisse werden für die Gammel-Thaler- u. Signell-Marshak-Potentiale erhalten. Gerhard Schmidt. 95□

Über die Gültigkeit der statischen Approximation für die Ermittlung des Zweinucleonen-Potentials. Malcolm C. Younger und Abraham Klein. (J. Franklin Inst. **271.** 458—70. Juni 1961. Philadelphia, Pa., Univ. of Pennsylvania, Dep. of Phys.) (Engl.)

Das Zweipionenaustausch-Kernpotential wird in einer Approximation berechnet, die den Rückstoß der Nucleonen bei Emission oder Absorption eines virtuellen Pions berücksichtigt. Es ergibt sich wiederum ein lokales Potential, doch sind die Korrekturen gegenüber früheren Werten von der Ordnung μ/Mx mit μ = Pionenmasse, M = Nucleonenmasse u. x = Trennung der Nucleonen in Einheiten der Pion–Compton-Wellenlänge. Für $r \sim r_0$ betragen die Korrekturen 10—20%, mit abnehmendem x steigen sie stark an. M. Wiedemann. 95□

Über die Rolle der effektiven Wechselwirkungen bei der nuclearen Kollektivbewegung. Kiyomi Ikeda, Minoru Kobayasi, Toshio Marumori, Takanori Shiozaki und Shuji Takagi, (Progr. theoret. Physics [Kyoto] **22.** 663—80. Nov. 1959. Kyoto, Kyoto Univ., Dep. of Phys.; Osaka, Osaka Univ., Dep. of Phys.) (Engl.)

Es wird ein vereinfachtes zweidimensionales Schalenmodell des harmon. Oscillators mit Quadrupol–Quadrupol-Wechselwrkg. zwischen den Teilchen angenommen u. an ihm die Rolle der effektiven Wechselwrkg. bei den nuclearen Kollektivbewegungen untersucht u. der Mechanismus der kollektiven Anregung geklärt. Oberflächenschwingung sowie Rotationsbewegungen können beschrieben werden. M. Wiedemann. 95□

Über die kollektive Anregung sphärischer Kerne. Minoru Kobayasi und Toshio Marumori. (Progr. theoret. Physics [Kyoto] **23.** 387—89. Febr. 1960.) (Engl.) — Vgl. vorst. Referat.

Im Anschluß an l. c. zeigen Vff., daß mit der entwickelten Meth. auch der kollektive Modus hervorgerufen werden kann, wenn die Paar-Bldg.-Wechselwrkg. berücksichtigt wird. Gerhard Schmidt. 95□

Die durch Neutronenübergang induzierte innere elektrische Multipol-Konversion. Hung-Yüan Tzu. (Scientia sinica 7. 179—200. Febr. 1958. Acad. Sinica, Inst. of Phys.) (Engl.)

Die Wrkg. des anomalen magnet. Moments des Nucleons auf den inneren Konversions-Koeff. wurde untersucht. Das Ergebnis wird mit der quantenelektrodynam. Behandlung verglichen. Es zeigt sich, daß das anomale magnet. Moment des Nucleons vernachlässigbaren Einfl. auf den magnet. u. elektr. Konversions-Koeff. hat. H. Laue. 95□

Ergänzung des Antiproton-Schemas des β-Zerfalls. Lubor David. (Czechoslov. J. Physics 7. 282—83. 1957. Praha, Ústav jader. fys. Československ. akad. věd. — C. **1959.** 1008.) (Engl.) J. Tůmová. 103□

Über das G_A/G_V-Verhältnis beim β-Zerfall. 2. Mitt. Chiaki Ihara. (Progr. theoret. Physics [Kyoto] **25.** 301—03. Febr. 1951. Kyoto, Kyoto Univ., Dep. of Phys.) (Engl.) — 1. vgl. C. **1962.** 7402.

Um den experimentellen Wert $G_A/G_V = 1{,}25$ beim β-Zerfall auf der Basis des zusammengesetzten Pionenmodells zu deuten, werden die Beiträge des Prozesses zweiter Ordnung berechnet. M. Wiedemann. 103□

Zum Anfangswertproblem zerfallender Zustände. Joachim Petzold. (Z. Physik **157.** 122—29. 1959. Heidelberg, Inst. für theoret. Phys.) (Dt.)

Das zerfallende Syst. wird durch einen Hamilton-Operator mit einem kontinuierlichen Spektrum charakterisiert. Die Wahrscheinlichkeit des Zerfalls eines quantenmechan. Syst. ist vollkommen durch das Energiespektrum des Ausgangszustandes determiniert. Wenn das Spektrum einen langen Energieschwanz besitzt, gilt ein exponentielles Zerfallsgesetz, dieses allein charakterisiert kein Compoundsystem. Wenn der Ausgangszustand räumlich lokalisiert ist, sind Zerfallsenergie u. Konst. durch die Pole der S-Funktion fixiert. M. Wiedemann. 103□

Anwendung der Unsicherheitsfunktion $X(t) = \pm 1$ bei der Untersuchung der Gesetze des Zerfalls der Radioelemente zu ihren Tochtersubstanzen. Gilbert Landaud und Claude Mabboux. (C. R. hebd. Séances Acad. Sci. **250.** 3310—12. 16/5. 1960. Caen, Fac. des Sci., Labor. de Phys. corpuscul.) (Franz.)

Berechnung der Korrelationsfunktion des Ansprechens eines Syst., das 2 stabile Zustände wiedergibt. Gerhard Schmidt. 103□

Über den α-Zerfall stark deformierter ungerade-A-Kerne. Owe Prior. (Ark. Fysik **16.** Nr. 2. 15—18. 1959. Lund, Univ., Inst. of Theor. Phys.) (Engl.)

Für eine Reihe von α-Strahlern mit ungeradem Z sowie ungeradem N wird der Hemmfaktor, um den der Zerfall gegenüber dem von Kernen mit geradem A verlangsamt ist, berechnet u. zu den sog. asymptot. Quantenzahlen in Beziehung gesetzt. M. Wiedemann. 103□

Über die Beziehungen zwischen Halbwertszeit und freiwerdender Energie beim α-Zerfall. R. Taagepera und M. Nurmia. (Suomalaisen Tiedeakatemian Toimituksia [Ann. Acad. Sci. fenn.], Sarja A. VI **1961.** Nr. 78. 1—17. Helsinki, Univ., Inst. of Phys.) (Engl.)

Mittels Näherungen zur Bethe-Gleichung wurde ein Ausdruck für den log der Halbwertszeit eines α-akt. Nuclides erhalten. Die Formel sagt auch für α-Strahler wie ^{5}He u. ^{5}Li Halbwertszeiten der richtigen Größenordnung voraus. Die Auswirkungen von aufgefüllten Schalen, der Änderung des Spins u. der Anwesenheit einer ungeraden Anzahl von Nucleonen wurden untersucht. Es werden einige Beispiele für die Anwendung der Formel diskutiert. H. Laue. 103□

Absolutmessung der Energie der wichtigsten natürlichen α-Strahler. Albrecht Rytz. (Helv. physica Acta **34.** 240—63. 15/5. 1961. Zürich.) (Dt.)

Mittels eines 180°-Spektrographen in einem großen Permanentmagneten werden einige der wichtigsten α-Energien abs. u. mit hoher Genauigkeit neu bestimmt, u. zwar für ^{210}Po, ^{212}Po, ^{214}Po, ^{212}Bi, ^{211}Bi, ^{223}Ra, ^{219}Rn u. ^{215}Po. Aufbau u. Arbeitsweise des Spektrographen werden beschrieben. Das genau auskorr. Magnetfeld wurde mit Protonenresonanz gemessen u. die Bahndurchmesser mit einem Normalmeterstab verglichen. H. Schroeder. 103□

Winkelkorrelation der Paare innerer Konversion des 3,560-MeV-Überganges von ^{6}Li. Serge Gorodetzky, Gilbert Sutter, Fernand Scheibling, Pierre Mennrath, Pierre Chevallier und Raymond Armbruster. (C. R. hebd. Séances Acad. Sci. **250.** 3308—09. 16/5. 1960.) (Franz.)

Die Rk. ^{9}Be(p, α) zeigt eine starke Resonanz für 2,56-MeV-Protonen. Diese Resonanz wird der Rk. ^{9}Be(p, α)^{6}Li* mit ^{6}Li in einem angeregten Zustand bei 3,560 MeV zugeschrieben. Vff. untersuchen diesen elektromagnet. Übergang nach der Meth. der Winkelkorrelation der Paare innerer Konversion. Da der Grundzustand von ^{6}Li einen Spin 1 u. eine positive Parität hat, folgt für das zweite angeregte Niveau eine positive Parität. Dieser Befund stimmt mit den Ergebnissen anderer Autoren überein, die einen Spin Null u. eine sehr wahrscheinliche M 1-Multipolarität finden. Gerhard Schmidt. 103□

γ-Strahl-Untersuchungen an Bor-10. Ether L. Sprenkel und James W. Daughtry. (Physic. Rev. [2] **124**. 854—59. 1/11. 1961. Dayton, Ohio, Aeronaut. Res. Labor.) (Engl.)

Vff. analysieren die γ-Strahlen aus dem 7,56-MeV-Niveau von ^{10}B mit einem Fünfkristall-Paarspektrometer. Ferner werden die Kaskaden-γ-Strahlen durch Aufzeichnung der Spektren in Koinzidenz mit den 2,40-, 0,72-, 2,15- u. 5,41-MeV-γ-Übergängen untersucht. Die Verzweigungsverhältnisse für den Zerfall des 7,56-MeV-Niveaus ergeben sich zu 76, 9 u. 15% für 6,84-, 5,41- bzw. 2,40-MeV-γ-Strahlen. Für das 2,15-MeV-Niveau sind die Verzweigungsverhältnisse für 2,15-, 1,43- u. 0,41-MeV-γ-Strahlen 16, 29 bzw. 55%. Die partielle Breite für den 3,01-MeV-Übergang ergibt sich zu $< 1\%$ der totalen Breite des 5,16-MeV-Zustandes in ^{10}B. Obgleich die obere Grenze für die α-Breite des 5,16-MeV-Niveaus ziemlich klein ist, nämlich $32 < \Gamma_\alpha < 500$ eV, stimmt das Ergebnis mit dem α-Übergang bei erlaubtem Isospin überein. Gerhard Schmidt. 103□

Bestimmung der mittleren β-Zerfallsenergie von ^{35}S mittels einer isothermen mikrocalorimetrischen Methode. Väinö Hovi und Lasse Niemelä. (Suomalaisen Tiedeakatemian Toimituksia [Ann. Acad. Sci. fenn.], Sarja A. VI **1961**. Nr. 83. 1—10. Turku, Univ., Wihuri Phys. Labor.) (Engl.)

Es wird ein geeichtes isothermen Mikrocalorimeter zur Best. radioakt. Zerfallsenergien bei der Temp. des fl. N_2 beschrieben (2 Abb.). Die Meßgenauigkeit beträgt 1%. Die Best. der Zerfallsenergie von ^{35}S mittels einer ^{35}S-Quelle von 754,9 mc ergab einen Wert von 54,8 keV $\pm$ 5% (theoret. 48,8 keV). H. Schroeder. 103□

Zerfall der ^{119}Cd- und ^{119}In-Isomere. Chester E. Gleit und Charles D. Coryell. (Physic. Rev. [2] **124**. 1914—16. 15/12. 1961. Cambridge, Mass., MIT, Dep. of Chem. and Labor. for Nucl. Sci.) (Engl.)

Die Isomere 9,5-min-^{119}Cd u. 2,7-min-^{119m}Cd werden bei der Spaltung von natürlichem U durch 14-MeV-Deuteronen u. schnelle Neutronen erzeugt, die letztere Rk. bevorzugt die Erzeugung des 9,5-min-Isomers mit niedrigem Spin. Für die Verss. wird ein 256-Kanal-Impulshöhenanalysator verwendet, der mit einem 3 in.$\times$3 in. NaJ(Tl)-Kristall gekoppelt ist. Der Zerfall des 18-min-^{119m}In, des Tochternuclids des 9,5-min-^{119}Cd, wird durch β-Strahlen mit einer maximalen Energie von 2,7 MeV u. γ-Strahlen von 0,024, 0,30 u. 0,91 MeV charakterisiert. Ein isomerer Übergang (ca. 5%) wird beobachtet. Der Zerfall des 2,0-min-^{119}In wird durch 1,6-MeV-β-Strahlen u. 0,82-MeV-γ-Strahlen charakterisiert. Gerhard Schmidt. 103□

Der Zerfall von ^{149}Eu. Otto K. Harling. (Physic. Rev. [2] **124**. 1907—10. 15/12. 1961. University Park, Pa., Pennsylvania State Univ.) (Engl.)

^{150}Sm- u. ^{149}Sm-Targets werden im Protonenbündel des 86-in.-Cyclotrons beschossen. Die Rk. ^{150}Sm(p, 2n)^{149}Eu wird mit einer 80%ig. Anreicherung von ^{150}Sm bei einer Protonenenergie von 20,8 MeV durchgeführt, ein Beschuß nach der Rk. ^{149}Sm(p, n)^{149}Eu erfolgt an zu 88% angereichertem ^{149}Sm mit Protonen von ca. 12 MeV. Untersucht wird der Elektroneneinfangzerfall von ^{149}Eu zu ^{149}Sm unter Verw. von Scintillations- u. Proportionalzählern. Es wird ein Zerfallsschema aufgestellt, das mit den gemessenen Koinzidenzdaten im Einklang ist. Die Auflösungszeit des verwendeten Koinzidenzspektrometers liegt zwischen 1 μs u. 10 ns. Die Halbwertszeit des ^{149}Eu-Zerfalls ergibt sich zu 106 $\pm$ 2 Tagen. Gerhard Schmidt. 103□

Zirkularpolarisations-Winkelkorrelationen im Falle von Europium-152. Jean Berthier, Pierre Debrunner, Michel Lambert und Roland Lombard. (C. R. hebd. Séances Acad. Sci. **251**. 1065—67. 29/8. 1960.) (Franz.)

Zur Kontrolle der von Vff. verwendeten App. wird die Anisotropie von ^{60}Co gemessen. Sie ergibt sich zu $A = -0,336 \pm 0,32$ in Übereinstimmung mit der Theorie u. früheren Messungen. Für ^{152}Eu ist $A = 0,106 \pm 0,032$. Gerhard Schmidt. 103□

Bestimmung der Lebensdauer des erstangeregten Zustandes von ^{152}Gd. J. Burde, M. Rakavy und S. Ofer. (Physic. Rev. [2] **124**. 1911—14. 15/12. 1961. Jerusalem, Hebrew Univ., Dep. of Phys.) (Engl.)

Vff. bestimmen die Lebensdauer des 344-keV-Niveaus von ^{152}Gd durch Koinzidenzmessungen zwischen dem β-Spektrum von ^{152}Eu u. der K-Konversionslinie des 344-keV-Überganges. Für die Verss. wird ein Doppellinsen-Koinzidenz-β-Spektrometer benutzt. Der zeitliche Verzug zwischen den koinzidierenden Impulsen wird in die Impulshöhe konvertiert. Für die mittlere Lebensdauer des 344-keV-Niveaus von ^{152}Gd wird ein Wert von $(7,6 \pm 1,3) \cdot 10^{-11}$ s erhalten. Ein Zerfallsschema des 13-a-Isomers von ^{152}Eu wird wiedergegeben. Die Übergangswahrscheinlichkeit beim 344-keV-Niveau ist das 20fache des Einzelprotonenwertes. Das betrachtete Niveau besitzt kollektiven Charakter.

Gerhard Schmidt. 103□

Übergangseigenschaften der Radonkerne. Roger Foucher. (C. R. hebd. Séances Acad. Sci. **250.** 4346—48. 27/6. 1960.) (Franz.)

Wiedergabe einiger experimenteller Daten, die die Annahme gestatten, daß die Rn-Kerne weder Kerne mit stabiler axialer Deformation noch sphär. Kerne sind.

Gerhard Schmidt. 103□

Wirkungsquerschnitte für die Erzeugung von ^{208}Po, ^{206}Po und ^{210}Po beim Beschuß von ^{209}Bi mit 155-MeV-Protonen. Claude Deutsch und Marc Lefort. (C. R. hebd. Séances Acad. Sci. **250.** 3624—25. 30/5. 1960. Orsay, Fac. des Sci. de Paris, Labor. de Phys. nucl.) (Franz.)

Vff. berichten über radiochem. Unterss. der (p, x n)-Spallations-Rkk. bei 155 MeV an Bi. Für die Verss. wird ein zu 99,99% spektrograph. reines Bi-Metall verwendet. Die abs. Querschnitte werden durch die Erzeugung von ^{24}Na in Al-Monitoren bestimmt. Die Querschnitte von ^{206}Po u. ^{208}Po sind in Übereinstimmung mit berechneten Werten 46 bzw. 18 mbarn. Für ^{210}Po wird ein σ-Wert von 13 μbarn gefunden, der sek. Rkk. zugeschrieben wird.

Gerhard Schmidt. 103□

Untersuchung der verzögerten Neutronen mit dem schnellen Zephir-Reaktor. 1. Mitt. Pneumatisches Übertragungssystem. R. D. Smith, D. D. McVicar und E. A. Thorne. (J. nuclear Energy **4.** 133—41. Febr. 1957. Harwell, Atom. Energy Res. Establ.) (Engl.)

Proben wurden im Zentrum eines inneren Kanals im Uranmantel des Reaktors Zephir bestrahlt u. mittels Preßluft schnell zum 7,1 m entfernten Neutronendetektor, bestehend aus $^{10}BF_3$-Zählern in Wachs, transportiert. Die Proben befanden sich in stabilen Metallbehältern. Der Transport dauerte weniger als 1 Sekunde.

M. Wiedemann. 103□

Untersuchung der verzögerten Neutronen mit dem schnellen Zephir-Reaktor. 2. Mitt. Die verzögerten Neutronen aus der schnellen Spaltung von ^{235}U, ^{233}U, ^{239}Pu, ^{238}U und ^{232}Th. H. Rose und R. D. Smith. (J. nuclear Energy **4.** 141—46. Febr. 1957.) (Engl.) — 1. vgl. vorst. Referat.

Die relativen Ausbeuten an verzögerten Neutronen mit 55,6, 22,0, 4,51, 1,52 u. 0,43 s Halbwertszeit wurden bestimmt. Die Proben waren mit schnellen Neutronen (ca. 1 MeV) der Intensität 10^8/cm^2 s bestrahlt worden. Die abs. Ausbeuten an verzögerten Neutronen je Spaltung waren (in %) ^{235}U 1,74; ^{233}U 0,74; ^{238}U 3,7; ^{239}Pu 0,70 u. ^{232}Th 3,8. Auch der Anteil der verzögerten an den insgesamt emittierten Neutronen wurde bestimmt. Es wurden Anzeichen gefunden, daß ein kurzlebiger Vorläufer zu einem geringen Ausmaß zu der 22-s-Gruppe beiträgt.

M. Wiedemann. 103□

Über die Korrelation der Kernenergieniveaus von Uran-236 und Plutonium-240. P. A. Egelstaff. (J. nuclear Energy **7.** 35—43. Aug. 1958. Harwell, AERE.) (Engl.)

Bisherige Unterss. über Energieniveaus u. deren Korrelationen erstrecken sich nur auf einen sehr beschränkten Energiebereich mit ca. 10 Niveaus. Es wird eine Technik entwickelt, die sich über einen Energiebereich mit Tausenden von Niveaus erstreckt. Das Verf. wird auf die Spaltquerschnitte von ^{235}U u. ^{239}Pu für langsame Neutronen u. auf den totalen Querschnitt von ^{235}U angewandt. Es zeigt sich, daß ein starker Beweis für eine Korrelation über einen Energiebereich, der angenähert 60 Niveaus enthält, vorliegt.

Gerhard Schmidt. 103□

Chemische Gesichtspunkte bei der Herstellung und Verwendung künstlicher Radioelemente. C. Fisher. (Energie nucléaire **1.** 105—08. Mai/Juni 1959. C.E.A., Serv. des Radioélem. artif.) (Franz.) — Vgl. C. **1960.** 14258.

Einführung in die Herst., die Eigg. (α-, β-Strahlung, Szilard-Chalmers-Effekt) u. den Nachw. von künstlichen Radioelementen.

W. Karcher. 104□

Über den Trennkoeffizienten der Lithiumisotope bei der Vakuumdestillation. Ss. G. Katalnikow und B. M. Andrejew. (Атомная Энергия [Atomenergie] **11.** 240—44. Sept. 1961.) (Russ.)

Der Verteilungs-Koeff. der Li-Isotope bei der Vakuum-Dest. von metall. Li wurde untersucht. Im Bereich zwischen mol. u. Gleichgewichtsverdampfung hängt er bes. von den geometr. Verhältnissen u. der wechselseitigen Lage von Verdampfungs- u. Kondens.-Fläche ab. Messungen wurden zwischen 406 u. 543° ausgeführt u. Verteilungs-Koeff. von 1,06—1,026 erhalten. Hieraus können die notwendigen Daten für Säulen zur Isotopentrennung berechnet werden.

M. Wiedemann. 104□

Isotopentrennung von Lithium beim Zerstäuben. J. M. Fluit, L. Friedman, A. J. H. Boerboom und J. Kistemaker. (J. chem. Physics **35.** 1143—44. Sept. 1961. Amsterdam, Labor. voor Massaspectrograf.) (Engl.)

Li-Metall wurde mit im Winkel von 45° einfallenden ^{40}Ar-Ionen von 5 u. 20 keV 3 u. 15 Min. lang beschossen. Die massenspektrograph. Analyse des in einer Quarzschale aufgefangenen zerstäubten Li u. des auf der Antikathode zurückgebliebenen ergab einen Isotopentrennfaktor, der ca. $^1/_5$ des bei Mol.-Dest. erhaltenen beträgt. Daraus ist zu schließen, daß beim Zerstäubungsprozeß gewöhnliche Dest. nur eine kleine Rolle spielt.
R. JUNGE. 104□

Brennelemente, Brennelementumhüllung und Konstruktionsmaterialien im Reaktor. 2. Mitt. **Konstruktionsmaterialien.** Jaroslav Pluhař und Jaroslav Vrtěl. (Jaderná Energie 5. 331—35. Okt. 1959. Praha, Státní výzk. úst. mater. a technol.) (Tschech.) — 1. vgl. Jaderná Energie 5. [1959.] 9.

Übersicht über die Probleme der Werkstoffwahl für Hochdruckreaktoren u. ihre bisherigen Lösungen. — 41 Literaturangaben. R. K. MÜLLER. 110□

Analyse der Materialprobleme bei Druckgefäßen von Kernreaktoren. Jaroslav Vrtěl. (Jaderná Energie 5. 397—404. Dez. 1959. Praha, Státní výzk. úst. mat. a technol.) (Tschech.)

Bei der Zus. u. Vorbehandlung von Stählen für die Hochdruckgefäße ist neben der Druck- u. Temp.-Beständigkeit auch die Strahlungsbeanspruchung zu berücksichtigen. — 19 Literaturhinweise. R. K. MÜLLER. 110□

Ein Hochleistungs-Neutronengenerator. S. K. Mukherjee, N. K. Majumder und A. Ganguly. (Indian J. Physics Proc. Indian Assoc. Cultivat. Sci. 34/43. 307—20. Juli 1960. Calcutta, Saha Inst. of Nucl. Phys.) (Engl.)

Beschreibung eines 400-kV-Deuteronenbeschleunigers vom COCKCROFT-WALTON-Typ zur Neutronenerzeugung nach d-d- u. d-t-Reaktionen. Der Neutronenfluß liegt bei $8,5 \cdot 10^{10}$ n/s (Energie u. Strom des Deuteronenbündels 190 keV bzw. 580 μA.)
GERHARD SCHMIDT. 112□

Darstellung einer großen Plutonium-Beryllium-Neutronenquelle. K. L. Wauchope und J. Baird. (J. nuclear Mater. [Amsterdam] 1. 191—95. 1959. Chalk River, Ontario, AE of Canada Ltd., Chem. and Metallurg. Div.) (Engl.)

Es wurde eine Neutronenquelle aus einer Pu/Be-Leg. (100 g Pu u. 68 g Be) durch Red. von PuO_2 mit Be hergestellt, durch nachfolgendes Sintern im Vakuum bei 1450° mechan. verfestigt u. mit einem doppelten Al-Behälter eingeschlossen. Die Anzahl der aus dieser Quelle kommenden Neutronen beträgt $1,01 \pm 0,03 \cdot 10^7$/s.
W. KARCHER. 112□

Messung der Stärke des Neutronenfeldes in den Atomreaktoren. Lajos Bata. (Energia és Atomtechn. 13. 326—33. Juli 1960. Budapest, Központi Fizikai Kutato Int.) (Ung.)

Beschreibung u. krit. Vgl. der drei grundlegenden Meßtypen: Messungen mit Hilfe von mit BF_3 gefüllten Zählern, Messungen mit Hilfe von Spaltkammern u. die Aktivierungsmethode. G. HALMI. 112□

Der Einfluß des γ-Backgrounds auf den BF_3-Proportionalzähler. J. Csikai und M. Buczko. (Nuclear Instruments Methods [Amsterdam] 8. 73—75. 1960. Debrecen, ATOMKI.) (Engl.)

Vff. zeigen experimentell, daß sich die integrale Amplitudenverteilung des BF_3-Proportionalzählers durch die Wrkg. eines starken γ-Backgrounds ändert. Die Amplitudenverteilungszerrung wird mit Zählern mit verschiedenen Kathoden untersucht, sie kann durch die positive Raumladung, die sich um die Anode ausbildet, erklärt werden.
GERHARD SCHMIDT. 112□

Gasrückstoß-Spektrometer für schnelle Neutronen. R. E. Benenson und M. B. Shurman. (Rev. sci. Instruments 29. 1—9. Jan. 1958. Madison, Wis., Univ. of Wisconsin; Upton, N.Y., Brookhaven Nat. Labor., Wright Air Dev. Center, Aeronautic. Res. Labor.) (Engl.)

Es wird ein Gasrückstoßspektrometer für schnelle Neutronen beschrieben. Es ist ein zylindr. Proportionalzähler mit Abschirmdrahtkathode. Verbesserungen wurden hinsichtlich des Verhältnisses Peak/Tal, des Elektroneneinfangs u. der Endeffekte der Zähler angebracht. Als Füllung diente durch Pd filtrierter H_2 oder reines Propan. Neutronengruppen aus den Rkk. ^{7}Li(p, n)^{7}Be, D(d, n)^{3}He, ^{9}Be(d, n)^{10}B, ^{12}C(d, n)^{13}N, ^{16}O(d, n)^{17}F [CO_2-Target], ^{40}Ar(d, n)^{41}K wurden untersucht. M. WIEDEMANN. 112□

Die als ein Neutronenspektrometer verwendete Helium-Ionisationskammer. I. Iori, G. Marcazzan, A. Marques, S. Menardi und F. Tonolini. (Energia nucleare 8. 409—12. Juni 1961. Rio de Janeiro, Centro Brasil. de Pesqu. Fis.; Milano, Univ., Ist. di Fis.; Segrate, Labor. CISE.) (Engl.)

Durch die Analyse des Winkels zwischen einem Teilchen u. dem elektr. Feld in einer Ionisationskammer läßt sich diese Kammer als ein Neutronenspektrometer verwenden. Die Füllung der Kammer besteht aus He + Ar (30—40%). Das Spektrometer wird mit 14-MeV-Neutronen getestet, die Energieauflösung ist 10% u. der Wirkungsgrad $0{,}5 \cdot 10^{-5}$/at He. Gerhard Schmidt. 112□

Methode der Impulsverteilung von schnellen Neutronen und γ-Strahlen mit Hilfe der Raumladung von FEU. G. G. Doroschenko und Je. L. Stoljarowa. (Известия Академии Наук СССР, Серия Физическая [Nachr. Akad. Wiss. UdSSR, physik. Ser.] **25.** 152—56. Jan. 1961.) (Russ.)

Es werden zwei Meth. zur Registrierung schneller Neutronen vorgeschlagen, die die Tatsache benutzen, daß organ. Scintillatoren bei Einw. von Neutronen länger leuchten als bei Einw. von γ-Quanten. Es werden jeweils 2 Impulse vom Photomultiplier abgenommen, einer von der Anode, der andere von der Diode. Die Amplitudenverteilung der Impulse von einer Po–Be-Quelle wurde aufgenommen. M. Wiedemann. 112□

Aktivitätsmessungen mit Hilfe von flußregistrierenden Drähten. W. Abson und M. Awcock. (Nuclear Power **4.** 89—90. Febr. 1959. Harwell, A.E.R.E.) (Engl.)

Die Neutronenflußdichte in Kernreaktoren wird mit Hilfe von W- oder Ni-Drähten gemessen, die im Reaktor aktiviert werden u. deren Aktivität in einer Ionisierungskammer bestimmt wird. Eine γ- u. eine β-Ionisierungskammer werden beschrieben. W. Betcke. 112□

A$_2$. Optisches Verhalten der Materie

Über den Ultraviolettüberschuß in G-Zwergen. George Wallerstein und Maurice Carlson. (Astrophysic. J. **132.** 276—77. Juli 1960. Berkeley, Calif., Univ. of California, Astronom. Dep.) (Engl.)

Unter Bezugnahme auf Beobachtungen von Roman (vgl. Astrophysic. J. **59.** [1955.] 307), wonach Subzwerge einen beträchtlichen Überschuß in UV-Licht haben im Vgl. mit den normalen Hauptfolgesternen, ergaben spektroskop. Analysen von Subzwergen, daß solche Sterne ein großes Defizit an Metallen im Vgl. zur Sonne haben. Vff. analysierten Spektren von frühen G- u. späten F-Zwergen, die eine Bestätigung dieser Beobachtung ergaben. C. Gottfried. 113

Das Spektrum von 27 Canis Majoris in 1957—59. A. Ringuelet-Kaswalder, J. Sahade und O. Struve. (Publ. Astronom. Soc. Pacific **72.** 317—18. Aug. 1960. La Plata Observ.; Green Bank, W. Va., Nat. Radio Astron. Observ.) (Engl.)

Aus den He I-Linien λ 3889, λ 4471 u. λ 3965 sowie den H_β-, H_γ-, H_δ-, H_ε- u. H_η-Linien berechneten Vff. die radiale Geschw. von 27 Canis Majoris. Die erhaltenen Werte sind in einer Tabelle angegeben. C. Gottfried. 113

Molekularer Stickstoff in den Spektren zweier Perseid-Meteore. John A. Russell. (Publ. Astronom. Soc. Pacific **72.** 291—95. Aug. 1960. Univ. of Southern California, Dep. of Astronomy.) (Engl.)

Auf am 12 Aug. 1958 aufgenommenen Spektren von 2 Perseid-Meteoren wurden neben den Banden von N_2, entsprechend dem Übergang $B^3\pi_g \rightarrow A^3\Sigma_u^+$, die Linien der folgenden Elemente identifiziert: *Ni I, Fe I, Ca II, Al I, Ca I, Mg I* u. *Na I*. C. Gottfried. 113

Farbe in der anorganischen Chemie. R. S. Nyholm. (Proc. Roy. Instn. Great Britain **38.** 25—36. 1960. London, Univ. Coll.) (Engl.)

Vortrag über die Farbe anorgan. Verbb. unter bes. Berücksichtigung der Farbentstehung durch intraatomare Elektronenübergänge, die mit Hilfe der Ladungsübergangs-Spektren erklärt werden. K. Ohls. 114□

Compton-Streuung von Röntgenstrahlen in Kristallen. H. Curien. (Rev. mod. Physics **30.** 232—34. Jan. 1958. Paris, Fac. des Sci.) (Engl.)

Theoret. Behandlung des Verh. von Röntgenquanten in Kristallen, Abarten des Compton-Effekts sowie bes. die Energieschwelle des Compton-Effekts in Isolatoren. G. Ruban. 116□

Störungen der Nickelmetall-K-Röntgenabsorptionskante durch kleine Kristallgröße und Wasserstoffchemisorption. P. H. Lewis. (J. physic. Chem. **66.** 105—11. Jan. 1962. Beacon, N.Y., Texaco Res. Center.) (Engl.)

Bei der Unters. der Röntgenabsorption von metall. Ni zeigt es sich, daß bei kleinen Kristallgrößen (< 30 Å) Störungen in der Absorptionskante auftreten. Diese Störungen zeigen jedoch ein anderes Verh. als die durch Gasadsorption auftretenden. Es wird versucht die Störungen mit zusätzlichen Oberflächenenergiezuständen oder atomaren Energiezuständen zu deuten. Ferner wurde der Einfl. von chemisorbiertem H auf die Röntgenabsorption von Ni untersucht. Rein qual. wird der gleiche Einfl. der Chemisorption von H auf die atomaren Energieniveaus beobachtet wie bei der Chemisorption von O; der Einfl. ist jedoch quant. nur halb so groß. Die Störungen der Absorption durch die Sorption von Gasen werden mit einem auseinanderdrückendem Einfl. der Gasatome auf die Metallatome u. einer damit verbundenen Aufweitung des Gitters an der Metalloberfläche erklärt. G. M. NEUMANN. 116□

^{86}Kr- und ^{198}Hg-Wellenlängennormale. K. M. Baird und D. S. Smith. (Canad. J. Physics **37.** 832—40. Juli 1959. Ottawa, Nat. Res. Council, Div. of Appl. Phys.) (Engl.) — Vgl. C. **1960.** 11892.

Mitt. neuer Werte für die Vakuumwellenlängen von 6 Linien des ^{86}Kr u. 5 Linien des ^{198}Hg im sichtbaren Spektrum. Die Wellenlängen werden bezogen auf die prim. ^{86}Kr-Standard-Linie, 6057,80211, durch eine Reihe sehr sorgfältiger Messungen über mehrere Jahre. Die Genauigkeit, mit der Wellenlängen durch die gegenwärtigen Meth. verglichen werden können, wird diskutiert. J. M. SPAETH. 118□

Über eine direkte Methode zur Messung der mittleren Lebensdauer angeregter Niveaus von Ionen. Ju. M. Kagan und Ja. P. Koretzki. (Оптика и Спектроскопия [Optik u. Spektroskopie] **11.** 308—11. Sept. 1961.) (Russ.)

Es wird eine neue Meth. zur Messung der mittleren Lebensdauer (L.) angeregter Niveaus von Ionen beschrieben. Die Atome eines Gases werden durch einen Elektronenstrahl ionisiert u. angeregt. Die angeregten Ionen werden durch Anlegen eines elektr. Feldes beschleunigt u. erhalten bis zur Rückkehr in den Grundzustand eine bestimmte mittlere Geschw., die an der DOPPLER-Verschiebung der zugehörigen Linie gemessen werden kann u. zur Berechnung der L. dient. Der Gasdruck muß so gering sein, daß Stöße angeregter Ionen mit Atomen keine Rolle spielen. Die Best. der L. des *He II*-Niveaus für n = 4 wird beschrieben. Die Verschiebung der Linie He II 4686 Å wird mit einem Zweiprismenspektrographen u. gekreuztem FABRY-PÉROT-Etalon gemessen, wobei durch eine bes. Spaltkonstruktion die Streifen für entgegengesetzte Feldrichtungen nebeneinander aufgenommen werden können. Die L. ergab sich zu $0{,}7-1{,}1\cdot10^{-9}$ s, was mit quantenmechan. Berechnungen größenordnungsmäßig übereinstimmt. Es werden Fehlermöglichkeiten diskutiert, die hauptsächlich mit der geringen Linienintensität, dem kleinen Betrag des DOPPLER-Effektes u. der Feinstruktur der Linie zusammenhängen. R. GERBATSCH. 118□

Molekülelektronenspektroskopie. D. A. Ramsay. (Annu. Rev. physic. Chem. **12.** 255—84. 1961. Ottawa, Ontario, Nat. Res. Council, Div. of Pure Physics.) (Engl.)

Übersicht über die Elektronenspektren zweiatomiger, einfacher u. größerer polyatomiger u. anorgan. Moleküle. — 433 Literaturangaben (bis Nov. 1960). P. GOLINSKE. 118□

Spektroskopische Untersuchung der Ytterbium-Eisen-Austauschwechselwirkung in Ytterbium-Eisen-Granat. Kenneth A. Wickersheim. (Physic. Rev. [2] **122.** 1376—81. 1/6. 1961. Malibu, Calif., Hughes Research Labor.) (Engl.)

Die Austauschaufspaltungen des Yb-Dubletts im Grundzustand u. im angeregten Zustand wurden spektroskop. an *Yb-Fe-Granat*-Einkristallen bei 77° K als Funktion der Orientierung des Magnetfeldes im Kristall untersucht. Bei Feldausrichtung längs [1 1 1] werden die Ionen der Seltenen Erden (SE) in einem SE-Ga- oder SE-Al-Granat gleichmäßig auf 2 Platzarten, die magnet. nicht äquivalent sind, verteilt. Jeder Yb-Übergang erfolgt auf Dublett-Niveaus, die durch Austauschwechselwrkg. aufgespalten werden. Die Aufspaltungen nach $\Delta E = [(\Delta E)_x^2 l^2 + (\Delta E)_y^2 m^2 + (\Delta E)_z^2 n^2]^{1/2}$ bilden die funktionelle Form eines g-Tensor im Zweiniveau-Syst. u. haben die Hauptwerte ΔE_x = 11,6 cm^{-1}, ΔE_y = 25,7 cm^{-1}, ΔE_z = 29,9 cm^{-1} im Grundzustand u. 15,9, 5,8, 29,9 cm^{-1} im Anregungszustand, die mit denen paramagnet. Resonanz-Unterss. gut übereinstimmen. Die Hauptwerte des Austauschfeldes, erhalten aus den Grundzustandsaufspaltungen von Yb-dotiertem Y-Fe-Granat, werden zu 349000 Gauß, 611000 Gauß u. 678000 Gauß bestimmt. Sie zeigen bei tiefen Temp. magnet. anisotrope Anomalien, die durch die Theorie u. die spektroskop. Messungen nicht erklärt oder bestätigt werden können, sie haben den vierfachen Wert der Aufspaltungen im effektiven Feld.

W. SOBIESKI. 118□

Absorptions- und Reflexions-Messungen an Lanthaniden-Eisen-Granaten und an α-Fe_2O_3. P. C. V. Bailey. (J. appl. Physics, Suppl. zu **31.** Nr. 5. 39S—40S. Mai 1960. East Pittsburgh, Pa., Westinghouse Electr. Corp., Materials Engng. Dep., Magnet. Materials Developm. Sect.) (Engl.)

An (1 1 1)-Flächen von α-Fe_2O_3-Einkristallen werden die Absorptions-Koeff. im Sichtbaren u. nahen IR gemessen. Dabei wurden Maxima bei 12000 u. 16000 cm^{-1} gefunden. Zwischen 30000 u. 400 cm^{-1} wurden am gleichen Kristall auch Reflexionsmessungen durchgeführt, wobei Maxima bei 24500 u. 26000 cm^{-1} u. in bes. starkem Maße unterhalb 700 cm^{-1} gefunden wurden. An Granaten von *Fe* mit *Dy*, *Ho*, *Er* u. *Yb* (also z. B. 3 Dy_2O_3, 5 Fe_2O_3) ergab das Absorptionsspektrum scharfe Maxima bei Energien zwischen 10000 u. 13000 cm^{-1}. Dem zirkularen Dichroismus von $Yb_2O_3\cdot Fe_2O_3$

wurde dadurch Rechnung getragen, daß die Absorptionsspektren für die beiden Richtungen des zirkular polarisierten Lichts bestimmt wurden. H. Fahlenbrach. 119□

Extinktionskoeffizient bei der Konzentration Null. J. Fog. (Nature [London] **193.** 564—65. 10/2. 1962. Oslo, Univ. of Oslo, Inst. for Med. Biochem. and Physiol.) (Engl.)

Am Beispiel von K_2CrO_4 zeigt Vf., daß auch bei Abweichungen vom Lambert-Beerschen Gesetz, z. B. in Ggw. von Streulicht (ohne Filter), eine Konst., u. zwar der Extinktions-Koeff. bei der Konz. 0, experimentell bestimmt werden kann. In einem gewissen Konz.-Bereich kann unter diesen Voraussetzungen die Abhängigkeit des Extinktions-Koeff. von der Konz. durch eine Kurve 2. Grades ausgedrückt werden. Die Tangente an diese Kurve bei der Konz. 0 gibt den Extinktions-Koeff. E_0 bei der Konz. 0. G. Heller. 119□

Über Mischkristalle von Kaliumchromat und Kaliumsulfat. A. Rittmann und E. E. El Hinnawi. (Egypt. J. Chem. **1.** 117—23. 1958. Dokki, Cairo, Nat. Res. Centre.) (Engl.)

Unterss. der kristallopt. Eigg. von K_2CrO_4 u. K_2SO_4 zeigen, daß die bisherigen Literaturwerte unzureichend sind. Völlige Mischbarkeit von K_2CrO_4 u. K_2SO_4 liegt nur bei hohen Temp. vor, während bei Zimmer-Temp. eine Mischungslücke vorliegt, die opt. Diskontinuitäten hervorruft. Die Größe der Mischungslücke wurde annähernd bestimmt. Bei 60° werden homogene Mischkristalle erhalten, die eine lineare Abhängigkeit des Winkels der opt. Achse von der Zus. aufweisen, während die Beziehung zwischen Zus. u. Doppelbrechung komplizierter ist. G. M. Neumann. 119□

Ultraviolett-Absorptionsspektren in Rubin. A. Linz jun. und R. E. Newnham. (Physic. Rev. [2] **123.** 500—01. 15/7. 1961. Cambridge, Mass., MIT, Labor. for Insulat. Res.) (Engl.)

Die opt. Eigg. von hochdotiertem Rubin wurden an Einkristallen, die bis zu 5 Mol.-% Cr_2O_3 enthielten u. an Al_2O_3–Cr_2O_3-Verbb., die vollständige Reihen fester Lsgg. bilden, geprüft u. dabei die opt. Absorption einer Reihe von UV-Banden bei 3400 Å als Funktionen von Temp., Kristallorientierung u. chem. Zus. untersucht. Die Intensität dieser Absorptionsbanden verändert sich mit dem Quadrat der Cr-Konz., was durch starke Cr-Paar-Wechselwrkg. erklärt werden kann. W. Sobieski. 119□

Die Infrarotspektren der wasserfreien Nitrate einiger Alkali- und Erdalkalimetalle. K. Buijs und C. J. H. Schutte. (Spectrochim. Acta [London] **18.** 307—13. März 1962. Pretoria, C.S.I.R.O., Nat. Chem. and Phys. Res. Labor., Chem. Phys. Group.) (Engl.)

Vff. nehmen die IR-Spektren von wasserfreiem $LiNO_3$, $NaNO_3$, KNO_3, $Ca(NO_3)_2$, $Sr(NO_3)_2$ u. $Ba(NO_3)_2$ auf u. teilen die Zuordnung der Banden mit. Die Spektren stehen im Einklang mit den Kristallstrukturen; für isomorphe Nitrate sind sie nahezu identisch. Die Annahme kovalenter Bindungen in den Kristallen der Erdalkalimetallnitrate ist zur Erklärung der beobachteten IR-Spektren nicht erforderlich. In Übereinstimmung mit den Beobachtungsergebnissen ist das NO_3^- im $LiNO_3$- u. $NaNO_3$-Gitter nicht gestört. Obgleich die Symmetrie des Störfeldes beim KNO_3 zur beträchtlichen Verzerrung des NO_3^- ausreicht, findet man nur eine sehr geringe Abweichung von der dreizähligen Symmetrie, da die entarteten Niveaus nicht aufgespalten erscheinen. Die aus der Literatur bekannte scheinbare Aufspaltung der entarteten Schwingung ν_4 bei den Erdalkalimetallnitraten läßt sich der Wechselwrkg. zwischen einer Obertonschwingung ($2\,\nu_3$) u. ν_4 zuschreiben. Gerhard Schulze. 120□

Bemerkung zu: „IR-Absorptionsspektren von Nitrohalogenoplatinaten(II) im NaCl-Bereich" und eine Zuordnung der anomalen NO_2^--Schwingungen in den Komplexen. C. J. H. Schutte. (Z. Naturforsch. **17a.** 99. Jan. 1962. Pretoria, C.S.I.R.O., Nat. Chem. and Phys. Res. Labors., Chem. Phys. Group.) (Engl.)

Vf. führt eine Zuordnung der von Babajewa u. Charitonow (C. **1961.** 5688) mitgeteilten IR-Spektren von $K_2Pt(NO_2)_4$ (ν_2 = 840 cm^{-1}), $K_2PtCl(NO_2)_3$ (ν_2 = 832), *cis*-$K_2PtCl_2(NO_2)_2$ (ν_2 = 843) u. $K_2PtCl_3(NO_2)$ (ν_2 = 849) durch. Die daneben auftretenden Satellitenbanden wurde auf Verunreinigungen zurückgeführt. Für *trans*-$K_2PtJ_2(NO_2)_2$ ist (ν_2 =) 836, *cis*-$K_2PtBr_2(NO_2)_2$ 840 u. *trans*-$K_2PtBr_2(NO_2)_2$ 839. Die Zuordnungen im Gebiet der assym. ν_3-Valenzschwingung sind schwierig. Die Bande bei 1386 cm^{-1} muß einer NO_3^--Schwingung zugeordnet werden. G. Heller. 120□

Infrarotspektren einiger innerer Komplexverbindungen im Gebiet der N—H-Valenzschwingungen. L. A. Kasitzyna, B. W. Lokschin, L. L. Polstjanko und A. P. Terentjew. (Известия Академии Наук СССР, Серия Физическая [Nachr. Akad. Wiss. UdSSR, physik. Ser.] **23.** 1196—98. Okt. 1959. — C. **1961.** 13081.) (Russ.) R. K. Müller. 120□

Infrarotuntersuchungen einiger Komplexe zwischen Ketonen mit Calcium-montmorilloniten. 3. Mitt. **über Untersuchungen von Komplexen zwischen Ton und**

organischen Verbindungen. Lowell G. Tensmeyer, Reinhard W. Hoffmann und G. W. Brindley. (J. physic. Chem. **64.** 1655—62. Nov. 1960. University Park, Pa., Pennsylvania State Univ., Coll. of Mineral Ind., Dep. of Ceramic Technol.) (Engl.) — 2. vgl. Geochim. cosmochim. Acta [London] **20.** [1960.] 15.

Vff. nehmen die IR-Spektren des Einschicht-Komplexes (EK) von *Ca-Montmorillonit* (**I**) mit *Hexandion-(2.5)* (**II**) u. mit *Nonantrion-(2.5.8)* (**III**), des Zweischicht-Komplexes (ZK) von **I** mit **II** u. mit **III**, weiterhin die IR-Spektren von **II** u. **III** in CCl_4 u. CS_2, von fl. **II** u. von festem **III** auf. Der EK mit **II** u. **III** u. der ZK mit **II** u. **III** werden auch durch Röntgenbeugung untersucht. Die verschiedenen Komplexe werden durch Vermischen einer **I**-Suspension mit einer wss. Lsg., die die entsprechenden Ketone enthält, hergestellt. Diese Suspension wird auf einem AgCl-Fenster oder Glasplättchen zur Trockne gebracht u. anschließend untersucht. Die einzelnen Spektren werden miteinander verglichen u. eingehend diskutiert. Bei der Adsorption der Ketone treten charakterist. Änderungen bei der C=O-Valenzschwingung u. bei der CH_3- u. CH_2-Deformationsschwingung auf. Die IR-Spektren der EK mit **II** u. **III** ähneln sehr dem von festem **III**, während die ZK mit **II** u. **III** weniger Ähnlichkeit zeigen. Durch den Einbau in Ton verfestigt sich **II** bei einer Temp., die über seinem F. liegt. Das Zustandekommen schwacher Komplexe zwischen den KW-Stoffen u. Ton erklären Vff. mit einer H-Brückenbindung zwischen teilweise akt. CH_2- u. CH_3-Gruppen u. den O-Atomen der Silicatschicht u. mit einer Ion-Dipol-Wechselwrkg. mit dem Ca^{2+} des Tons. Der Einbau erfolgt nicht durch statist. Adsorption, sondern setzt sofort ein, wenn die ersten organ. Moll. adsorbiert sind, u. kann somit mit einem Kristallisationsprozeß verglichen werden. Bei ZK mit **II** u. **III** stellen Vff. eine weniger geordnete räumliche Anordnung der adsorbierten organ. Moll. als bei EK mit **II** u. **III** fest. A. Nebelung. 120□

Hyperfeinspektrum von Chrom-53 in Al_2O_3. R. W. Terhune, J. Lambe, C. Kikuchi und J. Baker. (Physic. Rev. [2] **123.** 1265—68. 15/8. 1961. Dearborn, Mich., Ford Motor Comp., Sci. Labor.; Ann Arbor, Mich., Univ., Nucl. Engng. Dep.) (Engl.)

Das Hyperfeinspektrum von ^{53}Cr wurde nach der Meth. der Elektron–Kern-Doppelresonanz aus Al_2O_3 erhalten. Es wurden ein positiver Wert von 48,5 ± 0,1 MHz für die Hyperfeinkopplungs-Konst. u. —0,85 ± 0,04 MHz für die Quadrupolkopplungs-Konst. erhalten. Ein Näherungswert für das elektr. Kernquadrupolmoment von ^{53}Cr kann durch Vgl. der Quadrupol-Wechselwrkg.-Konst. des $(^{53}Cr)^{3+}$-Ions mit denen des $(^{27}Al)^{3+}$-Ions in Al_2O_3 erhalten werden, er beträgt —0,03 barn. W. Sobieski. 121□

Untersuchung über die Kovalenz der Metall-Ligand-Bindungen in Hexahalogentelluraten(IV) an Hand der reinen Quadrupolresonanz der Halogene. Daiyu Nakamura, Kazuo Ito und Masaji Kubo. (J. Amer. chem. Soc. **84.** 163—66. 20/1. 1962. Nagoya, Japan, Nagoya Univ., Chikusa, Chem. Dep.) (Engl.)

Die Kernquadrupol-Resonanzen der Halogene in $K_2[TeJ_6]$ (**I**), $(NH_4)_2[TeJ_6]$ (**II**), $Cs_2[TeJ_6]$(**III**), $K_2[TeBr_6]$ (**IV**), $(NH_4)_2[TeBr_6]$(**V**), $Cs_2[TeBr_6]$ (**VI**), $[(CH_3)_4N]_2[TeBr_6]$ (**VII**) u. $(NH_4)_2[TeCl_6]$ (**VIII**) wurden bei den Temp. von fl. N_2, Trockeneis u. bei Zimmer-Temp. bestimmt. Die Komplexe **I**, **II** u. **III** wurden neu hergestellt u. analysiert. Die Verbb. **III**, **VI**, **VII**, **VIII** u. bei höheren Temp. **V** zeigen eine einzige Resonanzlinie in Übereinstimmung mit den Resultaten von Röntgenanalysen. **I**, **II**, **IV** u. bei tiefen Temp. **V** liefern ein Triplett, was auf weniger symmetr. Kristallstrukturen deutet. Aus den erhaltenen Quadrupol-Kopplungs-Konst. wurde der kovalente Charakter der Te—X-Bindungen mit Hilfe des Towns-Dailey-Verf. berechnet. Der kovalente Charakter mit 0,3—0,5 ist um etwa 0,2 kleiner als der der entsprechenden Bindungen in Hexahalogenoplatinaten(IV) u. Hexahalogenopalladaten(IV) trotz der prakt. gleichen Elektronegativitäten von Te, Pt u. Pd. Die Ladung eines Te-Atoms beträgt im Gegensatz zum Elektroneutralitätsprinzip 1 Einheitsladung oder mehr. Der Grund dafür ist eine andere Elektronenkonfiguration des Te-Ions als beim Pt- oder Pd-Ion.

G. Heller. 121□

Ein Molekularverstärker für eine Betriebstemperatur von 90° K. H. Reitböck und A. Redhardt. (Z. Naturforsch. **17a.** 187—88. Febr. 1962. Frankfurt/M., MPI für Biophys.) (Dt.)

Vff. beschreiben einen Molekularverstärker, der im Hinblick auf biophysikal. Anwendungen (Elektronenresonanzspektroskopie) bei 90°K betrieben werden kann. Der Verstärker arbeitet im 4-Niveau-Betrieb mit synth. Rubin als akt. Material. Der Resonator schwingt im X-Band (Signalfrequenz 9730 MHz) im H_{101}-Modus u. im K-Band (Pumpfrequenz 24240 MHz) im H_{103}-Modus. G. M. Neumann. 121□

Messung von Luminescenzabklingzeiten anorganischer Leuchtstoffe bei Anregung mit Ionen. A. Scharmann. (Z. Physik **157.** 301—15. 1959. Gießen, Univ., Physik. Inst.) (Dt.)

Vf. konstruiert eine Anordnung zur Messung von Luminescenzabklingzeiten bei Anregung mit Ionen verschiedener Masse u. untersuchten damit einige charakterist. Leuchtstoffe. Die Wolframate sind typ. Vertreter exponentiellen Luminescenzabklingens, wobei angenommen wird, daß für die Luminescenz das WO_4-Ion verantwortlich ist. Für die Messungen standen *$MgWO_4$*, *$ZnWO_4$*, *$CdWO_4$* u. *$CaWO_4$* zu Verfügung. Auch *CsJ/Tl* u. *NaCl/Ag* besitzen eine exponentiell abklingende Luminescenz. Der CsJ/Tl-Kristall war aus einer Schmelze gezogen worden, die ca. 0,01 Gew.-% Tl enthielt. Das entspricht einem Geh. zwischen 10^{-3} u. 10^{-4} g-Atom Tl/Mol CsJ. *ZnS/Cu* ist ein Leuchtstoff mit typ. hyperbol. Abklingen. *ZnS/Mn* gehört zu den Leuchtstoffen, deren Grundsubstanz Luminescenz mit hyperbol. Abklingen zeigt, deren durch die Aktivatoren bedingte Luminescenz jedoch exponentiell abklingt. Regt man Leuchtstoffe mit Ionen von Energien zwischen 10 u. 60 keV an, so bleibt die Anregung auf eine dünne Oberflächenschicht beschränkt, denn Ionen dieser Energie dringen nur größenordnungsmäßig 1 μ in den Leuchtstoff ein. Die Ionen bilden im Leuchtstoff einen Anregungskanal, dessen Länge durch die Ionenenergie u. die Ionenmasse gegeben ist. Der mittlere Durchmesser dieses Kanals ist sicher nicht $> 10^{-6}$ cm. Bei einem Ionenstrom von 10^{-7} A u. einer Impulsdauer von 10 μs besitzt ein Ionenimpuls 10^6 Teilchen. Mit wachsender Anregungsdichte werden strahlungslose Übergänge angeregter Zustände begünstigt, d. h. es tritt eine Löschung der Luminescenz auf. GERHARD SCHMIDT. 125□

Das Abklingen der Luminescenz von ZnS/Cu, ZnS/S, ZnS/Zn und ZnO/Zn bei Anregung mit 60-keV-H_2^+-Ionenimpulsen. Karl Heinz Härdtl. (Z. Physik **157.** 316—25. 1959.) (Dt.) — Vgl. vorst. Referat.

Folgende Leuchtstoffe wurden untersucht: ZnS/Cu ($5 \cdot 10^{-3}$), (10^{-3}), (10^{-4}), (10^{-5}), ZnS/S, ZnS/Zn u. ZnO/Zn. Die Messungen wurden mit der l. c. entwickelten App. durchgeführt. Die kürzeste mit dem Impulsgenerator erreichbare Impulsdauer betrug 0,1 μs. Als längste Impulsdauer wurde 100 μs gewählt. Die Wiederholfrequenz des Impulses betrug bei kurzen Impulsen 500 Hz, bei langen 100 Hz. Der Ionenstrom wurde vor Einschalten der Hochspannung u. ohne Modulation auf $5 \cdot 10^{-8}$ A eingestellt. Die Meßergebnisse zeigen, daß die I/I_0-Funktion das Abklingen der untersuchten Leuchtstoffe bei Variation der Impulsdauer bis 3 μs gut, ab 10 μs nur noch qual. beschreibt. Mit Hilfe dieser Gleichung ist es möglich, die Abkling-Konst. a u. p der durch ein einzelnes 60-keV-H_2^+-Ion erzeugten Luminescenz zu bestimmen. Die Abweichung der Meßkurven von den berechneten Kurven lassen sich in der Weise deuten, daß für ZnS/Cu (10^{-3}) u. ($5 \cdot 10^{-3}$) die Verlängerung des Abklingens durch Haftstellen die Verkürzung durch Überlappung der Anregungskanäle überwiegt. Aus den Ergebnissen ist ersichtlich, daß a von der Wellenlänge der Luminescenz abhängt. GERHARD SCHMIDT. 125□

Elektroluminescenz bei niedriger Spannung. J. Weiszburg. (Acta physica Acad. Sci. hung. **13.** 61—66. 1961. Budapest, Ind. Res. Inst. for Telecommun. Techn.) (Engl.)

Die übliche Unterscheidung zwischen Eigen- u. Injektions-Elektroluminescenz wird als unbegründet gefunden, weil die Größenordnungen der Schwellenspannungen der beiden Gruppen miteinander übereinstimmen. Die Elektroluminescenzphänomene von ZnS-Schichten bei niedrigen Spannungen können auch durch Gesetzmäßigkeiten beschrieben werden, die charakterist. für die Schwellen vom MOTT-SHOTTKY-Typ sind. Die vorhandenen Messungen reichen noch nicht für eine Überprüfung der theoret. Hypothesen aus. J.-M. SPAETH. 125□

Ein Beitrag zur Luminescenz von Diamanten. J. Kouřimský und J. Kutil. (Sborník Národního Musea v Praze. Řada B. **15.** 185—228. 1959.) (Tschech.)

An einer sehr großen Anzahl von Diamanten der verschiedensten Fundorte, sowohl an geschliffenen als auch an ungeschliffenen Steinen, untersuchten Vff. die Luminescenz. Es scheint eine gewisse Beziehung zwischen der Kristallmorphologie u. der Farbe der Luminescenz zu bestehen. Die Beobachtungsergebnisse sind in Tabellen angegeben. C. GOTTFRIED. 125

Einfluß der sekundären Prozesse auf die Intensität der Luminescenz von Uranylverbindungen. L. W. Walodska und D. Ss. Umreika. (Известия Академии Наук Белорусской ССР, Серия Физико-Технических Наук [Nachr. Akad. Wiss. BelorussSSR, Ser. physik.-techn. Wiss.] **1961.** Nr. 1. 75—81.) (Beloruss.) — Vgl. C. **1962.** 5557.

Es wird gezeigt, daß die sek. Luminescenz der Uranyl-Verbb. bei Zimmer-Temp. experimentell nachgewiesen werden kann. Vff. untersuchen die Abhängigkeit der Intensität der sek. Luminescenz von *Uranglas* u. *Uranylnitrat* in der wss. Lsg. von der Lage der Luminescenzschicht u. vergleichen die experimentellen u. theoret. Werte miteinander. Es ist ersichtlich, daß mit zunehmendem zeitlichem Abstand vom Beginn der Anregung die Rolle der sek. Luminescenz größer wird. O. LEBTAG. 125□

A_3. Elektrizität. Magnetismus. Elektrochemie

Schwingungen in einem Plasma mit orientiertem magnetischem Gleichfeld. Louis Gold. (J. Electronics and Control [1] **4.** 409—16. Mai 1958. Lexington, Mass., MIT., Lincoln Labor.) (Engl.)

Theoret. Unterss. des Verh. eines Niederenergie-Plasmas in einem elektr. u. magnet. Gleichfeld nach einem phänomenolog. Formalismus. Unter Umgehung der Anwendung des BOLTZMANNschen Transport-Formalismus wird direkt gezeigt, daß eine Neigung des elektr. gegen das magnet. Feld durch Koppelung der Plasmaschwingungen (Frequenz ω_p) u. Cyclotronschwingungen (Frequenz ω_c) zu Doppelresonanzen führt. Stehen die Felder aufeinander senkrecht, so gibt es nur eine einzige Dispersionsfrequenz $\omega = (\omega_c^2 + \omega_p^2)^{1/2}$. Sind dagegen elektr. u. magnet. Feld parallel zueinander, so können Plasma- u. Cyclotronresonanzen einzeln entkoppelt auftreten. Die Rolle der Stoßdämpfung, der therm. Plasmaenergie u. der Stromdichte wird diskutiert. F. LENZ. 131□

Untersuchung der Reaktionen, die durch einen Strahl molekularer Wasserstoffionen, durch neutrales Wasserstoff- und Heliumgas hervorgerufen werden. Joseph Guidini. (C. R. hebd. Séances Acad. Sci. **252.** 2848—50. 8/5. 1961.) (Franz.)

Mit 2 verschiedenen Meth. (1. Feststellung der Teilchen in Koinzidenz, 2. Registrierung der Teilchen nach ihrer Energie) werden die Wirkungsquerschnitte (σ_1, σ_2 u. $\sigma_3 + \sigma_4$) für mol. Ionenströme von 100—250 KeV beim Durchgang durch neutrales H_2- u. He-Gas bestimmt. Die Messungen werden bei den einzelnen Energien für Drücke von $1—7 \cdot 10^{-3}$ mm Hg ausgeführt. Die Wrkg.-Querschnitte in Abhängigkeit von der Energie werden aus der Tangente im Ursprung der entsprechenden Kurven von $\log (N_t/N) = f(p)$ (N_t = Anzahl der in den Gasraum eintretenden Teilchen, N = Anzahl der in der jeweiligen Rk. erzeugten Teilchen, p = Druck) berechnet. H. SCHIBILLA. 131□

Über die Bildung des elektrischen Bogens im Hochvakuum. Max Goldman und Alice Goldman. (C. R. hebd. Séances Acad. Sci. **253.** 2654—56. 4/12. 1961.) (Franz.)

Die Bldg. eines Lichtbogens im Hochvakuum (10^{-6} Torr) wird mit Hilfe der zwischen Anode u. Kathode auftretenden Metalldämpfe gedeutet. Die Dampf-Bldg. beruht auf einer oberflächlichen Verdampfung des Anodenmaterials. Unter Berücksichtigung der Ausbreitungs-Geschw. der Metalldämpfe werden die Gleichungen für Bogenspannung u. -strom angegeben. HERBERT MÜLLER. 131□

Der Einfluß der Polarität des Auslöseimpulses auf die Anoden-Durchschlagszeit der Bogenleitungstetrode mit kalter Kathode. R. Feinberg. (J. Electronics and Control [1] **6.** 246—57. März 1959. Manchester, Coll. of Sci. and Technol., and Ferranti Ltd.) (Engl.)

Die Anoden-Durschlagszeit der Bogenleitungstetrode mit kalter Kathode (Ne 20 Torr bzw. Ar 10 Torr) hängt von der Dauer des Auslöseimpulses ab, wenn dieser positiv ist, ist aber unabhängig von der Dauer eines negativen Auslöseimpulses. Es war daher möglich, in einer gegebenen Röhre durch Variation der Dauer des positiven Auslöseimpulses die Durchschlagszeit von etwa 10 bis etwa 400 μs zu variieren. F. LENZ. 131□

Über die Abhängigkeit der statischen Durchbruchsspannung vom Kathodenmaterial (Wasserstoff; $p \approx 500$ Torr, $d = 1$ cm). Heinz Mielke. (Z. angew. Physik **11.** 111—14. März 1959. Hamburg, Univ., Inst. für angew. Phys.) (Dt.)

Vf. bestimmte die stat. Durchbruchspannung U_D für H_2 im Bereich $400 \leq p \cdot d \leq 550$ Torr·cm für die Kathodenmaterialien *V2A-Stahl, Cu* u. *CuJ*. Die Kathoden wurden nach der techn. Bearbeitung nicht ausgeheizt. Die Durchbruchspannung nimmt in Richtung von V2A über Cu zum CuJ ab. Für $U_D = 10$ kV war die relative Änderung der Durchbruchspannung ΔU_D (V2A—Cu)/U_D = 1,1% u. im Mittel ΔU_D (Cu—CuJ)/U_D = 2,8%. Aus der Durchbruchsbedingung $\gamma_p \exp (\alpha \cdot d) = 1$ wurde die Sekundärelektronenausbeute γ_p bei $p \cdot d = 435,3$ Torr·cm ermittelt: γ_p (V2A) = $3,6 \cdot 10^{-4}$, γ_p (Cu) = $5,3 \cdot 10^{-4}$ u. γ_p (CuJ) = $14,0 \cdot 10^{-4}$. G. LEHMPFUHL. 131□

Entstehung und Stabilisierung des Brennflecks in der Niederdruckentladung. B. Kühl. (Techn.-wiss. Abh. Osram-Ges. **7.** 73—84. 1958.) (Dt.) — Vgl. C. **1962.** 4813.

Das Verh. der therm. emittierenden Oxidkathoden in der Niederdruckentladung wird untersucht, bes. die Austrittsarbeit, die Aufheizung durch den Entladungsstrom u. das Ionenbombardement, die Abkühlung durch den Elektronenaustritt sowie durch Wärmestrahlung u. -leitung. Aus der Leistungsbilanz der Kathode u. der RICHARDSON-Gleichung werden dann Temp. u. Stromdichte im Brennfleck abgeleitet u. der Mechanismus der Entladung ohne Brennfleck u. sein Umklappen in die Entladung mit Brennfleck erörtert. W. REUSSE. 131□

Messung des Kanaldurchmessers einer Impulsentladung bei hohem Druck in verschiedenen Spektralgebieten. K. Ss. Wulfsson und F. A. Tscharnaja. (Оптика и Спектроскопия [Optik u. Spektroskopie] **11.** 549—51. Okt. 1961.) (Russ.)

Mit einer Anordnung aus Monochromator, drehbarem Spiegelobjektiv u. photograph. Kamera wurde die Kanalbreite von Impulsgasentladungen in verschiedenen Spektralbereichen u. zu verschiedenen Zeitpunkten gemessen. Es zeigte sich, daß vor allem gegen Ende der Entladung die Kanalbreite für langwelliges Licht (660 mμ) deutlich größer ist als für kurzwelliges (400 mμ). R. Gerbatsch. 131□

Über den Mechanismus der Schwächung der CN-Banden (Violettsystem) im Bogenplasma. W. Ss. Rossichin und I. L. Zikora. (Оптика и Спектроскопия [Optik u. Spektroskopie] **11.** 415—17. Sept. 1961.) (Russ.)

Vff. führten Messungen der Intensität des CN-Bandenkopfes bei 3883 Å u. der Bogen-Temp. (vgl. Smit u. Spier, Physica **9.** [1942.] 422) in Abhängigkeit von Zusätzen leicht ionisierbarer Elemente durch. Diese wurden als Lsgg. mit einer Capillarelektrode in einen Wechselstrombogen gebracht. Die Messungen ergaben, daß die Abschwächung der CN-Banden nicht rein therm. Natur sein kann. Wahrscheinlich spielen strahlungslöschende Stöße, evtl. mit gleichzeitigen chem. Umsetzungen, eine Rolle. R. Gerbatsch. 131□

Anmerkung über die Zersetzungsgeschwindigkeit bei der Gasentladung. Shiro Hamamura und Masato Nishi. (J. Sci. Hiroshima Univ., Ser. A **23.** Nr. 2. 211—14. Dez. 1959. Hiroshima, Hiroshima Univ., Fac. of Sci., Dep. of Phys.) (Engl.)

Der Mechanismus der bei einer Glimmentladung stattfindenden Zers.-Rk. in einem abgeschlossenen Syst. wurde untersucht. Unter der Annahme, daß die Rk. nahe der Kathode stattfindet u. das Gas unverändert diese Zone wieder verläßt, wurde die Grundgleichung für die Diffusion aufgestellt u. das erhaltene Druck–Zeit-Diagramm diskutiert. J. Boelter. 131□

Ionisation und Dissoziation einiger Halogenmoleküle durch Elektronenstoß. D. C. Frost und C. A. McDowell. (Canad. J. Chem. **38.** 407—20. März 1960. Vancouver, B. C., Univ. of British Columbia, Dep. of Chem.) (Engl.)

Die Ionisation u. die Dissoziation von Cl_2, Br_2, J_2, *JCl* u. *JBr* wurde mit einem Massenspektrometer unter Verw. eines monoenerget. Elektronenstrahls untersucht. Die Ionisationspotentiale für diese Moll., die auf die Bldg. der ursprünglichen Mol.-Ionen in verschiedenen angeregten Zuständen zurückzuführen sind, betragen für Cl_2 11,63 ± 0,04 eV; für Br_2, bei dem ebenso wie beim J_2 5 getrennte Prozesse, die zur Ionen-Bldg. führen, aufgefunden wurden: 10,69 ± 0,03; 11,05 ± 0,05; 11,97 ± 0,03; 12,36 ± 0,04 u. 13,72 ± 0,04 eV u. für J_2: 9,35 ± 0,03; 9,97 ± 0,02; 10,91 ± 0,04; 11,72 ± 0,04 u. 13,64 ± 0,06 eV. Die Ionenausbeutekurven für JCl^+ u. JBr^+ weisen auf jeweils 3 Ionisationsprozesse hin, u. zwar betragen die Ionisationspotentiale für JCl 10,31 ± 0,02; 10,79 ± 0,03 u. 12,13 ± 0,04 eV, sowie für JBr 9,98 ± 0,03, 10,49 ± 0,03 u. 11,59 ± 0,05 eV. Diese Ergebnisse werden in Form einfacher mol. Orbitals der Elektronenstruktur der Halogen-Moll. diskutiert. Untersucht wurde ferner die Dissoziation von Cl_2, Br_2 u. J_2 unter Elektronenanregung, wobei es möglich war, sowohl das Potential des positiven als auch des negativen Ions zu bestimmen. Die Ergebnisse wurden zur Aufstellung von Potential-Kurven herangezogen. G. Herzog. 131□

Dipolmomente und Struktur einiger Bis-[trifluoracetylacetonato]-Komplexe. R. H. Holm und F. A. Cotton. (J. inorg. nuclear Chem. **15.** 63—66. Sept. 1960. Cambridge, Mass., MIT, Dep. of Chem.) (Engl.)

Es werden die Dipolmomente von *Bis-[trifluoracetylacetonato]-beryllium(II)*, *-kobalt(II)* u. *-kupfer(II)* in benzol. Lsg. zu 4,25—4,42 (D), 3,45—3,67 u. 319—3,42 bestimmt. Aus den Messungen wird gefolgert, daß die Co- u. Cu-Verb. ebene Struktur mit einem Verhältnis von cis-/trans-Form wie 3/2 besitzen. K. L. Wolf. 132□

Dipolabsorption von auf Stärke und Kieselgel adsorbiertem Wasser. Kan-Ichi Kamiyoshi, Marie Freymann und M. J. Ripoche. (Arch. Sci. [Genéve] **11 (163).** Sonderh. 71—73. 12/7. 1958. Paris et Renner, Fac. des Sci.) (Franz.)

Die dielektr. Absorption von Stärke wird gemessen in Abhängigkeit von Frequenz, Temp. u. Wasser-Geh. (0,6—77%), wobei je nach der Konz. 3 Bereiche zu unterscheiden sind, in denen verschiedene H_2O-Zustände wirksam werden. Entsprechend wurden bei Verw. von Kieselgel 2 Temp.-Bereiche unterschieden, deren unterer mono- oder multimol. W. allein zugeschrieben wird, u. deren oberer von der Natur des Kieselgels u. davon bestimmt ist, ob die Meß-Temp. höher oder tiefer ist als 273° K. K. L. Wolf. 132□

Über die Temperaturabhängigkeit der Dielektrizitätskonstante von Dielektrika. F. Gutmann. (Z. physik. Chem. **217.** 230—35. 1961. Sydney, N.S.W., Univ. of New South Wales, Phys. Chem. Dep.) (Engl.)

Vf. untersucht die durch VARSHNI u. SRIVASTAVA (C. **1959.** 12124) aus der DEBYE-LANGEVINschen Beziehung abgeleitete Gleichung $\varepsilon = A + B/(T + C)$, wobei ε die DK eines nichtpolaren oder polaren Stoffes bei der Temp. T. ist. Es wird gezeigt, daß die therm. Ausdehnung für den Fall von nichtpolaren Fl. in der Hauptsache u. für den Fall von polaren Fl. zu einem beträchtlichen Teil auf die Änderung von ε mit T zurückzuführen ist. Dann ist es bei Betrachtungen der Temp.-Abhängigkeit der DK nicht zulässig, die Dichte als angenähert konst. anzunehmen, wie es von VARSHNI u. SRIVASTAVA vorgeschlagen wurde. Vf. zeigt weiterhin, daß die Gleichung $\varepsilon = A + B/(T + C)$ eine Form der VAN ARKEL-SNOEKschen Beziehung ist. G. JORDAN. 132□

Die Dielektrizitätskonstante und der dielektrische Verlust von Eisenpentacarbonyl bei Mikrowellenfrequenzen. W. D. Horrocks jun. und E. N. DiCarlo. (J. physic. Chem. **66.** 186—87. Jan. 1962. Princeton, N.J., Princeton Univ., Dep. of Chem.) (Engl.)

Vff. bestimmen die DK u. den dielektr. Verlust von reinem fl. $Fe(CO)_5$ bei Wellenlängen von 1,25 u. 3,22 cm. Das aus den Ergebnissen berechnete Dipolmoment ergibt sich zu 0,15 bzw. 0,10 D. Die Ergebnisse stimmen mit der D_{3h}-Struktur des undeformierten $Fe(CO)_5$-Mol. überein. G. M. NEUMANN. 132□

Über den Phasenübergang des Bariumtitanat-Kristalls. Wataru Kinase. (Progr. theoret. Physics [Kyoto] **22.** 736—38. Nov. 1959. Waseda, Fac. of Gen. Educat., Dep. of Phys.; Tokyo, Shinjuku, Univ.) (Engl.)

Die Veränderung der Ionenanordnung des Kristalls infolge eines äußeren Felds wird untersucht. Die Verschiebung der Ti-Ionen, die DK u. die spontane Polarisation sind für die kub. u. die tetragonale Phase berechnet. M. WIEDEMANN. 132□

Ultraschallmessung von Polarisationsumkehrvorgängen in Bariumtitanat-Einkristallen. K. Husimi und K. Kataoka. (J. appl. Physics **29.** 1247—51. Aug. 1958. Tokyo, Nippon Telegraph and Telephone Public Corp., Electr. Communicat. Labor.) (Engl.) — Vgl. C. **1960.** 4421.

Vff. berichten über die Unters. von Polarisationsumkehrvorgängen in $BaTiO_3$-Einkristallen mit einer zerstörungsfreien piezoelektr. Methode. Es werden 3 Polarisationsprozesse diskutiert. Der 1. u. 2. Prozeß wurde von MERZ als Keim-Bldg. u. Wachstum bezeichnet. Der 3. Prozeß läßt sich nicht mit der konventionellen Impuls-Meth. messen, da er eine sehr kleine Polarisations-Geschw. besitzt. Aus diesem Verh. kann man auf die Existenz von Zwischenschichten zwischen Oberflächenschicht u. Kristallinneren schließen. Die Dicke dieser Zwischenschicht wird zu ca. $6 \cdot 10^{-4}$ cm abgeschätzt. G. M. NEUMANN. 132□

Der Einfluß von Halogendotierung auf die thermoelektrischen Eigenschaften des Systems $Bi_2Te_{3-x}Se_x$. U. Birkholz und G. Haacke. (Z. Naturforsch. **17a.** 161—65. Febr. 1962. Frankfurt/M., AEG Forsch.-Inst.) (Dt.)

Vff. berichten über Unterss. der thermoelektr. Eigg. des Syst. $Bi_2Te_{3-x}Se_x$ für $0 \leq x \leq 1{,}2$ für Cl-, Br- u. J-Dotierung. Im untersuchten Bereich gilt für den Streuparameter $r = 0$. Aus den Meßwerten von Thermokraft u. elektr. Leitfähigkeit wird die Größe $(m/m_0)^{3/2} \cdot \mu_{kl}$ ermittelt (m effektive Masse, m_0 Masse des freien Elektrons, μ_{kl} Ladungsträgerbeweglichkeit bei Nichtentartung). Diese Größe fällt mit steigendem x; für $x > 0$ ist sie bei J-Dotierung stets kleiner als bei Cl- u. Br-Dotierung. Die Temp.-Abhängigkeit der elektr. Leitfähigkeit läßt erkennen, daß für $x = 0$ die Ladungsträger an den therm. Schwingungen des Gitters gestreut werden, während sich für $x > 0$ eine zusätzliche Streuung an neutralen Störstellen überlagert. G. M. NEUMANN. 133□

Elektronenaustrittsarbeit von Urancarbid. B. J. Hopkins. (Nature [London] **193.** 668—69. 17/2. 1962. Southampton, Univ., Phys. Labor.) (Engl.)

Vf. berichtet über die Best. der Elektronenaustrittsarbeit von U-Carbid nach der Meth. des schwingenden Kondensators nach KELVIN u. ZISMAN. Die Kathode bestand aus Ta-Blech, auf das ein U-Carbid-Film elektrophoret. abgeschieden wurde, die Gegenelektrode aus Wolfram. Die Elektronenaustrittsarbeit ergab sich zu $3{,}97 \pm 0{,}015$ eV, bezogen auf eine Temp. von ca. 300° K. Die Abweichung dieses Wertes von bekannten Daten wird kurz diskutiert. G. M. NEUMANN. 134□

Röhren für Rechenmaschinen und Impedanz der Kathoden-Zwischenschicht. J. Seymour. (J. Electronics and Control [1] **3.** 107—25. Juli 1957. Sidcup, Kent, Footscray, Standard Telephones and Cables Ltd.) (Engl.)

Bei Oxidkathodenröhren entsteht durch Rk. der Oxidschicht mit Beimengungen des Trägermetalls eine Zwischenschicht, deren Widerstand mit der Brenndauer ansteigt u. störende Werte erreichen kann. Zur Messung des Widerstandes wird eine Gleichstrom- u. eine Impuls-Meth. verwendet. Der Widerstand der Zwischenschicht steigt umso schneller an, je höher die Kathoden-Temp. ist u. je kleiner der Kathodenstrom ist. Letzteres tritt bei Röhren in Rechenanlagen auf, wo sie sich vorwiegend im gesperrten Zustand befinden. Die Unters. verschiedener Trägermetalle zeigt, daß Beimengungen von Si, Al, W u. Mg für die Zwischenschicht verantwortlich sind. Als günstigstes Trägermetall wird S. 1.-Nickel angegeben. P. BRUMM. 134□

Anwendung der irreversiblen Thermodynamik in der Rekombinationstheorie bei Halbleitern. G. Pataki. (Acta physica Acad. Sci. hung. **13.** 119—21. 1961. Budapest, Hungar. Acad. of Sci., Res. Inst. for Techn. Phys.) (Engl.)

Auf der Basis der exakten statist. Theorie der Rekombination „über Haftstellen" von SHOCKLEY u. READ wird eine Formulierung der Rekombination mit Hilfe der irreversiblen Thermodynamik gegeben. J.-M. SPAETH. 135□

Berechnung des Widerstandes von nach der Technik von Czochralski gezüchteten Halbleiterkristallen. B. Pratt und M. Y. Ben-Sira. (Bull. Res. Council Israel, Sect. C **8C.** 103—08. Okt. 1960. Haifa, Technion-Israel Inst. of Technol., Dep. of Metallurg. and Dep. of Phys.) (Engl.)

Formeln zur Berechnung des Widerstandes von Halbleitereinkristallen aus Meßgrößen. C. GOTTFRIED. 135

Photoeffekte in ungleichmäßig bestrahlten p-n-Übergängen. Gerald Lucovsky. (J. appl. Physics **31.** 1088—95. Juni 1960. Philadelphia, Pa., Philco Corp., Res. Div.) (Engl.)

Vf. leitet theoret. Ausdrücke für die Photoeffekte, die in nicht gleichmäßig bestrahlten p-n-Übergängen auftreten, ab. Durch Anwendung der Kontinuitäts- u. Diffusionsgleichung werden Differentialgleichungen für die Photospannungen entwickelt. Lsgg. der Gleichungen für einen geringen stationären Photoeffekt zeigen, daß die Effekte bei ungleichmäßiger Bestrahlung mit steigendem Verhältnis des seitlichen zum Querwiderstand bedeutender werden. Als Maß für dieses Widerstandsverhältnis wird ein Parameter α („lateral-fall-off"-Parameter) eingeführt. Die aus der ungleichmäßigen Bestrahlung resultierende seitliche Photospannung kann durch Anlegen einer Gegenspannung an den Übergang bis zur Sättigung eliminiert werden. Vf. teilt experimentelle Werte mit, die mit den theoret. vorausgesagten Werten übereinstimmen. P. FRENZEL. 135□

Spin-Gitter-Relaxation der Donator-Elektronen in Silicium. Jun Kondo. (Progr. theoret. Physics [Kyoto] **24.** 161—70. Juli 1960. Tokyo, Kanda, Nihon Univ., Dep. of Phys., Coll. of Sci. and Engng.) (Engl.)

Der Relaxationsvorgang des Donator-Elektronenspins auf Grund der Gitterschwingungen wird mit der adiabat. Näherung bestimmt. Dabei wird die elektron. Wellenfunktion gemäß der HAMILTON-Funktion, die durch die Gitterstörungen beeinflußt wird, behandelt. Die dargestellte Theorie enthält ausführliche Berechnungen mit bes. Berücksichtigung der Deformation der Donatorenbahn auf Grund des äußeren Magnetfeldes, das wirksam genug ist, um bei dem betrachteten Ein-Photonenvorgang eine eindeutige Größenordnung der Relaxationszeit 1. Art (a) festzulegen. H. SCHIBILLA. 135□

Messungen des elektrischen Wechselfeldeffektes an Silicium. Norman G. Einspruch. (J. electrochem. Soc. **108.** 1164—66. Dez. 1961. Dallas, Tex., Texas Instruments, Inc., Central Res. Labor.) (Engl.)

Vf. bestimmt den Einfl. eines transversalen elektr. Wechselfeldes auf eine CP-4-geätzte Oberfläche von zonengeschmolzenem, B-dotiertem, p-leitendem Si bei 72°, ermittelt das Leitfähigkeitsminimum u. berechnet die Ladungsmenge Q_s in den verschiedenen Oberflächenzuständen als Funktion des Oberflächenpotentials U_s sowie ein Gleichgewichtsoberflächenpotential. Das elektr. Feld (70 Hz) ruft eine Änderung der Ladungsdichte in den Oberflächenzuständen im Bereich von +16,4 bis —14,8 mμC/cm² mit einer entsprechenden Änderung von U_s um weniger als eine (qΦ/kT)-Einheit hervor. Große Änderungen von U_s sind nur schwierig zu erreichen. Die „Feldeffekt-Beweglichkeit" (definiert als die Ableitung der Leitfähigkeitsänderung nach der Dichte der induzierten Ladung) beträgt ca. 1/30 cm²/Vs (p-leitend). P. FRENZEL. 135□

Sauerstoff-Verunreinigung in Silicium-Einkristallen. A. Smakula und J. Kalnajs. (Physics Chem. Solids **6.** 46—50. Juli 1958. Cambridge, Mass., MIT., Labor. for Insulation Res.) (Engl.)

Messungen mit einem Röntgen-Diffraktometer zeigen, daß die Gitter-Konst. von O-haltigem Si kleiner ist als die von „reinem" Si. Die Dichten sind aber etwa gleich. Weiterhin werden Lage u. Intensität von 15 IR-Absorptionsmaxima untersucht. Ihr Verh. entspricht dem Absorptionsspektrum von Quarz, nicht aber dem des reinen Si. Daher wird vermutet, daß der Sauerstoff durch Substitution im Gitter, nicht aber auf Zwischengitterplätzen eingebaut wird. P. BRUMM. 135□

Verunreinigungs-Leitung gereinigter Germanium-Oberflächen bei niedrigen Temperaturen. A. Kobayashi, Z. Oda, S. Kawaji, H. Arata und K. Sugiyama. (Physics Chem. Solids **14.** 37—42. Juli 1960. Tokyo, Japan, Electr. Communicat. Labor.) (Engl.)

Es werden die Leitfähigkeit u. der HALL-Effekt bes. gereinigter Ge-Oberflächen in einem Temp.-Gebiet von 1,7—300° K gemessen. Die Ergebnisse an (20—30 Ω·cm)-p-leitenden Proben zeigen, daß der HALL-Koeff. bei ca. 10—20° K ein steiles Maximum durchläuft u. der Ohmsche Widerstand unterhalb dieser Temp. nahezu flach verläuft. Dieses Verh. entspricht der Leitung durch Verunreinigungen im Kristallkörper. Diese Art der Leitung wird auf die Oberflächenfehler zurückgeführt, die durch die Reinigungsbehandlung der Oberfläche verursacht wurden, bzw. auf die Oberflächen-Energieniveaus im oberen Teil des Valenzbandes. Die Beweglichkeit u. die Konz. der Ladungsträger bei der Oberflächenleitung werden abgeschätzt. H. SCHIBILLA. 135□

Über die Rekombinationsprozesse in neutronenbestrahltem, n-leitendem Germanium. M. Bertolotti und D. Sette. (Nuovo Cimento [10] **20.** 438—42. 1/5. 1961. Roma, Fondazione Ugo Bordoni, Ist. Superiore delle Poste e Telecomunizioni.) (Engl.)

Es wird eine Berechnung der Lebensdauer der Minoritäts-Ladungsträger in n-leitendem Ge, das mit Neutronen bestrahlt worden ist, ausgeführt. Dabei wird berücksichtigt, daß von schnellen Sekundärneutronen erzeugte Defektgebiete vorhanden sind. Die Ergebnisse stimmen mit den experimentellen Werten bei Raum-Temp. gut überein. H. SCHIBILLA. 135□

Messungen der Abweichungen vom Ohmschen Gesetz und des Scintillationseffektes bei sehr dünnen polykristallinen Germaniumschichten. Clément Uny. (C. R. hebd. Séances Acad. Sci. **250.** 4337—39. 27/6. 1960.) (Franz.)

Wiedergabe der Ergebnisse an sehr dünnen polykristallinen Ge-Schichten, die durch Aufdampfen im Vakuum auf amorphe Si-Träger erhalten wurden. J.-M. SPAETH. 135□

Eine einfache Methode zur Auffindung von p—n-Übergängen in Germanium. R. W. Jackson. (J. appl. Physics **27.** 309—10. März 1956. North Adams, Mass., Sprague Electric Co.) (Engl.)

Vf. berichtet über eine einfache elektrolyt. Ätz-Meth. zur Auffindung von n- u. p-Bereichen in Ge. Als Elektrolyt dient eine 10%ig. NaOH-Lösung. Die p-Bereiche erscheinen nach der Ätzung am meisten angegriffen, während die n-Bereiche kaum angeätzt werden. G. M. NEUMANN. 135□

Über die Sperr-Charakteristiken von Germanium-Übergangsdioden. A. Lörinczy und G. Pataki. (Acta physica Acad. Sci. hung. **13.** 67—73. 1961. Budapest, Hungarian Acad. of Sci., Res. Inst. for Techn. Phys.) (Engl.) — Vgl. C. **1961.** 10449.

Die Sperr-Charakteristiken von Ge-Übergangsdioden wurden im Temp.-Bereich von 200—340° K untersucht u. gefunden, daß der Sperrstrom, statt eine Sättigung zu zeigen, sich linear mit der Spannung ändert. Auf Grund der Temp.-Abhängigkeit der Steigung des linearen Abschnitts scheint die Hypothese gerechtfertigt, daß es sich um einen „shunt"-Effekt der adsorbierten Wasserschicht handelt. Unter 0° wurde eine Aktivierungsenergie von 9,1 kcal/mol gefunden, die der der Leitfähigkeit von Eis entspricht. Aus der Temp.-Abhängigkeit des definierten Sättigungsstromes wurde ein Wert von 0,70 eV für die Breite des verbotenen Bandes von Ge abgeleitet. J.-M. SPAETH. 135□

Zur Abhängigkeit des Stromverstärkungsfaktors des Drifttransistors vom Emitterstrome. Gerhard Schwabe. (Z. angew. Physik **12.** 314—20. Juni 1960. Nürnberg, Halbleiterlabor. TeKaDe.) (Dt.)

Theoret. Unters. des Einfl., den ein durch geeignete Dotierungsmaßnahmen in die Basis eingebautes Driftfeld auf den Verlauf des Stromverstärkungsfaktors α' ausübt. Die Rechnung wird für den p—n—p-Transistor als eindimensionales Problem durchgeführt, wobei ein exponentielles Störstellenprofil angenommen wird. Für hohe Emitterstromdichte verhält sich hinsichtlich der Abnahme von α' mit zunehmender Emitterstromdichte der Drifttransistor wie ein Diffusionstransistor gleicher Abmessungen. Das unterschiedliche Verh. beider Transistortypen bei kleineren Emitterstromdichten wird diskutiert. F. LENZ. 135□

Halbleitereigenschaften von Titandioxidkonzentrat im Vergleich mit Pigment-Titandioxid. Seppo Wilska und Pertti Laurila. (Suomen Kemistilehti B **31.** 314—19. 1958. Helsinki, Inst. of Techn., Dep. of Chem.) (Engl.)

Vff. ermitteln den spezif. Widerstand von gesinterten Titandioxidproben, die durch Auslaugung von Ilmenit oder Konzentrat mit konz. Salzsäure bei einem Druck von 690 kg/cm² u. Temp. von 1050—1400° hergestellt wurden, u. Pigment-Titandioxidproben als Funktion der Temp., nachdem sie bei 1250° in Luft auf verschiedene Reduktionsstufen gebracht wurden. Vff. stellen fest, daß der spezif. Widerstand im beobachteten Temp.-Bereich beim Konzentrat höher ist als beim Farbstoff, dagegen ist der Temp.-Koeff. des Widerstandes beim Konzentrat niedriger. Die Temp.-Abhängigkeit der spezif. Leitfähigkeit wird angenähert durch die Funktion $\varkappa = A \cdot \exp(-E/kT)$. Werte der Aktivierungsenergie E u. der Konst. A werden berechnet. Die Messungen ergeben, daß das

Titandioxidkonzentrat, bes. wenn es unter reduzierenden Bedingungen gesintert worden ist, als TiO_2-Trägerkomponente in Halbleitern dienen kann. G. JORDAN. 135□

Einfluß der F-Zentren auf die spezifische elektrische Leitfähigkeit von Kaliumchlorid. S. C. Jain und G. D. Sootha. (Nature [London] **193.** 566—67. 10/2. 1962. New Delhi, Nat. Phys. Labor., Solid State Phys. Div.) (Engl.)

Vff. untersuchen die spezif. elektr. Leitfähigkeit σ_c von durch Zusätze gefärbten KCl-Kristallen im Vgl. zu der von normalen Kristallen (σ_n) u. bestimmen die Temp.-Abhängigkeit des Verhältnisses σ_c/σ_n. Untersucht werden Kristalle, die a) 1,5 Std. bei 620° in K-Dampf im geschlossenen Glasrohr erhitzt u. dann abgeschreckt, b) wie vorst., jedoch 6 Std. lang auf 350° erhitzt u. langsam auf Raum-Temp. abgekühlt u. c) 12 Std. lang auf 600° erhitzt u. dann langsam auf Raum-Temp. abgekühlt wurden. σ_c/σ_n beträgt für a ca. 0,4 bei 100°, sinkt mit steigender Temp. u. hat ein breites Minimum (0,02) von 190—300°, steigt dann über eine Schulter bei 380° bis zu einem scharfen Peak bei 430° (1,9). Ein weiteres Minimum (0,2) wird bei 480°, ein zweites Maximum (0,65) bei 540° beobachtet. Für b wird das erste Minimum breiter u. kleiner, der Peak bei 430° wird zur Schulter. Zweites Maximum u. Minimum liegen bei 480 bzw. 500°. Für c ist das Minimum sehr klein (0,0003), σ_c/σ_n steigt bei höheren Temp. u. wird 3,00 bei ca. 560°. Die Effekte sind beständiger als bei bestrahlten Kristallen, bes. bei höherer Temp., bei denen Strahlungseffekte ausheilen. Vff. nehmen an, daß die verwendeten Kristalle als Gitterdefekte nur F-Zentren enthalten u. daß auf Grund der den Ergebnissen an bestrahlten Kristallen entsprechenden Beobachtungen der Einfl. der Bestrahlung auf σ_n vorwiegend auf die F-Zentren zurückzuführen ist. P. FRENZEL. 135□

Einfluß der plastischen Deformation auf die Ionenleitfähigkeit von Kaliumchlorid bei tiefen Temperaturen. B. S. H. Royce und R. Smoluchowski. (Physic. Rev. [2] **122.** 1125—28. 15/5. 1961. Princeton, N. J., Univ.) (Engl.)

An *KCl*-Einkristallen u. Einkristallplättchen (15 × 10 × 1 mm), die bis zu 24% plast. verformt worden waren, wurde zwischen 25 u. 250° die Temp.-Abhängigkeit der Ionenleitfähigkeit u. die Aktivierungsenergie bestimmt. Deformation < 4% bewirkt keine Änderung der Aktivierungsenergie, die aber 2 Bereiche hat, einen Hochtemp.-Bereich (> 130°) mit einer charakterist. Aktivierungsenergie von 1,0 ± 0,05 eV u. einen Tieftemp.-Bereich (25—130°) mit 1,23 ± 0,05 eV, der neben der Bewegungs- noch Assoziationsenergie enthält. Deformation > 10% bewirkt ein Absinken der Aktivierungsenergie um ca. 0,2 eV u. hat nur einen Bereich von 1,0 ± 0,05 eV, wobei größere Mengen von Leerstellen entstehen, die nicht mit 2wertigen Verunreinigungen assoziiert sind. W. SOBIESKI. 135□

Einfluß von Sauerstoff auf den Temperaturkoeffizienten des Widerstandes von Uranmonocarbid. L. B. Griffiths. (Nature [London] **193.** 362. 27/1. 1962. Harwell, A.E.R.E., Metallurgy Div.) (Engl.)

Elektr. Widerstandsmessungen wurden an reinen u. in O_2-Atmosphäre behandelten UC-Proben im Temp.-Bereich von 20—800° durchgeführt. Bis zu einer Temp. von ca. 525° steigt der elektr. Widerstand linear mit der Temp. an. Je nach der Größe des O_2-Druckes tritt dann ein langsameres Ansteigen des Widerstandes ein. Bei diesem Effekt handelt es sich nicht um einen Oberflächeneffekt, sondern es wird angenommen, daß durch O_2 Elektronen in ein Band höherer Beweglichkeit gehoben werden. G. M. NEUMANN. 136□

Tunneleffekt, beschrieben durch unabhängige Teilchen. Walter A. Harrison. (Physic. Rev. [2] **123.** 85—89. 1/7. 1961. Schenectady, N.Y., Gen. Electr. Co.) (Engl.)

Es wird eine Meth. entwickelt, um Wellenfunktionen in Gebieten mit veränderlicher Bandstruktur zu berechnen. Die Meth. wird auf „Tunnelprobleme" angewandt. Es ergibt sich, daß die GIAEVERschen Verss. (vgl. u. a. C. **1961.** 11984 u. **1962.** 9985) über „Tunneln" in Supraleiter nicht streng durch ein Modell mit unabhängigen Quasi-Teilchen verstanden werden können. Die beobachtete Proportionalität der „Tunnel-Wahrscheinlichkeit" mit der Dichte der Zustände hängt von den konst. Matrixelementen u. damit von dem Vielteilchen-Charakter des Problems ab. Dieser Charakter hat keinen Einfl. auf Schwankungen in der Dichte der Zustände, herrührend von der Bandstruktur, u. Beiträge zum Strom werden in dem Fall nicht als proportional zur Dichte des Stroms angenommen. Aber die Projektion im Wellenzahlraum der entsprechenden Oberfläche konst. Energie geht ein. „Tunnelnde Syst." werden erörtert, darunter Halbleiter, Halbmetalle, Übergangsmetalle u. einfache Metalle. Einfl. der Randgebiete werden erörtert. H. LAUE. 136□

Anwachsen des magnetischen Flusses und Widerstand eines kreisförmigen Indium-Stabes beim Übergang zur Supraleitung. Yoshio Shibuya. (Sci. Rep. Res. Inst. Tôhoku Univ., Ser. A **10.** 325—42. Okt. 1958. Sendai, Japan, Tôhoku Univ., Res. Inst. for Iron, Steel and Other Meth.) (Engl.)

Es wurde der sog. paramagnet. Effekt bei Supraleitern in In untersucht. Das Stromminimum I_0, das für das Auftreten eines Zuwachses des magnet. Flusses nötig ist, wurde durch dieselben Funktionen der Temp. T u. des Maximums des äußeren magnet. Feldes H_0, das bei der Temp. die Grenze der Beobachtbarkeit des Quasiparamagnetismus darstellt, wie im Fall des Zinns dargestellt: $I_0 = \xi\gamma d(T_c - T)$ u. $H_0 = \xi(T_c - T) - I_g/\gamma d$. Hier sind I_g, ξ u. T_c die charakterist. Konst. des Supraleiters u. haben für In die Werte 0,6 A, 94,4 Oe/Grad u. 3,422° K. ($\gamma = 0{,}27$ A/mm Oe; das Maximum des äußeren magnet. Feldes H_0 in Oe u. der Durchmesser d der Probe in mm.) Parallel mit der Messung des magnet. Flusses u. der Temp. wurde auch der Widerstand derselben Probe gemessen. Die Widerstandsmessungen sind in gutem Einklang mit einer Formel, die sich aus Meissners Theorie ableiten läßt. Die Ergebnisse der Arbeit stimmen nicht vollkommen mit Meissners Theorie überein, eine mögliche Erklärung wird kurz erörtert. H. Laue. 136□

Anwachsen des magnetischen Flusses in nichtkreisförmigen Zinn-Stäben beim Übergang zur Supraleitung. Yoshio Shibuya. (Sci. Rep. Res. Inst. Tôhoku Univ., Ser. A **10.** 343—55. Okt. 1958.) (Engl.) — Vgl. vorst. Referat.

Es wird über experimentelle Ergebnisse über das Anwachsen des magnet. Flusses in nichtkreisförmigen Sn-Stäben beim Übergang zur Supraleitung berichtet. Es wurde die Formel $I_0 = I_g + \beta H_0$ für das Stromminimum erhalten, das für das Auftreten des paramagnet. Effekts erforderlich ist. Obwohl β von Probe zu Probe entsprechend der Gestalt des Querschnitts verschieden ist, so scheint die charakterist. Konst. I_g dieselbe wie für den kreisförmigen Stab zu sein, d. h. $I_g = 1{,}2$ A für Sn. H. Laue. 136□

Magnetisierungsprozeß einer spiralförmigen Spinkonfiguration. U. Enz. (J. appl. Physics, Suppl. zu **32.** Nr. 3. 22 S—26 S. März 1961. Eindhoven, Netherlands, N.V. Philips' Gloeilampenfabrieken, Res. Labor.) (Engl.)

Es wird das Verh. der spiralförmigen Spinanordnung hexagonaler Kristalle in einem äußeren Magnetfeld betrachtet, wobei die Spiralachse u. die hexagonale c-Achse gleiche Richtung besitzen u. in jeder Schicht die Richtung der spontanen Magnetisierung parallel zur Schichtebene liegt. In einem kleinen, parallel zur Schichtebene einwirkenden Magnetfelde findet eine Deformation der Spirale u. eine Zunahme der Magnetisierung statt. Überschreitet dieses Feld einen krit. Wert, so wandelt sich die Spinspirale sprunghaft in eine Anordnung hoher resultierender Magnetisierung von 95% der Sättigungsmagnetisierung um, wobei die Spinrichtungen um die äußere Feldrichtung schwingen. Bei weiter ansteigenden äußeren Feldstärken wird Sättigung erreicht. Als Beispiel wird ein Y-Typ-Ferroxplana der Zus. $(Ba,Sr)_2Zn_2Fe_{12}O_{22}$ untersucht. Die Ba-reiche Zus. ist ferrimagnet. mit einer spontanen Magnetisierung in der Basisebene. Bei der Sr-reichen Zus. wird eine solche spontane Magnetisierung erst durch ein äußeres Magnetfeld induziert, was man mit einer spiralförmigen Spinanordnung verstehen kann. Ebenso kann man Ergebnisse von Behrendt, Legvold u. Spedding (C. **1958.** 10564.) an Dy zwischen 85 u. 178° K mit Spin-Spiralen erklären, wobei bei 85° K der Winkel zwischen 2 Schichten 0° ist u. mit zunehmender Temp. zunimmt. Berücksichtigen muß man allerdings bei Dy die starke magnet. Anisotropie in der Basisebene. H. Fahlenbrach. 137□

Einfache physikalische Theorie der Spinwellen-Wechselwirkungen. F. Keffer und R. Loudon. (J. appl. Physics, Suppl. zu **32.** Nr. 3. 2 S—7 S. März 1961. Berkeley, Calif., Univ., Dep. of Phys.) (Engl.)

Vff. zeigen, daß eine thermodynam. Betrachtung der Spinwellen-Wechselwrkg. mit elementaren physikal. Hilfsmitteln zu einer recht einfachen u. fruchtbaren Theorie führt, die die für die ferromagnet., antiferromagnet. u. ferrimagnet. Stoffe notwendigen Korrekturen der Energie- u. Magnetisierungsbeiträge abzuleiten gestattet. Die neue Theorie reproduziert auch auf viel einfacherem Wege die Ergebnisse der Spinwellentheorie von Dyson u. von Oguchi u. ist in der Lage, diese Ergebnisse in der Weise zu erweitern, daß man etwas über die physikal. Bedeutungen der Korrekturen erfährt. Beim Ferromagnetismus wird die Gültigkeit der willkürlichen Phasen-Approximation diskutiert. Ferner werden die Eigg. des Modells des kontinuierlichen Mediums berechnet. Auf einfache Weise erhält man dabei den Wrkg.-Querschnitt für die Spinwellenaustauschstöße. H. Fahlenbrach. 137□

Über die Komponenten der spezifischen Verluste und der magnetischen Permeabilität von mit Phosphor legiertem Dynamostahl. Ss. I. Doroschek und W. W. Drushinin. (Физика Металлов и Металловедение [Physik Metalle Metallkunde] **8.** 892—95. Dez. 1959. Uraler Forsch.-Inst. für Eisenmetalle.) (Russ.)

Die Leg. von Dynamostahl mit einem geringen P-Zusatz führt zu einer Abnahme der Hystereseverluste als Folge der Kornvergröberung u. zu einer Abnahme der Wirbelstromverluste wegen der Zunahme des spezif. elektr. Widerstandes. In einem grobkörnigen Dynamostahl (10—20 Körner/mm²) mit erhöhtem P-Geh. tritt eine wesentliche Verringerung der nachträglichen Verluste ein. Anfangs- u. Maximalpermeabilität werden durch P erhöht. H. HOCHSTEIN. 137□

Ausbildung von magnetischer Ordnung bei den ferromagnetischen Seltenerdmetallen. Kei Yosida und Hirosi Miwa. (J. appl. Physics, Suppl. zu **32**. Nr. 3. 8 S—12 S. März 1961. Tokyo, Univ., Inst. of Solid State Phys.) (Engl.)

Bei den Elementen der ferromagnet. Seltenen Erden (Metallzustand) wird allg. beim CURIE-Punkt ein Übergang vom Ferromagnetismus zum Antiferromagnetismus beobachtet. Mit Hilfe der Spinwellen-Theorie wird gezeigt, daß eine solche magnet. Umwandlung bei bestimmten Spin-Anordnungen theoret. verständlich ist. Bes. wird für die Metalle *Dy* u. *Ho* gezeigt, daß die beobachtete Umwandlung vom Ferromagnetismus zu einem Antiferromagnetismus mit Korkzieher-Spinanordnung durch ein großes axiales Anisotropiefeld hervorgerufen sein kann. Es gelingt auf dieser Modell-Basis die Feld- u. Temp.-Abhängigkeit der Korkzieher-Spinstruktur zu berechnen.
H. FAHLENBRACH. 137□

Anordnungen magnetischer Filme bei Verwendung von passiver Ladung. J. M. Daughton, T. A. Smay, A. V. Pohm und A. A. Read. (J. appl. Physics, Suppl. zu **32**. Nr. 3. 36 S—37 S. März 1961. Ames, Iowa, Iowa State Univ. of Sci. and Engng., Exp. Stat.) (Engl.)

Elektron. Lösungen eines Paares von Differentialgleichungen des LANDAU-LIFSHITZ-Modells zeigen, daß Anordnungen dünner ferromagnet. Schichten bei passiver Ladung als Speicher- u. Gedächtniselemente bei elektron. Rechenmaschinen verwendet werden können. Dabei können Triebfeldimpulse von 20 Oe u. 0,1 s Dauer die Magnetisierung der Schicht von der positiven zur negativen Remanenz period. umschalten. Es wird ein Gedächtniselement aus einer R–L-geladenen dünnen Schicht gebaut, das bei einem Anisotropiefeld H_k der Schicht von 3 Oe in der schweren Magnetisierungsrichtung durch ein Feld von 15 Oe bei einem Feldwechsel von 0,05 μs ummagnetisiert werden kann u. das Ausgangsspannungen von 25 mV pro Windung zu realisieren gestattet. Die Fertigung solcher Speicherelemente durch eine geeignete Aufdampftechnik wird beschrieben.
H. FAHLENBRACH. 137□

Experimentelle Untersuchung der kritischen Streuung von Neutronen in Eisen. M. Ericson und B. Jacrot. (Physics Chem. Solids **13**. 235—43. Juni 1960. Centre Nat. de la Rech. Sci.; Gif-sur-Yvette, Centre d'Études Nucl. de Saclay.) (Franz.)

Vff. untersuchten den Wrkg.-Querschnitt für die krit. Streuung langsamer Neutronen nahe der CURIE-Temperatur. Gemessen wurden oberhalb u. unterhalb der CURIE-Temp. die in der Theorie von VAN HOVE (vgl. C. **1950/54**. 4386 S u. C. **1950/54**. 3708 S) eingeführten Parameter $\varkappa_1$, μ_1 u. Λ. Die für $\varkappa_1$ u. μ_1 erhaltenen Werte stimmen nicht mit Ergebnissen anderer Autoren überein, stehen jedoch in guter Übereinstimmung mit magnet. Daten. Die beste Übereinstimmung zwischen Theorie u. Experiment wurde mit einem Modell erhalten, in dem die zweiten Nachbarn eines Fe-Atoms magnet. akt. sind u. in dem die magnet. Elektronen durch das Modell von HEISENBERG beschrieben werden. C. GOTTFRIED. 137□

Neutronenbeugung in reaktorbestrahltem Fe_3O_4. G. A. Ferguson jun. und E. I. Salkovitz. (Rep. NRL Progr. **1961**. PB 171320. 8—12. Juli. Washington, D.C., U.S. Naval Res. Labor.) (Engl.)

Mittels Neutronenbeugung wurden die Änderungen der intrins. magnet. Eigg. von Fe_3O_4 nach Neutronenbestrahlung untersucht. Die Proben wurden in O_2-freien Ampullen eingeschlossen u. erhielten die Gesamtstrahlung von $8,1 \cdot 10^{16}$ schnellen Neutronen/cm², $2,8 \cdot 10^{17}$ epitherm. Neutronen/cm² u. $5,9 \cdot 10^{18}$ therm. Neutronen/cm². Das Beugungsbild läßt sich am besten deuten, wenn man annimmt, daß nach der Bestrahlung ein Defektspinell (Raumgruppe F d 3 m) vorliegt, bei dem 25% der oktaedr. Gitterstellen frei sind.
H. LAUE. 137□

Domänenbereiche in Haematit. M. Blackman und B. Gustard. (Nature [London] **193**. 360—61. 27/1. 1962. London, Imp. Coll. of Sci. and Technol.) (Engl.)

Vff. berichten über Unterss. zur Bldg. von Domänenbereichen in Haematit mit der Koll.-Technik. Eine merkliche Veränderung des magnet. Schattenmusters trat bei ca. —23° ein, wobei der Kristall ein Erinnerungs-Verh. beim mehrmaligen Durchgang durch den Übergangspunkt zeigte. Bis hinab zu —40° trat keine weitere Veränderung auf.
G. M. NEUMANN. 137□

Die Flußverteilung in Ferritkernen bei verschiedenen Arten von partieller Schaltung. R. H. James, W. M. Overn und C. W. Lundberg. (J. appl. Physics, Suppl. zu **32**. Nr. 3. 38 S—39 S. März 1961. St. Paul, Minn., Remington Rand Univac, Div. of Sperry Rand Corp.) (Engl.)

3 Teilschaltungen zur gleichen Flußdichte, u. zwar 1. durch Wechselfeldimpulse abnehmender Amplitude, 2. durch Amplitudenbegrenzung u. 3. durch Zeitbegrenzung werden bei Ferritkernen durchgeführt u. die Flußverteilung gemessen. Unstetigkeiten in der Restmagnetisierung zeigen im ersten Fall die Existenz von Vol.-Bereichen entgegengerichteter Magnetisierung an. Ein Vgl. der Meßkurven zeigt, daß der 3. Zustand (Zeitbegrenzung) durch ein Modell beschrieben werden kann, das aus einer großen Anzahl von Gebieten mit wechselnden Magnetisierungsrichtungen besteht.

H. FAHLENBRACH. 137 □

Magnetische Susceptibilität und die Struktur trikoordinierter Kupfer(II)-Komplexe. M. Kishita, Y. Muto und M. Kubo. (Austral. J. Chem. **2.** 309—14. Aug. 1958. Chikusa, Japan, Nagoya Univ., Chem. Dep.) (Engl.) — Vgl. C. **1960.** 14599.

Vff. stellen analog der l. c. mitgeteilten Meth. einige trikoordinierte Cu(II)-Komplexe u. deren Pyridinadditions-Verb. (1 : 1) her u. bestimmen die magnet. Susceptibilität u. das magnet. Moment. Einige pyridinfreie Komplexe zeigen anomale magnet. Momente, deren Ursache diskutiert wird.

Versuche: *2-Hydroxynaphthaldehyd-(1)-[2-hydroxyanil], Cu(II)*-Salz, $C_{17}H_{11}CuNO_2$, aus 2-Hydroxynaphthaldehyd u. o-Aminophenol u. Behandeln mit Cu-Acetat; gelbgrüne Nadeln. *Pyridinat,* $C_{22}H_{16}CuN_2O_2$, durch Verdünnen der Lsg. des Komplexes in Pyridin mit W.; braune Nadeln. — *5-Nitrosalicylalanthranilsäure, Cu(II)*-Salz, $C_{14}H_8CuN_2O_5$, grünbraune Prismen. *Pyridinat,* $C_{19}H_{13}CuN_3O_5$, hellgrüne Prismen. — *5-Bromsalicylal-anthranilsäure, Cu(II)*-Salz, $C_{14}H_8BrCuNO_3$, grünbraune Nadeln. *Pyridinat,* $C_{19}H_{13}\cdot BrCuN_2O_3$, hellgrüne Blättchen. — *2-Hydroxy-1-[1.3-diphenylformazyl-(5)]-benzol, Cu(II)*-Salz, $C_{19}H_{14}CuN_4O$, violette Mikrokristalle. *Pyridinat,* $C_{24}H_{19}CuN_5O$, violette Mikrokristalle. — *2-Carboxy-1-[1.3-diphenylformazyl-(5)]-benzol, Cu(II)*-Salz, $C_{20}H_{14}\cdot CuN_4O_2$, tiefviolette Kristalle. *Pyridinat,* $C_{25}H_{19}CuN_5O_2$, tiefviolette Kristalle.

RENATE RICHTER. 137 □

Die Messung der magnetischen Susceptibilität in sehr hohen Impuls-Feldern. Richard Stevenson. (Rev. sci. Instruments **32.** 28—31. Jan. 1961. Montreal, Canada, McGill Univ., Eaton Electron. Res. Labor.) (Engl.)

Es wird ein Gerät zur Susceptibilitätsmessung in starken magnet. Impulsfeldern nach dem Kraftprinzip in inhomogenen Magnetfeldern beschrieben. Die Schwierigkeiten, die kurze Magnetfelddauer während der Impulse durch Kraft-Wrkg. zu erfassen, wird dadurch behoben, daß das Gerät die mechan. Spannungswellen erfaßt, die bei den kurzzeitigen Magnetfeldern erzeugt werden. Diese Spannungswellen erzeugen durch Erregung von Piezokristallen elektr. Spannungen, die in einem Transducer gemessen werden.

H. FAHLENBRACH. 137 □

Diamagnetismus eines dichten Elektronengases. Hideo Kanazawa und Noboru Matsudaira. (Progr. theoret. Physics [Kyoto] **22.** 463—65. Sept. 1959. Tokyo, Univ., Coll. of Gen. Educat., Inst. of Phys.; Hosei Univ., Dep. of Phys.) (Engl.)

Theoret. Untersuchung. In einer Rechnung von WENTZEL (C. **1958.** 7672), derzufolge die diamagnet. Susceptibilität eines freien Elektronengases von der COULOMB-Wechselwrkg. nicht beeinflußt wird, ist ein magnet. Wechselwrkg.-Glied 2. Ordnung unberücksichtigt geblieben. Eine erste hier mitgeteilte Störungsrechnung liefert eine divergierende Susceptibilität. Eine genauere, ausführlichere Rechnung wird angekündigt.

F. LENZ. 137 □

Magnetische Abschirmung des Kernes durch freie Elektronen. Michael J. Stephen. (Physic. Rev. [2] **123.** 126—30. 1/7. 1961. Cambridge, Mass., MIT, Solid State and Mol. Theory Group.) (Engl.)

Die magnet. Abschirm-Konst. eines Kernes durch freie Elektronen wird durch die klass. Funktion für ein im gleichförmigen Magnetfeld durch das Feld eines Kernmagneten gestörten Syst. freier Elektronen ausgedrückt. Sowohl der diamagnet. als auch der paramagnet. Term sind in der HAMILTON-Beziehung enthalten. Für einen stark entarteten Gaszustand hat die Abschirm-Konst. oscillator. Glieder, ähnlich wie die der magnet. Susceptibilität eines freien Elektronengases. Die Möglichkeit, diese Terme zu beobachten, wird diskutiert.

H. NEWESELY. 137 □

Intrinsische Gleichungen zur Bestimmung von Susceptibilitäten und magnetischen Abschirmungskonstanten. Jean Guy und Françoise Cabaret. (C. R. hebd. Séances Acad. Sci. **252.** 2854—56. 8/5. 1961.) (Franz.)

Die Berechnung der diamagnet. Susceptibilitäten $\bar{\chi}$ u. magnet. Abschirmungs-Konst. $\bar{\sigma}$ über die kernmagnet. Resonanz hängt zunächst von der Best. der Vektoren $\vec{G}$ ab, deren Komponenten in kartes. Koordinaten die partiellen Differentialgleichungen (C. **1950/54.** 1443 S) erfüllen müssen. Vff. bringen die Zusammenfassung der Gleichungen n einer intrins. Form, aus der trotz der Einführung gekrümmter Koordinaten intrins. Gleichungen für $\bar{\chi}$ u. $\bar{\sigma}$ erhalten werden. HERBERT MÜLLER. 137 □

Berechnung der Magnetisierungskoeffizienten freier diamagnetischer Kationen. Clément Courty. (C. R. hebd. Séances Acad. Sci. **250.** 3293—95. 16/5. 1960. Lyon, Fac. des Sci., Labor. de Chim. phys.) (Franz.) — Vgl. C. **1961.** 12742.

Durch einfache Anwendung der Abschirmeffekte auf die Kernladung unter Berücksichtigung der mit der Ionisation verbundenen Erhöhung der Kernladungszahl kann man den Magnetisierungs-Koeff. freier diamagnet. Kationen berechnen.

J.-M. SPAETH. 137 □

Kern- und Elektronenspinresonanz. S. I. Weissman. (Annu. Rev. physic. Chem. **12.** 151—70. 1961. Saint Louis, Mo., Washington Univ.) (Engl.)

Übersicht. — 199 Literaturangaben (bis Dezember 1960). P. GOLINSKE. 137 □

Nachweis von Wärmebewegung in Kristallen und Molekülen durch kernmagnetische Resonanz. E. R. Andrew. (Acta crystallogr. [Copenhagen] **13.** 1111. 10/12. 1960. Bangor, Caernarvonshire, Wales, Univ Coll. of North Wales, Dep. of Phys.) (Engl.)

Vf. bespricht die theoret. Grundlagen der Unters. der Wärmebewegung in Kristallen u. Moll. mit Hilfe der kernmagnet. Resonanz. Gegenüber der dielektr. Meth. hat diese Meth. den Vorteil, daß sie bei polaren u. nichtpolaren Moll. anwendbar ist.

C. GOTTFRIED. 137

Beobachtung der Kernresonanz von Eisen-57 im natürlichen metallischen Eisen in Abwesenheit eines äußeren Feldes. Claude Robert und Jacques-Michel Winter. (C. R. hebd. Séances Acad. Sci. **250.** 3831—33. 8/6. 1960.) (Franz.)

Es wurde die Resonanz von ^{57}Fe in einer Probe aus natürlichem Eisen im ferromagnet. Zustand beobachtet. Die Änderung der Resonanzfrequenz mit der Temp. wurde untersucht. J.-M. SPAETH. 137 □

Kernmagnetische Resonanz-Untersuchung der Borlagen in Inderit und Lesserit. H. E. Petch und K. Pennington. (Acta crystallogr. [Copenhagen] **13.** 1096. 10/12. 1960. Hamilton, Ontario, McMaster Univ., Hamilton Coll., Dep. of Phys. and Metallurgy.) (Engl.)

Vff. untersuchten durch kernmagnet. Resonanz Einkristalle von Inderit u. Lesserit, die trikline u. monokline Polymorphe von $Mg_2B_6O_{11} \cdot 15\,H_2O$ sind. Die Quadrupolaufspaltungen der kernmagnet. Resonanzsignale von ^{11}B wurden beim Drehen des Kristalls um 3 zueinander senkrechte Achsen untersucht, wobei das Magnetfeld senkrecht zu den Achsen lag. Das komplexe ^{11}B-Spektrum läßt sich durch die Annahme erklären, daß in beiden Fällen die Elementarzelle 3 Borplätze enthält, wobei die elektrostat. Wechselwrkg. an 2 der Plätze schwach, am dritten Platz hingegen stark sind.

C. GOTTFRIED. 137

Die Leistungsfähigkeit der neuen RC-Methode bei konduktometrischen und DK-metrischen Messungen. R. Bertram und K. Cruse. (Z. analyt. Chem. **186.** 213. 1962. Clausthal-Zellerfeld, Bergakad., Physikal.-chem. Inst.) (Dt.)

Kurzmitt., in der Prinzip u. Leistungsfähigkeit einer neuen RC-Meth. für konduktometr. u. dielektr. Messungen erörtert werden. Die Vorzüge der Meth. beruhen auf einem Meßprinzip, bei welchem die Zelle als Meßstrecke in einem RC-Rückkopplungsglied eines RC-Generators enthalten ist, wodurch eine abgleichfreie, abs. eichbare Meth. gewonnen wird, bei welcher Leitfähigkeiten zwischen 10^{-11} u. 1 Siemens oder DK-Werte von 1 bis 1000 in momentaner Anzeige an der Frequenzeinstellung des Generators abgelesen oder registriert werden können. Leitfähigkeiten u. DK-Werte können in ein u. derselben Zelle getrennt gemessen werden. Die Direktanzeige von Leitfähigkeiten u. DK-Werten macht das Verf. zur Beobachtung schnell ablaufender Vorgänge besonders geeignet.

J. PETERS. 138 □

Die Dichte und elektrische Leitfähigkeit des Systems Cer–Cerchlorid im geschmolzenen Zustand. G. W. Mellors und S. Senderoff. (J. physic. Chem. **64.** 294—300. März 1960. Cleveland, Ohio, Nat. Carbon Co., Div. of Union Carbide Corp., Res. Labor.) (Engl.)

Vff. messen die Dichte u. elektr. Leitfähigkeit des Syst. Ce–$CeCl_3$ im Bereich des reinen Salzes bis zur fast gesätt. Lsg. (8 Mol-% Ce) bei einer Temp. gerade oberhalb des F. bei 950°. Die Dichte von reinem $CeCl_3$ beträgt $3{,}216_0$ (g/cm³) bei 850°; sie nimmt um ca. 1,5% bei einer Zugabe von 0,3 Mol-% Ce ab u. nimmt dann fast linear bis zu $3{,}287_5$ bei 8 Mol-% zu. Die spezif. u. Äquivalentleitfähigkeit von reinem $CeCl_3$ betragen 0,9600 ($\Omega^{-1} \cdot cm^{-1}$) u. 24,54 ($\Omega^{-1} \cdot cm^2$) bei 850°. Bei der anfänglichen Zugabe von Ce (bis zu 0,63 Mol-%) wird eine starke Erhöhung dieser Werte um 43 bzw. 46% beobachtet; anschließend steigt die Leitfähigkeit langsam bis auf Werte von 1,8900 u. 48,26 bei

7,75 Mol-%. Diese Effekte werden unter der Annahme der Existenz von verhältnismäßig freien Elektronen erklärt, die aus der Rk. $Ce^0 \rightarrow Ce^+ + e^-$ stammen u. die z. T. durch die Rk. $Ce^{3+} + 2e^- \rightleftharpoons Ce^+$ eingefangen werden. Diese verhältnismäßig freien Elektronen haben „mol. Vol." u. Beweglichkeiten, die denen im Syst. Na–fl. NH_3 vergleichbar sind. U. SKURNIA. 138□

Isotopenüberführung, äußere Überführung und Selbstdiffusion von Li in festem Li_2SO_4 bei 600—790°. Arnold Lundén. (Z. Naturforsch. **17a.** 142—46. Febr. 1962. Göteborg, Chalmers TH, Physikal. Inst.) (Dt.)

Vf. berichtet über die Unters. der Temp.-Abhängigkeit des Masseneffekts bei der elektrolyt. Überführung in kub. Li_2SO_4 im Temp.-Bereich von 600—790°. Das feste Li_2SO_4 wurde mit einer Kathode aus fl. Zn u. einer Anode aus Au–Pt elektrolysiert. An der Anode wurde ^7Li angereichert. Es zeigt sich, daß der Masseneffekt sich mit der Temp. prakt. nicht ändert u. dieselbe Größe wie in den geschmolzenen Halogeniden besitzt ($\mu = -0{,}14$). Der Selbstdiffusions-Koeff. des Li^+ wurde aus der prakt. Reichweite der Isotopentrennung zu $D^+ = 0{,}015 \exp(-10500/RT)$ abgeschätzt. Aus der Verschiebung der Anode wurde die Überführungszahl des Li^+ zu $u^+ = 1{,}00$ bestimmt, d. h. das FARADAYsche Gesetz ist auch in festem Li_2SO_4 gültig. G. M. NEUMANN. 138□

Elektrolytlösungen. Harold L. Friedman. (Annu. Rev. physic. Chem. **12.** 171—94. 1961. Yorktown Heights, N.Y., IBM Res. Center.) (Engl.)

Übersicht über statist. Mechanik der Ionen-Wechselwrkg., Überschußfunktionen für starke Elektrolyte, Ionenassoziation, Komplexionen, Ionensolvatation, Transportprozesse u. nichtwss. u. gemischte wss. Lösungen. — 223 Literaturangaben (bis Dezember 1960). P. GOLINSKE. 138□

Die Überführungszahlen in den binären Salzsystemen $TiCl_3$–MeCl. Ju. K. Delimarski und R. W. Tschernow. (Доповіді Академії Наук Української РСР [Ber. Akad. Wiss. UkrainSSR] **1961.** 1508. Inst. für allg. u. anorgan. Chem. der Akad. der Wiss. der UkrainSSR.) (Ukrain.; Auszug: Engl.)

Für die Syst. $TiCl_3$ (I)–MeCl (Me = Na, K, Rb oder Cs) wurden bei 750° die Überführungszahlen n u. die Stromausbeuten für I untersucht. Es wurde festgestellt, daß die Stromausbeute von NaCl nach CsCl zunimmt. Die n-Werte nehmen von NaCl nach RbCl zu u. sind bei CsCl anomal. Aus den Ergebnissen wird gefolgert, daß I in den Chloridschmelzen als Komplex $TiCl_6^{3-}$ vorliegt, der bei der Ti-Abscheidung zerfällt. Im Syst. $TiCl_3$–CsCl wird der Komplex verändert. O. LEBTAG. 138□

Spannungs-Aktivitäts-Diagramm der wichtigsten Elektrodenreaktionen im System Platin/Platinoxid/Lösung. K. Nagel und H. Dietz. (Electrochim. Acta [London] **4.** 141—54. Aug. 1961. Erlangen, Univ., Inst. für physikal. Chem.) (Dt.)

An Hand zahlreicher Literaturangaben werden für Elektroden-Rkk. im Syst. Pt/Platinoxyd/Lsg. die Gleichgewichts-U_H-Werte zusammengestellt ($U_H = [H^+]$-abhängige Spannung). Die Abhängigkeit dieser U_H-Werte von der Aktivität gelöster Rk.-Teilnehmer wird in einem Spannungs–Aktivitäts-Diagramm graph. wiedergegeben, aus dem sich auch thermodynam. Eigg. des untersuchten Stoff-Syst. entnehmen lassen. Über mögliche, z. T. noch unbekannte Gleichgewichtswerte der Platinoxidelektroden wird ausführlich diskutiert. — 54 Literaturzitate. G. GATTOW. 140□

Brennstoffzellen — Elektrochemische Umwandler von chemischer Energie in elektrische. Joseph Weissbart. (J. chem. Educat. **38.** 267—72. Mai 1961. Pittsburgh, Pa., Westinghouse Res. Labor.) (Engl.)

Nach einem geschichtlichen Überblick behandelt Vf. ausführlich die thermodynam. Grundlagen für die direkte Umwandlung der Verbrennungswärme in elektr. Energie u. beschreibt anschließend einige Zellen (KOH-, Membran- Redox-, Carbonat-, Feststoffzellen). K. ROSS. 140□

Elektrodenprozesse. Heinz Gerischer. (Annu. Rev. physic. Chem. **12.** 227—54. 1961. Stuttgart, MPI für Metallforsch.) (Engl.)

Übersicht (elektr. Doppelschicht, theoret. Kinetik, Abscheidung von Metallen ohne Film-Bldg., Redox-Rkk., Gaselektroden, Halbleiterelektroden, Passivität u. Film-Bldg. auf Elektroden). — 302 Literaturangeben (bis Oktober 1960). P. GOLINSKE. 141□

Verfolgung eines markierten Einebnungsmittels im galvanischen Bad. Seward E. Beacom und Bernard J. Riley. (Nucleonics **18.** Nr. 5. 82—84. Mai 1960. Warren, Mich., Gen. Motors Res. Labor.) (Engl.)

Vff. versuchen, den Mechanismus der einebnenden Wrkg. von Na-Allylsulfat in einem Ni-Bad vom WATTS-Typ durch Markierung des Einebners mit ^{35}S zu klären. Dazu wird eine Messingkathode mit gefurchter Oberfläche (Tiefe der Furchen von dreieckigem Querschnitt: 0,08 mm) verwendet, die vernickelt u. anschließend passiviert wurde, damit die zu untersuchenden Überzüge leicht abgelöst werden konnten. Die Aktivitätsverteilung in den Überzügen wurde sowohl durch getrennte Impulszählung in den Vertiefungen u. auf den Erhebungen (mit Hilfe einer Spezialbleiblende) als auch durch Autoradiographie ermittelt. Auf diese Weise konnte die bisherige Annahme bestätigt werden, daß die einebnende Wrkg. organ. Zusätze auf einer Adsorption bzw. Mitabscheidung des Zusatzes an den Stellen höherer Stromdichte beruht. H. Hart. 141 □

Eigenschaften der elektrischen Doppelschicht in Elektrolytlösungen in einigen organischen Lösungsmitteln. S. Minc, J. Jástrzebska und M. Brzostowska. (J. electrochem. Soc. **108.** 1160—63. Dez. 1961. Warsaw, Univ. of Warsaw, Dep. of Electrochem.; Pol. Acad. of Sci., Dep. of Electrochem.) (Engl.)

Vff. messen an der tropfenden Hg-Elektrode die differentiellen Kapazitäten C_d in 0,05—0,50m Lsgg. von *CsJ*, *CsCl*, *LiBr*, *LiCl* u. *$SrCl_2$* in Formamid (I), Dimethylformamid (II) u. Acetonitril (III) bei 25°. Für CsJ in II u. III wird im Bereich starker kathod. Polarisation eine ziemlich große Zunahme von C_d sowie ein beträchtlicher Einfl. der Elektrolyt-Konz. auf C_d wie bei CH_3OH (**IV**) beobachtet. Beide Effekte sind im Falle von LiCl u. LiBr in **II** u. **III** sehr klein. Für **I**, **II**, **III**, **IV** u. A. wird gezeigt, daß die Minima von C_d für 0,1m Elektrolyt-Lsgg. grob poportional der DK der Lsgm. sind. Der in den Kurven gewöhnlich festzustellende „Buckel" von C_d für wss. Elektrolyt-Lsgg. wird auch bei I-Lsgg., nicht jedoch bei Lsgg. in organ. Lsgm. mit niedriger DK beobachtet. Vff. nehmen an, daß die Solvatations-Eigg. der Lsgm. eine bedeutende Rolle bei der spezif. Adsorption von Kationen an der Hg-Oberfläche spielen u. daß die Desolvatation einer der wichtigsten Faktoren bei der spezif. Adsorption großer Kationen im inneren Bereich der Doppelschicht (DS) ist. Weiterhin folgern Vff., daß die Abnahme der DK im inneren Bereich der DS nicht allein auf elektron. Polarisation, sondern auch auf Orientierungspolarisation zurückzuführen ist. Letztere wird mindestens teilweise durch die dielektr. Sättigung der Lsgm.-Moll. bewirkt. P. Frenzel. 142 □

Anwendung der hängenden Quecksilbertropfelektrode zur Untersuchung der Redoxprozesse der Uransalze mit Hilfe der cyclischen Voltametrie. W. Kemula, E. Rakowska und Z. Kublik. (Collect. czechoslov. chem. Commun. **25.** 3105—10. Dez. 1960. Warsaw, Polish Acad. of Sci., Inst. Phys. Chem.) (Engl.)

Die Meth. der hängenden Hg-Tropfelektrode ermöglichte die Unters. der verschiedenen Oxydationsstufen von U in 0,025n H_2SO_4. Die Syst. $UO_2^{2+} + e \rightleftharpoons UO_2^+$ u. U^{IV}/U^{III} sind reversibel. UO^{2+} unterliegt der Disproportionisierung, U^{III} einer chem. Rk. u. U^V wird zu U^{IV} red.; U^{IV} unterliegt jedoch der Oxydation zu U^{VI} bei wesentlich positiveren Potentialen. P. Zuman/Prag. 142

Beziehung zwischen der Elektronenstruktur und dem polarographischen Verhalten anorganischer Depolarisatoren. 10. Mitt. **Kobalt-μ-Peroxokomplexe.** A. A. Vlček. (Collect. czechoslov. chem. Commun. **25.** 3036—55. Dez. 1960. Prague, Czechoslov. Acad. of Sci., Polarograph. Inst.) (Engl.) — 9. vgl. Z. anorg. allg. Chem. **304.** [1960.] 109; 7. vgl. C. **1960.** 16665.

Aus den mit Hilfe der Hg-Tropfelektrode aufgenommenen polarograph. Kurven der Co-γ-Peroxokomplexe sind 5 Stufen ersichtlich: Die erste entspricht der Red. $[Co-O_2-Co]^{5+} \rightarrow [Co-O_2-Co]^{4+}$ u. der Red. des O_2, welcher an der Elektrode durch Zers. Rk. entsteht. Die Stufe bei —0,9 V entspricht der Red. des mononuklearen Co-Komplexes, diejenige bei —1,1 V der Red. des binuklearen Co-Komplexes. H_2O_2, gebildet durch Red. in erster Stufe sowie durch den der Red. folgenden Zerfall, wird in 4. Stufe bei —1,5 V reduziert. Die 5. Stufe bei —1,85 V entspricht der Red. des Co(II) zu Metall. An den Strom–Spannungs-Kurven, die mit Hilfe von Pt-Elektroden registriert wurden, wurde eine reversible einelektronige Stufe bei —0,1 V ($[Co-O_2-Co]^{5+} + e \rightleftharpoons [Co-O_2-Co]^{4+}$) u. eine vierelektronige Stufe bei —1,1 V beobachtet. Durch Zers. der Komplex-Verbb. in der Lsg. wird O_2 gebildet, das in einer Stufe bei —0,7 V red. wird. μ-Peroxokomplexe werden als solche red. (ohne Zerfall, vor der Durchtritts-Rk.). Die Peroxogruppe ist in Komplexen mit $[Co-O_2-Co]^{4+}$ vollkommen maskiert u. gibt erst nach Zers. des Komplexes eine charakterist. Stufe. Aus den Komplexen des Typs $[Co-O_2-Co]^{4+}$ wird O_2 um so schwerer abgespalten, je mehr nichtperoxid. Gruppen der Komplex enthält. Es handelt sich also um keine Additions-Verbb. des Co(II) u. O_2, sondern um binukleare Komplexe des Co(III) mit einer Peroxidbrücke. Bei $[Co-O_2-Co]^{5+}$ handelt es sich weder um einen Komplex mit Co(III) u. Co(IV) noch um einen Komplex mit zwei Co(III)- u. einer O_2^--Gruppe, sondern um eine Verb., bei welcher sich die Mol.-Bahn über beide Co u. den O-Rest erstreckt.

P. Zuman/Prag. 142

Polarographische Untersuchungen in geschmolzenem Borax. Polarographie von Kupfer und Cadmium. Ju. K. Delimarski und K. M. Kalabalina. (Доклады Академии Наук СССР [Ber. Akad. Wiss. UdSSR] **116.** 433—35. 21/9. 1957.) (Russ.)

Bei der Polarographie von Cu^{2+} u. Cd^{2+} in geschmolzenem Borax (I) in einem unglasierten Porzellantiegel werden die Elektroden (Kathode 0,25 mm starker Pt-Draht, Anode Pt-Blech von 2,5 cm^2) durch Kurzschließen depolarisiert. Nach der Zers. von I bei 1,34 V ist der Diffusionsstrom (i_d) der in I gelösten Oxide CuO bzw. CdO ihren molaren Konz. direkt proportional. Die HEYROVSKÝ-ILKOVIC-Gleichung $E = E_{1/2} - (2,3\,RT/nF) \cdot \log[i/(i_d - i)]$ wird graph. dargestellt. Bei Mol-Anteilen N = 0,000485—0,009675 für CuO nimmt $E_{1/2}$ von 0,300 auf 0,456 zu, $i_d/N(\cdot 10^{-3})$ von 15,4 auf 12,7 ab, bei N = 0,0005—0,0100 für CdO bleibt $E_{1/2}$ etwa konst. (Mittelwert 0,889 V), i_d/N nimmt von 13,5 auf 9,4 ab. Aus der Temp.-Abhängigkeit von i_d für die I–CdO-Schmelze zwischen 760 u. 875° errechnet sich die Aktivierungsenergie zu 31,27 kcal/Mol.

R. K. MÜLLER. 142

Elektrochemische Kinetik der anodischen Bildung von Oxidfilmen. Pierre van Rysselberghe und Herman A. Johansen. (J. electrochem. Soc. **106.** 355—58. April 1959. Stanford, Calif., Stanford Univ., Dep. of Chem and Chem. Engng.; Pittsburgh, Pa., Westinghouse Electr. Corp., Res. Labor.) (Engl.)

Vff. zerlegen die bei konst. Anodenstrom erzeugte gesamte Potentialdifferenz ΔE zwischen Metall u. Lsg. durch einen Oxidfilm in drei Einzelbeiträge: Durch Aktivierungsüberspannung bedingte ΔE an der Grenzfläche Metall/Oxid u. Oxid/Lsg. sowie ΔE durch die Oxidschicht. Bes. untersucht wird für die Grenzflächen die lineare Abhängigkeit der Überspannung vom log der Stromdichte (im Bereich hoher Stromdichten) bzw. die Proportionalität zwischen Überspannung u. Stromdichte im Bereich niedriger Stromdichten. Die theoret. abgeleiteten Werte werden für 3 Ti-Sorten, Hg u. Ta, berechnet u. mit früher mitgeteilten experimentellen Werten verglichen. Für verschiedene, in den Gleichungen auftretende Parameter (Stärke der Grenzfläche, Austauschstromdichte, ΔE-Werte, elektr. Feld beim Strom Null) werden numer. Werte erhalten. Vff. erörtern Möglichkeiten der Verfeinerung u. Ausweitung der Methode.

P. FRENZEL. 143□

Einfluß der Temperatur auf die Oxydationsgeschwindigkeit von Aluminium in wässerigen Lösungen neutraler Salze. 2. Mitt. Korrosion des Aluminiums in Kaliumsulfatlösungen unter statischen Bedingungen. A. Waiwade und L. Lepin. (Известия Академии Наук Латвийской ССР [Nachr. Akad. Wiss. LettSSR] **1960.** Nr. 6. 81—84. Chem. Inst. der Akad. der Wiss. der LettSSR.) (Russ.) — 1. vgl. Известия Академии Наук Латвийской ССР [Nachr. Akad. Wiss. LettSSR] **5. 1960.** Nr. 5. 89.

Untersucht wird die Korrosion von in HCl gebeiztem Al in 0,001—1,0n K_2SO_4-Lsgg. bei Temp. von 20—90° unter stat. Bedingungen bei vollständigem Versenken der Metallproben in die Fl. u. freiem Luftzutritt. Es wurde festgestellt, daß die Korrosion von Al in diesen Lsgg. bei Temp. über 30° mit der Temp. schnell ansteigt u. bei 60° u. einer 0,001n Lsg. ein deutlich erkennbares Maximum erreicht. In 0,01—1,0 n Lsgg. ist das Korrosionsmaximum nicht so deutlich erkennbar u. verschiebt sich zu höheren Temp. von 70—80°. Der größte Metallverlust in K_2SO_4-Lsgg. im Temp.-Bereich von 30—80° beträgt 35—80% der Korrosion in KCl-Lösungen. Bedeutend geringere Unterschiede werden bei 90° beobachtet.

H. TREUMANN. 143□

Untersuchungen der anodischen Polarisation in neutralen und alkalischen Lösungen, die Korrosionsinhibitoren enthalten. 1. Mitt. Das System NaOH–NaCl. K. S. Rajagopalan, K. Venu und K. Balakrishnan. (J. electrochem. Soc. **109.** 81—87. Febr. 1962. Karaikudi, India, Central Electrochem. Res. Inst.) (Engl.)

Vff. beschreiben ein Verf. zur Best. der anod. Polarisation bei konst. Strom während einer Vers.-Dauer von 5 Min., durch das die krit. Konz. korrodierender bzw. inhibierender Lsg.-Zusätze ermittelt werden kann. Untersucht wird das Verh. von Flußstahl (I) in belüfteten 0,0001—0,1n NaOH-Lsgg. mit 0,001—0,5% NaCl bei 35°. Vff. zeigen, daß I bei geeignet gewählter Stromdichte i innerhalb weniger Min. durch anod. Polarisation das Potential der O_2-Entw. erreicht. Trägt man log i gegen log [NaCl] auf, so erhält man S-förmige Kurven. Der Wert von i, der dem Mittelpunkt dieser S-Kurve entspricht, zeigt den Übergang von inhibierender zu korrodierender Wrkg. des Zusatzes an. Für Konzz. oberhalb dieses Punktes wird ein Abfall in der Potential–Zeit-Kurve beobachtet, der unterhalb dieser Konz. nicht auftritt. Rühren u. Entlüftung der Lsgg. sind ohne wesentlichen Einfl. auf die beobachteten Werte.

P. FRENZEL. 143□

A_4. Thermodynamik. Thermochemie

Die Dichte verdünnter Lösungen von Kupfer in flüssigem Blei. S. W. Strauss und L. E. Richards. (Nuclear Sci. Engng. **9.** 281—82. Febr. 1961. Washington, D.C., U. S. Naval Res. Labor., Metallurg. Div., Physic. Metallurg. Branch.) (Engl.)

Die Dichte verd. Cu-Lsgg. in fl. Pb wurde für folgende Verdünnungen im Temp.-Bereich von 650—800° gemessen: 0,352, 0,702, 0,972, 1,572, 2,600 u. 3,444 Atom-% Cu. Die Dichteänderung zwischen Anfangs- u. End-Temp. betrug ca. 0,18 g/cm³.

H. SCHROEDER. 148☐

Berechnung der thermodynamischen Differentialquotienten für Wasserdampf. L. S. Dzung und W. Rohrbach. (Brennstoff. Wärme. Kraft **13.** 441—45. Okt. 1961. Baden, Schweiz.) (Dt.)

Die folgenden, in der Form von Differentialquotienten gegebenen Zustands-Eigg. des überhitzten Wasserdampfes werden im Bereich von der Sättigungslinie bis 800° u. 500 bar durch Diagramme dargestellt, die mit einem elektron. Digitalrechner errechnet wurden: Realfaktor (Kompressibilitätsfaktor), Isentropen- u. Isenthalpenexponent, isobarer Expansions-Koeff., isochorer Spannungs-Koeff. u. isothermer Elastizitätsmodul. Der Isentropenexponent wird dem Verhältnis der spezif. Wärmen gegenübergestellt. Außerdem werden der Isentropen- u. der Isenthalpenexponent für Naßdampf in Abhängigkeit vom Dampf-Geh. dargestellt. P. SCHARNER. 149☐

Ein Calorimeter für den Temperaturbereich von 1—20° K. Die spezifische Wärme einiger Graphitproben. W. DeSorbo und G. E. Nichols. (Physics Chem. Solids **6.** 352—66. Sept. 1958. Schenectady, N.Y., Gen. Electr. Res. Labor.) (Engl.)

Ein neues isothermes Hochpräzisionscalorimeter zur Messung spezif. Wärmen im angegebenen Temp.-Bereich wird ausführlich im Aufbau u. in der Arbeitsweise beschrieben. Das Calorimeter u./oder die Meßproben können auf die niedrigsten Temp. abgekühlt werden, ohne daß ein Austauschgas erforderlich ist, das durch Adsorption zu großen Fehlern führen kann. Bes. eingegangen wird auf die mit der Temp.-Messung im Gebiet des fl. He u. fl. H_2 mittels Kohlewiderstandsthermometern zusammenhängenden Probleme. Von drei Graphitproben unterschiedlicher Kristallitgröße u. unterschiedlichen „Fehlordnungsgrades" werden für den Bereich von 1,3—20° K Meßwerte mitgeteilt. Die spezif. Wärmen zeigen einen stark unterschiedlichen Verlauf. Die weiterhin erhaltenen Ergebnisse für eine Probe von natürlichem kanad. Graphit lassen sich durch eine Beziehung der Art $Cp = \alpha T^3 + \gamma T$ darstellen. Hieraus folgt eine DEBYE-Temp. von $\Theta_D = 460 \pm 5°$. Der Koeff. des linearen Gliedes beträgt etwa $\gamma = 0{,}6 \cdot 10^{-5}$ cal/g-Atom·Grad² u. steht mit einem von anderen Autoren angegebenen Glied für den Elektronenanteil der spezif. Wärme in Übereinstimmung. Zum Vgl. wurden im Bereich des fl. He noch Messungen an borhaltigem Graphit durchgeführt. WOLFGANG WAGNER. 149☐

Die spezifische Wärme von Graphit bei tiefen Temperaturen. J. C. Bowman und J. A. Krumhansl. (Physics Chem. Solids **6.** 367—79. Sept. 1958. Cleveland, Ohio, Union Carbide Corp., Nat. Carbon Co. Div., Nat. Carbon Res. Labor.) (Engl.) — Vgl. vorst. Referat.

Die l. c. gefundenen Unterschiede in der Cp-Kurve verschiedener Graphitarten wurden experimentell u. theoret. weiter mit dem Ziel untersucht, die Ursachen für die starken Änderungen aufzuklären. Die verwendeten Graphitproben waren so ausgesucht, daß die elektron. u. strukturellen Anteile nahezu unabhängig voneinander jeweils einen vorgegebenen bestimmten Wert einhielten. Hauptergebnis ist der Nachw., daß die erheblichen Unterschiede in der spezif. Wärme der verschiedenen Graphitproben im Bereich des fl. He nicht auf die Elektronenanteile zurückzuführen sind. Die theoret. Auswertung ergab, daß die Aussagen sowohl der Theorie des Elektronenanteils als auch der Gitterschwingungen in guter Übereinstimmung mit den experimentellen Daten stehen. Bei Lampenrußgraphit kann die gegenüber natürlichem Graphit erhöhte spezif. Wärme qual. u. quant. durch die zufälligen Verschiebungen der Schichtflächen gedeutet werden. Näherungswerte für die elast. Konst. des Graphits werden angegeben.

WOLFGANG WAGNER. 149☐

Einfluß der Teilchengröße auf die spezifische Wärme von Graphit bei tiefen Temperaturen. K. Komatsu. (Physics Chem. Solids **6.** 380—85. Sept. 1958. Mozu-Higashi, Sakai, Japan, Univ. of Osaka Prefecture, Dep. of Phys.) (Engl.) — Vgl. vorst. Referat.

Mit Hilfe der von KOMATSU u. NAGAMIYA (C. **1954.** 8519) entwickelten u. von KOMATSU (C. **1957.** 5191) später erweiterten Theorie über die spezif. Wärme von Graphit können die von DESORBO u. NICHOLS (vgl. vorvorst. Ref.) gefundenen Einfl. der Teilchengröße bei tiefen Temp. gedeutet werden. Für Proben mit kleineren Teilchen werden kleinere Werte der Elastizitäts-Konst. angenommen; bei Wahl geeigneter Werte geben die theoret. berechneten Kurven die experimentellen Meßpunkte mit befriedigender Genauigkeit wieder. Diese Ergebnisse lassen den Schluß zu, daß die beobachteten merklichen Differenzen in den spezif. Wärmen der verschiedenen Graphitproben bei tiefen

Temp. in der Hauptsache auf unterschiedliche Werte der elast. Konst. c_{44} (interplanar shear modulus) zurückzuführen sind. WOLFGANG WAGNER. 149☐

Dampfdruck von Gallium, Stabilität von Galliumsuboxid-Dampf und Gleichgewicht einiger Reaktionen, die gasförmiges Galliumsuboxid liefern. C. N. Cochran und L. M. Foster. (J. electrochem. Soc. **109.** 144—48. Febr. 1962. New Kensington, Pa., Aluminum Co. of America, Phys. Chem. Div., Alcoa Res. Labor.) (Engl.)

Die Dampfdrücke von Ga (99,9999%) wurden nach der Effusions-Meth. in einer Zelle aus gesintertem Aluminiumoxid bestimmt (1179—1383° K): log P (atm) = $-14900/T - 0{,}515 \cdot \log T + 7{,}34$. Verdampfungswärme $\Delta H^0_{298} = 68{,}96 \pm 0{,}19$ kcal/Mol, Kp. 2676° K. Ältere Angaben sind falsch, da die Messungen in Quarzzellen durchgeführt wurden u. fl. Ga mit SiO_2 unter Bldg. von gasförmigem Ga_2O (I) reagiert. Die Rk.-Wärmen von $2\ Ga_{(fl.)} + SiO_{2(fest)} \rightleftharpoons SiO_{(gas)} + Ga_2O_{(gas)}$ u. $2\ Ga_{(fl.)} + MgO_{(fest)} \rightleftharpoons Mg_{(gas)} + Ga_2O_{(gas)}$ wurden durch Dampfdruckmessungen zu $\Delta H^0_{298} = 171{,}07 \pm 0{,}69$ u. $159{,}31 \pm 0{,}68$ kcal ermittelt; daraus folgt für die Bldg.-Wärme von gasförmigem I bei 298° K: $\Delta H^0_f = -17{,}4 \pm 0{,}7$ u. $-19{,}7 \pm 0{,}7$ kcal/Mol. Unter Zugrundelegung des ΔH^0_f-Wertes von $-19{,}7$ kcal/Mol wurden die Gleichgewichts-Konst. für die Bldg. von gasförmigem I auf Ga + W., Al_2O_3 oder Ga_2O_3 u. aus Ga_2O_3 + C bzw. Sn berechnet (400—1200°). Die Normalentropie des gasförmigen I wurde auf $S_{298}^{\circ} = 69{,}54$ cal/Grad·Mol geschätzt. Tabelliert sind die $-(F^0_T - H^0_{298})/T$-Werte (700—1600° K) von festem Si, C, Al_2O_3, SiO_2, MgO, Ga_2O_3 u. gasförmigem H_2, Mg, Al_2O, SiO, SnO, CO, I u. H_2O. — Die Dampfdrücke von Ag u. Sn wurden nach der Effusions-Meth. bei 1280, 1332 u. 1383° K bestimmt. G. GATTOW. 150☐

Das allgemeine Grenzgesetz für die Schmelzpunktserniedrigung mit besonderer Berücksichtigung von Salzschmelzen. Cesare Sinistri. (Z. physik. Chem. [Frankfurt/M.] [N.F.] **30.** 349—56. Dez. 1961. Aachen, TH, Inst. für Phys. Chem.) (Dt.)

Vf. leitet thermodynam. ein Grenzgesetz für die F.-Erniedrigung für bin. Mischungen ab, deren Komponenten beliebige Dissoziationen aufweisen können: $\lim_{x \to 0} \Delta T/x = \nu K_0$ (ΔT: F.-Erniedrigung, x = stöchiometr. Molenbruch des gelösten Stoffes, K_0 = Konst., ν = Zahl der Teilchen, die bei der Dissoziation eines Mol. des gelöstenStoffes bei unendlicher Verdünnung entstehen, soweit diese Teilchenarten nicht im Lsgm. auftreten). Die allg. Gültigkeit wird bewiesen u. bes. auf Salzschmelzen angewandt. Es zeigt sich, daß man durch Messungen der F.-Erniedrigung nur relative Aussagen über den Mol.-Zustand des gelösten Stoffes u./oder des Lsgm. gewinnen kann. Ferner werden Formeln für mäßige Konzz. des Gelösten abgeleitet u. erörtert. K. HUSTE. 150☐

Die Autoprotolysenwärme der Schwefelsäure. B. Dacre und P. A. H. Wyatt. (J. chem. Soc. [London] **1961.** 2962—65. Juli. Sheffield, Univ.) (Engl.)

Im Molalitätsbereich 0,06—0,09 beträgt die Rk.-Wärme der Säure–Base-Rk. $HB(HSO_4)_4$ (m) + 2 $KHSO_4$ (2molal) → $KB(HSO_4)_4$ (m) + $KHSO_4$ (m) + 2 H_2SO_4 in H_2SO_4-Lsg. $-5{,}60 \pm 0{,}04$ kcal/Mol. Vff. erörtern Korrekturen für die Berechnung der Autoprotolysenwärme ΔH_{ap} von H_2SO_4: Einfl. bei nicht vollständiger Dissoziation von $HB(HSO_4)_4$; der der Verdünnungswärme von $KHSO_4$ sowie der Solvolyse des $H_3SO_4^+$-Ions. ΔH_{ap} beträgt in Übereinstimmung mit dem therm. ermittelten Wert ca. 5 kcal/Mol. Vff. erörtern die nach anderen Meth. erhaltenen Werte. P. FRENZEL. 156☐

Über die thermodynamische Charakteristik von Zirkoniumdioxid, Zirkon und der Titanate von Aluminium und Magnesium. A. Ss. Bereshnoi. (Доповіді Академії Наук Української РСР [Ber. Akad. Wiss. UkrainSSR] **1962.** 65—68. Ukrain. Inst. für feuerfeste Materialien.) (Ukrain.; Auszug: Engl.)

Für $ZrSiO_4$ (I), Al_2TiO_5 (II), $MgTi_2O_5$ (III), $MgTiO_3$ (IV) u. Mg_2TiO_4 (V) wurden rechner. folgende Werte für die Bldg.-Wärme aus den Oxiden (ΔH^0_{298}) ermittelt: $-4{,}8$ (kcal/Mol) für **I**; $+2{,}7$ für **II**; $-5{,}6$ für **III**; $-2{,}4$ für **IV**; $-4{,}4$ für **V**. Auf Grund der experimentellen Daten u. deren Extrapolierung wurde für ZrO_2 das P—T-Diagramm aufgenommen. Für **I, II, III, IV** u. **V** wurden die Werte für die Veränderungen des thermodynam. Isobarenpotentials $\Delta Z(T)$ bei deren Bldg. berechnet u. deren Beständigkeit be hohem Druck u. hoher Temp. untersucht. Hieraus wird ersichtlich, daß nur **IV** bei sehr hohem Druck beständig ist; **V**, bes. aber **III** werden bei diesen Verhältnissen unter Bldg. von **IV** u. des entsprechenden Oxids zersetzt. Hieraus erklärt sich, daß in der Natur prakt. nur **IV** in Form von Geikielith vorkommt, höchst selten **V** u. überhaupt nicht **III**. O. LEBTAG. 156☐

Eine Methode zur Bestimmung des akustischen Absorptionskoeffizienten von Gasen aus Messungen der Abklingzeit eines Resonators. P. D. Edmonds und J. Lamb. (Proc. physic. Soc. **71.** 17—32. 1/1. 1958. London, Imp. Coll., Electr. Engng. Dep.) (Engl.) — Vgl. C. **1961.** 10498.

Vff. geben eine neue Meth. an, um aus der Abklingzeit eines Resonators bei longitudinaler u. radialer Ausbreitung den akust. Absorptions-Koeff. von Gasen zu berechnen. Die Energieverluste in den viscosen u. therm. Grenzschichten an den Wänden des Resonators werden dabei durch bes. Terme berücksichtigt. Die Anwendbarkeit der Meth. ist auf den Frequenz-Druck-Bereich zwischen 1 u. 45 kHz pro Atmosphäre bei einer Temp. von 25° beschränkt. Eichmessungen wurden mit Ar u. N_2 durchgeführt; im Fall von Cyclohexan wurde der Relaxationsanteil an der Absorption bestimmt.
G. M. NEUMANN. 159□

Niedertemperaturdissipationsmaximum bei Niob. P. G. Bordoni, M. Nuovo und L. Verdini. (Physic. Rev. [2] **123.** 1204—06. 15/8. 1961. Rome, Ist. Naz. di Ultracust.) (Engl.)

Vff. berichten über die Messung des Energiedissipations-Koeff. Q^{-1} u. der Resonanzfrequenz einer Nb-Platte als Funktion der Temp. zwischen 60 u. 300° K. Die Messungen wurden mit 18,62, 63,73, 118,11 u. 174,38 kHz durchgeführt. Die Temp. T_m des Dissipationsmaximums hängt von der Schwingungsfrequenz nach einer ARRHENIUS-Gleichung, die die therm. aktivierten Relaxationseffekte charakterisiert, ab. Die Aktivierungsenergie von 0,265 eV u. die begrenzende Relaxationszeit von $61 \cdot 10^{11}$ s^{-1} stimmen mit bekannten Werten einiger kub. flächenzentrierter Metalle für die durch die Bewegung von Fehl- u. Störstellen bedingten Relaxationseffekte gut überein. Danach wird das Maximum nicht von der Bewegung von Zwischengitter-H-Atomen, sondern von Fehlstellen im Gitter bestimmt.
G. M. NEUMANN. 159□

A_5. Kolloidchemie. Grenzschichtforschung

Statistische Thermodynamik konzentrierter kolloidaler Lösungen. 2. Mitt. **Allgemeine Theorie der Doppelschichtkräfte bei einem Kolloidteilchen.** G. M. Bell und S. Levine. (Trans. Faraday Soc. **54.** 785—98. Juni 1958. Manchester, Manchester Coll. of Sci. and Technol., Dep. of Math.; Univ. of Manchester, Dep. of Math.) (Engl.) — 1. vgl. C. **1958.** **2943.**

Vff. leiten einen allg. Ausdruck für die Kraft ab, die in der elektr. Doppelschicht an einem Koll.-Teilchen u. an der Grenzfläche eines konz. koll. Syst. auftritt. Die einzelnen Teilchen können dabei sowohl an der Oberfläche als auch im Inneren elektr. Ladungen tragen, werden aber ebenso wie das Dispersionsmedium als inkompressibel behandelt. Die gefundene Beziehung setzt sich zunächst aus einem Entropieterm u. einem elektrostat. Term zusammen, wobei der letztere wiederum aus dem MAXWELLschen Spannungsterm u. Termen, die die bewegliche Ionenladungsverteilung im Teilcheninneren u. im Dispersionsmedium berücksichtigen, besteht. Diese Einfl. machen sich natürlich auch beim Entropieterm bemerkbar, heben sich hier jedoch gegenseitig auf. Mit Hilfe dieser allg. Beziehung lassen sich dann die auf das Teilchen einwirkenden Translations- u. Rotationskräfte in Form einer Potentialverteilung im Dispersionsmedium ausdrücken.
G. M. NEUMANN. 162□

Statistische Thermodynamik konzentrierter kolloidaler Lösungen. 3. Mitt. **Einige Anwendungen der allgemeinen Kraftbeziehung.** G. M. Bell und S. Levine. (Trans. Faraday Soc. **54.** 975—88. Juli 1958.) (Engl.) — 2. vgl. vorst. Referat.

Vff. zeigen, daß sich durch Anwendung der allg. Kräftebeziehung (vgl. l. c.) auf die Grenzflächen des Koll.-Syst. ein Ausdruck für den osmot. Druck des Syst. ergibt. Ferner wird diese Beziehung auf die Kraft-Wrkg. zwischen zwei Koll.-Teilchen angewendet u. die Deformation, die die Teilchen unter ihrem gegenseitigen Einfl. erfahren, abgeschätzt.
G. M. NEUMANN. 162□

Die Schallgeschwindigkeit in Emulsionen. P. A. Allinson. (J. Colloid Sci. **13.** 513—21. Dez. 1958. Newcastle-upon-Tyne, Univ. of Durham, King's Coll., Phys. Dep.) (Engl.)

Vf. berichtet über Messungen der Schall-Geschw. in Bzl./H_2O-Emulsionen, wobei die Viscosität der kontinuierlichen Phase durch Glycerinzusatz zum W. u. die Dichte der dispersen Phase durch CCl_4-Zusatz zum Bzl. variiert wurde. Die Ergebnisse wurden mit zwei Theorien verglichen. Danach wird einmal die Emulsion als homogene Mischung zweier Komponenten einer mittleren Dichte u. Kompressibilität betrachtet u. zum anderen angenommen, daß die Schallenergie an den suspendierten Teilchen gestreut wird. Die experimentellen Ergebnisse bestätigen mehr die Anschauungen der ersten Theorie.
G. M. NEUMANN. 162□

Die Bestimmung von Grenzflächenspannungen, Kontaktwinkeln und Dispersionskräften in Oberflächen unter der Annahme der Additivität der intermolekularen Wechselwirkungen in den Oberflächen. F. M. Fowkes. (J. physic. Chem. **66.** 382. Febr. 1962. Emeryville, Calif., Shell Dev. Co.) (Engl.)

Unter Zugrundelegung der Gleichung von YOUNG, u. mit besonderer Berücksichtigung der Dispersionskräfte, wird ein Ausdruck für den Kontaktwinkel (Θ) zwischen Fl. u. Festkörper abgeleitet, der $\cos\Theta$ als lineare Funktion einer Oberflächenspannungsfunktion wiedergibt. Experimentelle Daten für die $\cos\Theta$-Werte von H_2O u. Hg an Polyäthylen, Kel-F, Paraffinwachs, Teflon, Perfluorolaurinsäure (monomol. Schicht an Pt) u. a. bestätigen diese Geradlinigkeit. W. BETCKE. 166□

Freie Zonenelektrophorese. Vorl. Mitt. Stellan Hjertén. (Ark. Kemi **13.** Nr. 16. 151—52. 1958. Uppsala, Univ., Inst. of Biochem.) (Engl.)

Die bei der elektrophoret. Trennung in homogener Lsg. ohne stabilisierende Festphase leicht auftretende Störung durch Konvektion infolge der Dichteunterschiede von Zone u. Medium kann dadurch behoben werden, daß man das ca. 0,6 cm weite Trennrohr mit ca. 15—30 U/min rotieren läßt. Nach diesem Verf. wurden Farbstoffe, Aminosäure-Derivv., Proteine u. Algenzellen elektrophoret. getrennt.

E. MOISAR. 168□

Freie Diffusion in einem Zweikomponentensystem, bei dem eine Volumenänderung beim Mischen eintritt. Hiroshi Fujita. (J. Amer. chem. Soc. **83.** 2862—65. 5/7. 1961. Univ. of Wisconsin, Dep. of Chem.; Maizuni, Kyoto Pref., Univ. of Kyoto, Dep. of Fisheries.) (Engl.)

Vf. leitet für die eindimensionale freie Diffusion in einem Zweikomponenten-Syst. (Lsgm. + Gelöstes) mit Vol.-Änderung beim Mischen eine Reihen-Lsg. für die Diffusionsgleichung ab, die bis zu den Ausdrücken $(\Delta C)^2$ (ΔC Konz.-Differenz an der anfänglich scharfen Phasengrenze) genau ist. Weiterhin werden Gleichungen abgeleitet, durch die die beobachteten Werte des Verhältnisses der red. Höhe zur Fläche u. des red. 2. Moments der Gradientenkurven des Brechungsindex zur Entw. der korrekten Konz.-Abhängigkeit des Diffusions-Koeff. benutzt werden können. Für diese Berechnungen sind unabhängige Werte für das partielle spezif. Vol. des Gelösten u. den Brechungsindex der Lsg., beide als Funktion der Konz. des Gelösten, erforderlich.

P. FRENZEL. 171□

Der Einfluß einiger organischer Salze auf die Absorption von Kaliumionen durch Vermiculit. M. M. Mortland. (Nature [London] **192.** 481—82. 4/11. 1961. East Lansing, Mich., Michigan Agric., Exp. Stat.) (Engl.)

Die Absorption u. die Entfernung absorbierter K^+-Ionen an Vermiculit wird außer durch NH_4^+-Ionen noch durch eine Reihe substituierter Ammoniumionen gestört oder verhindert. Die Reihenfolge der Absorptions-Wrkg. der untersuchten organ. Salze bei einem Salz/KCl-Verhältnis 1:1 ist folgende: n-Butylaminhydrochlorid < Tetramethylammoniumchlorid < Argininmonohydrochlorid < Lysinmonohydrochlorid < Histidinmonohydrochlorid < Ammoniumchlorid < 2.4-Diaminophenoldihydrochlorid < Anilinhydrochlorid < p-Phenylendiamindihydrochlorid. Die organ. Kationen verhindern den Austausch der K^+-Ionen auf andere Weise als das NH_4^+-Ion. In Ggw. dieser Kationen wird Gitter des Vermiculit aufgeweitet, u. es wird den K^+-Ionen infolge der großen Adsorptionsenergie der organ. Kationen der Eintritt zu den Zwischengitterplätzen verwehrt. Mit Hilfe der organ. Kationen kann man also die Fixierung u. den Austausch von K^+ an Vermiculit steuern. G. HELLER. 176□

Ein Verfahren zur Bestimmung der Hydratationszahlen von Ionen an Ionenaustauscherharzen. Hotoshi Ohtaki, Kôzô Gonda und Hidetake Kakihana. (Bull. chem. Soc. Japan **34.** 293—95. Febr. 1961. Meguro-ku, Tokyo, Inst. of Technol.) (Engl.)

Die Hydratationszahlen (HZ) der Ionen an sulfonierten Austauscherharzen vom Dowex-50- u. Diaion-SK-Typ wurden durch isopiest. Adsorptionsmessungen bestimmt. Die Harze wurden mit A./W.- oder Dioxan/W.-Mischungen innerhalb von drei Tagen ins Gleichgewicht gebracht, u. die Gesamtmenge des adsorbierten Lsgm. wurde gravimetr., die Zus. des Lsgm. in der Harzphase colorimetr. nach der Elution mit W. (A.) bzw. durch Messung des Brechungsindex nach Abdest. (Dioxan) bestimmt. Es wird ein Ausdruck abgeleitet, der die HZ als Funktion der Menge des adsorbierten organ. Lsgm., der Konz. des organ. Lsgm. in der fl. Phase, der Austauscherkapazität des Harzes, des Molgew. des W. u. des Verteilungs-Koeff. von W. u. organ. Lsgm. zwischen Harz u. fl. Phase wiedergibt unter den Voraussetzungen, daß nur die funktionellen Gruppen des Harzes u. ihre Gegenionen Lsgm. adsorbieren, u. daß nur die H_2O-Moll., auch bei großer Konz. an organ. Lsgm., solvatisierend wirken. Die HZ wurden in Abhängigkeit von der A.- bzw. Dioxan-Konz. des Lsgm. bestimmt u. auf Null-Konz. extrapoliert. Die erhaltenen Werte liegen je nach dem verwendeten Harz zwischen 3,0 u. 8,4 u. stimmen für beide Lsgm.-Syst. gut überein. W. BETCKE. 177□

Austauscher-Eigenschaften von Zirkoniumphosphat. Jacques Prospert und Tivadar Kikindai. (C. R. hebd. Séances Acad. Sci. **254.** 860—62. 29/1. 1962. Saclay,

C.E.A., École centrale des Arts et Manufactures, Serv. Radioéléments artificiels.) (Franz.)

Bei 25° getrocknetes Zirkoniumphosphat besitzt bei einem pH von ca. 7 Eigg., die etwa mit denjenigen von organ. Kationenaustauschern vergleichbar sind. Für den Anionenaustausch gilt ähnliches. A. DE MONTIGNY. 177 □

A_6. Strukturforschung

Automatische Rechenmaschinen und die Berechnung der Konfigurationsenergie von Atomen. G. B. Cook. (Trans. Faraday Soc. **54.** 1771—72. Nov. 1958. Leeds, Univ.) (Engl.)

Vf. weist auf die Möglichkeit der Verw. automat. Rechenmaschinen bei der numer. Berechnung der Konfigurationsenergie von Moll. hin. G. M. NEUMANN. 181 □

Ein kreis- und bogenförmiger Schlitz mit festem Mittelpunkt und kontinuierlich einstellbarem Radius für die Analyse von kreisförmig symmetrischen Kleinwinkel-Röntgenstrahlenbeugungsdiagrammen. Jesse W. M. DuMond und John Everitt. (Ann. Physics **11.** 49—64. Sept. 1960. Pasadena, Calif., California Inst. of Technol.) (Engl.) C. GOTTFRIED. 181

Die Elektronendichte des kristallinen Milieus und die Streuung der Röntgenstrahlen durch die Wärmebewegung der Atome. Jean Laval. (Acta crystallogr. [Copenhagen] **13.** 1107. 10/12. 1960. Paris, Coll. de France.) (Franz.) C. GOTTFRIED. 181

Die Verwendung der Kern-Nullmatrix bei Neutronenbeugungsuntersuchungen von Kristallstrukturen und magnetischen Strukturen. S. S. Sidhu, LeRoy Heaton und M. H. Mueller. (Acta crystallogr. [Copenhagen] **13.** 1086. 10/12. 1960. Lemont, Ill., Argonne Nat. Labor.) (Engl.)

Eine Nullmatrix M besteht aus 2 Typen von Kernen, von denen der eine Typ therm. Neutronen mit 180° aus der Phase in bezug auf den anderen Typ streut. Auf Grund der bekannten Amplituden der verschiedenen Kerne wurden die folgenden Nullmatrizen dargestellt: $M_{Ti-Zr} = 62$ (Atom-%) Ti u. 38 Zr; $M_{Ti-W} = 55$ Ti u. 45 W; $M_{Mn-Co} = 43$ Mn u. 47 Co u. $M_{Mn-Cu} = 69$ Mn u. 31 Cu. Jede Matrix wurde für eine spezif. Unters. verwendet. M_{Ti-Zr} wurde zu $M_{Ti-Zr}D_{1,99}$ deuterisiert u. zur Best. der Lagen der D-Atome zueinander u. zu den Metallatomen mittels Neutronenbeugung benutzt. Zur Unters. der Lage der C-Atome wurde M_{Ti-W} in $M_{Ti-W}C$ übergeführt. Aus M_{Mn-Co} wurde $Mn_{1,88}Co_{2,12}C$ dargestellt u. hieran die Atomordnung von Mn, Co u. C sowie die Ordnung des magnet. Moments von Mn u. Co untersucht. An M_{Mn-Cu} schließlich wurden die Ausrichtungen des magnet. Moments der Mn-Atome untersucht. Wenn die Atome der Nullmatrix in einer Verb. regellos bleiben, die durch die Nullmatrix mit einem anderen Element gebildet wurde, dann resultieren die Intensitäten der Beugungsmaxima bei der Neutronenbeugung von der kohärenten Streuung des zugesetzten Elements allein. Tritt infolge Ordnung der magnet. Momente zusätzliche Neutronenstreuung auf, dann überlagern sich diese Intensitäten bei ferrimagnet. u. ferromagnet. Stoffen, aber geben zusätzliche Beugungsmaxima bei antiferromagnet. Stoffen. Auf Grund dieser Unterss. kann man eindeutig die Lagen leichter Atome unter schwereren Atomen u. die Ausrichtungen der magnet. Momente in der Zelle bestimmen. C. GOTTFRIED. 181

Technik für die Herstellung völliger und teilweiser Abdrücke von Teilchen für die Elektronenmikroskopie. F. Leonhard, C. F. Cook jun. und F. R. Anderson. (Rev. sci. Instruments **31.** 1181—85. Nov. 1960. Fort Monmouth, N.J., U. S. Army Signal Res. and Dev. Labor.) (Engl.)

Das beschriebene Verf. zur Herst. totaler Abdrücke besteht 1. aus einer Schrägvorbedampfung mit einer Leg. aus Pt u. 10% Rh im Hochvakuum, 2. einer Bedampfung mit Kohlenstoff in einer Ar-Atmosphäre von 10^{-3} Torr, welche durch Streuung der C-Atome eine gleichmäßigere allseitige Bedeckung des Objektes mit C bewirken soll, 3. einer Verstärkungsschicht aus einem sublimierenden Material (z. B. S), die vor der Beobachtung im Elektronenmikroskop durch Sublimation wieder entfernt wird. Eine partielle Abdrucktechnik, bei der nur ein Teil der Teilchenoberfläche repliziert werden soll, verwendet ein thermoplast. Einbettungsmittel (z. B. Polystyren), in welches man die zu untersuchenden Teilchen bei erhöhter Temp. teilweise einsinken läßt. F. LENZ. 181 □

Eine Beziehung zwischen einigen Bindungseigenschaften zweiatomiger Moleküle und den Ionisationspotentialen ihrer Atome. Brian Stevens. (Spectrochim. Acta [London] **12.** 154—61. Sept. 1958. Princeton, N.J., Princeton Univ., James Forrestal Res. Center.) (Engl.)

Vf. untersucht die Beziehung $kr_0^2 = 2N(J_A + J_B)$ zwischen der Kraft-Konst. k, dem Gleichgewichtsabstand r_0 der Atome, der Bindungsordnung N 2atomiger Moll. im Grundzustand u. den ersten Ionisationspotentialen J_A u. J_B der Atome A u. B. Es zeigt sich, daß die Beziehung bei kovalenten Moll. mit 8, 10 oder 11 Valenzelektronen zufriedenstellend ist, bei Moll. mit 2, 12 oder 14 Außenelektronen aber noch durch Einführung zweier Konst. modifiziert werden muß. Die für eine große Anzahl anorg. Moll. berechneten Bindungslängen stimmen mit den beobachteten Werten auf ca. 2% überein. Ferner werden für C, Si, Ge, Sn, Pb, N, P, As, Sb, Bi, O, S, Se u. Te die kovalenten Atomradien für den 2- u. 3fachen Bindungszustand berechnet.
G. M. NEUMANN. 182□

Die Elektronenstruktur von tetraedrischen Kobalt(II)-Komplexen. F. A. Cotton, D. M. L. Goodgame und M. Goodgame. (J. Amer. chem. Soc. **83.** 4690—99. 5/12. 1961. Cambridge, Mass., MIT, Dep. of Chem.) (Engl.)

Vff. teilen für die Komplexe $[(n\text{-}C_4H_9)_4N]_2[CoX_4]$ (X = *Cl*, *Br* u. *J*), $Cs_3[CoCl_4]Cl$, $[(C_6H_5)_3CH_3As]_2[CoJ_4]$ u. $[Chin \cdot H]_2[CoJ_4]$ (Chin = Chinolin) die durch magnet. u. spektrophotometr. Messungen ermittelten Werte ν_2, ν_3 (cm^{-1}), μ (B.M.), Δ (cm^{-1}) u. B′ (RACAH-Parameter) mit. Sie geben weiterhin einen krit. Überblick über die magnet. u. spektrophotometr. ermittelten Werte u. abgeleiteten Parameter, die die Elektronenstruktur dieser u. verschiedener anderer tetraedr. Co(II)-Komplexe beschreiben. Es wird festgestellt, daß folgende Reihenfolge der Liganden in der spektrochem. Reihe, wie aus den Δ-Werten folgt, besteht: $J^- < Br^- < -SCN^- < Cl^- \ll (C_6H_5)_3PO < N_3^- < -NCO^- \sim OH^- \ll -NCS^-$. Die ermittelten B′-Werte u. Spin–Bahn-Kopplungs-Konst. lassen auf eine beträchtliche Überlappung von Metall- u. Ligandorbitalen in diesen Komplexen schließen. Die Intensitäten der ν_2- u. ν_3-Banden sind in allen untersuchten tetraedr. Co(II)-Komplexen ca. 10^2mal größer als die der oktaedr. Co(II)-Komplexe. Auf Grund des oft bedeutsamen Einfl. der Lsgm. auf die Spektren der $[CoX_4]^{2-}$-Komplexe können die wahren Spektren gewöhnlich nur in nichtwss. Lsgg. in Ggw. von überschüssigem X^- erhalten werden. In wss., sogar mit HX oder LiX gesätt. Co(II)-Lsgg. wird nämlich das $[CoX_4]^-$ wahrscheinlich nicht, oder nur z. T., gebildet. Beim Lösen von $Co(OH)_2$ in konz. Alkalihydroxid-Lsgg. entstehen teilweise tetraedr. Verbb., die als $[Co(OH)_3(H_2O)]^-$ u./oder $[Co(OH)_4]^{2-}$ angesehen werden.

Versuche: *Tetra-n-butylammoniumtetrachlorocobaltat(II)*, F. 182,5°, durch Mischen von Tetra-n-butylammoniumchlorid u. $CoCl_2$ im Verhältnis 2:1 in heißem abs. A., Zugeben von heißem Bzl. bis zum Beginn der Kristallisation; blaue krist. Verb.; 97% (Ausbeute). — *Tetra-n-butylammoniumtetrabromocobaltat(II)*, F. 104,5°, analog vorst. Verb.; hellblau; 90%. — *Tetra-n-butylammoniumtetrajodocobaltat(II)*, F. 139°, analog vorst. Verb., jedoch Ausfällung mit Äthylacetat; hellgrün; 84%. U. SKURNIA. 182□

Die Struktur von Assoziationskolloiden. V. Luzzati, A. Skoulios, F. Husson und J. Spegt. (Acta crystallogr. [Copenhagen] **13.** 1069. 10/12. 1960. Strasbourg, Centre de Rech. sur les Macromol.) (Franz.) — Vgl. C. **1962.** 8927.

Vff. untersuchten ein tern. Syst. *Seife*–W.–nichtpolares Lsgm. u. bestimmten die Struktur der Micellen der Seife im Wasser. Es wurden mehrere mesomorphe Phasen beobachtet, deren Struktur sich von denen der Syst. Seife–W. herleitet. Bei der Unters. der Veränderung der für jede hydrophile Gruppe verfügbaren Oberfläche konnte die Rolle der Polarität des Lsgm. nachgewiesen werden. Bei der Unters. der micellaren Phasen durch Röntgenstreuung wurde gefunden, daß die Form der Micellen von der Natur des Amphiphils u. der Konz. abhängt; in gewissen Fällen scheint ein Übergang von der kugelförmigen zur stäbchenförmigen Form zu bestehen. C. GOTTFRIED. 186

MX_2-Schichtstrukturen. F. Jellinek. (Acta crystallogr. [Copenhagen] **13.** 1021. 10/12. 1960 Groningen, Rijksuniv., Labor. voor anorg. Chem.) (Engl.)

Vf. diskutiert zuerst die möglichen MX_2-Schichtstrukturen, in denen die X-Atome dicht gepackt sind u. die M-Atome die oktaedr. Lücken besetzen. Wenn alle M-Atome äquivalent sind, gibt es nur 4 Strukturen mit den Atomfolgen: C-6-Typ (trigonal): b A c···; C-27-Typ (hexagonal): a C b a B c···; C-19-Typ (rhomboedr.): b A c a C b c B a··· u. (rhomboedr.): b A c b A c a C b a C b c B a c B a···. a u. A bezeichnen Atome in 0 0 z-, b oder B in $^1/_3$ $^2/_3$ z, c oder C in $^2/_3$ $^1/_3$ z; a, b u. c bezeichnen X-Atome, A, B u. C M-Atome. Im Idealfall, wenn jedes X 12 gleich weit entfernte X-Nachbarn hat, dann ist c/a ein Vielfaches von $\sqrt{8/3} = 1{,}6330$ u. die Abstände M—X sind um den Faktor $\sqrt{1/2} = 0{,}7071$ größer als die Abstände X—X. Ähnlich lassen sich 4 MX_2-Schichtstrukturen festlegen, in denen die Umgebung von M trigonal-prismat. ist, während die Packung der MX_2-Platten dichter Packung entspricht. Die Atomfolgen sind: α (hexagonal): b A b c A c···; β (hexagonal): b C b c B c···; γ (rhomboedr.): b A b, a C a, c B c··· u. δ (rhomboedr.): b A b c A c a C a b C b c B c a B a···. β entspricht dem C-7-Typ.

α- u. γ-Strukturen haben JELLINEK u. Mitarbeiter (vgl. C. **1960.** 16352) im Syst. Nb–S gefunden. Bei NbS_2 beobachtete Vf. allg. eine Packungsregellosigkeit in der c-Richtung. Vorläufige Unterss. an dem Syst. *Ta–S* ergaben Strukturen u. Phasenbeziehungen, die denen in Nb–S analog sind. C. GOTTFRIED. 190

Analytische Untersuchung einiger Reaktionen im festen Zustand mit Hilfe der Thermogravimetrie und Infrarotspektrophotometrie. Cl. Duval. (Magyar tudományos Akad., kém. tudományok Osztályának Közleményei [Ung. Akad. Wiss., Ber. Abt. chem. Wiss.] **16.** 255—64. Nov. 1961. Paris, École Nat. Super. de Chim.) (Ung.)

Vf. zeigt den Vorteil der Kombination der thermogravimetr. u. IR-spektroskop. Meth. bei der Unters. der Festphasen-Rkk.: SrO u. Pyrophosphat, spontane Polymerisation von Metaboraten, MgO mit J_2, Adsorption von MnO_4- an $BaSO_4$, Struktur von $[Si(Mo_{12}O_{40})]^{4-}$. Die Ergebnisse der Unters. der Synth. u. Struktur von Chromiten sowie die Rkk. zwischen Na_2O_2 u. Metalloxiden werden eingehend besprochen. I. NARAY-SZABÓ. 190

Ionenkristalle. Howard W. Etzel. (J. chem. Educat. **38.** 225—31. Mai 1961. Washington, D.C., US Naval Res. Labor.) (Engl.)

Ein Überblick über den Stand der Unterss. an Ionenkristallen, hauptsächlich Alkalihalogeniden. Vf. behandelt Versetzungen im Kristallgitter u. die Wrkg. von Verunreinigungen im Zusammenhang mit der Ionenleitfähigkeit. Ausführlicher wird auf die Anregung der Kristalle durch energiereiche Strahlung u. auf die Farbzentren eingegangen, die an Hand der üblichen Modelle erläutert werden. Außerdem wird ein Überblick über die Arbeiten im Zusammenhang mit der Bldg. der Farbzentren gegeben. — 34 Literaturzitate. K. Ross. 190□

Elektronenbeugungsuntersuchungen der Stufenversetzungen in den Calciumsilicaten. J. A. Gard. (Acta crystallogr. [Copenhagen] **13.** 1095. 10/12. 1960. Old Aberdeen, Univ., Dep. of Chem.) (Engl.)

Vf. untersuchte mit Hilfe von Elektronenbeugung Einkristalle von natürlichen oder synthet. *β-$CaSiO_3$* von *Foshagit, Xonotlit* u. *Tobermorit,* u. zwar wurden speziell die Lagen schwacher Interferenzen mit K ungerade im reziproken Gitter untersucht. Bei β-$CaSiO_3$ u. Foshagit traten Streifen parallel a* auf mit Maxima, die die vorherrschenden Modifikationen anzeigen. C ist in der wahren u. in den Pseudozellen um β-$CaSiO_3$ gleich, verdoppelt jedoch in der wahren Zelle von Foshagit. Das Auftreten der Modifikationen, die diese Interferenzen hervorrufen, u. das Nichtauftreten anderer Modifikationen läßt sich durch die Koordination der Ca-Atome gegenüber den O-Atomen u. OH-Ionen erklären. Die Streifen in dem reziproken Gitter des Xonotlits haben keine deutlichen Maxima, sondern sind kontinuierlich in der a*-Richtung, wobei jeder Streifen der Länge nach in 2 aufgespalten ist. C. GOTTFRIED. 190

Eine erweiterte Theorie der Kristallformen und die Morphologie von Zwillingen. I. Shafranovski. (Acta crystallogr. [Copenhagen] **13.** 1082—83. 10/12. 1960. Leningrad, Inst. of Mines.) (Engl.)

Vervollständigung einer neuen Definition der geometr. Varianten kristallograph. Formen u. Anwendung auf die Morphologie von Zwillingen. C. GOTTFRIED. 190

Untersuchungen an Phthalocyaninatokupfer(II) und seinen chlorierten Derivaten mit Hilfe von Röntgenbeugungsdiagrammen. Masahiro Shigemitsu. (Bull. chem. Soc. Japan **32.** 607—16. Juni 1959. Sumida-ku, Tokyo, Toyo Ink Mfg. Co., Central Res. Labor.) (Engl.)

Vf. untersuchte röntgenometr., elektronenmkr. u. durch Reflexionsmessungen an den nadelförmigen (α-) u. granularen (β-) Kristallen von *Phthalocyaninato-kupfer(II)* (**I**), *3-Tetrachlorphthalocyaninato-kupfer(II)* (**II**), *4-Tetrachlorphthalocyaninato-kupfer(II)* (**III**), *3.6-Oktachlorphthalocyaninato-kupfer(II)*, *4.5-Oktachlorphthalocyaninato-kupfer(II)* u. *Hexadekachlorphthalocyaninato-kupfer(II)* die Polymorphie von **I** u. seinen chlorierten Derivaten. Die α-Form von **I** wurde durch Sublimation bei 550—580°, die β-Form durch 72std. Pulverisieren von 5 g **I** mit 1,2 kg Stahlkugeln (3 mm ∅) in 100 cm^3 Aceton dargestellt. Die α-Formen der chlorierten Verbb. lassen sich nicht durch Sublimation, jedoch durch Kondens. der betreffenden Chlorphthalsäureanhydride mit Harnstoff u. Cu in Trichlorbenzol (**IV**) erhalten. Ihre β-Formen werden durch Lösen in der 20fachen Gew.-Menge 98%ig. H_2SO_4 (bei **II** u. **III**) bzw. Chlorsulfonsäure bei Raum-Temp., 4std. Stehen u. Ausgießen in Eiswasser dargestellt. Die untersuchten Verbb. haben, unabhängig von der Größe des Cl-Geh. alle 2 Kristallstrukturen. Die Einführung von Cl in **I** kann, bes. bei hohem Cl-Geh., das Kristallwachstum in organ. Lsgm. verhindern; bei niedrig chlorierten Verbb. spielt die Stellung des Cl-Atoms eine wichtige Rolle. So übt das Cl-Atom in 4-Stellung bei der Unterdrückung des Kristallwachstums einen großen Einfl. aus, während das Cl in 3-Stellung kaum einen Effekt ergibt. Bei einem Geh. von mehr als 8 Cl-Atomen wird ein Kristallwachstum normalerweise nicht beobachtet;

werden solche Prodd. jedoch in einem organ. Lsgm. mit hohem Kp. wie **IV** mehrere Std. erhitzt, so nähern sich die Linien der Röntgenaufnahmen denen der α-Formen. Diese Erscheinung ähnelt der Umformung der instabilen β-Form von **I** in die stabile α-Form durch Kochen von ersterem in organ. Lösungsmitteln. P. SCHARNER. 190□

Isomorphie von Gehlenit und Strontium-Gehlenit. Paul S. Dear. (Bull. Virginia Polytechn. Inst. **54.** 1—11. Mai 1961. Blacksburg, Va., Virginia Polytechn. Inst.) (Engl.)

Bei Ersatz von Ca gegen Sr im Gehlenit (**I**) wird eine lückenlose Reihe von Mischkristallen gebildet. Bei zunahmendem Austausch von Ca gegen Sr vergrößerte sich die a- u. die c-Achse linear von 7,698 bzw. 5,073 Å bei reinem **I** auf 7,847 bzw. 5,281 Å bei reinem Sr-**I**. R. G. KAISER. 190□

Olivin-Spinell-Inversion an Fayalit. A. E. Ringwood. (Amer. Mineralogist **44.** 659—61. Mai/Juni 1959. Cambridge, Mass., Harvard Univ., Dunbar Labor.) (Engl.)

Als Fortsetzung früherer Unterss. (vgl. C. **1960. 1443**) über das Auftreten eines Spinellpolymorphen des Fayalits bei hohen Drücken berichtet Vf. über eine neue Reihe synthet. Verss., bei denen der Übergang von der Olivinstruktur zur Spinellstruktur bei 600° u. nahe 38000 bar auftritt. Eine angefeuchtete Probe eines Rockport Fayalits wurde bei 70000 bar 1 Std. auf 600° erhitzt. Es wurde fast vollständige Umwandlung in Spinell festgestellt. C. GOTTFRIED. 190

Kinetik des festen Zustandes. Norman H. Nachtrieb. (Annu. Rev. physic. Chem. **12.** 107—26. 1961. Chicago, Ill., Univ. of Chicago, Inst. for the Study of Metals.) (Engl.)

Übersicht. Fehlstellen, Diffusion, Bestrahlungseffekte u. Rkk. in Festkörpern). — 101 Literaturangaben (bis Dezember 1960.) P. GOLINSKE. 190□

Experimentelle Untersuchung der Festkörper-Diffusion und Flüchtigkeit verschiedener Metallsulfide. J. F. Macdougall, B. K. Meikle, J. V. Guy-Bray, V. A. Saull und J. E. Gill. (Econ. Geol. **56.** 362—91. März/April 1961. Montreal, McGill Univ.) (Engl.)

Bericht über Experimente, die den Eigg, schwerflüchtiger Sulfide unterhalb der FF. galten u. die unter O_2-Ausschluß durchgeführt wurden. Zylindr. Tabletten von CuS u. FeS im Kontakt miteinander reagierten in N_2-Atmosphäre bei Temp. $>300^0$ unter Bldg. von Bornit u. Kupferkies. Die Rk. fand hauptsächlich in den FeS-Tabletten statt. Die Stärke der Schicht der Rk.-Prodd. nimmt mit Zeit u. Temp. zu. Gesteinsproben, in Form von dünnen Platten zwischen die Sulfidtabletten gebracht, zeigten nach dem Vers. ein Syst. von Kupferglanz (Cu_2S)-Adern. Pyritkristalle wurden durch Kupferglanz, Bornit u. Kupferkies verdrängt. CuS im Kontakt mit Fe-reichem Chlorit reagierte bei 550°. Bei Verss. mit Biotit, Epidot, Bronzit, Augit, Siderit u. Kalkspat wurden keine Austausch-Rkk. festgestellt. Ein Transport über die Gasphase wurde für FeS bei 550° u. für CuS bei 675° beobachtet. H. MOENKE. 190□

Struktur des Mischkristalls $NH_4Cl \cdot OC(NH_2)_2$. A. Rimsky. (Acta crystallogr. [Copenhagen] **13.** 1141. 10/12. 1960.) (Franz.)

Die Kristalle von $NH_4Cl \cdot OC(NH_2)_2$ wurden durch Eindampfen einer gesätt. wss. Lsg. von Harnstoff u. NH_4Cl erhalten. Sie krist. orthorhomb. mit den Zelldimensionen $a = 8{,}03$ (Å); $b = 17{,}08$; $c = 7{,}81$; Raumgruppe ist P c n m; Z = 8. Der Kristall ist opt. zweiachsig positiv. Bei der Struktur handelt es sich um eine Ionendipolstruktur, die aus 2 unabhängigen Ionenketten $Cl \cdots NH_4$ besteht, die durch die stark polarisierten Harnstoff-Moll. gehalten werden. Das NH_4-Ion hat tetraedr. Koordination. C. GOTTFRIED. 195

Die Kristallstruktur von Diphenyljodoniumfluoroborat. Ju. T. Struchkov und T. L. Khotsyanova. (Acta crystallogr. [Copenhagen] **13.** 1140. 10/12. 1960. Moscow, Inst. of Organo-Element compounds.) (Engl.)

Die mit Hilfe von Elektronendichteprojektionen bestimmte Struktur von Diphenyljodoniumfluoroborat hat reinen Ionencharakter. Die Kationen $[(C_6H_5)_2J]^+$ u. Anionen BF_4^- sind unter Bldg. endloser Säulen parallel der a-Achse übereinandergelagert u. sind von 6 anderen Säulen umgeben, zwischen denen keine ion. Wechselwrkg. besteht. Das Kation ist gewinkelt mit $J—C = 2{,}02$ (Å); $C—C = 1{,}40$ u. $\sphericalangle\ C_1—J—C_1' = 94^0$. Der Winkel zwischen der Ebene C_1JC_1' u. der Ebene der ersten Benzolkerns beträgt 92°, mit der Ebene des zweiten Benzolkerns 30,5°. Das Anion bildet ein kaum verzerrtes Tetraeder mit $B—F = 1{,}43$ (Å); $F—F = 2{,}34$ u. $\sphericalangle\ F—B—F = 109{,}5^0$. Die Abstände J...F mit 2,94, 2,96, 3,01 u. 3,40 Å entsprechen elektrostat. Anziehung. C. GOTTFRIED. 195

Die Kristallstruktur von $B_{10}H_{12}[S(CH_3)_2]_2$. Donald E. Sands und Allan Zalkin. (Acta crystallogr. [Copenhagen] **13.** 1030. 10/12. 1960. Livermore, Calif., Univ. of California, Ernest O. Lawrence Radiat. Labor.) (Engl.)

$B_{10}H_{12}[S(CH_3)_2]_2$ krist. monoklin mit den Zelldimensionen a = 11,79 (Å); b = 10,79; c = 12,74; $\beta = 95^0\,07'$; Raumgruppe ist P $2_1/c$; Z = 4. Die Struktur wurde mit Hilfe von PATTERSON- u. FOURIER-Projektionen bestimmt u. mit der Meth. der kleinsten Quadrate verfeinert. Wie in der von VAN DER MAAS, REDDY u. Mitarbeitern (vgl. C **1960.** 4118) bestimmten Struktur von $B_{10}H_{12}(CH_3CN)_2$ bleibt die Borkonfiguration nahezu unverändert. Die substituierenden Gruppen liegen in den 6.9-Stellen des Dekaborskeletts mit einem Abstand B—S, der nahe dem Wert für eine Einfachbindung (1,92 Å) liegt. C. GOTTFRIED. 195

Die Kristallstrukturen einiger saurer Salze und einige, scheinbar symmetrische Wasserstoffbindungen. J. C. Speakman. (Acta crystallogr. [Copenhagen] **13.** 1037—38. 10/12. 1960. Glasgow, Univ., Chem. Dep.) (Engl.) — Vgl. C. **1960.** 14325.

Nach einem kurzen Überblick über einige bisher untersuchte Salze von Monocarbonsäuren HX führt Vf. aus, daß man bei den Salzen der Säuren 2 Formen unterscheiden kann: Die Form B liefert ein IR-Absorptionsspektrum, auf dem die Spektren der freien Säure HX u. des Salzes M^+X^- überlagert sind; in ihren Kristallen sind HX u. X^- getrennt unterscheidbar. Die Form A gibt dagegen ein anomales Spektrum, denn in diesen Kristallen lassen sich HX u. X^- nicht unterscheiden, da sie durch irgendein kristallograph. Synmetrieelement in Verbindung stehen u. durch eine H-Bindung verknüpft sind, die, wenigstens formal, symm. ist. Wenn eine H-Bindung streng symm. ist, wobei das Proton in einem einzelnen Potentialwall im Mittelpunkt zwischen den O-Atomen schwingt, dann muß der Abstand O···O sehr kurz sein, ca. $<2{,}4_5$ Å. Eine genaue Struktur-Best. von *Natriumhydrogendiacetat* mit Hilfe einer 3dimensionalen Analyse zeigte nun, daß dieser Abstand sehr kurz ist, daß also die H-Bindung wirklich symm. ist. C. GOTTFRIED. 195

Die Struktur von Strontiumcaprylathydrat. E. Stanley. (Acta crystallogr. [Copenhagen] **12.** 1043. 10/12. 1960. Manchester, Coll. of Sci. and Technol., Phys. Dep.) (Engl.)

Strontiumcaprylathydrat krist. aus wss. Lsg. in Form sehr zerbrechlicher Platten, die fast stets verzwillingt sind. Die Elementarzelle ist triklin mit a = 4,7 (Å); b = 8,0; c = 25,8; $\alpha = 94^0$; $\beta = 91^0$; $\gamma = 100^0$. Raumgruppe ist wahrscheinlich P $\bar{1}$; Z = 2. Die Struktur wurde mit Hilfe von PATTERSON- u. FOURIER-Projektionen bestimmt. Parameter werden nicht angegeben. In dem Gitter bilden die Sr- u. O-Atome eine verzerrte 2dimensionale Anordnung mit Ionenbindung in der (0 0 1)-Ebene u. mit zu dieser Ebene senkrecht stehenden KW-Stoffketten. Die KW-Stoffketten scheinen senkrecht zu ihren eigenen Ebenen um die Carboxylgruppe zu schwingen, die mehr oder weniger stationär ist. C. GOTTFRIED. 195

Die Kristall- und Molekülstruktur von 2.2′.2″-Triaminotriäthylaminnickel(II)-dithiocyanat. Svend Erik Rasmussen. (Acta crystallogr. [Copenhagen] **13.** 1025. 10/12. 1960. Aarhus, Denmark, Univ., Chem. Inst.) (Engl.)

Inhaltlich ident. mit der C. **1961.** 2901 referierten Arbeit. C. GOTTFRIED. 195

Elementarzelle und Raumgruppe von $H_3Na_3KCu(JO_6)_2 \cdot 14\,H_2O$. I. Hadinec und A. Línek. (Czechoslov. J. Physics B **10.** 617. 1960. Prague, Czech. Acad. of Sci., Inst. of Techn. Phys.) (Engl.)

Dreh- u. WEISSENBERG-Aufnahmen ergaben für die obige Verb. monokline Symmetrie u. die Zelldimensionen a = 6,12 ± 0,02 (Å); b = 14,84 ± 0,02; c = 25,18 ± 0,02; $\beta = 97^0\,38' \pm 0{,}4'$; Z = 4; D. (berechnet) 2,56, D. (beobachtet) 2,58; Raumgruppe ist P 2_1/b. C. GOTTFRIED. 195

Die Kristallstruktur von Kupferacetat $Cu_2(CH_3COO)_4 \cdot 2\,C_5H_5N$. F. Hanic, D. Štempelová und K. Hanicová. (Acta crystallogr. [Copenhagen] **13.** 1139. 10/12. 1960. Bratislava, Komensky-Univ., Naturwiss. Fak., Inst. für anorg. u. physik. Chem.; Slovak. Akad. der Wiss., Inst. für anorg. Chem.) (Dt.)

$Cu_2(CH_3COO)_4 \cdot 2\,C_5H_5N$ krist. orthorhomb. mit den Gitter-Konst. a = 13,21 (Å); b = 8,67; c = 19,77; Raumgruppe ist P b c a; Z = 4. Die Struktur wird von den 2kernigen Komplex-Moll. aufgebaut, wobei für jede dieser Moll. eine Cu—Cu- Bindung typ. ist. Diskutiert wurde der Einfl. der Pyridin-Moll. auf die Struktur der Bindungsbahnen des 2wertigen Cu. C. GOTTFRIED. 195

Kontinuierliche elektronenmikroskopische Beobachtung des Wachstums von aufgedampften Metallfilmen. G. A. Bassett. (Acta crystallogr. [Copenhagen] **13.** 1078. 10/12. 1960. Hinxton Hall, Essex, Tube Investments Res. Labor.) (Engl.)

Elektronenmkr. Beobachtung des Wachstums eines polykristallinen Ag-Films auf einem Substrat von amorphem C zeigte, daß nach anfänglicher Bldg. von Keimen das Wachstum durch Addition neuen Materials an diese Keime fortschreitet u. daß selten neue Keime gebildet werden. Obwohl benachbarte Keime keine feste Orientierungsbeziehung haben, bildet sich beim Zusammenfließen keine sichtbare Grenze. Einige

Keime vereinigen sich in der Art fl. Tropfen, u. im Moment der Berührung tritt eine schnelle Bewegung des Materials auf. Weiter wurde das Wachstum an einem Einkristallfilm von Ag auf der Spaltfläche von Molybdänit verfolgt. Es wurde beobachtet, daß das Ag in (1 1 1)-Orientierung wächst, wobei sich zwischen Nd. u. Substrat eine Moirézeichnung mit einer Periodizität von 17 Å bildet. Dieses Moiréediagramm ist äußerst empfindlich gegenüber winkelmäßigen Fehlorientierungen, die in den Anfangsstadien des Wachstums der Keime beobachtet werden. Mit fortschreitendem Wachstum wird diese Fehlorientierung zwischen benachbarten Keimen nicht immer durch Einbau einer Versetzung in die Struktur ausgeglichen. C. GOTTFRIED. 196

Über die Daltonide und Berthollide unter den intermetallischen Phasen und ihre thermodynamischen Eigenschaften. Janusz Terpilowski. (Wiadomości chem. **14.** 157—74. März 1960.) (Pol.)

Übersicht. — 94 Literaturangaben. P. GREGORZEWSKI. 197□

Rekristallisation von Nickel beim induktiven Erhitzen. M. M. Badsjaka, Ss. A. Asstaptschyk und W. I. Parchimowitsch. (Известия Академии Наук Белорусской ССР, Серия Физико-Технических Наук [Nachr. Akad. Wiss. BelorussSSR, Ser. physik.-techn. Wiss.] **1961.** Nr. 1. 120—25.) (Beloruss.)

Die Unters. des Einfl. der Temp. u. der Geschw. des Erhitzens von Ni-Proben sowie der vorangegangenen Kaltverformung auf den Strukturtyp, die Korngröße u. die Entfestigung beim Erhitzen wurde bei der Geschw. von 30 bzw. 300°/s bei Temp. von 600—1200 bzw. 700—1200° mit Intervallen von je 100° durchgeführt. Es ergab sich, daß mit steigender Erhitzungs-Geschw. Beginn u. Ende der Rekristallisation nach höheren Temp. verschoben werden. Beim Induktionserhitzen ist die Korngröße viel geringer als beim Ofenerhitzen. Durch Härtemessungen wird festgestellt, daß die Entfestigungsprozesse im Ni vollständig bei Temp. der Schlußrekristallisation verlaufen. O. LEBTAG. 197□

Durch Bestrahlung erzeugte dynamische Kristallfehler. M. W. Thompson und R. S. Nelson. (Acta crystallogr. [Copenhagen] **13.** 1067. 10/12. 1960. Harwell, A.E.R.E., Metallurg. Div.) (Engl.)

Proben von *Cu*, *Ag* u. *Au* wurden mit 0,3 mV-Protonen u. 10 kV-Ionen von *Ar* u. *Xe* beschossen. Hierbei wurden von den Kristalloberflächen Atome herausgestoßen, u. zwar mit maximaler Intensität entlang niedrig indizierten Kristallrichtungen. Diese Effekte werden 3 verschiedenen Typen fokussierter Zusammenstoßabfolgen auf der Oberfläche zugeschrieben: 1. Die Zusammenstöße verlaufen parallel den [1 1 0]-Richtungen; es wird angenommen, daß keine Massenübertragung stattfindet. Experimentell ergab sich ein Bereich von ca. 350 Å. Bei dem zweiten u. dritten Typ verlaufen die Zusammenstöße parallel den [1 0 0]- u. [1 1 1]-Richtungen. Die maximalen Bereiche in Cu sind ca. 35 (Å) für [1 0 0]-Folgen u. 120 für [1 1 1]-Folgen; die entsprechenden Werte in Au sind 50 bzw. 300. C. GOTTFRIED. 197

Elektronenmikroskopische Beobachtungen des Übergangs ungeordnet → geordnet in CuAu. D. W. Pashley und A. E. B. Presland. (Acta crystallogr. [Copenhagen] **13.** 1058. 10/12. 1960. Hinxton Hall, Cambridge, T.J. Res. Labor.) (Engl.)

In Fortsetzung früherer Unterss. (vgl. C. **1960.** 16355) über den Übergang *CuAu(I)*—*CuAu(II)* berichten Vff. über elektronenmkr. Beobachtungen dieses Übergangs von kub.-flächenzentrierter zu tetragonaler Symmetrie. Da der Übergang durch einen Diffusionsprozeß vor sich geht, führt der Übergang in die tetragonale Struktur zu sehr hohen elast. Verformungen. Der Einfl. dieser Verformungen wird teilweise durch zahlreiche Änderungen in der Richtung der geordneten [0 0 1]-Achse von einer regellosen [1 0 0]-Richtung zur anderen ausgeglichen. Jedes Kristallkorn wird in Zellen geteilt, in denen eine Lamellarstruktur gebildet wird. Die Lamellen resultieren zu einem Wechsel der geordneten [0 0 1]-Achse zwischen genau 2 der 3 möglichen regellosen [1 0 0]-Richtungen. C. GOTTFRIED. 197

Über die Ordnungskinetik der Legierung Cu_3Au. Elemér Nagy. (Acta crystallogr. [Copenhagen] **13.** 1058. 10/12. 1960. Budapest, R. Eötvös Univ., Inst. für Experimental-Phys.) (Engl.)

Vf. untersuchten den elektr. Widerstand u. die abs. thermoelektr. Kraft von Cu_3Au bei verschiedenen Temp. unterhalb des CURIE-Punktes in Abhängigkeit von der Zeit. Es wurde gefunden, daß die thermoelektr. Kraft einem konst. Wert zustrebt, der Widerstand dagegen kontinuierlich abnimmt. Die Zeitabhängigkeit des Widerstandes in den späteren Stadien des Anlassens kann durch ein Exponentialgesetz dargestellt werden, u. zwar mit einer Aktivierungsenergie von 0,81 eV. Die erste Phase der Widerstandsänderung u. die Zeitabhängigkeit der thermoelektr. Kraft lassen sich nicht durch ein einfaches Gesetz beschreiben. Es wird versuchsweise angenommen, daß die exponentielle Abhängigkeit auf die Eliminierung von Antiphasendomänengrenzen durch Diffusion zurückzuführen ist, während die erste Stufe einer Ordnung innerhalb einer Domäne entspricht. C. GOTTFRIED. 197

Über die Struktur von ZnSb. K. Toman. (Physics Chem. Solids **11.** 160—61. Nov. 1960. Prag, Czechoslov. Acad. of Sci., Inst. of Techn. Phys.) (Engl.)

Unter Zugrundelegung der Parameterwerte von ALMIN (Acta chem. scand. **2.** [1948.] 400) wurde die Struktur von ZnSb nach der Meth. der kleinsten Quadrate bis auf einen Zuverlässigkeitsfaktor von R = 0,07 verfeinert. Endgültige Parameter für Zn: x = 0,4539 ± 0,0014; y = 0,1115 ± 0,0010, z = 0,8673 ± 0,0011 u. für Sb: 0,1420 ± 0,0007, 0,0841 ± 0,0005, 0,1083 ± 0,0005. Es ergeben sich folgende interatomare Abstände: Sb—Sb = 2,80, Zn—Zn = 2,82, Zn—Sb = 2,64 (2x), 2,76 Å. G. GATTOW. 197□

Die Verbindung URh_3. Riccardo Ferro. (Atti Accad. naz. Lincei, Rend., Cl. Sci. fisiche, mat. natur. [8] **25.** 189—91. Sept./Okt. 1958. Genova, Univ., Ist. Chim., Labor. di Chim. Fis.) (Ital.)

URh_3 wurde durch Zusammensintern der metall. Komponenten im stöchiometr. Verhältnis bei 1200° im Vakuum dargestellt. Die Verb. hat kub. $AuCu_3$-Struktur mit a = 3,992 Å, Raumgruppe O_h^1 — P m 3 m, Atomparameter 1 U in (a); 3 Rh in (c), Abstand U—Rh (= Rh—Rh) $2,28_3$ Å. HEINZ HESS. 197□

Diffuse Streuung der Röntgenstrahlen durch Aluminiummessing. A. S. Kagan, V. A. Somenkov und J. S. Umansky. (Acta crystallogr. [Copenhagen] **13.** 1143.10/12. 1960. Moscow, Steel Inst.) (Engl.)

Vff. berichten über Messungen der Röntgenstreuung durch Al-Messing, das 18 Atom-% Al enthält, mit Hilfe eines GEIGER-Zählers in einer Vakuumkamera. Die Messungen wurden an von 700° abgeschreckten Proben in dem BRAGGschen Winkelbereich von 8—43° durchgeführt. Die Berechnung der Nahordnungs-Koeff. für 6 Koordinationsschalen wurde unter der Annahme durchgeführt, daß die Koeff. βi gleich Null sind. Es wurden die folgenden Koeff. errechnet: α_1 = —0,43 ± 0,10; α_2 = +0,12 ± 0,05; α_3 = —0,32 ± 0,05; α_4 = +0,28 ± 0,10; α_5 = —0,27 ± 0,05 u. α_6 = —0,77 ± 0,10. Durch Anlassen wird die Nahordnung red., wobei die Höhe dieser Red. mit der Anlaß-Temp. zunimmt. Durch Kaltbearbeitung wird die Nahordnung beträchtlich zerstört. Die beste Nahordnung wurde an einer kalt bearbeiteten Probe nach Anlassen bei 260° erhalten. C. GOTTFRIED. 197

Über den Mechanismus der Modifizierung einiger Aluminiumlegierungen. L. Kubitschek und M. W. Malzew. (Литейное Производство [Giesserei-Betr.] **1959.** 28—30. Mai.) (Russ.)

Literaturübersicht. H. HOCHSTEIN. 197

Über die Kinetik der Reaktion von festem und flüssigem Aluminium mit Eisen. Theo Heumann und Siegfried Dittrich. (Z. Metallkunde **50.** 617—25. Okt. 1959. Münster, Univ., Inst. für Metallforsch.) (Dt.; Auszug: Engl.)

Vff. untersuchten die Phasen-Bldg. bei der Rk. zwischen Fe u. festem bzw. fl. Al, den Einfl. einer Verformung auf die Temp. des Rk.-Beginns, das Diffusions-Verh. des Syst. Fe-Al sowie den strukturellen Aufbau der η-Phase. Die Diffusion von Al in Fe wird fast ausschließlich durch das Verh. der η-Phase (Al_5Fe_2) bestimmt. Der strukturelle Aufbau der η-Phase, die c-Achsen der orthorhomb. Elementarzelle weisen nur eine ca. 70%ig. Belegung aus Al-Atomen auf, bedingt eine sehr hohe Diffusionsgeschwindigkeit. Bei der nur 13,1 kcal/g-Atom betragenden Aktivierungsenergie des Diffusionsprozesses pflanzt sich die Rk. auch im Temp.-Gebiet unterhalb des F. von Al noch mit relativ großer Geschw. fort. Die Anwendung der Vers.-Ergebnisse auf die techn. Aluminierung des Fe wird diskutiert. G. BAUER. 197□

Untersuchung der Matrixstruktur während des Alterungsprozesses in Stahl mit hohem Mangangehalt und in Aluminium-Zink-Legierungen. M. I. Zacharova und Van Chya-Foy. (Acta crystallogr. [Copenhagen] **13.** 1144. 10/12. 1960. Moscow, State Univ., Fac. of Phys.) (Engl.) — Vgl. C. **1961.** 3927.

Eine röntgenograph. Unters. an Einkristallen von Stahl mit 12 Gew.-% Mn u. 1,2% C, die abgeschreckt u. bei 750° gealtert worden waren, zeigte, daß die Umwandlung $\gamma \to \gamma$ + Carbid das Auftreten von Extramaxima u. Interferenzbögen nahe dem Maximum der festen γ-Lsg. erzeugte. Ähnliche Beugungserscheinungen wurden bei einer Al-Zn-Leg. mit 4% Zn beobachtet, die abgeschreckt u. bei 100 u. 150° gealtert worden war. Die beobachteten Extramaxima werden durch eine Desorientierung von Blöcken in der Matrix um die Ausscheidung herum hervorgerufen. Mit dem Wachstum der Ausscheidung nimmt die Desorientierung der Blöcke bis zu einigen Graden zu u. dann wieder ab. In einer Al-Zn-Leg. mit 20 Gew.-% Zn treten diese Beugungserscheinungen nicht auf. C. GOTTFRIED. 197

Untersuchungen von Dimensionsänderungen bei und unterhalb der „diffusionslosen nichtmartensitischen" Umwandlung in MnAs: Untersuchung von ternären

Legierungen. R. O. Kornelsen und W. B. Pearson. (Acta crystallogr. [Copenhagen] **13.** 1075. 10/12. 1960. Ottawa, Nat. Res. Council, Div. of Pure Phys., Low Temp. and Solid State Phys.) (Engl.)

Zur genaueren Unters. der von anderer Seite beobachteten ungewöhnlichen Natur der Umwandlung von MnAs untersuchten Vff. bei u. unterhalb des Umwandlungspunktes die Gitterdimensionen u. die magnet. Eigg. von MnAs u. von tern. Legg., in denen Mn teilweise durch Co, Fe oder Cr ersetzt waren. Es wurde gefunden, daß durch Zugabe von Co u. Fe die Umwandlungs-Temp. herabgesetzt wird. Die Leg. mit 2-Atom-% Co wird bis herab zu 173° K nicht ferromagnet., die mit 1 Atom-% Co beim Abkühlen bei 265° K. Die Leg. mit 2% Co wandelt sich jedoch bei ca. 250° K um, wobei die Hoch- u. Tieftemp.-Phasen zusammen auftreten können. Unterhalb der Umwandlung nimmt a zu, c u. c/a mit sinkender Temp. ab. In reinem MnAs nimmt a von 313 bis ca. 275° K sehr schnell zu, dann weniger schnell bis zu wenigstens 185° K. Der Effekt dieser Dimensionsänderungen ist ein negativer Vol.-Ausdehnungs-Koeff. zwischen 313 u. 275° K, wo er sich schnell ändert u. unterhalb dieser Temp. positiv wird. Ähnliche Effekte wurden in tern. Legg. mit $^1/_4$, $^1/_2$, 1 u. 2 Atom-% Co beobachtet, wobei sich das Maximum in der Atom-Vol./Temp.-Kurve mit zunehmendem Co-Geh. nach tieferen Temp. zu bewegt. Die schnelle Änderung des Vol.-Ausdehnungs-Koeff. in MnAs bei ca. 275° K scheint diskontinuierlich zu sein, was auf eine weitere Umwandlung zweiter Ordnung hindeutet.
C. GOTTFRIED. 197

Bruch dünner Aluminiumfolien. Takeo Fujiwara und Sho Yoshida. (Acta crystallogr. [Copenhagen] **13.** 1122. 10/12. 1960. Hiroshima, Univ., Labor. of Crystal Phys.) (Engl.)

Vff. verfolgten im Elektronenmkr. visuell u. kinematograph. das Verh. von dünnen Al-Folien beim Ziehen bis zum Bruch. C. GOTTFRIED. 200

Innere Reibung von kalt bearbeitetem Gold und Kupfer bei tiefen Temperaturen. Ryukiti R. Hasiguti und Sigeo Okuda. (Proc. Jap. Acad. **35.** 284—88. Juni 1959. Tokyo, Univ., Dep. of Metallurg.) (Engl.) — C. **1961.** 18623. C. GOTTFRIED. 200

Zur Gittertheorie der piezoelektrischen und elastischen Eigenschaften von Kristallen mit Zinkblendestruktur unter Berücksichtigung der elektronischen Polarisation. 1. Mitt. Allgemeine, auf Grund der Kristallsymmetrie geltende Beziehungen. Ludwig Merten. (Z. Naturforsch. **17a.** 174—80. Febr. 1962. Augsburg, Osram Studien-Ges.) (Dt.)

Vf. leitet unter Berücksichtigung der elektron. Polarisation zunächst allg. Beziehungen der elast. Konst. u. der piezoelektr. Konst. mit Koeff. der Schwingungsgleichungen für Kristalle mit Zinkblendenstruktur ab, die sich bei Anwendung der Meth. der langen Wellen schon allein durch Ausnutzung der Kristallsymmetrie ergeben. Die Ergebnisse gelten daher unabhängig von speziellen Modellvorstellungen. Es zeigt sich, daß nur c_{14} u. c_{44}, dagegen nicht die elast. Konst. c_{11} u. c_{12} von der elektron. Polarisation beeinflußt werden. G. M. NEUMANN. 200□

A₇. Gleichgewichte. Kinetik

Fällungsprozesse und Fällung aus homogenen Lösungen. L. Gordon, J. Block, N. Habermann und E. D. Salesin. (Magyar tudományos Akad., kém. tudományok Osztályának Közleményei [Ung. Akad. Wiss., Ber. Abt. chem. Wiss.] **16.** 265—74. Nov. 1961. Cleveland, Ohio, Case Inst. of Technol., Dep. of Chem.) (Ung.)

Unters. der Keim-Bldg. bei der Fällung aus homogener Lösung. Die Zahl der Ionen in einem Keim wurde in verschiedenen Fällen <10 gefunden. Die gemeinsame Fällung kann als der Einbau verschiedener Stoffe in einen Nd. durch Bldg. fester Lsgg. gedeutet werden. Am Beispiel der Mitfällung von Y mit Fe(III)-Perjodat aus homogener Lsg. wird die prakt. Bedeutung dieses Verf. erörtert. Eine Anzahl neuer Fällungsreagentien für bestimmte Ionen werden angegeben. I. NARAY-SZABÓ. 224

Die Solventextraktion von Plutonium und Americium durch Tri-n-octylphosphinoxid. B. Martin, D. W. Ockenden und J. K. Foreman. (J. inorg. nuclear Chem. **21.** 96—107. Dez. 1961. Seascale, Cumberland, Windscale Works, U.K.A.E.A., Chem. Serv. Dep.) (Engl.)

Vff. beschreiben die Extraktion von Pu(III, IV u. V) aus HNO_3 u. HCl u. von Am(III) aus HNO_3 durch in Cyclohexan gelöstes Tri-n-octylphosphinoxid (TOPO). Die Extraktions-Koeff. werden nach Gleichgewichtseinstellung durch Messung der α-Aktivität in der organ. u. der wss. Phase bestimmt. Extraktion von Pu(IV) u. Pu(VI) mit 0,1m TOPO ist aus 0,3—0,7n HNO_3 schon nahezu quant.; Extraktion aus HCl verläuft erst ab 5,0n HCl quantitativ. Extraktion von Pu(III) aus HNO_3 u. HCl liefert durch Unbeständigkeit gegenüber Oxydationsmitteln bzw. durch geringe Neigung zur Komplex-Bldg. keine befriedigenden Ergebnisse. Die maximale Extraktion von Am(III) erfolgt zu 50% aus 0,6n HNO_3. Eine Abhängigkeit der Extraktions-Koeff. des Pu(IV) u. Pu(VI) von der Säure-Konz. werden durch die verschiedenen Nitrat- u. Chloridkomplexe erklärt. Unterss. zeigen, daß Pu(IV) als *$Pu(NO_3)_4$·2 TOPO* extrahiert wird.

H.-D. FREYER. 224□

Lösungsmittelextraktion von Actiniden und Lanthaniden aus geschmolzenen Salzen. N. M. Isaac, P. R. Fields und D. M. Gruen. (J. inorg. nuclear Chem. **21.** 151–68. Dez. 1961. Argonne, Ill., Argonne Nat. Labor., Chem. Div.) (Engl.)

Die Verteilung von *Co(II)*, *Eu(III)*, *Nd(III)*, *Am(III)*, *Cm(III)*, *Np(V)*, *Np(VI)* u. *U(VI)* zwischen geschmolzenem Alkalisalz u. organ., Tri-n-butylphosphat (TBP)-haltiger Phase wurde untersucht. Als Salzphase wurde das eutekt. Gemisch 43% $LiNO_3$/57% KNO_3 (F. 120°), als Lsgm. für TBP eine Biphenyl/o-Terphenyl/m-Terphenyl-Mischung (Kp. 298°) verwendet. Zur Best. der Verteilungs-Koeff. (K_d) wurden die radioakt. Isotope der Metalle als Tracer eingesetzt, bei 150° in der Salzschmelze gelöst u. mit TBP verrührt. Die Konzz. in den Phasen wurden durch Aktivitätsmessungen, bei *Li* u. *K*, deren K_d auch bestimmt wurden, flammenphotometr. ermittelt. Die K_d-Werte übertreffen die für die Extraktion aus wss. Nitrat-Lsgg. gefundenen um das ca. Hundertfache. Sie werden durch Beimischung von LiCl + KCl infolge Komplex-Bldg. (außer bei Li u. K) herabgesetzt. Ein Zusatz kleiner Mengen NH_4NO_3 verhindert die mögliche Bldg. von Oxiden in der Nitratschmelze. Die K_d geben, gegen die Konz. an freiem TBP beim Gleichgewicht in doppelt logarithm. Maßstab aufgetragen, Geraden, aus deren Anstieg sich die Anzahl der pro Metallion komplex gebundenen TBP-Moll. ableiten läßt. Sie ist, außer beim Co(II), der für die Extraktion aus wss. Lsg. gefundenen gleich. — Die Trennfaktoren (Verhältnisse der K_d) der Elemente Eu/Nd, Eu/Am, Eu/Cm u. Nd/Am sind für die Cl^--haltige Schmelze, die von Cm/Nd u. Cm/Am für die reine Nitratschmelze höher. Die Werte liegen zwischen 1,2 u. 4,5. Der Wert 3,2 für Cm/Am übertrifft alle für die fl.-fl.-Extraktion bekannten Werte. W. BETCKE. 224□

Die Reaktionsordnung bei unimolekularen Zerfallsreaktionen und bimolekularen Assoziationsreaktionen. A. D. Walsh. (Trans. Faraday Soc. **54.** 1772–73. Nov. 1958. Dundee, Univ. of Dundee and St. Andrews.) (Engl.)

Vf. diskutiert die verschiedenen möglichen Rk.-Ordnungen, die bei Zerfalls-Rkk., die nach dem LINDEMANNschen Mechanismus ablaufen, auftreten können. Dabei werden die Geschw.-Konst. u. die präexponentiellen Faktoren für die einzelnen Fälle größenordnungsmäßig abgeschätzt. Ferner werden die Möglichkeiten bei der Assoziation zweier Moll. mit nicht abgesättigten Valenzen diskutiert. G. M. NEUMANN. 225□

Temperatur- und Druckabhängigkeit der Aktivierungsenergie. N. B. Slater. (Trans. Faraday Soc. **54.** 1771. Nov. 1958. Leeds, Univ.) (Engl.)

Die Aktivierungsenergie $E_A \equiv RT^2 \partial \ln k/\partial T$ einer unimol. Rk. sowie ihre Druck- u. Temp.-Abhängigkeit wurde diskutiert. G. M. NEUMANN. 225□

Entwicklung und Wechselbeziehungen der Theorien unimolekularer Reaktionen. N. B. Slater. (Trans. Faraday Soc. **54.** 1768–69. Nov. 1958. Leeds, Univ.) (Engl.)

Vf. skizziert kurz den Entw.-Gang der Theorie unimol. Rkk. von LINDEMANN bis zu EYRING u. SLATER. G. M. NEUMANN. 225□

Hydrothermaler Magnetit. William T. Holser und Cecil J. Schneer. (Bull. geol. Soc. America **72.** 369–85. März 1961. La Habra, Calif., California Res. Corp.; Durham, N.H., Univ. of New Hampshire, Dep. of Geol.) (Engl.)

Zusammenfassende Übersicht über die Unters. der Abhängigkeit der Fe-Konz. in einer fl. Phase von der Temp., dem Druck u. der Zus. des Systems. Zunächst wurden die Löslichkeiten von *Magnetit* in verd. wss. HCl bei erhöhten Temp. u. erhöhten Drücken gemessen. Bei 390° u. 440 Bar lösen sich in 0,0002 m HCl 300 ppm Fe^{2+}. Die Löslichkeit sinkt mit der Säurekonzentration. In reinem W. beträgt die Löslichkeit unter den gleichen Bedingungen $<$0,02 ppm. Aus thermodynam. Daten folgt, daß die Konz. an flüchtigen Fe_2Cl_6-Moll. in stark verd. Lsgg. unbedeutend ist. Ein Vgl. mit Daten, die bei Zimmer-Temp. erhalten wurden, legt den Schluß nahe, daß das Fe(II) in bestimmten pH-Bereichen in der Hauptsache direkt als Fe^{2+} in die Lsg. übergeht. Gewisse Anteile an Komplexen der Art $FeCl^{2+}$ u. $FeOH^{2+}$ können ebenfalls auftreten. Außerdem wurde Magnetit durch Rk. von sauren $FeCl_2$-Lsgg. mit Calcit bei erhöhten Temp. u. Drücken hergestellt. Die Ergebnisse werden vor allem hinsichtlich der geolog. Bedeutung der Lsg. von Fe in natürlichen Fll. diskutiert. — 80 Literaturangaben. WOLFGANG WAGNER. 225□

Die Kinetik von Verdrängungsreaktionen bei Metallkomplexen. 2. Mitt. Der Einfluß von Acetationen auf die Reaktion zwischen Kupfer(II)- und Blei-Äthylendiamintetraacetatkomplexen. Nobuyuki Tanaka und Kiyoko Kato. (Bull. chem. Soc. Japan **32.** 1376–80. Dez. 1959. Katahira-cho, Sendai, Tohoku Univ., Fac. of Sci., Dep. of Chem.) (Engl.) — 1. vgl. C. **1961.** 12764.

Vff. untersuchten den zunächst außer acht gelassenen Einfl. von Acetationen auf die mit Acetat gepufferte Rk. $Cu^{2+} + PbY^{2-} \rightleftharpoons Pb^{2+} + CuY^{2-}$ (Y^{4-} = Äthylendiamintetraacetat) u. fanden ein Ansteigen der Rk.-Geschw. bei sinkender Acetationenkonzentration. Dieses Verh. wird erklärt durch die Bldg. von Kupfer(II)- u. Blei-Acetat-Komplexen im Acetatmedium u. durch die Annahme, daß die Verdrängungs-Rk. nur über das hydratisierte Metallion erfolgt, welches sich im Gleichgewicht mit den Acetatkomplexen befindet. Den Berechnungen wurden die Ergebnisse der früheren Arbeit (l. c.) zugrunde gelegt. Lineare Beziehungen ergaben sich wiederum zwischen der scheinbaren Geschw.-Konst. $k^+/[PbY^{2-}]_0$ u. der $[H^+]$ in Acetatpuffer, zwischen der Geschw.-Konst. der Umkehr-Rk. $k^-/[Pb^{2+}]_0$ u. der $[H^+]$ in Acetatpuffer sowie zwischen $\log k^+$ der 3 Elementargleichungen $Cu^{2+} + PbY^{2-} \rightarrow CuY^{2-} + Pb^{2+}$ [(k^+ =) $2{,}7 \cdot 10^{15} \exp(-20000/RT)$], $Cu^{2+} + PbHY^- \rightarrow CuHY^- + Pb^{2+}$ [$2{,}5 \cdot 10^{22} \exp(-28000/RT)$] u. $Cu^{2+} + HY^{3-} \rightarrow CuY^{2-} + H^+$ [$3{,}2 \cdot 10^{15} \exp(-8200/RT)$] u. $1/T$, woraus sich die Aktivierungswärmen u. -entropien berechnen ließen: (in der Reihenfolge der Gleichungen) ΔH (kcal/Mol) 19; 27; 7,6 u. ΔS (Entropieeinheiten) 10; 42; 10. M. WOLFF. 225□

Die Kinetik von Verdrängungsreaktionen bei Metallkomplexen. 3. Mitt. **Reaktion zwischen Kupfer(II)- und Zink-Äthylendiamintetraacetatkomplexen in wässerigen Lösungen.** Kiyoko Kato. (Bull. chem. Soc. Japan **33.** 600—04. Mai 1960.) (Engl.) — 2. vgl. vorst. Referat.

Vf. untersuchte die Rk. $Cu^{2+} + ZnY^{2-} \rightleftharpoons CuY^{2-} + Zn^{2+}$ in acetatgepufferten Lsgg. durch Messung der Änderung des polarograph. Diffusionsstromes des Cu^{2+} mit der Zeit unter Verw. eines Polarographen mit tropfender Quecksilberelektrode bei 0° u. 15° sowie pH 4,4—5,0 u. einer Ionenstärke von 0,2 an KNO_3 unter Zusatz von 0,01% Gelatine zur Unterdrückung des Maximums. Bei beiden Temp. ergaben sich lineare Beziehungen zwischen der scheinbaren Geschw.-Konst. $k^+/[ZnY^{2-}]_0$ u. $[H^+]$. Für $k^+/[ZnY^{2-}]_0$ wurde eine neue Gleichung berechnet unter der Annahme, daß die Verdrängungs-Rk. über das hydratisierte Metallion verläuft, welches sich mit dem Acetatkomplex (vgl. TANAKA u. KATO, l. c.) im Gleichgewicht befindet. Vers.-Ergebnisse u. Forderungen der Gleichung entsprechen einander, d. h. die Rk.-Geschw. verhält sich umgekehrt proportional zur Acetationenkonzentration. Für die drei Elementar-Rkk. $Cu^{2+} + ZnY^{2-} \rightarrow CuY^{2-} + Zn^{2+}$ [(k^+ =) $1{,}5 \cdot 10^{11} \exp(-13000/RT)$], $Cu^{2+} + ZnHY^- \rightarrow CuHY^- + Zn^{2+}$ [$6{,}3 \cdot 10^5 \exp(-5300/RT)$] u. $Cu^{2+} + HY^{3-} \rightarrow CuY^{2-} + H^+$ [$3{,}4 \cdot 10^{15} \exp \cdot (-8200/RT)$] wurden lineare Beziehungen zwischen $\log k^+$ u. $1/T$ gefunden u. daraus die Aktivierungswärmen u. -entropien berechnet: (in der Reihenfolge der Gleichungen) ΔH (kcal/Mol) 12; 4,7; 7,6 u. ΔS (Entropieeinheiten) —9,3; —34; 11. — Für die Gleichung $Cu^{2+} + HY^{3-} \rightarrow CuY^{2-} + H^+$ lagen die $\log k^+$-Werte (aufgezeichnet gegen $1/T$) auf der gleichen Geraden wie die nach TANAKA u. KATO (l. c.) berechneten. M. WOLFF. 225□

Die Pyrolyse von Dekaboran. A. J. Owen. (J. chem. Soc. [London] **1961.** 5438—44. Dez. Waltham Abbey, Essex, Ministry of Aviation, Explosives Res. and Dev. Establishment.) (Engl.)

Bei der Pyrolyse von Dekaboran, $B_{10}H_{14}$ (**I**), in einem stat. Syst. bilden sich H_2 u. niedere, nicht flüchtige Borhydride (**II**). Der Rk.-Verlauf wird bei Temp. zwischen 210 u. 250° u. $B_{10}H_{14}$-Drücken von 60—600 Torr 10—360 Min. lang durch Best. der Mengen an gebildetem H_2 u. unzersetztem **I** verfolgt. Der als Rk. 1. Ordnung ablaufende Zerfall von **I** ist nur wenig vom H_2-Druck abhängig. Die Aktivierungsenergie beträgt 41,6 ± 0,5 kcal/Mol. In einer stark vom H_2-Druck abhängigen Rk. spalten **II** unter Bldg. polymerer Prodd. weiteres H_2 ab. Eine H_2-Bldg. durch Rk. von **I** mit **II** erfolgt nicht. Aus bei 230° gewonnenen festen Prodd. **II** konnte durch Vakuum-Dest. eine geringe Menge einer viscosen Fl. gewonnen werden, die Vf. als $B_{20}H_{24}$ ansieht. Pyrolyse von **I** mit Äthylbromid unter entsprechenden Bedingungen führte zu 2-Äthyldekaboran. Ein Rk.-Mechanismus für die Bldg. von **II** aus **I** wird diskutiert. H. KUCKERTZ. 225□

Die Oxydation von pyrolytischem Graphit an Luft zwischen 1250 und 1850° F. Milton Levy. (Ind. Engng. Chem., Product Res. Development **1.** 19—23. März 1962. Watertown, Mass., Watertown Arsenal Labor.) (Engl.)

Die Oxydation von pyrolyt. Graphit wurde in Abhängigkeit von der Zeit u. der Temp. untersucht. Es zeigt sich, daß der pyrolyt. Graphit nicht so schnell oxydiert wird wie handelsüblicher Graphit. Die Oxydation schreitet am schnellsten in Richtung der c-Achse fort, wobei sie durch die Spannungs- u. Verzerrungsenergie begünstigt wird. Bei 1550° F zeigt sich im ARRHENIUS-Diagramm ein Bruch im Kurvenverlauf, der durch den plötzlichen Unterschied zwischen der Temp. der Luft u. der Graphitoberfläche gedeutet wird. Die Aktivierungsenergie ergab sich bei Handelsgraphit zu 37180 cal/Mol u. bei pyrolyt. Graphit zu 24960 cal/Mol. Die niedrigere Aktivierungsenergie u. die langsamere Rk.-

Geschw. des pyrolyt. Materials wird der kleineren Porosität u. damit einer kleineren freien Oberfläche zugeschrieben. G. M. NEUMANN. 225□

Donator-Gleichgewicht im System Germanium–Sauerstoff. C. S. Fuller, W. Kaiser und C. D. Thurmond. (Physics Chem. Solids **16.** 161—63. Nov. 1960. Murray Hill, N.J., Bell Telephone Labor.) (Engl.)

Ge-Kristalle wurden unter verschiedenen O_2-Partialdrücken in Ar getempert. Der O_2-Geh. wurde mittels IR-Absorption der Bande bei 11,7 μ bestimmt. Bei Temp. $\leq 350^0$ ist die Donator-Konz. nach 100—600 Std. gleich $^1/_4$ der IR-spektroskop. ermittelten O_2-Konzentration. Untersucht wurden die Gleichgewichte bei 350, 385, 435, 470, 500, 517 u. 527°. Aus der Temp.-Abhängigkeit der Gleichgewichts-Konst. errechnet sich die Rk.-Wärme zu 81 $\pm$ 10 kcal (ca. 3,5 eV). Die Unterss. ergaben, daß eine GeO_4-Tetraeder-Donator-Struktur vorliegt u. daß auf die Bldg. von Donatoren in Ge bei Rk. mit O_2 das klass. Massen-Wrkg.-Gesetz angewendet werden kann. G. GATTOW. 225□

Zum Mechanismus der Reaktion zwischen Nickel und Schwefel bei höheren Temperaturen. Stanislaw Mrowec und Hans Rickert. (Z. physik. Chem. [Frankfurt/M.] [N. F.] **28.** 422—24. Juni 1961. Göttingen, MPI für Phys. Chem.) (Dt.)

In einer Anordnung, bestehend aus Ni-Zylinder, NiS-Platte, Quarzrohr mit S-Dampf (1 at), wird bei 600 u. 640° beobachtet, daß die NiS-Schicht in Richtung S-Dampf wächst. Bei 640° vergrößert sich die NiS-Schicht in 100 Std. um 0,6 cm. Die parabol. Anlauf-Konst. k beträgt: $k = x^2/2\,t = 4{,}8 \cdot 10^{-7}\ cm^2\,s^{-1}$ (x = Schichtdicke, t = Zeit). Da die NiS-Schicht in den S-Dampf als kompakte Masse hineinwächst, muß Ni^{2+} u. e^- an die Oberfläche wandern. Für die Bldg. einer porösen Sulfidschicht wird ein anderer Mechanismus angegeben. CH. WEISKE. 225□

Zersetzung von Aziden unter dem Einfluß von Röntgenstrahlen. Brigitte H. Krause und Franklin E. Wawner jun. (Acta crystallogr. [Copenhagen] **13.** 1101. 10/12. 1960. Fort Belvoir, Va., Engineer Res. and Dev. Labor.) (Engl.)

Während *NaN_3* nach Unterss. von KRASNER u. KEATING (vgl. Picatinny Arsenal Techn. Report 2489 [Mai 1958]) bei Bestrahlung mit Röntgenstrahlung eine Gitterkontraktion infolge induzierter Stufenversetzungen zeigte, ergaben andere Azide mit Schichtstrukturen eine Gitterdehnung. Diese Dehnungen wurden in verschiedenen kristallograph. Richtungen bei verschiedenen Stufen der Zers. untersucht. Die Ergebnisse standen mit den Kristallstrukturen in Übereinstimmung. Gemessen wurde der N_2-Verlust; außerdem wurde eine Analyse der Profile der Pulverinterferenzen durchgeführt. C. GOTTFRIED. 226

Die durch Silber katalysierte Reduktion von Peroxodisulfat durch Oxalsäure. Yugul Kishore Gupta und Satyeshwar Ghosh. (Proc. Nat. Acad. Sci., India, Sect. A **27.** 258—63. Sept. 1958. Allahabad, India, Univ. of Allahabad, Chem. Labor.) (Engl.)

Die durch Ag katalysierte Red. von $H_2S_2O_8$ (I) durch Oxalsäure (II) zeigt infolge Verunreinigung der II eine lange Induktionszeit. Die Rk.-Geschw. nimmt zu mit Erhöhung der I-Konz. u. nimmt langsam ab mit zunehmender II-Konzentration. In Ggw. von H_2SO_4 ist die Rk.-Geschw. viel kleiner; NO_3^--Ionen inhibieren die Reaktion. U. WOLLNIK. 227□

Der Mechanismus der durch Molybdat katalysierten Reduktion von Perchlorat- und Nitrat-Ionen an der Quecksilber-Tropfelektrode. G. P. Haight jun. (Acta chem. scand. **15.** 2012—20. 1961. Swarthmore, Pa., Swarthmore Coll., Dep. of Chem.; Copenhagen, Danmark, TH, Kem. Labor. A.) (Engl.)

Die Ergebnisse über den großen katalyt. Effekt des Molybdats bei der Red. von Nitrat u. Perchlorat in sauren Lsgg. an der Hg-Tropfelektrode wurden nachgeprüft u. ergänzt. Es wird aus den Unterss. in homogenen Syst. geschlossen, daß Mo(IV) der Katalysator ist. Unter dieser Annahme ist es möglich, die Größenordnung der Geschw.-Konst. für die bimol. Rk. von Mo(IV) mit Nitraten, Perchloraten u. Chloriden sowie für die Disproportionierung von Mo(IV) zu bestimmen. G. HELLER. 227□

Katalytische Eigenschaften von Eisen und binären Systemen des Eisens. 4. Mitt. Über die Wirkung von Arsen und Antimon auf die Hydrieraktivität des Eisens und dessen Verhalten gegen Kohlenoxid. Wolfgang Deninger, Jürgen Korinth und Paul Royen. (Z. anorg. allg. Chem. **313.** 144—53. Nov. 1961. Frankfurt/M., Goethe-Univ., Inst. für anorg. Chem.) (Dt.) — 3. vgl. C. **1958.** 7691.

Die katalyt. Hydrieraktivitäten des α-Fe mit einem Geh. von 0,2—3,0 Atom-% As bzw. Sb wurden in Abhängigkeit vom Auffüllungsgrad gemessen u. ihre Carbidierungs-Geschw. mit CO bestimmt. Die Katalysatoraktivitäten wurden an Hand der Rk.-Geschw. für die Spaltung von CO in C + CO_2 u. die Hydrierung von *Cyclohexen* getestet. Die Aktivität des reinen Fe wird mit steigendem Geh. der Zusatzkomponente in zunehmendem Maße vermindert, bei gleicher Konz. des Zusatzmetalls nimmt die Hemmung mit steigendem Atom-Gew. zu: bei einem Geh. von 0,6 Atom-% As ist die Hydrieraktivität auf 13% der des reinen Fe gesunken, bei 0,5% Sb bereits prakt. erloschen. Die Carbidierungs-Geschw. sinkt bei einem Geh. von 0,6% As auf 22%, bei 0,3% Sb auf 7% der des Fe. — α-Fe mit 0,6 Atom-% As als FISCHER-TROPSCH-Katalysator bewirkt eine charakterist. Veränderung der Zus. der Rk.-Produkte. W. BETCKE. 227□

Katalytische Aktivität der Lanthanidenoxide bei der Dehydrierung von Cyclohexan. C. B. McGough und G. Houghton. (J. physic. Chem. **65.** 1887—91. Okt. 1961. Pittsburgh, Pa., Univ. of Pittsburgh, Chem. Engng. Dep.) (Engl.) — Vgl. C. **1960.** 7779.

Die Oxide der Metalle der Lanthanidengruppe werden in reiner Form bzw. zusammen mit Al_2O_3 (**I**) als Trägersubstanz auf ihre Aktivität bei der Dehydrierung von *Cyclohexan* untersucht, u. zwar bes. hinsichtlich des Einfl. von Paramagnetismus u. Kristallstruktur auf die katalyt. Aktivität. Folgende Oxide kommen zur Anwendung: La_2O_3 (**II**), CeO_2 (**III**), Pr_2O_3 (**IV**), Pr_6O_{11} (**V**), Nd_2O_3 (**VI**) u. Sm_2O_3 (**VII**). Die trägerfreien Oxide besitzen eine Oberfläche von ca. 10 (m²/g), die Oxide auf **I**-Träger (15 Gew.-% Oxid) eine Oberfläche von ca. 150. Aktivierungsenergie E u. Frequenzfaktor B der ARRHENIUS-Gleichung werden für trägerfreie Oxide bei 530—625°, für Oxide + **I** bei 490—610° bestimmt. Alle untersuchten Katalysatoren u. -gemische geben Rkk. 0. Ordnung u. besitzen E (Tabelle) im Gebiet von 32—40 kcal/Mol. Die E sind von der Kristallstruktur unabhängig. Bei Auftragen von log B gegen E/T wird eine Gerade mit der Steigung 0,22 erhalten. Folgende Oxide bzw. Gemische mit **I** werden untersucht (in Klammern Kristalltyp u. paramagnet. Susceptibilität χ bei 570° in $[cm^3/g]\cdot 10^6$): **III** (Rutil; 0), **IV** + **V** (A + C; 10,5 bzw. 5,9), **VI** (C; 11,4), **VII** (C; 5,5), **II** (A; 0), **IV** (A + C; 10,5), **VI** (A; 11,4), **VII** (B; 5,5), **I** + **II** (0), **I** + **III** (0), **I** + **IV** (10,5 — 5,9), **I** + **VI** (11,4), **I** + **VII** (5,5) u. **I** (0). Vff. diskutieren die Vers.-Ergebnisse, aus denen hervorgeht, daß innerhalb der experimentellen Fehlergrenzen kein merkbarer Einfl. durch **I** als Träger, durch Kristallstruktur, Paramagnetismus oder Valenzzustand auf die Rk. ausgeübt wird. Die katalyt. Aktivität der Oxide ist vielleicht mit den äußeren Elektronenzuständen verknüpft. G. KIRSTEN. 227□

Katalytische Oxydation von Schwefelwasserstoff zu Schwefel über einem kristallinen Alumosilicat. George T. Kerr und George C. Johnson. (J. physic. Chem. **64.** 381—82. März 1960. Paulsboro, N.J., Socony Mobil Oil Co., Res. Dep.) (Engl.)

Die durch synthet. kristallines Alumosilicat (13X-Molekularsieb) katalysierte Oxydation von H_2S zu S mit Hilfe von Luft bei Raum-Temp. wird unter Verw. eines röhrenförmigen Glas-Rk.-Gefäßes näher untersucht. Dieser Reaktor ist mit einer gesinterten Scheibe grober Porosität zur Aufnahme von ca. 1 g des Katalysatorpulvers ausgestattet u. mit einem Glasmantel umgeben, der als Kühlmittel 1-Methylnaphthalin enthält. Die in stöchiometr. Mengen mit Strömungs-Geschw. von 360 u. 960 ml/Min. in den Reaktor eingebrachten Gase lieferten nach einer Rk.-Zeit von 110 Std. 2100 g S; das ausströmende Gas hatte eine Zus. von 98,1 Mol-% N_2 u. 1,2 Mol-% Ar. Es wurde keine Verringerung der Katalysatoraktivität festgestellt. Bei Verw. einer Gasmischung aus 30 (Mol-%) H_2S, 26 CH_4, 9 O_2 u. 35 N_2 wurde ebenfalls klares, geruchloses S gebildet. Es wurde keine Verringerung der Katalysatoraktivität, keine Oxydation des CH_4 u. 95 bis 100%ig. Verbrauch des O_2 festgestellt. U. SKURNIA. 227□

Intrakristalline und auf die Molekülgestalt ansprechende selektive Katalyse durch Zeolithsalze. P. B. Weisz und V. J. Frilette. (J. physic. Chem. **64.** 382. März 1960. Paulsboro, N.J., Socony Mobil Oil Co., Paulsboro Labor.) (Engl.)

Vff. stellten bei der Unters. der inneren katalyt. Aktivität synthet. krist. anorgan. Zeolithsalze fest, daß das mit Faujasit isostrukturelle Na-Alumosilicat 13 X eine größere Aktivität für die Crackung normaler Paraffine als die üblichen SiO_2–Al_2O_3-Crackkatalysatoren (10% Al_2O_3, 420 m²/g Oberfläche) besitzt. Beim Ersatz des größten Teiles des Na^+ durch Ca^{2+} nimmt die Aktivität weiter zu, wobei die Endprodd. denen bei der Verw. von SiO_2–Al_2O_3-Katalysatoren ähneln. Die mit der Na^+-Form (**I**) erhaltenen Crack-Prodd. sind frei von verzweigten Kettenstrukturen. **I** ist inakt. für die Dealkylierung von Isopropylbenzol bei 510°, wogegen mit der Ca^{2+}-Form (**II**) eine beträchtliche Umwandlung bei 465° erfolgt. **II** katalysiert im Gegensatz zu **I** die Umwandlung von α-Pinen in Camphen beim Rückflußkochen. Da nur Moll. mit <9 Å ⌀ der katalysierten Crackung zugänglich sind, werden die gut entwickelten Zwischenräume im X-Kristall als die Orte der katalyt. Aktivität angesehen. Mit Hilfe der Ca^{2+}-Form eines A-Zeolithes (Molekularsieb, Porengröße 4—5 Å) sind die selektive Dehydratisierung von 1-Butanol in Ggw. von Isobutanol u. die selektive Crackung von n-Paraffinen zu nur geradkettigen Prodd. möglich. Nach Einlagerung von Pt in die Hohlräume des A-Zeolithes läßt sich eine selektive Hydrierung von 1-Buten in Ggw. von 2-Methylpropen durchführen; beim

Vorliegen einer Mischung gleicher Vol. von 1-Buten, Isobuten u. H_2 wird bei 25° u. einer Kontaktzeit von ca. 0,1 Sek. 50% des 1-Butens umgewandelt. Als Beweis dafür, daß nicht sämtliche katalyt. Aktivitäten der Zeolithe intrakristallinen Ursprungs sind, wird die durch einen A-Zeolith (Porengröße 4 Å) gleichzeitig katalysierte Hydratisierung von Äthylenoxid zu Äthylenglykol u. Polyglykolen angeführt. U. SKURNIA. 227□

A_8. Präparative anorganische Chemie. Komplexverbindungen. Metallorganische Verbindungen

Bestimmung von Bodenkörpern in Lösungen binärer Systeme. (Indirekte Analysenmethode.) W. Lindenberg. (Z. anorg. allg. Chem. **313**. 170—77. Nov. 1961. Hamburg, Chem. Staatsinst.) (Dt.)

Vff. untersuchte das Syst. NH_4J-NH_3 bei Temp. bis zu −20° u. NH_3-Drücken bis 650 Torr. In den Gemischen NH_4J–2,6 NH_3 konnte $NH_4J \cdot NH_3$ u. aus Lsgg. von NH_4J in 3,5—5,5 NH_3 $NH_4J \cdot 4\,NH_3$ als krist. Phase isoliert werden. Eine geeignete App. wird beschrieben u. ein Verf. zur Best. der Zus. der krist. Phase aus den Analysen der Lsg. ausführlich dargelegt. H. BÜRGER. 249□

Eine neue Methode zur Darstellung von Selendioxiddifluorid, SeO_2F_2. Grihapati Mitra. (J. Indian chem. Soc. **37**. 804. Dez. 1960. Calcutta, Indian Assoc. for the Cult. of Sci., Inorg. Chem. Dep.) (Engl.)

Vf. beschreibt die Darst. von SeO_2F_2 (I) durch Fluorierung von SeO_2 in einer AgF_2–AgF-Katalysatorkammer. SeO_2 wird in einem Cu-Gefäß unter Durchleiten von trockenem N_2 auf 200° erhitzt. Durch ein großes, als Katalysatorkammer dienendes, mit sehr fein versilberten Cu-Spänen gefülltes Ni-Rohr wird außerdem bei 100° F_2 in großem Überschuß geleitet. Das in der mit fl. O_2 gekühlten Falle aufgefangene Rk.-Prod. besteht aus SeF_6 (Überschuß), SeF_4, I, $SeOF_6$(?) u. einem oberhalb 0° sd. Rückstand, der möglicherweise verschiedene Oxidfluoride wie $SeOF_2$, $Se_2O_2F_{10}$ enthält. I wird durch fraktionierte Dest. abgetrennt, sein Kp. liegt bei −9°. P. SCHARNER. 254□

Über die Reaktionsfähigkeit verschiedener Silicatmineralien gegenüber Säuren. Hanzo Mase. (Bull. chem. Soc. Japan **34**. 214—25. Febr. 1961. Ueda, Morioka, Iwate Univ., Fac. of Ind., Dep. of Appl. Chem.) (Engl.)

An Hand des Verh. von 304 Silicat-Mineralien stellt Vf. unter Berücksichtigung der Ionenpotentiale, der GOLDSCHMIDTschen Polarisierungskraft u. der Feldstärke der Metalle folgende Regeln zur Voraussage über die Reaktivität auf: Silicate, die aus verhältnismäßig einfachen Ionenkristallgittern mit wenig elektropositiven Metallen [Ti, Be, Al, Cr, V(III), Fe(III), Mn(III), Zr] aufgebaut sind (Neso-, Soro-), werden von Säuren nicht angegriffen. Bei den Ino-, Phyllo-, Tectosilicaten ist außerdem die Struktur zu berücksichtigen. Im allg. werden Tectosilicate bzw. Neso-, Soro-, Ino- u. Phyllosilicate durch Säuren zersetzt, wenn deren Bindungsenergien weniger als 33500 bzw. 30500 kcal betragen. F.-M. FRIEDRICH-ANDERSECK. 261□

Ein Prozeß zur Wiedergewinnung von reinen Metallen durch eine Reduktion von Salzkristallen im festen Zustand. Prem Behari Mathur. (Indian J. appl. Chem. **23**. 179—80. 1960. Pilani, Birla Coll.) (Engl.)

Cu kann direkt aus krist. $CuSO_4$ dadurch gewonnen werden, daß eine Schicht von krist. $CuSO_4$ mit NaCl-Pulver u. dann mit einer Fe-Platte bedeckt u. das Rk.-Gefäß mit gesätt. NaCl-Lsg. gefüllt wird. Nach 24 Std. ist das $CuSO_4$ zu reinem, metall. Cu umgesetzt worden. Die Rk. wird vom Vf. als Red. im festen Zustand angesehen. Sie läßt sich in gleicher Weise mit elektr. Strom als Red.-Mittel unter Verw. von Pt-Elektroden durchführen. Die Red. beginnt an der Grenzfläche von $CuSO_4$ u. NaCl; Erdalkalichloride sind bei der elektrolyt. Red. von Cu unwirksam. In gleicher Weise lassen sich Ag, Au, Hg, Zn u. Ni durch Red. der krist. Verbb. unter Verw. geeigneter Fremdelektrolyte darstellen; Ag wird bei Verw. von K_2SO_4 oder Na_2SO_4 zu einer schwammigen Form reduziert. Die Wiedergewinnung verschiedener Edelmetalle aus einer Salzmischung kann fraktioniert unter aufeinanderfolgender Verw. von metall. Ag, Cu, Fe u. a. zur Red. durchgeführt werden. Bei allen Rkk. wurde die Temp. auf 40—45° gehalten. Die Red.-Zeit ist von der Dimension der Salzschicht, nicht aber von der Menge des zu reduzierenden Salzes abhängig. Die Korngröße des red. Metalls hängt von der Grobheit des Salzes ab. P. SCHARNER. 270□

Aufeinanderfolgende Bildungsstufen einer Graphit–Kalium-Verbindung und ihre thermische Ausdehnung. Eitaro Matuyama. (Nature [London] **193**. 61. 6/1. 1962. Ube, Japan, Yamaguchi Univ., Fac. of Engng.) (Engl.)

Durch Erhitzen von Graphitpulver mit überschüssigem K auf verschiedene Temp. konnten röntgenograph. 12 Bldg.-Stufen einer Graphit–K-Verb. festgestellt werden. Jeder Stufe entspricht eine bestimmte Anzahl an Graphitschichten, die einer K-Schicht folgen.

Versuche: Graphitpulver u. K werden in ein enges Glasröhrchen gegeben u. das überschüssige K entweder abdest. oder durch lokales Erhitzen absorbiert. Stufe 1 durch 12std. Erhitzen auf 200 oder 300°, dann nach 24 Std. bei 365° Stufe 2 u. 3. Nach 49 Std. bei 400° 4 u. 5; 6 nach 24 Std. bei 420°; 7, 8, 9 u. 10 nacheinander bei 440° innerhalb 76 Stunden. Der Temp.-Koeff. der 1. Stufe wurde mit $(47 \pm 7) \cdot 10^{-6}$ geschätzt Röntgenaufnahmen mit einer Hoch-Temp.-Pulverkamera. Die Ergebnisse werden graph. mitgeteilt. H. KUCKERTZ. 275□

Refraktometrische Untersuchung der Reaktionen zwischen Magnesiumsalzen und borhaltigen Verbindungen. Je. I. Kalessnikawa. (Известия Академии Наук Белорусской ССР, Серия Физико-Технических Наук [Nachr. Akad. Wiss. BelorussSSR, Ser. physik.-techn. Wiss.] **1961.** Nr. 3. 84—89.) (Beloruss.)

Die refraktometr. Unterss. ergaben, daß bei der Rk. zwischen *NaOH* u. H_3BO_3 das Refraktogramm bei $Na_2B_4O_7$ (I) u. $NaBO_2$ (II) Knickpunkte aufweist. Bei der Rk. zwischen NaOH u. I tritt ein Knickpunkt bei II auf. Bei der Rk. zwischen $MgSO_4$ u. *Mg-Acetat* mit I entstehen MgB_4O_7 u. $MgSO_4 \cdot MgB_4O_7$ (III) oder $Mg(CH_3COO)_2 \cdot MgB_4O_7$ (IV). Die Rk. zwischen $MgSO_4$ u. II führt zur Bldg. von $Mg(BO_2)_2 \cdot nH_2O$ u. $NaMg(BO_2)_3 \cdot nH_2O$. Bei Überschuß von $MgSO_4$ entsteben $MgSO_4 \cdot Mg(BO_2)_2 \cdot nH_2O$ u. $5\ MgSO_4 \cdot Mg(BO_2)_2 \cdot nH_2O$. III u. IV werden mit der Zeit in ihrer Zus. verändert; bei der Hydrolyse gehen sie völlig in $MgHBO_3$ über. O. LEBTAG. 282□

Aktiviertes Aluminiumoxid. M. R. Harris und K. S. W. Sing. (Chem. and Ind. **1957.** 1573—74. 30/11. Salford, Royal Techn. Coll.; Liverpool, Coll. of Technol.) (Engl.)

Wasserhaltiges Aluminiumoxid (I) mit einer großen u. stabilen Oberfläche kann durch Hydrolyse von Al-Isopropylat (II) an einer Bzl.-W.-Grenzfläche erhalten werden. Hierzu werden 20 g II in 100 ml Bzl. 5 Min. lang mit dem gleichen Vol. W. kräftig geschüttelt u. die entstandene Emulsion mit 100 ml Isopropanol zerstört. I ist hart, zerfällt nicht wie gefällte Proben in Pulver, kann zu Granalien zerquetscht werden u. altert nur wenig im Gegensatz zu Proben, die durch Fällung aus Al-Salz-Lsgg. erhalten werden. Die Adsorptionsisothermen sind vom Typ IV (B.E.T.-Klassifikation) u. zeigen ausgeprägte Hysteresisschleifen. Berechnungen der Verteilung der Porengröße ergeben, daß nahezu alle Poren einen Radius <20 Å haben. Die Verteilung wird durch Wasserdampf nicht wesentlich verändert. P. SCHARNER. 294□

Der Einfluß von pH und Fluorid auf die Bildung von Aluminiumoxiden. Richard G. Yalman, Elwood R. Shaw und James F. Corwin. (J. physic. Chem. **64.** 300—03. März 1960. Yellow Springs, Ohio, Antioch Coll., Chem. Dep.) (Engl.)

Vff. untersuchen den Einfl. des pH-Wertes auf die Umwandlung Pseudoböhmit (I), $Al_2O_3 \cdot 1{,}3\ H_2O$, in Böhmit (II) oder Korund (III) bei 380, 390, 400 u. 420° u. 3700 bis 7100 lbs./sq.in. Bei allen pH-Werten besteht die erste hydrothermale Rk. von I in der Bldg. von II. Die Umwandlungs-Geschw. von II in Diaspor u. III bei 350 bzw. 400 nimmt mit steigendem pH zu. In der Nähe von 400° haben steigende Temp. denselben Einfl. auf die Bldg. von III wie steigende pH-Werte. Weder III noch Diaspor bilden sich in Ggw. von F^- spontan; Ursache hierfür ist die Stabilität der Fluoroaluminate u. die Ausfällung von Kryolith. U. SKURNIA. 294□

Versuche zur Darstellung von Indiumchalkogenidfluoriden. Harry Hahn und Walter Nickels. (Z. anorg. allg. Chem. **314.** 303—06. März 1962. Würzburg, Univ., Chem. Inst., Abt. für anorg. Chem.) (Dt.)

Vff. stellten *InSF* (I), hellgelbes Pulver, u. *InSeF* (II), grüngelbes Pulver, durch 2—8tägiges Tempern eines äquivalenten Gemisches aus InF_3 u. In_2S_3 bzw. In_2Se_3 bei 400° im Bombenrohr dar. Die Pulverdiagramme von I u. II wurden aufgenommen u. die $D._4^{25}$ pyknometr. für I zu $4{,}18_2$ u. für II zu $5{,}21_6$ bestimmt. Die Verbb. zersetzen sich bei 470 bzw. 430° in InF_3 u. die entsprechenden Chalkogenide. InOF u. InTeF konnten bei ähnlicher Vers.-Methodik nicht erhalten werden. K. HUSTE. 296□

Yttriumoxid hoher Reinheit. Ein DTPA-Ionenaustauschprozeß. D. R. Asher, R. D. Hansen, A. H. Seamster, Hamish Small und R. M. Wheaton. (Ind. Engng. Chem., Process Design Development **1.** 52—56. Jan. 1962. Midland, Mich., Dow Chem. Co.) (Engl.)

Die Isolierung von Y-Verbb. aus einem mineral. Oxidgemisch Seltener Erden ist durch Ionenaustausch möglich, indem man zum Eluieren gepufferte Diäthylentrinitridopentaessigsäure (DTPA) nimmt. DTPA ist im Vgl. zu anderen Komplexbildnern für die Y-Isolierung bes. gut geeignet. Durch die mäßige Wasserlöslichkeit der DTPA ist der Ionenaustauscher in der H^+-Form verwendbar u. eine Anwendung von metallzurückhaltenden Ionen (z. B. Cu^{2+}, wie im Syst. Cu^{2+}–Äthylendiamintetraessigsäure) ist nicht nötig. Die Löslichkeit wirkt sich ebenfalls günstig auf die Fällung u. Wiedergewinnung der Endprodd. aus. Durch Ionenaustauscherharze mit geringem Vernetzungsgrad sowie durch erhöhte Temp. können die Seltenerdmetalle besser getrennt werden. Es ist möglich, Y_2O_3 mit sehr hoher Reinheit (99,9%) in 4 prinzipiellen Schritten zu erhalten: a) Lsg. der Seltenen Erden in HCl; b) Trennung der Ionen mit Hilfe der DTPA-Ionenaustausch-Rk.; c) Fällung des Y als Oxalat; d) Verbrennung zu Y_2O_3. DTPA kann zurückgewonnen werden. G. HELLER. 300 □

Darstellung und Eigenschaften substituierter Ammoniumhexafluorotitanate(IV). J. A. Chandler, R. S. Drago und R. Latham jun. (J. inorg. nuclear Chem. **21.** 283–86. Dez. 1961. Urbana, Ill., Univ. of Illinois, Dep. of Chem. and Chem. Engng.) (Engl.)

Bei der Unters. der Rkk. von Aminen mit TiF_4 wurden verschiedene substituierte Ammoniumhexafluorotitanate(IV) dargestellt. Dazu wurden jeweils ca. 5 g TiF_4 in 200 ml Aceton (filtriert u. mit gasförmigem HF gesätt.) mit ca. 0,2 Mol des betreffenden Amins in 100 ml Aceton (ebenfalls mit HF gesätt.) versetzt, die Ndd. abfiltriert, mit Aceton gewaschen u. über $CaCl_2$ im Vakuum getrocknet. Von den entstandenen Verbb. wurden die IR-Spektren u. Pulverdiagramme aufgenommen. Bei der Vakuumsublimation der Verbb. erfolgte therm. Zers., wobei in einigen Fällen die entstandenen Prodd. identifiziert werden konnten. Schließlich wurden die Löslichkeiten der Verbb. in Dimethylformamid, Formamid, Acetonitril, Benzonitril, A. u. Dimethylsulfoxid untersucht. — Im einzelnen wurden folgende Verbb. dargestellt, analysiert u. in der beschriebenen Weise untersucht: *Ammoniumhexafluorotitanat(IV)*, $(NH_4)_2TiF_6$, dessen therm. Zers. NH_4F liefert; *Di-n-propylammoniumhexafluorotitanat(IV)*, $[(C_3H_7)_2NH_2]_2TiF_6$, dessen therm. Zers. hygroskop. *Di-n-propylammoniumfluorid*, $(C_3H_7)_2NH_2F$, F. 90–92°, liefert; *Diisopropylammoniumhexafluorotitanat(IV)*, $[(C_3H_7)_2NH_2]_2TiF_6$, dessen therm. Zers. sehr hygroskop. *Diisopropylammoniumhydrogenfluorid*, $(C_3H_7)_2NH_3F_2$, F. 108–110°, liefert; *Diäthylammoniumhexafluorotitanat(IV)*, $[(C_2H_5)_2NH_2]_2TiF_6$; *Triäthylammoniumhexafluorotitanat(IV)*, $[(C_2H_5)_3NH]TiF_6$; *Pyridiniumhexafluorotitanat(IV)*, $(C_5H_5NH)_2 \cdot TiF_6$; *Morpholiniumhexafluorotitanat(IV)*, $(C_4H_{10}NO)_2TiF_6$; u. *Piperaziniumhexafluorotitanat(IV)*, $(C_4H_{12}N_2)TiF_6$. W. D. KRÜGER/Berlin. 321 □

Pentamethylcyclopentadienyltitantrichlorid. H. Röhl, E. Lange, Th. Gößl und G. Roth. (Angew. Chem. **74.** 155. 21/2. 1962. Marl, Krs. Recklinghausen, Chem. Werke Hüls AG., Anorg. Abt.) (Dt.)

Vff. stellten aus $TiCl_4$ u. Buten-(1), Buten-(2), Isobuten, Penten (Gemisch von Isomeren), Diisobuten, Tetrapropylen oder anderen ungesätt. KW-Stoffen *Pentamethylcyclopentadienyltitantrichlorid*, F. ca. 200°, in Form orangeroter Kristalle dar. Man arbeitet bei einem Mol-Verhältnis von $TiCl_4$:KW-Stoff = 1:2 bis 1:5 bei 300° u. 30 bis 60 atü. Nach ca. 2 Std. kühlt man ab u. entspannt. Das entweichende Gasgemisch besteht bei Verw. von Isobuten aus H_2, CH_4, C_2H_6, C_3H_8, n-C_4H_{10}, Isobutan, Butenen u. HCl. Das fl. Rk.-Prod. wird durch fraktionierte Dest. im Vakuum aufgearbeitet. Als 1. Fraktion fällt nicht umgesetztes $TiCl_4$, als 2. Fraktion ein Gemisch von Oligomeren der ungesätt. KW-Stoffe u. deren Spalt- bzw. Umlagerungs-Prodd. u. als 3. Fraktion (Kp. 190–220°/4–7 Torr) die gewünschte Verb. neben höheren, teilweise ungesätt. KW-Stoffen in 20–30%ig. Ausbeute an. Die Reinigung erfolgt durch Umkristallisieren aus organ. Lösungsmitteln. Die Ti-organ. Verb. ist in Lsg. monomer, gegenüber Feuchtigkeit stabil u. kann ohne Ti-Abspaltung mit W., Säuren u. Laugen erwärmt werden. In wss., alkal. Lsgg. werden nur Halogenatome abhydrolysiert. Dabei entstehen gelbe, feste Polymer-Verbb. der Zus. $[C_{10}H_{15}TiO(OH)]_n$ mit n = 4–6, die in organ. Lsgm., bes. Tetrahydrofuran, lösl. sind. Partielle Hydrolyse führt zu $[C_{10}H_{15}TiOCl]_n$. Die halogenhaltigen Verbb. lassen sich zu Alkoxytitanaten, $C_{10}H_{15}Ti(OR)_3$ u. $C_{10}H_{15}TiO(OR)$ (R = aliphat., cycloaliphat. oder aromat. KW-Stoffrest), verestern. Umesterungen mit höheren Alkoholen sind leicht möglich. Das IR-Spektrum der Verbb. deutet auf CH_3-Gruppen, das kernmagnet. Resonanzspektrum zeigt einen einheitlichen Protonentyp. Vff. nehmen einen 5fach methylierten Cyclopentadienylring an, der mit dem Ti einen π-Komplex bildet. Als Pyrolyse-Prodd. von $[C_{10}H_{15}TiO(OH)]_n$ sind im UV-, IR- u. Massenspektrum (u. a. $C_{10}H_{14}$ u. $C_{10}H_{16}$) Olefin-KW-Stoffe mit starker Verzweigung (CH_3-Gruppen) u. konjugierten Doppelbindungen erkennbar. GERHARD SCHULZE. 321 □

Phasenuntersuchung in dem System $Pb(NO_3)_2$–$Pb(NO_2)_2$–H_2O. D. G. Vartak und M. B. Kabadi. (J. Univ. Bombay **27.** Nr. 5. Sect. A. 4–8. Nov. 1959. Bombay, Inst. of Sci., Phys. Chem. Labor.) (Engl.) — Vgl. C. **1962.** 5964.

Verschiedene Lsgg. von $Pb(NO_3)_2$ u. $Pb(NO_2)$ (Mol-Verhältnis 1:3, 1:2 bis 3:1) wurden bei Raum-Temp. über P_2O_5 eingedampft u. die gebildeten Kristallagglomerate nach Waschen mit 80%ig. A. u. die Mutterlaugen analysiert. Folgende Verbb. konnten identifiziert werden: *2 $Pb(NO_2)_2 \cdot Pb(NO_3)_2$* u. *$Pb(NO_2)_2 \cdot Pb(NO_3)_2$*. Da in den Lsgg. $Pb(NO_2)^+$- u. $Pb(NO_3)^+$-Ionen nachgewiesen wurden, besteht die Möglichkeit, daß die Verbb. wie folgt formuliert werden müssen: 2 $Pb(NO_2)_2 \cdot Pb(NO_3)_2$ = *2 $Pb(NO_2)(NO_3)$* +

$Pb(NO_2)_2$ bzw. $Pb(NO_2)_2 \cdot Pb(NO_3)_2 = 2\,Pb(NO_2)(NO_3)$ (I). Weitere isolierte Kristalle scheinen Mischkristalle aus I u. $Pb(NO_2)_2$ bzw. $Pb(NO_3)_2$ zu sein.

H.-G. MOSLÉ. 328□

Die Reaktion von Vanadin(V)-oxidchlorid mit Wasserstoff. R. E. McCarley und J. W. Roddy. (J. inorg. nuclear Chem. **15.** 293–96. Okt. 1960. Ames, Iowa, Iowa State Univ., Inst. for Atomic Res. and Dep. of Chem.) (Engl.)

Unters. der Rk. von $VOCl_3$ mit Wasserstoff im Überschuß zwischen 550 u. 850°. Rk.-Prodd.: *VOCl* (550–635°); V_2O_3; VCl_2 u. VOCl (650 bis <750°); V_2O_3 (755°); V_2O_3, *V* (850°). Durch therm. Zers. von VOCl zwischen 650 u. 900° wurden V_2O_3, VCl_2, VCl_3, VCl_4 erhalten. Diese Rk. wird zur Erklärung der Wasserstoff-Rk. herangezogen. Best. der Kristallstrukturen von VOCl u. VCl_2 aus ihren Pulverdiagrammen: VOCl, rhomb., a 3,78, b 3,30, c 7,97 Å; VCl_2, rhomboedr., a 6,20 Å, α 33,8° oder pseudohexagonal, a′ 3,60, c 17,50 Å.

L. LINDNER. 330□

Vanadin(IV)-formiat. P. H. Crayton und R. N. Vance jun. (J. inorg. nuclear Chem. **23.** 154–55. Dez. 1961, herausgeg. März 1962. Niagara Falls, N. Y., Carborundum Co., Res. and Dev. Div.) (Engl.)

Nach 64std. Kochen von 100 g VCl_3 in wasserfreier Ameisensäure fallen grüne Kristalle von $V(OOCH)_4$ (I) aus, die abgetrennt u. mit polaren organ. Lsgm. gewaschen werden. I krist. kub. raumzentriert mit a = 11,80 Å; Z = 8; n_D 1,61; $D_{\text{röntg.}}$ 1,87; $D_{\text{pykn.}}$ 1,79. I löst sich nicht in organ. Lsgm., wohl aber in W. (21,8 g/Liter). Bei Raum-Temp. ist I an der Luft beständig u. nicht hygroskopisch. Bei Erhitzen an der Luft wird I bei 140–160° zu V_2O_5 oxydiert. Bei Erhitzen in Ar beginnt sich I >240° zu zersetzen u. bildet V_2O_4. In H_2 wird I beginnend bei <160° zu $V(OOCH)_3$ red. (Rk.-Ende bei 220°). >280° tritt Zers. zu V_2O_3 ein.

CH. WEISKE. 330□

Die Darstellung von wasserfreiem Urantetrafluorid. Balaram Sahoo und D. Patnaik. (Current Sci. **28.** 401. Okt. 1959. Cuttack, Utkal Univ., Ravenshaw Coll., Dep. of Chem.) (Engl.)

Zur Herst. von wasserfreiem UF_4 wurde eine innige Mischung von wasserfreiem $U(CH_3COO)_4$ u. $NH_4F \cdot HF$ im Vakuum erwärmt, wobei sich $NH_4F \cdot UF_4$ bildete. Bei 450° erfolgte die therm. Dissoziation dieses Komplexes unter Bldg. von UF_4. Wegen der extrem hygroskop. Natur des NH_4-Komplexes muß jegliche Feuchtigkeit peinlich vermieden werden.

H. PLUSKAL. 339□

Eine neue Komplexverbindung des Rheniums. R. D. Daftary und B. C. Haldar. (J. Indian chem. Soc. **37.** 803. Dez. 1960. Ahmedabad, Gujarat Coll., Chem. Dep.; Bombay, Inst. of Sci., Inorg. Chem. Labor.) (Engl.)

Bei der Rk. einer Lsg. von Diphenylcarbazid in Aceton mit einer eiskalten Lsg. von K-Perrhenat in 8n HCl entsteht eine violette Verb. der wahrscheinlichen Zus. $[Re(OH)_2Cl_2DPO]$ (I; DPOH = Diphenylcarbazon). I ist ein Nichtelektrolyt, besitzt bei 540 mμ ein Absorptionsmaximum u. ist diamagnetisch. Bei 110° tritt Gew.-Verlust u. Umwandlung in eine in Chlf. unlösl. Verb. ein. Obwohl I in W. unlösl. ist, verschwindet die violette Farbe einer Aceton-Lsg. bei Zugabe von Wasser.

P. SCHARNER. 352□

Reaktion von Tetracarbonylferrat-(II) mit Hydroxylamin-O-sulfonsäure. W. Hieber und H. Beutner. (Angew. Chem. **74.** 154. 21/2. 1962. München, TH, Anorg.-Chem. Labor.) (Dt.)

Läßt man ein Alkalimetallsalz der Hydroxylamin-O-sulfonsäure auf eine wss. alkal. Tetracarbonylferrat-Lsg. einwirken, so fällt bei 0° sofort eine feinkristalline, gelbe Substanz der Summenformel $Fe(CO)_4NH_3$ aus. Die Verb. ist nur unterhalb 0° beständig, sublimiert im Vakuum bei 40° unter beträchtlicher Zers. in großen, durch Spuren von Zers.-Prodd. rubinrot gefärbten, jedoch nach Analyse u. IR-Spektrum mit dem Ausgangs-Prod. ident. Kristallen u. ist in Bzl. u. polaren Lsgm. gut, in PAe. u. W. mäßig löslich. Die Substanz ist diamagnet. u. der Molgew.-Best. nach monomer. Im IR-Spektrum treten zwei intensive C—O-Banden, zwei scharfe N—H-Valenzschwingungen (3399 u. 3327 cm^{-1}) u. zwei Banden bei 1623 u. 1256 cm^{-1} auf, die der antisymm. u. symm. NH_3-Deformationsschwingung zugeschrieben werden. Demnach handelt es sich um eine echte NH_3-Koordinations-Verb., dem *Tetracarbonylammineisen*(0), $Fe(CO)_4NH_3$. Es liegt ein echtes Substitutions-Prod. des $Fe(CO)_5$ vor, dessen Struktur als Betainform von $HFe(CO)_4NH_2$ mit seiner Sublimierbarkeit u. Wasserlöslichkeit im Einklang steht.

GERHARD SCHULZE. 354□

Neue Synthesen in der Chemie der Komplexverbindungen. 1. Mitt. Kobalt(III)-Komplexverbindungen. Petre Spacu, Constanța Gheorghiu, Marieta Brezeanu und Sanda Popescu. (Studii Cercetări Chim. [București] **5.** 517–28. 1957. București, Parhon-Univ., Labor. de Chim. anorg.) (Rum.; Auszug: Russ.),

Vff. geben eine allg. Meth. zur Darst. von Co(III)-Komplexen aus Co(II)-Salzen unter Verw. von $NaClO_2$ als Oxydationsmittel. $NaClO_2$ läßt sich zur Oxydation sowohl in alkal. als auch in sauren Lsgg. gebrauchen. SCN^--Komplexe werden von $NaClO_2$ oxydiert.

Versuche: $[Co(NH_3)_6]Cl_3$, durch Zusetzen von 6 g NH_4Cl u. 23 ml 25%ig. Ammoniak zu einer Lsg. von 11 g $CoCl_2 \cdot 6\,H_2O$ in 10 ml W., Zugeben von 1 g $NaClO_2$ bei Raum-Temp., Neutralisieren mit HCl, Waschen mit 60%ig. A. u. abs. Alkohol. — $[Co(NH_3)_6]Br_3$, durch Lösen von 2,5 g $CoCO_3$ in 6,5 ml 42%ig. HBr (Wasserbad), Zusetzen von 5 g NH_4Br u. 25 ml 25%ig. Ammoniak u. 0,3 g Aktivkohle u. dann 0,5 g $NaClO_2$ bei Raum-Temp., 5 Min. langes Erhitzen auf dem Wasserbad, Filtrieren u. Versetzen mit HBr. — $[Co(NH_3)_6]J_3$, aus $CoCO_3$, HJ, NH_4J in Ammoniak u. $NaClO_2$. — $[Co(en)_3]Cl_3 \cdot 3\,H_2O$, durch Neutralisieren von 2 ml Äthylendiamin (en) in 4,2 ml W. mit 1,7 ml 6n HCl, Zusetzen von 2,4 g $CoCl_2 \cdot 6\,H_2O$ in 6 ml W. u. 0,2 g $NaClO_2$ u. Eindampfen auf dem Wasserbad. — $[Co(dyp)_3]Cl_3$, aus 2,4 g $CoCl_2 \cdot 6\,H_2O$ in 10 ml W., 4,9 g α.α'-Dipyridyl (dyp) in 10 ml, 0,6 g $NaClO_2$. — $[Co(dyp)_3]J_3$, aus einer Lsg. vorst. Verb. mit NaJ. — $[Co \cdot (NH_3)_5Cl]Cl_2$, durch Behandeln der Hexammin-Verb. mit überschüssiger HCl. — $[Co(NH_3)_5Br]Br_2$, aus Hexamminbromid durch Behandeln mit HBr. — $[Co(NH_3)_4CO_3]Cl$, durch Zusatz von 10 ml konz. Ammoniak u. 6 g $(NH_4)_2CO_3$ in 10 ml W. zu 8 g $CoCl_2 \cdot 6\,H_2O$ in 10 ml W., Zugeben von 1 g $NaClO_2$, Eindampfen auf dem Wasserbad, Behandeln mit Alkohol. — $[Co(NH_3)_4CO_3]_2SO_4$, analog vorst. Verb. aus $CoSO_4$. — *trans*-$[Co(en)_2Cl_2]Cl$, durch Zusatz von 0,2 g $NaClO_2$ zu 1,6 g $CoCl_2 \cdot 6\,H_2O$ in 7 ml W. u. 0,7 ml Äthylendiamin, Erhitzen auf dem Wasserbad (5 Min.), Zusetzen von 5 ml konz. HCl, Einengen. — $[Co(dyp)_2Cl_2]Cl$, aus $[Co(dyp)_3]Cl_3$. — $[Co(dyp)_2Cl_2]J$, aus vorst. Verb. u. NaJ. — $[Co(py)_4 \cdot Cl_2]Cl \cdot 6\,H_2O$, aus 1 g $CoCl_2 \cdot 6\,H_2O$ in 2,5 ml W., 2,5 g Pyridin (py) u. 0,2 g $NaClO_2$. — $[Co(o\text{-}phen)_2(ClO_2)_2]ClO_2$, aus 1 g $CoCl_2 \cdot 6\,H_2O$ in 5 ml W., 2,5 g o-Phenanthrolin (o-phen) u. 0,4 g $NaClO_2$; karminrosa; daneben aus dem braunen Filtrat $[Co(o\text{-}phen)_3](ClO_2)_3$. — $[Co(Hdym)_2(H_2O)_2]Cl$, aus 1 g $CoCl_2 \cdot 6\,H_2O$ u. 1,5 g Dimethylglyoxim (H_2dym) in 2 ml 50%ig. Essigsäure u. 0,2 g $NaClO_2$. — $[Co\ Hdym\ H_2dym\ Cl_2]$, durch Behandeln vorst. Verb. mit konz. HCl. — $[Co(Hdym)_2Cl_2]Ag$, durch Behandeln vorst. Verb. mit $AgNO_3$. — $[Co\ Hdym\ H_2dym\ J_2]$, durch Behandeln einer Lsg. von $[Co(Hdym)_2(H_2O)_2]Cl$ mit NaJ-Lsg.; grün. — $[Co\ Hdym\ H_2dym\ J_2] \cdot 3\,H_2O$, braun. CH. WEISKE. 355□

Über die schwerlöslichen Tripolyphosphate von Kupfer, Nickel und Zink. L. I. Prodan und M. F. Jarmolenka. (Известия Академии Наук Белорусской ССР, Серия Физико-Технических Наук [Nachr. Akad. Wiss. BelorussSSR, Ser. physik.-techn. Wiss.] **1961**. Nr. 3. 63—67.) (Beloruss.)

Durch Verss. mit 0,1 m (isomol.) Lsgg. des Syst. *Na-Tripolyphosphat*–$CuSO_4$ bzw. $NiSO_4$ bzw. $ZnSO_4$–W. wird gezeigt, daß als Nd. folgende Hydrate ausfallen: $Cu_5(P_3O_{10})_2 \cdot 10\,H_2O$ (I), $NiNa_3P_3O_{10} \cdot 12\,H_2O$ (II), $ZnNa_3P_3O_{10} \cdot 12\,H_2O$ (III), $Zn_2NaP_3O_{10} \cdot 9\,H_2O$ (IV) u. $Ni_5(P_3O_{10})_2 \cdot 17\,H_2O$ (V). **II** verliert bei ca. 100° 11 Mol. H_2O unter Zerfall in ein äquimol. Gemisch von Ortho- u. Pyrophosphat; bei 265—277° geht das letzte W. verloren. **III** u. **IV** verlieren bei ca. 125° das gesamte Wasser. **I** u. **V** verlieren ihr H_2O in mehreren Stufen. Der vollständige H_2O-Verlust tritt bei **V** bei 400—415° ein.

O. LEBTAG. 358□

Komplexsalze des einwertigen Silbers und Kupfers mit einigen 8-Alkylmercaptochinolinen. Fr. Hein und K.-H. Vogt. (Mber. dtsch. Akad. Wiss. Berlin **2**. 355—56. 1960. Jena, Dt. Akad. der Wiss., Forsch.-Stelle für Komplexchem.; Forsch.-Gemeinschaft; Univ., Inst. für anorg. Chem.) (Dt.)

Vff. stellten Komplex-Verbb. der Form $[Me(Ligand)_2]^+$ des einwertigen Ag u. Cu mit 8-Methylmercaptochinolin (I), 8-Benzylmercaptochinolin (II) u. 8-Cyclohexylmercaptochinolin (III) dar.

Versuche: Die Darst. der Ag-Verbb. erfolgte a) durch Einw. der Liganden auf die entsprechenden Ag-Salze in W. oder Methanol; b) durch doppelte Umsetzung der nach a) erhaltenen Verbb. mit Alkali- oder NH_4-Salz-Lsgg. der gewünschten Säuren: *Acetat*, $[Ag(I)_2]C_2H_3O_2 \cdot aq$, nach a). — $[Ag(I)_2]_2SO_4 \cdot 10\,H_2O$, nach a), talgige Masse farbloser Blättchen. — $[Ag(I)_2]NO_3 \cdot CH_3OH$, F. 119°, nach a) oder b); farblose Nadeln. — *d-Campher-β-sulfonat*, $[Ag(I)_2]C_{10}H_{15}O_4S \cdot 2{,}5\,H_2O$, F. 57°, nach a) oder b); farblose Nadeln. — *α-Brom-d-campher-π-sulfonat*, $[Ag(I)_2]C_{10}H_{14}BrO_4S$, F. 134°, nach b); farbloses Pulver. — $[Ag(I)_2]ClO_4$, F. 211°, nach b); farblose Nadeln. — $[Ag(II)_2]SO_4 \cdot aq$, nach a). — $[Ag(II)_2]NO_3$, F. 136°, nach a); farblose körnige Kristalle. — $[Ag(II)_2]ClO_4$, F. 163°, nach b); farblose taflige Kristalle. — $[Ag(III)_2]ClO_4$, F. 175°, nach b); farblose würflige Kristalle. — $[Cu(I)_2][CuCl_2]$, durch Einw. von Cu(I)-Chlorid auf die methanol. Lsg. von **I**; lachsrote Nadeln. — $[Cu(I)_2]SO_4H$, F. 184° (Zers.), durch Red. der schwefelsauren Lsgg. von $CuSO_4 \cdot 5\,H_2O$ u. **I** mit Natriumsulfit; dottergelbes Pulver. — $[Cu(II)_2]SO_4H$, wie vorst. Verb. aus **II**. — $[Cu(I)_2]CO_3H \cdot H_2O$, durch doppelte Umsetzung der wss. Lsgg.

der entsprechenden Hydrogensulfate; orangegelbe Nadeln. — $[Cu(I)_2]ClO_4$, F. 235° (Zers.), wie vorst. Verb.; dottergelbe Nadeln. — $[Cu(II)_2]ClO_4$, F. 158°, wie vorst. Verb.; orangegelbe Kristalle. P. SCHARNER. 359□

Komplexe von Palladium(II) mit Phosphorbrücken. R. G. Hayter. (Nature [London] **193.** 872. 3/3. 1962. Pittsburgh, Pa., Mellon Inst.) (Engl.)

Vf. stellte eine neue Reihe von Verbb. der Form $[PdX(PR_2)L]_2$ (I; X = *Cl*, *Br*, *J*, *SCN*; R = C_2H_5, C_6H_5; L = sek. oder tert. Phosphin) dar, die eine neuartige Struktur mit Phosphorbrücken besitzen. I wird allg. durch Rk. des Chlorobrückenkomplexes $[PdCl_2L]_2$ mit einem sek. Phosphin in Ggw. einer Base wie p-Toluidin dargestellt. Ist L = $(C_2H_5)_2PH$ oder $(C_6H_5)_2PH$, so kann I ähnlich direkt aus Pd-Halogeniden erhalten werden. In Abwesenheit der Base entsteht der intermediäre, mononucleare Komplex. Der 4gliedrige Ring in I wird durch Amine oder tert. Phosphine nicht gespalten, enthält also keine Halogenbrücken. Bei

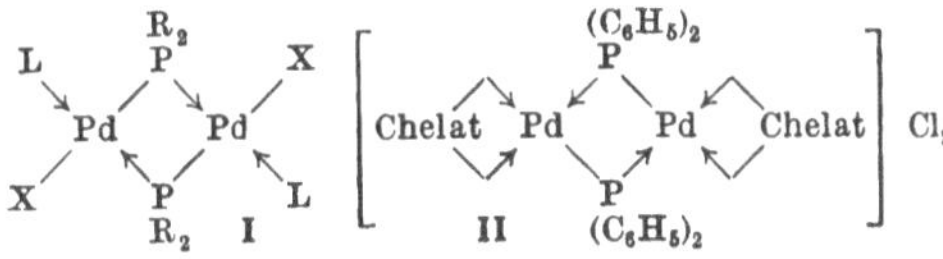

der Rk. von $\{PdCl[P(C_6H_5)_2][HP(C_6H_5)_2]\}_2$ mit Chelatliganden wie o-Phenanthrolin oder $C_2H_4[P(C_6H_5)_2]_2$ entstehen Komplexe, die nach Molgew.-Best. u. Leitfähigkeits-Unterss. ion. Struktur (II) besitzen. Röntgen-Unterss. an Einkristallen von $\{PdCl[P(C_2H_5)_2]\cdot[HP(C_2H_5)_2]\}_2$ ergaben, daß dieses orthorhomb. ist mit a = 15,83 (Å), b = 14,26 u. c = 12,39, Z = 4 u. die Raumgruppe P b c a (D^{15}_{2h}) hat.

Versuche: Folgende Komplexe von I wurden dargestellt: $\{PdCl[P(C_6H_5)_2]\cdot[HP(C_6H_5)_2]\}_2$, F. 215° (Zers.), gelborange. — $\{PdBr[P(C_6H_5)_2][HP(C_6H_5)_2]\}_2$, F. 220° (Zers.), orange. — $\{PdCl[P(C_6H_5)_2][P(C_2H_5)_3]\}_2$, F. 215°, gelb. — $\{PdCl[P(C_2H_5)_2]\cdot[P(C_2H_5)_3]\}_2$, F. 183°, blaßgelb. — $\{PdCl[P(C_2H_5)_2][HP(C_2H_5)_2]\}_2$, F. 160° (Zers.), D. 1,51 g/cm³, gelb. — $\{PdJ[P(C_2H_5)_2][HP(C_2H_5)_2]\}_2$, F. 250° (Zers.), gelb. — Verb. der Struktur II mit Chelat = $C_2H_4[P(C_6H_5)_2]_2$, $C_{76}H_{68}Cl_2P_6Pd_2$. P. SCHARNER. 365□

A₉. Mineralogische und geologische Chemie

Über die Gesetzmäßigkeit der Isomorphiebeziehungen in Mineralien magmatischer Genese. W. I. Lebedew. (Freiberger Forsch.-H., Reihe C, Heft **79.** 157—71. 1960. Leningrad.) (Dt.)

Bei dem Vgl. des Fe- u. Mg-Geh. der gleichzeitig in den Magmatiten vorkommenden Olivine u. rhomb. Pyroxene ergibt sich, daß in den Pyroxeniten, Amphiboliten u. in Gabbros Forsterit u. MgO-reiche Olivine mit Enstatit u. Bronzit zusammen vorkommen. Das Orthosilicat hat den größeren Mg-Geh., während das Metasilicat reicher an Fe ist. Selten ist das Verhältnis Fe:Mg fast 1. In Syeniten u. teilweise in den Fe–Ti-Erzen kommt Fayalit mit geringem Mg-Geh. mit Hypersthen vor, d. h. das Orthosilicat ist reicher an Fe u. das Metasilicat reicher an Mg. In Anorthositen, Lamprophyren, Noriten u. anderem Gestein ist der Unterschied gering. Diese Tatsachen werden an Hand der Rk.-Möglichkeiten erklärt u. die Isomorphiemöglichkeiten aufgezeigt. F. ENSSLIN. 372□

Geologische Zeittafel. Isotopenaltersbestimmungen an Gesteinen bekannten stratigraphischen Alters definieren eine absolute Zeitskala der Erdgeschichte. J. Laurence Kulp. (Science [Washington] **133.** 1105—14. 14/4. 1961. Columbia Univ.) (Engl.)

Zusammenfassung der Meth. geolog. Alters-Best. u. des wesentlichsten Schrifttums über das Känozoikum bis 1960. H. MOENKE. 378□

Die Anwendung von Sauerstoffisotopen bei der geologischen Hochtemperaturmessung. Robert N. Clayton und Samuel Epstein. (J. Geology **69.** 447—52. Juli 1961. Chicago, Ill., Univ., Enrico Fermi Inst. for Nucl. Studies and Dep. of Chem.; California Inst. of Technol, Div. of Geol. Sci.) (Engl.)

Aus dem $^{18}O/^{16}O$-Verhältnis von Syst., die Quarz, Kalkspat, Haematit u. W. enthalten, können Daten über die Entstehungsbedingungen u. Umwandlungsvorgänge erhalten werden. Dies wird an Beispielen demonstriert. H. MOENKE. 378□

Geochemie von Alkalimetallionen im hydrothermalen System von Wairakei. A. J. Ellis und S. H. Wilson. (New Zealand J. Geol. Geophysics **3.** 593—617. Nov. 1960. Lower Hutt, Dominion Labor., Dep. of Sci. and Ind. Res.) (Engl.)

Vff. diskutieren die Zirkulation der im Hydrothermal-Syst. von Wairakei geförderten heißen Chloridwässer, ihren vermutlichen Ursprung u. die Einw. auf anstehendes Gestein sowie die Bldg. hydrothermaler Alterungszonen. Auf Grund chem. Analysen des W. u. chem.-mineral. Unterss. der Bohrkerne wird der Vgl. zu anderen Hydrothermalgebieten geführt. Nach den chem. Analysen, Druck- u. Temp.-Messungen sind alle Wässer des Wairakei-Syst. gleichen prim. Ursprungs. Die hohen Cs-Konzz. werden als Beweis für eine magmat. Dampfphase sehr hohen Drucks u. hoher Temp. angesehen. Ausführliche Beschreibung u. krit. Vgl. der Probenentnahmemethoden.

H. NOACK. 378□

Die metasomatische Entstehung von Kaliumfeldspat-Einsprenglingen in den Graniten von Südwestengland. M. Stone und W. G. C. Austin. (J. Geology **69.** 464—72. Juli 1961. Exeter, England, Univ., Dep. of Geol.; Legon Accra, Ghana, Univ. Coll. of Ghana, Geol. Dep.) (Engl.)

Die großen K-Feldspate im Aplit–Pegmatit-Komplex von Tremearne u. im Carnmenellis-Granit (Westcornwall) sind offensichtlich in einem nahezu verfestigten Gestein auskristallisiert. H. MOENKE. 378□

Magmatische Differentiation bei Amboy Crater, Californien. Ronald B. Parker. (Amer. Mineralogist **44.** 656—58. Mai/Juni 1959. Berkeley, Calif., Univ. of California.) (Engl.)

Zur Unters. der magmat. Differentiation wurden an verschiedenen Stellen der bei Amboy Crater vorkommenden Schlackenkegel Proben entnommen u. chem. analysiert. Das abs. Alter der Gesteine ist nicht bekannt, ihr relatives Alter kann jedoch ziemlich genau geschätzt werden. Bei allen Proben handelt es sich um *Olivinbasalte.* Sie sind zusammengesetzt aus einer glasigen Grundmasse, *Plagioklas, Klinopyroxen* u. *Magnetit* mit Phenokristallen von *Olivin* u. Pagioklas. Aus den chem. Analysen ergab sich, daß der *Fayalit*-Geh. des Olivins mit zunehmendem Alter des Basalts abnimmt. Den Differentiationsverlauf während der Kristallisation kann man sich so vorstellen, daß die Fll. nach u. nach mit SiO_2 u. Alkalien angereichert werden, während die Geh. an MgO u. Al_2O_3 abnehmen. Das Gesamt-Fe vermindert sich etwas mit abnehmendem Alter.

C. GOTTFRIED. 378

Ilmenit-, Magnetit- und Feldspat-Veränderungen unter reduzierenden Bedingungen. S. Ralph Austin. (Econ. Geol. **55.** 1758—59. Dez. 1960. Grand Junction, Colo., US Atomic Energy Commiss.) (Engl.)

Im Diskussionsbeitrag zu einem Aufsatz von CARROL (C. **1961.** 9722) wird die Einw. von Lagunenwasser auf im Strandsand vergrabene Mineralkörner hervorgehoben.

R. G. KAISER. 378□

Einige Anwendungen der Thermodynamik auf koexistierende Mineralien variabler Zusammensetzung. Beispiele: Orthopyroxen–Klinopyroxen und Orthopyroxen–Granat. Ralph Kretz. (J. Geology **69.** 361—87. Juli 1961. Ottawa, Ontario, Canada, Geol. Surv.) (Engl.)

Es werden die Beziehungen zwischen dem Chem. Potential einer Atomart u. seiner Konz. in festen Phasen des Typs (A, B, C)M u. (A, B) (C, D)$_2$M beschrieben. Der Verteilungs-Koeff. für verschiedene Kombinationen koexistierender Phasen wird abgeleitet u. Ausdrücke für seine Temp.- u. Druckabhängigkeit angegeben. Die erhaltenen Beziehungen werden auf obige Syst. angewandt. H. MOENKE. 378□

Zum Chemismus der alpinen Adulare. 1. Mitt. Max Weibel und Fred Meyer. (Schweiz. mineralog. petrogr. Mitt. **37.** 153—58. 1957. Zürich, TH, Mineralog. Inst.) (Dt.)

Es werden die Ergebnisse von Na-, K-, Ba- u. Ca-Best. an 33 Adularen aus schweizer. Funden angegeben u. im Hinblick auf die Lage der alpinen Adulare im tern. Syst. $KAlSi_3O_8$–$NaAlSi_3O_8$–$CaAl_2Si_2O_8$ diskutiert. E. FRITZSCHE. 380□

Datolithführende Hornschiefer als Borrohstoffe. Jiři Strnad. (Časopis Mineralog. Geol. **6.** 157—60. 1961.) (Tschech.)

Ein Datolithhornfels aus Barrandien (Tschechoslowakei) wurde qual. spektralanalyt. untersucht. Die Hauptelemente *Si, Al, Fe, Na, Mg, Ti* u. *Mn* stammen aus den ursprünglichen gesteinsbildenden Mineralien. Elemente, wie *B, Sn, Pb, Zn, Cu, Mo* u. *As* entstehen bei der pneumatolyt.-hydrothermalen Phase. Die Elemente, wie *Cr, V, Co, Ni* teilweise auch Ti, Mg stammen wahrscheinlich aus den dunklen Bestandteilen der Diabase. Tabelle mit der prozentualen Zus. der Proben. L. SVOBODA. 380

Chemische Charakteristik von Davidit. J. R. Butler und Rosemary Hall. (Econ. Geol. **55.** 1541—50. Nov. 1960. London, Imp. Coll., Dep. of Geol., Pure Geochem. Sect.) (Engl.)

12 Daviditproben verschiedener Fundorte u. Paragenesen wurden auf Geh. an U u. Elementen aus der Gruppe der Seltenen Erden analysiert. Die Verteilung der Seltenerdmetalle ist in allen Präpp. relativ konst. u. stets ist der Y-Anteil geringer als die Summe der Elemente der Lanthanreihe. Die La-Konz. ist größer als die von Ce.

H. MOENKE. 380□

Dolomitlagerstätten in der Präfektur Gifu. Shigema Kawada. (Gypsum & Lime [Tokyo] **1961.** Nr. 51. 75—90. März. Geol. Surv. of Japan.) (Jap.; Auszug: Engl.)

Beschreibung von japan. Dolomit-Vork. mit 17—19(%) MgO u. 0,5—1,5 SiO_2.

W. WESLY. 380□

Unedle Metalle und Gold-Silber-Mineralisation auf der südöstlichen Seite des Aorere-Tals nordwestlich von Nelson. G. W. Grindley und A. Wodzicki. (New Zealand J. Geol. Geophysics **3.** 585—92. Nov. 1960. Lower Hutt, New Zealand Geol. Surv., Dep. of Sci. and Ind. Res.) (Engl.)

Vff. geben einen Überblick über die geolog. Verhältnisse des Aorere–Haupiri-Kontakts aus dem Aorere-Tal nordwestlich von Nelson. Die Bldg. der Erzlager wird auf vulkan. Einfl. (pyroklast.) u. die Konz. auf die Einw. metasomat. Lsgg. zurückgeführt. Sie sind syntekton. u. regional metamorphen Ursprungs. Die einzelnen Erzgänge u. ihr Mineralbestand werden ausführlich beschrieben. H. NOACK. 380□

Zonale Anordnung von Metallen in hypogenen Gängen von Arkansas. Lyndon L. Foley. (Econ. Geol. **55.** 1551—53. Nov. 1960. Tulsa, Okla.) (Engl.)

Klassifizierung der hypogenen Gänge von Arkansas mit Hilfe emissionsspektroskop. Methodik. Im Westteil von Zentralarkansas kann mit Ausnahme der Ag-Zone eine Abfolge von Hg bis Cu verfolgt werden. H. MOENKE. 380□

Der Pyrit-Körper und die Kupfererzkörper von der Cerro-de-Pasco-Mine, Zentralperu. Hector J. Ward. (Econ. Geol. **56.** 402—22. März/April 1961. Como, Westaustralien.) (Engl.)

Geolog., petrograph. Beschreibung einer der größten Pyritlagerstätten (I) der Welt u. des damit verknüpften Gangsystems. I ist durch Verdrängung von Sedimentgesteinen entstanden. H. MOENKE. 380□

Wege und Umwege der Erforschung eines erzführenden Vulkangebietes (Börzsöny-Gebirge, Ungarn). Gabor Panto. (Freiberger Forsch.-H., Reihe C, Heft **79.** 148—56. 1960. Budapest.) (Dt.)

Die Andesite u. Dazite der propylitisierten Zone besitzen nach der neuen Kartierung keine pyroklast. Gefolge. Die Vererzung ist jünger als die Abscheidung der pyroxenit. Amphibolandesite, aber älter als die hypersthenfreien Augitandesite. Sie ist geochem. u. topograph. an die Grünsteinfazies gebunden. Es sind 2 Hauptvererzungen feststellbar, die aber weitgehend ineinander übergehen. Die älteste ist die hochtemperierte Imprägnationsphase mit Pyrrhotin, Marmatit, Kupferkies mit Zinkblendesternchen u. Wismut-Mineralien. Die 2. entspricht einer normalen epithermalen Blei–Zinkerz-Paragenese. F. ENSSLIN. 380□

Ein Magnetit-„Fluß" in Nordchile. Charles F. Park jun. (Econ. Geol. **56.** 431—36. März/April 1961. Stanford, Calif., Univ.) (Engl.)

Beschreibung einer Magnetit–Haematit-Lagerstätte im Osten der Provinz Antofagasta, deren Entstehung noch nicht geklärt werden konnte. H. MOENKE. 380□

Der Vorgang der Mineralbildung aus Obsidian unter hydrothermalen Bedingungen. Ryôiti Kiriyama und Hiroshi Iwasaki. (J. geol. Soc. Japan **66.** 242—50. April 1960.) (Jap.; Auszug: Engl.)

Obsidian mit 71—74% SiO_2 wurde in einem Autoklaven mit verschiedenen Lsgg bei 150—300° behandelt u. die Rk.-Prodd. röntgenograph. u. mit Hilfe von IR-Spektrographie untersucht. Mit reinem W. oder 3%ig. wss. NaCl-Lsg. war keine Umwandlung bei 300° in 13 Tagen zu beobachten. 0,25m Na_2CO_3-Lsg. ergab unterhalb 230° Analcim u. röntgenamorphe Stoffe, über 230° Paragenesen von Albit u. Quarz. 0,25m K_2CO_3-Lsg. ergibt bei 200—300° Orthoklas u. Quarz. Obsidian mit MgO im Verhältnis SiO_2:Al_2O_3:MgO = 8,2:1:2 ergab bei 300° Analcim u. Montmorillonit mit einem Optimum der Analcim-Bldg. bei 250°. Bei 200° war das Prod. röntgenamorph aber gegenüber dem Ausgangsmaterial stark verändert. Die Umsetzung beginnt bei 200°. Mit CaO fand ebenfalls eine Kristallisation statt. Es bildete sich aber weder Anorthit noch ein Ca-Zeolith. LiOH bildet gut krist. Prodd., die aber mit keinem natürlichen Li-Mineral ident. sind. F. ENSSLIN. 380□

Ein Olivinmelilith mit Einschlüssen von Mukorob, Südwestafrika. J. J. Frankel. (Trans. Roy. Soc. South Africa **35.** 115—23. 2 Tafeln. 1957. Durban, Univ. of Natal, Dep. of Geol.) (Engl.)

In einem Schieferton in der Nähe des Kimberlitschlots bei Mukorob intrudierte ein dünner Porphyritgang. Das stark verkalkte Gestein war wahrscheinlich früher ein Olivinmelilith. Er enthält mit Ilmenit bedeckte verwitterte Olivineinschlüsse sowie solche aus verdrängtem Olivin u. Gesteinen, die als gleichartige Xenolithe in Kimberlit gefunden wurden. Petrogenet. dürften der Kimberlit u. der Olivinmelilith verwandt sein. F. ENSSLIN. 380□

Selen, Rubidium und Yttrium in Mineralgängen von Arkansas. Lyndon L. Foley. (Econ. Geol. **55.** 1553—54. Nov. 1960. Tulsa, Okla.) (Engl.)

Vork. von Se in sulfid. Mineralien u. von Rb u. Y in Kupferkies. H. MOENKE. 380□

Über die Bildungsmöglichkeiten des Tachyhydrits in Kalisalzlagerstätten. Jean d'Ans. (Kali u. Steinsalz **3.** 119—25. Febr. 1961. Berlin-Charlottenburg, TU.) (Dt.)

Vf. diskutiert die Möglichkeiten der Tachyhydrit (I)-Bldg. u. seine Existenzbedingungen an Hand der $H_2O-MgCl_2-CaCl_2$-Polythermen u. Isothermen. Die Bldg. über die doppelte Umsetzung $xMgCl_2 + yCaCl_2 + CaCO_3 \rightleftharpoons (x - c)MgCl_2 + (y + c)CaCl_2 + cMgCO_3$ ist anzunehmen. Die verschiedenen Möglichkeiten der I-Bldg. aus $MgCl_2$—$CaCl_2$-Lsgg., z. B. durch isotherme u. polytherme Verdampfung oder mit *Bischofit* als Bodenkörper werden besprochen. Geolog. ist I durch Umsetzung von Endlaugen der prim. *Carnallit*-Abscheidung mit eingewehtem oder eingeschlämmtem $CaCO_3$ entweder direkt oder durch zusätzliches Eindampfen der $CaCl_2$-haltigen Lauge entstanden, oder sek. aus $MgCl_2$-Laugen (z. B. Carnallit-Zers.) posthum. H.-G. MOSLÉ. 380□

Tonmineralien aus den Klüften im Granit von Dunajovice in Südböhmen. Ervín Slánský und Jarmila Slánská. (Časopis Mineralog. Geol. **6.** 148—56. 1961. Praha, Ústř. ústav geol., Geol. průzkum n.p.) (Tschech.)

Aus den Klüften im Granit von Dunajovice in Südböhmen wurden durch Röntgenanalyse u. DTA Tonminerale identifiziert. Es wurden *Kaolinit*, *Montmorillonit* u. *Illit* festgestellt. Der Kaolinit ist triklin. Der Montmorillonit gehört zu einem gewöhnlichen Strukturtyp. Die Tonminerale entstanden durch Zers. von Granit.

L. SVOBODA. 380

Ein Zirkon mit hohem Hafniumgehalt aus Norwegen. A. A. Levinson und R. A. Borup. (Amer. Mineralogist **45.** 562—65. Mai/Juni 1960. Freeport, Tex., Chem. Co.) (Engl.) — C. **1961.** 8596. F. ENSSLIN. 380□

Neue Angaben über den Hafnium-, Zirkonium- und Yttriumgehalt von Thortveitit. A. A. Levinson und R. A. Borup. (Amer. Mineralogist **45.** 712—15. Mai/Juni 1960.) (Engl.) — Vgl. vorst. Referat.

Thortveitit ist das einzige bis jetzt bekannte Mineral, in dem der Hf-Geh. den des Zr übersteigen kann. Thortveitite von Iveland, Norwegen, zeigten ein Hf/Zr-Verhältnis von 0,6 bzw. 1,10; ein Thortveitit von Befanamo, Madagaskar, 1,2 .Die 3 untersuchten Mineralien hatten Y_2O_3-Geh. von 2,2, 4,4 u. 4,3%. Paragenet. ist der Zirkon älter als der Mutterthortveitit, sein Hf/Zr-Verhältnis ist kleiner. F. ENSSLIN. 380□

Einfluß der substantiellen Zusammensetzung von Uranerzen auf das Scintillationsspektrum ihrer γ-Strahlung. A. G. Grammakow, A. K. Owtschinnikow, Ju. P. Ljubawin, W. M. Owtschinnikow und A. M. Ssasonow. (Атомная Энергия [Atomenergie] **10.** 624—26. Juni 1961.) (Russ.) — Vgl. C. **1962.** **9602.**

Die γ-Spektren von Uranerzproben verschiedener Zus., ausgedrückt durch eine effektive Kernladungszahl, wurden in Fe-Zylindern mittels eines 128-Kanal-Differential-Scintillations-γ-Spektrometers mit NaJ(Tl)-Kristall, das bis 2,8 MeV linear arbeitete u. mit γ-Strahlung verschiedener Elemente geeicht wurde, aufgenommen. Sie unterschieden sich bes. im Bereich unter 200—300 keV beträchtlich. M. WIEDEMANN. 380□

Spätpleistozäne und rezente Ansammlung von Uran in grundwassergesättigten Sandsteinablagerungen. John N. Rosholt jun. (Econ. Geol. **56.** 423—30. März/April 1961. Miami, Univ., Marine Labor., U.S. Geol. Surv.) (Engl.)

Radiochem. Unterss. unter Berücksichtigung der ^{231}Pa- u. ^{230}Th-Geh. ergaben, daß die U-Geh. von Sandsteinen in der Hauber-Mine (Crook County, Wyoming) erst in der jüngsten geolog. Vergangenheit konz. wurden. H. MOENKE. 380□

Die Geologie des Bathurst-Newcastle-Mineralgebietes, Neu-Braunschweig. Charles H. Smith und Ralph Skinner. (Trans. Canad. Inst. Mining Metallurgy Mining Soc. Nova Scotia **61.** 78—83. 1958.) — C. **1959.** 9025. F. ENSSLIN. 385□

Die Geologie und die Minerallagerstätten von Highland Valley, B.C. Wm. H. White, R. M. Thompson und K. C. McTaggart. (Trans. Canad. Inst. Mining Metallurgy Mining Soc. Nova Scotia **60.** 273—89. 1957.) (Engl.) — C. **1958.** 10597.

F. ENSSLIN. 385□

Beiträge zur petrographischen und tektonischen Analyse des sächsischen Granulitgebirges. Hans-Jürgen Behr. (Freiberger Forsch.-H., Reihe C Heft **119.** 5—119. Aug. 1961. Freiberg/Sa., Geol. Inst. der Bergakademie.) (Dt.)

Mineralog.-petrograph. u. geolog.-tekton. Beitrag zur Klärung der polymetamorphen Vorgänge im sächs. Granulitgebirge. — 52 Tafeln. H. MOENKE. 385□

Zur Stellung der Granatultrabasite des Sächsischen Grundgebirges. Franz Rost. (Freiberger Forsch.-H., Reihe C, Heft **119.** 119—34. Aug. 1961.) (Dt.)

Petrograph. Analyse der Granatultrasite (I) im Erzgebirge (Zöblitz) u. im sächs. Granulitgebirge. Die **I** lassen sich auf eine echtmagmat. Differentiation (**II**) zurückführen. Unbestimmbar bleiben Art u. Zeit der Platznahme sowie Zeit u. Ort der **II.** Bes. ausführlich wird der faziestyp. Pyrop untersucht. Er gehört zum Ausgangsgestein der Serpentinite. H. Moenke. 385□

Petrographische Probleme des Meißener Massivs. Ludwig Pfeiffer. (Freiberger Forsch.-H., Reihe C, Heft **119.** 135—44. Aug. 1961. Freiberg/Sa., Bergakad., Inst. für Miner. u. Lagerstättenlehre.) (Dt.)

Mkr. u. chem. Analyse der wichtigsten Gesteinstypen im Meißner Massiv ergab, daß keine echten Granite u. Syenite anstehen. Vielmehr handelt es sich um Granodiorite u. Syenodiorite. H. Moenke. 385□

Verwitterung eines Quarzdiorits vom Marble Point, McMurdo-Sund, Antarktis. William C. Kelly und James H. Zumberge. (J. Geology **69.** 433—46. 2 Tafeln. Juli 1961. Ann Arbor, Mich., Univ. of Michigan.) (Engl.)

Ein Quarzdiorit schien nach geolog. Feldbefund durch ungewöhnlich intensive chem. Verwitterung in einen braunen Sand zerfallen zu sein. Die Unters. im Labor. ergab jedoch, daß im Ausgangsgestein u. im Sediment die Al-, Si-, Na-, Ca- u. K-Konz. nahezu konst. waren. Es hatten sich auch keine Tonmineralien gebildet. Die einzig feststellbare Veränderung des Ausgangsgesteins besteht in einer Oxydation von Fe^{2+} im Glimmer u. Magnetkies. Durch die Limonit-Bldg. erhält der Sand seine kräftige Färbung. Ferner wird der Einfl. von Chlorid (aus dem Seewasser bzw. den Gasen des Vulkans Mt. Erebus) sowie von erheblichen Temp.-Schwankungen beschrieben. H. Moenke. 385□

Kosmogene Edelgas-Anteile in Eisenmeteoriten. David E. Fisher. (Z. Naturforsch. **16a.** 1387—90. Dez. 1961. Ithaca, N.Y., Cornell Univ., Dep. of Engng. Phys. and Center for Radiophys. and Space Res.) (Engl.) — Vgl. C. **1962.** 7454.

Die in Eisenmeteoriten gefundenen Edelgas-Konzz. $[^4He]/[^{38}Ar]$ u. $[^{21}Ne]/[^{38}Ar]$ werden mit den beim Beschuß mit hochenerget. Strahlung durchschnittlich erhaltenen Konz.-Verhältnissen verglichen. Es wurden ein niedriger Energiefluß (<1 GeV) u. ein hoher (>1 GeV) von ca. 13facher Stärke gefunden. Etwa die Hälfte des He wird von dem niedrigen Energiefluß erzeugt. W. Betcke. 388□

Schwarzschiefer, Öl und Sulfiderz. Kingsley Dunham. (Advancement of Sci. **18.** 284—99. Sept. 1961. Durham, Dep. of Geol.) (Engl.)

Diskussion der Entstehung von Lagerstätten des Kupferschiefertyps u. von Erdölmuttergesteinen. H. Moenke. 390□

Die Konzentration von Chlorid, Natrium, Kalium, Calcium und Sulfat im Regenwasser der Vereinigten Staaten. Christian E. Junge und R. T. Werby. (J. Meteorol. **15.** 417—25. Okt. 1958. Air Force Cambridge Res. Center, Geophys. Res. Directorate; Werby Labor., Inc.) (Engl.)

Vff. diskutieren die Juli 1955 bis Juli 1956 erhaltenen jährlichen Mittelwerte der Konz. verschiedener anorgan. Ionen in dem Regenwasser der USA. Die Meßergebnisse sind graph. angegeben. Als Hauptquelle für Cl^- wird das Meer angesehen. Das Verhältnis Cl^-/Na^+ ist dagegen beträchtlich niedriger als im Seewasser, was wahrscheinlich durch einen Überschuß von Na^+ aus dem Boden verursacht wird. Eine ähnliche Verteilung von überschüssigem Material aus dem Boden wurde für K^+ beobachtet. Im Gegensatz zu Na^+ u. K^+, das ziemlich gleichförmig über die Vereinigten Staaten verteilt ist, zeigte Ca^{2+} die höchsten Werte im Südwesten, in Übereinstimmung mit dem Auftreten der Staubstürme. Die Hauptmenge von SO^{2-} bildet sich durch Versprühen von Seewasser. Zusätzliches SO_4^{2-} stammt vom Land her. C. Gottfried. 393

Hyperthermalquellen bei Sapareva Baňa in Bulgarien. Dimitrij Mundrov und Josef Hanzlík. (Časopis Mineralog. Geol. **6.** 179—84. 1961.) (Tschech.)

Die chem. Analyse der Thermalquellen bei Sapareva Baňa ergab folgende Werte (Geh. in mVal-%): ($Na^+ + K^+$) 96,3, Ca^{2+} 2,9, Mg^{2+} 0,6, Fe^{2+} 0,1, CO_3^{2-} 14,1, HCO_3^- 8,5, Cl^- 12,9, SO_4^{2-} 55,5, F^- 8,2. Der Mineral-Geh. des W. beträgt 577,8 mg/Liter (Temp. 101,4°). Es handelt sich demnach um hyperthermales Na-Sulfatwasser mit höherem Geh. an F. Die aus dem W. stammenden Gase enthalten 94% N_2 u. 6% O_2. Spektralanalyt. wurden folgende Elemente gefunden: *Li, Ti, Al, Fe, Ge, Ag, Mn, Cu* u. *Mo.* L. Svoboda. 393

B. Allgemeine und theoretische organische Chemie

Die Rotationsstruktur der Grundschwingungsinfrarotbanden von Molekülen vom Methantyp. Jose Herranz. (J. molecular Spectroscopy **6.** 343—59. März 1961. Chicago, Ill., Illinois Inst. of Technol., Dep. of Phys., Spectroscopy Labor.) (Engl.)

Nach einer Näherung 2. Ordnung werden die Rotationsstrukturen der Grundschwingungs-IR-Banden $(\nu_s)f_2$ von Moll. vom Methantyp durch allg. Ausdrücke wiedergegeben. Es wird angenommen, daß diese Ausdrücke eine prakt. Näherung zur Analyse dieser Banden u. der hierbei auftretenden Konst. darstellen. W. Schramm. B 114

n-π*-Übergänge in den Azinen. Lionel Goodman. (J. molecular Spectroscopy **6.** 109—37. Jan. 1961. University Park, Pa., Pennsylvania State Univ., Whitmore Chem. Labor.) (Engl.)

Die theoret. u. experimentellen Ergebnisse über die n-π*-Übergänge in monocycl. Azinen [*Pyridin, Pyridazin* (**I**), *Pyrimidin, Pyrazin, symm.-Triazin* u. *symm.-Tetrazin* (**II**)] werden erneut diskutiert u. erweitert. Die Intensitäten der erlaubten Übergänge lassen sich gut mit sp^2-Orbitals der einsamen Elektronenpaare im Grundzustand u. mit einfachen LCAO–MO-π*-Bahnen beschreiben, andererseits werden die Singulett–Triplett (S–T)-Intervalle (Bereich 2500—6000 cm^{-1}) nur sehr schlecht durch Grundzustands-σ-Bahnen wiedergegeben u. deuten auf eine erhebliche Verminderung des s-Charakters im Anregungszustand. Wird der s-Charakter in diesem Zustand zu 0,1 angenommen, so wird eine brauchbare Beschreibung der S–T-Intervalle erhalten. Die Bandenformen werden eingehend diskutiert. Das Fehlen von π* → n-Fluorescenz wird auf die Anwesenheit nichtebener Anregungszustände zurückgeführt, bei den ebenen Fällen, **I** u. **II**, sollte sie auftreten können. Für die Übergangsenergien läßt sich kein befriedigendes Bild gewinnen. W. Schramm. B 114

Die Ultraviolett-Absorptionsspektren von α.ω-Dinitroalkananionen. A. T. Nielsen. (Chem. and Ind. **1957.** 1358—59. 12/10. Lexington, Ky., Univ. of Kentucky, Dep. of Chem.) (Engl.)

Es wurden die UV-Absorptionsspektren von α.ω-Dinitroalkanen in 95%ig. A. u. in 0,1n NaOH aufgenommen. Die Stabilisierung von *1.4-Dinitrobutan* als Anion in NaOH zeigte sich in einer bathochromen Verschiebung des Absorptionsmaximums um ca. 5 mμ gegenüber *1.3-Dinitropropan* bzw. *1.5-Dinitropentan.* Als Ursache wurde eine anion. Hyperkonjugation angesehen, die im Falle von *1.6-Dinitrohexan,* das keine Bandenverschiebung zeigte, anscheinend zu gering ist u. keine Verschiebung erzeugt.

J. Boelter. B 118□

Das Ultraviolettemissionsspektrum von Naphthalindampf. D. E. Freeman. (J. molecular Spectroscopy **6.** 305—11. März 1961. Sydney, N.S.W, Australia, Univ. of Sydney, Dep. of Phys. Chem.) (Engl.)

Das Emissionsspektrum von *Naphthalin*-Dampf, angeregt durch Schwingungen von 20 m Wellenlänge, besteht aus diskreten Banden, die einem Kontinuum überlagert sind. Die Existenz eines Bandenursprungs bei 32017 cm^{-1} u. die Aktivität der Schwingungen der Symmetrie a_g u. b_{3g} sind in Übereinstimmung mit der Auffassung, daß der niedrigste Singulettelektronenübergang erlaubt u. in Richtung der Mol.–Längsachse polarisiert ist. W. Schramm. B 118

Beitrag zur physikochemischen Untersuchung von stickstoffhaltigen heterocyclischen Basen und ihren Oniumsalzen. 1. Mitt. **Ultraviolettabsorptionsspektren einer Reihe von Basen der Formel A.** Yvette Maroni-Barnaud, Henri Wahl und Pierre Maroni. (Bull. Soc. chim. France **1961.** 1741—46. Okt. Nancy, E.N.S.I.C.) (Franz.) — Vgl. C. **1961.** 15700.

Zwischen 215 u. 350 mμ wurden die UV-Spektren folgender Verbb. in 96%ig. A., wss. 0,1n H_2SO_4 u. 0,1n NaOH aufgenommen: *2-Methylbenzoxazol* (**I**; Maxima in A.) 276 [mμ], 270, 263,5, 231; *2-Methylbenzothiazol* (**II**) 293, 282,5, 251,5, 218; *2-Methylbenzoselenazol* (**III**; Kp.$_4$ 127°) 300, 291, 258s (s = Schulter), 225; *1.2-Dimethylbenzimidazol* (**IV**) 281, 274,5, 249; *2.3.3-Trimethylindolenin* (**V**) 265,5. Die erhaltenen Spektren sind in guter Übereinstimmung mit Literaturangaben. In wss. NaOH liefern **I**—**V** nahezu die gleichen Spektren wie in A., allg. nimmt jedoch die Intensität ab u. einige Maxima sind geringfügig (um 0,5—2 mμ) hypsochrom verschoben. In H_2SO_4 werden dagegen stark veränderte Absorptionskurven erhalten mit Ausnahme von **IV**, dessen Maxima nur eine geringe Blauverschiebung (6—9 mμ) erleiden.

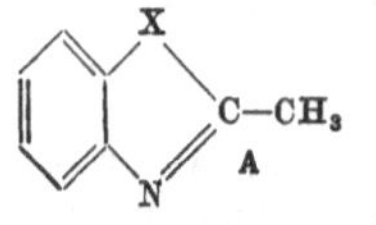

A

I erfährt in Säure-Lsg. eine fortschreitende Ringöffnungs-Rk., bei deren UV-spektroskop. Verfolgung 4 isosbest. Punkte (bei 276, 255, 244,5 u. 221) zu beobachten sind. Nach Rk.-Ende entspricht das UV-Spektrum völlig dem von o-Acetamidophenol (F. 208°). **II**, **III** u. **V** weisen in H_2SO_4 ähnliche Kurven mit 2 Maxima bei 270—275 u.

230—240 mμ auf. Die Intensität der Banden steigt in der Folge **V** < **II** < **III**. Das Spektrum von **III** in H_2SO_4 besitzt noch eine deutliche Schulter bei 300. Zur Deutung der Spektren werden die Theorien von CERNIANI u. PASSERINI (C. **1954.** 11393 u. früher) herangezogen, wonach eine Konjugation zwischen den 2p-π-Elektronen des aromat. Kerns mit den 2p-, bzw. 4p-Elektronen des O-, S- bzw. Se-Atoms auftritt, die in vorst. Folge abnimmt. In der gleichen Folge werden die entsprechenden angeregten Zustände dem Grundzustand ähnlicher u. die Übergangsenergien nehmen ab; daher ergibt sich die beobachtete Rotverschiebung der Banden in der Reihe **I**, **II**, **III**. Die Banden im Bereich von 260—300 mμ werden dem Übergang $^1A_{1g} \rightarrow {}^1B_{2u}$ u. des Benzolrings, die zwischen 230 u. 260 mμ dem „Amidin"-Übergang (Resonanz des heterocycl. Ringes) zugeordnet. Ferner ist anzunehmen, daß die angeregten Zustände durch die Ggw. von OH^--Ionen nicht verändert werden. Die in H_2SO_4 beobachteten spektralen Änderungen werden mit Protonisierung u. daraus folgender modifizierter Konjugation erklärt. Die Spektren sind in Kurven u. tabellar. angegeben. B. GNAUCK. B 118□

Beitrag zur physikochemischen Untersuchung von stickstoffhaltigen heterocyclischen Basen und ihren Oniumsalzen. 2. Mitt. Ultraviolettabsorptionsspektren der quaternären Salze (Formel A). Yvette Maroni-Barnaud, Henri Wahl und Pierre Maroni. (Bull. Soc. chim. France **1961.** 1747—52. Okt.) (Franz.) — 1. vgl. vorst. Referat.

Zwischen 350 u. 215 mμ wurden die UV-Spektren von *2.3-Dimethylbenzoxazolium-* [**I**; $C_{10}H_{13}NO_5S$, F. 203—204°] (abs. Ae.), aus 2-Methylbenzoxazol u. Dimethylsulfat], *2.3-Dimethylbenzothiazolium-* [**II**; $C_{10}H_{13}NO_4S_2$, F. 144—145° (aus A.)], *2.3-Dimethylbenzoselenazolium-* [**III**; $C_{10}H_{13}NO_4SSe$, F. 237 bis 238° (hellgelbe Nadeln aus abs. A.)], *1.2.3-Trimethylbenzimidazolium-* (**IV**; F. 198°) u. *1.2.3.3-Tetramethylindoleniniummethylsulfat* [**V**; $C_{13}H_{19}NO_4S$, F. 155—156° (abs. Aceton)] in 96%ig. A., A., W., 0,1n H_2SO_4, 0,1n NaOH u. Eisessig (Ee.) aufgenommen. Die Spektren sind in Kurven u. tabellar. angegeben; folgende Maxima wurden beobachtet: **I** (in A.) 277 [mμ] bzw. (in 0,1n NaOH) 294, 236, 221; **II** 276, 237,5 bzw. 267,5; **III** 300s (s = Schulter), 277, 241 bzw. 271; **IV** 277, 270, 247s bzw. 276, 270, 249; **V** 276,5, 230,5 bzw. 282, 242. **I** erleidet in sämtlichen Medien (außer in Ee.) sofort eine Spaltung u. die erhaltenen Spektren sind ident. mit dem von *o-[N-Acetylmethylamino]-phenol* (**VI**; F. 154°); in Ee. treten folgende 3 Maxima auf: 275, 269 u. 263s. Dagegen ist das Spektrum von **IV** in allen Medien gleich u. ähnelt dem der homologen Base. Die Absorptionskurven von **II**, **III** u. **V** der Lsgg. in W. u. in Säure ähneln stark den Spektren der entsprechenden Basen in Säure, sie sind auch untereinander von ähnlicher Form. In A. sind die Spektren dieser Methylsulfate ebenfalls ähnlich, es tritt nur eine leichte hypsochrome Verschiebung der Maxima (im Vgl. zu den Spektren in W.) auf. **III** ist allerdings in A. instabil, sein Spektrum ändert sich mit der Zeit, wobei zunächst 4 isosbest. Punkte zu beobachten sind (325, 262, 224, 215 mμ). Am Ende des Prozesses resultiert jedoch eine Kurve, die nicht mehr sämtliche isosbest. Punkte schneidet u. einen Inflektionspunkt bei 240 mμ aufweist. Zur Erklärung wird angenommen, daß die isosbest. Punkte einer schnellen Gleichgewichtseinstellung zwischen dem Kation des Oniumsalzes **III** u. der Pseudobase entsprechen; anschließend folgt eine irreversible oxydative Umwandlung der Pseudobase in *2.2'-Bis-[N-acetylmethylaminophenyl]-diselenid.* In Übereinstimmung hiermit wurde eine ähnliche Erscheinung bei der Aufnahme des Spektrums von *dimerem 3-Methyl-2-methylenbenzothiazolin* (**VII**; F. 181—182°) beobachtet. In NaOH verhalten sich **II**, **III** u. **V** verschieden, doch sind die Spektren zeitlich konstant. Zur Deutung der Spektren werden Resonanzerscheinungen zwischen dem Benzol- u. den heterocycl. Ringen herangezogen. Während das Auftreten von Methylenbasen in NaOH bei den l. c. untersuchten freien Basen nicht zu verzeichnen ist, nehmen Vff. an, daß die Form der Absorptionskurven von **II**, **III** u. **V** in NaOH auf die Ggw. von Methylenbasen zurückzuführen ist. Zur Unterstützung dieser Hypothese dienen die Spektren von **VII** u. *1.3.3-Trimethyl-2-methylenindolin* in saurer u. alkal. Lsg., die denen der entsprechenden quatern. Salze in den gleichen Medien vollständig gleichen. **II** erleidet unter Verbrauch von 2 Äquivalenten Base eine „Säure-Base"-Umwandlung, u. es bildet sich *2.2'-Bis-[N-acetylmethylaminophenyl]-disulfid.* — Bei der Darst. von **I** tritt leicht Hydrolyse auf, wodurch die Bldg. von *o-Acetylaminophenol* (F. 298°) bzw. **VI** zu beobachten ist. B. GNAUCK. B 118□

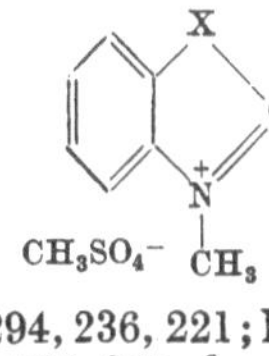

A

Bestimmung der Fluorescenz von Flavinen auf Papierstreifen. Kunio Yagi und Jun Okuda. (Chem. pharmac. Bull. [Tokyo] **6.** 659—62. Dez. 1958. Tsurumai-cho, Showa-ku, Nagoya, Univ. of Nagoya, School of Med., Dep. of Biochem.) (Engl.)

Die Fluorescenzspektren (FS) von Flavinen wurden auf Papierstreifen untersucht u. die Maxima in den FS von *freiem Riboflavin, Flavinmononucleotid* u. *Flavinadenin-*

dinucleotid bei 530 mμ beobachtet. Die Beziehung zwischen der Substanzmenge u. der Fluorescenzenergie (FE) war linear über einen Konz.-Bereich von $2{,}66 \cdot 10^{-10}$ bis $0{,}53 \cdot 10^{-11}$m Flavin auf dem Streifen. Die relativen FE äquimol. Mengen der Verbb. betrugen 100 : 100 : 46 (obige Reihenfolge). Es wird gezeigt, daß die mol. Mengen von Flavinen direkt durch Fluorometrie auf Papierstreifen bestimmt werden können.
W. SCHRAMM. B 118

Anwendung der IR- und Raman-Spektren zur Bestimmung von Kristallstrukturen. A. Novak. (Vestnik sloven. kem. Društva **7.** 21—49. Jan./Juni 1960. Ljubljana, Univ., Naravoslovna fak.) (Slowak.)

Übersicht. — 93 Literaturangaben. P. GOLINSKE. B 120□

Charakteristische Infrarot-Absorptionsbanden organischer Sulfate. Goro Chihara. (Chem. pharmac. Bull. [Tokyo] **6.** 114. Febr. 1958. Hongo, Tokyo, Japan, Univ. Hosp., Central Clinic. Labor., Div. of Biochem.) (Engl.)

Vf. hat das IR-Absorptionsspektrum von 400—350 cm^{-1} der *K-Salze* von *Methyl-, Äthyl-, Butyl-, Propyl-, Isopropyl-, Isoamyl-, Cyclohexyl-, Benzyl-, p-Kresyl-* u. *p-Nitrophenylsulfat* gemessen. An Hand des Vgl. dieser Spektren trifft er bei organ. Sulfaten folgende Zuordnung: 1240—1260 cm^{-1} = ν (S—O) deg, 1200—1220 cm^{-1} = ν (SO) deg, 1040—1070 cm^{-1} = ν (SO), 750—800 cm^{-1} = ν (SCC), 615—650 cm^{-1} = δ (SO) sym u. 550—590 cm^{-1} δ (SO) deg (als Doppelbande). M. SCHÜLE. B 120□

Die Infrarotspektren von Äthinyldialkylcarbinolen. R. Filler, M. Harnik und E. V. Jensen. (Chem. and Ind. **1957.** 1322—23. 5/10. Chicago, Ill., Univ. of Chicago, Ben May Labor. for Cancer Res.) (Engl.)

Im Gegensatz zu einer starken IR-Absorption bei 2200—2100 cm^{-1} von Verbb. mit endständiger Acetylengruppe u. abnehmender Intensität dieser Bande bei Verschiebung der C≡C-Bindung ins Innere des Mol. wurde nur eine sehr schwache oder keine Absorption gefunden, wenn der Acetylengruppe eine tert. Carbinolgruppe benachbart ist. So zeigten *1-Äthinylcyclobutanol* ($Kp._{35}$ 75—78°; n_D^{20} 1,457), *1-Äthinylcyclopentanol, 1-Äthinylcyclohexanol* (I) u. *1-Äthinylcycloheptanol* (F. 31°) wie auch das offenkettige *2-Methylbutin-(3)-ol-(2)* eine sehr schwache Absorption in dieser Region. Keine Absorption im betreffenden Bereich wurde bei *17-Äthinylandrostan-17β-ol, 17-Äthinyl-19-nortestosteron* u. *3-Äthinylandrostan-3ξ.17β-diol-17-acetat* gefunden. Die OH-Gruppe muß frei u. tert. sein, z. B. zeigte der *m-Brombenzoesäureester* von I eine Bande im entsprechenden Bereich; ebenso wurde eine schwache Bande bei *Heptin-(1)-ol-(3)* gefunden. Die OH-Gruppe konnte nicht durch die HOO-Gruppe ersetzt werden, da *3-Methylpentin-(1)-ylhydroperoxid-(3)* eine Absorption im betreffenden Bereich aufwies. Die C—H-Valenzschwingungsbande der endständigen Acetylengruppe bei 3300 cm^{-1} scheint daher zu deren Identifizierung im IR-Spektrum geeigneter zu sein als die Absorption bei 2200—2100 cm^{-1}. J. BOELTER. B 120□

Anomale Dispersion von CS_2 u. $CHCl_3$. Theoretische Voraussagen. Paul Latimer. (J. opt. Soc. America **51.** 116—18. Jan. 1961. Nashville, Tenn., Vanderbilt Univ., Dep. of Phys.) (Engl.)

Die Gleichungen von DAWYDOW (C. **1955.** 7607), die für Oscillatoren in verschiedenen Zuständen gelten u. den klass. Gleichungen für Absorption u. Dispersion von Gasen ähnlich sind, werden umgeformt zur Berechnung der Dispersionskurven von CS_2 u. *Chlf.* in der Nähe der 4,640-μ- u. 3,283-μ-Banden. Die berechneten Kurven werden mit den Meßergebnissen von JAFFE u. Mitarbeitern verglichen (JAFFE, GOLDRING u. OPPENHEIM, C. **1961.** 12349). Die Übereinstimmung ist befriedigend. H. LINDBERG. B 120□

Chemische Konstitution von Oryzanol. 2. Mitt. **Die Ultraviolett- und Infrarot-Spektren von Oryzanol.** Tomotaro Tsuchiya und Akio Kato. (Rep. Government chem. ind. Res. Inst., Tokyo **53.** 230—32. Juni 1958.) (Jap.; Auszug: Engl. S. XXIII bis XXIV.) — 1. vgl. C. **1961.** 17950.

Oryzanol (I) zeigt in den angegebenen Lsgm. folgende Absorptionsmaxima (u. Absorptions-Koeff. $E^{1\%}_{1cm}$): n-Heptan 231 [mμ], 291 (E = 301) u. 314 (353), A. 236 (197) u. 326,5 (364), Isopropanol 236 (199) u. 328 (375) u. alkohol. KOH 230, 251, 310 u. 390. Aus der UV-Absorption des Verseifungs-Prod. von I ergibt sich, daß das Unverseifbare keine Bande für konjugierte Doppelbindung zeigt, die saure Substanz jedoch kennzeichnende Maxima bei 234 u. 322 mμ gibt. Ferner wurden die IR-Spektren von I u. *β-Oryzaylalkohol* (II) bestimmt. Danach besitzt I freie OH-Gruppen sowie COOH, den Benzolring u. die Vinylidengruppe. II besitzt eine sek. alkohol. OH-Gruppe, eine CH_2-Gruppe in Seitenkette u. Ring, CH_3- u. $-CH(CH_3)_2$-Gruppen u. Vinylidenbindungen. L. SCHULER. B 120□

Das Kristall- und Lösungs-Schwingungsspektrum von Biphenyl. D. Steele und E. R. Lippincott. (J. molecular Spectroscopy **6.** 238—64. Febr. 1961. College Park, Md., Univ. of Maryland, Dep. of Chem.) (Engl.)

Das IR-Spektrum von Einkristallen von *Biphenyl* (I; F. ca. 60°) wurde im NaCl-Bereich mit polarisierter u. im KBr- u. LiF-Bereich mit unpolarisierter Strahlung gemessen. Nach einem pseudo-C_{2v}-Modell werden die Schwingungen für I u. D_{10}-I zugeordnet. Das RAMAN-Spektrum wird neu vermessen. Die Spektren werden von der Kristallstruktur her u. aus den Unterschieden in der Wechselwrkg. zwischen den beiden Ringen in I in Lsg. u. im krist. Zustand gedeutet. W. SCHRAMM. B 120

Abschätzung der Höhe der Potentialschwelle der gehemmten Rotation im CH_3SH-Molekül mit Hilfe der Streuung thermischer Neutronen. A. Budzanowski, K. Grotowski, J. A. Janik, W. Kołos, F. Maniawski, H. Rżany, A. Szkatuła und A. Wanic. (Acta physica polon. **16.** 335—42. 1957. Cracow, Polish Acad. of Sci., Inst. of Nucl. Res., Jagellonian Univ., Dep. of Experim. Phys.; Warsaw, Polish Acad. of Sci., Inst. of Phys.) (Engl.) — Vgl. C. **1961.** 18265.

Vff. bestimmten mit Hilfe der Streuung therm. Neutronen mit einer MAXWELL-schen Energieverteilung u. der mittleren Energie E = 0,037 eV den Querschnitt von CH_3SH-Moll. zu $\sigma = (194{,}5 \pm 5)$ barn u. berechneten theoret. diesen Querschnitt unter Berücksichtigung der gehemmten Rotation u. der Schwingung der Atome unter Annahme einer Potentialschwellenhöhe H = 705 cal/Mol (dieser H-Wert wurde nach der Meth. der Mikrowellenspektroskopie gefunden) zu $\sigma_{theor.} = 202$ barn. Da eine weitere Berechnung mit H = 1460 cal/Mol (auf Grund thermodynam. Meth.) auf einen noch größeren Querschnitt führt, wird der Wert H = 705 cal/Mol für sehr wahrscheinlich gehalten. D. JÖRCHEL. B 121 □

Struktur und Eigenschaften cyclischer Verbindungen. 10. Mitt. **Dissoziation von Cyanhydrinen einiger bicyclischer Ketone.** O. H. Wheeler, R. Cetina und J. Z. Zabicky. (Bol. Inst. Quím. Univ. nac. autonoma México **10.** 80—88. Dez. 1958. México, Univ. Nac. Autonoma de México, Inst. de Química.) (Span.) — C. **1958.** 10600. P. GOLINSKE. B 123 □

Die Konfiguration der beiden ac-2-Aminotetrahydronaphthoesäuren-(1). 4. Mitt. **über partiell hydrierte Aminonaphthoesäuren.** K. Hohenlohe-Oehringen. (Mh. Chem. **89.** 629—34. 29/12. 1958. Innsbruck, Univ., Inst. für Organ. u. Pharmazeut. Chem.) (Dt.) — 3. vgl. C. **1962.** 4895.

Es wird gezeigt, daß von den beiden Formen des durch Red. von 2-Acetamido-naphthonitril-(1) mit Na-Amalgam erhaltenen *ac-2-Acetamidotetrahydronaphthonitrils-(1)* der *höher schm. Form* (**Ia**) die cis-Konfiguration u. der *niedriger schm. Form* (**Ib**) die trans-Konfiguration zukommt. Die Hydrolyse von **Ib** mit sd. wss. HCl liefert vollkommen einheitlich die *niedriger schm. Form* (**IIb**) der *ac-2-Aminotetrahydronaphthoesäure-(1)* mit trans-Konfiguration. Dagegen liefert analog **Ia** neben 70—80% der *höher schm. Form* (**IIa**) auch bis zu 5% **IIb**. Umlagerungs-Verss. **IIa** → **IIb** bzw. umgekehrt mit konz. wss. HCl (8 Std. im Rohr bei 200°) schlugen fehl. **Ia** liefert mit abs. alkohol. HCl unter Konfigurationsumkehr das *höher schm. ac-Acetamidotetrahydronaphthoesäureamid-(1)* (**IIIb**) mit trans-Konfiguration, während die *niedriger schm. Form* **IIIa** mit cis-Konfiguration bei der Hydrolyse von **Ia** mit konz. wss. HCl entsteht. **IIIa** kann in **IIa** u. **IIIb** in **IIb** übergeführt werden. **IIa**, nicht aber **IIb**, ist einer basenkatalysierten Eliminierung von NH_3 unter Bldg. von *3.4-Dihydronaphthoesäure-(1)* zugänglich. Da die Rk.-Geschw. der NH_3-Abspaltung mit der $OH^{(-)}$-Konz. zunimmt, liegt eine E_2-Typ-Eliminierung vor, die an das Vorliegen einer cis-Struktur in **IIa** geknüpft ist.

Versuche: *trans-ac-2-Aminotetrahydronaphthoesäure* (**IIb**), F. 202—203° (HCl-$NaHCO_3$), a) durch 7 std. Kochen von **Ia** mit wss. HCl; 4% (Ausbeute); b) durch 5 std. Kochen von **IIIb** mit konz. HCl *cis-Isomeres* (**IIa**), analog **IIb** nach b) aus **IIIa**. — *trans-ac-2-Acetamidotetrahydronaphthoesäureamid-(1)* (**IIIb**), $C_{13}H_{16}N_2O_2$, F. 285° (Zers.), durch 2 std. Stehen von **Ia** mit abs. äthanol. HCl bei Raum-Temp. u. 2 std. Kochen; 65%. *cis-Isomeres* (**IIIa**), F. 243—245° (A.), durch 3 std. Erwärmen von 0,9 g **Ia** mit konz. wss. HCl auf 70°; 180 mg. R. PASEDAG. B 123 □

Fluorescenzabklingdauern einiger aromatischer Kohlenwasserstoffe bei α-Strahlanregung. A. Schmillen und K. Kramer. (Z. Naturforsch. **16a.** 1192—99. Nov. 1961. Gießen, Univ., Physik. Inst.) (Dt.)

Aus dem FOURIER-Spektrum von Scintillationsblitzen in α-bestrahlten kristallinen Pulvern aromat. KW-Stoffe [*Anthracen, Brasan* (**I**), *Chrysen* (**II**), *Naphthalin*, (**III**), *Pyren* (**IV**), *Fluoren* (**V**), *Fluoranthen* u. der bin. Syst.: *Tetracen* (**VI**)-I, **IV**-**V**, **VI**-**III**, **VI**-**II** u. II-*Diphenyl*) kann auf die Abklingzeiten u. z. T. auf die Anklingzeiten geschlossen werden. Die reinen Kristallpulver zeigen alle ein nicht einfach exponentielles Abklingen der Luminescenzblitze. Dagegen wird für die Luminescenz der Fremd-Moll., die in die gleichen Wirtsgitter eingebaut wurden, ein fast exponentielles Abklingen gefunden.

Die gemessenen Werte für die Abklingzeiten sind tabellar. zusammengestellt. Folgerungen, die sich daraus für den Anregungsmechanismus ergeben, werden diskutiert.

H. Schibilla. B 125□

Verstärkung der Fluorescenz von Steroiden in Schwefelsäure durch Phosphorylchlorid. Joseph C. Touchstone, Robert A. Keisman, Arnold F. Marcantonio und John W. Greene jun. (Analytic. Chem. **30.** 1707. Okt. 1958. Philadelphia, Pa., Med. Univ. of Pennsylvania, Dep. of Med. School, Dep. of Obstetrics and Gynecol. and Robinette Foundation.) (Engl.) — Vgl. C. **1960.** 15517.

Vff. untersuchten die Fluorescenz von *Verbindung S* (I), *S-Glykol* (*Δ^4-Pregnen-17α.20β.21-triol-3-on*), *DL-Aldosteron* (II), *Corticosteron, Cortison, Cortisol, Östron* (III), *Androsteron, Digitoxin* (IV), *Progesteron* u. *Testosteron* in H_2SO_4 bzw. in H_2SO_4 mit 30% $POCl_3$, z. T. nach Erhitzen auf 110° (30 Min.). I—IV zeigten eine erheblich verstärkte Fluorescenzintensität in Ggw. von $POCl_3$. W. Schramm. B 125

Nachweis der Chelatisierung durch spektrale und Dipolmomentmessungen. K. Aparajithan und V. Baliah. (J. Indian chem. Soc. **36.** 159—64. März 1959. Annamalainagar, Annamalai Univ., Dep. of Chem.) (Engl.)

Vff. bestimmten bei 30° in Dioxan die Dipolmomente von *o-* (I; μ = 3,23 D), *m-* (4,47), *p-Nitrophenol* (5,43), *o-* (II; 5,24; in Bzl. 4,69), *m-* (5,43), *p-Hydroxydiphenylsulfon* (6,11) u. *o-Methoxydiphenylsulfon* (6,01 in Bzl.). Diese Ergebnisse u. die Unters. der UV-Spektren in verschiedenen Lsgm. deuten auf die Existenz einer schwachen intramol. H-Bindung in II. Bei einer stark chelatisierten Verb. wie I tritt keine wesentliche Änderung des Dipolmoments auf, dagegen gibt es einen deutlichen Anstieg im Moment von II beim Übergang von Lsgm. Bzl. zu Dioxan. W. Schramm. B 132

Über substituierte Aldehyde. 19. Mitt. Aminoaldehyde und Aminoketone. Untersuchung durch kernmagnetische Resonanz und chemische Identifizierung. Albert Kirrmann, René Freymann und Pierre Duhamel. (Bull. Soc. chim. France **1961.** 1238—41. Juni. Paris, Sorbonne, Labor. de spectr. Hertz.; École Norm. Sup., Labor. de chim.) (Franz.) — 18. vgl. C. **1962.** 7842.

Durch Aufnahme der kernmagnet. Resonanzspektren u. durch unabhängige Synth. der entsprechenden Alkohole stellten Vff. fest, daß die früher (vgl. C. **1962.** **2731** u. früher) aus unverzweigten α-halogenierten Aldehyden u. sek. Aminen erhaltenen Verbb. nicht Aminoaldehyde, sondern lineare Aminoketone sind; für die aus α-verzweigten α-halogenierten Aldehyden gewonnenen Verbb. trifft dagegen die l. c. angenommene Struktur zu. Entsprechend untersucht wurden: *1-Dimethylaminoheptanon-(2), 1-Pyrrolidino-, 1-Piperidino-* u. *1-Morpholinoheptanon-(2), 1-Piperidinobutanon-(2)* (I), *α-Piperidino-* u. *α-Dimethylaminoisobutyraldehyd* sowie *α-Piperidino-α-methylbutyraldehyd.* Auffällig ist, daß sich die Aminoketone mit n. Kette leichter oxydieren als verzweigte Aminoaldehyde, die z. B. mit ammoniakal. Ag_2O in der Kälte nicht reagieren.

Versuche: *1-Piperidinobutanon-(2)* (I), $Kp._{13}$ 92—94°, aus α-Chlor-n-butanal (II) u. Piperidin (III) in abs. A. nach Kirrmann u. Mitarbeitern (C. **1959.** 14692); $D._4^{22}$ 0,9310; n^{22} 1,4570. *Pikrat*, F. 128° (A.). — *2-Chlorbutanol*, C_4H_9ClO, $Kp._{13}$ 52°, durch Zugabe von 106,5 g II in abs. Isopropanol (Ip) zu Al-Isopropylat in Ip, Abdestillieren des Acetons u. des Ip u. Hydrolyse mit 25%ig. H_2SO_4 unter Kühlung; n^{16} 1,4470; $D._4^{16}$ 1,0791; 70 g (Ausbeute). — *1.2-Epoxybutan*, Kp. 62—64°, durch Zutropfen vorst. Verb. zu wss. KOH bei 90—100°; $D._4^{18}$ 0,8345; n^{18} 1,3850; 66%. — *1-Piperidinobutanol-(2)*, $C_9H_{19}NO$, $Kp._{13}$ 92—94°, a) durch Zutropfen von I in abs. Ae. zu $LiAlH_4$ in leicht sd. Ae., Abkühlen auf 0° u. Zugabe von wss. NaOH; 79%; b) durch 6std. Kochen vorst. Verb. mit überschüssigem III; $D._4^{20}$ 0,9184; n_D^{20} 1,4610. *Pikrat*, $C_{15}H_{22}N_4O_8$, F. 110—111°.

B. Gnauck. B 137□

Untersuchung der Basizität der Silicium-Sauerstoff-Bindung mittels protonenmagnetischer Resonanz. Charles M. Huggins. (J. physic. Chem. **65.** 1881—84. Okt. 1961. Schenectady, N.Y., Gen. Electric Res. Labor.) (Engl.)

Die Verschiebung der protonenmagnet. Resonanz (PMR) von Protonendonatoren, z. B. *$CHCl_3$* (I), *CH_3OH* (II) u. *C_2H_5OH* (III) durch Äther, Alkoxysilane u. Siloxane ist ein Maß für die Ausbldg. von H-Brücken (u. damit für die Basizität) zwischen diesen u. den H-Donatoren. Vf. bestimmte die PMR-Verschiebung δ von I bei verschiedenen Konzz. in folgenden Lsgm. (R = CH_3): *$(R_3Si)_2O$* (IV) zu —0,015, *$(R_3SiOSiR_2)_2O$* —0,025, *$(R_2SiO)_n$* (n = 3, 4, 7) (V) ca. —0,3; —0,048; —0,057, *R_3SiOCR_3* (VI) —0,275, *$R_3Si\cdot OCH_2R$* —0,590, *$(R_2HC)_2O$* —0,705 u. *$(C_2H_5)_2O$* (VII) —0,74, sowie von II u. III in IV u. VII u. bezog die δ-Werte auf δ von Cyclohexan = 0 bei gleicher Konz., das sich als inerte Bezugsgröße bewährte. Die Werte werden für V (n = 3) durch Ringspannungen u. VI durch ster. Hinderung beeinträchtigt. Die ermittelte (der Elektronegativität nach unerwartet) geringere Basizität der Siloxane im Vgl. zu der der Alkoxysilane u. die geringere Basizität dieser im Vgl. zu der der Äther wird in Übereinstimmung mit IR-Unterss. (WEST u. BANEY, C. **1962.** 4864) durch $d\pi - p\pi$-Bindungsanteile erklärt.

H. BÜRGER. B 137□

Übergänge vom Antiferromagnetismus zum Ferromagnetismus bei organischen freien Radikalen. A. S. Edelstein und M. Mandel. (J. chem. Physics **35.** 1130—31. Sept. 1961. Stanford, Calif., Univ. of California, Dep. of Phys.) (Engl.)

An zwei freien Radikalen [*Pikrylaminocarbazyl* (*PAC*) u. WURSTERS *Blau* (*Perchlorat*; WB)] wird durch Messungen der magnet. Resonanzabsorption bei Frequenzen zwischen 85 u. 10000 MHz u. bei Temp. zwischen 1,5 u. 293° K die Temp.-Abhängigkeit der Susceptibilität gemessen. Dabei ergeben sich bei hohen u. bei tiefen Temp. (unterhalb 4° K) zwei verschiedene CURIE-WEISSsche Geraden. Bei hohen Temp. ist Θ negativ (für WB —39°, für PAC —130° K). Bei tiefen Temp. ist Θ positiv (WB 0,55°, PAC 2,1° K). Die organ. freien Radikale sind demnach bei höheren Temp. antiferromagnet. bei sehr tiefen Temp. ferromagnet. u. ähneln damit den Seltenen Erden Dysprosium u. Erbium. Phasenumwandlungen oder antiferromagnet. Schwarm-Bldg. bei tiefen Temp. werden zur Erklärung des Ferromagnetismus herangezogen.

H. FAHLENBRACH. B 137□

Pyrazoline. 5. Mitt. Anwendung der kernmagnetischen Resonanzspektrometrie auf Strukturbestimmungen. Wallace S. Brey jun. und W. M. Jones. (J. org. Chemistry **26.** 1912—14. 13/6. 1961. Gainesville, Fla., Univ. of Florida, Dep. of Chem.) (Engl.) — 4. vgl. C. **1961.** 11672.

Durch Aufnahme der Kernresonanzspektren der gesätt. Lsgg. in CCl_4 wurde die Konstit. folgender Verbb. festgelegt: *4-Phenyl-Δ^2-pyrazolin-3.5-dicarbonsäure-3-methyl-5-äthylester* (F. 106—106,5°) u. *-3-äthyl-5-methylester* (F. 75—76°), wobei als Vgl.-Verbb. noch untersucht wurden: *4-Phenyl-Δ^2-pyrazolin-3-carbonsäuremethyl-* (F. 127—128°) u. *-äthylester* (F. 99,5—100,5°) sowie *4-Phenyl-Δ^2-pyrazolin-3.5-dicarbonsäuredimethyl-* (F. 103—104°) u. *-diäthylester* (F. 78—78,5°). Das H-Atom der CH_3O-Gruppe der Carbomethoxygruppe in 3-Stellung weist eine Resonanzverschiebung (in ppm nach höheren Magnetfeldern) von ca. 3,60—3,63 auf, in 5-Stellung dagegen von ca. 3,49—3,56, die Verschiebungen durch die OC_2H_5-Gruppe betragen in 3- bzw. 5-Stellung 3,14—3,19 bzw. 3,01—3,03. Vff. diskutieren die Ursachen für das Auftreten der Resonanz bei höheren Feldern, wenn die Carbalkoxygruppe sich in 3-Stellung befindet. Die chem. Verschiebungen der H-Atome an den C-Ringatomen treten bei 3,01—3,03 bzw. 2,93—2,94 auf, wenn in 3-Stellung eine CH_3OCO- bzw. C_2H_5OCO-Gruppe ist. Weitere Resonanzen erscheinen bei 2,71 bzw. 2,75, wenn in 3- u. 5-Stellung gleiche bzw. verschiedene Substituenten vorhanden sind. Offenbar wird die Geometrie des Rings durch die Stellung der Alkylgruppen beeinflußt. Die Lage der Phenylresonanzen wird mit dem Ausmaß der Rotationsfreiheit der C_6H_5-Pyrazolinring-Bindung in Zusammenhang gebracht; die höchsten positiven Verschiebungen treten beim größten Rotationsfreiheitsgrad auf.

B. GNAUCK. B 137□

Benzaurinstudien. 5. Mitt. **Gleichgewichte und Reaktionskinetik des 3.3'-Dimethoxybenzaurins in wässerigen Lösungen.** Hans Gustaf Hansson. (Acta chem. scand. **14.** 2021—34. 1960. Lund, Schweden, Univ., Chem. Inst., Abt. für anorg. u. phys. Chem.) (Dt.) — 4. vgl. Kungl. fysiogr. Sällsk. Lund Förh. **30.** [1960.] 27; 6. vgl. C. **1961.** 17163; 3. vgl. C. **1961.** 2569.

Vf. setzt die Unterss. über die Gleichgewichtsverhältnisse in wss. Lsg. bei Benzaurin u. substituierten Benzaurinen mit Unterss. über *3.3'-Dimethoxybenzaurin* (I), Ionenstärke 0,50m, 20°, 98% W. + 2% Aceton als Lsgm.) fort, wobei das gleiche Schema zur Beschreibung angewandt werden konnte. Geschw.- u. Gleichgewichts-Konst. wurden wieder aus Extinktionsmessungen bei definierten pH-Werten erhalten. I unterscheidet sich von den l. c. untersuchten Farbstoffen durch die wesentlich geringere Hydratations (Aufhellungs-)-Geschw. im fraglichen pH-Bereich.

C.-E. DÖRING. B 139□

Absorption im Infrarot und polarographisches Verhalten von 2-Nitro- und 2-Hydroximinoindandion-(1.3). Ja. Stradin, O. Neiland, Ja. Freimaniss und G. Wanag. (Доклады Академии Наук СССР [Ber. Akad. Wiss. UdSSR] **129.** 594—97. 21/11. 1959. Inst. für org. Chem. der Akad. der Wiss. der LettSSR.) (Russ.)

Es wird die Absorption im IR von *2-Nitroindandion-(1.3)* (I), dessen *Dihydrat* u. *Na-Salz*, *2-Hydroximinoindandion-(1.3)* (II; aus Essigsäure oder aus HCl umkrist.), dessen *Na-Salz* u. *Tetraäthylammoniumsalz* (als Suspensionen in Paraffinöl oder als Lsgg. in abs. A. u. Acetonitril) gemessen. Zum Vgl. wird die Absorption von *2-Methylindandion-(1.3)-Na-Salz* angeführt. Von *Indandion-(1.3)*, *2-Carbäthoxyindandion-(1.3)*, I u. II werden die Polarogramme bei pH 2—10 in 0,1n KCl aufgenommen. Die Absorptionsmaxima u. die Abhängigkeit der Halbstufenpotentiale vom pH-Wert werden tabellar. angegeben. — Die Analyse der IR-Spektren zeigt, daß II als Indantrion-

(1.2.3)-2-oxim mit einer festen innermol. H-Bindung vorliegt. Bei der Kristallisation aus HCl wird eine Modifikation erhalten, bei der intermol H-Bindungen wahrscheinlich sind. **I** liegt in der Nitroform vor. **I** in polaren Lsgm., **I**-Dihydrat u. die **I**-Salze besitzen die aci-Nitrostruktur, wobei 2 mesomere Anionen mit der Fixierung der negativen Ladung am Nitro-Sauerstoff u. am Carbonyl-Sauerstoff in Betracht gezogen werden. — Im Widerspruch zu der IR-Analyse zeigen die Polarogramme das Vorhandensein der Nitro- bzw. Nitrosoform von **I** u. **II** an. Es wird angenommen, daß **I** oder **II** unabhängig von der vorliegenden Struktur im Elektrodenprozeß selbst in der Nitro- bzw. Nitrosoform reagieren. HELMUT SCHÄFER. B 142□

Polarographische Reduktion heterocyclischer Schwefelverbindungen. Carlo Angelini und Nada Fedi. (Boll. chim. farmac. **97.** 667—74. Nov. 1958. Perugia, Univ., Ist. di Chim. Farmac. e Tossicol., Ist. di Chim., Gen. i Inorg.) (Ital.)

Vff. untersuchen die Red. von *Thiacromanon-(4)* (**I**), *Thiaxanthon* (**II**) u. *Benzo-2.3-dihydro-3-keto-4H-1.4-thiazin* (**III**) an der Hg-Tropfelektrode. **I** u. **II** geben im Potentialbereich, der der Red. der Ketogruppe entspricht, Red.-Stufen, deren Halbstufenpotentiale sich mit steigendem pH zu negativeren Werten verschieben. Die Red. ist 2elektronig, sie führt in zwei Stufen zur CHOH-Gruppe. Die Stufen sind diffusionsbestimmt u. eignen sich zu quant. Best. der Heterocyclen. **III** wird an der Hg-Tropfelektrode nicht reduziert. H. MARSEN. B 142□

Tetrafluormethan: P–V–T und zwischenmolekulare Potential–Energie-Beziehungen. D. R. Douslin, R. H. Harrison, R. T. Moore und J. P. Mc Cullough. (J. chem. Physics **35.** 1357—66. Okt. 1961. Bartlesville, Okla., U S. Dep. of the Interior, Bureau of Mines, Bartlesville Petroleum Res. Center, Thermodynam. Labor.) (Engl.)

In dem Temp.-Gebiet von 0—350° u. bei Drucken von 15—394 atm wird die Gaskompressibilität des *Tetrafluormethans* (**I**) gemessen. Aus den erhaltenen Werten werden der Kompressibilitätsfaktor $Z = P \cdot V/R \cdot T$ u. der 2., 3. u. 4. Virial-Koeff. bestimmt. Ferner werden die Parameter der Zustandsgleichungen nach BEATTIE-BRIDGEMAN u. BENEDICT-WEBB-RUBIN abgeleitet. Die Beziehungen zwischen den Virial-Koeff. werden mit Hilfe der zwischenmol. Potential–Energie-Funktionen (12,6) u. (28,7) nach LENNARD-JONES, nach STOCKMAYER u. nach KIHARA aufgestellt u. numer. Werte für die mol. Parameter berechnet. Eine der ersten Überprüfungen des theoret. 4. Virial-Koeff. des LENNARD-JONES-Potentials wird unter Anwendung des experimentell erhaltenen 4. Virial-Koeff. für **I** ausgeführt. H. SCHIBILLA. B 148□

Dampf–Flüssigkeit-Gleichgewichte. 4. Mitt. **Das thermodynamische „Überschuß"-Potential für eine Reihe binärer Azeotrope Essigsäure–n-Paraffine.** K. Zięborak und W. Brzostowski. (Bull. Acad. polon. Sci., Sér. Sci. chim., géol., géogr. **6.** 169—77. 1958. Warsaw, Univ., Chair of Phys. Chem.; Polish Acad. of Sci., Inst. of Phys. Chem., Basic Raw Materials Dep.) (Engl.) — 2. vgl. C. **1959.** 13744; vgl. auch C. **1960.** 12294.

Die Dampf–Fl.-Gleichgewichte des bin. Syst. *n-Octan* (Kp. 125,7°, n_D^{25} 1,3951)–*Essigsäure* (**I**, F. 16,65°, Kp. 118,0°, n_D^{25} 1,3696) wurden zwischen 105,69 u. 119,37° ebulliometr. nach ŚWIĘTOSŁAWSKI (C. **1959.** 13744) gemessen. Mit Hilfe dieser Werte u. der Azeotropdaten für die Reihe bin Gemische **I**–n-Paraffin (C_6—C_{11}) wurden das chem. u. thermodynam. „Überschuß-Potential" berechnet. Die Berechnung erfolgte nach zwei Methoden, einmal auf der Grundlage einer Korrektur mittels des 2. Virial-Koeff., zum anderen unter Berücksichtigung der Assoziation von **I** mit Hilfe des von MAREK (C. **1956.** 6069) angegebenen Korrekturfaktors. Die Werte für die Fl.–Dampf-Gleichgewichte, die unkorr. sowie die nach den beiden Meth. korr. „Überschuß"-Größen werden tabellar. dargestellt. Die Ergebnisse zeigen, daß die gewöhnliche zur Berechnung der thermodynam. „Überschuß"-Funktionen benutzte Meth. mit Hilfe des 2. Virial-Koeff. im Fall einer assoziierten Komponente (hier **I**) zu fehlerhaften Ergebnissen führt; hier empfiehlt sich die Anwendung der 2. Methode. — Die bei den Messungen des Dampf–Fl.-Gleichgewichtes eines bestimmten bin. Syst. erhaltenen Werte u. die Azeotropdaten für die entsprechende Reihe von Syst. liegen auf einer gemeinsamen Kurve; dies kann zur Berechnung einer Reihe ähnlicher Syst. dienen. M. SCHENK. B 150□

Micellenbildung und Solubilisierung durch Fettsäuresalze höherer Amine in Benzol. Ayao Kitahara. (Bull. chem. Soc. Japan **28.** 234—38. Juni 1955. Chiba, Tōhō Univ., Fac. of Sci., Dep. of Chem.) (Engl.)

Vf. stellte durch Neutralisation der Amine bei Zimmer-Temp. folgende Salze her: *Dodecylammoniumpropionat* (F. 54—56°), *-butyrat* (F. 33—41°), *-capronat* (F. 31—33°), *-caprylat* (F. 43—45°), *-caprinat* (F. 60—61°), *-laurat* (F. 62—64°), *-myristat* (F. 64°), *-palmitat* (F. 70—71°) u. die entsprechenden Salze von *Octadecylamin* (FF. in obiger Reihenfolge: 69—72, 56—58, 46—47, 52—54, 59—61, 62—64, 71—72, 78—79°) u. untersuchten ihr Verh. als Detergentien. Das Auftreten von Micell-Bldg. bei diesen Salzen in Bzl.-Lsg. wurde aus der Beziehung zwischen dem van't Hoffschen Faktor u. der Konz. sichergestellt. Es konnte gezeigt werden, daß die Menge des solubilisierten W. in der Benzol-Lsg. (bestimmt durch Auftreten des Tyndall-Effekts bei Zugabe von W.) proportional der Salz-Konz. ist. Die krit. Micell-Konz. nimmt mit der Kettenlänge der Säure u. auch des Amins zu, die Solubilisierungsfähigkeit jedoch ab im Gegensatz zum Verh. von Lösungen. Die entsprechenden Säureamide zeigten keine Solubilisierungsfähigkeit bei vergleichbaren Konzentrationen. W. Schramm. B 162

Bemerkungen zur „Theoretischen Ableitung der Traubeschen Regel". Mary Ann Higgs. (J. chem. Physics **35.** 1504. Okt. 1961. Houston, Texas, Rice Univ., Dep. of Chem.) (Engl.)

Die Argumente, die von Aranow u. Witten (vgl. C. **1958.** 13463) verwendet wurden, um die theoret. Ableitung der Traubeschen Regel für die Oberflächenspannung von verd. wss. Lsgg. homologer Reihen langer organ. Ketten-Verbb. zu begründen, werden in Frage gestellt: Das Inkrement der Traubeschen Regel für die freie Energie pro CH_2-Gruppe (= RT·ln k) ist weder durch den Temp.-Effekt noch durch den Entropieeffekt festgelegt. Ebenso wird die Aussage, daß das Energieinkrement pro CH_2-Gruppe = 0 wird, nicht angenommen. Die experimentellen Ergebnisse (k ca. 3) stehen im Widerspruch zu den Begründungen der Verfasserin. Die Analyse des Modells wird kritisiert. H. Schibilla. B 166□

Weitere Bemerkungen zur Ableitung der Traubeschen Regel. R. H. Aranow und L. Witten. (J. chem. Physics **35.** 1504—05. Okt. 1961. Baltimore, Md., RIAS.) (Engl.)

In Erwiderung auf die Arbeit von Higgs (vgl. vorst. Ref.) wird hervorgehoben, daß das Energieinkrement RT·ln k (k = 3) doch im wesentlichen durch die Entropie bestimmt wird. Es wird darauf hingewiesen, daß in reiner fl. Phase (z. B. bei 1.2-Dichloräthan) 3 gleich große Potentialminima vorhanden sind. Der Wert k = 3 hat sich als hinreichend genau für die angestellten Betrachtungen erwiesen u. gilt für jede CH_2-Gruppe. Das Verh. des KW-Stoffs in H_2O wird erneut erläutert. Die theoret. Ableitung der Traubeschen Regel aus Entropiebetrachtungen wird noch einmal betont. H. Schibilla. B 166□

Untersuchungen der Adsorption und der dielektrischen Eigenschaften an dem System Aluminiumoxid–Äthylchlorid bei 35°. R. A. Yount. (J. physic. Chem. **66.** 326—28. Febr. 1962. Chapel Hill, N.C., Univ., Dep. of Chem.) (Engl.)

Die Adsorptions- u. die Desorptions-Isothermen für die Adsorption von C_2H_5Cl an Al_2O_3 werden bei 35° aufgenommen. Die Kurven weichen nie um mehr als ca. 5% voneinander ab u. decken sich z. T. völlig, ihre Form entspricht der von Brunauer als Typus IV charakterisierten. An verschiedenen Punkten längs der Isotherme wird die Frequenzabhängigkeit der DK u. des dielektr. Verlustes (δ) zwischen 100 Hz u. 100 kHz gemessen. δ wächst bis zur Auffüllung einer monomol. Schicht u. bleibt dann relativ konstant. Die DK nimmt mit wachsender Menge des adsorbierten Äthylchlorids im gesamten Unters.-Bereich annähernd linear zu. Sowohl die DK als auch δ nehmen mit wachsender Frequenz bei gleichbleibender adsorbierter C_2H_5Cl-Menge ab. W. Betcke. B 176□

Über einige Beziehungen zwischen Struktur und Eigenschaften der Carboxylgruppe. Alfonso M. Liquori und Alberto Ripamonti. (Atti Soc. ital. Progr. Sci. XLV Riunione **1.** 222—29. 1954, herausgeg. 1956. Roma, Univ., Ist. di Chim. farm. e Centro di Strutturistica chim. del C.N.R.) (Ital.)

Überblick. — 33 Literaturangaben. G. Platzer. B 182□

Über die Molekularstruktur von Malonitril. Eizi Hirota und Yonezo Morino. (Bull. chem. Soc. Japan. **33.** 705. Mai 1960. Hongo, Tokyo, Univ. of Tokyo, Fac. of Sci., Dep. of Chem.) (Engl.)

Vff. führen eine Neuberechnung der Struktur von *Malonsäuredinitril* mit den Daten durch, die sie bei einer Mikrowellenspektrum-Unters. der Verb. erhalten hatten (vgl. Bull. chem. Soc. Japan **33.** [1960.] 158). Folgende Strukturparameter wurden ermittelt: C—C 1,468 ± 0,034 (Å); C≡N 1,167 ± 0,026; C—H 1,088 ± 0,010; ∢ CCC 109° 22′ ± 2° 54′; < HCH 108° 42′ ± 1° 22′; ∢ CCN 180°—(3° 40′ ± 2° 54′). Die C—C- u. C≡N-Bindungslängen entsprechen mehr denen in verwandten Verbb. als die Werte, die l. c. errechnet wurden. W. Schramm. B 182

Der Zusammenhang zwischen dem Absorptionsspektrum der aromatischen Schwefelverbindungen und der Elektronenstruktur des Schwefelatoms. A. I. Kiss. (Acta Univ. Szegediensis, Acta physica chem. [N. S.] **5.** 45—50. 1959. Budapest, TU, Inst. für phys. Chem.) (Dt.)

Vf. schließt aus den UV-Spektren von Thiophenolen u. aromat. Sulfiden, daß bei den Verbb., bei denen als Substituent ein S-Atom der Wertigkeitsstufe 2 auftritt, kein

Beweis für eine Wechselwrkg. mit den d-Bahnen am S gefunden werden kann. Dagegen lassen sich die Spektren von S-Heterocyclen unter Berücksichtigung einer pd-Hybridisation deuten. Zum Grundzustand des Mol. tragen Strukturen bei, bei denen das S-Atom 10 Elektronen besitzt. Diese Schlüsse treffen auch für Se-Verbb. zu: keine d-Bahn-Wechselwrkg. bei Verbb. mit einem Se-Atom als Substituenten; sie ist jedoch bei heterocycl. Se-Verbb. wahrscheinlich. W. SCHRAMM. B 182

Eine Molekülbahn-Betrachtung der Radikal-Reaktivität von Chinonen. Takayuki Fueno und Junji Furukawa. (Bull. Inst. chem. Res., Kyoto Univ. [Kagaku Kenkyusho Hokoku] **36.** 81—86. Juli 1958.) (Engl.)

Nach der LCAO-MO-Meth. wurden die Lokalisierungsenergien (ΔE_π) bei Bldg. des Adduktes zwischen Chinon u. Radikal sowohl für O-Addition als auch für Kernaddition berechnet. Die ΔE_π-Werte zeigen für die O-Addition den gleich Gang wie die von REMBAUM u. SZWARC (C. **1956.** 1554) experimentell für *Benzochinon, 1.2-* u. *1.4-Naphthochinon* u. *9.10-Phenanthrenchinon* ermittelten relativen Methylaffinitäten (r), während zwischen r u. den für den Eintritt des Radikals in den Kern berechneten ΔE_π-Werten keine Parallele bestand. Für *1.5-, 2.6-, 2.3-* u. *1.7-Naphthochinon, 1.8-, 3.6-, 2.7-, 2.10-, 4.10-, 1.6-, 2.5-, 1.9-, 3.9-, 2.3-, 1,2-, 1.4-* u. *3.4-Phenanthrenchinon, 1.5-, 2.3-, 2.6-, 1.7-, 2.9-, 4.9-, 1.4-, 1.2-* u. *9.10-Anthrachinon, Naphthacen-1.9-, -2.11-, 4.11-, -2.12-, -4.12-, -5.11-, -1.4-, -1.2-, -5,12-chinon* u. *Pentacen-6.13-chinon, p.p'-Diphenochinon* u. *p.p'-Stilbenchinon* wurden unter Verw. der berechneten ΔE_π-Werte die entsprechenden r-Werte vorausgesagt. E. MOISAR. B 182□

Eine Molekülbahn-Betrachtung der polarographischen Reduktion von Stilbenderivaten. Takayuki Fueno, Keiji Morokuma und Junji Furukawa. (Bull. Inst. chem. Res., Kyoto Univ. [Kagaku Kenkyusho Hokoku] **36.** 87—95. Juli 1958.) (Engl.) — Vgl. vorst. Referat.

Die tiefsten unbesetzten π-Elektronenniveaus (x_{1v}) wurden unter Anwendung der LCAO-MO-Meth. für *Stilben, 3-* u. *4-Dimethylamino-, 4-Methoxy-, α-Äthyl-, 4-Dimethylamino-2'-, -3'-, -4'-methyl-* u. *-2'.5'-dimethyl-, 4.4'-Dimethoxy-, 4-Hydroxy-, 4-Amino-4'-hydroxy-, 2.4.6.2'.4'.6'-Hexamethyl-, 4-Methoxy-α.β-diäthyl-* u. *4.4'-Dihydroxy-α.β-diäthylstilben* berechnet u. den experimentell ermittelten Halbstufenpotentialen ($E_{1/2}$) gegenübergestellt. Allg. gilt, daß die elektrochem. Red. mit tieferen Werten von x_{1v} erleichtert wird. Es gilt die empir. Beziehung $E_{1/2} = -\beta \cdot x_{1v} - 1{,}05$, wobei β im vorliegenden Fall den Wert $-2{,}27$ eV annimmt u. mit dem von HOIJTINK u. VAN SCHOOTEN (C. **1955.** 4310) für einen analogen Ausdruck für die Red. von KW-Stoffen ermittelten Wert von $-2{,}23$ eV ausgezeichnet übereinstimmt. Aus einer energet. Betrachtung ziehen Vff. den Schluß, daß in allen angegebenen Verbb. die Red. nach vorangegangener reversibler u. potentialbestimmender Anlagerung des ersten u. anschließender irreversibler Anlagerung des zweiten Elektrons an der Äthylenbindung des resultierenden Anions R^{2-} einsetzt. Lediglich bei Verbb. vom Typ des *4.4'-Diacetyl-α.β-diäthylstilbens* ist die negative Ladungsdichte am Carbonylkohlenstoff des Anions am größten, wo dann anschließend die Red. $R^{2-} + 2\,H_2O \rightarrow RH_2 + 2\,OH^-$ (irreversibel) einsetzt.

E. MOISAR. B 182□

Eine Molekülbahn-Betrachtung der polarographischen Reduktionspotentiale aromatischer Ketone. Takayuki Fueno, Keiji Morokuma und Junji Furukawa. (Bull. Inst. chem. Res., Kyoto Univ. [Kagaku Kenkyusho Hokoku] **36.** 96—100. Juli 1958.) (Engl.) — Vgl. vorst. Referate.

Die l. c. beobachtete Beziehung zwischen der Energie des tiefsten unbesetzten π-Elektronenniveaus (x_{1v}) u. dem Halbstufenpotenital ($E_{1/2}$) wurde auch für die polarograph. Red. von *Dibenzoyläthan, Acetophenon, Benzoin, Benzophenon, Benzalaceton, Dibenzoylmethan, Äthylidenacetophenon, Benzalacetophenon, Dibenzalaceton, Benzil* u. *trans-Dibenzoyläthylen* in alkal. Medium (pH 11,3) bestätigt. Die empir. Beziehung lautet im vorliegenden Fall $E_{1/2} = 2{,}15\,x_{1v} - 0{,}68$. Eine Berechnung der Werte für x^0_{1v} für die KW-Stoffanaloga der genannten aromat. Ketone ergibt in den meisten Fällen eine Parallele zwischen x^0_{1v} u. x_{1v} u. damit auch zu $E_{1/2}$; demnach ist die Größe von x_{1v} weitgehend durch die Resonanzenergie des Kohlenstoffgrundgerüstes vorbestimmt.

E. MOISAR. B 182□

Zur Konstitution der roten und farblosen Form der Chinolylmethane. 2. Mitt. **Tautomerie und Stereochemie der Phenanthridylmethane.** Hans J. Friedrich und Günter Scheibe. (Z. Elektrochem., Ber. Bunsenges. physik. Chem. **65.** 767—71. Nov. 1961. München, TH, Physikal.-Chem. Inst.) (Dt.) — 1. vgl. C. **1960.** 16709.

Vff. nehmen die UV-Spektren von *Dichinolyl-(2)-methan* (I; angereicherte rote Form) u. *Chinolin* (II) sowie das Phosphorescenzspektrum von farblosem I, das Fluorescenzspektrum der roten Form von I sowie das Polarisationsspektrum in A. bei -180^0 zwischen 250 u. 600 mμ auf, ferner bei 20^0 die UV-Absorptionsspektren von *Phenan-*

thridin u. *Diphenanthridyl-(9)-methan* (**III**; rote u. farblose Form) in N.N-Dimethylformamid (DMF), ferner von **I**, **II** u. [*Phenanthridyl-(9)*]-[*chinolyl-(2)*]-*methan* (**V**; rote u. farblose Form) u. von *Triphenanthridyl-(9)-methan* (**IV**) in DMF bei 20° auf. Im Gegensatz zu den Pyridylmethanen (vgl. SCHEIBE u. Mitarbeiter; C. **1961.** 12761) tritt bei den Phenanthridylmethanen wie bei den Chinolylmethanen eine Tautomerie zwischen einer farblosen u. einer roten Form auf. Die farblose Form ist als CH-Säure aufzufassen, die durch intramol. Protonenverschiebung die rote Form bildet. Für die Bldg. der roten Form spielen Mesomerie- u. ster. Effekte eine wichtige Rolle. Die Struktur der roten Form ist chelatartig mit einer starken N–H···N-Wasserstoffbrücke. Im Gleichgewicht zwischen farbloser u. roter Form von **I** in Alkoholen erreichen die langwelligen Banden nur log ε-Werte von 2,3–2,6, in CCl_4, CS_2, Bzl. oder Heptan jedoch Werte von 3,3–3,7. **III** bildet einheitliche rote Kristalle, eine farblose Form (wie bei **I**) konnte im festen Zustand nicht beobachtet werden. Bei dem ster. gehinderten **IV** konnte erwartungsgemäß nur die farblose Form erhalten werden. Verss. unter Zusatz von $ZnCl_2$ zeigten, daß nur die farblosen Formen von **III** u. **V** zur Komplex-Bldg. befähigt sind. Die roten Formen bilden auch mit Säuren keine Farbsalze. B. GNAUCK. B 182□

Struktur des Cyclododecanmoleküls. J. D. Dunitz und H. M. M. Shearer. (Proc. chem. Soc. [London] **1958.** 348–49. Dez. Zürich, Swiss Federal Inst. of Technol., Org. Chem. Labor.) (Engl.) — Vgl. C. **1960.** 9849.

Durch Röntgen-Unters. u. PATTERSON-Funktion u. FOURIER-Analyse wurde die Struktur von *Cyclododecan* bestimmt. Danach kommt die C-zentrierte monokline Elementarzelle mit a = 13,27, b = 8,28, c = 5,44 Å, β 99°32′, die 2 Formeleinheiten enthält, woran 4 Moll. je zur Hälfte beteiligt sind, der von MÜLLER [1933] beschriebenen triklinen Zelle nahe. Der Ursprung des Mol.-Koordinaten-Syst. fällt mit den Gitterpunkten 0 0 0 u. $^1/_2$ $^1/_2$ 0 zusammen u. die Mol.-Achse B stimmt mit der Kristallsymmetrieachse überein. Raumgruppe ist C 2/m (C_{2h}^3). K. NEZEL. B 195□

Wechselwirkung zwischen Keton- und tertiären Aminogruppen. Owen H. Wheeler und Eric M. Levy. (Canad. J. Chem. **37.** 1727–32. Okt. 1959. Mayaguez, Puerto Rico, Univ. of Puerto Rico, Coll. of Agriculture and Mechanic Arts, Dep. of Chem.; Halifax, N. S., Dalhousie Univ., Dep. of Chem.) (Engl.)

Vff. untersuchen den Dampfdruck von *Trimethylamin* (**I**) über einer n-Heptan-Lsg. u. über Lsgg. von Ketonen in n-Heptan. Die Ergebnisse werden nach dem Gesetz von HENRY ausgewertet, negative Abweichungen werden auf Komplex-Bldg. zwischen den Ketonen u. **I** zurückgeführt. Mit *Cyclohexanon* bei 0 u. –40° u. *Cyclopentanon* (**III**) bei –40° bildet **I** instabile Komplexe. Keine Komplex-Bldg. wird mit *Methyläthyl-*, *Diäthylketon* oder **III** bei 0° beobachtet. Die Gleichgewichts-Konst. der 1: 1-Komplex-Bldg. mit **II** beträgt bei 0° 14,3 u. bei –40° 13,1 Mol/Liter. W. SCHRAMM. B 223

Aktivitätskoeffizienten von Nichtelektrolyten in wässerigen Lösungen von Zuckern. A. Graham Foster und I. R. Siddiqi. (J. chem. Soc. [London] **1961.** 4906–08. Nov. Englefield Green, Surrey, Univ. of London, Royal Holloway Coll.) (Engl.)

Löslichkeits- u. Verteilungs-Meth. [Diisopropyläther-Lsg. (**D**)/wss. Zucker-Lsg.] werden angewandt, um die Aktivitäts-Koeff. von *Hydrochinon* (**I**) u. von *Äthylbutyrat* (**II**) in wss. Lsgg. verschiedener Zucker zu bestimmen. Es werden sowohl Einsalz- als auch Aussalz-Effekte beobachtet. Diese Vorgänge verlaufen nach der SETCHENOW-Gleichung mit numer. Koeff. der gleichen Größenordnung, wie sie bei Elektrolyten gefunden wurden. In Tabellen werden die Löslichkeiten u. die entsprechenden K·m-Werte (m = Zuckermolalität u. K = SETCHENOWS Aussalz-Koeff.) für **II**, gelöst in wss. Lsgg. von: Saccharose, Glucose, Fructose, Sorbit, Glycerin, NaCl, Lactose u. Maltose u. für **I** gelöst in wss. Lsgg. von: Cellobiose, Erythrit, Galaktose, Glucose, Lactose, Maltose, Mannit, α-Methylglucosid, Rhamnose, Sorbit, Saccharose, Glycerin, Pentaerythrit u. NaCl zusammengestellt. Zwischen den erhaltenen Größen für **I** u. **II** bestehen keine Beziehungen. — Die Löslichkeit von **II** in W. bei 25° beträgt 1,76 g/Liter, der Verteilungs-Koeff. von **I** zwischen **D** u. W. bei 25° beträgt C_{H_2O}/C_D = 1,35. H. SCHIBILLA. B 224□

Reaktionen der Hydrid-Wanderung. N. C. Deno, H. J. Peterson und G. S. Saines. (Успехи Химии [Fortschr. Chem.] **30.** 801–12. Juni 1961.) (Russ.) — C. **1961.** 11281. G. FROELICH. B 225□

Die Anwendungen markierter Atome in der organischen Chemie und bei der Untersuchung von Reaktionsmechanismen. Eugen Angelescu und N. Bărbulescu. (Bibl. An. romîno-soviet., Ser. Tehn. **1958.** Nr. 64. 3–76.) (Rum.)

Zusammenfassende Darst. mit zahlreichen Anwendungsbeispielen. — 161 Literaturhinweise. R. K. MÜLLER. B 225□

Über den Mechanismus der Umlagerung von Salzen aromatischer Sulfonsäuren. Je. A. Schilow und M. N. Bogdanow. (Украинский Химический Журнал [Ukrain. chem. J.] **24.** 232—35. 1958.) (Russ.) — Vgl. C. **1955.** 9768.

Vff. unterstreichen ihre bereits früher [1953—1955] entwickelte Theorie über den Mechanismus der nicht durch Hydrolyse bedingten Umlagerungen von Amino- u. Hydroxysulfonaten. Es wird ein Schema für die direkte Wanderung der Sulfonatgruppen vorgeschlagen, bei dem unter Beteiligung eines Protons die Ausbildung einer intermediären chinoiden Oniumstruktur angenommen wird. Vff. weisen die Ansicht von KOSLOW (C. **1960.** 464), der eine Umlagerung über Sulfaminate annimmt, zurück.

HELMUT SCHÄFER. B 225□

Selektivität der Beckmann-Umlagerung. 1. Mitt. **Anwendung auf das 1.3.3.4.4-Pentamethyl-2-acetylcyclopentenoxim.** Joseph Wiemann und Poksoon Ham. (Bull. Soc. chim. France **1961.** 1005—07. Mai. Paris, Univ. de Paris, Fac. des Sci., Labor. de Chim. Organ. Struct.) (Franz.)

Bei der Einw. von konz. H_2SO_4 auf 1.3.3.4.4-Pentamethyl-2-acetylcyclopenten-(1)-oxim (I) unter Erwärmen wurde in 60—70% ig. Ausbeute das übelriechende *2.5-Dimethyl-4.5-[3.3.4.4-tetramethylcyclopentano]-Δ^2-oxazolin* (II) erhalten. Dagegen führte die Einw. von PCl_5 auf I unter Kühlung zur Bldg. von 90% *2-Acetamido-1.3.3.4.4-pentamethylcyclopenten-(1)* (III). Die Identität von II wurde chem. u. IR-spektroskop. nachgewiesen. Bei der Hydrierung von II in Ggw. von Pt erhielten Vff. *1-Hydroxy-2-äthylamino-1.3.3.4.4-pentamethylcyclopentan.* Die Hydrolyse von II mit n-HCl ergab nach 7 Std. in der Wärme III, nach längerer Einw. dagegen *1.3.3.4.4-Pentamethylcyclopentanon-(2).* Durch Hydrierung konnte III in *2-Acetamido-1.3.3.4.4-pentamethylcyclopentan* umgewandelt werden.

Versuche: *1.3.3.4.4-Pentamethyl-2-acetylcyclopenten-(1)-oxim* (I), $C_{12}H_{21}NO$, F. 72 bis 73° (verd. A.), aus dem Keton (Kp.$_{12}$ 96—97°, n_D^{20} 1,4753) u. $NH_2OH \cdot HCl$ in methanol. NaOH durch 4std. Kochen; 90—92% (Ausbeute). — *2.5-Dimethyl-4.5-[3.3.4.4-tetramethylcyclopentano]-Δ^2-oxazolin* (II), $C_{12}H_{21}NO$, Kp.$_{15}$ 94—96°, durch Erwärmen von I mit konz. H_2SO_4 bis zum Sieden, Abkühlen u. Gießen auf Eiswasser; $D._{22}^{22}$ 0,946; 70%. *Pikrat,* $C_{18}H_{24}N_4O_8$, F. 181—182°. *p-Nitrobenzoat,* $C_{19}H_{24}N_2O_4$, F. 158—159°. — *2-Acetamido-1.3.3.4.4-pentamethylcyclopenten-(1)* (III), $C_{12}H_{21}NO$, F. 115—116° (70% ig. A.), a) durch Zugabe von PCl_5 zu I in abs. Ae. unter Eiskühlung, 20 min. Einw. u. Gießen auf Eis; 70%; b) durch 7std. Erwärmen von II mit wss. n-HCl. — *1-Hydroxy-2-äthylamino-1.3.3.4.4-pentamethylcyclopentan,* $C_{12}H_{25}NO$, F. 35—36° (Bzl.), Kp.$_{12}$ 109—114°, durch 21std. Hydrieren von II in 5% ig. wss. $NaHCO_3$-Lsg. in Ggw. von 5% ig. Pt-Kohle bei 70 kg Druck u. 100°; $n_D^{20,4}$ 1,4640 (unterkühlt). *Hydrochlorid,* F. 200—205° (Zers.). — *1.3.3.4.4-Pentamethylcyclopentanon-(2),* Kp. 185—186°, durch 72std. Erwärmen von III mit wss. n-HCl; n_D^{18} 1,444; $D.^{18}_{18}$ 0,8895; 63%; riecht campherartig. *2.4-Dinitrophenylhydrazon,* $C_{16}H_{22}N_4O_4$, F. 164°. *Semicarbazon,* $C_{11}H_{21}N_3O$, F. 204°. *Oxim,* $C_{10}H_{19}NO$, F. 97—98°. — *2-Acetamido-1.3.3.4.4-pentamethylcyclopentan,* $C_{12}H_{23}NO$, F. 78° (Bzl), durch 24std. Hydrieren von 4 g III in 0,5% ig. wss. $NaHCO_3$-Lsg. in Ggw. von 5% ig. Pt-Kohle bei 60 kg Druck u. 120°; 3,7 g.

B. GNAUCK. B 225□

Die Oxydation tertiärer aliphatischer Amine in der Gasphase. 1. Mitt. **Triäthylamin.** C. F. Cullis und D. J. Waddington. (Proc. Roy. Soc. [London], Ser. A **244.** 110—23. 25/2. 1958. London, Imp. Coll., Dep. of Chem.) (Engl.) — 2. vgl. C. **1961.** 8244.

Bei der Gasphasenoxydation von *Triäthylamin* treten bei 211° weder Autokatalyse noch Wandeffekte auf. Die Haupt-Rk.-Prodd. sind Di- (I) u. Monoäthylamin (II) sowie Acetaldehyd (III). NH_3, CH_2O u. Essigsäure treten nur in Spuren auf. Die Ergebnisse deuten auf 2 Konkurrenz-Rkk. hin, von denen eine zu **II** u. **III**, die andere zu **I** u. **III** führt. Mit steigendem Mengen an Rk.-Prod. wird die letztgenannte Rk. unterbunden. Die Bldg. von **II** verläuft wahrscheinlich über eine unimol. Zers. von Peroxyradikalen (5-Ringmechanismus), die von **I** über die Hydroperoxide. Mit steigender Temp. (264°) nimmt der autokatalyt. Charakter der Rk. zu u. infolge von Sekundär-Rkk. die Menge der einfachen Rk.-Prodd., vor allem **III**, ab. Im Gegensatz zu 211° wird die Rk. bei 264° durch N_2-Zusatz beschleunigt u. Wandeffekte machen sich bemerkbar.

U. UHLICH. B 225□

Der Mechanismus der Hydrolyse von Säurechloriden. 7. Mitt. **Chlorameisensäurealkylester.** E. W. Grunden und R. F. Hudson. (J. chem. Soc. [London] **1961.** 3748—55. Sept. London, Queen Mary Coll.) (Engl.) — 6. vgl. C. **1956.** 12516.

Vff. untersuchten konduktometr. bzw. polarimetr. die Kinetik der Solvolyse von *Chlorameisensäuremethyl-* (I), *-äthyl-* (**II**, Kp. 94°), *-isopropyl-* (**III**), *-neopentyl-* [10^5 K 0,250 s^{-1} bei 25° in Ameisensäure (As.) in Ggw. von 0,74% W.] u. *-(+)-1-methylheptylester* (**IV**) in As. u. in wss. Aceton (Ac.). Bei 50° betragen die 10^5 k-Werte (in s^{-1}) in 1% W.-

enthaltender As. bzw. in 65% ig. wss. Ac. für **I** 0,103 bzw. 242, **II** 7,67 (E 25,1 kcal/Mol für 50—70,2°) bzw. 109, **III** 540 (E 22,7 für 25,3—50°) bzw. 760. Dieser Wechsel in der Reihenfolge der Reaktivitäten wird einer Änderung des Mechanismus von einer bimol. Verdrängung an der Carbonylgruppe in eine Ionisation (bei **III**) zugeschrieben. Die Solvolyse in As. ist irreversibel. Der überwiegend bimol. Charakter der Rk. von. **II** in wss. Ac. wurde durch Verss. unter Zusatz von NH_4OH (bei 0° in Ggw. von 18 bzw. 85% W.) nachgewiesen. Zusatz von 0—5% W. zu den Formolyse-Lsgg. von **II** (bei 50—70,2°) u. **III** (50°) hat nur eine geringe Wrkg., wobei ein Geschw.-Minimum in Ggw. von 4% W. beobachtet wurde. Dies wird mit einer Mediumänderung entsprechend der auftretenden Wechselwrkg. gemäß W. + As. $\rightleftharpoons$ $H_2O\cdots HOOCH$ erklärt, wodurch die Konz. an solvatisierender As. vermindert wird. Verss. mit *tert.-Butylchlorid* (bei 0° in As. mit 1,0—10,0% Wasser-Geh.) führten zu analogen Ergebnissen, woraus geschlossen wird, daß **II** mit As. nach einem Ionisationsmechanismus reagiert. Erhöhung der Wasser-Geh. über 4% führt zu einer stetigen Vergrößerung der Rk.-Geschw., da in wss. Lsg. der bimol. Rk.-Ablauf auftritt. Ähnlich wirkt auch ein Zusatz von Na-Formiat etwas beschleunigend, was mit der bimol. Verdrängungs-Rk. **II** + $HCOO^- \rightarrow C_2H_5OCOCOOH + Cl^-$ in Zusammenhang gebracht wird, die neben der solvolyt. Ionisierung auftritt. Die Solvolyse von **IV** in As. (bei 17,5° in 10% Dioxan u. 0,74% W. enthaltender As. 10^5k 7,49) führt zu einer vollständigen Inversion der Konfiguration. Die Ergebnisse gestatten keine Entscheidung, ob im geschwindigkeitsbestimmenden Schritt der Solvolysen eine Alkyl-O- oder eine Acyl-Cl-Spaltung auftritt. Das Auftreten eines freien Carboniumions wird für unwahrscheinlich gehalten, da nach Deitz die über ein solches Ion ablaufende Formolyse von (+)-1-Methylheptylmethansulfonat unter vollständiger Racemisierung erflogt. Chlorformiate, durch Einleiten eines $COCl_2$-Überschusses in eine Lsg. des entsprechenden Alkohols in abs. Ae. unter Kühlung u. 24std. Stehen bei Raum-Temp.: *Methyl-* (**I**), Kp. 69—70°, n_D^{21} 1,3865. — *Isopropyl-* (**III**), Kp. 104—105°. — *Neopentyl-*, Kp.$_{36}$ 54 bis 56°, n_D^{20} 1,4090. — (+)-*1-Methylheptylchlorformiat* (**IV**), Kp.$_5$ 60—61°, n_D^{17} 1,4289, $[\alpha]_D^{22,5}$ +24,0°.— (—)-*1-Methylheptylformiat*, Kp.$_{20}$ 81°, durch Einw. von As. auf den (+)-Alkohol in Ggw. von $ZnCl_2$; $[\alpha]_D^{20}$ —4,16°. B. Gnauck. B 225□

Beitrag zur Untersuchung des Butenolids. 5. Mitt. Mechanismus der Ringöffnung. Suzanne Ducher. (Bull. Soc. chim. France **1960.** 430—32. März. Clermont-Ferrand, Fac. des Sci., Labor. de Chim.) (Franz.) — 4. vgl. C. **1960.** 14338.

Vf. bespricht den Mechanismus der Ringöffnung von *Butenolid* (**I**) im sauren Medium (Hydrolyse bzw. Alkoholyse) sowie durch Einw. von Phenylhydrazin (**II**). Die Hydrolyse beginnt mit der Anlagerung von H^+ an die Carbonylbindung von **I**, es folgt Anlagerung von H_2O an das $C_{(1)}$-Atom, Elektronen- u. Protonenverschiebung (γ-α-Prototropie) sowie Bruch der $C_{(1)}$—$OC_{(4)}$-Bindung unter Bldg. eines Enols, das sich zu Bernsteinaldehydsäure (**III**) stabilisiert. Diese Verb. konnte infolge von Polymerisation u. Oxydation nicht isoliert werden, jedoch gelingt dessen Nachw. durch Blockierung der Aldehydfunktion durch Zusatz von Semicarbazidhydrochlorid zur wss. Na-Acetat-haltigen Lsg. von **I**. Die Alkoholyse von **I** verläuft analog, durch Zugabe von 2.4-Dinitrophenylhydrazin konnte das entsprechende Phenylhydrazon des Esters von **III** isoliert werden. Bei der Ringöffnung durch **II** erfolgt Anlagerung von **II** an das $C_{(1)}$-Atom, Elektronen- u. Protonenverschiebung u. Bruch der $C_{(1)}$-O-Bindung sowie schließlich die Bldg. des Phenylhydrazid-Phenylhydrazons von **III** (bei mehrstd. Erhitzen von **I** u. **II** ohne Lsgm.). B. Gnauck. B 225□

Gegenseitige Abhängigkeit von Molekülkonformation und Konjugation bei aromatischen Äthern. 4. Mitt. G. Baddeley und N. H. P. Smith. (J. chem. Soc. [London] **1961.** 2516—19. Juni. Manchester, Manchester Coll. of Sci. and Technol.) (Engl.) — 3. vgl. C. **1959.** 10859.

Wie l. c. wurde die Kinetik der Solvolyse folgender substituierter Benzylchloride in 90% ig. wss. A. verfolgt: *3.4-Dimethoxy-* (bei 0 u. 25,0°) [E in kcal/Mol] 19,6, [10^{-11} A in min^{-1}] 46,6; *3.4-Methylendioxy-* 20,1, 17,3; *3.4-Äthylendioxy-* 20,5, 21,8; *3.4-Trimethylendioxy-*, 20,7, 5,2 u. *3.4-Pentamethylendioxybenzylchlorid* 20,0, 8,7. Ferner wurden für folgende Äther die relativen Bromierungs-Geschw. [k_{rel} bezogen auf Methyl-o-tolyläther (**I**)] u. die UV-Absorptionsspektren (in Hexan, angegeben sind die Maxima mit Extinktionen) ermittelt: *Veratrol* (**II**, F. 22,0—22,5°) [k_{rel}] 1,31, *1.3-Dioxaindan* (**III**, Kp. 172 bis 173° 0,0178, *1.4-Dioxatetralin* (**IV**, Kp.$_6$ 82—83°) 0,0169, *3.7-Dioxa-1.2-benzocyclohepten* (**V**, $C_9H_{10}O_2$, Kp.$_{15}$ 107—108°) 0,00746 u. *3.9-Dioxa-1.2-benzocyclononen* (Kp.$_9$ 119—120°) 6,8. Die Daten werden mit den früher (vgl. C. **1957.** 391) für **I**, Cumaran (**VI**), Chroman (**VII**), Homochroman (**VIII**) u. 3-Hydroxy-1.2-benzocyclononen bzw. die entsprechenden Benzylchloride erhaltenen verglichen. Die Folge der Reaktivitäten lautet **II** > **III** > **IV** > **V**, in der Reihe der Monoäther aber **VI** ≫ **VII** ≫ **I** ≫ **VIII**. Zur Erklärung dieser Unterschiede zwischen den beiden Reihen wird eine Überlagerung von induktiven Effekten, die durch Wechselwrkg. der O-Atome in den Diäthern über die sie verbindenden CH_2-Gruppen hinweg verursacht werden, u. Konformationseffekten des heterocycl. Ring-Syst. angenommen.

Versuche: *3.4-Äthylendioxybenzylalkohol*, $C_9H_{10}O_3$, Kp.$_8$ 165—167°, durch Red. von 3.4-Äthylendioxybenzaldehyd [F. 50—51°. Semicarbazon, $C_{10}H_{11}N_3O_3$, F. 215 bis 215,5° (A.)] mit $LiAlH_4$; 90% (Ausbeute). *Phenylurethan*, $C_{16}H_{15}NO_4$, F. 74—74,5° (Ligroin). — *3.4-Trimethylendioxybenzylalkohol*, $C_{10}H_{12}O_3$, Kp.$_{0,11}$ 146—148°, durch Red. von 3.4-Trimethylendioxybenzaldehyd (Kp.$_{0,25}$ 127—129°, aus **V** nach Gattermann [1898]. *Semicarbazon*, $C_{11}H_{13}N_3O_3$, F. 183—184°) mit $LiAlH_4$. *Phenylurethan*, $C_{17}H_{17}NO_4$, F. 91—91,5°. — *3.4-Dimethoxybenzylalkohol*, Kp.$_9$ 165—168°, nach Davidson u. Bogert [1935]. *Phenylurethan*, F. 117—118°. — *3.4-Methylendioxybenzylalkohol*, F. 52,0—52,5°, nach Barger [1908]. — *11-Acetyl-3.9-dioxa-1.2-benzocyclononen*, $C_{13}H_{16}O_3$, Kp.$_{0,13}$ 139 bis 140°, durch Zugabe von 11 g 3.9-Dioxa-1.2-benzocyclononen in $C_2H_4Cl_2$ zu Acetylchlorid u. $AlCl_3$ in $C_2H_4Cl_2$ bei —7° u. Gießen auf Eis-HCl; 10 g. *Semicarbazon*, $C_{14}H_{19}N_3O_3$, F. 198—198,5° (A.). — *3.9-Dioxa-1.2-benzocyclononencarbonsäure-(11)*, $C_{12}H_{14}O_4$, F. 138—138,5° (wss. A.), durch Oxydation von 16 g vorst. Ketons mit alkal. Hypochlorit; 15,5 g. — *3.4-Pentamethylendioxybenzylalkohol*, $C_{12}H_{16}O_3$, Kp.$_{0,26}$ 154—156°, aus 15 g vorst. Säure über den Äthylester durch Red. mit $LiAlH_4$; 12,2 g. *α-Naphthylurethan*, $C_{23}H_{23}NO_4$, F. 86,5—87° (Ligroin). — Folgende Benzylchloride aus vorst. Hydroxymethyl-Verbb. analog l. c.: *3.4-Dimethoxy-*, $C_9H_{11}ClO_2$, F. 50—50,5°. — *3.4-Methylendioxy-*, $C_8H_7ClO_2$, F. 23—23,5°. — *3.4-Äthylendioxy-*, $C_9H_9ClO_2$, Kp.$_{0,07}$ 124—125°. — *3.4-Trimethylendioxy-*, $C_{10}H_{11}ClO_2$, Kp.$_{0,11}$ 128°. — *3.4-Pentamethylendioxy-*, $C_{12}H_{15}ClO_2$, Kp.$_{0,35}$ 143°. B. Gnauck. B 225□

Konkurrierende Reaktionen von Diphenyldiseleniden mit Bis-[phenylsulfonyl]-methan und heterolytische Reaktionsfähigkeit einiger Diphenylselenidsulfide. Jacopo Degani und Antonio Tundo. (Ann. Chimica **50.** 140—46. Jan./Febr. 1960. Bologna, Univ., Ist. di Chim. ind.) (Ital.)

Läßt man gleichzeitig 4.4'-Dimethyl-, -Dibrom-, -Dichlor-, -Dinitro- u. -Dimethoxydiphenyldisulfid u. 4.4'-Dimethyl-, -Dibrom-, -Dichlor- u. -Dinitrodiphenyldiselenid auf Na-Bis-[phenylsulfony]-methan (**I**) einwirken, so treten stets allein erstere unter Bldg. der entsprechenden *Bis-[phenylsulfonyl]-methylarylsulfide* in Rk.; auch die innerhalb der Diselenide reaktionsfähigsten p.p'-Dinitroderivv. sind weniger reaktiv als die relativ reaktionsträgen Disulfide mit p-ständigen CH_3- oder OCH_3-Gruppen. Diese höhere heterolyt. Rk.-Fähigkeit der Disulfide wird u. a. mit dem kleineren Durchmesser der S-Atome, dem größeren Atomabstand u. niedrigeren Energieinhalt der S—S-Bindung im Vgl. zu Se–Se u. dem höheren konjugativen +T-Effekt des S in Zusammenhang gebracht. Nach diesen Ergebnissen erschien es interessant, die durch Rk. von substituierten Phenylselenylbromiden mit Thiophenolen zugänglichen *Diarylselenidsulfide* in ihrer Reaktionsweise gegenüber **I** zu untersuchen. Es zeigt sich, daß stets allein eine Bindung des Sulfidteils des Mol. an den I-Rest eintritt, so daß z. B. aus 3.3'-Dinitrodiphenylselenidsulfid (**II**) u. **I** lediglich *Bis-[phenylsulfonyl]-methyl-m-nitrophenylsulfid*, nicht aber auch das entsprechende Selenid gebildet wird. In den untersuchten Verbb. ist somit der elektronenabstoßende Charakter beim S weit stärker ausgeprägt als beim Se.

Versuche: *Diphenylselenidsulfide*, durch Umsetzen der Phenylselenylbromide mit Thiophenolen in abs. CCl_4: *4.4'-Dibrom-*, $C_{12}H_8Br_2SSe$, F. 94—95°; hellgelbe Blättchen. — *4.4'-Dichlor-*, $C_{12}H_8Cl_2SSe$, F. 69—70° (A.). — *3.3'-Dinitro-* (**II**), $C_{12}H_8N_2O_4SSe$, F. 85°; aus A. gelbe Prismen. — *4.4'-Dinitro-*, $C_{12}H_8N_2O_4SSe$, F. 181—182°; aus Dioxan gelbe Prismen. — *4-Nitro-*, $C_{12}H_9NO_2SSe$, F. 58—59°; gelbe Prismen. — *4-Nitro-4'-chlor-*, $C_{12}H_8ClNO_2SSe$, F. 86—87°; aus A. gelbe Prismen. — *4-Nitro-4'-brom-*, $C_{12}H_8BrNO_2SSe$, F. 103—104°; aus A. gelbe Prismen. — *Bis-[phenylsulfonyl]-methyl-m-nitrophenylsulfid*, $C_{19}H_{15}NO_6S_3$, F. 205°, durch 1std. Kochen von **II** mit **I** in Methanol u. Ansäuern mit HCl; aus A.-Aceton Prismen. H.-E. Toussaint. B 225□

Hydrolysengeschwindigkeiten von cis- und trans-3- und -4-substituierten Zimtsäureäthylestern. Jordan J. Bloomfield und Richard Fuchs. (J. org. Chemistry **26.** 2991—93. Aug. 1961. Austin, Tex., Univ. of Texas, Dep. of Chem.) (Engl.) — Vgl. J. Amer. chem. Soc. **81.** [1959.] 3158.

Auf titrimetr. Wege untersuchten Vff. die Kinetik der Hydrolyse folgender Zimtsäureester bei 30° in 87,8%ig. A. unter N_2 in Ggw. von KOH bis zu 65—80%ig. Umsatz: *cis*-[10^3 k in Liter/Mol·s] 0,55 u. *trans-4-Methoxy-* 0,79, *cis-* 0,78 u. *trans-3.4-Methylendioxyzimtsäureäthylester* 1,09, *cis-* 1,07 u. *trans-Zimtsäureäthylester* 1,90, *cis-* 2,10 u. *trans-4-Chlor-* 3,98, *cis-* 2,69 u. *trans-3-Chlor-* 6,03, *cis-* 4,53 u. *trans-3.4-Dichlor-* 8.97, *trans-3-Nitro-* 14,97 n. *trans-4-Nitrozimtsäureäthylester* 19,08. Für die trans-Verbb. ergibt sich eine ϱ-Konst. von 1,314, für die cis-Ester 1,122. Vff. vergleichen die ϱ-Werte der Esterhydrolyse mit denen substituierter β-Phenylpropion-, cis- u. trans-2-Phenylcyclopropancarbon- u. Phenylpropiolsäuren, wobei sich zeigt, daß der Einfl. von m- u. p-ständigen Substituenten auf das Rk.-Vermögen der Carbäthoxygruppe in der Folge der Gruppen CH_2CH_2< (CH—CH / CH_2) <CH=CH<C≡C zunimmt. Die Daten der entsprechenden Dissoziations-Konst. ergeben eine völlig andere Reihenfolge. Die (angegebenen) UV-Maxima der trans-Zimtsäureester liegen erheblich langwelliger u. weisen höhere Extinktionswerte auf als die der cis-Ester (in 95%ig. A.); die trans-Verbb. stellen demnach ein stärker konjugiertes Syst. als die cis-Ester dar.

Versuche: trans-Zimtsäureäthylester, durch 24std. Kochen der Säuren (durch DOEBNER-Rk. nach WALLING u. WOLFSTIRN, J. Amer. chem. Soc. **69.** [1947.] 852) in Ggw. von p-Toluolsulfonsäure in abs. A. u. Dest. oder Kristallisation aus PAe.: *trans-Zimtsäure-*, $Kp._{0,02}$ 75—76°, n_D^{30} 1,5554; 77% (Ausbeute). — *4-Methoxy-*, F. 48,9 bis 49,7°, n_D^{30} 1,5782 (unterkühlt); 87%. — *3.4-Methylendioxy-*, F. 66,6—67,3°, n_D^{30} 1,5917; 74%. — *4-Chlor-*, $Kp._{0,7}$ 122—123°, n_D^{30} 1,5725; 83%. — *3.4-Dichlor-*, F. 55,4—56,6°, n_D^{30} 1,5831 (unterkühlt); 79%. — *3-Nitro-*, F. 74,3—74,6°; 64%. — *4-Nitro-*, F. 139,0—139,8° (A.). — *3-Chlorzimtsäureäthylester*, $Kp._{0,15}$ 93—94°, n_D^{30} 1,5640; 92%. — Phenylpropiolsäureäthylester, durch 3—7tägiges Stehen der Säuren (nach ABBOTT, Org. Synthesis Coll. Vol. **II.** [1943.] 515) in abs. A. in Ggw. von HCl oder konz. H_2SO_4 bei Raum-Temp. u. Dest. oder Kristallisation aus PAe. oder Pentan: *Unsubstituiert*, $Kp._{0,05}$ 65—66°, n_D^{30} 1,5476; 80%. — *4-Methoxy-*, $Kp._{0,02}$ 100 bis 103°, n_D^{30} 1,5679; 77%. — *4-Chlor-*, F. 40,7—42,9°; 87%. — *3.4-Dichlor-*, F. 65,9 bis 66,5°; 80%. *Freie Säure*, F. 182,3—183,4° (Zers.). — *3.4-Methylendioxy-*, F. 83,5 bis 84,4°; 70%. *Freie Säure*, F. 169—170° (Zers.). — *3-Chlor-*, $Kp._{0,15}$ 89°, n_D^{30} 1,5562; 75%. — cis-Zimtsäureäthylester durch 3—5std. Hydrierung vorst. Propiolsäureester in Ggw. von LINDLAR-Katalysator u. Chinolin in PAe. u. Dest. oder Kristallisation aus Pentan: *Unsubstituiert*, $Kp._{0,01}$ 52—56°, n_D^{30} 1,5384; 85%. — *4-Methoxy-*, $Kp._{0,03}$ 85—88°, n_D^{30} 1,5632; 79%. — *4-Chlor-*, $Kp._{0,03}$ 75—77°, n_D^{30} 1,5569; 89%. — *3.4-Dichlor-*, F. 34,4—35,1°, n_D^{30} 1,5661 (unterkühlt); 50%. — *3.4-Methylendioxy-*, F. 31,0 bis 31,4°, n_D^{30} 1,5750 (unterkühlt); 25%. — *3-Chlor-*, $Kp._{0,05}$ 85—87°, n_D^{30}, 1,5474; 87%.

B. GNAUCK. B 225□

Die Spaltung von Sulfiden und Sulfonen durch Alkalimetalle in flüssigen Aminen. 1. Mitt. William E. Truce, David P. Tate und David N. Burdge. (J. Amer. chem. Soc. **82.** 2872—76. 5/6. 1960. Lafayette, Ind., Purdue Univ., Dep. of Chem.) (Engl.)

Durch Rühren von Sulfiden u. Sulfonen in sd. CH_3NH_2 u. Zugeben von Li wurden Spaltungen durchgeführt: Dialkyl- u. Diarylsulfide → Mercaptan u. KW-Stoff, Alkylarylsulfide → Arylmercaptan u. Alkan, Dialkylsulfone → KW-Stoff u. Sulfinsäure, Alkylarylsulfone → aromat. KW-Stoff u. aliphat. Sulfinsäure, Diarylsulfone → (unter schneller Red. der entstehenden Sulfinsäure) Mercaptan u. KW-Stoff. Mit Na in fl. NH_3 gaben Diarylsulfone Sulfinsäure u. KW-Stoff, während Dialkyl- u. Alkylarylsulfone nicht angegriffen werden. Zur Vermeidung eines Überschusses von Li in der Lsg. wurde der Li-Draht in einer Halterung unter dem Kühler angebracht, wo er von dem Kondensat allmählich gelöst wurde. Aus den Spaltungsprodd. ist zu ersehen, daß aus den aromat. Sulfiden das am schwächsten bas. Anion aus demjenigen Ionenpaar ($Ar'S^-$ u. ArS^- bzw. Ar'^- u. Ar^-) gebildet wird, das die größte Basizitätsdifferenz hat. Außer den Spaltungs-Prodd. entstehen verschied. Prodd. durch Nebenreaktionen. Ein Vers. der Spaltung von *p-Äthoxycarbonylphenylphenylsulfid* führte zu p-Phenylmercapto-N-methylbenzamid (F. 101—102° aus wss. A.). Aus *m-Chlorphenylphenylsulfon* entstand nur Thiophenol (**III**) wegen der Spaltung der C—Cl-Bindung.

Versuche: *Di-n-decylsulfid* (**I**), F. 27°, $Kp._{0,1}$ 155—160°, durch Kochen von n-Decylmercaptan (**II**) in A. mit $NaOC_2H_5$ u. n-Decylbromid; 76% (Ausbeute). — *n-Decylphenylsulfid* (**IV**), $Kp._{0,5}$ 165—170°, analog aus **III**; 92%. — *n-Decylmesitylsulfid* (**V**), $Kp._{0,2}$ 145°, analog; 90%. — Darst. der Diarylsulfone aus den Sulfiden (aus den diazotierten Anilinderivv. u. dem Na-Salz von **III**) in Eisessig mit H_2O_2: *p-Äthoxycarbonylphenylphenylsulfon*, $C_{15}H_{14}O_4S$, F. 65,5—67,5° (wss. A.), 94%. — *m-Methoxyphenylphenylsulfon* (**VI**), $C_{13}H_{12}O_3S$, F. 88—90°. — *m-Tolylphenylsulfon* (**VII**), $C_{13}H_{12}O_2S$, F. 124,5—125,5°. — Spaltungen mit Li in CH_3NH_2: Sulfide: **I** → 86% **II** u. 85% Decan (**VIII**), *Dibenzyl-* → H_2S u. 22% Toluol; **IV** → 87% **III**, 71% **VIII** u. 21% n-Eikosan; **V** → 78% 2.4.6-Trimethylthiophenol, 74% **VIII** u. 21% n-Eikosan; *Diphenyl-* → 80% **III** u. Bzl.; *p-Tolylphenyl-* → 28,9% p-Thiokresol (**IX**), 71,1% **III**, Bzl., Toluol, 3-Methylcyclohexen, 4-Methylcyclohexen (**X**), Cyclohexen (**XI**) u. N-Methylanilin (**XII**); *m-Tolylphenyl-* → 51,2% m-Thiokresol, 48,8% **III**, Bzl., Toluol, **X** u. **XI**; *p-Methoxyphenylphenyl-* → 100% **III**, Anisol (**XIII**), Phenol (**XIV**), *Bzl.* u. **XI**; *m-Methoxyphenylphenyl-* → 96,1% **III**, 3,9% m-Methoxythiophenol, **XIII**, **XIV**, Bzl., **XI** u.

XII; *α-Naphthylphenyl-* → **III** u. Naphthalin. Sulfone: *Di-n-decyl-* → 92% n-Decansulfinsäure, Li-Salz (**XV**) u. **VIII**; *Dibenzyl-* → Benzylsulfinsäure, Li-Salz u. Toluol; *n-Decylphenyl-* ($C_{16}H_{26}O_2S$, Kp.$_{0,4}$ 180°) → 95% **XV** u. Bzl.; *n-Decylmesityl-* ($C_{19}H_{32}O_2S$, F. 31°) → 80% **XV** u. 55% Mesitylen; *Diphenyl-* → 75% **III** u. Bzl.; *Di-p-tolyl-* → 100% **IX** u. Toluol, mit Na in NH_3 85% p-Toluolsulfinsäure, Na-Salz; *Dimesityl-* (mit Na in NH_3) → Mesitylensulfinsäure, Na-Salz u. Mesitylen; *p-Tolylphenyl-* → 86,5% **IX**, 13,5% **III**, Bzl., Toluol u. **XI**; **VII** → 36,9% m-Thiokresol, 63,1% **III**, Bzl., Toluol u. **XII**; *p-Methoxyphenylphenyl-* → 100% **III**, **XIII**, **XIV**, Bzl. u. **XII**; **VI** → 100% **III**, **XIII**, **XIV**, Bzl., **XI** u. **XII**; *α-Naphthylphenyl-* → **III** u. Naphthalin.

GERHARD CLEVE. B 225☐

Kinetik der Dehydratisierung von Alkoholen an Tricalciumphosphat und dessen Desaktivierung durch organische Basen. L. Ch. Freidlin und W. S. Scharf. (Известия Академии Наук СССР, Отделение Химических Наук [Nachr. Akad. Wiss. UdSSR, Abt. chem. Wiss.] **1960**. 1861—67. Okt. Zelinsky-Inst. für org. Chem. der Akad. der Wiss. der UdSSR.) (Russ.)

Es wurde die Dehydratisierung von *A.*, *Isopropanol* (**I**), *tert.-Butanol* (**II**), *Diisopropyläther* (**III**) u. *Cyclohexanol* (**IV**) an Tricalciumphosphat bei 200—400° untersucht. Die kinet. Kurven sowie der Umwandlungsgrad in Abhängigkeit von der Temp. werden tabellar. angegeben. Der Umwandlungsgrad steigt mit zunehmender Temp. stark an. Er erreicht bei A. bei 410° 55%, bei **I** bei 340° 73%, bei **II** bei 250° 56%, bei **III** bei 320° 33% u. bei **IV** bei 285° 91%. Die Dehydratisierung erfolgt somit zunehmend leicht in der Reihenfolge A. < **III** < **I** < **IV** < **II**. Der Katalysator arbeitet sehr selektiv, u. die entsprechenden *Olefine* fallen sehr rein (98—99%ig) an. Das gebildete *Cyclohexen* ist frei von Isomerisierungsprodukten. Die Aktivierungsenergien für die Dehydratisierung betragen in der Reihenfolge A., **I**—**IV** in kcal/Mol: 34,2; 18,3; 18,0; 15,8; 32,0. Werden den Alkoholen Triäthylamin oder Pyridin zugesetzt, so sinkt die Aktivität des Katalysators ab, wobei Pyridin stärker desaktiviert. Auch an den vergifteten Katalysatoren haben die Aktivierungsenergien die oben angegebenen Werte, so daß die akt. Zentren homogen aufgebaut sein müssen.

HELMUT SCHÄFER. B 225☐

Über den Mechanismus des Zerfalls von Isopropylbenzolhydroperoxid unter der Einwirkung der Salze von Metallen wechselnder Wertigkeit. Je. I. Tinjakowa und T. G. Shurawlewa. (Журнал Общей Химии [J. allg. Chem.] **29** (**91**). 1262—69. April 1959. Inst. für hochmol. Verbb. der Akad. der Wiss. der UdSSR.) (Russ.)

Der Zerfall von *Isopropylbenzolhydroperoxid* (**I**) wurde bei 20—60° in 0,33—0,66 m Lsg. in Bzl., Cumol u. verschiedenen Olefinen in Ggw. der Naphthenate von Mn^{2+}, Co^{2+}, Cu^{2+} u. Pd^{2+} (0,5—230% von **I**) untersucht. Außer der Konz. u. dem Redoxpotential des Metalls zeigt das Lsgm. einen großen Einfluß. Je aktiver das Lsgm. am Kettenmechanismus teilnimmt, um so geringer ist bei gleicher Metall-Konz. die O_2-Entwicklung. Die Aktivität des Lsgm. nimmt von Bzl. über Cumol zu den Olefinen hin zu. — Die folgenden Verss. wurden bei 60° durchgeführt, die Konzz. sind in Mol-% (bezogen auf **I**) angegeben. Erhöht man in Bzl. die Co-Naphthenat (**IV**)-Konz. von 1 auf 200%, so sinkt die O_2-Ausbeute von 32—34 auf 0%, die Ausbeute an *Dimethylphenylcarbinol* (**II**) steigt von 52 auf 78%, die von *Acetophenon* (**III**) liegt bei 15—20%. — Arbeitet man in Cumol bei **IV**-Konzz. von 1—5%, so erhält man nur 15—7% O_2, aber 139 (in zugeschmolzenem Gefäß) —129% **II** u. 15% **III**, da das Lsgm.-Radikal mit dem entstehenden O_2 reagiert. Im zugeschmolzenen Gefäß erhält man bei 1% **IV** 38% *Dicumyl*. — In Penten-(1) erhält man bei 5% **IV** 92% **II** u. 8% **III** ohne O_2-Entw., in Penten-(2) 97% **II** u. 4% **III**. — In Isobutylen (0,5—1% **IV**) entstehen 54% **II** u. 1,3% **III**, in Isopren unter den gleichen Bedingungen 49% **II** u. 2% **III**. — Die Rk.-Geschw. bei 60° u. 0,5% Mn-Naphthenat sinkt in der Reihenfolge Bzl.—Toluol—α-Methylstyrol—Cumol. Die Aktivität der Metalle ist proportional ihrem Redoxpotential. Da Cu^{2+} völlig analog reagiert wie die zweiwertigen Ionen von Co, Mn u. Pd, nimmt man an, daß nicht Cu^{2+} u. Cu^{+}, sondern Cu^{2+} u. Cu^{3+} an der Rk. teilnehmen.

MANFRED HÄNSSGEN. B 225☐

Reaktionen von Triazenen mit Dienolen und Säuren in wasserfreien Kohlenwasserstoffen. Je. I. Tinjakowa, W. Ja. Bogomolny und T. G. Shurawlewa. (Известия Академии Наук СССР, Отделение Химических Наук [Nachr. Akad. Wiss. UdSSR, Abt. chem. Wiss.] **1958**. 1094—98. Sept. Inst. für hochmol. Verbb. der Akad. der Wiss. der UdSSR.) (Russ.)

Carbonsäuren u. Bis-enole beschleunigen den Zerfall von Triazenen in trockenen KW-Stoffen, wobei unter N_2-Entw. eine Alkylierung bzw. Arylierung der Säuren (zu Estern) bzw. Bis-enole (zu Äthern) erfolgt. Da die entstehende N_2-Menge der Anzahl der in der zugesetzten Verb. enthaltenen sauren H-Atome proportional ist, kann diese Rk. zur Best. von Carboxylgruppen, z. B. in Polymeren, u. Bis-enolgruppen benutzt werden. Die Verss. wurden in trockenem Toluol bei 60° durchgeführt. Der Meßfehler der N_2-

Vol.-Messung betrug 3—5%. Als Triazenkomponente wurden *1-Methyl-3-phenyltriazen* u. *Diazoaminobenzol* verwendet. Ersteres wurde mit *Dihydroxymaleinsäure*, *Dihydroxymaleinsäurediäthylester* (I) u. *Ascorbinsäure*, letzteres mit I zersetzt. Im Rk.-Prod. konnten Carboxyl- u. Bis-enolgruppen nicht mehr nachgewiesen werden.

B. CELMS. B 225

Mechanismen von Eliminierungsreaktionen. 23. Mitt. **Durch Phenyllithium induzierte Dehydrochlorierung der isomeren Chlordiphenyläthene.** Stanley J. Cristol und Robert S. Bly jun. (J. Amer. chem. Soc. **83.** 4027—32. 5/10. 1961. Boulder, Colo., Univ. of Colorado, Dep. of Chem.) (Engl.) — **22.** vgl. C. **1961.** **12040.**

Durch VOLHARD-Titration wurde die Kinetik der mit C_6H_5Li induzierten HCl-Abspaltung von *1-Chlor-trans-* (*trans*-**I**, F. 52—54°) [wss. A.], durch HCl-Abspaltung aus meso-1.2-Dichlor-1.2-diphenyläthan mit alkoh. NaOH) u. *-cis-1.2-diphenyläthen* (*cis*-I, Kp.$_{0,25}$ 97—99°, analog trans-I; n_D^{20} 1,6280) sowie *2-Chlor-1.1-diphenyläthen* (II, F. 39,5 bis 42°, Kp.$_{1,0}$127—129°, aus 2.2-Dichlor-1.1-diphenyläthan [F. 72—75° (wss. A.), nach BUTTENBERG [1894]; 60% Ausbeute]) unter N_2 in Di-n-butyläther sowie die der analogen Rk. mit NaOH verfolgt, wobei nachst. Ergebnisse erzielt wurden: Mit C_6H_3Li trans-I (Rk.-Temp. 43—86°) [E in kcal/Mol] 18,5 [$\Delta S^{\ddagger}$ in cal/Grad·Mol]-18; cis-I (23—43°) 12,6, —30; II (11—34°) 12,2—27 bzw. mit NaOH trans-I 28,1, +1,0; cis-I 33,7, +5,6; II (10^4 k in Liter/Mol·s bei 97°) 0,00039. Die Rk.-Prodd. wurden chromatograph. getrennt u. IR-spektroskop. analysiert. trans-I lieferte mit C_6H_5Li bei 43° > 79% Tolan (III), cis-I 85% III u. II 80% III sowie Biphenyl u. Phenol; andere Prodd., wie cis- oder trans-Stilben, Chlorbenzol oder 1.1-Diphenyläthen wurden nicht gefunden. Während bei der Rk. in Ggw. von C_6H_5Li die α-Eliminierung 7mal schneller als die cis-β- u. 160mal rascher als die trans-β-Eliminierung abläuft, gilt für die HCl-Eliminierung durch NaOH, daß die trans-β-Eliminierung 23000mal schneller abläuft als die α-Eliminierung u. die cis-β-Rk. mit mittlerer Geschw. erfolgt. Erhöhung der Basen- u./oder der Konz. an Br^--Ionen führt zu einer Verringerung der k_2-Werte der β-Eliminierung, während ein solcher Einfl. auf die Geschw. der α-Eliminierung nicht zu verzeichnen war. Vff. diskutierten die möglichen Mechanismen der Rkk. (Carbanion-Mechanismus analog der BECKMANN-Umlagerung, „concerted"-Wanderung der Arylgruppe u. Mechanismen mit cycl. Übergangszustand).

B. GNAUCK. B 225 □

Der Einfluß von Stickoxid auf die thermische Zersetzung von Propionaldehyd. 3. Mitt. **Die thermische Zersetzung des Propionaldehyds in Gegenwart von Stickoxid.** Zoltán Szabó und Ferenc Márta. (Magyar Kémiai Folyóirat [Ung. Z. Chem.] **67.** 233—38. Juni 1961. Szeged, Univ., Inst. für anorgan. u. analyt. Chemie.) (Ung.; Auszug: Engl.) — 2. vgl. Magyar Kémiai Folyóirat [Ung. Z. Chem.] **67.** [1961.] 219.

Die Brutto-Rk.-Ordnung der Zers. von *Propionaldehyd* (I) ergibt sich auch in Ggw. von NO zu 3/2. Der Einfl. des NO äußert sich in der Weise, daß geringere Konzz. an NO die Gesamtgeschw.-Konst. verringern, größere dieselbe erhöhen. Der Einfl. des NO auf die Rk. ist von der I-Anfangs-Konz. unabhängig; NO wird während der Ausübung seiner Wrkg. nicht verbraucht.

I. NARAY-SZABÓ. B 225

Der Einfluß von Stickoxid auf die thermische Zersetzung von Propionaldehyd. 4. Mitt. **Der Mechanismus der Einwirkung des Stickoxids auf die thermische Zersetzung des Propionaldehyds.** Zoltán Szabó und Ferenc Márta. (Magyar Kémiai Folyóirat [Ung. Z. Chem.] **67.** 238—44. Juni 1961. Szeged, Univ., Inst. für anorgan. u. analyt. Chemie.) (Ung.; Auszug: Engl.) — 3. vgl. vorst. Referat.

Der von Vff. vorgeschlagene Rk.-Mechanismus, welcher auf der Theorie der Stabilisierung der freien Radikale beruht, gibt die experimentell gefundene Einw. des NO bei der Zers. des *Propionaldehyds* (I) gut wieder. Nach diesem Mechanismus wird die festgestellte doppelte Wrkg. des NO (unterschiedlicher Konz.-Einfl. auf die Rk.-Geschw.; vgl. l. c.) durch die Konkurrenz neuer Elementarschritte mit den ursprünglichen bzw. untereinander verursacht. Der postulierte Rk.-Mechanismus macht es überflüssig, für die Inhibition der Rk. eine mol. Rk. anzunehmen, die man annehmen müßte, wenn man davon ausgeht, daß NO völligen Kettenabbruch bewirkt. Es ist auch unnötig, bei der Deutung der Katalyse anzunehmen, daß NO mit der Ausgangssubstanz unmittelbar reagierend Ketten startet, da in diesem Fall die Rk.-Geschw. der Konz. des NO proportional sein müßte, was im Fall der Zers. von I nicht gilt. I. NARAY-SZABÓ. B 225

Pyrolyse von quaternären γ-Hydroxyalkylammoniumhydroxiden und -alkylaten. Cyclohexanderivate. Vincent J. Traynelis und James G. Dadura. (J. org. Chemistry **26.** 1813—18. Juni 1961. Notre Dame, Ind., Univ. of Notre Dame, Dep. of Chem.) (Engl.) — Vgl. J. org. Chemistry **26.** [1961.] 686.

Vff untersuchten die therm. Zers. der *cis-* u. *trans-Form* von *[2-Hydroxycyclohexylmethyl]-trimethylammoniumhydroxid* (I) bzw. *-tert.-butylat* (II), *[Cyclohexylmethyl]-trimethylammonium-tert.-butylat* (III), *cis-[3-Hydroxycyclohexyl]-trimethylammonium-*

hydroxid (**IV**) u. *-tert.-butylat* (**V**) sowie *Cyclohexyltrimethylammoniumhydroxid* (**VI**) u. *tert.-butylat* (**VII**) unter den l. c. verwendeten Bedingungen. Folgende neben Trimethylamin (Pikrat, F. 216°) auftretende Prodd. wurden auf gaschromatograph. u. IR-spektroskop. Wege festgestellt: aus *cis*-**II** 35% cis-[2-Hydroxycyclohexylmethyl]-dimethylamin (cis-**VIII**; F. 38—39°. Methojodid, F. 198—200°), 7% cis-[2-Methoxycyclohexylmethyl]-dimethylamin [cis-**IX**; Kp.$_{13}$ 90—92°. Methojodid, F. 230—231° (Zers.)], 12% 2-Methylencyclohexanol (**X**; Kp.$_{17}$ 77—79°. α-Naphthylurethan, F. 125—126°), 11% 2-Methylencyclohexylmethyläther (**XI**; $C_8H_{14}O$, n_D^{20} 1,4515), 3% 7-Oxabicyclo-[4.2.0]-octan (**XII**; $C_7H_{12}O$) sowie 21% höher sd. Prodd. [vermutlich Gemische von Glykolen aus **X** u. Aldolkondensations- u. CANNIZZARO-Prodd. aus Hepten-(6)-aldehyd]; aus *cis*-**I** 38% cis-**VIII**, 10% cis-**IX**, 23% **X**, 4% **XI** u. 1% **XII**; aus *trans*-**II** 50% trans-**VIII**, 16% trans-**IX**, 17% **X**, 8,6% **XI** u. 4% höher sd. Prodd.; aus *trans*-**I** 43% trans-**VIII**, 12% trans-**IX**, 3,5% **X** u. 1% höher sd. Prodd.; aus **III** 93% [Cyclohexylmethyl]-dimethylamin (Methojodid, F. 225—227°) aus **IV** 39% cis-[3-Hydroxycyclohexyl]-dimethylamin (**XIII**; Kp.$_{13}$ 114—116°, n_D^{20} 1,4870. Methojodid, F. 193—195°), 14% Cyclohexen-(2)-ol (**XIV**; α-Naphthylurethan, F. 155—156,5°), 9% 3-Methoxycyclohexen-(1) (**XV**, n_D^{25} 1,4530), 2,4% Hexen-(5)-al [2.4-Dinitrophenylhydrazon, F. 94—95° (gelb)], 3,7% Hexen-(5)-ol (**XVI**; α-Naphthylurethan, F. 65,5—66,5°) u. 30% höher sd. Prodd.; aus **V** 6% **XIII**, 1% **XV**, 1% **XIV** u. 1% **XVI** sowie 72% Aldolkondensations-Prodd.; aus **VI** 21% Cyclohexen (**XVII**; Kp. 82°, n_D^{20} 1,4450) u. 57% Dimethylaminocyclohexan (**XVIII**; Kp. 154—155°, n_D^{20} 1,4543. Methojodid, F. 267—268°); aus **VII** 6% **XVII** u. 93% **XVIII**. Es scheint, daß bei der Pyrolyse der γ-Hydroxyalkyltrimethylammoniumbasen die HOFMANN-Eliminierung dann bevorzugt auftritt, wenn das Mol. eine geeignete Orientierung für diese Rk. einnehmen kann. Wenn aber die Olefin-Bldg. behindert ist, hängt das Ausmaß der anderen Rkk. (Demethylierung, 1.3-Spaltung u. Folge-Rkk., Dequaternisierung) von der Geometrie des reagierenden Mol. sowie ster. Faktoren u. der Basenstärke ab.

Versuche: *trans-[2-Hydroxycyclohexylmethyl]-dimethylamin* (*trans*-**VIII**), Kp.$_{13}$ 97 bis 98°, durch Red. von 2-Dimethylaminomethylcyclohexanon mit $NaBH_4$ in 50%ig. wss. A. (→ 85% cis–trans-Amin-Gemisch), Umwandlung in die Benzoat-Hydrochloride, Kristallisation aus W. (→ *trans-Benzoat-Hydrochlorid*, F. 218—220°) u. Verseifung; n_D^{20} 1,4635; 87% (Ausbeute). *cis*-**VIII**, Kp.$_{13}$ 110°, durch fraktionierte Kristallisation des Benzoat-Hydrochlorid-Rückstands aus abs. Aceton (→ *cis-Benzoat-Hydrochlorid*, F. 195—197°) u. Verseifung; n_D^{20} 1,4731; 92%. — *m-Acetamidophenol*, F. 146—148°, durch Einw. von Acetanhydrid–Na-Acetat auf m-Aminophenolhydrochlorid in W. bei 50°; 79%. — *3-Acetamidocyclohexanol* (*cis–trans-Gemisch*), F. 90—94°, durch Hydrierung vorst. Verb. in abs. A. in Ggw. von W-7 RANEY-Ni bei 1350 p.s.i. u. 175°; 92%. — *3-Aminocyclohexanol* (*cis–trans-Gemisch*), Kp.$_{13}$ 118—122°, durch 6std. Kochen vorst. Verb. mit wss. NaOH unter N_2 u. kontinuierliche Chlf.-Extraktion; 61%. — *cis-3-Dimethylaminocyclohexanol*, Kp.$_{27}$ 130—131°, durch Einw. von 90%ig. Ameisensäure u. 36%ig. HCHO auf vorst. Verb. nach PERRINE (C. **1956**. 9688) (→ 54% *cis–trans-Gemisch*), Zugabe von Benzoylchlorid zur Chlf.-Lsg., Kristallisation aus abs. A. u. abs. A.-Äthylacetat (→ *cis-Benzoat-Hydrochlorid*, F. 225—227°) u. 4std. Kochen mit wss.-alkoh. KOH; n_D^{20} 1,4852; 81%. — *trans-2-Dimethylaminomethylcyclohexylmethyläther*, $C_{10}H_{21}NO$, Kp.$_{17}$ 93°, analog l. c. aus trans-**VIII** (*Methojodid*, F. 144—145°), K u. CH_3Cl in Toluol u. Dampfphasenchromatographie; n_D^{21} 1,4528; 85%. *Methojodid*, F. 136—137°.

B. GNAUCK. B 225□

Pyrolyse von p-Terphenyl: Trennung und Identifizierung von thermischen Produkten. L. Silverman, Katherine Trego, W. Houk und Mary E. Shideler. (J. appl. Chem. **8**. 616—24. Sept. 1958. Canoga Park, Calif., Atomics Internat. (Engl.)

Durch 8tägige Pyrolyse von *p-Terphenyl* (**I**) in vorher evakuierten Röhren bei 460—480° werden neben H_2, CH_4 u. anderen niederen KW-Stoffen Diphenyl (**II**), p-Quarterphenyl, 3-[Diphenylyl-(4)]-diphenyl (**III**; F. 156—166°), 3.4′-Bis-[diphenylyl-(4)]-diphenyl, p-Sexiphenyl, 3-Phenyl-4′-[diphenylyl-(4)]-diphenyl (**IV**; F. 185—195°) u. 4-Phenyl-3′-[diphenylyl-(4)]-diphenyl (**V**; F. 262—264°) erhalten. Die Rk. beginnt mit der Spaltung von **I** zu **II**, das mit weiterem **II** oder **I** überwiegend m-ständig kondensiert. So werden durch 2tägige Pyrolyse von einem 1:1-Gemisch aus **I** u. **II** bei 480° neben 30,6% **II** u. 17,5% **I** 3.3′-Diphenyldiphenyl (F. 86°), 3-Phenyl-3′-[diphenylyl-(3)]-diphenyl (F. 97—98°), 4% 3-Phenyl-3′-[diphenylyl-(4)]-diphenyl (F. 155°), 8% **III**, 5% **IV**, **V** u. 30% höhere Polymere gebildet. Toluol u. Bzl. werden in den Rk.-Gemischen nicht gefunden. Die erhaltenen Prodd. wurden UV-spektroskop. untersucht.

L. LAMZA. B 225

Die Entalkylierung von Alkylaromaten. 3. Mitt. **Die Entalkylierung von vielkernigen Aromaten.** W. D. Betts und F. Popper. (J. appl. Chem. **8.** 509—13. Aug. 1958. Leeds, Coal Tar Res. Assoc.) (Engl.) — **2.** vgl. C. **1960.** 6104.

α- (I) u. *β-Methylnaphthalin* (II), Methylnaphthalinöl (Kp. bis 250°), Naphthalinöl (frei von Phenolen u. Pyridinbasen), Naphthalin- u. Anthracenöl aus Steinkohlenteer werden therm. bei 560—660° u. einem H_2-Druck von 100 atm desalkyliert. Die Rk. verläuft nach dem Mechanismus der Toluolentalkylierung u. ist eine Rk. 1,5. Ordnung. Die Aktivierungsenergie der Rk. von **I** wird zu 50,4 kcal/Mol u. der von **II** zu 53,5 kcal/Mol bestimmt. Durch diese Meth. kann die Ausbeute an mehrkernigen Aromaten aus Steinkohlenteer verbessert werden. W. MUCKE. B 225

Die Entalkylierung von Alkylaromaten. 4. Mitt. **Die Entalkylierung von Alkylpyridinen.** W. D. Betts und F. Popper. (J. appl. Chem. **8.** 513—18. Aug. 1958.) (Engl.) — 3. vgl. vorst. Referat.

Die therm. Entalkylierung von α-, β-, *γ-Picolin, 2.6-Lutidin* u. 2 *basenhaltigen Teerfraktionen* wird untersucht. Die Rk. verläuft wie bei der Toluolentalkylierung, jedoch erfolgt bei hohen Temp. neben der Entalkylierung Ringsprengung unter Entw. von CH_4 u. NH_3. Bei einem niedrigen Verhältnis von H_2/Base kommt es zu Polymerisationsreaktionen. Die Rkk. sind 1,5. Ordnung. In allen Fällen betrug der Druck 100 atm. Die nicht umgesetzten Prodd. wurden in den Kreislauf zurückgeführt. Die Ausgangs- u. End-Prodd. wurden durch IR-Spektren analysiert. Die anfallenden Prodd. sind mit Ausbeuten tabelliert. W. MUCKE. B 225

Darstellung und Kinetik der Zersetzung einer bicyclischen Azoverbindung. Eine neue Reduktion. Saul G. Cohen, Robert Zand und Colin Steel. (J. Amer. chem. Soc. **83.** 2895—2900. 5/7. 1961. Waltham, Mass., Brandeis Univ., Dep. of Chem.) (Engl.)

Durch Addition von Azodicarbonsäurediäthylester (**II**) an Cyclopentadien (**III**) wurde *2.3-Dicarbäthoxy-2.3-diazabicyclo-[2.2.1]-hepten-(5)* (**IV**) erhalten. Die katalyt. Hydrierung von **IV**, folgende Verseifung u. Decarboxylierung führten zu *2.3-Diazabicyclo-[2.2.1]-heptan* (**V**), das durch Oxydation mit Luft in Ggw. von CuCl oder mit HgO leicht in *2.3-Diazabicyclo-[2.2.1]-hepten-(2)* (**I**) umgewandelt werden konnte. Das UV-Spektrum von **I** wurde zwischen 280 u. 360 mμ in Isooctan [Io] u. in 95%ig. A. aufgenommen u. weist in Io eine Reihe scharfer äquidistanter Maxima auf. Verss., 2.3-Diazabicyclo-[2.2.1]-heptadien-(2.5) darzustellen, schlugen fehl; beim Verseifen von **IV** unter verschiedenen Bedingungen wurden jeweils nur Derivv. der gesätt. Hydrazo-Verb. **V** isoliert, daneben bilden sich auch 35% **III**, das als Bis-Addukt [$C_{16}H_{16}O_2$, F. 155—156° (Methanol)] mit p-Benzochinon abgetrennt wurde. Beim Kochen von **IV** mit CH_3OH ohne Alkalizusatz bildet sich dagegen kein **III**. Vff. nehmen zur Erklärung der Red. an, daß die in Ggw. von Alkali geringfügige Umkehr der DIELS-ALDER-Rk. durch die Verseifung des gebildeten **II** verstärkt wird u. dabei wirksame Red.-Mittel (wie HN=NH oder $HN{=}N^-$) auftreten. Beim Vers. der Darst. von 1.4-Diphenyl-2.3-diazabicyclo-[2.2.1]-hepten-(2) durch Einw. von **II** auf 1.4-Diphenylcyclopentadien-(1.3) (**VI**; 24std. Kochen in Bzl.) erhält man nur 10% der *Verb.* $C_{29}H_{34}N_4O_8$ [F. 187—188,5° (Zers., Äthylacetat)], vermutlich das Addukt aus 1 Mol **VI** u. 2 Mol **II**. Durch 5std. Kochen von **VI** mit **II** in Cyclohexan wurden an Prodd. 19% *Hydrazodicarbonsäurediäthylester* u. 25% der *Verb.* $C_{23}H_{24}N_2O_4$ [F. 139—140° (Chlf.-PAe.), vermutlich das 1:1-Addukt von **VI** u. **II**] isoliert. Vff. untersuchten UV-spektroskop. die Kinetik der therm. Zers. von **I** im Dampfzustand zwischen 131,5 u. 180,8° bei ca. 1 at Druck sowie in Ggw. von Io bzw. Toluol (To) im stat. System. Die Zers. folgt streng der 1. Ordnung u. wird kaum durch Änderung der I-Konz., durch die Ggw. von To (als Ketteninhibitor) sowie durch den Druck u. die Beschaffenheit der Gefäßoberfläche beeinflußt. Folgende Aktivierungsgrößen wurden bestimmt: E 37,3/kcal/Mol, $\Delta S^{\neq}$ 8,7 cal/Mol·Grad u. log A 14,86. Vff. nehmen an, daß bei der Zers. ein gleichzeitiger Bruch der beiden C—N-Bindungen erfolgt u. ein Biradikal gebildet wird. Die Daten werden mit denen acycl. aliphat Azoverbb. verglichen.

Versuche: *2.3-Dicarbäthoxy-2.3-diazabicyclo-[2.2.1]-hepten-(5)* (**IV**), F. 38—39°, $Kp._1$ 131°, durch 24std. Einw. von **II** auf **III** (Kp. 41—44°) in Ae. bei Raum-Temp.; 91% (Ausbeute). — *Hydrazodicarbonsäurediäthylester*, F. 133—135° (W.), aus 85%ig. Hydrazinhydrat, Äthylchlorcarbonat u. Na_2CO_3; 82%. — *Azodicarbonsäurediäthylester* (**II**), $Kp._5$ 90—95°, durch 2½std. Einw. von rauchender HNO_3 auf vorst. Verb. in konz. HNO_3-Chlf. bei 0°; 89%. — *2.3-Dicarbäthoxy-2.3-diazabicyclo-[2.2.1]-heptan*, $Kp._{0,2}$ 123°, durch Hydrieren von **IV** in abs. A. in Ggw. von 10%ig. Pd-Kohle bei 40 lbs./sq.in.; 95%. — *2-Carbomethoxy-2.3-diazabicyclo-[2.2.1]-heptan*, $Kp._5$ 125°, durch 3std. Erwärmen vorst. Verb. u. KOH in CH_3OH unter N_2; 59%. Liefert mit Phenylisothiocyanat (**VII**) 90% einer *Verb. vom F. 125—127°* (A.; *2-[N-Phenylthiocarbamoyl]-Deriv.*?) sowie vermutlich das *Thiourazol-Deriv.* $C_{13}H_{13}N_3OS$ (*1.2-[Cyclopentylen-(1.3)]-4-phenyl-3-thio-*

urazol), F. 177,5—178,5° (Bzl.). — *2.3-Diazabicyclo-[2.2.1]-heptan* (**V**), Öl, durch 2½std. Erwärmen von vorvorst. Verb. u. überschüssiger KOH in CH_3OH unter N_2; 48%. *Pikrat*, $C_{11}H_{13}N_5O_7$, F. 164—165° (Zers.; Methanol); 75%. Liefert mit **VII** das *Bis-[N-phenylthiocarbamoyl]-deriv.*, $C_{19}H_{20}N_4S_2$, F. 140—141° (Bzl.); 80%. — *2.3-Diazabicyclo-[2.2.1]-hepten-(2)* (I), $C_5H_8N_2$, F. 99—100° (n-Hexan), durch 3std. Rühren von **V** in W. in Ggw. von CuCl (→ 74% CuCl-Komplex), Dispergieren in W. u. 24std. Einw. von wss. NaOH unter kontinuierlicher Ae.-Extraktion; 79%. — *1.3-Bis-[3-phenylthioureido]-cyclopentan*, $C_{19}H_{22}N_4S_2$, F. 181—182° (A.), a) durch ½std. Hydrierung von **I** in n-Hexan in Ggw. von PtO_2, Einw. von **VII**, Zusatz von Bzl. u. Kochen (5 Min.); 48—57%. — *β-Benzoylpropionsäure*, F. 117—118°, aus Bernsteinsäureanhydrid u. Bzl. in Ggw. von $AlCl_3$; 55%. *Äthylester*, Kp.$_{16}$ 180—182°; 86%. — *1.4-Diphenylcyclopentadien-(1.3)*, F. 158—158,5° (Bzl.-PAe.), durch Zugabe vorst. Esters zu $NaOC_2H_5$ in A.-Bzl., Zugabe von Acetophenon u. 24std. Einw. bei 42°; 27%. B. Gnauck. B 225□

Eine Methode zur direkten Bestimmung der Geschwindigkeitskonstanten von Radikal-Radikal-Wechselwirkungen in der Gasphase. 1. Mitt. Untersuchungsverfahren. F. Moseley und J. C. Robb. (Proc. Roy. Soc. [London], Ser. A **243.** 119—29. 10/12. 1957. Birmingham, Univ., Dep. of Chem.) (Engl.)

Es wird eine Meth. zur Unters. des nichtstationären Zustandes einfacher, photochem. ausgelöster Gas-Rkk. durch Messung der Druckänderungen infolge der durch die Rk. hervorgerufenen adiabat. Temp.-Änderungen beschrieben u. an CO_2, C_2H_4, H_2, $H_2 + Ar$ u. *Aceton* geprüft. Die Druckänderungen werden mit Hilfe eines empfindlichen Diaphragmenmanometers gemessen, dessen Empfindlichkeit $>10^{-4}$ mm Hg u. dessen Trägheit $<10^{-3}$ s ist. M. Schenk. B 226□

Eine Methode zur direkten Bestimmung der Geschwindigkeitskonstanten von Radikal-Radikal-Wechselwirkungen in der Gasphase. 2. Mitt. Die Geschwindigkeitskonstante der Rekombination von Methylradikalen. F. Moseley und J. C. Robb. (Proc. Roy. Soc. [London], Ser. A **243.** 130—42. 10/12. 1957.) (Engl.) — 1. vgl. vorst. Referat.

Nach der l. c. angegebenen Meth. wurde die Hg-sensibilisierte photochem. Zers. von *Aceton*-Dampf bei 75 mm u. Zimmer-Temp. durch Licht der Wellenlänge $\lambda = 2537$ Å untersucht u. die Rk.-Prodd. der in Ggw. von Ar durchgeführten Rk. massenspektrometr. bestimmt. Eine theoret. Behandlung des nichtstationären Zustandes photochem. Gas-Rkk. (keine Ketten-Rkk.!), deren Endschritt eine Rk. 2. Ordnung ist, sowie die Berücksichtigung des Einfl. nichthomogener Strahlungsabsorption ermöglichen die Berechnung der Geschw.-Konst. für die Rekombination von CH_3-Radikalen zu $(3{,}8 \pm 1{,}2)\cdot 10^{13}$ ml/Mol·s bei Zimmer-Temp. in guter Übereinstimmung mit den von Durham u. Steacie (C. **1953.** 3054) u. Gomer u. Kistiakowsky (C. **1954.** 2999) angegebenen Werten. M. Schenk. B 226□

Kinetische Studie über die Konkurrenz bei Photochlorierungsreaktionen. Robert Eckling, Paul Goldfinger, Guy Huybrechts, Guy Martens, Liliane Meyers und Simone Smoes. (Chem. Ber. **93.** 3014—27. 2/12. 1960. Bruxelles, Univ. Libre de Bruxelles, Serv. de Chim. Phys. I.) (Dt.)

Vff. untersuchen die Kinetik der Photochlorierung von CH_4, CH_3Cl u. CH_2Cl_2 sowie von Gemischen aus C_2Cl_4 mit vorst. Verbb. bzw. mit $CHCl_3$. Es werden die kinet. Gleichungen dieser Rkk. aufgestellt u. eine Rk.-Zeit τ definiert (im wesentlichen die inverse Rk.-Geschw.-Konst.). τ in einem Gemisch ist gleich der Summe von τ_i der Komponenten. Unter Zuhilfenahme einiger Literaturangaben werden Werte für ca. 40 Geschw.-Konst. elementarer Atom- u. Radikal-Rkk. ermittelt. A. Maschke. B 226□

Photoreaktionen einiger Ketone. Klaus Pfordte und Gerhard Leuschner. (Liebigs Ann. Chem. **646.** 23—25. 20/9. 1961. Halle, Univ., Pharmakolog. Inst.) (Dt.) — Vgl. C. **1959.** 10865.

Bei der UV-Bestrahlung von *Aceton* unter N_2, wie l. c., war in 24std. Rk.-Zeit eine 2%ig. Umsetzung zu verzeichnen; als Prodd. wurden nachgewiesen: Diacetyl (I; Bis-2.4-dinitrophenylhydrazon, F. 309°; Bis-p-nitrophenylhydrazon, F. 306°), Acetylaceton (2.4-Dinitrophenylhydrazon, F. 205°; p-Nitrophenylhydrazon, F. 98°), Acetonylaceton (2.4-Dinitrophenylhydrazon, F. 255°; p-Nitrophenylhydrazon, F. 114°) sowie Pinakon (Pinakolin-2.4-dinitrophenylhydrazon, F. 122°). Methyläthylketon wurde nicht gefunden. Bei der UV-Bestrahlung von *Diäthylketon* wurden in 24 Std. 27% an Rk.-Prod. erhalten, in dem aber nur wenig Dipropionyl (Kp.$_2$ 63—66°, gelborangefarbener Ni-Oxim-Komplex) identifiziert wurde. Die Photolyse von *Acetophenon* in einer kühlbaren Walze lieferte in 24 Std. 4% 1.2-Dibenzoyläthan ($C_{16}H_{14}O_2$, F. 145°), jedoch kein Benzil, I, Phenylbenzylketon oder Propiophenon. B. Gnauck. B 226□

Intermolekulare Dehydrierungen durch UV-Licht. 6. Mitt. Photoreaktionen einiger aliphatischer Amine. Klaus Pfordte und Gerhard Leuschner. (Liebigs Ann.

Chem. **646**. 25–30. 20/9. 1961. Halle, Univ., Pharmakolog. Inst.) (Dt.) — 5. vgl. Liebigs Ann. Chem. **643**. [1961.] 1.

Durch 24std. Bestrahlung von *n-Propylamin* mit UV-Licht (Hg-Hochdruckbrenner) entsteht zu 5% ein Gemisch aus dl- [**I**; Kp. 100°, n_D^{20} 1,4161. Monopikrat, $C_{12}H_{19}N_5O_7$, F. 138–139° (Chlf.)] u. meso-3.4-Diaminohexan (**II**; $C_6H_{16}N_2$, Kp. 180°, gelblich, n_D^{20} 1,4621). Analog wurde aus *n-Butylamin* ein Gemisch (7%) aus dl- [**III**; Kp. 138 bis 140°, n_D^{20} 1,4230. Monopikrat, F. 143–144° (Chlf.)] u. meso-4.5-Diaminooctan (**IV**; $C_8H_{20}N_2$, Kp. 240–245°, n_D^{20} 1,4630) u. aus *Isobutylamin* 9% dl- [**V**; Kp. 127°, n_D^{20} 1,4530. Monopikrat, $C_{14}H_{23}N_5O_7$, F. 152° (Chlf.)] u. meso-3.4-Diamino-2.5-dimethylhexan (**VI**; $C_{10}H_{24}N_2$, Kp. 220°, n_D^{20} 1,4542) erhalten. Meso- u. rac.-Form der α-Diamine entstehen stets zu etwa gleichen Teilen. Symm. Hydrazine konnten nicht nachgewiesen werden. Die Konfigurationszuordnung der rac.- u. meso-Formen erfolgte durch Abbau mit HJO_4 [aus **I** oder **II** Propionaldehyd, 2.4-Dinitrophenylhydrazon (DNPH), F. 153°; aus **III** oder **IV** Butyraldehyd, DNPH, F. 124°; aus **V** oder **VI** Isobutyraldehyd, DNPH, F. 180°], Rk. mit Phthalsäureanhydrid (**VII**) in Aceton unterhalb 60° [aus **I** die entsprechende Phthalamidsäure (PA), $C_{14}H_{20}N_2O_3$, F. 141,5° (Aceton); aus **III** PA, $C_{16}H_{24} \cdot N_2O_3$, F. 144,5° (Aceton), aus **V** PA, $C_{16}H_{24}N_2O_3$, F. 133° (Aceton)] bzw. mit Pikrinsäure u. durch Komplex-Bldg. mit $Cu(OH)_2$. Die rac. Diamine reagieren mit HJO_4 nur wenig langsamer als die meso-Diamine. Die Rk.-Prodd. der meso-Diamine mit **VII** zeigen andere Eigg. (sehr hohe FF.) als die der rac. Verbindungen. Monopikrate wurden nur von den dl-, blaue Cu-Komplexe nur bei den meso-α-Diaminen erhalten. Ferner wurde *Diäthylamin* mit UV-Licht bestrahlt; nach 24 Std. erhält man in 10%ig. Ausbeute ein Prod., das hauptsächlich dl-2.3-Bis-[äthylamino]-butan [Kp. 165°, n_D^{20} 1,4461. Bis-nitrosamin, F. 77° (schwachgelb aus wss. A.). Monopikrat, $C_{14}H_{23}N_5O_7$, F. 153° (Chlf.-PAe.). PA, F. 128°. Spaltung mit $HJO_4 \rightarrow$ Acetaldehyd, DNPH, F. 166°] enthält. Das Prod. ist ident. mit dem von PICON [1923] durch Einw. von Na/Ammonium auf N-Äthyläthylidenamin in fl. NH_3 erhaltenen Stoff. Die Bestrahlung von *Triäthylamin* (**VIII**) liefert 3% dl- [Kp. 135°, n_D^{20} 1,4310. Pikrat, F. 177° (Toluol)] u. meso-2.3-Bis-[diäthylamino]-butan [Kp. 208°, n_D^{20} 1,4409. Hydrochlorid, F. 216° (Zers.)], die auch bei der Einw. von γ-Strahlen auf **VIII** von SWAN u. Mitarbeitern (J. chem. Soc. [London] **1959**. 9) erhalten worden waren. B. GNAUCK. B 226□

Intermolekulare Dehydrierungen durch UV-Licht. 7. Mitt. **Photoreaktionen einiger N-Heterocyclen.** Klaus Pfordte und Gerhard Leuschner. (Liebigs Ann. Chem. **646**. 30–31. 20/9. 1961.) (Dt.) — 6. vgl. vorst. Referat.

Durch 48std. UV-Bestrahlung unter N_2 u. Kühlung konnte *Pyridin* zu 1% in 2.2′-Dipyridyl ($C_{10}H_8N_2$, F. 70°) dehydriert werden, das durch Säulenchromatographie von den entstandenen braunen Harzen abgetrennt wurde. Analog erhielten Vff. aus *α-Picolin* 1% 6.6′-Dimethyl-2.2′-dipyridyl [$C_{12}H_{12}N_2$, F. 90°. Pikrat. F. 170° (Bzl.)] u. aus *Chinolin* 1% 2.2′-Dichinolyl (F. 194° A.). B. GNAUCK. B 226□

Die quecksilberphotosensibilisierte Reaktion und die direkte photochemische Reaktion von Cyclooctatetraen. Hideo Yamazaki. (Bull. Tokyo Inst. Technol., Ser. B **1958**. 31–35.) (Engl.)

Vf. untersuchte die Rkk. von *Cyclooctatetraen* in der Dampfphase in Ggw. oder Abwesenheit von Hg-Dampf bei Belichtung mit Licht der Hg-Resonanzlinie (λ 2537) nach einer Durchfluß-Meth. u. unter stat. Bedingungen. Die Rk.-Prodd. waren in beiden Fällen die gleichen: C_2H_2, Bzl., eine orangefarbene Fl. (**A**; wahrscheinlich eine Bicycloform von C_8H_8), Polymeres u. eine Spur Styrol. Die Quantenausbeuten beider Zers.-Rkk. waren von gleicher Größenordnung. Die Unters. der Quantenausbeute u. seiner Druckabhängigkeit zeigte, daß beide Rkk. über den gleichen angeregten, wahrscheinlich Triplettzustand, verlaufen. Die Polymerisations-Rk. verläuft wahrscheinlich über **A** als Zwischenstufe. W. SCHRAMM. B 226

Über die Photochemie des Bis-[4-methylnaphthalin-(2)]-indigos. 1. Mitt. Dietrich Schulte-Frohlinde und Friedl Erhardt. (Chem. Ber. **93**. 2880–84. 2/12. 1960. Karlsruhe, Kernforschungszentrum, Inst. für Radiochem.) (Dt.)

Beim Belichten in hydroxylfreien Lsgm. lagert sich *Bis-[4-methylnaphthalin-(2)]-indigo* (**I**; vgl. BRACKMANN u. HAVINGA, C. **1958**. 14278) in ein 7-Keto-5.12-dimethyldihydrodinaphtho-[1.2:b;2′.3′:d]-furan (**II**) um. Dieser Umlagerung schließt sich unmittelbar eine Dunkel-Rk. an, in der durch Enolisierung 7-Hydroxy-5.12-dimethyldinaphtho-[1.2:b;2′.3′:d]-furan (**III**) gebildet wird. Neben-Rkk. treten in verd. Lsgg. nicht ein. Über die genaue Stufenfolge der photochem. Umsetzung besteht keine Klarheit, doch sind die ster. Verhältnisse anscheinend für die Geschw. der Licht-Rk. nicht allein maßgebend, da das **I** analoge *4-Methoxynaphthalin-Deriv.* bei gleicher Zahl absorbierter Quanten über 100mal langsamer als **I** reagiert. Die *4-Chlor-* u. *4-Bromnaphthalin-Derivv.*

verhalten sich wie I. Ihre Photoisomerisierungs-Prodd. liefern bei der Zn-Staubschmelze *Dinaphtho-[1.2:b;2'.3':d]-furan*, das durch HCl-Abspaltung aus 2.3-Dichlornaphthochinon-(1.4) u. α-Naphthol mit anschließender Zn-Staubschmelze erstmals dargestellt wurde. Mit CH_2N_2 kann aus **III** ein anscheinend C-methyliertes Prod. erhalten werden, das das UV-Spektrum von **II** zeigt, aber nicht mehr enolisiert. Mit Dimethylsulfat entsteht dagegen das an der OH-Gruppe methylierte Deriv., dessen UV-Spektrum dem von **III** ähnelt. **II** kann bei raschem Arbeiten bei niedriger Temp. isoliert werden.

Versuche: *Bis-[4-methylnaphthalin-(2)]-indigo* (**I**), $C_{22}H_{16}O_2$, F. 170° (Zers.), nach BRACKMAN u. HAVINGA (l. c.) durch Oxydation von 2,5 g 4-Methylnaphthol-(1) mit 8,5 g $FeCl_3$ in wss. A.; braune, metall. glänzende Nadeln; 650 mg (Ausbeute). — *Bis-[4-chlornaphthalin-(2)]-indigo*, $C_{20}H_{10}Cl_2O_2$, durch Oxydation von 4-Chlornaphthol-(1) mit CrO_3 in Acetanhydrid. — *7-Hydroxy-5.12-dimethyldinaphtho-[1.2:b;2'.3':d]-furan* (**III**), $C_{22}H_{16}O_2$, F. 238° (Zers.), durch Belichten (30 Min. lang) von **I** in Bzl. mit 2 200-W-Birnen, Lösen des Roh-Prod. in heißem A. u. Ausfällen mit Wasser. *7-Acetoxy-Deriv.* von **III**, $C_{24}H_{18}O_3$, F. 207—208°, aus **III** mit Acetanhydrid. *7-Methoxy-Deriv.* von **III**, $C_{23}H_{18}O_2$, F. 184° (A.), aus **III** mit Dimethylsulfat. *Methylierungs-Prod.* von **III** mit Diazomethan, $C_{23}H_{18}O_2$, Zers. ab 140°, seidig glänzende Nädelchen. — *Dinaphtho-[1.2:b;2'.3':d]-furan*, $C_{20}H_{12}O$, F. 226°; aus 2,3 g 2.3-Dichlornaphthochinon-(1.4) u. 1,5 g α-Naphthol durch 1 std. Erhitzen unter Rückfluß in 10 ml Pyridin u. Zn-Staubschmelze (3 Min. lang auf 300—400°) des erhaltenen Dinaphtho-[1.2:b;2'.3':d]-furanchinon-(7.12) (2,8 g); chromatograph. Reinigung an Al_2O_3. A. MASCHKE. B 226□

Harnstoffsynthese durch Bestrahlung. S. Dilli und J. H. Green. (Nature [London] **186.** 383—84. 30/4. 1960. Sydney, Univ. of New South Wales, Dep. of Nuclear and Radiation Chem.) (Engl.)

Vff. konnten die von LOISELEUR (vgl. C. **1959.** 12192) beschriebene Synth. von *Harnstoff* (**I**) bei der Bestrahlung von ammoniakal. u. methanol. Lsgg. [LOISELEURsche Lsg. (LL)] von CH_2Cl_2 in Ggw. von m-Phenylendiamin (F. 61°) beim Durchleiten von Luft nicht bestätigen. Weder nach Röntgen- noch nach γ-Bestrahlung von LL konnte **I** papierchromatograph. nachgewiesen werden. Der I-Nachw. mit Xanthydrol liefert sowohl mit bestrahlter, als auch mit unbestrahlter LL weiße Kristalle. Nach IR-Spektren u. Elementaranalyse handelt es sich nicht um Dixanthylharnstoff, sondern um ein Prod. der Zus. $C_{6,7}H_{4,9}N_{0,26}O_{0,61}$. H. W. LIEBISCH. B 226□

Über die Rolle der Prozesse der Stoffübertragung bei der katalytischen Oxydation von Naphthalin zu Phthalsäureanhydrid. M. G. Slinko. (Химическая Промышленность [Chem. Ind.] **1960.** 24—25. Jan./Febr.) (Russ.)

Die Annahme von IOFFE u. GRIGOROW (C. **1960.** 9492), daß bei der Oxydation von Naphthalin mit Luft-O_2 zu Phthalsäureanhydrid am Wirbelschichtkatalysator die Gesamt-Geschw. des Prozesses durch die Geschw. der Stoffübertragung bestimmt wird, wird bestritten. Der Prozeß kann nur im kinet. Gebiet mit hoher Selektivität durchgeführt werden, weil nur dann Überhitzung des Katalysators vermieden werden kann. Das Verhältnis der Differenzen der Partialdrucke im Gasstrom (P_G) u. an der Katalysatoroberfläche (P_{KO}) in der Wirbelschicht (Index W) u. am feststehenden Katalysator (Index FK): $(P_G-P_{KO})_W/(P_G-P_{KO})_{FK}$ ist im kinet. Gebiet 0,007, im Gebiet der inneren Diffusion 0,337. Nur in ganz besonderen Fällen kann $(P_G-P_{KO})_{FG} \ll (P_G-P_{KO})_W$ werden. In beiden Fällen spielt die Stoffübertragung der reagierenden Stoffe auf die Oberfläche der Katalysatorkörner keine entscheidende Rolle. R. K. MÜLLER. B 227□

Dehydrierung von Kohlenwasserstoffen verschiedener Struktur in Gegenwart eines Aluminium-Chrom-Kalium-Katalysators. Je. A. Timofejewa, N. I. Schuikin, W. Ss. Smirnow, T. P. Dobrynina, Ju. N. Plotnikow und G. Ss. Petrjajewa. (Известия Академии Наук СССР, Отделение Химических Наук [Nachr. Akad. Wiss. UdSSR, Abt. chem. Wiss.] **1958.** 893—96. Juli. Zelinsky-Inst. für org. Chem. der Akad. der Wiss. der UdSSR.) (Russ.)

Es wurde die Dehydrierung u. Aromatisierung von *n-Pentan, Isopentan, Cyclopentan* (**I**), *n-Hexan* (**II**), *2-Methyl-, 3-Methylpentan, 2.3-Dimethylbutan, Cyclohexan* (**III**), *n-Octan* (**IV**) u. *2.2.4-Trimethylpentan* am Al-Cr-K-Kontakt bei 500° untersucht. Die kinet. Kurven für die Bldg. von *Olefinen* u. *Aromaten* werden angegeben. Die Analysen der Katalysate (n_D, Jodzahl, Geh. an Olefinen, Diolefinen, Aromaten) u. gasförmigen Rk.-Prodd. sind tabellar. zusammengefaßt. Außer **I—IV** liefern die KW-Stoffe in einem Durchgang (Vol.-Geschw. 0,5 h^{-1}) ca. 30—45% Olefine. **I—IV** geben relativ wenig Olefine, **II**, **III** u. **IV** 50—90% Aromaten. Die Pentane liefern einige % bzw. Spuren Diolefine. Die gasförmigen Prodd. enthalten hauptsächlich H_2, daneben wechselnde Mengen gesätt. u. ungesätt. KW-Stoffe. HELMUT SCHÄFER. B 227□

Die Umwandlung von n-Alkanen der Zusammensetzung C_5-C_9 in Gegenwart eines Aluminium-Chrom-Kalium-Katalysators. N. I. Schuikin, Je. A. Timofejewa, T. P. Dobrynina, Ju. N. Plotnikow, G. Ss. Petrjajewa und W. M. Kleimenowa. (Известия Академии Наук СССР, Отделение Химических Наук [Nachr. Akad. Wiss. UdSSR, Abt. chem. Wiss.] **1958.** 896—98. Juli. Zelinsky-Inst. für org. Chem. der Akad. der Wiss. der UdSSR.) (Russ.) — Vgl. vorst. Referat.

Es wurde die katalyt. Dehydrierung von *n-Pentan*, *n-Hexan*, *n-Heptan*, *n-Octan* u. *n-Nonan* am Al–Cr–K-Kontakt bei 500° u. einer Vol.-Geschw. von 0,5 h^{-1} untersucht. Die kinet. Kurven für die Bldg. der *Olefine* u. *Aromaten* werden angegeben. In der vorst. Reihenfolge der Alkane betragen bei einem Durchgang die Ausbeuten an Olefinen (Aromaten) in %: 29,0 (Spuren); 13,7 (42,6); 9,1 (47,0); 7,8 (50,2); 13,5 (39,0). Die gasförmigen Prodd. enthalten hauptsächlich H_2 neben wechselnden Mengen ungesätt. u. gesätt. KW-Stoffe. HELMUT SCHÄFER. B 227□

Untersuchung des Mechanismus der katalytischen Synthese von Methylalkohol nach der Änderung der Austrittsarbeit. M. T. Russow, G. M. Kosub und W. M. Wlassenko. (Доповіді Академії Наук Української РСР [Ber. Akad. Wiss. UkrainSSR] **1961.** Nr. 7. 935—37. Akad. der Wiss. der UkrainSSR, Inst. für physikal. Chem.) (Ukrain.; Auszug: Engl.)

Durch Messung der Kontaktpotentialdifferenz (KPD) wurden die Änderungen der Austrittsarbeit bei der Adsorption von H_2, CO u. H_2 + CO am Zn–Cr-Katalysator bestimmt. Untersucht wurde die KPD im Temp.-Bereich 20—400° im Vakuum (10^{-5}mm Hg), in H_2 (190 mm), in CO (80 mm) u. in Synth.-Gas CO + H_2 (95 mm). Im Verlauf der Austrittsarbeit-Temp.-Kurven sehen Vff. eine Bestätigung der Richtigkeit des von KOSUB u. Mitarbeitern früher (Кинетика и Катализ [Kinetik u. Katalyse] **2.** [1961.] 240) aufgestellten Schemas für den Mechanismus der katalyt. Synth. von *Methylalkohol* aus CO u. H_2, als dessen Charakteristikum die Bldg. eines reaktionsfähigen Komplexes Katalysator–COH in der Oberflächenschicht angesehen werden kann. O. LEBTAG. B 227□

Die katalytische Reaktion an Palladium und der Effekt von Wasserstoff. Masamichi Kowaka und Michel J. Joncich. (Mem. Inst. sci. ind. Res., Osaka Univ. **16.** 107—11. 1959.) (Engl.)

Vff. untersuchten die Kinetik der Hydrierung von *Äthylen* an einem Pd-Katalysator zwischen 0 u. 150°. An reinem Pd ist die Rk.-Geschw. fast proportional dem H_2-Druck u. unabhängig vom C_2H_4-Druck. Vorbehandlung des Pd mit H_2 oder C_2H_4 führt zu einer deutlichen Vergiftung des Katalysators (bei H_2 ausgeprägter), die Geschw. bleiben dem H_2-Druck proportional. Hydrierungs-Verss., bei denen H_2 durch den Pd-Katalysator diffundiert (durch elektrolyt. Erzeugung von H_2 mit Pd als Kathode), zeigten aber, daß im Gegensatz zur Vorbehandlung mit H_2 der diffundierende H_2 die Rk. beschleunigt. W. SCHRAMM. B 227

Der Effekt von diffundierendem Wasserstoff auf die Reaktion an Palladium. Masamichi Kowaka und Michel J. Joncich. (Mem. Inst. sci. ind. Res., Osaka Univ. **16.** 113—17. 1959.) (Engl.) — Vgl. vorst. Referat.

Die Hydrierung von *Acetylen* an Pd mit diffundierendem H_2 wurde untersucht. H_2 wurde elektrolyt. mit Pd als Kathode erzeugt (vgl. l. c.). Zunehmende Stromdichte begünstigt die Rk., d. h., die H_2-Diffusion ist geschwindigkeitsbestimmend. Die zunehmende Aktivität des Katalysators als Folge der H_2-Diffusion war bei höheren Temp. größer als bei der Hydrierung von Äthylen (vgl. l. c.). W. SCHRAMM. B 227

Isomerisierung von cis-Stilben und cis-Zimtsäure mit Wasserstoff und Katalysatoren. Giuseppe Bellinzona und Gian Franco Bettinetti. (Gazz. chim. ital. **90.** 426—33. Febr./März 1960. Pavia, Univ., Ist. di Chim. gen.) (Ital.)

Bei der katalyt. Hydrierung von *cis-Stilben* (cis-I) tritt in wechselndem Umfang eine Isomerisierung des Ausgangs-Prod. zu *trans*-I ein. Über einer Reihe von Katalysatoren (Pd-Schwamm, Pd/Kohle, Pd/Al_2O_3, Rh/Al_2O_3, PtO_2, Pt/Kohle, Ru/Kohle) wurde das Ausmaß der Isomerisierung nach der Aufnahme von jeweils der halben theoret. H_2-Menge durch Spektrometrie bei 10,43 μ (starke Absorption von trans-I, prakt. keine Absorption von cis-I) ermittelt. Bei Raum-Temp. machte die Stereomutation allg. zwischen 4 u. 13% des cis-I aus; bei höherer Temp. nimmt der Isomerisierungsgrad zu. Mit Rh/Al_2O_3 in abs. A. ergab sich bei Raum-Temp. ein maximaler Umlagerungsgrad von 38%, doch wurde die mit diesem Katalysator sehr träge verlaufende Hydrierung bereits nach Aufnahme von $^1/_5$ der theoret. H_2-Menge abgebrochen. Bei normaler Temp. tritt allein in Ggw. der meisten der genannten Katalysatoren keine Isomerisierung von cis- u. trans-I ein. Allein Ru/Kohle macht eine Ausnahme. In der Wärme (oberhalb 50°) wird jedoch mit allen Katalysatoren auch ohne Ggw. von H_2 eine Umlagerung beobachtet. Mehrstd. Kochen von cis-I mit Ru/Kohle in A. liefert trans-I mit 80% Ausbeute. — Entsprechende Unterss. mit *cis-Zimtsäure* ergaben, daß hier eine Isomerisierung zur trans-Form bei der katalyt. Hydrierung nur in sehr geringem Umfang (ca. 2%) stattfindet. H.-E. TOUSSAINT. B 227□

Über den Mechanismus der Desalkylierung von p-Diisopropylbenzol in Gegenwart eines Alumosilicatkatalysators. Chr. Dimitrow. (Доклады Болгарской Академии Наук [C. R. Acad. bulg. Sci.] **11.** 403—06. Sept./Okt. 1958.) (Russ.; Auszug: Engl.)

Die Desalkylierung von *p-Diisopropylbenzol* bei 410—490° am Alumosilicatkatalysator bei einer Vol.-Geschw. von 0,88—3,70 h^{-1} verläuft über die Stufe von Cumol zum Bzl. nach einem Ionenmechanismus. R. Mayer-Mader. B 227□

C. Präparative organische Chemie. Naturstoffe

Decarboxylierung der Carbonsäuren und ihrer Salze. Yoshiro Ogata und Masaru Tsuchida. (Kagaku-no-Ryoiki [J. Jap. Chem.] **11.** 743—59. Okt. 1957. Kyôto, Univ., Techn. Fak.) (Jap.)

Übersicht. — 132 Literaturangaben. E. Maekawa. 460□

Konjugierte Additionen von Grignard-Reagentien an α,β-ungesättigte Ester. 8. Mitt. **Weitere Untersuchungen über die Wirkung von Kupfer(I)-chlorid.** Jon Munch-Petersen und Viggo Køgs Andersen. (Acta chem. scand. **15.** 271—76. 1961. Copenhagen, Polytechn. Lœreanst., Organ.-kem. Labor.) (Engl.) — 7. vgl. C. **1962.** 6733.

Die katalyt. Wrkg. von CuCl führt zur Steigerung der Ausbeute an 1.4-Additions-Prodd. bei der Rk. von Crotonsäure-sek.-butylester (**I**) mit Methyl- (**V**), Äthyl- (**VI**), n- (**VII**) u. Isopropyl- (**VIII**), n-Butyl-MgBr (**IX**) sowie tert.-Butyl-MgCl (**X**) bei 0° u. —10°, wenn der Katalysator wegen seiner begrenzten Lebensdauer in der Grignard-Lsg. in kleinen Anteilen abwechselnd mit dem Ester, nicht vorher insgesamt, zur Grignard-Verb. gegeben wird. Analoges Verh. zeigen Zimt- (**II**) u. Sorbinsäure-sek.-butylester (**III**), während bei der Rk. zwischen Tiglinsäure-sek.-butylester (**IV**) u. **IX** die Zugabe von CuCl aus bisher ungeklärten Gründen zu einer Ausbeuteverringerung an 1.4-Additions-Prod. führt. Rkk. mit **V** ergeben nur in Ggw. von CuCl u. unter Eiskühlung 1.4-, anderenfalls 1.2-Addition. Bei **II** u. **IV** führt die Ggw. von CuCl neben der 1.4- auch zur 1.2-Addition unter Bldg. gesätt. Ketone. Hierbei bietet die portionsweise Katalysatorzugabe kaum Vorteile.

Versuche: sek.-Butylester, durch ca. 4std. portionsweise Zugabe von Ester u. CuCl zur gekühlten äther. Grignard-Lsg.: *3-Methylheptansäure-*, aus **I** u. **IX** bei 0°; 85% (Ausbeute). — *3-Methylvaleriansäure-*, aus **I** u. **VI** bei —10°; 79%. — *3-Methylhexansäure-*, aus **I** u. **VII** bei —10°; 88%. — *3.4-Dimethylvaleriansäure-*, aus **I** u. **VIII** bei —10°; 80%. — *3.4.4-Trimethylvaleriansäure-*, aus **I** u. **X** bei —10°; 48%. — *Isovaleriansäure-*, aus **I** u. **V** bei —10°; 65%. — *2.3-Dimethylheptansäure-*, aus **IV** u. **IX** bei 0°; 55%. — *3-Phenylheptansäure-*, aus **II** u. **IX** bei 0°; 50%. — *n-Butylhexansäure-* (Isomerengemisch), aus **III** u. **IX** bei 0°; 72%. — Analog: *3.4-Dimethylpentanon-(2)*, aus **IV** u. **V** bei —10°; 65%. — *4-Phenylpentanon-(2)*, aus **II** u. **V** bei —10°; 49%. M. Wolff. 470□

Konjugierte Additionen von Grignard-Reagentien an α,β-ungesättigte Ester. 9. Mitt. **1.4- und 1.6-Addition von n-Butylmagnesiumbromid an Sorbinsäure-sek.-butylester.** Jon Munch-Petersen, Claus Bretting, Peer Møller Jørgensen, Susanne Refn und Viggo Køgs Andersen. (Acta chem. scand. **15.** 277—92. 1961.) (Engl.) — 8. vgl. vorst. Referat.

Die unkatalysierte Addition von n-Butyl-MgBr (**I**) an Sorbinsäure-sek.-butylester ergibt sowohl 1.2-Addition als auch konjugierte, d. h. vorwiegend 1.4- neben 1.6-Addition. Beim Arbeiten in Ggw. von CuCl konnte kein 1.2- dafür in guter Ausbeute fast ausschließlich das 1.6-Additions-Prod. isoliert werden. Dabei erwies sich die portionsweise Katalysatorzugabe wieder als vorteilhaft (vgl. l. c.). Einige Rk.-Mechanismen werden diskutiert. Die Identifizierung der Verbb. erfolgte durch Gas–Fl.-Chromatographie, IR-Spektroskopie, chem. Abbau-Rkk. u. Verseifung. Die Grignard- sowie die Abbau-Prodd. wurden auf bekannten Wegen synthetisiert.

Versuche: *Sorbinsäure-sek.-butylester*, $C_{10}H_{16}O_2$, Kp.$_{17}$ 105°, n_D^{20} 1,4846; 85% (Ausbeute). — *Octen-(2)-ol-(4)*, Kp.$_{13}$ 77—80°, aus Crotonaldehyd u. **I**; n_D^{20} 1,4417; 65%. — *4-Bromocten-(2)*, Kp.$_{10}$ 67—69°, aus vorst. Verb. u. PBr_3; n_D^{25} 1,4631; 45%. — *2-[Propen-(1)-yl]-hexandicarbonsäure-(1.1)-diäthylester*, $C_{15}H_{26}O_4$, Kp.$_{0,6}$ 98—100°, aus vorst. Verb. u. Malonester; n_D^{20} 1,4422; 52%. — *3-[Propen-(1)-yl]-heptansäure* (Isomerengemisch), Kp.$_{0,5}$ 92°, Kp.$_{20}$ 140°, durch Hydrolyse vorst. Verb. u. Vakuum-Dest.; n_D^{20} 1,4471; 69%. — *3-Methylheptansäure* (**II**), Kp.$_{10}$ 116°, durch Verseifung des sek.-Butylesters (aus **I** u. Crotonsäure-sek.-butylester). *Chlorid* (**II a**), Kp.$_{10}$ 70—72°, mit $SOCl_2$; 90%. — *3-Methylheptaldehyd* (**III**), Kp.$_{10}$ 50—52°, durch Rosenmund-Red. von **II a** in Toluol; 40%. — *5-Methylnonen-(2)-säure*, Kp.$_{0,9}$ 110—111°, aus **III** u. Malonsäure (**IV**) in Pyridin; n_D^{25} 1,4610. — *5-Methylnonen-(3)-säure*, Kp.$_1$ 102°, aus **III** u. **IV** in Dimethylanilin; n_D^{20} 1,4481. — *n-Butylbernsteinsäure*, F. 81°, analog **II**. — *2-Methylhexan-*

säure, $C_7H_{14}O_2$, Kp.$_{15}$ 104—105°, aus Methylmalonsäureester u. n-Butylbromid; n_D^{25} 1,4220. M. WOLFF. 470□

Konjugierte Additionen von Grignard-Reagentien an α,β-ungesättigte Ester. 10. Mitt. **Möglicher Einfluß des Halogenatoms der Grignardverbindung.** Jon Munch-Petersen und Viggo Køgs Andersen. (Acta chem. scand. **15.** 293—99. 1961.) (Engl.) — 9. vgl. vorst. Referat.

Vff. untersuchten die konjugierte Addition einiger Alkylmagnesiumhalogenide (**G**) an Crotonsäure-sek.-butylester (**I**) unter Bedingungen, die bei den Bromiden eine 1.4-Addition begünstigen (vgl. l. c.), u. zwar ohne Katalysator wie auch in Ggw. von CuCl. Die Ausbeuten bei der unkatalysierten Rk. nehmen in der Folge Cl- (**C**) ≧ Br- (**B**) ≫ J-Verbb. (**J**) ab. In Ggw. von CuCl sind sie in allen drei Fällen etwa gleich u. entsprechen ungefähr derjenigen der unkatalysierten Rk. mit **C** (ca. 80—85%). Allg. sind jedoch die **B** zu bevorzugen, da wegen der geringen Reaktivität der Alkylchloride gegenüber Mg die entsprechenden **C** oft sehr schwer darstellbar sind, in den niederen Gliedern niedrige Kpp. besitzen u. in Ae. teilweise schwer lösl. sind. Den **J** kommt nur untergeordnete Bedeutung zu. Für die Reaktivität der **G** spielt ein Wechsel des Alkylrestes eine größere Rolle als ein solcher des Halogens. Diskutiert werden die elektrophile Reaktivität des Mg sowie ster. u. Temp-Einflüsse. Während sich die Wrkg. des CuCl bei n-Propyl-MgJ schon bei 0° zeigt, geschieht dies beim Bromid erst bei —10°. Das gleiche gilt auch für tert.-Butyl-MgJ u. -MgBr. Die Methyl-**G** ergeben nur dann einfache konjugierte Additions-Prodd., wenn die Rk. katalysiert u. bei —10° ausgeführt wird.

Versuche: *3-Methylhexansäure-sek.-butylester*, $C_{11}H_{22}O_2$, Kp.$_{12}$ 87°, aus n-Propyl-**G** u. **I**; n_D^{25} 1,4164. — *3.4.4-Trimethylvaleriansäure-sek.-butylester*, Kp.$_{14}$ 97—99°, aus **I** u. überschüssigem tert.-Butyl-MgCl oder -MgBr; n_D^{25} 1,4248; 60—78% (Ausbeute). M. WOLFF. 470□

Substituierte Acetylene. 75. Mitt. **Darstellung und einige Reaktionen von α-tert.-Acetylenäthern.** G. F. Hennion und Armand P. Boiselle. (J. org. Chemistry **26.** 2677—81. Aug. 1961. Notre Dame, Ind., Univ., Chem. Labor.) (Engl.) — 74. vgl. C. **1962.** 7484.

Die Darst. von α-tert.-Acetylenäthern aus tert.-Acetylenchloriden u. Alkoholen in Ggw. von Alkali läuft in allen untersuchten Fällen gemäß $R_1R_2C(Cl)C{\equiv}CH + R_3OH + OH^- \rightarrow R_1R_2C(OR_3)C{\equiv}CH + H_2O + Cl^-$ ab. Die Ausbeuten hängen wesentlich von der Art des Alkohols ab, nicht aber von der Konstit. von R_1 u. R_2. Die Ausbeuten fallen in der Folge Methyl-, Äthyl-, Isopropyläther; Verss., tert.-Butyläther darzustellen, schlugen sämtlich völlig fehl. In keinem Falle konnten die isomeren Allenäther, $R_1R_2C{=}C{=}CHOR_3$, isoliert werden. Unter für die Bldg. der tert.-Acetylenäther ungünstigen ster. Bedingungen traten als Konkurrenz-Rkk. die Hydrolyse des Chlorids zum Alkohol u. die Eliminierung von HCl unter Bldg. eines Enin-KW-Stoffs in erheblichem Umfang auf. Beim Ersatz der Alkohole durch Phenol konnten stets in schlechten Ausbeuten Phenyläther erhalten werden, daneben war auch eine C-Alkylierung festzustellen. Die Äthinylgruppe der α-tert.-Acetylenäther läßt sich leicht mit Alkylhalogeniden u. $NaNH_2$ in fl. NH_3 alkylieren. Ferner ergab die MANNICH-Rk. die zu erwartenden Aminoäther, jedoch in schlechter Ausbeute. Durch Anlagerung von W. ließen sich die α-tert.-Acetylenäther in Ketoäther umwandeln.

Versuche: 3-Methylbutine-(1): *3-Methoxy-* (**II**), $C_6H_{10}O$, Kp. 77—79°, durch Zutropfen von wss. KOH (3 Std.) zu 3-Chlor-3-methylbutin-(1) (**I**) in Methanol bei 15—20°, 1std. Rühren bei 15—20° u. Stehen (1 Nacht) bei Raum-Temp.; n_D^{25} 1,3970; 60% (Ausbeute). IR-Hauptbanden sind angegeben. — Analog: *3-Äthoxy-* (**IV**), $C_7H_{12}O$, Kp. 93—94°; n_D^{25} 1,4002; 45%. — *3-n-Propoxy-*, $C_8H_{14}O$, Kp. 111—113°; n_D^{25} 1,4041; 27%. — *3-Isopropoxy-*, $C_8H_{14}O$, Kp. 98—100°; n_D^{25} 1,3985; 9%. — 3-Methylpentine-(1): *3-Methoxy-*, $C_7H_{12}O$, Kp. 102—104°; n_D^{25} 1,4129; 50%. — *3-Äthoxy-*, $C_8H_{14}O$, Kp.$_{100}$ 58—60°; n_D^{25} 1,4090; 34%. — *3-n-Propoxy-*, $C_9H_{16}O$, Kp.$_{96}$ 76—78°; n_D^{25} 1,4149; 24%. — *3-Isopropoxy-*, $C_9H_{16}O$, Kp.$_{75}$ 54—56°; n_D^{25} 1,4089; 12%. — 3-Äthylpentine-(1): *3-Methoxy-*, $C_8H_{14}O$, Kp.$_{90}$ 65—67°; n_D^{25} 1,4197; 68%. — *3-Äthoxy-*, $C_9H_{16}O$, Kp.$_{100}$ 78—80°; n_D^{25} 1,4171; 29%. — *3-n-Propoxy-*, $C_{10}H_{18}O$, Kp.$_{13}$ 51—53°; n_D^{25} 1,4148; 17%. — *3-Isopropoxy-*, $C_{10}H_{18}O$, Kp.$_{55}$ 63—65°; n_D^{25} 1,4223; 10%. — 1-Äthinylcyclohexane: *1-Methoxy-* (**III**), $C_9H_{14}O$, Kp.$_{14}$ 57—59°; n_D^{25} 1,4590; 75%. — *1-Äthoxy-*, $C_{10}H_{16}O$, Kp.$_{14}$ 63—65°; n_D^{25} 1,4528; 50%. — *1-n-Propoxy-*, $C_{11}H_{18}O$, Kp.$_{12}$ 78—80°; n_D^{25} 1,4555; 42%. — *1-Isopropoxy-*, $C_{11}H_{18}O$, Kp.$_{14}$ 63—65°; n_D^{25} 1,4491; 21%. — *3-Methoxy-3.5-dimethylhexin-(1)*, $C_9H_{16}O$, Kp.$_{40}$ 57—59°; n_D^{25} 1,4189; 52%. — *3-Äthoxy-3.5-dimethylhexin-(1)*, $C_{10}H_{18}O$, Kp.$_{25}$ 56—58°; n_D^{25} 1,4174; 27%. — *3-Methoxy-3.6-dimethylheptin-(1)*, $C_{10}H_{18}O$, Kp.$_{12}$ 52—55°; n_D^{25} 1,4239; 52%. — *3-Äthoxy-3.6-dimethylheptin-(1)*, $C_{11}H_{20}O$, Kp.$_{12}$ 60—62°; n_D^{20} 1,4227; 21%. — *3-Phenoxy-3-methylbutin-(1)*, $C_{11}H_{12}O$, Kp.$_{37}$ 109—111°, durch Zutropfen von wss. KOH zu **I** in Phenol bei 15—20°

(2 Std.), 1std. Rühren bei 15—20° u. Stehen (1 Nacht) bei Raum-Temp.; n_D^{25} 1,5080; 20%. — Analog: *3-Phenoxy-3-methylpentin-(1)*, $C_{12}H_{14}O$, Kp.$_{0,3}$ 60—62°; n_D^{25} 1,5107; 18%. — *3-Phenoxy-3-äthylpentin-(1)*, $C_{13}H_{16}O$, Kp.$_{0,4}$ 71—73°; n_D^{25} 1,5130; 13%. — *1-Phenoxy-1-äthinylcyclohexan*, $C_{14}H_{16}O$, Kp.$_{1,1}$ 97—99°; n_D^{25} 1,5352; 12%. — *2-Methoxy-2-methylhexin-(3)*, $C_8H_{14}O$, Kp.$_{100}$ 72—74°, durch Zugabe von **II** in Ae. zu $NaNH_2$ in fl. NH_3, 1std. Kochen, Zugabe von C_2H_5Br in Ae., 4std. Rühren u. Zugabe von Eis; n_D^{25} 1,4207; $D._4^{25}$ 0,8137; 76%. IR-Bande bei 4,5 μ. — Analog: *2-Methoxy-2-methylpentin-(3)*, $C_7H_{12}O$, Kp.$_{120}$ 63—65°, Kp. 113—115°; n_D^{25} 1,4212; $D.^{25}$ 0,8219; 68%. — *1-Methoxy-1-[butin-(1)-yl]-cyclohexan*, $C_{11}H_{18}O$, Kp.$_{14}$ 86—88°; n_D^{25} 1,4652; $D.^{25}$ 0,9031; 84%. — *4-Methoxy-2.4-dimethyloctin-(5)*, $C_{11}H_{20}O$, Kp.$_{25}$ 79—81°; n_D^{25} 1,4321; 66%. — *4-Äthoxy-2.4-dimethyloctin-(5)*, $C_{12}H_{22}O$, Kp.$_{26}$ 88—90°; n_D^{25} 1,4299; 50%. — *1-Diäthylamino-4-methoxy-4-methylpentin-(2)*, $C_{11}H_{21}NO$, Kp.$_{0,5}$ 56—58°, durch 24std. Kochen von **II** mit Paraformaldehyd u. Diäthylamin in Dioxan; n_D^{25} 1,4383; 59%. — *3-Pyrrolidino-1-[1-methoxycyclohexyl]-propin-(1)*, $C_{14}H_{23}NO$, Kp.$_{1,8}$ 123—124°, analog vorst. Verb. aus **III** u. Pyrrolidin; n_D^{25} 1,4965; 28%. *Methojodid*, $C_{15}H_{26}JNO$, F. 135—136° (Äthylacetat–A.). *Maleat*, $C_{18}H_{27}NO_5$, F. 85—86° (abs. A.-Ae.). — Analog: *5-Pyrrolidino-2-methyl-2-methoxypentin-(3)*, $C_{11}H_{19}NO$, Kp.$_{0,3}$ 63—65°; n_D^{25} 1,4609; 78%. — *5-Pyrrolidino-2-methyl-2-äthoxypentin-(3)*, $C_{12}H_{21}NO$, Kp.$_{0,4}$ 63—65°; n_D^{25} 1,4597; 22%. — *7-Pyrrolidino-2.4-dimethyl-4-methoxyheptin-(5)*, $C_{14}H_{25}NO$, Kp.$_{1,1}$ 96—98°; n_D^{25} 1,4662; 38%. — *1-Diäthylamino-4-methyl-4-äthoxypentin-(2)*, $C_{12}H_{23}NO$, Kp.$_{0,3}$ 56—58°; n_D^{25} 1,4371; 26%. — *1-Diäthylamino-3-[1-methoxycyclohexyl]-propin-(2)*, $C_{14}H_{25}NO$, Kp.$_{0,6}$ 87 bis 88°; n_D^{25} 1,4740; 48%. — *1-Diäthylamino-4.6-dimethyl-4-methoxyheptin-(2)*, $C_{14}H_{27}NO$, Kp.$_{0,8}$ 73—75°; n_D^{25} 1,4470; 35%. — *1-Diäthylamino-4.6-dimethyl-4-äthoxyheptin-(2)*, $C_{15}H_{29}NO$, Kp.$_{0,5}$ 71—73°; n_D^{25} 1,4452; 25%. — *3-Äthoxy-3-methylbutanon-(2)*, $C_7H_{14}O_2$, Kp.$_{100}$ 75—76°, durch Zugabe von HgO u. **IV** zu wss. H_2SO_4 in CH_3OH, 1std. Kochen, Abkühlen auf Raum-Temp. u. Zugabe von freiem Na_2CO_3; n_D^{25} 1,4015; 64%. *Semicarbazon*, F. 149—150°. *2.4-Dinitrophenylhydrazon*, F. 110—111°. — Analog: *3-Methoxy-3-methylbutanon-(2)*, $C_6H_{12}O_2$, Kp.$_{100}$ 62—64°; n_D^{25} 1,3990; 52%. — *3-Methoxy-3.5-dimethylhexanon-(2)*, $C_9H_{18}O_2$, Kp.$_{25}$ 75—77°; n_D^{25} 1,4228; 63%. — *3-Äthoxy-3.5-dimethylhexanon-(2)*, $C_{10}H_{20}O_2$, Kp.$_{26}$ 82—83°; n_D^{25} 1,4213; 55%. — *1.1-Diphenyl-4-methoxy-4-methylpentin-(2)-ol-(1)*, $C_{19}H_{20}O_2$, F. 85—86,5° (PAe.), durch Zutropfen von **II** in Ae. zu Äthyl-MgBr in Ae., 4std. Kochen, Abkühlen, Zusatz von Benzophenon in Ae., Rühren (1 Nacht) bei Raum-Temp., 4std. Kochen, Abkühlen, Hydrolyse mit Eis/W. u. Zugabe von NH_4Cl; 61%. IR-Hauptbanden. — *4-Methoxy-4-methylpentin-(2)-säure*, Kp.$_{0,5}$ 99—103°, durch Zutropfen von **II** in Ae. zu C_2H_5MgBr in Ae., 3std. Kochen, Abkühlen, 16std. Einleiten von CO_2 u. Hydrolyse mit Eis/W. u. 10%ig. HCl; n_D^{25} 1,4580; 41%. *p-Phenylphenacylester*, $C_{21}H_{20}O_4$, F. 102,5—104° (60%ig. A.), durch Zugabe von 10%ig. wss. NaOH zur wss. Lsg. der Säure, Zusatz von p-Phenylphenacylbromid in A. u. 2std. Kochen.

B. GNAUCK. 560□

Konstitution des „Glycerinborats" und „Boracetats". W. Gerrard und E. F. Mooney. (Chem. and Ind. **1958**. 227—28. 22/2. London, Northern Polytechn.) (Engl.)

Dem nach AHMAD u. KHUNDKAR (vgl. C. **1955**. 10245) aus „Boracetat" u. Glycerin als amorphes Pulver dargestellten Rk.-Prod. wird von Vff. die Struktur des *Bis-[5-hydroxy-1.3.2-dioxaborinanyl-(2)]-oxids* (**I**) zuerteilt. Diese Formulierung für **I**, also das Vorliegen einer >B—O—B<-Gruppierung, wie sie auch im „Boracetat", $(CH_3COO)_2 \cdot BOB(OCOCH_3)_2$, vorhanden ist, folgt aus seinen chem. u. spektrograph. Eigg. u. wird durch Betrachtungen an Kugelmodellen gestützt. **I** polymerisiert sich bei 155°/12 mm.

GISELA SCHREIBER. 590□

Die Darstellung von Polyhalogenacroleinen aus Vinyläthern. Marcelle Levas und Émile Levas. (Bull. Soc. chim. France **1959**. 1800—06. Nov./Dez. Rennes, Fac. des Sci.) (Franz.)

Ausgehend von den Kondens.-Prodd. aus CCl_4 oder CBr_4 u. n-Butoxyäthylen (**V**) wurden 11 *Halogenacroleine* hergestellt, die je zwei oder drei gleiche oder verschiedene Halogenatome enthalten. *β.β-Dibrom-* u. *β.β-Dijod-Derivv.* wurden durch eine Halogenaustausch-Rk. erhalten, für die ein Rk.-Mechanismus ähnlich einer Allylumlagerung vorgeschlagen wird. *Halogenacrylsäurebromide* wurden durch Rk. von Br_2 mit entsprechenden Aldehyden im UV-Licht hergestellt.

Versuche: *1.1.3-Trichlor-3-butoxypropen* (**I**), Kp.$_{22}$ 106—08°, aus CCl_4, **V** u. Azodiisobutyronitril (**VI**) durch 2std. Kochen; 85—94% (Ausbeute). — *3.3-Dichlorpropenal* (**II**), Kp. 125°, aus **I** durch langsame Dest. unter Atmosphärendruck; $n_D^{17,5}$ 1,5090; $D._4^{17,5}$ 1,395; 65—70%. *2.4-Dinitrophenylhydrazon*, F. 164°. — *Trichlorpropenal* (**III**), Kp. 162,5—163,5°, aus **I** u. Cl_2 in Ggw. von J_2 durch 2std. Rk. u. anschließendes Erhitzen auf 160—200°; n_D^{23} 1,5378; $D._4^{23}$ 1,583; 65—73%. *2.4-Dinitrophenylhydrazon*, F. 229—230°. — *3.3-Dichlor-2-brompropenal* (**IV**), C_3HBrCl_2O, Kp. 75,5—76°, aus **I**

u. Br_2 durch ½ std. Rk. im Dunkeln, Zugabe von HCl u. ½ std. Kochen; 40%. *Oxim*, F. 136,5—137,5°. *2.4-Dinitrophenylhydrazon*, F. 224,5—225°. *3.3-Dichlor-2.3-dibrompropanal*, aus II u. Br_2 bei 50—60°; 75%. — *3-Chlor-2.3-dibrompropenal*, C_3HBr_2ClO, F. 47,5—48,5°, $Kp._{17}$ 98—99°, aus vorst. Verb. durch mehrtägiges Stehen u. fraktionierte Dest. aus PAe. gelbe Kristalle; 34%; daneben 23% vorst. Verb. u. 6,5% *Tribrompropenal, Oxim*, F. 146—147,5°. *2.4-Dinitrophenylhydrazon*, F. 234°. — *2.3-Dichlor-3-brompropenal*, C_3HBrCl_2O, $Kp._{17.5}$ 83—84°, aus III u. 66%ig. HBr, durch 5std. Rk.; n_D^{18} 1,5768; $D._4^{18}$ 1,966; 14%; daneben 44,5% *2-Chlor-3.3-dibrompropenal* ($Kp._{17}$ 98—99°; aus PAe. gelbe Kristalle. *Oxim*, F. 153,5—154,5°. *2.4-Dinitrophenylhydrazon*, F. 238 bis 239°). *Oxim*, F. 142—143°. *2.4-Dinitrophenylhydrazon*, F. 232—233°. — *Tribrompropenal*, C_3HBr_3O, F. 63—64° (verd. Ameisensäure), $Kp._{18}$ 115,5—116,5° analog vorst. Verb. aus IV; 57%. *Oxim*, F. 157,5—158,5°. *2.4-Dinitrophenylhydrazon*, F. 238—239°. — *3.3-Dibrompropenal*, $C_3H_2Br_2O$ $Kp._{37}$ 87—88°, aus CBr_4 u. **V** in CCl_4 in Ggw. von **VI** durch Kochen, Überführung in das Bisulfit-Deriv. u. Zers. mit Säure; n_D^{26} 1,5862; $D._4^{26}$ 2,212; 24%. *Oxim*, F. 77,5—79,5°. *2.4-Dinitrophenylhydrazon*, F. 180—182°, — *3.3-Dijodpropenal*, $C_3H_2J_2O$, F. 82,5—83,5°, aus II u. 65%ig. HJ durch kurzes Erhitzen auf 100°; ockergelbe Platten; 60%. *Oxim*, F. 87—88° u. 107—109° (Zers.). *2.4-Dinitrophenylhydrazon*, F. 203—205°. — *3.3-Dijod-2-chlorpropenal*, C_3HClJ_2O, F. 75,6—76,5, aus III analog vorst. Verb.; aus Ameisensäure citronengelbe Kristalle; 67%. *Oxim*, F. 175—177°. *2.4-Dinitrophenylhydrazon*, F. 240—244°. — *3.3-Dijod-2-brompropenal*, C_3HBrJ_2O, F. 107,5—108,5°, aus **IV** analog vorvorst. Verb.; aus Ameisensäure gelbe Kristalle; 70%. *Oxim*, F. 186,5—187,5°. *2.4-Dinitrophenylhydrazon*, F. 242—244°. — Acrylsäuren: *3.3-Dichlor-*, $C_3H_2Cl_2O_2$, F. 61—62° u. 76—77° (PAe.); a) aus II u. $AgNO_3$ in wss. NaOH durch 6—8std. Rk.; 70—90%; b) aus II u. Chromschwefelsäure in Aceton durch 20 Min. lange Rk. bei 0°; 31—38%. *Säurebromid*, C_3HBrCl_2O, $Kp._{760}$ 164 bis 166°, $Kp._{15,5}$ 57,5—58,5°, aus II u. Br_2 in CCl_4 unter Bestrahlung mit einer Quarzlampe; n_D^{16} 1,5680; $D._4^{16}$ 1,877; 69—83%. *Amid*, F. 111—112°. — *3.3-Dibrom-*, $C_3H_2 \cdot Br_2O_2$, F. 86—88°. — *3.3-Dijod-*, $C_3H_2J_2O_2$, F. 132—132,5° (W.). — *2.3.3-Trichlor-*, $C_3HCl_3O_2$, F. 76—76,5° (PAe.). *Säurebromid*, C_3BrCl_3O, $Kp._{18.5}$ 70—71°; n_D^{21} 1,5581, $D._4^{21}$ 1,943; 72%. *Amid*, F. 91,5—92,5° u. 97,5—98,5°. — *2-Brom-3.3-dichlor-*, $C_3HBr \cdot Cl_2O_2$, F. 71—72° u. 81—82°. *Säurebromid*, $C_3Br_2Cl_2O$, $Kp._{17.5}$ 79—80°; n_D^{18} 1,5791; $D._4^{18}$ 2,248; 61%. *Amid*, F. 127—128°. — *2.3-Dibrom-3-chlor-*, $C_3HBr_2ClO_2$, F. 95—96° (Heptan), $Kp._{17.5}$ 96—97°; n_D^{20} 1,6019, $D._4^{20}$ 2,523; 62%. *Amid*, F. 138—140°. — *2.3-Dichlor-3-brom-*, $C_3HBrCl_2O_2$, F. 74—75° u. 77—78° (PAe.). — *Tribrom-*, $C_3HBr_3O_2$, F. 119—120° (Heptan). — *2-Chlor-3.3-dibrom-*, $C_3HBr_2ClO_2$, F. 94—95° (W.). *Säurebromid*, C_3Br_3ClO, $Kp._{16}$ 98°; n_D^{17} 1,6158; $D._4^{17}$ 2,551; 81%. *Amid*, F. 124—124,5°. — *2-Chlor-3.3-dijod-*, F. 130—132° u. 138—139° (W. oder Heptan/Bzl.). — *2-Brom-3.3-dijod-*, $C_3HBrJ_2O_2$, F. 179—182° (Zers.; W.). WALTER SIMON. 670

Synthese und Untersuchung der Umwandlungen von Glykolen der δ-Reihe. 1. Mitt. **Untersuchung der Umwandlungen von 2.3.6-Trimethyl-5-ketohepten-(3)-diol-(2.6).** T. A. Faworskaja und S. A. Schewtschenko. (Журнал Общей Химии [J. allg. Chem.] **31** (**93**). 2526—33. Aug. 1961. Leningrad, Shdanow-Univ.) (Russ.)

2.3.6-Trimethylhepten-(3)-on-(5)-diol-(2.6) (**I**) wird zu *2.3.6-Trimethylheptanon-(5)-diol-(2.6)* (**II**) hydriert, das leicht zu *2.3.6-Trimethylhepten-(2)-on-(5)-ol-(6)* (**III**) dehydratisiert wird. **III** addiert 1 Mol H_2 u. bildet mit W. **II** zurück. Bei der Anlagerung von 2 Mol H_2 an I entsteht *2.3.6-Trimethylheptantriol-(2.5.6)* (**IV**), das bei der Isolierung W. abspaltet u. in *2.2.3-Trimethyl-5-[2-hydroxypropyl-(2)]-tetrahydrofuran* (**V**) oder *2.2.3.6.6-Pentamethyltetrahydropyranol-(5)* (**VI**) übergeht. Vff. konnten nicht entscheiden, welche Struktur vorliegt, halten jedoch **VI** für wahrscheinlicher. Bei Einw. konz. H_2SO_4 wird I zu *2.2.5-Trimethyl-5-[2-hydroxypropyl-(2)]-tetrahydrofuranon-(3)* (**VII**) cyclisiert, das wahrscheinlich wenig *2.2.5.6.6-Pentamethyldihydropyranon-(3)* (**VIII**) enthält. **VII** geht bei der Dest. mit verd. H_2SO_4 unter Wasserabspaltung in *2.2.5-Trimethyl-5-isopropenyltetrahydrofuranon-(3)* (**IX**) über. Die Struktur der Umwandlungs-Prodd. von I wird IR-analyt. u. durch oxydativen Abbau sichergestellt.

Versuche: *2.3.6-Trimethylhepten-(3)-on-(5)-diol-(2.6)* (I), $Kp._{15}$ 121—122°, F. 82°, durch Dest. von 78 g Dimethylacetylcarbinol (**X**), 0,6 g KOH u. 6 ml Methanol; 52% (Ausbeute). Liefert bei der Ozonolyse *Aceton* (*2.4-Dinitrophenylhydrazon*, F. 122—123°), **X** (Kp. 141—143°; *2.4-Dinitrophenylhydrazon*, F. 145—146°) u. *α-Hydroxyisobuttersäure* (**XI**; F. 79—80°; lange Nadeln). — *2.3.6-Trimethylhepten-(2)-on-(5)-ol-(6)* (**III**), $C_{10}H_{18}O_2$, $Kp._{10}$ 76°, durch Hydrierung von 5 g **I** in 40 ml A. an 0,5 g Pt-Schwarz, bis 1 Mol H_2 aufgenommen ist, u. Dest.; $D._4^{20}$ 0,9416; n_D^{20} 1,4518; 44%. Liefert bei der $KMnO_4$-Oxydation *Aceton*, **XI** u. **II** (durch Hydratisierung von **III**). Nimmt an Pt ein weiteres Mol H_2 auf unter Bldg. von *2.5.6-Trimethylheptanon-(3)-ol-(2)*, $C_{10}H_{20}O_2$,

Kp.$_{21}$ 84°; D.$_4^{20}$ 0,9223; n_D^{20} 1,4432. — *2.3.6-Trimethylheptanon-(5)-diol-(2.6)* (II), F. 89—90°, a) durch Stehenlassen von III; b) durch Eindampfen der bei der Darst. von III aus 2,5 g I erhaltenen alkohol. Lsg. in der Kälte; 0,1 g. — *2.2.3.6.6-Pentamethyltetrahydropyranol-(5)* (VI) (oder V), $C_{10}H_{20}O_2$, Kp.$_{5-6}$ 68—70°, durch Hydrierung von 5 g I in 40 ml A. an 0,5 g Pt-Schwarz; D.$_4^{20}$ 0,9106; n_D^{20} 1,4393. Wird bei der Einw. von 10- u. 20%ig. H_2SO_4 oder von Na in fl. NH_3 nicht verändert. Liefert bei der $KMnO_4$-Oxydation *Aceton*, wenig *3.4-Dimethylpenten-(3)-säure* (?; $C_7H_{12}O_2$) u. *2.3.6-Trimethylheptantriol-(2.5.6)* (IV; F. 88,5—90°; durch Hydratisierung von VI bzw. V). — *2.2.5-Trimethyl-5-[2-hydroxypropyl-(2)]-tetrahydrofuranon-(3)* [(VII), enthält *2.2.5.6.6-Pentamethyldihydropyranon-(3)* (VIII), F. 121—122° (ein geringer Rest schmilzt bei 158—160°)], man gibt zu 80 ml konz. H_2SO_4 bei —10 bis —15° in 3½—4 Std. 12 g I u. gießt auf Eis; 50%. — *2.2.5-Trimethyl-5-isopropenyltetrahydrofuranon-(3)* (IX), $C_{10}H_{16}O_2$, Kp.$_{13}$ 66°, durch Dest. von VII mit 10%ig. H_2SO_4; D.$_4^{20}$ 0,9385; n_D^{20} 1,4421. *2.4-Dinitrophenylhydrazon*, $C_{16}H_{20}N_4O_5$, F. 115—116°. HELMUT SCHÄFER. 740□

Normale organische Salze von Wolfram. Sarju Prasad und K. S. R. Krishnaiah. (J. Indian chem. Soc. **38.** 153—54. März 1961. Varanasi, Banaras Hindu Univ., Chem. Labor.) (Engl.)

Mehrere normale Salze von W werden durch Rk. von WCl_6 mit Mono-, Di- u. Hydroxycarbonsäuren (**A**) dargestellt. Die Eigg. der Verbb. werden untersucht u. ihre Strukturen werden diskutiert. Bei den **A** bildet sowohl die OH- als auch die COOH-Gruppe das Salz.

Versuche: Wolfram(VI)-Salze: *Laurat*, $C_{72}H_{138}O_{12}W$, durch ½std. Erwärmen von WCl_6 in CCl_4 mit der entsprechenden Menge der Carbonsäure in CCl_4 auf 60° u. Erhitzen auf 10—15° über den F. der Säure unter N_2; schwarz. — *Myristat*, $C_{84}H_{162}O_{12}W$, analog vorst. Verb.; graubraun. — *Palmitat*, $C_{96}H_{186}O_{12}W$; dunkelbraun. — *Stearat*, $C_{108}H_{210}O_{12}W$; braun. — *Benzoat*, $C_{42}H_{30}O_{12}W$; grauschwarz. — *o-Nitrobenzoat*, $C_{42}H_{24}$·$N_6O_{24}W$; braun. — *p-Nitrobenzoat*, $C_{42}H_{24}N_6O_{24}W$; hellbraun. — *Crotonat*, $C_{24}H_{30}O_{12}W$; braun. — *Cinnamat*, $C_{54}H_{42}O_{12}W$; dunkelbraun. — *Malonat*, $C_9H_6O_{12}W$; hellbraun. — *Adipinat*, $C_{18}H_{24}O_{12}W$; schwarz. — *Succinat*, $C_{12}H_{12}O_{12}W$; graubraun. — *Camphesaures Salz*, $C_{30}H_{42}O_{12}W$; braunlichschwarz. — *Phthalat*, $C_{24}H_{12}O_{12}W$; dunkelbraun. — *Trisalicylat*, $C_{21}H_{12}O_9W$; braun. — *Tris-[3.5-dinitrosalicylat]*, $C_{21}H_6N_6O_{21}W$; hellbraun. — *Dimalat*, $C_8H_6O_{10}W$; schwarz. P. GOLINSKE. 800□

Darstellung von Trifluoressigsäure. Donald Rae Allen. (J. org. Chemistry **26.** 923—25. März 1961. Orlando, Fla., Alchem.) (Engl.)

Trifluoressigsäure läßt sich durch direkte Oxydation von 1.1.1-Trifluoräthan (I) mit Luft u. Wasserdampf unter elektr. Hochspannungsentladung (15000 V) darstellen. Nebenrkk. treten nicht auf. Als Rk.-Gefäß (Abb.) diente ein Behälter aus Pyrexglas in der Form eines DEWAR-Zylinders, der als Elektroden Umhüllungen aus Al-Folie trug. Die Einfl. von Wasserdampf, Temp., Elektrodenflächen u. -abständen, Rk.-Zeit u. des Mol-Verhältnisses Luft/I wurden bestimmt (Tabelle). Optimale Ausbeuten resultieren bei 30°, gesätt. Wasserdampf u. einem Luft : I-Verhältnis von 12 : 1. Die Ausbeute war der Größe der Elektrodenflächen direkt proportional. MARION WOLFF. 810□

Reaktionen zwischen Säuren und Thioharnstoff. 1. Mitt. **Bildung von Amiden aus Säuren und Thioharnstoff.** Aziz-Ur Rahman, Miguel A. Medrano und O. P. Mittal. (Recueil Trav. chim. Pays-Bas **79.** 188—92. Febr. 1960. Aligarh, India, Univ., Dep. of Chem.; Bahia Blanca, Argentina, Univ. del Sur, Dep. de Quím.) (Engl.)

Durch Erhitzen äquimol. Mengen an Säuren u. Thioharnstoff (I) entstehen die entsprechenden *Säureamide*. Die Ausbeute ist von der Flüchtigkeit der Säure abhängig. Die besten Ergebnisse liefern arylaliphat. Säuren. Der Mechanismus der Amid-Bldg. wird diskutiert.

Versuche: *β.β-Diphenylpropionamid*, $C_{15}H_{15}NO$, F. 132° (A.), durch ½std. Erhitzen von I u. β.β-Diphenylpropionsäure auf 150°, ¼std. Erhitzen auf 180°, 1½std. Erhitzen auf 200—210°, Kühlen, Extrahieren mit heißem Bzl. u. Eindampfen; 84% (Ausbeute). — *Caprinsäureamid*, $C_{10}H_{21}NO$, F. 106—108° (verd. A.), durch 2std. Erhitzen äquimol. Mengen I u. Caprinsäure auf 200°, Extrahieren des Rk.-Prod. mit heißem A. u. Eindampfen; 56%. — *Propionamid*, F. 79°, analog den vorst. Verbb.; 35%. — *Buttersäureamid*, F. 115—116°; 27%. — *Isovaleriansäureamid*, F. 136—137°; 23%. — *Stearinsäureamid*, F. 108—109°; 68%. — *Phenylessigsäureamid*, F. 155—156°; 68%. — *Diphenylessigsäureamid*, F. 169—170°; 76%. — *Succinimid*, F. 125—126°; 46%. — *Adipinsäurediamid*, F. 225—226°; 72%. — *Benzamid*, F. 127—128°; 38%.
P. GOLINSKE. 810□

Untersuchung auf dem Gebiet der Lipide. 1. Mitt. **Synthese von Triglyceriden der Pflanzenöle.** I. K. Ssarytschewa, O. W. Utkina, M. Je. Maurit, G. A. Worobjewa, M. N. Wargaftik, N. A. Krit, A. I. Scherle und N. A. Preobrashenski.

(Журнал Общей Химии [J. allg. Chem.] **29** (**91**). 3583—87. Nov. 1959. Moskau, Inst. für chem. Feintechnol.) (Russ.)

Durch stufenweises Umsetzen von Glycerin mit Linolen- (I), Linol- u. Stearinsäurechlorid unter Ausnutzung der unterschiedlichen Rk.-Fähigkeit der β- u. α-ständigen OH-Gruppen wurden einige *Triglyceride*, wie sie in pflanzlichen Ölen vorkommen, synthetisiert. Bei den physikal. Daten der Zwischen- u. Endprodd. fällt die deutliche Erniedrigung der Dichte beim Übergang von den Mono- zu den Di- u. weiter zu den Triglyceriden auf.

Versuche: *Linolensäurechlorid* (I), $C_{18}H_{29}ClO$, Kp.$_{0,4}$ 151—152°, $D._4^{20}$ 0,9372; n_D^{20} 1,4812. — *α-Stearoyl-β.α'-dilinolenoin*, $C_{57}H_{98}O_6$, F. —1 bis 0°, durch 1/2std. Zutropfen von I zu α-O-Stearoylglycerin (F. 80,5—81,5°) u. Chinolin bei 0°, 5std. Kochen im N_2-Strom, Zugeben von Ae. bei 5—6°, Ansäuern mit 10%ig. H_2SO_4, Eindampfen, Auswaschen mit A. bei 60°, Lösen in Aceton u. Behandeln mit Aktivkohle bei —65°; $D._4^{20}$ 0,9336; n_D^{20} 1,4820; 9,6% (Ausbeute). — *α-Stearoyl-β-linolenoyl-α'-linoleoin*, $C_{57}H_{100}O_6$, F. —45 bis —40°, durch 4std. Kochen von α-O-Stearoyl-α'-O-linoleoylglycerin (F. 35—36°) mit I unter N_2, Verdünnen mit Ae., Schütteln mit 2,5%ig. H_2SO_4 u. Neutralisieren mit gesätt. $NaHCO_3$-Lsg.; $D._4^{20}$ 0,9335; n_D^{20} 1,4761; 7,6%. — *α-O-Linoleoylglycerin* (II), $C_{21}H_{38}O_4$, F. 13,5—15°, $D._4^{20}$ 0,9741; n_D^{20} 1,4795. — *α-Linoleoyl-β.α'-dilinolenoin*, $C_{57}H_{94}O_6$, F. —53 bis —52° bzw. —17 bis —16° (polymorph), aus II u. I; $D._4^{20}$ 0,9318; n_D^{20} 1,4832; 18%. — *Trilinoleoin*, $C_{57}H_{98}O_6$, F. —44 bis —43°, aus II u. Linolsäurechlorid; $D._4^{20}$ 0,9272; n_D^{20} 1,4793; 75%. — *α.α'-Dilinoleoin*, $C_{39}H_{68}O_5$, $D._4^{20}$ 0,9602; n_D^{20} 1,4892. — *α.α'-Dilinoleoyl-β-linolenoin*, $C_{57}H_{96}O_6$, aus vorst. Verb. u. I; $D._4^{20}$ 0,9334; n_D^{20} 1,4840; 58,4%. — *α-O-Linolenoylglycerin*, $C_{21}H_{36}O_4$, $D._4^{20}$ 0,9834; n_D^{20} 1,4845. — *α.α'-Dilinolenoin*, $C_{39}H_{64}O_5$, $D._4^{20}$ 0,9568; n_D^{20} 1,4839. — *α.α'-Dilinolenoyl-β-stearoin*, $C_{57}H_{98}O_6$, aus vorst. Verb. u. Stearinsäurechlorid; $D._4^{20}$ 0,9401; n_D^{20} 1,4819; 24,2%. H.-E. TOUSSAINT. 810□

Untersuchung auf dem Gebiet der Lipide. 2. Mitt. **Synthese von Triglyceriden der Pflanzenöle.** M. Je. Maurit, I. K. Ssarytschewa und N. A. Preobrashenski. (Журнал Общей Химии [J. allg. Chem.] **29** (**91**). 3909—11. Dez. 1959.) (Russ.) — 1. vgl. vorst. Referat.

Durch stufenweises Umsetzen von Glycerin mit Linol- (I), Stearin- bzw. Ölsäurechlorid unter Ausnutzung der unterschiedlichen Reaktivität der β- u. α-ständigen OH-Gruppen wurden einige *Triglyceride* mit den entsprechenden Säureresten, wie sie in pflanzlichen Ölen vorkommen, synthetisiert.

Versuche: *α-Stearoyl-β.α'-dilinoleoin*, $C_{57}H_{102}O_6$, F. —19 bis —18°, durch Zugeben von I zu α-O-Stearoylglycerin in Chlf. in Ggw. von Chinolin u. 4std. Kochen; $D._4^{20}$ 0,9186; n_D^{20} 1,4740; 31,2%. — *α-Stearoyl-α'-oleoin*, $C_{39}H_{74}O_5$, F. 52—53°. — *α-Stearoyl-β-linolenoyl-α'-oleoin*, $C_{57}H_{102}O_6$, F. 8,5—9° bzw. 14—14,5° (polymorph), aus vorst. Verb.; $D._4^{20}$ 0,9208; n_D^{20} 1,4722; 45,5%. — *α-O-Oleoylglycerin*, $C_{21}H_{40}O_4$, F. 34 bis 35°. — *Ölsäurechlorid*, $C_{18}H_{33}ClO$, Kp.$_1$ 154—155°, $D._4^{20}$ 0,9147; n_D^{20} 1,4646. — *α.α'-Dioleoin*, $C_{39}H_{72}O_5$, F. 21,5—22°, aus vorst. u. vorvorst. Verb.; $D._4^{22}$ 0,9244; n_D^{22} 1,4680. — *α.α'-Dioleoyl-β-linoleoin*, $C_{57}H_{102}O_6$, F. —10 bis —9°, aus vorst. Verb. u. I; $D._4^{20}$ 0,9183; n_D^{20} 1,4720; 71,9%. — *α.α'-Dilinoleoyl-β-stearoin*, $C_{57}H_{102}O_6$, F. —3,5 bis —2,5°, $D._4^{20}$ 0,9212; n_D^{20} 1,4742; 59,3%. — *α-Linoleoyl-β.α'-dioleoin*, $C_{57}H_{102}O_6$, F. —2,5 bis —2°, $D._4^{20}$ 0,9200; n_D^{20} 1,4740; 62,8%. H.-E. TOUSSAINT. 810□

Untersuchung auf dem Gebiet der Lipide. 3. Mitt. **Synthese von Triglyceriden der Pflanzenöle.** O. W. Utkina, M. Je. Maurit, I. K. Ssarytschewa und N. A. Preobrashenski. (Журнал Общей Химии [J. allg. Chem.] **29** (**91**). 3911—13. Dez. 1959.) (Russ.) — 2. vgl. vorst. Referat.

Nach der in den vorst. Reff. beschriebenen Meth. wurden weitere *Triglyceride*, wie sie in pflanzlichen Ölen vorkommen, synthetisiert.

Versuche: *α-O-Linolenoylglycerin* (I), $C_{21}H_{36}O_4$, $D._4^{20}$ 0,9834; n_D^{20} 1,4845. — *Linolensäurechlorid* (II), $C_{18}H_{29}ClO$, Kp.$_{0,45}$ 136—137°, $D._4^{20}$ 0,9372; n_D^{20} 1,4812. — *Trilinolenoin*, $C_{57}H_{92}O_6$, F. —46 bis —44° bzw. —26 bis —24° (polymorph), durch Zutropfen von II zu I u. Chinolin in Chlf. bei 2—3° u. 4 1/2std. Kochen im N_2-Strom; $D._4^{20}$ 0,9591; n_D^{20} 1,4975; 23,8% (Ausbeute). — *α-Linolenoyl-β.α'-dilinoleoin*, $C_{57}H_{96}O_6$, analog Vorst. aus I u. Linolsäurechlorid (III); $D._4^{20}$ 0,9494; n_D^{20} 1,4905; 18,78%. — *α.α'-Dilinoleoyl-β-oleoin*, $C_{57}H_{100}O_6$, F. —40 bis —38°, aus α.α'-Dilinoleoin u. Ölsäurechlorid; $D._4^{20}$ 0,9304; n_D^{20} 1,4781; 26,6%. — *α-Oleoyl-α'-linolenoin* (IV), $C_{39}H_{68}O_5$, F. —11 bis —10°, aus α-O-Oleoylglycerin u. II; $D._4^{20}$ 0,9349; n_D^{20} 1,4772. — *α-Oleoyl-β-stearoyl-α'-linolenoin*, $C_{57}H_{102}O_6$, F. 4,5—6°, aus IV u. Stearinsäurechlorid; $D._4^{20}$ 0,9140; n_D^{20} 1,4708; 20,7%. — *α-Oleoyl-β-linoleoyl-α'-linolenoin*, $C_{57}H_{98}O_6$, F. —30,5 bis —29°, aus III u. IV; $D._4^{20}$ 0,9269; n_D^{20} 1,4792; 17,1%. H.-E. TOUSSAINT. 810□

Reaktionen der 3- und 5-Bromlävulinsäure mit Thioglykolsäure. Christoffer Rappe. (Ark. Kemi **16.** Nr. 11. 171–79. 1960. Uppsala, Univ., Chem. Inst., Dep. of Organ. Chem.; Roy. Agric. Coll., Inst. of Organ. Chem.) (Engl.)

Aus 3-Bromlävulinsäure (I) u. dem Di-Na-Salz der Thioglykolsäure (II) entsteht *3-Carboxymethylmercaptolävulinsäure* (**III**), die mit 2 Mol **II** in Ggw. von HBr *3.4.4-Tris-[carboxymethylmercapto]-valeriansäure* (**IV**) bildet, die auch aus **I** u. überschüssiger **II** in wss. saurer Lsg. in der Wärme gebildet wird. Wird **I** mit 4 Mol **II** ohne Lsgm. erwärmt, so entstehen in exothermer Rk. unter HBr-Entw. *4.4-Bis-[carboxymethylmercapto]-valeriansäure* (**V**) u. *Dithiodiglykolsäure* (**VI**). **V** bildet sich auch aus **III** oder **IV** mit **II** in der Wärme in Ggw. von Säure, woraus folgt, daß durch **II** eine Spaltung der C—S-Bindung in **III** oder **IV** stattfindet. Das Auftreten von **VI** weist darauf hin, daß **II** zunächst reduzierend auf **I** einwirkt. Der Rk.-Mechanismus ist aber noch nicht endgültig aufgeklärt. Analog **I** reagiert 5-Bromlävulinsäure (**VII**) mit dem Di-Na-Salz von **II** unter Bldg. von *5-Carboxymethylmercaptolävulinsäure* (**VIII**), die mit weiterer **II** in *4.4.5-Tris-[carboxymethylmercapto]-valeriansäure* (**IX**) übergeht, die auch aus **VII** u. **II** in Ae. entsteht. Für **III, IV, V, VIII** u. **IX** sind die IR-Spektren graph. wiedergegeben.

Versuche: *3-Carboxymethylmercaptolävulinsäure* (**III**), $C_7H_{10}O_5S$, F. 75,5—77,5° (Chlf.), durch Verrühren des Na-Salzes von **I** mit dem Di-Na-Salz von **II** in W., Ansäuern nach 7tägigem Stehen bei Raum-Temp. mit 2n HCl, 2tägige Ae.-Extraktion u. Einengen; 55% (Ausbeute). *2.4-Dinitrophenylhydrazon,* $C_{13}H_{14}N_4O_8S$, F. 168—169,5°. — *3.4.4-Tris-[carboxymethylmercapto]-valeriansäure* (**IV**), $C_{11}H_{16}O_8S_3$, F. 167—168° (W.), a) durch 2std. Erhitzen von **III** u. **II** auf dem Wasserbad in Ggw. von wenig 48%ig. HBr, 2tägiges Aufbewahren bei 0°, Auswaschen des Nd. mit Essigester u. Absaugen des Rückstandes; 61%; b) durch 2std. Erhitzen von **I** u. überschüssigem **II** in W. in Ggw. von 48%ig. HBr auf dem Wasserbad, Ae.-Extraktion der mit Chlf. gewaschenen Lsg., Einengen, Auswaschen des Nd. mit Essigester u. Absaugen des Rückstandes; 49%. — *4.4-Bis-[carboxymethylmercapto]-valeriansäure* (**V**), $C_9H_{14}O_6S_2$, F. 154,5—157° (W.), a) durch Zugabe von 4 Mol **II** zu 1 Mol geschmolzener **I**, Aufbewahren des Rk.-Prod. für mehrere Tage bei 0°, Auswaschen des Nd. mit W. u. Absaugen; 45% [daneben durch Ae.-Extraktion des wss. Filtrates u. Einengen *Dithiodiglykolsäure* (**VI**), F. 105—107° (CCl_4)]; b) durch 1std. Erhitzen von 1 Mol **III** mit 3 Mol **II** in Ggw. von wenig 48%ig. HBr auf dem Wasserbad; 28%; c) durch 2std. Erhitzen von 1 Mol **IV** mit 1 Mol **II** u. wenig 48%ig. HBr auf dem Wasserbad; 49%. — *5-Carboxymethylmercaptolävulinsäure* (**VIII**), $C_7H_{10}O_5S$, F. 138—139° (W.), a) aus **VII** u. **II** analog **III**; scheidet sich beim Ansäuern des Rk.-Prod. krist. aus; 86%; b) durch 2std. Erhitzen von **VII** u. überschüssigem **II** in W. in Ggw. von HBr auf dem Wasserbad u. mehrtägiges Stehen bei 0°; 76%. *2.4-Dinitrophenylhydrazon,* $C_{13}H_{14}N_4O_8S$, F. 157—159°. **VIII**-*Diäthylester-2.4-dinitrophenylhydrazon,* $C_{17}H_{22}N_4O_8S$, F. 88—88,5° (A). — *4.4.5-Tris-[carboxymethylmercapto]-valeriansäure* (**IX**), $C_{11}H_{16}O_8S_3$, F. 152,5—153,5° (Aceton), a) durch Erwärmen von **VIII** mit **II** u. wenig 48%ig. HBr analog **IV** nach a); 68%; b) durch Zugabe von **VII** in Ae. zu überschüssigem **II** in Ae., 30tägiges Aufbewahren, Behandeln des entstandenen Nd. mit Essigester, Aufnehmen des Rückstandes in Aceton u. Einengen; 73%.

W. Kirschenlohr. 850 □

Addition von Thioglykolsäure an β-Acetylacrylsäure. Christoffer Rappe. (Ark. Kemi **16.** Nr. 12. 181—85. 1960.) (Engl.) — Vgl. vorst. Referat.

Bei der Addition von 1 Mol Thioglykolsäure (I) an β-Acetylacrylsäure (II) entsteht *2-Carboxymethylmercaptolävulinsäure* (**III**). In saurer Lsg. reagiert **II** mit 3 Mol **I** unter Bldg. von *2.4.4-Tris-[carboxymethylmercapto]-valeriansäure* (**IV**), die auch aus **III** u. 2 Mol **I** in Ggw. von wenig HBr gewonnen werden kann. Der Mechanismus der Addition wird diskutiert. Für **III** u. **IV** sind die IR-Spektren graph. wiedergegeben.

Versuche: *2-Carboxymethylmercaptolävulinsäure* (**III**), $C_7H_{10}O_5S$, F. 123,5—124,5° (Essigester), a) durch ½std. Erhitzen von äquimol. Mengen **I** u. **II** auf dem Wasserbad u. 3tägiges Aufbewahren bei Raum-Temp.; 52% (Ausbeute); b) analog a) mit Zusatz von wenig konz. HCl; 40%; c) durch Zugabe von **I** zu der Lsg. von **II** in überschüssiger 2n NaOH, Neutralisation des Gemisches mit Essigsäure, 24std. Stehen bei Raum-Temp. u. Ae.-Extraktion; 24%; d) analog c) in alkal. Lsg.; 40%. *2.4-Dinitrophenylhydrazon,* $C_{13}H_{14}N_4O_8S$, F. 250—252°. — *2.4.4-Tris-[carboxymethylmercapto]-valeriansäure* (**IV**), $C_{11}H_{16}O_8S_3$, F. 143,5—145,5° (W. + HCl), a) durch Mischen von 3 Mol **I** mit 1 Mol **II** u. wenig konz. HCl, kurzes Kochen des krist. Rk.-Prod. mit Chlf., Filtration, Lösen des Rückstandes in sd. W. u. Fällen mit konz. HCl; 50%; b) durch mehrtägiges Stehenlassen von **III** mit 2 Mol **I** u. wenig 48%ig. HBr, Lösen des Rk.-Prod. in sd. W. u. Zugabe von konz. HCl; 75%.

W. Kirschenlohr. 850

Untersuchungen von höheren Alkylketendimeren. 2. Mitt. **Reaktionen höherer Alkylketendimerer mit Alkoholen.** Kôichi Murai und Giichi Akazome. [J. chem. Soc. Japan, ind. Chem. Sect. [Kyōtō Kagaku Zassi] **62.** 1251—53. Aug. 1959. Kôgyo-Husimi, Sansuiso-Yusi-Kôgyô K. K.) (Jap.; Auszug: Engl. S. A80.) — 1. vgl. C. **1958.** 13320.

Höhere Alkylketendimere (Decyl-, Dodecyl-, Tetradecyl- u. Hexadecyl-) reagieren mit Methanol oder A. sehr langsam bei deren Kpp. u. ergeben vermutlich *2-Alkyl-3-ketofettsäureester,* die durch alkal. Hydrolyse in Ketone übergehen. Die Rk. wird durch Zusatz von Säure beschleunigt; die Rk.-Geschw. ist ungefähr proportional der Säure-Konz. u. nimmt sowohl mit der Reihenfolge Methanol, A., Butanol als auch mit steigender Kettenlänge der Alkylketendimeren ab. Die Rk. ist in überschüssigem Alkohol pseudomonomol. bzgl. der Ketendimeren.

Versuche: 3-Keto-2-alkylfettsäureäthylester: *-2-decyltetradecansäure-* (I), F. 26,5—28° (Aceton), durch 10std. Kochen des Decylketendimeren (F. 41—41,5°) mit 5%ig. alkohol. p-Toluolsulfonsäure; VZ. 134,5, JZ. 1,3; 78% (Ausbeute). — *-2-dodecylhexadecansäure-,* F. 38—39,7° (Aceton), analog vorst. Verb. aus dem Dodecylketendimeren (F. 49,6—51,1°); VZ. 117,8, JZ. 1,6; 83%. — *-2-tetradecyloctadecansäure-,* F. 47,1—48,7° (Aceton), aus dem Tetradecylketendimeren (F. 57—58°); VZ. 107,7, JZ. 2,0; 82%. — *-2-hexadecyleikosansäure-,* F. 53,5—55,5° (Aceton), aus dem Hexadecylketendimeren (F. 62,1—63°); VZ. 98,8, JZ. 2,2; 76%. — Dialkylketone: *Diundecyl-,* F. 69,2—70,9°, durch 3std. Hydrolyse von I mit 0,5n alkohol. KOH; 59%. — *Ditridecyl-,* F. 77,5—79°, analog vorst. Verb.; 61%. — *Dipentadecyl-,* F. 82,5—83,9°; 66%. — *Diheptadecyl-,* F. 87,5—88,5°; 73%. E. Maekawa. 870□

Wirkung der Stickstoffwasserstoffsäure auf aliphatische Anhydride und ihre Thiosäuren. Silvio Maffei und Gian Franco Bettinetti. (Ann. Chimica **49.** 1801—08. Okt./Nov. 1959. Pavia, Univ., Ist. di Chim. gen.) (Ital.)

Essig- (**III**), Propion- (**IV**) u. Buttersäureanhydride liefern in Chlf. bei 50—60° mit HN_3 ohne die üblichen Katalysatoren der Schmidt-Rk. (H_2SO_4 usw.) *Carbonsäuren, N-Alkylacylamide* u. *Alkylcarbaminsäureazide.* Durch Verseifung der Endprodd. erhält man *Methyl-* (**I**), *Äthyl-* (**II**) bzw. *Propylamin,* aus dem Essigsäurepropionsäureanhydrid **I** u. **II** u. aus dem Essigsäurebenzoesäureanhydrid nur **I**. Die Thioessig- (**V**) u. Thiobenzoesäuren (**VI**) reagieren analog: **V** liefert *N-Methylacetamid* (**IX**) u. *Methylcarbaminsäureazid* (**VIII**), **VI** entsprechend *Benzanilid* u. *N.N'-Diphenylharnstoff* als Umwandlungs-Prod. des Phenylcarbaminsäureazids durch den während der Rk. entwickelten H_2S.

Versuche: *Methylamin* (**I**), *Hydrochlorid,* F. 226°, durch Rk. von **III** mit HN_3 in Chlf. bei 55—60°, Extrahieren mit Chlf., Eindampfen, Verseifen mit 20%ig. NaOH u. Ansäuern mit 6n HCl; die Chlf.-Lsg. gibt durch fraktionierte Dest. *Essigsäure, Methylcarbaminsäureazid* [**VIII**]; gibt mit Anilin (**VII**) *N-Methyl-N'-phenylharnstoff,* F. 150° mit p-Toluidin *N-Methyl-N'-p-tolylharnstoff,* F. 178—179°] u. *N-Methylacetamid* (**IX**). Pikrat, F. 215. Analog: aus **IV** → *Propionsäure, Äthylcarbaminsäureazid* (gibt mit **VII** *N-Äthyl-N'-phenylharnstoff*) u. *N-Äthylpropionamid;* das Gemisch gibt beim Verseifen *Äthylamin* (**II**). — Aus *Buttersäureanhydrid* → *Propylcarbaminsäureazid* (gibt mit **VII** *N-Propyl-N'-phenylharnstoff*) u. *N-Propylbutyramid;* das Gemisch gibt beim Verseifen *Propylamin.* — Aus **V** → **VIII** u. **IX**. — Aus **VI** → *N.N'-Diphenylharnstoff* (F. 245°) u. *Benzanilid* [F. 161—162° (CCl_4)]. — *Benzamid,* F. 126—127° (Bzl.), aus 1,35 g **VI** bei Rk. in Ae.; 1,1 g (Ausbeute). J. Malpricht. 880□

Zur Darstellung von Thiocarbohydrazid. Norbert Petri. (Z. Naturforsch. **16b.** 769. Nov. 1961. Göttingen, Univ., Anorgan.-Chem. Inst.) (Dt.)

Thiocarbohydrazid, F. 169—170°, wird in ca. 70%ig. Ausbeute durch Schmelzen von Hydrazindithiocarbonsäure bei 130° unter Rühren, schnelles Kühlen im Augenblick des Zusammenfallens des aufgeblähten Breies, Lösen des Prod. in sd. W., Filtrieren u. Abkühlen erhalten. A. Blaschette. 880□

Alkylguanidinnitrate und Alkylnitroguanidine. Paul E. Gagnon, Jean L. Boivin, Paul A. Boivin und John H. Dickson. (Canad. J. Chem. **36.** 737—43. Mai 1958. Quebec, Laval Univ., Dep. of Chem.) (Engl.)

Alkylguanidinnitrate (**A**) entstehen in Ausbeuten von 40—90% aus Alkylaminnitraten (**C**) beim Schmelzen mit Dicyandiamid (**I**) bei 170—180°, mit $CaCN_2$ (**II**) bei 110° oder mit **II**-Harnstoff (**III**)-Gemisch bei 90° sowie beim Erhitzen der **C** mit **II** in wss. Lösung. Durch Behandlung der **A** mit H_2SO_4 werden *Alkylnitroguanidine* (**B**) erhalten. Die Ausbeute an **B** fällt im allg. mit steigender Rk.-Temperatur. Der Einfl. der Rk.-Dauer auf die Ausbeute an **B** ist tabellar. wiedergegeben. Nicht alle **A** lassen sich in **B** umwandeln. Aus *Phenylguanidinnitrat* entsteht z. B. *Nitroguanidin.* Die **C** werden aus Alkylaminen durch Zugabe von verd. HNO_3 u. Einengen gewonnen.

Versuche: Guanidinnitrate: *Methyl-* (**IV**), $C_2H_8N_4O_3$, F. 149—150° (W.), a) durch 3std. Erhitzen von $CH_3NH_2 \cdot HNO_3$ (**V**) u. **I** (2 : 1) auf 170—180°, Abkühlen u. Kristallisation aus W.; 79% (Ausbeute); b) durch 1std. Erhitzen von **V** u. **II** (4 : 1) auf 110°, Zugabe von heißem W., Filtrieren in der Wärme u. Abkühlen, evtl. Einengen; 88%; c) durch 1std. Erhitzen von **V**, **III** u. **II** (4 : 3 : 1) auf 90° u. Aufarbeitung analog b); 77%. — *Isopropyl-* (**VI**), $C_4H_{12}N_4O_3$, F. 119—121° (W.), a) aus Isopropylaminnitrat (**VII**) u. **I** analog **IV** nach a); 72%; b) aus **VII** u. **II** analog **IV** nach b); 71%; c) aus **VII**, **III** u. **II** analog **IV** nach c); 44%; d) durch Erhitzen der Lsg. von 0,29 Mol **VII** in 100 ml W. auf 100°, Einrühren von 0,07 Mol **II**, Erwärmen bis zur Beendigung der Gas-Entw., Filtration u. Abkühlen; 39%. — *Isobutyl-* (**VIII**), $C_5H_{14}N_4O_3$, F. 83—84° (W.), a) aus Isobutylaminnitrat (**IX**) u. **I** analog **IV** nach a); 88%; b) aus **IX** u. **II** analog **IV** nach b); 92%; c) aus **IX**, **III** u. **II** analog **IV** nach c); 56%; d) aus **IX** u. **II** in wss. Lsg. analog **VI** nach d); 43%. — *n-Amyl-* (**X**), $C_6H_{16}N_4O_3$, F. 71—72° (W.), a) aus n-Amylaminnitrat (**XI**) u. **I** analog **IV** nach a); 71%; b) aus **XI** u. **II** analog **IV** nach b); 70%; c) aus **XI**, **III** u. **II** analog **IV** nach c); 43%; d) aus **XI** u. **II** in wss. Lsg. analog **VI** nach d); 36%. — *Phenyl-*, $C_7H_{10}N_4O_3$, F. 125—126° (W.), a) aus Anilinnitrat (**XII**) u. **I** analog **IV** nach a); 47%; b) aus **XII** u. **II** analog **IV** nach b); 63%; c) aus **XII**, **III** u. **II** analog **IV** nach c); 75%; d) aus **XII** u. **II** in wss. Lsg. analog **VI** nach d); 73%. — *Diäthyl-*, $C_5H_{14}N_4O_3$, F. 170—171° (W.), a) aus Diäthylaminnitrat (**XIII**) u. **I** analog **IV** nach a); 65%; b) aus **XIII** u. **II** analog **IV** nach b); 68%; c) aus **XIII**, **III** u. **II** analog **IV** nach c); 41%; d) aus **XIII** u. **II** in wss. Lsg. analog **VI** nach d); 39%. — Nitroguanidine: *Methyl-* (**XIV**), a) durch Einrühren von **IV** in überschüssige konz. H_2SO_4 bei 0°, $^1/_2$std. Aufbewahren bei 0°, Gießen auf Eis u. Umkristallisieren des ausgeschiedenen Rk.-Prod. aus W.; 94%; b) analog a) bei 5°; 100%; c) analog a) bei 15°; 97%; d) analog a) bei 30°; 92%. — *Isopropyl-*, a) aus **VI** analog **XIV** nach a); 90%; b) analog **XIV** nach b); 88%; c) aus **VI** u. konz. H_2SO_4 bei 10°; 81%; d) bei 25°; 81%. — *Isobutyl-*, a) aus **VIII** analog **XIV** nach a); 82%; b) analog **XIV** nach b); 73%; c) bei 10°; 69%; d) bei 30°; 58%. — *n-Amyl-*, a) aus **X** u. H_2SO_4 bei 0°; 91%; b) bei 30°; 15%. A. Gude. 880□

Aminoalkohole der Acetylenreihe. 2. Mitt. **1.1-Disubstituierte 5-Dialkylaminopentinole mit verschiedener Stellung der Dreifachbindung.** N. M. Libman und Ss. G. Kusnetzow. (Журнал Общей Химии [J. allg. Chem.] **31** (**93**). 2283—89. Juli 1961. Inst. für Toxikol. der Akad. der med. Wiss. der UdSSR.) (Russ.) — 1. vgl. C. **1962**. 8220.

Durch Kondens. von β-Bromäthyldimethylamin (**I**), β-Bromäthyldiäthylamin (**II**) u. N-[β-Bromäthyl]-piperidin (**III**) mit Na-Acetylenid werden *4-Dimethylamino-* (**IV**), *4-Diäthylamino-* (**V**) u. *4-Piperidinobutin-(1)* (**VI**) dargestellt u. durch Rk. mit Benzophenon (**VII**), Phenylcyclohexylketon (**VIII**) u. Fluorenon (**IX**) in Ggw. von $NaNH_2$ in die entsprechenden *5-Dialkylamino-(piperidino)-1.1-diaryl-(cyclohexyl)-pentin-(2)-ole-(1)* übergeführt. Aus Propargylbromid (**X**) u. **VII**, **VIII** u. **IX** werden nach Grignard *1.1-Diphenyl-* (**XI**), *1-Phenyl-1-cyclohexylbutin-(3)-ol-(1)* (**XII**) bzw. *9-Hydroxy-9-[propin-(1)-yl-(3)]-fluoren* (**XIII**) erhalten u. nach Mannich mit Dimethyl- (**XIV**), Diäthylamin (**XV**) u. Piperidin (**XVI**) sowie Formalin (**XVII**) zu den entsprechenden *5-Dialkylamino-(piperidino)-1.1-diaryl-(cyclohexyl)-pentin-(3)-olen-(1)* kondensiert. Die Aminopentinole werden in die *Hydrochloride* umgewandelt.

Versuche: *β-Bromäthyldimethylamin* (**I**), Kp.$_{14}$ 33—35°, aus Dimethylaminoäthanol über das Hydrobromid; 86% (Ausbeute). — *β-Bromäthyldiäthylamin* (**II**), Kp.$_4$ 44—48°, Kp.$_{11}$ 49—52°, analog aus Diäthylaminoäthanol; 91%. — *N-[β-Bromäthyl]-piperidin* (**III**), Kp.$_{11}$ 83,5—86°, aus N-[β-Hydroxyäthyl]-piperidin; 93,5%. — *4-Dimethylaminobutin-(1)* (**IV**), Kp. 107—109°, man gibt zu Na-Acetylenid (aus 7,3 g Na) in 300—400 ml fl. NH_3 in 5—10 Min. 32 g **I**, rührt 4—5 Std. lang u. läßt über Nacht eindunsten; $D._4^{20}$ 0,7946; n_D^{20} 1,4292; 38%. — *4-Diäthylaminobutin-(1)* (**V**), Kp.$_{30}$ 54,5 bis 57,5°, analog aus **II**; $D._4^{20}$ 0,8045; n_D^{20} 1,4366; 80%. — *4-Piperidinobutin-(1)* (**VI**), Kp.$_{11}$ 65—67°, aus **III**; $D._4^{20}$ 0,8916; n_D^{20} 1,4735; 80%. — *1.1-Diphenylbutin-(3)-ol-(1)* (**XI**), $C_{16}H_{14}O$, Kp.$_{2,5}$ 143—148°, F. 64—65° (PAe.), man gibt zu 2 g Mg in 10 ml Ae. in Ggw. von 30 mg $HgCl_2$ ca. 0,4 g **X**, gibt tropfenweise 4,6 g **X** u. 7 g **VII** in 25 ml Bzl. u. 10 ml Ae. zu u. rührt 1 Std.; 86,5%. — *1-Phenyl-1-cyclohexylbutin-(3)-ol-(1)* (**XII**), $C_{16}H_{20}O$, Kp.$_2$ 143°, analog aus **X** u. **VIII**; n_D^{20} 1,5475; 81%. — *9-Hydroxy-9-[propin-(1)-yl-(3)]-fluoren* (**XIII**), $C_{16}H_{12}O$, F. 104—105° (PAe.), aus **X** u. **IX**; 90,5%. — Pentin-(2)-ole-(1): Man gibt zu 0,05 Mol $NaNH_2$ in 50 ml fl. NH_3 in 5 Min. 0,04 Mol **IV**, **V** bzw. **VI**, rührt $^1/_2$ Std. lang, gibt in 5—10 Min. 0,045 Mol **VII**, **VIII** bzw. **IX** in 40 ml Ae. zu, rührt, wobei man NH_3 verdampfen läßt, u. kocht 2 Std.; dann extrahiert man mit verd. HCl, macht mit NH_4OH alkal., extrahiert mit Chlf. u. dampft im Vakuum ein: *1.1-Diphenyl-5-dimethylamino-*, $C_{19}H_{21}NO$, F. 160,5—161,5° (Isopropanol); 97%. *Hydrochlorid*, $C_{19}H_{22}ClNO$, F. 165—165,5° (Isopropanol). — *1.1-Diphenyl-5-diäthylamino-*, $C_{21}H_{25}NO$,

F. 103—104° (Dibutyläther); 95,5%. *Hydrochlorid*, $C_{21}H_{26}ClNO$, F. 176° (Zers.; Chlf.). — *1.1-Diphenyl-5-piperidino-*, $C_{22}H_{25}NO$, F. 149—150° (Dibutyläther); 90%. *Hydrochlorid*, $C_{22}H_{26}ClNO$, F. 201—203° (Zers.; Chlorbenzol). — *1-Phenyl-1-cyclohexyl-5-dimethylamino-*, $C_{19}H_{27}NO$, F. 112—112,5° (PAe.); 96%. *Hydrochlorid*, $C_{19}H_{28}ClNO$, F. 196,5 bis 197° (Zers.; Dichloräthan). — *1-Phenyl-1-cyclohexyl-5-diäthylamino-*, $C_{21}H_{31}NO$, F. 59 bis 60° (PAe.); 90%. *Hydrochlorid*, $C_{21}H_{32}ClNO$, F. 163,5—164° (Dioxan, Dichloräthan). — *1-Phenyl-1-cyclohexyl-5-piperidino-*, $C_{22}H_{31}NO$, F. 123—124° (Bzn.); 95%. *Hydrochlorid*, $C_{22}H_{32}ClNO$, F. 172—173° (Zers.; Dioxan). — *1.1-[o.o'-Diphenylen]-5-dimethylamino- (9-Hydroxy-9-[4-dimethylaminbutin-(1)-yl-(1)]-fluoren)*, $C_{19}H_{19}NO$, F. 163—163,5° (Dibutyläther); 92%. *Hydrochlorid*, $C_{19}H_{20}ClNO$, F. 202° (Zers.; Isopropanol). — *1.1-[o.o'-Diphenylen]-5-diäthylamino-*, $C_{21}H_{23}NO$, F. 132,5—133° (Dibutyläther); 95%. *Hydrochlorid*, $C_{21}H_{24}ClNO$, F. 183—183,5° (Isopropanol). — *1.1-[o.o'-Diphenylen]-5-piperidino-*, $C_{22}H_{23}NO$, F. 150—151° (Dibutyläther); 96%. *Hydrochlorid*, $C_{22}H_{24}ClNO$, F. 216 bis 217° (n-Butanol). — Pentin-(3)-ole-(1): Man kocht 1 g **XI**, **XII** bzw. **XIII**, 0,45 g **XIV**-Hydrochlorid, 0,8 g **XV**- bzw. **XVI**-Hydrobromid u. 1,5 ml **XVII**-Lsg. in Ggw. von 10 mg Cu-Acetylenid in 5 ml A. 4 Std. lang, gießt in verd. HCl, extrahiert mit Ae., macht alkal., extrahiert mit Ae. (Fluoren-Derivv. mit Chlf.) u. dampft im Vakuum ein: *1.1-Diphenyl-5-dimethylamino-*, $C_{19}H_{21}NO$, F. 108—108,5° (Dibutyläther); 92%. *Hydrochlorid*, $C_{19}H_{22}ClNO$, F. 218,5—219° (Isopropanol). — *1.1-Diphenyl-5-diäthylamino-*, $C_{21}H_{25}NO$, F. 61,5—62,5° (PAe.); 86%. *Hydrochlorid*, $C_{21}H_{26}ClNO$, F. 214—215° (Zers.; Isopropanol). — *1.1-Diphenyl-5-piperidino-*, $C_{22}H_{25}NO$, F. 105,5—106,5° (Bzn.); 92,5%. *Hydrochlorid*, $C_{22}H_{26}ClNO$, F. 214,5—215° (Dioxan, Aceton). — *1-Phenyl-1-cyclohexyl-5-dimethylamino-*, $C_{19}H_{27}NO$, F. 82,5—83,5° (PAe.); 94,5%. *Hydrochlorid*, $C_{19}H_{28}ClNO$, F. 214—215° (Isopropanol). — *1-Phenyl-1-cyclohexyl-5-diäthylamino-*, $C_{21}H_{31}NO$; 90,5%. *Hydrochlorid*, $C_{21}H_{32}ClNO$, F. 160—161° (Chlorbenzol). — *1-Phenyl-1-cyclohexyl-5-piperidino-*, $C_{22}H_{31}NO$; 93%. *Hydrochlorid*, $C_{22}H_{32}ClNO$, F. 195—196° (Dioxan). — *1.1-[-o.o'-Diphenylen]-5-dimethylamino-*, $C_{19}H_{19}NO$, F. 155,5—156° (Dibutyläther); 83%. *Hydrochlorid*, $C_{19}H_{20}ClNO$, F. 195—195,5° (Zers.; n-Butanol). — *1.1-[o.o'-Diphenylen]-5-diäthylamino-*, $C_{21}H_{23}NO$, F. 158—158,5° (Isopropanol, Dibutyläther); 83%. *Hydrochlorid*, $C_{21}H_{24}ClNO$, F. 238—238,5° (Zers.; A.). — *1.1-[o.o'-Diphenylen]-5-piperidino-*, $C_{22}H_{23}NO$, F. 172,5—173,5° (Dibutyläther, A.); 87%. *Hydrochlorid*, $C_{22}H_{24}ClNO$, F. 202 bis 203° (Zers.; n-Butanol–Ae.). Helmut Schäfer. 920□

Bildung ungesättigter siliciumorganischer Verbindungen bei der Reaktion von Hydridsilanen mit Olefinen in Gegenwart von Eisenpentacarbonyl. R. Ch. Freidlina, Je. Z. Tschukowskaja, Zao-I und A. N. Nessmejanow. (Доклады Академии Наук СССР [Ber. Akad. Wiss. UdSSR] **132.** 374—77. 11/5. 1960. Inst. für metallorgan. Verb. der Akad. der Wiss. der UdSSR.) (Russ.)

Methyldichlorsilan (**I**) reagiert mit α-Olefinen ($CH_2 = CHR$) in Ggw. von $Fe(CO)_5$ unter Bldg. von gesätt. [$RCH_2—CH_2Si(Cl)(Cl)CH_3$] (**A**) oder ungesätt. *Silanen* [$RCH=CHSi(Cl)(Cl)CH_3$] (**B**), je nachdem, ob **I** oder Olefin im Überschuß angewendet wird (R = Alkyl). Aus **I** u. Decen-(1) (**II**) oder Propylen (**III**) werden Gemische (**A** u. **B**) erhalten. Die Struktur des früher dargestellten *β-Äthoxyvinyltriäthylsilan* (vgl.C. **1961.** **9753**) wird durch rhodanometr. Bromzahl-Best., saure Hydrolyse (→ Acetaldehyd) u. IR-Spektrum bewiesen.

Versuche: *Triäthylvinylsilan* (**IV**), $C_8H_{18}Si$, Kp. 144,5°, man erhitzt 34 g Triäthylsilan u. 0,5 ml $Fe(CO)_5$ bei 45 at Äthylendruck 5 Std. lang auf 130°; $D._4^{20}$ 0,7718; n_D^{20} 1,4330; 66% (Ausbeute). — *Hexaäthyldisiloxan*, $C_{12}H_{30}OSi_2$, Kp. 233°, durch Lösen von **IV** in konz. H_2SO_4 u. Verdünnen mit W.; $D._4^{20}$ 0,8448; n_D^{20} 1,4328. — *Tetraäthylsilan*, analog **IV** bei 5 at Äthylendruck; 73%. Daneben 20% *1.2-Bis-[triäthylsilyl]-äthan*. — Gemisch aus ca. 40% *Methyldecyldichlorsilan* u. ca. 60% *Methyldecen-(1)-yl-dichlorsilan*, $Kp._3$ 122°, aus 63 g **II**, 70 g **I** u. 0,2 ml $Fe(CO)_5$ in 5 Std. bei 140°; $D._4^{20}$ 0,9742; n_D^{20} 1,4571; 52 g [daneben 35 g *Decan* (im Gemisch mit **II**) u. *Hexamethyldisiloxan*, Kp. 97—99°, $D._4^{20}$ 0,7676; n_D^{20} 1,3750]. Gibt mit Methylmagnesiumhalogenid ein Gemisch aus *Trimethyldecyl-* u. *Trimethyldecen-(1)-ylsilan*; 75%. — Gemisch aus 30% *Methylpropyldichlorsilan* u. 70% *Methylpropenyldichlorsilan*, Kp. 124—130°, aus 60 g **I**, 84 g **III** u. 1 ml $Fe(CO)_5$; $D._4^{20}$ 1,0553; n_D^{20} 1,4380; 40 g. Gibt mit Methylmagnesiumhalogenid ein Gemisch aus *Trimethylpropyl-* u. *Trimethylpropenylsilan* (Kp. 87 bis 88°). Renate Richter. 980□

Synthese und Umwandlung von tertiären γ-Siliciumacetylenalkoholen. I. A. Schichijew, M. I. Alijew und Sch. W. Karajewa. (Доклады Академии Наук Азербайджанской ССР [Ber. Akad. Wiss. Aserbaidshan SSR] **15.** 1111—13. 1959. Aserbaidshan, Inst. für petrochem. Prozesse.) (Russ.; Auszug: Armen.)

Durch Rk. der Grignard-Verb. aus Methyläthyläthinylcarbinol mit Trimethylchlorsilan wird *1-Trimethylsilyl-3-methylpentin-(1)-ol-(3)* u. daraus durch Rk. mit Vinyl-n-butyläther *1-n-Butoxyäthyl-[1'-methyl-1'-äthyl-3'-trimethylsilylpropin-(2')-yl]-äther* erhalten.

Versuche: *1-Trimethylsilyl-3-methylpentin-(1)-ol-(3)*, $C_9H_{18}OSi$, Kp.$_7$ 120°, durch Rk. von Methyläthyläthinylcarbinol mit Äthyl-MgBr u. Trimethylchlorsilan in der Kälte, 4 Std. langes Rühren bei Zimmer-Temp. u. Zerlegung mit wss. HCl; n_D^{20} 1,4410; D_4^{20} 0,8484; 30% (Ausbeute). — *1-n-Butoxyäthyl-[1'-methyl-1'-äthyl-3'-trimethylsilylpropin-(2')-yl]-äther*, $C_{15}H_{30}O_2Si$, Kp.$_7$ 145—146°, durch Zugabe von 0,2 ml 33%ig. HCl zu 9 g vorst. Verb. u. 6 g Vinyl-n-butyläther, 30 Min. langes Erhitzen auf 90° u. Stehenlassen über Nacht; n_D^{20} 1,4360; D.$_4^{20}$ 0,8643; 4 g. B. CELMS. 980□

Phosphorsäureimide. 5. Mitt. **Reaktion von Trialkylphosphiten mit Stickstoffwasserstoffsäure.** M. I. Kabatschnik und W. A. Giljarow. (Известия Академии Наук СССР, Отделение Химических Наук [Nachr. Akad. Wiss. UdSSR, Abt. chem. Wiss.] **1961.** 816—18. Mai. Inst. für Metallorg. Verbb. der Akad. der Wiss. der UdSSR.) (Russ.)

Bei der Rk. von Trialkylphosphiten mit HN_3 bilden sich primär. Trialkylimidophosphate, die sich weiterhin hauptsächlich zu *N-Alkylamidodialkylphosphaten* umlagern, in einer Neben-Rk. aber auch mit HN_3 weiter zu *Amidodialkylphosphaten* reagieren.

Versuche: *N-Methylamidodimethylphosphat*, $C_3H_{10}NO_3P$, Kp.$_1$ 81°, man gibt unter Kühlung zu 9,9 g Trimethylphosphit 3,4 g HN_3 in 61,5 ml Bzl. u. läßt 1 Tag lang stehen; D.$_4^{20}$ 1,2002; n_D^{20} 1,4260; 37,3% (Ausbeute). — *N-Äthylaminodiäthylphosphat*, C_6H_{16}·NO_3P, Kp.$_1$ 96—97° bzw. Kp.$_1$ 92—94°; D.$_4^{20}$ 1,0590; n_D^{20} 1,4250—1,4258; a) man gibt zu 8,0 g Äthylamin in 80 ml abs. Ae. unter Kühlung tropfenweise 15,2 g Phosphorsäurediäthylesterhlorid, rührt 1 Std. lang unter Kühlung u. 2 Std. lang bei 20°; 56,4%; b) durch 2 Tage langes Stehen von 2,5 g HN_3 u. 9,5 g Triäthylphosphit in 70 ml Bzl.; 34,0%. Daneben *Amidodiäthylphosphat*, $C_4H_{12}NO_3P$, Kp.$_{0,1}$ 106°, F. 53,5—54,5° (PAe.-Bzl.). — *N-Isopropylamidodiisopropylphosphat*, $C_9H_{22}NO_3P$, Kp.$_1$ 86—89°, aus 9,2 g Triisopropylphosphit u. 1,9 g HN_3 in 2 Tagen; D.$_4^{20}$ 0,9902; n_D^{20} 1,4220; 2,1 g. Daneben *Amidodiisopropylphosphat*, $C_6H_{16}NO_3P$, Kp.$_1$ 106°, F. 57° (PAe.); 0,9 g.

HELMUT SCHÄFER. 980□

Phosphorsäureimide. 6. Mitt. **Trialkyl-N-acylimidophosphate.** M. I. Kabatschnik und W. A. Giljarow. (Известия Академии Наук СССР, Отделение Химических Наук [Nachr. Akad. Wiss. UdSSR, Abt. chem. Wiss.] **1961.** 819—23. Mai.) (Russ.) — 5. vgl. vorst. Referat.

Die Rk. von Phosphorsäurechloriddimethyl- oder diäthylester oder von Methansulfochlorid (I) mit NaN_3 liefert *Dimethyl-*(II) u. *Diäthylazidophosphat* (III) bzw. *Methansulfoazid* (IV). **II, III** u. **IV** spalten bei der Rk. mit Trimethyl-(**V**) u. Triäthylphosphit (**VI**) N_2 ab unter Bldg. von *N-[Dimethylphosphoryl]-imidophosphorsäuretrimethylester*, *N-[Diäthylphosphoryl]-imidophosphorsäuretriäthylester* (**VII**) bzw. *N-[Methansulfonyl]-imidophosphorsäuretriäthylester* (**VIII**). **VII** u. **VIII** reagieren mit HCl unter Abspaltung von Äthylchlorid u. Umlagerung zu *Diäthyl-N-[diäthylphosphoryl]-amidophosphat* u. *Diäthyl-N-[methansulfonyl]-amidophosphat.*

Versuche: *Diäthylazidophosphat* (**III**), $C_4H_{10}N_3O_3P$, Kp.$_3$ 69—70°, Kp.$_{4,5}$ 76—77°; D.$_4^{20}$ 1,1672—1,1718; n_D^{20} 1,4260—1,4275; a) man gibt zu 45,5 g NaN_3 unter 200 ml Aceton tropfenweise 34,5 g Diäthylchlorphosphat u. kocht 23 Std. lang; 62,8% (Ausbeute); b) man gibt zu 11,6 g NaN_3 in 50 ml W. unter Kühlung 8,6 g Diäthylchlorphosphat u. rührt 1 Std. lang bei 20°; 45%. — *Dimethylazidophosphat* (**II**), $C_2H_6N_3O_3P$, Kp.$_{10}$ 79,5 bis 81°, aus 58,6 g Dimethylchlorphosphat u. 91 g NaN_3 in 400 ml W.; D.$_4^{20}$ 1,3013; n_D^{20} 1,4276; 34,8%. — *Methansulfoazid* (**IV**), $CH_3N_3O_2S$, Kp.$_{17}$ 59—60°, aus 11,5 g **I** u. 19,5 g NaN_3 in 50 ml W.; D.$_4^{20}$ 1,4361; n_D^{20} 1,4675; zersetzt sich bei 125—130°; 74,4%. — *N-[Dimethylphosphoryl]-imidophosphorsäuretrimethylester*, $C_5H_{15}NO_6P_2$, Kp.$_{0,2}$ 104 bis 106°, man gibt zu 8,7 g **V** in 10 ml abs. Ae. tropfenweise 10,6 g **II**, hält zuerst durch Kühlen bei 15—20° u. kocht dann ½ Std. lang; D.$_4^{20}$ 1,3118; n_D^{20} 1,4430; 51,4%. — *N-[Diäthylphosphoryl]-imidophosphorsäuretriäthylester* (**VII**), $C_{10}H_{25}NO_6P_2$, Kp.$_{0,5}$ 116 bis 117° bzw. Kp.$_{0,5}$ 121°, aus 22,8 g **VI** u. 27,0 g **III** in 25 ml Ae.; D.$_4^{20}$ 1,1294; n_D^{20} 1,4345—1,4358; 88,5%. — *N-[Methansulfonyl]-imidophosphorsäuretriäthylester* (**VIII**), $C_7H_{18}NO_5PS$, Kp.$_{0,2}$ 109—110°, aus 22,2 g **VI** in 30 ml Ae. u. 13,4 g **IV** unter Eiskühlung; D.$_4^{20}$ 1,2170; n_D^{20} 1,4500; 75,8%. — *Diäthyl-N-[diäthylphosphoryl]-amidophosphat*, $C_8H_{21}NO_6P_2$, Kp.$_{0,001}$ 79—80°, durch Einleiten von HCl in 7,8 g **VII** bei 15—20°; D.$_4^{20}$ 1,2029; n_D^{20} 1,4415; 58,4%. — *Diäthyl-N-[methansulfonyl]-amidophosphat*, $C_5H_{14}NO_5PS$, F. 96,0—96,5° (PAe.-Chlf.), analog aus **VIII** bei 34—36°; 74,5%.

HELMUT SCHÄFER. 980□

Synthese von Alkylphosphonsäuren aus Wachs mit Phosphortrichlorid und Sauerstoff. Hiroshi Sakurai und Yoshiki Okamoto. (Mem. Inst. sci. ind. Res., Osaka Univ. **18.** 157—58. 1961.) (Engl.)

Durch Einleiten von O_2 in ein Gemisch von Paraffinwachs, Palmitinsäurecetylester oder „Spermaceti“ u. PCl_3 bei Raum-Temp., Gießen auf Eis u. Hydrolysieren mit heißem W. entstehen *Alkylphosphonsäuren*, die in Form ihrer Na-Salze als gute antistat. Agentien für synthet. Fasern verwendet werden können. P. GOLINSKE. 980□

Dimethylformamid als ein geeignetes Lösungsmittel bei der Darstellung von Nitrilen aus Arylhalogeniden und Cu(I)-Cyanid; verbesserte Isolierungstechniken. L. Friedman und H. Shechter. (J. org. Chemistry **26**. 2522—24. Juli 1961. Columbus, Ohio, Ohio State Univ., Dep. of Chem.) (Engl.)

Durch 2—6 std. Kochen von Arylbromiden oder aktiven Arylchloriden mit CuCN in Dimethylformamid (DMF) werden die entsprechenden *Nitrile* (N) dargestellt. Die N bilden mit dem entstehenden Cu(I)-Halogenid einen DMF-lösl. *Komplex* (K), während Cu, Cu(II)-Halogenid u. überschüssiges CuCN nicht in Lsg gehen. Der K wird durch $FeCl_3$ infolge Oxydation des Cu(I)- zum Cu(II)-Ion (Meth. **A**), mittels Äthylendiamin (**II**), das mit Cu(II)- u. Cu(I)-Ionen Komplexe bildet (Meth. **B**), oder durch Extraktion des N mit wss. NaCN (Meth. **C**) zerlegt.

Versuche: *1-Naphthonitril*, F. 33—34°, Kp.$_{14}$ 160—161°, a) durch 4 std. Kochen von 1-Bromnaphthalin (**I**) u. CuCN in DMF, Gießen in eine Lsg. von $FeCl_3$ u. konz. HCl in W., 20 Min. lange Rk. bei 60—70°, Abtrennen der DMF-Lsg., Extrahieren der heißen wss. Lsg. mit Toluol u. Fraktionieren der organ. Lsg. im Vakuum (Meth. **A**); 94% (Ausbeute); b) durch Gießen des aus **I** u. CuCN in DMF erhaltenen Rk.-Gemisches in eine wss. **II**-Lsg., Schütteln, Abtrennen der DMF-Lsg. u. Extrahieren der wss. Lsg. mit Bzl. (Meth. **B**); 93%; c) aus dem aus **I** u. CuCN in DMF erhaltenen Rk.-Gemisch durch Gießen in warme NaCN-Lsg., Schütteln, Abtrennen der DMF-Lsg. u. Extrahieren mit Bzl. (Meth. **C**); 94%; d) durch 24 std. Erhitzen von 1-Chlornaphthalin mit CuCN in Pyridin auf 220—250°, Gießen der Rk.-Lsg. in eine Lsg. von $FeCl_3$ u. konz. HCl in W. u. Aufarbeiten nach **A**; 94%. — *5-Cyanacenaphthen*, F. 111—112°, aus 5-Bromacenaphthen durch 4 std. Kochen nach **B**; 91%. — *4-Cyanacenaphthen*, F. 54—56°, Kp.$_1$ 110—112°, aus 4-Bromacenaphthen durch 3 std. Kochen nach **A**; 88%. — *p-Aminobenzonitril*, F. 85—87°, aus 4-Bromanilin durch 4 std. Kochen nach **C**; 83%. — *m-Cyanbenzaldehyd*, F. 76—77°, aus m-Brombenzaldehyd durch 6 std. Kochen nach **A**; 92%. — *4-Cyanbiphenyl*, F. 85—86°, Kp.$_{10}$ 162—163°, aus 4-Brombiphenyl durch 4 std. Kochen nach **A**; 92%. — *4-Cyanfluoranthen*, F. 114—115°, aus 4-Bromfluoranthen durch 5 std. Kochen nach **C**; 75%. — *2-Cyanfluoren*, F. 88—89, K.$_1$ 200—205°, aus 2-Bromfluoren durch 4 std. Kochen nach **A**; 92%. — *9-Cyanphenanthren*, F. 107—108°, Kp.$_1$ 170—175°, aus 9-Bromphenanthren durch 4 std. Kochen nach **A**; 95%. — *2-Methylbenzonitril*, Kp.$_{14}$ 88—89°, a) aus o-Bromtoluol durch 4 std. Kochen nach **A**, **B** oder **C**; n_D^{20} 1,5251; 93%; b) durch 72 std. Erhitzen von o-Chlortoluol in Pyridin auf 190—210° u. Aufarbeiten nach **A**; 85%. — *2.5-Dimethylbenzonitril*, F. 9—10°, Kp.$_1$ 62—63°, aus 2-Brom-p-xylol durch 6 std. Kochen nach **A**; 88%. — *2.4-Dimethylbenzonitril*, F. 20—22°, Kp.$_{10}$ 102 bis 103°, durch 4 std. Kochen von 4-Brom-m-xylol mit CuCN in DMF, Gießen in W., Schütteln des schwach braungefärbten Nd. mit **II** in W. bei 50° u. Extrahieren mit Bzl.; n_D^{25} 1,5279—1,5281; 91%. — *3.4-Dimethylbenzonitril*, F. 65—66°, Kp.$_{10}$ 102—103°, durch 6 std. Kochen von 4-Brom-o-xylol nach **A**; 87%. — *2-Äthylbenzonitril*, Kp.$_{10}$ 100—102°, aus o-Bromäthylbenzol durch 4 std. Kochen nach **A**; 90%; gibt durch Hydrolyse *o-Äthylbenzoesäure* (F. 67—68°). — *Terephthalsäuredinitril*, F. 221—222°, a) aus p-Dibrombenzol durch 4 std. Kochen nach **B** oder **C**; 100%; b) durch 24 std. Erhitzen von p-Dichlorbenzol in Pyridin auf 210—220° u. Aufarbeiten nach **C**; 92%. — *4.4'-Dicyanbiphenyl*, F. 242 bis 244°, aus 4.4'-Dibrombiphenyl durch 4 std. Kochen nach **B** oder **C**; 100%. — *3-Cyanbenzoesäuremethylester*, F. 64—65°, aus 3-Brombenzoesäuremethylester durch 3 std. Kochen nach **A**; 95%. — *4-Cyanbenzoesäuremethylester*, F. 61—63°, aus 4-Chlorbenzoesäuremethylester durch 5 std. Kochen nach **A**; 87%. — *4-Methylisophthalodinitril*, F. 142—144°, durch 24 std. Erhitzen von 2.4-Dichlortoluol in Pyridin auf 200—220° u. Aufarbeiten nach **B**; 93%; gibt durch Hydrolyse mit NaOH-Triäthylenglykol *4-Methylisophthalsäure* (F. 330—332°). W. LIEBSCHER. 990□

Untersuchungen an Organoselen-Verbindungen. 3. Mitt. **Additionen von Selenwasserstoff sowie aliphatischen und aromatischen Selenolen an ungesättigte Kohlenstoff-Bindungen.** Jürgen Gosselck und Ernst Wolters. (Z. Naturforsch. **17b**. 131—32. Febr. 1962. Gießen, Justus-Liebig Univ., Chem. Inst.) (Dt.) — 1. vgl. C. **1962**. 7091; 2. vgl. Z. Naturforsch. **16b**. [1961.] 280.

Vff. fanden, daß sich SeH_2 an Chalkone bzw. Dibenzalaceton addiert, wobei *α.α'-Diaroylaralkylselenide* bzw. *2.6-Diphenylselenopyranon* entstehen. Ebenso lassen sich SeH_2 sowie aliphat. u. aromat. Selenole an die C≡C-Bindung anlagern. Man erhält so leicht in exothermer Rk. *α,β-ungesätt. Selenide* des Typs RCH=CR'(SeR'') mit 60—80% Ausbeute. Die Additionen wurden unter Luftausschluß entweder in abs. Ae.-Lsg. unter

Zusatz katalyt. Mengen von Piperidin oder einfach durch Zusammengeben der Komponenten bei Zimmer-Temp. vorgenommen. Die Addukte schieden sich nach mehreren Std. oder nach Eindampfen des Lsgm. krist. ab u. ließen sich durch Umkristallisieren aus A. von geringen Mengen Diselenids befreien. Am Beispiel von β-[Phenylseleno]- bzw. β-[Phenylmercapto]-zimtsäureester u. [2-Benzoylvinyl]-benzylselenid bzw. -sulfid wird gezeigt, daß die IR-Spektren der analog dargestellten isologen S-Verbb. eine bemerkenswerte Ähnlichkeit sowohl hinsichtlich der Lagen u. Konturen als auch häufig der Intensitäten der Banden mit denen der Se-Verbb. besitzen.

Versuche: *[2-Phenylvinyl]-phenylselenid*, $C_{14}H_{12}Se$, F. 45—47°, aus Phenylacetylen u. Selenophenol (I); Rhomben. — *[2-Äthoxycarbonyl-1-phenylvinyl]-phenylselenid* (II), $C_{17}H_{16}O_2Se$, F. 30—31°, aus β-Phenylpropiolsäureäthylester (III) u. I; gelbe Nadeln. — *[2-Acetyl-1-phenylvinyl]-phenylselenid*, $C_{16}H_{14}OSe$, F. 108—109°, aus Acetylphenylacetylen u. I; gelbe Nadeln. — *[2-Benzoylvinyl]-phenylselenid*, $C_{15}H_{12}OSe$, F. 86—87°, aus Benzoylacetylen (IV) u. I; gelbe Nadeln. — *[2-Benzoylvinyl]-benzylselenid*, $C_{16}H_{14}OSe$, F. 93—94°, aus IV u. Benzylselenol; hellgelbe Blättchen. — *Bis-[2-äthoxycarbonyl-1-phenylvinyl]-selenid* (V), $C_{22}H_{22}O_4Se$, F. 145—146°, aus III u. H_2Se; Stäbchen. — *Bis-[2-carboxy-1-phenylvinyl]-selenid*, $C_{18}H_{14}O_4Se$, F. 266—267°, aus V durch Verseifung; Sternchen. — *[2-Carboxy-1-phenylvinyl]-phenylselenid*, $C_{15}N_{12}O_2Se$, F. 123°, aus II durch Verseifung; lange gelbe Nadeln. CH. ZECHEL. 1090□

Anlagerung von Thiophenol an β-Cyanvinylketone. A. N. Nessmejanow, L. W. Rybin und M. I. Rybinskaja. (Известия Академии Наук СССР, Отделение Химических Наук [Nachr. Akad. Wiss. UdSSR, Abt. chem. Wiss.] **1961**. 1451—53. Aug. Inst. für metall-organ. Verbb. der Akad. der Wiss. der UdSSR.) (Russ.)

An Alkyl-β-cyanvinylketone wird Thiophenol (I) in Ae. in exothermer Rk. leicht angelagert, während die Rk. von I mit Phenyl-β-cyanvinylketon die Ggw. von Spuren Alkali erfordert. Die erhaltenen *β-Acyl-α-phenylmercaptopropionitrile* lassen sich leicht mit H_2O_2 zu den entsprechenden *Sulfonen* oxydieren, aus denen mit verd. NaOH Benzolsulfinsäure abgespalten werden kann. Die Verseifung von β-Benzoyl-α-phenylmercaptopropionitril zur Säure gelingt nicht direkt, wohl aber über das Amid, das mit HNO_2 *β-Benzoyl-α-phenylmercaptopropionsäure* ergibt.

Versuche: α-Phenylmercaptopropionitrile: Man läßt die Lsg. von I u. Alkyl-β-cyanvinylketon in Ae. über Nacht stehen, dest. den Ae. ab u. krist. aus PAe. um: *β-Acetyl-*, F. 34—34,5°; 90% (Ausbeute). — *β-n-Butyryl-*, F. 35,5—36°; 84%. — *β-Benzoyl-* (II), F. 62—63°; 85%. — α-Phenylsulfonylpropionitrile: Man läßt die Lsgg. von 0,01 Mol vorst. Verbb. in Essigsäure u. 0,06 Mol 28%ig. H_2O_2 u. einige Tropfen konz. H_2SO_4 einige Tage lang stehen, filtriert (durch Verdünnen mit W. wird eine weitere Fraktion gewonnen) u. krist. aus A. um: *β-Acetyl-*, F. 116°; 65%. — *β-n-Butyryl-*, F. 64°; 70%. — *β-Benzoyl-* (III), F. 151°; 80%. — *β-Benzoyl-α-phenylmercaptopropionsäure*, F. 133—133,5° (wss. A.), zur kalten Lsg. von 1 g KNO_2 in 10 ml W. gibt man 1 g nachst. Amids in 20 ml Eisessig u. 2 ml konz. H_2SO_4, läßt langsam auf Zimmer-Temp. erwärmen, erhitzt am nächsten Tag auf 60°, trennt den Nd. ab, löst in gesätt. Soda-Lsg. u. fällt mit 10%ig. HCl; 80%. *Amid*, $C_{16}H_{15}NO_2S$, F. 155° (A.), zur Lsg. von 4 g II in 50 ml Eisessig läßt man unter Rühren 10 ml 70%ig. $HClO_4$ tropfen, läßt das Gemisch in W. eintropfen u. filtriert; 95%. — *Phenyl-β-cyanvinylketon*, man schüttelt die äther. Lsg. von III mit 0,5%ig. NaOH aus, trocknet den Ae. u. dampft ein; 82%.

RENATE RICHTER. 1090□

Darstellung von N.N-Dialkyl-N'-[2-dialkylaminoäthyl]-benzamidinen. Bill Elpern und Franklyn W. Gubitz. (J. org. Chemistry **26**. 5215—17. Dez. 1961. Rensselaer, N.Y., Sterling-Winthrop Res. Inst.) (Engl.)

Beim Versetzen von substituierten N-[2-Hydroxyäthyl]-benzamid-Derivv. mit PCl_5 werden *N-[2-Chloräthyl]-benzimidchlorid* (I)-*Derivv.* (**A**) erhalten, die mit sek. Aminen leicht reagieren u. in guter Ausbeute *N'-[2-Chloräthyl]-N.N-dialkylbenzamidin-Derivv.* (**B**) geben. In hochsd. Lsgm. entstehen bei höherer Temp. aus **A** u. **B** *N.N-Dialkyl-N'-[2-dialkylaminoäthyl]-benzamidin-Derivate*. Diese Verbb. haben eine etwa ebenso große diuret. Wirksamkeit wie Theophyllin.

Versuche (FF. korr.): *N-[2-Chloräthyl]-benzimidchlorid* (I), $C_9H_9Cl_2N$, Kp.$_{0,1}$ 78 bis 82°, durch portionsweise Zugabe von PCl_5 zu N-[2-Hydroxyäthyl]-benzamid in sd. Bzl. während 3 Std.; n_D^{25} 1,5670; 76% (Ausbeute). — *N'-[2-Chloräthyl]-N.N-diäthylbenzamidin*, $C_{13}H_{19}ClN_2$, Kp.$_{0,8}$ 105—110°, durch 2std. Kochen von I mit Diäthylamin in Bzl.; n_D^{25} 1,5344; 61%. — *N.N-Diäthyl-N'-[2-piperidinoäthyl]-benzamidin*, $C_{18}H_{29}N_3$, Kp.$_{0,03}$ 116—133°, durch 24std. Kochen vorst. Verb. mit Piperidin in Toluol; n_D^{25} 1,5291; 43%. *Dihydrochlorid*, $C_{18}H_{31}Cl_2N_3$, F. 210—221° (Aceton). *Methojodid*, $C_{19}H_{32}JN_3$, F. 132—135° (Aceton); 84%. — *N.N-Diäthyl-N'-[2-morpholinoäthyl]-benzamidin*, $C_{17}H_{27}$·N_3O, Kp.$_{0,1}$ 130—137°, n_D^{25} 1,5298; 81%. *Dihydrochlorid*, $C_{17}H_{29}Cl_2N_3O$, F. 197—198°

(A.-Ae.). — *N.N-Diäthyl-N'-[2-dimethylaminoäthyl]-benzamidin*, $C_{15}H_{25}N_3$, Kp.$_{0,03}$ 91 bis 94°, n_D^{25} 1,5180; 38% *Dihydrochlorid*, $C_{15}H_{27}Cl_2N_3$, F. 185—187° (Aceton-Methanol). *Methojodid*, $C_{16}H_{28}JN_3$, F. 150—151° (Aceton-Ae.); 48%. — *N.N-Diäthyl-N'-[2-diäthylaminoäthyl]-benzamidin*, $C_{17}H_{29}N_3$, Kp.$_{0,04}$ 108—114°, n_D^{25} 1,5114; 38%. *Methojodid*, $C_{18}H_{32}JN_3$, F. 114—115° (Aceton-Ae.); 78%. — *N.N-Pentamethylen-N'-[2-piperidinoäthyl]-benzamidin*, $C_{19}H_{29}N_3$, Kp.$_{0,05}$ 136—138°, durch 16std. Kochen von I mit Piperidin in Toluol; n_D^{25} 1,5493; 67%. *Dihydrochlorid*, $C_{19}H_{31}Cl_2N_3$, F. 184—186° (Aceton-Methanol). — *N-[2-Chloräthyl]-p-chlorbenzimidchlorid*, $C_9H_8Cl_3N$, Kp.$_{0,05}$ 115—123°, n_D^{25} 1,5819; 85%. — *N'-[2-Chloräthyl]-N.N-diäthyl-p-chlorbenzamidinhydrochlorid*, $C_{13}H_{19}Cl_3N_2$, F. 172 bis 173° (Aceton); 51%. — *N.N-Diäthyl-N'-[2-piperidinoäthyl]-p-chlorbenzamidin*, $C_{18}H_{28}ClN_3$, Kp.$_{0,1}$ 141—148°, n_D^{25} 1,5392; 83%. *Dihydrochlorid*, $C_{18}H_{30}Cl_3N_3$, F. 195 bis 198° (Aceton-Methanol). *Dimethojodid*, $C_{20}H_{34}ClJ_2N_3$, F. 170—178° (Isopropanol), durch Rk. der Base mit CH_3J in Verhältnis 2:1 in Aceton. — *N.N-Diäthyl-N'-[2-morpholinoäthyl]-p-chlorbenzamidin*, $C_{17}H_{26}ClN_3O$, Kp.$_{0,1}$ 163—166°, n_D^{25} 1,5407; 92%. *Dihydrochlorid*, $C_{17}H_{28}Cl_3N_3O$, F. 166—169° (Aceton-Methanol). *Methojodid*, $C_{18}H_{29}ClJN_3O$, F. 149—151° (Aceton). E. KOSSMEHL. 1210□

Über einige α-Chlor- und α.α-Dichlorarylessigsäurederivate. Marc Julia und Michelle Baillargé. (Bull. Soc. chim. France **1959**. 850—53. Juni. Paris, Inst. Nat. Rech. Agronom., Fac. des Sci.) (Franz.)

Eine Reihe von *α-Chlorarylessigsäureestern*, *α-Chlorarylglyoxylsäureestern* u. *α.α-Dichlorarylessigsäureestern* wurde hergestellt u. hinsichtlich ihrer physiolog. Eigg. getestet.

Versuche: *α.α-Dichlorphenylessigsäureäthylester*, Kp.$_{24}$ 156°, aus Benzoylcyanid u. A. durch Einleiten von HCl u. Chlorierung mit PCl_5. — *p-Chlorbenzoylcyanid*, F. 41—42° (PAe.) aus p-Chlorbenzoylchlorid u. CuCN durch 1std. Erhitzen auf 210—220°; 70% (Ausbeute). — *p-Chlorphenylglyoxylsäureäthylester*, Kp.$_{15}$ 145—150°, aus vorst. Verb. u. A. durch Sättigen mit HCl bei 0° u. 48std. Rk. in der Kälte; $n_D^{18,4}$ 1,5370; 67%. — *α.α.p-Trichlorphenylessigsäureäthylester*, $C_{10}H_9Cl_3O_2$, Kp.$_{0,1}$ 99—100°, aus vorst. Verb. u. PCl_5 durch 1std. Kochen; n_D^{20} 1,5337; 48%. *Freie Säure*, $C_8H_5Cl_3O_2$, F. 85—86° (PAe.), aus 1,9 g Ester u. methanol. KOH durch 1std. Rk. bei Zimmer-Temp.; 1,2 g. — *o-Chlorbenzoylcyanid*, C_8H_4ClNO, F. 39—40° (PAe.), Kp.$_{15}$ 120—122°; aus o-Chlorbenzoesäure u. $SOCl_2$ durch 2std. Kochen u. 1std. Rk. des *Säurechlorids* (Kp.$_{20}$ 110°) mit CuCN bei 200—220°; 66%. — *o-Chlorphenylglyoxylsäureäthylester*, Kp.$_{20}$ 160—170°, aus vorst. Verb. u. A. durch Sättigen mit HCl u. 48std. Rk. bei 0°; 47%. *2.4-Dinitrophenylhydrazon*, F. 151°; aus Bzl./PAe. hellgelbe Kristalle. — *p-Methoxyphenylglyoxylsäureäthylester*, Kp$_{0,1}$ 126—127°, a) aus Oxalsäuremonochloridäthylester (I) u. Anisol in Nitrobenzol bei 0°; n_D^{22} 1,5420; b) aus p-Methoxyphenylglyoxylsäure (F. 91°) durch Veresterung. *Dinitrophenylhydrazon*, $C_{17}H_{16}N_4O_7$, F. 149° (Bzl./PAe.). — *α.α-Dichlor-p-methoxyphenylessigsäureäthylester*, $C_{11}H_{12}Cl_2O_3$ Kp.$_{0,1}$ 108—109°, aus vorst. Verb. u. PCl_5; n_D^{18} 1,5358; 44%. — *p-Methoxyphenylglyoxylsäure*, $C_9H_8O_4$, F. 91° (Bzl.), aus vorst. Verb. durch 1std. Verseifung mit methanol. KOH bei 0°. — *p-Bromphenylglyoxylsäure*, F. 89°, aus I durch Rk. mit Brombenzol in Tetrachloräthan in Ggw. von $AlCl_3$ bei 0° u. 3std. Erhitzen auf 100°; 23%. *Äthylester*, $C_{10}H_9BrO_3$, Kp.$_{0,1}$ 121°; n_D^{20} 1,5320; 76% [*Dinitrophenylhydrazon*, $C_{16}H_{13}BrN_4O_6$, F. 151° (Bzl./PAe.)]. — *α.α-Dichlor-p-bromphenylessigsäureäthylester*, $C_{10}H_9BrCl_2O_2$, Kp.$_{0,1}$ 110—111°, aus vorst. Äthylester u. PCl_5; n_D^{21} 1,5530; 54%. *Freie Säure*, $C_8H_5BrCl_2O_2$, F. 98—99° (Bzl./PAe.), aus 1 g Ester; 0,5 g. — *p-Tolylglyoxylsäure*, F. 98—99° (Bzl.), aus I u. Toluol in Nitrobenzol in Ggw. von $AlCl_3$ durch 3std. Rk. bei 100°; 37%. *Äthylester*, $C_{11}H_{12}O_3$, Kp.$_{0,1}$ 97°; n_D^{20} 1,5188; 71,5% [*Dinitrophenylhydrazon*, $C_{17}H_{16}N_4O_6$, F. 162—163° (Bzl./Ae.)]. — *p-Tolylglyoxylsäure*, $C_9H_8O_3$, F. 94°, aus vorst. Ester durch Verseifung. — *p-Chlorphenylglyoxylsäure*, F. 89—90° (Bzl.), analog vorvorst. Verbindung; 32%. *Äthylester*, Kp.$_{0,1}$ 88—89°; n_D^{18} 1,5370; 53%. — *2.4-Dichlorphenylglyoxylsäure*, $C_8H_4Cl_2O_3$, F. 76° (Bzl.), aus 2.4-Dichlorbenzaldehyd durch Überführung in *2.4-Dichlormandelsäure* [F. 119°] u. Oxydation mit $KMnO_4$; 30%. *Äthylester*, $C_{10}H_8Cl_2O_3$, Kp.$_{0,2}$ 120—124°; 88% [*Dinitrophenylhydrazon*, $C_{16}H_{12}Cl_2N_4O_6$, F. 131° (Bzl./PAe.)]. — *α.α.2.4-Tetrachlorphenylessigsäureäthylester*, $C_{10}H_8Cl_4O_2$, Kp.$_{0,15}$ 137°, aus vorst. Äthylester u. PCl_5; n_D^{20} 1,5545; 40%. *Freie Säure*, $C_8H_4Cl_4O_2$, F. 68°, aus dem Ester durch Verseifung. — *α.p-Dichlorphenylessigsäureäthylester*, $C_{10}H_{10}Cl_2O_2$, Kp.$_{15}$ 165—170°, Kp.$_{0,2}$ 100—104°, aus p-Chlorbenzaldehyd durch Überführung in 4-Chlormandelsäure, Rk. mit PCl_5 u. anschließend mit A.; 90%. — *α.2.4-Trichlorphenylessigsäureäthylester*, $C_{10}H_9Cl_3O_2$, Kp.$_{0,1}$ 115—116°; 65%. — *α-Chlor-p-tolylessigsäureäthylester*, $C_{11}H_{13}ClO_2$, Kp.$_{0,05}$ 88°; n_D^{22} 1,5150; 53%. — *p-Brom-α-chlorphenylessigsäureäthylester*, $C_{10}H_{10}ClBrO_2$, Kp.$_{0,1}$ 105—106°; n_D^{19} 1,5475; 80%. — *α-Chlor-p-methoxyphenylessigsäureäthylester*, $C_{11}H_{13}ClO_3$, Kp.$_{0,2}$ 119—120°; n_D^{27} 1,5205; geringe

Ausbeute. — *α.o-Dichlorphenylessigsäureäthylester*, $C_{10}H_{10}Cl_2O_2$, Kp.$_{0,1}$ 83—84°; n_D^{19} 1,5308; 80%. Walter Simon. 1210

Über N-Thioacylamidine. 2. Mitt. Joachim Goerdeler und Herbert Porrmann. (Chem. Ber. **95.** 627—31. 20/3. 1962. Bonn, Univ., Chem. Inst.) (Dt.) — 1. vgl. C. **1962.** 6008.

Einige aliphat. u. aliphat.-aromat. Thioacylamidinhydrochloride wurden in die ziemlich unbeständigen *freien Basen* übergeführt, zu *Thiodiazolen* oxydiert bzw. durch saure Hydrolyse in *Acylthioamide* verwandelt.

Versuche (FF. unter dem Mikroskop best.): *N-Thiobenzoylacetamidin* (I), rotes Öl, aus dem Hydrochlorid (II) u. 1 n wss. $NaHCO_3$-Lsg./Ae.; 75% (Ausbeute); 8—12 Std. beständig. — Analog: *N-[p-Nitrothiobenzoyl]-acetamidin*, $C_9H_9N_3O_2S$, F. 142°, rote Kristalle; 74%. — *N-Thiobenzoylpropionamidin*, rotes Öl; 68%; 10—12 Std. beständig. — *N-Thiobenzoylphenylacetamidin*, $C_{15}H_{14}N_2S$, rotbraunes Öl; 74%; 11—15 Tage beständig. — *N-Thiophenacetylphenylacetamidin*, $C_{16}H_{16}N_2S$, F. 56°, hellgelbe Prismen; 89%; 10—14 Std. beständig. — Aus N-Thioacetylacetamidinhydrochlorid (III) wurde analog nur *Thioacetamid* erhalten. — *3-Methyl-5-phenyl-1.2.4-thiodiazol*, $C_9H_8N_2S$, F. 50° (Stäbchen), aus II über I mit J_2 in CH_2Cl_2 (Eiskühlung); 70%. — Analog: *3-Benzyl-5-phenyl-1.2.4-thiodiazol*, $C_{15}N_{12}N_2S$, F. 77° (Nadeln); 76%; ident. mit einem von Kitamura [1938] aus Phenylthioacetamid-S-oxid u. Thiobenzamid erhaltenen „3-Phenyl-5-benzyl-1.2.4-thiodiazol". — *3.5-Dibenzyl-1.2.4-thiodiazol*, $C_{16}H_{14}N_2S$, F. 41° (Blättchen); 84%. — *3.5-Dimethyl-1.2.4-thiodiazol*, Kp.$_{112-113}$ 85—87,5°; 53%. — *N-Thioacetylacetamid*, F. 60° (rhomb. gelbe Blättchen aus Ae.), durch 3std. Stehen von III in W., dann Überschichten mit Ae. u. 28std. Stehen; 28%. — *N-Thiobenzoylbenzamid*, $C_{14}H_{11}NOS$, F. 119°, granatrote Rhomben aus CCl_4, aus N-Thiobenzoylbenzamidinhydrochlorid u. wss. Aceton in Ggw. von HCl (über Nacht offen stehenlassen); 83%. — Analog: *N-Thiophenacetylphenylacetamid*, $C_{16}H_{15}NOS$, F. 82°, gelbe Nadeln; 83%. — *N-Thiobenzoylacetamid*, F. 103°, tiefrote Rhomben; 56%. — *N-Thiobenzoylpropionamid*, F. 107°, violettrote Blättchen; 43%. — *N-Thiobenzoylphenylacetamid*, F. 108° (gelbe Schuppen) bzw. F. 114° (rote Nadeln; beide Modifikationen nebeneinander aus CCl_4); 57%. J. Rothe. 1210□

Untersuchungen über schwefelhaltige organische Verbindungen. Weitere Untersuchungen und Beobachtungen über aromatische Thionylamine: Reaktion mit Aminen und Alkoholen. Corrado Carpanelli und Giuseppe Leandri. (Ann. Chimica **50.** 147—55. Jan./Febr. 1960. Bari, Univ., Ist. di Chim. org.) (Ital.)

Aromat. Thionylamine (I, ArNSO) gehen mit aromat. Aminen, die stärker bas. als das dem I zugrunde liegende Amin sind, beim Erwärmen in Lsg. eine „Umthionylierung" ein. Bes. p- (II) u. o-Nitrothionylanilin (III) sind zur Thionylierung anderer Amine geeignet. Das Verf. bietet sich vor allem zur Darst. solcher I an, die im Mol. Gruppen tragen, die bei der üblichen Synth. mittels $SOCl_2$ mit in Rk. treten würden. So läßt sich *p-Aminothionylanilin* in guter Ausbeute durch Umsetzen von II mit p-Phenylendiamin gewinnen. Entgegen früheren Literaturangaben (Michaelis [1891]) setzen sich die I auch mit Alkoholen um, wobei mit wechselnden Ausbeuten *Dialkylsulfite* (IV) entstehen. Bei der Synth. zahlreicher **IV** gab **II** allg. höhere Ausbeuten als das unsubstituierte Thionylanilin (V). Es werden Rk.-Mechanismen für die Umsetzungen der I diskutiert; bei der Bldg. der **IV** treten vermutlich die S-Analogen ArNHSOOR der Urethane als instabile Zwischenprodd. auf. Im Gegensatz zu den I gehen Thionylhydrazine mit Alkoholen keine Rk. ein.

Versuche: Thionylaniline (I), durch 2std. leichtes Erwärmen von **II** oder **III** mit dem entsprechenden Amin in Bzl. u. 1std. Kochen: *Unsubstituiert* (V), Kp.$_{15}$ 82—83°; aus **II** 68% (Ausbeute), aus **III** 80%. — *p-Methyl-*, Kp.$_{25}$ 112—113°, aus **II** 85%, aus **III** 78%. — *p-Methoxy-*, Kp.$_{15}$ 142—144°, aus **II** 83%, aus **III** 88%. — *p-Chlor-*, F. 37—39°, Kp.$_{17}$ 116—120°, aus **II** 83%, aus **III** 72%. — *2.4.6-Trimethyl-*, Kp.$_{760}$ 239—241° (Zers.), Kp.$_3$ 85—89°, aus **II** 45%. — *m-Amino-*, C_6H_6NOS, Kp.$_3$ 109—110°, aus **II** 18%; rot. — *p-Amino-*, F. 67—68°, Kp.$_{13}$ 165—167°, aus **II** 76%; rot. — Dialkylsulfite (**IV**), durch mehrstd. Kochen von **V** oder **II** in dem betreffenden Alkohol: *Diäthyl-*, Kp.$_{763}$ 157°, aus **V** Spuren, aus **II** 13%. — *Di-n-propyl-*, Kp.$_{760}$ 190—193°, aus **V** 38%, aus **II** 13%. — *Di-n-butyl-*, Kp.$_{11}$ 108—110°, aus **V** 24%, aus **II** 48%. — *Diisobutyl-*, Kp.$_{13}$ 92—94°, aus **V** 26%, aus **II** 58%. — *Diisoamyl-*, Kp.$_4$ 98—100°, aus **V** 27%, aus **II** 55%. — *Di-n-heptyl-*, Kp.$_{14}$ 181—184°, aus **V** 60%, aus **II** 74%. — *Dibenzyl-*, Kp.$_4$ 144—145°, aus **V** 31%, aus **II** 68%. H.-E. Toussaint. 1310□

Über die Darstellung und Reaktionen von Azo- und Diazoverbindungen. 35. Mitt. Stereochemie der Zersetzung von N-Nitroso- und N-Amino-α.α'-dimethyldibenzylamin. C. G. Overberger, N. P. Marullo und R. G. Hiskey. (J. Amer. chem. Soc. **83.** 1374—78. 20/3. 1961. Brooklyn, N.Y., Polytechn. Inst., Dep. of Chem.) (Engl.) — 34. vgl. C. **1961.** 18276; vorl. Mitt. vgl. C. **1960.** 4489.

Durch Kondens. von opt.-akt. α-Methylbenzylamin (**I**, $[\alpha]_D^{25}$ −40,03°) u. Acetophenon (**II**) wurde *opt.-akt. N-Methylbenzyliden-α-methylbenzylamin* (**III**, 96% opt. rein) erhalten. Bei der katalyt. Hydrierung von **III** an Pd-Kohle entstand in 96%ig. Ausbeute ein Prod., das offenbar zu 88% (−)-*α.α'-Dimethyldibenzylamin* [(−)-**IV**)] sowie *meso*-**IV** enthielt. Die Hydrierung verläuft demnach stark stereospezifisch. Zur Erklärung nehmen Vff. an, daß **III** in syn- u. anti-Form vorliegt, zwischen denen ein leicht verschiebbares Gleichgewicht vorhanden ist. syn-**III**, das in einem Zustand höheren Energieinhalts vorliegt, wird leichter red. u. ergibt (−)-**IV**. Das stabilere anti-**III** wandelt sich daher weitgehend in das syn-Isomere um, so daß nur eine geringe Menge zu meso-**IV** hydriert wird. Die chem. Red. von **III** mit $LiAlH_4$ lieferte ebenfalls ein Gemisch von (−)- u. meso-**IV**, jedoch nur mit einem Geh. von 58% (−)-**IV**. Die Nitrosierung von (−)-**IV** ergab ohne Racemisierung (−)-*N-Nitroso-α.α'-dimethyldibenzylamin* [(−)-**V**]. Diese Verb. konnte jedoch durch Einw. von $LiAlH_4$ nicht in das entsprechende Hydrazin-Deriv. umgewandelt werden, das Prod. wurde durch Oxydationsmittel nicht angegriffen. Die Darst. von (−)-*N-Amino-α.α'-dimethyldibenzylamin* [(−)-**VI**] gelang jedoch durch Red. von (−)-**V** mit Na in sd. Äthanol. Auch hierbei trat keine Racemisierung auf, da die Desaminierung von (−)-**VI** das Hydrochlorid von (−)-**IV** in prakt. unveränderter opt. Aktivität ergab. Die Red. von (−)-**V** mit $NaHSO_3$ in wss.-alkohol. NaOH führte zu 90%ig. N_2-Abspaltung, wobei 21,2% *meso*- u. 42% eines opt.-akt. fl. *Isomerengemisches von 2.3-Diphenylbutan* (**VII**) erhalten wurden. Polystyrol trat nicht auf u. Monostyrol nur in Spuren. Die Oxydation von (−)-**VI** mit HgO lieferte ähnliche Resultate, u. zwar wurden bei 99%ig. N_2-Bldg. 31,2% meso-**VII** u. 45% eines fl., opt.-akt. **VII**-Gemisches gebildet. Vff. leiten aus den Ergebnissen ab, daß diese Rk. nicht vollständig nach einem „concerted"-Prozeß abläuft, sondern daß auch eine teilweise Aufspaltung in Mol.-Teile auftritt.

Versuche: (−)-*N-Methylbenzyliden-α-methylbenzylamin* [(−)-**III**], $C_{16}H_{17}N$, Kp.$_{0,2}$ 106°, durch 3tägiges Kochen von akt. **I** u. **II** in Bzl. in Ggw. von p-Toluolsulfonsäure unter Abdest. von W.; n_D^{25} 1,5790, $D._4^{25}$ 1,0002, $[\alpha]_D^{25}$ −97,56°; 86% (Ausbeute). *rac.*-**III**, Kp.$_{0,4}$ 107—109°, analog aus rac. **I**; n_D^{25} 1,5785. (−)-**III** lieferte durch 2std. Erhitzen in Bzl. mit 3 n HCl 67% (−)-**I**, Kp.$_{10}$ 70°, n_D^{25} 1,5248, $[\alpha]_D^{25}$ −37,3°. — (−)-*α.α'-Dimethyldibenzylamin* [(−)-**IV**], $C_{16}H_{19}N$, Kp.$_{0,3}$ 103—105°, a) durch Schütteln von (−)-**III** in Tetrahydrofuran (THF) unter H_2 in Ggw. von 10%ig. Pd-Kohle; n_D^{25} 1,5508, $D._4^{25}$ 0,9870, $[\alpha]_D^{25}$ −172,7°; 96%; b) durch Zugabe von (−)-**III** in THF zu $LiAlH_4$ in THF, 20std. Kochen unter N_2 u. Zers. mit A. sowie mit W.; 40%. *Hydrochlorid*, $C_{16}H_{20}ClN$, schmilzt nicht bis 300°, $[\alpha]_D^{20}$ −71,8° (c = 4 in A.). *Pikrat*, $C_{22}H_{22}N_4O_7$, F. 181—182° (abs. A.). *rac.*-**IV**, Kp.$_{1,9}$ 128—129°, a) analog (−)-**IV** nach a); n_D^{26} 1,5496; b) durch 8std. Kochen äquimol. Mengen von rac. **I** u. Benzaldehyd in Bzl. unter Abdest. des W. (→ *N-Benzyliden-α-methylbenzylamin*, Kp.$_{2,5-3}$ 148—153°, $n_D^{24,5}$ 1,5874; 88%), Zugabe der Lsg. in Ae. zu CH_3MgBr in sd. Ae. unter N_2, 2std. Kochen, 1 Nacht Stehen bei Raum-Temp. u. Gießen auf Eis-konz. HCl; $n_D^{25,5}$ 1,5502; 36%. — (−)-*N-Nitroso-α.α'-dimethyldibenzylamin* [(−)-**V**]. $C_{16}H_{18}N_2O$, F. 56—57° (hellgelb aus PAe.), aus (−)-**IV** nach HATT [1943] in wss. A.; $[\alpha]_D^{20}$ −259,1° (c = 5% in A.); 91,2%. *rac.*-**V**, F. 58,5—60°, analog (−)-**V**; 92,7%. — *meso-2.3-Diphenylbutan* (*meso*-**VII**), F. 124—125°, Kp.$_{0,05}$ 70°, durch ½std. Rühren von (−)-**V** in wss.-alkohol. NaOH bei 70° unter N_2 u. Zugabe von $NaHSO_3$ im Rohr (10std. Rk.); n_D^{25} 1,5546 (unterkühlt); 21,2%; daneben 43% *opt.-akt.* **VII**, Kp.$_{0,07}$ 72—74°, n_D^{25} 1,5544, $[\alpha]_D^{20}$ −45,5° (c = 5 in A.). — (−)-*N-Amino-α.α'-dimethyldibenzylamin* [(−)-**VI**], $C_{16}H_{20}N_2$, Kp.$_{0,1}$ 120°, durch ¼std. Kochen von (−)-**V** in abs. A. unter N_2, Zugabe von Na-Metall, weiteres Kochen u. Zusatz von W.; n_D^{25} 1,5684; $[\alpha]_D^{20}$ −115,8° (5% in A.); 70%. *Pikrat*, $C_{22}H_{23}N_5O_7$, F. 138,5° (Zers.; A.). Analog *rac.*-**VI**, Kp.$_{0,15}$ 116—118°, n_D^{25} 1,5680. — *rac.-p.p'-Dinitro-2.3-diphenylbutan*, F. 131—132° (Abs. A.), durch Zutropfen von eiskalter Eisessig-rauchender HNO_3 zu rac.-**VII** in Eisessig unter Eiskühlung unter 10°, 10std. Rühren bei 0° u. 2std. Rühren bei Raum-Temp., Gießen auf Eis u. Zugabe von konz. NaOH (bis pH 6); 54%. — *rac.-p.p'-Diamino-2.3-diphenylbutan*, $C_{16}H_{20}N_2$, F. 84—85,5° (Pentan), durch Schütteln vorst. Verb. in THF unter H_2 in Ggw. von 10%ig. Pd-Kohle; 83%. Spaltung durch Zugabe der Lsg. in abs. Methanol zu einer heißen Lsg. von D-Weinsäure in abs. Methanol, Kühlen, Kristallisation des (+)-Salzes [$[\alpha]_D^{20}$ + 62,0°, nach 17 Kristallisationen), Lösen in W., Zugabe von überschüssigem NH_4OH, 5 tägiges Stehen in der Kälte → (+)-*Diamin*, glasartig, $[\alpha]_D^{20}$ +103°. B. GNAUCK. 1310□

Über die Darstellung und Reaktionen von Azo- und Diazoverbindungen. 36. Mitt. Zersetzung unsymmetrischer Nitrosamine. C. G. Overberger und N. P. Marullo. (J. Amer. chem. Soc. **83.** 1378—81. 20/3. 1961.) (Engl.) — 35. vgl. vorst. Ref.; 37. vgl. **1962.** 10469.

Zur Darst. unsymm. substituierter *Dibenzylnitrosamine* wurde 3-Nitrobenzylidenbenzylamin (**I**) mit abs. Ameisensäure (**II**) erhitzt. Unter Abspaltung von CO_2 konnte so *3-Nitrodibenzylamin* erhalten werden, das mit HNO_2 nitrosiert u. durch katalyt.

Red. mit H_2 in *N-Nitroso-3-aminodibenzylamin* (**III**) umgewandelt werden konnte. Beim Umsatz von N-[α-Methyl-3-nitrobenzyliden]-α-methylbenzylamin mit **II** wurde *3-Nitro-α.α'-dimethyldibenzylamin* (**IV**) nur in sehr geringer Ausbeute erhalten, mit Triäthylammoniumformiat (**V**) als Red.-Mittel erzielte man zwar unter verschiedenen Rk.-Bedingungen regellose Ergebnisse, doch lagen die Ausbeuten an **IV** zwischen 4 u. 20 %. Bei der Red. von **III** mit $NaHSO_3$ in wss.-alkohol. NaOH bei 63° war eine quant. N_2-Entw. zu beobachten. Aus den sauren Extrakten konnten 72% *3-Aminobibenzyl* (**VI**) isoliert werden. Die Red. von *N-Nitroso-3-amino-α.α'-dimethyldibenzylamin*, das analog **III** aus **IV** dargestellt wurde, mit $NaHSO_3$ lieferte 79% *3-Amino-α.α'-dimethylbibenzyl*. In Übereinstimmung mit den Befunden von HINMAN u. HAMM (C. **1960.** 3198) treten also bei der Red. der Nitrosamine keine freien Mol.-Bruchstücke auf, sondern Ionenpaare oder Radikale innerhalb einer Lsgm.-Hülle. Zugabe von wss. $KBrO_3$-Lsg. zu 1.1-Dibenzylhydrazin in hochkonz. Lsg. (12 n HCl + A.) bei 0° führte zu N_2-Entw., bei folgendem Zusatz von Base war jedoch keine weitere N_2-Bldg. zu verzeichnen. Hieraus wird abgeleitet, daß unter diesen oxydierenden Bedingungen das Diazo-Zwischenprod. instabil ist u. weiterreagiert (vgl. MCBRIDE u. KRUSE, C. **1957.** 7329). Erhalten wurde *Benzaldehyddibenzylhydrazon*, F. 80—81,5° (A.).

Versuche: *3-Nitrobenzylidenbenzylamin* (**I**), F. 62—64° (Methanol), aus m-Nitrobenzaldehyd u. Benzylamin nach INGOLD u. PIGGOT [1922]; 96% (Ausbeute). — *3-Nitrodibenzylamin*, $Kp._{0,1}$ 150—160°, durch Erhitzen von **I** in o-Xylol auf 120° unter Zugabe von wasserfreier 98%ig. **II**, Erhitzen bis zum Ende der CO_2-Entw., Gießen in kaltes W. u. Reinigung über das *Hydrochlorid* ($C_{14}H_{15}ClN_2O_2$, F. 227°); 67%. — *N-Nitroso-3-nitrodibenzylamin*, $C_{14}H_{13}N_3O_3$, F. 62,5—64° (A.-W.), aus vorst. Hydrochlorid in 50%ig. A. nach HATT [1943]; 94%. — *N-Nitroso-3-aminodibenzylamin* (**III**), $C_{14}H_{15}N_3O$, F. 44 bis 46,8°, durch Schütteln vorst. Verb. in abs. A. unter H_2 in Ggw. 5%ig. Pd-Kohle; 92%. — *3-Aminobibenzyl* (**VI**), F. 50,5—51° (Pentan), $Kp._{0,03}$ 126°, durch ½std. Rühren von **III** in abs. A. + 20%ig. wss. NaOH (1:1) bei 63° unter N_2, Zugabe von $NaHSO_3$ im Rohr (4std. Rk.-Zeit) u. Gießen in Salzwasser; 72%. *N-Acetylderiv.*, F. 128°. — *N-[α-Methyl-3-nitrobenzyliden]-α-methylbenzylamin*, $C_{16}H_{16}N_2O_2$, F. 47—48,5° (Methanol), durch 20std. Kochen von 3-Nitroacetophenon u. rac. α-Methylbenzylamin in Toluol in Ggw. von p-Toluolsulfonsäure unter Abdest. des Rk.-Wassers; 91%. — *3-Nitro-α.α'-dimethyldibenzylamin* (**IV**), $C_{16}H_{18}N_2O_2$, $Kp._{0,01}$ 138—140°, aus vorst. Verb. u. **V** (oder Pyridiniumformiat) nach ALEXANDER u. WILDMAN (J. Amer. chem. Soc. **70.** [1948.] 1187) oder mit abs. **II** in Xylol, Dioxan oder Diäthylcellosolve bei verschiedenen Temp.; n_D^{25} 1,5698; 4—20%. *Pikrat*, $C_{22}H_{21}N_5O_9$, F. 180,5—183° (A.). — *N-Nitroso-3-amino-α.α'-dimethyldibenzylamin*, glasartig, durch Nitrosierung von **IV** in 75%ig. wss. A. (→ 83% *N-Nitroso-3-nitro-α.α'-dimethyldibenzylamin*, hellgelbes Glas) u. katalyt. Red. in Ggw. von 10%ig. Pd-Kohle in Tetrahydrofuran. *Benzolsulfonamid*, $C_{22}H_{23}N_3O_3S$, F. 145,6 bis 147° (wss. Methanol). — *3-Amino-α.α'-dimethylbibenzyl*, $C_{16}H_{19}N$, weicher Festkörper, analog **VI** aus vorst. Verb. u. Reinigung durch Chromatographie an neutralem Al_2O_3; 79%. — Einige IR-Hauptbanden sind für vorst. Verbb. angegeben. B. GNAUCK. 1310□

Einige Azosulfonamide. 2. Mitt. Paolo Malatesta und Bruno Lotti. (Ann. Chimica **50.** 114—18. Jan./Febr. 1960. Roma, Univ., Ist. di Chim. farmac. e tossicol.) (Ital.) — 1. vgl. Ann. Chimica **49.** [1959.] 397.

p-Nitrosobenzoesäure (**I**), 2-Chlor-4-nitrosobenzoesäure (**II**) u. p-Nitrososalicylsäure (**III**) sowie teilweise ihre Ester wurden mit p-Aminobenzolsulfonamid (**IV**) u. -sulfonsäure-[thiazolyl-(2)-amid] (**V**) zu den entsprechenden *Azobenzol-Derivv.* kondensiert, die wegen der Wirksamkeit ähnlicher Verbb. gegenüber *Mycobacterium tuberculosis* von Interesse sind.

Versuche: Azobenzole: *-4'-carbonsäure-4-sulfonamid* (**VI**), $C_{13}H_{11}N_3O_4S$, F. 316° (Zers.; Essigsäure), durch Zugeben von 1,26 g **IV** zu 1,51 g **I** in sd. Eisessig u. langsames Abkühlen; rot; 2,6 g (Ausbeute). — *-4'-carbonsäure-4-sulfonsäure-[thiazolyl-(2)-amid]*, $C_{16}H_{12}N_4O_4S_2$, F. 319° (Eisessig), analog **VI** aus **I** u. **V**; rot; 74%. — *-4'-carbonsäureäthylester-4-sulfonamid*, $C_{15}H_{15}N_3O_4S$, F. 185°, aus 1,79 g **I**-Äthylester u. 1,76 g **IV**; rot; 1,9 g. — *-4'-carbonsäureisopropylester-4-sulfonamid*, $C_{16}H_{17}N_3O_4S$, F. 118°, aus 0,45 g **I**-Isopropylester u. 0,4 g **IV**; gelb; 0,6 g. — *-4'-carbonsäureisopropylester-4-sulfonsäure-[thiazolyl-(2)-amid]*, $C_{19}H_{18}N_4O_4S_2$, F. 115°, gelbrot; 63%. — *3'-Chlorazobenzol-4'-carbonsäure-4-sulfonamid*, $C_{13}H_{10}ClN_3O_4S$, F. 260°, aus **II** u. **IV**; rot; 75%. — *3'-Chlorazobenzol-4'-carbonsäure-4-sulfonsäure-[thiazolyl-(2)-amid]*, $C_{16}H_{11}ClN_4O_4S_2$, F. 285°, aus **II** u. **V**; rot; 75%. — *3'-Hydroxyazobenzol-4'-carbonsäure-4-sulfonamid*, $C_{13}H_{11}N_3O_5S$, F. 192°, aus 1,7 g **III** u. 1,7 g **IV**; braun; 1,5 g. — *3'-Hydroxyazobenzol-4'-carbonsäure-4-sulfonsäure-[4.6-dimethylpyrimidyl-(2)-amid]*, $C_{19}H_{17}N_5O_5S$, F. 207°; braun. — *p-Nitrosobenzoesäure* (**I**), *Isopropylester*, $C_{10}H_{11}NO_3$, F. 116—118° (A.), durch Versetzen von p-Nitrobenzoesäureisopropylester in warmem A. mit Zn u. Essigsäure u. Fällen mit 10%ig. $FeCl_3$-Lösung.

H.-E. TOUSSAINT. 1310□

Einige Azoderivate. 3. Mitt. Paolo Malatesta und Giuseppe Migliaccio. (Ann. Chimica **50.** 119—24. Jan./Febr. 1960.) (Ital.) — 2. vgl. vorst. Referat.

Die Kondens. von p-Nitrosobenzaldehyd (I) mit dem Äthylester der p-Aminobenzoesäure (II) in heißer Essigsäure liefert *4-Formylazobenzol-4'-carbonsäureäthylester* (III), dessen *Thiosemicarbazon* u. *Guanylhydrazon* dargestellt wurden. Durch Rk. von III-Thiosemicarbazon mit Hydrazin erhielt man *4-Formylazobenzol-4'-carbonsäurehydrazid-thiosemicarbazon*; aus II-2-Isonicotinoylhydrazid u. I wird direkt *4-Formylazobenzol-4'-carbonsäure-2-isonicotinoylhydrazid* gewonnen u. ebenfalls in das *Thiosemicarbazon* übergeführt. Die genannten u. einige ähnliche Verbb., deren Synth. beschrieben wird, sind wegen ihrer möglichen Wrkg. gegen *Mycobacterium tuberculosis* von pharmakol. Interesse.

Versuche: *4-Formylazobenzol-4'-carbonsäureäthylester* (III), $C_{16}H_{14}N_3O_3$, F. 174° (Essigsäure), durch Zugeben von II-Äthylester zu I in heißem Eisessig u. langsames Abkühlen; gelb. *Thiosemicarbazon,* $C_{17}H_{17}N_5O_2S$, F. 245° (A.); orangefarben. *Guanylhydrazonnitrat,* $C_{17}H_{18}N_6O_2 \cdot HNO_3$, F. 242° (A.). — *4-Formylazobenzol-4'-carbonsäure-isopropylester,* $C_{17}H_{16}N_2O_3$, F. 180° (Essigsäure), analog III aus I u. II-Isopropylester; rostbraun. *Thiosemicarbazon,* $C_{18}H_{19}N_5O_2S$; F. 230°; aus A. rote Nadeln. *Guanylhydrazonnitrat,* $C_{18}H_{20}N_6O_2 \cdot HNO_3$, F. 225° (A.); orangefarben. — *4-Formylazobenzol-4'-carbonsäurehydrazidthiosemicarbazon,* $C_{15}H_{15}N_7OS$, F. 154° (A.), durch 1std. Kochen von III-Thiosemicarbazon mit Hydrazinhydrat in A.; gelb. — *4-Formylazobenzol-4'-carbonsäure-2-isonicotinoylhydrazid,* $C_{20}H_{15}N_5O_5$, F. 270° (A.), analog III aus I u. II-2-Isonicotinoylhydrazid. *Thiosemicarbazon,* $C_{21}H_{18}N_8O_2S$, F. 163° (Essigsäure); gelbrot. — *4-Formyl-3'-hydroxyazobenzol-4'-carbonsäure,* $C_{14}H_{10}N_2O_4$, F. > 330°, analog III aus Na-p-Aminosalicylatdihydrat u. I. *Thiosemicarbazon,* $C_{15}H_{13}N_5O_3S$, F. 188° (Essigsäure); braun.— *3-Hydroxyazobenzol-4.4'-dicarbonsäure, 4'-Äthylester,* $C_{16}H_{14}N_2O_5$, F. 210°, wie vorst. Verb. mit p-Nitrosobenzoesäureäthylester; braun. *4'-Isopropylester,* $C_{17}H_{16}N_2O_5$, F. 115°, rot. — *p-Aminobenzoesäure* (II), *2-Isonicotinoylhydrazid,* $C_{13}H_{12}N_4O_2$, F. 258° (A.), durch 3std. Kochen von Isonicotinsäurehydrazid mit II-Chlorid in Dioxan.

H.-E. Toussaint. 1310□

Über Peptide. 13. Mitt. **L-Tyrosyl-L-leucyl-L-valin.** Helmut Zahn und Heinz-Erich Messerknecht. (Hoppe-Seyler's Z. physiol. Chem. **315.** 228—31. 1959. Aachen, TH, Deutsches Wollforschungsinst.) (Dt.) — 12. vgl. C. **1960.** 2151; 14. vgl. C. **1961.** 812.

Es wird die Darst. von *L-Tyrosyl-L-leucyl-L-valin* (I), das in der Phenylalaninkette des Insulins auftritt, beschrieben. I weist eine Röntgen-Langperiode von 21,7 Å auf u. zeigt bei der Papierchromatographie in sek. Butanol/90%ig. Ameisensäure/W. (75:15:10) bzw. in sek. Butanol/halbkonz. wss. NH_4OH (85:15) die R_F-Werte 0,9 bzw. 0,38. Die Netzebenenabstände (in Å) des Kratky- bzw. Debye-Scherrer-Röntgenogramms sind aufgeführt.

Versuche: *N-Carbobenzoxy-L-tyrosyl-L-leucinäthylester* (III), $C_{25}H_{32}N_2O_6$, F. 125 bis 126° (CH_3OH–W.; Nadeln), durch Lösen des aus N-Carbobenzoxy-L-tyrosinhydrazid, erhaltenen Azids in Essigester bei —5°, Umsetzung mit L-Leucinäthylesterhydrochlorid in Ggw. von Triäthylamin (2 Tage) in Chlf., Einengen im Vakuum u. Fällen mit PA.; $[\alpha]_D^{25}$ —20,5° (c = 1; CH_3OH); 71% (Ausbeute). — *N-Carbobenzoxy-L-tyrosyl-L-leucin,* $C_{23}H_{28}N_2O_6$, F. 162—164°, durch Verseifung vorst. Verb. mit verd. NaOH bei Raum-Temp.; 58%. — *N-Carbobenzoxy-L-tyrosyl-L-leucinhydrazid* (II), $C_{23}H_{30}N_4O_5$, F. 226°, aus III durch 18std. Kochen mit $N_2H_4 \cdot H_2O$ in A.; 68%. — *L-Valinbenzylesterbenzolsulfonat,* $C_{18}H_{23}NO_5S$, F. 178—179° (Essigester; Stäbchen), aus L-Valin u. Benzolsulfonsäure in Benzylalkohol; $[\alpha]_D^{25}$ —6,8° (c = 2; W.) bzw. —3,6° (c = 2; CH_3OH); 94%. — *N-Carbobenzoxy-L-tyrosyl-L-leucyl-L-valinbenzylester,* $C_{35}H_{43}N_3O_7$, F. 144° (CH_3OH/W.), durch Umwandlung von II in das Azid u. Rk. mit aus vorst. Verb. durch Umsetzen mit Triäthylamin in Chlf. erhaltenem L-Valinbenzylester, Einengen im Vakuum u. Fällen mit PAe.; $[\alpha]_D^{25}$ —39° (c = 1; CH_3OH); 63,5%. — *L-Tyrosyl-L-leucyl-L-valin* (I), $C_{20}H_{31}N_3O_5$, F. 240—243° (W.; Nadeln), durch katalyt. Hydrierung vorst. Verb. an Pd-Mohr in wss. CH_3OH in Ggw. von wenig Essigsäure bei 30—40°; $[\alpha]_D^{25}$ —9,8° (c = 2; verd. HCl); 81,5%.

E. Schwerdtfeger. 1350□

Organische Analyse. 28. Mitt. **Mechanismus der Farbreaktion von 3.6-Dinitrophthalsäure mit reduzierenden Zuckern.** Tsutomu Momose und Akira Inaba. (Chem. pharmac. Bull. [Tokyo] **9.** 263—66. April 1961. Kyushu, Univ., Fac. of Med., Inst. of Pharm. Sci.) (Engl.) — 27. vgl. J. pharmac. Soc. Japan [Yakugakuzasshi] **81.** [1961.] 227; 26. vgl. C. **1962.** 10586.

Bei der Rk. von 3.6-Dinitrophthalsäure (I) mit reduzierenden Zuckern, wie Glucose (**VI**), in Na_2CO_3-Lsg. entsteht ein weinroter Farbstoff, der beim Stehen an der Luft hellgelb wird. Das rote Prod. konnte mit Ae. extrahiert u. als *3-Hydroxylamino-6-nitrophthalsäure* (II) identifiziert werden. Durch Luftoxydation in alkal. Lsg. wird II zu

3.3'-Azoxy-bis-[6-nitrophthalsäure] (III) oxydiert, die zum Vgl. auch aus **IV** dargestellt wird. In Ggw. von Na-Thiosulfat führt die Rk. von **I** mit **VI** zu einem stabilen, orangeroten Farbstoff, der sich als *3.3'-Azo-bis-[6-nitrophthalsäure]* (**IV**) erweist. Wird die Rk. von **I** mit **VI** über längere Zeit durchgeführt, so erhält man *3-Amino-6-nitrophthalsäure* (**V**). Für **II**, **IV** u. **V** sind Spektren (sichtbar) graph. wiedergegeben.

Versuche: *3-Hydroxylamino-6-nitrophthalsäure* (II), $C_8H_6N_2O_7$, F. 178°, durch 2 Min. langes Erhitzen von 1 g I u. 1,4 g **VI** in 3%ig. Na_2CO_3-Lsg. aus dem Wasserbad, Ansäuern mit H_3PO_4, Ae.-Extraktion, Einengen der Ae.-Lsg. u. Verreiben des Rückstandes mit Essigester; orangefarbene Prismen; 0,1 g (Ausbeute). — *3.3'-Azoxy-bis-[6-nitrophthalsäure]* (III), $C_{16}H_8N_4O_{13} \cdot 2\,H_2O$, F. 222°, a) aus 1 g **II** in 100 ml 5%ig. Na_2CO_3-Lsg. durch 20std. Durchleiten von Luft, Ansäuern u. Ae.-Extraktion; aus 10%ig. HCl Nadeln; 0,4 g; b) durch 5std. Erhitzen von **IV** mit H_2O_2 in Essigsäure. *Tetramethylester*, $C_{20}H_{16}N_4O_{13}$, F. 180—181° (CH_3OH; gelbe Nadeln), aus **III** u. CH_2N_2. — *3.3'-Azo-bis-[6-nitrophthalsäure]* (IV), $C_{16}H_8N_4O_{12}$, F. 222°, aus 1 g **I**, 1,7 g **VI**, 3 g Na_2CO_3 u. 5 g $Na_2S_2O_3 \cdot 5\,H_2O$ in 50 ml H_2O durch 10 Min. langes Erhitzen auf dem Wasserbad, Ansäuern u. Ae.-Extraktion; aus Essigester–A. gelbe Prismen; 0,2 g. *Tetramethylester*, $C_{20}H_{16}N_4O_{12}$, F. 132° (CH_3OH; gelbe Nadeln). — *3-Amino-6-nitrophthalsäure* (V), $C_8H_6N_2O_6$, F. 242°, aus 1 g **I**, 2 g **VI** u. 1 g Na_2CO_3 in 20 ml H_2O durch 30 Min. langes Erhitzen auf dem Wasserbad, Ansäuern u. Ae.-Extraktion; aus Essigester gelbe Prismen; 0,3 g. *Dimethylester*, $C_{10}H_{10}N_2O_6$, F. 146° (CH_3OH; gelbe Nadeln). — *3.6-Diaminophthalsäure, Dihydrochlorid*, $C_8H_8N_2O_4 \cdot 2\,HCl$, F. $>300°$, durch Hydrierung von 3 g **I** an Pd-Kohle; aus 10%ig. HCl farblose Nadeln; 1 g. K. Ross. 1350 □

Pyrolytische Spaltung von 2.6-Diphenyl-1.7-diacetoxyheptan und 2.6-Diphenylheptadien. C. S. Marvel und E. J. Gall. (J. org. Chemistry **24**. 1494—97. Okt. 1959. Urbana, Ill., Univ. of Illinois, Noyes Chem. Labor.) (Engl.)

Die Pyrolyse von 2.6-Diphenyl-1.7-diacetoxyheptan (**I**) u. 2.6-Diphenylheptadien-(1.6) (**II**) ergibt in guter Ausbeute *α-Methylstyrol* u. *2-Phenylbutadien-(1.3)*, das sofort zu *1.4-Diphenyl-4-vinylcyclohexen* (**III**) dimerisiert. **I** wird aus 1.5-Diphenylpentan-1.1.5.5-tetracarbonsäuretetraäthylester über *α.α'-Diphenylpimelinsäure* u. *2.6-Diphenylheptandiol-(1.7)* dargestellt. Bei der Pyrolyse von 1.3-Dibenzoylpropan (**IV**) bei 550° entsteht vermutlich intermediär **II**. **II** wird durch die WITTIG-Rk. aus **IV** dargestellt. IR-Maxima werden angegeben.

Versuche: *1.5-Diphenylpentan-1.1.5.5-tetracarbonsäuretetraäthylester*, $C_{29}H_{36}O_8$, $Kp._{0,07}$ 164°, durch ½std. Kochen von K-tert.-Butylat, tert.-Butanol mit Phenylmalonsäurediäthylester, ³/₄std. Zutropfen von 1.3-Dibrompropan unter Rühren, mehrstd. Kochen, Abdampfen des tert.-Butanols, Zers. mit 2%ig. H_2SO_4 u. Ausäthern; orangefarbene Fl.; n_D^{20} 1,5178; 76,5% (Ausbeute). — *α.α'-Diphenylpimelinsäure*, $C_{19}H_{20}O_4$, F. 136—138° (Bzl./PAe.), aus 350 g vorst. Verb. u. 47%ig. HJ durch 5tägiges Kochen, Alkalisieren mit 25%ig. NaOH, Ausäthern, Ansäuern der alkal. Lsg. mit konz. H_2SO_4, Extrahieren mit Äthylacetat u. Fällen mit PAe.; 222,2 g. — *2.6-Diphenylheptandiol-(1.7)*, $C_{19}H_{24}O_2$, aus vorst. Verb. durch Red. mit $LiAlH_4$ in Äther. Zers. mit 10%ig. H_2SO_4 u. Ausäthern; 98%. — *2.6-Diphenyl-1.7-diacetoxyheptan* (I), $C_{23}H_{28}O_4$, $Kp._{0,08}$ 172—176°, aus vorst. Verb. in Ae. durch Rk. mit Acetylchlorid bei Raum-Temp. u. mehrstd. Kochen; n_D^{20} 1,5273; 93%. — *α-Methylstyrol*, a) $Kp._{26}$ 70°, durch Pyrolyse von 344 g **I** bei 550—560°; n_D^{25} 1,5360; 125 1 g; daneben 14,1 g *1.4-Diphenyl-4-vinylcyclohexen* (**III**, $C_{20}H_{20}$, F. 63,5—64°, $Kp._1$ 140—175°, aus dem Dest.-Rückstand durch 1std. Erhitzen auf 160°; aus Methanol Nadeln; 14,1 g); b) durch Pyrolyse von 10 g **II** bei 540—550°; 2,19 g; daneben 0,31 g *2-Phenylbutadien-(1.3)* ($Kp._{11}$ 54—58°; n_D^{25} 1,5438) u. 1,6 g **III**. *p-Terphenyl*, F. 211—212,5°, durch 16std. Erhitzen von 3,0 g **III** mit Pd-Kohle auf 320° unter N_2 u. Extrahieren mit Äthylacetat; glänzende Schuppen; 0,61 g. — *1.3-Dibenzoylpropan* (IV), aus Glutarsäuredichlorid u. Bzl.; 86%. — *Methyltriphenylphosphoniumbromid*, F. 229—230°, aus Triphenylphosphin in Bzl. u. CH_3J bei —70°, anschließend 2 Tage bei Raum-Temp.; 98%. — *2.6-Diphenylheptadien-(1.6)* (II), $C_{19}H_{20}$, $Kp._{0,02-0,04}$ 113—117°, durch ³/₄std. Zugabe von Phenyl-Li zu vorst. Verb. in Äthylenglykoldimethyläther unter Einleiten von N_2, Zugabe von **IV**, 19std. Kochen, Eindampfen u. Ausäthern; n_D^{25} 1,5795; 46,7%. W. HAMPEL. 1410 □

Cyclische Acetylene und ihre Reaktionen. R. Kolinski. (Успехи Химии [Fortschr. Chem.] **30**. 701—40. Juni 1961. Leningrad, Univ.) (Russ.)

Allg. Überblick über aromat., heterocycl. u. alicycl. Verbb. mit Acetylenbindungen, ihre Synth. u. Reaktionen. — 128 Literaturangaben. G. FROELICH. 1800

1.2-Dimethylencyclane. Ju. A Titow. (Успехи Химии [Fortschr. Chem.] **30**. 741—54. Juni 1961.) (Russ.)

Überblick über Synth., Rkk. u. UV- u. IR-Spektren von *1.2-Dimethylencyclanen*. — 102 Literaturangaben. G. FROELICH. 1810

Reaktionen einiger Analoga des β-Jonons mit Grignard-Reagentien. I. N. Nasarow, G. P. Kugatowa und W. W. Lutzenko. (Журнал Общей Химии [J. allg. Chem.] **29 (91)**. 1568—74. Mai 1959. Inst. für Chem. u. chem. Technol. der Akad. der Wiss. der LitauSSR.) (Russ.)

Das durch Kondens. von 2-Methyl-Δ^3-tetrahydrobenzaldehyd (I) mit Aceton dargestellte *1-[2-Methyl-Δ^3-cyclohexenyl]-buten-(1)-on-(3)* (**II**) reagiert mit CH_3MgJ unter Bldg. von *1-[2-Methyl-Δ^3-cyclohexenyl]-3-methylbuten-(1)-ol-(3)* (**III**), das man katalyt. zu *1-[2-Methylcyclohexyl]-3-methylbutanol-(3)* (**IV**) hydriert. Die Dehydratisierung von **III** mittels $KHSO_4$ liefert *1-[2-Methyl-Δ^3-cyclohexenyl]-3-methylbutadien-(1.3)* (**V**), jene von **IV** *1-[2-Methylcyclohexyl]-3-methylbuten-(2)* (**VI**). **V** u. **VI** werden schließlich zu *1-[2-Methylcyclohexyl]-3-methylbutan* hydriert. Die gleichen Rk.-Schritte wurden ausgehend von 1-[2.6-Dimethyl-Δ^3-cyclohexenyl]-buten-(1)-on-(3) (**VII**) sowie mit C_2H_5MgBr u. C_6H_5MgBr durchgeführt. **III**, **IV** u. ihre Analogen besitzen einen angenehmen, citralähnlichen Geruch; die KW-Stoffe sind dagegen geruchlos.

Versuche: *1-[2-Methyl-Δ^3-cyclohexenyl]-buten-(1)-on-(3)* (**II**), $C_{11}H_{16}O$, Kp.$_{3,5}$ 98 bis 99°, durch Zugeben von wss.-aceton. NaOH zu 50 g **I** in Aceton bei —4 bis —2°, 2std. Rühren, Gießen in verd. HCl, Ausäthern u. ½std. Erhitzen des erhaltenen Prod. (Gemisch von **II** mit dem entsprechenden hydratisierten Alkohol, Kp.$_4$ 112—113°; n_D^{19} 1,4958) mit $KHSO_4$ auf 130—140°/70—80 mm; 37 g (Ausbeute). — *1-[2-Methyl-Δ^3-cyclohexenyl]-3-methylbuten-(1)-ol-(3)* (**III**), $C_{12}H_{20}O$, Kp.$_{1,5}$ 87°, durch ½std. Kochen von 17,5 g **II** mit CH_3MgJ in Ae. u. Zers. mit wss. NH_4-Acetat bei —15°; n_D^{20} 1,4868; 14,1 g. — *1-[2-Methyl-Δ^3-cyclohexenyl]-3-methylpenten-(1)-ol-(3)*, Kp.$_2$ 94°, analog **III** aus **II** u. C_2H_5MgBr; n_D^{20} 1,4855; 74,2%. — *1-[2-Methyl-Δ^3-cyclohexenyl]-3-phenylbuten-(1)-ol-(3)*, Kp.$_{0,4}$ 138°, aus **II** u. C_6H_5MgBr; n_D^{20} 1,5380; 54%. — *1-[2.6-Dimethyl-Δ^3-cyclohexenyl]-3-methylbuten-(1)-ol-(3)*, Kp.$_1$ 84°, aus **VII** u. CH_3MgJ; n_D^{22} 1,4811; 67,6%. — *1-[2.6-Dimethyl-Δ^3-cyclohexenyl]-3-methylpenten-(1)-ol-(3)*, Kp.$_1$ 93—97°; n_D^{22} 1,4837; 79,5%. — *1-[2.6-Dimethyl-Δ^3-cyclohexenyl]-3-phenylbuten-(1)-ol-(3)*, nicht destillierbar; n_D^{20} 1,5357; 66,3%. — *1-[2-Methylcyclohexyl]-3-methylbutanol-(3)* (**IV**), $C_{12}H_{24}O$, Kp.$_6$ 98°, durch Hydrieren von 7,5 g **III** in Methanol über Adams-Katalysator; n_D^{18} 1,4710; 6,5 g. — *1-[2-Methylcyclohexyl]-3-methylpentanol-(3)*, Kp.$_5$ 106°, analog; n_D^{18} 1,4651; 89%. — *1-[2-Methylcyclohexyl]-3-phenylbutanol-(3)*, Kp.$_{0,1}$ 108°; n_D^{17} 1,5150; 90%. — *1-[2.6-Dimethylcyclohexyl]-3-methylbutanol-(3)*, Kp.$_1$ 85°; n_D^{22} 1,4670; 80%. — *1-[2.6-Dimethylcyclohexyl]-3-methylpentanol-(3)*, Kp.$_1$ 91—92°; n_D^{22} 1,4713; 87,5%. — *1-[2.6-Dimethylcyclohexyl]-3-phenylbutanol-(3)*, nicht destillierbar; $n_D^{13,5}$ 1,5270. — *1-[2-Methyl-Δ^3-cyclohexenyl]-3-methylbutadien-(1.3)* (**V**), $C_{12}H_{18}$, Kp.$_{13}$ 98°, durch ½std. Erhitzen von 14 g **III** mit $KHSO_4$ auf 130—140°/70—80 mm, Fraktionieren u. erneutes Dehydratisieren; n_D^{16} 1,5050; 12,7 g. — Analog: *1-[2-Methyl-Δ^3-cyclohexenyl]-3-methylpentadien-(1.3)*, Kp.$_9$ 101°; n_D^{20} 1,5038; 78%. — *1-[2-Methyl-Δ^3-cyclohexenyl]-3-phenylbutadien-(1.3)*, Kp.$_2$ 90°; n_D^{18} 1,5170; 91,5%. — *1-[2.6-Dimethyl-Δ^3-cyclohexenyl]-3-methylbutadien-(1.3)*, Kp.$_{10}$ 97°; n_D^{20} 1,5010; 77%. — *1-[2.6-Dimethyl-Δ^3-cyclohexenyl]-3-methylpentadien-(1.3)*, Kp.$_{12}$ 118°; n_D^{20} 1,5013; 97,5%. — *1-[2.6-Dimethyl-Δ^3-cyclohexenyl]-3-phenylbutadien-(1.3)*, nicht destillierbar; n_D^{18} 1,5650. — *1-[2-Methylcyclohexyl]-3-methylbuten-(2)* (**VI**), $C_{12}H_{22}$, Kp.$_{18}$ 97°, analog **V** aus 6,4 g **IV**; n_D^{20} 1,4840; 4,5 g. — Analog: *1-[2-Methylcyclohexyl]-3-methylpenten-(2)*, Kp.$_{12}$ 97°; n_D^{18} 1,4760; 86%. — *1-[2-Methylcyclohexyl]-3-phenylbuten-(2)*, Kp.$_2$ 125°; n_D^{20} 1,5074; 68%. — *1-[2.6-Dimethylcyclohexyl]-3-methylbuten-(2)*, Kp.$_{11}$ 101—108°; n_D^{21} 1,4820; 61,2%. — *1-[2.6-Dimethylcyclohexyl]-3-methylpenten-(2)*, Kp.$_{10}$ 118°; n_D^{21} 1,4850; 62,2%. — *1-[2.6-Dimethylcyclohexyl]-3-phenylbuten-(2)*, Kp.$_{0,05}$ 128—130°; n_D^{16} 1,5260. — *1-[2-Methylcyclohexyl]-3-methylbutan*, $C_{12}H_{24}$, Kp.$_{13}$ 88°; n_D^{18} 1,4480, a) durch Hydrieren von 6 g **V** in Methylacetat über Adams-Katalysator; 5,7 g; b) ebenso aus 3 g **VI**; 2,5 g. — Analog: *1-[2-Methylcyclohexyl]-3-methylpentan*, Kp.$_{10}$ 98°; n_D^{16} 1,4530; 63,1%. — *1-[2-Methylcyclohexyl]-3-phenylbutan*, Kp.$_2$ 124°; n_D^{17} 1,5070; 79,5%. — *1-[2.6-Dimethylcyclohexyl]-3-methylbutan*, Kp.$_{10}$ 95—96°; n_D^{23} 1,4540; 68,4%. — *1-[2.6-Dimethylcyclohexyl]-3-methylpentan*, Kp.$_{11}$ 113°; n_D^{24} 1,4550; 76,2%. — *1-[2.6-Dimethylcyclohexyl]-3-phenylbutan*, Kp.$_1$ 138—140°; $n_D^{17,5}$ 1,5000; 71,5%. H.-E. Toussaint. 1870□

Einige Eigenschaften von Enolacetaten. 7. Mitt. Cyclobutanonenolacetat und seine Umwandlung in α-Alkylcyclobutanone. I. W. Matschinskaja, G. P. Smirnowa und W. A. Barchasch. (Журнал Общей Химии [J. allg. Chem.] **31 (93)**. 2563—66. Aug. 1961.) (Russ.) — 6. vgl. C. **1961**. 12802.

Cyclobutanon (**I**) wird mit Isopropenylacetat (**II**) in *1-Acetoxycyclobuten-(1)* (**III**) übergeführt u. mit N-Bromsuccinimid (**IV**) zu *3-Brom-2-acetoxycyclobuten-(1)* (**V**) bromiert. **V** liefert mit Äthyl-MgBr *2-Äthylcyclobutanon-(1)*, mit 1 Mol 2.4-Dinitrophenylhydrazin (**VI**) *2-Bromcyclobutanon-(1)-2.4-dinitrophenylhydrazon*, mit 2 Mol **VI** *Cyclobutandion-(1.2)-bis-[2.4-dinitrophenylhydrazon]*.

Versuche: *Cyclobutanon* (I), Kp. 98—99°, durch 1½ Std. langes Einleiten von Keten (14 g/Std.) in CH_2N_2 (aus 158 g Nitrosomethylharnstoff) in 600 ml Ae. unter Trockeneis–Aceton-Kühlung; $D._4^{20}$ 0,9322; n_D^{20} 1,4184; 36,1% (Ausbeute). — *1-Acetoxycyclobuten-(1)* (III), $C_6H_8O_2$, Kp.$_{25}$ 45,5—47°, man erhitzt 50 g I, 142 g II, 6 g Acetylsulfoessigsäure (durch ½std. Erhitzen von 144 g Acetanhydrid u. 40 ml konz. H_2SO_4 auf 80° u. Abdestillieren der Essigsäure) u. 0,4 g Cu-Acetat auf 110—120° u. erhitzt noch 5 Std. lang unter Abdestillieren des Acetons; $D._4^{20}$ 0,9598; n_D^{20} 1,4113; 40,8%. — *3-Brom-2-acetoxycyclobuten-(1)* (V), $C_6H_7BrO_2$, Kp.$_4$ 44—44,5°, durch Erhitzen von 19 g IV u. 12 g III in 21 ml CCl_4 auf 60° bis zum Beginn der Rk.; $D._4^{20}$ 1,3152; n_D^{20} 1,4353; 37,2%. — *2-Bromcyclobutanon-(1), 2.4-Dinitrophenylhydrazon*, $C_{10}H_9BrN_4O_4$, F. 127 bis 127,5° (Chlf.-Methanol), man gibt zu 1,34 g VI in 3 ml konz. H_2SO_4 20 ml Methanol u. 6 ml W. u. dann 1,3 g V. — *Cyclobutandion-(1.2), Bis-2.4-dinitrophenylhydrazon*, $C_{16}H_{12}N_8O_8$, F. 280—280,5° (Chlf.-Methanol), man gibt zu 0,33 g VI in 1 ml konz. H_2SO_4 5 ml Methanol, 1,5 ml W. u. 0,25 g vorst. Verb. u. kocht 2 Stunden. — *2-Äthylcyclobutanon-(1)*, $C_6H_{10}O$, Kp.$_{25}$ 72—76°, man gibt Äthyl-MgBr (aus 5,27 g Mg, 31,4 g Äthylbromid) in 250 ml Ae. unter Eiskühlung tropfenweise zu 20,7 g V in 250 ml Ae. zu, rührt 40 Min. u. erhitzt 7½ Std. lang auf dem Wasserbad; $D._4^{20}$ 0,9582; n_D^{20} 1,4592; 17,9%. *2.4-Dinitrophenylhydrazon*, $C_{12}H_{14}N_4O_4$, F. 159,5—160° (abs. A.-Äthylacetat).

HELMUT SCHÄFER. 1960□

Eine neue Synthese von Pseudojonon und analogen Verbindungen. Vorl. Mitt. R. Marbet und G. Saucy. (Chimia [Aarau, Schweiz] **14.** 362—63. 15/11. 1960. Basel, F. Hoffmann-La Roche & Co., Chem. Forschungsabt.) (Dt.)

Durch Rk. von Ketoenoläthern mit tert. Acetylencarbinolen entsteht z. B. aus Dehydrolinalool (III) u. Isopropenyläthyläther (I) das *Ketal* nur als instabiles Zwischenprod., das sofort A. abspaltet u. zu einem Allenketon umgelagert wird, aus dem mit verd. alkohol. Lauge *Pseudojonon* (II) entsteht. Mit überschüssigem I (zum Abfangen von A. als Acetondiäthylketal) wird II in >90%ig. Ausbeute erhalten. Analog ergeben Methyldehydrolinalool (IV) u. I *Pseudoiron*, III u. [Buten-(2)-yl-(2)]-äthyläther (V) *Isomethylpseudojonon* sowie IV u. V *Isomethylpseudoiron*.

G. KIRSTEN. 1960□

Untersuchungen über die Synthese von siebengliedrigen Ringverbindungen. 1. Mitt. **Über Cycloheptandionderivate.** Masuo Murakami und Kojiro Suzuki. (Mem. Inst. sci. ind. Res., Osaka Univ. **18.** 151—52. 1961.) (Engl.)

Pimelinsäurediäthylester reagiert mit Oxalsäurediäthylester (I) unter Bldg. von *3.7-Dicarbäthoxycycloheptandion-(1.2)* [F. 68—70°; 30% (Ausbeute)]. γ.γ-Äthylendioxypimelinsäurediäthylester liefert mit I *3.7-Dicarbäthoxy-5.5-äthylendioxycycloheptandion-(1.2)* (F. 120—122°; 10—15%) u. γ-[α.α-Äthylendioxyäthyl]-pimelinsäurediäthylester u. I geben *3.7-Dicarbäthoxy-5-[α.α-äthylendioxyäthyl]-cycloheptandion-(1.2)* (F. 102—103°; 1—2%). γ-Phenylpimelinsäurediäthylester reagiert mit I nicht.

P. GOLINSKE. 2070□

Untersuchungen über die Synthese von siebengliedrigen Ringverbindungen. 2. Mitt. **Einige Reaktionen von Pimelinsäurederivaten.** Masuo Murakami und Kojiro Suzuki. (Mem. Inst. sci. ind. Res., Osaka Univ. **18.** 153—55. 1961.) (Engl.) — 1. vgl. vorst. Referat.

Durch Kondens. von γ-Oxopimelinsäure mit Zimtaldehyd in Ggw. von NaOH in Methanol/W. entsteht *β-[γ-Phenylpropen-(2)-yliden]-γ-oxopimelinsäure*, die an Pd/Kohle zu *β-[γ-Phenylpropyl]-γ-oxopimelinsäure* hydriert u. weiter zu *β-[γ-Phenylpropyl]-γ-oxopimelinsäuredimethylester* [I, Kp.$_4$ 198—200°; n_D^{20} 1,5042; 25—30% (Ausbeute)] verestert wird. I gibt durch 3std. Erhitzen mit Polyphosphorsäure auf 55—60° *2-Oxo-4-[γ-phenylpropyl]-5-[β-carbomethoxyäthyl]-2.3-dihydrofuran*. Ein dem Colchicin ähnliches tricycl. 7-gliedriges Ring-Syst. entsteht nicht. Die Rk. von γ.γ-Äthylendioxypimelinsäurediäthylester mit Na-Äthylat liefert *2-Carbäthoxy-4.4-äthylendioxycyclohexanon* (II, F. 46—48°), das mit Phenylpropylbromid *2-Carbäthoxy-2-[γ-phenylpropyl]-4.4-äthylendioxycyclohexanon* (III, Kp.$_4$ 213—216°; n_D^{20} 1,5053; 61%) gibt. III wird mit 5%ig. NaOH bei Raum-Temp. zu *α-[γ-Phenylpropyl]-γ.γ-äthylendioxypimelinsäure-α-monoäthylester* verseift, der mit Polyphosphorsäure *α-[γ-Phenylpropyl]-γ.γ-dihydroxypimelinsäuredilacton* (IV, F. 81—82°) gibt. III liefert beim Verseifen mit verd. HCl *α-[γ-Phenylpropyl]-γ-oxopimelinsäure* (V, F. 100—101°), die mit Polyphosphorsäure IV gibt. Mit alkohol. KOH kann aus III *α-[γ-Phenylpropyl]-γ.γ-äthylendioxypimelinsäure* (F. 84—85°) gewonnen werden, die mit verd. HCl in V übergeführt wird. Die Hydrolyse von II mit 5%ig. NaOH bei Raum-Temp. liefert *2-Carboxy-4.4-äthylendioxycyclohexanon* (VII, F. 143—146°), das zu *4.4-Äthylendioxycyclohexanon* (VI, F. 68—70°, Kp.$_{90}$ 165—167°) decarboxyliert wird. VI gibt mit Zimtaldehyd in 5%ig. methanol. NaOH *2.6-Bis-[3-phenylpropen-(2)-yliden]-4.4-äthylendioxycyclohexanon* (F. 199—200°; gelbliches Prod.).

VII gibt mit Zimtaldehyd *2-Carboxy-6-[3-phenylpropen-(2)-yliden]-4.4-äthylendioxy-cyclohexanon* [F. 130° (Zers.); 40%], das durch Decarboxylierung, Hydrierung an 10%ig. Pd/Kohle u. Hydrolyse mit verd. HCl in *2-[γ-Phenylpropyl]-cyclohexandion-(1.4)* [Kp.$_3$ 185—188°. *Bis-semicarbazon*, F. 230° (Zers.)] übergeht. 3std. Erhitzen der letzteren Verb. mit Polyphosphorsäure auf 150° liefert eine viscose Verb., die, wie durch IR-Absorptionsspektren bewiesen wird, *1.2-Benzo-3.4-[4-oxocyclohexeno]-cycloheptadien-(1.3)* enthält. P. GOLINSKE. 2070□

Untersuchung der Struktur der Hydratationsprodukte von Bis-[Δ^1-cyclohexenyl]-acetylen. I. N. Nasarow und I. I. Saretzkaja. (Журнал Общей Химии [J. allg. Chem.] **29** (**91**). 1558—68. Mai 1959. Inst. für organ. Chem. der Akad. der Wiss. der UdSSR.) (Russ.)

Während sich bei der Hydratation von Divinylacetylenen nach KUTSCHEROW die zunächst gebildeten Vinylallylketone unter Wanderung der Doppelbindung von der β.γ- in die α.β-Stellung zu Divinylketonen isomerisieren, gelang es, bei der Hydratation von Bis-[Δ^1-cyclohexenyl]-acetylen (**I**) zu *Δ^1-Cyclohexenyl-Δ^1-tetrahydrobenzylketon* (**II**) in hoher Ausbeute ein stabiles Vinylallylketon zu isolieren. Die Struktur von **II** wird durch die Hydrierung zu *Cyclohexylhexahydrobenzylketon*, die Ozonolyse zu *Adipinsäure* sowie durch das UV-Spektrum bestätigt. Bei der Ozonolyse fällt kein *Cyclohexanon* (**III**) an, was die Abwesenheit des Umlagerungs-Prod. *Δ^1-Cyclohexenylcyclohexylidenmethylketon* (**IV**) nachweist. Verss. zur Isomerisierung von **II** zu **IV** schlugen fehl. Mit alkohol. HCl wird über weitere Hydratation *2.2-Pentamethylenhexahydrochromanon-(4)* (**V**) gebildet. Aus spektroskop. Daten (λ_{max} des aus **II** gewonnenen *2.4-Dinitrophenylhydrazons* in Isooctan 369 mμ) wird geschlossen, daß in saurer Lsg. eine Umwandlung von **II** in **IV** stattfinden kann. Hierfür spricht ferner die Tatsache, daß beim Erhitzen von **II** mit HCl oder $KHSO_4$ auf 170° in geringer Menge **III** u. *Methyl-Δ^1-cyclohexenylketon* (**VI**) anfallen. **V** geht beim Erhitzen mit H_3PO_4 in ein Gemisch aus *1.1-Pentamethylen-$\Delta^{4,9}$-* (**VII**) u. *-$\Delta^{8,9}$-tetrahydroindanon-(3)* (**VIII**) über; mit $KHSO_4$ wird hauptsächlich **II** neben **III** u. **VI** erhalten. **VIII** isomerisiert sich unter sauren Bedingungen leicht zu **VII** u. wird rascher hydriert als letzteres. Die Rk. von Propargylbromid mit Δ^1-Tetrahydrobenzaldehyd in Ggw. von Zn/Hg lieferte *1-[Δ^1-Cyclohexenyl]-butin-(3)-ol-(1)*, das sich jedoch nicht durch MnO_2, CrO_3 u. andere Oxydationsmittel zur Ketonstufe oxydieren ließ.

Versuche: *Bis-[Δ^1-cyclohexenyl]-acetylen* (**I**), Kp.$_3$ 126—128°, durch 3std. Erhitzen von Bis-[1-hydroxycyclohexyl]-acetylen (F. 107—108°) mit 40%ig. H_2SO_4 auf 95—100° u. Ausäthern der wss. Phase; n_D^{20} 1,5585; 83% (Ausbeute). — *Δ^1-Cyclohexenyl-Δ^1-tetrahydrobenzylketon* (**II**), $C_{14}H_{20}O$, Kp.$_2$ 124—125°, Kp.$_6$ 149—150°, durch 5½std. Erwärmen von **I** mit $HgSO_4$ in 90%ig. Methanol auf 65—70°; D_4^{20} 1,0134; n_D^{20} 1,5330; λ_{max} 237 mμ (Methanol); 82%. *Semicarbazon*, F. 172—173° (Methanol); λ_{max} 260 mμ (A.). *2.4-Dinitrophenylhydrazon*, $C_{20}H_{24}N_4O_4$, F. 130—131° (A.-Essigester); λ_{max} 369 mμ (Isooctan). — *Cyclohexylhexahydrobenzylketon*, Kp.$_6$ 135—137°, durch Hydrieren von 3 g **II** in A. über PtO_2; n_D^{20} 1,4840; 2 g. *Semicarbazon*, F. 186—187° (Methanol). *2.4-Dinitrophenylhydrazon*, F. 131—132° (A.). — *Adipinsäure*, F. 150—151°, durch Ozonolyse von **II**; 55%. — *2.2-Pentamethylenhexahydrochromanon-(4)* (**V**), $C_{14}H_{22}O_2$, F. 68—69° (A.), durch 2std. Kochen von 17,6 g **II** mit 10 ml konz. HCl in Isopropanol; 8 g; daneben **III** u. **VI**. *2.4-Dinitrophenylhydrazon*, $C_{20}H_{26}N_4O_5$, F. 205—206° (A.-Essigester). *Semicarbazon*, F. 227—228°. — *Methyl-Δ^1-cyclohexenylketon* (**VI**), a) neben **II** bei 1std. Erhitzen von **V** mit $KHSO_4$ auf 155—160°; b) analog aus **II** bei 160—170° [*2.4-Dinitrophenylhydrazon*, $C_{14}H_{16}N_4O_4$, F. 202—203°]; daneben jeweils *Cyclohexanon* (**III**); n_D^{20} 1,4670 [*2.4-Dinitrophenylhydrazon*, F. 159—160°]. — *1.1-Pentamethylen-$\Delta^{8,9}$-tetrahydroindanon-(3)* (**VIII**), F. 93—94° (wss. A.), a) durch 3std. Erhitzen von 5 g **VI** mit 12 g H_3PO_4 (D. 1,7) auf 80—85°, Verdünnen mit Soda-Lsg. u. Ausäthern; 0,65 g neben 2,5 g **VII**; b) im Gemisch mit **VII** durch 9std. Erhitzen von **I** mit Ameisensäure auf 80—85°; c) im Gemisch mit **VII** durch 3std. Erhitzen von **II** mit H_3PO_4 (D. 1,7) auf 80—90°. *2.4-Dinitrophenylhydrazon*, F. 186—187°. *Semicarbazon*, F. 231—232°. — *1.1-Pentamethylen-$\Delta^{4,9}$-tetrahydroindanon-(3)* (**VII**), Kp.$_3$ 140—141°, F. 34—35°, durch 8std. Erhitzen von **VIII** mit Eisessig u. konz. HCl in Xylol; n_D^{20} 1,5370; 70%. *2.4-Dinitrophenylhydrazon*, F. 226—227°. *Semicarbazon*, F. 226—227°. — *1.1-Pentamethylenhexahydroindanon-(3)*, durch Hydrieren von **VIII** oder **VII** in A. über PtO_2. *2.4-Dinitrophenylhydrazon*, $C_{20}H_{26}N_4O_4$, F. 160—161° (A.-Essigester). — *Δ^3-Tetrahydrobenzaldehyd* Kp.$_{11}$ 52—53°, nach DIELS u. ALDER [1928]; n_D^{20} 1,4728. — *Hexahydrobenzaldehyd*, Kp.$_{25}$ 62—63°, durch Hydrieren vorst. Verb.; n_D^{20} 1,4512. — *Δ^1-Tetrahydrobenzaldehyd*, Kp.$_5$ 51—52°, durch Bromieren vorst. Verb. u. HBr-Abspaltung; n_D^{20} 1,4910. — *1-[Δ^1-Cyclohexenyl]-butin-(3)-ol-(1)*, $C_{10}H_{14}O$, Kp.$_2$ 89—90°, durch Zutropfen von Propargylbromid (Kp. 82—84°, aus Propargylalkohol u. PBr_3; n_D^{20} 1,4940) u. vorst. Verb.

in abs. Ae.-Tetrahydrosilvan zu mit $CuSO_4$ aktiviertem Zn u. $HgCl_2$ in sd. Ae., 40 Min. langes Rühren bei 30—35°, 30 Min. bei 40—45°, Zers. mit 10%ig. Essigsäure u. Ausäthern; $D._4^{20}$ 0,9926; n_D^{20} 1,5090; 66%. H.-E. TOUSSAINT. 2360□

Über die von C. Paal und H. Schulze beschriebenen 1.2.3-Tribenzoylcyclopropane. Günther Maier. (Chem. Ber. **95.** 611—15. 20/3. 1962. Karlsruhe, TH, Inst. für organ. Chem.) (Dt.)

Die von PAAL u. SCHULZE [1903] als cis-1.2.3-Tribenzoylcyclopropan beschriebene Verb. ist in Wirklichkeit das *trans-Isomere* (I), das auch aus Bzl. u. trans-Cyclopropantricarbonsäure-(1.2.3)-trichlorid nach FRIEDEL-CRAFTS erhalten werden konnte. Die l. c. als trans-1.2.3-Tribenzoylcyclopropan bezeichnete Substanz ist dagegen *2.4.5.7-Tetraphenyl-4.5-dihydroxyoctadien-(2.6)-disäure-(1.8)-dilacton.* I u. Hydrazin lieferten Verb. **II**, deren Konstit. durch Umlagerung zu 3.6-Diphenyl-4-phenacylpyridazin u. durch Analyse der Kernresonanz-, IR- u. UV-Spektren bewiesen wurde.

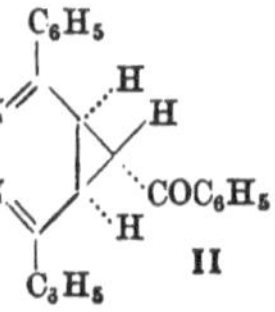

II

Versuche: *trans-Cyclopropantricarbonsäure-(1.2.3)-dimethylmonoäthylester* (III), $C_{10}H_{14}O_6$, Kp.$_{0,04}$ 92°, aus Fumarsäuredimethylester u. Diazoessigsäureäthylester nach BUCHNER [1888]; 33% (Ausbeute). *Freie Säure,* F. 220°. *Trichlorid,* Kp.$_{0,3}$ 90°, mit PCl_5; 35%. — *trans-1.2.3-Tribenzoylcyclopropan* (I), F. 215° (Nadeln, Essigester), aus vorst. Chlorid, Bzl. u. $AlCl_3$ (15 Min. langes Kochen, dann 10std. Rühren bei Raum-Temp.); 24%. — *trans-Cyclopropantricarbonsäure-(1.2.3)-triamid,* $C_6H_9N_3O_3$, F. 265—268° (Zers.), aus III nach HOFFMAN u. BÜRGER (C. **1954.** 765); 41%. — *trans-Cyclopropantricarbonsäure-(1.2.3)-trinitril,* $C_6H_3N_3$, F. 190° (Blättchen, W.), aus vorst. Amid u. p-Toluolsulfochlorid in Pyridin bei 100° (3std. Rühren); 60%. — *2.4.5.7-Tetraphenyl-4.5-dihydroxyoctadien-(2.6)-disäure-(1.8)-dilacton,* F. 292°, a) neben I nach PAAL u. SCHULZE (l. c.) (0,4%); b) durch therm. Zers. von Diazoacetophenon in Xylol nach SCHROETER [1916]. — *β-Phenylnaphthalin,* F. 102° (Blättchen, A.), aus vorst. Verb. u. HJ/P (2 Std. bei 200° im Rohr); 40%. — *3.6-Diphenyl-4-phenacylpyridazin,* F. 155—156° (Nadeln, CH_3OH), aus II u. konz. HCl/CH_3COOH (1std. Rühren bei 100°); 98%. J. ROTHE. 2370□

Diels-Alder-Reaktionen auf dem Fettgebiet. H. P. Kaufmann, H. Gruber und H. Brüning. (Fette Seifen einschl. Anstrichmittel **63.** 633—36. Juli 1961. Münster/Westf., Dt. Inst. für Fettforsch.) (Dt.)

Die Darst. der DIELS-ALDER-Addukte von Sorbinsäuremethylester (I) mit p-Benzochinon, 1.4-Naphthochinon u. Acrolein, von β-Elaeostearinsäuremethylester (II) mit Acrylsäure, Crotonaldehyd, Crotonsäureäthylester u. Acetylendicarbonsäuredimethylester u. von β-Licansäuremethylester (III) mit Acrolein, Acrylsäure, Crotonaldehyd, Crotonsäureäthylester u. Methylvinylketon in reinem Zustand wird beschrieben.

Versuche: *1.5-Dicarbomethoxy-4.8-dimethyl-1.4.5.8.11.12.13.14-oktahydroanthrachinon,* $C_{20}H_{24}O_6$, F. 178° (Bzl. u. Aceton/W. 2 : 3), durch 24std. Erhitzen der entsprechenden Mengen von I u. p-Benzochinon im verschlossenen Rohr auf 110°; 36% (Ausbeute). — *1.5-Dicarboxy-4.8-dimethyl-1.4.5.8.11.12.13.14-oktahydroanthrachinon* $C_{18}H_{20}O_6$, F. 206° (wss. Aceton), durch Verseifung vorst. Verb.; nach Sublimation Nadeln. — *1-Carbomethoxy-4-methyl-1.4.11.12-tetrahydroanthrachinon,* $C_{17}H_{16}O_4$, F. 139°, durch 5std. Erhitzen von I mit 1.4-Naphthochinon auf 110°; 81%. — *1-Carbomethoxy-3-formyl-4-methylcyclohexen-(5),* $C_{10}H_{14}O_3$, Kp.$_{14}$ 134°, durch 12std. Erhitzen von I u. Acrolein im Einschlußrohr auf 105°; n_D^{20} 1,4781; 87%. — *1-[ω-Carbomethoxy-n-heptyl]-3-carboxy-4-[n-hexen-(1)-yl]-cyclohexen-(5),* $C_{22}H_{36}O_4$, Kp.$_{0,01}$ 192°, durch 16std. Erhitzen von II u. Acrylsäure unter CO_2 im Einschlußrohr auf 120°; n_D^{20} 1,4857; 78%. — *1-[ω-Carboxy-n-heptyl]-3-carboxy-4-[n-hexen-(1)-yl]-cyclohexen-(5),* $C_{21}H_{34}O_4$, F. 111°, durch Verseifen vorst. Verb. mit alkohol. KOH. — *1-[ω-Carbomethoxy-n-heptyl]-2-methyl-3-formyl-4-[n-hexen-(1)-yl]-cyclohexen-(5),* $C_{23}H_{38}O_3$, Kp.$_{0,01}$ 150°, durch 50std. Erhitzen von II u. Crotonaldehyd im Einschlußrohr auf 140°; n_D^{20} 1,4837; 65%. — *1-[ω-Carbomethoxy-n-heptyl]-2-methyl-3-carbäthoxy-4-[n-hexen-(1)-yl]-cyclohexen-(5),* $C_{25}H_{42}O_4$, Kp.$_{0,01}$ 160°, durch 50std. Erhitzen von II u. Crotonsäureäthylester im Einschlußrohr auf 160°; n_D^{20} 1,4767; 73%. — *1-[ω-Carbomethoxy-n-heptyl]-2.3-dicarbomethoxy-4-[n-hexen-(1)-yl]-cyclohexadien-(2.5),* $C_{25}H_{38}O_6$, Kp.$_{0,01}$ 178°, durch 16std. Erhitzen von II u. Acetylendicarbonsäuredimethylester; n_D^{20} 1,4907; 82%. — *1-[7-Carbomethoxy-5-oxo-n-heptyl]-3-formyl-4-[n-hexen-(1)-yl]-cyclohexen-(5),* $C_{22}H_{34}O_4$, Kp.$_{0,01}$ 159°, durch 46std. Erhitzen von III u. Acrolein im Einschlußrohr auf 120°; n_D^{20} 1,4894; 80%. — *1-[7-Carbomethoxy-5-oxo-n-heptyl]-3-carboxy-4-[n-hexen-(1)-yl]-cyclohexen-(5),* $C_{22}H_{34}O_5$, Kp.$_{0,01}$ 198°, durch 46std. Erhitzen von III u. Acrylsäure im Einschlußrohr auf 150°; schwachgelbliches Öl; n_D^{20} 1,4949; 72%. — *1-[7-Carbomethoxy-5-oxo-n-hexyl]-2-methyl-3-formyl-4-[n-hexen-(1)-yl]-cyclohexen-(5),* $C_{23}H_{36}O_4$, Kp.$_{0,01}$ 165°, durch 50std. Erhitzen von III u. Crotonaldehyd im Einschlußrohr auf 140°; n_D^{20} 1,4908; 70%. — *1-[7-Carbomethoxy-5-oxo-n-heptyl]-2-methyl-3-carbäthoxy-4-[n-hexen-(1)-yl]-cyclohexen-(5)*, $C_{25}H_{40}O_5$, $Kp._{0,01}$ 170°, durch 50std. Erhitzen von **III** u. Crotonsäureäthylester im Einschlußrohr auf 160°; n_D^{20} 1,4822; 75%. — *1-[7-Carbomethoxy-5-oxo-n-heptyl]-3-acetyl-4-[n-hexen-(1)-yl]-cyclohexen-(5)*, $C_{23}H_{36}O_4$, $Kp._{0,01}$ 170°, durch 45std. Erhitzen von **III** u. Methylvinylketon im Einschlußrohr auf 130°; n_D^{20} 1,4876; 82%. P. GOLINSKE. 2400□

Synthesen mit Komplexverbindungen. 4. Mitt. Darstellung von Phenolindophenol-3.3'-dicarbonsäure. W. I. Kusnetzow und A. A. Nemodruk. (Журнал Общей Химии [J. allg. Chem.] **29** (**91**). 1008—12. März 1959. Inst. für Geochem. u. analyt. Chem. der Akad. der Wiss. der UdSSR.) (Russ.) — 3. vgl. C. **1959**. 1764.

Phenolindophenol-3.3'-dicarbonsäure (**I**) wird durch Kochen von Salicylsäure (**II**) in einer wss. $Al(NO_3)_3$-Lsg. u. Zers. der erhaltenen **I**-Al-Salz-Lsg. durch Ansäuern mit HCl dargestellt. Die Red. von **I** mit Na-Dithionit im alkal. Medium liefert *4.4'-Dihydroxydiphenylamin-3.3'-dicarbonsäure.*

Versuche: *Phenolindophenol-3.3'-dicarbonsäure* (**I**), $C_{14}H_9NO_6$, F. 305° (Zers.; 20—25%ig. A.), a) man gibt 10 g $Al(NO_3)_3 \cdot 9\ H_2O$ zum erwärmten Gemisch aus 2,5 g **II**, 1,5 g Na-Acetat u. 20 ml W., erhitzt 4—5 Min. lang auf dem sd. Wasserbad, kühlt ab u. gießt in 25 ml verd. HCl (1 : 1); 56% (Ausbeute); b) man läßt die Lsgg. aus 500 g $Al(NO_3)_3 \cdot 9\ H_2O$ u. 17 ml konz. H_2SO_4 in 250 ml W. (Strömungs-Geschw. 1 ml/min) u. 160 g **II** in 750 ml W. (Strömungs-Geschw. 1,5 ml/min) zueinander fließen, leitet das Gemisch kontinuierlich durch ein sd. Wasserbad (Verweilzeit in der Erwärmungszone 4—5 Min.) u. arbeitet analog a) auf; dunkelrotes Pulver; λ_{max} 380 mμ (wss. Lsg.); λ_{max} 650 mμ (alkal. Lsg.). — *4.4'-Dihydroxydiphenylamin-3.3'-dicarbonsäure*, $C_{14}H_{11}NO_6$, F. 246° (wss. A.), man gibt 5 g Na-Dithionit zu 1,4 g **I** in 30 ml 2n NaOH, erhitzt auf 50—60°, macht mit konz. HCl kongosauer u. extrahiert mit Äther. H. KÜHNE. 2550□

Synthese der Stereoisomeren von 1.2-disubstituierten Tetrahydronaphthalinen. H. D. Shroff, A. L. Pandit und A. B. Kulkarni. (J. sci. ind. Res. [New Delhi], Sect. B **20 B**. 599—603. Dez. 1961. Bombay, Inst. of Sci., Dep. of Chem.) (Engl.)

5.8-Dimethoxytetralon-(1) wird mit p-Anisaldehyd zu *2-[p-Methoxybenzyliden]-5.8-dimethoxytetralon-(1)* (**I**) kondensiert, das mit H_2/RANEY-Ni zu *2-[p-Methoxybenzyl]-5.8-dimethoxytetralon-(1)* u. dann mit $NaBH_4$ zu *2-[p-Methoxybenzyl]-5.8-dimethoxytetralol-(1)* (**II**), F. 122°, red. wird. Red. von **I** mit $NaBH_4$ in A. gibt *2-[p-Methoxybenzyliden]-5.8-dimethoxytetralol-(1)* (**III**), F. 146°, das kein Acetat bildet u. nicht zu **II** hydriert werden kann. Red. von **I** mit $NaBH_4$ in Methanol gibt ein *geometr. Isomeres von* **III** (**IV**), F. 122°. Die UV-Spektren von **III** u. **IV** sind identisch. Beim Vers. der Acetylierung von **IV** wird **III** erhalten. **IV** wird mit H_2/RANEY-Ni zu einem *Isomeren von* **II** (**V**), F. 161°, hydriert, das nicht acetyliert werden kann. Zur Klärung der Stereochemie von **II** u. **V** wird die Dehydratisierung mit Oxalsäure in Bzl. untersucht. Aus **II** entsteht *2-[p-Methoxybenzyl]-5.8-dimethoxy-3.4-dihydronaphthalin*, während **V** nicht dehydratisiert werden kann. Daraus wird für **II** für $C_{(1)}$—OH u. $C_{(2)}$—H auf axiale Konformation geschlossen. Aus dem chem. Verh. von **III** wird für $C_{(2)}$=CH— cis- u. für **IV** für $C_{(2)}$=CH— trans-Konfiguration u. für $C_{(1)}$—OH äquatoriale u. für $C_{(2)}$—H axiale Substitution gefolgert. Bei der Red. von *2-[2-Carboxybenzyliden]-5.8-dimethoxytetralon-(1)* (**VI**) mit H_2/RANEY-Ni entsteht *2-[2-Carboxybenzyl]-5.8-dimethoxytetralon-(1)*, das ein 2.4-Dinitrophenylhydrazon bildet. Mit $NaBH_4$ wird es über das entsprechende Carbinol zum *Lacton des 2-[2-Carboxybenzyl]-5.8-dimethoxytetralols-(1)* (**VII**), F. 215—216°, red., das nicht hydrolysiert werden kann. Wird **VI** mit $NaBH_4$ red., so entsteht über das entsprechende Carbinol das *Lacton des 2-[2-Carboxybenzyliden]-5.8-dimethoxytetralols-(1)*, das ebenfalls nicht hydrolysiert werden kann. Über RANEY-Ni kann das Lacton zu einem *Isomeren von* **VII** (**VIII**), F. 176—177°, hydriert werden. Aus diesen Rkk. folgt für **VI** für $C_{(2)}$=CH— trans-Konfiguration, für **VIII** für $C_{(1)}$—OH äquatoriale Substitution u. für **VII** für $C_{(2)}$—CH_2— äquatoriale u. für $C_{(1)}$—OH axiale Bindung.

Versuche: *2-[p-Methoxybenzyliden]-5.8-dimethoxytetralon-(1)* (**I**), $C_{20}H_{20}O_4$, F. 155° (A., gelbe Nadeln), durch Zugabe von 40%ig. KOH zu 5.8-Dimethoxytetralon-(1) u. p-Anisaldehyd in A. u. Stehen über Nacht. *2.4-Dinitrophenylhydrazon*, $C_{26}H_{24}N_4O_7$, F. 271° (Eisessig, orange), aus 0,2 g **I** u. 2.4-Dinitrophenylhydrazin-HCl in A.; 0,2 g (Ausbeute). — *2-[p-Methoxybenzyl]-5.8-dimethoxytetralon-(1)*, $C_{20}H_{22}O_4$, F. 96° (Essigsäureäthylester–PAe., Nadeln), durch 15 Min. lange Hydrierung von 1 g **I** an RANEY-Ni bei 1,4 atm H_2; 0,6 g. — *2-[p-Methoxybenzyl]-5.8-dimethoxytetralol-(1)* (**II**), $C_{20}H_{24}O_4$, F. 122° (Äthylacetat–PAe., Prismen), durch 2std. Red. von 1 g vorst. Verb. mit $NaBH_4$ in A. bei Zimmer-Temp., Zers. mit Eisessig u. Verdünnen; λ_{max} 225 u. 285 mμ; λ_{min} 250 mμ (A.); 0,8 g. *Acetat*, $C_{22}H_{26}O_5$, F. 125° (Äthylacetat–PAe., Prismen), durch 3std. Kochen von 0,5 g **II** mit Acetanhydrid u. Pyridin u. Gießen in W.; 0,4 g. — *2-[p-Methoxybenzyliden]-5.8-dimethoxytetralol-(1)* (**III**), durch 4std. Rk. von 1 g **I** u. $NaBH_4$ in A. u. Versetzen mit Eisessig; λ_{max} 275 u. 320 mμ; λ_{min} 250 u. 300 mμ (A.); 0,05 g. — *Isomeres 2-[p-Methoxybenzyliden]-5.8-dimethoxytetralol-(1)* (IV), $C_{20}H_{22}O_4$, F. 122° (A., feine Nadeln), durch Zugabe von $NaBH_4$ zu 1 g I in Methanol bei 50°, 2std. Stehen bei Zimmer-Temp. u. Kochen mit verd. Essigsäure; λ_{max} 275 u. 320 mμ; λ_{min} 250 u. 300 mμ (A.); 0,6 g. — *Isomeres 2-[p-Methoxybenzyl]-5.8-dimethoxytetralol-(1)* (V), $C_{20}H_{24}O_4$, F. 161° (A., Nadeln), durch 4std. Hydrierung von 1 g IV mit H_2/RANEY-Ni bei 3,16 atm; λ_{max} 225 u. 285 mμ; λ_{min} 251 mμ (A.); 0,8 g. — *2-[p-Methoxybenzyl]-5.8-dimethoxy-3.4-dihydronaphthalin*, $C_{20}H_{22}O_3$, F. 105° (Äthylacetat–PAe., Prismen), durch 6std. Kochen von 1 g II mit wasserfreier Oxalsäure in Bzl.; λ_{max} 225, 275 u. 317 mμ; λ_{min} 250 u. 300 mμ (A.); 0,5 g. — *2-[2-Carboxybenzyliden]-5.8-dimethoxytetralon-(1)* (VI), $C_{20}H_{18}O_5$, F. 166—167° (A.), durch Zugabe von 40%ig. KOH zu 1 g 5.8-Dimethoxytetralon-(1) u. 0,75 g o-Phthaldehydsäure in A., Stehen über Nacht bei Zimmer-Temp. u. Ansäuern; λ_{max} 300 mμ; λ_{min} 262 mμ (A.); 1,1 g. — *2-[2-Carboxybenzyl]-5.8-dimethoxytetralon-(1)*, $C_{20}H_{20}O_5$, F. 163° (A., Nadeln), durch 6std. Hydrieren von 0,5 g VI in A. an RANEY-Ni bei 3,51 atm H_2; λ_{max} 229 u. 340 mμ; λ_{min} 296 mμ (A.); 0,3 g. *2.4-Dinitrophenylhydrazon*, $C_{26}H_{24}N_4O_8$, F. 205—206° (Eisessig, rote Nadeln), durch 4std. Kochen von 0,2 g des Tetralons mit 2.4-Dinitrophenylhydrazin-HCl in A.; 0,095 g. — *Lacton des 2-[2-Carboxybenzyl]-5.8-dimethoxytetralols-(1)* (VII), $C_{20}H_{20}O_4$, F. 215—216° (A., Prismen), durch 4std. Rk. von 0,8 g vorst. Verb. mit $NaBH_4$ in alkohol. NaOH bei Zimmer-Temp. u. Versetzen mit Essigsäure; λ_{max} 228 u. 291 mμ; λ_{min} 262 mμ (A.); 0,5 g. — *Lacton des 2-[2-Carboxybenzyliden]-5.8-dimethoxytetralols-(1)*, $C_{20}H_{18}O_4$, F. 151—152° (A., Nadeln), durch 5std. Red. von 0,5 g VI in alkohol. NaOH mit $NaBH_4$ u. Versetzen mit Essigsäure; λ_{max} 275 u. 328 mμ; λ_{min} 247 u. 303 mμ (A.); 0,3 g. — *Isomeres Lacton des 2-[2-Carboxybenzyl]-5.8-dimethoxytetralols-(1)* (VIII), $C_{20}H_{20}O_4$, F. 176—177° (A., Nadeln), durch 6std. Hydrieren von 0,5 g vorst. Verb. in A. an RANEY-Ni bei 2,8 atm H_2; λ_{max} 210 u. 285 mμ; λ_{min} 257 mμ (A.); 0,26 g. E. KOSSMEHL. 2700□

2-Methyl-3-difarnesylnaphthochinon-(1.4). J. Weichet, L. Bláha und V. Kvita. (Chem. and Ind. **1958.** 227. 22/2. Prague, Pharm. and Biochem. Res. Inst.) (Engl.)

Das aus Geranylnerolidol mit PBr_3 oder PCl_3 erhaltene Rohprod. wird mit dem Na-Salz des Acetessigesters umgesetzt, das Rk.-Prod. verseift u. zu *Geranylfarnesylaceton* ($C_{28}H_{46}O$, Kp.$_{0,01}$ 140—143°; n_D^{20} 1,4942; schwachgelb) decarboxyliert, das bei Acetylenaddition mit KOH in Dibutylformal bei —10° *Farnesyldehydronerolidol* ($C_{30}H_{48}O$, Kp.$_{0,01}$ 145—148°; n_D^{20} 1,5004; schwachgelb) ergibt. Vorst. Verb. wird partiell mit LINDLAR-Katalysator in Cyclohexan zu *Farnesylnerolidol* ($C_{30}H_{50}O$, Kp.$_{0,01}$ 150—152°; n_D^{20} 1,5004; schwachgelb) red. u. darauf mit 2-Methylnaphthohydrochinon-(1.4)-1-monoacetat in Ae. bei 0° in Ggw. von $AlCl_3$ (oder in Dioxan bei 50° mit BF_3-Ätherat u. $ZnCl_2$) zu *2-Methyl-3-difarnesylnaphthochinon-(1.4)* ($C_{41}H_{56}O_2$; n_D^{20} 1,5488) kondensiert. Für vorst. Verb. sind λ_{max}-Werte angegeben. GISELA SCHREIBER. 2700□

1.2-Chinone aus Derivaten des 2.7-Dihydroxynaphthalins. F. Bell. (J. chem. Soc. [London] **1961.** 5293—96. Dez. Edinburgh, Heriot-Watt Coll.) (Engl.)

3.8-Dibrom-7-methoxynaphthochinon-(1.2) wird aus 1.6-Dibrom-2.7-dimethoxynaphthalin mit konz. HNO_3 in Eisessig hergestellt. 1.8-Dichlor-2.7-dimethoxynaphthalin (I) ergibt unter diesen Bedingungen *8-Chlor-7-methoxynaphthochinon-(1.2)*, wobei als Zwischenstufe *1.8-Dichlor-1.2-dihydro-7-methoxy-1-nitro-2-oxonaphthalin* entsteht, das beim Erwärmen NOCl abspaltet. Aus 1.8-Dichlor-2.7-dihydroxynaphthalin (II) bildet sich mit HNO_3 *8-Chlor-7-hydroxy-3.5-dinitronaphthochinon-(1.2)*. Die Struktur von I wird wie folgt bewiesen: 1-Chlor-2.7-dimethoxy-8-nitronaphthalin wird zum Amin red., wobei nebenher etwas *1-Chlor-2.7-dimethoxynaphthalin* entsteht, diazotiert u. nach SANDMEYER zu I umgesetzt. I wird durch Chlorierung von 2.7-Dimethoxynaphthalin oder durch Methylierung von II erhalten. Chlorierung von 1-Brom-2.7-dimethoxynaphthalin gibt ein Prod., das auch bei der Bromierung von 1-Chlor-2.7-dimethoxynaphthalin entsteht; mit HNO_3 wird es zu *3-Brom-8-chlor-7-methoxynaphthochinon-(1.2)* oxydiert, das auch aus 8-Brom-1-chlor-2.7-dimethoxynaphthalin oder aus 6-Brom-1-chlor-2.7-dimethoxynaphthalin unter Halogenwanderung mit HNO_3 erhalten werden kann. I gibt beim Kochen mit HBr in A. *6-Brom-1-chlor-2.7-dimethoxynaphthalin*. 1-Chlor-2.7-dimethoxy-8-nitronaphthalin wird durch HNO_3 zu *3.8-Dinitro-7-methoxynaphthochinon-(1.2)* unter Halogenabspaltung oxydiert.

Versuche: *3.8-Dibrom-7-methoxynaphthochinon-(1.2)*, $C_{11}H_6Br_2O_3$, F. 268° (Zers.; Eisessig, feine rote Nadeln), durch Zugabe von konz. HNO_3 in Eisessig zu einer warmen Lsg. von 1.6-Dibrom-2.7-dimethoxynaphthalin in Eisessig. Löst sich in konz. H_2SO_4 mit blaugrüner Farbe. *Chinoxalin-Deriv.*, $C_{17}H_{10}Br_2N_2O$, F. 215° (Eisessig, kanariengelbe Nadeln), durch Kondens. mit o-Phenylendiamin. — *1.8-Dichlor-1.2-dihydro-7-methoxy-1-nitro-2-oxonaphthalin*, $C_{11}H_7Cl_2NO_4$, F. 130° (Zers.; Eisessig, gelb), durch Zugabe von HNO_3 in Eisessig zu einer heißen Eisessig-Lsg. von I. — *8-Chlor-7-methoxynaphthochinon-(1.2)*, $C_{11}H_7ClO_3$, F. 216° (Zers.; Eisessig, rote Nadeln), durch Erhitzen vorst. Verb. auf über 130°. Löst sich in konz. H_2SO_4 mit tiefgrüner Farbe. — *8-Chlor-7-methoxy-3-nitronaphthochinon-(1.2)*, $C_{11}H_6ClNO_5$, F. 262° (Zers.; Eisessig, kastanienbraune Kristalle), durch langsames Eintragen von I in rauchende HNO_3 u. Gießen in Wasser. Färbt konz. H_2SO_4 purpurfarben. *Chinoxalin-Deriv.*, $C_{17}H_{10}ClN_3O_3$, F. 237—240° (Eisessig, gelbe Nadeln), mit o-Phenylendiamin in Eisessig. — *1.8-Dichlor-2.7-dihydroxynaphthalin* (II), F. 187—189° (Eisessig), durch Zutropfen von 3,5 ml SO_2Cl_2 in Chlf. zu 3,2 g 2.7-Dihydroxynaphthalin (III) in Chlf. u. Erwärmen auf 100°; über 4 g (Ausbeute). — *1.1.8-Trichlor-1.2-dihydro-7-hydroxy-2-oxonaphthalin*, F. 185° (Zers.; A., gelbe Rhomben), wie II aus 6 ml SO_2Cl_2 u. 3,2 g III. — *8-Chlor-7-hydroxy-3.5-dinitronaphthochinon-(1.2)*, $C_{10}H_3ClN_2O_7$, F. 230° (Zers.; Eisessig, rote Kristalle), durch Zugabe von HNO_3–Eisessig zu II in Eisessig, Fällen mit W. u. Kochen in Eisessig (NOCl-Abspaltung). Färbt sich mit wasserhaltigen Lsgm. schwarz u. in konz. H_2SO_4 dichromatfarben. *Chinoxalin-Deriv.*, $C_{16}H_7ClN_4O_5$, F. 262° (gelb), mit o-Phenylendiamin in Eisessig; gibt in konz. H_2SO_4 eine dunkelgrüne Färbung. — *8-Chlor-2.7-dimethoxy-1-aminonaphthalin*, $C_{12}H_{12}\cdot ClNO_2$, F. 104—107° (A., Platten), durch Sättigen von 4 g 1-Chlor-2.7-dimethoxy-8-nitronaphthalin in A. mit HCl, Zugabe von $SnCl_2$, 1std. Erwärmen auf 100° u. Zers. des ausgeschiedenen Prod. mit NaOH; 1,4 g. Daneben *1-Chlor-2.7-dimethoxynaphthalin*, aus dem Filtrat durch Wasserdampfdestillation. — *1.8-Dichlor-2.7-dimethoxynaphthalin* (I), F. 144° (Eisessig, Nadeln), durch Diazotieren vorst. Verb. in salzsaurer Lsg. mit $NaNO_2$, Filtrieren nach $^1/_4$ Std. in CuCl–HCl u. Kochen des ausgeschiedenen Prod. mit verd. HCl. — *6-Brom-1-chlor-2.7-dimethoxynaphthalin*, $C_{12}H_{10}BrClO_2$, F. 128—129° (A., Nadeln), a) durch Bromierung von 1-Chlor-2.7-dimethoxynaphthalin in Chlf. mit Br_2 u. Fällen mit PAe.; ca. 100%; b) durch Zugabe von HBr zu einer sd. A.-Lsg. von I während 2 Std.; c) durch Rk. von 1-Brom-2.7-dimethoxynaphthalin mit SO_2Cl_2 in Chlf. u. Verdünnen mit Petroläther. — *Verb.* $C_{12}H_8Br_4O_2$, F. 193—196° (Pyridin, Nadeln), bei der Bromierung von 2.7-Dimethoxynaphthalin mit Br_2-Dampf zur Herst. von 1-Brom-2.7-dimethoxynaphthalin als weißer Belag am Gaseinleitungsrohr. — *3-Brom-8-chlor-7-methoxynaphthochinon-(1.2)*, $C_{11}H_6BrClO_3$, F. 260° (Zers.; Eisessig, gelbe Nadeln), durch Zugabe von rauchender HNO_3 in Eisessig zu einer warmen Lsg. vorvorst. Verb. in Eisessig. Färbt konz. H_2SO_4 blaugrün. *Chinoxalin-Deriv.*, $C_{17}H_{10}BrClN_2O$, F. 214 bis 216° (Eisessig, kanariengelbe Nadeln). — *3.8-Dinitro-7-methoxynaphthochinon-(1.2)*, $C_{11}H_6N_2O_7$, F. 262° (Zers.; Eisessig, kastanienbraune Nadeln), durch langsames Eintragen von 1-Chlor-2.7-dimethoxy-8-nitronaphthalin in rauchende HNO_3 u. Gießen in Wasser. Färbt konz. H_2SO_4 kirschrot. E. KOSSMEHL. 2700□

Die Stobbe-Kondensation mit o- und p-Chlorbenzaldehyd. A. M. El-Abbady, S. H. Doss und H. H. Moussa (unter Mitarbeit von M. Nosseir). (J. org. Chemistry **26.** 4871—73. Dez. 1961. Cairo, Nat. Res. Center, Dep. of Organ. Chem.) (Engl.) — Vgl. C. **1959.** 13779.

Bei der STOBBE-Kondens. von o- (I) bzw. p-Chlorbenzaldehyd (II) mit Bernsteinsäuredimethylester in tert.-Butanol in Ggw. von K-tert.-Butylat werden *cis-γ-o-* (III) bzw. *cis-γ-p-Chlorphenylitaconsäure-β-methylester* (IV), *Di-o-* u. *Di-p-chlorbenzylidenbernsteinsäure* erhalten. Bei der Rk. mit II wird außerdem *p-Chlorbenzoesäure* in geringer Menge isoliert. Beim Arbeiten unter N_2 tritt diese Säure nicht auf. Beim Erhitzen mit $NaOOCCH_3$-Acetanhydrid wird III zu *4-Acetoxy-8-chlor-*, IV zu *-6-chlornaphthalin-2-carbonsäuremethylester* cyclisiert. Alkal. Hydrolyse gibt *8-* bzw. *6-Chlor-4-hydroxynaphthalin-2-carbonsäure.* Mit Dimethylsulfat-K_2CO_3 werden die *Methoxyester* erhalten, die zu den *Methoxysäuren* hydrolysiert u. mit Chinolin-Cu-Bronze zu *5-* bzw. *7-Chlor-1-methoxynaphthalin* decarboxyliert u. mit HJ zu *5-* bzw. *7-Chlor-α-naphthol* entmethyliert werden. III bzw. IV werden durch Kochen mit $Ba(OH)_2$ zu den *cis-Itaconsäuren* verseift, die über ihre *cis-Anhydride* beim Kochen mit Methanol die *cis-α-Halbester* geben. Di-o-chlorbenzylidenbernsteinsäureanhydrid wird durch Erhitzen zu *2'-5-Dichlor-1-phenylnaphthalin-2.3-dicarbonsäureanhydrid* cyclodehydriert, das mit verd. Alkali die *Dicarbonsäure* gibt, die zu *2'.5-Dichlor-1-phenylnaphthalin* decarboxyliert wird.

Versuche: *Di-o-chlorbenzylidenbernsteinsäure*, $C_{18}H_{12}Cl_2O_4$, F. 240° (wss. Methanol), durch Zugabe von 28 g I u. Bernsteinsäuredimethylester in tert.-Butanol zu einer sd. Lsg. von K-tert.-Butylat in tert.-Butanol während 15 Min., 45 Min. langes Kochen, Ansäuern gegen Lackmus, Einengen, Aufnehmen in Ae., Extrahieren mit $NaHCO_3$-Lsg., Ansäuern u. Waschen mit Bzl.; 5 g (Ausbeute). — *cis-γ-o-Chlorphenylitaconsäure-β-methylester* (III), neben vorst. Verb. durch Einengen der Bzl.-Lsg.; viscoses braunes Öl; ca. 20 g. *Freie Säure*, $C_{11}H_9ClO_4$, F. 194—195° (wss. Methanol), durch 3std. Kochen von 4,5 g vorst. Esters mit konz. $Ba(OH)_2$-Lsg.; 4 g. — *4-Acetoxy-8-chlornaphthalin-2-*

carbonsäuremethylester, $C_{14}H_{11}ClO_4$, F. 101° (wss. Aceton, Nadeln), durch 5std. Kochen von 5,5 g III mit $NaOOCCH_3$-Acetanhydrid; ca. 4,6 g. — *8-Chlor-4-hydroxynaphthalin-2-carbonsäure*, $C_{11}H_7ClO_3$, F. 282—284° (Eisessig, gelbe Platten), aus 2 g vorst. Verb. durch 2std. Kochen mit 10%ig. KOH; 1,5 g. — *8-Chlor-4-methoxynaphthalin-2-carbonsäuremethylester*, $C_{13}H_{11}ClO_3$, F. 93—94° (wss A., gelbe Nadeln), durch 12std. Kochen von 3g vorst. Säure mit Dimethylsulfat u. K_2CO_3 in Aceton; 3,1 g. *Freie Säure*, $C_{12}H_9ClO_3$, F. 279° (A), aus dem Ester durch 2½std. Kochen mit 10%ig. KOH. — *5-Chlor-1-methoxynaphthalin*, $C_{11}H_9ClO$, F. 49° (Methanol), durch 1std. Kochen von 0,5 g vorst. Säure in Chinolin mit Cu-Bronze; 0,4 g. — *5-Chlor-α-naphthol*, $C_{10}H_7ClO$, F. 130—131° (W., Nadeln), durch 1std. Kochen von 0,2 g vorst. Äthers mit HJ; 0,15 g. — *cis-γ-o-Chlorphenylitaconsäureanhydrid*, $C_{11}H_7ClO_3$, F. 143—144° (Eisessig), durch 2std. Kochen von 3,2 g der Säure mit Acetanhydrid; ca. 2 g. — *cis-γ-o-Chlorphenylitaconsäure-α-methylester*, $C_{12}H_{11}ClO_4$, F. 112—114° (Bzl.-PAe., 40—60°), durch 3std. Kochen von 0,5 g vorst. Anhydrids in Methanol; 0,3 g. — *Di-o-chlorbenzylidenbernsteinsäureanhydrid*, $C_{18}H_{10}Cl_2O_3$, F. 176—177° (Eisessig, gelbe Kristalle), durch 2std. Kochen von 3 g der Säure mit Acetylchlorid u. Acetanhydrid; 2,7 g. — *2'.5-Dichlor-1-phenylnaphthalin-2.3-dicarbonsäureanhydrid*, $C_{18}H_8Cl_2O_3$, F. 213—214° (Bzl.), durch Erhitzen von 2,5 g vorst. Verb. auf 270° bis zur beendeten H_2-Entw., 1std. Hydrolyse mit 10%ig. KOH u. Ansäuern; 1,4g. — *2'.5-Dichlor-1-phenylnaphthalin*, $C_{16}H_{10}Cl_2$, F. 172—173° (Methanol), durch ½std. Kochen von 0,3 g vorst. Säure in Chinolin mit Cu-Bronze, Zugabe von Cu-Bronze u. ½std. Erhitzen; 0,2 g. — *Di-p-chlorbenzylidenbernsteinsäure*, $C_{18}H_{12}Cl_2O_4$, F. 240° (wss. Methanol), aus 28 g II analog dem o-Isomeren; ca. 5 g. — *p-Chlorbenzoesäure*, $C_7H_5ClO_2$, F. 240—241° (Bzl., Nadeln), beim Abkühlen der benzol. Lsg.; ca. 2 g. — *cis-γ-p-Chlorphenylitaconsäure-β-methylester* (IV), $C_{12}H_{11}ClO_4$, F. 123—124° (Bzl.), beim Einengen der benzol. Lsg.; ca. 13 g. — *4-Acetoxy-6-chlornaphthalin-2-carbonsäuremethylester*, $C_{14}H_{11}ClO_4$, F. 126° (Aceton), durch 5std. Rk. von 5 g IV mit $NaOOCCH_3$-Acetanhydrid; ca. 4,4 g. — *6-Chlor-4-hydroxynaphthalin-2-carbonsäure*, $C_{11}H_7ClO_3$, F. 297° (Eisessig), durch 3½std. Hydrolyse von 2 g vorst. Verb.; ca. 1,5 g. — *6-Chlor-4-methoxynaphthalin-2-carbonsäuremethylester*, $C_{13}H_{11}ClO_3$, F. 130—132° (Methanol), durch 12std. Kochen von 2 g vorst. Säure mit Dimethylsulfat-K_2CO_3 in Aceton; ca. 2 g. *Freie Säure*, $C_{12}H_9ClO_3$, F. 304° (A.), durch 2std. Hydrolyse von 1,5 g Ester mit 10%ig. KOH; 1,4 g. — *7-Chlor-α-naphthol*, $C_{10}H_7ClO$, F. 121—122° (W., Nadeln), durch 2std. Erhitzen von 0,4 g vorst. Säure in Chinolin mit Cu-Bronze auf 300° u. 1std. Kochen des *7-Chlor-1-methoxynaphthalins* [hellbraunes Öl] mit HJ; 0,25 g. — *cis-γ-p-Chlorphenylitaconsäure*, $C_{11}H_9ClO_4$, F. 205° (wss. Methanol), durch 3std. Kochen von 2 g IV mit konz. $Ba(OH)_2$-Lsg.; ca. 2 g. *Anhydrid*, $C_{11}H_7ClO_3$, F. 176° (Eisessig), durch 2std. Kochen von 1,5 g Säure mit Acetylchlorid u. Acetanhydrid; 1,1 g. *α-Methylester*, $C_{12}H_{11}ClO_4$, F. 141°, durch Kochen von 0,5 g Anhydrid mit Methanol; 0,5 g. E. Kossmehl. 2700□

Anthrachinonderivate. 1. Mitt. Synthese von Chlorderivaten der Anthrachinon-2-carbonsäure. N. Ss. Dokunichin, S. S. Moissejewa und Ss. N. Burenko. (Журнал Общей Химии [J. allg. Chem.] **31** (93). 3985—87. Dez. 1961. Forsch.-Inst. für org. Zwischenprodd. u. Farbstoffe.) (Russ.)

Aus Chlorbenzoylchloriden u. p- oder m-Xylol werden nach Friedel-Crafts die entsprechenden *Chlorbenzophenone* erhalten, die durch Oxydation der Methylgruppen in die *Benzophenondicarbonsäuren* übergeführt werden. Letztere werden mit H_2SO_4 zu *Chloranthrachinon-2-carbonsäuren* cyclisiert.

Versuche: Benzophenone: *2-Chlor-2'.4'-dimethyl-* (I), $C_{15}H_{13}ClO$, Kp.$_8$ 200—204°, aus 0,39 Mol o-Chlorbenzoylchlorid u. einer Suspension von 0,8 Mol $AlCl_3$ in 500 ml m-Xylol bei 60°; n_D^{20} 1,597; $D._{20}^{20}$ 1,16. — *2-Chlor-2'.5'-dimethyl-* (II), $C_{15}H_{13}ClO$, Kp.$_2$ 186—190°, analog aus o-Chlorbenzoylchlorid u. p-Xylol; n_D^{20} 1,595; $D._{20}^{20}$ 1,16. — *4-Chlor-2'.4'-dimethyl-*, $C_{15}H_{13}ClO$, F. 41,5—42° (A.), aus p-Chlorbenzoylchlorid u. m-Xylol. — *4-Chlor-2'.5'-dimethyl-*, $C_{15}H_{13}ClO$, Kp.$_2$ 171—172°, F. 40—40,5° (A.), aus p-Chlorbenzoylchlorid u. p-Xylol. — *2.4-Dichlor-2'.5'-dimethyl-*, $C_{15}H_{12}Cl_2O$, Kp.$_4$ 184 bis 186°, aus 2.4-Dichlorbenzoylchlorid u. p-Xylol; n_D^{20} 1,607; $D._{20}^{20}$ 1,290. — *2-Chlor-2'.4'-dicarboxy-* (III), $C_{15}H_9ClO_5$, F. 306—309° (Eisessig), a) aus I durch Oxydation mit CrO_3 in H_2SO_4 u. anschließend mit $KMnO_4$ in alkal. Lsg. oder b) mit HNO_3 (D. 1,29) im Rohr bei 195—200°; 70—80 bzw. 85—90% (Ausbeute). — *2-Chlor-2'.5'-dicarboxy-*, $C_{15}H_9ClO_5$, F. 280—282,5°, aus II. — *4-Chlor-2'.4'-dicarboxy-*, $C_{15}H_9ClO_5$, F. 272—273° (Eisessig). — *4-Chlor-2'.5'-dicarboxy-*, $C_{15}H_9ClO_5$, F. 288—291°. — *2.4-Dichlor-2'.5'-dicarboxy-*, $C_{15}H_8Cl_2O_5$, F. 288,5—290° (Eisessig). — Anthrachinon-2-carbonsäuren: *5-Chlor-*, $C_{15}H_7ClO_4$, F. 308—310° (Eisessig oder HNO_3, D. 1,4), durch 2std. Erhitzen von 0,025 Mol III mit 13 ml 10%ig. Oleum u. 19 ml Monohydrat auf 130—140°; 72—82%. — *6-Chlor-*, $C_{15}H_7ClO_4$, F. 333,5—335° (Eisessig). — *7-Chlor-*, $C_{15}H_7ClO_4$, F. 336—339°

(HNO_3, D. 1,4). — *8-Chlor-*, $C_{15}H_7ClO_4$, F. 323—324° (Eisessig). — *5.7-Dichlor-*, $C_{15}H_6Cl_2O_4$, F. 294—295,5° (Nitrobenzol). B. CELMS. 2800

Die relativen Konfigurationen der zwei 1-Keto-6-hydroxyspiro-[4.4]-nonane und drei 1.6-Dihydroxyspiro-[4.4]-nonane. E. Hardegger, E. Maeder, Henri Manvel Semarne und Donald J. Cram. (J. Amer. chem. Soc. **81**. 2729—37. 5/6. 1959. Zürich, ETH, organ.-chem. Labor.; Los Angeles, Calif., Univ. of California, Dep. of Chem.) (Engl.)

Alle stereochem. Beziehungen zwischen den beiden 1-Keto-6-hydroxyspiro-[4.4]-nonanen (**I**) u. den drei 1.6-Dihydroxyspiro-[4.4]-nonanen (**II**) werden aufgeklärt. **II** wird erhalten durch Red. von 1.6-Diketospiro-[4.4]-nonan (**III**) mit $LiAlH_4$. Durch Ringschluß von γ-[1-Carboäthoxy-2-hydroxycyclopentyl-(1)]-buttersäureäthylester (**VII**) wird das Racematgemisch von **I** dargestellt. Die Aufspaltung erfolgt über die p-Nitrobenzoesäureester durch Chromatographie. Zahlreiche Derivv. werden dargestellt u. beschrieben. Die IR-Spektren werden diskutiert.

Versuche: *1.6-Diketospiro-[4.4]-nonan* (**III**), $C_9H_{12}O_2$, F. 37—37,5° (Methanol), $Kp._{12}$ 118—122°, aus Heptan-1.4.4.7-tetracarbonsäure; 37% (Ausbeute). *Monosemicarbazon*, $C_{10}H_{15}N_3O_2$, F. 211° (Essigester), aus 3,29 m Mol **III** u. 3,23 m Mol Semicarbacidhydrochlorid (**IV**) in Ggw. von Na-Acetat in Methanol; 76%. *Disemicarbazon*, $C_{11}H_{18}N_6O_2$, F. 262° (W.), aus 4,5 m Mol **III** u. 9,2 m Mol **IV**; 93%. *Mono-p-nitrophenylhydrazon*, $C_{15}H_{17}N_3O_3$, F. 211—212°; aus Methanol-W., gelbes Pulver; 68%. *Bis-[dl-α-phenyläthylsemioxamhydrazon]*, $C_{29}H_{34}N_6O_4$, F. 134—140° (Bzl./PAe.), durch $^1/_2$std. Kochen von **III** u. rac.-α-Phenyläthylsemioxamhydrazid in Ggw. von wenig J_2 in Bzl., Chromatographie an Al_2O_3 u. Entw. mit Bzl.-Äthylacetat; neben den *Derivv.* von *F. 201—207°* [(Bzl.-PAe.) aus dem Chlf.-Methanol-Eluat]. — *1.6-Dihydroxyspiro-[4.4]-nonan* (**II**), $C_9H_{16}O_2$, $Kp._{11}$ 150—151°, durch Red. von **III** mit $LiAlH_4$; n_D^{20} 1,5042; 90%. — *cis.cis-1.6-Dihydroxyspiro-[4.4]-nonan* (**IIa**), $C_9H_{16}O_2$, F. 34—34,5°, durch Trennung des Diastereomerengemischs über die Bis-p-nitrobenzoate, 150std. Stehen des Gemisches aus *cis.cis-Bis-p-nitrobenzoat* (**Va**; F. 210,5—211°), Chlf., NaH u. Methanol bei Raum-Temp., Lösen in der Wärme, Neutralisieren mit NH_4Cl, Eindampfen im Vakuum, Anreichern mit W., Abfiltrieren von *p-Nitrobenzoesäuremethylester*, Alkalisieren der wss. Lsg. mit $KHCO_3$, Ausäthern, Chromatographie an Al_2O_3 u. Entwickeln mit Bzl.-Ae.; aus Methylcyclohexan Nadeln; 85%. *Saurer Bis-phthalsäureester*, $C_{25}H_{24}O_8$, F. 201 bis 204° (Aceton-PAe.), durch 15std. Erwärmen von **IIa** u. Phthalsäureanhydrid (**VI**) in Pyridin auf 100°. *Diacetat*, $C_{13}H_{20}O_4$, F. 78° (Sublimation im Hochvakuum), aus **IIa** u. Acetanhydrid/wenig Acetylchlorid durch 15std. Erwärmen auf 100°, Chromatographie an Al_2O_3 u. Entwickeln mit Bzl.-PAe. [4 : 1]; 82%. *Acetonid*, $C_{12}H_{20}O_2$, aus **IIa** in 1%ig. abs. aceton. HCl in Ggw. von Na_2SO_4, Chromatographie an Al_2O_3 u. Entwickeln mit Bzl.-PAe.; 63%. *Bis-p-aminobenzoat*, $C_{23}H_{26}N_2O_4$, F. 209,5—210,5°, durch Hydrieren von **Va** in Äthylacetat/A. in Ggw. von Pd-Kohle; aus Methanol Nadeln; 88%. — *cis.trans-1.6-Dihydroxyspiro-[4.4]-nonan* (**IIb**), $C_9H_{16}O_2$, F. 43—43,5°, analog **IIa**; aus Methylcyclohexan Nadeln; 70%. *Bis-p-Nitrobenzoat* (**Vb**), F. 192—192,5°, durch Red. von **VIIIa** (s. u.) mit $LiAlH_4$, Chromatographie des Gemisches aus **IIa/IIb** an Al_2O_3 u. Entwickeln mit Bzl.-Methylenchlorid (7 : 3); 6%; daneben 71% **Va**. *Diacetat*, $C_{13}H_{20}O_4$, Kp. 90—95° (Hochvakuum); n_D^{20} 1,4679; 86%. *Acetonid*, $C_{12}H_{20}O_2$, Kp. 105—110° (Vakuum); n_D^{20} 1,4780; 33%. *Bis-p-aminobenzoat*, $C_{23}H_{26}N_2O_4$, Kp. 220—225° (Hochvakuum), durch Hydrieren von 1,50 g **Vb** in Ggw. von Pd-Kohle; 1,310 g. — *trans.trans-1.6-Dihydroxyspiro-[4.4]-nonan* (**IIc**), $C_9H_{16}O_2$, F. 123—123,5°, analog **IIa**; aus CCl_4 feine Nadeln; 66%. *Bis-p-nitrobenzoat*, F. 221,5—222°, analog **Vb** aus **VIIIb**; Nadeln; 49%; daneben 23% **Vb**. *Diacetat*, $C_{13}H_{20}O_4$, F. 15—16°, Kp. 90—95° (Hochvakuum); n_D^{20} 1,4681; 83%; *Bis-p-aminobenzoat*, $C_{23}H_{26}N_2O_4$, F. 180—181° (Methanol oder A.); 82%. — *1-Keto-6-hydroxyspiro-[4.4]-nonan* (**I**), $C_9H_{14}O_2$, $Kp._{0,8}$ 90—114°, durch Cyclisierung von 240 g **VII** mit NaH; n_D^{25} 1,491; 84 g. *Saures Succinat*, $C_{13}H_{18}O_5$, Kp. 175 bis 180° (Hochvakuum), durch $3^1/_2$std. Erhitzen von **I** mit Bernsteinsäureanhydrid auf 140°; n_D^{25} 1,4905; 73%. — *cis-1-Keto-6-hydroxyspiro-[4.4]-nonan* (**Ia**), durch Hydrieren von **III** in A. in Ggw. von PtO_2; 94%; *2.4-Dinitrophenylhydrazon*, $C_{15}H_{18}N_4O_5$, F. 152 bis 153°, durch Rk. von **Ia** mit 2.4-Dinitrophenylhydrazin (**IX**) in heißem Methanol in Ggw. von H_2SO_4, Chromatographie an Al_2O_3 u. Entwickeln mit Bzl.; aus CCl_4 Körnchen. *Semicarbazon*, $C_{10}H_{17}N_3O_2$, F. 159—160,5°; aus W. Schuppen; 73%. *Saures Phthalat*, $C_{17}H_{18}O_5$, F. 165—167°, durch 7std. Erwärmen von **Ia** mit **VI** in Pyridin auf 100°; aus Methanol Nadeln; 37%. *p-Nitrobenzoat* (**VIIIa**), $C_{16}H_{17}NO_5$, F. 86,5 bis 87°, durch 1std. Erhitzen von **I** mit p-Nitrobenzoylchlorid, in Pyridin auf 100°, Trennen durch Chromatographie an Al_2O_3 u. Entwickeln mit Bzl.-PAe. oder Bzl.; aus Methanol oder Bzl.-PAe. gelbe Prismen; 62%; daneben 4,2% *trans-p-Nitrobenzoat* (**VIIIb**), $C_{16}H_{17}NO_5$, F. 91,5—92°, durch Entwickeln mit Bzl.-Ae. u. Ae.;

aus Methanol leicht gelbe Nadeln.) *3.5-Dinitrobenzoat*, $C_{16}H_{16}N_2O_7$, F. 115—116°, analog vorst. Verb. durch Entwickeln mit Bzl.–PAe. (9 : 1); aus Methanol Plättchen; daneben *trans-3.5-Dinitrobenzoat* ($C_{16}H_{16}N_2O_7$, F. 135,5—136,5°, durch Entwickeln mit Bzl.–Ae.; aus Methanol Nadeln.) *p-Nitrobenzoat-2.4-dinitrophenylhydrazon* (**X a**), $C_{22}H_{21}N_5O_8$, F. 214—215°, aus **VIII a** mit **IX** in Methanol in Ggw. von konz. H_2SO_4; aus CCl_4 gelbe Nadeln; 60%. *p-Aminobenzoat*, $C_{16}H_{19}NO_3$, F. 130—130,5° (A.), a) durch Hydrieren von **VIII a** in Essigester/A. über Pd-Kohle; 92%; b) analog über Raney-Ni; 75% [*Pikrat*, $C_{22}H_{22}N_4O_{10}$, F. 122—123°; aus 60%ig. Methanol gelbe, feine Nadeln. *d-Camphersulfonat*, $C_{26}H_{35}NO_7S$, F. 144—148° (Methanol/Ae.); $[\alpha]_D$ +23° (c = 1,5; Chlf.); 24%]. (+)-*p-Aminobenzoat*, $C_{16}H_{19}NO_3$, F. 157—157,5°, aus dem d-Campfersulfonat; $[\alpha]_D$ +119,7° (c = 1; Chlf.). — *trans-1-Keto-6-hydroxyspiro-[4.4]-nonan*, (**I b**), $C_9H_{14}O_2$, Kp.$_{10}$ 140°, durch Hydrieren von **III** in Eisessig in Ggw. von PtO_2; n_D^{25} 1,4910; 90%; daneben 10% **I a**. *Semicarbazon*, $C_{10}H_{17}N_3O_2$, F. 175—176°, aus **I** mit **IV** u. Na-Acetat durch 2tägiges Stehen; aus W. Nadeln; 28%. *p-Nitrobenzoat-2.4-dinitrophenylhydrazon* (**X b**), $C_{22}H_{21}N_5O_8$, F. 169—170°, aus **VIII b**; aus Methylenchlorid–Methanol gelbe Prismen; 58%. *2.4-Dinitrophenylhydrazon*, $C_{15}H_{18}N_4O_5$, F. 127—128°, a) durch 190std. Stehen eines Gemisches aus **X a**, Dioxan, NaH u. A. bei Raum-Temp., Lösen in der Wärme, Neutralisieren mit NH_4Cl, Eindampfen im Vakuum, Schütteln des Rückstandes mit W./Bzl., Eindampfen der benzol. Lsg. im Vakuum, Chromatographie an Al_2O_3, Eluieren einer *Verb. vom F. 159—160°* (aus CCl_4 orangefarbene Flitter; 0,246 g) mit Bzl. u. Eluieren mit Ae./Essigester; aus CCl_4 organgefarbene Nadeln; 23%; b) aus **Xb** analog a) durch Eluieren einer *Verb. vom F. 150—151°* (aus CCl_4 rote Körnchen; 0.240 g) mit Bzl./Ae., Eluieren mit Ae./Essigester, Eindampfen, Kristallisation aus CCl_4 u. mechan. Trennung; 32%; c) aus **Ib** u. **IX**. *p-Aminobenzoat*, $C_{16}H_{19}NO_3$, Kp. 190—195° (Hochvakuum), durch Hydrieren von **VIII b** über Pd-Kohle; 100% (*d-Campfersulfonat*, $C_{26}H_{35}NO_7S$, F. 143—146°, aus Aceton–Ae. feine Kristalle; 95%). *Saures Phthalat*, $C_{17}H_{18}O_5$, F. 186 bis 188° (Methanol); 60% [*2.4-Dinitrophenylhydrazon*, $C_{23}H_{22}N_4O_8$, F. 197,5—198,5° (Zers.); aus Methanol gelb-orangefarbene Platten; 72%]. — *1-Keto-6-hydroximinospiro-[4.4]-nonan*, $C_9H_{13}NO_2$, F. 77—78,5° (Ae./Pentan), durch Zugabe von 20%ig. NaOH zu einem Gemisch aus **III** in A. u. Hydroxylaminhydrochlorid; 40%; gibt mit $LiBH_4$ in abs. Ae. **I a**. W. Hampel. 2950□

1.16-Benzperiflanthen. Karl Friedrich Lang und Maximilian Zander. (Chem. Ber. **95.** 673—75. 20/3. 1962. Castrop-Rauxel, Rütgerswerke AG, Zentral-labor.) (Dt.)

Periflanthen reagierte mit sd. Maleinsäureanhydrid (I) u. Chloranil (II; 4 Std.) unter Bldg. von *1.16-Benzperiflanthendicarbonsäure-(1'.2')-anhydrid*, $C_{36}H_{14}O_3$, Zers. ab ca. 450°, rotbraune Nadeln aus Pyren/α-Methylnaphthalin; 89% (Ausbeute). — Decarboxylierung desselben mit Natronkalk (45 Min. bei 360—380° unter N_2) gab 19% *1.16-Benzperiflanthen*, $C_{34}H_{16}$, F. 441—442°, rote Nadeln aus Trichlorbenzol oder α-Methylnaphthalin, sublimiert bei 550°/0,2 mm; Absorptionsspektrum ist angegeben. Reagiert nicht nochmals mit I u. II. J. Rothe. 2950□

Eine neue Synthese von Stilben und heterocyclischen Stilben-Analoga. Edward J. Seus und Charles V. Wilson. (J. org. Chemistry **26.** 5243. Dez. 1961. Rochester, N.Y., Eastman Kodak Co., Res. Labor.) (Engl.)

Stilben, 2-Stilbazol, 2-Styrylfuran u. *2-Styrylthiophen* werden in über 75%ig. Ausbeute aus Benzylphosphonsäurediäthylester (I, aus Benzylbromid u. Phosphorigsäuretriäthylester) u. dem entsprechenden Aldehyd durch Kondens. mit $NaOCH_3$ in Dimethylformamid (DMF) hergestellt. Alle Olefine haben trans-Konfiguration.

Versuche (FF. korr.): *Stilben*, F. 126—127° (A.–Äthylacetat), durch Zutropfen von Benzaldehyd in Dimethylformamid zu I u. $NaOCH_3$ in DMF unter Eiskühlung u. Zugabe von W. nach kurzer Zeit; 85% (Ausbeute). — Analog: *2-Stilbazol*, F. 92,5—93°; 75%. — *2-Styrylthiophen*, F. 112—113° (A.); 77%. — *2-Styrylfuran*, F. 54—55° (Methanol); 84%. E. Kossmehl. 3000□

Acyllacton-Umlagerung. 16. Mitt. **Über die Umlagerung von 4-Acylisoxazolonen-(5) und verwandten Heterocyclen.** Friedhelm Korte und Klaus Störiko. (Chem. Ber. **94.** 1956—65. 18/8. 1961. Bonn, Univ., Chem. Inst.) (Dt.) — 15. vgl. C. **1961.** 7217.

Im Gegensatz zu den Befunden von Speroni (C. **1954.** 4814) konnte 3-Phenyl-4-benzoylisoxazolon-(5) (I) durch Einw. von 20%ig.-NaOH nicht umgelagert werden, durch Erhitzen von I mit 50%ig. NaOH konnte aber *3.5-Diphenylisoxazolcarbonsäure-(4)* erhalten werden. Ähnlich ließ sich aus 3-Phenyl-4-acetylisoxazolon-(5) (II) *3-Phenyl-5-methylisoxazolcarbonsäure-(4)* darstellen. Das Ende der Umlagerungs-Rkk. konnte durch das Ausbleiben der $FeCl_3$-Rk. u. UV-spektroskop. kontrolliert werden. Mit 3-Phenyl-4-formylisoxazolon-(5) (III) gelang die Umlagerung nicht, als Zers.-Prod. wurde nur

Benzoesäure isoliert. Bei Anwendung von HCl-haltigem A. konnte in keinem Fall eine solche Acyllacton-Umlagerung erzielt werden. Unter diesen Bedingungen ergab **III** *4.4'-Methenyl-bis-[3-phenylisoxazolon-(5)]*, wobei zunächst teilweise Säurespaltung eintreten muß; diese Rk. erlitt auch **II**, während **I** weitgehend unverändert blieb. Zum Konstit.-Beweis von **I** wurde dessen Anilid auf folgenden zwei Wegen dargestellt: 1. durch Einw. von Anilin (**VI**) auf 3-Phenyl-4-[α-chlorbenzal]-isoxazolon-(5), 2. durch Synth. aus 3-Phenylisoxazolon-(5) (**IV**) u. N.N'-Diphenylbenzamidin (**V**). Beide Wege lieferten ident. Prodd., so daß **I** u. alle anderen von SPERONI (l. c.) beschriebenen Derivv. die Struktur von α-substituierten 3-Phenyl-4-benzalisoxazolonen-(5) besitzen dürften. Bei der Darst. von *4-Oximino-3-phenylisoxazolon-(5)* (**VII**) nach CLAISEN u. ZEDEL [1891] wurde beobachtet, daß sich **VII** durch W.-Einw. verändert, isoliert wurde *α-Oximinophenylessigsäurenitril*. Dagegen konnte keine Acyllacton-Umlagerung bei 4-Benzolazo-3-phenylisoxazolon-(5) (**VIII**) erzielt werden; nach der UV-spektroskop. Unters. tritt beim Erhitzen der Lsg. von **VIII** in NaOH nur eine Tautomeren-Umlagerung in die metastabile Phenylhydrazon-Form (**VIIIa**) auf. Beim mehrstd. Erhitzen von 3-Phenyl-4-cyanisoxazolon-(5) (**IX**) mit 0,1 Val $NaCO_2H_5$ konnte eine Umkehrung der Bldg. aus 5-Amino-3-phenylisoxazolcarbonsäure-(4)-ester, wie sie für α-Cyan-γ-lactone beobachtet wurde (vgl. GLICKMAN u. COPE, J. Amer. chem. Soc. **67.** [1945.] 1012), nicht erzielt werden. Durch mehrstd. Kochen mit 10%ig. KOH entstand *3-Phenylisoxazolon-(5)-carbonsäure-(4)-amid*, mit 50% ig. NaOH daraus nach Hydrolyse **IV**. Die mit 4-Acetyl-, 1-Phenyl-4-acetyl-, 4-Nitroso-, 1-Phenyl-4-nitroso-, 4-Benzolazo- u. 1-Phenyl-4-benzolazopyrazolon-(5) durchgeführten Verss. (Einw. von A.–HCl, Kochen in 2 n HCl, Einw. von Eisessig oder Alkali) bewirken in keinem Falle eine der Acyllacton-Umlagerung vergleichbaren Reaktion. Im alkal. Gebiet sind die Pyrazolone stabil, durch Säuren kann ein 4-Acylrest hydrolyt. abgespalten werden u. 4-Oximinopyrazolone-(5) zers. sich bei längerer Einw. von sd. HCl. Das Ausbleiben von Umlagerungs-Rkk. wird durch die große Beständigkeit des Pyrazolon-Syst. gegen ringspaltende Solvolyse erklärt, die als Primär-Rk. zur Umlagerung notwendig ist. — Die UV-Maxima der beschriebenen Verss. sowie die IR-Spektren von **VIII** u. **VIIIa** (in KBr) zwischen 667 u. 4000 cm^{-1} sind angegeben.

Versuche: *3-Phenyl-4-acetylisoxazolon-(5)* (**II**), $C_{11}H_9NO_3$, F. 140—141° (gelb, W.), a) durch Erhitzen (einige Min.) von **IV** u. Orthoessigsäuretrimethylester auf 110° [→*3-Phenyl-4-[1-methoxyäthyliden]-isoxazolon-(5)*, F. 181—184° (Zers.), gelbe Prismen aus A.; 94% (Ausbeute)] u. Einw. von wss. KOH unterhalb 50°; 68%; b) durch 1std. Kochen von **IV** u. Na-Acetat in Acetanhydrid u. Zugabe von W.; 53%. — *3-Phenyl-5-acetoxyisoxazol*, F. 135—136°, durch Zugabe von Acetylchlorid zu **IV** in abs. α-Picolin unter Eiskühlung u. Zugabe von Eis u. verd. HCl; 56%. — *5-Methyl-3-phenylisoxazolcarbonsäure-(4)*, $C_{11}H_9NO_3$, F. 190° (W.-A., 1 : 1), durch 4std. Kochen von **II** in 50% ig. NaOH u. Zugabe von W.; 44%. — *3-Phenyl-4-benzoylisoxazolon-(5)* (**I**), F. 148—152° (Bzl.-PAe., 1 : 4), durch 5std. Kochen des nach BETTI [1915] dargestellten Amids mit wss.-alkohol. NaOH, Zugabe von W., Abdest. des A. u. Zugabe von wss. HCl (pH 5,5—6,0); 83%. — *3.5-Diphenylisoxazolcarbonsäure-(4)*, F. 238° (A., Zers.), durch Erhitzen von **I** mit überschüssiger 50% ig. NaOH. — *3-Phenyl-4-[α-anilinobenzyliden]-isoxazolon-(5)*, F. 242° (gelbe glänzende Blättchen aus A.), a) durch 1std. Kochen von **I** mit $SOCl_2$, Erwärmen des rohen Chlorids mit **VI**, Zugabe von A. u. Aufkochen; 59%; b) durch 1std. Erhitzen von **I** mit einer äquimol. Menge an **V** auf maximal 140°; 16%. — *α-Oximinophenylessigsäurenitril*, $C_8H_6N_2O$, F. 127—128° (W.), durch $^1/_2$std. Kochen von **VII** in W.; 25%. — *3-Phenylisoxazolon-(5)-carbonsäure-(4)-amid*, $C_{10}H_8N_2O_3$, F. 208—210° (Zers.; W.), durch 8std. Kochen von **IX** in 10% ig. KOH, Abkühlen u. Ansäuern mit verd. HCl; 59%. — *3-Methyl-4-[1-aminoäthyliden]-pyrazolon-(5)*, $C_6H_9N_3O$, F. über 260° (citronengelb), durch $^1/_4$std. Erhitzen von 3-Methylpyrazolon-(5) mit Acetamidinhydrochlorid auf 210° bis zur völligen Erstarrung. — *3-Methyl-4-acetylpyrazolon-(5)*, $C_6H_8N_2O_2$, F. über 260° (W.-A., 1 : 1), durch $^1/_2$std. Kochen vorst. Verb. mit 10% ig. KOH (bis zum Ende der NH_3-Entw.) u. Ansäuern mit halbkonz. HCl; 97%. — *1-Phenyl-5-acetoxy-1.2.3-triazol*, $C_{10}H_9N_3O_2$, F. 73—75°, durch Zugabe von Acetylchlorid zu 1-Phenyl-1.2.3-triazolon-(5) in abs. α-Picolin unter Eiskühlung, $^1/_2$std. Rühren u. Zugabe von Eis u. verd. HCl; 93%.

B. GNAUCK. 3000□

Acyllacton-Umlagerung. 17. Mitt. **Synthese von γ- und δ-Thiollactonen und ihr Ringöffnungsmechanismus.** Friedhelm Korte und Helmut Christoph. (Chem. Ber. **94.** 1966—76. 18/8. 1961.) (Dt.) — 16. vgl. vorst. Referat.

Bei der Umsetzung von methylsubstituierten Lactonen mit CS_2 nach DBP 809 557 (C. **1952.** 2257) wurden infolge der großen Ringstabilität Gemische von Lactonen u. Thiollactonen erhalten, die schwer trennbar waren. Dagegen gelang die Anlagerung von Thioessigsäure (**I**) an 2-Methylhexen-(2)-säure-(6) (**II**); diese Rk. erfolgte entgegen der MARKOWNIKOWschen Regel. Aus der so erhaltenen *5-Methyl-4-acetylmercaptocapron-*

säure (III) konnte durch Verseifen u. Erhitzen auf 260° *γ-Isopropyl-γ-thiobutyrolacton* (**XVII**) dargestellt werden, wodurch die Anlagerung des Acetylmercaptorestes am γ-C-Atom bewiesen wurde. Durch Anlagerung von **I** an 2.3-Dimethylhexen-(2)-säure-(6) (**IV**) konnte ein Gemisch (ca. 1 : 1) von *4.5-Dimethyl-5-acetylmercapto-* u. *-4-acetylmercaptocapronsäure* erhalten werden, das durch Verseifung u. fraktionierte Dest. getrennt wurde. 4.5-Dimethyl-5-mercaptocapronsäure (**V**) lieferte durch Erhitzen *γ.δ-Dimethyl-δ-thiocaprolacton* (**XX**), die 4-Mercaptosäure (**VI**) analog *γ-Methyl-γ-isopropyl-γ-thiolbutyrolacton* (**XVI**). Ferner wurde beobachtet, daß sich γ.δ-ungesätt. Thiosäuren schon kurz nach der Dest. beim Stehenlassen in γ-Thiollactone unter stark exothermer Rk. umlagern. So wurden aus 2.3-Dimethyl-(**VII**) bzw. 2-Methylhexen-(2)-thiosäure-(6) (**VIII**) **XV** bzw. **XVII** erhalten sowie aus 2-Methylpenten-(2)-thiosäure-(5) (**IX**) das *γ.γ-Dimethyl-γ-thiolbutyrolacton* (**XVIII**). Allylthioessigsäure (**X**) lieferte analog *γ-Methyl-γ-thiolbutyrolacton* (**XV**) sowie den *Polythioester von* **X**, dessen Konstit. durch alkal. Hydrolyse zu *δ-Mercaptovaleriansäure* u. weitere Umwandlung in *δ-Thiolvalerolacton* bewiesen wurde. Hexen-(1)-thiosäure-(6) (**XI**) u. Hepten-(1)-thiosäure-(7) (**XII**) gingen nur in die geradkettigen *Polythioester* über. Ferner wurde durch Erhitzen von δ-Mercaptocapronsäure (**XIII**) *δ-Thiolcaprolacton* (**XIV**) dargestellt. **XIV** wurde acyliert, die erhaltenen α-Acyl-δ-thiolcaprolactone in A.–HCl in *5.6-Dihydro-4H-thiapyrancarbonsäure-(3)-ester* umgelagert. Auf UV-spektroskop. Wege (bei 235 mμ) wurde die Ringöffnungs-Geschw. folgender γ- u. δ-Thiollactone durch Einw. von NaOH in Methanol bei 32° verfolgt (Mol.-Verhältnis Thiollacton : NaOH 1 : 5) : *γ-Thiolbutyrolacton* (**XIX**), **XV—XVIII**, **XIV** sowie *δ-Methyl-δ-thiolcaprolacton* u. *γ.δ-Dimethyl-δ-thiolcaprolacton*. Die Stabilität dieser Verbb. nahm in der Folge prim. < sek. < tert. Thiollacton u. von den δ- zu den γ-Thiollactonen zu. Bei der sauren Hydrolyse betrug das Mol.-Verhältnis Thiollacton : HCl 1 : 200, da diese Rk. sehr viel langsamer abläuft. Bei Verseifungs-Verss. vorst. Thiollactone mit 1 n oder 5 n HCl wurde in keinem Falle H_2S entwickelt, u. die Mercaptosäuren konnten direkt in der Rk.-Lsg. mit J_2 bestimmt werden u. ließen sich nach Ausäthern durch Dest. von nicht umgesetztem Thiollacton abtrennen. Beim Erhitzen mit konz. HCl wurden tert. Mercaptogruppen als H_2S abgespalten, prim. u. sek. SH-Gruppen sind dagegen auch gegenüber konz. HCl beständig. Die alkal. Spaltung der Thiollactone in n/10, 1 n bzw. 5 n NaOH ergab stets nach Ansäuern die entsprechenden Mercaptosäuren.

Versuche: *5-Methyl-4-acetylmercaptocapronsäure* (**III**), Kp.$_{0,1}$ 112—114°, durch 24std. Erwärmen von **II** mit **I**; 65% (Ausbeute). — *5-Methyl-4-mercaptocapronsäure*, $C_7H_{14}O_2S$, Kp.$_{10}$ 135°, durch Einw. (1 Nacht) von wss. NaOH auf **III**; 87%. — *γ-Isopropyl-γ-thiolbutyrolacton* (**XVII**), $C_7H_{12}OS$, Kp.$_{12}$ 105°, durch Vakuum-Dest. von vorst. Verb. u. weiteres Erhitzen auf 260° (1/2 Std.); 85%. — *[2.3.3-Trimethylallyl]-malonsäurediäthylester*, Kp.$_{15}$ 140°, durch Zugabe von Malonester zu $NaOC_2H_5$ in A., Erhitzen auf 95—100°, Zutropfen von 1-Brom-2.3-dimethylbuten-(2) in A. u. mehrstd. Erhitzen; 62%. — *2.3-Dimethylhexen-(2)-säure-(6)* (**IV**), $C_8H_{14}O_2$, Kp.$_{0,6}$ 80—82°, durch 3std. Kochen vorst. Verb. mit wss. KOH unter Abdest. des A., Ansäuern mit HCl (→ *Trimethylallylmalonsäure*) u. Decarboxylierung (3std. Erhitzen auf 180—200°); 75%. — *4.5-Dimethyl-5-mercaptocapronsäure* (**V**), Kp.$_{14}$ 120—130° (teilweise als Thiollacton), durch 24std. Erwärmen von **IV** mit **I**, Dest. (→ Gemisch aus *4.5-Dimethyl-5-* u. *-4-acetylmercaptocapronsäure*, Kp.$_{0,1}$ 125—145°; 55%), Einw. von wss. NaOH (2 Tage) u. Ansäuern mit HCl; daneben *4.5-Dimethyl-4-mercaptocapronsäure* (**VI**), Kp.$_{14}$ 120—130°; 84%. — *γ.δ-Dimethyl-δ-thiolcaprolacton* (**XX**), $C_8H_{14}OS$, Kp.$_{10}$ 120°, durch 1std. Erhitzen von **V** auf 260°; 90%. — *γ-Methyl-γ-isopropyl-γ-thiolbutyrolacton* (**XVI**), $C_8H_{14}OS$, Kp.$_{12}$ 110°, durch Erhitzen von **VI** auf 260°; 92%. — *2.3-Dimethylhexen-(2)-säure-(6)-chlorid*, Kp.$_{14}$ 79°, durch mehrstd. Erhitzen von **IV** in PAe. mit $SOCl_2$ bis zum Ende der Gas-Entw.; 82%. — *2.3-Dimethylhexen-(2)-thiosäure-(6)* (**VII**), Kp.$_{16}$ 106°, durch Zutropfen vorst. Chlorids zu mit abs. H_2S gesätt. Pyridin unter Eis/NaCl-Kühlung u. weiterem Einleiten von H_2S u. Ansäuern mit 5 n H_2SO_4; 72%. — Analog **VII**: *2-Methylhexen-(2)-thiosäure-(6)* (**VIII**), Kp.$_{16}$ 93°; 53%. — *2-Methylpenten-(2)-thiosäure-(5)* (**IX**), Kp.$_{12}$ 85°; 40%. — *Allylthioessigsäure* (**X**), Kp.$_{18}$ 61°; 54%. — *Hexen-(1)-thiosäure-(6)* (?, **XI**), Kp.$_{10}$ 66°; 55%. **XI** liefert *Polythioester*, $(C_6H_{10}OS)_x$, F. 80—83°; 92%. — *Hepten-(1)-thiosäure-(7)* (?, **XII**), Kp.$_{16}$ 90—92°; 60%. **XII** geht über in den *Polythioester* $(C_7H_{12}OS)_x$, F. 69°. — *γ-Methyl-γ-isopropyl-γ-thiolbutyrolacton* (**XVI**), $C_8H_{14}OS$, Kp.$_{0,6}$ 70°, aus **VII** durch exotherme Reaktion. — *γ-Isopropyl-γ-thiolbutyrolacton* (**XVII**), $C_7H_{12}OS$, Kp.$_{12}$ 98°, analog **XVI** aus **VIII**. — *γ.γ-Dimethyl-γ-thiolbutyrolacton* (**XVIII**), $C_6H_{10}OS$, Kp.$_{12}$ 103°, analog **XVI** aus **IX**. — *γ-Methyl-γ-thiolbutyrolacton* (**XV**), C_5H_8OS, Kp.$_{18}$ 90°, aus **X** (aus dem Methanolauszug); 45%; daneben aus dem Rückstand des Methanolauszugs *Polythioester* $(C_5H_8OS)_x$, F. 115—117°; 50%. — *δ-Mercaptocapronsäure* (**XIII**), Kp.$_{0,8}$ 100—105° (80% rein), durch Verseifung von γ-Acetylbuttersäureäthylester (→ Na-Salz), 8std. Hydrierung in

Ggw. von S u. RANEY-Co. in W. bei 100 at H_2-Druck u. 175° u. Ansäuern mit konz. HCl; ca. 56%. — *δ-Thiolcaprolacton* (XIV), $C_6H_{10}OS$, Kp.$_{13}$ 110°, durch Erhitzen von XIII auf 250°; 90%. — *α-Hydroxymethylen-δ-thiolcaprolacton*, $C_7H_{10}O_2S$, F. 65°, Kp.$_{0,5}$ 80—81°, durch Zutropfen von Diisopropylamin in abs. Ae. zu C_2H_5MgBr in Ae. bei 35°, Zutropfen von **XIV** u. Äthylformiat in Ae. unter Eis/NaCl-Kühlung, 6std. Rühren u. Zugabe von eiskalter verd. HCl unter Kühlung; 33%. — *6-Methyl-3-carbomethoxy-5.6-dihydro-4H-thiapyran*, $C_8H_{12}O_2S$, Kp.$_{0,2}$ 63°, durch 24std. Kochen vorst. Verb. in 6% HCl enthaltendem Methanol; 80%. — *6-Methyl-5.6-dihydro-4H-thiapyrancarbonsäure-(3)*, $C_7H_{10}O_2S$, F. 96° (PAe.), durch Lösen vorst. Esters in wss. KOH unter Erwärmen u. Ansäuern mit HCl; 92%. — *α-Acetyl-δ-thiolcaprolacton*, $C_8H_{12}O_2S$, Kp.$_{0,6}$ 88 bis 90°, durch Zutropfen von **XIV** u. Essigsäureäthylester in Ae. zu Diisopropylamino-MgBr in Ae., 8std. Rühren u. Ansäuern mit verd. HCl; 30%. — *2.6-Dimethyl-3-carbomethoxy-5.6-dihydro-4H-thiapyran*, $C_9H_{14}O_2S$, Kp.$_{0,01}$ 58°, durch 20std. Kochen vorst. Verb. in 10% HCl enthaltendem abs. Methanol; 78%. *Freie Säure*, $C_8H_{12}O_2S$, F. 65° (W.); 92%. — *α-Äthoxalyl-δ-thiolcaprolacton*, $C_{10}H_{14}O_4S$, Kp. 90—92° (?, gelbes Öl), durch Kondens. von **XIV** u. Oxalsäurediäthylester in der GRIGNARD-Lsg. (vgl. 13. Mitt., C. **1961**. 7215), 5std. Rühren, Stehenlassen (1 Nacht) u. Ansäuern mit 2n HCl; 72%. — *6-Methyl-2.3-dicarbäthoxy-5.6-dihydro-4H-thiapyran*, $C_{12}H_{18}O_4S$, Kp.$_{0,1}$ 103°, durch 24std. Kochen vorst. Verb. in abs. A.–HCl (10%); 81%. — *γ-Mercaptobuttersäure*, $C_4H_8O_2S$, Kp.$_{12}$ 132°, a) durch 2std. Erwärmen von **XIX** mit 5n HCl unter Zusatz von Methanol; daneben *Thiollacton* u. *Methylester*, Kp.$_{12}$ 132°; 75% (Gesamtrohausbeute); b) durch 2std. Einw. von 1n NaOH auf **XIX** in Methanol u. Ansäuern mit verd. H_2SO_4. — *δ-Mercaptocapronsäure* (XIII), $C_6H_{12}O_2S$, Kp.$_{15}$ 140°, durch 2std. Schütteln von **XIV** mit 5n HCl unter Erwärmen; daneben *Thiollacton*; 80% (Gesamtausbeute). — *4.5-Dimethyl-5-mercaptocapronsäure* (V), $C_8H_{16}O_2S$, Kp.$_{10}$ 145°, durch Schütteln von **XX** mit 5n HCl unter Erwärmen u. 24std. Stehen; 90% (roh). — *4.5-Dimethyl-4-mercaptocapronsäure* (VI), $C_8H_{16}O_2S$, F. 51° (PAe.), durch ½std. Schütteln von **XVI** in Methanol mit wss. NaOH u. Ansäuern mit H_2SO_4; 87%. — Die IR-Hauptbanden sowie das UV-Maximum sind von den meisten Verbb. angegeben. B. GNAUCK. 3000□

Stickstoffwasserstoffsäure und innere Anhydride. Silvio Maffei und Gian Franco Bettinetti. (Ann. Chimica **49**. 1809—14. Okt./Nov. 1959. Pavia, Univ., Ist. di Chim. gen.) (Ital.) — Vgl. C. **1962**. 11881.

Erweiterung der Unterss. auf das Verh. einiger innerer aromat. Säureanhydride, wie Phthalsäure- (IV), 3- u. 4-Nitrophthalsäure-, Diphen- (I) u. Homophthalsäureanhydrid (II) gegen HN_3. Alle diese Verbb. liefern azotierte heterocycl. Ringe mit 1 oder 2 N-Atomen: Die Phthalsäureanhydride geben die entsprechenden *Phenylenharnstoffe*, **I** *Phenanthridon*, **II** *Oxindol*. Mit Maleinsäureanhydrid (III) bildet HN_3 in der Kälte bei 8—10° *Fumarsäuremonoazid*.

Versuche: *Benzimidazolon* (*Phenylenharnstoff*), F. 305° (A.), durch Rk. von 4,44 g **IV** in Eisessig mit NaN_3 bei 55—60°, 24std. Stehen u. Eindampfen im Vakuum; 2,8 g (Ausbeute). *4-Nitro-Deriv.*, F. 308° (50%ig. Essigsäure). *5-Nitro-Deriv.*, F. 349—350° (A.). — *Phenanthridon*, F. 285—286° (80%ig. Essigsäure), aus 4,48 g **I**; 3,6 g. — *Oxindol*, F. 126—127° (W.), aus 4,86 **II**; 2 g. — *Fumarsäure, Monoazid*, $C_4H_3N_3O_3$, Zers. bei 109 bis 110° unter Explosion, aus 9,8 g **III**; 7,6 g. *Monoamid*, F. 208° (Zers.), durch Eintragen von 0,5 g Azid in kaltes NH_4OH unter Rühren; 0,3 g. *Monoanilid*, F. 233° (Zers.; verd. A.), durch Erhitzen von 1,4 g Azid mit Anilin, 0,92 g. *Monophenylhydrazid*, $C_{10}H_{10}\cdot N_2O_3$, F. 218—219° (Zers.; W.), durch Auflösen von 0,7 g Azid in Ae. u. Zugabe von Phenylhydrazin; 0,75 g. — *β-Carboxyvinylcarbaminsäureäthylester*, $C_6H_9NO_4$, F. 157 bis 158° (bei langsamer Erwärmung) u. 161—162° (beim Eintragen in ein warmes Bad). J. MALPRICHT. 3000□

Dem Chinapyramin (Antrycid) verwandte bisquaternäre Salze. Ersatz des Chinolinringes durch andere Heterocyclen. S. S. Berg und E. W. Parnell. (J. chem. Soc. [London] **1961**. 5275—84. Dez. Dagenham, Essex, May and Baker Ltd., Chem. Res. Div. B.) (Engl.)

Es werden Analoge des 4-Amino-6-[2'-amino-4'-methylpyrimidyl-(6')-amino]-chinaldin-1.3'-bis-methochlorids (Chinapyramin) hergestellt u. auf ihre trypanocide Aktivität gegenüber *Trypanosoma congolense* u. *T. rhodesiense* untersucht. 4-Amino-2-methyl-6-nitrochinazolin wird zu *4.6-Diamino-2-methylchinazolin* red. u. dieses mit 2-Amino-4-chlor-6-methylpyrimidin (I) umgesetzt; Rk. mit p-Toluolsulfonsäuremethylester u. Überführung in das Dichlorid gibt *2-Amino-4-[4'-amino-2'-methylchinazolyl-(6')-amino]-6-methylpyrimidin-1.1'-dimethochlorid*. Durch Bromierung von 6-Nitrophthalid in sd. Chlorbenzol mit 2.4-Dibrom-S.S-dimethylhydantoin wird *3-Brom-6-nitrophthalid* hergestellt, das durch alkal. Verseifung u. Rk. mit Hydrazin *1.2-Dihydro-7-nitro-1-oxophthalazin* (II) gibt; mit $POCl_3$–Diäthylanilin wird daraus *1-Chlor-7-nitrophthalazin* in besserer

Ausbeute erhalten als nach der Meth. von Atkinson u. Mitarbeitern (C. **1956**. 12273). Es wird nach Atkinson (l. c.) in die entsprechende *1-Amino-Verb.* (**III**) übergeführt. Auf einem anderen Weg wird **II** mit P_2S_5 in Pyridin zur Rk. gebracht, das erhaltene *1-Mercapto-7-nitrophthalazin* wird mit Dimethylsulfat–NaOH vorwiegend N-methyliert; bei der Methylierung mit CH_3J–$NaOC_2H_5$ entsteht hauptsächlich das S-Methyl-Deriv. (**VI**), das beim Schmelzen mit Ammoniumacetat **III** ergibt. Diese letzte Rk. kann auch mit Ammonium- u. Mercuriacetat erreicht werden. **III** wird quaternisiert u. zum *Amin* reduziert. Das 4-Methyl-Deriv. von **II** gibt mit $POCl_3$ *4-Chlor-1-methyl-6-nitrophthalazin*, das über das *4-Phenoxy-Deriv.* in das *4-Amino-Deriv.* (**IV**) übergeführt wird. Dieses bildet ein *Methomethylsulfat*, das mit NH_3 eine Base gibt, woraus mit äther. HCl das *Methochlorid* entsteht. Das entsprechende *Äthojodid* (aus Amin u. Äthyljodid) wird zu *4.6-Diamino-1-methylphthalazin* red., das auch aus **IV** durch Red. erhalten wird. Bei der partiellen Red. von 2.4-Dinitrophenylglycin entsteht *1.2.3.4-Tetrahydro-7-nitrochinoxalon-(2)*, das oxydativ in das entsprechende *2-Chlor-Deriv.* übergeführt wird. Das dazugehörige *Amin* läßt sich weder red. noch quaternisieren. 4.6-Diamino-1-methylphthalazin wird mit **I** zu *2-Amino-4-[4'-amino-1'-methylphthalazinyl-(6')-amino]-6-methylpyrimidin* kondensiert, das nicht quaternisiert werden kann. 3-Amino-1.2-dimethyl-5-nitroindazoliumjodid wird mit H_2/PtO_2 zu *3.5-Diamino-1.2-dimethylindazoliumjodid* reduziert. Sein *Benzthiazol-Analoges* wird erhalten durch Quaternisierung von 6-Acetamido-2-aminobenzothiazol mit Äthyljodid u. Hydrolyse. *3-Amino-6-nitro-1.2-benzisoxazol* wird ähnlich der Meth. von Lindemann u. Cissée [1929] hergestellt, über das *Methomethylsulfat* in das *Methojodid* umgewandelt u. zu *3.6-Diamino-2-methyl-1.2-benzisoxazoliumjodid* reduziert. *2-Amino-5-nitrobenzoxazol* (**V**) entsteht aus 2-Amino-4-nitrophenol u. BrCN. Beim Schmelzen von 2-Mercapto-5-nitrobenzoxazol mit Ammonium- u. Mercuriacetat entsteht *2-Guanidino-4-nitrophenol*, das beim Erhitzen NH_3 abspaltet u. **V** gibt. Bei der Red. des Methojodids von **V** entsteht *2.5-Diamino-3-methylbenzoxazoliumjodid*. Aus 4-Nitro-1.2-phenylendiamin u. BrCN wird *2-Amino-5-nitrobenzimidazol* erhalten, das bei der Methylierung 2 Isomere bildet, die zu *2-Amino-1.3-dimethyl-5-nitrobenzimidazoliumjodid* quaternisiert u. zum *Diamin* red. werden. Die erhaltenen Diamine werden mit **I** kondensiert.

Versuche: *4.6-Diamino-2-methylchinazolin*, $C_9H_{10}N_4 \cdot 2\,H_2O$, F. 244—246° (W., hellbraune Nadeln), durch Hydrieren von 4-Amino-2-methyl-6-nitrochinazolin an PbO_2 in Methanol, Abziehen des Lsgm., Lösen in 2n Essigsäure u. Fällen mit 2n NaOH bei 10—20° bis zum Umschlag von Phenolphthalein; 88% (Ausbeute). — *2-Amino-4-[4'-amino-2'-methylchinazolyl-(6')-amino]-6-methylpyrimidin*, $C_{14}H_{15}N_7$, F. 343—344° (wss. Methanol, gelbe Nadeln), durch 1std. Kochen vorst. Verb. u. **I** in W.–HCl u. Fällen mit 2n NaOH unter Eiskühlung; 80,5%. *1.1'-Dimethochlorid*, $C_{16}H_{21}Cl_2N_7O_2 \cdot 2\,H_2O$, F. $>360°$ (2n Essigsäure–konz. HCl, gelb), durch ½std. Erhitzen mit p-Toluolsulfonsäuremethylester auf 150° u. Behandlung mit NaCl in heißem W.; 46%. — *3-Brom-6-nitrophthalid*, durch 8std. Kochen von 6-Nitrophthalid u. 2.4-Dibrom-5.5-dimethylhydantoin in Chlorbenzol unter Bestrahlung mit einer W-Lampe u. Dest. bei 0,3 mm u. 185—190°; hellgelbes Öl; 78,5%. — *1.2-Dihydro-7-nitro-1-oxophthalazin* (**II**), $C_8H_5N_3O_3$, F. 237—239° (W., Anisol, hellgelbe Nadeln), durch Zugabe von NaOH zu einer wss. Lsg. vorst. Verb. bei 60—70°, Zugabe von wss. Hydrazinsulfat-Lsg. bei 50—60°, Alkalisieren mit 2n NaOH gegen Lackmus, Einstellen auf pH 4 mit Essigsäure u. 15 Min. langes Rühren bei 60°; 50—65%. — *1-Mercapto-7-nitrophthalazin*, $C_8H_5N_3O_2S$, F. 222—225°, durch Zugabe von P_2S_5 zu **II** in wasserfreiem Pyridin, 1½std. Erhitzen auf 100°, Gießen in W., Lösen in 0,1n NaOH, Filtrieren u. Ansäuern mit Essigsäure; 62,5—70%. — *1-[Methylmercapto]-7-nitrophthalazin* (**VI**), $C_9H_7N_3O_2S$, F. 180—181° (A., gelbe Nadeln), durch Lösen vorst. Verb. in 1n alkohol. Na-Äthanolat-Lsg. u. 1std. Kochen mit CH_3J. — *1.2-Dihydro-2-methyl-7-nitro-1-thionophthalazin*, $C_9H_7N_3O_2S$, F. 161—162° (Zers.; Bzl.–PAe. (60 bis 80°), orangefarbene Prismen), a) durch 1std. Rühren vorvorst. Verb. mit Dimethylsulfat in wss. NaOH u. mehrmaliges Umkristallisieren aus Bzl.–PAe.; b) durch 1½std. Rühren von 1,25 g 2-Methyl-**II** u. 1,5 g P_2S_5 in wasserfreiem Pyridin bei 100° u. Gießen in Eiswasser; 0,3 g. — *1-Chlor-7-nitrophthalazin*, F. 156—159° (Zers., gelb), durch 20 Min. langes Erhitzen von **II**, Diäthylanilin u. $POCl_3$ auf 100°, 5 Min. langes Kochen u. Gießen auf Eis; 53%. — *1-Amino-7-nitrophthalazin* (**III**), $C_8H_6N_4O_2$, F. 313—315° (Zers.; A., orangefarbene Nadeln), a) durch Schmelzen von 8 g **VI** u. NH_4OOCCH_3, 0,75std. Erhitzen auf 130—135° u. Gießen in W.; 1,7 g; b) durch Schmelzen der 1-Mercapto-Verb. mit $NH_4OOC \cdot CH_3$ u. $Hg(OOCCH_3)_2$, ½std. Erhitzen auf 140°, 5 Min. langes Erhitzen mit 2n Essigsäure auf 90°, Filtrieren u. Versetzen mit NH_4OH; 38%. *Methojodid*, F. 268—270° (Zers.; rote Nadeln), durch 3std. Erhitzen mit Dimethylsulfat in Nitrobenzol auf 100°, Lösen des *Methomethylsulfats* [F. 255—257° (Zers.; A., gelbe Nadeln)] in W. u. Kochen mit KJ; 52%. — *1-Methylamino-7-nitrophthalazin*, $C_9H_8N_4O_2$, F. 220

bis 223° (Zers.; wss. Dimethylformamid, gelbe Nadeln), durch 24std. Rk. der 1-Mercapto-Verb. mit $HgCl_2$ u. Methylamin im Rohr bei 25—30°; 40%. — *1.7-Diaminophthalazin, Methojodid*, $C_9H_{11}JN_4 \cdot H_2O$, F. 297—299° (Zers.; wss. KJ-Lsg., hellbraune Platten), durch 7std. Hydrieren des obigen Methojodids an PtO_2 in Methanol bei 40°; 77%. — *4-Chlor-1-methyl-6-nitrophthalazin*, Zers. bei 160—161° (rosa), durch $^1/_4$std. Kochen von 4-Methyl-II u. $POCl_3$ u. Gießen in W.; zersetzlich; 73,5%. — *4-Amino-1-methyl-6-nitrophthalazin* (**IV**), $C_9H_8N_4O_2$, F. 282° (Zers.; A., gelbe Nadeln), durch $^3/_4$std. Erhitzen von 15 g vorst. Verb. mit $(NH_4)_2CO_3$ u. Phenol auf 100°, Zugabe von Eis u. Alkalisieren mit 50%ig. NaOH bei 0—10° gegen Phenolphthalein, $^1/_4$std. Erhitzen des *4-Phenoxy-Deriv.* [F. 215—220° (Zers.); 19,5 g] mit NH_4OOCCH_3 auf 180—185°, Gießen in Eiswasser, Alkalisieren gegen Phenolphthalein bei 0—10°, Lösen in 2n Essigsäure u. Fällen mit NaOH; 73,5%. *Methochlorid*, $C_{10}H_{11}ClN_4O_2$, F. 310—312° (Zers.; Methanol–Aceton, rosafarbene Nadeln), durch Kochen mit Dimethylsulfat in Nitrobenzol über das Methomethylsulfat; 64%. *Äthojodid*, $C_{11}H_{13}JN_4O_2$, F. 283—285° (Zers.; W., orangefarbene Nadeln), durch 5std. Erhitzen mit Äthyljodid u. 2-Äthoxyäthanol auf 100°; 42%. — *4.6-Diamino-1-methylphthalazin*, $C_9H_{10}N_4$, F. 274—275° (Zers.; W., braune Nadeln), durch 4½std. Hydrierung von **IV** an PtO_2 in 3n Essigsäure u. Alkalisieren mit 50%ig. NaOH bei 0—10° gegen Phenolphthalein; 82%. *Äthojodid*, $C_{11}H_{15}JN_4$, F. 293—295° (Zers.; braune Prismen), durch analoge 1std. Hydrierung von 4-Amino-1-methyl-6-nitrophthalazinäthojodid; 82%. — *2-Amino-4-[4'-amino-1'-methylphthalazinyl-(6')-amino]-6-methylpyrimidin*, $C_{14}H_{15}N_7 \cdot H_2O$, F. 315—316° (Zers.; wss. Pyridin, graue Nadeln), durch 1std. Kochen vorst. Verb. u. I in verd. HCl, Verdünnen mit W. u. Alkalisieren mit 50%ig. NaOH gegen Phenolphthalein; 91%. *Dimethochlorid*, $C_{16}H_{21}Cl_2N_7 \cdot$ 1,5 H_2O, F. 322—324° (Zers.; 2n Essigsäure–HCl, Nadeln), durch 3std. Erhitzen mit Dimethylsulfat in Nitrobenzol auf 100°, Abfiltrieren des *Methomethylsulfats*, Lösen in W., Neutralisieren mit $NaHCO_3$ u. Versetzen mit KCl; 60,5%. *Diäthojodid*, $C_{18}H_{25}J_2N_7 \cdot$ 2 H_2O, F. 305° (Zers.; A.–Ae.); 47,5%. — *2-Amino-4-chlor-6-methylpyrimidinäthojodid*, $C_7H_{11}ClJN_3$, F. 234—235° (Zers.; 90%ig. wss. A.), durch 16std. Erhitzen von 2-Amino-4-chlor-6-methylpyrimidin u. Diäthylsulfat in trockenem Nitrobenzol auf 100°, Abkühlen, Versetzen mit Ae. u. Extrahieren mit W., Neutralisieren des wss. Extrakts, Abfiltrieren des Ausgangs-Prod. u. Versetzen des Filtrats mit KJ; 23,8%. — *3.5-Diamino-1.2-dimethylindazoliumjodid*, $C_9H_{13}JN_4$, F. 246—248° (Zers.; Methanol–Ae.), durch 0,3std. Hydrierung von 3-Amino-1.2-dimethyl-5-nitroindazoliumjodid in Methanol an PtO_2 bei Zimmer-Temp. u. Normaldruck; 83%. — *6-Acetamido-2-aminobenzothiazol, Methojodid*, $C_{10}H_{12}JN_3OS$, F. 310—314° (Zers.; W., Blätter), durch Kochen von 6-Acetamido-2-aminobenzothiazol mit CH_3J in Methanol; 57%. *Äthojodid*, $C_{11}H_{14}JN_3OS$, F. 230—234° (Zers.; A.–Ae., Nadeln), analog. — *2.6-Diaminobenzothiazol, Methojodid*, $C_8H_{10}JN_3S$, F. 271—273° (Zers.; W.), durch 1std. Kochen der Acetyl-Verb. in 1n HCl, Neutralisieren mit $NaHCO_3$, Erwärmen auf 90° u. Zugabe von NaJ; 90%. *Äthojodid*, $C_9H_{12}JN_3S$, F. 235—236° (Zers.; A.–Ae., Prismen). — *6-Nitro-1.2-benzisoxazol-3-carbonhydrazid*, F. 174—177°, durch ½std. Kochen von 3-Methoxycarbonyl-6-nitrobenzisoxazol mit Hydrazinhydrat in A.; 75%. — *6-Nitro-1.2-benzisoxazol-3-carbonazid*, Zers. bei ca. 90°, aus vorst. Verb. mit $NaNO_2$ in HCl-Lsg.; 94%. — *3-Benzyloxycarbonylamino-6-nitro-1.2-benzisoxazol*, $C_{15}H_{11}N_3O_5$, F. 191—192,5° (A., Platten), durch vorsichtiges Erhitzen vorst. Verb. mit Benzylalkohol in trocknem Toluol u. 0,3std. Kochen; 74,5%. — *3-Amino-6-nitro-1.2-benzisoxazol*, F. 220—224° (W., gelb), durch 3std. Erhitzen vorst. Verb. in Eisessig auf 100°, Durchleiten von HBr u. Gießen in Wasser. — *3-Amino-2-methyl-6-nitro-1.2-benzisoxazoliumjodid*, $C_8H_8JN_3O_3$, F. 211—212° (Zers.; A., gelbe Nadeln), durch 1½std. Erhitzen mit Dimethylsulfat in trockenem Nitrobenzol u. Fällen mit Ae.; 50%. — *3.6-Diamino-2-methyl-1.2-benzisoxazoliumjodid*, $C_8H_{10}JN_3O \cdot 0{,}5\,H_2O$, F. 244° (Zers.; wss. KJ-Lsg., cremefarbene Nadeln), durch Hydrierung vorst. Verb. in Methanol an PtO_2 bei Zimmer-Temp. u. Normaldruck u. Gießen in Ae.; 78%. — *2-Amino-5-nitrobenzoxazol* (**V**), $C_7H_5N_3O_3$, F. 304° (Zers.; Dimethylformamid, gelbe Nadeln), a) durch Lösen von 2-Amino-4-nitrophenol in A., Versetzen mit W., Zugabe von BrCN u. Schütteln über Nacht; 64%; b) durch ½std. Erhitzen von 2 g nachst. Verb. auf 280°, Lösen in 2n Essigsäure u. Fällen mit $NaHCO_3$; 0,4 g. — *2-Guanidino-4-nitrophenol*, $C_7H_8N_4O_3$, F. 303—304° (Zers.; Eisessig, gelbe Nadeln), durch ½std. Schmelzen von 2 g 2-Mercapto-5-nitrobenzoxazol mit $Hg(OOCCH_3)_2$ u. NH_4OOCCH_3 bei 150°, dann Lösen in 2n Essigsäure u. Alkalisieren mit NH_4OH; 0,9 g. — *2-Amino-3-methyl-5-nitrobenzoxazoliumjodid*, $C_8H_8JN_3O_3$, F. 205—210° (Zers.; gelbe Prismen), aus **V** u. Dimethylsulfat in trockenem Nitrobenzol bei 150° in ½ Std. u. Versetzen mit einem Jodid; 47%. — *2.5-Diamino-3-methylbenzoxazoliumjodid*, durch Hydrierung vorst. Verb. in Methanol; gummiartiges Produkt. — *2-Amino-5-nitrobenzimidazol*, $C_7H_6N_4O_2 \cdot$ 0,5 H_2O, F. 222—223° (Zers.; W., gelbe Nadeln), durch Schütteln von 4-Nitro-1.2-phenylendiamin u. BrCN in Dioxan u. W. über Nacht, Einengen im Vakuum, Lösen in 1,2n NaOH bei 60° u. Zugabe von wss. NH_4Cl-Lsg.; 72%. *N-Methyl-Deriv., Isomerengemisch*, F. 257—307° (Zers.), mit Dimethylsulfat in 2n NaOH; 76,5%. — *2-Amino-1.3-dimethyl-5-nitrobenzimidazoliumjodid*, $C_9H_{11}J_2N_4O_2$, F. 304—305° (Zers.; W., gelbe Prismen), durch Zugabe von Dimethylsulfat bei 150° zu vorst. N-Methyl-Deriv., $^1/_4$std. Erhitzen, Zugabe von Aceton nach dem Abkühlen, Lösen der ausgeschiedenen Kristalle in W. u. Zugabe von KJ; 67%. — *2.5-Diamino-1.3-dimethylbenzimidazoliumjodid*, $C_9H_{13}JN_4$, F. 274—275° (Zers.; A., Nadeln), durch übliche Hydrierung vorst. Verb. in Methanol; 87%. — *1.2.3.4-Tetrahydro-7-nitro-2-oxochinoxalin*, $C_8H_7N_3O_3$, F. 262—264° (Zers.; Nitrobenzol, rote Platten), durch Zugabe von $NaHCO_3$-Lsg. zu N-[2.4-Dinitrophenyl]-glycin in Methanol während 30 Min. Na_2S-Lsg. u. 4std. Rühren bei Zimmer-Temp.; 55% — *2-Chlor-7-nitrochinoxalin*, $C_8H_4ClN_3O_2$, F. 193—194° (A., cremefarbene Nadeln), durch 1std. Erhitzen von 1,0 g vorst. Verb. mit PCl_5 u. $POCl_3$ auf 100°, Abkühlen u. Gießen auf Eis; 0,2 g. — *3.6-Diacetamidochinoxalinmethojodid*, $C_{13}H_{15}JN_4O_2 \cdot 2\,H_2O$, F. 301—303° (Zers.; wss. KJ-Lsg. oder Methanol), durch ½std. Erhitzen von 6 g 3.6-Diacetamidochinoxalin u. p-Toluolsulfonsäuremethylester auf 160° u. Versetzen mit KJ-Lsg.; 6,6 g. — *3.6-Diaminochinoxalinmethojodid*, $C_9H_{11}JN_4 \cdot H_2O$, F. 233—235° (Zers.; wss. KJ-Lsg., bronzefarbene Platten), durch 1std. Kochen von 0,5 g vorst. Verb. mit 1n HCl u. Versetzen mit KJ; 0,15 g. — *2-Amino-4-[3'-aminochinoxalinyl-(6')-amino]-6-methylpyrimidin*, $C_{13}H_{13}N_7 \cdot 2\,H_2O$, F. 288—290° (Zers.; wss. A., Nadeln), durch 1std. Kochen von 3.6-Diaminochinoxalin u. I in 2n HCl; 90%. — Quart. Salze, durch 1std. Kochen des entsprechenden Chlorpyrimidinmetho- bzw. -äthojodids mit dem quart. Diaminsalz in 2n HCl: *2-Amino-4-[4'-amino-2'-methylchinazolinyl-(6')-amino]-6-methylpyrimidindimethochlorid*, $C_{16}H_{21}Cl_2N_7 \cdot 2\,H_2O$, F. >360° (Zers.; 2n Essigsäure–HCl), aus dem Dijodid mit AgCl; 70%. — *2-Amino-4-[4'-aminophthalazinyl-(6')-amino]-6-methylpyrimidin, Dimethojodid*, F. 281—283° (Zers.); 100%. *Dimethochlorid*, $C_{15}H_{19}Cl_2N_7 \cdot H_2O$, F. 327° (Zers.; 2n Essigsäure–HCl), aus dem Jodid mit AgCl; 87%. — *2-Amino-4-[3'-amino-1'-methylindazolyl-(6')-amino]-6-methylpyrimidin, Dimethojodid*, $C_{15}H_{21}J_2N_7 \cdot 2\,H_2O$, F. 261—263° (Zers.; W.); 91%. *Dimethochlorid*, $C_{15}H_{21}Cl_2N_7 \cdot 2\,H_2O$, F. 271—272° (Zers.; W.), mit AgCl; 73%. — *2-Amino-4-[2'-aminobenzothiazolyl-(6')-amino]-6-methylpyrimidin, Dimethochlorid*, $C_{14}H_{18}Cl_2N_6S \cdot 2\,H_2O$, F. 295—298° (Zers.; W.); 79%. *Diäthojodid*, $C_{16}H_{22}J_2N_6S \cdot 5\,H_2O$, F. 308—309° (Zers.; W.); 76,5%. *Diäthochlorid*, $C_{16}H_{22}Cl_2N_6S \cdot 5\,H_2O$, F. 273—275° (Zers.; A.–Ae.), mit AgCl; 64%. — *2-Amino-4-[3'-amino-1'.2'-benzisoxazolyl-(6')-amino]-6-methylpyrimidin, Dimethojodid*, $C_{14}H_{18}J_2N_6O \cdot 3\,H_2O$, F. 235—245° (Zers.; W.); 56%. *Dimethochlorid*, $C_{14}H_{18}Cl_2N_6O$, F. 260° (Zers.; Methanol–Aceton), mit AgCl; 47%. — *2-Amino-4-[2'-aminobenzoxazolyl-(6')-amino]-6-methylpyrimidindimethojodid*, $C_{14}H_{18}J_2N_6O$, F. 309—310° (Zers.; wss. NaJ-Lsg.); 60%. — *2-Amino-4-[2'-amino-1'-methylbenzimidazolyl-(6')-amino]-6-methylpyrimidin, Dimethojodid*, $C_{15}H_{21}J_2N_7 \cdot 2\,H_2O$, F. 332—334° (Zers.; W.); 100%. *Dimethochlorid*, $C_{15}H_{21}Cl_2N_7 \cdot 2\,H_2O$, F. 315—320° (Zers.; 2n HCl), mit AgCl; 88%. E. KOSSMEHL. 3000□

Epoxysäuren aus Saatölen von Chrysanthemum coronarium und Clarkia elegans. C. R. Smith jun., M. O. Bagby, R. L. Lohmar, C. A. Glass und I. A. Wolff. (J. org. Chemistry **25**. 218—22. Febr. 1960. Peoria, Ill., Northern Regional Res. Labor.) (Engl.)

Coronarsäure, isoliert aus Chrysanthemum coronarium, wurde als *cis-9.10-Epoxy-cis-octadecen-(12)-säure* (I) identifiziert, während aus Clarkia elegans *Vernolsäure* (*cis-12.13-Epoxy-cis-octadecen-(9)-säure*) erhalten werden konnte. I wird durch Acetolyse mit Verseifung in *threo-9.10-Dihydroxyoctadecen-(12)-säure* (II) übergeführt, die zur gesätt. Verb. hydriert werden kann. Durch Perjodsäurespaltung entstehen aus II unter Verschiebung der Doppelbindung *Nonen-(2)-al* u. *8-Formyloctansäure*, bei gleichzeitiger Anwesenheit von $KMnO_4$ *Hexansäure* u. *Nonandisäure* (die daneben entstehende *Malonsäure* wurde nicht isoliert). Bei cis-Konfiguration der 9.10-Epoxygruppe von I wurde durch Bldg. von threo-II gesichert. Die IR-Maxima sind angegeben.

Versuche: *threo-9.10-Dihydroxyoctadecen-(12)-säure* (II), $C_{18}H_{34}O_4$, F. 57—58°, durch Acetylierung von 32,5 g C.-coronarium-Öl mit Eisessig unter N_2 u. anschließende Verseifung durch ½std. Kochen mit 2n alkohol. KOH, aus Aceton bei —45° gelbe Kristalle; 27,1 g (Ausbeute). — *threo-9.10-Dihydroxyoctadecansäure*, F. 93—93,5° (Chlf., durch Hydrieren von 0,364 g II in A. in Ggw. von PtO_2; 0,245 g. — *Nonen-(2)-al*, durch $^1/_4$std. Oxydation von 1,01 g II mit $NaJO_4$ in 1n H_2SO_4 bei 40°; daneben *8-Formyloctansäure* (*Äthylester-2.4-dinitrophenylhydrazon*, $C_{17}H_{24}N_4O_6$, F. 54—56°; aus A. gelbe Kristalle). *2.4-Dinitrophenylhydrazon*, $C_{15}H_{20}N_4O_4$, F. 119—121°, aus A. orangefarbene Kristalle, 0,584 g. — *Nonandisäure*, a) F. 105—106° (Essigester/PAe.), durch Oxydation von threo-12.13-Dihydroxyoctadecen-(9)-säure (III) mit $NaJO_4$ u. $KMnO_4$ in Ggw. von K_2CO_3; b) durch analoge Oxydation von 0,302 g II u. Wasserdampf-Dest., 0,167 g; daneben 0,053 g *Hexansäure-[p-bromphenacylester]*, F. 67—69°, aus der durch Dampf-Dest.

erhaltenen Hexansäure, umkrist. aus (Hexan)]. *Bis-[p-bromphenacylester]*, F. 129—130,5°. — *threo-12.13-Dihydroxyoctadecen-(9)-säure* (III), $C_{18}H_{34}O_4$, F. 50—52°, aus Clarkia elegans Öl analog II u. Kristallisation aus Aceton bei —40°. — *threo-12.13-Dihydroxyoctadecansäure*, F. 94—96,5° (Essigester), durch Hydrieren von III. — *11-Formylundecen-(10)-säure*, durch Oxydation von 0,803 g III mit $NaJO_4$ in 1n H_2SO_4; 0,642 g; daneben *n-Hexanal* (*2.4-Dinitrophenylhydrazon*, F. 102,5—104°). *2.4-Dinitrophenylhydrazon*, F. 81—83°, aus A. orangefarbene Kristalle. W. HAMPEL. 3030 □

Die direkte Darstellung einiger cyclischer Bor-Stickstoffverbindungen aus Alkoxyboranen. R. J. Brotherton und H. Steinberg. (J. org. Chemistry **26.** 4632—34. Nov. 1961. Anaheim, Calif., U.S. Borax Res. Corp.) (Engl.)

Durch Umsetzung von o-Phenylendiamin (I) mit Triphenylboroxin oder Diisopropoxyphenylboran (II) erhält man *2-Phenyl-1.3.2-benzodiazaborolin*. Analog entsteht aus o-Aminophenol (III) u. II oder Triphenylboroxin *2-Phenyl-1.3.2-benzooxaazaborolin*. Die Umsetzung von I in Xylol mit Borsäuretriisopropyl- (VI) oder -triäthylester führt zu IV sowie die von III mit VI zur analogen Verb. V. Anilin liefert mit VI *Trianilinoboran*.

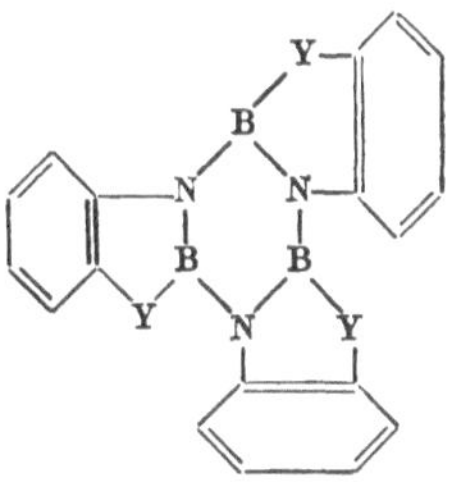

IV Y = NH

V Y = O

Versuche: *2-Phenyl-1.3.2-benzodiazaborolin*, $C_{12}H_{11}BN_2$, a) durch 1 std. Erhitzen von II u. I unter Rückfluß in Xylol u. Abtreiben des gebildeten *Isopropanols*; 82,5% (Ausbeute); b) durch 2—3 std. Erhitzen von Triphenylboroxin u. I in Bzl.; 81%. — *2-Phenyl-1.3.2-benzooxaazaborolin*, $C_{12}H_{10}BNO$, F. 101 bis 102° (Toluol), aus II u. III in Xylol, 3 Std. unter Rückfluß; 94%. — *5 H.12 H.19 H-Tris-[1.3.2-benzodiazaborolo]-borazin* (IV), $C_{18}H_{15}B_3N_6$, F. 380—390° (Zers.; Sintern bei 350—355°; Aceton), durch 18 std. Erhitzen von VI u. I in sd. Xylol unter Abtreiben des Isopropanols; 80,5%. — *Tris-[1.3.2-benzooxaazaborolo]-borazin* (V), $C_{18}H_{12}B_3N_3O_3$, durch 16,5 std. Erhitzen von VI u. III in sd. Xylol; 79%. — *Trianilinoboran*, F. 168 bis 170°, aus VI u. Anilin in sd. Xylol; 5,6%. MARTIN KRÜGER. 3050 □

Untersuchung auf dem Gebiet der Furanderivate. 20. Mitt. **Die Formylierungsreaktion in der Furanreihe.** A. L. Mndshojan, W. G. Afrikjan, M. T. Grigorjan und E. A. Markarjan. (Доклады Академии Наук Армянской ССР [Ber. Akad. Wiss. ArmenSSR] **27.** 301—04. 1958. Inst. für org. Feinchem. der Akad. der Wiss. der Armen SSR.) (Russ.; Auszug: Armen.) — 19. vgl. C. **1961.** 10160.

Durch Formylierung von Silvan, 2-Benzyl-, 2-[p-Tolylmethyl]- u. 2.3-Dimethylfuran mit Dimethylformamid werden die entsprechenden *Furfurole* in 72,5—81%ig. Ausbeute erhalten. Verss. mit Diäthylformamid ergaben <10% Ausbeute.

Versuche: Furfurole: *5-Methyl-*, $C_6H_6O_2$, $Kp._{12}$ 80—81°, zu 0,2 Mol Dimethylformamid gibt man bei <10° 0,2 Mol $POCl_3$, rührt ½ Std. lang, gibt bei <10° 0,2 Mol Silvan zu, läßt 70—80 Min. lang stehen (zum Schluß bei Zimmer-Temp.), gießt in 200 ml Eiswasser, neutralisiert mit Na_2CO_3 u. äthert aus; $D._4^{20}$ 1,1126; n_D^{20} 1,5993; 81,7% (Ausbeute). *Semicarbazon*, F. 193—194°. — *5-Benzyl-*, $C_{12}H_{10}O_2$, $Kp._1$ 140—141°, F. 33 bis 34°, analog vorst. Verb. aus 2-Benzylfuran; $D._4^{20}$ 1,1417; n_D^{20} 1,5870; 80,5%. *Semicarbazon*, F. 194—195°. — *5-[p-Tolylmethyl]-*, $C_{13}H_{12}O_2$, $Kp._1$ 138—140°, F. 82—84° (abs. Ae.), aus 2-[p-Tolylmethyl]-furan; 78,9%. *Semicarbazon*, F. 197—198°. — *4.5-Dimethyl-*, $C_7H_8O_2$, $Kp._{12}$ 98—100°; $D._4^{20}$ 1,0160; n_D^{20} 1,5130; 72,5%. *Semicarbazon*, F. 220 bis 221° (Zers.). G. FROELICH. 3061

Untersuchung auf dem Gebiet der Furanderivate. 21. Mitt. **Einige Furanderivate.** A. L. Mndshojan, W. G. Afrikjan, G. T. Tatewossjan, Ss. G. Agbaljan, M. T. Grigorjan, N. M. Diwanjan, W. Je. Badaljan und E. A. Markarjan. (Доклады Академии Наук Армянской ССР [Ber. Akad. Wiss. ArmenSSR] **27.** 305—14. 1958.) (Russ.; Auszug: Armen.) — 20. vgl. vorst. Referat.

Im Zusammenhang mit der Unters. physiol.-aktiver Furan-Verbb. werden einige *Furan-Derivv.* synthetisiert.

Versuche: *5-[n-Butylmercaptomethyl]-furfurylalkohol*, $C_{10}H_{16}O_2S$, $Kp._4$ 147—148°, durch Red. von 5-[n-Butylmercaptomethyl]-furan-2-carbonsäuremethylester mit $LiAlH_4$; $D._4^{20}$ 1,0843; n_D^{20} 1,5231; 85% (Ausbeute). — *5.5'-Dicarboxy-bis-[furfuryl-(2)]-sulfid, Dichlorid*, $C_{12}H_8Cl_2O_4S$, F. 104°, durch 12 std. Erhitzen von 22,5 g 5.5'-Dicarboxy-bis-[furfuryl]-sulfid mit 21 g $SOCl_2$ in 20 ml Bzl. auf 110°; 62,6%. *Diamid*, F. 185°, durch Einleiten von NH_3 in die Lsg. von 19,7 g vorst. Dichlorids in 500 ml Bzl.; 961%. — *Bis-[5-carboxyfuryl-(2)]-methan*, $C_{11}H_8O_6$, durch Erhitzen von 26,4 g nachst. Dimethylesters mit 20 ml 40%ig. NaOH; 95,1%. *Dimethylester*, $C_{13}H_{12}O_6$, $Kp._1$ 193—195°, F. 121 bis 122° (A.), durch 15 std. Kochen von 0,25 Mol Furan-2-carbonsäuremethylester u.

0,2 Mol 5-Chlormethylfuran-2-carbonsäuremethylester in 200 ml CS_2 in Ggw. von 0,5 Mol $AlCl_3$ u. Zers. mit verd. HCl; 51,3%. — *Bis-[5-carbomethoxytetrahydrofuryl-(2)]-methan*, $C_{13}H_{20}O_6$, Kp.$_2$ 186—189°, durch Hydrierung von 0,1 Mol vorst. Dimethylesters in 40—50 ml Bzl. an RANEY-Ni bei 160—165 at unter Erhitzen; 88,7%. — *Furan-2-carbonsäurediäthylamid*, $C_9H_{13}NO_2$, Kp.$_3$ 108—109°, durch Erhitzen von 0,3 Mol Furan-2-carbonsäure u. 0,09 Mol $SiCl_4$ in 200 ml Bzl. bis zur Beendigung der HCl-Entw., tropfenweises Zugeben von 0,2 Mol Diäthylamin, 1 std. Rühren bei Zimmer-Temp. u. 6—8 std. Erhitzen (zuletzt zum Sieden); $D._4^{20}$ 1,0638; n_D^{20} 1,5040; 60,4%. — *5-Diäthylaminomethyltetrahydrofurfurylalkohol*, $C_{10}H_{21}NO_2$, Kp.$_1$ 87—89°, durch Hydrierung von 0,2 Mol 5-Diäthylaminomethylfurfurylalkohol in 35 ml abs. A. an $NiO \cdot Cr_2O_3$ bei 145 bis 150° u. 120—150 at; $D._4^{20}$ 0,9811; n_D^{20} 1,4665; 80,2%. — *α-Methyl-β-[5-methylfuryl-(2)]-allylalkohol*, $C_9H_{12}O_2$, Kp.$_3$ 124—125°, durch Red. von β-[5-Methylfuryl-(2)]-methacrylsäureäthylester mit $LiAlH_4$; $D._4^{20}$ 1,0498; n_D^{20} 1,5305; 82,5%. — *5-Methylfuran-2-carbonsäure-[pyridyl-(2)]-amid*, $C_{11}H_{10}N_2O_2$, Kp.$_1$ 154—155°, F. 112—113° (A.), durch 4 std. Erhitzen von 0,2 Mol 5-Methylfuran-2-carbonsäurechlorid in 50 ml Bzl. mit 0,2 Mol 2-Aminopyridin in 60 ml Bzl.; 77,7%. — *2-[5-Methylfurfuryl-(2)-amino]-pyridin*, $C_{11}H_{12}N_2O$, Kp.$_1$ 132—133°, F. 67—68°, durch Red. vorst. Verb. mit $LiAlH_4$; 93,5%. — *5-[p-Tolylmethyl]-furan-2-carbonsäure*, $C_{13}H_{12}O_3$, F. 110—112° (Bzl.-PAe., 1 : 1), durch 1½ std. Erhitzen nachst. Methylesters mit 10%ig. NaOH; 83,3%. *Methylester*, $C_{14}H_{14}O_3$, Kp.$_2$ 157—158°, aus 0,2 Mol 5-Chlormethylfuran-2-carbonsäuremethylester u. 120 ml Toluol in Ggw. von 1,5 Mol $AlCl_3$ (2 Std. Rühren bei Zimmer-Temp., 2 Std. bei 75°); $D._4^{20}$ 1,1334; n_D^{20} 1,5560; 84,7%. — *p-Tolyl-[furyl-(2)]-methan*, $C_{12}H_{12}O$, Kp.$_{10}$ 117 bis 118°, durch Decarboxylierung vorst. Säure bei 200—230°; $D.^{20}$ 1,0367; n_D^{20} 1,5426; 90,6%. — *α-Methyl-β-[5-methylfuryl-(2)]-acrylsäureäthylester*, $C_{11}H_{14}O_3$, Kp.$_2$ 105—106°, durch Erwärmen von 0,2 Mol 5-Methylfurfurol, 0,2 Mol α-Brompropionsäureäthylester in 90 ml Ae. in Ggw. von 0,2 g-Atom Zn, Zers. mit 10%ig. H_2SO_4, Eindampfen der äther. Schicht u. 2—2½ std. Erhitzen des Rückstandes in Bzl. mit wenig Jod; $D._4^{20}$ 1,0595; n_D^{20} 1,4990; 68,5%. G. FROELICH. 3061

Kondensationsprodukte von Furfurylalkohol. 2. Mitt. **Primärprodukte bei der durch Säure katalysierten Kondensation.** Kenzô Takano. (J. chem. Soc. Japan, pure Chem. Sect. [Nippon Kagaku Zassi] **79.** 955—58. Aug. 1958. Hitati, H.-Seisakusyo.) (Jap.) — 1. vgl. C. **1960. 3173**; 3. vgl. C. **1960. 3217.**

In 30 Min. entstehen durch HCl bei 100° katalysierter Polykondensation von Furfurylalkohol (**I**) *Difurylmethan* (**II**), *Difurfuryläther* (**III**), *2-Hydroxymethyl-5-furfurylfuran* (**IV**) u. *2-Hydroxymethyl-5-[5-furfurylfurfuryl]-furan* (**V**). Die Geh. an **II** bzw. **III** im Gemisch erreichen dabei ca. 2,3 bzw. 4,3%. Der Geh. an **IV** steigt in 10 Min. auf den Maximalwert 26% u. der an **V** in 10—20 Min. auf 17%. **III** gibt bei 2 std. Erhitzen auf 230° **II**, *Formaldehyd* (**VI**) u. ein Harz, das mit 5%ig. KOH u. 35%ig. H_2O_2 in 20 Tagen in der Kälte *Furoesäure* liefert. Durch Veresterung eines Nebenprod. dieser Rk. entsteht *Furan-2.5-dicarbonsäuredimethylester*. Vf. nimmt an, daß bei der Polymerisation folgende Rkk. stattfinden: $2\,\mathbf{I} \rightarrow \mathbf{III} + H_2O$; $\mathbf{III} \rightarrow \mathbf{II} + \mathbf{VI}$; $2\,\mathbf{I} \rightarrow \mathbf{IV} + H_2O$; $\mathbf{IV} + \mathbf{I} \rightarrow \mathbf{V} + H_2O$. Die letzten 2 Rkk. führen zu kettenartigen Polymeren. **II** u. **VI** können wohl bei der Polymerisation reversibel **IV** bilden.

Versuche: *Difurylmethan* (**II**), Kp.$_{0,5}$ 42—44°, n_D^{25} 1,5037, $D._4^{25}$ 1,0952. *2-Chlormercuri-Deriv.*, $C_9H_7ClHgO_2$, F. 150,5—152°. — *Difurfuryläther* (**III**), $C_{10}H_{10}O_3$, Kp.$_{0,5}$ 90—91°, n_D^{25} 1,5064, $D._4^{25}$ 1,1339. *2-Chlormercuri-Deriv.*, $C_{10}H_9ClHgO_3$, F. 103,5—104°. — *2-Hydroxymethyl-5-furfurylfuran*, $C_{10}H_{10}O_3$, F. —2,5°, Kp.$_{0,5}$ 108—110°, n_D^{25} 1,5269, $D._4^{25}$ 1,1627. *Benzoat*, $C_{17}H_{14}O_4$, F. 71°. — *2-Hydroxymethyl-5-[5-furfurylfurfuryl]-furan*, $C_{15}H_{14}O_4$, F. 62—62,5°. *Acetat*, F. 55—56°. E. MAEKAWA. 3061 □

Zur Diketopiperazintheorie der chemischen Struktur des Eisenins. 1. Mitt. **Zur Diketopiperazinreaktion auf Eisenin.** Toshihiko Ôhira, Kashio Imai und Hanpei Kidô. (J. agric. chem. Soc. Japan [Nippon Nôgeikagaku Kaishi] **29.** 237—41. März 1955. Ueda, Shinsyû-Daigaku.) (Jap.; Auszug: Engl.)

Auf *Eisenin* (**I**; vgl. ÔHIRA [1939]), *N-[Pyrrolidon-(5)-oyl-(2)]-glutaminsäurediamid* (**II**), N-*[Pyrrolidon-(5)-oyl-(2)]-glutaminsäurediäthylester*, *l-Pyrrolidon-(5)-carbonsäure-(2)* (*l*-**III**), *dl*-**III**-*Amid*, *2.5-Diketopiperazin* (**IV**), *2.5-Diketopiperazin-3.6-diessigsäurediamid* u. *-3.6-diessigsäurediäthylester* sowie auf Gemische, die aus verschiedenen Eiweißstoffen durch Behandeln mit 70%ig. H_2SO_4 erhalten werden u. **IV** enthalten, werden Rkk. zum Nachw. von **IV** mit o-Dinitrobenzol, m-Dinitrobenzol (**V**) u. Pikrinsäure angewendet. **I** u. die Pyrrolidon-Derivv. reagieren darauf nicht. Die sehr schwache Färbung von **I** durch **V** beruht nicht auf dem Vorhandensein einer **III**-Struktur in **I**. Aus **I** über *5-Methyl-1-{[l-pyrrolidon-(5)-oyl-(2)]-l-glutaminyl}-2-thiohydantoin* hergestelltes **II** (vgl. ÔHIRA [1940]) zeigt dasselbe Röntgenbeugungsdiagramm wie vollsynthet. **II**. Aus diesen Gründen

wird die von Tazawa (Acta phytochim. [Tokyo] **15.** [1949.] 141) angegebene Struktur für I verneint u. erneut bestätigt, daß I *l*-Pyrrolidonoyl-*l*-glutaminyl-*l*-alanin ist.
E. Maekawa. 3081 □

Zur Diketopiperazintheorie der chemischen Struktur des Eisenins. 2. Mitt. Über die Pyrrolidonoylgruppe des Eisenins. Toshihiko Ôhira, Hanpei Kidô und Kashio Imai. (J. agric. chem. Soc. Japan [Nippon Nōgeikagaku Kaishi] **29.** 520—22. Juli 1955.) (Jap.; Auszug: Engl.) — 1. vgl. vorst. Referat.

Eisenin (I), *l-Pyrrolidon-(5)-oyl-(2)-amid* u. *[l-Pyrrolidon-(5)-oyl-(2)]-l-glutaminsäurediamid* entwickeln ca. 1 Mol NH_3 bei 3std. Kochen in 3%ig. wss. $Ba(OH)_2$. Unter denselben Bedingungen geben 2.5-Diketopiperazin-3.6-diessigsäurediamid u. 2.5-Diketopiperazin ca. 1,5—2 Mol NH_3. I gibt bei der Red. mit Na in A. *Prolin*, das papierchromatograph. identifiziert wird. Aus diesen Gründen kann I keinen Diketopiperazinring, sondern muß eine Pyrrolidonoylgruppe enthalten. E. Maekawa. 3081 □

Zur Herstellung von Oxindol-Derivaten aus o-Chlornitrobenzolen und Cyanessigsäure- beziehungsweise Malonsäureestern. C. A. Grob und O. Weissbach. (Helv. chim. Acta **44.** 1748—53. 16/10. 1961. Basel, Univ., Inst. für organ. Chem.) (Dt.)

Chlorbenzole, die durch eine Nitrogruppe in o-Stellung zum Chlor aktiviert sind, unterliegen einer nucleophilen Substitution durch die K-Salze von Cyanessigsäureäthylester (I) u. Malonsäurediäthylester (II) in tert.-Butanol. Die so erhaltenen *α-Cyan-α-[o-nitrophenyl]-essigsäureäthylester* (IV) u. *o-Nitrophenylmalonsäurediäthylester* lassen sich leicht in *o-Nitrophenylessigsäure* u. in Derivv. von Oxindol bzw. Indol überführen.

Versuche (FF. korr.): *α-Cyan-α-[o-nitrophenyl]-essigsäureäthylester* (IV), $C_{11}H_{10}\cdot N_2O_4$, F. 59—60°, durch Zugabe von I zu K in abs. tert.-Butanol, Zugabe von 2-Chlornitrobenzol in tert.-Butanol, 10std. Kochen, Ansäuern mit verd. HCl (Kongorot), Einengen im Vakuum, Aufnehmen in Ae., Extrahieren mit Soda, Ansäuern, Ausäthern u. Dest.; aus Methanol u. nach Sublimation bei 50°/0,1 Torr Prismen; 70% (Ausbeute); daneben *Anthroxansäurenitril* (III), $C_8H_4N_2O$, F. 58—59°; aus wss. Aceton u. nach Sublimation bei 50°/11 Torr Nadeln; 3—6%. — *Anthroxansäure,* $C_8H_5NO_3$, F. 187—195° (Zers.), durch 12std. Kochen von III mit Eisessig/20%ig. HCl; aus wss. Aceton Nadeln; ~100%. *Methylester,* $C_9H_7NO_3$, F. 67—68°, durch Erhitzen von III mit Methanol u. konz. HCl; aus wss. Aceton Nadeln. — *o-Nitrophenylacetonitril,* F. 82—84°, a) durch 10tägiges Stehen von IV in 1n Soda-Lsg. bei 22°; Blättchen; 93%; b) durch Rk. von o-Chlornitrobenzol u. I u. 14tägiges Stehen des bei der Aufarbeitung erhaltenen Sodaauszuges bei 25°; aus verd. Methanol hellgelbe Spieße; 75%. — *o-Nitrophenylessigsäure,* F. 139—141°, durch 15std. Kochen von IV mit Eisessig/20%ig. HCl (2 : 1); aus wss. Aceton hellgelbe Nadeln; 88%. — *3-Cyanoxindol,* $C_9H_6N_2O$, F. 205—208°, durch Lösen von IV in 10%ig. NH_4OH, Versetzen mit einer 50° warmen Lsg. von $FeSO_4$ in W., ½std. Erhitzen auf 100°, Filtrieren, Ansäuern mit konz. HCl u. Ausäthern; aus Essigester/PAe. u. nach Sublimation bei 150°/0,2 Torr Nadeln; 91%. — *2-Amino-3-carbäthoxyindol,* $C_{11}H_{12}N_2O_2$, F. 180—181°, durch ¾std. Erhitzen von IV in Eisessig mit Fe-Pulver auf 100°; aus Bzl./PAe. u. nach Sublimation bei 150°/0,2 Torr Blättchen; 70%. — *o-Nitrophenylmalonsäurediäthylester,* durch Zugabe von II zu K in abs. tert.-Butanol, Versetzen mit o-Chlornitrobenzol in abs. tert.-Butanol, 26std. Kochen unter N_2, Ansäuern mit verd. HCl (Kongorot), Einengen im Vakuum bei ~40°, Ausäthern u. Dest. der Ae.-Phase; daneben *Anthroxansäureäthylester* (F. 66—67°; aus Methanol Nadeln). — *o-Nitrophenylessigsäureäthylester,* F. 64—65°, a) neben vorst. Verb.; b) durch 15std. Kochen vorst. Verb. in Eisessig/20%ig. HCl (1 : 1), Eindampfen im Vakuum bei ~60° u. Verteilen zwischen Ae. u. 2n $KHCO_3$; aus Methanol Nadeln; 51%. — *2-Nitro-6-chlorphenylessigsäure,* F. 190—192° (Aceton/W.), durch Zugabe von II u. 2.3-Dichlornitrobenzol in heißem tert.-Butanol zu K in abs. tert.-Butanol, 20std. Kochen, Einengen im Vakuum, Ansäuern mit verd. HCl, Ausäthern, 24std. Kochen des entstandenen *2-Nitro-6-chlorphenylmalonsäurediäthylesters* mit Eisessig/20%ig. HCl (1 : 1), Eindampfen im Vakuum, Verteilen zwischen Ae. u. 2n $KHCO_3$, Ansäuern des alkal. Extraktes u. Ausäthern; 84%.
P. Golinske. 3081 □

Einfluß einer α-ständigen Hydroxylgruppe auf die Dehydratisierung von Phthalamidsäuren in wässeriger Lösung. Friedrich Fischer, Gustav Preisser und Dietrich Strauss. (Liebigs Ann. Chem. **643.** 110—16. Mai 1961. Jena, Univ., Inst. für Organ. Chem. u. Biochem.) (Dt.)

Folgende N-substituierte Phthalamidsäuren wurden 5 Min. in 5%ig. wss. Lsg. auf 100° erhitzt, wodurch substituierte *Phthalimido-Verbb.* erhalten wurden: *threo-* bzw. *erythro-N-[1.2-Diphenyl-2-hydroxyäthyl]-* 14,5 bzw. 5,2% (Ausbeute an Phthalimido-Verb.), *threo-* bzw. *erythro-N-[1-Phenyl-1-hydroxypropyl-(2)]-* 10,2 bzw. 8,5%, *cis-* bzw. *trans-N-[2-Hydroxycyclopentyl]-* 8,0 bzw. 0%, *threo-* bzw. *erythro-N-[2-Hydroxybutyl-(3)]-* 1,9 bzw. 2,0% sowie *cis-* bzw. *trans-N-[2-Hydroxycyclohexyl]-phthalamidsäure* 1,0 bzw.

0%. Es ergibt sich, daß die Dehydratisierung immer dann bevorzugt eintritt, wenn zwischen den nachbarständigen funktionellen Gruppen ein Winkel von weniger als 60° erreicht werden kann. Bei einem größeren Winkel ist die Dehydratisierung nicht zu beobachten. Beim Vers., die Rk. mit *threo-* bzw. *erythro-N-[1.2-Diphenyl-2-methoxyäthyl]-phthalamidsäure* durchzuführen, wurden diese Verbb. unverändert zurückgewonnen. Hierdurch wird die Hypothese gestützt, daß bei pH-Werten oberhalb 5 ein spannungsfreier 7-Ring über eine H-Brücke von der α-ständigen Hydroxylgruppe zur Carbonylgruppe der benachbarten Amidbindung geknüpft wird. Damit wird ein innerer Protonenübergang von der Amidgruppe zur o-ständigen Carboxylgruppe u. somit die Wasserabspaltung ermöglicht.

Versuche: *3-Phthalimidobutanon-(2)*, F. 84° (50% ig. A.), durch 4std. Rühren von Phthalimid-K u. 3-Brombutanon-(2) in Dimethylformamid bei 50°, Zugabe von Chlf. u. Gießen in W.; 82% (Ausbeute). — *threo-3-Phthalimidobutanol-(2)* (I), $Kp._{1,5}$ 151°, durch Red. vorst. Verb. in abs. Isopropylalkohol mit Al-Isopropylat u. Zers. mit W.–Isopropanol (24 : 72); 65%. — *erythro-3-Acetamidobutanol-(2)* (II), $C_6H_{13}NO_2$, $Kp._{1,5}$ 123°, analog vorst. Verb. aus 3-Acetamidobutanon-(2); 62%. — *threo-3-Aminobutanol-(2)*, $Kp._{20}$ 69 bis 70°, durch Zugabe von 50% ig. wss. Hydrazinhydrat zu I in Chlf.-A. (1 : 1) u. 48std. Einw.; 46%. *erythro-Verb.*, F. 43°, $Kp._{20}$ 74—75°, durch 2std. Erwärmen von II mit 5% ig. HCl auf 80°; 71%. — Phthalamidsäuren, a) durch Zugabe von Aminoalkohol in Chlf. äquimol. Mengen zu Phthalsäureanhydrid (III) in Chlf. unter Kühlung u. 12std. Stehen bei Raum-Temp.; b) aus Aminoalkohol u. III analog l. c.: *threo-*, $C_{22}H_{19}NO_4$, F. 172° (Zers.), nach b); 60%; u. *erythro-N-[1.2-Diphenyl-2-hydroxyäthyl]-*, $C_{22}H_{19}NO_4$, F. 189° (Zers.), b); 82%. — *threo-*, $C_{12}H_{15}NO_4$, F. 141°, nach a); 65%; u. *erythro-N-[2-Hydroxybutyl-3)]-*, $C_{12}H_{15}NO_4$, F. 135°, nach a); 84%. — *cis-*, $C_{13}H_{15}NO_4$, F. 148°, nach a); 73%; oder durch Überschichten von cis-2-Aminocyclopentanol-(1)-hydrochlorid in W. mit III in Bzl., portionsweise Zugabe von $NaHCO_3$ unterhalb 30° u. Fällen mit verd. HCl nach 1 Std.; 62%; u. *trans-N-[2-Hydroxycyclopentyl]-*, $C_{13}H_{15}NO_4$, F. 139°, nach a); 73%. — *cis-*, $C_{14}H_{17}NO_4$, F. 169—171° (Zers.), nach a); 76%; u. *trans-N-[2-Hydroxycyclohexyl]-*, $C_{14}H_{17}NO_4$, F. 167—171° (Zers.), nach a); 65%. — *threo-*, $C_{23}H_{21}NO_4$, F. 204°, nach b); 86%; u. *erythro-N-[1.2-Diphenyl-2-methoxyäthyl]-*, $C_{23}H_{21}$·NO_4, F. 165°, nach b); 60%. — Phthalimide, durch Erhitzen vorst. Verbb. über den F.: *threo-*, $C_{22}H_{17}NO_3$, F. 191,5° (A.); 52%; u. *erythro-N-[1.2-Diphenyl-2-hydroxyäthyl]-*, $C_{22}H_{17}NO_3$, F. 180° (A.); 45%. — *threo-*, $C_{12}H_{13}NO_3$, $Kp._{1,5}$ 151°; 45%; u. *erythro-N-[2-Hydroxybutyl-(3)]-*, $C_{12}H_{13}NO_3$, $Kp._{15}$ 198—200°; 40%. — *cis-*, $C_{13}H_{13}NO_3$, F. 72,5° (verd. A.); 43%; u. *trans-N-[2-Hydroxycyclopentyl]-*, $C_{13}H_{13}NO_3$, F. 111,5° (verd. A.); 56%. — *cis-*, $C_{14}H_{15}NO_3$, F. 169° (verd. A.); 53%; u. *trans-N-[2-Hydroxycyclohexyl]-*, $C_{14}H_{15}NO_3$, F. 167° (verd. A.); 65%. — *threo-*, $C_{23}H_{19}NO_3$, F. 134° (PAe.); 40%; u. *erythro-N-[1.2-Diphenyl-2-methoxyäthyl]-*, $C_{23}H_{19}NO_3$, F. 68° (PAe.); 5%.

B. GNAUCK. 3081 □

Über die Umwandlung von 5-Phenylpyrazolin in 3-Phenylpyrazolin. I. I. Grandberg. (Журнал Общей Химии [J. allg. Chem.] **31** (**93**). 2793. Aug. 1961. Moskau, Lomonossow-Univ.) (Russ.)

5-Phenyl-Δ^2-pyrazolin ($Kp._{12}$ 138°, F. —30 bis —20°, aus Zimtaldehyd; *Pikrat*, F. 118°; *N-Acetyl-Deriv.*, F. 53—54°) wird in Ggw. katalyt. Spuren starker Säuren bei 150° in *3-Phenyl-Δ^2-pyrazolin* ($Kp._{12}$ 157°, F. 45°; *Pikrat*, F. 153—154°; *N-Nitroso-Deriv.*, F. 154°; *N-Acetyl-Deriv.*, F. 138°) umgewandelt. HELMUT SCHÄFER. 3122 □

Reaktionsfähige Methylenverbindungen. 10. Mitt. **Verhalten gegenüber einigen Polynitrohalogenbenzolen.** H. G. Garg. (J. Indian chem. Soc. **38.** 343—45. Juni 1961. Meerut, Meerut Coll., Dep. of Chem.) (Engl.) — 7. vgl. C. **1962.** 11167.

Das Verh. mehrerer Polynitrohalogenbenzole gegenüber reaktionsfähigen Methylen-Verbb. wird untersucht.

Versuche: 4-[Nitrophenyl]-1-phenyl-3-methylpyrazolone-(5), durch Zugabe von einem 1-Bromnitrobenzol zu einer sd. Lsg. von 1-Phenyl-3-methylpyrazolon-(5) u. Na-Acetat in A., 4std. Kochen, Verdünnen mit W. u. Umkristallisieren aus A./Essigsäure: *4-[2.4-Dinitrophenyl]-*, $C_{16}H_{12}N_4O_5$, F. 216°; orangefarben; 82% (Ausbeute). — *4-[3-Chlor-4.6-dinitrophenyl]-*, $C_{16}H_{11}ClN_4O_5$, F. 236°; gelb; 76%. — *4-[3-Methyl-4.6-dinitrophenyl]-*, $C_{17}H_{14}N_4O_5$, F. 215°; gelb; 48%. — *4-[2-Chlor-4.6-dinitrophenyl]-*, $C_{16}H_{11}$·ClN_4O_5, F. 218°; orangefarben; 58%. — *4-[2-Brom-4.6-dinitrophenyl]-*, $C_{16}H_{11}BrN_4O_5$, F. 216°; orangefarben; 58%. — *4-[2.6-Dinitro-4-bromphenyl]-*, $C_{16}H_{11}BrN_4O_5$, F. 220°; gelb; 49%. — *4-[3.5-Dibrom-2.4-dinitrophenyl]-*, $C_{16}H_{10}Br_2N_4O_5$, F. 202°; gelb; 49%. — *4-[2.4.6-Trinitro-3-methylphenyl]-*, $C_{17}H_{13}N_5O_7$, F. 252°; dunkelbraun; 46%. — *4-[2.4.6-Trinitrophenyl]-*, $C_{16}H_{11}N_5O_7$, F. 220°; braun; 51%. — 4-[Nitrophenyl]-1-[4-nitrophenyl]-3-methylpyrazolone-(5): *4-[2.4-Dinitrophenyl]-*, $C_{16}H_{11}N_5O_7$, F. 285°; schokoladenbraun; 80%. — *4-[3-Chlor-4.6-dinitrophenyl]-*, $C_{16}H_{10}ClN_5O_7$, F. 261°; gelb;

74%. — *4-[3-Methyl-4.6-dinitrophenyl]-*, $C_{17}H_{13}N_5O_7$, F. 259°; gelb; 40%. — *4-[2-Chlor-4.6-dinitrophenyl]-*, $C_{16}H_{10}ClN_5O_7$, F. 221°; braun; 60%. — *4-[2-Brom-4.6-dinitrophenyl]-*, $C_{16}H_{10}BrN_5O_7$, F. 226; braun; 61%. — *4-[2.6-Dinitro-4-bromphenyl]-*, $C_{16}H_{10}BrN_5O_7$, F. 248°; schwärzlich braun; 52%. — *4-[3-Methyl-2.4.6-trinitrophenyl]-*, $C_{17}H_{12}N_6O_9$, F. >300°; dunkelbraun; 42%. — *4-[2.4.6-Trinitrophenyl]-*, $C_{16}H_{10}N_6O_9$, F. >300°; dunkelbraun; 53%. — *4-[3.5-Dibrom-2.4-dinitrophenyl]-*, $C_{16}H_9Br_2N_5O_7$, F. 226°; braun; 49%. — *2-[2.4-Dinitrophenyl]-indandion-(1.3)*, $C_{15}H_8N_2O_6$, F. 242°, durch 5std. Kochen des Mono-Na-Salzes von Indandion-(1.3) u. 1-Brom-2.4-dinitrobenzol in A., Filtrieren, Ansäuern mit Essigsäure, Stehen u. Umkristallisieren aus Essigsäure; gelb; 58%. — *2-[2.4-Dinitrophenyl]-dimedon*, $C_{14}H_{14}N_2O_6$, F. 254°; hellgelb; 60%. — 1-[2.4-Dinitrophenyl]-1-benzoylacetone, analog vorvorst. Verb.: *1-[4-Chlorbenzoyl]-*, $C_{16}H_{11}ClN_2O_6$, F. 138°; 46%. — *1-[4-Brombenzoyl]-*, $C_{16}H_{11}BrN_2O_6$, F. 168°; 45%. — *1-[4-Methylbenzoyl]-*, $C_{17}H_{14}N_2O_6$, F. 112°; blaßgelb; 34%. — *1-[4-Methoxybenzoyl]-*, $C_{17}H_{14}N_2O_7$, F. 118°; blaßgelb; 31%. — *1-[3.4-Dichlorbenzoyl]-*, $C_{16}H_{10}Cl_2N_2O_6$, F. 138°; blaßgelb; 40%. — *1-[2-Chlor-5-methylbenzoyl]-*, $C_{17}H_{13}ClN_2O_6$, F. 122°; 39%. P. GOLINSKE. 3122□

Einige Pyrazolidon-(3)-derivate. R. B. Shurin, O. Je. Lischenok, W. L. Abritalin und N. I. Ssimonowa. (Журнал Общей Химии [J. allg. Chem.] **31** (**93**). 2758—61. Aug. 1961. Woroschilow-Forschungsinst. für org. Zwischenprodd. u. Farbstoffe, Kino-Photo-Forschungsinst.; Leningrad, Inst. für Filmingenieure.) (Russ.)

β-Arylaminopropionsäuremethylester reagieren mit $NaNO_2$ unter Bldg. der *N-Nitroso-Verbb.*, die nach Red. zu den *N-Amino-Verbb.* in *1-Arylpyrazolidon-(3)* übergeführt werden. Analog werden *1-Cyclohexylpyrazolidon-(3)* u. dessen *4-Methyl-Deriv.* synthetisiert. Die Verbb. werden als Zusatz zu photograph. Entwicklern untersucht. Mit Ausnahme der Cyclohexyl-Verbb. können sie an Stelle von Metol in Metol–Hydrochinon-Entwicklern verwendet werden.

Versuche: β-substituierte Propionsäuremethylester: *m-Toluidino-* (I), $C_{11}H_{15}NO_2$, Kp.$_8$ 167—168°, man erhitzt 53,7 g m-Toluidin, 25 ml Eisessig u. 44,7 g Methylacrylat 3 Std. lang auf dem Wasserbad, gießt in 100 ml W., extrahiert mit Ae. u. dest.; n_D^{20} 1,5382; 73% (Ausbeute). Analog: *o-Anisidino-*, $C_{11}H_{15}NO_3$, Kp.$_{15}$ 182 bis 183°; n_D^{20} 1,5408; 50%. *m-Chloranilino-*, $C_{10}H_{12}ClNO_2$, F. 43—44° (W.–Methanol), Plättchen; 49%. *p-Toluidino-*, $C_{11}H_{15}NO_2$, F. 54—56° (PAe.); Plättchen; 90%. *o-Toluidino-*, $C_{11}H_{15}NO_2$, Kp.$_4$ 140—141°, Kp.$_8$ 156°; n_D^{20} 1,5385; 62%. *2.4.6-Trimethylanilino-*, $C_{13}H_{19}NO_2$, Kp.$_6$ 156°; n_D^{20} 1,5260; 33%. *p-Anisidino-*, F. 37—38° (Bzl.–PAe.); 55%. — Pyrazolidone-(3): *1-m-Tolyl-*, $C_{10}H_{12}N_2O$, F. 114—116° (Bzl.), man gibt zu 70,5 g I in 39 ml Eisessig bei 0° die gekühlte Lsg. von 37,2 g $NaNO_2$ in 48 ml W., läßt 1 Std. lang bei 20° stehen, äthert aus u. dampft ein; den Rückstand (74 g) löst man in 105 ml Eisessig, gibt bei > 5° langsam 60 g Zn zu, läßt über Nacht bei 20° stehen, verd. mit 600 ml W., kocht 3 Std. lang, filtiert heiß u. läßt auskristallisieren; Plättchen; 46%. Analog: *1-o-Methoxyphenyl-*, $C_{10}H_{12}N_2O_2$, F. 131—133° (Bzl.); rhomb. Kristalle; 35%. *1-m-Chlorphenyl-*, $C_9H_9ClN_2O$, F. 125—127° (CCl_4–PAe.); Rhomben; 36%. *1-p-Tolyl-*, $C_{10}H_{12}N_2O$, F. 150—152° (W.); hellrosa Nadeln; 51%. *1-o-Tolyl-*, $C_{10}H_{12}N_2O$, F. 196 bis 197° (W.–A.); Plättchen; 36%. *1-[2.4.6-Trimethylphenyl]-*, $C_{12}H_{16}N_2O$, F. 127,5 bis 129° (CCl_4–PAe.); Plättchen; 22%. *1-p-Methoxyphenyl-*, $C_{10}H_{12}N_2O_2$, F. 144—146° (CCl_4–PAe.); hellrosa Nadeln; 33%. *1-Cyclohexyl-*, $C_9H_{16}N_2O$, F. 88—90° (PAe.), analog vorst. Verbb. ausgehend von 60 g Cyclohexylamin (II) u. 56,7 g Methylacrylat in 200 ml A.; Nadeln; 35%. — *1-Cyclohexyl-4-methyl-*, $C_{10}H_{18}N_2O$, F. 124—126° (PAe.), ausgehend von II u. Methylmethacrylat; Plättchen; 36%. HELMUT SCHÄFER. 3122□

Arylierung des Hydantoinringes. René Jeandupeux. (Rev. Fac. Ci. quím., Univ. nac. La Plata **32**. 75—85. 1960. La Plata, Univ. nac., Fac. Quím. y Farm.) (Span.)

Durch Einw. aromat. KW-Stoffe, wie Bzl., Naphthalin (**IV**), Anthracen u. Phenanthren (**V**) auf 1.3-Dibrom-5.5-dimethylhydantion (**I**), wird versucht, den Hydantoinring zu arylieren. Die Rkk. werden in CCl_4 unter Rühren u. Belichtung, in einigen Fällen mit Zusatz von Dibenzoylperoxid, durchgeführt. Alkalilösl. u. durch Säure wieder ausfällbare Rk.-Prodd. entstanden nur bei der Rk. von **I** mit **IV**, u. zwar ein Gemisch aus *$N_{(1)}$-[Naphthyl-(1)]-5.5-dimethylhydantoin* (**II**) u. *$N_{(1)}$-[Bromnaphthyl-(1)]-5.5-dimethylhydantoin* (**III**) sowie bei der Rk. von **I** u. **V**. Als Rk.-Prod. wird *$N_{(1)}$-[phenanthryl-(9)]-5.5-dimethylhydantoin* (**VII**) erhalten. Wird an Stelle von **I** N-Monobrom-5.5-dimethylhydantoin (**VI**) eingesetzt, so bildet sich mit **IV** ebenfalls **II** im Gemisch mit **III**, die aber in diesem Falle nicht rein erhalten werden können. Von den Hydantoin-Derivv. sind UV- u. IR-Spektren angegeben.

Versuche: *$N_{(1)}$-[Naphthyl-(1)]-5.5-dimethylhydantoin* (**II**), $C_{15}H_{14}N_2O_2$, F. 244—245° (A.), a) durch 35std. Rühren eines Gemisches von 1,28 g **IV** u. 1,43 g **I** in 10 ml CCl_4 bei 76°; 0,12 g (Ausbeute); wird durch 24std. Erhitzen mit konz. HCl auf 160—170° oder durch 6std. Kochen mit 10%ig. NaOH nicht verändert; b) durch 16std. Erhitzen von 2 Mol **IV** u. 1 Mol **I** in CCl_4 auf 76° unter Belichtung (200 Watt) u. Absaugen; durch Aufarbeitung der Mutterlauge wird eine 2. Fraktion erhalten; 8% (daneben $N_{(1)}$-*[x-Bromnaphthyl-(1)]-5.5-dimethylhydantoin* (**III**), $C_{15}H_{13}BrN_2O_2$, F. 268–270°, aus der Mutterlauge von **II**; Abtrennung durch Gegenstromverteilung; 0,5%); c) analog b) mit **VI** an Stelle von **I**; 1,0 g (verunreinigt durch **III**). *Silbersalz*, $C_{15}H_{13}AgN_2O_2$, aus **II** u. Ag-Salz; 87%. — $N_{(1)}$-*[Phenanthryl-(9)]-5.5-dimethylhydantoin* (**VII**), $C_{19}H_{16}N_2O_2$, F. 291 bis 293° (A.), durch 21std. Kochen von 2 Mol **V** mit 1 Mol **I** in CCl_4 unter Belichtung; 1,7%. *Silbersalz*, $C_{19}H_{15}AgN_2O_2$, aus 0,3 g **VII**; 0,4 g. — *Phenanthrenchinon-(9.10)*, F. 205 bis 208°, durch Oxydation von 0,05 g **VII** mit CrO_3 in Eisessig; orangefarben; 0,01 g.

M. REIHER. 3122□

Untersuchungen über die Darstellung von 4.5-disubstituierten Isoxazolen und ihre Ringspaltung mit Na-Äthylat. 2. Mitt. **Zur Stelle des Angriffs von Äthylformiat auf unsymmetrische Ketone.** Hiroyuki Yasuda. (J. pharmac. Soc. Japan [Yakugakuzasshi] **79.** 623–27. Mai 1959. Kyôto, Univ., Med. Fak.) (Jap.; Auszug: Engl.) — 1. vgl. C. **1960.** 11648; 3. vgl. C. **1961.** 3996.

Um festzustellen, an welcher Stelle ein asymm. Keton durch Ameisensäureäthylester in Ggw. von Na-Äthylat angegriffen wird, werden die dadurch erhaltenen *α-Formylketone* über 4.5-disubstituierte *Isoxazole* in *α-Cyanketone* übergeführt u. deren Strukturen durch Synth. aus Alkyl- bzw. Aralkylnitrilen u. Carbonsäureäthylestern bestätigt. Aus den Ergebnissen sowie aus denen von TRACY u. ELDERFIELD (C. **1941.** II. 1154), MARIELLA (C. **1947.** E. 211) u. KOSUGE (J. pharmac. Soc. Japan [Yakugakuzasshi] **72.** [1952.] 1229) wird geschlossen, daß die α-Methylengruppe sehr reaktiv ist, wenn sie eine C_6H_5- bzw. CH_3-Gruppe oder ein H-Atom trägt u. weniger reaktiv, wenn sie langkettige Alkylgruppen oder die Benzylgruppe trägt.

Versuche: Durch Zutropfen eines Gemisches aus dem entsprechenden Keton u. Ameisensäureäthylester zu Na-Äthylat/A., Rühren bei 0° (24 Std.) u. bei Zimmer-Temp. (24 Std.), Gießen in Eiswasser, Waschen mit Ae., Alkalisieren der wss. Phase mit $NaHCO_3$ u. Ausäthern werden folgende Ketone erhalten; *Methyl-[α-formylbenzyl]-*, $C_{10}H_{10}O_2$, F. 67–68°; 30% (Ausbeute). — *Äthyl-[α-formylbenzyl]-*, $C_{11}H_{12}O_2$, $Kp._6$ 92,5°; 50%. — *Methyl-[α-formyl-m-methylbenzyl]-*, $C_{11}H_{12}O_2$, $Kp._{11}$ 117°; 46%. — *Äthyl-[α-formyl-m-methylbenzyl]-*, $C_{12}H_{14}O_2$, $Kp._3$ 109–110°; 57%. — *Formylmethyl-[β-methyl-β-phenylpropyl]-*, $C_{13}H_{16}O_2$, $Kp._7$ 120–127°; 58% (roh). — *Formylmethyl-[β.β-diphenyläthyl]-*, $C_{17}H_{16}O_2$, F. 53–55°; 53%. — *α-Formyläthyl-[β.β-diphenyläthyl]-*, 65% (roh). *Semicarbazon*, $C_{19}H_{21}N_3O_2$, F. 119–120°. — *[Formylmethyl]-isobutyl-*, 50% (roh). — Durch Kochen vorst. Verbb. mit Hydroxylaminhydrochlorid in A., bis der $FeCl_3$-Test negativ ist, Gießen in kaltes W. u. Ausäthern werden folgende Isoxazole erhalten: *4-Phenyl-5-methyl-*, $C_{10}H_9NO$, $Kp._{17}$ 138°; 77%. — *4-Phenyl-5-äthyl-*, $C_{11}H_{11}NO$, $Kp._{17}$ 141°; 95%. — *4-m-Tolyl-5-methyl-*, $C_{11}H_{11}NO$, $Kp._8$ 126°; 86%. — *4-m-Tolyl-5-äthyl-*, $C_{12}H_{13}NO$, $Kp._7$ 155°; 84%. — *5-[β-Methyl-β-phenylpropyl]-*, $C_{13}H_{15}NO$, $Kp._7$ 125–126°; 76%. — *5-[β.β-Diphenyläthyl]-*, $C_{17}H_{15}NO$, F. 108–109° (verd. A.); 68%. — *4-Methyl-5-[β.β-diphenyläthyl]-*, $C_{18}H_{17}NO$, F. 128° (verd. A.); 77%. — *5-Isobutyl-*, $C_7H_{11}NO$, $Kp._{20}$ 66°; 30%. — Durch a) Zutropfen vorst. Verbb. zu Na-Äthylat/A., ½std. Erhitzen auf dem Wasserbad, Gießen in Eiswasser, Waschen mit Ae., Ansäuern der wss. Phase mit verd. H_2SO_4 u. Ausäthern; b) Zutropfen der entsprechenden Carbonsäureäthylester zu Na-Äthylat/A. bei 60°, Zusatz entsprechender Nitrile bei 80°, 4–6 std. Rühren bei 110–120°, Gießen in Eiswasser, Waschen mit Ae. u. Ansäuern der wss. Phase mit verd. H_2SO_4 entstehen folgende Ketone: *Methyl-[α-cyanbenzyl]-*, $C_{10}H_9NO$, F. 88–89° (verd. A. oder Ligroin); a) 50%; b) 60%. — *Äthyl-[α-cyanbenzyl-*, $C_{11}H_{11}NO$, F. 60–61° (verd. A. oder Ligroin); a) wie b) 70%. — *Methyl-[α-cyan-m-methylbenzyl]-*, $C_{11}H_{11}NO$, F. 69–70° (verd. A. oder Ligroin); a) 64%, b) 52%. — *Äthyl-[α-cyan-m-methylbenzyl]-*, $C_{12}H_{13}NO$, $Kp._4$ 155°, $Kp._5$ 155–157°; a) 50%, b) 45%. *Semicarbazon*, $C_{13}H_{16}N_4O$, F. 150°. — *Cyanmethyl-[β-methyl-β-phenylpropyl]-*, $C_{13}H_{15}NO$, $Kp._7$ 155–157°; a) 75%, b) 38%. *Semicarbazon*, $C_{14}H_{18}N_4O$, F. 160°. — *Cyanmethyl-[β.β-diphenyläthyl]-*, $C_{17}H_{15}NO$, F. 61° (verd. A. oder Ligroin); a) 85%, b) 40%. *Semicarbazon*, $C_{18}H_{18}N_4O$, F. 150–151°. — *α-Cyanäthyl-[β.β-diphenyläthyl]-*, $C_{18}H_{17}NO$, F. 63–65° (verd. A. oder Ligroin); a) 99%, b) 35%. *Semicarbazon*, $C_{19}H_{20}N_4O$, F. 162°. — *[Cyanmethyl]-isobutyl-*, $C_7H_{11}NO$, $Kp._{18}$ 125–127°; a) 80%, b) 30%. *Semicarbazon*, $C_8H_{14}N_4O$, F. 133°.

E. MAEKAWA. 3132□

Cyanäthylierung. 2. Mitt. **Cyanäthylierung des Δ^2-Thiazolinthiols-(2).** Richard J. Gaul, Winfried J. Fremuth und Michael N. O'Connor. (J. org. Chemistry **26.** 5106–08. Dez. 1961. Stamford, Conn., Amer. Cyanamid Co., Central Res. Div., Stamford Labor.) (Engl.) — 1. vgl. C. **1961.** 1175.

Bei der Cyanäthylierung von Δ^2-Thiazolinthiol-(2) (**I**) mit Acrylnitril in Ggw. von Benzyltrimethylammoniumhydroxid (Triton B) entsteht *2-Thionothiazolidin-3-propio-*

nitril (II), das in saurer Lsg. leicht zu *2-Thionothiazolidin-3-propionsäure* (III) hydrolysiert wird. Energ. Hydrolyse liefert *N-[2-Mercaptoäthyl]-β-alaninhydrochlorid*. In heißem Eisessig wird II mit HgO zu *2-Oxothiazolidin-3-propionamid* desulfuriert. *2-[2-Carboxyäthylmercapto]-Δ²-thiazolin* wird in wss. Lsg. aus dem Na-Salz von I u. β-Propiolacton hergestellt.

Versuche (FF. korr.): *2-Thionothiazolidin-3-propionitril* (II), $C_6H_8N_2S_2$, Kp.$_{0,25}$ 176 bis 178°, F. 29—31°, durch Erwärmen von I u. Triton B in Chlf. auf 40°, Zutropfen von Acrylnitril während 25 Min. u. 18std. Stehen bei 25°; 94,8% (Ausbeute). — *2-Thionothiazolidin-3-propionsäure* (III), $C_6H_9NO_2S_2$, F. 103,3—104,6° (W.), durch 4std. Kochen von II mit konz. HCl; 91,5%. — *2-[2-Carboxyäthylmercapto]-Δ²-thiazolin*, F. 76,6—77,5°, durch Rk. von I u. β-Propiolacton, Einstellen des pH auf 1 nach 1 Std., Abtrennen der Ausgangs-Prodd., Einstellen des pH auf 4,5 u. Aufnehmen des Öls in Ae.; 60,3%. — *2-Oxothiazolidin-3-propionamid*, $C_6H_{10}N_2O_2S$, F. 94,1—94,9° (A.–Hexan), durch 6std. Kochen von II mit HgO; 41,3%. — *N-[2-Mercaptoäthyl]-β-alaninhydrochlorid*, durch 7 Tage langes Kochen von III mit konz. HCl u. Einengen bei 20 Torr u. 90°; gelbes Öl; 79,4%. E. KOSSMEHL. 3142□

Chemie der Aminobenzthiazole: einige Thioharnstoffe, Harnstoffe, Carbodiimide und Guanidine. C. P. Joshua. (J. Indian chem. Soc. **37**. 621—25. Okt. 1960. Varanasi, Banaras, Hindu Univ., Dep. of Chem., Organ. Chem. Res. Sect.) (Engl.)

Mehrere Derivv. von Thioharnstoff, Harnstoff, Carbodiimid u. Guanidin, die einen substituierten oder unsubstituierten 2-Aminobenzthiazolrest enthalten, werden beschrieben.

Versuche: N'-[Benzthiazolyl-(2)]-thioharnstoffe, durch 3—4std. Erhitzen von einem 2-Amino-benzthiazol mit dem entsprechenden Isothiocyanat auf 100°, Waschen mit Ae. u. verd. HCl u. Umkristallisieren aus Bzl.; 90% (Ausbeute): *N-[o-Tolyl]-N'-[4-methyl-*, $C_{16}H_{15}N_3S_2$, F. 184°. — *N-Phenyl-N'-*, $C_{14}H_{11}N_3S_2$, F. 201°. — *N-[m-Tolyl]-N'-[5-methyl-*, $C_{16}H_{15}N_3S_2$, F. 188°. — *N-[p-Tolyl]-N'-[6-methyl-*, $C_{16}H_{15}N_3S_2$, F. 202°. — *N-[p-Phenetyl]-N'-[6-äthoxy-*, $C_{18}H_{19}N_3O_2S_2$, F. 168°. — *N-Phenyl-N'-[4-methyl-*, $C_{15}H_{13}N_3S_2$, F. 185°. — *N-Phenyl-N'-[5-methyl-*, $C_{15}H_{13}N_3S_2$, F. 178°. — *N-Phenyl-N'-[6-methyl-*, $C_{15}H_{13}N_3S_2$, F. 201°. — *N-Phenyl-N'-[6-äthoxy-*, $C_{16}H_{15}N_3OS_2$, F. 167°. — N-Aryl-N'-[Benzthiazolyl-(2)]-carbodiimide, durch 6—8std. Kochen der entsprechenden Thioharnstoffe mit PbO in Bzl., Filtrieren in der Hitze u. Umkristallisieren der hellbläulichgelben Kristalle aus Bzl. u. A.: *N-Phenyl-N'-*, $C_{14}H_9N_3S$, F. 217°. — *N-[o-Tolyl]-N'-[4-methyl-*, $C_{16}H_{13}N_3S$, F. 185°. — *N-[m-Tolyl]-N'-[5-methyl-*, $C_{16}H_{13}N_3S$, F. 224°. — *N-[p-Tolyl]-N'-[6-methyl-*, $C_{16}H_{13}N_3S$, F. 199°. — *N-[p-Phenetyl]-N'-[6-äthoxy-*, $C_{18}H_{17}N_3O_2S$, F. 110°. — *N-Phenyl-N'-[4-methyl-*, $C_{15}H_{11}N_3S$, F. 167°. — *N-Phenyl-N'-[5-methyl-*, $C_{15}H_{11}N_3S$, F. 214°. — *N-Phenyl-N'-[6-methyl-*, $C_{15}H_{11}N_3S$, F. 210°. — *N-Phenyl-N'-[6-äthoxy-*, $C_{16}H_{13}N_3OS$, F. 189°. — N-Aryl-N'-[benzthiazolyl-(2)]-harnstoffe, a) durch Kochen der entsprechenden Carbodiimide mit konz. HCl unter gelegentlicher Zugabe frischer HCl u. Umkristallisieren aus Chlorbenzol u. Eisessig; b) aus Phenylisocyanat mit dem entsprechenden 2-Aminobenzthiazol: *N-Phenyl-N'-*, $C_{14}H_{11}N_3OS$, F. 300°. — *N-Phenyl-N'-[4-methyl-*, $C_{15}H_{13}N_3OS$, F. 207°. — *N-Phenyl-N'-[5-methyl]-*, $C_{15}H_{13}N_3OS$, F. 321°. — *N-Phenyl-N'-[6-methyl-*, $C_{15}H_{13}N_3OS$, F. 315°. — *N-Phenyl-N'-[6-äthoxy-*, $C_{16}H_{15}N_3O_2S$, F. 235°. — *N-[o-Tolyl]-N'-[4-methyl-*, $C_{16}H_{15}N_3OS$, F. 260°. — *N-[m-Tolyl]-N'-[5-methyl-*, $C_{16}H_{15}N_3OS$, F. 285°. — *N-[p-Tolyl]-N'-[6-methyl-*, $C_{16}H_{15}N_3OS$, F. 273°. — *N-[p-Phenetyl]-N'-[6-äthoxy-*, $C_{18}H_{19}N_3O_3S$, F. 237°. — N-Aryl-N'-[benzthiazolyl-(2)]-guanidine, durch 3—4std. Erhitzen der entsprechenden Thioharnstoffe mit PbO u. starkem äthanol. NH_3 im verschlossenen Rohr auf 90—100°, Filtrieren u. Umkristallisieren aus A.: *N-Phenyl-N'-*, $C_{14}H_{12}N_4S$, F. 154°. *Hydrochlorid*, F. 203—205°. *Pikrat*, F. 227°. — *N-[o-Tolyl]-N'-[4-methyl-*, $C_{16}H_{16}N_4S$, F. 170°. *Hydrochlorid*, F. 217°. — *Pikrat*, F. 240°. — *N-[m-Tolyl]-N'-[5-methyl-*, $C_{16}H_{16}N_4S$, F. 195°. *Hydrochlorid*, F. 196°. *Pikrat*, F. 192°. — *N-[p-Tolyl]-N'-[6-methyl-*, $C_{16}H_{16}N_4S$, F. 198°. *Hydrochlorid*, F. 196°. *Pikrat*, F. 227°. — *N-[p-Phenetyl]-N'-[6-äthoxy-*, $C_{18}H_{20}N_4O_2S$, F. 163°. *Hydrochlorid*, F. 268°. *Pikrat*, F. 238°. — *N-Phenyl-N'-[6-methyl-*, $C_{15}H_{14}N_4S$, F. 148°. *Hydrochlorid*, F. 215°. *Pikrat*, F. 213°. P. GOLINSKE. 3142□

Heterocyclische Synthesen mit Äthoxyacetylen. 1. Mitt. **1-Aryl-5-äthoxy-1.2.3-triazole.** Paolo Grünanger, Paolo Vira Finzi und Ernesto Fabbri. (Gazz. chim. ital. **90**. 413—25. Febr./März 1960. Milano, Politecn., Ist. di Chim. gen.; Centro di Chim. ind. del C.N.R.; Rho, Milano, Ist. Tecn. ind. per Chim.) (Ital.)

Bei der Kondens. von Äthoxyacetylen (I) mit Phenylazid (II) wird *1-Phenyl-5-äthoxy-1.2.3-triazol* (III) gebildet; das theoret. ebenfalls zu erwartende 1-Phenyl-4-äthoxy-1.2.3-triazol wird nicht gefunden. In geringerer Ausbeute fällt III auch bei der Rk. von II mit Ketendiäthylacetal (IV) an; das hierbei als Zwischenprod. vermutete *1-Phenyl-5.5-diäthoxy-Δ²-1.2.3-triazolin* ließ sich nicht fassen. Durch alkohol. KOH wird

III zu *1-Phenyl-5-hydroxy-1.2.3-triazol* verseift. HNO_3 liefert *1-[p-Nitrophenyl]-5-äthoxy-1.2.3-triazol*; ist die p-Stellung wie in 1-[p-Tolyl]-5-äthoxy-1.2.3-triazol besetzt, so tritt NO_2-Substitution in m-Stellung des Phenylkerns ein.

Versuche: 5-Äthoxy-1.2.3-triazole: *1-Phenyl-* (III), $C_{10}H_{11}N_3O$, F. 65—66°, a) durch 18std. Kochen von I mit II in Bzl.; aus A. Nadeln; 87% (Ausbeute); b) durch 30std. Kochen von II mit IV in Toluol; 36,4%. — *1-[p-Nitrophenyl]-*, $C_{10}H_{10}N_4O_3$, F. 165,5 bis 166,5°, a) durch Zutropfen von rauchender HNO_3 zu III in konz. H_2SO_4 bei 0—5°, 1std. Stehen u. Gießen auf Eis; aus Methanol Nadeln; 87%; b) analog III aus 10 g p-Nitrophenylazid u. 7 g I; 1,2 g. — *1-[p-Tolyl]-*, Kp.$_1$ 175—179°, analog III nach a) (51%) u. nach b) aus 5,2 g p-Tolylazid u. 4,4 g IV; 2 g. — *1-[m-Nitro-p-tolyl]-*, $C_{11}H_{12}N_4O_3$, F. 101—102°, aus 1 g vorst. Verb. u. HNO_3/H_2SO_4; aus Methanol gelbliche Prismen; 1,2 g. — *1-[p-Chlorphenyl]-*, $C_{10}H_{10}ClN_3O$, F. 88,5°, analog III nach a); aus Hexan Nadeln; 49%. — *1-[m-Nitro-p-chlorphenyl]-*, $C_{10}H_9ClN_4O_3$, F. 130,5—131,5°, aus 1 g vorst. Verb. u. HNO_3/H_2SO_4; aus Methanol Nadeln; 1,2 g. — *1-[p-Bromphenyl]-*, $C_{10}H_{10}BrN_3O$, F. 96—97°, analog III nach a); aus Hexan Nadeln; 59%. — *1-[m-Nitro-p-bromphenyl]-*, $C_{10}H_9BrN_4O_3$, F. 136—137°, a) aus vorst. Verb. u. HNO_3/H_2SO_4; aus Methanol Nadeln; b) analog III aus 6,4 g m-Nitro-p-bromphenylazid u. 10 ml I; 1,6 g. — *1-[o-Nitro-p-bromphenyl]-*, $C_{10}H_9BrN_4O_3$, F. 118—119°, analog III aus 8 g o-Nitro-p-bromphenylazid u. 10 ml I in Toluol; aus Hexan Blättchen; 0,25 g. — *1-Phenyl-5-hydroxy-1.2.3-triazol*, F. 124—125° (Zers.), durch 80std. Kochen von III mit 30%ig. alkohol. KOH, Gießen auf Eis u. Ansäuern mit H_2SO_4. *O-Benzoyl-Deriv.*, $C_{15}H_{11}N_3O_2$, F. 142°, aus Methanol Nadeln. H.-E. Toussaint. 3153□

Zur Synthese von Urazolen. G. Zinner und W. Deucker. (Arch. Pharmaz. Ber. dtsch. pharmaz. Ges. **294/66.** 370—72. Juni 1961. Marburg, Univ., Inst. für Pharmaz. u. Lebensmittelchem.) (Dt.)

4-Phenyl- u. *4-Butyl-1-carbäthoxysemicarbazid* werden dargestellt u. zu den entsprechenden Derivv. des 1.2.4-Triazolidindions-(3.5) (Urazol) cyclisiert.

Versuche: *1-Carbäthoxy-4-phenylsemicarbazid*, $C_{10}H_{13}N_3O_3$, F. 154° (A.), durch Zutropfen von Phenylisocyanat zu Carbäthoxyhydrazin (I) in Bzl. unter Feuchtigkeitsausschluß bei 10—20° u. 20 Min. langes Kochen; 98% (Ausbeute). — *1-Carbäthoxy-4-butylsemicarbazid*, $C_8H_{17}N_3O_3$, F. 111,5—112° (A.), durch Zutropfen von Butylisocyanat zu I in Bzl. bei 15—20° u. $^1/_2$std. Rühren bei Raum-Temp.; 96%. — *4-Phenylurazol*, F. 203° (W.), a) durch portionsweise Zugabe vorvorst. Verb. zu heißer 4n KOH, 20 Min. langes Stehen der Lsg. bei 100° u. Ansäuern mit konz. HCl; 95%; b) durch Lösen von 4-Phenylsemicarbazid in Chlf., Zugabe von Pyridin, Zutropfen von Chlorameisensäureäthylester in Chlf., $^1/_2$std. Rühren, Abdestillieren des Chlf., 20 Min. langes Erhitzen mit 5n KOH auf 100°, Abtrennen des Pyridins u. Ansäuern der wss. Phase mit konz. HCl; 73%. — *4-Butylurazol*, F. 168—168,5° (A.), durch Lösen vorvorst. Verb. in 4n KOH, $^3/_4$std. Erhitzen auf 100° u. Ansäuern mit konz. HCl; 86%. P. Golinske. 3153□

Synthese einiger Formazane, Thiohydrazide und Thiadiazoline mit Kohlenhydratresten. I. Ja. Posstowski und M. I. Jermakowa. (Журнал Общей Химии [J. allg. Chem.] **29 (91).** 1333—40. April 1959. Uraler Filiale der Akad. der Wiss. der UdSSR.) (Russ.)

Das durch Rk. von Galaktosephenylhydrazon mit Benzoldiazoniumchlorid zugängliche 1.5-Diphenyl-3-[d-galakto-pentahydroxypentyl]-formazan (I) wird durch H_2S zu *Thiogalaktonsäure-N'-phenylhydrazid* (II) reduziert. Auch aus 1-[p-Chlorphenyl]-5-phenyl-3-[d-galakto-pentahydroxypentyl]-formazan wird mit H_2S allein II (neben *p-Chlorphenylhydrazin*) erhalten, u. die Bldg. des wegen des möglichen Vorliegens der Formazane in zwei tautomeren Formen theoret. ebenfalls zu erwartenden Thiogalaktonsäure-N'-p-chlorphenylhydrazids wird hier nicht beobachtet. II reagiert mit Furfurol unter Bldg. von *2-[α-Furyl]-3-phenyl-5-[d-galakto-pentahydroxypentyl]-1.3.4-thiadiazolin*; analoge Verbb. wurden mit weiteren Aldehyden u. Ketonen erhalten. Aus Arabinosearylhydrazonen stellte man auf entsprechende Weise über die Formazane u. Thioarabonsäure-N'-arylhydrazide in 5-Stellung mit dem *l-arabo-Tetrahydroxybutylrest* substituierte *1.3.4-Thiadiazoline* dar. Die neuen Thiohydrazide u. Thiadiazoline zeigten bei der pharmakolog. Prüfung eine schwache tuberkulostat. Wirksamkeit.

Versuche: *Galaktose-p-chlorphenylhydrazon*, $C_{12}H_{17}ClN_2O_5$, F. 170—171°; 54,5% (Ausbeute). — *Arabinose-p-chlorphenylhydrazon*, $C_{11}H_{15}ClN_2O_4$, F. 167—168° (W.; Nadeln); 50,9%. — 1.5-Diaryl-3-[d-galakto-pentahydroxypentyl]-formazane, durch Zutropfen der salzsauren Diazoniumsalz-Lsgg. zu den Galaktosearylhydrazonen in wss. Pyridin bei 0°, Gießen in Eiswasser u. Stehen über Nacht: *1.5-Diphenyl-* (I), $C_{18}H_{22}N_4O_5$, F. 163—164°; 71%. — *1-[p-Chlorphenyl]-5-phenyl-*, $C_{18}H_{21}ClN_4O_5$, F. 171—172° (Butanol; Blättchen); 70,5%. — *1.5-Bis-[p-chlorphenyl]-*, $C_{18}H_{20}Cl_2N_4O_5$, F. 153—154° (A.; bräunliche Prismen); 54,5%. — *1-[p-Diphenyl]-5-phenyl-*, $C_{24}H_{26}N_4O_5$, F. 158—159°, bräunliche

Blättchen; 65,5%. — 1.5-Diaryl-3-[*l*-arabo-tetrahydroxybutyl]-formazane: *1.5-Diphenyl-*, $C_{17}H_{20}N_4O_4$, F. 169—170°; 65%. — *1-[p-Chlorphenyl]-5-phenyl-*, $C_{17}H_{19}ClN_4O_4$, F. 158—159°, rote Nadeln; 71%. — *1.5-Bis-[p-chlorphenyl]-*, $C_{17}H_{18}Cl_2N_4O_4$, F. 165—168°, rote Blättchen; 44,6%. — *Thiogalaktonsäure, N'-Phenylhydrazid* (II), $C_{12}H_{18}N_2O_5S$, F. 170—171°, durch Sättigen der alkohol. Lsg. von I mit H_2S, 48std. Stehen u. Einleiten von CO_2; 68,2%. *N'-p-Chlorphenylhydrazid*, $C_{12}H_{17}ClN_2O_5S$, F. 179 bis 180°; 50,4%. — *Thioarabonsäure, N'-Phenylhydrazid*, $C_{11}H_{16}N_2O_4S$, F. 173—174°; 58,3%. *N'-p-Chlorphenylhydrazid*, $C_{11}H_{15}ClN_2O_4S$, F. 177—178°; 54%. — 5-[d-Galakto-pentahydroxypentyl]-1.3.4-thiadiazoline: *2.3-Diphenyl-*, $C_{19}H_{22}N_2O_5S$, F. 162 bis 163°, durch 1/4std. Erhitzen von II mit Benzaldehyd in 1,5% HCl enthaltendem abs. A.; 64,2%. — *2-[α-Furyl]-3-phenyl-*, $C_{17}H_{20}N_2O_6S$, F. 143—145°, analog aus II u. Furfurol; 65,8%. — *2-[o-Methoxyphenyl]-3-phenyl-*, $C_{20}H_{24}N_2O_6S$, F. 163—164°; 59,5%. — *3-Phenyl-*, $C_{13}H_{18}N_2O_5S$, F. 184—185°; 96,2%. — *2.2-Dimethyl-3-phenyl-*, $C_{15}H_{22}N_2O_5S$, F. 171—172°; 73,2%. — *2-Phenyl-3-[p-chlorphenyl]-*, $C_{19}H_{21}ClN_2O_5S$, F. 193—194°; 66,1%. — *2-[α-Furyl]-3-[p-chlorphenyl]-*, $C_{17}H_{19}ClN_2O_6S$, F. 175—176°; 67,9%. — 5-[*l*-Arabo-tetrahydroxybutyl]-1.3.4-thiadiazoline: *2.3-Diphenyl-*, $C_{18}H_{20}N_2O_4S$, F. 178—179° (A.; Nadeln); 50,5%. — *2-[α-Furyl]-3-phenyl-*, $C_{16}H_{18}N_2O_5S$, F. 154 bis 155°; 52%. — *3-Phenyl-*, $C_{12}H_{16}N_2O_4S$, F. 186—187°; 76,6%. — *2-Phenyl-3-[p-chlorphenyl]-*, $C_{18}H_{19}ClN_2O_4S$, F. 193—194°; 58,6%. — *2-[α-Furyl]-3-[p-chlorphenyl]-*, $C_{16}H_{17}ClN_2O_5S$, F. 177—178°; 78%. H.-E. TOUSSAINT. 3173□

Synthese von heterocyclisch-substituierten Chromonen und Chalkonen. Patrick F. Devitt, Anita Timoney und Michael A. Vickars. (J. org. Chemistry **26**. 4941—44. Dez. 1961. Dublin, Ireland, Univ. Coll., Dep. of Chem.) (Engl.)

Substituierte 2'-Hydroxyacetophenon-Derivv. werden mit heterocycl. Carbonsäurechloriden kondensiert, wobei *Ketoester* entstehen, die der BAKER-VENKATARAMAN-Umlagerung zu den entsprechenden *1.3-Diketonen* unterworfen u. zu den *Chromon-Derivv.* dehydratisiert werden. Heterocycl. Aldehyde werden mit substituierten 2'-Hydroxyacetophenon-Derivv. mit wss. Alkali oder Na-Methylat als Kondens.-Mittel zu heterocycl. substituierten *Hydroxychalkon-Derivv.* umgesetzt. Alle Verbb. wurden auf ihre Antitumoraktivität untersucht.

Versuche: 2'-Acyloxyacetophenone: *5'-Methoxy-2'-nicotinyl-*, F. 78—80° (Methanol, Nadeln), durch Zutropfen von Nicotinylchlorid zu einer eisgekühlten Lsg. von 2'-Hydroxy-5'-methoxyacetophenon in Pyridin, 3std. Rühren bei Zimmer-Temp. u. Gießen auf Eis u. Eisessig; 91% (Ausbeute). — Analog: *2'-Nicotinyl-*, F. 88—89°; 90%. — *2'-Isonicotinyl-*, F. 80—81°; 30%. — *4'-Methoxy-2'-nicotinyl-*, F. 89—90°; 20%. — *4'-Methoxy-2'-isonicotinyl-*, F. 75—76°; 15%. — *5'-Methoxy-2'-isonicotinyl-*, F. 84 bis 85°; 81%. — *4'.6'-Dimethoxy-2'-nicotinyl-*, F. 123—124°; 83%. — *4'.6'-Dimethoxy-2'-isonicotinyl-*, F. 121—122°; 79%. — *3'.4'-Dimethoxy-2'-nicotinyl-*, F. 118—119°; 71%. — *3'.4'-Dimethoxy-2'-isonicotinyl-*, F. 120—121°; 52%. — *2'-Chinaldyl-*, F. 140—141°, durch Zutropfen von Chinaldoylchlorid in Bzl.; 47%. — *4'-Methoxy-2'-[furoyl-(2)]-*, F. 113—114°; 95%. — *5'-Methoxy-2'-[furoyl-(2)]-*, F. 70—71°; 77%. — *6'-Methoxy-2'-[furoyl-(2)]-*, F. 87—89°; 84%. — *2'-[Thenoyl-(2)]-*, F. 112—114°; 83%. — *4'-Methoxy-2'-[thenoyl-(2)]-*, F. 88—89°; 94%. — *5'-Methoxy-2'-[thenoyl-(2)]-*, F. 75—77°; 95%. — *6'-Methoxy-2'-[thenoyl-(2)]-*, F. 90—91°; 96%. — Propandione-(1.3): *1-[2-Hydroxy-5-methoxyphenyl]-3-[pyridyl-(3)]-*, F. 143—144° (Methanol, citronengelbe Nadeln), durch 20 Min. langes Schütteln des Ketoesters mit KOH in Pyridin, 15std. Stehen u. Versetzen mit kalter, verd. Essigsäure; 68%. — Analog: *1-[2-Hydroxyphenyl]-3-[pyridyl-(3)]-*, F. 145—146°; 87%. — *1-[2-Hydroxyphenyl]-3-[pyridyl-(4)]-*, F. 144—145°; 40%. — *1-[2-Hydroxy-4-methoxyphenyl]-3-[pyridyl-(3)]-*, F. 145—146°; 27%. — *1-[2-Hydroxy-4-methoxyphenyl]-3-[pyridyl-(4)]-*, F. 143—144°; 50%. — *1-[2-Hydroxy-5-methoxyphenyl]-3-[pyridyl-(4)]-*, F. 117—119°; 52%. — *1-[2-Hydroxy-4.6-dimethoxyphenyl]-3-[pyridyl-(3)]-*, F. 127—128°; 28%. — *1-[2-Hydroxy-4.6-dimethoxyphenyl]-3-[pyridyl-(4)]-*, F. 155—156°; 47%. — *1-[2-Hydroxy-3.4-dimethoxyphenyl]-3-[pyridyl-(3)]-*, F. 122—124°; 35%. — *1-[2-Hydroxy-3.4-dimethoxyphenyl]-3-[pyridyl-(4)]-*, F. 150—152°; 60%. — *1-[2-Hydroxyphenyl]-3-[chinolyl-(2)]-*, F. 148—149°; 33%. — *1-[Furyl-(2)]-3-[2-hydroxy-4-methoxyphenyl]-*, F. 94—95°; 75%. — *1-[Furyl-(2)]-3-[2-hydroxy-5-methoxyphenyl]-*, F. 93—94°; 50%. — *1-[Furyl-(2)]-3-[2-hydroxy-6-methoxyphenyl]-*, F. 114—117°; 70%. — *1-[2-Hydroxyphenyl]-3-[thienyl-(2)]-*, F. 80—81°; 75%. — *1-[2-Hydroxy-4-methoxyphenyl]-3-[thienyl-(2)]-*, F. 112—114°; 70%. — *1-[2-Hydroxy-5-methoxyphenyl]-3-[thienyl-(2)]-*, F. 82—84°; 60%. — *1-[2-Hydroxy-6-methoxyphenyl]-3-[thienyl-(2)]-*, F. 99—100°; 62%. — Chromone: *6-Methoxy-2-[pyridyl-(3)]-*, F. 156—158° (Bzl.–Ligroin, Säulen), durch langsame Zugabe von konz. H_2SO_4 zu einer eiskalten Lsg. des Diketons in Chlf., 30 Min. langes Rühren bei 20° u. Alkalisieren; 75%. — Analog: *2-[Pyridyl-(3)]-*, F. 128—130°; 97%. — *2-[Pyridyl-(4)]-*, F. 142—143°; 71%. — *7-Meth-*

oxy-2-[pyridyl-(3)]-, F. 159—160°; 75%. — *7-Methoxy-2-[pyridyl-(4)]-*, F. 192—193°; 55%. — *6-Methoxy-2-[pyridyl-(4)]-*, F. 182—183°; 80%. — *5.7-Dimethoxy-2-[pyridyl-(3)]-*, F. 161—162°; 85%. — *5.7-Dimethoxy-2-[pyridyl-(4)]-*, F. 228—230°; 78%. — *7.8-Dimethoxy-2-[pyridyl-(3)]-*, F. 170—172°; 63%. — *7.8-Dimethoxy-2-[pyridyl-(4)]-*, F. 200 bis 201°; 63%. — *2-[Chinolyl-(2)]-*, F. 200—201°; 75%. — *2-[Furyl-(2)]-7-methoxy-*, F. 158 bis 159°; 93%. — *2-[Furyl-(2)]-6-methoxy-*, F. 172—173°; 80%. — *2-[Furyl-(2)]-5-methoxy-*, F. 175—176°; 93%. — *2-[Thienyl-(2)]-*, F. 97—99°; 88%. — *7-Methoxy-2-[thienyl-(2)]-*, F. 140—141°; 71%. — *6-Methoxy-2-[thienyl-(2)]-*, F. 130—131°; 87%. — *5-Methoxy-2-[thienyl-(2)]-*, F. 121—122°; 64%. — Propenone: *1-[2-Hydroxy-4-methoxyphenyl]-3-[pyridyl-(3)]-*, F. 137—138° (A., gelbe Nadeln), durch Zutropfen einer alkohol. Lsg. von 2'-Hydroxy-4'-methoxyacetophenon u. Nicotinaldehyd zu 50%ig. KOH während 20 Min., 4std. Rühren u. Ansäuern; 21%. — Analog: *1-[2-Hydroxyphenyl]-3-[pyridyl-(4)]-*, F. 118—119°; 6%. — *1-[2-Hydroxy-4-methoxyphenyl]-3-[pyridyl-(2)]-*, F. 132 bis 133°; 16%. — *1-[2-Hydroxy-4-methoxyphenyl]-3-[pyridyl-(4)]-*, F. 141—142°; 8%. — *1-[2-Hydroxy-4-methoxyphenyl]-3-[thienyl-(2)]-*, F. 94—95°; 17%. — *1-[2-Hydroxyphenyl]-3-[pyridyl-(2)]-*, F. 98—99° (Bzl., gelbe Nadeln), durch Zutropfen einer methanol. Na-Methylat-Lsg. zu 2'-Hydroxyacetophenon u. Picolinaldehyd in Methanol. Stehen über Nacht u. Gießen auf Eis u. Eisessig; 24%. — Analog: *1-[2-Hydrxoyphenyl]-3-[pyridyl-(3)]-*, F. 151—153°; 22%. — *1-[2-Hydroxyphenyl]-3-[thienyl-(2)]-*, F. 99—100°; 38%.

E. Kossmehl. 3201□

Alternarsäure. 4. Mitt. 3-Acetyl-4-hydroxy-6-methyl-5.6-dihydropyron-(2). J. R. Bartels-Keith und W. B. Turner. (J. chem. Soc. [London] **1960**. 3413—15. Aug. The Frythe, Welwyn, Herts., Imp. Chem. Ind. Ltd., Akers Res. Labor.) (Engl.) — 3. vgl. C. **1961**. 1204.

Alternarsäure u. das durch katalyt. Hydrierung von Dehydracetsäure erhaltene *3-Acetyl-4-hydroxy-6-methyl-5.6-dihydropyron-(2)* (I) besitzen in A. u. in verd. Alkali prakt. übereinstimmende UV-Spektren, womit die Struktur des Chromophors der Alternarsäure sichergestellt ist. Durch Alkali wird I zu *Acetaldehyd* u. *Aceton*, durch Säure zu *2.6-Dimethyl-2.3-dihydropyron-(4)* hydrolysiert.

Versuche: *3-Acetyl-4-hydroxy-6-methyl-5.6-dihydropyron-(2)* (I), $C_8H_{10}O_4$, F. 98 bis 100° (Methanol; sublimiert bei 85°/10 Torr), durch Hydrieren von Dehydracetsäure in Methanol über Pd/C u. Gegenstromverteilung im Syst. Ae./Citronensäure–Phosphat-Puffer (pH 5); λ_{max} 216 u. 271 mμ (A.), 249 u. 268 mμ (0,1n NaOH); wird durch n-NaOH zersetzt zu *Acetaldehyd* (*Dimedon-Deriv.*, F. 140—141°) u. *Aceton* (*2.4-Dinitrophenylhydrazon*, F. 125—126°). — *2.6-Dimethyl-2.3-dihydropyron-(4)*, $C_7H_{10}O_2$, Kp.$_{10}$ 100°, durch ½std. Erhitzen von I mit 90%ig. H_2SO_4 auf 120—130°, Gießen in Eiswasser u. Ausziehen mit CH_2Cl_2; $n_D^{23,5}$ 1,4908; λ_{max} 263 mμ (A.), 298 mμ (0,1n NaOH). *Semicarbazon*, $C_8H_{13}N_3O_2$, F. 177—178°. *2.4-Dinitrophenylhydrazon*, F. 151—153°.

H.-E. Toussaint. 3211□

Synthese von Dihydroevodion. R. Huls und S. Brunelle. (Bull. Soc. chim. belges **68**. 325—35. Juli/Aug. 1959. Elisabethville, Univ. officielle du Congo Belge et du Ruanda-Urundi, Labor. de Chim. Organ.; Liège, Univ., Labor. de Chim. Organ.) (Franz.)

Vff. beschreiben eine Reihe von Rkk., die zur Synth. von *Dihydroevodion* oder *6-Acetyl-5.7.8-trimethoxy-2.2-dimethylchroman* führen. Es gelang nicht vom 5.7.8-Trimethoxy-2.2-dimethyl-Δ^3-chromen durch Friedel-Crafts-Rk. direkt zum Evodion zu kommen, da das säureempfindliche Δ^3-Chromen nur Harze lieferte. Chromane sind jedoch der Friedel-Crafts-Rk. zugänglich. UV-Spektren s. Original.

Versuche: *1.2.3.5-Tetramethoxybenzol* (I), F. 47°, nach der Meth. von Baker (J. chem. Soc. [London] **1941**. 662); 75% (Ausbeute). — *2.3.4.6-Tetramethoxy-α-isopropylidenacetophenon* (II), $C_{15}H_{20}O_5$, F. 143° (PAe./Bzl.), durch Friedel-Crafts-Rk. von I mit β.β-Dimethylacrylsäurechlorid in Ae., Hydrolyse der öligen Phase mit HCl u. Vakuum-Dest.; 66%. *2.4-Dinitrophenylhydrazon*, $C_{21}H_{24}N_4O_8$, F. 232°; aus A. rote Nadeln. — *5.7.8-Trimethoxy-2.2-dimethylchromanon-(4)* (III), $C_{14}H_{18}O_5$, F. 116,5° (PAe./Bzl.), a) analog II in einem Gemisch aus symm.-Tetrachloräthan u. Ae. (2:1) durch Hydrolyse mit HCl, Wasserdampf-Dest. u. Ausäthern des Rückstandes; 60%; b) durch Rk. von I mit β-Bromisovalerylchlorid. *2.4-Dinitrophenylhydrazon*, $C_{20}H_{22}N_4O_8$, F. 245°; aus A. rote Nadeln. — *2.3.4.6-Tetramethoxyisovalerophenon*, $C_{15}H_{22}O_5$, Kp.$_{0,8}$ 172°, aus II durch Hydrierung mit Raney-Ni bei 2 atm; krist. nicht. — *2-Hydroxy-3.4.6-trimethoxy-α-isopropylidenacetophenon*, $C_{14}H_{18}O_5$ (im Original irrtümlich $C_{14}H_{11}O_5$. Der Referent), F. 87°, aus II durch Rk. mit $AlCl_3$ im Gemisch aus symm. Tetrachloräthan u. Ae. (2:1) u. Hydrolyse mit HCl; aus PAe. hellgelbe Kristalle; gibt mit CH_3J in Aceton u. K_2CO_3 **II**. *2.4-Dinitrophenylhydrazon*, $C_{20}H_{22}N_4O_8$, F. 236° (Methanol). — *4-Hydroxy-5.7.8-trimethoxy-2.2-dimethylchroman*, $C_{14}H_{20}O_5$, F. 89°, aus 12 g **III** durch Red. mit $LiAlH_4$ u. Hydrolyse mit wassergesätt. Ae.; 11 g; gibt beim Stehen im Exsiccator über P_2O_5 ein Gemisch aus dem *Chromanol* u. nachst. *Δ³-Chromen.* — *5.7.8-Trimethoxy-2.2-dimethyl-Δ³-chromen*, $C_{14}H_{18}O_4$, F. 47° (PAe.), aus 5 g vorst. Verb. durch 1std. Erhitzen mit der gleichen Menge Al_2O_3 auf 160° u. Vakuum-Dest. bei 140°/0,2 Torr; 4,5 g. — *5.7.8-Trimethoxy-2.2-dimethylchroman*, $C_{14}H_{20}O_4$, Kp.$_{0,2}$ 145—147°, aus 6 g vorst. Verb. durch Hydrierung mit RANEY-Ni; 6 g. — *6-Acetyl-5.7.8-trimethoxy-2.2-dimethylchroman* (*Dihydroevodion*), $C_{16}H_{22}O_5$, F. 63° (PAe.), Kp.$_{0,2}$ 170—175°, aus 10 g vorst. Verb. durch Rk. mit $AlCl_3$ in Ae. u. Acetylchlorid, Hydrolyse mit HCl u. Methylieren mit Dimethylsulfat in alkal. Lsg. durch 3std. Kochen; 8,5 g. *2.4-Dinitrophenylhydrazon*, $C_{22}H_{26}N_4O_8$, F. 163°, aus A. orangefarbene Kristalle. — *Benzylidendihydroevodion*, $C_{23}H_{26}O_5$, F. 114° (Methanol), aus vorst. Verb. durch Rk. mit Benzaldehyd in A. u. NaOH. K.-F. SCHNEIDER. 3211 □

Chlormethylierung von Pyronen-(2). N. P. Schuscherina, N. D. Dmitrijewa und R. Ja. Lewina. (Журнал Общей Химии [J. allg. Chem.] **31** (**93**). 2794. Aug. 1961. Moskau, Lomonossow-Univ.) (Russ.)

5.6.7.8-Tetrahydrocumarin liefert bei der Chlormethylierung (2std. Einleiten von HCl in das Gemisch mit Formalin in Dichloräthan bei 60—70°) *3-Chlormethyl-5.6.7.8-tetrahydrocumarin* (Öl, das sich bei der Dest. zersetzt). Die Chlormethylgruppe läßt sich durch Überführen in das *Isothiuroniumpikrat* [F. 193—194° (Zers.; A.)] u. in *3-Acetoxymethyl-5.6.7.8-tetrahydrocumarin* [$C_{12}H_{14}O_4$, F. 76,5—77,5° aus PAe., durch Erhitzen mit Na-Acetat in Eisessig; 17% (Ausbeute)] nachweisen. HELMUT SCHÄFER. 3211 □

4-Cyclohexylcyclohexanon-2-carbonsäureäthylester und seine Derivate. N. P. Buu-Hoï, T. B. Loc und N. D. Xuong. (Bull. Soc. chim. France [5] **1957.** 1270—72. Okt. Paris, Univ., Inst. de Radium.) (Franz.)

4-Cyclohexylcyclohexanon-(1) (I), das durch Chromsäureoxydation des entsprechenden Alkohols erhältlich ist, gibt durch Kondens. mit Oxalsäurediäthylester u. nachfolgende Decarbonylierung *4-Cyclohexylcyclohexanon-(1)-carbonsäure-(2)-äthylester* (II). Mit Hydrazinhydrat reagiert **II** zu *5-Cyclohexyl-4.5.6.7-tetrahydroindazolon*, mit Resorcin, α-Naphthol u. Dihydroxynaphthalinen zu *5'-Cyclohexylcyclohexeno-[1'.2':3.4]-cumarinen* bzw. *-benzocumarinen.*

Versuche: *4-Cyclohexylcyclohexanon-(1)* (I), Kp.$_{14}$ 145—146°, F. 32°, durch H_2CrO_4-Oxydation von 4-Cyclohexylcyclohexanol-(1) in Essigsäure in der Hitze, Verdünnen mit W. u. Benzolextraktion. — *4-Cyclohexylcyclohexanon-(1)-carbonsäure-(2)-äthylester* (II), $C_{15}H_{24}O_3$, Kp.$_{13}$ 184—185°, durch Zutropfen des Gemisches aus 90 g I u. Oxalsäurediäthylester zu alkohol. $NaOC_2H_5$, Stehen über Nacht bei Raum-Temp., Einengen, Ansäuern mit verd. Essigsäure, Ae.-Extraktion, allmähliches Erhitzen des Rückstandes mit Bimsstein auf 220° bis zum Ende der CO_2-Entw. u. Dest.; gelbe Fl.; n_D^{19} 1,5036; ca. 40 g (Ausbeute). — *5-Cyclohexyl-4.5.6.7-tetrahydroindazolon*, $C_{13}H_{20}N_2O$, F. 235°, aus **II** u. 95%ig. Hydrazinhydrat durch ¼std. Kochen in abs. A.; aus A. Nadeln. — *5'-Cyclohexylcyclohexeno-[1'.2':3.4]-7-hydroxycumarin* (III), $C_{19}H_{22}O_3$, F. 236°, durch Sättigen der Lsg. von **II** u. Resorcin in Eisessig mit HCl-Gas, 12std. Rk. bei Raum-Temp. u. Verdünnen mit Wasser; aus A. Nadeln; 30%. — *5'-Cyclohexylcyclohexeno-[1'.2':3.4]-7.8-benzocumarin*, $C_{23}H_{24}O_2$, F. 218°, aus **II** u. α-Naphthol analog **III**; aus A. Nadeln; mit H_2SO_4 gelbe Halochromie; 60%. — *5'-Cyclohexyl-6''-hydroxycyclohexeno-[1'.2':3.4]-7.8-benzocumarin*, $C_{23}H_{24}O_3$, F. 293°, aus 1.5-Dihydroxynaphthalin u. **II** analog **III**; aus Butylalkohol Prismen; 80%. — *5'-Cyclohexyl-5''-hydroxycyclohexeno-[1'.2':3.4]-7.8-benzocumarin*, $C_{23}H_{24}O_3$, F. 298°, aus 1.6-Dihydroxynaphthalin u. **II** analog **III**; aus Bzl. Nadeln; 75%. — *5'-Cyclohexyl-4''-hydroxycyclohexeno-[1'.2':3.4]-7.8-benzocumarin*, $C_{23}H_{24}O_3$, F. 310°, aus 1.7-Dihydroxynaphthalin u. **II** analog **III**; aus Butanol Prismen. — Mit Pyrogallol u. Phloroglucin liefert **II** ebenfalls Cumarine, mit β-Naphthol u. Phenol entstehen jedoch, auch bei 8tägiger Einw., keine Kondens.-Produkte. E. BERGER. 3211 □

Synthese von stereoisomeren 1.2.5-Trimethyl-4-äthinylpiperidolen-(4). Stereochemie der Acetylensynthese. I. N. Nasarow, I. A. Mochir, B. W. Unkowski und G. Ss. Gussakowa. (Журнал Общей Химии [J. allg. Chem.] **29** (**91**). 1867—74. Juni 1959. Moskau, Lomonossow-Inst. für chem. Feintechnol.) (Russ.)

Die FAWORSKI-Rk. von 1.2.5-Trimethylpiperidon-(4) (II) mit C_2H_2 in Ggw. von KOH-Pulver liefert ein Gemisch von drei Isomeren des *1.2.5-Trimethyl-4-äthinylpiperidols-(4)* (I), die als α-, β- u. γ-I bezeichnet werden u. sich durch fraktionierte Kristallisation u. Dest. trennen lassen. Die Bldg. des vierten theoret. möglichen I-Isomeren wird nicht beobachtet. Das Mengenverhältnis der gebildeten I-Isomeren hängt deutlich von den Rk.-Bedingungen ab. Unter den üblichen Bedingungen der FAWORSKI-Rk. (10 Std. bei —10° u. normalem Druck) fällt das hochschmelzende γ-Isomere im Gemisch zu 26%, das niedrigschmelzende α-I zu 10% an, u. β-I bildet mit 64% das Hauptprodukt. Höhere Rk.-Temp. verschieben das Verhältnis weiter zugunsten der β-Form. Dagegen wirkt sich eine Erhöhung des C_2H_2-Druckes in einer merklichen Erhöhung der Ausbeuten an α- u. γ-I aus, die nach 3 Std. bei −8° u. Anwendung von 15 at C_2H_2 mit 24 bzw. 64% sogar den Hauptanteil im erhaltenen Isomerengemisch bilden; höhere Temp. geben auch unter Druck wieder mehr β-I. Nach den Ergebnissen wird angenommen, daß im Rk.-Gemisch die cis- u. trans-Form von II über die Enolform miteinander im Gleichgewicht stehen u. daß andererseits die einmal gebildeten Alkohole I unter den Bedingungen ihrer Synth. teilweise wieder zu II zerfallen können, wobei der Stabilitätsgrad der einzelnen Isomeren unterschiedlich ist. β-I besitzt die größte Stabilität u. reichert sich daher bes. bei hohen Temp. (Zerfall der weniger stabilen α- u. γ-Form zu II u. dessen erneute Rk. mit C_2H_2) an. Unter erhöhtem Druck vermag die Rk. von II mit C_2H_2 rascher abzulaufen, so daß in geringerem Maße eine Enolisierung von II stattfindet; als Rk.-Prod. fällt daher hauptsächlich das aus der trans-Form von II gebildete γ-I an; α-I stellt vermutlich das C_4-Epimere von γ-I dar. Auch wirkt sich eine Erhöhung des C_2H_2-Druckes in einer Verringerung der Dissoziation des gebildeten I in II u. C_2H_2 aus. Neben den I-Isomeren fällt bei der Rk. in geringer Menge auch *Bis-[1.2.5-trimethyl-4-hydroxypiperidyl-(4)]-acetylen* (III) an.

Versuche: *1.2.5-Trimethylpiperidon-(4)* (II), Kp.$_4$ 68—69°, n_D^{20} 1,4580. — *1.2.5-Trimethyl-4-äthinylpiperidol-(4)* (I), durch Sättigen von Ae. in Ggw. von KOH-Pulver bei −8° mit C_2H_2, Zutropfen von II in Ae., mehrstd. Rühren, Hydrolysieren mit W., Abfiltrieren (γ-I), Sättigen der wss. Schicht mit KOH, Ausäthern (α-I) u. Einengen (β-I u. III). *γ-Form*, F. 177—178° (A.). *Hydrochlorid*, $C_{10}H_{18}ClNO$, F. 209—210° (A.). *Jodmethylat*, $C_{11}H_{20}JNO$, F. 246—247° (A.). — *β-Form*, F. 113—114° (Aceton). *Hydrochlorid*, $C_{10}H_{18}ClNO$, F. 221—222° (A.). *Jodmethylat*, $C_{11}H_{20}JNO$, F. 225—226° (A.). — *α-Form*, $C_{10}H_{17}NO$, F. 73—74° (Bzn.). *Hydrochlorid*, $C_{10}H_{18}ClNO$, F. 200—201° (A.). *Jodmethylat*, $C_{11}H_{20}JNO$, F. 256—257° (A.). — *Bis-[1.2.5-trimethyl-4-hydroxypiperidyl-(4)]-acetylen* (III), *Dihydrochlorid*, $C_{18}H_{34}Cl_2N_2O_2$, F. 290—291° (A.). *Bis-jodmethylat*, $C_{20}H_{38}J_2N_2O_2$, F. 285—296° (wss. A.). H.-E. TOUSSAINT. 3231 □

Antituberkulosemittel. 9. Mitt. Synthese von 1-Amino-3-hydroxypyridon-(4)-carbonsäure-(6)-derivaten. W. Ss. Wolkowa und M. I. Gorjajew. (Вестник Академии Наук Казахской ССР [Nachr. Akad. Wiss. KasachSSR] **17.** Nr. 4. 38—42. April 1961.) (Russ.; Auszug: Kasach.) — 5. vgl. C. **1958.** 417.

2-Carbäthoxy-5-benzoxy-γ-pyron (I) liefert bei der Rk. mit Hydrazinhydrat (II) *1-Amino-3-benzoxypyridon-(4)-carbonsäure-(6)-hydrazid* (III), das mit Benzaldehyd, Salicylaldehyd, p-Dimethylaminobenzaldehyd u. Furfurol zu den entsprechenden *Hydrazonen* kondensiert wird. 2-Carbäthoxy-5-methoxy-γ-pyron (IV) reagiert mit II zu *1-Amino-3-methoxypyridon-(4)-carbonsäure-(6)-hydrazid*, mit 2.4-Dinitrophenylhydrazin (V) liefert IV *1-[2.4-Dinitrophenylamino]-3-methoxypyridon-(4)-carbonsäure-(6)-äthylester*.

Versuche: *1-Amino-3-benzoxypyridon-(4)-carbonsäure-(6)-hydrazid* (III), $C_{13}H_{12} \cdot N_4O_4$, F. 220—221° (Zers.; A.), durch ½ std. Erhitzen von 3 g I u. 1,2 ml II in 40 ml abs. A. auf dem Wasserbad; gelbes Pulver; 0,25 g (Ausbeute). — *1-Benzalamino-3-benzoxypyridon-(4)-carbonsäure-(6)-benzalhydrazid*, $C_{27}H_{20}N_4O_4$, F. 203—204° (A.), man erhitzt 1 g I u. 0,4 ml II in 15 ml abs. A. ½ Std. lang auf dem Wasserbad, gibt 0,2 ml Benzaldehyd zu u. erhitzt noch 10 Min. lang; Nadeln; 0,2 g. — *1-Salicylalamino-3-benzoxypyridon-(4)-carbonsäure-(6)-salicylalhydrazid*, $C_{27}H_{20}N_4O_6$, F. 210—211° (A.), analog aus I u. II, dann 0,2 ml Salicylaldehyd; graue Prismen; 0,4 g. — *1-[p-Dimethylaminobenzalamino]-3-benzoxypyridon-(4)-carbonsäure-(6)-[p-dimethylaminobenzalhydrazid]*, $C_{31}H_{30} \cdot N_6O_4$, F. 184—185° (Bzl.), man gibt zu III (aus 1 g I) in A. 0,4 g p-Dimethylaminobenzaldehyd in 10 ml A. u. kocht 10 Min. lang; cremefarbene Nadeln; 0,7 g. — *1-Furfuralamino-3-benzoxypyridon-(4)-carbonsäure-(6)-furfuralhydrazid*, $C_{23}H_{16}N_4O_6$, F. 172—173° (A.), durch 10 Min. langes Kochen der alkohol. Lsg. von III (aus 1 g I) mit 0,2 ml Furfurol in 5 ml A.; cremefarbene Nadeln; 0,1 g. — *1-Amino-3-methoxypyridon-(4)-carbonsäure-(6)-hydrazid*, $C_7H_{10}N_4O_3$, F. 264—265° (75%ig. A.), man gibt zu 1 g IV in 20 ml heißem A. 0,5 ml II u. läßt 2 Std. lang bei 20° stehen; feinkristallines Pulver; 0,4 g. — *1-[2.4-Dinitrophenylamino]-3-methoxypyridon-(4)-carbonsäure-(6)-äthylester*, $C_{15}H_{14}N_4O_8$, F. 240—245° (Zers.; Bzl.), durch 10 Min. langes Kochen von 1 g V in 2 ml konz. H_2SO_4 u. 10 ml A. u. 0,6 g IV in 40 ml A.; 0,6 g. HELMUT SCHÄFER. 3231 □

Die Verwendung von Acrylnitril bei der Synthese einiger hydrierter heterocyclischer Verbindungen. T. Henshall und E. W. Parnell. (J. chem. Soc. [London] **1962.** 661—67. Febr. London, Sir John Cass Coll., Dep. of Chem.) (Engl.)

Die Verw. von Acrylnitril ermöglicht die Synth. hydrierter Heterocyclen mit bekannter Stereochemie. *1-[2-Cyanäthyl]-2.2-äthylendioxy-1-methylcyclohexan* (II) wird katalyt. hydriert zu *3-[2.2-Äthylendioxy-1-methylcyclohexyl]-propylamin* (III), dieses hydrolysiert u. cyclisiert zu *$\Delta^{1,8a}$-Oktahydro-4a-methylchinolin* (IV). Dessen Rk. mit Na in A. ergab reines *trans-Dekahydro-4a-methylchinolin* (*trans*-I). Die Red. von IV nach ADAMS führte in Essigsäure zu einem Gemisch aus *cis-* u. *trans*-I, in Essigsäure/HCl dagegen zu reinem *cis*-I. *trans-Oktahydro-1-pyrindin* (*trans*-**V**) wurde analog aus 2-[2-Cyanäthyl]-cyclopentanon über *1-[2-Cyanäthyl]-2.2-äthylendioxycyclopentan, 3-[2.2-Äthylendioxycyclopentyl]-propylamin* u. *$\Delta^{1,7a}$-Hexahydro-1-pyrindin* (**VI**) erhalten. Hierbei führt die Hydrierung an PtO_2 in A. überwiegend zu *trans*-**V**, in Essigsäure zu einem Gemisch mit vorwiegend *cis*-**V**. *3.4.4a.5.6.7.8.9-Oktahydro-2H-cyclohepta-[b]-pyridin* (**VII**) wurde analog aus *1-[2-Cyanäthyl]-2.2-äthylendioxycycloheptan* hergestellt u. zu *trans-* u. *cis-Perhydrocyclohepta-[b]-pyridin* reduziert. Die Synth. von *Dekahydro-8a-methylchinolin* erfolgt ausgehend vom 2-[2-Cyanäthyl]-cyclohexanon (**VIII**, vgl. STORK, TERRELL u. SZMUSZKOVICZ, C. **1955.** 6015) über *2-[2-Cyanäthyl]-1-methylcyclohexanol, 3-[2-Hydroxy-2-methylcyclohexyl]-propylamin* (**IX**) u. *3-[2-Methylcyclohexen-(1)-yl]-propylamin.*

Versuche: *trans-Dekahydrochinolin*, Kp.$_{760}$ 199—200°, F. 45—47°, durch Red. von 3 g $\Delta^{1,8a}$-Oktahydrochinolin mit Na in A., Gießen in W. u. Ausäthern; 2,6 g (Ausbeute). *Benzoyl-Deriv.*, F. 52—53°. *Hydrochlorid*, F. 276° (Zers.), durch Hydrieren von **VIII** an PtO_2 in Essigsäure bei 5 at [daneben *Hydrochlorid* des *cis-Isomeren*, F. 225—226° (Zers.)]. — *1-[2-Cyanäthyl]-2.2-äthylendioxy-1-methylcyclohexan* (II), $C_{12}H_{19}NO_2$, Kp.$_{14}$ 178—180°, aus 2-[2-Cyanäthyl]-2-methylcyclohexanon (*4-Nitrobenzyliden-Deriv.*, F. 107—108°) nach COHEN u. WITKOP (vgl. C. **1958.** 9781); n_D^{20} 1,4860. — *3-[2.2-Äthylendioxy-1-methylcyclohexyl]-propylamin* (III), Kp.$_{10}$ 152—155°, durch Hydrieren von 64,5 g **II** an RANEY-Ni in NH_3-haltigem A. bei 75° u. 50 at; n_D^{20} 1,4920; 47,6 g. — *$\Delta^{1,8a}$-Oktahydro-4a-methylchinolin* (**IV**), $C_{10}H_{17}N$, Kp.$_{10}$ 93—94°, durch 1std. Kochen von 33 g **III** mit 2n HCl, Alkalisieren u. Ausäthern; n_D^{20} 1,4991; 21,5 g. *Pikrat*, $C_{10}H_{17}N\cdot C_6H_3N_3O_7$, F. 223—224° (Zers.; A.). — *trans-Dekahydro-4a-methylchinolin* (*trans*-I), $C_{10}H_{19}N$, Kp.$_{760}$ 222°, durch Red. von 3 g **IV** mit Na in A.; n_D^{20} 1,4918; 2,4 g. *Pikrat*, $C_{10}H_{19}N_6\cdot CH_3N_3O_7$, F. 224—225° (Zers.), aus A. gelbe Nadeln. *p-Toluolsulfonyl-Deriv.*, $C_{17}H_{25}NO_2S$, F. 118—119°, aus PAe. Nadeln. — *cis-Dekahydro-4a-methylchinolin* (*cis*-I), Kp. 220—222°, durch Hydrierung von 3,3 g **IV** an PtO_2 in Essigsäure/HCl bei 20° u. 1 at, Filtrieren, Eindampfen, Lösen in W., Alkalisieren u. Ausäthern; n_D^{20} 1,4899. *Pikrat*, F. 190—192°. — *1-[2-Cyanäthyl]-2.2-äthylendioxycyclopentan*, $C_{10}H_{15}NO_2$, Kp.$_{12}$ 154—155°, aus 2-[2-Cyanäthyl]-cyclopentanon nach STORK u. LANDESMANN (vgl. C. **1957.** 5253); n_D^{20} 1,4731. — *3-[2.2-Äthylendioxycyclopentyl]-propylamin*, $C_{10}H_{19}NO_2$, Kp.$_{13}$ 132—134°, analog **III**; n_D^{19} 1,4805. — *$\Delta^{1,7a}$-Hexahydro-1-pyrindin* (**VI**), $C_8H_{13}N$, Kp.$_{13}$ 74—75°, durch ½std. Kochen von 10 g vorst. Verb. mit 2n HCl; n_D^{20} 1,5025; 5,5 g. *Pikrat*, $C_8H_{13}N\cdot C_6H_3N_3O_7$, F. 146—147° (Zers.), gelbe Nadeln aus Methanol. — *trans-Oktahydro-1-pyrindin* (*trans*-**V**), $C_8H_{15}N$, Kp.$_{12}$ 63—64°, F. 29—31,5°, durch Red. von 4 g **VI** mit Na in A.; n_D^{20} 1,4862; 3,2 g. *Pikrolonat*, $C_8H_{15}N\cdot C_{10}H_8N_4O_5$, F. 246—248° (Zers.; 2-Äthoxyäthanol). *p-Toluolsulfonyl-Deriv.*, $C_{15}H_{21}NO_2S$, F. 101—102,5°, aus PAe. Tafeln. — *cis-Oktahydro-1-pyrindin* (*cis*-**V**), $C_8H_{15}N$, Kp.$_{10}$ 57—58°, durch Red. von 6,3 g **VI** an PtO_2 in Essigsäure; n_D^{20} 1,4875; 3,4 g. *p-Toluolsulfonyl-Deriv.*, $C_{15}H_{21}NO_2S$, F. 68—69° (Methanol). Daneben ein *Dimeres*, $C_{16}H_{28}N_2$, Kp.$_{0,25}$ 151—152°; n_D^{17} 1,5170. — *1-[2-Cyanäthyl]-2.2-äthylendioxycycloheptan*, $C_{12}H_{19}NO_2$, Kp.$_{8-9}$ 161—166°, aus 2-[2-Cyanäthyl]-cycloheptanon; n_D^{17} 1,4845. — *3-[2.2-Äthylendioxycycloheptyl]-propylamin*, $C_{12}H_{23}NO_2$, Kp.$_{10}$ 153—155°, durch Red. von 50g vorst. Verb. analog **III**; n_D^{22} 1,4931; 40,5g. — *3.4.4a.5.6.7.8.9-Oktahydro-2H-cyclohepta-[b]-pyridin* (**VII**), $C_{10}H_{17}N$, Kp.$_{10}$ 109—111°, durch 1std. Kochen von 10 g vorst. Verb. mit 2n HCl; n_D^{17} 1,5080; 6,1 g. *Pikrat*, $C_{10}H_{17}N\cdot C_6H_3N_3O_7$, F. 160—162°, aus A. Nadeln. — *trans-Perhydrocyclohepta-[b]-pyridin*, $C_{10}H_{19}N$, Kp.$_{10}$ 98—99°, durch Red. von 4,8 g **VII** mit Na in A.; n_D^{18} 1,4979; 2,66 g. *Pikrolonat*, $C_{10}H_{19}N\cdot C_{10}H_8N_4O_5$, F. 235 bis 237° (Zers.), Nadeln aus 2-Äthoxyäthanol. *p-Toluolsulfonyl-Deriv.*, $C_{17}H_{25}NO_2S$, F. 82—83°, aus PAe. Nadeln. — *cis-Perhydrocyclohepta-[b]-pyridin*, Kp.$_{10}$ 97—98°, durch Hydrieren von 5 g **VII** an PtO_2 in Essigsäure; n_D^{18} 1,4991; 4 g. *Pikrolonat*, F. 210—220° (Zers.). *p-Toluolsulfonyl-Deriv.*, F. 56—58°, Nadeln aus Methanol. — *2-[2-Cyanäthyl]-1-methylcyclohexanol*, $C_{10}H_{17}NO$, Kp.$_{12}$ 152—154°, durch 16std. Kochen von Methyl-MgBr mit 20 g **VIII** in Ae.; n_D^{20} 1,4799; 19,5 g. — *3-[2-Hydroxy-2-methylcyclohexyl]-propylamin* (**IX**), $C_{10}H_{21}NO$, Kp.$_{13}$ 145—146°, durch Red. von 50 g vorst. Verb. mit RANEY-Ni in A. bei 79° u. 50 at; n_D^{20} 1,4950; 39,2 g. *Oxalatsemihydrat*, $C_{10}H_{21}NO\cdot C_2H_2O_4\cdot$ ½ H_2O, F. 116—117° (A./Ae.). *p-Chlorphenylthioharnstoff-Deriv.*, $C_{17}H_{25}ClN_2OS$, F. 134 bis 135°, aus Bzl. Prismen. *p-Toluolsulfonyl-Deriv.*, $C_{17}H_{27}NO_3S$, F. 91,5—93° (aus Ae./PAe. Prismen). — *3-[2-Methylcyclohexen-(1)-yl]-propylamin*, $C_{10}H_{19}N$, Kp.$_{10}$ 118—120°, aus **Xa**; n_D^{20} 1,4881. *Hydrobromid* (**Xa**), $C_{10}H_{19}N\cdot HBr$, F. 191—193° (Zers.), durch 12std. Stehen von 3 g **IX** in 48%ig. HBr bei 10°; Tafeln aus A./Ae.; 4,6 g. *Hydrochlorid* (**Xb**), $C_{10}H_{19}N\cdot HCl$, F. 175—177° (Zers.), aus A./Ae. Blättchen. *p-Chlorphenylthioharnstoff-Deriv.*, $C_{17}H_{23}ClN_2S$, F. 83—84°, aus PAe. Prismen. — *3-[2-Chlor-2-methylcyclohexyl]-propylamin*, Kp.$_{0,2}$ 76—77°, durch 7tägiges Stehen von 15,9 g **IX** bei Zimmer-Temp. mit HCl, Gießen auf Eis, Alkalisieren u. Ausäthern; n_D^{20} 1,4916; 11,1 g. Aufkochen in

Anisol → **X b**. — *Dekahydro-8a-methylchinolin*, $C_{10}H_{19}N$, Kp.$_{15}$ 90—95°, durch 1std. Erhitzen von 5 g **IX** mit $ZnCl_2$ auf 300°; n_D^{20} 1,4868; 1,8 g. *Pikrat*, $C_{10}H_{19}N \cdot C_6H_3N_3O_7$, F. 156—157°, Nadeln aus 2n Essigsäure. — *trans-2-[3-Aminopropyl]-cyclohexanol*, $C_9H_{19}NO$, Kp.$_{12}$ 148—152°, durch Red. von **VIII** mit Na in sd. A.; n_D^{20} 1,4960; 5 g. *p-Toluolsulfonyl-Deriv.*, $C_{16}H_{25}NO_3S$, F. 86—87°, aus PAe. Nadeln. *p-Chlorphenylthioharnstoff-Deriv.*, $C_{16}H_{23}ClN_2OS$, F. 154—155°, Prismen aus Äthylacetat. — *3-[2.2-Äthylendioxycyclohexyl]-propylamin*, $C_{11}H_{21}NO_2$, Kp.$_{10}$ 141—142°, durch Red. von 54 g 1-[2-Cyanäthyl]-2.2-äthylendioxycyclohexan; n_D^{20} 1,4809; 43,5 g. *p-Chlorphenylthioharnstoff-Deriv.*, $C_{18}H_{25}ClN_2O_2S$, F. 136—137° (Bzl.). — *2-[3-Phthalimidopropyl]-cyclohexanon*, $C_{17}H_{19}NO_3$, F. 80—81°, durch 1std. Kochen von 1 g vorst. Verb. mit Phthalsäureanhydrid in Essigsäure, Gießen in W. u. Ausäthern; aus PAe. Prismen. *Semicarbazon*, $C_{18}H_{22}N_4O_3$, F. 172—173° (Methanol). R. MAYER-MADER. 3231 □

Über die Chinolylalkine. Jean-Albert Gautier, Marcel Miocque und Nguyên Manh Hùng. (C. R. hebd. Séances Acad. Sci. **253.** 128—30. 3/7. 1961. Paris, Fac. de Pharm., Labor. de Chim. organ.) (Franz.) — Vgl. C. **1962.** 5295.

Zur Darst. von Chinolylalkinen wurde Chinaldyl-Na in fl. NH_3 oder Chinaldyl-Li in Ae. mit Halogenalkinen des Typs $X(CH_2)_nC{\equiv}CH$ umgesetzt, wobei *4-[Chinolyl-(2)]-butin-(1)* (**II**), *6-[Chinolyl-(2)]-hexin-(1)* (**IV**), *7-[Chinolyl-(2)]-heptin-(1)* bzw. *12-[Chinolyl-(2)]-dodecin-(1)* erhalten wurden. *5-[Chinolyl-(2)]-pentin-(1)* konnte durch Rk. von Chinaldyl–Metall-Verb. mit 2-Halogendiäthyläther über *3-[Chinolyl-(2)]-n-propyläthyläther*, Einw. von HBr (→ *3-[Chinolyl-(2)]-propylbromidhydrobromid*) u. Umsetzung mit Na-Acetylid (**I**) dargestellt werden. Die Chinolylalkine konnten in Ggw. von Hg^{2+} u. Säure hydratisiert werden, wodurch *2-[Chinolyl-(2)]-äthyl-*, *3-[Chinolyl-(2)]-propyl-*, *4-[Chinolyl-(2)]-butyl-*, *5-[Chinolyl-(2)]-pentyl-* u. *10-[Chinolyl-(2)]-decylmethylketon* gewonnen wurden. Diese Ketone ließen sich mit **I** in fl. NH_3 umsetzen, hierbei entstanden *3-Hydroxy-3-methyl-5-[chinolyl-(2)]-pentin-(1)*, *-6-[chinolyl-(2)]-hexin-(1)*, *-7-[chinolyl-(2)]-heptin-(1)*, *-8-[chinolyl-(2)]-octin-(1)* bzw. *-13-[chinolyl-(2)]-tridecin-(1)*. Ferner konnten die Chinolylalkine der MANNICH-Rk. unterworfen werden; in Dioxan in Ggw. von Cu-Acetat entstanden mit Formaldehydhydrat u. Dimethylamin folgende unsymm. Acetylenamine: *1-Dimethylamino-5-[chinolyl-(2)]-pentin-(2)*, *-6-[chinolyl-(2)]-hexin-(2)*, *-7-[chinolyl-(2)]-heptin-(2)*, *-8-[chinolyl-(2)]-octin-(2)* bzw. *-13-[chinolyl-(2)]-tridecin-(2)*. Ferner konnten die Chinolylalkine alkyliert u. mit Ketonen [Aceton (**III**)] umgesetzt werden. Hierbei kann das Acetylen-H-Atom oder/u. das H-Atom der Chinaldin–CH_2-Gruppe reagieren. In Ggw. eines großen $NaNH_2$- u. Alkylierungsmittelüberschusses (Alkylhalogenid) erfolgte doppelte Substitution unter Bldg. von Verbb. des Typs $(C_9H_6N\text{-}2)CHR(CH_2)_nC{\equiv}CR$, bei Anwendung äquimol. Mengen wurde dagegen meistens das Monoalkyl-Deriv. $(C_9H_6N\text{-}2)\text{—}(CH_2)_nC{\equiv}CR$ erhalten. **II** ergab dagegen unter diesen Bedingungen ein Gemisch von 85% $(C_9H_6N\text{-}2)CH_2CH_2C{\equiv}CR$ u. 15% $(C_9H_6N\text{-}2)\cdot CHRCH_2C{\equiv}CH$. Bei der Einw. von Ketonen auf die Chinolylalkine konnten nur durch Anwendung von großen $NaNH_2$- u. **III**-Überschüssen gute Ergebnisse erzielt werden. Hierbei entstanden *2-Hydroxy-2-methyl-9-[chinolyl-(2)]-nonin-(3)* bzw. *-14-[chinolyl-(2)]-tetradecin-(3)*, **II** bzw. **IV** lieferten dagegen Gemische aus *2-Hydroxy-2-methyl-6-[chinolyl-(2)]-hexin-(3)* u. *-3-[chinolyl-(2)]-hexin-(5)* bzw. *2-Hydroxy-2-methyl-3-[chinolyl-(2)]-octin-(5)* (**VI**), *-3-[chinolyl-(2)]-octin-(7)* u. *2.9-Dihydroxy-2.9-dimethyl-3-[chinolyl-(2)]-decin-(7)* (**V**). Die Bldg. von **V** konnte offenbar nur beobachtet werden, weil **V** fest ist, denn bei der Dest. ist eine Zers. unter Bldg. von **VI** zu verzeichnen. B. GNAUCK. 3231 □

2-Amino-5-azatetralol-(1), ein Aminoalkohol der Chinolinreihe. F. Zymalkowski und H. J. Rimek. (Arch. Pharmaz. **295/67.** 217—23. März 1962. Hamburg, Univ., Inst. für Pharmazeut. Chem.) (Dt.)

Vff. synthetisierten aus 5-Azatetralon-(1) (**I**) durch Nitrosierung, acetylierende Hydrierung u. $NaBH_4$-Red. *2-Amino-5-azatetralol-(1)* (**II**), das wahrscheinlich der cis-Reihe angehört. Die entsprechende trans-Verb. konnte aus **I** weder durch Nitrosierung u. anschließende Hydrierung in wss.-methanol. HCl noch durch Bromierung u. folgende Aminierung in freier Form erhalten werden. — **II** zeigte im Gegensatz zu cis-2-Aminotetralol-(1) (vgl. C. **1961.** 18676) nur geringe blutdrucksteigernde Wirkung.

Versuche: *2-Hydroxyimino-5-azatetralon-(1)*, $C_9H_8N_2O_2$, Zers. ca. 190—210° (N-Methylpyrrolidon/W.), aus **I** u. Butylnitrit in A./Ae. in Ggw. von C_2H_5OH (Eiskühlung, 1 Std. langes Stehen); 40% (Ausbeute). Hydrierung an $Pd/BaSO_4$ in wss.-methanol. HCl lieferte keine krist. Derivv. des erwünschten trans-2-Amino-5-azatetralols-(1) außer einem *Dipikrat* (Blättchen; 15—17%). — *cis (?)-2-Acetamido-5-azatetralol-(1)* (**III**), $C_{11}H_{14}N_2O_2$, F. 207—208° (Tetrahydrofuran), durch Behandeln vorst. Verb. mit $H_2/Pd/BaSO_4$ in Acetanhydrid/CH_3COOH bis zur Aufnahme von 2 Mol u. Red. des rohen *2-Acetamido-5-azatetralons-(1)* mit $NaBH_4$ in wss. CH_3OH unter Eiswasserkühlung;

75% (zwei Stufen). — *cis(?)-2-Amino-5-azatetralol-(1)* (II), $C_9H_{12}N_2O$, F. 144—146° (Essigester), aus III u. 1n HCl (12 Std./120°) u. Zerlegen des *Hydrochlorids* (F. 276—277°, aus A./Ae.; 84,3%) mit NaOH; 48,6% (bezogen auf III). — *2-Brom-5-azatetralon-(1)-hydrobromid*, $C_9H_9Br_2NO$, F. 174—175° (Zers.; A./Ae.), aus I u. Br_2/HBr; 80%. *Freie Base*, F. 33—34° (Zers. >100°). — *2-Brom-3.3-dimethyl-5-azatetralon-(1)*, $C_{11}H_{12}BrNO$, F. 89—90°, analog aus 3.3-Dimethyl-5-azatetralon-(1) u. Reinigung über das *Nitrat* (F. 148°, schwer lösl. in W.); hat keine hautreizenden Eigenschaften. J. ROTHE. 3231 □

Untersuchungen über N-heterocyclische Azoverbindungen. Darstellung und Reaktionsfähigkeit von α-Chinolylazocarbonsäureäthylester. Amerigo Risaliti und Anna Monti. (Gazz. chim. ital. **90.** 397—406. Febr./März 1960. Bologna, Univ., Ist. di Chim. degli Intermedi.) (Ital.)

Der aus 2-Chlorchinolin u. Aminourethan erhaltene *β-[α-Chinolyl]-hydrazocarbonsäureäthylester* (I) läßt sich mit CrO_3 zu *α-Chinolylazocarbonsäureäthylester* (II) oxydieren, der sich bei chem. Umwandlungen teils wie eine symm., teils wie eine unsymm. Azo-Verb. verhält. Mit C_6H_5MgBr gibt II *α(oder β?)-Phenyl-β-[α-chinolyl]-hydrazocarbonsäureäthylester*; mit HBr in Ggw. von Hydrochinon wird I neben *2.5-Dibromhydrochinon* erhalten. CH_2N_2 liefert mit II unter 2:1-Rk. eine Verb., die als *α.β-Äthylen-β-[α-chinolyl]-hydrazocarbonsäureäthylester* (*1-[α-Chinolyl]-1.2-diazacyclobutan-2-carbonsäureäthylester*) angesehen wird. Mit Diphenyldiazomethan wird dagegen als 1:1-Addukt *1-[α-Chinolyl]-3.3-diphenyldiaziridin-2-carbonsäureäthylester* erhalten. Die Rk. von II mit Diphenylketen liefert ein 1:2-Prod., das vermutlich *1-[α-Chinolyl]-3.3.5.5-tetraphenyl-4.6-* oder *1-[α-Chinolyl]-4.4.6.6-tetraphenyl-3.5-diketohexahydropyridazin-2-carbonsäureäthylester* darstellt. 2.2′-Azochinolin wird durch Alkyl-Mg-Halogenide prakt. quant. zu *2.2′-Hydrazochinolin* reduziert.

Versuche: *β-[α-Chinolyl]-hydrazocarbonsäureäthylester* (I), $C_{12}H_{13}N_3O_2$, F. 166 bis 167°, a) durch 3std. Kochen von 13 g 2-Chlorchinolin mit 8,3 g Aminourethan in wss.-alkohol. HCl u. Neutralisieren mit NH_4OH; aus A. Nadeln; 15 g (Ausbeute); b) durch Zugeben von mit HBr gesätt. Eisessig zu 4 g II u. 2 g Hydrochinon u. gutes Vermischen; 3,7 g [daneben 2,1 g *2.5-Dibromhydrochinon*, F. 186°; aus W. Nadeln]. *Hydrochlorid*, F. 184—185°. — *α-Chinolylazocarbonsäureäthylester* (II), $C_{12}H_{11}N_3O_2$, F. 65°, durch anteilweises Zugeben von CrO_3 in Essigsäureanhydrid zu 10 g I in Essigsäure, 10 Min. langes Stehen u. Gießen in Eiswasser; aus Ligroin rotorangefarbene Nadeln; 8,5 g. — *α(β?)-Phenyl-β-[α-chinolyl]-hydrazocarbonsäureäthylester*, $C_{18}H_{17}N_3O_2$, F. 123°, durch Zugeben von äther. C_6H_5MgBr zu II in Bzl., 6—7std. Rühren, Zers. mit 20%ig. HCl u. Neutralisieren mit NH_4OH; aus A. Prismen; 3,5 g. — *α(β?)-Benzyl-β-[α-chinolyl]-hydrazocarbonsäureäthylester*, $C_{19}H_{19}N_3O_2$, F. 105—106°, analog Vorst. aus II u. Benzyl-MgCl; aus Ligroin gelbe Prismen; 3,6 g; daneben 0,4 g I. — *1-[α-Chinolyl]-1.2-diazacyclobutan-2-carbonsäureäthylester*, $C_{14}H_{15}N_3O_2$, F. 138° (Bzl.–Ligroin), aus 2,5 g II u. äther. CH_2N_2 unter Eiskühlung; gelb; 1,5 g. — *1-[α-Chinolyl]-3.3-diphenyldiaziridin-2-carbonsäureäthylester*, $C_{25}H_{21}N_3O_2$, F. 186°, durch 2std. Kochen von 2,3 g II mit 2 g Diphenyldiazomethan in Bzl.; aus Bzl.–Ligroin citronengelbe Prismen; 4,1 g [daneben wenig *Benzophenonazin*, F. 163°]; wird durch 3std. Kochen mit 10%ig. HCl zu I u. *Benzophenon* [*2.4-Dinitrophenylhydrazon*, F. 233°] hydrolysiert. — *1-[α-Chinolyl]-3.3.5.5-tetraphenyl-4.6-* (oder *1-[α-Chinolyl]-4.4.6.6-tetraphenyl-3.5-*) *diketohexahydropyridazin-2-carbonsäureäthylester*, $C_{40}H_{31}N_3O_4$, F. 198—200°, durch 3std. Kochen von 4 g Azibenzil in Bzl., Zugeben von 2 g II u. 3std. Kochen unter N_2; aus Ligroin Nadeln; 3,4 g. — *2.2′-Hydrazochinolin*, $C_{18}H_{14}N_4$, a) durch Zugeben einer Suspension von 8,5 g 2.2′-Azochinolin in Bzl. zu Benzyl-MgCl in Ae., 6—7std. Rühren u. Zers. mit 5%ig. NH_4Cl-Lsg.; 4 g; b) analog mit tert.-Butyl-MgBr, n-Butyl-MgBr oder Isopropyl-MgCl.
H.-E. TOUSSAINT. 3231 □

Synthese von Chinolinrot-Farbstoffen. G. Scheibe, H. J. Friedrich, W. Gükkel und J. Smits. (Angew. Chem. **73.** 736. 21/11. 1961. München, TH, Phys.-chem. Inst.) (Dt.)

Beim Erhitzen von Dichinolyl-(2)-methan mit Methylenjodid unter Pyridinzusatz erhielten Vff. unter Tiefrotfärbung neben *Pyridinhydrojodid* direkt *Chinolinrot*. Prim. entstehendes N.N′-Methylen-bis-pyridiniumjodid, das sich leicht aus Pyridin u. CH_2J_2 bildet, wirkt als Methylengruppenüberträger. Entsprechende Farbstoffe aus Dipyridyl-(2)-methan, Pyridyl-(2)-chinolyl-(2)-methan, Bis-[5.6-benzochinolyl-(2)]-methan u. Diphenanthridyl-(9)-methan konnten analog dargestellt werden. H. BÜRGER. 3231 □

Isochinolinderivate. 9. Mitt. Arun Bose und A. Raychaudhuri. (J. Indian chem. Soc. **38.** 217—20. April 1961. Calcutta, Bengal Immunity Res. Inst.) (Engl.)

Durch Versetzen von 1-Phenyl-3-phenoxypropanon-(2)-oxim mit Na u. A. entsteht *1-Phenyl-2-aminopropan*. *1-Phenyl-3-phenoxymethyl-3.4-dihydroisochinolin* u. das entsprechende *3-Hydroxymethyl-Deriv.*, *3-Piperidinocarbonyl-*, *3-Piperidinomethyl-*, *3-Benzyl-3.4-dihydro-*, *3-Benzyl-* u. *3-[α-Piperidinobenzyl]-isochinolin* werden synthetisiert.

Versuche: *1-Phenyl-3-phenoxypropanon-(2)-oxim*, $C_{15}H_{15}NO_2$, F. 94—96°, durch Rk. von 1-Phenyl-3-phenoxypropanon-(2) u. $NH_2OH \cdot HCl$ in Ggw. von NaOH; aus A. Nadeln. — *1-Phenyl-2-aminopropan*, *Benzoyl-Deriv.*, $C_{16}H_{17}NO$, F. 132—133°, durch Zugabe von Na zu vorst. Verb. in abs. A., Kochen, Aufarbeiten u. Benzoylieren; aus verd. A. Nadeln. — *1-Phenyl-2-amino-3-phenoxypropan*, *Benzoyl-Deriv.*, $C_{22}H_{21}NO_2$, F. 124—125°, durch Neutralisieren von 98%ig. HCOOH mit $(NH_4)_2CO_3$, Abdestillieren bis 165°, Versetzen des Rückstandes mit 1-Phenyl-3-phenoxypropanon-(2), 16std. Kochen bei 180—190°, 6std. Kochen mit konz. HCl, Aufarbeiten u. Benzoylieren; aus A. Nadeln. — Isochinoline: *1-Phenyl-3-phenoxymethyl-3.4-dihydro-*, $C_{22}H_{19}NO$, F. 75 bis 76°, durch 4std. Kochen von 1-Phenyl-2-benzamido-3-phenoxypropan in Toluol mit $POCl_3$, Eindampfen, Gießen in W. u. Aufarbeiten; aus PAe. bräunliche Platten. — *1-Phenyl-3-phenoxymethyl-*, $C_{22}H_{17}NO$, durch 3std. Erhitzen von 1 g vorst. Verb. in CO_2 an 10%ig. Pd/Kohle in Tetralin auf 240—250°; bräunliche viscose Fl.; 0,7 g (Ausbeute). *Hexachloroplatinat*, $C_{44}H_{34}N_2O_2 \cdot H_2PtCl_6$, F. 204—206° (Zers.). — *1-Phenyl-3-hydroxymethyl-*, $C_{16}H_{13}NO$, F. 84—86°, durch 8std. Kochen von 1 g vorst. Verb. mit 48%ig. HBr; aus PAe. cremefarbene Platten. — *3-Piperidinocarbonyl-*, $C_{15}H_{16}N_2O$, F. 94—95°, Kp.$_{3-4}$ 210—215°, durch 10std. Kochen von 5,5 g Isochinolin-3-carbonsäureäthylester, Piperidin u. Diphenyloxid; aus PAe. Platten; 7 g. *Pikrat*, $C_{15}H_{16}N_2O \cdot C_6H_3N_3O_7$, F. 174—175°; aus A. gelbe rectangulare Platten. — *3-Piperidinomethyl-*, durch Zugabe von 4,5 g vorst. Verb. in abs. Ae. zu äther. $LiAlH_4$ unter Kochen, 8std. Kochen u. Aufarbeiten; viscoses Öl; 1,5 g. *Dipikrat*, $C_{15}H_{18}N_2 \cdot 2\,C_6H_3N_3O_7$, F. 174—176°; aus A. gelbe Nadeln. *Hexachloroplatinat*, F. 242° (Zers.); braune Kristalle. — *3-Benzyl-3.4-dihydro-*, Kp.$_1$ 178—182°, durch 1std. Rühren von P_2O_5 u. 89%ig. H_3PO_4 bei 100°, Zugabe von 70 g N-Formyl-α-benzyl-β-phenyläthylamin bei Raum-Temp., Zugabe von $POCl_3$, Erhitzen auf 100°, 3std. Erhitzen auf 110°, 3½std. Erhitzen auf 125—130° u. Aufarbeiten; 50 g. *Pikrat*, $C_{16}H_{15}N \cdot C_6H_3N_3O_7$, F. 262—263°; aus A. gelbe Platten. — *3-Benzyl-*, $C_{16}H_{13}N$, Kp.$_1$ 188—192°, durch 5std. Erhitzen von 40 g vorst. Verb. mit Pd/Kohle in Tetralin unter CO_2 auf 240—250° u. Aufarbeiten; 32 g. *Pikrat*, $C_{16}H_{13}N \cdot C_6H_3N_3O_7$, F. 181—182°; aus A. gelbe Nadeln. *Hydrochlorid*, $C_{16}H_{13}N \cdot HCl$, F. >300°; aus abs. A. Platten. — *3-[α-Piperidinobenzyl]-*, durch Zutropfen von Br_2 in CCl_4 zu 12 g vorst. Verb. u. Benzoylperoxid in CCl_4, Aufarbeiten der gelben Substanz (9 g), Zugabe von Piperidin zu 5 g der gelben Kristalle, 5std. Kochen u. Aufarbeiten; viscose Fl.; 5 g. *Pikrat*, $C_{21}H_{22}N_2 \cdot C_6H_3N_3O_7$, F. 181—183°; aus A. gelbe Nadeln. *Tetraphosphat*, $C_{21}H_{22}N_2 \cdot 4\,H_3PO_4$, F. 180—182° (Methanol). P. GOLINSKE. 3231 □

Derivate des 1-Methylisochinolins. Robert B. Engl und Lloyd L. Ingraham. (J. org. Chemistry **26.** 4933—36. Dez. 1961. Davis, Calif., Univ., Dep. of Biochem. and Biophys.) (Engl.)

Beim Erhitzen von 1-Bromisochinolin mit 1-Methylisochinolin wird statt des zu erwartenden Diisochinolyl-(1)-methans *N-[Isochinolyl-(1)]-1-methylen-1.2-dihydroisochinolin* (I) erhalten. Bei Verw. von 1-Methylisochinolinhydrochlorid wird die Ausbeute an I erhöht. Mit Br_2 reagiert I unter Bldg. einer unlösl. purpurroten Substanz; bei der Oxydation mit alkal. $KMnO_4$-Lsg. wird *Phthalsäure* gebildet. Nach der Meth. von WIBAUT u. Mitarbeitern (C. **1960.** 8184 u. früher) wird durch Rk. vonIsochinolyl-(1)-Li mit Isochinolin-1-carbonsäureäthylester bei —50° *Diisochinolyl-(1)-keton* (**II**) hergestellt, das durch $NaBH_4$ zu *Diisochinolyl-(1)-carbinol* (**III**) red. wird. **III** reagiert mit Phenylisocyanat zu einem *Urethan*. Rk. von **II** mit Isochinolyl-(1)-Li in Ae.–Pyridin gibt in geringer Menge *Triisochinolyl-(1)-carbinol* (**IV**), das mit Phenylisocyanat nicht reagiert. Die UV-Spektren von **III** u. **IV** sind ähnlich. Verss., **III** u. **IV** durch Kochen mit Isopropanol–H_2SO_4 oder durch Kochen mit amalgamiertem Zn–HCl zu den entsprechenden Methanen zu red., führten zu intensiv rot gefärbten Prodd., die nicht weiter charakterisiert werden konnten. In einem Falle konnte *1-Hydroxyisochinolin* isoliert werden.

Versuche: *1-Hydroxyisochinolin*, F. 209° (Dioxan, hellbraune Nadeln), a) durch 5std. Erhitzen von 50 g Isochinolin u. geschmolzenem KOH auf 230°, Mischen mit Eis u. Fällen mit Säure; 20—30 g (Ausbeute); b) durch 1std. Kochen von **IV** mit amalgamiertem Zn u. 4n HCl u. Fällen eines braunen Prod. beim Neutralisieren mit NH_4OH. — *N-[Isochinolyl-(1)]-1-methylen-1.2-dihydroisochinolin* (I), $C_{19}H_{14}N_2$, F. 289—291° (Chlf.), durch Erhitzen von 1-Methylisochinolinhydrochlorid u. 1-Bromisochinolin im Rohr auf 150° bis zur homogenen Lsg., Erhitzen auf 220° bis zum Erstarren zu einer dunkelroten Masse, Hydrolyse mit W., Aufnehmen des Ungelösten in verd. H_2SO_4 u. Neutralisieren; 44%. — *Phthalsäure*, F. 124° (Nadeln), durch Oxydation von 2,7 g I mit alkal. $KMnO_4$-Lsg. bei Zimmer-Temp. über Nacht; 1 g. — *Diisochinolyl-(1)-keton* (II), $C_{19}H_{12}N_2O$, F. 199—200° (n-Butylalkohol), durch Zutropfen von 1-Bromisochinolin in abs. Ae. zu n-Butyl-Li in abs. Ae. bei —60°, ½ std. Rühren, langsame Zugabe von Isochinolin-1-carbonsäureäthylester in Ae. bei —60°, Versetzen mit W. nach 3 Std., Ansäuern mit verd. H_2SO_4, Lösen des ausgefällten Prod. in 18n H_2SO_4 u. Neutralisieren; 61%. *Oxim*, $C_{19}H_{13}N_3O$, F. 260° (Zers.; A.-W.), durch 2tägiges Stehen mit $H_2NOH \cdot HCl$ in Pyridin. — *Diisochinolyl-(1)-carbinol* (III), $C_{19}H_{14}N_2O$, F. 173—175° (CCl_4), durch Zutropfen von $NaBH_4$ in A. zu II in Dioxan, Hydrolyse mit verd. H_2SO_4 nach 3 Std., Lösen des Nd. in H_2SO_4 u. Fällen mit NH_4OH; 73%. *Phenylurethan*, $C_{26}H_{19}N_3O_2$, F. 202° (Butanol), durch 1tägiges Kochen von 0,5 g III mit Phenylisocyanat; 0,45 g. — *Triisochinolyl-(1)-carbinol* (IV), $C_{28}H_{19}N_3O$, F. 244—245°, durch Zutropfen von II in Pyridin zu einer wie oben bereiteten äther. Lsg. von Isochinolyl-(1)-Li bei —60°, 2std. Rühren bei dieser Temp., Erwärmenlassen auf Zimmer-Temp., 5std. Rühren, Ansäuern mit H_2SO_4, Lösen des ausgefällten Prod. in 18n H_2SO_4, Neutralisieren, Waschen des Nd. mit sd. A. u. Extrahieren mit Butanol; 20%.

E. KOSSMEHL. 3231 □

Über 2-Propyl-1- und 2-Propyl-3-desazaadenin. 4. Mitt. **über Desazapurinderivate.** C. A. Salemink. (Recueil Trav. chim. Pays-Bas **80.** 545—55. Juni 1961. Utrecht, Reichs-Univ., Organ.-chem. Labor.) (Dt.) — **3.** vgl. C. **1949.** E. 4860.

Analog den in der 1. u. 3. Mitt. (l. c.) beschriebenen Synth. werden *2-Propyl-1-desazaadenin* u. *2-Propyl-3-desazaadenin* dargestellt.

Versuche: *2.4-Dihydroxy-6-propylpyridin*, $C_8H_{11}NO_2$, F. 279°, durch 7std. Erhitzen von Butyrylessigsäureäthylester mit etwas $NaHCO_3$ auf 200° unter Abdestillieren des entstehenden A., Dest. bei 115—120°/0,1 Torr, 6 Min. langes Erwärmen des gelben Öls mit 90%ig. H_2SO_4 auf 130°, Gießen auf Eis, Filtrieren, Versetzen mit NH_4OH u. Eindampfen; aus 50%ig. A. Nadeln; 10% (Ausbeute). — *2.4-Dihydroxy-3-nitro-6-propylpyridin*, $C_8H_{10}N_2O_4$, F. 145°, durch Erwärmen vorst. Verb. mit HNO_3 (D. 1,4) auf 100°; aus W. hellgelbe Nadeln; 80%. — *2.4-Dichlor-3-nitro-6-propylpyridin*, $C_8H_8Cl_2N_2O_2$, $Kp._{0,28}$ 100,5°, durch 3std. Erhitzen vorst. Verb. mit $POCl_3$ u. Dampf-Dest.; 50%. — *4-Chlor-2-hydroxy-3-nitro-6-propylpyridin* (II), $C_8H_9ClN_2O_3$, F. 182 bis 183°, a) neben vorst. Verb. als Rückstand der Dampf-Dest.; hellgelbe Nadeln aus W.; b) analog vorst. Verb. durch 20 Min. lange Rk.; 45%. — *2.4-Diamino-3-nitro-6-propylpyridin*, $C_8H_{12}N_4O_2$, F. 145,5°, durch 8std. Erhitzen vorvorst. Verb. mit alkohol. NH_3 im Einschlußrohr auf 85°; aus W. orangegelbe Nadeln; 90%. — *2.3.4-Triamino-6-propylpyridin, Pikrat*, $C_8H_{14}N_4 \cdot C_6H_3N_3O_7$, F. 155—156°, durch 24std. Hydrieren vorst. Verb. in abs. A. an Pd in Ggw. von Na-Acetat u. Umwandeln in das Pikrat; Nadeln; 55%. — *2-Propyl-1-desazaadenin, Pikrat*, $C_9H_{12}N_4 \cdot C_6H_3N_3O_7$, F. 280°, durch Zugabe von 40%ig. Formalin u. Cu(II)-Acetat in W. zu dem Hydrochlorid vorst. Verb., 4std. Erhitzen mit freier Flamme u. Umwandeln in das Pikrat; orangegelbe Nadeln; 30%. — *2-Propyl-6-chlor-1-desazapurin, Hemipikrat*, 2 $C_9H_{10}ClN_3 \cdot C_6H_3N_3O_7$, F. 154—156°, durch Lösen vorst. Verb. in konz. HCl, Kühlen mit Eis, portionsweise Zugabe von $NaNO_2$, ¼std. Stehen bei Raum-Temp., ½std. Erhitzen auf 100° u. Umwandeln in das Pikrat; aus W. hellgelbe Nadeln. — *6-Hydroxy-2-propyl-1-desazapurin, Hemipikrat*, 2 $C_9H_{11}N_3O \cdot C_6H_3N_3O_7$, F. 142°, neben vorst. Verb.; hellgelbe Kristalle. — *2-Propyl-1-desazapurin* (I), *Pikrat*, $C_9H_{11}N_3 \cdot C_6H_3N_3O_7$, F. 151°, durch Hydrieren vorvorst. Verb. an Pd bei Raum-Temp. u. Umwandeln in das Pikrat; aus W. gelbe Kristalle. — *2-Amino-6-propylpyridin*, $C_8H_{12}N_2$, $Kp._{0,15}$ 67°, durch 7std. Rühren von α-Propylpyridin mit einem Gemisch aus $NaNH_2$ u. KNH_2 in Xylol unter Feuchtigkeitsausschluß bei 140—150°, Zugabe von W. u. Dest. der organ. Phase. — *2-Nitramino-6-propylpyridin*, $C_8H_{11}N_3O_2$, F. 97°, durch 20 Min. langes Rühren vorst. Verb. mit konz. H_2SO_4/HNO_3 (D. 1,5) 3:1 unter Eiskühlung u. Gießen auf Eis; aus A. hellgelbe Kristalle. — *2-Amino-3-nitro-6-propylpyridin*, $C_8H_{11}N_3O_2$, F. 150°, a) durch Erhitzen vorvorst. Verb. mit HNO_3 (D. 1,4)/W. (1:1) auf dem Wasserbad; aus W. hellgelbe Nadeln; 20%; b) durch 10 Min. langes Erhitzen vorst. Verb. in konz. H_2SO_4 auf 60°, Gießen auf Eis u. Dampf-Dest.; >20%. *Pikrat*, $C_8H_{11}N_3O_2 \cdot C_6H_3N_3O_7$, F. 165—166°. — *2.3-Diamino-6-propylpyridin, Pikrat*, $C_8H_{13}N_3 \cdot C_6H_3N_3O_7$, F. 193,5—195°, durch Hydrieren vorst. Verb. in abs. A. an Pd u. Umwandeln in das Pikrat; aus W. gelbe Kristalle; gibt mit 40%ig. Formalin u. Cu(II)-Acetat durch 3std. Kochen I. — *3-Amino-2-hydroxy-6-propylpyridin, Pikrat*, $C_8H_{12}N_2O \cdot C_6H_3N_3O_7$, F. 167—168°, durch 24std. Hydrieren von II in abs. A. an Pd u. Umwandeln in das Pikrat; braune Kristalle; liefert durch Umwandeln in das *Hydrochlorid*, Erhitzen mit $POCl_3$, Eindampfen, 6std. Erhitzen mit gesätt. alkohol. NH_3 im Einschlußrohr auf 85° u. Umwandeln in das Pikrat vorst. Verbindung. — *4-Amino-2-hydroxy-3-nitro-6-propylpyridin*, $C_8H_{11}N_3O_3$, F. 193°, durch ½std. Kochen von II mit 25%ig. NH_4OH; aus W.

hellgelbe Nadeln; 100%. — *3.4-Diamino-2-hydroxy-6-propylpyridin, Pikrat,* $C_8H_{13}N_3O \cdot C_6H_3N_3O_7$, F. 198°, durch Hydrieren vorst. Verb. in abs. A. an PdO u. Umwandlung in das Pikrat; aus W. gelbe Nadeln; 50%. — *6-Hydroxy-2-propyl-3-desazapurin,* $C_9H_{11} \cdot N_3O$, F. 257—258°, durch 5std. Kochen des Hydrochlorids vorst. Verb. mit 100%ig. HCOOH; aus W. Nadeln; 90%. *Hemipikrat,* $2\,C_9H_{11}N_3O \cdot C_6H_3N_3O_7$, F. 220°; hellgelbe Nadeln. — *6-Chlor-2-propyl-3-desazapurin, Pikrat,* $C_9H_{10}ClN_3 \cdot C_6H_3N_3O_7$, F. 176—178°, durch 5std. Erhitzen vorst. Verb. mit $POCl_3$ auf 100° u. Umwandeln in das Pikrat; aus W. gelbe Prismen; 50%. *Hydrochlorid,* $C_9H_{10}ClN_3 \cdot HCl$, F. >300° (Zers.), durch Zerlegen des Pikrats mit Aceton/HCl; aus Aceton/HCl Nadeln; ca. 100%. — *2-Propyl-3-desazaadenin, Pikrat,* $C_9H_{12}N_4 \cdot C_6H_3N_3O_7$, F. 270° (Zers.), durch 8std. Erhitzen vorst. Hydrochlorids mit $CuSO_4 \cdot 7\,H_2O$ in 25%ig. NH_4OH auf 180° im Autoklaven, Umwandeln in das Pikrat u. 2maliges Umkristallisieren aus W.; 30%. *Hydrochlorid-hydrat,* $C_9H_{12}N_4 \cdot HCl \cdot H_2O$, F. >300° (Zers.), durch Zerlegung des Pikrats mit Aceton/HCl; Nadeln. P. Golinske. 3231

Ein Farbstoff aus Bz-3-Azabenzanthron durch Alkalischmelze und ein Farbstoff aus Bz-1-Brom-Bz-3-azabenzanthron durch Reaktion mit Natriumsulfid und Alkalischmelze. Masao Yokote. (J. chem. Soc. Japan, ind. Chem. Sect. [Kōgyō Kagaku Zassi] **60.** 1045—48. Aug. 1957.) (Jap.)

1-Azabenz-[de]-anthron-(7) [F. 179,5° (korr.)] wird nach King u. Ramage (C. **1956.** 5829) in A. mit KOH bei 110—120° geschmolzen, aus dem Prod. wird der in o-Dichlorbenzol nichtlösl. Anteil beseitigt u. der Rückstand [*Bis-{1-aza-benz-[de]-anthron-(7)-yl}* (?), Zers. bei **319°**, λ_{max} 410 u. 550 mμ (o-Dichlorbenzol)] mit KOH u. K-Acetat 1 Std. lang auf 280° erhitzt. Das Prod. wird mit Alkali, HCl, Eisessig u. Chlorbenzol ausgezogen. Der Rückstand ist der violettschwarze Farbstoff *9.18-Diazaisoviolanthron* (*Isoviolanthron A*; I), der in konz. H_2SO_4 u. durch Küpen eine blaue Farbe zeigt, die sich durch Luftoxydation zu Violett verändert u. zum Färben von Baumwolle geeignet ist. 1-Aza-3-brom-benz-[de]-anthron-(7) [F. 248° (korr.)] gibt durch Erhitzen auf 115° (Bad-Temp. 150—160°, nach dem Trocknen 8 Std.) mit Na_2S u. S als in sd. W. u. sd. A. unlösl. Prod. gelbbraunes *Bis-{1-azabenz-[de]-anthron-(7)-yl-(3)}-sulfid* (**II**), das durch Alkalischmelze mit A. u. KOH bei 140° wahrscheinlich auch **I** liefert. — Absorptionsspektren in verschiedenen Lsgm. zwischen 350 u. 800 mμ sind angegeben. Für **I** u. **II** werden obenstehende Konstitutionen angegeben. E. Maekawa. 3231

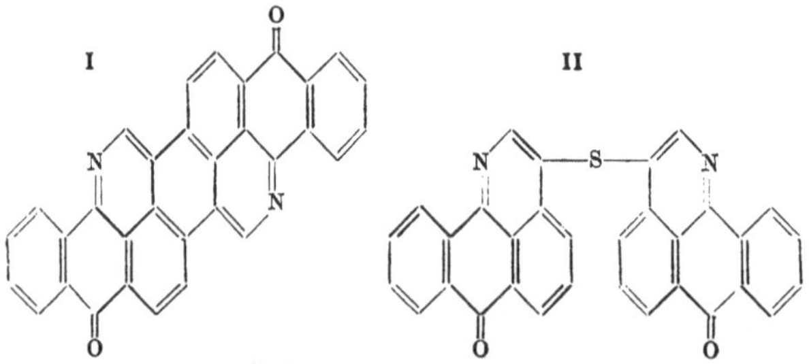

3-substituierte 1.2.3.4-Tetrahydrochinazolindione-(2.4). Bernard Taub und John B. Hino. (J. org. Chemistry **26.** 5238—39. Dez. 1961. Buffalo, N.Y., Allied Chem. Corp., Nat. Aniline Div.) (Engl.)

Anthranilsäuremethylester wird mit Isocyanaten zu *ω-substituierten o-Ureidobenzoesäuremethylestern* (**A**) kondensiert, die durch HCl in Methanol zu *3-substituierten 1.2.3.4-Tetrahydrochinazolindionen-(2.4)* cyclisiert werden. Die Cyclisierung kann auch mit 10 bzw. 20%ig. H_2SO_4 erreicht werden, wobei sich *Propyl-* u. *Butyl-***A** leicht cyclisieren, jedoch nicht die anderen untersuchten **A.** 37%ig. H_2SO_4 cyclisiert leicht.

Versuche: o-Ureidobenzoesäuremethylester (**A**), durch Zugabe des Isocyanats unter Rühren zu Anthranilsäuremethylester in Bzn., Versetzen mit Triäthylamin nach einigen Min. u. 18std. Kochen: *ω-n-Propyl-*, F. 97—99°; 91% (Ausbeute). — *ω-n-Butyl-*, F. 79—80°; 88%. — *ω-Cyclohexyl-*, F. 163—164°; 94%. — *ω-Phenyl-*, F. 144—145°; 93%. — *ω-p-Tolyl-*, F. 151—152°; 78%. — *ω-α-Naphthyl-*, F. 190—191°; 90%. — 1.2.3.4-Tetrahydrochinazolindione-(2.4), durch 3std. Kochen der **A** mit konz. HCl-A. (1:1): *3-n-Propyl-*, F. 187—188°; 93%. — *3-n-Butyl-*, F. 156—157°; 90%. — *3-Cyclohexyl-*, F. 270—271°; 57%. — *3-Phenyl-*, F. 280—282°; 91%. — *3-p-Tolyl-*, F. 265—266°; 88%. — *3-α-Naphthyl-*, F. 273—274°; 91%. E. Kossmehl. 3272

Mögliche Antiamöbenmittel. 13. Mitt. **Synthese von substituierten Chinoxalinen.** A. B. Sen und O. P. Madan. (J. Indian chem. Soc. **38.** 225—28. April 1961. Lucknow, Univ., Chem. Dep.) (Engl.) — 12. vgl. C. **1962.** 9717.

Mehrere substituierte *Dihydroxy-* u. *Dimethoxychinoxaline* werden dargestellt, um ihre Antiamöben-Wrkg. zu untersuchen.

Versuche: *2.3-Diamino-1.4-dimethoxybenzol*, F. 84—85°, durch Nitrieren von 1.4-Dimethoxybenzol mit rauchender HNO_3 in Eisessig u. Hydrieren des entstandenen *2.3-Dinitro-1.4-dimethoxybenzols* in A. an PtO_2. — 5.8-Dimethoxychinoxaline: *3-Hydroxy-2-carbäthoxy-* (I), $C_{13}H_{14}N_2O_5$, F. 242°, durch Versetzen der vorst. beschriebenen, hydrierten u. filtrierten Lsg. des 1.4-Dimethoxy-2.3-diaminobenzols mit Oxomalonsäurediäthylester u. 4std. Kochen; gelbgrüne Kristalle. — *3-Chlor-2-carbäthoxy-* (II), $C_{13}H_{13}ClN_2O_4$, F. 154° (A.), durch 1std. Erhitzen von 5,5 g I mit $POCl_3$ auf 120—130°; 5,4 g (Ausbeute). — *2-Carboxy-3-hydroxy-* (V), $C_{11}H_{10}N_2O_5$, F. 213° ($NaHCO_3$/verd. HCl), durch 1/4std. Erhitzen von 1,2 g II mit 10%ig. NaOH u. Ansäuern gegen Kongorot; 0,9 g. — *2-Carboxy-3-chlor-* (III), $C_{11}H_9ClN_2O_4$, F. 168° ($NaHCO_3$/verd. HCl), durch 4std. Erhitzen von 6 g II mit Na_2CO_3 in 75%ig. A. auf dem Wasserbad; orangefarben; 5 g. — *2-Chlor-* (IV), $C_{10}H_9ClN_2O_2$, F. 128° (A.), durch 2—3 Min. langes Schmelzen von 5 g III; 3,4 g. — *2-[γ-Diäthylaminopropylamino]-*, F. 152°, durch 4—8std. Kochen von IV u. K_2CO_3 mit dem entsprechenden Amin; 31%. *Pikrolonat*, F. 210—212°. — *2-[γ-Piperidinopropylamino]-*, F. 146°; 48%. — *2-[γ-Morpholinopropylamino]-*, F. 153°; 42%. *Pikrolonat*, F. 265°. — *2-Benzylamino-*, F. 138—139°; 61%. — *2-Äthanolamino-*, F. 148°; 57%. *Pikrolonat*, F. 300°. — *2-Carboxymethylamino-*, F. 144°; 69%. — 5.8-Dihydroxychinoxaline: *3-Hydroxy-2-carboxy-*, $C_9H_6N_2O_5$, F. 223°, a) durch 1/4std. Kochen von 0,5 g I mit 48%ig. HBr; 0,2 g; b) analog aus V. — *3-Chlor-2-carboxy-*, $C_9H_5ClN_2O_4$, F. 228°, a) durch Erhitzen von 0,3 g II mit 48%ig. HBr; rot; 0,2 g; b) analog aus III. — *2-Chlor-*, $C_8H_5ClN_2O_2$, F. 211° (95%ig. A.), durch 1std. Erhitzen von 0,56 g IV mit 48%ig. HBr; 0,4 g. — *2-Diäthylaminopropylamino-*, F. 221°, durch 1std. Hydrolysieren des entsprechenden 5.8-Dimethoxychinoxalins mit 48%ig. HBr, Aufarbeiten u. Umkristallisieren aus A.; 69%. — *2-Piperidinopropylamino-*, F. 209—210°, analog vorst. Verb.; 83%. — *2-Morpholinopropylamino-*, F. 215°; 92%. — *2-Benzylamino-*, F. 199°; 94%. — *2-[β-Hydroxyäthylamino]-*, F. 196—197°; 80%. — *2-Carboxymethylamino-*, F. 151°; 64%. P. Golinske. 3272□

4-Hydroxypyrrolo-[2.3:d]-pyrimidin: Mannich-Reaktion. Robert A. West. (J. org. Chemistry **26.** 4959—61. Dez. 1961. Tuckahoe, N.Y., Burroughs Wellcome and Co., Inc., Res. Labor.) (Engl.)

α-Cyan-β-methyl-γ.γ-diäthoxybuttersäureäthylester wird mit Thioharnstoff zu *2-Mercapto-4-hydroxy-6-amino-5-[α-methyl-β.β-diäthoxyäthyl]-pyrimidin* kondensiert, das durch Säure zu *2-Mercapto-4-hydroxy-5-methylpyrrolo-[2.3:d]-pyrimidin* cyclisiert u. reduktiv zu *4-Hydroxy-5-methylpyrrolo-[2.3:d]-pyrimidin* (I) desulfiert wird. Die aus 4-Hydroxypyrrolo-[2.3:d]-pyrimidin hergestellte Mannich-Base *4-Hydroxy-5-dimethylaminomethylpyrrolo-[2.3:d]-pyrimidin* (II) gibt bei der Hochdruck-Raney-Ni-Red. ebenfalls I. Damit ist bewiesen, daß die Mannich-Rk. am β-Pyrrol-C-Atom analog dem Indol angreift. I wird durch $POCl_3$ in das entsprechende *4-Chlor-Deriv.* übergeführt. Beim Kochen von II mit wss. NaCN-Lsg. entstehen *4-Hydroxypyrrolo-[2.3:d]-pyrimidin-5-acetamid* u. *-5-essigsäure.*

Versuche: *2-Mercapto-4-hydroxy-6-amino-5-[α-methyl-β.β-diäthoxyäthyl]-pyrimidin*, $C_{11}H_{19}N_3O_3S$, F. 296—299° (Zers.; W., Nadeln), durch 3std. Kochen von Thioharnstoff u. α-Cyan-β-methyl-γ.γ-diäthoxybuttersäureäthylester mit Na-Äthylat in A., Gießen in Eiswasser u. Ansäuern auf pH 6; 82% (Ausbeute). — *2-Mercapto-4-hydroxy-5-methylpyrrolo-[2.3:d]-pyrimidin*, $C_7H_7N_3OS$, F. >310° (50%ig. wss. A.), durch 2std. Kochen vorst. Verb. in 90%ig. A. mit konz. H_2SO_4; 86%. — *4-Hydroxy-5-methylpyrrolo-[2.3:d]-pyrimidin* (I), $C_7H_7N_3O$, F. 290—291° (Zers.; A.), a) durch 3std. Kochen vorst. Verb. mit Raney-Ni u. konz. NH_4OH in W.; 80%; b) durch Hydrierung von 15 g II bei 70,3 atm. H_2, wobei die Temp. innerhalb von 4 Std. auf 140—145° gebracht u. 15 Std. gehalten wird; 5,3 g. — *4-Chlor-5-methylpyrrolo-[2.3:d]-pyrimidin*, $C_7H_6ClN_3$, F. 227—228° (Zers.; Bzl., gelb), durch 50 Min. langes Kochen von 0,2 g I mit $POCl_3$ u. Gießen auf Eiswasser; 0,12 g. — *4-Hydroxy-5-dimethylaminomethylpyrrolo-[2.3:d]-pyrimidin* (II), $C_9H_{12}N_4O$, Zers. bei 260—300° (Aceton), durch Zugabe von 37%ig. wss. CH_2O u. 4-Hydroxypyrrolo-[2.3:d]-pyrimidin zu Dimethylamin (aus dem Hydrochlorid u. $NaOOCCH_3$) in W., 3std. Erhitzen auf 100°, Einengen u. Aufnehmen in abs. A.-Bzl.; 80%. *Methojodid*, $C_{10}H_{15}JN_4O$, F. 228—229° (Zers.; gelb), mit CH_3J in Methanol; ca. 100%. — *4-Hydroxypyrrolo-[2.3:d]-pyrimidin-5-acetamid*, $C_8H_8N_4O_2$, Zers. bei 303 bis 310° (W.), durch 80std. Kochen von 5 g II mit NaCN in wss. A., Zugabe von W., Einengen auf 1/3 des Vol. u. Abfiltrieren des Amids; 0,9 g. — *4-Hydroxypyrrolo-[2.3:d]-pyrimidin-5-essigsäure*, $C_8H_7N_3O_3$, Zers. bei 225—235° (W.), durch Ansäuern des Filtrats nach dem Abtrennen des Amids; 3,3 g. E. Kossmehl. 3272□

Thiopeganderivate. 20. Mitt. **Synthese von 6.8- und 6.7-disubstituierten 10.11-Thiopeganderivaten.** G. M. Sharma und Gurdial Singh. (J. Sci. ind. Res.

[New Delhi] Sect. C. **20.** 178–80. Juni 1961. Chandigarh, Panjab Univ., Dep. of Chem.) (Engl.) — 16. vgl. C. **1962.** 6037.

Einige *2-* u. *3-substituierte 6-Chlor-8-methyl-* u. *6.7-Methylendioxy-10.11-thiopegadien-(2.9)-one-(4)* werden synthetisiert. Die 3-substituierten Derivv. werden durch Kondens. von 5-Chlor-3-methylanthranilsäure (I) bzw. 6-Aminopiperonylsäuremethylester (II) mit den entsprechenden 2-Brom- bzw. 2-Chlorthiazolen dargestellt. Die 2-substituierten Thiopegan-Derivv. werden durch Kondens. von Allylisothiocyanat (III) mit den entsprechenden Anthranilsäuren u. anschließende Cyclisierung dargestellt. *2.3-Dimethyl-* u. *3-[p-Chlorphenyl]-6.7-methylendioxy-10.11-thiopegadien-(2.9)-on-(4)* sowie *2-Brommethyl-* u. *2-Piperidinomethyl-6.7-methylendioxy-10.11-thiopegen-(9)-on-(4)* sind bei einer Verdünnung von 1:5000 wirksam gegen *Pseudomonas pyocyaneus.*

Versuche: 6-Chlor-8-methyl-10.11-thiopegadien-(2.9)-one-(4): *3-Phenyl-*, $C_{17}H_{11}ClN_2OS$, F. 162° (A.), durch 6std. Erhitzen von I u. 2-Brom-4-phenylthiazol in Phenol auf 160°, Kühlen u. Alkalisieren mit Na_2CO_3-Lsg.; 13% (Ausbeute). — Analog: *3-[p-Chlorphenyl]-*, $C_{17}H_{10}Cl_2N_2OS$,F. 160°; 17,3%. — *3-[p-Bromphenyl]-*, $C_{17}H_{10}\cdot BrClN_2OS$, F. 170°; 12%. — *3-[p-Methylphenyl]-*, $C_{18}H_{13}ClN_2OS$, F. 200°; 10%. — *2-Mercapto-3-allyl-4-keto-6-chlor-8-methyl-3.4-dihydrochinazolin,* $C_{12}H_{11}ClN_2OS$, F. 195° (Eisessig), durch ½std. Erhitzen von I u. III auf 100° u. 6 Std. lang auf 110°; 46%. — *2.8-Dimethyl-6-chlor-10.11-thiopegen-(9)-on-(4),* $C_{12}H_{11}ClN_2OS$, F. 126° (wss. A.), durch Einleiten von trockenem HCl in eine Lsg. vorst. Verb. in Eisessig (8 Std.), Eindampfen u. Alkalisieren mit Soda-Lsg.; 60%. — *2-Brommethyl-6-chlor-8-methyl-10.11-thiopegen-(9)-on-(4), Hydrobromid* (**IV**), $C_{12}H_{11}Br_2ClN_2OS$, F. 270° (Zers.; Eisessig), durch Zugabe von Br_2 in Eisessig zu vorst. Verb. in Eisessig bei 45°; 98%. *Freie Base,* $C_{12}H_{10}BrClN_2OS$, F. 159°, durch Zugabe von 1%ig. NaOH zu 2,2 g **IV** in 70%ig. A. bei 45°; aus wss. A. Platten; 46%. — *2-Methylen-6-chlor-8-methyl-10.11-thiopegen-(9)-on-(4),* $C_{12}H_9ClN_2OS$ F. 203°, durch Zugabe von 2%ig. NaOH-Lsg. zu **IV** in 70%ig. A. bei 35° u. Erhitzen auf 80°; 60%. — *6-Chlor-2.8-dimethyl-10.11-thiopegadien-(2.9)-on-(4),* $C_{12}H_9ClN_2OS$, F. 225°, durch Lösen vorst. Verb. in konz. H_2SO_4 bei 8°, 20 Min. langes Stehen u. Gießen auf Eis; aus A. Nadeln; 95%. — *2-Piperidinomethyl-6-chlor-8-methyl-10.11-thiopegen-(9)-on-(4),* $C_{17}H_{20}ClN_3OS$, F. 182° (wss. A.), durch 6std. Kochen von **IV** mit Piperidin in abs. A.; 55%. — 6,7-Methylendioxy-10.11-thiopegadien-(2.9)-one-(4), aus **II** u. den entsprechenden 2-Chlorthiazolen durch 5std. Erhitzen: *3-Phenyl-*, $C_{17}H_{10}\cdot N_2O_3S$, F. 184°; 30%. — *3-[p-Tolyl]-*, $C_{18}H_{12}N_2O_3S$, F. 285°; 35%. — *3-Äthyl-*, $C_{13}H_{10}\cdot N_2O_3S$, F. 210°; 40%. — *3-[p-Chlorphenyl]-*, $C_{17}H_9ClN_2O_3S$, F. 213°; 67%. — *3-[p-Bromphenyl]-*, $C_{17}H_9BrN_2O_3S$, F. 252°; 28%. — *2-Mercapto-3-allyl-4-keto-6.7-methylendioxy-3.4-dihydrochinazolin,* $C_{12}H_{10}N_2O_3S$, F. 262°, aus Eisessig Nadeln; 75%. — *2-Methyl-6.7-methylendioxy-10.11-thiopegen-(9)-on-(4),* $C_{12}H_{10}N_2O_3S$, F. 189°, aus wss. A. Nadeln; 55%. — *2-Brommethyl-6.7-methylendioxy-10.11-thiopegen-(9)-on-(4), Hydrobromid,* $C_{12}H_{10}Br_2N_2O_3S$, F. 267° (Zers.; Eisessig); 92%. *Freie Base,* $C_{12}H_9BrN_2O_3S$, F. 192°, aus A. Nadeln; 70%. — *2-Methylen-6.7-methylendioxy-10.11-thiopegen-(9)-on-(4)* $C_{12}H_8N_2O_3S$, F. 215° (A.); 80%. — *2-Methyl-6.7-methylendioxy-10.11-thiopegadien-(2.9)-on-(4),* $C_{12}H_8N_2O_3S$, F. 235°, aus vorst. Verb.; aus A. Nadeln; 95%. — *2-Piperidinomethyl-6.7-methylendioxy-10.11-thiopegen-(9)-on-(4),* $C_{17}H_{19}N_3O_3S$, F. 206 (95%ig. A.); 61%.

P. GREGORZEWSKI. 3272□

Untersuchung der Reaktionsfähigkeit der Methylgruppe in Derivaten des Methyl-symm.-triazins. 1. Mitt. **Kondensation mit Aldehyden.** N. W. Chromow-Borissow und Je. W. Kissarewa. (Журнал Общей Химии [J. allg. Chem.] **29** (**91**). 3010–19. Sept. 1959. Leningrad, 1. Med. Inst.) (Russ.)

4.6-Dihydroxy-2-methyl-1.3.5-triazin (**I**) reagiert mit p-Dimethylaminobenzaldehyd (**II**) in 5%ig. HCl bei 100° glatt zu *4.6-Dihydroxy-1-[p-dimethylaminostyryl]-1.3.5-triazin* (**III**); die gleiche Verb. wird unter eintretender Desmethylierung bei den sauren Bedingungen auch aus 4.6-Dimethoxy-2-methyl-1.3.5-triazin (**IV**) erhalten. Erhitzt man dagegen **IV** mit **II** in der Schmelze, so fällt über intramol. Umlagerung *1.3-Dimethyl-2.6-diketo-4-[p-dimethylaminostyryl]-1.2.3.6-tetrahydro-1.3.5-triazin* (**V**) an. Die Struktur von **V** geht daraus hervor, daß im Gegensatz zu den Verhältnissen bei **IV** durch Erhitzen mit Säure keine Desalkylierung stattfindet; ferner wird **V** auch erhalten, wenn man **IV** zunächst mit Piperidin auf 180° erhitzt, wobei Umlagerung zur *N.N'-Dimethyl-Verb.* eintritt, das anschließend mit **II** kondensiert wird. Wie **I** u. **III** reagieren auch 4.6-Diamino-(**VI**) u. 4-Amino-6-hydroxy-2-methyl-1.3.5-triazin (**VII**) mit **II** unter Bldg. der entsprechenden *Styrylderivate.* Ein desaktivierender Einfl. der NH_2-Substituenten in 4- u. 6-Stellung auf die Reaktivität der CH_3-Gruppe ließ sich prakt. nicht feststellen. Die 2ständige CH_3-Gruppe in den untersuchten Triazinen ist nach den Ergebnissen deutlich stärker reaktionsfähig als in analogen Pyrimidinabkömmlingen.

Versuche: 2-Methyl-1.3.5-triazine: *4.6-Dihydroxy-* (**I**), durch ½std. Erhitzen von **VII** in konz. H_2SO_4 auf 160—180°, Verdünnen mit W., Ausfällen von SO_4^{2+} mit Pb-Acetat, dann von Pb^{2+} mit H_2S, Eindampfen, Aufnehmen in konz. HCl, Verdünnen mit Aceton u. Umkristallisieren aus 5%ig. HCl; 22% (Ausbeute). — *4.6-Dimethoxy-* (**IV**), $C_6H_9N_3O_2$, F. 69—72°, durch Lösen des aus 2.4.6-Trichlor-1.3.5-triazin mit CH_3–MgBr erhaltenen *4.6-Dichlor-2-methyl-1.3.5-triazins* in Methanol, Zugeben von 10%ig. methanol. NaOH, Eindunsten u. Ausäthern; 70%. — 2-[p-Dimethylaminostyryl]-1.3.5-triazine: *4.6-Dihydroxy-* (**III**), $C_{13}H_{14}N_4O_2$, F. ca. 300° (Zers.). *Hydrochlorid*, $C_{13}H_{14}N_4O_2 \cdot HCl$, F. 270—271° (Zers.), aus 5%ig. HCl dunkelblaue fadenartige Kristalle, a) durch ½std. Erhitzen von **I** mit **II** in 5%ig. HCl auf 100°; 36%; b) analog aus **IV**; 32%. — *4-Amino-6-hydroxy-*, $C_{13}H_{15}N_5O$, F. 314—316° (Zers.), *Dihydrochloridhydrat*, $C_{13}H_{15}N_5O \cdot 2\,HCl \cdot H_2O$, F. 267—269° (Zers.; verd. HCl), durch 1std. Erhitzen von 3,81 g **VII** mit **II** in konz. HCl auf dem Wasserbad; 1,9 g *Essigsäuresolvat*, F. 309—311° (Zers.). — *4.6-Diamino-*, $C_{13}H_{16}N_6$, F. 250—253°. *Dihydrochloridhydrat*, $C_{13}H_{16}N_6 \cdot 2\,HCl \cdot H_2O$ (aus 10%ig. HCl). *Hydrochloridhemihydrat*, $C_{13}H_{16}N_6 \cdot HCl \cdot 0{,}5\,H_2O$ (aus 2%ig. HCl), durch 1std. Erhitzen von 1,26 g **VI** mit **II** in konz. HCl auf dem Wasserbad; 1,2 g. — *1.3-Dimethyl-2.6-diketo-4-[p-dimethylaminostyryl]-1.2.3.6-tetrahydro-1.3.5-triazin* (**V**), $C_{15}H_{18}N_4O_2$, F. 257—259° (Dioxan), a) durch 1std. Erhitzen von **IV** mit **II** in Ggw. von Piperidin auf 170—180°; 24%; b) durch 1std. Erhitzen von **IV** mit Piperidin auf 170 bis 180°, Lösen in Methanol, Eindampfen u. ½ std. Erhitzen mit **II** in 5% ig HCl auf 100°; 7%.

H.-E. TOUSSAINT. 3313□

Synthesen trifluormethylierter Verbindungen mit diuretischer Wirksamkeit. Charles T. Holdrege, Richard B. Babel und Lee C. Cheney. (J. Amer. chem. Soc. **81.** 4807—10. 20/9. 1959. Syracuse, N.Y., Bristol Labors., Inc., Res. Div.) (Engl.)

4-Chlor-3-nitro-ω.ω.ω-trifluortoluol (**V**) wird über *Bis-[2-nitro-4-trifluormethylphenyl]-disulfid* in *2-Nitro-4-trifluormethylbenzolsulfochlorid* übergeführt. Mittels konz. NH_4OH oder NH_3 in Toluol entsteht daraus *2-Nitro-4-trifluormethylbenzolsulfonamid*, dessen Nitrogruppe durch Fe u. Essigsäure, Fe u. NH_4Cl oder katalyt. mit RANEY-Ni red. wird. Chlorsulfonsäure verwandelt das erhaltene *2-Amino-4-trifluormethylbenzolsulfonamid* in *4-Amino-6-trifluormethylbenzol-1.3-disulfochlorid* (**I**), das mit wss. Methylamin-Lsg. *4-Amino-6-trifluormethyl-N.N'-dimethylbenzol-1.3-disulfonamid* liefert. Mit konz. NH_4OH entsteht aus **I** *4-Amino-6-trifluormethylbenzol-1.3-disulfonamid* (**II**), das mit HCOOH in *7-Aminosulfonyl-6-trifluormethyl-2H-1.2.4-benzothiadiazin-1.1-dioxid* (**III**) übergeht. **II** u. in geringerer Ausbeute auch **I** geben mit Formaldehyd in wss. Lsg. *3.4-Dihydro-7-aminosulfonyl-6-trifluormethyl-2H-1.2.4-benzothiadiazin-1.1-dioxid* (**IV**). Aldehyde geben mit **II** bevorzugt in saurer Lsg. *3-substituierte* **IV**-*Derivate*. Ketone reagieren nicht so, wohl aber Cyclohexanon- (**VI**) u. Cyclopentanonäthylenketal (**VII**) unter Bldg. *3.3-disubstituierter* **IV**-*Derivate*. — **III** u. **IV** zeigten, bei geringer Toxizität, oral starke diuret. Wrkg. u. zwar **IV** 10 mal stärker als **III**.

Versuche: *Bis-[2-nitro-4-trifluormethylphenyl]-disulfid*, $C_{14}H_6F_6N_2O_4S_2$, F. 158 bis 161° (Essigsäure), aus **V**, Na_2S u. S durch 1std. Kochen in wss. Methanol; 91,3% (Ausbeute). — *2-Nitro-4-trifluormethylbenzolsulfochlorid*, aus vorst. Verb. durch Chlorieren in Essigsäure. — *2-Nitro-4-trifluormethylbenzolsulfonamid*, $C_7H_5F_3N_2O_4S$, F. 165—167° (A./W.), aus vorst. Verb. u. konz. NH_4OH; 54%. — *2-Amino-4-trifluormethylbenzolsulfonamid*, $C_7H_7F_3N_2O_2S$, F. 143—146°, aus vorst. Verb. a) mit Fe-Spänen u. Essigsäure; 67%; b) mit Fe-Spänen u. NH_4Cl in W.–CH_3OH; 74,6%. — *4-Amino-6-trifluormethylbenzol-1.3-disulfochlorid* (**I**), aus vorst. Verb., Chlorsulfonsäure u. NaCl durch ¼std. Erhitzen auf 150°. — *4-Amino-6-trifluormethylbenzol-1.3-disulfonamid* (**II**), $C_7H_8F_3N_3O_4S_2$, F. 239,5 bis 241,5° (W.), aus vorst. Verb, u. konz. NH_3OH; 33,8% (berechnet mit vorvorst. Amid). — *7-Aminosulfonyl-6-trifluormethyl-2H-1.2.4-benzothiadiazin-1.1-dioxid* (**III**), $C_8H_6F_3N_3O_4S_2$, F. 305—307° [korr.; W./A. (1:1)], aus vorst. Verb. u. HCOOH durch 1std. Kochen. — *3.4-Dihydro-7-aminosulfonyl-6-trifluormethyl-2H-1.2.4-benzothiadiazin-1.1-dioxid* (**IV**), $C_8H_8F_3N_3O_4S_2$, F. 271—274° (korr.; A./W.), a) aus **I**, Formaldehyd u. NH_4Cl in W.–Dioxan; b) aus **II**, Formaldehyd u. Spur H_2SO_4; 65,4%. — *4-Amino-6-trifluormethylbenzol-1.3-[N.N'-dimethyldisulfonamid]*, $C_9H_{12}F_3N_3O_4S_2$, F. 168—170° (W.), aus **I** u. Methylamin; 34%. — *3.4-Dihydro-3.3-dimethyl-7-aminosulfonyl-6-trifluormethyl-2H-1.2.4-benzothiadiazin-1.1-dioxid*, $C_{10}H_{12}F_3N_3O_4S_2$, F. 216—221° (Methanol/W.), aus **II** u. 2.2-Dimethoxypropan durch 24std. Kochen; 28%. — 3.4-Dihydro-7-aminosulfonyl-6-trifluormethyl-2H-1.2.3-benzothiadiazin-1.1-dioxide: *3-Äthyl-*, $C_{10}H_{12}F_3N_3O_4S_2$, F. 262—263° (Zers.), aus Propionaldehyd u. **II** in Ggw. von konz. H_2SO_4 durch 4std. Kochen (Meth. **A**); 59%. — *3-Methyl-*, $C_9H_{10}F_3N_3O_4S_2$, F. 247—250° (Zers.), aus Acetaldehyd nach **A** in ¼ Std.; 70%. — *3-Benzyl-*, $C_{15}H_{14}F_3N_3O_4S_2$, F. 221—223°, aus Phenylacetaldehyd u. **II** in Eisessig durch 16std. Kochen (Meth. **B**); 35%. — *3-Pyridyl-(2)*, $C_{13}H_{11}F_3N_4O_4S_2$, F. 310—311°, aus Pyridin-2-aldehyd nach **A** ohne H_2SO_4 in ½ Std.;

19%. — *3-Trichlormethyl-*, $C_9H_7Cl_3F_3N_3O_4S_2$, F. 283—285° (Zers.), aus Chloralhydrat nach **A** in 24 Std.; 22%. — *3-Phenyl-*, $C_{14}H_{12}F_3N_3O_4S_2$, F. 220—224°, aus Benzaldehyd nach **B** in 24 Std.; 17%. — *3.3-Pentamethylen-*, $C_{13}H_{16}F_3N_3O_4S_2$, F. 260—262° aus **VI** in **II** in Ggw. von H_2SO_4 durch 1½std. Kochen in n-Butanol; 23%. — *3.3-Tetramethylen-*, $C_{12}H_{14}F_3N_3O_4S_2$, F. 225—226° (Zers.), aus **VII** analog vorst. Verb. durch 2std. Kochen; 19%. H. NESTLER. 3333

Synthese der 2.3-Dimethyl-D-lyxose. J. P. Verheijden und P. J. Stoffyn. (Tetrahedron [London] **1.** 253—58. 1957. Bruxelles, Univ. libre, Fac. des Sci., Serv. de Chim. Organ.) (Franz.)

2.3-Dimethyl-D-lyxose (I) wird aus Lyxose (II) über *Methyl-D-lyxopyranosid, Methyl-2.3-isopropyliden-D-lyxopyranosid, Methyl-2.3-isopropyliden-4-p-tosyl-D-lyxopyranosid, Methyl-4-p-tosyl-D-lyxopyranosid, Methyl-2.3-dimethyl-4-p-tosyl-D-lyxopyranosid* u. *Methyl-2.3-dimethyl-D-lyxopyranosid* synthetisiert. Die Struktur von **I** folgt aus der Oxydation mit HJO_4, die ausführlich diskutiert wird. **I** unterscheidet sich in seinem papierchromatograph. Verh. nicht von dem Abbau-Prod. (**A**), das aus 3.4-Dimethylgalaktosamin mit Ninhydrin erhalten wird. Die aus den Chromatogrammen mit Butanol–A.–W. (4:1:5) eluierten **I** u. **A** geben die gleichen Farb-Rkk. mit p-Anisidinhydrochlorid u. mit Phthalsäureanilid.

Versuche: *Methyl-D-lyxopyranosid*, aus 16 g durch Abbau von Ca-Galaktonat erhaltenem **II** mit methanol. HCl; 14,25 g (Ausbeute). — *Methyl-2.3-isopropyliden-D-lyxopyranosid*, $C_9H_{16}O_5$, F. 49—52°, durch Zugabe vorst. Verb. in Aceton zu P_2O_5 in Aceton, ¼std. Rühren, Neutralisieren der filtrierten Lsg. mit K_2CO_3, Eindampfen der filtrierten Lsg. im Vakuum, Chlf.-Extraktion, Einengen im Vakuum u. 3tägiges Aufbewahren zu Kristallisation; Nadeln aus Bzl.–Hexan; $[\alpha]_D^{20}$ +45,6 (c = 0,91; A.); 75%. — *Methyl-2.3-isopropyliden-4-p-tosyl-D-lyxopyranosid*, $C_{16}H_{22}O_7S$, F. 105—106°, durch 50std. Aufbewahren vorst. Verb. in abs. Pyridin mit p-Toluolsulfonylchlorid bei Raum-Temp. u. Gießen auf Eis; Nadeln aus Methanol; $[\alpha]_D^{20}$ —18,28° (c = 0,91; A.); 92,5%. — *Methyl-4-p-tosyl-D-lyxopyranosid*, $C_{13}H_{18}O_7S$, F. 94—95°, durch Erhitzen vorst. Verb. in Eisessig auf 100°, Zugabe von W., Eindampfen im Vakuum u. 12std. Aufbewahren; Nadeln aus Isopropanol–Hexan; $[\alpha]_D^{20}$ +61,21° (c = 0,88; Chlf.); 84%. — *Methyl-2.3-dimethyl-4-p-tosyl-D-lyxopyranosid*, $C_{15}H_{22}O_7S$, aus 5,8 g vorst. Verb. u. CH_3J in CH_3OH in Ggw. von Ag_2O durch 24std. Kochen, Eindampfen der filtrierten Lsg. im Vakuum, erneutes Behandeln des sirupösen Rückstandes mit CH_3J u. Ag_2O, Chromatographie an SiO_2 u. Elution mit Bzl.–Ae. (9:1 u. 4:1); $[\alpha]_D^{20}$ +32,0° (c = 0,97; Chlf.); 4,5 g. — *Methyl-2.3-dimethyl-D-lyxopyranosid*, $C_8H_{16}O_5$, aus 1 g vorst. Verb. in wss. CH_3OH durch 24std. Rühren mit 2,5%ig. Na-Amalgam, Neutralisation der filtrierten Lsg. mit CO_2, Eindampfen der filtrierten Lsg. im Vakuum (560 mg), wiederholte Extraktion mit Chlf., Chromatographie an SiO_2 u. Elution mit Ae.-Äthylacetat (9:1 u. 4:1); $[\alpha]_D^{20}$ —63,29° (c = 0,94; A.). — *2.3-Dimethyl-D-lyxose* (I), $C_7H_{14}O_5$, F. 116 bis 117° (Äthylacetat), durch 3std. Erhitzen vorst. Verb. mit 5%ig. H_2SO_4 auf 100°, Neutralisation der abgekühlten Lsg. mit $BaCO_3$, Eindampfen der filtrierten Lsg., Extraktion des Rückstandes mit sd. Bzl. u. Eindampfen der Benzol-Lsg. im Vakuum; $[\alpha]_D^{20}$ —10,66° (c = 0,3; W.), —1,33 (nach 24 Std.); 40%. *Anilid*, $C_{13}H_{19}NO_4$, F. 107—108° (A.–PAe.) durch 4std. Kochen von **I** in abs. A. mit Anilin. G. MARQUARD. 3400

N-Acylierung von D-Ribosylamin. R. Stuart Tipson und Beverly A. Pawson. (J. org. Chemistry **26.** 4698—4701. Nov. 1961. Pittsburgh, Pa., Mellon Inst.; Parke, Davis and Co's. Multiple Fellowship in Med. Chem.) (Engl.) — Vgl. C. **1962.** 10472.

D-Ribosylamin wird sowohl mit Acylchloriden in Ggw. von überschüssigem MgO in wss. Lsg., als auch durch Kondens. mit gemischten Anhydriden N-substituierter Aminosäuren N-acyliert. Nach letzterem Verf. wird auch *2-Desoxy-2-[2-formamidoacetamido]-D-glucose* synthetisiert.

Versuche: *Äthyl-N-D-ribosylcarbamat* („*N-D-Ribosylurethan*"), $C_8H_{15}NO_6$, F. 172 bis 174° (abs. A./Aceton 1:2), durch 3 Min. langes Rühren von 7,5 g D-Ribosylamin mit MgO in W. bei 1,5°, Zutropfen von Chlorkohlensäuseäthylester innerhalb 5 Min. bei 0,5°, ½std. Rk. bei 0,5°, 15 Min. langes Stehen im Eisbad, 2std. Stehen bei 20° u. Reinigung des Filtrates an Amberlite MB-3; $[\alpha]_D^{21}$ —21,9° (c = 1,075; W.); 5,5 g (Ausbeute). — *N-D-Ribosylchloracetamid*, $C_7H_{12}ClNO_5$, F. 170—172°, durch Acylierung von 7,5 g D-Ribosylamin mit Chloracetylchlorid wie vorst.; $[\alpha]_D^{20}$ —15,5° (c = 0,997; W.); 3,6 g. — *N-D-Ribosyldichloracetamid*, $C_7H_{11}Cl_2NO_5$, F. 177—178°, durch Acylierung mit Dichloracetylchlorid; $[\alpha]_D^{24}$ —12,5° (c = 1,041; W.); 2,7 g. — *α-Formamidoessigsäure* (I, *N-Formylglycin*, $C_3H_5NO_3$, F. 151—153° (Dioxan), durch 15 Min. langes Kochen von 37,6 g Glycin mit 98%ig. Ameisensäure, Zugabe eines Gemisches von 98%ig. Ameisensäure u. Acetanhydrid zur abgekühlten Lsg. u. mehrstd. Stehen; 14,9 g. — *N-Formyl-L-alanin* (II), $C_4H_7NO_3$, F. 130—131° (Essigester), aus 17,8 g L-Alanin wie vorst.; $[\alpha]_D^{23}$ —73,1° (c = 1,102;

W.); 8,2 g. — *N-Benzyloxycarbonylsarkosin* (III), $C_{11}H_{13}NO_4$, F. 58—59°, durch Zutropfen von Chlorkohlensäurebenzylester u. 4n NaOH zu 8,9 g Sarkosin in 2n NaOH bei 0° innerhalb 27 Min., 10 Min. langes Rühren, Extraktion mit Ae., Ansäuern der wss. Phase mit konz. HCl bei 0°, 1 std. Rk., Extraktion mit Ae. u. Ausfällen aus der Ae.-Lsg. mit Pentan; 14 g. — *N-D-Ribopyranosyl-α-formamidoacetamidmonohydrat*, $C_8H_{14}N_2O_6 \cdot H_2O$, F. 156—157° (abs. Methanol), durch Zugeben von 5,2 g I u. Aceton zu 9,3 g Tributylamin, Zugabe von Chlorkohlensäureäthylester bei —1°, 10 Min. langes Stehen bei 0°, Zugeben von 7,5 g D-Ribosylamin in W. bei 0°, 15 Min. lange Rk. bei 0°, 1 std. Stehen bei 20° u. Reinigung an Amberlite MB-3 mit W.; $[\alpha]_D^{20}$ —15,5° (c = 1,033; W.); 7,1 g. — *2-Desoxy-2-[α-formamidoacetamido]-D-glucose*, $C_9H_{16}N_2O_7$, F. 180—182° (abs. Methanol), durch Rk. von 10,8 g 2-Amino-2-desoxy-D-glucosehydrochlorid u. MgO in W. bei 0° mit I u. Tributylamin wie vorst.; $[\alpha]_D^{26}$ +74,5° (c = 0,664; Pyrdin); 3,0 g. — *N-D-Ribosyl-[L-α-formamidopropionamid]*, $C_9H_{16}N_2O_6$, F. 194—195°, aus 5,9 g II u. D-Ribosylamin; $[\alpha]_D^{22}$ —53,1° (c = 1,007; W.); 2,3 g. — *Benzyl-N-[D-ribosylcarbamoylmethyl]-carbamat*, $C_{15}H_{20}N_2O_7$, F. 192—193° (abs. Methanol), aus 10,5 g N-[Benzoyloxycarbonyl]-glycin; $[\alpha]_D^{23}$ —2,97° (c = 1,009; Pyridin); 16 g. — *Benzyl-N-methyl-N-[D-ribosylcarbamoylmethyl]-carbamat*, $C_{16}H_{22}N_2O_7$, F. 207° (abs. Methanol), aus 11,2 g III; $[\alpha]_D^{23}$ — 2,0° (c = 1,014; Pyridin); 12,3 g. — *α-Amino-N-D-ribosylacetamid*, $C_7H_{14}N_2O_5$, F. 180° (Zers.), durch Red. von 1,7 g vorvorst. Verb. in abs. Methanol an 10%ig. Pd/Kohle in abs. Methanol bei 0°; $[\alpha]_D^{25}$ —17,8° (c = 0,956; W.). — *α-Methylamino-N-D-ribosylacetamid*, $C_8H_{16}N_2O_5$, F. 182° (Zers.; abs. Methanol), durch Red. von 1,8 g vorvorst. Verb.; $[\alpha]_D^{26}$ —31,9° (c = 0,094; W.); 0,9 g. E. SCHRAVEN. 3400□

Phenyl-α- und -β-D-allopyranoside und ihr Verhalten gegen wässeriges Alkali. Emmanuel Zissis und Nelson K. Richtmyer. (J. org. Chemistry 26. 5244—45. 27/12. 1961. Bethesda, Md., U. S. Dep. of Health, Education and Welfare, Dublic Health Serv., Nat. Inst. of Health, Nat. Inst. of Arthritis and Metabolic Diseases.) (Engl.)

Phenyl-α- (I) u. *-β-D-allopyranosid* (II) werden über die anomeren Phenylallopyranosidtetraacetate synthetisiert. I bildet mit 0,6n Natronlauge sofort *1.6-Anhydro-β-D-allopyranose*. II zersetzt sich bei Einw. von heißem, wss. Alkali. Ein 1.6-Anhydrid entsteht nicht.

Versuche: *Penta-O-acetyl-β-D-allopyranose* (III), $C_{16}H_{22}O_{11}$, F. 96—98° (wss. A.), durch Rk. von D-Allose mit Acetanhydrid u. geschmolzenem Na-Acetat; $[\alpha]_D^{20}$ —14,8° (c = 1; Chlf.); 71% (Ausbeute). — *Phenyl-β-D-allopyranosid* (II), $C_{12}H_{16}O_6$, F. 176—178°, durch Schmelzen von 10,7 g III, Phenol u. p-Toluolsulfonsäuremonohydrat, 1¹/₄ std. Erhitzen auf 78—80° im Wasserstrahlvakuum [→ 10,5 g] u. Entacetylierung mit Na-Methylat in Methanol; aus Methanol quadrat. Prismen; $[\alpha]_D^{20}$ —54,0° (c = 1; Pyridin); 68%. — *Phenyltetra-O-acetyl-β-D-allopyranosid*, $C_{20}H_{24}O_{10}$, F. 121—122°, durch Rk. von II mit Acetanhydrid in Pyridin; Prismen aus Chlf./Pentan; $[\alpha]_D^{20}$ —26,7° (c = 1; Chlf.), 88%. — *Phenyltetra-O-acetyl-α-D-allopyranosid*, $C_{20}H_{24}O_{10}$, F. 97—98°, a) durch Schmelzen von 5 g III Phenol u. p-Toluolsulfonsäure, 1¹/₄ std. Erhitzen auf 75—80°, Lösen in Chlf., Waschen, Abdampfen, Lösen in A. u. Fällen mit W. [→ 1,3 g *β-Anomeres*] u. als weitere Fraktion 3,5 g α-Verb.; Prismen aus Chlf./Pentan; b) durch Kondens. von III mit Phenol u. $ZnCl_2$; 73%; $[\alpha]_D^{20}$ +160° (c = 1; Chlf.). — *Phenyl-α-D-allopyranosid* (I) $C_{12}H_{16}O_6$ F. 102—106° (Aceton/Pentan), durch Entacetylierung vorst. Verb. mit Na-Methylat in Methanol; $[\alpha]_D^{20}$ +179° (c = 1; W.); 69%. — *1.6-Anhydro-β-D-allopyranose*, durch 8 std. Kochen von II mit 0,6n NaOH; 54%.

E. SCHRAVEN. 3400□

Kristalline 3-Desoxy-2-ketogluconsäure. G. B. Paerels. (Recueil Trav. chim. Pays-Bas **80.** 985—88. Sept./Okt. 1961. Weesp, Netherlands, Central Res. Labor. of N. V. Philips-Duphar.) (Engl.)

3-Desoxy-2-keto-D- bzw. *-L-gluconsäure* werden aus *D-Ribose* bzw. *L-Arabinose* nach KUHN u. Mitarbeitern (C. **1960.** 10581) in krist. Form dargestellt. Auf Grund der IR-Spektren liegen keine cycl. Formen vor.

Versuche (FF. korr.): *2.3-Didesoxy-2-phenylamino-Δ²-D-glucoseno-γ-lacton* F. 135 bis 136°, aus 23 g D-Ribose, 1,59 g (Ausbeute). — *3-Desoxy-2-keto-D-gluconsäure*, $C_6H_{10}O_6$, F. 119,5—120° durch ³/₄ std. Erhitzen von 1,57 g vorst. Verb. mit Amberlite IR-120 (H-Form) in W. bei 70°; $[\alpha]_D^{22}$ —45 2° (c = 2,0; W.); 50 mg — *3-Desoxy-2-keto-L-gluconsäure*, $C_6H_{10}O_6$, F. 124—124,5° (Methanol), aus 1,5 g 2.3-Didesoxy-2-phenylamino-Δ²-L-glucoseno-γ-lacton wie vorst.; $[\alpha]_D^{22}$ +47,3° (c = 3,68; W.); R_F 0,35 (Butanol/Eisessig/W. 4:1:1); 400 mg. E. SCHRAVEN. 3400□

Darstellung und Charakterisierung von 1-Methylinosin. H. Todd Miles. (J. org. Chemistry **26.** 4761—62. Nov. 1961. Bethesda, Md., Nat. Inst. of Health, Nat. Inst. of Arthritis and Metabolic Diseases.) (Engl.)

1-Methylinosin u. *6-Methoxy-9-β-D-ribofuranosylpurin* entstehen bei der Rk. von Tri-O-acetylinosin mit CH_2N_2. Beide Verbb. werden aus dem heterogenen Rk.-Gemisch isoliert.

Versuche: *1-Methylinosin*, $C_{11}H_{14}N_4O_5$, F. 211—212°, durch Rk. von Tri-O-acetylinosin mit CH_2N_2 in Methanol u. Aceton nach BREDERECK u. MARTINI (Chem. Ber. **80.** [1947.] 401), Fällen mit Ae. u. Fraktionierung von 1 g an Kartoffelstärke mit wassergesätt. n-Butanol; R_F 0,44; UV-Maximum: 251 mμ (ε 10,400); 400 mg Ausbeute; daneben als erste Fraktion *6-Methoxy-9-β-D-ribofuranosylpurin*, R_F 0,7 (n-Butanol/Eisessig/W. 160:40:75). E. SCHRAVEN. 3450□

Synthese von Guanosin-5'-diphosphat. Tohru Ueda und Eiko Ohtsuka. (Chem. pharmac. Bull. [Tokyo] **7.** 740—43. Sept. 1959. Hokkaido, Univ., School of Med., Fac. of Pharm.) (Engl.) — Vgl. C. **1961.** 2978.

Vff. synthetisieren *Guanosin-5'-diphosphat* (GDP) durch Rk. von Phosphorsäuremonobenzylestermonoamid (I) mit Guanosinmonophosphat (GMP) in Dimethylformamid (DMF). Temp., Wasserzusatz u. Reagenzüberschuß haben keinen Einfl. auf die Ausbeute an NH_4-Salz des GDP-Benzylesters, die 55% nicht übersteigt. Nach Hydrierung u. Aufarbeitung an Amberlite IRA-400 werden 38% GDP erhalten.

Versuche: *P^1-Benzyl-P^2-guanosinpyrophosphat*, durch Zugabe von 400 mg **I** zu einer Lsg. von 280 mg GMP-Pyridinsalz in 40 ml 99%ig. DMF, 1std. Erhitzen auf 40°, 1 Std. auf 70° u. Einengen im Vakuum. — *Guanosin5'-diphosphat* (GDP), *$^3/_2$-Ca-Salz*, durch Hydrieren der mit Pyridin/Essigsäure auf pH 4—5 eingestellten wss. Lsg. vorst. Verb. über 60 mg PdO u. 10 mg Pd-C, Absorption an Amberlite IRA-400 (Cl'-Form), Waschen mit W., bis die opt. Dichte des Eluats bei 260 mμ 0,2 beträgt, Eluieren nacheinander mit 0,003n HCl/0,015n $CaCl_2$, 0,003 HCl/n $CaCl_2$, 0,003 HCl/0,2n $CaCl_2$, Gefriertrocknen der 2. Fraktion u. Waschen mit A./Ae. zur Entfernung des $CaCl_2$; 220 mg (Ausbeute). H. NIEDRICH. 3450□

Bestandteile von einheimischen Veratrum-Pflanzen. 1. Mitt. **Bestandteile von Veratrum oxysepalum Turcz.** Bunji Shimizu und Minoru Suzuki. (J. pharmac. Soc. Japan [Yakugakuzasshi] **79.** 609—15. Mai 1959. Tôkyô-Sinagawa, Takamine-Kenkyûzyo.) (Jap.; Auszug: Engl.)

Aus getrocknetem Rhizom von *Veratrum oxysepalum Turcz.* (28,6 kg) werden durch Ausziehen mit Bzl.-verd. NH_4OH neben *Jervin* u. *Veratramin* rohe, amorphe bas. Substanzen erhalten (325 g), die in Bzl. gelöst u. an Al_2O_3 chromatographiert werden, wobei mit Bzl. eine *Base $C_{26}H_{39}NO_3 \cdot H_2O$* [**I**, F. 215—218° (Nadeln aus Ae.), $[\alpha]_D^{24}$ —120° (c = 1,0; Methanol)], mit 1%ig. Methanol-Bzl. *Rubijervin* [**II**, $C_{27}H_{43}NO_2$, F. 244—245° (Nadeln aus Aceton), $[\alpha]_D^{24}$ + 24° (c = 1,0; A.); *Diacetat*, $C_{31}H_{47}NO_4$, F. 145—146° (Nadeln aus verd. Methanol)], mit 2,5%ig. Methanol-Bzl. *Veratroylzygadenin* [**III**, $C_{36}H_{51}NO_{10}$, F. 266—268° (aus Aceton oder abs. A. Platten), $[\alpha]_D^{25}$ — 32° (c = 1,04; Chlf.); blutdruckerniedrigend], als Hauptbestandteil aus der Mutterlauge von **III** *Zygacin* [$C_{29}H_{45}NO_8 \cdot H_2O$, F. 233—236°, $[\alpha]_D$ —24° (c = 1,48; Chlf.); *Acetonid*, F. 241—244° (Platten), $[\alpha]_D$ + 4° (c = 1,2; Chlf.)] u. mit 2,5%ig. Methanol-Bzl. eine andere *Base $C_{27}H_{41}NO_7$* [F. 234—237° (Nadeln aus Bzl.), $[\alpha]_D$ —49,5° (c = 0,9; Chlf.); *Diacetat*, $C_{31}H_{45}NO_9$, F. 258—260° (Nadeln aus Ae.)] eluiert werden. Durch Gegenstromverteilung mit Phosphatpuffer-Lsg. konnten nur **II** u. **III** aus der Benzol-Lsg. der amorphen Base isoliert werden. **I** gibt durch 1tägiges Stehen mit verd. NaOH u. Methanol bei normaler Temp., 3std. Erhitzen auf dem Wasserbad, Einengen im Vakuum u. Ausziehen des Rückstandes mit Chlf. *Verb. $C_{24}H_{37}NO_2$* [**VI**, F. 201—203°)Bzl.-Ae.), $[\alpha]_D^{25}$ —118° (c = 1,10; Methanol)]. 1std. Kochen der eingeengten Mutterlauge bei pH 6,5 mit p-Phenylphenacylbromid in A. → *p-Phenylphenacylacetat* [F. 105—107° (Schuppen)]. **I** gibt durch Hydrierung in Essigsäure über PtO_2 *Verb. $C_{26}H_{43}NO_3 \cdot 1/2\ H_2O$* [**VII**, F. 226—228°, $[\alpha]_D^{25}$ —68° (c = 0,98; Methanol)]. OPPENAUER-Oxydation von **VI** mit Cyclohexanon in Toluol in Ggw. von Al-Isopropylat liefert *Verb. $C_{24}H_{35}NO_2$* [F. 235—237° (Zers.), Schuppen aus Bzl.)]. **VII** gibt durch 1tägiges Stehen mit verd. NaOH u. Methanol bei Zimmer-Temp. u. 3—4std. Erhitzen auf dem Wasserbad *Verb. $C_{24}H_{41}NO_2 \cdot H_2O$* [**VIII**, F. 237 bis 238° (bei 95—105° Sintern unter Abgabe von Kristallwasser, Nadeln oder aus Chlf.-PAe. Schuppen)]. OPPENAUER-Oxydation von **I** gibt *Verb. $C_{26}H_{37}NO_3$* [F. 188—189° (Prismen aus PAe.-Ae.), $[\alpha]_D^{24}$ —72° (c = 1,2; Methanol); gibt durch alkal. Zers. **VIII**]. **VII** gibt durch 1std. Kochen mit Acetanhydrid *Verb. $C_{28}H_{45}NO_4 \cdot H_2O$* [F. 173—175° (Schuppen aus wss. A.), $[\alpha]_D^{25}$ —4° (c = 1,4; Methanol)]. **III** gibt a) durch ½std. Kochen mit Methanol u. verd. NaOH *Isozygadenin* [Öl; 5std. Kochen mit 1n NaOH u. Methanol → *Pseudozygadenin* (**IV**)] u. *Veratrumsäure* [**V**, F. 176—178° (Nadeln aus W.)], b) durch 4std. Kochen mit Na-Äthylat in A. **IV** [$C_{27}H_{43}NO_7$, F. 166—168° (Zers.; Nadeln aus Bzl., Essigester oder PAe.), $[\alpha]_D^{25}$ —35° (c = 1,8; Chlf.); *Triacetat*, $C_{27}H_{40}NO_7(COCH_3)_3$, F. 228—230° (Ae.), $[\alpha]_D^{24}$ —30° (c = 1,4; Chlf.)] u. **V**. **III** liefert ein *Triacetat* [$C_{42}H_{57}$·

NO_{13}, F. 237—240° (Nadeln aus Aceton u. W.), $[\alpha]_D$ —10° (c = 1,02; Chlf.)] u. ein *Acetonid* [$C_{39}H_{55}NO_{10}$, F. 245—247° (Nadeln aus Aceton), $[\alpha]_D^{34}$ —18° (c = 1,52; Chlf.)].

E. Maekawa. 3500□

Bestandteile von einheimischen Veratrum-Pflanzen. 2. Mitt. **Bestandteile von Veratrum grandiflorum Loesen.** Bunji Shimizu und Ryozo Hayashi. (J. pharmac. Soc. Japan [Yakugakuzasshi] **79.** 615—18. Mai 1959.) (Jap.; Auszug: Engl.) — 1. vgl. vorst. Referat.

Aus dem getrockneten Rhizom von *Veratrum grandiflorum Loesen* aus Nagano wird nach der l. c. angegebenen Meth. eine amorphe Rohbase (**A**) in 1,663% ig. Ausbeute erhalten, von der 8 g in abs. Aceton durch Ansäuern mit konz. HCl auf pH 2 u. 1 tägiges Stehen in der Kälte 1,5 g *Zygacin* (**II**)*-acetonidhydrochlorid* [**III**, $C_{32}H_{49}NO_8 \cdot HCl \cdot H_2O$, F. 235 bis 237° (Zers.; Prismen aus Methanol–Aceton)] liefern. Ähnlich werden aus 10 g **A** in abs. Aceton mit HJ 3,8 g **II**-*Acetonidhydrojodid* [**IV**, $C_{32}H_{49}NO_8 \cdot HJ$, F. 268—271° (Zers.; Aceton/wenig Methanol)] hergestellt. Aus 500 mg **III** bzw. **IV** in wenig W. werden durch Alkalisieren mit verd. NH_4OH auf pH 10 unter Kühlung u. Extrahieren mit Chlf. 320 mg bzw. 280 mg **II**-*Acetonid* [**V**, $C_{30}H_{46}NO_7(COCH_3)$, F. 247—250° (Zers.; Nadeln aus W.–Aceton), $[\alpha]_D^{24}$ +4° (c = 1; Chlf.)] erhalten. Daraus wird durch $^1/_4$ std. Stehen mit 8% ig. HCl, Alkalisieren mit verd. NH_4OH auf pH 10 u. Ausziehen mit Chlf. *Zygacin* [**II**, $C_{27}H_{42}NO_7(COCH_3) \cdot H_2O$, $[\alpha]_D^{24}$ —24° (c = 1,5; Chlf.)] hergestellt. **II** gibt durch 4 std. Kochen mit Na-Äthylat/A., Abstumpfen mit 0,1 n HCl auf pH 8, Zusatz von W., Abdampfen des A. im Vakuum, Alkalisieren des Rückstandes mit verd. NH_4OH u. Extrahieren mit Chlf. *Pseudozygadenin* [F. 167—169° (Zers.; Nadeln aus Bzl.)] u. daneben aus der wss. Schicht eine Verb., die durch 1½ std. Kochen mit p-Phenylphenacylbromid u. A. bei pH 6,5 auf dem Wasserbad *p-Phenylphenacylacetat* [F. 105—107° (Schuppen aus Hexan–Bzl.)] liefert. Aus **II** wird durch 1 tägiges Stehen in Methanol/W. bei Zimmer-Temp. *Zygadenin* [F. 210—214° (Zers.; Bzl.), $[\alpha]_D$ —49° (c = 1,5; Chlf.)] erhalten. Aus 100 mg **V** werden durch 2 std. Erhitzen mit Acetanhydrid (**VI**) auf dem Wasserbad 84 mg des *Acetyl-Deriv.* (**I**) *von* **V** [$C_{32}H_{48}NO_8(COCH_3)$, F. 254—256° (Zers.; Nadeln durch Zusatz von PAe. zur Ae.-Lsg.), $[\alpha]_D^{25}$ —32° (c = 1,2; Pyridin)] hergestellt. 75 mg des *Monoacetyl-Deriv. von* **II** [*Zygadenin-3.16-diacetat*, F. 245—251° (Ae.)] werden aus 80 mg **I** analog **II**, das *Diacetyl-Deriv. von* **II** [*Zgyadenintriacetat*, $C_{33}H_{49}NO_{10}$, F. 263—265° (Zers.; Platten aus Ae.), $[\alpha]_D^{25}$ —33° (c = 1,58; Chlf.)] aus **II** analog **I** u. das *Triacetyl-Deriv. von* **II** [*Zygadenintetraacetat*, $C_{27}H_{39}NO_7(COCH_3)_4$, F. 204—207° (Zers.; Prismen aus Ae.), $[\alpha]_D^{25}$ —27° (c = 1,50; Chlf.)] aus **II** durch 2 std. Erhitzen mit **VI** u. wasserfreiem Pyridin auf dem Wasserbad erhalten.

E. Maekawa. 3500□

Bestandteile von einheimischen Veratrum-Pflanzen. 3. Mitt. **Bestandteile von Veratrum album staminium Maxim.** Minoru Suzuki, Yasuhiro Murase, Ryozo Hayashi und Nobuyoshi Sanpei. (J. pharmac. Soc. Japan [Yakugakuzasshi]. **79.** 619—23. Mai 1959.) (Jap.; Auszug: Engl.) — 2. vgl. vorst. Ref.; 4. vgl. C. **1961.** 4009.

180 g der aus *Veratrum album staminium Maxim.* von Nagano extrahierten amorphen Rohbasen lieferten 160 g eines rohen Gemisches tert. Amine, von dem 95 g 45 g [*α-Methyl-cis-crotonyl*]*-zygadenin* [**II**, $C_{32}H_{49}NO_8$, F. 222—224° (Zers.; Chlf.)], für das die angegebene

V

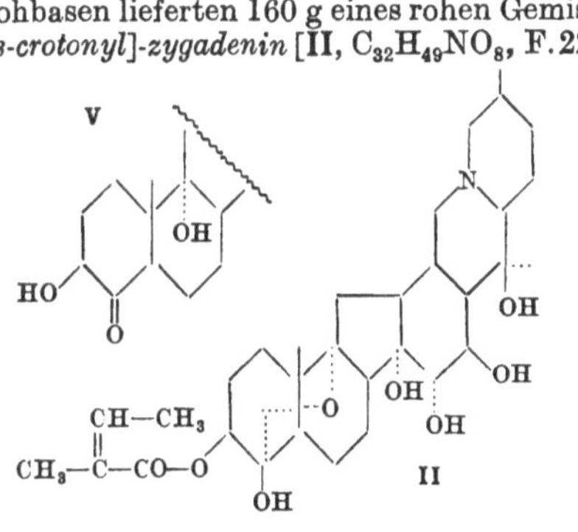

II

I

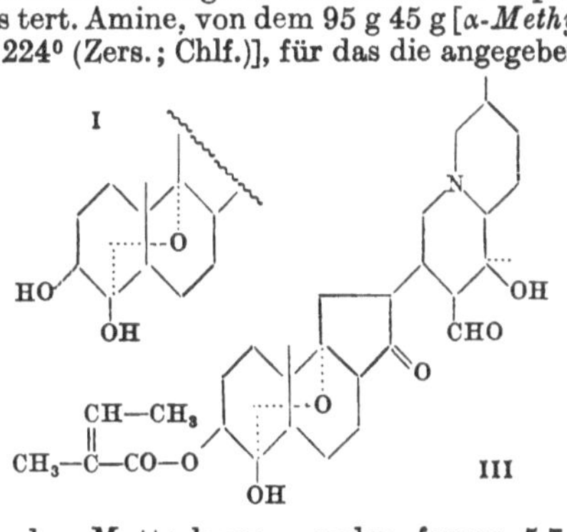

III

Struktur angenommen wird, ergaben. Aus der Mutterlauge wurden ferner 5,7 g eines Gemisches aus einer *Base vom F. 231,5—233°* (Zers.; Aceton–Bzl.) u. einer *Base vom F. 251,5—253°* (Zers.; Aceton–Bzl.) u. 2,3 g einer *Base vom F. 241—243°* (Zers.; Aceton–Bzl.) erhalten. Aus 1 Mol **II** entstand mit HJO_4 *Verb.* $C_{31}H_{45}NO_7$ [**III**, F. 189—191° (Zers.; Nadeln aus PAe.–Bzl.)]. 0,57 g **II** lieferten durch Hydrierung in Methanol an 5% ig. Pd-Kohle ein *Dihydro-Deriv.* [$C_{32}H_{51}NO_8$, F. 203,5—205° (Platten aus wss. A.)], durch 2 std. Kochen von 0,3 g mit Acetanhydrid u. Pyridin 150 mg eines *Diacetyl-Deriv.* [$C_{36}H_{53}NO_{10}$, F. 167—169° (Platten aus Ae.)] u.

durch 1½ std. Kochen von 1 g mit Acetylchlorid in wasserfreiem Bzl./Pyridin 200 mg eines *Monoacetyl-Deriv.* [$C_{34}H_{51}NO_9$, F. 243,5° (Bzl.)]. 1,5 g **II** gab durch 10 Min. langes Kochen in Methanol/verd. NaOH 1,1 g *Isozygadenin* (**V**) u. 100 mg *Angelicasäure* [F. 43 bis 45° (W.)] u. durch 4 std. Kochen von 500 mg in Na-Äthylat/A. 450 mg *Pseudozygadenin* [**I**, F. 169,5—170,5° (Zers.; Bzl.), $[\alpha]_D^{25}$ —33,5°] u. *Tiglinsäure* [F. 66° (Platten aus PAe.)]. Analog wurden aus 1 g **V** 700 mg **I** hergestellt. *3-O-[α-Methyl-cis-crotonyl]-zygadenin-14.15-acetonid* [**IV**, $C_{35}H_{53}NO_8$, F. 233—234,5° (Zers.; Platten aus Aceton–Bzl.)] wurde aus **II** in abs. A. durch Ansäuern mit 6 n HCl u. Zusatz von Aceton über das **IV**-*Hydrochlorid* [$C_{35}H_{53}NO_8 \cdot HCl \cdot H_2O$, F. 218—219° (Zers.; Prismen aus abs. A.)] hergestellt u. gab durch 1½ std. Erhitzen mit Acetanhydrid/Pyridin auf 110° (Bad-Temp.) das *4.16-Di-O-acetyl-Deriv.* von **IV** [$C_{39}H_{57}NO_{10}$, F. 107—207,5° (Körnchen aus abs. A.)], welches durch 48 std. Stehen in Methanol eine *Verb.* $C_{37}H_{55}NO_9$ [F. 221—222,5° (Zers.; Nadeln aus A.–PAe.)] lieferte. E. MAEKAWA. 3500□

Carotinoide aus Staphylococcus citreus. Tatsuo Ohta, Toshio Miyazaki und Teruo Ninomiya. (Chem. pharmac. Bull. [Tokyo] **7.** 254—55. März 1959. Tokyo, Coll. of Pharmacy.) (Engl.)

Vff. identifizierten zwei aus Staphylococcus citreus isolierte Carotinoide als *Sarcinaxanthin* (**I**) u. *Sarcinen* (**II**) durch Vgl. ihrer UV-Absorptionsspektren in Ligroin, A., $CHCl_3$ u. CS_2 mit den entsprechenden UV-Spektren von aus Sarcina lutea isoliertem **I** u. **II** u. von Neoxanthin u. Corynexanthin. GOTTFRIED SCHREIBER. 3550□

Verwendung des Limonens. Kyoichi Suga. (Kagaku-no-Ryoiki [J. Jap. Chem.] **11.** 780—86. Okt. 1957. Tiba, Daigaku.) (Jap.)

Übersicht über die Rkk. des Limonens u. dessen techn. u. pharmazeut. Verwendung. — 72 Literaturangaben. E. MAEKAWA. 3600□

Untersuchung bicyclischer Terpene und ihrer Oxide durch magnetische Protonenresonanz. B. A. Arbusow, S. G. Issajewa und Ju. Ju. Ssamitow. (Доклады Академии Наук СССР [Ber. Akad. Wiss. UdSSR] **137.** 589—92. 21/3. 1961. Kasan, Univ., Chem. Butlerow-Forschungsinst.) (Russ.)

Es wird die magnet. Protonenresonanz von *d-Δ³-Caren, d-Δ³-Carenoxid, d-α-Pinen, dl-α-Pinen, α-Pinen-d-oxid* u. *-l-oxid, β-Pinen, β-Pinenoxid, Carenol* u. *dl-trans-Pinocarveol* untersucht. Die Spektren werden diskutiert. HELMUT SCHÄFER. 3600□

Bauerenol, ein neuer Triterpenalkohol. F. N. Lahey und M. V. Leeding. (Proc. chem. Soc. [London] **1958.** 342—43. Dez. Queensland, Univ., Dep. of Chem.) (Engl.)

Aus der Rinde von *Acronychia baueri* wurde der Triterpenalkohol *Bauerenol* [**I**, $C_{30}H_{50}O$, F. 207—208°; $[\alpha]_D$ —30° (Chlf.); *Acetat*, F. 293—294°; $[\alpha]_D$ —3,7° (Chlf.); *Benzoat*, F. 260—261°; $[\alpha]_D$ +26° (Chlf.)] isoliert. **I** u. sein Acetat stimmten mit dem von CROW u. MICHAEL (vgl. C. **1960.** 12000) beschriebenen unbenannten Triterpenalkohol aus *Kopsia longiflora* bzw. dessen Acetat überein. Für **I** wird die angegebene Struktur angenommen. CrO_3 oder OPPENAUER-Reagens oxydieren **I** zum Keton *Bauerenon*, $C_{30}H_{48}O$. Durch PCl_5 wird **I** unter Retropinakolinumlagerung in einen *KW-Stoff* übergeführt, der bei der Ozonolyse *Aceton* liefert. Die C.C-Doppelbindung in **I**, die nach Auswertung des IR-Spektrums 3fach substituiert sein muß, ist offenbar ster. behindert u. unter den verschiedensten Bedingungen nicht zu reduzieren. **I**-Acetat wird durch SeO_2 zu *Baueradienylacetat* oxydiert, das zu *Baueradienol*, $C_{30}H_{48}O$, verseift wird. Bei der Behandlung von **I**-Acetat mit HCl in Chlf. bei 0° entsteht *Isobauerenylacetat* (**II**), F. 229—231°, $[\alpha]_D$ +46°, das zu *Isobauerenol* (**III**) hydrolysiert werden kann u. als solches mit dem unter gleichen Isomerisierungsbedingungen aus **I** erhaltenen Alkohol ident. ist. **III** wird durch OPPENAUER-Reagens oder CrO_3 zu *Isobauerenon* oxydiert u. mit PCl_5 in den *KW-Stoff* $C_{30}H_{48}$ übergeführt, der mit Pb-Tetraacetat oder OsO_4 *Aceton* liefert. Energ. Oxydation von **II** durch CrO_3 gibt *Acetoxyisobauerendion*, dessen Red. mit Zn u. Essigsäure *Acetoxyisobauerandion*, $C_{32}H_{50}O_4$, liefert. **I**-Acetat wird durch sd. HCl–Essigsäure zu einem Gemisch von *α-Amyrinacetat* u. *Δ¹³·¹⁸-Ursenylacetat* isomerisiert. Für verschiedene Umwandlungs-Prodd. von **I** sind opt. Daten angegeben. K. NEZEL. 3600□

I

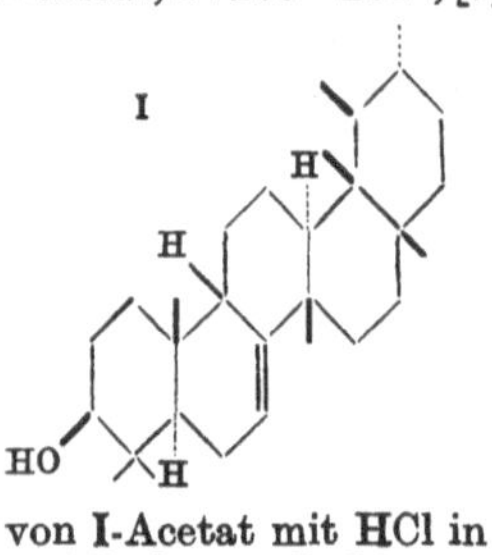

Angulare Allylierung an C(10) bei der Totalsynthese von Steroiden. Gérard Nominé, Robert Bucourt und André Pierdet. (C. R. hebd. Séances Acad. Sci. **254.** 1823—25. 5/3. 1962. Paris, Centre des Rech. Roussel-Uclaf.) (Franz.) — Vgl. VELLUZ u. Mitarbeiter, C. R. hebd. Séances Acad. Sci. **250.** [1960.] 1293; Angew. Chem. **72.** [1960.] 725.

Das aus 4.5-Seco-Δ^9-19-norandrosten-17β-ol-3.5-dion-17-benzoat (I) erhaltene *3-Äthylenketal* läßt sich nach der l. c. beschriebenen Meth. direkt zum homologen *$\Delta^{9,11}$-10β-Allyl-Deriv.*, F. 128°, $[\alpha]_D$ +60° (CH_3OH), allylieren u. weiter zu *10β-Allyl-9,11-dehydro-19-nortestosteronbenzoat* (II), F. 130°, $[\alpha]_D$ +105° (A.), cyclisieren. In weiteren Verss. wird I mit Monoperphthalsäure in 65% ig. Ausbeute in das *9α.10α-Epoxid*, F. 139°, $[\alpha]_D$ +114° (Chlf.), übergeführt, dessen Konfiguration mit Hilfe des Röntgenbeugungsspektrums bewiesen wird, u. das in wss. Dioxan mit K-Acetat/K_2CO_3 in 15 Std. in 70% ig. Ausbeute zu *9α.10α-Oxido-19-nortestosteronbenzoat*, F. 174°, $[\alpha]_D$ +114° (CH_3OH), cyclisiert wird. Letzteres wird mit Borhydrid zu *9α.10α-Oxido-19-nor-Δ^4-androsten-3ξ.17β-diol-17-benzoat*, F. 204°, $[\alpha]_D$ +116° (A.), red., das bei der Rk. mit Allyl-MgBr in Ae.-Tetrahydrofuran (nach Zusatz von Bzl. 1 Std. bei 80°) 50% (Ausbeute) *10β-Allyl-19-nor-Δ^4-androsten-3ξ.9α.17β-triol*, F. 180°, $[\alpha]_D$ +95° (CH_3OH), liefert. Dieses gibt bei der Oxydation *10β-Allyl-19-nor-Δ^4-androsten-9α-ol-3.17-dion*, F. 200°, $[\alpha]_D$ +135° (CH_3OH), u. durch anschließende Dehydratisierung mit $ZnCl_2$ in sd. Bzl. 80% *3.17-Dioxo-10β-allyl-$\Delta^{4.9,11}$-östradien*, F. 120°, $[\alpha]_D$ +216° (A.), das auch durch Oxydation von II erhalten wird. Während die 10β-Alkylierung von ungesätt. Epoxiden mit Allyl-MgBr über einen Sechsringmechanismus unter Einbeziehung der Doppelbindung des Allylrests zum gewünschten Prod. führt, reagieren gesätt. Verbb., wie Methyl-MgBr, unter 1.4-Addition an die zur Epoxidgruppierung konjugierte Doppelbindung. H.-J. KOCH/Berlin. 3700 □

Die Dehydratisierung eines Steroid-β-ketols mit chromatographischen Adsorbentien. Roy H. Bible jun. und Norman W. Atwater. (J. org. Chemistry **26.** 1336. April 1961. Chicago, Ill., G. D. Searle and Co., Div. of Chem. Res.) (Engl.)

Bei der Dehydratisierung von 6β-Methyl-5α-hydroxyandrostan-3.17-dion (I) mit Florisil oder Al_2O_3 entstehen *6β-Methyl-Δ^4-androsten-3.17-dion* bzw. *6α-Methyl-Δ^4-androsten-3.17-dion*; ersteres kann zu letzterem isomerisiert werden. UV-Spektren für beide Rk.-Prodd. sind angegeben.

Versuche: *6β-Methyl-Δ^4-androsten-3.17-dion*, F. 207—215° (wss. CH_3OH), aus 830 mg I durch 3 std. Kochen mit Florisil in Bzl. unter Rühren; $[\alpha]_D$ +135°; 570 mg (Ausbeute). — *6α-Methyl-Δ^4-androsten-3.17-dion*, F. 171—174° (wss. CH_3OH), a) durch ½ std. Kochen von 80 mg vorst. Verb. in wss.-alkohol. NaOH unter N_2; 46 mg; b) durch 50 Min. langes Kochen von 500 mg I u. Al_2O_3 in Bzl.; $[\alpha]_D$ +181°; 250 mg. WALTER SIMON. 3700

Thermische Zersetzung von 21-D Diazo-5α-pregnan-20-on. F. Greuter, J. Kalvoda und O. Jeger. (Proc. chem. Soc. [London] **1958.** 349. Dez. Zürich, ETH, Organ.-chem. Labor.) (Engl.)

I

Beim Erhitzen von 21-Diazo-5α-pregnan-20-on in Toluol in Ggw. von CuO u. anschließende Behandlung des Rk.-Prod. mit Dioxan–W. wurden neutrale, N-freie Substanzen erhalten, aus denen eine krist. *Verb.* (I) isoliert werden konnte, der die angegebene Formel eines cyclisierten Deriv. zugeschrieben wird. **I** gab ein *2.4-Dinitrophenylhydrazon* u. ein *Monobenzyliden-Deriv.* (**II**). **II** lieferte bei der Ozonolyse in Essigester bei —15° eine *Dicarbonsäure*, die in ihr *Anhydrid* (**III**) übergeführt werden konnte. Für **I, II** u. **III** sind IR-bzw. UV-Spektren angegeben. K. NEZEL. 3700 □

Mikrobiologische Umwandlungen von Steroiden. 17. Mitt. **Dehydrierung von 5β-Pregnan-3.11.20-trion-20-äthylenketal durch Septomyxa affinis.** Gunter S. Fonken und Herbert C. Murray. (J. org. Chemistry **27.** 1102—04. März 1962. Kalamazoo, Mich., Upjohn Co., Res. Labors.) (Engl.) — **13.** vgl. C. **1959.** 16685; 16. vgl. J. org. Chemistry **25.** [1960.] 1968.

Das aus 3α-Hydroxy-5β-pregnan-11.20-dion-20-äthylenketal (I) durch Oxydation mit N-Bromacetamid erhaltene *5β-Pregnan-3.11.20-trion-20-äthylenketal* wird durch Fermentation mit *Septomyxa affinis* ohne Abbau der Seitenkette in 43% ig. Ausbeute in die *Δ^1-Verb.* umgewandelt, aus der durch milde Hydrolyse *5β-Δ^1-Pregnen-3.11.20-trion* erhalten wird.

Versuche: *5β-Pregnan-3.11.20-trion-20-äthylenketal*, $C_{23}H_{34}O_4$, F. 150—151° (Aceton–PAe.), aus 75,5 g I in tert.-Butanol u. Pyridin mit N-Bromacetamid; $[\alpha]_D$ +67° (c = 0,8 in Dioxan); 26,7 g (Ausbeute). — *5β-Δ^1-Pregnen-3.11.20-trion*, $C_{21}H_{28}O_3$, F. 150,5—151,5° (Aceton–PAe.), aus dem 20-Äthylenketal in CH_3OH mit 1n HCl; UV- u. IR-Spektren. *20-Äthylenketal*, $C_{23}H_{32}O_4$, F. 204—206° (Aceton–PAe.), aus 2,0 g vorst. Verb. in Dimethylformamid durch 48 std. Fermentation mit einer 48-Std.-Kultur von *Septomyxa affinis* (ATCC 6737) in Dextrose-Cornsteep-Medium in Ggw. von 3-Keto-bisnor-Δ^4-cholen-22-al, Extraktion u. Chromatographie an Florisil; UV- u. IR-Spektren; 0,87 g. H.-J. KOCH/Berlin. 3700 □

Umwandlung von Steroiden durch Pseudomonas-Arten. Hayao Nawa, Masao Uchibayashi, Rokuro Takeda, Itaru Nakanishi, Tsunaharu Kusaka, Jiro Terumichi, Minoru Uchida, Michio Katsumata, Kikuko Yoshino und Hiroshi Fujitani. (Tetrahedron [London] **4.** 201—02. Okt. 1958. Osaka, Takeda Pharm. Ind. Ltd., Res. Labor., Inst. for Fermentation; Takeda Pharm. Ind. Ltd., Osaka Plant.) (Engl.)

Bei der mikrobiolog. Hydroxylierung des 17α.21-Dihydroxy-Δ^4-pregnen-3.20-dions (I) mit einer 24 Std. alten Kultur von *Pseudomonas sp. 109* während 17 Std. bei 30°, Extraktion des Kulturfiltrats mit Essigester u. Acetylierung des Extraktionsrückstandes mit Acetanhydrid/Pyridin werden *17α-Hydroxy-20β.21-diacetoxy-$\Delta^{1.4}$-pregnadien-3-on* [**II**, $C_{25}H_{34}O_6$, F. 178—179°, $[\alpha]_D^{20}$ +100° (Chlf.)] u. aus der Mutterlauge nach Chromatographie an Florisil neben 10 Teilen **II** 1 Teil *11β.17α-Dihydroxy-21-acetoxy-Δ^4-pregnen-3.20-dion* (**III**, $C_{23}H_{32}O_6$, F. 214—216°) erhalten. Hydrolyse von **II** mit $KHCO_3$ gibt *17α.20β.21-Trihydroxy-$\Delta^{1.4}$-pregnadien-3-on* [**IV**, F. 194—195°, $[\alpha]_D^{20}$ +33° (Chlf.)]. Oxydation von **IV** mit HJO_4 liefert *$\Delta^{1.4}$-Androstadien-3.17-dion* [**V**, $C_{19}H_{24}O_2$, F. 137°, $[\alpha]_D^{20}$ +112° (Chlf.)]. **II** ist ident. mit einem aus 17α-Hydroxy-21-acetoxy-$\Delta^{1.4}$-pregnadien-3.20-dion durch Red. mit $NaBH_4$ u. Acetylierung gewonnenen Produkt. Bei der mikrobiolog. Hydroxylierung von **I** mit *Pseudomonas sp. 125*, Acetylierung u. Chromatographie an Florisil werden 1 Teil **II** u. 2 Teile *17α-Hydroxy-21-acetoxy-$\Delta^{1.4}$-pregnadien-3.20-dion* (**VI**, $C_{23}H_{30}O_5$, F. 215—218°), mit *Pseudomonas sp. M 8* *17α-Hydroxy-20β.21-diacetoxy-Δ^4-pregnen-3-on* [**VII**, $C_{25}H_{36}O_6$, F. 191—192°, $[\alpha]_D^{20}$ +133° (Dioxan)] erhalten. Hydrolyse von **VII** mit $KHCO_3$ gibt *17α.20β.21-Trihydroxy-Δ^4-pregnen-3-on* [**VIII**, $C_{21}H_{32}O_4$, F. 188—189°, $[\alpha]_D^{20}$ +67° (Dioxan)]. **VII** ist ident. mit einem aus **I** durch $NaBH_4$-Red. gewonnenen Produkt. Für **II, III, IV, V, VI, VII** u. **VIII** sind die UV- u. IR-Spektren angegeben. G. SCHMIDT-KASTNER. 3700

Synthese von 17α-Hydroxy-21-carboxy-Δ^4-pregnen-3-onlacton. H.-J. Hess. (J. org. Chemistry **27.** 1096—98. März 1962. Groton, Conn., Chas. Pfizer & Co., Inc., Med. Res. Labor.) (Engl.)

Die Darst. von *17α-Hydroxy-21-carboxy-Δ^4-pregnen-3-onlacton* (I) wird beschrieben. I besitzt im Gegensatz zu seinem 17β-Isomeren keine die Elektrolytausscheidung regulierende Aktivität. 21-Methylen-17α-hydroxy-Δ^5-pregnen-3β-ol-20-on (II) wird in die *21-Acetoxymethyl-Verb.* übergeführt, deren *3β-Acetat* zu *3β.17α.20-Trihydroxy-21-acetoxymethyl-Δ^5-pregnen-3β-acetat* red. wird. Dessen *20-Methansulfonat* liefert mit $LiAlH_4$ *3β.17α-Dihydroxy-21-hydroxymethyl-Δ^5-pregnen*, das nach Schutz der Doppelbindung als *Bromid* durch CrO_3-Oxydation, Debromierung u. Isomerisierung zur Δ^4-3-Ketogruppierung unter Lactonisierung in I übergeführt wird. Daneben wird in geringer Menge die zu I oxydierbare *Δ^5-3β-Hydroxy-Verb.* isoliert.

Versuche (opt. Drehungen in Dioxan): *3β.17α-Dihydroxy-21-acetoxymethyl-Δ^5-pregnen-20-on*, $C_{24}H_{36}O_5$, F. 172—175° (CH_3OH–W.), aus II mit K-Acetat in Essigsäure bei 60° (15 Std.); $[\alpha]_D^{24}$ —17°; 38% (Ausbeute). *3β-Acetat*, $C_{26}H_{38}O_6$, F. 142,5—144° (CH_3OH–W.), $[\alpha]_D^{24}$ —24°. — *3β.17α.20-Trihydroxy-21-acetoxymethyl-Δ^5-pregnen-3β-acetat*, F. 142—144°, aus vorst. Acetat mit $NaBH_4$ im CH_3OH (3 Std.); 97%. *20-Methansulfonat*, mit Methansulfonylchlorid in Pyridin bei 0° (1 Std., dann 15 Std. bei 4°); schaumig; 99%. — *3β.17α-Dihydroxy-21-hydroxymethyl-Δ^5-pregnen*, $C_{22}H_{36}O_3$, F. 186,5 bis 189° (Aceton), aus vorst. Methansulfonat mit $LiAlH_4$ in Tetrahydrofuran bei 0° (3 Std. bei Zimmer-Temp. u. 1 std. Kochen) u. Chromatographie an Florisil; $[\alpha]_D^{23}$ —72°; 69%. — *17α-Hydroxy-21-carboxy-Δ^4-pregnen-3-onlacton* (I), $C_{22}H_{30}O_3$, F. 186—187° (Aceton–W.), aus 1,036 g vorst. Verb. in CH_2Cl_2 bei 8° mit Br_2 in CH_2Cl_2 (in 45 Min., dann noch 10 Min.), Zusatz von Eisessig u. W. bei 20°, dann von CrO_3 in wss. Essigsäure (15 Std. bei Zimmer-Temp.), Debromierung des Prod. in CH_2Cl_2 u. CH_3OH mit Zn-Staub (45 Min. kochen), Isomerisierung mit konz. HCl (2 Std.) u. Chromatographie an Florisil; $[\alpha]_D^{23}$ +49°; 0,154 g; daneben 0,08 g *3β.17α-Dihydroxy-21-carboxy-Δ^5-pregnenlacton*, $C_{22}H_{32}O_3$, F. 248—250,5° (CH_3OH), $[\alpha]_D^{23}$ —95°, das sich durch CrO_3-Oxydation u. anschließende Isomerisierung mit HCl in I überführen läßt. — Die IR- u. UV-Maxima der Verbb. sind angegeben. H.-J. KOCH/Berlin. 3700□

Reaktion von Steroidtosylaten an Aluminiumoxid. F. C. Chang und R. T. Blickenstaff. (Chem. and Ind. **1958.** 590—91. 17/5. Memphis, Tenn., Univ. of Tennessee Med. Units, Div. of Chem., and. Div. of Pathol. and Microbiol.) (Engl.)

Stereoidtosylate setzen sich an Al_2O_3 durch Epimerisation zu gesätt. Alkoholen hoher Reinheit um, die je nach der Struktur des Ausgangsmaterials, der Rk.-Dauer u. der Zus. des Al_2O_3 verschieden sind.

Versuche: *3β-Koprostanol* (I), F. 100,5—101,5°, a) aus 3α-Koprostanyltosylat durch Adsorption an FISHER-Al_2O_3 in Bzl./Ligroin, 2—4tägige Rk. bei Raum-Temp. u. Eluieren; $[\alpha]_D$ +25,5° (Chlf.); 54—68% (Ausbeute); daneben 29—40% *Δ^3-Koprosten* (II);

b) aus 3α-Koprostanylmesylat [$C_{28}H_{50}O_3S$, F. 115,2—116,4°; $[\alpha]_D$ +42,9° (Chlf.)]; 50%; daneben 36% **II**. — *α-Cholestanol*, F. 183—184°, aus 3β-Cholestanyltosylat durch 1—2tägige Rk.; $[\alpha]_D$ +25,5° (Chlf.); 30—50%; daneben 40—59% *Δ^2-Cholesten* (**III**). — *α-Koprostanol*, aus β-Koprostanyltosylat; 8%; daneben 93% **II**. — *β-Cholestanol*, aus α-Cholestanyltosylat; 8%; daneben 85% **III**. — *3β-Cholanol*, F. 135,0—138,0°, aus 3α-Cholanyltosylat; 57%; daneben 40% Δ^3-Cholen. — *Androsteron*, aus Epiandrosteryltosylat; 44%; daneben 45% *Δ^2-Androsten-17-on*. — *Epitestosteron*, aus Testosteryltosylat durch 39tägige Rk.; 21%; daneben nichtumgesetztes Ausgangsmaterial. — *3.5-Cyclocholestan-6β-ol*, aus Cholesteryltosylat; 51%; daneben 27% *Cholesterin* u. 16% eines festen, 59% *$\Delta^{3.5}$-Cholestadien* enthaltenden Gemisches ungesätt. nichtidentifizierter Verbindungen. L. JOHANNSEN. 3700□

Untersuchungen über Ichnocarpus frutescens R.BR. H. N. Khastgir und P. Sengupta. (Indian J. appl. Chem. **23.** 111—12. 1960. Calcutta, East India Pharmac. Works Ltd., Res. Div.) (Engl.)

Die Wurzeln von *Ichnocarpus frutescens R.BR.* (**A**) werden gepulvert, mit PAe. entfettet u. mit 95% ig. kaltem A. extrahiert. Aus den nichtverseifbaren Anteilen des PAe.-Extraktes konnte nur β-Sitosterin isoliert werden. Der Rückstand des A.-Extraktes zeigt keine Rk. für Alkaloide u. liefert kein krist. Material.

Versuche: *β-Sitosterin*, F. 136—137° (Methanol), durch 6std. Extraktion von 1,2 kg der Wurzeln von **A** mit PAe., Eindampfen, 4std. Kochen mit wss.-methanol. NaOH, Verdünnen mit W., Abtrennen des unverseifbaren Anteils, Chromatographie an Al_2O_3 u. Eluieren mit Chlf.; $[\alpha]_D$ —37° (Chlf.); 0,6 g (Ausbeute, 2,4 g Rohprod.). *Acetyl-Deriv.*, $C_{31}H_{52}O_2$, F. 127° (Aceton), mit Acetanhydrid/Pyridin; $[\alpha]_D$ —40° (Chlf.). *Benzoyl-Deriv.*, F. 146° (Aceton), mit Benzoylchlorid/Pyridin; $[\alpha]_D$ —14° (Chlf.). P. GOLINSKE. 3700□

γ-Sitosterin aus den Blättern von Clitoria ternatea Linn. A. Sinha. (Indian J. appl. Chem. **23.** 91—92. 1960. Agra, Med. Coll., Chem. Labor.) (Engl.)

γ-Sitosterin wird aus den Blättern von *Clitoria ternatea* LINN. (**A**) isoliert u. durch Derivv. (Acetyl-, Benzoyl-Deriv.), analyt. u. physikal. Daten identifiziert.

Versuche: *γ-Sitosterin*, $C_{29}H_{50}O$, F. 145°, durch Isolieren des Rohsterins aus den Blättern von **A** nach SINHA (Indian J. appl. Chem. **23.** [1960.] 37) u. Reinigen an Al_2O_3 mit PAe. u. Bzl./Chlf. (3:2); aus Ae./A. u. Methanol Platten; $[\alpha]_D^{18}$ —40° (c = 1; Chlf.); 0,038% (Ausbeute). *Acetyl-Deriv.*, $C_{31}H_{52}O_2$, F. 140°; aus Methanol Platten; $[\alpha]_D^{18}$ —40° (c = 1; Chlf.). *Benzoyl-Deriv.*, $C_{36}H_{54}O_2$, F. 150°; aus A./Ae. Platten; $[\alpha]_D^{18}$ —14,5° (c = 1; Chlf.). *Digitonid*, $C_{29}H_{50}O \cdot C_{55}H_{90}O_{29}$, F. 220° (Zers.; A.), durch Versetzen von γ-Sitosterin in abs. A. mit Digitonin in 95% ig. A. bei 60°, 2std. Kochen u. 12std. Stehen bei 0°. P. GOLINSKE. 3700□

Gallensäurederivate. A. A. Amos und P. Ziegler. (Canad. J. Chem. **38.** 1130—34. Juli 1960. Toronto, Ontario, Canada Packers Ltd., Res. and Dev. Labor.) (Engl.)

Das aus Desoxycholsäure zugängliche 3α.12α-Diacetoxy-24.24-diphenyl-Δ^{23}-cholen (**I**) wird durch Oxydation mit $KMnO_4$ in sd. wss. Aceton in neutralem Medium in ein Gemisch aus 45% *3α.12α-Diacetoxy-23-oxo-24-hydroxy-24.24-diphenylcholan* (**II**) u. 30% *3α.12α-Diacetoxynorcholansäure* (**III**) übergeführt. **III** kann auch durch Oxydation von **II** mit CrO_3 erhalten werden. Die Red. von **II** mit $NaBH_4$ u. anschließende Hydrolyse liefern zwei isomere *12α-Acetoxy-3α.23.24-trihydroxy-24.24-diphenylcholane* (**IV** u. **V**), wovon **IV** ein *Acetonid* bildet. Durch Abspaltung von W. entsteht aus **IV** u. aus **V** *3α.12α-Diacetoxy-23-oxo-24.24-diphenylcholan* (**VI**). Die Strukturen von **IV**, **V** u. **VI** werden auf chem. Wege u. durch die Werte der Elementaranalyse gestützt. UV- u. IR-Maxima sind für einige Verbb. angegeben.

Versuche: *3α.12α-Diacetoxy-23-oxo-24-hydroxy-24.24-diphenylcholan* (**II**), $C_{40}H_{52}O_6$, F. 175—175,5° (Aceton), durch 2½ std. Kochen der Suspension von **I** u. KH_2PO_4 in wss. Aceton unter Rühren mit portionsweise zugesetztem $KMnO_4$, Filtrieren, Eindampfen, Aufnehmen des Rückstandes in Äthylacetat, Extraktion mit Na_2CO_3-Lsg. u. Einengen der organ. Phase; $[\alpha]_D^{25}$ +81,3° (c = 0,994; Dioxan); 45% (Ausbeute). — *3α.12α-Diacetoxynorcholansäure* (**III**), F. 211—213° (Hexan-Ae.), a) durch Ansäuern des $Na_2 \cdot CO_3$-Extraktes vorst. Rk. u. Ae.-Extraktion; 29%; b) aus 1 g **II** durch CrO_3-Oxydation in Essigsäure (2 Std. bei 20° u. 2 Std. bei 35°) unter gelegentlichem Schütteln; 0,427 g. — *3α.24-Dihydroxy-12α-acetoxy-23-oxo-24.24-diphenylcholan*, $C_{38}H_{50}O_5$, F. 190—191,5°, aus 0,5 g **II** u. KOH in CH_3OH durch 66std. Stehenlassen bei Raum-Temp.; aus Ae.-Hexan Nadeln; $[\alpha]_D^{24}$ +68,9° (c = 0,779; Dioxan); 0,367 g. — *12α-Acetoxy-3α.23.24-trihydroxy-24.24-diphenylcholan* (**IV**), $C_{38}H_{52}O_5$, F. 216,5—219° (Äthylacetat), aus 1 g **II** u. $NaBH_4$ in Ae. durch 15std. Stehen bei 20°, 3½ std. Kochen u. 15std. Behandeln des Eindampfrückstands mit methanol. KOH bei Raum-Temp.; $[\alpha]_D^{25}$ +121,2° (c =

0,366; Dioxan); 0,451 g; *Acetonid*, $C_{41}H_{56}O_5$, F. 228—230° (Ae.-Hexan), aus 0,250 g **IV** u. abs. Aceton mit wenig p-Toluolsulfosäure (**VII**) durch 16std. Stehenlassen bei 25°; $[\alpha]_D^{25}$ +158,3° (c = 0,647; Dioxan); 0,220 g. *Isomeres* (**V**), $C_{38}H_{52}O_5$, F. 178—183° (Ae.-Hexan), durch Einengen des Filtrats von **IV**; $[\alpha]_D^{23}$ +16,9° (c = 0,655; Dioxan); 0,295 g. — *3α.12α-Diacetoxy-23-oxo-24.24-diphenylcholan* (**VI**), $C_{40}H_{52}O_5$, F. 133—136° u. 167—170° (Hexan–Ae.), a) aus 0,12 g **IV** durch 2std. Kochen mit Essigsäure u. wenig konz. HCl u. weiteres 2std. Kochen nach nochmaligem Zusatz von HCl; $[\alpha]_D^{23}$ +67,5° (c = 0,591; Dioxan); 0,70 g; b) aus 0,08 g **V** u. **VII** durch 3std. Kochen in Essigsäure; 0,027 g. F. KLATT. 3700□

Darstellung von cholsäurefreier Allocholsäure. I. G. Anderson und G. A. D. Haslewood. (Biochem. J. **81.** 15P. Okt. 1961. London, Guy's Hosp. Med. School.) (Engl.)

Allocholsäure (**I**) läßt sich durch nachst. Rk.-Folge darstellen: Äthyl-6α-brom-3α.12α-diacetoxy-7-oxocholanat gibt mit heißem Alkali *3α.7β.12α-Trihydroxy-6-oxoallocholansäure* [**II**; F. 219° (Zers.); $[\alpha]_D$ +50°], aus der über das Thioketal an RANEY-Ni *3α.7β.12α-Trihydroxyallocholansäure* [**III**; F. 252° (Zers.); $[\alpha]_D$ +61°] entsteht, die mit N-Bromsuccinimid *3α.12α-Dihydroxy-7-oxoallocholansäure* (nicht krist.) gibt. Letztere Verb. liefert mit $NaBH_4$ **I** u. **III**. **II** ist abs. frei von 5β-Isomeren. **I** u. **III** lassen sich leicht trennen. **I** ist offenbar mit dem in Schlangen vom Genus *Bitis* gefundenen „Isomeren" ident. (vgl. HASLEWOOD, Biochem. J. **78.** [1961.] 352). In analoger Rk., ausgehend von 3α.7β-Dihydroxy-6-oxoallocholansäure, werden wahrscheinlich *3α.7β-* u. *3α.7α-Dihydroxyallocholansäure* erhalten. *3α-Hydroxyallocholansäure* (*Allolithocholsäure*) wurde bereits als Nebenprod. isoliert. G. KIRSTEN. 3700□

Über neue Ester der Nicotinsäure mit natürlichen und synthetischen Sexualhormonen. Helmut Weichsel und Konrad L. Zirm. (Mh. Chem. **92.** 667—71. 19/7. 1961. Lannach, Heilmittel GmbH., Forsch.-Labor.) (Dt.)

Durch Rk. von Nicotinsäure (**III**) mit Testosteron, Östron, Östradiol, Diäthylstilböstrol, Hexöstrol u. Dienöstrol in Ggw. wasserabspaltender u. säurebindender Mittel lassen sich die entsprechenden Ester darstellen. Dieselben Ester entstehen auch aus den Hormonen mit Nicotinsäureanhydrid (**I**) in der Schmelze oder in Lsgm. sowie aus den Hormonen u. Nicotinsäurechloridhydrochlorid (**II**) in Ggw. tert. Basen.

Versuche: *Testosteron-17-nicotinat*, $C_{25}H_{31}NO_3$, F. 187—188° (Aceton), a) durch Zugabe von 15 g Testosteron zu **I** bei 140°, Aufnehmen der abgekühlten Schmelze in W. u. Neutralisieren mit $NaHCO_3$; 13,7 g (Ausbeute); b) durch Zugabe von 7 g Testosteron zu 5 g **II** in abs. Pyridin u. 1std. Erhitzen auf 100°; 6,65 g. — *Östron-3-nicotinat*, $C_{24}H_{25}$·NO_3, F. 198—200° (Aceton), a) durch Eintragen von 5 g Östron in eine Schmelze von 8 g **I** u. ½ std. Erhitzen auf 130°; 5,15 g; b) durch Zugabe von $POCl_3$ zu 5 g Östron u. 10 g **III** in abs. Pyridin u. 1std. Stehen; 6,1 g. — *Östradiol-3.17-dinicotinat*, $C_{30}H_{30}N_2O_4$, F. 150—152° (30%ig. wss. Aceton), durch ½ std. Rk. von 15 g **I** mit 5 g Östradiol bei 135—140° u. Aufnehmen der Schmelze in Aceton; 6,5 g. — *Diäthylstilböstrol-4.4'-dinicotinat*, $C_{30}H_{26}N_2O_4$, F. 179—180,5° (A.), durch ¼std. Erhitzen von 1,8 g **II** u. 1 g Diäthylstilböstrol in Pyridin u. Gießen in W.; 1,6 g; b) durch Zutropfen von $POCl_3$ zu 5 g Diäthylstilböstrol u. 20 g **III** unter Eiskühlung, ½ std. Stehen bei 0° u. 5std. Stehen bei Raum-Temp.; 7 g; c) durch 2std. Erhitzen von 5 g Diäthylstilböstrol u. 20 g **I** in Pyridin auf 100° u. Versetzen mit Wasser. — *Hexöstrol-4.4'-dinicotinat*, $C_{30}H_{28}$·N_2O_4, F. 175—177° (Aceton), durch Schmelzen von 2,8 g **I** u. 1,4 g Hexöstrol, Rühren bei 140° u. Aufnehmen in W.; 2 g. — *Dienöstrol-4.4'-dinicotinat*, $C_{30}H_{24}N_2O_4$, F. 161 bis 163° (A.), durch ½ std. Erhitzen von 2,8 g **II** u. 1,5 g Dienöstrol in abs. Pyridin auf 100°, 2std. Stehen bei Raum-Temp. u. Eintragen in W.; 8,1 g. P. GOLINSKE. 3750□

Zur Kenntnis neuer Ester der Nicotinsäure mit Cortison und Cortisonderivaten. K. L. Zirm und H. Weichsel. (Mh. Chem. **92.** 672—76. 19/7. 1961.) (Dt.) — Vgl. vorst. Referat.

Cortison, Desoxycorticosteron, Hydrocortison, Prednisolon u. Prednison werden nach den im vorst. Ref. beschriebenen Meth. mit Nicotinsäureanhydrid (**I**), Nicotinsäurechloridhydrochlorid (**II**) u. Nicotinsäure (**III**) verestert.

Versuche: *Cortison-21-nicotinat*, $C_{27}H_{31}NO_6$, F. 240—241° (verd. Pyridin), a) durch Zugabe von 1 g Cortison zu 2,27 g **II** in Pyridin u. 1½ std. Stehen bei Raum-Temp.; 1,2 g (Ausbeute); b) durch Zugabe von 5 g Cortison zu einer Schmelze von 20 g **I** bei 130°, ½ std. Stehen bei 130° u. Eintragen der erkalteten Schmelze in W.; 4,5 g; c) durch Zutropfen von $POCl_3$ zu 5 g Cortison u. 10 g **III** in Pyridin bei Raum-Temp. u. 20std. Stehen bei Raum-Temp.; 3 g. — *Desoxycorticosteron-21-nicotinat*, $C_{27}H_{33}NO_4$, F. 158 bis 160° (A.), a) durch Zugabe von 10 g Desoxycorticosteron zu 17 g **II** in Pyridin, 3std. Stehen bei Raum-Temp. u. Eintragen in W.; 9 g; b) durch Eintragen von 5 g Desoxycorticosteron in eine Schmelze von 10 g **I** u. ½ std. Stehen bei 130—140°; 4 g. — *Hydro-*

cortison-21-nicotinat, $C_{27}H_{33}NO_6$, F. 240—242° (verd. Pyridin), durch Zugabe von 10 g Hydrocortison zu 17 g II in abs. Pyridin u. 3std. Stehen bei Raum-Temp.; 10 g. — *Prednisolon-21-nicotinat*, $C_{27}H_{31}NO_6$, F. 215—217° (verd. A.), durch 2std. Erhitzen von 10 g Prednisolon u. 20 g I in abs. Pyridin u. Eingießen in W.; 8 g. — *Prednison-21-nicotinat*, $C_{27}H_{29}NO_6$, F. 219—221° (verd. A.), a) durch 1½ std. Erhitzen von 10 g Prednison u. 20 g I in Pyridin auf 100° u. nach dem Erkalten Aufnehmen in W.; 9 g; b) durch 7std. Kochen von 5 g Prednison u. 10 g I in Chlf. u. Aufnehmen des Rückstandes in W.; 4,5 g.
P. GOLINSKE. 3750□

Alkylierte Nebennierensteroide. Dexamethason-17-methyläther. J. H. Fried und A. N. Nutile. (J. org. Chemistry **27**. 914—17. März 1962. Rahway, N. J., Merck & Co., Inc., Merck, Sharp & Dohme Res. Labor.) (Engl.)

Die Darst. von *Dexamethason-17-methyläther-21-acetat* (I) wird beschrieben. I besitzt im system. Granulomtest bei oraler Gabe an Ratten das 0,15fache der entzündungshemmenden Wrkg. von Dexamethasonacetat. 16α-Methyl-$\Delta^{1.4.9,11}$-pregnatrien-17α.21-diol-3.20-dion-21-acetat (II) wird durch Verseifung, Red. u. Acetalisierung in das *20.21-Acetonid* verwandelt, das zum Schutz der $\Delta^{1.4}$-3-Ketogruppierung in das *O-Methyloxim* (III) übergeführt wird. III läßt sich glatt zu *16α-Methyl-17α-methoxy-20β.21-isopropylidendioxy-$\Delta^{1.4.9,11}$-pregnatrien-3-on-3-methoxim* (IV) methylieren, wobei als Nebenprod. in 4,5%ig. Ausbeute *3-Dimethylamino-16α-methyl-17α-methoxy-20β.21-isopropylidendioxy-$\Delta^{1.3.5,10.9,11}$-19-norpregnatetraen* entsteht, dessen Bldg.-Mechanismus diskutiert wird. Die Acetonidgruppierung von **IV** läßt sich glatt hydrolysieren, während das resistente Methoxim durch Überführen in das *Semicarbazon* u. nachfolgende Hydrolyse in das 3-Keton zurückverwandelt wird. Das erhaltene *20β.21-Diol-3-on* wird dann durch selektive Acetylierung an $C_{(21)}$ u. anschließende Oxydation in *16α-Methyl-17α-methoxy-$\Delta^{1.4.9,11}$-pregnatrien-21-ol-3.20-dion-21-acetat* u. dieses weiter über das *Bromhydrin* u. das *9.11-Epoxid* in das gewünschte I übergeführt. In Verss. zur direkten Methylierung von 16α-Methyl-9β.11β-oxido-20β.21-isopropylidendioxy-$\Delta^{1.4}$-pregnadien-17α-ol-3-on mit CH_3J/Ag_2O wird statt des erwarteten 17-Methyläthers infolge einer Dienon–Phenol-Umlagerung nur *1.16α-Dimethyl-4-methoxy-* oder *4.16α-Dimethyl-1-methoxy-20β.21-isopropylidendioxy-$\Delta^{1.3.5,10}$-19-norpregnatrien-17α-ol-11-on* erhalten.

Versuche (FF. korr.; UV-Spektren in CH_3OH; opt. Drehungen in Chlf.): *16α-Methyl-$\Delta^{1.4.9,11}$-pregnatrien-17α.20β.21-triol-3-on*, $C_{22}H_{30}O_4 \cdot CH_3OH$, F. 211—215° (Äthylacetat), aus II mit methanol. CH_3ONa (15 Min. unter N_2) u. Red. des erhaltenen freien *Triols* in CH_3OH mit $NaBH_4$ in W. bei 5° unter N_2 (3 Std.); $[\alpha]_D^{26}$ —45° (c = 1,0), λ_{max} 240 mμ (ε = 14900); 43% (Ausbeute). — *16α-Methyl-20β.21-isopropylidendioxy-$\Delta^{1.4.9,11}$-pregnatrien-17α-ol-3-on*, $C_{25}H_{34}O_4$, F. 156—157° (Äthylacetat), aus vorst. Verb. in Aceton mit p-Toluolsulfonsäure (15 Min. unter N_2); $[\alpha]_D^{25}$ —16° (c = 0,9), λ_{max} 238 mμ (ε = 15200); 76%. *3-Methoxim* (III), $C_{26}H_{37}NO_4$, aus 11,2 g 3-Keto-Verb. mit Methoxylaminhydrochlorid in Pyridin unter N_2 (über Nacht bei Zimmer-Temp.); Öl, λ_{max} 248 u. 274 mμ (ε = 12300 u. 15000); 11,7 g. — *16α-Methyl-17α-methoxy-20β.21-isopropylidendioxy-$\Delta^{1.4.9,11}$-pregnatrien-3-on-3-methoxim* (IV), aus 24 g III in sd. Xylol mit NaH (1½ Std.), Zusatz von CH_3J innerhalb 4 Std., weiteres 7std. Kochen u. Chromatographie des Prod. an Al_2O_3; Öl; λ_{max} 249 u. 274 mμ (ε = 11000 u. 15200); 11,0 g; daneben 1,03 g *3-Dimethylamino-16α-methyl-17α-methoxy-20β.21-isopropylidendioxy-$\Delta^{1.3.5,10.9,11}$-19-norpregnatetraen*, $C_{27}H_{39}NO_3$, F. 209—212° (Äthylacetat), λ_{max} 288 mμ (ε = 24500), Schulter bei 317 mμ (ε = 6300), $[\alpha]_D^{25}$ +68° (c = 1,2). — *16α-Methyl-17α-methoxy-$\Delta^{1.4.9,11}$-pregnatrien-20β.21-diol-3-on*, $C_{23}H_{32}O_4$, F. 219—222° (Äthylacetat), aus 3,5 g Semicarbazon mit wss. Essigsäure (4 Std. auf dem Dampfbad unter N_2) u. Chromatographie an Al_2O_3; $[\alpha]_D^{25}$ —3° (c = 0,7), λ_{max} 240 mμ (ε = 15500); 500 mg. *3-Semicarbazon*, F. 250—257° (Zers.), aus 5,8 g **IV** mit p-Toluolsulfonsäure in sd. wss. CH_3OH (2 Std.) u. Rk. des erhaltenen *Diol-3-methoxims* (5,3 g) in sd. A. mit wss. Semicarbazidhydrochlorid (22 Std. unter N_2); λ_{max} 242 u. 293 mμ (ε = 11200 u. 20800); 2,27 g. *21-Acetat*, $C_{25}H_{34}O_5$, F. 174—177° (Äthylacetat–Ae.), aus 1,92 g Diol in Tetrahydrofuran mit Acetanhydrid u. Pyridin (über Nacht bei Zimmer-Temp.) u. Chromatographie an Al_2O_3; $[\alpha]_D^{25}$ —85° (c = 0,95), λ_{max} 244 mμ (ε = 15200); 650 mg. — *16α-Methyl-17α-methoxy-$\Delta^{1.4.9,11}$-pregnatrien-21-ol-3.20-dion-21-acetat*, $C_{25}H_{32}O_5$, F. 142 bis 145° (Äthylacetat–Ae.), aus 856 g vorst. 21-Acetat in Essigsäure mit CrO_3 in Eisessig (1 Std.); λ_{max} 238 mμ (ε = 16000), $[\alpha]_D^{27}$ +38° (c = 0,9); 600 mg. — *16α-Methyl-17α-methoxy-9α-brom-$\Delta^{1.4}$-pregnadien-11β.21-diol-3.20-dion-21-acetat*, $C_{25}H_{33}BrO_6$, F. 196 bis 200° (Zers.), aus 570 mg vorst. Verb. in Aceton mit N-Bromsuccinimid u. 0,2n $HClO_4$ bei 0° (2 Std.); 765 mg (roh). — *16α-Methyl-17α-methoxy-9β.11β-oxido-$\Delta^{1.4}$-pregnadien-20-ol-3.20-dion-21-acetat*, aus 755 mg vorst. Verb. in CH_3OH mit 1n methanol. $NaOCH_3$ (8 Min.) u. Chromatographie an Al_2O_3; λ_{max} 248 mμ (ε = 14400); 498 mg. — *16α-Methyl-*

17α-methoxy-9α-fluor-$\Delta^{1.4}$-pregnadien-11β.21-diol-3.20-dion-21-acetat (I; *Dexamethason-17-methyläther-21-acetat*), $C_{25}H_{33}FO_6$, F. 183—186° (Äthylacetat), aus 360 mg vorst. Verb. in Chlf. bei —40° mit H_2F_2 in Tetrahydrofuran (3½ Std. bei 0°); $[\alpha]_D^{25}$ +80° (c = 0,8), λ_{max} 238 mμ (ε = 15900); 296 mg. — *16α-Methyl-9β.11β-oxido-20β.21-isopropylidendioxy-$\Delta^{1.4}$-pregnadien-17α-ol-3-on*, $C_{25}H_{34}O_5$, F. 221—224° (Äthylacetat), aus 16α-Methyl-9β.11β-oxido-$\Delta^{1.4}$-pregnadien-17α.21-diol-3.20-dion-21-acetat durch Desacetylierung, Red. u. Acetonid-Bldg.; $[\alpha]_D$ +10° (c = 1,1), λ_{max} 250 mμ (ε = 15000). — *4.4.16α-Trimethyl-9β.11β-oxido-20β.21-isopropylidendioxy-$\Delta^{1.5}$-pregnadien-17α-ol-3-on*, $C_{27}H_{38}O_5$, F. 181—183°, aus 510 mg vorst. Verb. in Xylol mit NaH in Mineralöl u. CH_3J in Ggw. von tert.-Butanol (5½ std. Kochen) u. Chromatographie an Al_2O_3; $[\alpha]_D$ +15° (c = 1,1), λ_{max} 225 mμ (ε = 6900); 238 mg. — *1.16α-Dimethyl-4-methoxy-* oder *4.16α-Dimethyl-1-methoxy-20β.21-isopropylidendioxy-$\Delta^{1.3.5,10}$-19-norpregnatrien-17α-ol-11-on*, $C_{26}H_{36}O_5$, F. 202—206° (CH_3OH), aus 1,0 g vorvorst. Verb. mit Ag_2O in CH_3J (19 Std. bei 130° im Rohr) u. Chromatographie an Al_2O_3; λ_{max} 282—293 mμ (ε = 2600); 38 mg. — Die kernmagnet. Resonanzspektren einiger Verbb. sind angegeben.

H.-J. KOCH/Berlin. 3750 □

Cyclische Steroidketale. 22. Mitt. **Nebenprodukte der Ketalisierung von Cortison und 11-Epihydrocortison.** Seymour Bernstein, Milton Heller und William S. Allen. (J. org. Chemistry **26.** 1333—36. April 1961. Pearl River, N.Y., Amer. Cyanamid Co., Lederle Labor., Organ. Chem. Res. Sect.) (Engl.) — 21. vgl. C. **1959.** 10929.

Bei der Ketalisierung von Cortison (**IV**) entsteht als Nebenprod. *3.3;21.21-Bis-[äthylendioxy]-Δ^5-pregnen-11.20-dion*, welches bei der Rk. mit H_2SO_4 in CH_3OH in *21.21-Äthylendioxy-Δ^4-pregnen-3.11.20-trion* übergeht. Ketalisierung von 21.21-Dimethoxy-Δ^4-pregnen-3.11.20-trion liefert *3.3-Äthylendioxy-21.21-dimethoxy-Δ^5-pregnen-11.20-dion*. Bei der Ketalisierung von 11-Epihydrocortison (**V**) entstehen als Nebenprodd. *3.3;21.21-Bis-[äthylendioxy]-11α-hydroxy-Δ^5-pregnen-20-on* u. eine *Verb.* $C_{27}H_{40}O_7$ (**I**); bei **I** konnte die Struktur der Seitenkette ($C_8H_9O_4$) nicht aufgeklärt werden. Zur Strukturaufklärung der erwähnten Verbb. werden die IR-Spektren herangezogen.

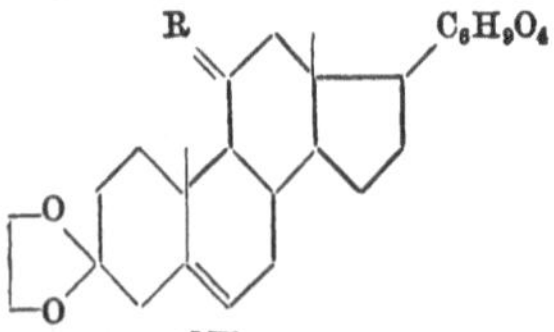

I: R = C(OH)(H) II: R = O

Versuche: *3.3;21.21-Bis-[äthylendioxy]-Δ^5-pregnen-11.20-dion*, $C_{25}H_{34}O_6$, F. 178—182° (Aceton), a) aus den Mutterlaugen der Ketalisierung von **IV** (vgl. ANTONUCCI u. Mitarbeiter, C. **1954.** 6245); b) aus den Mutterlaugen der Ketalisierung von **V** (vgl. ALLEN u. Mitarbeiter, C. **1950/54.** 7415 S), anschließende 18std. Oxydation mit CrO_3 in Pyridin bei Raum-Temp., Eingießen in W. u. Extraktion mit Essigester; $[\alpha]_D^{25}$ +44° (Chlf.). — *21.21-Äthylendioxy-Δ^4-pregnen-3.11.20-trion*, $C_{23}H_{30}O_5$, F. 153—154° (Aceton/PAe.), durch 1std. Kochen von 400 mg vorst. Verb. mit 8%ig. methanol. H_2SO_4; $[\alpha]_D^{25}$ +226° (Chlf.); 150 mg (Ausbeute). — *3.3-Äthylendioxy-21.21-dimethoxy-Δ^5-pregnen-11.20-dion*, $C_{25}H_{36}O_6$, F. 131,5—133° (Aceton/PAe.), durch 5std. Kochen von 1 g 21.21-Dimethoxy-Δ^4-pregnen-3.11.20-trion mit Äthylenglykol in Bzl. in Ggw. von p-Toluolsulfonsäure (**VI**) unter Rühren u. Wasserabscheidung; $[\alpha]_D^{25}$ +55° (Chlf.); 0,42 g. — *Verb.* $C_{27}H_{40}O_7$ (**I**), F. 234—236°, aus den Mutterlaugen der Ketalisierung von **V**; $[\alpha]_D^{25}$ —28° (Chlf.). *Acetyl-Deriv.*, $C_{29}H_{42}O_8$, F. 233—236° (Aceton/PAe.), aus 500 mg **I** u. Acetanhydrid in Pyridin; 200 mg. — *Verb.* $C_{27}H_{38}O_7$ (**II**), F. 172—174° (Ae./PAe.), a) durch 18std. Oxydation von 1,0 g **I** mit CrO_3 in Pyridin, bei Raum-Temp.; 770 mg; b) analog a) in Eisessig; 0,74 g; c) aus **III** u. **VI** in 2-Methyl-2-äthyl-1.3-dioxolan unter langsamer Abdest. des Lsgm. u. Chromatographie an Florisil; $[\alpha]_D^{25}$ —16° (Chlf.). — *Verb.* $C_{25}H_{36}O_6$, F. 258—260° (CH_3OH), aus 1,0 g **I** u. **VI** in Aceton durch 18std. Stehen bei Raum-Temp.; $[\alpha]_D^{25}$ +63° (Chlf.); 800 mg. *2.4-Dinitrophenylhydrazon*, $C_{31}H_{40}N_4O_9$, F. 279—281°. — *Verb.* $C_{25}H_{34}O_6$ (**III**), F. 221,5—223° (Aceton/W.), aus **IV** durch 24std. Rk. mit Äthylenglykol bei Raum-Temp.; $[\alpha]_D^{25}$ +142° (Chlf.)

WALTER SIMON. 3750

Einige 21-Carbamate von Hydrocortison und verwandten Verbindungen. H. D. Brown, A. R. Matzuk, D. R. Hoff und L. H. Sarett. (J. org. Chemistry **27.** 961—63. März 1962. Rahway, N.J., Merck, Sharp & Dohme Res. Labor.) (Engl.)

Die Darst. einer Reihe von *Carbamaten* von Hydrocortison (**I**), Prednisolon, 9α-Fluorhydrocortison u. Cortison durch Rk. des Steroids mit dem entsprechenden Isocyanat in sd. Bzl. (Meth. **a**) oder mit dem entsprechenden Carbamoylchlorid in Pyridin (Meth. **b**) wird beschrieben. Prednison gibt mit Äthylisocyanat in Dimethoxyäthan nur das entsprechende *Oxazolinon*. Mit Phenylisothiocyanat in sd. Toluol reagieren die Steroidalkohole nicht, ebenso gibt **I** mit Allylisothiocyanat kein Thiocarbamat. Die Carbamate erweisen sich als stark akt. im lokalen Granulomhemmungstest. Sie werden nach subkutaner Injektion schlecht resorbiert u. zeigen dann nur geringe system. Aktivität. Mit dem wasserlösl. I-*21-O-[N'-Methylpiperazinocarbonyl]-Deriv.* wird lokale, jedoch keine system. Aktivität beobachtet. Dagegen besitzt I-*21-Hippurat* eine gute lokale u. etwas system. Aktivität trotz geringer Resorption. I-*21-Äthylcarbonat* ist bzgl. der system. Aktivität mit freiem I vergleichbar.

Versuche: *Hydrocortison* (I), *21-Methylcarbamat*, $C_{23}H_{33}NO_6$, F. 226–232°, nach **a**. *21-Äthylcarbamat*, $C_{24}H_{35}NO_6$, F. 200–203°, nach **a**. *21-n-Propylcarbamat*, $C_{25}H_{37}NO_6$, F. 197–201°, nach **a**. *21-n-Octadecylcarbamat*, $C_{40}H_{67}NO_6$, F. 86–96°, nach **a**. *21-O-[Morpholinocarbonyl]-Deriv.*, $C_{26}H_{37}NO_7$, F. 212–215°, nach **b**. *21-O-[N'-Methylpiperazinocarbonyl]-Deriv.*, $C_{27}H_{40}N_2O_6$, F. 175–185°, nach **b**. *21-Phenylcarbamat*, $C_{28}H_{35}NO_6$, F. 204–206°, nach **a**. *21-N.N-Diphenylcarbamat*, $C_{34}H_{39}NO_6$, F. 228–232°, nach **b**. *21-N-[p-Nitrophenyl]-carbamat*, $C_{28}H_{34}N_2O_8$, F. 274–281° (Zers.), nach **a**. *21-Hippurat*, $C_{30}H_{37}NO_7$, F. 133–136°, aus I u. 2-Phenyloxazolon nach **b**. *21-Äthylcarbonat*, $C_{24}H_{34}O_7$, F. 201–204°, aus I u. Chlorkohlensäureäthylester nach **b**. – *Oxazolinon-Deriv. aus Prednison*, $C_{24}H_{29}NO_5$, Zers. bei 340–350° (Dimethylformamid-W.), in Bzl. mit Äthylisocyanat (6std. Kochen). – *Prednisolon-21-äthylcarbamat*, $C_{24}H_{33}NO_6$, F. 227–230°, nach **a**. – *9α-Fluorhydrocortison-21-äthylcarbamat*, $C_{24}H_{34}FNO_6$, F. 232–238°, nach **a**. – *Cortison-21-phenylcarbamat*, $C_{28}H_{33}NO_6$, F. 232–237°, nach **a**. – Die UV- u. IR-Maxima der Verbb. sind angegeben. H.-J. KOCH/Berlin. 3750 □

Untersuchungen über Vitamin D. 1. Mitt. 7.8-Dihydroxy-7.8-dihydrovitamin D_2. Yu Wang, Hung-Shiun Ting, Jing-Jain Huang, Chi-Yung Chow und Yao-Tseng Huang. (Acta chim. sinica **24**. 126–34. April 1958. Acad. Sinica, Inst. of organ. Chem.) (Chin.; Auszug: Engl. S. 134.)

Durch Oxydation von Vitamin D_2 (I) mit neutraler oder schwach alkal. $KMnO_4$-Lsg. wird in 48,5%ig. Ausbeute *7.8-Dihydroxy-7.8-dihydrovitamin D_2* [II, $C_{28}H_{46}O_3$, F. 177 bis 178°; $[\alpha]_D^{18}$ +97,4° (c = 1; Methanol); Platten. *Diacetat*, $C_{32}H_{50}O_5$, F. 100,5–101,5°; $[\alpha]_D^{18}$ + 72° (c = 1; Methanol)] erhalten. Weitere Oxydation von II mit CRIEGEES oder MALAPRADES Reagens gibt ein öliges *C_{19}-Keton* [$C_{19}H_{32}O$. *Semicarbazon*, $C_{20}H_{35}N_3O$, F. 222° (Zers.); $[\alpha]_D^{14}$ +45,9°], das mit WINDAUS' C_{19}-Keton ident. ist. II unterscheidet sich von dem WINDAUSschen *5.6-Dihydroxy-5.6-dihydrovitamin D_2* [$C_{28}H_{46}O_3$, F. 155,5 bis 156,5°; $[\alpha]_D^{20}$ +50° (c = 1; Chlf.). *Diacetat*, $C_{32}H_{50}O_5$, F. 42–44°; $[\alpha]_D^{18}$ + 70°]. Das Verh. von I gegen Permanganat, Pb-Tetraacetat oder Chromsäure wird diskutiert u. der mögliche Verlauf der Oxydation in einer Tabelle dargestellt. – UV-Spektren s. Original. W. LIEBSCHER. 3800

Struktur der Sterculsäure. D. G. Brooke und J. C. Smith. (Chem. and Ind. **1958**. 103. 25/1. Oxford, Univ., Dyson Perrins Labor.) (Engl.)

Die bei der Red. von frisch hergestellter Sterculsäure (I) entstehende *Dihydrosterculsäure* ist ident. mit *DL-cis-ω-[2-n-Octylcyclopropyl]-octansäure*. Dieses u. frühere Ergebnisse (vgl. C. **1962**. 11211) widerlegen die von VERMA u. Mitarbeitern (C. **1956**. 2481) für I vorgeschlagene Struktur, denn sonst müßte bei der Red. von I ω-[2-n-Hexylcyclopropyl]-decansäure entstehen. H. NÜRNBERGER. 3950 □

Die Beziehung zwischen Fabacein und Cucurbitacin B. W. Schlegel und C. R. Noller. (Tetrahedron Letters [London] **1959**. Nr. 13. 16–19. Sept. Stanford, Calif., Stanford Univ., Dep. of Chem. and Chem. Engng.) (Engl.)

Inhaltlich ident. mit der C. **1962**. 143 referierten Arbeit. P. GOLINSKE. 3950 □

Die funktionellen Gruppen des Cucurbitacins E (α-Elaterin). J. N. T. Gilbert und David W. Mathieson. (J. Pharmacy Pharmacol., Suppl. **10**. 252 T–256 T. 1958. London, Univ., School of Pharm., Dep. of Chem.) (Engl.)

IR- u. UV-spektroskop. Unterss. von *Cucurbitacin E* (*α-Elaterin*, $C_{32}H_{44}O_8$), einer aus Heilpflanzen der Familie *Cucurbitaceae* isolierten tox. Substanz, ergaben das Vorhandensein einer enolisierbaren 1.2-Diketogruppierung, einer Doppelbindung in α,β-Stellung zu einer Carbonylgruppe u. einer Acetoxygruppe. Durch Rk. mit Acetanhydrid/CH_3COONa lassen sich zwei Acetylgruppen in das Mol. einführen, von denen eine die OH-Gruppe des enolisierten 1.2-Diketons verestert. Auf Grund der ZEREWITINOFF-Rk. lassen sich drei OH-Gruppen (darunter die enol.) nachweisen. Beim Behandeln mit kalter NaOH wird ein Acetylrest abgespalten u. aus der α,β-ungesätt. Ketogruppierung *Acetoin* gebildet. Das Zwischen-Prod. *Elateridin* gibt bei weiterer Einw. von NaOH bei 100° die krist. *Ecballsäure*, die auf Grund einer Benzilsäureumlagerung des 1.2-Diketons entsteht. Mit 2.4-Dinitrophenylhydrazin läßt sich eine zweite Carbonylgruppe nachweisen. UV- u. IR-Spektren sind für einige der aufgeführten Verbb. graph. wiedergegeben. W. BETHKE. 3950 □

Swietenin, der nichtbittere Bestandteil der Samen von Swietenia macrophylla King. S. Ghosh, T. Chakrabartty und A. Chatterjee. (J. Indian chem. Soc. **37**. 440–41. Juli 1960. Calcutta, Univ. Coll. of Sci., Dep. of Organ. Chem.) (Engl.)

Für *Swietenin* [I; $C_{32}H_{42}O_9$, F. 260° (Zers.); $[\alpha]_D^{20}$ −168° (Chlf.)], den nichtbitteren Bestandteil aus den Samen von *Swietenia macrophylla King*, wird auf Grund früherer (vgl. C. **1956.** 9193 u. **1958.** 11830) u. neuer Unterss. die angegebene Strukturformel vorgeschlagen. Die CH_3O-Gruppe liegt als Methoxycarbonyl-Funktion vor. Aus der Auswertung des IR- u. UV-Spektrums von **I** folgt das Vorliegen eines *Furan-Deriv.*, das auf Grund seiner positiven Rk. mit p-Dimethylaminobenzaldehyd in β-Stellung substituiert sein muß. Bei der Ozonolyse von **I** entsteht u. a. *Ameisensäure* (*p-Phenylphenacylester*, F. 84°); bei der Hydrolyse wird *Tiglinsäure* erhalten. **I** enthält 5 $-\overset{|}{\underset{|}{C}}-CH_3$-Gruppen. Es reagiert nicht mit $Pb(CH_3COO)_4$, woraus hervorgeht, daß die in **I** nachgewiesene Keto-Gruppe der tert. Hydroxylgruppe nicht benachbart sein kann. Bei der Dehydrierung von **I** mit Se entstehen u. a. *1.2.5-Trimethylnaphthalin* (*Nitrobenzoladdukt*, F. u. Misch-F. 153 bis 154°), *Isopropylnaphthalin* u. *Polyalkylnaphthaline*, wodurch ein bicarbocycl. Syst. in **I**, bestehend aus zwei 6gliedrigen Ringen, erwiesen ist. H. Marschall. 3950□

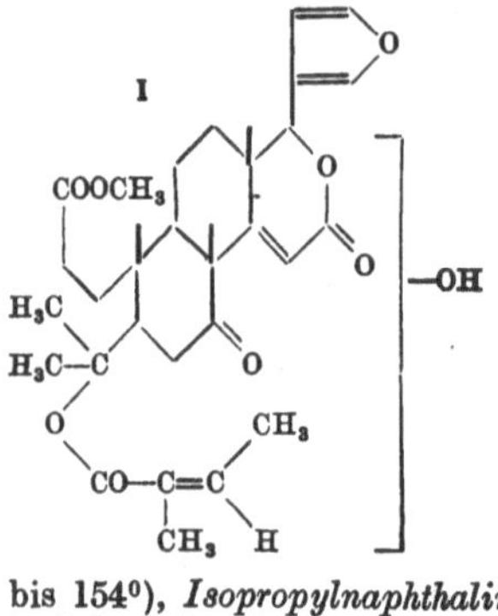

D. Makromolekulare Chemie

Die mechanochemische Modifizierung von Hochpolymeren. R. J. Ceresa. (J. Polymer Sci. **53.** 9—15. Aug. 1961. London, England, Nat. Coll. of Rubber Technol.) (Engl.)

An Hand mehrerer Literatur- u. Patentdaten gibt Vf. einen Überblick über den Einfl. einer mechan. Behandlung (z. B. Mastizierung) auf die Gel-Bldg. von Polymeren (füllstoffhaltige Polymere, Polymermischungen, Blockcopolymere, vernetzte Polymere); die Vernetzungen werden durch die Bldg. von Radikalen unter der Einw. der Scherkräfte ausgelöst. Neue Anwendungsmöglichkeiten dieses mechanochem. Prozesses auf Elastomere, Plastomere, modifizierte u. nichtmodifizierte Polymere werden diskutiert. Beispiele: Naturkautschuk + Acenaphthylen, Polymethylmethacrylat + Acrylonitril, Epoxidharz + Methylmethacrylat, Stärke + Styrol, Äthylcellulose + Polyvinylacetat. Auf die Trennung von modifizierten u. gleichzeitig vorhandenen Copolymeren u. auf den Zusammenhang zwischen den Eigg. der modifizierten Polymeren u. der chem. Struktur wird kurz eingegangen. O. Fuchs. 4000□

Schätzung der Polydispersität durch Messung der freien Diffusion durch Refraktometrie. Koujiro Iso. (J. chem. Soc. Japan, pure Chem. Sect. [Nippon Kagaku Zassi] **81.** 698—701. Mai 1960. Tôkyô-Meguroku, Tôkyô-Daigaku, Kyôyôbu, Kagaku-Kyôsitu.) (Jap.; Auszug: Engl. S. A 50.)

Vf. leitet theoret. das Verhältnis zwischen der maximalen Höhe der normalisierten Diffusionskurve, den Diffusions-Konst. u. den Konzz. für ein polydisperses Syst. mit n Komponenten ab. Die damit berechneten Ergebnisse stimmen mit den experimentellen Daten der wss. Lsgg. von 2 Komponenten — KCl–Rohrzucker, Rohrzucker–Glycin, Albumin aus Rinderblutplasma–Rohrzucker — relativ gut überein. E. Maekawa. 4000

Molekulargewichtsverteilung von Polymeren aus rheologischen Messungen in verdünnten Lösungen. Warner L. Peticolas. (J. chem. Physics **35.** 2128—32. Dez. 1961. San Jose, Calif., IBM Advanced Syst. Dev. Div.) (Engl.)

Vf. entwickelt eine Meth. zur Best. der Molgew.-Verteilung von linearen Polymeren aus rheolog. Messungen in verd. Lsgg. unter Verw. der Normalkoordinaten-Theorie der Viscoelastizität nach Zimm unter Berücksichtigung hydrodynam. Wechselwrkg.-Kräfte. Es zeigt sich, daß die frequenzabhängigen viscoelast. Eigg. in verd. Lsgg. durch Gleichungen der Form $\Phi(\omega) = \Sigma_p \lambda_p^{-n} f(\omega\lambda_p^{-m})$ darstellbar sind, wobei $\Phi(\omega)$ eine meßbare Größe ist. Die Summation erstreckt sich dabei über alle charakterist. Werte λ_p, die die Relaxation der Bewegungsarten der mit dem Lsgm. in Wechselwrkg. stehenden Moll. berücksichtigen. Aus den experimentellen Daten $\Phi(\omega)$ läßt sich dann leicht die Größe $f(\omega\lambda^{-m})$ u. damit die Molgew.-Verteilung erhalten. G. M. Neumann. 4000□

Untersuchung von Polyäthylenen mit Hilfe von Röntgenkleinwinkelbeugung. Claude Sella. (C. R. hebd. Séances Acad. Sci. **248.** 1819—22. 23/3. 1959. Bellevue, C.N.R.S., Labor. de Rayons X.) (Franz.)

Vf. untersuchte mit Hilfe von Röntgenkleinwinkelbeugung eine Reihe von *Hochdruck-* u. *Tiefdruckpolyäthylenen* von verschiedenem Molgew., die teils nach Schmelzen bis zu 48 Std. bei 107° angelassen u. langsam abgekühlt worden waren, teils nach Schmelzen bei —196° abgeschreckt worden waren. Einige Aufnahmen wurden an bis 20° gedehnten Proben gemacht. Tabellar. sind die hierbei gemessenen Identitätsperioden, die Viscositäten u. der durch Großwinkelbeugung erhaltene Kristallinitätsgrad angegeben. Die bei den angelassenen Proben erhaltene maximale Identitätsperiode hängt hauptsächlich von dem Grad der Verzweigung des Polymeren ab. Dies wird bestätigt, wenn man z. B. ein Polyäthylen mit γ-Strahlen bestrahlt, wodurch die Molekularstruktur progressiv verändert wird. Ein mit γ-Strahlen bestrahltes Polyäthylen hat nach Schmelzen u. Rekristallisation eine viel kürzere Identitätsperiode als die des nicht bestrahlten Polymeren. C. Gottfried. 4010

Periodische Strukturen in Polyäthylenen. Claude Sella und Jean-Jacques Trillat. (C. R. hebd. Séances Acad. Sci. **248.** 410—13. 19/1. 1959.) (Franz.)

Vff. setzten die von Sella [1956] begonnenen elektronenmkr. u. Elektronenbeugungs-Unterss. an dünnen kristallinen Filmen von *Hochdruck-* u. *Tiefdruckpolyäthylenen* fort, setzten jedoch den Filmen in geringer Menge einen Inhibitor zu, der verhüten sollte, daß die kristallinen Filme durch die Elektronenbestrahlung zu schnell amorph wurden. Die untersuchten Mikrofibrillen zeigen eine period. Struktur, die von einer regulären Aufeinanderstapelung einkristalliner Mikrolamellen herrührt, deren b-Achsen senkrecht zur Faser u. parallel zur Filmebene liegen, während die c-Achse mit dieser Achse einen variablen Winkel bildet, der von den therm. Bedingungen der Kristallisation abhängig ist. Die Dicke dieser Lamellen hängt einerseits von der Molekularstruktur des Polymeren, hauptsächlich von der Frequenz der Verzweigungen der kurzen Ketten ab u. andererseits von der Temp. u. der Dauer der Kristallisation; die beobachteten mittleren Perioden liegen je nach der Dicke u. den relativen Orientierungen zwischen 50 u. 400 Å. Beobachtet wurden auch unabhängige Mikrolamellen, die eine Dicke von ca. 100 Å haben; ihre zeitlichen Dimensionen variieren zwischen einigen Zehner Å u. einigen μ. Elektronenbeugungsaufnahmen an diesen Lamellen zeigen, daß es sich um Zwillinge nach den Ebenen (1 1 0), $(1\,\bar{1}\,0)$ oder (3 1 0), $(3\,\bar{1}\,0)$ handelt. Häufig wurde auch eine epitakt. Überlagerung der Lamellen auf ihren (0 0 1)-Ebenen beobachtet. Der Kristallisationsmechanismus der Polyäthylene wird eingehend besprochen. C. Gottfried. 4010

Einfluß von Verunreinigungen vom Donatortyp auf die durch ein Titantrichlorid-Triäthylaluminium-System katalysierte Polymerisation von Propylen. K. Veselý, J. Ambrož, R. Vilím und O. Hamřík. (J. Polymer Sci. **55.** 25—32. Nov. 1961. Brno, Czechoslovakia, Res. Inst. of Macromol. Chem.) (Engl.)

In Fortführung der früher (vgl. C. **1960.** 16777) mitgeteilten Verss. über die Polymerisation von *Propylen* mit $TiCl_3$ (I) + $Al(C_2H_5)_3$ (II) in n-Heptan als Suspensionsmittel wurde der Einfl. verschiedener Verbb. auf die Geschw.-Konst. k der Polymerisation untersucht. k wird durch COS, CS_2, $(CH_3)_2S$ u. CO sehr stark, durch n-Butanol, Aceton, Äthylacetat, Äthylmercaptan u. W. stark, weniger durch H_2S u. fast nicht durch Tribenzylamin erniedrigt. Die Abnahme von k wird bes. durch eine Komplex-Bldg. mit II verursacht; daneben findet auch eine Vergiftung der I-Oberfläche durch Adsorption an den akt. Zentren statt. Folgende Gleichgewichts-Konst. für die Adsorption werden angegeben: 2400 für COS, 1700 für CS_2, 410 für $(CH_3)_2S$, 130 für W. u. 50 für H_2S. Der Adsorptions-Einfl. ist mitunter größer als der der Komplex-Bldg. mit II. Schließlich hängt der Effekt von der Reihenfolge der Zugabe der einzelnen Komponenten zum Polymerisationsansatz ab. Das Molgew. von Polypropylen steigt im allg. durch die zugesetzten Verbb. an (ohne nähere Angaben). O. Fuchs. 4010□

Untersuchungen der Struktur der Vinylpolymerisate mit Modellverbindungen. 1. Mitt. **Darstellung der Modellverbindungen.** Masaru Shiraki und Eiichi Nagai. (J. chem. Soc. Japan, pure Chem. Sect. [Nippon Kagaku Zassi] **81.** 976—79. Juni 1960. Ôsaka-Ôyodoku, Ôsaka-Kôgyô-Sikenzyo.) (Jap.; Auszug: Engl. S A70.)

Das aus Acetylaceton (I) hergestellte *Isomerengemisch von Pentandiol-(2.4)* (II) wurde am Ionenaustauscher Dowex I-X10 in die α- (α-II) u. *β-Form* (β-II) getrennt, aus denen die isomeren *2.4-Dichlor-*, *2.4-Dibrom-* u. *2.4-Diacetoxypentane* hergestellt wurden. α-II wird schwieriger eluiert, bildet den höherschmelzenden *Borsäureester* u. ist in nicht polaren Lsgm. leichter löslich. α-II sowie β-II zeigen in CCl_4 Absorptionsbanden bei 3619 cm^{-1} (freies OH) u. 3524 cm^{-1} (intramol. H-Brücke); das Verhältnis A_{3619}/A_{3524} der Intensitäten beider Banden nimmt mit steigender Verdünnung bei α-II ab, bei β-II jedoch zu. Sowohl α-II als auch dessen Derivv. weisen bei 850—860 cm^{-1} eine Absorptionsbande auf. Vff. schließen auf Grund dieser Daten, daß α-II u. dessen Derivv. die *meso*-Konfiguration besitzen, während β-II u. dessen Derivv. zu der *rac.* Reihe gehören.

Versuche: *Pentandiol-(2.4)* (II; *Isomerengemisch*), Kp.$_{21}$ 109°, durch Red. von I mit Raney-Ni in Methanol bei 130° u. 110 kg/cm², Trennung der Isomeren durch Chromatographie an mit 1m $K_2B_4O_7$-Lsg. behandeltem Dowex I-X10 (Cl-Typ), Eluieren mit 0,001m $Na_2B_4O_7$ (β-II), dann mit 0,1m $Na_2B_4O_7$ (α-II), Behandeln der Eluate mit Dowex-50 zur Beseitigung von Na^+, Einengen im Vakuum, Extraktion der Rückstände mit Ae., Einengen der äther. Auszüge, Umkristallisation aus Ligroin, Lösen der gebildeten *Borsäureester* in Methanol, Abdampfen des Methanols im Vakuum (β-II kann evtl. direkt mit Methanol erhitzt werden), öftere Wiederholung des letzten Verf. u. Dest. der Rückstände im Vakuum: α-II, $C_5H_{12}O_2$, Kp.$_{22,5}$ 109—109,5°; $n_D^{20,4}$ 1,4325. β-II, $C_5H_{12}O_2$, Kp.$_{22,5}$ 111—112°, F. 53°; $n_D^{20,4}$ 1,4372. *α-Borsäureester*, $C_5H_{11}BO_3$, F. 86,5—87,5°. *β-Form*, $C_5H_{11}BO_3$, F. 38,5—39,5°. — *α-2.4-Dichlorpentan*, $C_5H_{10}Cl_2$, Kp. 141—142°, durch Sättigen des Gemisches aus α-II u. konz. HCl mit trockenem HCl bei —14° u. 4std. Erhitzen auf 100° (im Einschlußrohr); n_D^{20} 1,4383. — *β-2.4-Dichlorpentan*, $C_5H_{10}Cl_2$, Kp. 141—142°, wie vorst. aus β-II; n_D^{20} 1,4365. — *α-2.4-Dibrompentan*, $C_5H_{10}Br_2$, Kp.$_{14,5}$ 64°, wie vorst. aus α-II u. HBr; n_D^{20} 1,4992. — *β-2.4-Dibrompentan*, $C_5H_{10}Br_2$, Kp.$_{18}$ 70°, wie vorst. aus β-II. — *α-2.4-Diacetoxypentan*, $C_9H_{16}O_4$, Kp.$_3$ 59°, durch Erhitzen von α-II u. Acetanhydrid unter Zusatz eines Tropfens konz. H_2SO_4; $n_D^{20,5}$ 1,4169. — *β-2.4-Diacetoxypentan*, $C_9H_{16}O_4$, Kp.$_3$ 62°, F. 22—23°, wie vorst. aus β-II; $n_D^{20,5}$ 1,4135.

E. Maekawa. 4010□

Rheologische Eigenschaften von monodispersen Latexsystemen. 1. Mitt. Konzentrationsabhängigkeit der relativen Viscosität. Frank L. Saunders. (J. Colloid Sci. **16.** 13—22. Febr. 1961. Midland, Mich., Dow Chem. Co., Plast. Basic Res. Dep.) (Engl.)

Vf. untersuchte die Beziehung zwischen der relativen Viscosität η_r u. der Konz. (Vol.-Bruch Φ bis 0,25, oberhalb welchem nicht-Newtonsches Fließen eintritt) bei monodispersen *Polystyrol*-Latices mit verschiedenem Teilchendurchmesser (990—8710 Å) u. den Einfluß der Teilchengröße auf α_0 ($\eta_r = 1 + \alpha_0\Phi + \alpha_1\Phi^2 + \cdots$) u. k (Wechselwrkg.-Koeff.) bei endlicher Konzentration. Die mit einem Capillarviscosimeter erhaltenen Ergebnisse entsprechen der allg. Gleichung $\eta_r = \exp\alpha_0\Phi/(1 - k\Phi)$ ($\alpha_0 = 2{,}504$ in guter Übereinstimmung mit dem Einstein-Koeff. von 5/2). α_0 ist unabhängig vom Teilchendurchmesser, wenn die gemessenen Φ-Werte bzgl. einer adsorbierten Emulgatorschicht korrigiert wurden. k ändert sich von 1,118—1,357 mit fallendem Teilchendurchmesser.

R. Schäff. 4010□

Polymerisation ungesättigter Verbindungen durch Dibenzolchrom. 1. Mitt. Polymerisation von Styrol. Hiroshi Yamazaki und Nobue Hagihara. (J. chem. Soc. Japan, pure Chem. Sect. [Nippon Kagaku Zassi] **81.** 819—21. Mai 1960. Sakai, Ôsaka-Daigaku, Sangyô-Kagaku-Kenkyûzyo.) (Jap.; Auszug: Engl. S. A 58.)

Die Radikal-Polymerisation von *Styrol* (I) in Ggw. von Di-tert.-butylperoxid (**II**) wird bei 50—90° durch Zusatz von Dibenzolchrom (**III**) stark beschleunigt. Zum Beispiel wird durch 50std. Erwärmen eines Gemisches aus 2 cm³ **I**, 0,084 g **II** u. 0,04 g **III** auf 50° ein Umsatz von 20% erreicht, während unter diesen Bedingungen ohne **III** keine Polymerisation eintritt. Ein Gemisch aus 4,4 g **II**, 2 g **III** u. 20 cm³ Bzl. ergibt durch 20std. Erwärmen auf 90° unter N_2 im Einschlußrohr 2,7 g einer tief blauen kristallinen *Verb.* (**IV**; F. 25—30° nach Sublimation im Vakuum), welche durch Zers. mit 20%ig. H_2SO_4 in *tert.-Butylalkohol* [Kp. ca. 80°; n_D^{20} 1,3841; IR-Absorption 3400, 2960, 1470, 1360, 1180, 1020, 915 cm^{-1}. *3.5-Dinitrobenzoat*, $C_{11}H_{12}N_2O_6$, F. 141,5—142,5° (Ligroin)] übergeht. **IV** in Bzl. ergibt durch Stehen an der Luft $Cr(OH)_3$, ist lösl. in fast allen organ. Lsgm. u. zeigt keine Absorption der alkohol. OH-Gruppe im IR. Daraus schließt Vf., daß **IV** ein Komplex ist, der Cr u. tert.-Butoxygruppen enthält (vgl. nachst. Ref.), u. daß die beschleunigende Wrkg. auf folgendem Redox-Mechanismus beruht: Cr + x(tert.-Butoxy)$_2$ → Cr(O-tert.-Butyl)$_x$ + x tert.-Butoxy-Radikale. E. Maekawa. 4010

Polymerisation ungesättigter Verbindungen durch Dibenzolchrom. 2. Mitt. Chromtetra-tert.-butylat. Hiroshi Yamazaki und Nobue Hagihara. (J. chem. Soc. Japan, pure Chem. Sect. [Nippon Kagaku Zassi] **81.** 821—22. Mai 1960.) (Jap.; Auszug: Engl.) — 1. vgl. vorst. Referat.

Aus 1,8 g Dibenzolchrom (**I**) u. 4 g Di-tert.-butylperoxid in Bzl. werden durch 20std. Erwärmen unter N_2 auf 90° 2,5 g einer blauen Verb. (**III**) erhalten, die durch Zers. mit 20%ig. H_2SO_4 0,09 g *Biphenyl* (**IV**; $C_{12}H_{10}$, F. 69—70°) als wasserunlösl. Prod. liefert. **IV** wird auch in **III**, das in PAe. statt in Bzl. dargestellt wird, gefunden, bildet sich daher aus **I**. Durch Kochen von **III** mit 2.4.7-Trinitrofluorenon in Bzl. unter N_2, Einengen des Gemisches im Vakuum, Sublimation des Rückstandes u. 2malige Wiederholung des Reinigungs-Verf. wird *Chromtetra-tert.-butylat* (**II**) isoliert [$C_{16}H_{36}CrO_4$, F. 37—38°, Kp.$_{10}$ 105°, blaue Kristalle; zeigt keine Absorption bei 13,6 u. 14,4 μ;

$\chi_{mol}^{292°K}$ $3340 \cdot 10^{-6}$ c.g.s.u.; Molgew. 344]. II verbraucht in schwefelsaurer Lsg. KJ, dessen Menge der Rk. $Cr^{4+} + J^- \rightarrow Cr^{3+} + 1/_2 J_2$ entspricht, u. ist beständig im trockenem N_2.
E. MAEKAWA. 4010

Polymerisation ungesättigter Verbindungen durch Dibenzolchrom. 3. Mitt. **Reaktion zwischen Chrom-tert.-butylat und Alkoholen.** Hiroshi Yamazaki und Nobue Hagihara. (J. chem. Soc. Japan, pure Chem. Sect. [Nippon Kagaku Zassi] **81.** 822—24. Mai 1960.) (Jap.; Auszug: Engl.) — 2. vgl. vorst. Referat.

Chromtetra-tert.-butylat ergibt mit Methanol (I), A., n-Butanol (II), Isopropylalkohol (III) oder Cyclohexanol (IV) bei Raum-Temp. bis 70° unlösl. feste Körper, deren Cr-Geh. ungefähr dem Chromtrialkylat entspricht. Daneben bildet sich die entsprechende Carbonyl-Verb., welche als 2.4-Dinitrophenylhydrazon identifiziert wird. Das Vorhandensein des freien Radikals im reagierenden Gemisch wird durch Polymerisation von zugesetztem *Methylacrylat* festgestellt. Vf. nimmt auf Grund stöchiometr. Unterss. folgenden Rk.-Mechanismus an: $Cr(O\text{-tert.-Butyl})_4 + 4\,CH_3OH \rightarrow [Cr(OCH_3)_4] + 4$ tert.-Butylalkohol; $[Cr(OCH_3)_4] \rightarrow Cr(OCH_3)_3 + CH_3O\cdot$; $2\,CH_3O\cdot \rightarrow CH_3OH + CH_2O$. Auf Grund kinet. Unterss. der Rk. nimmt die Reaktivität der Alkohole in der Reihenfolge **III, IV** < A., **II** < **I** zu.
E. MAEKAWA. 4010

Die Zersetzung von Dibenzoylperoxid in Polystyrol. 2. Mitt. Howard C. Haas. (J. Polymer Sci. **54.** 287—99. Okt. 1961. Cambridge, Mass., Polaroid Corp., Chem. Res. Labor.) (Engl.) — 1. vgl. C. **1960.** 10603.

Die beim Erhitzen von Filmen aus *Polystyrol* (I), die 4,3% *Dibenzoylperoxid* (II) enthalten, bei 73 u. 90° entstehenden Zers.-Prodd. von II sind Benzoesäure, Phenylbenzoat u. Polystyrolbenzoat. Diese Prodd. wurden teils durch IR-Analyse der erhitzten Filme, teils nach ihrer Isolierung durch Umfällen der Lsgg. von I mit Methanol durch IR- u. chem. Analyse identifiziert. Daneben entsteht auch CO_2 [Erhitzen der Filme in einem geschlossenen Gefäß in Ggw. von $Ba(OH)_2$]. Es fällt auf, daß die Prod.-Mengen für beide Temp. gleichgroß sind, obwohl die Aktivierungsenergien E verschieden groß sind (vgl. l. c.). Vf. schließt daraus, daß die Diffusion der entstandenen Radikale aus dem I-Käfig ober- u. unterhalb der Umwandlungs-Temp. T_u von I ohne Einfl. ist. Es wird angenommen, daß die verschiedenen E-Werte auf eine größere Rk.-Fähigkeit der Benzoyloxyradikale mit I oberhalb T_u zurückzuführen sind (Vorliegen eines „Käfigeffektes"). Bei der Zers. von II in I wird wesentlich mehr Ester u. weniger CO_2 gebildet als bei der Zers. von II in Bzl. oder Toluol. Die Benzoyloxyradikale greifen sowohl an den Ringen als auch an der C-Kette von I an; der letztere Angriff erfolgt bevorzugt an sek. C-Atomen.
O. FUCHS. 4010□

Die Zersetzung von Dibenzoylperoxid in Polymeren. 3. Mitt. Howard C. Haas. (J. Polymer Sci. **55.** 33—40. Nov. 1961.) (Engl.) — 2. vgl. vorst. Referat.

Ein 0,006 in. dicker Film aus *Polystyrol*, der 3% *Dibenzoylperoxid* (I) enthält (Herst. des Films über die Lsg.), wurde auf Temp. zwischen 56 u. 98° erhitzt. Die Zers. von I wurde durch Messen der Intensitätsabnahme der I-Bande (995 cm^{-1}) zeitlich verfolgt. Es gilt für die Geschw.-Konst. k (in s^{-1}): $k = 2{,}57 \cdot 10^{17} \exp(-36{,}0/RT)$ unterhalb u. $6{,}73 \cdot 10^{13} \exp(-30{,}1/RT)$ oberhalb 82°. Ferner wurde die Zers. von I in *Polyvinylchlorid* untersucht; eine direkte opt. Best. des I-Geh. im erhitzten Film war hier nicht möglich, vielmehr wurde das restliche I durch Extraktion des Films in einem 1:1-Gemisch aus Chlf. u. Hexan u. durch opt. Unters. der Lsg. bestimmt. Es ist $k = 1{,}55 \cdot 10^{20} \exp(-40{,}8/RT)$ unter 76,7°, $6{,}92 \cdot 10^{18} \exp(-38{,}7/RT)$ zwischen 76,7 u. 83,4° u. $1{,}175 \cdot 10^{15} \exp(-32{,}5/RT)$ oberhalb 83,4°.
O. FUCHS. 4010□

Strahlungscopolymerisation von Acrylonitril mit Polystyrol und Perchlorvinyl. C. U. Ussmanow, U. N. Mussajew und R. S. Tillajew. (J. Polymer Sci. **53.** 181—86. Aug. 1961. UsbekSSR, Taschkent State Univ.) (Engl.)

Wird ein Film aus *Polystyrol* (I) in Ggw. von *Acrylonitril* (II) mit γ-Strahlen (^{60}Co) bestrahlt, so findet eine Pfropfung statt; das restliche I wurde durch Extraktion mit Bzl. u. das gleichzeitig entstandene Polyacrylonitril durch Extraktion mit Dimethylformamid (III) entfernt. Die Zahl der II-Einheiten pro 100 Styroleinheiten beträgt für die in () genannten Strahlendosen D (in r): 0 (10^6), 170 ($2 \cdot 10^6$), 200 ($3 \cdot 10^6$) u. 300 ($4 \cdot 10^6$). Das *Pfropfpolymerisat* ist auch bei höherer Temp. unlösl., in III nur stark quellbar (Vorliegen von Vernetzungen); es ist auch bei 300° bei einem Druck von 1,4 at nur wenig deformierbar. Wird ein Film aus *Perchlorvinyl* (chloriertes Polyvinylchlorid mit einem Cl-Geh. von 62,3%) zuerst in Ggw. von Luft bestrahlt u. dann in sd. II erhitzt, so findet ebenfalls eine Pfropfung statt. Bei steigendem D geht der N-Geh. des Pfropfpolymerisates durch ein bei $D = 4 \cdot 10^6$ liegendes Maximum (1,75% N); die Verss. wurden zwischen $D = 10^6$ u. $7 \cdot 10^6$ r ausgeführt. Der Erweichungspunkt geht bei wachsendem D durch ein Minimum bei ca. $D = 2 \cdot 10^6$.
O. FUCHS. 4010□

Die Lösungs-Viscositäten von linearen flexiblen Hochpolymeren. Robert Simha und Jacques L. Zakin. (J. Colloid Sci. **17.** 270—87. März 1962. New York, N.Y., Univ., Dep. of Chem. Engng.) (Engl.)

Die Newtonsche Viscosität der Lsgg. von *Polystyrol, Polymethylmethacrylat* u. von *Copolymeren* beider Substanzen im Molgew.-Bereich 15000—630000 in Bzl. u. dem Θ-Lsgm. n-Heptan/Methylisopropylketon wurde bei 25—30° gemessen. Die Viscositäts/Konz.-Kurven sind in der Form $(\eta_{sp}/c[\eta])/(c/c_0)$ wiedergegeben (c_0 bedeutet die Grenz-Konz., bei der sich die äußeren Sphären der Polymer-Moll. zu durchdringen beginnen, wenn diese in konz. Lsg. das gleiche Vol. behalten wie in unendlicher Verdünnung, c/c_0 ist das relative Vol. ohne Kompression der Moll.) u. repräsentieren bei einem gegebenen Polymeren annähernd entsprechende Zustände über einen weiten Bereich von Molgewichten. Bei Molgew. $<$50000 ist der Anstieg der Viscositätsfunktion bedeutend größer als bei höheren Molgewichten. In den Θ-Lsgm. ist die Übereinstimmung entsprechender Zustände schlechter u. der Anstieg der Kurven größer als in guten Lsgm. (Bzl.). Mit wachsendem Molgew. des Polymeren nimmt der Anstieg der Kurven ab, bei Θ-Lsgm. u. hohen Molgew. ist es dagegen umgekehrt. Dies wird der Bldg. von Polymeren-Trauben in der Nähe des Ausfällungspunktes zugeschrieben, die in Θ-Lsgm. stattfindet.

W. Betcke. 4010□

Pfropfung von Methylmethacrylat auf Polyvinylalkoholfilme unter der Einwirkung von Röntgenstrahlen. I. Szántó und K. Gál. (J. Polymer Sci. **53.** 321—26. Aug. 1961. Budapest, Ungarn, Hungarian Acad. of Sci., Central Res. Inst. for Chem.) (Engl.)

Filme aus *Polyvinylalkohol* der Dicke 0,03 mm wurden in Ggw. von *Methylmethacrylat* (I) unter N_2 bei 40° mit Röntgenstrahlen bestrahlt. Das dabei entstandene *Pfropfpolymerisat* (II) wurde von dem gleichzeitig gebildeten Homopolymerisat durch Extraktion mit Bzl. oder Aceton getrennt. Für eine Gesamtdosis $D = 2 \cdot 10^5$r wurde ein Pfropfungsgrad β von 5—10% erzielt; der gleiche β-Wert wurde mit *Styrol* an Stelle von I erhalten. β wird durch die Ggw. von CH_3OH bei der Bestrahlung von 40 Mol-% CH_3OH ab (bezogen auf die I-Menge) beträchtlich erhöht u. fällt oberhalb 50 Mol-% wieder ab. Eine genaue Erklärung für den Einfl. von CH_3OH auf β kann noch nicht gegeben werden. Die Pfropfung geht auch nach Abschalten der Strahlung weiter, wenn auch langsamer. Die Polymerisations-Geschw. steigt linear mit D an. Die mit $D = 4 \cdot 10^6$r erhaltenen II-Proben sind unlösl. in Bzl., W. u. Aceton, aber lösl. in Dimethylformamid.

O. Fuchs. 4010□

Adiabatische Kompressibilität der Lösungen hochmolekularer Substanzen. 1. Mitt. **Polyvinylacetat.** Yutaka Miyahara und Yuzo Masuda. (J. chem. Soc. Japan, pure Chem. Sect. [Nippon Kagaku Zassi] **81.** 692—94. Mai 1960. Nagoya-Daigaku, Rigakubu, Kagaku-Kyôsitu.) (Jap.; Auszug: Engl. S. A 50.)

Die Ultraschall-Geschw. (1 MHz) wird in Lsgg. von *Polyvinylacetat* (I) in verschiedenen Lsgm. bei 30° mit dem Ultraschallinterferometer gemessen u. die partielle spezif. Kompressibilität ($\varkappa$) von I bei unendlicher Verdünnung berechnet: $\varkappa \cdot 10^{12}$ (cgs) beträgt bei 30° in Äthylenchlorid 49, in Cyclohexanon 43, in Bzl. 42, in Toluol 39, in Methyläthylketon 25, in Aceton 24 u. in Methanol 1. Vff. nehmen auf Grund des Vgl. der gefundenen partiellen spezif. Kompressibilität mit der Viscosität der Lsg. sowie mit der Wechselwrkg.-Konst. an, daß die partielle spezif. Kompressibilität ein wichtiger Faktor ist, der sowohl vom Molgew. als auch von der Form der Makromoll. in den Lsgg. wesentlich abhängt.

E. Maekawa. 4010

Die Adsorption von Polymethylmethacrylat aus Lösung. Stuart Ellerstein und Robert Ullman. (J. Polymer Sci. **55.** 123—35. Nov. 1961. Brooklyn, N.Y., Polytechn. Inst. of Brooklyn, Dep. of Chem., Inst. for Polymer Res.) (Engl.)

Von *Polymethylmethacrylat* (I; $M_w = 23000—2{,}27 \cdot 10^6$) wurde bei 30° das Adsorptionsvermögen A (in mg/g) aus der Lsg. an Fe- (II) u. Pyrexglaspulver (III) gemessen. Es ist $A = KM_w^a$ mit $K = 0{,}35$ bzw. $a = 0{,}04$ für II u. 2,00 bzw. 0,0 für III, je bei Verw. von Bzl. als Lsgm., u. 0,14 bzw. 0,08 für II mit 1.2-Dichloräthan (IV). A für II steigt in der Reihenfolge Chlf., C_2Cl_4, 1.1.2-Trichloräthan, CH_2Cl_2, **IV**, cis-Dichloräthylen, C_2H_5Br, C_2HCl_3, CH_3J, Bzl., trans-Dichloräthylen, Toluol an; daraus folgt, daß A in unpolaren Lsgm. im allg. größer ist u. daß A abnimmt, wenn die Löslichkeitsparameter von I u. Lsgm. etwa gleich groß sind. An II oder III aus benzol. Lsg. adsorbiertes I wird beim Verdünnen mit Bzl. nicht desorbiert, wohl aber durch Bzl. + 25% Acetonitril. A fällt bei II mit steigender Temp. ab (Bzl., Toluol), während A bei III unabhängig von der Temp. ist (Verss. bei 30 u. 70°). Wird I zu 1% verseift, so steigt A bei II stark an. A ist unabhängig vom Feuchtigkeits-Geh. von II. Schließlich werden noch einige Adsorptionsmessungen an Gemischen aus Lsgm. mitgeteilt. Auf die komplexe Natur des Adsorptionsvorganges u. die Nichtanwendbarkeit thermodynam. Betrachtungen wird hingewiesen. — Vgl. auch C. **1962.** 4945. O. FUCHS. 4010□

Copolymerisation von Methacrylsäureanhydrid mit Vinylmonomeren. Jesse C. H. Hwa und Leon Miller. (J. Polymer Sci. **55.** 197—213. Nov. 1961. Philadelphia, Pa., Rohm and Haas Comp., Res. Labor.) (Engl.)

Die Copolymerisation von *Methacrylsäureanhydrid* (**I**) mit anderen Monomeren wurde in Ggw. von Dibenzoylperoxid teils in Substanz, teils in Bzl. als Lsgm. bei 80° ausgeführt. Bestimmt wurden der Umsatz U u. die Löslichkeit der Copolymeren in heißem Dimethylsulfoxid; ferner wurden Elementar- u. IR-Analysen ausgeführt. Zur Auswertung der Meßdaten wurde eine Gleichung für die Zus. der Copolymeren für ein spezielles Divinyl-Vinyl-Syst. abgeleitet, in dem das Divinylmonomere während der Polymerisation unter Bldg. von lösl., evtl. verzweigten Copolymeren cyclisiert. Als 2. Monomeres dienten: *Methyl-* (**II**), *n-Hexyl-* u. *Laurylmethacrylat, Äthylacrylat, Styrol, Acrylonitril, 2-Chloräthylvinyläther* (**III**), *Benzylvinylsulfid* (**IV**), *n-Butylvinylsulfon, Vinylacetat, Allylchloracetat* (**V**), *Allylharnstoff* (**VI**), *Diisobutylen* u. *Allylbenzyläther.* Die Löslichkeit der Copolymeren hängt sowohl von der Natur des Comonomeren als auch von den Polymerisationsbedingungen ab. Sie steigt im allg. unter folgenden Bedingungen an: Bei Abnahme der Rk.-Fähigkeit des Comonomeren bei der Radikalpolymerisation, bei Abnahme der Monomer-Konz. in der Lsg., bei Abnahme von U u. bei Zunahme des mol. Konz.-Unterschiedes zwischen beiden Monomeren. Folgende r-Werte (Polymerisation bei 60° in Bzl.) wurden bestimmt: $r_1 = 6{,}1$, $r_2 = 0$ für **I** + **III**, 0,8 u. 0 (**I** + **IV**), 42 u. 0 (**I** + **V**), 28 u. 0 (**I** + **VI**); aus dem Vgl. dieser r-Werte mit den entsprechenden für **II** an Stelle von **I** (Literaturdaten) folgt, daß sich das **I**-Radikal bei der Copolymerisation

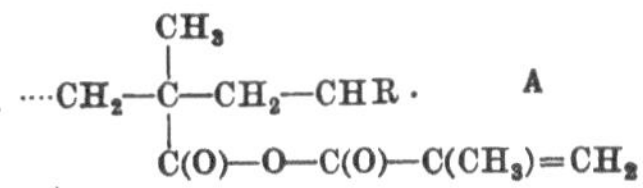

A

wie ein **II**-Radikal verhält. Die Bldg. unlösl. Copolymerer wird auf eine Öffnung des ringförmigen **I**-Radikals durch das Comonomere $CH_2{=}CHR$ unter Bldg. von **A** zurückgeführt; weshalb aber bei der Homopolymerisation von **I** keine unlösl. Prodd. entstehen, ist noch unklar. O. FUCHS. 4010□

Copolymerisation von Itaconsäureanhydrid und Styrol, Bestimmung der Reaktivitätsverhältnisse. John Drougas und Ralph L. Guile. (J. Polymer Sci. **55.** 297—302. Nov. 1961. East Lansing, Mich., Michigan State Univ., Dep. of Chem.) (Engl.)

Die r-Werte der Copolymerisation von *Itaconsäureanhydrid* u. *Styrol* wurden unter Verw. von Dibenzoylperoxid zu $r_1 = 0{,}78$ u. $r_2 = 0{,}015$ in Bzl. als Lsgm. u. zu 0,60 u. 0,10 in Tetrahydrofuran (**I**) als Lsgm. bestimmt; die Copolymerisation wurde am Kp. der Lsgm. ausgeführt. Die Polymerisations-Geschw. ist in Bzl. ca. 20mal größer als in **I**. Das Molgew. des Copolymeren beträgt 150000 in Bzl. u. 50000 in **I** (M_w-Werte). Die Copolymeren besitzen weitgehend alternierende Struktur. Der Unterschied der r-Werte in Bzl. u. **I** wird darauf zurückgeführt, daß das Copolymere während der Polymerisation aus Bzl. ausfällt, aus **I** aber nicht. O. FUCHS. 4010□

Abbau von Poly-ε-caprolactam durch eine Austauschreaktion zwischen Amidbindungen. O. Wichterle, E. Šittler und P. Čefelin. (J. Polymer Sci. **53.** 249—54. Aug. 1961. Prag, Czechoslovak Acad. of Sci., Inst. of Macromol. Chem.) (Engl.)

Wird *Poly-ε-caprolactam* (**I**) auf 200° erhitzt, so findet ein allmählicher Abbau statt (z. B. fällt der Polymerisationsgrad von 246,5 nach 23 Std. auf 136,5). Wird **I** in Ggw. von Hexamethylendiammoniumadipat (**II**) oder Aminocapronsäure (**III**) auf 200° erhitzt, so erfolgt daneben eine Umamidierungs-Rk., deren Verlauf viscosimetr. verfolgt wurde; die Rk.-Geschw. ist bei **II** größer als bei **III**. Der Grad der Umamidierung mit dem Na-Salz (**IV**) von ε-Caprolactam steigt mit wachsender **IV**-Konz. an; sie nimmt ferner mit wachsendem Geh. an Imidgruppen zu. Bei steigender **IV**-Konz. u. konst. Konz. an Imidgruppen geht die Rk.-Geschw. durch ein spitzes Maximum, bei dem das mol. Verhältnis von **IV** zu Imid 4 : 1 beträgt. — Vgl. hierzu auch die C. **1959.** 3161 referierte Arbeit von ŠEBENDA u. KRÁLIČEK. O. FUCHS. 4010□

Einfluß von Verunreinigungen auf die Pyrolyse von Polyamiden. Sidney Straus und Leo A. Wall. (J. Res. nat. Bur. Standards, A **63 A.** 269—73. Nov./Dez. 1959. Washington, D.C.) (Engl.)

Da beim therm. Abbau von *Polycaprolactam* (PCL, *Nylon 6*) im Vakuum wesentlich niedrigere Aktivierungsenergien sowie Häufigkeitsfaktoren (preexponential factors) gefunden werden u. die Aktivierungsenergien von 15—42 kcal/Mol schwanken, ferner W. u. CO_2 in den flüchtigen Abbau-Prodd. festgestellt werden, ist anzunehmen, daß neben einem Abbaumechanismus mit freien Radikalen auch Hydrolyse durch den Geh. an Feuchtigkeit vorliegt. Verschiedene Verss. zeigten, daß eine 5—10tägige Behandlung einer PCL-Probe mit einem Molgew. $\bar{M} \sim 60000$ mit dest. W. (zur Entfernung von Katalysatorspuren), anschließende 1 std. Trocknung bei 110° u. 2 tägiges Aufbewahren in abs. A. mit anschließendem Trocknen bei 110° oder aber eine 20 Tage währende Behandlung mit 110—115° heißem, über Na getrocknetem, kondensiertem Toluol die Entw. leichtflüchtiger Prodd. nach ½ std. Pyrolyse bei 400° von 10,6% auf 6,7% bzw. 7,3% herabsetzt. Der Geh. dieser Prodd. an CO_2 u. H_2O vermindert sich von 7,5% CO_2 auf 2,2 bzw. 1,3% u. von 2,2% W. auf 0,5 bzw. 0,5%; beim letztgenannten Vers. enthielten sie vorwiegend Lsgm.-Dämpfe. Längere Behandlung verschlechtert die Ergebnisse, ebenso 7 tägiges Aufbewahren in NH_4OH. Die Behandlung eines *Copolymerisats* aus 60% *Nylon 66* u. 40% *PCL* mit 1%ig. H_3PO_4 erhöht bei der Pyrolyse die CO_2-Entw. von 3,7 auf 7,4%, vermindert aber die Menge des aus dem Polyamid entstehenden Cyclopentanons von 4,4 auf 0,4%. Durch das Reinigungs-Verf. erhöht sich für die PCL-Probe die Aktivierungsenergie von 34 auf 43 kcal/Mol u. der Häufigkeitsfaktor von 10^7 auf 10^{10}. S. Neue. 4010□

Viscosität von Poly-2-vinylpyridin in Essigsäure. Bimal Bandhu Mukherjee und Mihir Nath Das. (J. Indian chem. Soc. **34**. 702—08. Sept. 1957. Calcutta, Indian Assoc. for the Cultivation of Sci.) (Engl.)

Zwei durch Polymerisation in Substanz erhaltene Proben von *Poly-2-vinylpyridin* (PVP) mit den Molgew. 220000 bzw. 288000 (bestimmt durch Messung des osmot. Drucks in Dimethylformamid-Lsg.) wurden bei 35° in Essigsäure viscosimetr. untersucht. Im Gegensatz zu normalen Polymeren steigt die spezif. Viscosität nach geringen Konzz. hin steil an, was für Polyelektrolyte charakterist. ist. Die Elektrolytnatur wird durch Leitfähigkeitsmessungen bei 35° bestätigt. In nichtsauren Lsgm., wie Chlf., A., Methyläthylketon, verhält sich dagegen PVP viscosimetr. normal. Bei einem Geh. der Essigsäure von 5, 10 bzw. 20% W. nimmt die spezif. Viscosität von PVP mit zunehmendem Wasser-Geh. ab, ebenso bei Zusatz von Pyridin oder Na-Acetat (Gegenionen). Nach niedrigen Konzz. hin tritt jedoch ein Maximum u. dann ein Minimum im Gegensatz zu dem Verh. anderer Polyelektrolyte auf. Dies wird durch die Ggw. von Wasserspuren im Lsgm. erklärt. S. Neue. 4010□

Polyelektrolytadsorption auf Quecksilberoberflächen. Differentialkapazität in Gegenwart von Poly-2- und -4-vinylpyridin. I. R. Miller und D. C. Grahame. (J. Colloid Sci. **16**. 23—40. Febr. 1961. Amherst, Mass., College; Rehovoth, Weizman Inst. of Sci.) (Engl.) — Vgl. C. **1958**. 740 u. C. **1961**. 10205.

Die Differentialkapazität der elektr. Doppelschicht auf einer Hg/W.-Trennschicht wurde in Ggw. von *Poly-2-vinylpyridin* (I) u. *Poly-4-vinylpyridin* (II) mittels der Hg-Tropfelektroden-Meth. gemessen. Elektrolyt war 0,1 n HNO_3 oder 0,09 n $NaNO_3$ + 0,01 n HNO_3; die Natur des monovalenten Kations ist ohne Bedeutung. Bei II u. I wurden Absorptionsmaxima beim Potential —0,030 V bzw. —0,130 V gegen eine normale Kalomelelektrode beobachtet. Da II ein höheres Maximum ergibt, ist es trotz höherer Polarität u. Wasserlöslichkeit stärker oberflächenaktiv. Bei I u. II wird volle Belegung bei sehr niedrigen Konzz. erreicht. Dies wird auf Grund der Orientierungsmöglichkeit beider Polymerer in der Oberfläche erörtert. Die aus den Differentialkapazitätskurven berechneten Oberflächenspannungswerte nehmen linear mit der Konz. bei kleinen Konzz. ab, wenn das Gleichgewicht noch nicht erreicht ist. Sie bleiben bei mittleren Konzz. konst. u. nehmen bei den höchsten gemessenen Polymer-Konzz. wieder zu. Aus den zeitabhängigen Ergebnissen bei niedrigen Polymer-Konzz. kann man die Adsorptionskinetik erhalten. Andererseits zeigen die Gleichgewichtswerte, daß die adsorbierten Makromoll. eine 100 oder mehr Å dicke Oberflächenphase bilden. Oberflächenaktivität des Gegenanions erleichtert die Adsorption der Polybase bei positiven Potentialen u. umgekehrt erhöht die Polybase die Adsorption des Gegenions bei negativen Potentialen. Dies wurde durch Austausch von NO_3^- durch das oberflächenaktivere Cl^- u. Br^- bewiesen.

R. Schäff. 4010□

Copolymerisationen mit Triallylcyanurat, Triallylisocyanurat und Diallylmelamin. R. W. Roth und R. F. Church. (J. Polymer Sci. **55**. 41—48. Nov. 1961. Stamford, Conn., Amer. Cyanamid Comp., Stamford Res. Labor.) (Engl.)

Vff. untersuchten bei 60° die Copolymerisation von *Triallylcyanurat* (I), *Triallylisocyanurat* (II) u. *Diallylmelamin* (III), je mit *Methylmethacrylat* (IV), *Styrol* (V) u. *Vinylacetat* (VI) unter Verw. von Azo-bis-isobutyronitril. Die Auswertung der experimentellen Daten unter Verw. der von Fineman u. Ross (vgl. C. **1953**. 8621) angegebenen Meth. führte zu folgenden r-Werten der Copolymerisation: r_1 = 46,3, r_2 = 0 (**IV** + **I**), 45,0 u. 0 (**IV** + **II**), 27,8 u. 0 (**IV** + **III**), 80,7 u. 0,20 (**V** + **I**), 87,6 u. 0,10 (**V** + **II**), 103 u. 0 (**V** + **III**), 0,77 u. 0,52 (**VI** + **I**), 0,95 u. 0,70 (**VI** + **II**), 1,44 u. 0,20 (**VI** + **III**).

O. Fuchs. 4010□

Die Auswahl elastischer Stoffe für schwingungsfreie Aufhängung. J. C. Snowdon. (Brit. J. appl. Physics **9**. 461—69. Dez. 1958; Rubber Chem. Technol. **32**. 1209 bis 1227. Okt./Nov. 1959. London, Imp. Coll. of Sci. and Technol., Physics Dep.) (Engl.)

Ausschließlich vom Gesichtspunkte der Schwingungsreduktion werden die Voraussetzungen diskutiert, die ein für schwingungsfreie Aufhängung geeignetes Material erfüllen muß. Solches muß demnach einen hohen Dämpfungsfaktor besitzen, der mit der Frequenz nur schwach zunimmt, außerdem darf auch der dynam. Modul nicht wesentlich mit der Frequenz ansteigen. Bei Durchlässigkeitsmessungen an einer Reihe elast. Stoffe, wie *Naturkautschuk* (I), 2 synthet. Gummis (*Butylkautschuk* u. *Hevea Plus M-G*), einem Copolymeren aus *Butadien* u. *Acrylonitril* (*Hycar 1001*), dem *Urethan* des *Ricinusöls* u. bestrahltem *Polythen* findet man, daß die stark dämpfenden synthet. Gummis normalerweise einen dynam. Modul besitzen, der mit der Frequenz stark ansteigt. Es ließ sich nachweisen, daß diese Modulzunahme für die schlechte Isolierung durch diese Gummis bei Frequenzen oberhalb der Resonanzfrequenz des Aufhängungs-Syst. verantwortlich ist u. nicht die diesen eigene hohe Dämpfung. Eine Ausnahme bildet Füllstoff-haltiger Butylkautschuk, der bei hohen Frequenzen nahezu so gute Isolierung wie I liefert, obwohl er gleichzeitig viel stärkere Dämpfung aufweist. — In einem Anhang wird die experimentelle Best. der Durchlässigkeit nach der Meth. von HARRISON, SYKES u. MARTIN (J. acoust. Soc. America **24.** [1952.] 62) beschrieben. E. ÜHLEIN. 4030□

Spannungsrelaxation für biaxiale Deformation von füllmittelhaltigen Hochpolymeren. J. T. Bergen, D. C. Messersmith und R. S. Rivlin. (J. appl. Polymer Sci. **3.** 153—67. März/April 1960. Lancaster, Pa., Armstrong Cork Comp.; Providence, R.I., Brown Univ.) (Engl.)

Gerade Rohre (innerer Radius a = 0,40 in., äußerer Radius b = 0,50 in.) aus *GR-S-Kautschuk* (**I**; enthält Ton, Asbest, Kreide u. TiO_2 als Füllmittel) u. aus *Polyvinylchlorid* (**II**) mit verschiedenem Geh. an Dioctylphthalat (**III**) u. Kreide (**IV**) wurden zuerst um einen bestimmten Betrag gedehnt oder gleichzeitig gedehnt u. tordiert; gemessen wurde der zeitliche Verlauf der Dehnungskraft D u. der Torsionskraft T nach der Verformung unter Konstanthalten des Verformungsgrades. Die App. wird näher beschrieben. Die graph. u. tabellar. mitgeteilten Ergebnisse beschreiben die Abhängigkeit von D u. T von dem Betrag der Verformungen. Zur Auswertung der Meßdaten wird eine grundlegende Gleichung für die Spannungsrelaxation in isotropen, inkompressiblen, viscoelast. Festkörpern abgeleitet; sie dient zur Berechnung der Größe von D u. T, die zur Aufrechterhaltung einer gleichzeitigen Torsion u. Dehnung eines Rohres notwendig sind. Es ist $D = 3\pi e \int \Theta R dR$ u. $T = \pi\psi \int \Theta R^3 dR$ (e = Dehnung, ψ = Torsion, die Integrale erstrecken sich von a—b); Θ ist eine Funktion der Zeit nach der Deformation. Die Änderung von Θ mit der Größe $J_1 = 3e^2 + \psi^2 R^2$ wird aus den Dehungs- u. Torsionsmessungen getrennt berechnet, wobei sich eine gute Übereinstimmung zwischen beiden Meß-Meth. ergibt (der Vgl. wurde nur für **II** durchgeführt, ist für **I** ähnlich). Θ hängt bei **II** von dem **III**- u. **IV**-Geh. ab; da beide Anteile gleichzeitig variiert wurden, ist eine Trennung beider Einfl. auf Grund der vorliegenden Daten nicht möglich. Insgesamt zeigen die Verss., daß in **I** u. **II** starke Spannungsrelaxationseffekte auftreten u. daß sich diese Erscheinungen formelmäßig beschreiben lassen. — Einzeldaten s. Original. O. FUCHS. 4030□

Zeit- und Temperaturabhängigkeit der Eigenschaften beim Bruch eines Kautschuks bei konstanter Dehnung. Thor L. Smith und Paul J. Stedry. (J. appl. Physics **31.** 1892—98. Nov. 1960. Rubber Chem. Technol. **34.** 897 — 909. Juli/Sept. 1961. Pasadena, Calif., Inst. of Technol., Jet. Propulsion Labor.) (Engl.)

Vff. nehmen Bezug auf frühere Unterss. von SMITH (vgl. C. **1960.** 2899) u. berichten über weitere Unterss. an einem *Styrol-Butadien-Kautschuk*, bei denen zuerst die Proben bei verschiedener Dehnung bis zu 7 Tagen belassen wurden u. die Zeit bis zum Bruch sowie die Spannung beim Bruch bei 8 verschiedenen Temp. zwischen 1,7 u. 60° gemessen wurden. Zum Vgl. wurden auch die Eigg. beim Bruch des Kautschuks bei Verformungs-Geschw. zwischen $1,52 \cdot 10^{-4}$ u. $1,52 \cdot 10^{-1}$ s^{-1} u. 7 Temp. zwischen —5 u. +80° gemessen. Aus diesem Vgl. ist ersichtlich, daß für eine gegebene Bruchdehnung die Zeit bis zum Bruch unter Bedingungen konst. Dehnung niedriger ist als unter Bedingungen konst. Verformungsgeschwindigkeit. C. GOTTFRIED. 4030

Die Verkleisterung der Stärkekörner. J. Holló, J. Szejtli, G. S. Gantner und E. László. (Periodica polytechn. [Budapest], chem. Ingenieurwes. **4.** 263—85. 1960. Budapest, TU, Inst. für Landwirtschaftl.-Chem. Technol.) (Dt.)

Ausführlicher Literaturüberblick über Arbeiten, die die Best. von Verkleisterungskurven der *Stärke* behandeln sowie Diskussion der bei diesen Unterss. erhaltenen Ergebnisse. — 53 Literaturhinweise. S. AUGUSTAT. 4050

Isolieren des Glucomannans und Xylans aus dem Zellstoff aus Abies sachalinensis. Kei Matsuzaki, Masao Moriya und Hiroshi Sobue. (J. chem. Soc. Japan, ind. Chem. Sect. [Kōgyō Kagaku Zassi] **62.** 869—71. Juni 1959.) (Jap.; Auszug: Engl.) — Vgl. C. **1960.** 13047 u. 8388.

Ein *Glucomannan* (I) wird aus dem in Cuprammonium-Lsg. unlösl. Teil des Zellstoffs aus *Abies sachalinensis* Mast. isoliert. Das Mannose–Glucose-Verhältnis beträgt ca. 4 u. I enthält noch etwas Xylose. Wird der Zellstoff mit Alkali ausgezogen u. werden die ausgezogenen Hemicellulosen wiederholt mit Fehlingscher Lsg. gereinigt, so wird neben *Xylan*, das noch I u. Cellulose enthält, ein I erhalten, in dem das Mannose–Glucose-Verhältnis 3—3,5 beträgt. Das mit Säure hydrolysierte Prod. von I besitzt ein Mannose–Glucose-Verhältnis von 3,65 u. zeigt ein kristallines Röntgenbeugungsdiagramm. Die Konstit. der Aldobiuronsäure wurde diskutiert. E. Maekawa. 4050

Die Säurefunktionen einiger Algen-Polysaccharide. R. Springer und L. Middendorf. (Arch. Pharmaz. **294/66.** 693—99. Nov. 1961. München, Univ., Inst. für Pharmazie u. Lebensmittelchemie.) (Dt.)

Vff. untersuchen 1. die *Carragheensäuren*, 2. die *Säure* des *Agar-Agars* u. 3. *Alginsäuren*. Zu 1. unterscheiden Vff. je nach der Löslichkeit in kaltem bzw. heißem W. zwischen *Kalt-* (I) u. *Heißcarragheenin* (II). Der Gesamt-S-Geh. verschiedener Probem ist konst. (ca. 6,7%), wobei der S-Geh. von I höher liegt als der von II. Die pH-Werte äquivalenter Lsgg. der I- u. II-Säure sind annähernd gleich (ca. 2,8). Es ist anzunehmen, daß der gesamte S als Bestandteil der HO_3S-Säurefunktion vorliegt. Die Anwesenheit anderer Säuregruppen kann ausgeschlossen werden. Von den dargestellten Salzen von I u. II, *Triäthylammonium-*, *Diäthanolammonium-*, *p-Phenetidin-*, *Carbamoylcholin-*, *Atropin-*, *Morphin-*, *Kodein-*, *Chinin-* u. *Strychnincarragheenat*, wurde das S:N-Verhältnis annähernd zu 1:1 gefunden. Als Molgew. der kleinsten, eine HO_3S-Gruppe tragenden Einheit werden für die unverzweigte I-Säure 238 u. für die verzweigte II-Säure 355 angegeben. Zu 2. Auch hier konnte nachgewiesen werden, daß S ausnahmslos in der HO_3S-Form vorliegt u. keine anderen sauren Gruppen vorhanden sind. Zu 3. Der saure Wasserstoff der Alginsäuren (A) entstammt allein den Polymannuronsäuren. Der pH-Wert der A beträgt 3,6 u. das Molgew. der kleinsten, eine saure Gruppe tragenden Einheit 175. S. v. Schieszl. 4050□

Beitrag zur Untersuchung der α-Struktur von Poly-DL-phenylalanin in Chloroformlösung. Ève Marchal und Jean Marchal. (C. R. hebd. Séances Acad. Sci. **250.** 2197—99. 21/3. 1960. Strasbourg, Centre de Recherches sur les Macromol.) (Franz.)

Zwecks Feststellung des Helix-Modells, das die α-Struktur von *Polyphenylalanin* (I) in Chlf. wiedergibt, wäre die Best. der Gliederlänge des Mol. durch Unters. der Winkelverteilung des gestreuten Lichts geeignet; jedoch ist das Molgew. von I (unter 140000) zu gering. Vff. umgehen diese Schwierigkeit durch Anwendung der dielektr. Absorption in einem Feld, dessen Frequenz die Rotation der stäbchenförmigen Glieder um eine transversale Achse begünstigt. Es besteht noch eine zweite krit. Frequenz, die die Existenz einer Komponente des elektr. Moments der Stäbchen senkrecht zu ihrer großen Achse anzeigt u. auf Unregelmäßigkeiten bzw. Deformation der Stäbchenstruktur zurückzuführen ist. Die Länge der Makromoll. wird für 5 Polymerfraktionen berechnet. Im Zusammenhang mit Intrinsicviscositäts-Best. ergibt sich, daß die Stäbchenlänge je Monomereinheit um $1 \pm 0{,}1$ Å zunimmt. Der Durchmesser der Stäbchen wird zu $19 \pm 1{,}5$ Å berechnet. Es kommen somit das γ-Helix-Modell von Pauling u. Corey u. das π-Helix-Modell von Low u. Baybutt in Betracht. S. Neue. 4070□

Vergleich der Verwendung der Intrinsicviscosität und der Strömungsdoppelbrechung zur Bestimmung der Längen von festen Teilchen. Jen Tsi Yang. (J. Polymer Sci. **54.** S 14—S 17. Sept. 1961. San Francisco, Calif., Univ. of California, Med. Center Cardiovascular Res. Inst. and Dep. of Biochem.) (Engl.)

Vf. leitet eine Gleichung ab, mit der die Länge L eines stäbchenförmigen Gelteilchens aus der Intrinsicviscosität $[\eta]_0$ beim Schergefälle 0 berechnet werden kann. Die so für *Poly-γ-benzyl-L-glutamat* (Molgew. 21000—358000) berechneten L-Werte stimmen gut mit den aus der Lichtstreuung erhaltenen überein (je Literaturdaten). Auch für *Serumalbumin, Fibrinogen, Tabakmosaikvirus, Tropomyosin, Myosin* u. *Kollagen* besteht gute Übereinstimmung zwischen den aus $[\eta]_0$ u. der Strömungsdoppelbrechung erhaltenen L-Werten (je Literaturdaten). O. Fuchs. 4070□

Terminologie der Proteinstruktur. D. B. Wetlaufer. (Nature [London] **190.** 1113. 17/6. 1961. Boston, Mass., Children's Cancer Res. Foundation.) (Engl.)

Es werden Einwände gegen die Bezeichnungen Primär-, Sekundär-, Tertiär- u. Quaternärstruktur bei Proteinen angeführt u. Vorschläge über die Charakterisierung der Proteinstruktur durch *Kettensequenz* (Aminosäuresequenz von Peptidketten) u. *Kettenkonformationen* (räumliche Anordnung von Peptid- u. Seitenketten) gemacht. Diese beiden Begriffe eignen sich allg. für die Strukturen von Kettenpolymeren. K. Maier. 4070□

Über die Adsorption von Proteinen an Calciumphosphat. Bo Sörbo. (Acta chem. scand. **15.** 1391—93. 1961. Stockholm, Nobel Med. Inst., Biochem. Dep.) (Engl.)

Es wurde die Abhängigkeit der Adsorption der folgenden Proteine an Calciumphosphatgel vom pH-Wert (5,7—7,8), der Ionenstärke u. der Ionenart untersucht: *Metmyoglobin, Eialbumin, Cytochrom c, Oxyhämoglobin* (I), *Lysozym* (II) u. *Rinderserumalbumin* (III). Das Maximum der Adsorption liegt beim isoelektr. Punkt (IP). Phosphat (IV) in steigender Ionenstärke verschiebt bei I u. II das Maximum der Adsorption zu niedrigeren pH-Werten, durch Cl^- wird die Adsorption im untersuchten pH-Bereich gesenkt; F^- verhält sich gegenüber I wie IV. Bei III wurde durch IV in steigender Ionenstärke die Adsorption gleichmäßig herabgesetzt, mit Cl^- wurde eine geringe Herabsetzung bei den niedrigeren pH-Werten u. eine Steigerung der Adsorption bei pH 7,8 beobachtet. Die mit IV beobachteten Effekte werden durch die Verschiebung des IP bei Kombination von Proteinen mit IV gedeutet. W. Walter. 4070□

Spaltung und Struktur von Adenosin-Phosphaten und von energiereichen Derivaten derselben. Hans von Euler und Hans Hasselquist. (Makromolekulare Chem. **38.** 220—29. 1960. Stockholm, Schweden, Univ., Vitamin-Inst.) (Dt.)

Unter Heranziehung mehrerer Arbeiten von v. Euler u. Mitarbeitern wird die Möglichkeit diskutiert, daß bei der unter starker Wärme-Entw. verlaufenden Hydrolyse von *Adenosintriphosphat* (I) der Phosphorest in Form eines sehr reaktionsfähigen Kations abgespalten wird. Wird I in Eisessig mit H_2O_2 bei 20° behandelt, so zeigt die elektrophoret. Unters. der Rk.-Lsg. das Vorliegen von Phosphationen sowie von Adenosinmono- (II) u. -diphosphat (III); Purine sind nicht vorhanden. Wird I dagegen mit H_2O_2 + HCl behandelt, so werden die Phosphate vollständig hydrolysiert; ferner werden Purinbasen, Adenin u. Adenin-N-oxid gebildet. III u. H_2O_2 ergeben etwas freies Phosphat u. freies II; II u. H_2O_2 geben kein Phosphat. Die *Ribo-* u. *Desoxyribonucleinsäure* wandern bei der Papierchromatographie nicht ($R_f = 0$), wohl aber nach Behandlung mit H_2O_2 ($R_f = 0{,}76$). O. Fuchs. 4090□

Polynucleotide und Nucleinsäuren. Paul Doty. (J. Polymer Sci. **55.** 1—24. Nov. 1961. Cambridge, Mass., Harvard Univ.) (Engl.)

Zusammenfassende Übersicht, in der einige neuere Ergebnisse der Unters. von polymeren Verbb. von lebenden Syst. u. die Deutung dieser Ergebnisse behandelt werden. Speziell wird auf *Ribonucleinsäure* (I), *Desoxyribonucleinsäure* (II) u. Proteine eingegangen. Im einzelnen werden diskutiert: Gegenwärtiger Stand der „molekularen Biologie“; Modelle für die Ketten von Hämoglobin u. Myoglobulin; chem. Aufbau von I u. II; therm. Eigg. von II-Proben verschiedener Herkunft; opt. Eigg. verschiedener Polynucleotide; Denaturierung von II; bakterielle Umwandlung von II; Renaturierung von II; Molgew.-Best.; Schraubenstruktur; Zusammenlagerung von II zu größeren Gebilden. O. Fuchs. 4090□

Schätzung der Polydispersität von Tabak-Mosaik-Virus in wässeriger Lösung durch Sedimentations-, Diffusions- und Viscositätsbestimmung. Koujiro Iso, Yoshimi Kawade und Itaru Watanabe. (J. chem. Soc. Japan, pure Chem. Sect. [Nippon Kagaku Zassi] **81.** 701—03. Mai 1960. Tôkyô-Daigaku, Kyôyôbu, Kagaku-Kyôsitu.) (Jap.; Auszug: Engl. S. A 50.) — Vgl. C. **1962.** 11942.

Die Sedimentations- u. Diffusions-Konst. einer Lsg. des *Tabakmosaikvirus* in einer auf pH 7 gepufferten H_3PO_4-Lsg. (0,01 Mol/Liter) werden bestimmt u. die Viscosität dieser Lsg. gemessen. Die aus Diffusions- u. Viscositätsdaten berechnete Polydispersität stimmt mit der aus Sedimentationsdaten abgeleiteten (durchschnittliches Teilchen-Gew. $4{,}4 \cdot 10^7$) nicht überein; die Abweichung kann jedoch auf Grund des Johnson-Ogston-Effekts (Trans. Faraday Soc. **42.** [1946.] 789) erklärt werden. E. Maekawa. 4090

E. Biologische Chemie. Physiologie. Medizin

E_1. Allgemeine Biologie und Biochemie

Sauerstoffelektrode zur Messung der Atmung von Gewebeschnitten. E. H. Strickland, F. D. Ziegler und A. Anthony. (Nature [London] **191.** 969—70. 2/9. 1961. University Park, Pa., State Univ., Biophys. Labor.) (Engl.)

Vff. beschreiben eine App. zur polarograph. Best. der Atmung von Gewebeschnitten. Der Elektrodenstrom ist linear abhängig von der O_2-Konzentration ($\pm$ 7%). Die polarograph. Meth. zeichnet sich gegenüber der manometr. Meth. durch bequemere u. schnellere Arbeitsweise aus u. kann bes. gut zur Unters. der die Atmung regulierenden Faktoren (chem. Agentien, Hormone) herangezogen werden. Als Beispiel wird die Unters. der Atmung von Rattenherzkammerschnitten unter Einw. von Bernsteinsäure (I), Glucose (II) u. 2.4-Dinitrophenol (III) angeführt. Die endogene Atmung beträgt 0,25 μMol O_2/Sekunde. Bei I-Zugabe wird die Atmung auf 0,38 μMol O_2/Sekunde gesteigert. II zeigt keinen atmungsaktivierenden Einfl., während ein anschließender III-Zusatz die Erhöhung des O_2-Verbrauches auf 0,50 μMol O_2/Sekunde bewirkt. H. P. Pietsch. 4100□

Ein Bubble-Flow-Meter mit elektrischer Blasenregistrierung und vereinfachtem Blasengeber. Wilhelm Röckemann. (Pflügers Arch. ges. Physiol. Menschen Tiere **272.** 293—96. 1961. Frankfurt/M., Univ., Inst. für animal. Physiol.) (Dt.)

Beschreibung eines Bubble-Flow-Meter mit vertikal angeordnetem Meßrohr u. einer Blasenstrecke, die eine proportionale Linearität zwischen den Blasenlaufzeiten u. dem reziproken Wert der Stromstärke bewirkt; Blasengebung erfolgt im geschlossenen Syst.; die Schaltimpulse sind gut u. sicher. U. TAUSENDFREUND. 4100□

Charakteristik lebender Systeme: Stoffwechselproblematik. K. Lang und G. Siebert. (Studium generale [Heidelberg] **12.** 160—69. 1959. Mainz, Johannes-Gutenberg-Univ., Physiol.-Chem. Inst.) (Dt.)

Übersicht u. Diskussion. — U. a. werden besprochen: Energiegewinnung aus Lichtenergie; chem. Energie als Energiequelle; Adenosintriphosphat (ATP): Bldg. u. Bilanz; andere Nucleosidtriphosphate; Verwertung von ATP. — Aus den Darlegungen der Vff. ergibt sich, daß das Leben nur dann gewährleistet sein kann, wenn Stoffwechsel u. Energieumsetzungen ablaufen. Welches Kriterium des Lebendigen auch immer gewählt wird, stets ist seine Beschreibung in naturwissenschaftlichem Sinne nur in direkter Abhängigkeit von den energieliefernden Rkk. des Stoffwechsels möglich. — 5 Tabellen. 2 Schemata. — 3 Literaturangaben. H. KOCKERT. 4100□

Bauprinzipien von einigen in der Natur vorkommenden organischen Verbindungen. L. Birkhofer und D. Plath. (Studium generale [Heidelberg] **12.** 178—88. 1959. Köln, Univ., Chem. Inst.) (Dt.)

Übersicht. — Es werden besprochen: Strukturelle Charakteristica der in der Natur vorkommenden organ. Stoffe („aktivierte" Essigsäure, Fette u. Fettsäuren u. anderes). Natur-Prodd. mit dem Bauelement Isopren (Limonen, Farnesol, Carotine, Phytol, Steroide). Bldg. der Aminosäuren. — 26 Literaturangaben. H. KOCKERT. 4100□

Bioregulatorische Aktivität und Stickstoff-Funktion in organischen Verbindungen. Antioxydierende Eigenschaften und ihre physiologische Bedeutung. S. M. Siegel, Frances Porto und Patricia Frost. (Physiol. Plantarum [Copenhagen] **12.** 727—41. 1959. New York, Union Carbide Res. Inst.) (Engl.)

Als Schutzmittel gegen Sauerstoffvergiftung kommen im Organismus Stoffe mit antioxydierenden Eigg. vor. Bei N-haltigen organ. Verbb. kommt dem freien Elektronenpaar des 3 bindigen N vermutlich eine wesentliche Bedeutung für die Antisauerstoff-Wrkg. zu. An einfachen Test-Syst., wie J^-, H_2O_2, wurde die Wrkg. von Indolylessigsäure u. Indol-Derivv. sowie Hydrazinen u. a. untersucht. Bei den Indolen steht die antioydierende Wrkg. in Beziehung zur Struktur. Ihre, die J^--Oxydation hemmende Wrkg., wird vermindert durch: Substitution an $C_{(3)}$, Einführung einer elektrophilen Gruppe in $C_{(2)}$ oder $C_{(3)}$ u. Ersatz von N durch ein anderes Atom. Diese Fähigkeit wird verstärkt durch Einführung einer OH-Gruppe in den Benzolring u. durch Einführung einer elektronenliefernden Gruppe in $C_{(2)}$. Bei Substitution am N oder in $C_{(3)}$ durch eine Äthylaminogruppe ändert sich die Wrkg. nicht. Bei anderen untersuchten Stoffen besteht kein Zusammenhang zwischen Wrkg. u. Struktur. Antioxydierende Eigg. wurden noch gefunden bei Tyramin, Thyroxin, Mezcalin, Dijodthyronin, Propylamin, Triäthylamin, Glucosamin, Äthylendiamintetraessigsäure, Hydrazin, Benzoylhydrazin, Isonicotinsäurehydrazid, Semicarbazid u. Hydroxylamin. Verss. mit Rüben u. Reis zeigten die wachstumfördernde Wrkg. der antioxydierenden Stoffe Isoniazid, Hydrazin, Indolyl-(3)-äthylamin u. Skatol. D. MUNSCHE. 4100□

Zur Biochemie der Spurenmetalle. Wolfgang Langenbeck. (Ber. Verh. sächs. Akad. Wiss. Leipzig, math.-naturwiss. Kl. **103.** Nr. 5. 1—16. 1959.) (Dt.)

Vortrag mit Diskussionsbeiträgen. — 6 Literaturangaben. H. KOCKERT. 4100□

Molekularphysik und Lebensvorgänge. Franz Patat. (Studium generale [Heidelberg] **12.** 170—78. 1959. München, TH, Inst. für chem. Technol.) (Dt.)

Übersicht. — Es werden folgende Themen besprochen u. diskutiert: Die Individuen der belebten Welt; Wahrung u. Erzeugung von Ordnung, Leben u. Wachstum [a) Bau der Atome, b) Verhaltensweise der Atome, c) Makromoleküle]. — 15 Literaturangaben. H. KOCKERT. 4102□

Einfluß der ionisierenden Strahlen auf die adaptive Mutationsveränderung von Hefe gegenüber der Saccharosevergärung. K. W. Kossikow und O. G. Rajewskaja. (Микробиология [Mikrobiologie] **30.** 890—96. Sept./Okt. 1961. Moskau, Inst, für Genetik der Akad. der Wiss. der UdSSR.) (Russ.; Auszug: Engl.) — Vgl. C. **1961.** 1600.

Es wurden Verss. zur Anpassung von *Saccharomyces globosus* an die Vergärung von Saccharose durchgeführt. Dabei wurde festgestellt, daß eine Behandlung mit ionisierenden Strahlen keinen nennenswerten Einfl. auf die Erhöhung der Zahl neuer erblicher fermentativer Eigg. hat u. daß hierfür das Medium u. die Entw.-Bedingungen viel eher von Bedeutung sind. Im vorliegenden Fall spielte die Zucker-Konz. die entscheidende

Rolle bei der Intensivierung einer gerichteten mutativen Veränderlichkeit. Die erzielten Eigg. erwiesen sich bei geschlechtlicher Vermehrung (Sporen-Bldg.) als erblich konstant.

K. SATTLER. 4130□

Untersuchungen über den antimitotischen Wirkungsmechanismus von ^{32}P auf Zwiebel- und Vicia faba-Zellen. S. Bagiński. (Bull. Microscopie appl. [2] **9.** 41—48. Juni 1959. Lodz, Polen.) (Franz.)

Die von ^{32}P emittierten β-Strahlen verursachen bei Zwiebel- u. *Vicia faba*-Zellen Störungen des Zellstoffwechsels, wobei pyknot. Tochterzellen entstehen. Es kommen Abweichungen in der Morphologie der Mitose u. eine Verminderung der Zahl der Zellteilungen zur Beobachtung. Die mit Zwiebelzellen erhaltenen Ergebnisse unterscheiden sich von den mit Vicia faba-Zellen erhaltenen wohl quant. nicht aber qualitativ.

H. KOCKERT. 4150□

Desoxyribonucleinsäure als Träger genetischer Informationen. Dieter Heß. (Mikrokosmos **49.** 193—97. Juli 1960. Freiburg.) (Dt.)

Übersicht. — Beweise für die Rolle der *Desoxyribonucleinsäure* (*DNS*) als Trägerin genet. Informationen; das „WATSON-CRICK-Modell" der DNS u. die Matrizentheorie; die Biosynth. der DNS. — 10 Literaturangaben. H. KOCKERT. 4150□

^{32}P-Aufnahme in Desoxyribonucleinsäurenucleotide nach partieller Hepatektomie und nach einseitiger Nephrektomie. David P. Simpson. (Amer. J. Physiol. **201.** 523—25. Sept. 1961. La Jolla, Calif., Scripps Clinic and Res. Found., Endocrine Labor.) (Engl.)

Bei Vgl. der Regenerationsvorgänge an Leberzellen nach Teilhepatektomie mit den Zellteilungsvorgängen in den Nierentubuli nach einseitiger Nephrektomie (bei Ratten) unter Zuhilfenahme der Best. des ^{32}P-Einbaues in *Desoxyribonucleinsäure* (DNS)-*Nucleotide* (als Ausdruck der DNS-Synth.) zeigte sich, daß offenbar gleichartige Grundmechanismen Wachstum u. Zellteilung nach diesen beiden Operationsweisen regulieren. In beiden Fällen kam es bald nach der Operation zu einer maximalen ^{32}P-Aufnahme (nach Hepatektomie 11fach nach 36 Std.; nach Nephrektomie 2fach nach 48 Std.), der ein Abfall der Aufnahme auf ein Minimum am 8. postoperativen Tage folgte, worauf es wiederum zu einem Anstieg der Aufnahme kam. Die mitosestimulierende Substanz, die von anderer Seite im Serum nachgewisen wurde, ist aber wohl organspezif., da in den DNS-Nucleotiden der Niere nach partieller Hepatektomie keine vermehrte ^{32}P-Inkorporierung nachweisbar war. U. TAUSENDFREUND. 4150□

Ribonucleinsäuren in den Mikrosomen der Rattenleber. E. Reid. (Biochim. biophysica Acta [Amsterdam] **49.** 218—21. 29. April 1961. London, Royal Cancer Hosp., Chester Beatty Res. Inst., Inst. of Canc. Res.) (Engl.)

Die *Ribonucleinsäure* (I) der Mikrosomen (M) hat heterogene Struktur. Durch Zentrifugieren bei 15000 g/90 min sedimentierte **I** der **M** unterscheidet sich von der **I** der Ultra-M, die unter solchen Bedingungen nicht sedimentieren. Bei der Bereitung von Homogenaten aus einem *K-Phosphat* u. *$MgCl_2$* enthaltenden Medium läuft man Gefahr, daß sämtliche M-I extrahiert ist, bevor man die M isoliert. L. MACHER. 4150□

Das Verhältnis zwischen der Molekulargröße von Ribonucleinsäure und ihrem chromatographischen Profil an Ca-Phosphat. A. T. H. Burness und A. D. Vizoso. (Biochim. biophysica Acta [Amsterdam] **49.** 225—28. 29. April 1961. Carshalton, Surrey, Virus Res. Unit, Med. Res. Council Labor.) (Engl.)

Aus Krebs-2-Ascitestumor bereitete, an Ca-Phosphatkolonne chromatographierte u. mit einem Phosphatpuffer (pH 6,8) eluierte *Ribonucleinsäuren* (RNS) konnten je nach ihrer Mol.-Größe in einfacher Weise aufgetrennt werden. Schwankungen der Temp., der Viscosität, der Dichte, der Lsg., die Ggw. von Verunreinigungen von höherem Molgew., der Zustand u. der RNS waren ohne Einfluß. Die Ggw. von Desoxyribonucleinsäure als Verunreinigung beeinflußte das chromatograph. Verh. der RNS. L. MACHER. 4150□

Die Ribonucleinsäuren der thermophilen und mesophilen Kulturen von Saccharomyces cerevisiae, Rasse XII. T. N. Jewreinowa, I. W. Martschenko und L. G. Loginowa. (Микробиология [Mikrobiologie] **30.** 453—56. Mai/Juni 1961. Moskau, Lomonossow-Univ.) (Russ.; Auszug: Engl.)

Es wurden thermophile u. mesophile Stämme von *Saccharomyces cerevisiae* bei 39—40 u. 28—30° untersucht. Eine Temp.-Erhöhung ist von einer Abnahme des Nucleinsäure-Geh. um 20,5%, des Eiweiß-Geh. um 25% u. des Zell-Gew. um 43% begleitet. Die Ribonucleinsäuren sowohl der thermophilen als auch der mesophilen Kulturen gehören zum Typ A + U, bei dem die Summe der Adenyl- u. Uridylsäuren die Summe der Guanyl- u. Cytidylsäuren übertrifft. Bei den thermophilen Kulturen ist der Anteil der Cytidylsäure im Mononucleotidbestand der RNS etwas höher u. von Adenylsäure etwas niedriger als bei den mesophilen Formen. Die organ. N-Verbb. der Hefen sind hauptsächlich hochmol. Verbindungen. K. SATTLER. 4150□

Über eine allgemeine Beziehung zwischen der Umsatzrate der Ribonucleinsäure und des Eiweißes im Organismus von Maus und Ratte. Brigitte Schultze, Wolfgang Oehlert und Werner Maurer. (Biochim. biophysica Acta [Amsterdam] **49.** 35—46. 29/4. 1961. Köln, Univ., Inst. für Med. Isotopenforsch.) (Dt.)

Eine autoradiograph. Unters. der Organe von weißen Mäusen u. WISTAR-Ratten mit *^{3}H-Cytidin* u. *^{3}H-Uridin* ergibt, daß die beiden Nucleoside das gleiche Inkorporationsschema aufweisen wie markierte Aminosäuren (*^{3}H-Leucin*, *^{14}C-Lysin*, *^{35}S-Aminosäuren*). Der *Ribonucleinsäure* (I)-Umsatz ist demnach dem Eiweißumsatz proportional. Nur Niere, Pankreas u. Gehirn bilden eine Ausnahme. Im Gehirn liegt vermutlich eine Blut–Hirn-Schranke für Cytidin u. Uridin vor. Für alle Gewebe u. Zellen der Ratte dürfte der Eiweißumsatz der ganzen Zelle ca. 22—30mal größer sein als ihr I-Umsatz. Im Kern werden Eiweiß u. I in der gleichen Größenordnung gebildet. Eine Parallele besteht zwischen der Menge u. dem Umsatz einer Zelle an I. Die mittlere Lebensdauer der I sollte daher in allen Geweben u. Zellen einen annähernd gleichen Wert haben.

L. MACHER. 4150□

Untersuchungen über die Nucleotid-Sequenzen in Ribonucleinsäuren. 1. Mitt. **Trennung der Oligonucleotide an DEAE-Cellulose.** Matthys Staehelin. (Biochim. biophysica Acta [Amsterdam] **49.** 11—19. 28/4. 1961. Basel, Univ., Physiol.-Chem. Labor.) (Engl.)

An DEAE-Cellulose wurde durch lineare Gradientenelution mit NH_4HCO_3-Puffer (pH 8,6) eine Mischung von *Cytidin-*, *Uridin-*, *Adenosin-*, *Guanosinmonophosphat*, *Cytidin-*, *Uridin-*, *Adenosin-*, *Guanosindiphosphat*, *Cytidin-*, *Uridin-*, *Adenosin-* u. *Guanosintriphosphat* getrennt. Aus alkal. behandelter *Hefe-Nucleinsäure* (I) wurden isoliert: *Cytidin-*, *Uridin-*, *Adenosin-*, *Guanosin-2'-monophosphat*, *Cytidin-*, *Uridin-*, *Adenosin-* u. *Guanosin-3'-monophosphat*. Mit Pankreasribonuclease behandelte niedermol. I wurde in *Uridylsäure* u. *Pseudouridylsäure* getrennt. Aus mit Pankreasribonuclease behandelter I wurden in gleicher Weise folgende Oligonucleotide aus den Basen Adenosin (A), Cytidin (C), Uridin (U) u. Guanosin (G) getrennt u. durch UV-Spektrum, Papierelektrophorese, -chromatographie nach Hydrolyse identifiziert: C, U, AC, AU, GC, CU + AAC, AAU, GAC, AGC, GAU, AGU, GGC, GGU. Die unterschiedlichen Stabilitätsbedingungen (pH, Salz-Konzz., andere Cellulose-Präpp.) bei den Oligonucleotiden wurden eingehend untersucht.

L. MACHER. 4150□

Untersuchungen über die Nucleotid-Sequenzen in Ribonucleinsäuren. 2. Mitt. **Spektroskopische Eigenschaften von Oligoribonucleotiden.** Matthys Staehelin. (Biochim. biophysica Acta [Amsterdam] **49.** 20—26. 29/4. 1961.) (Engl.) — 1. vgl. vorst. Referat.

Einige opt. Eigg. sowie chromatograph. u. elektrophoret. Beweglichkeiten nachst. Di- u. Trinucleotide der Ribonucleinsäuren nach der Nomenklatur von MARKHAM u. SMITH (vgl. C. **1955.** 2918) werden beschrieben: ApC, ApU, GpC, GpU, ApApC, ApApU, GpApC, ApGpC, GpApU, ApGpU, GpGpC, GpGpU. Oligonucleotide, deren Endphosphatgruppe entfernt wurde, wurden hergestellt u. chromatograph. mittels DEAE-Cellulose getrennt. Die Hydrolyse mit einer Diesterase des Schlangengiftes bewirkte ein Ansteigen der Absorption bei 260 mμ in allen Di- u. Trinucleotiden. Den höchsten Anstieg zeigten Trinucleotide, die zwei Adeninreste enthielten. Die Bande des Spektrums wechselt je nach den hydrolyt. auftretenden Basen bzgl. Intensitäten u. Wellenlängen. Die Größe des Hyperchromieeffekts bei 260 mμ diente zur Berechnung des mol. Extinktions-Koeff. der intakten Oligonucleotide.

L. MACHER. 4150□

Untersuchungen über die Nucleotid-Sequenzen in Ribonucleinsäuren. 3. Mitt. **Die Anteile an Oligonucleotiden in Pankreas-Ribonuclease-Auszügen.** Matthys Staehelin. (Biochim. biophysica Acta [Amsterdam] **49.** 27—35. 29/4. 1961.) (Engl.) — 2. vgl. vorst. Referat.

Die Anteile an Mono-, Di- u. Trinucleotiden verschiedener *Ribonucleinsäuren* (I; von Hefe, Tabakmosaikvirus, gelbem Rübenmosaikvirus) in Pankreas-*Ribonuclease*-Auszügen wurden verglichen mit den Werten, die von einer zufälligen Verteilung dieser Basen erwartet werden. Es wurde gefunden, daß in allen geprüften I die Nucleotidanteile (Cp, Up, ApCp, ApUp, GpCp, GpUp, ApApCp, ApApUp, GpApCp, ApGpCp, GpApUp) unterschiedlich waren. In Hefe u. im Tabakmaosaikvirus, in denen einige isomere Trinucleotide vorkamen, bestanden beträchtliche Differenzen. Auch in der I vom gelben Rübenmosaikvirus war der Geh. an verschiedenen Dinucleotiden sehr unterschiedlich. Diese Befunde weisen darauf hin, daß in I die Nucleotide in spezif. Weise angeordnet sind, wobei einige Sequenzen öfters vorkommen als andere.

L. MACHER. 4150□

Die Verteilung und Vermehrung der Desoxyribonucleinsäure in Thymin-Mangel-Stämmen von Escherichia coli. Frederick Forro jun. und Stephen A. Wertheimer. (Biochim. biophysica Acta [Amsterdam] **40.** 9—21. 6/5. 1960. New Haven, Conn., Yale Univ., Biophysics Dep.) (Engl.)

Zwei *Thymin*-Mangelstämme von *E. coli*, 15 T^- u. B-3, wurden auf ^3H-Thymidinhaltigem Medium gezüchtet. Die mittels Autoradiographie erhaltene Verteilung des ^3H war sehr heterogen. War der 15T^--Stamm dem ^3H kürzer als eine Zellteilungsperiode ausgesetzt, so konnten zwei große *Desoxyribonucleinsäure*-haltige Strukturen erfaßt werden, die sich bei der Zellteilung trennen, die intakt über mehrere Zellteilungen weitergegeben werden können, aber für die die Wahrscheinlichkeit einer Fragmentation bei der Zellteilung ebenfalls besteht. M. WIEDEMANN. 4150□

Uracil- und 5-Fluoruracil-Stoffwechsel in Pharmaca-empfindlichen und Pharmaca-resistenten Bakterien. R. W. Brockman, Joan M. Davis und Patricia Stutts. (Biochim. biophysica Acta [Amsterdam] **40.** 22—32. 6/5. 1960. Birmingham, Southern Res. Inst., Kettering-Meyer-Labor.) (Engl.)

Aus gegenüber Wachstumshemmung durch *5-Fluoruracil* (I) resistenten wie empfindlichen *E. coli* wurden Enzym-Präpp. hergestellt. Die ersten konnten die Rkk. von *Uracil* u. I mit *5-Phosphoribosyl-1-pyrophosphat* nicht katalysieren, die letzten dagegen schon. Die Resistenz beruht also auf der Unfähigkeit, aus den entsprechenden Basen „falsche" (ungewöhnliche) *Ribonucleotide* zu synthetisieren. M. WIEDEMANN. 4150□

Die Wirkung von 6-Azauracil auf Zellen und subcelluläre Präparate von Escherichia coli. Nozomu Otsuji und Yasuyuki Takagi. (J. Biochemistry [Tokyo] **46.** 791—98. Juni 1959. Osaka, Osaka Univ., Med. School, Dep. of Biochem. and Fac. of Sci., Dep. of Biol.) (Engl.)

6-Azauracil (I) hemmt im Salz–Glucose-Medium das Wachstum von *Escherichia coli*. 30 Min. nach I-Zugabe fand keine *Desoxyribonucleinsäure*-Synth. mehr statt. Die Geh. an *Ribonucleinsäure* u. *Protein* nahmen in normalem Maße zu. Die Tryptophanaseinduktion wurde bei intakten Zellen durch I nicht beeinflußt, in subcellulären Präpp. tritt jedoch starke Hemmung ein. Zusatz von 10 μg I/ml bewirkte Erhöhung der *N-Acetylaminozuckerester* (II). *6-Mercaptopurin* zeigte ähnliche Wachstumshemmung wie I, bewirkte jedoch nicht Anhäufung von II. W. HILLER. 4150□

Zellen in vitro. H. Lettré. (Studium generale [Heidelberg] **12.** 216—21. 1959. Heidelberg, Univ., Inst. für exp. Krebsforsch.) (Dt.)

Allg. Ausführungen. — Es werden besprochen: Gewebezüchtung oder Explantation. Methodik der Gewebezüchtung. Gewebezüchtung u. Zellbegriff. H. KOCKERT. 4150□

Ist der intracelluläre Natriumgehalt ein Geschlechtsmerkmal bei der Ratte? J.-F. Cier und C. Maulard. (C. R. Séances Soc. Biol. Filiales **155.** 1654—56. 1961. Lyon, Fac. de Méd., Inst. de Physiol.) (Franz.)

Der intracelluläre *Na*-Geh. ist höher bei ♀ als bei ♂ Ratten. Bei 38 ♂ u. 28 ♀ Ratten wird das extracelluläre Fl.-Vol. durch Thiocyanat, i.v., ebenso wie der intra- u. extracelluläre Na- u. *K*-Geh. bestimmt. Die gefundenen Werte, auf 100 g Körper-Gew. bezogen, sind ident. für ♂ u. ♀ Tiere, mit Ausnahme des intracellulären Na-Geh., der bei ♀ Tieren deutlich erhöht ist. Der sexuelle Cyclus u. damit der Einfl. der Sexualhormone auf die zu bestimmenden Werte wurde nicht berücksichtigt. Der erhöhte intracelluläre Na-Geh. scheint auf hormonellen Faktoren zu beruhen, welche eine bessere intracelluläre Na-Toleranz verursachen. Diese Erscheinung dürfte von Bedeutung für die Physiopathologie des arteriellen Hochdrucks u. der Nierenerkrankungen sein, welche ebenfalls eine gewisse geschlechtliche Abhängigkeit zeigen u. mit Na-Verschiebungen in Richtung der Zellen verbunden sind. M. BLASCHETTE-HUTTINGER. 4150□

Wachstumsstudien mit einem Gewebekulturmedium, das Oxalacetat als CO_2-Quelle enthält. Zeinab Maged, Brigitte Rost und Ewald Edlinger. (Acta biol. med. german. **7.** 371—77. 1961. Berlin, Humboldt-Univ., Inst. für Virolog.) (Engl.)

Es wurde untersucht, wie HeLa- u. L-Zellen wachsen, wenn man im Nährmedium Bicarbonat durch *Oxalacetat* ersetzt. Die Wachstums-Geschw. war im neuen Medium etwa gleich. Bei den ersten Passagen zeigten sich morpholog. Abnormitäten, die später aber wieder verschwanden. Im neuen Medium wuchsen die Zellen besser an der Glaswand an u. überlebten besser. Auf die großen prakt. Vorteile des neuen Mediums wird hingewiesen. U. HINTERBERGER. 4150□

Einige Einflüsse der enzymatischen Verdauung von fixierten Gewebekulturen der Affenniere auf ihre Anfärbung. George R. Dubes, Margaret Chapin und Italo Archetti. (Proc. Soc. exp. Biol. Med. **101.** 548—53. Juli 1959. Kansas City, Kans., Univ. of Kansas, School of Med., Dep. of Pediatr. and Hixon Mem. Labor.) (Engl.)

Bei Behandlung von mit Formalin fixierten Nierengewebekulturen von Affen mit *Chymotrypsin* (I) oder *Ribonuclease* (II) nimmt die Affinität des Cytoplasmas zu Pyronin (III) u. Thionin (IV) stark ab. Dies wird durch gleichzeitige Verw. von I u. II noch verstärkt. — Behandlung von ähnlichen Präpp. mit Desoxyribonuclease führt zu Abnahme der Affinität zu III u. IV in den Zellkernen. A. HESSE. 4150□

Die Metallchelatreaktion des Enterochromaffins. R. D. Lillie. (J. Histochem. Cytochem. [Baltimore] **9.** 44—48. Jan. 1961. Bethesda, Md., Nat. Inst. of Health, NIAMD, Labor. of Pathol. and Histochem.) (Engl.)

Enterochromaffin ist in der Lage, bei pH 3,5—5,0 *Fe^{2+}-Ionen* langsam zu binden, die bei pH 1—2,5 wieder abgegeben werden. An Hand von Modellexperimenten werden die Ergebnisse diskutiert. H.-G. TRÜPER. 4150□

Vorläufige Mitteilung über eine Methode zum cytochemischen Nachweis der Bernsteinsäuredehydrogenase in menschlichen Leukocyten. E. J. de Souza und S. N. Kothare. (Current Sci. **26.** 355. Nov. 1957. Bombay, T. N. Med. Coll., Dep. of Anat.) (Engl.)

Heparinisierte u. nichtheparinisierte Blutproben wurden mit einem p-Nitrophenyl-substituierten Ditetrazol (Nitro BT) inkubiert u. mit Safranin O gegengefärbt. Die *Bernsteinsäuredehydrogenase*-Aktivität in polymorphonuclearen Zellen ist durch Bldg. des blauen Formazans nachweisbar. H.-G. TRÜPER. 4150□

Vorläufige Mitteilung über den cytochemischen Nachweis der Bernsteinsäuredehydrogenase-Verteilung in menschlichen Spermatozoen. S. N. Kothare und E. J. de Souza. (Current Sci. **26.** 355. Nov. 1957. Bombay, Topiwala Nat. Med. Coll., Dep. of Anat.) (Engl.)

Nach Inkubation mit p-Nitrophenyl-substituiertem Ditetrazol wurden die Spermatozoen in A. fixiert u. mit Safranin O gegengefärbt. Die *Bernsteinsäuredehydrogenase* war in Form blauer Formazangranula im Spermatozoenmittelteil in großer Menge u. im Kopf spärlich nachweisbar. Abnorme Spermatozoen zeigten veränderte Verteilungsmuster. H.-G. TRÜPER. 4150□

Weitere Untersuchungen über die unvollständige Carcinogenese. Triäthylenmelamin, 1.2-Benzanthracen und β-Propiolacton als Indicatoren der Hauttumorbildung bei der Maus. F. J. C. Roe und M. H. Salaman. (Brit. J. Cancer **9.** 177—203. März 1955. London, Hosp. Med. Coll., Cancer Res. Dep.) (Engl.) — Vgl. Brit. J. Cancer **8.** [1954.] 666.

Vff. untersuchten *N-Lost, Myleran, Triäthylenmelamin* (**I**), *Aminopterin, Colchicin, Cumarin, Hydrochinon, Podophyllin, Na-Kakodylat, Carbromal, Chloralhydrat, Chlorbutal, Methylsulfonal, Paraldehyd, Phenobarbiton, o-Phenanthrolin, Physostygmin, Benzocain, Ameisensäureäthylester, Äthyl-N-methylcarbamat* (**II**), *Äthyl-N-octadecylcarbamat, Äthyl-N-phenylcarbamat* (**III**), *Äthylthiocarbamat, Glycinäthylester, 1.2-Benzanthracen* (**IV**), *Cantharidin, Indol, β-Propiolacton* (**V**) auf ihre cancerogene Wirksamkeit bei Albinomäusen. Als starke Initiatoren bei Crotonölnachbehandlung erwiesen sich I, **IV** u. **V**. **I**, **IV** u. **V** waren aber selbst nicht carcinogen. Dasselbe galt für die schwach initiierenden Verbb. **II** u. **III**. Nach ein- oder 2maliger Applikation ergaben **I**, **II** u. **III** keine histolog. erkennbaren Hautveränderungen; die **V**-Wrkg. variierte hier von geringfügig bis mäßig. W. KNOBLOCH. 4160

Lebertumore bei mit Ponceau 3 R gefütterten Ratten. H. C. Grice, W. A. Mannell und M. G. Allmark. (Toxicol. appl. Pharmacol. **3.** 509—20. Sept. 1961. Ottawa, Canada, Dep. of Nat. Health and Welfare, Food and Drug Labor.) (Engl.)

Bei Konzz. von 0,3, 1,0 u. 3,0% *Ponceau 3 R* (**I**) u. bei einer Diätdauer von 65 Wochen konnte bei ♀ Ratten eine Gew.-Abnahme, bei ♂ keine besondere Gew.-Veränderung festgestellt werden. Lebercarcinom trat nur bei einer Ratte bei 3% **I** nach einer Testdauer von 44 Wochen auf. Nach Beendigung der Verss. hatten sieben Tiere bei 3,0% **I** u. zwei bei 1,0% **I** maligne Lebertumore. Die überwiegende Mehrheit der Vers.-Tiere wies Leberschäden in verschiedenem Ausmaß auf. Nach Red. von **I** wurden erhalten: 0,2% *Toluidine*, 24,7% *1-Amino-2.4-*, 0,1% *1-Amino-2.6-*, 0,2% *1-Amino-2.3-* + *1-Amino-3.4-*, 0,2% *1-Amino-2.5-dimethylbenzol*, 0,2% *1-* u. *2-Aminoäthylbenzol*, 19,3% *Amine von m-*, 6,5% solche von *p-* u. 4,0% solche von *o-Äthyltoluol*, 3,1% *Mesidin*, 4,1% *3-Amino-1.2.4-*, 18,1% *5-Amino-1.2.4-*, 10,0% *6-Amino-1.2.4-*, 5,2% *1-Amino-2.3.4-*, 1,2% *1-Amino-3.4.5-trimethylbenzol*, 2,9% nicht identifizierte Amine. L. MACHER. 4160□

Einfluß von Fettsäuren auf die Carcinogenese. 3. Mitt. **Einfluß von Linolensäureäthylester auf die durch 2-Acetylaminofluoren induzierte Carcinogenese.** Tilo Schramm. (Acta biol. med. german. **7.** 75—86. 1961. Berlin, Dt. Akad. der Wiss. zu Berlin, Inst. für Med. u. Biol., Berlin-Buch, Arbeitsbereich Biol.) (Dt.) — 2. vgl. C. **1961.** 18352.

An weibliche Albinoratten wurde in einer Gruppe *2-Acetylaminofluoren* (**I**) u. in einer zweiten Gruppe I u. *Linolensäureäthylester* (**II**) über 200 Tage verfüttert. Der häufigste patholog. Befund waren cirrhot. Leberveränderungen, die bei vielen Tieren zum Tode führten. In der Gruppe, die auch **II** erhielt, sind Lebercirrhosen, Ohr- u. Lebertumore seltener, das Leber-Gew. ist niedriger als in der Gruppe, die nur **I** erhielt.

Allg. ist die Tumorrate ziemlich gering, wobei berücksichtigt werden muß, daß durch den frühzeitigen Tod durch Lebercirrhose, die Latenzzeit für die Tumorentstehung nicht erreicht wurde. Harnblasentumore wurden nicht beobachtet. U. HINTERBERGER. 4160□

Die biologische Aktivität und Synthese der Gelée Royale-Säure. Robert Robinson. (Croat. chem. Acta **32.** 119—22. 1960.) (Engl.)

Übersicht über Synth. u. Wirkungsweisen aus eigenen u. anderen Arbeiten. Die von TOWNSEND u. Mitarbeitern (vgl. C. **1959.** 16360) angegebenen Hemmwrkg. von *Gelée Royale* auf die Entw. transplantierbarer Leukämie u. die dreier Ascitestumorarten bei der Maus werden als Folge der Wrkg. von *trans-10-Hydroxydecen-(2)-onsäure* (I) als akt. Komponente des Gelée Royale angesehen. Da die Wrkg. von I nur bei vorheriger Inkubation der zu transplantierenden Zellen faßbar wird, ist an eine physikal. oder pseudophysikal. Wrkg. zu denken, bei welcher die Bldg. von Polyestern, die einfach oder makromol. sein können u. deren Adhäsion oder Kombination mit der Zelloberfläche bis zum Verschluß der Zellporen u. dadurch erfolgten Nahrungsentzug der Zelle denkbar wäre. U. TAUSENDFREUND. 4160□

Wirkung von Hepatocarcinogenen auf die p-Phenylendiaminoxydase- und Xanthindehydrogenase-Aktivität des Rattenserums. W. J. P. Neish. (Experientia [Basel] **15.** 20—21. 15/1. 1959. Sheffield, Univ., Cancer Res. Unit.) (Engl.)

Intraperitoneale Injektion von *Gerbsäure* (I; 5 mg/kg), *DL-Äthionin* (11,3 mg), *CCl_4* (0,1 ml, aber nicht 0,02 ml) u. *Chlorpromazin-HCl* (12,3 mg, aber nicht 2,5 mg) führt bei Ratten zu einer Abnahme der *p-Phenylendiaminoxydase* (II)-Aktivität im Serum. Demgegenüber erweisen sich DL-Methionin (10,3 mg/kg), Thioacetamid (III; 5,2 mg) u. p-Äthoxyphenylharnstoff (12,5 mg) als wirkungslos. Parallel mit der II-Abnahme geht nach I u. CCl_4 eine Abnahme des *Cu*-Geh. im Serum. I, CCl_4 u. III bewirken einen Anstieg der *Xanthindehydrogenase*-Aktivität des Serums. R. REISS. 4160□

Korrelation zwischen der p-Phenylendiaminoxydase-Aktivität und dem Kupfergehalt des Rattenserums. W. J. P. Neish. (Experientia [Basel] **15.** 21—22. 15/1. 1959. Sheffield, Univ., Cancer Res. Unit.) (Engl.) — Vgl. vorst. Referat.

Vf. zeigt, daß das Ausmaß des z. B. durch *Hepatocarcinogene* bewirkten Abfalls der *p-Phenylendiaminoxydase*-Aktivität im Rattenserum der Abnahme des *Cu*-Geh. im Serum streng parallel geht. Die gleiche Korrelation findet sich bei einer Reihe von nicht oder mit Röntgenstrahlen behandelten Patienten mit Krebs. R. REISS. 4160□

Über primäre Wirkungen von Dimethylaminoazobenzol auf den Pyridinnucleotidstoffwechsel der Leber. W. Kunz. (Naunyn-Schmiedebergs Arch. exp. Pathol. Pharmakol. **238.** 52—54. 1960. Marburg/Lahn.) (Dt.)

Schon nach Aufnahme relativ geringer Mengen von *Dimethylaminoazobenzol* (I) wurde bei Maus u. Ratte eine statist. sichere Abnahme von *red. Nicotinamidadenin-nucleotid* (II) u. red. II-*Phosphat* gefunden, während die oxydierten Formen beider Nucleotide zu diesem Zeitpunkt unverändert oder nur wenig verändert waren. Durch diese unterschiedliche Beeinflussung von oxydierten u. red. Nucleotiden waren die Redoxquotienten, bes. der Quotient II-Phosphat/red. II-Phosphat, in frühen Stadien der I-Wrkg. signifikant erhöht. Bei der Leberzelle scheinen ähnliche zellphysiolog. Zusammenhänge zwischen Pyridinnucleotidstoffwechsel u. Zellvermehrung zu bestehen wie bei Hefezellen. Es ist anzunehmen, daß die carcinogenen Azofarbstoffe direkt in diese Mechanismen eingreifen. *Dimethylnitrosamin* u. *Aminoazotoluol* wirken wie I. F. O. W. MEYER. 4160□

Sulfhydryl-Spiegel der Mäusehaut während der Behandlung mit Oleinsäure. G. Calcutt. (Naturwissenschaften **48.** 672—73. 1. Nov.-H. 1961. Northwood, England, Middlesex, Mount Vernon Hosp. and the Radium Inst., Dep. of Cancer Res.) (Engl.)

Ausgangspunkt ist die Hypothese, daß eine dauernde Erhöhung des Gewebesulfhydrylspiegels ein notwendiger Schritt der Carcinogenese ist. Eine einmalige *7.12-Dimethylbenzanthracen* (I)-Applikation erzeugt nur eine vorübergehende Erhöhung des *SH*-Spiegels in der Mäusehaut. Dieser bleibt jedoch bei Applikation von *Crotonöl* (1%ig. in Aceton, 2mal wöchentlich) sowohl mit als auch ohne I-Vorbehandlung über mehrere Wochen bestehen. Mit *Oleinsäure* gelang ebenfalls Erhöhung des SH-Spiegels, jedoch bleibt die Frage nach der Bedeutung dieser Wrkg. für den Prozeß der Carcinogenese noch offen. W. GUTSCHE. 4160□

Elektrophoretische Untersuchung der Plasmaeiweiße beim experimentellen Krebs. L. N. Kuzmenko, M. D. Podiltschak und D. A. Makar. (Acta biol. med. german. **5.** 398—408. 1960. Lwow, Med. Inst., Lehrstuhl für Chirurg.) (Russ.)

Nach intratestikulärer Impfung von Kaninchen mit dem BROWN-PEARCE-Carcinom fällt der Gesamteiweißspiegel des Plasmas in späteren Stadien ab. Nachdem zunächst die *Globuline* auf Kosten der *Albumine* zugenommen hatten, verminderten sie sich später merklich. Es wurde eine Zunahme der α_1-Globuline bei gleichzeitiger Abnahme der

α_2-Globuline beobachtet. Bei i.m. Verimpfung des Tumors finden sich gleiche Veränderungen, die aber entsprechend dem langsameren Wachstum des Carcinoms langsamer vor sich gehen. Zeigen die Tumore nach subkutaner Verimpfung eine spontane Regression, so finden sich keine Veränderungen im Gesamteiweißspiegel des Plasmas.

U. HINTERBERGER. 4160□

Gegenwart von N-Methylmetadrenalin in menschlichem Urin und Tumorgewebe von Phäochromocytom. Chuichi Itoh, Kaoru Yoshinaga, Tatsuo Sato, Nozomu Ishida und Yasuo Wada. (Nature [London] **193.** 477—78. 3/2. 1962. Sendai, Tohoku Univ., School of Med., Dep. of Int. Med.) (Engl.)

In menschlichem Urin läßt sich neben *Metadrenalin* (I) papierchromatograph. *N-Methylmetadrenalin* (II) nachweisen. Die pro Tag ausgeschiedene II-Menge beträgt höchstens 40 γ, das Verhältnis **II : I** 1 : 10 bis 1 : 20. Bei 2 von 3 Patienten mit Phäochromocytom wird eine erhöhte II-Ausscheidung beobachtet; im homogenisierten Gewebe dieses Tumors läßt sich ebenfalls **II** nachweisen. Vff. nehmen einen Stoffwechselweg Adrenalin → N-Methyladrenalin → **II** beim Menschen an. H.-J. KOCH/Berlin. 4160□

Aktivität der Serumadenosindesaminase bei Krebs. Morton K. Schwartz und Oscar Bodansky. (Proc. Soc. exp. Biol. Med. **101.** 560—62. Juli 1959. New York City, N.Y., Sloan-Kettering Inst. for Cancer Res., Div. of Metabolism and Enzyme Stud.) (Engl.)

Bei 15% von 55 Patienten mit nachgewiesenem Carcinom war die Aktivität der *Adenosindesaminase* des Serums erhöht. Die Größe dieser Zunahme ist proportional dem Wachstum des Tumors u. dem klin. Zustand des Patienten. Diese Ergebnisse sind den mit anderen Enzymen erhaltenen Ergebnissen ähnlich. A. HESSE. 4160□

Über einige Stoffwechseleigenschaften der durch das BB-T₂-Polyoma-Virus bei Ratte und Hamster induzierten Tumoren. E. J. Schneider und A. Graffi. (Acta biol. med. german. [Berlin] **7.** 62—74. 1961. Berlin, Dt. Akad. der Wiss. zu Berlin, Inst. für Med. u. Biol., Berlin-Buch, Arbeitsbereich Biol.) (Dt.)

Es wurde der Energiestoffwechsel an Schnitten von prim. u. transplantierten Geschwülsten untersucht, die durch das *BB-T_2-Polyoma-Virus* bei Ratten, Mäusen u. Goldhamstern hervorgerufen worden waren u. mit anderen Impftumoren (z. B. WALKER-Carcinom) u. normalem Gewebe verglichen. Mit Glucose als Substrat ist die Atmung niedriger als bei normalem Gewebe u. in der Größe etwa gleich der der herkömmlichen Impftumore. Die Unterschiede werden noch deutlicher, wenn man die Werte auf den Desoxyribonucleinsäure (DNS)-Geh. statt auf das Trockengew. bezieht. Die Atmung macht dann nur noch 17—30% der des normalen Gewebes aus. Mit Bernsteinsäure als Substrat sind die Unterschiede noch größer. Die anaerobe Glykolyse ist 5—12mal größer als in normalem Gewebe. Im Laufe weiterer Transplantationen steigt sie nicht weiter an. Bei Bezug auf Trockengew. liegen die Werte um 30—40% unter denen der herkömmlichen Impftumore. Bezieht man auf DNS, so erhält man kleinere Glykolysewerte, die aber immer noch 3—4mal höher als normal liegen. Die Geschwülste zeigen eine aerobe Glykolyse, die meist parallel zum Malignitätsgrad geht. Die Werte sind aber niedriger als bei den anderen Impftumoren. Die BB-T_2-Polyoma-Virusgeschwülste zeigen also den Stoffwechseltyp der malignen Gewebe. Das Verhältnis von Trockengew. zu DNS ist bei diesen Tumoren 2—3mal kleiner als bei normalem Gewebe.

U. HINTERBERGER. 4160□

Die Wirkung von Pyridoxin-Mangel auf Mäusesarkom 180. Enrico Mihich und Charles A. Nichol. (Cancer Res. **19.** 279—84. April 1959. Buffalo, N.Y., Roswell Park Mem. Inst., Dep. of Exp. Therap.) (Engl.) — Vgl. C. **1960.** 17141; C. **1961.** 13211.

Pyridoxin (I)-Mangel führte beim festen Mäusesarkom 180 zu einer bemerkenswerten Hemmung des Wachstums, wobei die Hemmung sehr davon abhing, ob die Tiere längere oder nur kürzere Zeit vor der Tumorimplantation mit I-Mangeldiät gefüttert wurden. I-, *Pyridoxal-* oder *Pyridoxamin*-Gaben verhinderten, wenn sie den mit I-Mangeldiät gefütterten Mäusen am Tage der Tumorimplantation verabreicht wurden, sowohl die Hemmung als auch die Regression des Tumors. R. HEINRICH. 4160□

E₂. Enzymologie. Gärung

Ein Überblick über die Entwicklung der Enzymkinetik. John Graae. (Tidsskr. Kjemi, Bergves. Metallurgi **21.** 108—11. 31/5. 1961. Blindern, Johan Throne Holst's Inst. for Ernaeringsforsk.) (Norw.)

Übersicht über die Geschichte der Enzymkinetik, bes. über die Zeit vor *1913*. — 17 Literaturangaben. K. ZINGRAF. 4200□

Ein neues universelles Puffersystem. D. A. Ellis. (Nature [London] **191.** 1099 bis 1100. 9/9. 1961. Leeds, Univ., Dep. of Biochem.) (Engl.)

Eine Universalpuffer-Lsg., bestehend aus je 0,1 Mol *Na_2CO_3*, *2-Amino-2-methyl-propandiol-(1.3)*, *NaH_2PO_4* u. *Citronensäure*, getrennt in je 250 ml W. gelöst u. in obiger Reihenfolge vermischt, zeigt zwischen pH 2 u. 12 eine fast lineare konst. Pufferkapazität (Kurve). Die Lsg. ist für enzymat. Unterss. bei stark variierenden pH-Werten geeignet.

G. KIRSTEN. 4200 □

Aktivität von Cytochromoxydase und von Bernsteinsäureoxydase im Kiemenknorpel von Limulus. Philip Person und Albert Fine. (Arch. Biochem. Biophysics **84.** 123—33. Sept. 1959. Brooklyn, N.Y., Veterans Admin. Hosp., Special Dental Res. Program; Woods Hole, Mass., Marine Biol. Labor.) (Engl.)

Homogenate aus Kiemenknorpeln von jungen Exemplaren von *Limulus polyphemus* (Königskrabbe) vermögen *red. Cytochrom c* (**I**) zu oxydieren; diese Beobachtung weist erstmals auf das Vork. einer *Cytochrom-c-Oxydase* (**II**) in den Knorpeln hin. **II** wird durch 10^{-4}m Cyanid oder Azid gehemmt. In Ggw. von zugesetztem **I** vermögen solche Homogenate auch die Oxydation von *Hydrochinon* via **II** zu vermitteln; hierbei wurden Q_{O_2}-Werte von 6—10 erhalten. — Anhaltspunkte für Ggw. einer gegen Malonat empfindlichen *Bernsteinsäuredehydrogenase* u. eines *Succinoxydase*-Komplexes in den Homogenaten wurden erhalten.

A. HESSE. 4210 □

Verbindung des Fermenthämins mit Peroxydase-Protein. Manfred Kiese und Hermann Kurz. (Biochem. Z. **332.** 11—17. 1959. Tübingen, Univ., Pharmakolog. Inst.) (Dt.; Auszug: Engl.)

Nachdem früher (C. **1959.** 7163) Verbb. von *Fermenthämin* (**I**) mit menschlichem Globin, Plasmaalbumin u. β_1-Globulin (**II**) beschrieben wurden, wurde jetzt **I** mit dem häminfreien Protein der *Meerrettich-Peroxydase* (**III**) kombiniert. Es entstand eine definierte Verb., die sich ähnlich verhielt, wie die Verbb. von **I** mit den früher verwendeten Proteinen. Die Absorptionsmaxima der Häm- (Porphyrin–Fe^{II}-Komplex-) Verb. u. der CO—Häm-Verb. lagen an der gleichen Stelle wie die der entsprechenden Verbb. mit **II**. Die Affinität von **I** zum **III**-Protein war stärker als zu den früher untersuchten Proteinen. 1 Mol. **I** wurde von 1 Mol. **III**-Protein gebunden. — Die **I**—**III**—Protein-Verb. hatte weder Cytochromoxydase- noch Katalase- oder **III**-Wirkung. Eine Verb. des Hämproteins mit H_2O_2 konnte opt. nicht nachgewiesen werden.

A. HESSE. 4210 □

2-Hydroxysäure-Dehydrogenase aus Lebermitochondrien. Günter Schäfer und Walther Lamprecht. (Hoppe-Seyler's Z. physiol. Chem. **326.** 259—87. 21/12. 1961. München, TH, Organ.-chem. Inst.; Univ., I. Medizin. Klinik.) (Dt.; Auszug: Engl.)

Aus Lebermitochondrien wurde eine *2-Hydroxysäurendehydrogenase* (**I**) isoliert u. ca. 55fach angereichert. Die Messung der **I**-Wrkg. erfolgt entweder manometr. mit *Glykolsäure* (**II**) als Substrat (unter Zusatz von Fluorid, Malonat oder Fluoracetat, in besonderen Fällen auch von CN^-, zur Hemmung von Neben-Rkk.) oder durch Inkubation mit **II**, *Glycerinsäure* (**III**) oder *Milchsäure* (**IV**) u. Best. der gebildeten Oxosäure [enzymat.-opt. mit Hilfe von red. Nicotinadenindinucleotid (NADH) u. Lactatdehydrogenase] oder im Indophenoltest oder im Cytochrom-c-Test oder im NADH–Indophenol-Test. — **I** oxydiert ohne Beteiligung von NAD die D- u. *L-2-Hydroxysäuren* (**V**) zu den entsprechenden Oxosäuren; besonders rasch werden **II** u. **III**, langsamer dagegen **IV** u. *2-Hydroxybuttersäure* umgesetzt. Äpfelsäure, Glycerin-1-phosphat, 3-Phospho-D-glycerat oder Aminosäuren werden nicht oxydiert. — Bei der Reinigung von **I** bleibt bei der einen Arbeitsweise das Umsatzverhältnis **II** : **III** : **IV** prakt. konst. (2 : 1 : 0,4), während es sich bei einer zweiten Arbeitsweise auf 1,45 : 1 : 0,12 ändert. — Das pH-Optimum liegt zwischen 7,5 u. 7,9. Aktivatoren wurden nicht gefunden. — **I** wird durch Atebrin gehemmt; diese Hemmung wird durch Flavinadenindinucleotid (FAD) aufgehoben. **I** ist ein Flavoprotein, FAD die prosthet. Gruppe. **I** ist nicht ident. mit D-Lactatoxydase. — **I** katalysiert die Elektronenübertragung von den Substraten unmittelbar auf den Luft-O_2; jedoch ist die Rk.-Geschw. mit Elektronenacceptoren wie 2.4-Dichlorphenol-indophenol oder Methylenblau erheblich größer. — Wahrscheinlich werden die Substratelektronen in intakten Mitochondrien an strukturierte Enzyme der Atmungskette geeigneten Potentials übertragen, worauf eine lückenlose Elektronenleitung bis zum O_2 erfolgt. — An Lebermitochondrien wird — nach Hemmung der Substratoxydation via Tricarbonsäurecyclus — eine verhältnismäßig hohe **II**- bzw. **III**-Atmung gefunden. Deren Ausmaß an der relativen Beteiligung bei der Gesamtatmung ist in der Leber vergleichbar mit der Glycerin-1-phosphatatmung; in Herzmitochondrien ist die **V**-Atmung gering. Lebermikrosomen enthalten keine **I**. — Vff. geben ein Schema für den möglichen Ablauf des H-Transports zwischen dem extra- u. dem intramitochondrialen Raum durch die Mitochondrienmembran hindurch, welches sie durch Modell-Verss. stützen.

A. HESSE. 4210 □

Enzymaktivitäten der Schlagadern von jungen und ausgewachsenen Rindern: Milchsäuredehydrogenase, Äpfelsäuredehydrogenase, Transaminase. P. Mandel und

E. Kempf. (C. R. Séances Soc. Biol. Filiales **154.** 791—94. 1960. Strasbourg, Hôp. Civil, Clin. chirurg. A, Labor. Leriche.) (Franz.)

Vff. stellten fest, daß die *Milchsäuredehydrogenase-* u. die *Äpfelsäuredehydrogenase-*Aktivitäten in den Aorten älterer Rinder niedriger liegen als in den Aorten junger Tiere; die *Transaminase-*Aktivität zeigt hingegen mit zunehmendem Alter keine Veränderungen. — Diese Ergebnisse zeigen, daß die Biosynth. bestimmter Proteine in der Innenwand der Aorta mit zunehmendem Alter nachläßt. H. KOCKERT. 4210□

α-Glycerophosphatdehydrogenase im menschlichen Serum. Peter Glogner. (Klin. Wschr. **39.** 573—75. 1/6. 1961. Zürich, Univ., Medizin. Poliklinik.) (Dt.)

Vf. weist nach, daß in Fällen akuter Leberkrankheiten im Serum des Patienten eine hohe *α-Glycerophosphatdehydrogenase* (I)-Aktivität gefunden wird. Für die klin. Diagnostik scheint allerdings die Best. der I-Aktivität keine Vorteile gegenüber den bisher üblichen Meth. zu bieten. A. GUDE. 4210□

Abhängigkeit der Aktivität der Leber-Tyrosinoxydase von verfüttertem Protein. Gerald Litwack, P. S. Ebert, S. Yankelowitz und M. Wight Taylor. (Enzymologia [Den Haag] **20.** 183—91. 31/3. 1959. New Brunswick, N.J., State Univ., Dep. of Agric. Biochem.) (Engl.; Auszug: Franz.)

Die in Ggw. überschüssiger Mengen von Pyridoxalphosphat, red. Glutathion u. Ascorbinsäure gemessene Wrkg. der *Tyrosinoxydase* (I; Rattenleber) wird nach 3tägigem Verfüttern einer nur 5% Protein (II) enthaltenden Nahrung gegenüber einer 30% II enthaltenden Nahrung erheblich herabgesetzt. Nach 7 Tagen mit geringem II-Geh. des Futters sind bereits 70% der I-Wrkg. verloren. Durch weiteres Verfüttern der 30% II enthaltenden Nahrung wird der I-Spiegel innerhalb von 48 Std. auf den ursprünglichen Wert zurückgebracht. — Vff. meinen, daß das Apoenzym der *Tyrosin-α-Ketoglutarsäure-Transaminase* (ähnlich wie das für Xanthinoxydase bekannt ist) sehr empfindlich gegen Zufuhr von exogenem II ist u. daß die Fähigkeit des Organismus zur Bldg. von α-Ketoglutarsäure nicht der begrenzende Faktor bei II-Mangel ist.
A. HESSE. 4210□

Reinigung und Charakterisierung der Diaminoxydase aus Erbsen. E. Werle, I. Trautschold und D. Aures. (Hoppe-Seyler's Z. physiol. Chem. **326.** 200—11. 21/12. 1961. München, Univ., Chirurg. Klinik, Klin.-chem. Inst.) (Dt.; Auszug: Engl.)

Im Anschluß an frühere Beobachtungen (C. **1960.** 6203) werden hochgereinigte Präpp. der *Diaminoxydase* [I; systemat. Name: *desaminierende Diamin:* O_2*-Oxydoreduktase* (*1.4.3.6*)] hergestellt. Die Anreicherung bis zu 20000 Einheiten/mg aus den Keimblättern von 6—10 Tage alten Erbsenkeimlingen (bzw. aus den ganzen Keimlingen) erfolgt durch Extraktion mit 20 ml $^1/_{15}$m Phosphatpuffer (je 10 g Keimlinge), Fällen mit A. + Chlf. (2:1; 30 ml auf 100 ml des auf pH 7,0 eingestellten Rohextrakts) oder besser (85% Ausbeute) durch Fällen mit 0,5n Essigsäure bei pH 5—6; Fällen von I aus dem klaren Zentrifugat durch 65%ig. Sättigung mit $(NH_4)_2SO_4$ u. 2malige Elution des Nd. mit 0,02m Phosphatpuffer; Dialyse; Adsorption an Kieselgur; fraktionierte Elution mittels 0,2m Phosphatpuffer pH 8,0. Die aktivsten Fraktionen sowie konz. I-Lsgg. sind rosarot gefärbt. — Vorgereinigte I-Lsgg. sind bei -10^0 monatelang unverändert haltbar, während Lsgg. mit höherer spezif. Aktivität rasch nahezu 50% der Wrkg. verlieren. Bei Lyophilisieren gehen 10% der Aktivität verloren; das Lyophilisat ist aber stabil. Bei 37° ist gereinigte I zwischen pH 3 u. 10 über 2 Std. völlig haltbar. Eine durch längeres Stehenlassen bei pH 10 inaktivierte I-Lsg. kann durch Neutralisation u. Zusatz von Pyridoxalphosphat nicht reaktiviert werden. — I ist gegen Trypsin oder Chymotrypsin bei pH 7 beständig. — Das pH-Optimum liegt für Cadaverin u. Histamin bei pH 7,0, für Tyramin bei pH 7,5 u. für Phenyläthylamin bei pH 8,0. — Zerlegung der I in Apoenzym u. Coenzym konnte nicht erreicht werden. — Metallkomplexbildner, wie 8-Hydroxychinolin, α.α'-Dipyridyl, Dithizon oder o-Phenanthrolin, wirken stark hemmend auf I, so daß I als Metalloenzym anzusprechen ist; eine Reaktivierung gelingt in einigen Fällen durch Zn^{2+}. — Die Bldg. der I in keimenden Erbsen geht offenbar vom Embryo aus. Ruhende u. frisch geerntete Erbsensamen enthalten keine I. A. HESSE. 4210□

Die schnelle Umkehrung der Äthioninhemmung der Enzyminduktion in Pseudomonas aeruginosa durch L- und D-Methionin. Frederick Bernheim. (Proc. Soc. exp. Biol. Med. **101.** 346—47. Juni 1959. Durham, N.C., Duke Univ. Med. Center, Dep. of Physiol. and Pharmacol.) (Engl.)

Der zur Enzyminduktion erforderliche Enzymaufbau wird bei *Pseudomonas aeruginosa* durch Zugabe von *Äthionin* (I) zu den gewaschenen Zellen gehemmt. Dieser Vorgang wird am Benzoesäure-oxydierenden Enzym-Syst. verfolgt. Die Hemmung der Enzyminduktion durch I kann durch *L-* oder *D-Methionin* schnell aufgehoben werden. Ähnlich wirkt p-Fluorphenylalanin. Weder Äthionin noch andere Aminosäuren zeigten irgendeine Wrkg. auf das bereits gebildete Enzymsystem. H.-G. TRÜPER. 4210□

Ein carboxylatives System zur Transhydrogenierung von Coenzymen in Leukocyten. Beziehungen zu Atmung und Glykolyse. M. Zatti und F. Rossi. (Ital. J. Biochem. **10.** 19—41. Jan./Febr. 1961. Padova, Univ., Ist. di Patol. Gen.) (Engl.)

Der oxydative u. glykolyt. Stoffwechsel polymorph-nuclearer Leukocyten (A) u. deren Atmung sowie Beziehungen zwischen der letzten u. der Glykolyse werden untersucht. Bei Inkubation von A aus menschlichem oder Meerschweinchenblut in einem Phosphatmedium (B) u. Absorption von CO_2 in KOH wird ein typ. CRABTREE-Effekt beobachtet, der durch *Dinitrophenol* verschwindet. Die Atmung in B ist mit u. ohne Ggw. von *Glucose* (**I**) *KCN*-empfindlich. Erfolgt die Inkubation in einem HCO_3^--CO_2-Medium, ist die Grundatmung noch KCN-empfindlich, nach **I**-Zusatz steigt jedoch der *O_2*-Verbrauch u. die Atmung wird abs. KCN-unempfindlich. Die A besitzen demnach einen oxydativen Mechanismus, der durch **I** in Ggw. von CO_2 ausgelöst wird. Unterss. des O_2-Verbrauchs u. der wichtigsten *Dehydrogenasen* (**II**) von A lassen vermuten, daß CO_2 eine Transhydrogenierung durch die carboxylative Synth. von *Malat* (**III**) aus *Pyruvat* (**IV**) u. *TPNH* sowie die anschließende Dehydrogenierung von **III** zu *Oxalacetat* (**V**) u. *DPN* ermöglicht. Durch Decarboxylierung u. Phosphorylierung kann sich aus **V** *Phosphoenolpyruvat* u. schließlich **IV** bilden. Der KCN-unempfindliche Mechanismus reoxydiert *DPNH*. DPNH wird jedoch nur dann in beträchtlichen Mengen durch Transhydrogenierung gebildet, wenn **I** die TPN-abhängigen **II** in Tätigkeit treten läßt u. gleichzeitig durch Glykolyse **IV** bereitstellt, das in Ggw. von CO_2 für TPNH als Elektronenacceptor wirkt. Die KCN-unempfindliche Atmung von A, die ohne CO_2 auf der direkten Oxydation von TPNH beruht, wird durch physiolog. CO_2- u. **I**-Konzz. durch eine KCN-unempfindliche Oxydation von DPNH abgelöst. G. KIRSTEN. 4210□

Die Rolle der Di- und Triphosphopyridinnucleotide bei der Oxydation von Isocitraten in den Mitochondrien. P. V. Vignais und P. M. Vignais. (Biochim. biophysica Acta [Amsterdam] **47.** 515—28. 4/3. 1961. Alger (Algerien), Fac. de Med. et de Pharm., Labor. de Chim. Biol.) (Franz.)

In den Mitochondrien der Niere, der Leber u. des Hirns von Ratten ist die Aktivität der *Triphosphopyridinnucleotiddehydrogenase* (**I**) des *Isocitrats* (**II**) 300-, 100- bzw. 3mal höher als die der *Diphosphopyridinnucleotiddehydrogenase* (**III**) des **II**. Die Aktivität der *Transhydrogenase* variiert im gleichen Sinne wie die der **I** u. in umgekehrtem Sinne wie **III**. Eine Zufuhr von *DPN* oder von *TPN* setzt die Oxydation des **II** in Gang, wenn diese vorübergehend an Pyridinnucleotiden erschöpft ist. *ATP* erhöht die Geschw. der durch DPN wiederhergestellten Atmung. Die Mitochondrien der Leber katalysieren die Synth. von TPN u. DPN in Ggw. von ATP. Die Geschw. der **II**-Oxydation in Ggw. von ATP u. DPN hängt teilweise von dem zusätzlich synthetisierten TPN ab. *AMP* u. *Orthophosphat* stimulieren die Aktivität der **III** von **II**. Hohe ATP-Konzz. wirken hierbei inhibierend, können jedoch durch *Mn^{2+}* diesen Einfl. verlieren. Die Mitochondrien der Leber u. Niere oxydieren **II** hauptsächlich auf folgendem Wege: **II** — TPN, red. TPN — DPN, red. DPN — O_2. In den Mitochondrien des Gehirns können sie auf zwei Wegen oxydiert werden: a) **II** — DPN, red. DPN — O_2; b) **II** — TPN, red. TPN — O_2.
L. MACHER. 4210□

Eine colorimetrische Bestimmungsmethode für lösliche Bernsteinsäuredehydrogenase und Pyridinnucleotid-gebundene Dehydrogenasen. H. Alan Ells. (Arch. Biochem. Biophysics **85.** 561—62. Dez. 1959. Oklahoma City, Okla., Oklahoma Med. Res. Found., Cardiovascular Sect.) (Engl.)

Eine neue Best.-Meth. für *Bernsteinsäuredehydrogenase* (**I**) u. *Milchsäuredehydrogenase* (**II**) wird auf der Beobachtung aufgebaut, daß *Phenazinmethosulfat* (**III**) den Elektronentransport zwischen red. Pyridinnucleotiden u. 2.6-Dichlorphenolindophenol (**IV**) koppelt. Das Rk.-Gemisch für **I** besteht aus: 0,05m K-Phosphat, 0,02m Natriumsuccinat, 0,01m KCN, $1{,}53\cdot10^{-5}$m **IV** u. 0,3 mg **III** in 6,0 ml Gesamtvol. vom pH 7,6 sowie 1 ml **I**-Lsg. (entsprechend 10 mg Acetonpulver von Mitochondrien). — Das Rk.-Gemisch für **II** enthält: 0,05m K-Phosphat, 0,02m Lithiumlactat, $5\cdot10^{-5}$m Diphosphopyridinnucleotid, 0,01m KCN, $1{,}53\cdot10^{-5}$m **IV** u. 0,3 mg **III** in 6,0 ml bei pH 7,3 sowie 1 ml **II**-Lsg. (entsprechend 10 μg Muskel-**II**). — Gemessen wird die Änderung der opt. Dichte bei 600 mμ nach 30—90 Sek. (bei **I**) bzw. 30—60 Sek. (bei **II**) nach dem Zusatz von **III**. Korrekturen für die weniger als 10% der enzymat. Wrkg. betragende nicht-enzymat. Red. von **IV** sind erforderlich. — Die Meth. kann ferner angewendet werden für Best. von: *Alkoholdehydrogenase* (Hefe), *Glucose-6-phosphatdehydrogenase*, *Glycerinaldehyd-3-phosphatdehydrogenase*. Ferner ist Anwendung zur Best. der *Pyridinnucleotide* sowie in Ggw. der betreffenden gereinigten Enzyme zur Best. von deren Substraten möglich. A. HESSE. 4210□

Cytochemischer Nachweis der Aktivität von Diphosphopyridinnucleotiddiaphorase in Zellen des Vaginalsekretes von Mäusen. Charles G. Rosa. (Proc. Soc. exp. Biol. Med. **102.** 198—201. Okt. 1959. Philadelphia, Pa., Jefferson Med. Coll., Daniel Baugh Inst. of Anat.) (Engl.)

In Ausstrichen aus Vaginalsekret von Mäusen konnte das Vork. von *Diphosphopyridinnucleotid (DPN)-diaphorase* (I) an Bldg. des unlösl. Farbstoffs Dinitroformazan beim Eintauchen der Objektträger in eine DPN enthaltende Lsg. von Nitroblautetrazoliumsalz (bei pH 7,6) nachgewiesen werden. I fehlt in vollkommen verhornten Zellen, ist aber in noch nicht verhornten Zellen sowie in neutrophilen Lymphocyten, wenn diese Phagocyten aufweisen, nachweisbar. A. HESSE. 4210□

Benzoyladenylat u. Hippuryladenylat: Darstellung, Eigenschaften und Beziehung zur Synthese und zum Transport von Hippurat. Geoffrey M. Kellermann. (J. biol. Chemistry **231.** 427—43. März 1958. New York, N.Y., Columbia Univ., Coll. of Physic. and Surg., Dep. of Med.; Presbyterian Hosp.) (Engl.)

Aus frischer Schweinenierenrinde sowie aus frischen Kaninchenlebern wurden die Mitochondrien durch Homogenisieren mit 3 Vol. eiskalter 8,5%ig. *Saccharose*-Lsg. mit 0,002m *Äthylendiamintetraacetat* (pH 7,0), durch Abzentrifugieren von Zellkernen, Verdünnung mit 4 Vol. 0,15m KCl (bei 0—5°) als Acetontrockenpulver isoliert. Aus diesem Mitochondrienextrakt wurde durch Behandlung mit Al-Oxid, Fraktionieren mit $(NH_4)_2SO_4$ u. Dialyse gegen 0,02m $KHCO_3$-Lsg. bei 0° gereinigte *Oktansäurethiokinase* (I), frei von anorgan. Pyrophosphatase, Adenosintriphosphatase u. von 5'-Nucleotidase, gewonnen. Es gelang nicht, aus I für aliphat. u. aromat. Säuren spezif. Fraktionen abzutrennen. *Benzoyladenosin-5'-monophosphat* (II) erwies sich stabiler als *Hippuryladenylat* gegen *Hydroxylamin* u. gegen OH^- u. diente deshalb als Modell für die Hydrolyse von C—O—P-Bindungen von Acyladenylaten durch das Nierenenzym I. Bei nichtenzymat. Hydrolyse von II in W. mit 1,3 Atom-% überschüssigem ^{18}O pro 400 µMol II in Ggw. von 0,1 ml 20n NaOH (1 Std. bei 37°) trat Spaltung von C—O-Bindungen, bei Hydrolyse in Ggw. von Schweinenierenmitochondrienenzym Spaltung von O—P-Bindungen ein. H. CARLS. 4210

Ribonucleaseaktivität auf der Hautoberfläche. Gerd Klaus Steigleder und Wolfgang Raab. (Klin. Wschr. **39.** 598—99. 1/6. 1961. New York, N.Y., Columbia Univ., Dep. of Dermatol.) (Dt.)

Vff. konnten mit der Substrat–Film-Meth. (vgl. DAOUST, Exp. Cell Res. **12.** [1959.] 203; C. **1962.** 882) nachweisen, daß an der Hautoberfläche *Ribonucleinsäuren* auf gespalten werden können. Das verantwortliche Enzym scheint *Ribonuclease* zu sein u. vorwiegend dem Talg zu entstammen. Die *Ribonuclease*-Aktivität ist dem gewonnenen Hautoberflächenfett proportional. A. GUDE. 4210□

Xanthinoxydase aus menschlicher Milch und Colostrum. P. L. Bradley und M. Gunther. (Biochem. J. **74.** 15P. 1960. London, Univ. Coll. Hosp., Infant Welfare and Children's Dep.; Wellcome Building, Wellcome Labor. of Trop. Med.) (Engl.)

Mit Hilfe einer empfindlichen Technik unter Verw. der anaeroben Red. von 2.3.5-Triphenyltetrazoliumchlorid bei pH 9,4 mit Hypoxanthin als Substrat u. photometr. Messung des gebildeten Triphenylformazans bei 495 mµ wird die *Xanthinoxydase* (I)-Aktivität in Frauenmilch bestimmt. Die Aktivität beträgt im Colostrum vor u. direkt nach der Geburt 0,1—1,0 E., erreicht ein scharfes Maximum bei 8,8 E. am dritten Tage post partum, fällt dann schnell wieder ab u. erreicht ein Plateau von ca. 1 E. um den 6.—7. Tag. Zum Vgl. wird die I-Aktivität in Kuhmilch zu durchschnittlich 21 E. (13 bis 28 E.) bestimmt. Nach fraktioniertem Zentrifugieren bei 500·*g*, 6500·*g* u. 105000·*g* findet sich die größte I-Aktivität im Rahm u. dem letzten klaren Zentrifugat, obgleich in allen Zell- u. Mitochondrienfraktionen eine geringe Aktivität nachweisbar ist. H.-J. KOCH/Berlin. 4210□

Untersuchungen über die „in vivo“-Wirkung von Natriumsalicylat auf die Aktivität der Xanthindehydrase von Leber und Serum der Ratte. Ottilia R. Affonso, Emilio Mitidieri und Gilberto G. Villela. (Bull. Soc. Chim. biol. **41.** 1279—83. 1959. Rio de Janeiro, Inst. Oswaldo Cruz, Labor. de Biochim.) (Franz.; Auszüge: Engl., Dt.)

Nach intraperitonealer Injektion von *Natriumsalicylat* (II) (0,5 mg/g Körper-Gew.) wurde bei Ratten nach 4 Std. eine Erhöhung der *Xanthindehydrase* (I) des Serums, jedoch eine Hemmung der Leber-I gefunden. Die I-Hemmung blieb im Leberhomogenat von behandelten Ratten auch nach Dialyse bestehen. — In vitro werden Serum-I u. Leber-I durch II gehemmt. A. HESSE. 4210□

Die Rolle der ATP-Sulfurylase bei der Biosynthese von Cystein und Methionin durch Neurospora. James B. Ragland. (Arch. Biochem. Biophysics **84.** 541—42. Okt. 1959. Houston, Tex., Methodist Hosp., Dep. of Pathol.; Baylor Univ., Coll. of Med.) (Engl.)

Nach RAGLAND, LIVERMAN (C. **1959.** 10957) besteht die Anfangsstufe der Biosynth. von *Cystein* (I) u. *Methionin* (II) bei *Neurospora* in einer Aktivierung von Sulfat. Jetzt wird gezeigt, daß nur die Stämme, welche *Adenosintriphosphat* (*ATP*)-*sulfurylase* (III) aufweisen, zur SO_4-Aktivierung bzw. zur I- bzw. II-Synth. befähigt sind. III liefert aus ATP (in Ggw. von Molybdat) anorgan. Phosphat (dessen Menge als Maß der III-Wrkg. dient) sowie Adenosinmonophosphat. III wird durch Na_2SO_4 zu 50—70% gehemmt.
A. HESSE. 4210□

Untersuchungen über Phosphodesoxyribomutase. Charles G. Smith und I. A. Bernstein. (Biochim. biophysica Acta [Amsterdam] **52.** 184—93. 2/9. 1961. Ann Arbor, Mich., Univ. of Michigan, Dep. of Dermatol. and Inst. of Ind. Health; Kalamazoo, Mich., Upjohn Co., Res. Labor.) (Engl.)

Phosphodesoxyribomutase (I) wird in zellfreien Extrakten von *Sarcina lutea* nachgewiesen. Ohne Einbuße an Aktivität kann I 2 Std. auf 55° erhitzt werden. pH-Optimum bei ca. 7,2. Spezif. Aktivität: ca. 60 μMole *Desoxyribose-1-phosphat* (II) werden in *Desoxyribose-5-phosphat* (III) je mg Protein u. Std. umgesetzt. Für S. lutea ist es kennzeichnend, daß es III aufweist, das aber in den Extrakten von 14 anderen Mikroben nicht nachgewiesen werden kann. I hat III zu einer an Pyrimidin gebundenen Desoxyribose wahrscheinlich über II umgesetzt. I wird gehemmt durch *anorgan. Phosphat* bei niedriger Konz., ferner durch II u. III, K_2SO_4 u. *Fructose-6-phosphat*, in geringem Maße auch durch *Ribose-5-phosphat*, *Galaktose-6-phosphat* u. *Glucose-6-phosphat*. I scheint durch *Fructose-1.6-diphosphat*, ein wenig auch durch *3-Phosphoglycerinsäure*, stimuliert zu werden. *Glucose-1-phosphat* ist ohne Einfluß. L. MACHER. 4210□

Polynucleotidphosphorylase aus menschlichem Sperma und Urin. 1. Mitt. Anwar A. Hakim. (Enzymologia [Den Haag] **21.** 81—95. 15/10. 1959. Miami Beach, Miami Heart Inst., Res. Biochem. Labor.; Coral Gables, Fla., School of Med., Dep. of Biochem.) (Engl.; Auszug: Franz.) — 2. vgl. C. **1961.** **4390.**

Aus menschlichem Sperma u. Urin wurde eine *Polynucleotidphosphorylase* (I) isoliert u. gereinigt, welche die Synth. von hochpolymerisierten *Ribonucleinsäuren* aus den Ribopolynucleotiden, welche in Heferibonucleinsäure vorkommen, katalysiert. Mittels I konnten homogene Polymere, welche *Adenylsäure*, *Guanylsäure*, *Uridylsäure* u. *Cytidylsäure* enthalten, sowie verschiedene Heteropolymere der vier Mononucleotide bei Inkubation mit den entsprechenden 5-Nucleotiddiphosphaten erhalten werden.
A. HESSE. 4210□

Zur Reversibilität der oxydativen Phosphorylierung. 2. Mitt. **Der Einfluß von Adenosintriphosphat auf die Atmungskette in atmenden Mitochondrien.** Martin Klingenberg und Peter Schollmeyer. (Biochem. Z. **335.** 231—42. 1961. Marburg/Lahn, Univ., Physiolog.-chem. Inst.) (Dt.) — 1. vgl. C. **1961.** **18347.**

Die bereits berichteten Veränderungen des Redoxzustandes verschiedener Komponenten der Atmungskette atmender Mitochondrien aus Skelettmuskeln der Ratte nach Zugabe von Adenosintriphosphat (ATP) wurden näher untersucht: Eine Erleichterung der Unters. der Redoxzustände der Cytochrome wurde durch Verw. niedriger N_3^--Konzz. erreicht. Bei Verw. von *Glycerin-1-phosphat* als Substrat nimmt nach Zugabe von ATP der Grad der Red. von *Diphosphopyridinnucleotid* über *Flavoprotein* u. die *Cytochrome b* sowie ($c + c_1$) zum *Cytochrom* ($a + a_3$) in ähnlicher Weise ab, wie bereits früher bei Flugmuskelmitochondrien beobachtet. Die Atmung wird dabei teilweise gehemmt. [In Ggw. von N_3^- ist die Atmung kaum verändert, Cytochrom ($a + a_3$) dagegen bedeutend stärker reduziert.] Zugabe von PO_4^{3-} u. *Adenosindiphosphat* sowie von *2.4-Dinitrophenol* steigert die durch ATP gehemmte Atmung über den Anfangswert hinaus. Auf Atmung u. Redoxzustand der Cytochrome wirkt Zugabe von *Serumalbumin* ähnlich wie Zugabe von ATP; im Unterschied zum sofort eintretenden u. dann langsam abklingenden ATP-Effekt nimmt die Albumin-Wrkg. im Laufe der Zeit langsam zu. Ähnlich wirkt ATP; auch auf die Atmung u. den Redoxzustand der Atmungskette in Ggw. des Substrats *Succinat* (I) atmender Rattenmuskelmitochondrien. Allerdings können sich hier Umkehrung der oxydativen Phosphorylierung u. Aktivierung der I-Oxydation überlagern. Aus den Ergebnissen wird gefolgert, daß sowohl der „kontrollierte Status" (Funktionszustand intakter u. mit Substrat ausreichend versorgter Mitochondrien, deren Atmung durch Mangel an PO_4^{3-} oder PO_4^{3-}-Acceptor gehemmt ist) als auch der unter ATP-Einfl. eingestellte Funktionszustand Zustände des Gleichgewichts zwischen den Bestandteilen der Atmungskette u. den Adeninnucleotiden sind.
S. DITTMANN-MITZSCHERLICH. 4210□

Zur Reversibilität der oxydativen Phosphorylyierung. 3. Mitt. **Der Einfluß von Adenosintriphosphat auf die Atmungskette in atmungsgehemmten Mitochondrien.**

Martin Klingenberg und Peter Schollmeyer. (Biochem. Z. **335**. 243—62. 1961.) (Dt.) — 2. vgl. vorst. Referat.

In Lebermitochondrien, deren Atmung durch Ggw. von CN^- oder infolge anaerober Bedingungen gehemmt ist, werden die *Cytochrome* u. *Flavoproteine* durch Zugabe von *Adenosintriphosphat* (*ATP*) oder durch folgende red. Diphosphopyridinnucleotid (DPNH) oxydierende Substrate weitgehend oxydiert: *Oxalacetat* (I), *Acetacetat*, *α-Ketoglutarat* (**II**) + NH_3. *Malat* (Red.-Prod. von I) hebt den Oxydationseffekt teilweise wieder auf. Der Einfl. von *KCN*, *KCN* + I u. *KCN* + I + *ATP* auf den Redoxzustand von *Triphosphopyridinnucleotid* wurde ebenfalls untersucht. Der ATP-abhängigen Oxydation der Cytochrome u. Flavoproteine wirken folgende Substanzen entgegen: *Adenosindiphosphat*, PO_4^{3-}, Mg^{2+}, *2.4-Dinitrophenol*, *Amytal* u. die H-Donatoren *Glycerin-1-phosphat*, *β-Hydroxybutyrat*, *Isocitrat*, *Succinat*, *Glutamat*. *Äthylendiamintetraacetat* (**IV**) löst in Ggw. von Mg^{2+}, ATP u. I Oxydation von Cytochrom c (**III**) aus (vermutlich durch Spaltung des Mg^{2+}-ATP-Komplexes zugunsten des stabileren **IV**-Mg^{2+}-Komplexes u. dadurch bedingte Freisetzung von ATP). Auch *Dibromphenol* u. *Dicumarol* hemmen die ATP-abhängige Oxydation der Cytochrome u. Flavoproteine. *Antimycin A* verhindert die ATP-bedingte Oxydation aller Cytochrome, beeinflußt jedoch nicht die Oxydation von Flavoprotein. Bei Sättigung mit oxydierenden Substraten beträgt die zur halbmaximalen III-Oxydation notwendige ATP-Menge 8 μMol, bei Sättigung mit ATP ist der Substratbedarf z. B. 100 μMol **II** + 4 mMol NH_3. Der „Redoxquotient" (relativer Anteil der red. Form) des **III** zeigt unter dem Einfl. des ATP eine lineare Abhängigkeit vom Redoxquotienten des DPN. (Letzterer kann durch Zugabe verschiedener oxydierender oder reduzierender Substrate verändert werden.) Grundsätzlich hat ATP auf die Atmungskette atmender u. atmungsgehemmter Mitochondrien den gleichen Einfluß. Die Ergebnisse werden unter dem Gesichtspunkt diskutiert, daß sich ein Gleichgewicht über die gesamte Atmungskette vom *Cytochrom a* bis zu den DPN-spezif. Substraten einstellt, was auch zu rückläufigem Elektronen- u. H-Transport innerhalb der Atmungskette führen kann. S. DITTMANN-MITZSCHERLICH. 4210 □

Zur Reversibilität der oxydativen Phosphorylierung. 4. Mitt. **Die Beziehung zwischen dem Redoxzustand des Cytochrom c und dem Phosphorylierungspotential des Adenosintriphosphates.** Martin Klingenberg. (Biochem. Z. **335**. 263—72. 1961.) (Dt.) — 3. vgl. vorst. Referat.

Der Redoxzustand des *Cytochrom c* (**I**) ist eine Funktion des Verhältnisses $[ATP] \cdot [ADP]^{-1} \cdot [PO_4^{3-}]^{-1}$ u. damit eine Funktion der Freien Energie des Adeninnucleotidsystems. Dasjenige Konz.-Verhältnis, das halbmaximale I-Oxydation gibt, kann als eine Gleichgewichts-Konst. zwischen dem Adeninnucleotid-Syst. u. dem energiereichen Zwischenprod. der Atmungskette betrachtet werden. Aus dieser Konst. ergibt sich für die Freie Normalenergie der energiereichen Zwischenverb. ein Wert von 12,8 kcal pro Mol, was einem Redoxnormalpotential von 280 mV entspricht. Dieser Betrag entspricht etwa den Differenzen zwischen den Normalpotentialen von **I** (+250 mV) u. *Flavoprotein* (**II**) (—70 mV) sowie zwischen den Normalpotentialen von **II** u. von *Diphosphopyridinnucleotid* (*DPN*) (—320 mV). Redoxgleichgewichte zwischen vorst. Komponenten erscheinen also wahrscheinlich. Daraus kann weiter gefolgert werden, daß bei der Übertragung von 2 Elektronen vom I zum DPN 2 Moll. ATP gespalten werden müssen.
S. DITTMANN-MITZSCHERLICH. 4210 □

Über das Vorkommen einer freien und an Ribonucleoprotein-Partikel gebundenen Glucose-6-phosphatase in den „Mikrosomen". S. Busch, J. D. Weill und P. Mandel. (C. R. Séances Soc. Biol. Filiales **154**. 798—800. 1960. Strasbourg, Fac. de Méd., Inst. de Chim. biol.) (Franz.)

Vff. stellten fest, daß 65% der *Glucose-6-phosphatase* (**I**)-Aktivität in den „Mikrosomen„ (d. h. in Ergastoplasmafragmenten), 31% in den Kernen u. Mitochondrien u. 4% in den freien Ribosomen u. in der überstehenden Fl. von Rattenleberhomogenaten (Auftrennung in die Zellbestandteile durch Differentialzentrifugieren) vorkommen. Allg. nimmt während eines 4 Tage langen Fastens der Ratten die **I**-Aktivität in den Mikrosomen merklich ab, in den Ribosomen hingegen zu; in der überstehenden Fl. läßt sich am 4. Fastentage keine I-Aktivität mehr nachweisen. H. KOCKERT. 4210 □

Reinigung eines Aktivators der Phosphoglucomutasereaktion aus der Leber von mit starken Dosen Nicotinamid behandelten Ratten. Enrico Marinello. (Ricerca sci. **30**. 1221—24. Aug. 1960. Siena, Univ., Ist. di chim. biol.) (Ital.)

Vf. gelang die Abtrennung des die *Phosphoglucomutase*-Rk. aktivierenden Faktors (der sich in der Leber von mit hohen Dosen *Nicotinamid* behandelten Ratten bildet) von anorgan. Phosphaten in der mit $Ba(OH)_2$ fällbaren Leberfraktion.
C. GOTTFRIED. 4210

Die Rolle von Sedoheptulose-7-phosphat als katalytisches Agens bei der Bildung von Fructose-6-phosphat in einem rekonstruierten multienzymatischen, Sedoheptulosediphosphatase enthaltenden System. A. Bonsignore, S. Pontremoli und E. Grazi. (Ital. J. Biochem. **10.** 50—52. Jan./Febr. 1961. Genova, Univ., Ist. di Chim. Biol.) (Engl.)

Mit einem rekonstruierten Enzym-Syst., bestehend aus *Sedoheptulosediphosphatase, Aldolase, Triosephosphatisomerase* u. *Transaldolase,* wird in Ggw. katalyt. Substratmengen an *Sedoheptulose-7-phosphat,* *D-Erythrose-4-phosphat* oder *Sedoheptulose-1.7-diphosphat Fructose-1.6-diphosphat* vollständig in *Fructose-6-phosphat* übergeführt. Die Rk. wird in Glycylglycinpuffer (pH 7,3) bei 30° durchgeführt. Gleichungen für die mögliche Rk.-Folge werden angegeben u. die mögliche physiolog. Bedeutung der Rk. diskutiert. G. KIRSTEN. 4210□

Reaktionen von gereinigten Phosphohexoseisomerasen der Gewebe mit dem Phosphohexoseisomeraseantiserum der Leber. Marie N. Lipsett, Ruth B. Reisberg und Oscar Bodansky. (Arch. Biochem. Biophysics **84.** 171—82. Sept. 1959. New York, N.Y., Sloan-Kettering Inst. for Cancer Res., Div. of Metabolism and Enzyme Studies.) (Engl.)

Aus Geweben (bes. Leber) von Hund, Mensch, Kaninchen u. Ratte konnte *Phosphohexoseisomerase* (I) durch eine Kombination von Aussalzen u. Adsorptionen 50 bis 100fach gereinigt werden. Die nach SCHLAMOWITZ (C. **1956.** 158) in Kaninchen hergestellten Antisera gegen Hunde-I u. Menschen-I fällen die homologe I in 4 Std. vollständig aus; der suspendierte Nd. zeigt wesentliche I-Wirkung. Bei höheren I-Konzz. wird der I–II-Komplex gelöst. A. HESSE. 4210□

Wege der Glucoseoxydation in der Retina. Margaret Kerly und M. Ataur Rahman. (Biochem. J. **74.** 16P. 1960. London, Univ. Coll., Dep. of Biochem.) (Engl.)

Retinagewebe vom Rind wird in mit Phosphat oder Bicarbonat gepufferter KREBS-RINGER-Lsg. mit $^{14}C_{(1)}$- (**Ia**) bzw. $^{14}C_{(6)}$-*Glucose* (**Ib**) inkubiert u. die Radioaktivität der gebildeten *Milchsäure* (**II**) u. des CO_2 bestimmt. Die Aktivität des gebildeten CO_2 liefert keinen Beweis für den Verlauf der I-Oxydation über den Hexosemonophosphat-shunt. In beiden Medien wird mehr **II** aus den $C_{(4)}$, $C_{(5)}$ u. $C_{(6)}$ der eingesetzten **I** als aus $C_{(1)}$, $C_{(2)}$ u. $C_{(3)}$ gebildet. Das Verhältnis der markierten zur Gesamt-**II** ist mit **Ia** u. **Ib** in beiden Medien gleich. In allen Verss. ist die Aktivität des gebildeten CO_2 niedriger als bei einer ausschließlichen direkten Oxydation der **I** zu erwarten wäre. Wahrscheinlich spielt dabei auch das aus endogenem Substrat gebildete CO_2, die Oxydation von resynthetisierten I-Fragmenten u. die Fixierung von $^{14}CO_2$ eine Rolle.
H.-J. KOCH/Berlin. 4210□

Wirkungen von Salicylat und 2.4-Dinitrophenol auf den Stoffwechsel von ^{14}C-Glucose und $^{14}C_{(2)}$-Acetat in isolierten Rattengeweben. M. J. H. Smith und V. Moses. (Biochem. J. **74.** 17P. 1960. London, King's Coll., Hosp. Med. School, Dep. of chem. Pathol.) (Engl.)

Zerkleinerte Präpp. von Rattengeweben (Niere, Leber, Hirn, Hoden u. Herzmuskel) werden mit ^{14}*C-Glucose* (**I**) oder $^{14}C_{(2)}$-*Acetat* (**II**) inkubiert u. die Aktivität der papierchromatograph. getrennten A.-W.-lösl. Zwischenprodd. bestimmt. ^{14}C wird aus beiden Substraten in *Maltose* (**III**), *Zuckerphosphate* (**IV**), *Nucleotide* (**V**), *Aminosäuren* (**VI**) u. *organ. Säuren* (**VII**) eingebaut; die allg. Verteilung der Radioaktivität ist mit **I** u. **II** in allen Geweben ähnlich, obgleich die prozentuale Verteilung auf die einzelnen Fraktionen gewisse Variationen zeigt. In Ggw. von 5 mm *Salicylat* oder 0,5 mm *2.4-Dinitrophenol* ist der Einbau der Radioaktivität aus **I** u. **II** in die lösl. Prodd. aller Gewebe vermindert, außer mit **I** bei Hirn. Der prozentuale Einbau des ^{14}C aus **I** u. **II** in **III**, **IV** u. **V** sowie nur aus **II** in **VI** ist vermindert, der Einbau des ^{14}C aus **I** u. **II** in **VII** ist erhöht.
H.-J. KOCH/Berlin. 4210□

Untersuchungen zur β-Glucuronidase-Aktivität menschlicher Thrombocyten. R. Dohrmann und R. Klesper. (Klin. Wschr. **38.** 595—98. 15/6. 1960. Bonn, Univ., Med. Poliklinik.) (Dt.)

Vff. untersuchen mit einer modifizierten, von FISHMAN [1947] vorgeschlagenen Meth. (s. Original) die Aktivität der *β-Glucuronidase* (**I**) in Thrombocyten klin. gesunder Vers.-Personen. In Parallel-Verss. erfolgen Ferment-Best. in Plasma u. Serum. Die mit ungewaschenen Thrombocytenaufschwemmungen durchgeführten Best. ergaben eine hohe I-Aktivität. Die bei der Isolierung der Blutplättchen verwendeten Antikoagulantien (Sequestren, Na-Citrat, Na-Oxalat) beeinflussen die I-Aktivität nicht. Im Serum aus Nativblut wird die I-Aktivität durch 2 Komponenten, der plasmaeigenen u. der Thrombocyten-I, bestimmt. Während des Gerinnungsprozesses geben die Thrombocyten I an das Serum ab. H.-P. PIETSCH. 4210□

Die Ursprünge der Spezifität. Eine Formulierung des Problems für Dextrane auf enzymatischer Basis. E. J. Hehre. (Bull. Soc. Chim. biol. **42.** 1805—08. 1960. New York, Albert Einstein Coll. of Med. Dep. of Microbiol. and Immunology.) (Engl.)

Drei Mechanismen für das Zustandekommen von Verzweigungen im *Dextran*-Mol. werden diskutiert. Diese Verzweigungen stehen in Beziehung zu den immunolog. Eigenschaften. Immunolog. spezif. Polysaccharide können enzymat. vervielfältigt werden; es existiert ein allg. Mechanismus für die Zuckerringübertragung, der für den mol. Bau aller natürlicher Polysaccharide verantwortlich ist; Art u. Konz. der Donator- u. Acceptorsubstrate sowie die Enzyme selbst sind Determinanten der Spezifität der Makromoleküle.

W. Willenberg. 4210□

Esterasen bei der Spinnmilbe Tetranychus urticae Koch (Acari, Trombidiformes, Tetranychidae). 1. Mitt. Günther Voss. (Naturwissenschaften **46.** 652. 1. Dez.-H. 1959. Würzburg, Univ., Inst. f. Angew. Zool.) (Dt.) — 2. vgl. C. **1961.** 10990.

Vf. untersuchte das Vork. von *Esterasen* bei Tetranychiden mit Hilfe der Warburg-manometr. Meth. (37°, 95% N_2, 5% CO_2). Folgende Substrate (0,03 m Endkonz.) wurden untersucht: *Acetylcholinchlorid* (**I**), *Propionylcholinjodid* (II), *Butyrylcholinjodid* (**III**), *Benzoylcholinchlorid* (**IV**), *Triacetin* (**V**), *Phenylacetat* (**VI**), *Methylbutyrat* (**VII**). **V** u. **VI** wurden durch Gewebebrei der Spinnmilben wesentlich schneller hydrolysiert als die Cholinester. **I** u. **II** schneller als **III** u. **IV**.

R. Heinrich. 4210□

Untersuchungen über die Chitinase-Wrkg. des insektentötenden Pilzes Beauveria bassiana (Bals.) Vuill. Lotar Claus. (Arch. Mikrobiol. **40.** 17—46. 1961. Jena, Inst. für allg. Bot.) (Dt.)

In ruhenden Submerskulturen (Czapek-Dox-Medium) wurde die *Chitinase* (**I**)-Aktivität zweier Stämme des Pilzes *Beauveria bassiana* (Bals.) Vuill. in Abhängigkeit von äußeren Faktoren bestimmt. Das verwendete *Chitin* (**II**) wurde aus Haut- u. Deckflügeln des Maikäfers sowie aus Krebspanzer gewonnen. **II** wurde bevorzugt in schwach saurem Medium abgebaut. Bei gleichzeitiger Anwesenheit von **II** u. Glucose (**III**) wird, wieder bevorzugt im schwach saurem Medium, zuerst **III** abgebaut, bevor die Lyse von **II** einsetzt. **I** wird auch dann gebildet, wenn **II** in der Nährlsg. durch **III** ersetzt wird, **I** ist demnach ein konstitutives Enzym. **I** läßt sich durch 5 Min. langes Erhitzen im sd. Wasserbad nicht volllständig inaktivieren. Zellfreie **I**-Präpp. zeigten hinsichtlich der Hitzestabilität eine pH-Abhängigkeit. Das Auftreten von **I** im Kulturfiltrat, das nach der Lyse der Zellen zu beobachten ist, beruht nicht auf Sekretion, sondern auf einem Freisetzen von **I** durch Autolyse.

M. Lorenz. 4210□

Vergleich der Konzentrationen von Glutaminsäure-Oxalessigsäure-Transaminase und Glutaminsäure-Brenztraubensäure-Transaminase in menschlichem Speichel und Serum. Samuel Dreizen, Robert E. Stone, Jo G. Dreizen und Tom D. Spies. (Proc. Soc. exp. Biol. Med. **102.** 449—51. Nov. 1959. Birmingham, Ala., Northwestern Univ. Med. School, Dep. of Nutrition and Metabolism.) (Engl.)

Nachweisbare Mengen von *Glutaminsäure-Oxalessigsäure-Transaminase* (**I**) u. von *Glutaminsäure-Brenztraubensäure-Transaminase* (**II**) wurden bei 100% bzw. 89% von 81 untersuchten menschlichen Speichel (mit Paraffin stimuliert) gefunden. Der **I**-Geh. ist in 91% der Fälle höher als der Geh. an **II**. — Inkubation des Speichels mit Glucose führt zu ausgesprochener Erhöhung der **II**-Werte u. Verminderung der **I**-Werte. — Vgl. mit dem **I**- bzw. **II**-Geh. des Serums führen nicht zu einer Korrelation, so daß **I** u. **II** offenbar oralen Ursprungs sind.

A. Hesse. 4210□

Kollagenase des Pankreas, ein neues Enzym. J. C. Houck und Y. M. Patel. (Proc. Soc. exp. Biol. Med. **102.** 421—23. Nov. 1959. Washington, D.C., Georgetown Univ. Hosp., Children's Hosp. Res. Foundation and Surgical Res. Lab.) (Engl.)

In *Bridase*, einem aus ganzen Schweinepankreasdrüsen unter Entwässern, Entfetten u. unter Aktivierung hergestellten Präp. (Vio Bin Corp.) wurde eine neue Enzym-Wrkg. nachgewiesen u. auf vermutliche Ggw. einer *Kollagenase* (**I**) zurückgeführt. **I** ist mit W. extrahierbar u. setzt die Viscosität einer Lsg. von in Säure lösl. *Kollagen*-Fasern bei 20° u. pH 5,5 um 50% herab (Gemessen: Ausflußzeit im Ubbelohde-Viscosimeter). Krist. Trypsin (**II**), Chymotrypsin, Elastase u. Hyaluronidase sowie mittels einer Fistel entnommener menschlicher Pankreassaft zeigen diese Wrkg. nicht. — **I** wird durch bekannte Inhibitoren des **II** (aus Sojabohnen, Limabohnen, Ovomucoid) nicht gehemmt. — Eialbumin, Serumalbumin, Casein oder Gelatine werden in Ggw. eines **II**-Inhibitors (im Überschuß) von **I** nicht angegriffen. Die **I**-Wrkg. ist der **I**-Menge direkt proportional.

A. Hesse. 4210□

Enzym-Schrittmacher. 1. Mitt. **Eine neue Vorstellung über die chemische Zusammensetzung und die Aktivierung von Pepsinogen, Trypsinogen, Chymotrypsinogen, Proribonuclease und Prodesoxyribonuclease.** Anwar A. Hakim. (Enzymologia [Den Haag] **20.** 197—206. 31/3. 1959. Miami Beach, Fla., Miami Heart Inst., Biochem. Res. Lab.) (Engl.; Auszug: Franz.)

Bei Behandlung der Frage hinsichtlich der vom Vf. so benannten „*Enzym-Schrittmacher*", nämlich ob im *Zymogen*-Mol. die enzymat. akt. Bezirke bereits vorgebildet sind oder erst bei der Umwandlung in akt. Enzym (I) entstehen, kommt Vf. zu der Auffassung, daß in den Zymogenen bzw. Vorläufern Komplexe aus **I** u. einem Inhibitor (II) vorliegen u. daß die Aktivierung in einem Ablösen des **II** von den akt. Bezirken des **I** besteht. Diese Aktivierung des Enzyms kann dabei in Abtrennung oder in Proteolyse der entweder einfache Peptidketten oder lange, komplexere Peptidketten darstellenden **II** bestehen. — Entsprechend dem Verlauf der Aktivierung u. der späteren **I**-Wrkg. kann man folgende Gruppen unterscheiden: 1. *Trypsinogen, Chymotrypsinogen*; 2. *Pepsinogen* (**III**); 3. *Proribonuclease, Prodesoxyribonuclease.* — **III** läßt sich bei Papierelektrophorese (bei pH 2,5) unter autokatalyt. Freisetzen von *Pepsin* (**IV**) in **IV** + **IV**-Inhibitor (**IIa**) + verschiedene Peptide zerlegen. Lokalisierung der Prodd. auf dem Pherogramm erfolgt mittels Bromphenolblaufärbung. **IIa** kann auch bei Einstellen der **III**-Lsg. auf pH 2,5 (Zimmer-Temp.; 3 Min.), wobei Aktivierung von **IV** erfolgt, anschließendes Einstellen auf pH 11,0 (Inaktivierung von **IV**), Ausfällen von **IV** mittels Trichloressigsäure u. Adsorption des im Überstehenden vorhandenen **IIa** gewonnen werden. — **IIa** kann reversibel wieder mit **IV** vereinigt werden. — Es wurde die Aminosäurensequenz von **III** (Molgew. 42500), **IV** (Molgew. 35400) u. **IIa** (Molgew. 3100) ermittelt. Die N-endständigen bzw. die zweiten Aminosäuren sind: bei **III** *Leucin* bzw. *Isoleucin*, Leucin; bei **IV** Isoleucin bzw. *Glykokoll;* bei **IIa** Leucin bzw. *Glutaminsäure.* Der elektrophoret. erhaltene **IIa** u. der „chem." erhaltene **IIa** zeigen sehr ähnliche bzw. fast ident. Zusammensetzung. — **IIa** wird durch **IV** bei pH 2—5 zerstört. — Zwischen pH 5 u. 6 wird die Dissoziation von **IV** u. **IIa** begünstigt. A. HESSE. 4210□

Enzym-Schrittmacher. 2. Mitt. **Umwandlung von Trypsinogen in Trypsin. Trennung von Trypsin und Inaktivator mittels Papierelektrophorese.** Anwar A. Hakim. (Enzymologia [Den Haag] **20.** 207—14. 31/3. 1959.) (Engl.; Auszug: Franz.) — 1. vgl. vorst. Referat.

Da *Trypsinogen* (**V**) u. *Trypsin* (**VI**) ident. Molgew. (23800) haben, erfolgt bei Aktivierung von **V** offenbar nur ein Freisetzen von sehr kleinen Peptidbruchstücken oder ein Öffnen von gewissen Bindungen unter Bldg. des akt. **VI**. Bei Papierelektrophorese von **V** in Ggw. von Ca^{2+} wird akt. **VI** autokatalyt. freigesetzt, wobei das **V**-Mol. folgende Veränderungen erfährt: a) Ersatz von endständigem *Valin* durch *Isoleucin;* b) Verschiebung des isoion. Punktes von pH 9,2 nach pH 10,3 (berechnet aus der elektr. Beweglichkeit); c) Freisetzen von Polypeptidketten. Offenbar wird eine Peptidbindung zwischen Lysin u. Isoleucin geöffnet unter Bldg. eines *Hexapeptides* (**VII**), das aus Valin, *Asparaginsäure* u. *Lysin* im Verhältnis 1 : 4 : 1 (N-endständiges Valin) besteht. Möglicherweise werden noch andere Peptide freigesetzt. **VII** vermag **VI** zu hemmen, ist also offenbar der natürlich vorkommende Inhibitor. A. HESSE. 4210□

Enzym-Schrittmacher. 3. Mitt. **Umwandlung von Chymotrypsinogen zu Chymotrypsin bei Papierelektrophorese.** Anwar A. Hakim. (Enzymologia [Den Haag] **20.** 215—24. 31/3. 1959.) (Engl.; Auszug: Franz.) — 2. vgl. vorst. Referat.

Die Überführung von *Chymotrypsinogen* (**IX**) in *Chymotrypsin* (**VIII**) kann erfolgen: rasch durch verhältnismäßig hohe Konzz. von *Trypsin* (**VI**) bei pH 7,8 zu π-**VII** (das in δ-**VIII** durch Einw. von **VIII** übergeht), langsam mit geringen **VI**-Mengen zu α-**VIII** (kristallisierbar) sowie autokatalyt. zu **VIII**. Diese Umwandlungen wurden mittels Papierelektrophorese sowie durch Abtrennen des inakt. **IX** von akt. **VIII** durchgeführt. Zur Ausschaltung von weiterer **VIII**-Wrkg. wurde **VIII** mittels (aber gegen **VI** unwirksamen) β-Phenylpropionat gehemmt. Bei Elektrophorese (0,1 m Boratpuffer; pH 7,85) wird **IX** in die schnell wandernde schwach akt., dem **IX** entsprechende Komponente u. eine langsam wandernde Komponente übergeführt, welche entweder dem ursprünglich in **IX** enthaltenem **VIII** oder einem **IX** mit enzymat. wirksamen freien Radikalen entspricht. Vollständige Umwandlung in die langsam wandernde Komponente erfolgt in 120 Minuten. Bei Umwandlung von **IX** in **VIII** treten N-endständiges Alanin u. Serin auf. — Die rasche Umwandlung von **IX** in instabiles π-**VIII** u. weiter in ϑ-**VIII** erfolgt unter Bldg. des Dipeptides *Serin–Arginin,* wobei folgende Umwandlungen möglich erscheinen: -Gly–val–isoleu–arg–ser–leu– (=**IX**) → -Gly–val–isoleu u. Arg–ser–leu– (= π-**VIII**) → -Gly–val–isoleu– u. Leu– (= δ-**VIII**). π-**VIII**, zeigt dieselbe elektr. Beweglichkeit wie **IX**, ist instabil u. entsteht nicht bei pH $< 7,8$ bzw. $> 9,0$. — Die langsame Aktivierung von **IX** durch **VIII**, bei der die höchste proteolyt. Wrkg. in 36 Std. bei 0° erreicht wird, verläuft unter Bldg. von Threo–asp sowie Arg–ser wahrscheinlich folgendermaßen, wobei das α-**VIII** zwei durch Disulfidbindungen verbundene offene Polypeptidketten aufweist: –Tyr–threo–asp–ala–asparaginsäure (**IX**) → –Tyr u. Threo-asp–ala–asparaginsäure– → –Tyr u. Ala-asparaginsäure– (= α-**VIII**). Im zweiten Fall erfolgt also Hydrolyse von drei verschiedenen Bindungen, nämlich –Tyr–threo–, leu–ser u. Asp–ala–.

A. HESSE. 4210□

Extraktion eines die Aufnahme von Aminosäuren in die Proteinfraktion bewirkenden enzymatischen Systems aus den cytoplasmatischen Membranen der Protoplasten von Escherichia coli. Bention Nisman und Hiroshi Fukuhara. (C. R. hebd. Séances Acad. Sci. **248.** 1438—41. 2/3. 1959. Garches, Inst. Pasteur.) (Franz.)

Durch Behandlung von Suspension der bei 300000·*g* aus *Escherichia coli* erhaltenen Membranen mit einer 50%ig. Phenol-Lsg. u. Extraktion der Enzym-Wrkg. mit W. (unter Entfernen des Phenolrückstandes durch mehrfaches Fällen mit A. bei -20^0) wird eine Enzym-(**I**)-Lsg. erhalten, welche die Aufnahme sämtlicher untersuchter ^{14}C-Aminosäuren in die Proteinfraktion sowie in eine weitere Fraktion katalysiert, bei der die Radioaktivität noch durch eine Behandlung mit Hydroxylamin, Ribonuclease oder Trichloressigsäure in der Wärme freigesetzt werden kann. Daraus wird auf Fehlen von Aktivierungsenzymen für folgende Rkk. geschlossen: Adenylaminosäure (**II**) ⇌ Adenosinmonophosphat (AMP)-**I** (**III**) + Pyrophosphat + Adenosintriphosphat (ATP); **III** + lösl. Ribonucleinsäure (**IV**) ⇌ **IV** — **I** + AMP. — Die durch **I** katalysierte Rk. wird nicht durch Ribonuclease oder Desoxyribonuclease, sondern lediglich durch Choramphenicol gehemmt. — Ein *Enzym* (**V**)-Syst. wird in dem bei 105000·*g* erhaltenen Nd. nachgewiesen, das weitere Rkk. auch in vitro katalysiert; so daß die Gesamtheit der Rkk. durch folgende Gleichungen dargestellt werden kann: **II** + ATP $\xrightarrow{\text{Aktivierung}}$ **III** + Pyrophosphat; **III** + Nucleotid-Pyrophosphat → Nucleotid-**III** $\xrightarrow{\text{Polymerase}}$ Phosphorprotein + (Ribonucleinsäure?). Die erste dieser Rkk. wird durch **V**, die beiden anderen Rkk. wahrscheinlich durch **I** katalysiert.

A. HESSE. 4210□

Untersuchungen über Aspergilli. 2. Mitt. Iwao Iguchi. (Annu. Rep. Takamine Lab. **8.** 73—78. 1. Dez. 1956. Sankyō Kabushiki Kaisha, Takamine Kenkyūsho.) (Jap.; Auszug: Engl.) — 1. vgl. C. **1960.** 7709.

Um in Takadiastase den Geh. an *alkal. Protease* (**I**) zu steigern, wurden 69 *Aspergillus*-Stämme auf ihre Fähigkeit zur Bldg. von **I** u. *Amylase* (**II**) untersucht. Die für die **I**-Bldg. am besten geeigneten Stämme (No. 434 > 699 > 635) produzierten nur wenig **II**; die Stämme No. 238 u. 406 lieferten auch **II**, waren aber in der **I**-Bldg. nicht so ergiebig wie No. **434**. Diese u. einige andere Stämme wurden zur **I**-Herst. (aus 5 u. 1000 kg Weizenkleie) herangezogen. Hierbei erwies sich Stamm No. 365 am leistungsfähigsten.

F. MOSSNER. 4210

Verbindung von Glutathion mit Dopachinon. Annie Kodja und Simone Bouchiloux. (C.R. Séances Soc. Biol. Filiales **154.** 737—41. 1960. Marseille, Fac. de Méd. et de Pharmacie, Labor. de Chim. Biol.) (Franz.)

Vff. konnten während der Oxydation von *DOPA* (**I**; *3.4-Dihydroxyphenyl-L-alanin*) durch *Polyphenoloxydase* in Ggw. eines Überschusses an *red. Glutathion* (**II**) die Bldg. einer Additions-Verb. (**III**) aus je 1 Mol. **I** u. **II** nachweisen. Die Bldg. von **III** erfolgt offenbar nach folgendem Reaktionsschema: **I** + $^1/_2$ O_2 → **I**-Chinon (**IV**); **IV** + **II** → **III**. Dieser orthodiphenol. Thioäther zeigt im Absorptionsspektrum zwei λ_{max}-Werte (255,5 u. 291 mμ), reagiert mit Ninhydrin u. ammoniakal. $AgNO_3$ positiv, mit EHRLICHS Reagens negativ u. gibt mit ARNOWS Reagens eine gelbbraune Färbung. Seine papierchromatograph. Eigg. werden ausführlich beschrieben (Angabe der R_F-Werte mit verschiedenen Lsgm.-Syst. auf WHATMAN Nr. 1-Papier). — Vff. nehmen an, daß **III** an der Entstehung natürlicher (von Melamin verschiedener) Pigmente beteiligt ist.

H. KOCKERT. 4210□

Enzymatische Aktivität einer genetisch veränderten Tryptophansynthetase in Neurospora crassa. Sigmund R. Suskind und Elke Jordan. (Science [Washington] **129.** 1614—15. 12/6. 1959. Baltimore, Md., Johns Hopkins Univ., McCollum-Pratt-Inst.) (Engl.)

Teilweise gereinigte Präpp. von gewissen, Tryptophan erfordernden Mutanten von *Neurospora crassa*, welche ein *Protein* (*CRM*) enthalten, das antigen. eine Beziehung zur *Tryptophansynthetase* (**I**) eines wilden Stammes aufweist, haben ein Enzym-Syst., das die Rk. Indol + Triosephosphat → *Indolglycerinphosphat* katalysiert. Diese Rk. kann spezif. durch Anti-CRM-Serum gehemmt werden. Anscheinend stellt CRM in solchen Mutanten eine geschädigte **I** dar, der die Fähigkeit zur Rk. mit Serin fehlt.

A. HESSE. 4210□

Wirkung von zweiwertigen Kationen auf die Reaktivierung der Arginase aus Canavalia ensiformis. R. Baret und M. Mourgue. (C. R. Séances Soc. Biol. Filiales **154.** 742—45. 1960. Marseille, Fac. de Méd. et de Pharmacie, Labor. de Chim. biol.) (Franz.)

Vff. stellten in Unterss. über die Reaktivierung von *Arginase* (**I**) aus *Canavalia ensiformis* durch Co^{2+}, Mn^{2+} u. Ni^{2+} fest, daß die Wrkg. dieser Metallionen jeweils verschieden ist. Für Mn^{2+} existieren 2 pH-Optima der Reaktivierung (ca. pH 7,0 u. 9,9—10,0), die prakt. von der Konz. des Metallions unabhängig sind. Für Co^{2+} wird hingegen nur ein Optimum in der Nähe des Neutralpunktes festgestellt, das jedoch von der angewendeten Co^{2+}-Konz. abhängt. Ni^{2+}-Ionen zeigen gegenüber **I** eine sehr ausgeprägte Reaktivierungsfähigkeit, u. zwar noch in einer Konz. ($0,25 \cdot 10^{-3}$ m), wo Co^{2+} u. Mn^{2+} wirkungslos sind. Die optimale Ni^{2+}-Konz. liegt bei $4 \cdot 10^{-3}$ molar. — Ferner wurde festgestellt, daß die **I**-Aktivitätskurven als Funktion des pH-Wertes je nach reaktivierenden Metallion (Co^{2+}, Mn^{2+}) verschieden sind. H. KOCKERT. 4210□

Die partielle Umkehrung der Kreatinhemmung von Transamidinase durch diätetisches Glycin. Coy D. Fitch, Cecilia Hsu und James S. Dinning. (Biochim. biophysica Acta [Amsterdam] **52.** 194—95. 2/9. 1961. Little Rock, Ark., Univ. of Arkansas, School of Med., Dep. of Biochem.) (Engl.)

Um die Verminderung der Aktivität der *Transaminase* (**I**) der Nieren bei *Kreatin*-Verfütterung zu studieren, wird der Einfl. von *Glycin* (**II**), *Arginin, Kreatin* (**III**), *Benzoesäure* (**IV**) u. von Kombinationen dieser Verbb. auf die **I** der Rattenniere verfolgt. Die Diät wird an entwöhnten SPRAGUE-DAWLEY-Ratten 1 Woche oder länger durchgeführt. Einige Ergebnisse weisen darauf hin, daß es möglich ist, die hemmende Wrkg. des **III** auf **I** durch **II** wenigstens teilweise zu beheben. Der aktivitätsmindernden Wrkg. von **IV** kann vorgebeugt werden durch **II** in der Nahrung. Zwischen **II** u. **III** bestehen möglicherweise kompetitive Beziehungen. L. MACHER. 4210□

Untersuchungen über die Kinetik der enzymatisch katalysierten Kynureninspaltung. Günter Kupke und Alwin Knapp. (Acta biol. med. german. **7.** 378 bis 391. 1961. Potsdam-Rehbrücke. Deutsche Akademie der Wissenschaften zu Berlin, Inst. für Ernährung.) (Dt.)

Kynureninase katalysiert die Spaltung von *Kynurenin* in Anthranilsäure u. Alanin. Das aus Rattenleber präparierte Enzym ist bei -20^0 längere Zeit haltbar. Es hat in Phosphat-Puffer ein pH-Optimum bei 8,5. Na-Veronal/HCl-Puffer hemmt die Reaktion. Die Rk.-Geschw. ist der Fermentmenge proportional. Sie nimmt mit steigender Temp. ständig zu, wobei aber die Zunahme der Rk.-Geschw. pro Grad Temp.-Erhöhung ständig abnimmt. Über 42^0 tritt stärkere Inaktivierung ein. K_m für den Ferment–Substrat-Komplex beträgt bei 37^0 $1,05 \cdot 10^{-4}$ u. für den Apoferment-Coferment (Pyridoxal-5-Phosphat)-Komplex $4,15 \cdot 10^{-7}$. Während Anthranilsäure u. Alanin die Rk. nicht hemmen, hemmt *Isonicotinsäurehydrazid*, indem es das *Pyridoxalphosphat* vom Enzym verdrängt, in vivo u. in vitro. Durch Zusatz von Pyridoxalphosphat ist diese Hemmung aufhebbar. U. HINTERBERGER. 4210□

Untersuchungen über die Lipoproteinlipase. 1. Mitt. **Bestimmung der Post-Heparin-Lipoproteinlipase („Klärfaktor") beim Menschen durch Messung der Triglyceridspaltung.** S. Sailer, F. Sandhofer und H. Braunsteiner. (Klin. Wschr. **39.** 585—88. 1/6. 1961. Wien, II. Med. Univ.-Klinik.) (Dt.)

Durch Veränderung der Meth. von KRAUPP (vgl. KRAUPP, SAILER u. STUMPF, C. **1957.** 11336) zur Best. der *Lipoproteinlipase* (**I**) im heparinisierten normalen menschlichen Plasma durch Verw. von einer Emulsion aus 60 g Cocosfett, 1 g Tween 60 u. $NaHCO_3$-Puffer-Lsg. als Substrat, 240 mm $NaHCO_3$-Lsg. als Puffer (pH 8,2) u. 20%ig. ultrafiltriertes Humanalbumin als Fettsäureacceptor, wird deren Empfindlichkeit erhöht. Bei Substratüberschuß tritt Hemmung der Fermentaktivität ein; MICHAELIS-Konst. für Cocosfett $K_M = 7,2 \cdot 10^{-3}$ Mol/Liter. Jeder akt. Enzym–Substrat-Komplex enthält ein Substratmolekül. Das Substratoptimum für Cocosfett beträgt $4,8 \cdot 10^{-2}$ Mol/Liter. Nach 3 Einheiten *Heparin*/kg läßt sich **I** nur $^1/_2$ Std. in vivo im Blut nachweisen, 4 Min. nach der Heparin-Injektion ist die stärkste **I**-Aktivität im Blut. In vitro läßt sich die Aktivität länger als 8 Std. verfolgen. A. GUDE. 4210□

Hemmung der durch Steroide vermittelten Pyridinnucleotiddehydrogenase und 17-β-Hydroxysteroiddehydrogenase durch 2'-Adenylsäure. Vincent P. Hollander, Nina Hollander und Joseph D. Brown. (Proc. Soc. exp. Biol. Med. **101.** 475—77. Juli 1959. Charlottesville, Va., Univ. of Virginia, Med. School, Dep. of Internal Med. and Biochem.) (Engl.)

17-β-Hydroxysteroidhydrogenase (**I**) u. *Steroidpyridinnucleotidtranshydrogenase* (**II**) der Placenta werden durch *2'-Adenylsäure* (*2'-Adenylmonophosphat*) gehemmt. Dies beruht offenbar, da auch durch *2'-Ionosinmonophosphat,* nicht aber durch 5'-Inosinmonophosphat eine Hemmung bewirkt wird, auf der 2'-Struktur. — Die erhaltenen Ergebnisse sprechen für Identität von I u. II. A. HESSE. 4210□

Beziehung von 3α-Hydroxysteroiddehydrogenase zur Pyridinnucleotidtranshydrogenase. Abraham M. Stein und Nathan O. Kaplan. Science [Washington] **129.** 1611—12. 12/6. 1959. Waltham, Mass., Brandeis Univ., Dep. of Biochem.) (Engl.)

3α-Hydroxysteroiddehydrogenase scheint auf den Verlauf der Rk. red. Triphosphopyridinnucleotid + Diphosphopyridinnucleotid (DPN) ⇌ Triphosphopyridinnucleotid + red. Diphosphopyridinnucleotid, welche von *TPNH-DPN-Transhydrogenase* der Mitochondrienfraktion u. der lösl. Fraktion von Rattenleber katalysiert wird, ohne Bedeutung zu sein. — Vff. schlagen vor, die Bezeichnung „*Pyridinnucleotidtranshydrogenase*" für solche Enzyme zu reservieren, die diese Wrkg. als quant. prim. Funktionen ausüben u. infolge ihrer Konz. in unveränderten Gewebefraktionen oder wegen weitgehender Reinigung eine angemessen hohe spezif. Wrkg. ausüben. A. HESSE. 4210□

Die Bestimmung von Luciferin und der Luciferase. Aurin M. Chase. (Methods biochem. Analysis **8.** 61—117. 1960. Princeton Univ.) (Engl.)

Biolog. Leucht-Syst. bestehen aus einem Substrat, dem *Luciferin* (**II**), u. einem die Licht-freisetzende Rk. katalysierenden Ferment, der *Luciferase* (**I**). Zur Best. der Enzym-Konz. wird die initiale Lichtintensität der Rk., zur Best. des Luciferins die gesamte freigesetzte Lichtmenge gemessen. I aus *Cypridina hilgendorfi* wird durch fraktionierte $(NH_4)_2SO_4$-, Acetonfällung bei Variation des pH-Wertes abgetrennt u. an $Ca_3(PO_4)_2$-Gel adsorbiert. Das II wird mit Bzn. extrahiert, im Vakuum getrocknet u. in CH_3OH unter Durchleiten von H_2 extrahiert. Die Best. erfolgt in 10 ml 0,1 m KH_2PO_4–Na_2HPO_4-Puffer von pH 6,8 mit 0,01 m NaCl. I aus *Photinus pyralis* wird nach Kältelyse der Leuchtorgane an $Ca_3(PO_4)_2$-Gel adsorbiert u. nach Elution zwischen 57 u. 65% Sättigung mit $(NH_4)_2SO_4$ gefällt. II wird aus den wss. Extrakten mit Äthylacetat extrahiert, getrocknet u. in W. gelöst. Die Best. erfolgt in 2,5—5 ml in 0,05 m Glykokollpuffer von pH 7,9 bei Zugabe von 0,1 ml 0,1 m $MgSO_4$ u. 0,2 ml ATP mit 1 mg/ml. I aus *Achromobacter fischeri* wird nach Lyse der Zellen in W. bei pH 4,0—4,3 gefällt, nach Wiederauflösen bei pH 6,8—7,0 zwischen 60 u. 70% Sättigung mit $(NH_4)_2SO_4$ gefällt. II aus Achromobacter ist nicht identifiziert worden, es kann im Testansatz durch *Dodecylaldehyd* (**III**) vertreten werden. Die Best. erfolgt in 2,5 ml mit 0,5 ml 0,1 m Phosphatpuffer von pH 6,8, 1,0 ml gesätt. III-Lsg., 0,2 ml $2\cdot10^{-4}$ m Lsg. von red. Riboflavinphosphat u. 0,5 ml 1%ig. Rinderalbumin. KLAUS BECKER. 4210□

Die Verteilung der Thiosulfat-Schwefeltransferase und des Rhodanids im menschlichen und tierischen Organismus. D. Reinwein. (Hoppe-Seyler's Z. physiol. Chem. **326.** 94—101. 24/11. 1961. Düsseldorf, Med. Akad., 2. Med. Klin. u. Polyklinik.) (Dt.; Auszug: Engl.)

Thiosulfat-Schwefeltransferase (2.8.1.1) (**I**; frühere Bezeichnung: *Rhodanese*) findet sich prakt. in Homogenaten aller Organe von Mensch, Pferd, Schwein, Rind u. Ratte, nicht aber im Serum. Die Aktivität variiert stark von Species zu Species. Die spezif. Aktivität ist am höchsten in der Leber, ferner in Niere, Nebenniere, Schilddrüse u. Pankreas. Eine Beziehung zwischen I-Aktivität u. Konz. an *Rhodanid* wurde nicht gefunden. Die CNS^--Konz. variiert innerhalb der Species mit einzelnen Ausnahmen weit stärker als die Konz. von I. Der höchste CNS^--Geh. findet sich bei Mensch u. Schaf im Magen, beim Schwein im Pankreas, beim Rind in der Schilddrüse, bei der Ratte in der Nebenniere. — Vf. nimmt an, daß es nur eine einzige I gibt. A. HESSE. 4210□

Hemmung der enzymatischen Acetylierung von p-Sulfanilamid und von p-Aminoazobenzol. Theodor Wagner-Jauregg und Hans Saner. (Arzneimittel-Forsch. **9.** 579—81. Sept. 1959. Zofingen (Schweiz), Siegfried AG, Forschungs-Abt.) (Dt.; Auszug: Engl.)

Die enzymat. Acetylierung von *p-Sulfanilamid* in Ggw. von Taubenleber u. Coenzym A wird durch Phenylalkylessigsäuren, u. zwar bes. stark durch *α-[p-Biphenylyl]-buttersäure* (**I**) gehemmt. (C. **1959.** 6172). Folgende neue substituierte Phenylfettsäuren hemmen noch stärker als I diese Rk. (in Klammern die „Bezeichnung" sowie die für 50%ig. Hemmung erforderliche m Konz., die für I ca. 10^{-2} m beträgt): *α-[p-Biphenylyl]-buttersäure* (*Sa 80*; $5\cdot10^{-3}$); *α-[p-Cyclohexylphenyl]-buttersäure* (*Sa 183*; $3\cdot10^{-3}$); *α-[p-Biphenylyl]-α-hydroxycapronsäure* (*Sa 231*; $2\cdot10^{-3}$); *α-[p-Cyclohexylphenyl]-capronsäure* (*Sa 228*; $1{,}3\cdot10^{-3}$); *α-[p-Cyclohexylphenyl]-caprylsäure* (*Sa 205*; $1\cdot10^{-3}$). — Weiter wurden Hemmungen beobachtet durch: *Hydroxylamin*, *Pyridin-2-aldoxim*, *α-Methyl-β-phenylglyoxal-β-monoxim* (*Sa 322*), *α-Phenylglyoxal-β-monoxim* (*Sa 321*), *p-Methoxybenzhydroxamsäure* (*Sa 237*), *α-Phenylbutyrohydroxamsäure* (*Sa 276*; 50%ig. Hemmung bei 0,005 m Konz.), *p-Dimethylaminobenzhydroxamsäure* (*Sa 285*), *Hydroxycarbaminsäure-*

benzylester (*Sa 326*), *γ-Phenylhydroxycarbaminsäure-γ-phenyl-n-propylester* (*Sa 278*) sowie *Hydroxycarbaminsäurethymylester* (*Sa 286*). — Es wird die mögliche Bedeutung der *Cholesterin*-Synth. für die Behandlung der Atheromatose diskutiert. A. HESSE. 4210□

E_3. Mikrobiologie. Bakteriologie. Immunologie

Eine verbesserte pH-Elektrodeneinrichtung für Meßgefäße und Gärbehälter. J. M. West, G. P. Stickle, K. D. Walter und W. E. Brown. (J. biochem. microbiol. Technol. Engng. **3.** 125—37. Juli 1961. New Brunswick, N.J., Squibb Inst. for Med. Res.) (Engl.)

Eingehend wird eine modifizierte pH-Elektrodenanordnung beschrieben, die eine bessere Haltbarkeit aufweist u. weniger temperaturempfindlich ist, so daß sie auch Dampfsterilisationen in Gärbehältern verträgt. Sie läßt sich in stählernen Gärbottichen aller Größen installieren. — 8 Literaturangaben. W. KREIPE. 4300□

Verhalten von Staphylokokken in einem KCN-haltigen Milieu. P. Vassiliadis und R. Maquet. (C.R. Séances Soc. Biol. Filiales **153.** 871—72. 30/9. 1959. Leopoldville, Inst. de Med. Tropicale „Princesse Astrid".) (Franz.)

Vff. untersuchten das Verh. von 75 Staphylokokkenstämmen auf einem Medium, das pro Liter neben 3,3 (g) Bacto-Proteo-Pepton, 5 KCl, 0,225 KH_2PO_4, 5,64 $Na_2HPO_4 \cdot 2\,H_2O$ verschiedene Mengen 0,5%ig. KCN-Lsg. enthielt. Bei einer Konz. von 1 : 13300 entwickelten sich die Staphylokokken nicht. Bei einer Konz. von 1 : 53200 entwickelten sich von 42 Stämmen (koagulase-positiv) 36 in 24 Std. u. 6 in 48 Std. u. von 33 koagulase-negativen Stämmen 1 Stamm in 24 Std., 6 in 48 Std., die restlichen zeigten kein Wachstum. B. GÖRLICH. 4310□

Die Hefeanpassung an Pentosen. 5. Mitt. Ju. N. Karassewitsch. (Микробиология [Mikrobiologie] **30.** 905—11. Sept./Okt. 1961. Moskau, Inst. für Mikrobiol. der Akad. der Wiss. der UdSSR.) (Russ.; Auszug: Engl.) — Vgl. C. **1961.** 883.

Bei längerem Wachstum von *Candida pulcherrima* tritt auf einem synthet. Nährmedium Adaptation an *d-Xylose* ein. Die Adaptation verläuft am besten bei 32° u. 0,5% Xylose. Bei Konzz. von 2 u. 4% u. bei 26° wird das Wachstum etwas gehemmt. Vorheriges Wachstum bei 32° beschleunigt die Adaptation bei 26°. Es wird gelegentlich eine Konz.-Spezifität der Adaptation beobachtet. K. SATTLER. 4310□

Das Verhalten des stickstoffbindenden Mycobacteriums (Mycobacterium sp. 301) gegenüber verschiedenen Kohlenstoffquellen und zusätzlichen Wachstumsfaktoren. M. W. Fedorow und T. A. Kalininskaja. (Микробиология [Mikrobiologie] **30.** 833—40. Sept./Okt. 1961. Moskau, Landwirtsch. Timirjasew-Akad. u. Inst. für Mikrobiol. der Akad. der Wiss. der UdSSR.) (Russ.; Auszug: Engl.)

Aus Torf-Podsol-Böden wurde ein N-fixierendes, auxoheterotrophes Bakterium (*Mycobacterium flavum* nahestehend) isoliert. Bei bestimmten Dosen von Hefeautolysat (2 mg N auf 100 ml Medium) war das Wachstum gut, die N-Fixierung aus der Luft bis 10 mg/1 g C-Quelle. Das 1,5—2fache davon wurde bei gemeinsamem Wachstum mit anderen Bakterienkulturen erreicht. Als C-Quelle sind organ. Säuren gut, Kohlenhydrate dagegen nicht geeignet. K. SATTLER. 4310□

Die Wechselbeziehung zwischen dem Vitaminbedarf einerseits, der Kultivierbarkeit und dem biochemischen Charakter des Lactobacillus spp. andererseits. M. Rogosa, J. G. Franklin und K. D. Perry. (J. gen. Microbiol. **25.** 473—82. Juli 1961. Shinfield, Reading (England), Univ. of Reading, Nat. Inst. for Res. in Dairying; Bethesda, Md., U.S. Dep. of Health, Ed. and Welfare, Publ. Health Serv., Nat. Inst. of Health, Nat. Inst. of Dental. Res.) (Engl.)

In einem Grundnährmedium, das *Casein, Glucose, K-Phosphat*, Mineralsalze, *Adenin, Cystein-hydrochlorid, Guanin, Xanthin, Uracil, Ascorbinsäure, Pyridoxaläthylacetal-hydrochlorid* (**I**), *Niacin, Ca-Pantothenat, Riboflavin* (**II**), *p-Aminobenzoesäure, Vitamin* B_{12} (**III**), *Thiamin-hydrochlorid, Folsäure* (**IV**) u. *Biotin* enthielt, wurde das Wachstum einer größeren Zahl homo- u. heterofermentativer Arten von *Lactobacillus* (L) untersucht. *L. bulgaricus* wurde durch 10 µg **IV**/Liter gehemmt. Alle Arten von *L. casei* benötigten **I** u. **IV**. *L. plantarum* wuchs am besten in Abwesenheit von **I** u. **IV**. *L. helveticus* u. *L. jugurti* unterschieden sich nur in ihrem *Maltose-* u. *Dextrin*-Vergärungsvermögen; beide erzeugten viel *DL-Milchsäure*. *L. leichmanii, L. delbrückii, L. lactis* benötigten keine **IV**, wohl aber *L. acidophilus*. Die ersten unterschieden sich durch ihr Gärvermögen hinsichtlich *Cellobiose, Salicin, Trehalose, Äsculin*. L. delbrückii erforderte **II** u. *Thymidin*, aber keine **IV**. L. leichmannii dagegen brauchte **IV** u. **III**, nicht aber **II** u. Thymidin. *L. brevis* u. *L. Buchneri* sind antigen verwandt. L. MACHER. 4310□

Über die Wachstumswirkung von Thiamindisulfid auf Lactobacillus fermenti 36 im Agarplatten-Test. Z. G. Bánhidi. (Biochem. Z. **332.** 77—80. 1959. Stockholm, Univ., Wenner-Gren Inst. f. experim. Biol.) (Dt., Auszug: Engl.) — Vgl. C. **1959.** 11643.

Bei Kultur von *Lactobacillus fermenti 36* (ATCC 9338) auf Agarplatten konnte *Thiamin* (**I**) durch *Thiamindisulfid* (**II**) nur dann ersetzt werden, wenn **II** durch Zusatz von *Cystein* aktiviert wurde; in diesem Fall besaß **II** dann dieselbe Aktivität wie **I**. A. HESSE. 4310□

Identifizierung der von Lactobacillus casei produzierten wachstumsfördernden α-Hydroxyfettsäuren. Merrill N. Camien, Audree V. Fowler und Max S. Dunn. (Science [Washington] **128.** 534—35. 5/9. 1958. Los Angeles, Calif., Univ. of California, Chem. Labor.) (Engl.)

Aus wachstumsfördernden Extrakten von *Lactobacillus casei 7469* werden 3 Säuren isoliert, von denen 2 als *d-α-Hydroxyisovaleriansäure* u. *d-α-Hydroxyisocapronsäure* identifiziert wurden. P. GREGORZEWSKI. 4315□

Untersuchungen über die Konstitution des Mucokomplexes aus Micrococcus lysodeikticus. 2. Mitt. **Physikochemische Eigenschaften des Mucokomplexes.** Shichiro Akiya und Otomatsu Hoshino. (Chem. pharmac. Bull. [Tokyo] **8.** 395—98. Mai 1960. Tokyo, Tokyo Medico-Dental Univ. and Univ. of Tokyo, Fac. of Pharmaceutical Sciences.) (Engl.) — 1. vgl. J. pharmac. Soc. Japan [Yakugakuzasshi] **77.** [1957.] 777.

Die früher aus *M. lysodeikticus* isolierte Fraktion *G* besteht vorwiegend aus einer lösl. *Mucopolysaccharid*-ähnlichen Substanz. *G* wurde durch Elektrodialyse u. Zonenelektrophorese weiter gereinigt u. ein einheitlicher Mucokomplex (*G IIs*) erhalten. Die Homogenität wurde durch TISELIUS-Elektrophorese u. Ultrazentrifugierung untersucht. Das Molgew. (aus osmot. Druck, Sedimentations-Konst. u. [η]) von *G IIs* beträgt ca. 100000; [η] 3,06, Neutralisationsäquivalent 626, isoelektr. Punkt ca. 3,0. K. MAIER. 4315□

Verteilung der stickstoffhaltigen Substanzen im Mycel von Act. violaceus bei verschiedener Intensität der Antibioticasynthese. P. A. Agatow, I. M. Nisowa und L. A. Galanina. (Микробиология [Mikrobiologie] **30.** 877—80. Sept./Okt. 1961. Inst. für Mikrobiol. der Akad. der Wiss. der UdSSR.) (Russ., Auszug: Engl.)

Mycele von *Act. violaceus* mit starker Antibiotica-Bldg. zeichnen sich gegenüber weniger akt. Mycelen durch größeren N-Geh., mehr säureunlösl. Stoffe u. im Eiweiß durch einen geringeren Anteil bas. Aminosäuren u. einen erhöhten Geh. an Dicarbonsäuren aus. K. SATTLER. 4315□

Über eine pterinähnliche, fluorescierende Substanz aus Aspergillus. 7. Mitt. **Bedingungen für die Produktion der Substanz.** Y. Kaneko. (C. R. Séances Soc. Biol. Filiales **153.** 887—89. 30/9. 1959. Univ. de Nagoya, Fac. d'Agricult.) (Franz.)

Vf. beschreibt die Vers.-Bedingungen für eine durch verschiedene Aspergillusstämme gebildete *pterinähnliche, violett fluorescierende Substanz* (**I**). Für die Gewinnung von **I** eignen sich bes. belüftete Nährböden mit Saccharose, Glucose, Fructose als C-Quelle u. NH_4NO_3, $(NH_4)_2SO_4$, $NaNO_3$, Pepton u. Fleischextrakt als N-Quelle. In Rührkulturen findet keine Bldg. von **I** statt. Bes. reichlich findet sich **I** in flockigen u. wolligen Pilzmycelen. B. GÖRLICH. 4315□

Thiorhodaceae. 1. Mitt. **Der Einfluß von Na-Thioglykolat auf die Photosynthese und den Dunkelstoffwechsel von Purpur-Schwefelbakterien.** John J. Taylor. (Canad. J. Microbiol. **4.** 425—33. Okt. 1958. Missoula, Mont., Montana State Univ., Dep. of Bact.) (Engl.)

Aus Schlamm u. W. frisch isolierte Purpurschwefelbakterien wurden durch folgende Verbb. im Wachstum gefördert (Na-Salze); S^{2-}, $S_2O_3^{2-}$, $S_2O_6^{2-}$, SH^-, *Thioglykolat* (**I**); *Acetat, Propionat, Succinat, Malat.* Ohne Wrkg. waren: SO_3^{2-}, HSO_3^-, $S_2O_5^{2-}$, $S_2O_7^{2-}$, SCN^-, K-Äthylxanthat, Methylbisulfid, Thioacetat, Thioacetamid, Thioharnstoff, Thiouracil, Thiomalat, Cystein, Cystin. Die CO_2-Fixierung ruhender Zellen im Licht wurde durch **I** proportional der Konz. gehemmt. S-verarmte, ruhende Zellen hatten dagegen bei 0,04 m **I** ihr Maximum der CO_2-Fixierung im Licht. Im Dunkeln fixierten ruhende Zellen in Ggw. von **I** dagegen CO_2 proportional der **I**-Gabe. Vf. schließt daraus, daß **I** nicht in den Mechanismus der lichtabhängigen W.-Spaltung, sondern in die nachfolgende Dunkel-Rk. eingreift. H. FRANK. 4320□

Der mikrobielle Abbau von Kohlenwasserstoffen. G. Wolfgang Fuhs. (Arch. Mikrobiol. **39.** 374—422. 1961. Univ. Bonn, Hygiene-Inst., Med.-parasitol. Abt.) (Dt.)

Die Entw. der Erdöl-Industrie wirft Fragen der Beseitigung u. Veränderung von KW-Stoffen auf. Im physiolog. Abschnitt wird untersucht, welche Mikrobenarten KW-Stoffe aerob oder anaerob angreifen. Im ökolog. Abschnitt werden die äußeren Bedingungen behandelt, die den Abbau von Rohprodd. beeinflussen. Die Oxydation des Methans (durch Methanomonas), der höheren Paraffin-KW-Stoffe (durch Coryne-,

Mycobakterien, Actinomyces, Micromonospora), der iso-KW-Stoffe (durch Pseudomonas), der Olefine (durch Candida), der Acetylene (durch Enterobacteriaceae), der Naphten-KW-Stoffe (durch Bact. aliphaticum), der aromat. KW-Stoffe (durch Pseudomonas), des Naphthalins, des Anthracens, des Phenanthrens wird besprochen. — 271 Literaturangaben. L. MACHER. 4320□

Die Kohlenstoffbilanz bei der Propanoxydation durch eine Kultur von Mycobacterium lacticolum. S. P. Telegina. (Микробиология [Mikrobiologie] **30.** 912 bis 916. Sept/Okt. 1961. Allunionsinst. für geolog. Erdölerkundung.) (Russ.; Auszug: Engl.)

Bei ausreichendem *Propan-* u. O_2-Angebot werden bei *Mycobacterium-* u. *Pseudomonas*-Arten 0,2—0,65 ml Propan für 1 mg C der Biomasse benötigt. Die Verss. über die Oxydation von Propan ergaben bei der Endmenge des C einen Fehlbetrag von nicht mehr als 10%. 30—60% des Propans werden zum Aufbau von Zellsubstanz benutzt.

K. SATTLER. 4320□

Beobachtungen über den Stoffwechsel der Pentosen bei Escherichia coli. U. Z. Littauer, B. E. Volcani und E. D. Bergmann. (Biochim. biophysica Acta [Amsterdam] **18.** 523—30. Dez. 1955. Rehovoth, Weizmann Inst. of Science; Israel Ministry of Defence, Scientific Dep.) (Engl.)

Auf einem Mineral + *Glucose* (**I**)-Medium gewachsene Zellen von *E. coli K-12* oxydierten **I** sehr schnell, *L-Arabinose* (**IV**) *D-Xylose* (**III**) u. *D-Ribose* (**II**) erst nach einer lag-Periode, *Xylulose* (**VI**) u. *D-Arabinose* (**V**) werden nicht angegriffen. Auf einem Mineral + Pentosen-Medium gewachsene Zellen oxydieren die entsprechenden Pentosen u. **II** sofort, **III** u. **IV** erst nach einer lag-Periode, während **V** nicht angegriffen wird u. **VI** nur, wenn die Zellen vorher auf einer **VI**-haltigen Nährlsg. kultiviert wurden. Enthielt die Nährlsg. Hefeextrakt oder Hefeextrakt + **I**, dann wird **II** sofort, **IV**, **III** u. **VI** nur nach einer lag-Periode oxydiert. Enthielten die Nährlsgg. **III** oder **I** + **III**, dann oxydierten die entsprechenden zellfreien Extrakte **VI** schneller als **III**. In zellfreien Extrakten konnten nur eine **III**- u. **V**-Isomerase festgestellt werden, u. zwar dann, wenn die Zellen vorher auf einem Substrat mit den entsprechenden Pentosen gewachsen waren. Eine **I**- u. **II**-Isomerase wurde nicht gefunden. Hinsichtlich einer Phosphorylierung von **VI**, **IV**, **II** u. **III** durch zellfreie Extrakte konnte folgendes ermittelt werden: Auf Mineral + **I** gewachsene Zellen phosphorylierten nur **II** u. **VI**, auf Mineral + **III** wurden **III**, **VI**, **II** u. **I** phosphoryliert, auf Mineral + **II** nur **I** u. **II**, auf Hefeextrakt **II** u. **VI** sehr langsam; wesentlich schneller wird **VI** dann phosphoryliert, wenn die Zellen vorher auf einem Hefeextrakt + **I**-Medium gewachsen waren. M. LORENZ. 4320□

Aminosäuresynthese bei Bäckerhefe in Gegenwart von Ammoniumionen. W. L. Kretowitsch und Je. Krause. (Микробиология [Mikrobiologie] **30.** 881—85. Sept./Okt. 1961. Moskau, Technolog. Inst. für Nahrungsmittelind.) (Russ.; Auszug: Engl.)

Bei Bäckerhefe wird der *N* von *Ammonium*-Ionen außer in Glutaminsäure, Asparaginsäure u. Glutamin bes. intensiv. in *Alanin* eingebaut u. vorwiegend in dieser Form assimiliert. Die Synth.-Geschw. ist von den Kulturbedingungen, bes. der Belüftung, abhängig. Am vorteilhaftesten ist für die Aminosäure-Synth. eine geringe Belüftung.

K. SATTLER. 4320□

n-Alkanverwertung und Lipidbildung durch eine Nocardia. R. L. Raymond und J. B. Davis. (Appl. Microbiol. **8.** 329—34. Nov. 1960. Dallas, Tex., Socony Mobil Oil Co., Inc., Field Res. Lab.) (Engl.)

Fl. *n-Alkane* (**I**), wie *n-Octadecan* (**II**), wurden durch einen aus Boden isolierten *Nocardia*-Stamm unter optimalen Bedingungen zu 95% unter Bldg. eines schleimigen Polymeren verwertet. In Ggw. von *n-Hexadecan* oder **II** gezüchtete Zellen enthielten eine große Menge *Lipid* (**III**), das zu ca. 60% aus Glyceriden u. zu 40% aus Wachsen besteht. Bei Züchtung auf *n-Tridecan*, *n-Hexan* oder *Glucose* werden keine Wachse gebildet. N-Verbb., O_2- u. KW-Stoff-Konz. beeinflussen Wachstum u. **III**-Bildung.

K. MAIER. 4320□

Bakteriencarotinoide. 8. Mitt. **Ein Strukturschema für die Biosynthese der gefärbten Carotinoide im photosynthetischen Bacterium Rhodospirillum rubrum.** Synnøve Liaaen Jensen. (Acta chem. scand. **15.** 1182—85. 1961. Trondheim, Norges Tekn. Hogskole, Inst. for Org. Kjemi.) (Engl.) — 7. vgl. C. **1961.** 6499.

Für die Biosynth. der in *Rhodospirillum rubrum* gefundenen Carotinoide wird vom Vf. auf Grund bekannter biochem. Rkk. ein Schema angegeben. Danach wird *Lycopin* zu *1-Hydroxy-1.2-dihydrolycopin* (*Rhodopin*) hydratisiert, das über das hypothet. *1-Hydroxy-3.4-dehydrolycopin* (**I**) in den **I**-Methyläther (**II**; *Anhydrorhodovibrin*) übergeht. Dieser gibt durch Hydratisierung *1-Methoxy-1'-hydroxy-3.4-dehydrolycopin* (**III**; *Rhodovibrin*). Dehydrierung von **III** in 3'.4'-Stellung zum OH-Spirilloxanthin u. Methylierung der 1'-OH-Gruppe führt dann zum *1.1'-Dimethoxy-1.2.1'.2'-tetrahydro-3.4.3'.4'-*

tetradehydrolycopin (*Spirilloxanthin*). Für II u. III sind ebenso wie für das hypothet. I die isomeren, symm. Strukturen als 4.4'-Dehydro-Verbb. möglich. F. HELLER. 4320□

Die Untersuchung der Biosynthese von Cordycepin. Nicholas M. Kredich und Armand J. Guarino. (Biochim. biophysica Acta [Amsterdam] **47.** 529—34. 4/3. 1961. Ann Arbor, Mich., Univ. of Michigan, Dep. of Biol. Chem.) (Engl.)

Die Carboxylkohlenstoff-Atome des $^{14}C_{(1)}$-*Acetats* u. des $^{14}C_{(1)}$-*Isovaleriats* dienen nicht als Vorläufer von *Cordycepin* bei dessen Synth. durch *Cordyceps militaris.* Diese Befunde deuten gegen die Herkunft der *Cordycepose* (I) auf Grund einer Isoprenoid-Biosynthese. Exogen zugesetzte $^{14}C_{(8)}$-*Adenin*, $^{14}C_{(1)}$-*Glucose* (II) u. $^{14}C_{(6)}$-*Glucose* (III) dienen als vorzügliche Vorläufer, wobei die letzten zwei Verbb. sowohl die Base als auch den Zucker der Nucleoside markieren. III markiert I besser als II u. zeigt hierbei den Verlust des $C_{(1)}$-Atoms des Glucose-Mol. bei der Synth. der I an. L. MACHER. 4320□

Vergleich einiger Eigenschaften empfindlicher und resistenter Stämme von Pseudomonas aeruginosa gegen quartäre Ammoniumverbindungen. D. R. Mac Gregor und P. R. Elliker. (Canad. J. Microbiol. **4.** 499—503. Okt. 1958. Corvallis, Oreg., Oregon State Coll., Dep. of Bact.) (Engl.)

Pseudomonas aeruginosa wurde gegen 700 ppm *Alkyldimethyläthylbenzylammoniumchlorid* (I) in Flüssigkeitskultur (RA) u. gegen 2000 ppm I auf festem Nährboden (RB) immunisiert. *Äthylendiamintetraacetat* (II) war gegen die beiden resistenten Stämme mit 100 ppm schwach wirksam, gegen den nicht immunisierten Ausgangsstamm (N) etwas stärker. Bei RA u. RB hob II die Unempfindlichkeit gegen I restlos auf, wenn beide Stoffe gleichzeitig gegeben wurden. Die Veratmung von Glucose durch lyophilisierte Zellen in Ggw. von 333 ppm I war bei N nicht beeinträchtigt, bei RA zu 63%, bei RB zu 65% gehemmt. *Succinat* wurde unter gleichen Bedingungen von N nur zu 8% oxydiert, von RA zu 78% u. RB zu 92%. Vff. nehmen an, daß die resistenten Stämme ihre Resistenz einem Impermeabilitätseffekt gegenüber I verdanken. H. FRANK. 4330□

Über das Wirken von anionoberflächenaktiven Stoffen, Urethanen und Kupfersulfat auf Pilzconidien. R. Tröger und K. Heinz. (Arch. Mikrobiol. **40.** 1—16. 1961. Jena, Inst. für allg. Bot.) (Dt.)

Fusarium decemcellulare wurde 10 Tage bei 25° kultiviert (Malzagar) u. die gebildeten Conidien (CI) mit den zu testenden Verbb. in aqua dest. suspendiert (nicht mehr als 100000 CI/ml), das evtl. zugegebene Fungicid wieder entfernt u. die CI dann für 20 Std. bei 26° bebrütet. Die Zahl der gekeimten CI wurde ausgezählt. *Alkylsulfonat* (*Mersolat*; I) u. *Na-Laurylsulfat* (II) wirken nach 45 Min. erst tox., wenn eine Konz. von 0,1% überschritten wird. Werden die CI nach der II-Behandlung in eine $CuSO_4$-Lsg. (1 γ Cu/ml) übertragen, dann wird die Toxizität des Cu so verstärkt, daß 1 γ/ml letal wirkt, während diese Cu-Menge in Abwesenheit von II keine Wrkg. hat. Nach Vorbehandlung mit II ist Cu 15 Min. nach der Cu-Gabe in den CI nachweisbar, was in Abwesenheit von II erst nach $2^1/_2$—3 Std. möglich war. I hatte auf den Cu-Nachw. geringen Einfluß. Der Cu-Nachw. in den CI ist pH-abhängig, bei pH 6—7 ist er am frühesten möglich. I u. II beeinflussen auch das Keimverh. u. den Cu-Nachw. $CuSO_4$-behandelter CI, wenn sie gleichzeitig mit dem Metall einwirken. Ähnliche Ergebnisse wurden bei Verw. von „*Fit*", *Tetrapropylenbenzolsulfonat*, *Myristylsulfat*, *Na-Hexadecylsulfat*, *Dodecylbenzolsulfat* u. *Äthylenoxyaddukt* erzielt, während die nichtionogenen Stoffe [*Saponin*, *Alkyldimethylbenzylammoniumchlorid* (*Leonil*), *Alkylarylpolyglykoläther* (*Hostaphal CV*)] keine bemerkenswerte Wrkg. hatten. *Äthylurethan* verhält sich in seiner Wrkg. wie eine anionenakt. Substanz u. nicht wie ein spezif. Hemmstoff der Reduktasen. M. LORENZ. 4330□

Über den Wirkungsmechanismus synthetischer Detergentien auf die Morphologie und Cytologie der Bakterien. 3. Mitt. **Über cytopathologische Veränderungen der Bakterien im elektronenmikroskopischen Bild.** Kurt Zapf. (Acta biol. med. german. **7.** 1—23. 1961. Berlin, Deutsche Akademie der Wissenschaften zu Berlin, Inst. für Med. u. Biol., Bereich Pharmakologie.) (Dt.) — 2. vgl. C. **1962.** 6079.

Mit Hilfe der elektronenmkr. Strukturanalyse an Ultradünnschnitten u. Totalpräpp. verschiedener Bakterienarten wurde die Wrkg. von Detergentien untersucht. Gramnegative Bakterien adsorbieren anionenakt. Substanzen, wie *Dodecylsulfat*, rasch in Form von Micellen. Die Bindung ist zuerst reversibel. Danach findet man destruktive Veränderungen der Cytoplasmamembran u. in dem ihr naheliegenden Cytoplasma, wie kleine elektronendichte Partikel, die als denaturiertes Eiweiß angesehen werden. Kationenakt. Substanzen führen zu autolyt. Zellzerstörung. Dabei zeigen bei manchen Detergentien einzelne Plasmabezirke eine größere Resistenz. Langkettige *Alkylpyridiniumbromide* (C_{16}, C_{18}) erzeugen bei Proteus Riesenwuchs u. haben nur eine geringe Lysefähigkeit. Bei grampositiven Bakterien sind anionen- u. kationenakt. Substanzen wirksamer als bei gramnegativen. Säurefeste Bakterien sind auf Grund ihrer andersartigen Zellgrenzflächen gegen Detergentien weniger empfindlich. Dringen die Detergentien ein, so findet man ähnliche Effekte wie bei den grampositiven Bakterien. Das ist bei jungen Zellen der Fall. An älteren Zellen von *Mycobacterium tuberculosis* (BCG-Stamm) findet man zwischen Zellmembran u. Cytoplasmamembran eine elektronenopt. leere Zone, die vielleicht als Mantelsubstanz aufzufassen ist u. das schlechtere Eindringen von Detergentien erklärt. U. HINTERBERGER. 4330 □

Einfluß der Desinficientien auf morphologische und biologische Eigenschaften der Bakterienzelle. A. M. Maltschenkow. (Микробиология [Mikrobiologie] **30.** 466—72. Mai/Juni 1961. Leningrad, Militärmed. Akad.) (Russ.; Auszug: Engl.)

Desinficientien führen bei baktericiden Konzz. zu einer schnellen Zerstörung der Kolloide der Zelle, was zu einer starken Strukturänderung führt. Bei bakteriostat. Konzz. sistieren Wachstum u. Zellteilung. Nur wenige empfindliche Zellen verändern sich wie bei Bactericidie. Bei subbakteriostat. Konzz. tritt eine bedeutende Verlängerung der lag-Phase, ein Stillstand der Zellteilung u. patholog. strukturell-morpholog. Veränderung ein. Die Degenerationsprozesse sind unspezif. u. tragen allg. Charakter. Untersucht wurde die Wrkg. von *Furacilin* (1 : 50000; 1 : 75000; 1 : 100000), *Phenol* (1 : 750—1 : 900), *Formalin* (1 : 12000—1 : 75000), *Sublimat* (1 : 100000—1 : 400000), H_2O_2, *Rivanol, Hexachlorophen.* K. SATTLER. 4330 □

Einfluß der Vorbehandlung des Maisextraktes auf die Fermentation von Penicillin und Chlortetracyclin. P. Ss. Petrow und E. Popow. (Антибиотики [Antibiotika] **5.** Nr. 2. 117—19. März/April 1960. Rasgrad, Bulgarien, Med. Fabrik Nr. 4.) (Russ.)

Vorbehandlung des Maisextraktes für Nährböden von *Penicillium 369* durch 1 std. Dampfbehandlung führt zur Verkürzung der Fermentationszeit von 82 auf 66 Std. u. Erhöhung der Aktivität des Penicillins um 700—900 cm^3. Die Aktivität der Fermentation ist von der Maissorte u. vom Alter des Extraktes abhängig. I. v. KLOCH-KORNITZ. 4340 □

Verminderte oxydative Aktivitäten bei Escherichia coli und Bacillus megatherium in Zusammenhang mit anderen Veränderungen während der Wachstumshemmung durch Streptomycin. R. Hancock. (J. gen. Microbiol. **25.** 429—40. Juli 1961. Manchester, Univ., Dep. of Bacteriol.) (Engl.)

Das durch *Streptomycin* (I) unterbundene Wachstum von *Bacillus megatherium, Escherichia coli B* oder *Bacillus subtilis* während der exponentiellen Wachstumsphase äußerte sich in einer auf 20—60% verminderten oxydativen Aktivität gegenüber *Glucose, Lactat, Pyruvat* u. *Succinat.* Bei E. coli war dies gleichzeitig mit Abnahme der Wachstumsrate verbunden. Bei völliger Wachstumshemmung durch I betrug die Menge der Aminosäuren u. der bei 260 mμ absorbierenden Verbb. in wss. Extrakten von B. megatherium u. E. coli so viel, wie in den normalen Organismen vorkommt. Die von I inhibierten Organismen-Präpp. (Protoplaste) unterschieden sich nur wenig von den mit normalen Organismen bereiteten, so daß ein Abbruch der Permeabilität während der Inhibierung durch I kaum eintrat. Lysate der Protoplaste wiesen um 20—40% geringere oxydative Aktivitäten auf. L. MACHER. 4340 □

Abschwächung der antibakteriellen Wirkung des Tetracyclins im eitrigen Entzündungsexsudat. W. N. Ssolowjew und E. M. Ssokolowa. (Антибиотики [Antibiotika] **5.** Nr. 2. 35—41. März/April 1960. Akad. der med. Wiss. der UdSSR, Inst. für Pharmakolog. u. Chemotherap., Abt. für experimentelle Therapie.) (Russ.; Auszug: Engl.)

Eitriges Exsudat von Ratten bei experimenteller Infektion mit *Klebsiella pneumoniae* oder *Staphylococcus aureus*, das die antibakterielle Wrkg. des *Tetracyclins* (I) hemmt, eignet sich in vitro als Nährboden für Bakterien. Seröses asept. Exsudat besitzt einen dem Blutserum ähnlichen baktericiden Faktor, der im eitrigen nicht enthalten ist. Zwischen I u. dem Faktor besteht kein Antagonismus oder Synergismus.
I. v. KLOCH-KORNITZ. 4340 □

Untersuchungen über die Antigenstruktur der Listeria monocytogenes. 2. Mitt. **Die serologischen Eigenschaften der aus acht Stämmen isolierten Proteine.** H. Tubylewicz. (Bull. Acad. polon. Sci., Sér. Sci. biol. **9.** 241—45. 1961. Warsaw, School of Med., Dep. of med. Microbiol.) (Engl.) — 1. vgl. C. **1961.** 10234.

Mit der Komplementbindungs-Rk. u. der Agardiffusions-Meth. nach OUCHTERLONY mit Seren, die von mit abgetöteten Bakterien immunisierten Kaninchen stammten, sowie mit 4 aus *Listerien* isolierten *Proteinen* konnte eine Einteilung der Listerien in zwei Gruppen (2 bzw. nur 1 Antigen in den Proteinfraktionen) u. je zwei Untergruppen vorgenommen werden. E. FISCHOEDER. 4370 □

Das Polysaccharid des Vollantigens und andere polysaccharidhaltige Fraktionen von B. Breslau und den aus seinen Filtraten regenerierten sekundären Kulturen. 2. Mitt. **Untersuchung der Zusammensetzung der polysaccharidhaltigen Komplexe.** I. Ja. Sacharowa. (Мікробіологічний Журнал (Київ) [Mikrobiol. J. (Kiew)] **24.** Nr. 1. 3—7. 1962. Inst. für Mikrobiol. der Akad. der Wiss. der UkrainSSR.) (Ukrain.; Auszug: Engl.) — 1. vgl. C. **1961.** 11379.

Die Unterss. über die Zus. des Vollantigens u. der übrigen, *Polysaccharide* (I) enthaltenden Fraktionen von *B. Breslau* u. der aus den Filtraten regenerierten sek. Kulturen Nr. 36 u. Nr. 142 ergaben, daß alle Fraktionen *N* u. *P* enthalten. Die I-Fraktionen der Varianten enthalten mehr N u. P als die Ausgangskultur. Alle Fraktionen zeigen eine positive Eiweiß-Reaktion. Der Geh. an *Lipoiden* (II) ist mit 1,5—6,4% gering. Den höchsten II-Geh. weist das Antigen von Nr. 36 auf. Aus den UV-Spektren geht hervor, daß alle Fraktionen *Nucleinsäuren* (III) enthalten. Aus den Ergebnissen wird geschlossen, daß sowohl das Vollantigen wie die Fraktionen des „locker" gebundenen I u. des „fest" gebundenen I bei allen Kulturen als I-Komplexe mit Eiweiß, II u. III anzusehen sind. O. Lebtag. 4370□

Staphylokokken-Toxine. 2. Mitt. **Faktoren, die die Hämolyse durch δ-Lysin beeinflussen.** A. W. Jackson und R. M. Little. (Canad. J. Microbiol. **4.** 435—44. Okt. 1958. Ottawa, Canada, Dep. of Nat. Health and Welfare, Labor. of Hyg.) (Engl.) — 1. vgl. Canad. J. Microbiol. **3.** [1957.] 47.

Ggw. von *α-Lysin* hemmte die Hämolyse von menschlichen Erythrocyten durch *δ-Lysin* nicht. Hemmung trat dagegen ein durch 1% u. 0,1% γ-Globulin, durch 0,06% von zwei Proteinfraktionen, durch starke Verdünnungen von Menschen- u. Kaninchen-Serum. Glucose, Citrat u. Mg^{2+} waren wirkungslos. Hämoglobin u. Erythrocytenmembranen hemmten. Die Gesamthämolyse erreichte maximal 65%, minimal 30% der vorgegebenen Erythrocyten u. war proportional der Lysinkonzentration. Es wird eine Meth. beschrieben, die relative Aktivität von δ-Lysin zu bestimmen. H. Frank. 4370□

Zur Pharmakologie von Staphylokokken-Toxin (Wood 46). 3. Mitt. **Die Wirkung von Staphylokokken-Toxin auf isolierte Organe des Verdauungstraktes verschiedener Species.** B. Wiegershausen. (Acta biol. med. german. **8.** 182—98. 1962. Deutsche Akademie der Wissenschaften zu Berlin, Inst. für Med. und Biol., Bereich Pharmakologie.) (Dt.) — 2. vgl. Arch. int. Pharmacodynam. Thérap. **136.** [1962.] 174.

Die Toxine von *Staphylococcus pyogenes* var. *aureus* bewirken von einer bestimmten Dosis ab, nach einer kurzen Latenzzeit bei isolierten Abschnitten des Verdauungstraktes verschiedener Species eine zunehmende Tonisierung. Während die motor. Aktivität des Meerschweinchen-Duodenums u. des rectalen Coecums des Huhnes verschwindet, wird sie beim Meerschweinchen-Ileum u. bei Ratten-Colon verstärkt. Magenstreifen, Duodenum u. Ileum der Ratten reagieren nur mit einer Tonuserhöhung. Nach höheren Toxindosen kommt es zum Verlust der Empfindlichkeit gegen Pharmaka u. das Toxin. Lysergsäurediäthylamidtartrat beeinflußt die Toxin-Wrkg. nicht. Atropin hemmt am Meerschweinchenileum die Rk. auf das Toxin teilweise. U. Hinterberger. 4370□

Kapsel-Polysaccharide von Escherichia coli, Typ K 28 A und K 34 A. Bill B. Wiley und Henry W. Scherp. (Canad. J. Microbiol. **4.** 505—16. Okt. 1958. Rochester, N. Y., Univ. of Rochester, School of Med., Dep. of Bact.; Labor. of Health Bureau.) (Engl.)

Typ K 28 A (O Gruppe 8) u. Typ K 34 A (O Gruppe 9) von *Escherichia coli* wurden auf ihre *Kapselpolysaccharide* näher untersucht. Sie werden folgendermaßen charakterisiert: Kjeldahl-N 1,11—1,04 (%) bzw. 1,04—1,00, reduzierende Zucker als Glucose 63,4—60,3 bzw. 65,0—62,3, anorgan. P 0,29—0,28 bzw. 0,062, organ. P 0,012—0,015 bzw. 0,35—0,38, Nucleinsäuren keine bzw. keine, Glykogen 2 bzw. 2, Hexosamin keine bzw. 2,5. Die Verteilung der Kohlenhydrate: *Fucose* 13,4 (%) bzw. keine, *Glucuronsäure* 13,2 bzw. 14,1, *Galakturonsäure* 9,9 bzw. 10,5, *Galaktose* 11 bzw. 11, *Glucose* 56 bzw. 63, *Mannose* 8 bzw. 14. — Bei den im gleichen Gebiet untersuchten normalen menschlichen Seren fand man nur sehr selten u. in sehr geringer Menge Antikörper gegen die K 28 A- u. K 34 A-Polysaccharide. Andererseits enthielten $^2/_3$ dieser Seren O-Gruppe-8-Antikörper u. das restliche Drittel O-Gruppe-9-Antikörper. H. Frank. 4370□

Die Wirkung von Phospholipase A und Lipid-Lösungsmitteln auf den Encephalitis-Virus von Murray-Valley. S. G. Anderson und G. L. Ada. (J. gen. Microbiol. **25.** 451—58. Juli 1961. Melbourne, Univ., Dep. of Exp. Med.; Victoria, Royal Melbourne Hosp. Post Office, Walter and Eliza Hall Inst. of Med. Res.) (Engl.) — Vgl. C. **1961.** 11380.

Bei 37° 30 Min. lang einwirkende *Phospholipase A* (I) verminderte die Infektionsstärke des rohen oder gereinigten Encephalitisvirus von Murray Valley (MVE). Dieser inaktivierte Virus ergab eine infektive *Ribonucleinsäure* (*RNS*), wenn man ihn mit Phenol behandelte. Bei 0—4° einwirkende *Ae.*, *Chlf.* oder *Butanol* verminderten die Infektivität des rohen oder gereinigten MVE. Der inaktivierte Virus ergab eine RNS von höherer Infektionsstärke als der Titer des inaktivierten Virus betrug. Aus rohem MVE bereitete, infektive RNS wurde weder durch Ae., Chlf. oder Butanol inaktiviert. Höhere Konzz. von I-Präpp. zerstörten die RNS, möglicherweise durch Spuren von infizierender

Ribonuclease. Diese Resultate weisen darauf hin, daß das intakte Phospholipid für die Infektivität des Virus Bedingung ist. L. MACHER. 4374□

Möglichkeiten der Inaktivierung des Tabakmosaikvirus durch chemische Agentien. M. Klinkowski. (Z. Pflanzenkrankh. (Pflanzenpathol.) Pflanzenschutz **68.** 553—60. **1961.** Aschersleben, Dtsch. Akad. der Landwirtschaftswissenschaften zu Berlin, Biol. Zentralanstalt, Inst. Phytopath.) (Dt.)

Na-Phosphat u. *NaCN* erweisen sich als bes. wirksam gegen den Tabakmosaikvirus. P. GREGORZEWSKI. 4374□

Die Wirkungen der Infektion mit Tabakmosaikvirus auf die Photosynthese der Tabakblätter. P. C. Owen. (Ann. appl. Biol. **45.** 456—61. Sept. 1957. Harpender, Herts., Rothamsted Exp. Stat.) (Engl.) — Vgl. C. **1958.** 7798.

Unerwarteterweise kommt es bereits 1 Std. nach der Infektion von Tabakblättern mit dem Tabakmosaikvirus (ROTHAMSTED-Kultur) zu einer Verminderung der Photo-Synth.-Geschw.; diese Verminderung tritt nicht nur lange vor dem Sichtbarwerden makroskop. Veränderungen, sondern auch vor der Vermehrung des Virus ein. Die Wrkg. kommt nicht durch Beeinflussung der Stomata zustande. Inaktiviertes Virus ist unwirksam. Die in der Epidermis sitzenden Viren scheinen, da die Epidermis nicht an der Photo-Synth. teilnimmt, das selbst noch nicht infizierte Chlorenchym von weitem zu beeinflussen. U. TAUSENDFREUND. 4374□

E₄. Pflanzenchemie. Pflanzenphysiologie. Pflanzenpathologie

Wachstumshemmung von Insekten und einem Fungus durch Indolyl-(3)-acetonitril. Edward E. Smissman, Standley D. Beck und Marvin R. Boots. (Science [Washington] **133.** 462. 17/2. 1961. Madison, Wis., Univ. of Wisconsin, Dep. of Pharm. Chem. and Entomology.) (Engl.)

Aus Kohlblättern wird *Indolyl-(3)-acetonitril* (I) isoliert. Es hemmt das Wachstum von *Pyrausta nubilalis* (Hbn.), *Galleria mellonella* (L.) u. *Penicillium chrysogenum.* Vff. nehmen an, daß I zur Resistenz des Kohls gegen den Befall des genannten Fungus u. der Insekten beiträgt. P. GREGORZEWSKI. 4420□

Chemische Untersuchung von Allium cepa, Linn. 1. Mitt. **Untersuchung von Glykosid- und Zuckerfraktionen.** A. Sinha. (Indian J. appl. Chem. **22.** 89—91. 1959. Agra, Med. Coll., Dep. of Pharmacol., Chem. Labor.) (Engl.)

Vf. beschreibt eine systemat. Unters. der Zuckerkomponenten von Zwiebeln [*Allium cepa* Linn. (A)], wobei als einziges Aglykon *Oleanolsäure* isoliert wird. Daneben werden papierchromatograph. folgende Kohlenhydrate aus der wss. Lsg. erhalten (in Klammern Menge in g/100 g A sowie R_F-Werte in den Syst. n-Butanol–Essigsäure (I)–W. 4:1:5 bzw. Isopropanol–I–W., 7:2:1): *Arabinose* (0,9968; 0,22; 0,33), *Xylose* (0,6927; 0,29; 0,39), *Ribose* (0,657; 0,32; 0,44), *Rhamnose* (0,450; 0,37; 0,49).

Versuche: *Oleanolsäure,* F. 304—305° (CH_3OH), aus 450 g A durch Extrahieren mit A., Einengen, Säurehydrolyse, Extrahieren mit Ae. u. Reinigen über das K-Salz; $[\alpha]_D^{30}$ +77° (Chlf.); 0,45 g (Ausbeute). *Acetyl-Deriv.,* $C_{32}H_{50}O_4$, F. 263—264° (CH_3OH, dann Aceton); $[\alpha]_D^{30}$ +77° (Chlf.). G. KIRSTEN. 4420□

Saure Peptide aus Lupinensamen. M. Wiewiórowski und H. Augustyniakowa. (Bull. Acad. polon. Sci., Sér. Sci. biol. **8.** 555—56. 1960. Poznań, Polish Acad. of Sci., Inst. of Plant Breeding.) (Engl.)

Aus Samen weißer Lupinen (Süße Przebedowski) werden mittels Hochspannungselektrophorese zwei elektrophoret. u. chromatograph. reine *Peptide* K_1 u. K_2 isoliert. K_2 enthält kein *Arginin* u. nur spurenweise *Tyrosin,* während K_1 einen hohen Tyrosin- u. Arginin-Geh. aufweist. Die Peptide werden durch Dialyse ihrer Acetonsedimente getrennt. In Samen von *Lupinus angustifolius* werden die Peptide ebenfalls nachgewiesen. H.-W. LIEBISCH. 4420□

N-endständige Aminosäuren des Conglutin β. M. Wiewiórowski und J. Augustyniak. (Bull. Acad. polon. Sci., Sér. Sci. biol. **8.** 557—59. 1960. Poznań, Polish Acad. of Sci., Inst. of Plant Breeding.) (Engl.) — Vgl. vorst. Referat.

Als N-endständige Aminosäure des *Conglutin β* (I, ein Samen-Globulin von *Lupinus angustifolius*) wurde nach der DNFB-Meth. *Glutaminsäure* gefunden. Die quant. Unters. läßt vermuten, daß I aus drei Polypeptidketten mit je einem Glutaminsäurerest als N-endständiger Gruppe aufgebaut ist. H.-W. LIEBISCH. 4420□

Physikalische und chemische Eigenschaften von Anubing (Artocarpus cumingiana Trec.) — Latex. Simeona S. Tanchico und Corazon R. Magpantay. (Philippine J. Sci. **90.** 9—16. März 1961. Manila, Nat. Inst. of Sci. and Technol.) (Engl.)

Die Latex von *Artocarpus cumingiana Trec.,* die zum Abdichten von Schiffen sowie als Kaugummi-Ersatz Verw. findet, enthält einen hohen Anteil eines acetonlösl. wachsähnlichen Harzes. E. LÜCK. 4420□

Vorkommen von C_8-Einheiten in Xanthonen. S. Neelakantan und T. R. Seshadri. (Current Sci. **30.** 90—94. März 1961. Delhi, Univ. of Delhi, Dep. of Chem.) (Engl.)

Übersicht. Natürlich vorkommende Xanthone, Biogenese der Xanthone, des Lichexanthon u. Revenelin, der *Swertia*-Xanthone, des Sterigmatocystin, Xanthone undefinierter Struktur, Art der Xanthonbildung. — 31 Literaturangaben. P. GREGORZEWSKI. 4420□

Spezielle kristalline Komponenten von Citrus-Früchten. P. S. Sarin und T. R. Seshadri. (Proc. nat. Inst. Sci. India, Part A **26.** 162—71. Dez. 1960. Delhi, Univ., Dep. of Chem.) (Engl.)

Übersicht über die in Citrusfrüchten vorkommenden Komponenten: Vitamin C, organ. Säuren, Limonen, einfache Cumarine, Furanocumarine, Flavonoidglykoside u. Flavanoidmethylester. — 53 Literaturhinweise. P. GOLINSKE. 4420□

Untersuchungen über Sterin aus Samen von Pongamia glabra. A. Sinha. (Indian J. appl. Chem. **22.** 86—88. 1959. Agra, Med. Coll., Dep. of Pharmacol., Chem. Labor.) (Engl.)

β-Sitosterin wird aus dem unverseifbaren Anteil (UVS) von Pongamiaöl (P.ö.) aus Samen von *Pongamia glabra* isoliert u. charakterisiert. Die Samen liefern bei SOXHLET-Extraktion mit PAe. 33,8% rotbraunes P.ö., aus dem nach 12std. Kochen mit 20%ig. alkohol. KOH 1,8% UVS erhalten werden.

Versuche ($[\alpha]_D$ in Chlf., c = 1,0): *β-Sitosterin*, $C_{29}H_{50}O$, F. 136°, aus UVS durch Chromatographieren an Al_2O_3 mit PAe. u. Bzl./Chlf. (3:2); $[\alpha]_D^{25}$ —37,0°; aus Methanol Flocken. *Acetyl-Deriv.*, $C_{31}H_{52}O_2$, F. 126°; $[\alpha]_D^{25}$ —41,5°; aus Methanol Nadeln. *Benzoyl-Deriv.*, $C_{36}H_{54}O_2$, F. 144°; $[\alpha]_D^{25}$ —14,5°; aus A./Ae. Trauben. *Bromacetyl-Deriv.*, $C_{31}H_{52}\cdot Br_2O_2$, F. 116°; blaßgelbes amorphes Pulver. *Digitonid*, $C_{29}H_{50}O\cdot C_{55}H_{90}O_{29}$, F 230° (Zers.); weißes, flockiges Pulver. *3.5-Dinitrobenzoat*, F. 202° (Methanol/Chlf.) G. KIRSTEN. 4420□

Untersuchungen der Alkaloide aus Thalictrum thunbergii DC. 2. Mitt. **Eine quaternäre Base aus den Stengeln und Blättern.** Eiichi Fujita und Toshiaki Tomimatsu. (Chem. pharmac. Bull. [Tokyo] **6.** 107—08. Febr. 1958. Sho-machi, Tokushima, Univ., Fac. of Pharm.) (Engl.) — 1. vgl. Chem. pharmac. Bull. [Tokyo]. **4.** [1956.] 489.

Aus den Stengeln u. Blättern von *Thalictrum thunbergii DC* (A) werden als einzige quatern. Base 0,004% *Magnoflorin* isoliert.

Versuche: *Magnoflorinjodid*, $C_{20}H_{24}JNO_4$, F. 252° (Zers.), durch 3maliges je 7std. Extrahieren von 2,4 kg Stengeln u. Blättern von A mit CH_3OH, Eindampfen, Extrahieren des Rückstandes mit 2%ig. wss. Essigsäure, Ausschütteln der essigsauren Lsg. mit Ae., Alkalisieren der wss. Phase mit NH_4OH, Ausschütteln mit Ae., Neutralisieren der alkal. Phase mit Essigsäure, Zugabe von HCl u. NH_4-Reineckat, Filtrieren, Lösen des Nd. in Aceton, Filtrieren, Zers. mit Ag_2SO_4 u. $BaCl_2$, Filtrieren, Einengen u. Zugabe von KJ; aus CH_3OH säulenförmige Kristalle; 0,1 g Ausbeute. G. TEEGE. 4420□

Extraktion und quantitative Bestimmung des in dem Samen von Chenopodium anthelminthicum enthaltenen Ascaridols. Mario Covello und Giuseppe Ciampa. (Ricerca sci. **30.** 1207—13. Aug. 1960. Napoli, Ist. di chim. farmaceut. e tossicol.) (Ital.)

Vff. bestimmten nach der Meth. von SANNA u. MARCHI (vgl. Boll. chim. farmac. **11.** [1950.] 447) das im Öl des Samens von *Chenopodium anthelminthicum* enthaltene *Ascaridol* (I). Extraktions-Verss. an ganzen u. zerriebenen Samen durch Wasserdampf-Dest. u. durch Ae. im SOXHLET ergaben nur bei der Extraktion mit Ae. brauchbare Ergebnisse. Die Ölausbeute von ganzen Samen betrug 0,34%, von zerriebenen Samen 3,47%. Der I-Geh. wurde zu 8,02% bestimmt. C. GOTTFRIED. 4420

Die Alge Dunaliella salina Teod als Rohstoff für die Gewinnung von β-Carotin. I. G. Drokowa. (Український Ботанічний Журнал [Ukrain. bot. J.] **18.** Nr. 4. 110—12. 1961.) (Ukrain.; Auszug: Engl.)

Die Unters. der Geh. an *β-Carotin* (Extraktion der Supsension von *Dunaliella salina Teod.* mit PAe.) in verschiedenen Salzseen der Südukraine ergab folgende Werte in mg/Liter: Siwasch 2,5; Saki 0,5; Kerleut 0,2; Landzunge Arabat 1,0; Genitschesk 0,8. Die Vorräte an Carotin sind nach Ansicht des Vf. ausreichend für eine techn. Gewinnung. O. LEBTAG. 4425□

Sorptionseigenschaften der pflanzlichen Cuticula. Wallace H. Orgell. (Proc. Iowa Acad. Sci. **64.** 189—98. 1957. Davis, Calif., Univ. of Calif.) (Engl.)

Aus der oberen Epidermis ausgewachsener Aprikosenblätter wurden Scheiben von 1,8 cm Durchmesser ausgestanzt, von denen die Cuticula durch Pektinase abgetrennt wurde. An diesen Cuticulascheiben wurden teils die Durchlässigkeit, teils die Sorption von sauren oder bas. Farbstoffen, radioakt. 2.4-D u. Harnstoff in Abhängigkeit vom pH-Wert der Lsgg. u. von der Zugabe von oberflächenakt. Stoffen geprüft. Polare Substanzen in wss. Lsgg. dringen, wenn überhaupt, nur sehr langsam durch die isolierte Cuticula. In der lebenden Pflanze müssen jedoch evtl. vorhandene hydrophile Lamellen in der Wand u. Verletzungen der Oberfläche durch Insektenstiche berücksichtigt werden. Saure Substanzen werden am besten bei niedrigen pH-Werten, bas. bei hohen pH-Werten aufgenommen, wobei anion. oder kation. oberflächenakt. Stoffe die Verhältnisse weitgehend ändern können. W. Wergin. 4450□

Einfluß der Rhizosphärenbakterien auf den Gehalt an Nicotin- und Pantothensäure in Weizenpflanzen. W. T. Smali. (Мікробіологічний Журнал (Київ) (Mikrobiol. J. (Kiew)] **24.** Nr. 1. 15—19. 1962. Inst. für Mikrobiol. der Akad. der Wiss. der UkrainSSR.) (Ukrain.; Auszug: Engl.)

Im Labor.-Vers. wurde der Geh. an *Nicotinsäure* (**I**) u. *Pantothensäure* (**II**) in den Weizenpflanzen, im Feld-Vers. der **I**- u. **II**-Geh. in der Grünmasse u. im Weizenkorn in Abhängigkeit von der Ggw. von Rhizosphärenbakterien (RB) untersucht u. festgestellt, daß in Ggw. von RB der **I**- u. **II**-Geh. in den Blättern u. Wurzeln zunimmt. Die 10 Tage alten Pflanzen von Winter- u. Sommerweizen enthalten mehr **I** als die 20 Tage alten, dagegen weniger **II**. Durch Zugabe von **I** oder **II** zum Nährboden wird der **I**- bzw. **II**-Geh. in den Pflanzen erhöht. Durch Behandlung des Saatgutes mit RB u. *Azotobacter* wird im Feld-Vers. der Geh. an **I** u. **II** in der Grünmasse u. im Korn erhöht. In den Blättern u. Wurzeln ist der **I**- u. **II**-Geh. am höchsten im Frühjahr.

O. Lebtag. 4450□

Über die Rolle der Bodenbakterien für die Pflanzenernährung. N. Krasilnikov. (J. gen. appl. Microbiology [Tokyo] **7.** 128—44. März 1961. Acad. of Sci. Inst. of Microbiol. of the USSR.) (Engl.)

Die N-Aufnahme, bzw. Aminosäure-Akkumulation der Pflanzen wird durch verschiedene Bakterien gefördert, ebenso die P-Aufnahme (Verss. mit ^{32}P). Außer *Rhizobium* haben auch andere Bodenbakterien einen positiven Einfl. auf den N-Stoffwechsel von Leguminosen u. anderen Kulturpflanzen. U. Mothes. 4450□

Die Oxydation von ^{14}C-Glucose durch Chlorella vulgaris. 1. Mitt. **Der zeitliche Verlauf der $^{14}CO_2$-Produktion.** P. J. Casselton und P. J. Syrett. (Ann. Botany [N. S.] **26.** 71—82. Jan. 1962. London, Univ. Coll., Dep. of Bot.) (Engl.)

Chlorella vulgaris wurde mit $^{14}C_{(1)}$-, $^{14}C_{(2)}$- u. $^{14}C_{(6)}$-*Glucose* behandelt. $^{14}CO_2$ wurde aus $^{14}C_{(1)}$-Glucose 10mal schneller produziert als aus $^{14}C_{(6)}$-Glucose. Zusatz von NH_4NO_3 steigerte die CO_2-Produktion, ohne das $C_{(1)}/C_{(6)}$-Verhältnis zu ändern, ein Zeichen für einen aktiveren Stoffwechsel. Das Maximum der CO_2-Ausscheidung lag ungefähr 15 bis 60 Min. nach der Behandlung mit Glucose. Verss. mit *Chlorella pyrenoidosa* u. *Ankistrodesmus* brachten ähnliche Ergebnisse. W. Hiller. 4460□

Die Oxydation von ^{14}C-Glucose durch Chlorella vulgaris. 2. Mitt. **Der Weg des radioaktiven Kohlenstoffs.** P. J. Casselton und P. J. Syrett. (Ann. Botany [N. S.] **26.** 83—94. Jan. 1962. London, Univ. Coll., Dep. of Bot.) (Engl.) — 1 vgl. vorst. Referat.

Chlorella vulgaris wurde mit $^{14}C_{(1)}$-, $^{14}C_{(2)}$-, $^{14}C_{(5)}$-, $^{14}C_{(6)}$- u. $^{14}C_6$-*Glucose* (**I**) behandelt. Von $^{14}C_{(1)}$-**I** fanden sich 7—16% im CO_2, 33—47% in in A. lösl. Verbb. u. 32—50% in Polysacchariden wieder. Für $^{14}C_{(6)}$-**I** waren die entsprechenden Werte: 0,8—5,2%, 43—55% u. 38—44%. Die Verhältnisse waren bei *Chlorella pyrenoidosa* u. *Ankistrodesmus* ähnlich. In der in A. lösl. Fraktion waren Glutaminsäure, Asparaginsäure u. Alanin auch markiert. Beim Stoffwechsel der Glucose ist ungefähr die gleiche Menge an ^{14}C in den Aminosäuren zu finden, die als $^{14}CO_2$ ausgeschieden wurde. W. Hiller. 4460□

Wechselnde Betrachtungen der Photosynthese. Daniel I. Arnon. (Bull. Torrey bot. Club **88.** 215—59. Juli/Aug. 1961. Übersicht. — 146 Literaturangaben.) (Engl.)

P. Loch. 4460□

Über den Einbau von ^{35}S in Acetabularia mediterranea. H. Clauss. (Z. Naturforsch. **16b.** 770—71. Nov. 1961. Wilhelmshaven, Max-Planck-Inst. für Meeresbiol.) (Dt.)

Durch Inkubations-Verss. mit ^{35}S wurde bei der Grünalge *Acetabularia mediterranea* eine hohe, vom Licht-Dunkel-Wechsel abhängige Schwefelaufnahme gefunden. In der Dunkelphase ist die S-Aufnahme stark herabgesetzt. Unterss. über die S-Verteilung in der Zelle ergaben nach einem angegebenen Extraktionsschema 8—9% des aufgenommenen Schwefels in der „lösl. Fraktion", 11—13% in der „Protein-Fraktion" u. 79—82% in der „Zellwand-Fraktion". Der in der Zellwand eingebaute Schwefel liegt nach Unterss. als Sulfat-Ester vor; am Aufbau der Zellwand sind sulfathaltige Kohlenhydrate beteiligt. D. Gross. 4460□

Kohlenstoffisotop-Fraktionierung bei der Aminosäurenbildung durch photosynthetische Organismen. Philip H. Abelson und T. C. Hoering. (Proc. nat. Acad. Sci. USA **47.** 623—32. 15/5. 1961. Washington, D. C., Carnegie Inst., Geophysic. Labor.) (Engl.)

Bei der Aufnahme anorg. *Kohlenstoffs* durch Zellen während der Photosynth. erniedrigt sich auf Grund eines Isotopieeffektes das Verhältnis $^{13}C/^{12}C$. Werden *Chlorella pyrenoidosa* (ATTC 11469, A) u. *Scenedesmus quadricauda* (B) in Salzmedium u. einer Atmosphäre von 5% CO_2 u. 95% Luft bei konst. Beleuchtung kultiviert, die *Lipide* durch Extraktion mit Aceton u. die Kohlenhydrate durch 30 Min. Behandlung mit heißer Trichloressigsäure entfernt, so lassen sich die verbleibenden Proteine mit 6 n HCl in 18 Std. hydrolysieren. Die *Aminosäuren* (AS) werden auf Dowex-1 bzw. Dowex-50 getrennt. Anschließend werden die AS entweder vollständig zu CO_2 verbrannt, oder es wird mit Ninhydrin der Kohlenstoff der Carboxylgruppe partiell als CO_2 freigesetzt. Der beobachtete Isotopieeffekt wird ausgedrückt in $\delta^{13}C = [(^{13}C/^{12}C)_{AS} - (^{13}C/^{12}C)_{CO_2}] \cdot 1000/(^{13}C/^{12}C)_{CO_2}$ ‰. Die bei der chem. Aufarbeitung möglichen Fehlerquellen werden abgeschätzt. Für Alge A beträgt $\delta^{13}C_{(Gesamtzelle)}$ —18,9; $\delta^{13}C_{(Lipide)}$ —22,8; $\delta^{13}C_{(Gesamt\text{-}AS)}$ —16,0. Für Alge B entsprechend —11,9, —17,3 u. 10,1. Die α-Carboxylgruppen von *Asparaginsäure* u. *Glutaminsäure* (I) sind jedoch deutlich schwerer. So findet man $\delta^{13}C_{(Gesamt\text{-}I)}$ —17,1, jedoch $\delta^{13}C_{(I\text{-}\alpha\text{-}carboxyl)}$ +0,2. Läßt man die Algen mit *Glucose* (II) als einziger C-Quelle wachsen u. definiert $\delta^{13}C_{II} = 0$, so beobachtet man wesentlich geringere Abweichungen sowohl für $\delta^{13}C_{AS}$ als auch für $\delta^{13}C_{\alpha\text{-}Carboxyle}$. Auffälligerweise fallen hierbei die Werte $\delta^{13}C_{(I\text{-}\alpha\text{-}Carboxyl)}$ +1,9; $\delta^{13}C_{(Leucin\text{-}\alpha\text{-}carboxyl)}$ —14; $\delta^{13}C_{(Threonin\text{-}\alpha\text{-}carboxyl)}$ +2,0 heraus. Läßt man zum Vgl. *Escherichia coli* mit II als einziger C-Quelle wachsen, so werden bei den untersuchten AS u. deren α-Carboxylgruppen durchweg negative $\delta^{13}C$-Werte gefunden. Vff. deuten die Ergebnisse in Übereinstimmung mit CALVIN derart, daß der Kohlenstoff vorzugsweise über *Ribulosediphosphat* in den Stoffwechsel eingeschleust wird, im Gegensatz zur WARBURGschen Auffassung, nach der das α-Carboxyl-C-Atom von I zentrale Bedeutung einnimmt. L. TRÄGER. 4460□

Das Natriumproblem in der pflanzlichen Ernährung. Walter Baumeister. (Pharmaz. Rdsch. **2.** 161—65. Sept. 1960. Münster, Univ., Bot. Inst.) (Dt.)

Übersicht über die Bedeutung von Na im Pflanzenreich: Aufnahme, Geh. u. Verteilung von Na bei verschiedenen Pflanzen, die Notwendigkeit von Na für Leuchtbakterien u. einige Algen, die Ersatzfunktion für K sowie der Einfl. von Na auf Transpiration u. CO_2-Assimilation bei niederen u. höheren Pflanzen u. das Problem der Na-Düngung werden behandelt. D. GROSS. 4470□

Die Symptome des Molybdänmangels an verschiedenen Kulturpflanzen. E. Brandenburg. (Z. Pflanzenkrankh. (Pflanzenpathol.) Pflanzenschutz **68.** 532—41. 1961. Gießen, Univ., Inst. für Phytopath.) Übersicht. — 21 Literaturangaben. (Dt.) P. GREGORZEWSKI. 4470□

Untersuchungen über Regulatoren des Pflanzenwachstums. 16. Mitt. **Thionaphthenyl-(2)- und -(3)-essigsäure und die entsprechenden α-Propionsäuren.** Börge Åberg. (Kungl. Lantbrukshögskolans Ann. **26.** 229—38. 1960. Inst. of Plant Physiol.) (Engl.) — 15. vgl. C. **1962.** 2785.

Thionaphthenyl-(3)-essigsäure (I) ist ein intermediärer Wachstumsregulator mit einer starken Auxin-(II)-Komponente u. einer schwächeren Antiauxin-(III)-Komponente. In der *D-Thionaphthenyl-(3)-propionsäure* (IV) ist die III-Komponente verschwunden u. die II-Komponente ist der von Indolyl-(3)-essigsäure vergleichbar. L-IV ist der I vergleichbar, zeigt jedoch schwächere Wirkung. *Thionaphthenyl-(2)-essigsäure* u. *2-Thionaphthenylpropionsäure* zeigen in der Hauptsache III-Wirkungen. K. ZINGRAF. 4485□

Ni als mögliche Ursache der Cocosnuß„boang" in der Tiblawan-Plantage, Davao. R. K. De La Fuente. (Philippine Agriculturist **45.** 41—43. Juni/Juli 1961. Central Exp. Stat.) (Engl.)

Es wird auf die mögliche Beziehung zwischen dem hohen *Ni*-Geh. im Boden u. dem Auftreten der „boang"-Krankheit hingewiesen. P. GREGORZEWSKI. 4490□

E₅. Tierchemie. Tierphysiologie. Tierpathologie

Die Verwendung des Mikrotitrator-Gerätes zu virus-serologischen Untersuchungen. Gyula Takàtsy. (Prakt. Chem. [Wien] **12.** 249—51. Juni/Juli 1961. Budapest, Inst. für Hyg.) (Dt.)

Mit dem Gerät werden die Hämagglutinationsprobe, die Hämagglutinationshemmungsprobe u. die Komplementbindungsprobe durchgeführt. M. WIEDEMANN. 4500□

Chromatographische Untersuchungen über Ichthyoverdin, das Pigment der Schalen von Cololabis saira Brevoort. Y. Tsuchiya und T. Nomura. (C. R. Séances Soc.

Biol. Filiales **153.** 873—76. 30/9. 1959. Sendai, Univ. de Tohoku, Papan, Fac. d'Agriculture, Labor. de Biochimie marine.) (Franz.)

Papierchromatograph. Unterss. (verschiedene Lsgm.-Syst.) u. Säulenchromatograph. Unterss. ($CaHPO_4 \cdot 2 H_2O$, MgO oder Al_2O_3, $CHCl_3$ — Ae. = 1:1, Elution mit $CHCl_3$) zeigten, daß sich der Methylester von *Ichthyoverdin* (grünblaues Pigment aus den Schalen von *Cololabis saira Brevoort*) u. der Methylester von *Biliverdin* ident. verhalten. B. GÖRLICH. 4520□

Alloxan und Überempfindlichkeit. George E. Thompson. (Nature [London] **190.** 822. 27/5. 1961. N. J., New Brunswick, Wallace Labor.) (Engl.)

Subkutane Injektion von 175—200 mg/kg *Alloxan* (I) schützt Ratten vom SPRAGUE-DAWLEY-Stamm, die durch Pferdeserum u. H. pertussis sensibilisiert worden sind, zu 50% vor Schock bei weiterer Serumzugabe. Durch subkutane Injektion einer Einheit *Insulin* wird die Schutz-Wrkg. teilweise wieder aufgehoben. I schützt Meerschweinchen vor durch *Tuberkulin* hervorgerufenem anaphylakt. Schock. Die Wrkg. von I wird durch Mangel an *Insulin* bzw. Überschuß an *Glucose* erklärt. Intraperitonale Injektion von 4 g *Glucose*/kg × 2 hat dieselbe Schutz-Wrkg. G. ZIEBARTH. 4551□

Isolierung von β_{2A}-Globulinen aus Frauenmilch. Jean Montreuil, Arlette Chosson, Raymond Havez und Suzanne Mullet. (C. R. Séances Soc. Biol. Filalies **154.** 732—36. 1960. Lille, Fac. des Sci. et Fac. de Méd. et Pharmac., Labors. de Chim. biol.) (Franz.)

Elektrophoret. (Gelose- u. gepufferte Stärkegelelektrophorese) u. immunoelektrophoret. Unterss. von aus Frauenmilch durch $(NH_4)_2SO_4$-Fraktionierung (Methodik vgl. Orig.) isolierten *β_{2A}-Globulinen* (I) zeigen, daß diese I mit den Serum-I ident. sind. Die chem. Analyse u. die Ergebnisse der Elektrophorese von I bestätigen die schon von BISERTE u. Mitarbeitern (vgl. C. R. Séances Soc. Biol. Filiales **154.** [1960.] 132) festgestellte Heterogenität dieser Globulinfraktion. H. KOCKERT. 4553□

Problemaspekte hormoneller Steuerungen. G. Werth. (Studium generale [Heidelberg] **12.** 221—34. 1959. Homburg-Saar, Univ. des Saarlandes, Physiol.-Chem. Inst.) (Dt.)

Übersicht. — Besprochen werden: Der Hormonbegriff [a) Definition. b) Abgrenzung gegenüber Fermenten u. Vitaminen. c) Genet. Gesichtspunkte zur Hormon-Bldg. u. den Eigg. des Acceptorgewebes]. Hormone in der Entwicklungsreihe [a) Hormone bei Einzellern. b) Hormone bei Pflanzen (1. Bios-Stoffe, 2. Wuchsstoffe, 3. weitere Pflanzenhormone) c) Hormone im Tierreich (1. Allgemeines zur nervalen u. hormonellen Steuerung. 2. Hormone bei Würmern, 3. bei Arthropoden, 4. bei Insekten u. 5. bei höheren Lebewesen)]. Wrkg.-Mechanismus von Hormonen. — 11 Literaturangaben. H. KOCKERT. 4558□

Eine Methode zur Registrierung der Uterusaktion in vivo bei kleinen Labortieren. Z. Madjerek. (Acta physiol. pharmacol. neerl. **8.** 309—10. Juni 1959. Oss, N. V. Organon, Pharmacol. Res. Labor.) (Engl.)

Bei Verss. zur fortlaufenden automat. Registrierung der Uterusaktion von Ratten unter Verw. von Elektrocardiograph u. Oscillograph wurden die besten Ergebnisse bei ovarektomierten (nembutalnarkotisierten) Tieren erzielt, die 6—12 Tage lang mit Östradiolmonobenzoat subkutan vorbehandelt worden waren; 5—10 Min. nach der Anlage der Elektroden begann regelmäßige elektr. u. mechan. Aktivität, wenigstens 1 Kontraktion in jeder Minute. U. TAUSENDFREUND. 4559□

Beitrag zur mikroskopischen Histochemie der interstitiellen Zellen und Gelbkörper des Ovariums der Katze. M. Konecny. (C. R. Séances Soc. Biol. Filiales **153.** 898—99. 30/9. 1959. Brno, Fac. de Méd., Inst. d'Histol. et d'Embryol.) (Franz.)

Vf. untersuchte an Hand von histochem. mkr. Unterss. die Veränderungen der interstitiellen Zellen sowie der Gelbkörper der Ovarien von 14 Katzen verschiedenen Alters bzw. ihr Verh. gegenüber Farbstoffen u. verschiedenen Reagentien im normalen Zustand sowie während der Schwangerschaft u. Lactation. Die Veränderungen der Färbung der interstitiellen Zellen decken sich mit der Veränderung der Rk. auf *Cholesterin* (I) u. können als Resultat einer Änderung der Zellaktivität gewertet werden. Vf. nimmt an, daß den interstitiellen Zellen eine hormonale Aktivität zukommt. Auch die Veränderungen in den Gelbkörpern können mit einer Modifikation ihrer hormonalen Aktivität in Beziehung gebracht werden. I ist vermutlich ein Metabolit der endokrinen Aktivität. B. GÖRLICH. 4559□

Die Wirkung des Di-n-butylaminoessigsäurediäthylamids auf den Uterus von Ratte und Kaninchen. G. Luft und W. Ponsold. (Acta biol. med. german. **8.** 217—18. 1962. Halle-Wittenberg, Martin-Luther-Univ., Pharmakol. Inst.) (Dt.)

Am isolierten Rattenuterus zeigt *Di-n-butylaminoessigsäurediäthylamid* (I) eine ähnliche, wenn auch schwächere Wrkg., wie Hypophysenhinterlappenextrakte (HHLE). Die Dosis-Wrkg.-Kurven folgen einer Exponentialfunktion. I ist am Rattenuterus in situ unwirksam, am Kaninchenuterus schwach wirksam. Die Wrkg. von HHLE wird durch I nicht beeinflußt. I u. HHLE scheinen einen unterschiedlichen Wrkg.-Mechanismus auf den Uterus zu besitzen. U. Hinterberger. 4559□

Östrogene im Weidegras. J. L. van Haaften. (Acta physiol. pharmacol. neerl. **8.** 311—13. Juni 1959. Wageningen, Agricult. Univ., Labor. of Animal Physiol.) (Engl.) — Vgl. C. **1960.** 6897.

Es wurde die *östrogene Wrkg.* von Weidegras bei Verfütterung an intakte ♀ Ratten an der Vergrößerung des Uterus-Gew. bestimmt. Bei Gegenüberstellung von mit Gras gefütterten Tieren zu ohne Gras ernährten sowie mit *Östron* (I) behandelten Kontrollen ließ sich eine Aktivität von 225 μg I/500 g Frischgras (=125 g Trockengras) ermitteln. Um eine Wrkg. über eine Stimulierung des Ovars auszuschließen, wurden die Verss. an kastrierten Ratten wiederholt (l. c.), wobei gleichfalls eine Steigerung des Uterus-Gew. unter Weidegrasverfütterung zu beobachten war. U. Tausendfreund. 4559□

Der Gehalt des Rattenserums an Luteohormon und follikulotropem Hormon. E. Gans. (Acta physiol. pharmacol. neerl. **8.** 295. Juni 1959. Leiden, Univ. of Leiden, Dep. of Pharmacol.) (Engl.)

Es wurde eine Meth. zur getrennten Best. des Serum-Geh. an *follikulotropem Hormon* (*Prolan A*) u. *Luteohormon* (*Progesteron*) im Rattenserum entwickelt; die Best. wurden mit dem Serum normaler u. gonadektomierter, ohne u. mit Östrogen oder Androgen vorbehandelter Tiere durchgeführt. — Es konnte bei den Unterss. leichte Uterusvergrößernde Wrkg. des Rattenserums bei noch nicht geschlechtsreifen, ovarektomierten Mäusen beobachtet werden; der dafür verantwortliche Faktor scheint seinen Ursprung in den Nebennieren zu haben. U. Tausendfreund. 4559□

Identifizierung von Steroidglucuroniden, die als Konjugationsprodukte aus Steroidhormonen der Duodenal-Mucosa der Ratte gebildet werden. Anita Lehtinen und K. J. W. Hartiala. (Suomen Kemistilehti B **31.** 336. 1958. Turku, Finland, Univ., Dep. of Physiol.) (Engl.)

Die aus einigen Steroiden in der Duodenal-Mucosa gebildeten *Steroidglucuronide* werden nach Extraktion mit β-Glucuronidase abgebaut. Auf papierchromatograph. Wege werden *Glucuronsäure* u. *Östron, Östradiol, Östriol, Equilenin* u. *Stilböstrol* nachgewiesen. Vff. stellen fest, daß diejenigen Steroide konjugiert werden, die am $C_{(3)}$ eine phenol. Hydroxylgruppe tragen; von anderen Steroiden (Progesteron, Androsteron) werden keine Konjugate gefunden. A. Täufel. 4559□

Endokrine Kontrolle des sexuellen Verhaltens bei Säugetieren. A. Anthony. (Experientia [Basel] **15.** 325—28. 15/9. 1959.) (Engl.)

Krit. Übersicht über die experimentellen Grundlagen der Hypothese einer neuroendokrinen Steuerung des sexuellen Verh. der Säugetiere. — 29 Literaturangaben. R. K. Müller. 4559

Vaginale Sulfhydryl- und Disulfid-Gruppen während des Östruscyclus der Maus. A. W. Asscher und C. J. Turner. (Nature [London] **175.** 900—01. 21/5. 1955. London, London Hosp., Med. Coll., Anatom. Dep.) (Engl.)

Vff. untersuchten die aus weißen Mäusen isolierten u. mit einer ca. 1%ig. alkohol. Trichloressigsäure-Lsg. behandelten vaginalen Gewebe im Dünnschnittpräparat. Es wurde festgestellt, daß die Verteilung der *—SH-* bzw. der *—SS*-Gruppen in den einzelnen Geweben für den Cyclus der Maus eine bedeutende Rolle spielt. Die Ergebnisse stehen im Einklang mit der bisherigen Vorstellung, daß während der Keratinisierung eine Umwandlung der —SH-Gruppen zu —SS-Gruppen stattfindet. R. Heinrich. 4559

Der Einfluß der Oophorektomie auf die Steroidausscheidung bei der Frühschwangerschaft. Egon Diczfalusy und Ulf Borell. (J. clin. Endocrinol. Metabolism **21.** 1119—26. Sept. 1961. Univ. of Göteborg, Dep. of Gynäcol., Stockholm Karolinska sjukkuset, Dep. of Womens Diseases, Hormone Labor.) (Engl.)

Bei einer einseitig ovar- u. tubarektomierten Schwangeren war die Ausscheidung von *Östron, 17-β-Östradiol* u. *Östriol* nicht beeinflußt. Die Exkretion von *Pregnan-3α.20α-diol* u. *17-Hydroxycorticosteroiden* vorübergehend signifikant erhöht, während die *17-Ketosteroid-Ausscheidung* im Harn unverändert blieb. B. Wiegershausen. 4559

Verhältnis der Östrogenfraktionen bei funktionellen Gebärmutterblutungen. L. D. Sajatz. (Акушерство и Гинекология [Geburtshilfe u. Gynäkol.] **37.** Nr. 2. 73—77. März/April 1961. Inst. für Geburtshilfe u. Gynäkol. des Gesundheitsmin. der RFSSR.) (Russ.; Auszug: Engl.)

Bei 100 Frauen mit funktionellen Uterusblutungen wurden teils während der Blutungen (8—90 Tage), teils während der Amenorrhoe chromatograph. die östrogenen Hormone im Harn bestimmt. Je länger die Amenorrhoe bestand, desto höher war meist der Hormon-Geh. (130 µg bei 8—30 Tagen, 180 µg bei 1—3 Monaten). Auch das Verhältnis (*Östradiol* + *Östron*): *Östriol* stieg auf 2,1 u. 2,7. Der Gesamthormon-Geh. stand in keiner Beziehung zum Verh. des Endometriums. Bei Frauen, bei denen die Hormon-Best. nach Blutungsbeginn vorgenommen wurde, lag das genannte Verhältnis bei 20 Patientinnen zwischen 0,9 u. 1,5, bei 22 zwischen 1,9 u. 2,3. Der höhere Koeff. wurde am häufigsten bei Beginn der Blutungen (4.—20. Tag) festgestellt, bes. zur Zeit der maximalen Follikelentwicklung. K. RINTELEN. 4559□

Physiologie und Pathogenese des Stein-Leventhal-Syndroms. Virendra B. Mahesh und Robert B. Greenblatt. (Nature [London] **191.** 888—90. 26/8. 1961. Augusta, Med. Coll. of Georgia, Dep. of Endocrinology.) (Engl.)

Eine Patientin mit STEIN-LEVENTHAL-*Syndrom* zeigte gegenüber normalen Personen einen erhöhten Geh. an *Androsteron* (**I**) u. *Ätiocholanolon* (**II**) im Harn, u. zwar auch nach Verabreichen von *β-Methason* (**III**). Verabreichen von menschlichem *follikelstimulierendem Hormon* (**IV**) führte auch nach Verabreichen von **III** zu einer starken Erhöhung von **I** u. **II** bei der Kranken, dagegen bei Gesunden nur zu einer geringen Erhöhung. Der Geh. an *Pregnantriol* (**V**) u. *Δ^5-Pregnentriol* (**VI**) wurde durch Verabreichen von **IV** auf das 10fache, durch Verabreichen von *adrenocorticotropem Hormon* (*ACTH*) auf das 4fache erhöht. Diese großen Mengen von **I**, **II**, **V** u. **VI** sind offenbar ovarialen Ursprunges, was für **VI** auch durch Nachw. von *17α-Hydroxy-Δ^5-pregnenolon* in den Ovarien der Patientin bestätigt wurde. Nach Verabreichen von **IV** wiesen die Ovarien auch große Mengen von *Dehydroepiandrosteron* auf. Bei Inkubation von Ovarienschnitten mit verschiedenen Steroidverläufen ergab sich Fehlen von *3β-ol-Dehydrogenase*, wodurch sich auch der hohe Geh. des Ovars an *17α-Hydroxy-Δ^5-pregnenolon* (**VII**) u. an *Dehydroepiandrosteron* (**VIII**) erklärt. — Weitere Unterss. u. deren Diskussion führen zu der Auffassung, daß das STEIN-LEVENTHAL-Syndrom das Ergebnis einer andauernden Stimulierung durch endogenes **IV** infolge enzymat. Mängel im Ovar ist. Offenbar erfolgt dann nicht die normale Umwandlung von Cholesterin in Östrogene, sondern es wird Δ^5-Pregnenolon in **VIII** via **VII** übergeführt, so daß die Ausschüttung der ovarialen Östrogene beträchtlich vermindert ist. Die Verminderung des Einfl. der Östrogene auf die Hypophyse ermöglicht das Weiterbestehen der **IV**-Stimulierung u. damit schließlich die Entw. von großen blassen Ovarien, eben des polycyst. Ovars des Syndroms. A. HESSE. 4559□

Anwendung von synthetischem Oxytocin bei der Prophylaxe und Behandlung von hypotonischen Blutungen. G. K. Schkolny. (Акушерство и Гинекология [Geburtshilfe u. Gynäkol.] **37.** Nr. 2. 44—48. März/April 1961. Kiew, Med. Inst., Lehrst. Nr. 2 für Geburtshilfe u. Gynäkol.) (Russ.; Auszug: Engl.)

87 Frauen wurden mit *Oxytocin* (**I**) behandelt: 67 sofort u. kurz nach der Geburt, 6 bei Kaiserschnitt, 14 bei künstlicher Schwangerschaftsunterbrechung (11.—13. Woche). Die Dosierung betrug bei 34 Patientinnen zur Prophylaxe 3 Einheiten, bei den übrigen 5 Einheiten zur Therapie. Bei Schwangerschaftsunterbrechung wurde **I** intravenös (in Glucose-Lsg.) gegeben. **I** verhinderte die Blutungen oder hob sie auf, ohne daß dabei Nebenwirkungen beobachtet wurden. K. RINTELEN. 4560□

Hinterlappenhormone und Gefäßreaktion der männlichen Ratte nach Kastration. L. H. Honoré und Sybil M. Lloyd. (J. Physiology **155.** 61P—62P. Febr. 1961. Edinbourgh, Univ., Physiol. Dep.) (Engl.)

Bei ♂ Ratten nahm die Empfindlichkeit gegenüber *Vasopressin* (**I**) vom 5.—10. Tage nach Kastration auf das Vierfache zu u. kehrte dann zur Norm zurück; auch die Wrkg.-Dauer von **I** war wesentlich verlängert. Im selben Zeitraum bewirkte *Oxytocin* bei den kastrierten Tieren eine Blutdrucksenkung, während es bei intakten Tieren wirkungslos war. K. ZINGRAF. 4560□

Die Wirkung von antidiuretischen Hormonen auf die Ausscheidung von Hyaluronidase und Calcium im Harn beim Menschen. S. E. Dicker und M. Grace Eggleton. (J. Physiology **155.** 63P—64P. Febr. 1961. London, Univ. Coll., Dep. of Pharmacol. and of Physiol.) (Engl.)

Beim Menschen zeigte *Arginin-Vasopressin* eine 3—4mal stärkere antidiuret. Wrkg. als *Lysin-Vasopressin*. Nach beiden trat Ausscheidung von *Hyaluronidase* (**I**) u. erhöhte Ausscheidung von *Ca* im Harn ein. Oxytocin u. Phenylalanin²-Lysin²-Vasopressin zeigten keine antidiuret. Wrkg., bewirkten keine Ausscheidung von **I** u. beeinflußten die Ausscheidung von Ca nicht. K. ZINGRAF. 4560

Die Wirkung von Wachstumshormon auf die Gewichtszunahme nach Wiederaufnahme der Fütterung bei Ratten, die Hungerperioden unterworfen wurden. P. Fabry und Z. Hrůza. (Physiol. bohemosloven. 5. Suppl. 10—13. 1956. Prag, Res. Inst. of Human Nutrition, Physiol. Labor., and Czechoslv. Acad. of Sci., Labor. of Physiol. and Pathophysiol. of Metabolism.)

Verabreichung von *Wachstumshormon* (W.H; 1 mg tägl. intraperitoneal) an Ratten, die während 6 Wochen Hungerperioden wechselnder Länge (1—3 Tage) unterworfen wurden, bewirkt nach Wiederaufnahme der normalen Fütterung eine vermehrte Gew.-Zunahme im Vgl. zu den Kontrolltieren, die kein W. H. bekommen. Die Gew.-Zunahme ist bei ♀ Tieren signifikanter als bei ♂. Die Wrkg. von W.H. könnte darauf beruhen, daß eine durch das Hungern verursachte Hypophyseninsuffizienz behoben wird. U. Baumann. 4560

Immunchemische Untersuchungen über das Hypophysenwachstumshormon vom Rind und Schaf. N. R. Moudgal und Choh Hao Li. (Arch. Biochem. Biophysics **93.** 122—27. April 1961. Berkeley, Calif., Univ. of California, Hormone Res. Labor.) (Engl.) — Vgl. C. **1962.** 5351.

Die Wachstumshormone vom Rind (WHR) u. vom Schaf (WHS) geben bei der quantit. Präcipitation mit homologen Antiseren vom Kaninchen Präcipitationskurven, die sich durch ihren verschiedenen Verlauf im Bereich des WHR- bzw. WHS-Überschusses u. durch die Lage der Äquivalenzzone in einer für jedes Hormon typ. Weise unterscheiden. Die Präcipitationskurven mit heterologem Antiserum (WHR + Anti-WHS bzw. WHS + Anti-WHR) zeigen die gleichen Merkmale. Chem. Veränderungen der Hormone (durch Alkalisierung, Guanidinisierung, Acetylierung) schwächen die antigenen Eigg. erheblich. Bei Anwendung der Agardiffusions-Meth. nach Ouchterlony reagierten die von 14 anderen Tierarten stammenden WH mit Anti-WHR gar nicht, obwohl im Tibiatest ihre wachstumfördernden Eig. nachgewiesen wurden. Lediglich das WH vom Reh bildete eine Ausnahme, es präcipitierte mit Anti-WHR komplett. E. Fischoeder. 4560 □

Angiotensinblutspiegel bei Hunden mit experimenteller renaler Hypertension. Oscar A. Scornik und Alejandro C. Paladini. (Amer. J. Physiol. **201.** 526—30; Sept. 1961. Buenos Aires, Univ. of Buenos Aires, School of Med., Inst. of Physiol.; School of Pharmacy and Biochem., Chair of Biol. Chem.) (Engl.)

In Rattentests, die eine ausreichende Spezifität, Empfindlichkeit u. Genauigkeit des *Angiotensin* (I)-Nachw. erlaubten, konnte (an Hunden) gezeigt werden, daß I vermutlich nicht für die Entstehung der akuten malignen oder chron. benignen renalen Hypertension erforderlich ist. Nach i.v. Injektionen verschiedener Renindosen konnte zwar eine gute Korrelation zwischen Blutdruckanstieg u. I-Blutspiegel nachgewiesen werden, bei Abklemmung der Nierenarterien waren die Ergebnisse jedoch nicht eindeutig; einige der Tiere zeigten Blutdruckanstieg ohne oder mit nur geringen I-Werten im Blut; ebenso wiesen einige Tiere mit chron. renaler Hypertension wiederholt normale I-Blutspiegel auf. U. Tausendfreund. 4560 □

Der Steroid-Rückkopplungs(Feedback)-Mechanismus. Shawn Schapiro, Jessie Marmorston und Harry Sobel. (Amer. J. Physiol. **192.** 58—62. Jan. 1958.) (Engl.)

Es wird gezeigt, daß wenigstens einer der Mechanismen, durch deren Vermittlung hohe *Nebennierenrindenhormon*-Spiegel die Freigabe von *adrenocorticotropem Hormon* (ACTH) nach Stress hemmen, auf einer Blockierung der Sekretion einer (oder mehrerer) *hypophysenstimulierenden Substanzen* aus cerebralen Strukturen, vermutlich Hypothalamus, beruht. So konnte durch *Desoxycorticosteronacetat* (I)-Vorbehandlung bei intakten Ratten die endogene ACTH-Freigabe durch ein daraufhin erfolgendes Stressgeschehen unterbunden werden (gemessen an der Eosinophilen-Zahl im Blut), während venöses Hirnblut von gestressten, hypophysektomierten Ratten bei den genannten I-vorbehandelten Tieren durchaus zur Auslösung der ACTH-Abgabe fähig war; wurden die hypophysektomierten Tiere vor dem Stress ebenfalls mit I behandelt, dann war auch in deren venösen Hirnblut keine oder kaum hypophysenstimulierende Aktivität nachweisbar. U. Tausendfreund. 4561 □

Sekretion und Stoffwechsel von Cortisol nach Injektion von Endotoxin. James C. Melby, Richard H. Egdahl und Wesley W. Spink. (J. Lab. clin. Med. **56.** 50—61. Juli 1960. Minneapolis, Minn., Univ. of Minnesota, Med. School, Dep. of Med. and Surgery.) (Engl.)

Die i.v. Injektion von *Endotoxinen* (I) von gramnegativen Bakterien in pyrogenen u. letalen Dosen verursacht beim Hund eine rasche Steigerung der Nebennierensekretion. Diese I-Wrkg. entspricht einer großen i.v. Dosis von exogenem *Corticotropin* (II). Die sekretor. Wrkg. von II wird durch I vermindert. Die durch I bedingte vermehrte Sekretion von *Cortisol* (III) ist bei hypophysektomierten Hunden nicht vorhanden. Nach Injektion von I ist der Geh. an III im Plasma erhöht. Durch die I-Injektion kommt es zu keinen Schädigungen der Nebennierensekretion. G. Kimmerle. 4561

Gehalt des Plasmas an 17-Hydroxycorticoiden und der Verlauf des Verschwindens aus dem Plasma nach Injektion von Hydrocortison bei Diabetes. J. Canivet und Janine Poidatz. (C. R. Séances Soc. Biol. Filiales **155.** 1922—24. 1961.) (Franz.)

Der Geh. des Plasmas an *17-Hydroxycorticoiden* (I) beträgt bei normalen Personen 13,4—13,8 µg/100 ml, bei Diabetikern 17,0—19,2 µg/100 ml. Nach Infusion von 100 mg *Hydrocortison* (I)-*Hydrogensuccinat* in 30 Min. erhöht sich der Plasmaspiegel in 5 Min. nach der Infusion auf 88,9 bzw. 88,2 µg I/100 ml u. fällt dann in 90 Min. auf 51 bzw. 50 µg I/100 ml; die biolog. Halbwertszeit von II beträgt 114 bzw. 121 Std. für normale bzw. diabet. Personen. Auch die I-Ausscheidung im Urin vor u. nach der II-Gabe unterscheidet sich bei beiden Gruppen nur unwesentlich. H.-J. KOCH/Berlin. 4561 □

Die thymolytische Aktivität der 16α.17α-Ketale von Triamcinolon. I. Ringler und R. Brownfield. (Endocrinology **66.** 900—02. Juni 1960. Pearl River, N.Y., Lederle Labor., Exp. Therap. Res. and Pharmaceut. Prod. Dev. Sect.) (Engl.)

Bei Vgl. der Wrkg. von *Triamcinolon* (I)-Analogen auf das Thymus-Gew. normaler junger, ♀ Ratten mit der Wrkg. von I u. derjenigen von *Hydrocortison* (II) sind *16.17-Isopropyliden-*, *16.17-*[*Butyliden-*(*2*)]-, *16.17-*[*Pentyliden-*(*2*)]-, *16.17-*[*3-Methylbutyliden-*(*2*)]-, *16.17-*[*4-Methylpentyliden-*(*2*)]-, *16.17-*[*Hexyliden-*(*2*)]- u. *16.17-*[*Heptyliden-*(*2*)]-*triamcinolon* wirksamer als II. Die Wirksamkeit nimmt (Durchschnittswerte) mit steigendem Molgew. ab u. liegt für die angegebene Reihenfolge bei 20,2; 16,6; 14,1; 13,0; 4,5; 2,3 u. 2,7 im Vgl. zu dem Wert für II (= 1,0). Für I beträgt die Wrkg.-Stärke 4,0. Infolge Überlappung der Streuwerte ist die Relation zwischen Wirksamkeit u. Molgew. allerdings nicht so völlig ausgeprägt wie die Durchschnittswerte aussagen. Die Konfiguration (linear oder verzweigt) ändert die biolog. Aktivität wenig.
U. TAUSENDFREUND. 4561 □

Wirkung von Prednison auf die Blutkoagulationszeit bei Patienten mit Dicumarol-Therapie. J. Menczel und F. Dreyfuss. (J. Lab. clin. Med. **56.** 14—20. Juli 1960. Jerusalem, Israel, Rothschild Hadassah Univ. Hospital and Hebrew Univ.-Hadassah Med. School, Dep. of Med. A.) (Engl.)

Die Verabreichung von *ACTH* oder Corticosteroiden verkürzt für mehrere Std. beim Menschen die Blutkoagulationszeit (BKZ). Bei Patienten, die mehrere Tage mit *Dicumarol* behandelt worden waren u. somit eine Verlängerung der BKZ hatten, bewirkte die orale Gabe von 10 mg *Prednison* eine deutliche Verkürzung der BKZ. — 18 Literaturangaben. G. KIMMERLE. 4561

Wirkung von entzündungshemmenden Stoffen bei verschiedenen Modellentzündungen. I. L. Bonta. (Acta physiol. pharmacol. neerl. **8.** 310—11. Juni 1959. Oss, N. V. Organon, Pharmacol. Res. Labor.) (Engl.)

Es wurden Vgl. mit *Aminopyrin* (I) u. Glucocorticoiden bzgl. ihrer entzündungshemmenden Wrkg. angestellt. I hemmte bei der *Crotonöl*-Entzündung (Kaninchenohr) das Auftreten der Trypanblaufärbung (nach intraperitonealer Injektion des Farbstoffes) u. die Farbintensität; *Hydrocortison* (II) hatte, selbst nach einer zur Empfindlichkeitssteigerung vorgenommenen Adrenalektomie, keinen Einfl.; *Prednison* war nur nach 1—2tägiger Vorbehandlung leicht wirksam. I war auch wirksam gegenüber dem durch *Kaolin* (III), *Eiklar* (IV), *Serotonin* (V) oder *Histamin* (VI) hervorgerufenen Rattenpfotenödem; II u. *Prednisolon* (VII) waren sehr wirksam gegenüber dem III-Ödem, nicht jedoch gegenüber dem IV-Ödem, ebenso unwirksam gegenüber dem V- u. VI-Ödem. Die Granulom-Bldg. im Rattenbindegewebe konnte durch ziemlich niedrige Dosen von Glucocorticoiden gehemmt werden; die bekannte Wrkg. von VII konnte bestätigt werden; I hatte allein keinen Einfl. auf die Granulom-Bldg., potenzierte jedoch die granulomhemmende u. thymolyt. Wrkg. von VII. U. TAUSENDFREUND. 4561 □

Über die Isolierung von sechs 17-Ketosteroiden aus Meerschweinchenharn. Kurt Schubert und Kurt Wehrberger. (Hoppe-Seyler's Z. physiol. Chem. **326.** 242—48. 21/12. 1961. Jena, Inst. für Mikrobiol. u. exp. Therapie der Dtsch. Akad. der Wiss. zu Berlin.) (Dt.)

Es wird über die Isolierung von sechs *17-Ketosteroiden* berichtet, die aus dem Harn ♀ Meerschweinchen isoliert wurden: *5β-Androstan-3.11.17-trion, 5α-Androstan-5β-ol-11.17-dion, 5α-Androstan-11β-ol-3.17-dion, 5α-Androstan-3β.11β-diol-17-on,* $\Delta^{9,11}$*-5α-Androsten-3β-ol-17-on* u. Δ^4*-Androsten-11β-ol-3.17-dion.* Aus 7 Liter Harn wurden zunächst die ohne vorherige Hydrolyse bei pH 7 extrahierbaren freien Steroide abgetrennt, der Extrakt sodann einer GIRARD-Trennung unterworfen u. der keton. Anteil an einer Al_2O_3-Säule unter Verw. der Gradientenelution chromatographiert. R. ILLHARDT. 4561 □

Ein Vergleich der Methoden zur sauren Hydrolyse eines Aldosteron-Konjugates aus dem Urin. Richard H. Underwood, Charles A. Flood, Sylvia A. S. Tait und James F. Tait. (J. clin. Endocrinol. Metabolism **21.** 1092—98. Sept. 1961. Shrewsbury, Mass., Worcester Found. for Exper. Biol.) (Engl.)

Das *Aldosteron*-Konjugat wurde dem Harn durch verschieden durchgeführte Chlf.-Extraktionen entzogen. Vor der Hydrolyse bei pH 1,0 wurde $^{14}C_{(4)}$*-dl-Aldosteron* zugesetzt. Alle Meth. stimmten bzgl. ihrer Ergebnisse prakt. überein. Die Ausbeute der Hydrolyse nach dem Stehen während der ersten 24 Std. betrug das Achtfache derjenigen der nächsten 24 Std. u. das Hundertfache der dritten 24-Std.-Periode.

B. WIEGERSHAUSEN. 4561 □

Schnellbestimmung des durch fermentative Oxydation hergestellten Prednisols. Antal Mizsei und Antal Szabó. (J. biochem. microbiol. Technol. Engng. **3.** 119—23. Juli 1961. Budapest, Res. Inst. for Pharmaceutical Ind.) (Engl.) — Vgl. C. **1962.** 4221.

Um die Bldg. von *Prednisol* (I) bei der Herst. aus *Hydrocortison* (II) durch fermentative Oxydation bereits während des Gärprozesses schnell zu kontrollieren, wurde eine analyt. Meth. zur Best. von **I** neben **II** u. anderen Ingredientien der Gär-Fl. entwickelt. Nach der Extraktion der Steroide aus der Probe durch Ausschütteln mit 2 Teilen Äthylacetat u. dem Eindampfen der steroidhaltigen Phase bis zur Trockne, wird der Rückstand in einem Gemisch von Äthanol u. 98%ig. H_2SO_4 (55:45) aufgenommen u. 5 Min. gekocht, wobei sich die Chromogene von **I** u. **II** bilden. Diese Lsg. läßt sich nach kurzem Abkühlen sofort spektrophotometr. untersuchen. Beide Chromogene liefern divergierende Absorptionsspektren, so daß aus ihnen das jeweilige **I**:**II**-Verhältnis zur Beurteilung der **I**-Bldg. zu ersehen ist. Die Unters. erfordert ca. 20 Minuten. Eine genaue Arbeitsvorschrift wird mitgeteilt.

W. KREIPE. 4561 □

Transport von Adrenalin, Noradrenalin und Kalium im Kaninchenvorhof. A. Wilma Waddell. (J. Physiology **155.** 209—20. Febr. 1961. London, London Hosp. Med. Coll., Dep. of Pharmacol.) (Engl.)

Im schlagenden rechten u. im nicht schlagenden linken isolierten Kaninchenvorhof wurde das Einströmen u. Ausströmen von K^+ durch *Adrenalin* u. *Noradrenalin* gesteigert. Die Wrkg. auf das Einströmen war etwas größer, so daß in den behandelten Vorhöfen K angereichert wurde. Nichtschlagende linke Vorhöfe begannen mitunter unter der Einw. der Amine spontan zu schlagen. Die Gesamtzunahme des K-Transportes ist auf einen erhöhten Transport durch die ruhende Membran u. auf eine Zunahme der Schlagfrequenz zurückzuführen.

K. ZINGRAF. 4561 □

Wirkung von Brenzcatechinaminen auf die psychomotorische Aktivität von Mäusen. E. Fischer und M. López Amalfará. (Nature [London] **193.** 590—91. 10/2. 1962. Buenos Aires, Hosp. Nac. de Neuropsiquiatr., Labor. de Investigac. Psicofarmacógicas.) (Engl.)

Durch intraperitoneale Injektionen von *Adrenalin* (**I**; bis 2,0 mg/kg), *Noradrenalin* (**II**; bis 4,0 mg/kg) u. *Isoproterenol* (**III**; bis 7,0 mg/kg) wird die im Actophotometer bestimmte psychomotor. Aktivität (pA) von Mäusen bedeutend herabgesetzt. Vegetative Wrkgg. (Exophthalmus, Tachycardie, Haarsträuben) werden nur nach **I** u. **II**, dagegen nicht nach **III** beobachtet u. sind offenbar unabhängig von der Verminderung der pA. Durch Gaben von *Phentolamin* („*Regitin R*") kurz vor **I** u. **II** läßt sich die vegetative Wrkg., jedoch nicht die pA unterdrücken.

H.-J. KOCH/Berlin. 4561 □

Identität des hauptsächlichen Äthylendiaminkondensationsproduktes von Noradrenalin mit dem von Brenzcatechin. Toshiharu Nagatsu und Kunio Yagi. (Nature [London] **193.** 484—85. 3/2. 1962. Nagoya, Univ., School of Med., Dep. of Biochem.) (Engl.)

Das aus *Brenzcatechin* in A. mit *Äthylendiamin* (**I**)-*hydrochlorid* u. alkohol. KOH (90 Std. bei Zimmer-Temp.) erhaltene, nach Reinigung durch Papierchromatographie bläulich-grün bis gelb fluorescierende, orangerote Kondens-Prod. stimmt bzgl. der Kristallform des Hydrochlorids, des IR-Spektrums u. der Fluorescenzkurve in Abhängigkeit von pH-Wert mit dem aus *DL-Noradrenalin* in A. u. konz. HCl mit **I** in A. (3std. Kochen u. über Nacht stehen) gewonnenen Prod. überein. Auch das aus *3.4-Dihydroxymandelsäure* gebildete Kondens.-Prod. ist mit der Verb. identisch.

H.-J. KOCH/Berlin. 4561 □

Stoffwechsel von $^3H_{(7)}$-DL-Noradrenalin beim mit Tolbutamid behandelten Meerschweinchen. A. Smith, M. Fabrykant, S. Gitlow und S. Bernard Wortis. (Nature [London] **193.** 577—78. 10/2. 1962. New York, N.Y., Univ. Med. Center, Dep. of Med. and Dep. of Psychiatry and Neurol.) (Engl.)

500—600 g schweren ♀ Meerschweinchen werden 50—100 μc *$^3H_{(7)}$-DL-Noradrenalin* (**I**; spezif. Aktivität 25 mc/mg) injiziert u. die Tiere 2—3 Std. vor der Injektion mit 200 mg *Tolbutamid* (**II**)/kg bzw. mit der gleichen Dosis *Disulfiram* (**III**; einmal pro Tag 3 Tage lang) behandelt u. die 24-Std.-Urinproben der Tiere sowie von nur mit **I** behandelten Kontrollen untersucht. Während bei den Kontrollen ca. $^1/_3$ der Radioaktivität aus dem mit NaCl gesätt. angesäuerten Urin mit Äthylacetat hauptsächlich als *3-Methoxy-4-hydroxymandelsäure* (**IV**) extrahierbar ist, wird dieser %-Satz durch **III** gesenkt, wobei neben **IV** noch *3-Methoxy-4-hydroxyphenyläthylenglykolsulfat* (**V**) ausgeschieden wird. Bei den 3 mit **II** behandelten Tieren ist in 2 Fällen fast die gesamte, in einem Fall die Hälfte der Aktivität nach dem angegebenen Verf. extrahierbar, wobei jedoch weder **IV** (R_F 0,67 im Syst. n-Butanol/Essigsäure/W., 4:1:1, WHATMAN Nr. 1) noch **V**, sondern 2 unbekannte Verbb. vom R_F 0,86 (**VI**; Hauptprod.) u. 0,50 (**VII**) auftreten. Die bei **III**-behandelten Tieren auftretenden Verbb. mit R_F 0—0,2 erscheinen bei den **II**-behandelten Tieren gar nicht. Die **II**-Wrkg. auf den **I**-Stoffwechsel wird durch Insulin oder Phenformin nicht verändert. **VI** wird an Dowex 1 (Cl^--Form) quant. adsorbiert, jedoch nicht an Dowex 50 (Na^+-Form), es zeigt mit Isopropanol/7nNH_4OH (4:1) einen R_F-Wert von 0,47, stimmt jedoch in den R_F-Werten nicht exakt mit dem möglichen Metaboliten Homovanillinsäure überein. Da **VII** nicht an Dowex-50 adsorbiert wird, ist es vermutlich kein Amin, es wird jedoch teilweise an Dowex-1 gebunden. **VI** u. **VII** werden nicht an neutralem Al_2O_3 adsorbiert, besitzen also keine Brenzcatechingruppierung. — Obgleich **III** in Konzz. von 10^{-6}m *Aldehyddehydrogenase* hemmt, tritt mit **II** in Konzz. bis 10^{-3}m, auch nach Vorinkubation für 30—60 Min. keine Hemmung ein. H.-J. KOCH/Berlin. 4561□

Funktion der Fötalschilddrüse von Kaninchen mit ihrer Beziehung auf den Cholesterinstoffwechsel untersucht an thyroidektomierten Kaninchen. J. G. Bearn, H. B. Koerselman und T. R. E. Pilkington. (Nature [London] **190.** 822—23. 27/5. 1961. London, Middlesex Hosp. Med. School, Med. Unit. and Dep. of Anatomy.) (Engl.)

Thyroidektomierte Kaninchen zeigen eine bedeutende Erniedrigung des *Cholesterinspiegels* im Blut im Vgl. zu normalen. G. ZIEBARTH. 4562□

Bestimmung der Schilddrüsenaktivität mit radioaktivem Jod. W. T. Binnerts. (Acta physiol. pharmacol. neerl. **8.** 305—07. Juni 1959. Wageningen, Agricult. Univ. Labor. of Animal Physiol.) (Engl.)

Von den gebräuchlichen Meth. zur Best. der Schilddrüsenaktivität mit Hilfe von radioakt. *J* werden die Best.-Meth. der J-Akkumulierung sowie der logarithm. Aufzeichnung des Verlaufs der Akkumulation als unzureichend bezeichnet (der unterschiedliche J-Status bzw. die unspezif. Aufnahme von J durch andere Organe beeinträchtigen die Ergebnisse). Vielversprechender ist dagegen die Best., die auf der Messung der Abgabe basiert (vgl. BLINCOE u. Mitarbeiter, Univ. Missouri Agr. Exp. Sta. Res. Bull. [1955.] Nr. 576; Nr. 579), ebenso die von SØRENSEN (Nordisk Veterinaermed. **8.** [1957.] 639) vorgeschlagene Meth. der Ermittlung der Schilddrüsenhormonabgabe durch zusätzliche Blutanalyse, wenn auch die extrem niedrigen Blutaktivitäten hinderlich sind, ferner die von STANLEY (J. clin. Endocrinol. **9.** [1949.] 941) vorgeschlagene Korrektur der Geschw.-Konst. der radioakt. Aufnahme, bes. wenn die spezif. Aktivität des anorgan. J des Blutes direkt u. nicht aus dem Harn bestimmt wird. — 17 Literaturangaben.
U. TAUSENDFREUND. 4562□

Einfluß von Nebennieren und Wachstumshormon auf den Blutzuckerspiegel bei Ratten. C. A. de Groot. (Acta physiol. pharmacol. neerl. **8.** 295—96. Juni 1959. Leiden, Univ. of Leiden, Dep. of Pharmacol.) (Engl.) — Vgl. C. **1960.** 15474.

Wachstumshormon (WH) führt bei intakten Ratten zur Hypoglykämie; bei adrenalektomierten Tieren kann die gleiche WH-Dosis den Blutzuckerspiegel ebenfalls senken, vorausgesetzt, daß er durch eine Glucosebelastung vorher angehoben wurde; die WH-Wrkg. wird jedoch vermißt, wenn nur das Nebennierenmark entfernt wurde, obwohl hierbei der Blutzucker-Geh. nahe der Norm lag. Eine Wrkg. von WH über eine Pankreasstimulierung scheint ausgeschlossen u. ein sympath. Effekt muß angenommen werden (*Insulin* ist bei intakten u. nebennierenmarklosen Tieren gleichermaßen wirksam). Das Verschwinden u. Wiederauftreten der WH-Wrkg. nach totaler Adrenalektomie läßt sich mit einer vorherigen Gegenwrkg. der Nebennierenrinde gegen die geringen, nach Nebennierenmarkentfernung noch verbliebenen sympath. Wrkg. erklären. U. TAUSENDFREUND. 4564□

Der Einfluß von Insulin und Adrenalin auf den Glykogengehalt der Parotisdrüse bei der Ratte. L. L. Langley und W. A. Beall. (Arch. oral Biol. **1.** 122—24. Okt. 1959. Birmingham, Ala., Univ. of Alabama, School of Dentistry, Dep. of Physiol.) (Engl.)

Insulin erhöht den *Glykogen*-Geh. bei jedem Blutzuckerspiegel, *Adrenalin* erniedrigt den Geh. bei hohem Spiegel. P. GREGORZEWSKI. 4564□

Wirkungen der Fructoseinfusion auf die Glucoseaufnahme und die zirkulierende insulinähnliche Aktivität bei Normalpersonen. J. Corvilain und R. Tagnon. (J. Physiology **155.** 337—42. Febr. 1961. Brüssel, Univ. Libre de Bruxelles, Hôp. Saint-Pierre, Clin. Méd.) (Engl.)

Die Geschw. der Glucoseaufnahme nach i.v. Infusion von 100 g *Fructose* innerhalb von 1 Std. war bei Normalpersonen erhöht; diese Wrkg. war nicht auf eine Hypersekretion von Insulin zurückzuführen. K. ZINGRAF. 4564□

Plasmaumsatz freier Fettsäuren während insulininduzierter Hypoglykämie. D. T. Armstrong, R. Steele, N. Altszuler, A. Dunn, J. S. Bishop und R. C. de Bodo. (unter techn. Mitarbeit von C. Bjerknes). (Amer. J. Physiol. **201.** 535—39. Sept. 1961. Upton, N.Y., Brookhaven Nat. Labor., Dep. of Biol.; New York, N.Y., New York Univ., School of Med., Dep. of Pharmacol.) (Engl.)

Unter Verw. von ^{14}C-Palmitat (I) u. ^{14}C-Glucose (II) wurde die Beziehung zwischen II-Aufnahme u. Bldg. *freier Fettsäuren* (III) untersucht, um damit die für die, unter dem Einfl. von *Insulin* (IV) u. der IV-induzierten Hypoglykämie beobachtbaren Veränderungen der III-Konzz. verantwortlichen Mechanismen aufzuhellen. Die durch Infusion von 0,03—0,15 Einheiten von glukagonfreiem IV/kg/Std. bei normalen, nichtnarkotisierten Hunden (seit 15—20 Std. nüchtern) erzielbaren Verminderungen der Plasma-III-Konz. konnte mit Hilfe von I als Folge verringerter III-Bldg. erkannt werden. Diese verringerte III-Bldg. ist begleitet von gesteigerter II-Aufnahme durch die Gewebe. Diese geringe III-Bldg. u. -Konz. bleiben bestehen, wenn die IV-Infusion langsam erfolgt, so daß der Blutzucker nicht unter 75 mg% absinkt; wird IV jedoch rascher infundiert (Blutzucker unter 50 mg% absinkend), so kommt es zu einem Umschlag mit Erhöhung der III-Bldg. u. III-Konz. über die Vorinfusionswerte hinaus. Die II-Aufnahme bleibt während der IV-Infusion ständig erhöht. Die unter starker IV-Infusion auftretende Erhöhung von III-Bldg. u. -Konz. läßt sich durch Vorbehandlung mit *Dibenzylin* (5—10 mg/kg 60 bis 200 Min. vorher) oder *Guanethidin* (5 u. 2,5 mg/kg/Tag für 8 Tage) verhüten, so daß die Erhöhung der III-Werte offenbar durch eine, die anfänglich infolge IV-induzierter II-Aufnahme verminderte III-Freigabe überspielende sympathicoadrenale Rk. auf die verstärkte Hypoglykämie zustande kommt. U. Tausendfreund. 4564□

Die Chromatographie von Insulin an Diäthylaminoäthylcellulose in 8 m Harnstoff enthaltenden Puffern. E. O. P. Thompson und I. J. O'Donnell. (Austral. J. biol. Sci. **13.** 393—400. Aug. 1960. Parkville, Victoria Austral., Div. of Protein Chem., C.S.I.R.O., Wool Res. Labor.) (Engl.)

4 verschiedene *Insulin*-Proben wurden an einer Diäthylaminoäthylcellulose-Säule bei konst. pH u. konst. Ionenstärke chromatographiert. Bei Verw. eines 8 m Harnstoff enthaltenden Puffers (pH 7,4) konnten die vier Proben in je drei Komponenten A (2—9%), B (75—92%) u. C (6—21%) aufgetrennt werden, wobei A u. C wahrscheinlich Desamidofraktionen sind, während die Hauptkomponente B natives Insulin darstellt. Die Desamidierung kann während des Gewinnungsprozesses oder bei der Biosynth. im Pankreas erfolgen. Vff. beschreiben eingehend die Bereitung der Säule, die Puffer-Zus. u. die Säulencharakteristik. Die Best. der einzelnen Fraktionen geschieht durch Messung der Lichtabsorption bei 276 mμ im Beckmann-DU-Spektrophotometer.
H.-P. Pietsch. 4564□

Meerschweinchenantiinsulinserum. B. H. B. Robinson und P. H. Wright. (J. Physiology **155.** 302—10. Febr. 1961. London, Post-graduate Med. School. Dep. of Med., u. Guy's Hosp. Med. School, Dep. of Chem. Pathol.) (Engl.)

Das *Insulin* (I)-Neutralisierungsvermögen von Meerschweinchenantiinsulinserum (M.A.I.) kann aus seinen Wrkg. nach i.v. Injektionen, allein oder in Kombination mit I, bei gefütterten Ratten ermittelt werden. Akt. Serum agglutiniert auch Schaferythrocyten, die mittels bis-diazotiertem Benzidin mit I konjugiert wurden. Die Antikörper, welche M.A.I. enthalten soll, sind nicht artspezif.; sie verbinden sich wahrscheinlich direkt mit I. Bei Behandlung mit I in Emulsion liefern Meerschweinchen innerhalb von 3 Monaten akt. M.A.I. Nach 5—6 Monaten ist es möglich, die Tiere, welche bes. akt. M.A.I. liefern, auszuwählen. K. Zingraf. 4564□

Stimuliert das Glukagon die Nebennierenrinde der Ratte? P. Lefebvre, M. Palem-Vliers und H. van Cauwenberge. (C. R. Séances Soc. Biol. Filiales **155.** 1726—28. 1961. Liège, Univ., Inst. de Clin. et de Pathol. méd., Labor. de Chim. méd.) (Franz.)

Da bei der Ratte Gaben von *Glukagon* (I) die Ödem-Bldg. nach Phlogistica-Injektion hemmen, u. diese Hemmung nach bilateraler Exstirpation der Nebennieren ausbleibt, untersuchen Vff. den Einfl. von I auf die Nebenniere. Zu diesem Zweck werden *Cholesterin* (II) u. *Ascorbinsäure* (III) in der Nebenniere, *Corticosteron*, die *17-α-Hydroxycorticosteroide* (frei u. total) u. die *reduzierenden Steroide* (frei u. total) im Blut dosiert. Allein die gleichzeitige Übereinstimmung mehrerer dieser Faktoren erlaubt einen Schluß über die evtl. Stimulierung der Nebennierenrinde. Albinoratten (♂) wird I intraperitoneal verabfolgt (100 bzw. 250 μg/100 g). Die Dosierungen im Blut werden 15, 30, 60 u. 90 Min. nach der I-Gabe vorgenommen. Nach Herzpunktion werden sofort II u. III in den Nebennieren bestimmt. Es werden keine statist. auswertbaren Veränderungen festgestellt, außer einer mäßigen Verringerung der reduzierenden Substanzen im Blut nach 190 μg I/100 g (bes. nach 90 Min.). Die Hemmung der Ödem-Bldg. durch I scheint also nicht auf einer Stimulierung der Nebenniere zu beruhen. M. Blaschette-Huttinger. 4564□

Saure und Glucose-6-phosphataseaktivität der B-Zellen des Pankreas nach Cortison und Sulfonylharnstoff. Sydney S. Lazarus. (Proc. Soc. exp. Biol. Med. **102.** 303—06. Nov. 1959. Brooklyn, N.Y., Jewish Chronic Disease Hosp. Isaac Albert Res. Inst.) (Engl.)

Bei Kaninchen, die durch Cortison diabet. wurden, mit histochem. nachweisbarer B-Zellendegranulation, ist die *Glucose-6-phosphatase*-Aktivität u. die der *unspezif. Phosphatase* unverändert. *Sulfonylharnstoff* (Chlorpropamide) erniedrigt jene ohne diese zu beeinflussen. E. CARSTENS. 4564□

Die Freisetzung von Acetylcholin im isolierten Rattenzwerchfell. K. Krnjević und J. F. Mitchell. (J. Physiology **155.** 246—62. Febr. 1961. Babraham, Cambridge, A. R. C. Inst. of Animal Physiol.) (Engl.)

Im isolierten Rattenzwerchfell betrug die durchschnittliche *Acetylcholin* (**I**)-Freisetzung bei einer Reizfrequenz von 2—5/Sek. bei Raum-Temp. 0,12 pMol/Impuls (bei nicht mehr als 1500 maximalen Impulsen). Die Freisetzung wurde durch Erhöhung der Reizfrequenz oder Verlängerung der Reizperiode verringert. Bei niederer Reizfrequenz hatte eine Erhöhung der Temp. auf 37° oder die Ggw. von Tubocurarin keinen Einfluß. Posttetan. Potenzierung bei einer Reizfrequenz von 1—2/Sek. erhöhte die Freisetzung von **I**. Die durchschnittliche Freisetzung von **I** von einer einzigen Nervenendigung bei niederer Reizfrequenz wurde zu 10^{-17} Mol berechnet. K. ZINGRAF. 4569□

Acetylcholin in der Milz der Katze in Beziehung zu Sympaticusnerven. K. W. Brandon und M. J. Rand. (J. Physiology **155.** 48P—49P. Febr. 1961. Sidney, Univ. of Sydney, Dep. of Pharmacol.) (Engl.)

Bei Splenicusreizung erfolgte in der isolierten, mit TYRODE-Lsg. durchströmten Milz einer mit Reserpin (**I**)-behandelten Katze keine Milzkontraktion u. die venöse Ausfluß-Lsg. kontrahierte das Meerschweinchenileum nicht, dagegen trat diese Wrkg. nach Zusatz von Neostigmin zur Durchströmungs-Lsg. ein u. konnte durch Atropin (**II**) blockiert werden. Wenn der Vers. an der Milz einer intakten Katze durchgeführt wurde, so kontrahierte sich die Milz u. das Meerschwinchenileum zeigte Erschlaffung. In der **I**-behandelten Katze sind die Noradrenalin (**III**)-Speicher erschöpft u. eine Substanz mit den Eigg. von *Actetylcholin* (**IV**) kann nach Sympathicusreizung in der Ausfluß-Lsg. aus der Milz nachgewiesen werden. Streifen von Katzenmilz zeigten nach **IV** Kontraktion, welche durch Dibenzylin (**V**) oder Bretylium (**VI**), nicht aber durch **II** unterbunden wurde. Auch nach **III** trat Kontraktion der Milz ein, die durch **V**, nicht aber durch **VI** blockiert wurde. Milzstreifen von **I**-behandelten Katzen waren gegen **IV** unempfindlich u. gegen **III** empfindlicher als normale Streifen. K. ZINGRAF. 4569□

Die Beeinflussung der Acetylcholinwirkung am Herzen durch Sulfhydryl-Blocker. Wulf Pohle und Hansjürgen Matthies. (Acta biol. med. german. **8.** 167—81. 1962. Magdeburg, Med. Akad., Pharmakolog. Inst.) (Dt.)

An Froschherzen u. Meerschweinchenaurikeln gelingt es durch $HgCl_2$, p-Chlormercuribenzoat, Hg-haltige Diuretica, Jodacetamid u. N-Äthylmaleinimid die negativ inotrope Wrkg. von Acetylcholin abzuschwächen oder völlig zu hemmen. Unwirksam sind Ca^{2+}, Cu^{2+}, Pb^{2+}, Ag^{+} u. Arsenat. Die Wrkg. von $HgCl_2$, nicht aber die von N-Äthylmaleinimid, war durch Cystein aufzuheben; Glutathion war in dieser Hinsicht weniger wirksam, Methionin u. Cystin unwirksam. In Ggw. von Substanzen, die seine negativ inotrope Wrkg. hemmen, zeigt Acetylcholin in hohen Konzz. eine negativ chronotrope Wrkg., die z. T., ohne vorherige Amplitudenabnahme, zum Herzstillstand führte. U. HINTERBERGER. 4569□

Isolierung von Bradykinin: Ein Plasmakinin aus Rinderblut. D. F. Elliot, G. P. Lewis und E. W. Horton. (Biochem. J. **74.** 15P—16P. 1960. Mill Hill, London, Nat. Inst. for Med. Res.) (Engl.)

Aus Rinderserumprotein wird durch Fällung mit $(NH_4)_2SO_4$ (33 u. 45% Sättigung) Dialyse, Behandlung mit 0,1 n HCl bei 37°, Inkubation mit Trypsin, Fällung mit sd. A., Gegenstromverteilung der in 75%ig. A. lösl. Anteile, Chromatographie an Carboxymethylcellulose mit Acetatpuffer (pH 6,5 u. 5), erneute Chromatographie in Ggw. von Äthylendiamintetraessigsäure zur Entfernung von Mg^{2+} u. präparative Papierelektrophorese reines *Bradykinin* gewonnen. Es enthält *Serin, Glykokoll, Prolin, Phenylalanin* u. *Arginin* im Verhältnis 1:1:2:2:2, die biolog. Aktivität ist mit der von Histamin u. Acetylcholin vergleichbar. H.-J. KOCH/Berlin. 4569□

Über die Rolle des Stromas in der Hämoglobinsynthese: In vitro-Versuche mit roten Blutzellen der Ente. A. Breccia, A. L. Fantola, E. Lazzarini und A. Giustina. (Nature [London] **184.** 1878—79. 12/12. 1959. Milano, Univ., Ist. di Fisica del Politecn., Ist. di Patolog.) (Engl.)

Mit Hilfe von $^{14}C_{(2)}$-*Glycin* (spezif. Aktivität 1 mc/mMol) u. heparinisiertem Entenblut prüften Vff. die Annahme, daß die *Hämoglobin* (I)-Synth. durch Umwandlung eines Proteins (Stroma) in ein anderes über eine intermediäre, an Nichtprotein-N reiche Phase vor sich geht. Die erzielten Ergebnisse sprechen nicht für diese Annahme. Es zeigte sich, daß sich innerhalb der roten Blutzellen radioakt. markierte Substanz befand, welche für die I-Synth. innerhalb der ersten 3—4 Std. der Reinkubation benutzt wurde.

R. HEINRICH. 4572 □

Strukturuntersuchungen an Hämoproteiden. 1. Mitt. **Veränderungen der optischen Drehkraft des Hämoglobins durch Lagerung und thermischen Einfluß.** K. Ruckpaul, J. Krumbiegel und F. Jung. (Acta biol. med. german. **8.** 157—66. 1962. Berlin-Buch, Deutsche Akademie der Wissenschaften, Inst. für Med. u. Biol., Bereich Pharmakol.) (Dt.)

Die opt. Aktivität von Menschen-, Pferde- u. Rinderhämoglobin ist von der Art der prosthet. Gruppe abhängig. Der Drehwinkel bei 667 nm nimmt in der Reihe HbO_2—Met—Hb—HbCO ab. Auch im Laufe der Lagerung bei $+4^0$ vermindert sich die Drehung, bei freiem Globin wesentlich stärker als bei den Proteiden. Die Stabilität bei therm. Denaturierung nimmt in der Reihe Hb—CO, HbO_2, Met—Hb ab.

U. HINTERBERGER. 4572 □

Veränderungen des K^+- und Na^+-Gehaltes während des Reifungsprozesses der roten Blutkörperchen von Kaninchen und Hühnern. I. S. Kaludin und S. Rapoport. (Acta biol. med. german. **8.** 151—56. 1962. Berlin, Humboldt-Univ., Physiol.- chem. Inst.) (Dt.)

Bei Kaninchen u. Hühnern haben die Reticulocyten einen höheren K^+-Geh. als die Erythrocyten. Das Ausmaß der Unterschiede geht der Reticulocytenzahl etwa parallel.

U. HINTERBERGER. 4573 □

Der Pentosencyclus in menschlichen Erythrocyten. Der Einfluß der Blutgruppen und des Geschlechts. J. Šonka und J. Fiala. (Folia haematol. [Leipzig] **77.** 53—59. 1960. Prag, III. Med. Klinik u. Inst. für Hämatol. u. Bluttransfusion.) (Dt.)

Frisches Blut von Blutspendern wurde durch mehrfaches Waschen von Leukocyten u. Plasma befreit. Die Erythrocyten wurden dann mit 120 mg-% *Glucose* (I) 3 Std. lang bei 37° inkubiert. Ca. 10% der verwerteten I wurden über den *Pentosecyclus* abgebaut, wie durch die *Ribose*-Bldg. festgestellt wurde. Sowohl bzgl. I-Verbrauch wie auch bzgl. der Ribose-Bldg. wurde durch Geschlecht, Blutgruppe u. Rh-Faktor kein Unterschied bedingt.

L. LACHHEIN. 5473 □

Zum Mechanismus des Einbaus des ^{32}P in Phosphatidfraktionen von Retikulocyten und reifen Erythrocyten. H. J. Raderecht, S. Binnewies und E. Schölzel. (Acta biol. med. german. [Berlin] **8.** 199—208. 1962. Humboldt-Univ. zu Berlin, Physiolog.-chem. Inst.) (Dt.)

Bei Kaninchenretikulocyten ist die Einbau-Geschw. von ^{32}P in die Phosphatide wesentlich höher als bei Erythrocyten. Der Einbau ist überwiegend von der Ggw. von Glucose abhängig, durch Cyanid wird er nicht gehemmt. Jodacetat u. Fluorid hemmen den Einbau. Während bei den Erythrocyten der ^{32}P-Einbau fast völlig auf die Phosphatidsäuren beschränkt ist, zeigen bei den Retikulocyten auch Lecithin u. Kephalin einen hohen Umsatz. Unter Fluorid wird bei den Retikulocyten der Einbau weit zugunsten der Phosphatidsäuren verschoben.

U. HINTERBERGER. 4573 □

Untersuchungen zum Aminosäurestoffwechsel menschlicher Leukocyten. K. Schreier, E. Zöller, K. Thomas, W. Hart, V. Stöckle und E. Bergmann. (Klin. Wschr. **39.** 568—73. 1/6. 1961. Heidelberg, Univ.-Kinderklinik.) (Dt.)

Vff. berichten über den Einbau von $^{14}C_{(1)}$-*Glycin* (I) in die Proteine u. Nucleinsäuren isolierter menschlicher Leukocyten. Der Einbau von I in die Proteine nimmt mit steigendem Alter fortlaufend ab, während der Einbau in die Nucleinsäuren eine kompliziertere Altersabhängigkeit zeigt. Patholog. Leukocyten zeigen höhere Synth.-Geschwindigkeit. Leukocyten von leukosekranken Patienten zeigen die höchste beobachtete Synth.-Geschwindigkeit. Durchführung der Experimente in N_2-Atmosphäre verursacht eine Hemmung des I-Einbaus bis zu 80%. Die in der Leukämie-Therapie verwendeten Medikamente *Prednison* u. *Fluoruracil*, sowie *Phlorizin* haben keinen Einfl. auf normale u. patholog. Leukocyten.

A. GUDE. 4573 □

Die elektrophoretische Analyse der Serumproteine neugeborener Kinder. Margaret Real und J. I. Routh. (Proc. Iowa Acad. Sci. **64.** 252—58. 1957. Iowa City, Iowa, State Univ., Dep. of Biochem.) (Engl.)

59 Serumproben von 24—120 Std. alten Neugeborenen wurden mit freier u. Papierelektrophorese untersucht. Die Durchschnittswerte für die einzelnen Proteinfraktionen waren: *Albumin* 59,9%, α_1-, 4%; α_2-, 8,8; β-, 8,3%; γ_1-, 2,5% u. γ_2-*Globulin* 16,5%.

E. FISCHOEDER. 4574 □

Immunelektrophorese: Methodik und Anwendung zur Untersuchung gruppenspezifischer Veränderungen in Seren. Jan Hirschfeld. (Sci. Tools [Stockholm] **7.** 18—25. Aug. 1960. Stockholm, Statens Rättskemiska Labor. The State Inst. for Blood Group Serol. u. Karblinska Inst., Dep. of Bacteriol.) (Engl.)

Mit Hilfe der Immunoelektrophorese gelang Vf. die Auflösung der immunoelektrophoret. Struktur des menschlichen Serumeiweißes in ca. 30 elektrophoret. u./oder immunolog. unterschiedliche Komponenten. Die elektrophoret. Variationen einiger Komponenten in verschiedenen Seren ermöglichen eine Klassifizierung menschlicher Seren in 9 Hauptgruppen. Diese Variationen sind von dem Vork. zweier gruppenspezif. Syst. abhängig: vom *Haptoglobin*-Syst. u. von mittels Immunoelektrophorese nachweisbaren *gruppenspezif. Komponenten.* Vf. beschreibt ausführlich die immunoelektrophoret. Meth. zur Charakterisierung dieser beiden gruppenspezif. Systeme.
H. KOCKERT. 4574□

Die Wechselwirkung zwischen Proteinen und Metallkationen. Die präzipitierende Wirksamkeit einiger Metallsalze auf die durch Agar-Elektrophorese aufgeteilten Serumproteine. José Uriel. (C. R. hebd. Séances Acad. Sci. **250.** 3422—24. 16/5. 1960. Paris, Inst. Pasteur, Service de Chimie microbienne.) (Franz.)

Nach beendeter Elektrophorese eines Serums wird die Agarschicht in eine Lsg. der Nitrat- bzw. Acetatsalze der Kationen Ca, Ba, Mn, Co, Ni, Cd, Zn oder Cu eingelegt. Das in den Agar diffundierende Metallsalz präzipitiert u. fixiert dabei eine oder mehrere Proteinfraktionen, während nicht gefällte Fraktionen eluiert werden. Die Ionenstärke u. die Temp. hatten wenig Einfl. auf die Stärke der Präzipitation, die im allg. bei steigendem pH zunahm. Von den Metallen waren Cu u. Zn am wirksamsten, es genügte eine $5 \cdot 10^{-4}$ m Cu-Konzentration. E. FISCHOEDER. 4574□

Phenindione-Gelbsucht. John Perkins. (Lancet **1962** (**I**). 125—27. 20/1. Manchester, Ancoats Hosp.) (Engl.)

Bericht über 2 Fälle mit Herzinfarkt. Bei Behandlung mit *Phenindione* (*Dindevan*) trat nach ca. 5 Wochen Gelbsucht mit Gallenstauung auf, wie sie auch nach *Chlorpromazin* zu beobachten ist. Besserung des Zustands durch Steroidtherapie. Hinweis auf die Bedeutung von Transaminasetesten zur Erkennung von Leberschäden.
H. DOSSMANN. 4574□

Phenindione-Empfindlichkeit. John Perkins. (Lancet **1962** (**I**). 127—30. 20/1. Manchester, Ancoats Hosp.) (Engl.) — Vgl. vorst. Referat.

Besprechung von 3 Fällen mit Hautaffektionen bzw. Diarrhoe u. Fieber bei Therapie mit *Phenindione* (**I**; *2-Phenyl-1:3-indandion*). Die Nebenwrkg. verschwanden durch Absetzen bzw. Ersatz von **I** durch *Nicoumalone.* H. DOSSMANN. 4574□

Wirkung wiederholter Eisen-Dextran-Injektionen auf den Bluthämoglobin- und Hämatokritwert und auf die Eisen- und Myoglobinkonzentration sowie die Farbe des Musculus semimembranaceus des Schweines. W. E. Henry, E. R. Miller und L. J. Bratzler. (J. Animal Sci. **20.** 180—82. Febr. 1961. East Lansing, Mich., Michigan Agric. Exp. Stat.) (Engl.)

Es wurde die Wrkg. wiederholter Injektionen von *Fe-Dextran* (*Armidexan*$^{-75}$, ARMOUR & Co., i.m.) bei neugeborenen Schweinen bis zur Erreichung der 7., 9., 16. u. 22. Woche untersucht. Innerhalb der ersten 9 Wochen unter Verabreichung von insgesamt 450 mg Fe stiegen Hämoglobin- u. Hämatokritwerte an; nach der 16. u. 22. Woche konnten niedrigere *Hämoglobin-* u. *Hämatokritwerte* als bei den Kontrollen konstatiert werden. Durch die wiederholten Injektionen, die in Dosen von 150, 200, 250, 300, 350 u. 400 mg Fe jeweils in den Musculus semimembranaceus des linken Schinkens verabfolgt wurden (Abstände 2 Wochen, 1. Injektion 5 Wochen nach Geburt), kam es im betroffenen *Musculus semimembranaceus* zu keiner Veränderung der *Myoglobin*-Konz. oder der Oberflächenfärbung; im äußeren Fett des Schinkens der Tiere, die die Höchstdosis von 1650 mg Fe erhalten hatten, konnte jedoch eine leichte rostrote Verfärbung beobachtet werden. Die Muskel-Fe-Konz. war bei den injizierten Tieren nach 22 Wochen höher als bei den Kontrollen, der zur Injektion herangezogene Schinken enthielt jedoch im Durchschnitt weniger Gesamt-Fe als der nichtinjizierte Schinken.
U. TAUSENDFREUND. 4576□

Glykoproteide des Liquors. 6. Mitt. **Die Glykoproteide im Liquor bei psychischen Erkrankungen.** B. A. Lang, V. Broučková und F. Blaták. (Acta biol. med. german. [Berlin] **7.** 96—105. 1961. Palacký Univ. Olomouc ČSSR, Med. Fakultät, Chem. Anstalt.) (Dt.) — 5. vgl. Acta Univ. Palackiane Olomucensis **13.** [1957.] 271.

Bei der Best. der eiweißgebundenen Kohlenhydrate im Lumballiquor psych. Kranker, findet man nur bei Psychosen, die durch Arteriosklerose bedingt sind, erhöhte Werte. Bei schizophrenen Psychosen sind die Gesamtproteinwerte des Lumballiquors

normal, während sie für akute, nichtschizophrene Psychosen erhöht sind. Der Anteil der gebundenen Kohlenhydrate steigt bei Schizophrenie mit der Dauer der Krankheit.
U. HINTERBERGER. 4578 □

Die Besonderheiten der biochemischen Zusammensetzung des Fruchtwassers bei Spättoxikosen der Schwangerschaft. A. M. Ssosanski. (Акушерство и Гинекология [Geburtshilfe u. Gynäkol.] **37.** Nr. 2. 27—30. März/April 1961. Lwow, Forsch.-Inst. für Mutter- u. Kinderschutz, Abt. für Geburtshilfe u. Gynäkol.) (Russ.; Auszug: Engl.)

In Unterss. an 130 Patientinnen (Spätabort 17.—26. Woche, Frühgeburt 29. bis 37. Woche, Normalgeburt 40. Woche, Spättoxikose 25.—40. Woche) waren bei der Spättoxikose Chlorid-, Harnstoff- u. Rest-N-Geh. im mütterlichen u. im Serum des Kindes sowie im Fruchtwasser erhöht, ebenso der Eiweiß-Geh. im Fruchtwasser trotz Hypoproteinämie bei Mutter u. Kind. Der Zucker-Geh. war im Fruchtwasser etwas erniedrigt, im Blut von Mutter u. Kind etwas erhöht. K. RINTELEN. 4583 □

Histochemische Bestimmung des Eisengehaltes in der menschlichen Placenta zu verschiedenen Schwangerschaftszeiten. Ss. Ss. Kassabjan. (Акушерство и Гинекология [Geburtshilfe u. Gynäkol.] **36.** Nr. 4. 75—77. Juli/Aug. 1960. Dagastan, Med. Inst., Lehrst. für patholog. Anatomie.) (Russ.; Auszug: Engl.)

Mit der PERLschen Meth. wird der Fe-Geh. der Placenta während der Schwangerschaft bestimmt. Vom 3. Monat bis zum Ende der Gravidität tritt keine Veränderung mehr ein. Große Mengen Fe wurden im Embryonalgewebe, in den Histiocyten u. Erythrokaryocyten gefunden, auch in den monoatoiden Elementen der kompakten Schicht des Endometriums. Wahrscheinlich ist das im Protoplasma der Erythrokaryocyten enthaltene Fe ein Anzeichen für die in diesen Zellen enthaltenen Fe-Verbb., die eine Rolle in der Fe-Versorgung des Foeten spielen. R. MORGENSTERN. 4583 □

Einfluß der Albuminurie auf den Gehalt einiger Spurenelemente im Blut von Frauen mit Beschwerden der Spättoxikose der Schwangerschaft. Je. P. Grebennikow. (Акушерство и Гинекология [Geburtshilfe u. Gynäkol.] **36.** Nr. 4. 82—84. Juli/Aug. 1960. Stalino, Med. Inst., Lehrst. für Geburtshilfe u. Gynäkol., Lehrst. für Biochemie.) (Russ.; Auszug: Engl.)

Mittels Emissionsspektralanalyse wurde bei 61 Frauen mit Schwangerschaftsspättoxikose der Geh. des Blutes an *Cu, Al, Ti* u. *Mn* bestimmt. In Abhängigkeit von der Stärke der Albuminurie ist der Cu- u. Ti-Geh. des Blutes erniedrigt, während der Si-, Al- u. Mn-Geh. nicht in Relation zur Albuminurie steht. R. MORGENSTERN. 4583 □

Der Kobaltgehalt des Organismus von schwangeren Frauen und der Leibesfrucht bei normalem Verlauf von Schwangerschaft und Geburt sowie bei durch Toxikose komplizierter Schwangerschaft. G. W. Assmalowski. (Акушерство и Гинекология [Geburtshilfe u. Gynäkol.] **36.** Nr. 4. 85—87. Juli/Aug. 1960. Stanislaw, Med. Inst., Lehrstuhl für Geburtshilfe u. Gynäkol. u. Lehrstuhl für Biochemie.) (Russ.; Auszug: Engl.)

Colorimetr. wurde der *Co*-Geh. im Blut schwangerer Frauen bestimmt. Der Co-Geh. des Blutes nimmt mit fortschreitender Gravidität ab. Zu Beginn der Schwangerschaft ist er in der Placenta am größten. Je nach Grad der Schwangerschaftstoxikose ist der Co-Geh. vermindert. Mit fortschreitendem Alter des Foetus steigt der Co-Geh. der Leber an.
R. MORGENSTERN. 4583 □

Untersuchungen über die embryonalen Großhirnhemisphären unter Anwendung histochemischer Methoden zum Nachweis von Lipiden. A. I. Hadjioloff, N. Damova, N. Popov und K. Siljanovskij. (Доклады Болгарской Академии Наук [C. R. Acad. bulg. Sci.] **13.** 231—34. März/April 1960.) (Dt.; Auszug: Russ.)

Vff. untersuchen den *Lipid*-Geh. u. die Ausbreitung u. Art der Lipide an menschlichen 11—53 cm großen Embryonen auf dem Niveau des Gyrus praecentralis des Gehirns mit histo- u. biochem. Methoden. Die Ergebnisse lassen vermuten, daß die mit der intrauterinen Entw. allmählich zunehmenden lipogranulierten Zellen im Hirngewebe, die der Oligodendroglia zuzurechnen sind, an dem in den späteren Monaten der Foetal-Entw. einsetzenden Myelinisierungsprozessen teilnehmen. E. RENTZ. 4583

Der Aminosäurestoffwechsel einer sich entwickelnden Insektencuticula: Die Cuticula der Larve und das Puparium von Calliphora vomitoria. 3. Mitt. **Die Bildung des Pupariums.** R. Dennell. (Proc. Roy. Soc. [London], Ser. B **149.** 176—83. 4/12. 1958.) (Engl.) — 1. vgl. C. **1959.** 6538.

Hydrochinon (I) u. *Brenzcatechin* (II) finden sich zwar in der Larvenkuticula von *Calliphora vomitoria* nicht aber im Ruparium. Hydrolyse des Ruparium unter reduzierenden Bedingungen (NaOH + $SnCl_2$) ergab ein Ninhydrin-positives p-Dihydroxyphenol. Dieselbe Verb. wurde erhalten, wenn mit I gebräunte Larvenkuticula in ähnlicher Weise hydrolysiert wurden. Wurde **II** anstatt **I** verwendet, so entstand ein Ninhydrin-positives o-Dihydroxyphenol. Diese Verb. fand sich nicht im Ruparium. Vf. schließen, daß **I** u. nicht **II** für die Härtung des Rupariums in Frage kommt. W. Hiller. 4583□

Zusammenhänge zwischen Lebensmittelchemie und Toxikologie. J. F. Reith. (Dtsch. Lebensmittel-Rdsch. **57.** 225—30. Sept. 1961. Utrecht, Univ., Abt. für Lebensmittellehre u. Toxikol.) (Dt.)

Vortrag über die vor allem chron. tox. wirkenden Lebensmittelzusätze. — 30 Literaturangaben. P. Gregorzewski. 4585□

Faktoren, welche den Natriumappetit von Schafen beeinflussen. Sigrid Beilharz und R. N. B. Kay. (J. Physiology **155.** 60 P—61 P. Febr. 1961. Melbourne, Victoria, Univ. of Melbourne, Dep. of Physiol.) (Engl.)

Einbringen von W. oder $NaHCO_3$-Lsg. in den Pansen oder i.v. Injektion von 18 mVal Na^+ (NaCl-Lsg.) verringerten die orale Aufnahme von *Na* durch Schafe mit einseitiger Parotisfistel nicht. Durch Injektion von 331—453 mVal Na^+ (entsprechend etwa dem halben Na-Defizit) wurde die darauf folgende orale Na-Aufnahme etwa um den gleichen Betrag herabgesetzt. K. Zingraf. 4585□

Ergebnisse einer Untersuchung über den Vitamin-B_1-Gehalt unserer Weizensorten. Jaroslav Prugar. (Sbornik českolov. Akad. zemědělských Věd, rostlinná Vyroba **6(33).** 115—19. Jan. 1960. Ruzýně, Výzkumný ústav rostlinné výroby, odděleni chemie.) (Tschech.)

Es zeigten sich deutliche Schwankungen des *Vitamin-B_1*-Geh. zwischen den verschiedenen Anbau-Orten u. Sorten. E.-L. Schmeling. 4587□

In vivo untersuchte Umwandlung von Dithiopropylthiamin in Cocarboxylase. Désyr Hioco, René Tixier, André Uzan und Roger Thévenot. (C. R. hebd. Séances Acad. Sci. **248.** 2138—40. 6/4. 1959.) (Franz.)

Dithiopropylthiamin (**I**), eine der fettlösl. bas. Verbb., die *Vitamin B_1* (**II**)-Wrkg., sich aber von diesem durch Öffnung des Thiazolringes u. Bindung von S-Alkyl unterscheiden, zeigt (als in W. lösl. Hydrochlorid) eine geringere Toxizität u. vermag in den Zellstoffwechsel in Form von *Cocarboxylase* (**III**) unter Resorption durch die Darmmuskulatur einzutreten. Offenbar erfolgt eine Synth. von **III** in der Leber. Es besteht eine bes. Affinität von **I** zu den Leberzellen, wobei die Synth. von **III** aus **I** leichter als die aus **II** erfolgt. A. Hesse. 4587□

Über den Umsatz der Nicotinsäure bei Lungentuberkulose und seine Veränderung bei der Chemotherapie. W. D. Goldstein. (Терапевтический Архив [Therap. Arch.] **32.** Nr. 7. 66—72. Juli 1960. Zentralinst. für ärztl. Fortbildung, Lehrst. für Tuberkulose.) (Russ.; Auszug: Engl.)

Untersucht wurde der *Phosphopyridinnucleotid* (**I**)-Spiegel im Blut u. die Harnausscheidung von *N'-Methylnicotinamid* (**II**) an 80 Kranken (unbehandelt oder lange nicht behandelt) mit verschiedenen Formen von Lungen-Tbc. bei im Mittel 18,8 mg *Nicotinsäure* (**III**) in der Kost. Bei der Mehrzahl der Patienten bestand ein **III**-Mangel, erkennbar an geringerer **II**-Ausscheidung (unter 3 mg täglich) u. erniedrigtem **I**-Spiegel (unter 50 γ/ml). Behandlung mit *Phthivazid* (**IV**; 20 Kranke), *Streptomycin* (**V**; 14), *PAS* (**VI**; 5), **IV** + **V** (21), **IV** + **VI** (10) oder **V** + **VI** (10) verringerte bei 73 den **I**-Spiegel. Die **II**-Ausscheidung wurde meist erniedrigt, bei 13 erhöht, blieb einmal unverändert. *Cycloserin* (**VII**)-Behandlung steigerte die **II**-Ausscheidung; der **I**-Spiegel fiel; vermutlich wird die intracelluläre **III**-Verwertung durch **VII** gefördert. 100 mg **III** täglich 3—4 Wochen brachten den erniedrigten **I**-Spiegel zur Norm zurück. K. Rintelen. 4587□

Folsäure, Vitamin B_6, Pantothensäure und Vitamin B_{12} in menschlicher Nahrung. Aurora S. Mangay Chung, William N. Pearson, William J. Darby, O. Neal Miller und Grace A. Goldsmith. (Amer. J. clin. Nutrit. **9.** 573—82. Sept./Okt. 1961. Nashville, Tenn., Vanderbilt Univ., School of Med., Dep. of Biochem. and Med., Div. of Nutrition; New Orleans, La., Tulane Univ., School of Med., Dep. of Med.) (Engl.)

3 vollständige, aber im Preis sehr unterschiedliche Diätformen mit 1117 bzw. 2439 bzw. 3013 Tagescalorien enthalten 47 bzw. 157 bzw. 193 μg *Folsäure*, 1 bzw. 2,7 bzw. 2 mg *Vitamin B_6*, 6 bzw. 14,2 bzw. 16,3 mg *Pantothensäure* u. 2,7 bzw. 16 bzw. 31,6 μg *Vitamin B_{12}*, u. genügen damit den Vitaminbedürfnissen des Menschen. L. Träger. 4587□

Dynamik der Eiweißfraktionen des Blutserums bei Behandlung der Botkin-Krankheit mit den Vitaminen B_6 und B_{12}. I. M. Rasskin und L. Ss. Kirshner. (Терапевтический Архив [Therap. Arch.] **32.** Nr. 7. 72—78. Juli 1960. Forsch.-Inst. für Vitaminolog. des Gesundheitsminist. der UdSSR.) (Russ.; Auszug: Engl.)

Bei 64 Kranken mit Botkinscher Krankheit (Hepatitis infectiosa; 10 leicht, 32 mittelschwer, 22 schwer erkrankt) bestand zu Beginn der Beobachtung stets Lebervergrößerung u. Erhöhung des Blutbilirubins. Bei den Patienten wurden 226 elektrophoret.

Serumeiweiß-Best. durchgeführt; 26 erhielten *Vitamin B_6*, 16 *Vitamin B_{12}*. Der Gesamteiweißspiegel zeigte keine Veränderungen; eine große Zahl von Kranken wies nach B_6 u. B_{12} Albuminvermehrung u. Globulinverminderung auf, am deutlichsten nach B_6 bei den mittelschwer Erkrankten (Albumin- bzw. γ-Globulin). β-Globulin war nach B_{12} oft (bei 58% der Kranken) vermehrt. K. RINTELEN. 4587□

Beobachtungen über die Vitamin-B_{12}-Bindekapazität von menschlichem Serum. D. K. Banerjee, Sandhya Ghose und J. B. Chatterjea. (Indian J. med. Res. **49.** 621—30. Juli 1961. Calcutta, School of Tropic. Med., Haematologic. Unit., Indian Council of Med. Res., Dep. of Haematology.) (Engl.)

Zu 1 ml Serum von 30 gesunden Probanden (A) oder von 23 Patienten mit makrocyt. Anämie (B), 14 mit chron. myeloi. Leukämie (C) oder 6 mit aplast. Anämie (D) werden 5000 $\mu\mu$g *Vitamin B_{12}* (I) in 1 ml W. gelöst zugegeben u. das Gemisch 2 Std. bei 37° inkubiert. I wird anschließend mit *Euglena gracilis* mikrobiolog. bestimmt u. das gebundene I in $\mu\mu$g/ml als I-Bindekapazität angesehen: A 1253,2 ($\mu\mu$g/ml), B 468,5, C 5780,3, D 420,8. Es besteht kein Zusammenhang zwischen I-Bindekapazität u. I-Geh. im Blutserum. Werden die Serumproteinfraktionen der Gruppen A, B u. D elektrophoret. aufgetrennt, so beobachtet man keine signifikanten Unterschiede. L. TRÄGER. 4587□

Aufnahme von ^{58}Co-Vitamin B_{12} durch die Organe Vitamin-B_{12}-mangelernährter Küken. Vergleich der Wirkungen von Vitamin B_{12}, Methionin und Orotsäure. R. Viviani, A. Castelli, P. Puddu und M. Marchetti. (Ital. J. Biochem. **10.** 53—64. Jan./Febr. 1961. Bologna, Univ., Ist. di Chim. Biol.) (Engl.)

Inhaltlich ident. mit der C. **1962.** 204 referierten Arbeit. G. KIRSTEN. 4587□

Die Oxydation von Ascorbinsäure in Gegenwart von Methylenblau. 6. Mitt. **Neue Entwicklungen in der Untersuchung der Peroxide.** Sylvette Chapon, Lucien Chapon und Edmond Urion. (Bull. Soc. chim. France **1960.** 2012—21. Nov./Dez.) (Franz.) — 5. vgl. C. **1961.** 8375.

H_2O_2 u. Peroxide, die in *Ascorbinsäure* (I) u. Leukomethylenblau enthaltender Lsg. stabil sind, zersetzen sich rasch unter Bldg. von *Methylenblau* in Ggw. eines Katalysators mit Peroxydasefunktion. Wegen der Selektivität kann (Meerrettich-) Peroxydase (II) zur colorimetr. Mikrobest. von H_2O_2 u. von Peroxiden, die sich rasch unter H_2O_2-Bldg. spalten, dienen. Die Unters. von Fe-Komplexen (Nitrilotriessigsäure-, Äthylendiamintetraessigsäure-, Citrat-, $\alpha.\alpha'$-Dipyridyl-Komplex), die Oxydaseaktivität besitzen, unter N_2, zeigte, daß die II-Aktivität von der Art des Peroxyds sowie von Konz. u. Art des Katalysators abhängt. Die Kinetik der Farb-Rk. wurde theoret. behandelt. Die H_2O_2-Bldg. durch Luftoxydation von I-Lsgg. durch Cu^{2+}- u. Fe^{2+}-Katalyse wurde mittels der angegebenen Meth. untersucht. K. MAIER. 4587□

Phospholipidanalyse zellulärer Fraktionen der Leber nach Verabreichung einzelner Cholindosen. W. E. Cornatzer und Duane G. Gallo. (Proc. Soc. exp. Biol. Med. **107.** 383—86. Juni 1961. Grand Forks, N.D., Univ. of North Dacota, School of Med., Dep. of Biochem., Guy and Bertha Ireland Res. Labor.) (Engl.)

Nach einer Einzeldosis von 40, 75 oder 150 mg *Cholin* (I), peroral, kommt es innerhalb von 6 Std. bei I-Mangelratten zu einem Anstieg des Gesamt-*Lipoid-P*-Geh. u. der *Lecithin-P*-Konz. in den Lebermitochondrien. Signifikante Vermehrung der genannten Werte wird 3, 6, 10 u. 18 Std. nach I in den Lebermitochondrien u. auch in Leberhomogenaten gefunden. Durch eiweißarme Kost wird der Geh. an Gesamt-Lipoid-P, Lecithin-P u. *Cephalin-P* in den Lebermitochondrien herabgesetzt.
U. TAUSENDFREUND. 4587□

Untersuchungen über Haifischleberöl. 1. Mitt. Physikalisch-chemische Konstanten und Vitamin-A-Gehalt des Leberöls von Haifischen der Küste von Karachi. S. Maqsood Ali, S. Abdul Haq und S. Mahdihassan. (Pakistan J. sci. ind. Res. **1.** 70—72. Jan. 1958. Karachi, Pakistan Council of Sci. and Ind. Res., Centr. Labor.) (Engl.)

Tabellar. Zusammenstellung der physikal.-chem. Konst. u. des Geh. an *Vitamin A* von Leberöl verschiedener Haifischarten, getrennt nach Alter, Geschlecht u. Größe.
W. WESLY. 4587□

Testverfahren für Antioxydantien für Vitamin A. 3. Mitt. **Die Oxydation von Vitamin A durch Fette mit hoher Peroxidzahl.** Masahiko Hida. (Vitamins [Kyoto] **16.** 144—48. 25/2. 1959. Fuse, Kinki Daigaku, Yakugaku-Bu.) (Jap.; Auszug: Engl.) — 2. vgl. Vitamins [Kyoto] **15.** [1958.] 387.

Zusatz von *Nordihydroguajaretsäure* (0,1; 0,05, 0,025; 0,0125%) zu Lebertran mit der Peroxidzahl 197 (durch 24std. UV-Licht-Bestrahlung) verhindert dessen Oxydation ebenso wirksam, als wenn die zum Untersuchungsmaterial eingeleitete Luft durch CO_2 ersetzt wird. Ähnlich wirken 0,1%ig. Zusätze von *Butoxyanisol* (I), „*Susten 3 F*“ (Gemisch von 67,5% I, 20% *Propylgallat* [II] u. 12% *Citronensäure*), *Isoamylgallat*, II allein u. *Hydrochinon*. F. MOSSNER. 4587

Vitamin A in der Dermatologie und A-Hypervitaminose. F. A. Swerkowa. (Вестник Дерматологии и Венерологии [Nachr. Dermatol. Venerol.] **35.** Nr. 6. 10—17. Juni 1961.) (Russ.)

Übersicht an Hand der Literatur. — 80 Literaturangaben. O. LEBTAG. 4587□

Die Rolle des Vitamins D bei der Calcifizierung der Knochen: Eine Übersicht. V. N. Patwardhan und G. V. G. Krishna Rao. (Proc. nat. Inst. Sci. India, Part A. **26.** 113—27. Dez. 1960. Hyderabad, Indian Council of Med. Res., Nutrition Res. Labor.) (Engl.)

65 Literaturangaben. P. GOLINSKE. 4587□

Wirkung von Vitamin D auf die Plasmacitrat- und Calciumreaktion gegenüber Nephrektomie. Roger B. Meintzer, Dennis R. Nelson und Smith Freeman. (Amer. J. Physiol. **201.** 531—34. Sept. 1961. Fargo, N.D., North Dakota Agricult. Coll., Ladd Chem. Labor.; Chicago, Ill., Northwestern Univ., Med. School, Dep. of Biochem.) (Engl.)

Es wurde die Erhöhung des Plasma-*Citrat*-Spiegels nach beidseitiger Nephrektomie bei *Vitamin D* (I)-Mangelratten u. bei Kontrolltieren bei optimaler Ca- u. PO_4-Zufuhr verglichen u. die Rolle von I dabei untersucht. Bei jungen Ratten wurde unter Verfütterung einer I-Mangelkost nach prophylakt. I-Verabreichungen eine Erhöhung von *Plasma-Citrat-* u. *-Ca*-Spiegel (parallel verlaufend) beobachtet; die Verfütterung von I an junge I-Mangelratten führte zu einer Steigerung der Plasma-Citrat-Rk. gegenüber Nephrektomie; es wird dabei eine Anlaufzeit von 24—48 Std. zur Entw. der maximalen Rk. benötigt. Die Plasma-Citrat-Rk. auf die Nephrektomie verläuft nach I-Verabreichung innerhalb der I-Dosen von 10—25 Einheiten linear. — I kann demnach die Umsatzzeiten für zirkulierendes Citrat beim normalen Tier beeinflussen u. die Eintritts-Geschw. von Citrat in den Kreislauf bei nephrektomierten Tieren beschleunigen. Falls die Citrat-Vermehrung nach Nephrektomie als Index für die relative Eintritts-Geschw. von Citrat in den Kreislauf genommen wird, ist aus den Ergebnissen unter I-Verabreichung zu schließen, daß I eine ca. 6fache Steigerung dieser Geschw. bewirkt (von 1,1 mg/100 ml Plasma/Std. auf 6,0 mg/100 ml Plasma/Std. in der Gruppe mit I-Zulage). Die Latenzzeit bis zu 48 Std. deutet auf Stoffwechselveränderungen im Knochen, ehe die Citrat-Synth. gesteigert wird. U. TAUSENDFREUND. 4587□

Vitamin-D_2-Intoxikation im Kindesalter. H. Kleinbaum. (Dtsch. Gesundheitswes. **17.** 35—37. 4/1. 1962. Greifswald, Univ., Kinderklinik.) (Dt.)

Bericht über eine schwere Intoxikation bei einem Kind durch *Vitamin-D_2* (I; *Dekristol forte*). Verabreicht wurden 510 mg I innerhalb 3 Wochen. Nach Vf. sollte im Kindesalter eine Dosis von 10 mg I/Tag innerhalb von 4 Wochen nicht überschritten werden. H. DOSSMANN. 4587□

Dihydrovitamin-K-biphosphat in Bishydroxycumarin bedingter Hypoprothrombinämie. Milton Shoshkes und Mario Tami. (J. Lab. clin. Med. **56.** 21—24. Juli 1960. Newark, N.J., Beth. Israel Hospital, Dep. of Med. and Labor.) (Engl.)

Dihydrovitamin-K_1-biphosphat (I), ein neues wasserlösl. Vitamin-K_1-Salz, wurde als Andidot bei der durch *Bis-hydroxycumarin* bedingten Hypoprothrombinämie bei Patienten untersucht. In oralen Dosen von 5—50 mg war I dabei unwirksam. Einige Wirksamkeit hatte I bei i.v. oder subcutaner Injektion von 50 mg, nicht aber bei intramuskulärer Injektion. G. KIMMERLE. 4587

Untersuchung der Krötengalle. 8. Mitt. **Über die Reduktionsprodukte von verschiedenen Gallensäuren und Sterogallensäuren mittels Natriumäthylat.** Kenzi Matumoto. (J. Biochemistry [Tokyo] **42.** 207—15. März 1955. Okayama, Med. Fak., Biochem. Inst.) (Dt.) — 7. vgl. J. Biochemistry [Tokyo] **25.** [1937.] 245.

Nach verschiedenen Unterss. ist es wahrscheinlich, daß *Norhomogallensäure* (C_{24}; I) aus Sterinen über einige Zwischenprodd. entsteht. Als intermediäre I-Stoffwechsel-Prodd. kommen in der Galle mehrere Steroide u. Sterogallensäuren vor. Ester der Säuren wurden durch Red. mit Na in A. in die Alkohole übergeführt u. identifiziert. Der KW $C_{28}H_{50}$ soll (Nomenklaturvorschlag) als *Sterocholan* (II), $C_{27}H_{48}$ als *Nor-*, $C_{25}H_{44}$ als *Homo-* u. *Isohomocholan*, die gesätt. Stammsäure $C_{28}H_{48}O_2$ als II-Säure, die *Trihydroxybufosterocholensäure* (III) als *3.7.12-Trihydroxysterocholensäure* bezeichnet werden.

Versuche: *Triacetoxybufosterocholensäuremethylester*, $C_{35}H_{54}O_8$, F. 83—85° (W.-CH_3OH), aus III-Ester (F. 172°, $[\alpha]_D$ —31,33° [A.]) durch Erwärmen mit Acetanhydrid-Pyridin (30 Std., Wasserbad. — *Triacetoxybufosterocholansäuremethylester*, $C_{35}H_{56}O_8$, F. 132°, aus vorst. Ester mit PtO_2 nach ADAMS u. H_2 in Eisessig; Platten (CH_3OH–W.). — *Trihydroxybufosterocholansäuremethylester*, $C_{29}H_{50}O_5 \cdot H_2O$, F. 169—170°, aus III-Methylester durch katalyt. Hydrierung wie vorst.; Nadeln (CH_3OH–W.), $[\alpha]_D$ 26,69°. — *Trihydroxybufosterocholensäureäthylester*, $C_{30}H_{50}O_5 \cdot H_2O$, F. 153°, aus III mit A.–H_2SO_4;

Tafeln (CH_3OH). — *Trihydroxybufocholen-28-ol*, $C_{28}H_{48}O_4$, F. 216°, aus vorst. Ester u. Na in absol. A. bei 180° (1,5 Std.); Prismen (Essigester). — *Trihydroxybufosterocholan-28-ol*, $C_{28}H_{50}O_4$, F. 216°, aus vorst. Verb. durch katalyt. Hydrierung; Tafeln (A.–W.). — *Triacetoxyisosterocholensäuremethylester*, $C_{35}H_{54}O_8 \cdot H_2O$, F. 104° ($CH_3OH$–W.), aus Trihydroxyisosterocholensäuremethylester (**IV**), F. 220°, $[\alpha]_D$ 55,47° [A.]). — *Triacetoxyisosterocholansäuremethylester*, $C_{35}H_{56}O_8$, F. 102°, Prismen (CH_3OH–W.). — *Trihydroxyisosterocholansäuremethylester*, $C_{29}H_{50}O_5 \cdot H_2O$, F. 162°, Nadeln ($CH_3OH$–W.), $[\alpha]_D$ 33,78° (CH_3OH). — *Trihydroxyisosterocholensäureäthylester*, $C_{30}H_{50}O_5 \cdot H_2O$, F. 173°, Nadeln ($CH_3OH$–W.). — *Trihydroxyisosterocholen-25-ol*, $C_{28}H_{48}O_4$, F. 220°, aus vorst. Ester durch Red. mit Na–absol. A. bei 165°; Prismen (Essigester). — *Trihydroxyisosterocholan-25-ol*, $C_{28}H_{50}O_4$, F. 215°, Tafeln (A.–W.). — *3.7.12-Trihydroxycholan-24-ol*, $C_{24}H_{42}O_4$, F. 225°, aus *Cholsäureäthylester* mit Na-absol. A. bei 120—180°; Spindeln (A.–W.). — *3.12-Dihydroxycholan-24-ol*, $C_{24}H_{42}O_3$, aus *Desoxycholsäureäthylester* wie vorst.; F. 165°, Prismen (Essigester) → F. 185° (absol. A.) → F. 105° (A.–W.) → F. 105°, Nadeln (Eisessig), mit 3 Mol. Kristallwasser. — *3.6-Dihydroxycholan-24-ol*, $C_{24}H_{42}O_3$, F. 168—169°, aus *Hyodesoxycholsäureäthylester* mit Na-absol. A.; Tafeln (Essigester). — *3.7-Dihydroxycholan-24-ol*, $C_{26}H_{42}O_3$, F. 113°, aus *Ursodesoxycholsäure-* bzw. *Chenodesoxycholsäureäthylester* mit Na-absol. A. bei 160°; amorph bzw. ölig. — *Lithocholsäureäthylester*, $C_{26}H_{44}O_3$, F. 97°, durch CrO_3-Oxydation von *3-Acetoxy-12-hydroxycholansäure* zu *3-Acetoxy-12-ketocholansäure*, Red. des Semicarbazons (2,5 g) mit Na–A. (1 g Säure) u. Veresterung. — *3-Hydroxycholan-24-ol*, $C_{24}H_{42}O_2$, F. 177°, aus vorst. Ester mit Na–A., Nadeln (Essigester.)
K. MAIER. 4594

Die Prüfung der Resorption von Glucose, Fructose und Sorbit mit einer neuen Methodik. Hellmut Mehnert und Harald Förster. (Klin. Wschr. **39.** 596—97. 1/6. 1961. München, Univ., Med. Poliklin.) (Dt.)

Vff. bestimmen die Resorption von *Glucose* (**I**), *Fructose* (**II**) u. *Sorbit* (**III**) im Rattendarm nach einer neuen Methode. Dazu wurden den Ratten durch eine Schlundsonde 1,3 ml einer 10%ig. Zucker-Lsg. mit 10% *Kollidon* (**IV**; *Polyvinylpyrrolidon*, Molgew. 30000) verabreicht. Nach 15, 30 u. 60 Min. wurden die Tiere getötet u. der Mageninhalt bzw. der Inhalt von 5 Darmabschnitten auf die nicht resorbierten Anteile an **I**, **II** u. **III** untersucht. Das Angebot an den Darm wurde aus der im Darm befindlichen **IV**-Menge errechnet. Die Darmresorption beträgt nach 15 Min. 85,6% **I**; 30,5% **II**; 7,2% **III**; nach 30 Min. 93,4% **I**; 63,5% **II**; 11,25% **III**; nach 60 Min. 97,1% **I**; 94% **II**; 12,6% **III**.
A. GUDE. 4594□

Neuordnung der Glyceridfettsäuren während Verdauung und Resorption. F. H. Mattson und R. A. Volpenhein. (J. biol. Chemistry **237.** 53—55. Jan. 1962. Cincinnati, Ohio, Procter and Gamble Comp., Miami Valley Labor.) (Engl.) — Vgl. C. **1962.** 2780, 5709 u. 7370.

Mit der Zielsetzung, über die bisher gemäß dem Schrifttum noch offene Frage experimentell Auskunft zu erhalten, ob die nach Verdauung u. Resorption in der Lymphe auftretenden Glyceride eine andere Struktur als die verabfolgten definierten Glyceride aufweisen (BORGSTRÖM, C. **1962.** 2799; SAVARY u. Mitarbeiter, Biochim. biophysica Acta [Amsterdam] **48.** [1961.] 562), werden systemat. Verss. durchgeführt; eingehende Angaben über Darst., Kennzahlen u. Reinheit der Unters.-Substrate (Fettsäuren u. ihre Methylester, Triolein u. Trilinolin, Glyceryl-α-[palmitat-1-^{14}C]-dioleat, Glyceryl-β-[$^{14}C_{(1)}$-palmitat]-dioleat); Ermittlung der Struktur der verwandten Glyceride nach der Resorption in der nach beschriebener Technik gewonnenen Lymphe von Ratten (Ductus thoracicus) nach MATTSON u. Mitarbeiter (l. c.) mittels pankreat. Lipolyse; Best. der Radioaktivität nach DAVIDSON u. Mitarbeiter (Int. J. appl. Radiat. Isotopes **2.** [1957.] 1). Nach den tabellar. mitgeteilten Ergebnissen, die eingehend anhand der o. a. Arbeiten von BORGSTRÖM sowie von SAVARY u. Mitarbeiter diskutiert werden, erfolgt der Einbau der im Gemisch mit anderen freien Fettsäuren applizierten *Palmitinsäure* (**I**) in die Lymphtriglyceride im wesentlichen statist. (random distribution). Bei Darreichung definierter Triglyceride verbleiben nach Verdauung u. Resorption 85—90% der **I** in ursprünglicher Glyceridbindung. Bei Verabfolgung eines definierten Gemisches aus Triglyceriden u. freier **I** treten in den Lymphglyceriden 22% der **I** in β-Bindung auf. Das Ausmaß der Resorption von **I** hängt von der Form des Angebots ab; freie **I** wird am wenigsten, β-Palmitodiolein am stärksten resorbiert. K. TÄUFEL. 4594□

Lactose und Calciumverwertung. 1. Mitt. Einfluß der Lactose auf den Calciumstoffwechsel und auf die Skelettbildung der Ratte während des Wachstums unter verschiedenen Ernährungsbedingungen. Y. Dupuis. (C. R. Séances Soc. Biol. Filiales **151.** 1722—25. 1957, herausgeg. 20/5. 1958.) (Franz.)

Es werden Verss. an 4 Wochen alten ♂ Ratten ausgeführt, die in 2 Proben zum Futter 12% *Lactose* (**I**) erhalten, in 2 Proben ohne Lactosezusatz ernährt werden. Die

nach 3 Tagen vorgenommenen Ca-Best. der Faeces u. des Urins ergeben für mit I gefütterten Ratten niedrigere Ca-Werte in dem Faeces u. höhere Ca-Resorptionswerte als bei Verabreichung von I-freiem Futter. Asche- u. Ca-Geh. der Knochen bleiben unverändert. Hingegen wird bei Ggw. von I eine Erhöhung der Osteogenese nachgewiesen.
A. TÄUFEL. 4596□

Eine histologische Färbemethode für Verkalkungsstellen in Zähnen und Knochen. J. T. Irving. (Arch. oral Biol. **1.** 89—96. Okt. 1959. Johannesburg, Südafrika, Council for Sci. and Ind. Res., Joint Dental Res. Unit u. Univ. of Witwaterstrand.) (Engl.)

Aus der Ähnlichkeit der histochem. Präpp., beim Anfärben von formalinfixiertem Zahngewebe mit Sudanschwarz B bzw. mit Methylenblau nach Pyridinvorbehandlung bzw. mit Toluidinblau u. das histochem. Verh. des mit Hyaluronidase oder mit Perchlorsäure behandelten normalen, foetalen u. rachit. Zahngewebes deuten darauf hin, daß ein dem Chondroitinsulfat ähnliches Mucopolysaccharid bei der Calcifikation beteiligt ist. H. DOSSMANN. 4596□

Der Purinstoffwechsel von Ratten bei Füttern von Zein oder Gelatine als alleinige Aminosäurenquelle. G. Ricceri. (Ital. J. Biochem. **10.** 8—18. Jan./Febr. 1961. Catania, Univ., Istituti di Fisiol. e di Chim. biol.) (Engl.)

Inhaltlich ident. mit der C. **1962.** 206 referierten Arbeit. G. KIRSTEN. 4596□

Wirkung der Alterung auf Lipidzusammensetzung und -stoffwechsel im Fettgewebe der Ratte. William Benjamin, Alfred Gellhorn, Mary Wagner und Harold Kundel. (Amer. J. Physiol. **201.** 540—46. Sept. 1961. New York, N.Y., Columbia Univ., Coll. of Phys. and Surg., Dep. of Med.) (Engl.)

In Fettgeweben von Ratten verschiedenen Alters ließen sich chem. u. stoffwechselmäßige Unterschiede erkennen. Bei systemat. Unters. der anatom. abtrennbaren Fettdepots von Ratten aus den Altersstufen von 38—647 Tagen verringerte sich mit steigendem Alter die in vitro-Einbau-Geschw. für $^{14}C_{(1)}$-Acetat u. $^{14}C_{(1)}$-Palmitat in die gemischten Fette der Fettgewebe bei gleichzeitigem Rückgang der Oxydation von $^{14}C_{(1)}$-Glucose (im Vgl. mit $^{14}C_{(6)}$-Glucose). Die Oxydation von Palmitinsäure zu CO_2 sowie die Freigabe von freien Fettsäuren (durch Nebenhodenfettgewebe) erwies sich bei jungen u. alten Tieren als gleich, solange Glucose vorhanden war; wurde diese dem Medium entzogen oder wurde Adrenalin zugefügt, so überstieg die genannte Oxydation u. die Freigabe freier Fettsäuren junger Tiere diejenige der Gewebe älterer Tiere. Die Best. der Fettsäuren-Zus. der gemischten Lipide verschiedener Fettdepots weist auf einen Anstieg der relativen u. abs. Mengen kurzkettiger Fettsäuren bei jungen Tieren; es bestand dabei eine Beziehung zur Fettsäuren-Zus. der Milch. Die Best. der Einbau-Geschw. von Acetat zeigte eine größere Lipid-Biosynth. in Nebenhoden-, Perirenal-, Mesenterial- u. Interscapularfettgewebe als in subcutanen Fettgeweben aller Altersstufen. Die Geschw. der Lipid-Synth. durch sog. braunes Interscapularfettgewebe blieb im Gegensatz zu den anderen Fettdepots in allen Altersstufen gleichermaßen hoch.
U. TAUSENDFREUND. 4596□

Zur Morphologie von Kollagen: Querstruktur, Elementarfibrillen und Anordnung im Zellverband. Th. Nemetschek. (Z. Naturforsch. **13b.** 225—34. April 1958. Düsseldorf, Inst. für Elektronenmikroskopie.) (Dt.)

Das schwach defokussierte Bild einer hochunterteilten Querstreifung wird infolge Phasenkontrast deutlicher u. kontrastreicher als das fokussierte. Relative Intensitätsunterschiede der Einzelstreifen treten unabhängig von der Vorbehandlung der *Kollagen* (I)-Fibrillen auf. Einw. starker Oxydationsmittel führt zu Fibrillen mit unterteilter Querstreifung. Längere Einw. von $KMnO_4$ führt nach Übertragung im W. zum Zerfall der Fasern in feinste Bruchstücke u. nach einiger Zeit zur „Lösung". Mit Citratpuffer behandelte Fibrillen besitzen zwischen den c- u. d-Streifen die geringste Zugfestigkeit. I-Fibrillen lassen nach kombinierter Einw. von Wärme u. verd. Säure (0,01 n Essigsäure, 60—65°) eine Längsaufteilung in Elementarfibrillen erkennen. Diese Elementarfibrillen sind bei einer Dicke $<25-30$ Å bereits Träger einer Querstruktur u. nur aus 2—3 parallel angeordneten Polypeptidketten aufgebaut. Während kein Beweis für die Anziehung gleicher Querstreifen benachbarter I-Fibrillen erbracht werden konnte, scheint eine Anziehung gleicher Strukturelemente bei der Parallelaggregation von Elementarfibrillen zu quergestreiften Fibrillen stattzufinden. Fibrillen aus embryonalem, jugendlichem u. erwachsenem Organismus lassen nur unterschiedliche Durchmesser, nicht aber eine verschiedene Feinstruktur erkennen. W. KÖNIGSDORF. 4597□

Austausch von strukturell gebundenem Phosphat während der Kontraktion des Skelettmuskels. D. F. Cheesman und Elizabeth Hilton. (J. Physiology **155.** 41P bis 42P. Febr. 1961. London, Bedford Coll., Dep. of Physiol.) (Engl.)

Bei Inkubation in O_2-durchströmter ^{32}P-Orthophosphat-haltiger RINGER-Lsg. wird der im Rectus abdominis des Frosches enthaltene gebundene P radioakt. markiert. Bei

Kontraktion des Muskels wird dieser gebundene P durch Phosphatgruppen aus einer Quelle mit geringerer spezif. Aktivität ersetzt. K. ZINGRAF. 4597□

Erhaltung von isoliertem Zwerchfell mit normalem Natriumgehalt. R. Creese und Jean Northover. (J. Physiology **155.** 343—57. Febr. 1961. London, London Hosp. Med. Coll., Dep. of Physiol. and of Forensic Med.) (Engl.)

In einer Elektrolyt-Lsg., nicht aber in dialysiertem menschlichen Serum oder in rohem Globulin (I) nahm der Na-Geh. im Rattenzwerchfellmuskel u. in den Muskelfasern innerhalb von 2 Std. bei 38° zu. Es trat in keinem Fall ein Verlust von K oder eine Zunahme des Wasser-Geh. der Fasern ein. Die Ggw. von Insulin (II) im Medium bewirkte niedrigen Na- u. hohen K-Gehalt. Serum u. I waren auch nach Cysteinbehandlung zur Beseitigung von II noch wirksam. K. ZINGRAF. 4597□

Die Natriumpumpe im Skelettmuskel in Beziehung zu Energieschranken. E. J. Conway, R. P. Kernan und J. A. Zadunaisky. (J. Physiology **155.** 263—79. Febr. 1961. Dublin, Univ. Coll., Biochem. Labor.) (Engl.)

Es besteht eine krit. Energieschranke für die Abgabe von Na^+ aus einem Na^+-reichen Muskel. Wenn die Abgabe von Na^+ dadurch unterbunden wird, daß die Energieschranke den krit. Wert erreicht oder überschreitet, so kann die Nettoabgabe in vollem Ausmaß durch Verringerung der äußeren Na^+-Konz. oder durch Erhöhung der äußeren K^+-Konz. wiederhergestellt werden. Beide Maßnahmen verringern die Energieschranke. Wenn nur die äußere Na^+-Konz. verringert wird, so sinkt das Membranpotential auf einen etwas niedrigeren Wert ab. Je mMol zusätzlich aufgenommenem O_2 wurden 3,8 mVal Na^+ ausgeschieden. Für die zusätzliche Aufnahme von O_2 bei der Ausscheidung von Na^+ ergab sich keine signifikante Korrelation mit der Na^+-Konz. im Muskel. K. ZINGRAF. 4597□

Kinetik des Austausches und Nettotransports des Kaliums im Froschmuskel. E. J. Harris und R. A. Sjodin. (J. Physiology **155.** 221—45. Febr. **1961.** London, Univ. Coll., Dep. of Biophys.) (Engl.)

Der Austausch des intrazellulären K^+ des Froschmuskels bei einer gegebenen Temp. ist prakt. eine lineare Funktion des Prod. (Zeit in Min. mal äußere K^+-Konz. in mVal/Liter)$^{1/2}$. Der Austausch kann durch Ca^{2+} leicht behindert werden, während Na^+ anscheinend keinen Einfl. besitzt. Wenn die K^+-Konz. in Ggw. von Cl^- erhöht wird, so tritt ein Nettogewinn von KCl ein, der vom Gradienten des Prod. $[K^+]\cdot[Cl^-]$ abhängt. Die Aufnahme von K^+ durch K^+-arme Muskeln aus K^+-haltigem Medium ist höher als unter normalen Austauschbedingungen; während eines Nettoverlustes von K^+ aus dem Gewebe ist die Aufnahme von K^+ aus einem K^+-haltigen Medium verzögert.
K. ZINGRAF. 4597□

Über das Verhalten von glatter Muskulatur während Kalium-Verarmung und Akkumulation. G. Kuschinsky, H. Lüllmann und K. H. Mosler. (Pflügers Arch. ges. Physiol. Menschen Tiere **272.** 290—93. 1961. Mainz, Univ., Pharmakol. Inst.) (Dt.)

In *K*-freier-TYRODE-Lsg. verliert der Rattenuterus K, dabei zeigt sich der Muskel als leichter erregbar, es kommt zu einer langsam sich entwickelnden Kontraktur; die Muskulatur erschlafft schnell u. die spontane Kontraktur geht zurück, falls K erneut zugeführt wird. Der K-Verlust ist mit einer Depolarisierung statt eines vergrößerten Gradienten u. die K-Akkumulierung mit einer Hyperpolarisation statt eines verkleinerten Gradienten verbunden. Der entscheidende Faktor für das Membranpotential der glatten Muskulatur ist demnach nicht der K-Gradient, sondern eher die Richtung des K-Nettoflux; der Weg für diese Beeinflussung des Membranpotentials ist unklar; möglicherweise hat die kausale Verkettung folgende Reihenfolge: Änderung der extrazellulären K-Konz.-Hemmung bzw. Aktivierungg der Na-Pumpe-K-Nettoverschiebungen.
U. TAUSENDFREUND. 4597□

Anaerobe Glykolyse des Meerschweinchen-Zwerchfells bei Fieber, hervorgerufen durch 2.4-Dinitrophenol und durch Bakterienlipopolysaccharid. G. Nanni und U. M. Marinari. (Ital. J. Biochem. **10.** 1—7. Jan./Febr. 1961. Genova, Univ., Ist. di Patol. Generale.) Engl.)

Inhaltlich ident. mit der C. **1962.** 208 referierten Arbeit. G. KIRSTEN. 4597□

Nachweis einer blauempfindlichen Komponente in der Retina des Gecko Oedura monilis. Frederick Crescitelli. (Science [Washington] **127.** 1442—43. 20/6. 1958. Los Angeles, Calif., Univ. of California, Dep. of Zool.) (Engl.)

In der Retina von *Oedura monilis* konnte ein dem von CRESCITELLI (J. gen. Physiol. **40.** [1956.] 217) bei anderen Gecko-Arten gefundenen vergleichbares photosensibles Pigment nachgewiesen werden. Diese ungewöhnliche Pigmentgruppe ist charakterisiert durch von der typ. Position der Sehpigmente abweichende Absorptionsspektren von ca.

520 mμ. Es handelt sich wahrscheinlich um ein Sehpigment (photoempfindlich, Retinenhaltig, Differenzspektrum stimmt mit DARTNALL-Nomogramm für Sehpigmente überein). U. TAUSENDFREUND. 4598□

Lichtempfindliche Reaktionen in der Peripherie der lebenden menschlichen Retina. R. A. Weale. (J. Physiol. **155.** 50P—51P. Febr. 1961. London, Inst. of Ophthalmol., Dep. of Physiology Optics.) (Engl.)

Bei Bestrahlung der Retinaperipherie mit weißem Licht wird nicht nur der *Sehpurpur*, sondern wahrscheinlich auch eines der Pigmente der Fovea centralis, *Primochrom* oder *Secundochrom*, oder beide gebleicht. K. ZINGRAF. 4598□

Die chemische Biomorphose des menschlichen Gehirns in ihren Beziehungen zu den Proteolipoiden (PLP). Max Bürger. (Abh. sächs. Akad. Wiss. Leipzig, math.-naturwiss. Kl. **46.** Nr. 5. 3—44. 1959.) (Dt.)

Vf. versucht mit chem. Meth. an 400 menschlichen Gehirnen, die auf 18 Geschlechts- u. Alterskollektive verteilt sind, die Lebenswandlungen der menschlichen Gehirnsubstanz zu erfassen. — Das Gemisch der Gehirnlipoide wandelt sich mit zunehmendem Alter. Die stärkste Abnahme zeigen die *N-freien Sterine* u. die *N-armen Lipoide*. Daraus resultiert naturgemäß eine relative Zunahme der *Proteolipide* (**I**), die jedoch eine abs. Änderung mit dem Alter nicht erfahren. Qual. zeigen die Eiweißkomponenten der **I** keine erkennbaren Veränderungen während des Lebensablaufes. Chem. u. wahrscheinlich auch biolog. stehen die **I** dem Schicksal der Hirneiweißkörper nahe. H. KOCKERT. 4598□

Über das Vorkommen von Dihydroxysterinen im menschlichen Gehirn. Kurt Schubert, Gunar Rose und Max Bürger. (Hoppe-Seyler's Z. physiol. Chem. **326.** 235—41. 21/12. 1961. Jena, Inst. für Mikrobiol. u. Therapie; Leipzig, Med. Univ. Klin.) (Dt.)

Aus Kaltextrakten von gefriergetrocknetem menschlichen Gehirn wurden *24-Hydroxycholesterin* (**I**), *7β-Hydroxycholesterin* (**II**) u. *7α-Hydroxycholesterin* (**III**) isoliert. Zur Unters. gelangten 3 Hirnkollektive der Altersgruppen „Jung" (1—4 Jahre), „Mittel" (20—50 Jahre), „Alt" (60—80 Jahre), sowie 16 Einzelhirne verschiedener Altersstufen. — Die Anreicherung der Sterine erfolgte durch Verteilungs-Verff., die Auftrennung säulenchromatographisch. Der Geh. an **I** erwies sich, bezogen auf Cholesterin, mit 0,1—0,16% als bemerkenswert einheitlich, dagegen war der Geh. an **II** mit 0,04% verhältnismäßig niedrig. Eine Verschiebung der Relationen der Begleitsterine mit zunehmendem Alter konnte nicht nachgewiesen werden. R. ILLHARDT. 4598□

Zur Verteilung der Kohlenhydrate und einiger Fermente im Ganglion semilunare des Rindes. Joachim-Hermann Scharf und Clyde P. Rowe. (Acta histochem. [Jena] **5.** 129—45. 27/6. 1958. Mainz, Johannes-Gutenberg-Univ., Anatom. Inst.) (Dt.)

Die im *Ganglion semilunare* des Rindes bekanntlich nach dem NISSL-Bild u. verschiedenen histotopochem. Meth. im Unterschied zu den großen „hellen" erkennbaren kleinen „dunklen" Perikarya (die auch höhere Konzz. an Cytolipoiden, OsO_4-reduzierenden Substanzen u. Mineralien enthalten) erwiesen sich als die *Glykogen-* u. *Polysaccharid*-reicheren Elemente. Im Gegensatz zu der Verteilung dieser Substanzen stimmt diejenige von Fermenten nicht mit dem NISSL-Bild überein, so daß der Hell–Dunkel-Dualismus zwar möglicherweise 2 genuine Zelltypen verschiedener funktioneller Wertigkeit charakterisiert, der Ferment-Geh. jedoch von der jeweils aktuellen Funktionsphase des Cytoplasmas abhängt: *Peroxydasen* wurden in hoher Aktivität in den hellen, in niedriger Aktivität in den dunklen u. in höchster Aktivität in den irregulären Zellen gefunden. *Oxydasen* finden sich vorwiegend in großen Zellen (in unfixierten Schnitten), in anderen ist variable Fermentgranuladichte nachweisbar; ob stabile Oxydasen vorkommen, muß bezweifelt werden. Die *Succinodehydrogenase*-Aktivität zeigte keine Regelhaftigkeit, ebenso die Aktivität der *alkal. Phosphatase*, während die *saure Phosphatase* bes. in kleinen Zellen u. längs der Nervenfasern auftritt. U. TAUSENDFREUND. 4598□

Proximol-distaler Transport von festen Substanzen im Nerv. Z. Vodička. (Physiol. bohemosloven. **5.** Suppl. 55—57. 1956. Prag, Tschechoslow. Akad. der Wiss., Physiol. Inst.) (Engl.)

Nach elektr. Reizung des unterbundenen Nervus ischiadicus oder reflektor. Reizung (Schwimmen) wird der Nervus tibialis von Ratten isoliert u. die distale von der proximalen Hälfte getrennt u. gewogen. Die distale Hälfte wiegt in jedem Fall mehr. Das beweist, daß die Reizung einen Transport fester Substanzen zur Peripherie bewirkt. 2 Std. nach dem Eingriff kann der Effekt nicht mehr beobachtet werden. Wenn der Nerv vorher unterbunden wird, d. h. die Verb. zwischen Nervenfaser u. Zelle unterbrochen ist, findet der Transport trotzdem statt. Er geht also zwischen den Zellen vor sich u. ist von der Faserstruktur unabhängig. Die Endplattenmessung nach der Reizung ergibt eine Zunahme in Länge u. Weite von 50%. Nach 2 Std. sind die Abmessungen jedoch wieder normal. U. BAUMANN. 4598

Der Methionin- und Methioninsulfoximin-Stoffwechsel in Beziehung zur Funktion des Zentralnervensystems. Z. Lodin und J. Kloušek. (Physiol. bohemosloven. **5.** Suppl. 43—46. 1956. Prag, Tschechoslow. Akad. der Wiss., Physiol. Inst.) (Engl.)

Der Einfl. von *Methioninsulfoximin* (I) auf Aufnahme u. Verteilung von ^{32}*S-Methionin* (II) in das Gehirn wird an Ratten u. in vitro untersucht. Es wird festgestellt, daß I die II-Aufnahme in jedem Fall hemmt. Die phylogenet. älteren Bezirke des Gehirns nehmen mehr II auf, als andere. I bewirkt nach einigen Std., wahrscheinlich durch Hemmung der Reflexe in corticalen u. subcorticalen Bereichen epilepsieähnliche Konvulsionen. U. BAUMANN. 4598

Die Biochemie der Schizophrenie. Michael H. Briggs. (Sci. and Cult. [Calcutta] **27.** 316—23. Juli 1961. Wellington, Neu Seeland, Victoria Univ.) (Engl.)

Übersicht u. Diskussion an Hand der Literatur: Biochem. Veränderungen bei Schizophrenie, endokrine Störungen, psychotomimet. Pharmaka. — Offenbar beruht die Schizophrenie auf einer Veränderung des Hirnstoffwechsels; welcher Art diese Veränderung allerdings ist, konnte bislang noch nicht eruiert werden. — 76 Literaturangaben. H. KOCKERT. 4598 □

E₆. Pharmakologie. Therapie. Toxikologie. Hygiene

Die Untersuchungen von Chemoreceptorreaktionen im durchströmten Corpus caroticum der Katze. N. Joels, E. Neil und B. Vaughan Hudson. (J. Physiology **155.** 30 P—32 P. Febr. 1961. London, Middlesex Med. Hosp. School, Dep. of Physiol.) (Engl.)

Beschreibung eines App., welcher die Unters. der Wrkg. von Arzneimitteln u. Veränderungen in der Gasspannung auf Chemoreceptoren in der Carotis ermöglicht. K. ZINGRAF. 4600 □

Verminderung der Erythropoiese durch Bestrahlung. C. W. Gurney und Nancy Wackman. (Nature [London] **190.** 1017—18. 10/6. 1961. Univ. of Chicago, Argonne Cancer Res. Hosp. and Dep. of Med.) (Engl.)

Mäuse werden durch intraperitoneale Injektion mit Erythrocytenkonzentrat polycythäm. gemacht. Unters. des Hämatokritwertes u. der Anzahl roter Blutkörperchen nach 5 Tagen ergibt, daß die Erythrocytopoiese prakt. aussetzt. Die so behandelten Tiere erhalten Ganzkörperbestrahlungen (bis zu 300 r) u. 30 Min. später subcutan 6 Einheiten Erythropoietin u. schließlich nach weiteren 2 Tagen intravenös 1 mc ^{59}Fe-Citrat. 4 Tage später wird an Blutproben durch den ^{59}Fe-Geh. erkannt, daß mit wachsender Bestrahlungsdauer die ^{59}Fe-Inkorporation abnimmt (Logarithmus des ^{59}Fe-Geh. gegen Dosis ergibt gerade Linie). Die Wrkg. der Strahlung erfolgt an den Vorprodd. der roten Blutkörperchen. Die Befunde werden diskutiert. W. REUSSE. 4601 □

Strontium-90 beim Menschen. 4. Mitt. J. Laurence Kulp, Arthur R. Schulert und Elizabeth J. Hodges. (Science [Washington] **132.** 448—54. 19/8. 1960.) (Engl.)

Der ^{90}*Sr*-Geh. im menschlichen Knochen nahm 1958 u. 1959 zu u. wird wahrscheinlich 1960 ein Maximum erreichen. Die ^{90}Sr-Konz. im erwachsenen Knochen ist unabhängig vom Alter der Person. — 27 Literaturangaben. G. KIMMERLE. 4601

Über den therapeutischen Wert radioaktiver Thermalquellen. G. Schynoll und S. D. Chatterjee. (Sci. and Cult. [Calcutta] **23.** 591—94. Mai 1958.) (Engl.)

Übersicht über Wert u. Wrkg. der Radioaktivität aus Thermalquellen, in deren W. vorwiegend *Radon* gelöst ist u. nur geringe Mengen von *Radiumsalzen*. Die Radontherapie führt zu verübergehender Leukocytose, Blutdrucksenkung, gesteigerter Diurese, *Harnsäure*-Ausscheidung, zu erhöhtem Grundumsatz, zu Beeinflussung der endokrinen Organe u. *Enzymen*, wirkt analget. anaphylakt. u. in verschiedener Weise stimulierend u. beeinflußt den Kolloidzustand von Geweben; die Wrkg. kann mit unspezif. *Protein*-Therapie verglichen werden. — 14 Literaturangaben. U. TAUSENDFREUND. 4603 □

Die katalytische Wirkung von Thorium- und Zirkonium-Ionen auf phosphathaltige Substrate des Kohlenhydratstoffwechsels. 30. Mitt. Heinz Trapmann und Muljibhai Devani. (Hoppe-Seyler's Z. physiol. Chem. **326.** 102—05. 24/11. 1961. München, Univ., Inst. für Pharm. u. Lebensmittelchem.) (Dt.; Auszug: Engl.) — 29. vgl. BAMANN und Mitarbeiter, Naturwissenschaften **48.** [1961.] 599.

Phosphorsäureester des Kohlenhydratstoffwechsels (*Glucose-1-phosphat, Fructose-1.6-diphosphat, Glucose-6-phosphat, Fructose-6-phosphat, 3-Phosphoglycerinsäure*) werden bei 37° im Gebiet von pH 2—10 durch Th^{4+}- u. Zr^{4+}-Ionen hydrolysiert. Dabei ist im Gebiet pH 6—8 die Wrkg. von Th^{4+} größer als die von Zr^{4+}. Dies bestätigt die frühere Beobachtung, daß gegenüber aliphat. Phosphorsäureestern die katalyt. Aktivität im sauren wie im alkal. Gebiet mit steigendem elektropositiven Charakter der Elemente zunimmt. — Sofern eine therapeut. Anwendung von Th^{4+} oder Zr^{4+} überhaupt in Erwägung gezogen wird, müßten diese sowie früher veröffentlichte Ergebnisse berücksichtigt werden. A. HESSE. 4606 □

Untersuchungen über die Mikrobestimmung von Fluor im lebenden Organismus. 2. Mitt. **Über die Verteilung des Fluor bei der Maus nach Verabfolgung von FCH_2CONH_2-Lösung.** Nobuo Horiuchi und Nobuyoshi Kumasawa. (Annu. Rep. Takamine Lab. **8.** 215—18. 1/12. 1956. Sankyō Kabushiki Kaisha, Takamine Kenkyusho.) (Jap.; Auszug: Engl.) — 3. vgl. C. **1960.** 3915.

Zwecks Feststellung der *Fluor* (I)-Verteilung in den verschiedenen Organen erhielten Mäuse peroral (a) u. intraperitoneal (b) je 100 mg FCH_2CONH_2 (II)/kg in 10%ig. Lösung. Bei unbehandelten Mäusen verläuft die I-Verteilung in folgender Reihe: Gehirn > Nieren > Milz > Herz > Genitalien. 2 Std. nach II-Verabfolgung war die I-Verteilungsreihe bei a: Gehirn > Lungen > Leber > Nieren > Milz (sämtlich über dem Durchschnittswert 25 γ/g) > Genitalien > Herz, bei b: Herz > Milz > Leber > Nieren > Gehirn (sämtlich über 25 γ/g) > Genitalien. F. MOSSNER. 4606

Zusammenfassung der Toxizitätsdaten von SO_2. Floyd DeEds. (Food Technol. **15.** 28—33. Sept. 1961. Albany, Calif., Western Reg. Res. Labor.) (Engl.)

Für einen 70 kg schweren Menschen wird eine DL_{50} für *Sulfit* von 12,25 g berechnet u. damit die Behandlung von Trockenobst mit SO_2 für ungefährlich erklärt. P. GREGORZEWSKI. 4606 □

Entgegengesetzte Wirkung von Blei und Kobalt auf die Änderung der Erythrocytenzahl und Gehalt dieser Elemente im Rattenblut bei Bleiintoxikation. Momčilo Mokranjac und Sava Radmić. (Гласник Хемиског Друштва Београд [Ber. chem. Ges. Belgrad] **22.** 499—507. 1957. Beograd, Univ., Inst. de Chim. Toxicol., Fac. de Med.) (Franz.)

Erhalten Ratten täglich intraperitoneal 0,5—4 mg $Pb(NO_3)_2$ (I)/kg, so sinkt die Erythrocytenzahl im Blut. Nach Absetzen der Pb^{2+}-Zufuhr tritt langsam Normalisierung der Erythrocytenzahl ein, aber der Pb^{2+}-Geh. wird hiernach höher (27—60 γ/100 ml) als vorher (12 γ) gefunden. Erhalten die Tiere gleichzeitig $Co(NO_3)_2$ (II), welches allein verabreicht zur Vermehrung der Erythrocytenzahl führt, so tritt Kompensation der Pb^{2+}-Wrkg. ein, indem die Wrkg. von 0,5—4 mg I durch die gleiche Menge II verhindert wird. R. LAFFERENZ. 4606 □

Verwertbarkeit und Toxizität von Dialdehyd- und Dicarboxyl-Stärke. Robert H. Wilson. (Proc. Soc. exp. Biol. Med. **102.** 735—37. Dez. 1959. Albany, Calif., Western Reg. Res. Labor.) (Engl.)

Vf. stellt fest, daß *Stärke*, bei welcher 40% oder mehr der *Anhydroglucose* (I)-Einheiten zum *Dialdehyd* oxydiert worden waren, im Tier-Vers. an Ratten Toxizitätserscheinungen hervorrief, wie z. B. geringeres Wachstum, zunehmende Sterblichkeit u. testiculäre Schäden. Eine akute Toxizität wurde jedoch nicht festgestellt. Wurden nur 2% der I-Einheiten oder weniger oxydiert, so besaß die Stärke keinerlei tox. Nebenwrkg.; Stärke, deren I-Einheiten bis zu 5% zu *Dicarbonyl*-Gruppen oxydiert wurden, verursachte ebenfalls keine tox. Erscheinungen an Vers.-Tieren. R. HEINRICH. 4607 □

Lathyrogene Aktivität in vitro. H. Morag McCallum und John Paul. (Nature [London] **192.** 273. 21/10. 1961. Glasgow, Univ., Dep. of Pathol. and Dep. of Biochem.) (Engl.)

Vff. untersuchen die in vitro Wrkg. verschiedener lathyrogener Stoffe (l. St.) auf die Bldg. von elast. Fasergewebe. Als Testsubstanz dienen Ausschnitte von Kükenembryoherzventrikeln nach 10—12tägiger Bebrütung mit 10% Kalbsserum bei 39°. Faserausbildung wird nach 7—10 Tagen beobachtet u. läßt sich mittels verschiedener Färbemeth. nachweisen. Während in Kontroll-Verss. 78% der Kulturen Faser-Bldg. zeigen, wird diese in Ggw. von *β-Aminopropionitrilhydrochlorid* in Konzz. von 80 μg/ml völlig unterbunden (DL = 2 mg/ml) u. findet bei 16, 3,2 bzw. 0,64 μg/ml nur in 10, 12,5 bzw. 66% aller Fälle statt. *β-Mercaptoäthylamin* oder *Semicarbazid* wirken bei 3,4 bzw. 0,66 μg/ml ebenfalls 100%ig. hemmend. *Na-Propionat* u. *n-Propylamin*, die in vivo unwirksam sind, zeigen auch in vitro bis zu einer Konz. von 364 μg/ml bzw. 0,16% keinerlei Wrkg.; bei höheren Konzz. tritt Zelltod ein. Die Ergebnisse zeigen, daß l. St. auf Zellebene wirksam sind, strenge Parallelität zwischen der Wrkg. in vivo u. in vitro besteht u. daß das Brüchigwerden von Aortagewebe bei experimentellem Lathyrismus als sek. Erscheinung erst nach dem Ausbleiben normaler Elasticagewebe-Bldg. auftritt. G. KIRSTEN. 4607 □

Stoffwechsel von Aminonitrilen und verwandten Verbindungen in der Ratte. L. P. Merkow, S. H. Lipton, J. J. Lalich und F. M. Strong. (Proc. Soc. exp. Biol.

Med. **102.** 728—32. Dez. 1959. Madison, Wis., Univ., Dep. of Biochem. and Pathol.) (Engl.)

Vff. untersuchten den Zusammenhang zwischen Skelettveränderungen u. *Cyanessigsäure* (I)-Ausscheidung nach 0,3% *β-Aminopropionitril–Fumarat* (II)-Zusatz zum Futter von jungen Ratten. Eine Erhöhung des *Casein*-Geh. von 12 auf 24% führte bei gleicher II-Dosis zu geringeren Skelettdeformationen u. höherer urinärer I-Exkretion. Noch gut bestimmbare Mengen an I wurden im Harn nach Injektion von *2.2'-Aminodipropionitril, Äthylencyanhydrin, Bernsteinsäuredinitril, 5-Aminovaleronitril* u. *n-Valeronitril* ausgeschieden, Spuren von I nach Injektion von *n-Hexanonitril* u. *4-Aminobutyronitril.* R. HEINRICH. 4607 □

Einfluß von Pyrogallol auf die durch Adrenalin verursachte Aktivierung des Cortex cerebri. A. Dresse, S. Dumont und P. Dell. (C. R. Séances Soc. Biol. Filiales **154.** 849—51. 1960. Paris, Hôp. Henri Rousselle, Clin. exp. u. Labor. de Neurophysiol.) (Franz.)

Vff. stellten fest, daß i. v. verabfolgtes *Pyrogallol* (50 mg/kg) bei der nichtanästhesierten Katze die zentrale Wrkg. von i. v. verabreichtem *Adrenalin* (4 μg/kg) verstärkt u. verlängert. H. KOCKERT. 4607 □

Beeinflussung der Myocardwirkung von Adrenalin durch Polyphenole und Metanephirn. A. Dresse und J. Lecomte. (C. R. Séances Soc. Biol. Filiales **154.** 851 bis 854. 1960. Liège, Univ., Fonds de la Rech. Méd. Sci. u. Inst. Léon Frédéricq [Physiol.].) (Franz.)

Vff. stellten fest, daß *Brenzcatechin* (I), *Pyrogallol* (II) u. *Resorcin* (schwach) die positive inotrope Wrkg. von *Adrenalin* (III) u. *Noradrenalin* auf das isolierte Kaninchenherz steigern. Diese stimulierende Wrkg. der Polyphenole erklären Vff. mit einer kompetiven Hemmung der *Orthomethyltranspherase*-Aktivität. *Metanephrin* steigert zunächst u. hemmt danach andauernd die Wrkg. von III u. die sensibilisierende Wrkg. von I u. II auf das Kaninchenherz. H. KOCKERT. 4607 □

Die Bindung von Nitrosobenzol und Nitrosobenzolderivaten an Hämoglobin und Hämoglobinverbindungen. W. Scheler. (Acta biol. med. german. **5.** 382—97. 1960. Ernst-Moritz-Arndt-Univ., Greifswald, Pharmakolog. Inst.) (Dt.) — Vgl. C. **1961.** 7282.

Es wurde die Bindung zwischen menschlichem *Hämoglobin* (I) in Form von Oxy-I, red. I u. CO-I u. *Nitrosobenzol* (II) u. einigen seiner Derivv. untersucht. Die Lichtabsorptionskurven der Verb. von I mit II bzw. von I mit Derivv. von II sind recht gleichförmig. Für die I–II-Verb. liegen Extinktionsmaxima bei 563,5 u. 422 mμ. Sauerstoff wird unter vergleichbaren Bedingungen von I 8mal stärker gebunden als I. Die Bindung von II an Oxy-I ist keine einfache Verdrängungs-Rk., sondern II lagert sich auch an Proteingruppen an. Auch die Bindung von II an CO-I ist keine einfache Konkurrenzreaktion. Während *m-Nitrosotoluol* die gleiche Affinität wie II zu Oxy-I hat, ist die von *o-Nitrosotoluol* kleiner u. die von *p-Nitrosotoluol* noch kleiner. *1-Nitroso-2.5-xylol* wird stärker gebunden als o-Nitrosotoluol. Die Befunde sprechen für eine Einbettung der prosthet. Gruppe des I in das Protein. Während die Bindung von II an Oxy-I nicht pH-abhängig ist, nimmt die von o-Nitrosotoluol im Alkaligebiet auf $^1/_{30}$ ab. U. HINTERBERGER. 4607 □

Die Toxizität organischer Sulfide für Eier und Larven der Glashaus-Rotspinnenmilbe. 4. Mitt. Benzylphenylsulfide, substituiert mit Halogenen und anderen Gruppen. R. F. Brookes, N. G. Clark, J. E. Cranham, D. Greenwood, J. R. Marshall und H. A. Stevenson. (J. Sci. Food Agric. **9.** 111—15. Febr. 1958. Nottingham, Boots Pure Drug Cy. Ltd.) (Engl.)

Es wurden bei der Prüfung an Larven u. jungen Glashaus-Rotspinnenmilben die in Parenthese gesetzten prozentualen Mortalitäten bei Anwendung der Sulfide in Konzz. von 0,1, 0,025, 0,02 u. 0,01% gefunden: *Benzyl-2-methyl-4-chlorphenyl-* (39, —, —, —), *Benzyl-3-methyl-4-chlorphenyl-* (9, 8, —, —,), *Benzyl-2-methyl-5-chlorphenyl-* (0, 9, —, —), *Benzyl-2.4-dichlor-3-methylphenyl-* (0, 0, —, —), *Benzyl-2.4-dichlor-5-methylphenyl-* (0, 7, —, —), *p-Fluorbenzyl-p-methylphenyl-* (26, 19, —, —), *p'-Fluorbenzyl-p-methoxyphenyl-* (28, 9, —, —), *p'-Chlorbenzyl-p-methylphenyl-* (100, 82, 17, 13), *p-Chlorbenzyl-o-hydroxyphenyl-* (51, 26, 0, 0), *p'-Chlorbenzyl-p-hydroxyphenyl-* (29, 0, —, —), *p'-Chlorbenzyl-p-methoxyphenyl-* (49, 25, —, —), *p'-Chlorbenzyl-p-allyloxyphenyl-* (95, 22, —, —), *p'-Chlorbenzyl-p-hydroxyäthoxyphenyl-* (78, 14, —, —), *p'-Chlorbenzyl-p-thiocyanäthoxyphenyl-* (92, 23, 29, 26), *p'-Chlorbenzyl-p-carboxymethoxyphenyl-* (0, —, —, —), *p'-Chlorbenzyl-p-[p-chlorbenzyloxy]-phenyl-* (0, —, —, —), *p'-Chlorbenzyl-2-methyl-4-chlorphenyl-* (94, 48, 18, 10) *p'-Chlorbenzyl-3-methyl-4-chlorphenyl-* (78, 18, —, —), *p'-Chlorbenzyl-3-methyl-2.4-dichlorphenyl-* (0, 0, —, —), *p'-Chlorbenzyl-2.4-dichlor-5-methylphenyl-* (14,

8, —, —), *p'-Chlorbenzyl-o-cyanphenyl-* (100, 100, 80, 63), *p'-Chlorbenzyl-o-carboxyphenyl-* (3, 0, —, —), *p'-Chlorbenzyl-o-carbomethoxyphenyl-* (91, 51, 37, 42), *p'-Chlorbenzyl-o-carboäthoxyphenyl-* (100, 57, 21, 7), *p'-Chlorbenzylcarbaminoylphenyl-* (0, 8, —, —), *p'-Chlorbenzyl-p-äthylphenyl-* (55, 7, —, —), *2'.6'-Dichlorbenzyl-2.4-dichlor-3-methylphenyl-* (48, 8, —, —), *p'-Brombenzyl-p-methylphenyl-* (88, 45, 11, 6), *p'-Jodbenzyl-p-methylphenyl-* (3, 0, —, —), *p'-Jodbenzyl-p-methoxyphenyl-* (44, 12, —, —), *p'-Cyanbenzyl-p-fluorphenyl-* (100, 100, 82, 75), *p'-Cyanbenzyl-p-chlorphenyl-* (100, 100, 95, 91), *p'-Methylbenzyl-p-fluorphenyl-* (27, 22, —, —). *p'-Methylbenzyl-p-chlorphenyl-* (46, 3, —, —), *p'-Methylbenzyl-p-jodphenyl-* (6, 0, —, —), *p'-Methoxybenzyl-p-fluorphenyl-* (63, 100, 20, 8), *p'-Methoxybenzyl-p-chlorphenyl-* (88, 35, 12, 12), *p'-Methoxybenzyl-p-jodphenyl-* (0, 0, —, —), *p'-Isothiocyanbenzyl-p-chlorphenyl-* (—, 14, —, —), *Benzyl-2-chlor-5-nitrophenyl-* (5, 31, —, —), *Benzyl-2-nitro-4-chlorphenyl-* (16, 0, —, —), *o'-Chlorbenzyl-2-nitro-4-chlorphenyl-* (15, 0, —, —), *m'-Chlorbenzyl-2-chlor-5-nitrophenyl-* (12, 4, —, —), *p'-Chlorbenzyl-p-nitrophenyl-* (—, 26, —, —), *p'-Chlorbenzyl-2-chlor-5-nitrophenyl-*(9, 0, —, —), *p'-Chlorbenzyl-2-nitro-4-chlorphenyl-* (1, 0, —, —), *p'-Chlorbenzyl-3-nitro-4-methylphenyl-* (24, 0, —, —), *p'-Chlorbenzyl-2-methoxy-4-nitrophenyl-* (7, 0, —, —), *p'-Methylbenzyl-2-nitro-3-chlorphenyl-* (7, 0, —, —), *3'-Nitro-4'-methoxybenzyl-2-nitro-4-chlorphenyl-* (0, 0, —, —), *3'-Nitro-4'-methoxybenzyl-p-chlorphenyl-* (76, 20, 16, 10), *p'-Nitrobenzyl-p-chlorphenyl-* (100, 100, 83, 53), *p'-Aminobenzyl-p-chlorphenyl-*, (90, 75, —, —) u. *p'-Nitrobenzyl-2-nitro-4-chlorphenylsulfid* (16, 0, —, —). — Die folgenden Sulfoxide u. Sulfone wurden nur in den Konzz. 0,01 u. 0,025% getestet: *p-Fluorbenzyl-p-methylphenylsulfoxid* (38, 31), *-sulfon* (37, 28), *p-Fluorbenzyl-p-methoxyphenylsulfoxid* (0, 4), *-sulfon* (15, 0), *p-Brombenzyl-p-methylphenylsulfoxid* (0, 0), *-sulfon* (1, 4), *p-Jodbenzyl-p-methylphenylsulfoxid* (9, 1), *-sulfon* (15, 20), *p-Jodbenzyl-p-methoxyphenylsulfoxid* (0, 0), *-sulfon* (11, 2), *p-Methylbenzyl-p-fluorphenylsulfon* (30, 18), *p-Methylbenzyl-p-jodphenylsulfoxid* (11, 16), *-sulfon* (2, 2), *p-Methoxybenzyl-p-fluorphenylsulfon* (0, 42), *p-Methoxybenzyl-p-chlorphenylsulfon* (13,16), *p-Chlorbenzyl-2-chlor-5-nitrophenylsulfon* (1, 0), *p-Chlorbenzyl-2-methoxy-4-nitrophenylsulfon* (14, 0), *3-Nitro-4-methoxybenzyl-p-chlorphenylsulfon* (0, 0), *3-Nitro-4-methoxybenzyl-2-nitro-4-chlorphenylsulfon* (5, 4), *p-Nitrobenzyl-p-chlorphenylsulfoxid* (1, 0), *-sulfon* (8, 0). F. KRUSEN. 4607 □

Über die Wirkungsweise von Diacetylmonoxim als Antidot gegen Sarin bei der Ratte. E. M. Cohen, H. Wiersinga und A. M. Sickens de Wal-Freeze. (Acta physiol. pharmacol. neerl. **8.** 297—98. Juni 1959. Rijswijk, Nat. Defence Res. Council T. N. O., Med. Biol. Labor.) (Engl.)

Die von *Diacetylmonoxim* (I) gegenüber *Sarin* (II) ausgeübt Antidot-Wrkg. [die sich in einem Anstieg der subcutanen DL_{50} von II äußert; I wirkt in vitro jedoch nicht wie *Isonitrosoaceton* oder *Pyridin-2-aldoximmethojodid* (PAM) reaktivierend auf die bereits durch II inaktivierte Hirn-*Cholinesterase* (III)] ist offenbar in einem III-Schutz gegenüber dem III-inaktivierenden Einfl. von II zu finden: Bei entsprechenden Verss. an Ratten mit intracardialen Injektionen subletaler oder subcutaner Injektion 2,5fach letaler II-Dosen u. nachfolgenden intraperitonealen I-Injektionen, teilweise zusammen mit *Atropin* (IV), zeigte sich, daß III auch in vivo durch I nicht reaktiviert wird; dagegen kann I die durch II bewirkte III-Zerstörung abwenden, wobei vermutlich wenigstens teilweise ein direkter Einfl. von I auf II (beschleunigte II-Hydrolyse) wirksam wird. IV hat keinen Einfl. auf die III-Aktivität bewiesen. U. TAUSENDFREUND. 4607 □

Die spektrale Empfindlichkeit des mit γ-Hexachlorcyclohexan vergifteten Frosches. Die Gelb-Blau-Relation. Friedrich Schwarz und Ernst Volkmer. (Acta biol. med. german. **5.** 315—321. 1960. Jena, Friedrich-Schiller-Univ., Physiol. Inst.) (Dt.)

Bei Unterss. mit monochromat. Licht wurde gefunden, daß die Gelb–Blau-Relation des Froschauges vom Adaptationszustand abhängig ist. Beim Übergang von Hell zu Dunkel nimmt die Blauempfindlichkeit stärker zu als die Gelbempfindlichkeit. Die Gelb–Blau-Relation ist bei Reizung durch Lichtstoß u. Lichtlücke gleich groß. Durch *γ-Hexachlorcyclohexan* (I) kommt es zu einer Vergrößerung der b-Wellen-Amplituden im Retinogramm, die unabhängig von der Lichtfarbe ist. I steigert die Lichtempfindlichkeit des Froschauges, jedoch nicht seine Farbempfindlichkeit. U. HINTERBERGER. 4607 □

Die Sicherheit von pesticiden Chemikalien. Eine Übersicht über moderne Konzeptionen und Praktiken. L. W. Hazleton. (XII. int. Kongr. reine angew. Chem., München **2.** 374. 1690. Fall Church, Va., Hazleton Labor.) (Engl.)

Vortrag über akute, chron. u. subchron. Toxizität pesticider Chemikalien sowie über die Pathologie. — 10 Literaturangaben. P. GOLINSKE. 4607 □

Induktion von Leberzirrhose beim Axolotl durch Behandlung mit 3-Monohydroxycholansäure. A. Stolk. (Naturwissenschaften **48.** 671—72. 1. Nov.-H. 1961. Amsterdam- Free University, Histological Laboratory.) (Engl.)

Tägliche Applikation von 3 ml einer 0,5%ig. wss. Suspension des *Natriumsalzes* der *3-Monohydroxycholansäure* führte bei *Amblystoma mexicanum* innerhalb von 4 Monaten zu Leberzirrhose. Das Ausmaß der Schädigung war von Tier zu Tier u. in Abhängigkeit von der Dosis verschieden. W. GUTSCHE. 4607 □

Über die Wirkung von Capsaicin auf den Stoffwechsel von Hefe und isolierten Leberschnitten. H. Löwe und F. Jung. (Acta biol. med. german. 7. 45–49. 1961. Berlin, Humboldt-Univ. zu Berlin, Inst. für Pharmakol u. Toxikol.) (Dt.)

Bei Hefezellen u. Rattenleberschnitten wurde die Wrkg. von *Capsaicin* auf den O_2-Verbrauch u. die CO_2-Bldg. untersucht. Im Gegensatz zu *Allylsenföl* erwies sich die Substanz als unwirksam. Das ist ein Beweis gegen die Theorie von FLECKENSTEIN, die besagt, daß alle Reizstoffe den Stoffwechsel von Geweben hemmen.

U. HINTERBERGER. 4608 □

Zur Pharmakologie der Amaryllidaceen-Alkaloide Galanthamin, Narwedin, Haemanthamin und Tazettin. J. Schmidt und H. Matthies. (Acta biol. med. german. 7. 402–10. 1961. Magdeburg, Med. Akademie Magdeburg, Pharmakol. Inst.) (Dt.)

Bei intraperitonealer Injektion an weißen Mäusen ergaben sich für die DL_{50} folgende Werte: *Galanthamin* (I) 9, *Haemanthamin* (II) 59, *Narwedin* (III) 66 u. *Tazettin* (IV) 320–350 mg/kg Körpergewicht. Dabei kommt es zu ton.-klon. Krämpfen, die bei **IV** weniger ausgeprägt sind und bei **III** schon bei subletalen Dosen beginnen. Während **I, II, III** am isolierten Froschherzen u. am isolierten Blutegelrückenmuskel die Acetylcholin-Wrkg. (Ae.W.) verstärken, wobei **I** 300mal wirksamer ist als **II** und **III**, wirkt **IV** hemmend. Am isolierten Meerschweinchendünndarm ruft **I** Kontraktionen hervor. In schon 100mal kleineren Konzentrationen erhöht **I** die Acetylcholin-Wirkung. **II, III** u. **IV** wirken hemmend auf die Ae.W. an diesem Objekt, wobei **III** nach Wechsel der Bad-Fl. die Ae.W. wieder erhöht. **II, III** u. **IV** hemmen die durch Histamin u. $BaCl_2$ induzierbare Darmkontraktion. **I** ist dabei wirkungslos. Bei Katzen in Urethannarkose senken alle 4 Substanzen den Blutdruck, dabei ist **I** u. **III** am wirksamsten. Durch Atropin läßt sich diese Hemmung wieder aufheben. **I, II** u. **IV** wirken auf das isolierte Froschherz negativ inotrop. **III** wirkt in kleinen Dosen positiv inotrop, in höheren negativ, dabei kommt es mit der Zeit zu einem Umschlag in eine positive Wirkung. Die Effekte von **I, II** u. **III** werden durch ihre hemmende Wrkg. auf die Cholinesterase erklärt, während für **IV** eine mit dem Acetylcholin konkurrierende Affinität zu den cholinergen Receptoren angenommen wird. U. HINTERBERGER. 4608 □

Die Wirkung der Amaryllidaceen-Alkaloide Galanthamin, Narwedin, Haemanthamin und Tazettin auf die neuro-muskuläre Übertragung. Horst Liebmann und Hansjürgen Matthies. Acta biol. med. german. 7. 411–19. 1961. Magdeburg, Med. Akademie Magdeburg, Pharmakolog. Inst.) (Dt.) — Vgl. vorst. Referat.

Mit *Haemanthamin* (I) kommt es in vitro am Zwerchfell-Phrenicus-Präp. zu einer Vergrößerung der Kontraktionsamplitude. Bei größeren Dosen folgt nach einer anfänglichen Vergrößerung eine Verminderung, die bis zur völligen Hemmung der neuro-muskulären Transmission führt. *Narwedin* (II) zeigt ein ähnliches Bild. *Galanthamin* (III) ist weitaus wirksamer. **I** u. **II** vermindern die neuromuskuläre Blockade durch *Gallamin*, wobei **II** stärker wirkt. Setzt man die Alkaloide vor dem Gallamin zu, so findet man eine Verstärkung der Blockade. **III** ist noch stärker wirksam bei der Verminderung der Blockade u. wirkt auch bei vorheriger Gabe antagonist. zum Gallamin. *Succinylcholin* hemmt die Kontraktionsamplitude, **I** verstärkt den Effekt. Gibt man dabei aber **I** zuerst, so bleibt es wirkungslos. *Tazettin* hat bis in hohe Konzz. keine Eigenwrkg., verstärkt aber den Succinylcholineffekt. — Kleine Mengen Acetylcholin, die selbst ohne Wrkg. sind, beschleunigen die hemmende Wrkg. hoher Alkaloidkonzentrationen. Bei in vivo-Unterss. am Ischiadicus-Gastrocnemius-Präp. zeigt **III** eine starke Anticurare-Wrkg., die länger anhält als beim Eustigmin. **I** ist wirkungslos. Die Befunde lassen sich für **I, II** u. **III** durch eine *Cholinesterase*-Hemmung erklären. Tazettin scheint dagegen mit dem Acetylcholin um die cholinergen Receptoren zu konkurrieren.

U. HINTERBERGER. 4608 □

Einfluß des in Aserbaidshan vorkommenden Crataegus pentagyna auf die Lactation. D. Ja. Gusseinow. (Акушерство и Гинекология [Geburtshilfe u. Gynäkol.] **37.** Nr. 2. 105–07. März/April 1961. Aserbaidshan, Med. Inst., Lehrst. für Pharmakol.) (Russ.)

Von einem alkohol. Fluidextrakt von *Crataegus pentagyna* waren (nach Entfernung des A.) 1,5 ml für die Maus tödlich. Die Wrkg. auf die Lactation wurde an 2 Ziegen bestimmt. Die Milchmenge betrug (Mittelwert von 10 Tagen) 273,5 u. 196 ml, ihr Fett-Geh. 4,12 u. 4,3%, nach Gabe von 1 ml Extrakt/kg mit dem Trinkw. 396 u. 325,5;

6,45 u. 6,5. Klin. wurde bei Frauen eine deutlich gesteigerte Milchabgabe bei Hypogalaktie festgestellt, ferner eine Besserung der dyspept. Erscheinungen bei Brustkindern. K. RINTELEN. 4608 □

Pharmakologie des aus Senso (Ch' an Su), dem getrockneten Gift der chinesischen Kröte, isolierten Prinzips. 5. Mitt. **Wirkung von Bufogeninen und verwandten Verbindungen auf Atmung, Blutdruck und Herz.** Masahiro Okada, Fuminori Sakai und Toshio Suga. (Ann. Rep. ITSUU Labor. **1960.** 67—73. Dez. Tokyo, Med. and Dent. Univ., Dep. of Pharmacol.) (Jap.; Übers. Engl.)

Resibufogenin (I) wirkt zentral atmungsstimulierend, die Wrkg. wird durch Procain i. v. oder Ausschaltung des Carotissinus-Nerv im Gegensatz zu Nicotin oder Lobelin nicht inhibiert; der Blutdruck wid durch periphere Wrkg. von I erhöht. Mit der CATTELL-Meth. zeigt sich, daß *Bufalin* u. *Gamabufotalin* gleiche ionotope Wrkg. haben wie Digitoxigenin; I u. *Cinobufagin* sind gleich wirksam wie Digitoxin u. g-Strophanthin. P. GREGORZEWSKI. 4609 □

Verteilung der Antibiotica im Blut und Gastrointestinaltrakt nach oraler Verabreichung an Mäuse. Haruo Nishimura und Masafumi Shimohira. (Annu. Rep. Shionogi Res. Lab. [Osaka] **1956.** Nr. 6. 273—78.) (Japan.; Auszug: Engl.)

60% von oral verabreichtem *Streptomycin* (I) wird noch nach 7 Std. im Mastdarm gefunden, während im Blut in 10 Std. kein I auftritt. *Chloramphenicol* u. *Erythromycin* werden schnell resorbiert, d. h., der maximale Blutspiegel wird erreicht, wenn im Dünndarm die Konz. am höchsten ist. *Chlortetracyclin* hat den höchsten Blutspiegel, wenn der Spiegel im Mastdarm absinkt. P. GREGORZEWSKI. 4611 □

Untersuchungen über Kanamycin. 4. Mitt. **Die Wirkung von Kanamycin bei experimenteller Meerschweinchentuberkulose nach Infektion mit pharmakaresistenten Tuberkelbakterien.** Ken Yanagisawa und Kōmi Kanai. (Jap. J. Bacteriol. **13.** 95—100. 25/2. 1958. Kokuritsu Yobō-Eisei-Kenkyūsho, Kekkaku-Bu.) (Jap.) — **3.** vgl. Jap. J. Bacteriol. **13.** [1958.] 1.

84 gesunde Meerschweinchen wurden in Gruppen zu 7 eingeteilt. Die ersten 4 Gruppen (a) wurden mit *Streptomycin* (I)-resisten Tuberkelbakterien infiziert, die nächsten 6 (b) mit *Isonicotinsäurehydrazid* (II)-resistenten u. die letzten 2 (c) mit *p-Aminosalicylsäure* (III)-resistenten. Therapeut. erhielten die a-Tiere 31 Tage lang täglich 10 mg I, 5 mg II, 10 mg *Kanamycin* (IV) u. 200 mg III. Auf die tuberkulosen Veränderungen u. die Bakterienzahl in den Organen wirkten II > IV > III > I. Die b-Tiere erhielten therapeut. 5 mg I, 10 mg II u. 10 mg IV; Wrkg.: IV > I > II. Die c-Tiere erhielten therapeut. 200 mg III u. 10 mg IV; Wrkg.: IV > III. F. MOSSNER. 4611

Untersuchungen über Kanamycin. 5. Mitt. **Über die Wirkung des Kanamycins auf Lepra bei Mäusen.** Yōichirō Kawaguchi, Kōmi Kanai und Ken Yanagisawa. (Jap. J. Bacteriol. **13.** 204—06. 25/3. 1958. Densenbyō-Kenkyūsho, Dairoku Saikin-Kenkyū-Bu; Kokeritsu Yobō-Eisei-Kenkyūsho, Kekkaku-Bu.) (Jap.) — **4.** vgl. vorst. Referat.

21 in 3 Gruppen eingeteilte Mäuse erhielten 3 Tage nach Verimpfung von Mäuseleprabcaillen (Hawai-Stamm) je 2 mg *Kanamycin* (I) u. *Homomycin* sowie 0,2 cm^3 physiolog. NaCl-Lsg. (III) 7 Wochen täglich intraabdominal. Weitere 21 Mäuse bekamen intraabdominal 3 Wochen lang täglich 1 mg I, 5 mg II u. 0,2 cm^3 III; nach 1 wöchiger Pause wurden 4 Wochen lang die gleichen Dosen verabfolgt. Nur I hemmte die Entstehung der Lepraknoten. Wird mit der Behandlung (5 mg I täglich) erst 12 Wochen nach der Infektion begonnen, so hat dies wenig Einfl. auf die Vergrößerung der Lepraknoten; ihr Gewicht ist jedoch geringer als das bei den Kontrolltieren. F. MOSSNER. 4611

Über den Mechanismus des durch interne Verabreichung von Chlortetracyclin verursachten Erbrechens. Ryonosuke Kido, Katumi Hirose, Haruo Nishimura, Ken Katagiri, Masafumi Shimohira und Jun Isono. (Annu. Rep. Shionogi Res. Labor. [Osaka] **1956.** Nr. 6. 1—6. Div. of Pharmacol., Div. of Bact.) (Jap.; Auszug: Engl.) P. GREGORZEWSKI. 4611 □

Die Wirkung einiger sympathicomimetischer Amine auf die elektrocorticale Aktivität und das Verhalten junger und ausgewachsener Tiere. B. J. Key und E. Marley. J. Physiology **155.** 39 P—41 P. Febr. 1961. Birmingham, Med. School, Dep. of Experim. Psychiatry.) (Engl.)

Sympathomimetica (I) mit 2 OH-Gruppen am aromat. Kern oder mit je 1 OH-Gruppe am Benzolring u. am β-C-Atom der Seitenkette bewirkten bei 1—28 Tage alten Küken langsamwellige Aktivität u. Müdigkeit, bei 3 Monate alten u. ausgewachsenen Tieren dagegen Weckreaktionen. Bei neugeborenen Katzen waren sie wirkungslos, in der 3. Woche bewirkten sie Müdigkeit u. eine ausgeprägte intermittierende langsamwellige Aktivität in der Hirnrinde, später dagegen Weckreaktionen. I mit einer OH-

Gruppe am Benzolring oder am β-C-Atom der Seitenkette besaßen keine eindeutige Wrkg. beim Küken oder der jungen Katze, sie bewirkten dagegen Weck-Rk. bei ausgewachsenen Tieren. Phenyläthylamine ohne OH-Gruppe am Benzolring oder Seitenkette bewirkten bei beiden Tierarten Weck-Rkk. von der Geburt ab. Die verschiedenartigen Wrkg. werden auf die unterschiedliche Permeabilität der Blut-Hirnschranke gegenüber den 3 Gruppen zurückgeführt. K. ZINGRAF. 4620 □

Über die Beeinflussung der Wirkungen sympathicomimetischer Amine durch Cocain und Reserpin. P. Holtz, W. Osswald und K. Stock. (Naunyn Schmiedebergs Arch. exp. Pathol. Phamakol. **239.** 14—28. 1960. Frankfurt/M., Univ., Pharmakol. Inst.) (Dt.)

Das Verhältnis zwischen dem „direkt" an den Receptoren der Erfolgsorgane angreifenden, u. dem „indirekt" über eine Freisetzung von Noradrenalin zustande kommenden Wrkg.-Anteil ist bei den einzelnen sympathicomimet. Aminen verschieden. Die Beteiligung beider Komponenten an der Gesamtwirkg. wechselt von Organ zu Organ. Die „direkten" Wrkg. bleiben nach *Reserpin* (I)-Vorbehandlung bestehen u. werden durch *Cocain* II verstärkt; die „indirekten" Wrkg. werden durch I aufgehoben u. durch II abgeschwächt. P. GREGORZEWSKI. 4620 □

Einige pharmakologische Beobachtungen über Tranylcypromin (SKF-trans-385); ein starker Inhibitor der Monaminoxydase. Ralph E. Tedeschi, David H. Tedeschi, Peter L. Ames, Leonard Cook, Paul A. Mattis und Edwin J. Fellows. (Proc. Soc. exp. Biol. Med. **102.** 380—81. Nov. 1959. Philadelphia, Pa., Smith, Kline and French Labor.) (Engl.)

Bei Vorbehandlung von Ratten mit *Tranylcypromine* (I; *SKF-trans-385*; *2-Phenylcyclopropylaminhydrochlorid*) u. nachfolgendem Verabreichen von *Iproniazid* erfolgt bei Kaninchen eine Stimulierung des Zentralnerven-Syst. u. eine ausgeprägte Erholung der Rektal-Temperatur. Dies wird auf die Wrkg. von I als Inhibitor der *Monaminoxydase* zurückgeführt. A. HESSE. 4620 □

Methopromazin und Gefäßerweiterung durch Adrenalin. P. Duchêne-Marullaz und R. Flandrois. (C. R. Séances Soc. Biol. Filiales **155.** 1657—59. 1961. Royat, Inst. de Rech. Cardiol.) (Franz.)

Methopromazin (I) verhält sich anders als die üblichen Sympathicusdämpfer, die den Blutdruck senken u. zugleich an der Peripherie gefäßverengend wirken. Zusätzlich zur allg. Blutdrucksenkung u. peripheren Gefäßerweiterung bewirkt es eine Aufhebung oder sogar Umkehrung der peripheren Gefäßverengung durch *Adrenalin* (II) sowie der peripheren Gefäßerweiterung durch kleine Mengen von **II.** Zum experimentellen Beweis wird bei einem Hund unter Chloralhydrat eine Pfote perfundiert, unter gleichzeitiger Messung der vasomotor. Veränderungen in dieser Extremität (Meth. von BINET u. BURSTEIN, C. R. Séances Soc. Biol. Filiales **143.** [1949.] 9). Bei der Perfusion von 0,25—1,75 μg II in die Arteria iliaca primitiva wurde der periphere Gefäßwiderstand um 35—90 Torr vermindert. Nach Injektion von 3 mg I/kg in den großen Kreislauf verschwand diese peripher. Vasodilatation. Zugleich sank der allg. Blutdruck von 130 auf 50 u. der periphere Gefäßwiderstand von 140 auf 50 Torr. Mit nur 1 mg I/kg wurde eine Umkehrung der Gefäßverengung durch II im großen Kreislauf festgestellt. Die periphere Gefäßerweiterung durch II wurde um 20—80% vermindert. Der periphere Gefäßwiderstand betrug 170—110 Torr. Eine weitere Gefäßerweiterung war noch möglich u. konnte durch eine zusätzliche Dosis *Acetylcholin* (5 μg) hervorgerufen werden.
M. BLASCHETTE-HUTTINGER. 4620 □

Vergrößerung der Speicheldrüse von mit Isopropylnoradrenalin behandelten Mäusen. K. Brown-Grant. (Nature [London] **191.** 1076—78. 9/9. 1961. Birmingham, Med. School, Dep. of Physicol.) (Engl.)

Durch mehrmalige intraperitoneale Injektionen von *Isopropylnoradrenalin* (2mal täglich 0,4 g/kg für 5—8 Tage), kommt es bei Mäusen zu einer Vergrößerung der Speicheldrüsen. Histolog. zeigt sich in den Drüsen das Bild einer intensiven Stimulation der acinösen Zellen. Das Verhältnis der ^{131}J-Konz. in Drüsen u. Serum ist nicht wesentlich verändert. G. KIMMERLE. 4620

Die Wirkung von Acetylcholin und einigen verwandten Substanzen auf die Erregungsleitung in myelinfreien Säugetiernervenfasern. Christine J. Armett und J. M. Ritchie. (J. Physiology **155.** 372—84. Febr. 1961. New York, N.Y., Yeshiva Univ., Albert Einstein Coll. of Med., Dep. of Pharmacol.) (Engl.)

In isolierten Präpp. Myelin-freier Fasern des Kaninchenvagus depolarisierten *Acetylcholin* (I), *Carbachol* (II), *Tetramethylammoniumchlorid*, *Nicotin* u. in geringerem Grade auch *Arecolin* u. *Pilocarpin*, nicht aber Methacholin u. Bethanechol, die Membran u. verringerten die Größe des Spike-Potentials. Die Wrkg. von I u. II wurden durch *Eserin* (III), *Prostigmin* (IV), *Diisopropylfluorphosphonat* (V), *Tubocurarin*, *Hexa-*

methonium, Atropin, Tetraäthylammoniumchlorid u. durch Erhöhung der Phosphat- oder Bicarbonat-Konz. in der LOCKE-Lsg. aufgehoben, bzw. verringert. Die Wrkg. von **I** wurden durch **III**, **IV** oder **V** potenziert, wenn schwellennahe Konzz. von **I** oder schwache Konzz. von **III**, **IV** oder **V** benutzt wurden oder wenn die Einw.-Dauer von **I** verkürzt wurde. K. ZINGRAF. 4620□

Der Einfluß von Chlorpromazin auf die alkalische Phosphatase bei Ratten. T. Kusch und I. Heinrich. (Acta biol. med. german. **8.** 113—16. 1962. Jena, Friedrich-Schiller-Univ., Inst. für Pharmakol.) (Dt.)

Untersucht man an Ratten die Aktivität der *alkal. Phosphatase* an Hand ihrer Phosphatfreisetzung bei pH 9,9 aus Dinatriumphenylphosphat, so findet man, daß das Enzym in der Niere 300mal aktiver ist als im Plasma u. 100mal aktiver als in der Leber. Gibt man den Tieren subcutan *Chlorpromazin* (5 mg/100 g Körpermasse), so steigt die Enzymaktivität der Leber, die der Niere u. des Plasmas wird wenig beeinflußt. Bei Zusatz von Chlorpromazin in vitro zu Vers.-Ansätzen findet man keine Beeinflussung der Enzymaktivität. U. HINTERBERGER. 4620□

Vergleich der Wirkung von Reserpin, Chlorpromazin und Serotonin auf die Metamorphose der Kaulquappe von Rana temporaria. R. Kehl, L. Dumont und J. C. Czyba. (C. R. Séances Soc. Biol. Filiales **155.** 1667—69. 1961. Lyon, Fac. de Méd., Labor. d'Histol.) (Franz.)

Den Kaulquappen werden nachst. Präpp. verabfolgt: Ein fl. Extrakt aus *Rauwolfia serpentina* (3 Tropfen pro Tag, 1 Tropfen enthält $^1/_{300}$ des Wirkstoffes *Reserpin*; **I**); *Chlorpromazin* (**II**; 0,1 mg einer 4%ig. Lsg. pro Tag); *Serotonin* (**III**; 0,5 bzw. 0,1 mg/Tag). **I** vermindert die Sterblichkeit der jungen Frösche, wenn es einige Tage vor der Metamorphose verabfolgt wird. Beginnt die Behandlung 16 Tage vor der Metamorphose, so tritt eine Beschleunigung dieses Vorgangs ein. Die verminderte Sterblichkeit bleibt bestehen. Diese neurolept. Substanz scheint die Tiere durch eine Abbremsung des Stoffwechsels zu schützen. Der Wrkg.-Mechanismus von **II** scheint dem von **I** ident. zu sein, nur besteht eine noch größere Beschleunigung der Metamorphose u. eine geringere Letalität der jungen Frösche. **III** ist ohne Wrkg. auf die Metamorphose (0,1 mg/Tag) oder zieht den schnellen Tod nach sich (0,5 mg/Tag). M. BLASCHETTE-HUTTINGER. 4620□

Über die Wirkung von Lysergsäurediäthylamid und Bufotenin auf das Klettervermögen trainierter Ratten. D. J. Mahler und F. L. Humoller. (Proc. Soc. exp. Biol. Med. **102.** 697—701. Dez. 1959. Omaha, Nebr., VA Hospital, Med. Res. Labor.) (Engl.)

Vff. untersuchten die Wrkg. von *Lysergsäurediäthylamid* (**I**) u. *Bufotenin* (**II**) auf die Kletterzeit trainierter Ratten. Beide Verbb. erzeugten gewisse Effekte, **I** war bereits in geringen Dosen wirksam, besaß aber eine weniger andauernde Wrkg. als **II**. Wiederholte Injektionen von **I** bzw. **II** erzeugten bei den Vers.-Tieren eine gewisse Toleranz. Die Abhängigkeit der **I**- u. **II**-Wrkg. von einer Behandlung mit *Reserpin*, *5-Hydroxytryptophan* oder *1-Isonicotinoyl-2-isopropylhydrazin* (*Iproniazid*) wurde untersucht. Die Ergebnisse werden diskutiert. R. HEINRICH. 4620□

Der Einfluß einiger Antihistaminica und Neuroplegica auf die höhere Nervenaktivität bei Ratten und Hunden. Z. Votava und M. Vaněček. (Physiol. bohemosloven. **5.** Suppl. 58—62. 1956. Prag, Res. Inst. for Pharm. and Biochem.)

Bedingte Reflexe von Ratten u. Hunden nach Verabreichung (20 mg/kg Körper-Gew., subcutan, 30 Min. vor Vers.-Beginn) von *Diphenylhydramin* (Benadryl), *Benzhydryl-2-piperidinäthyläther* (Antihistaminicum) (**I**), *α-Methylbenzhydryl-2-dimethylaminoäthyläther* (Alfadryl) (**II**), Additions-Verb. zwischen **II** u. *8-Chlortheophyllin* (Theadryl), *Antistin*, *Diäthazin* (Deparkin oder Diparcol), *Promethazon* (Phenergan; **III**) oder *Chlorpromazin* (**IV**) werden untersucht u. festgestellt, daß **I**, **III** u. **IV** eine Depression der positiven Reflexe bewirken, wobei **IV** die stärkste Wrkg. zeigt. **II** hat neben der guten Antihistamin-Wrkg. keinen Einfl. auf das Zentralnerven-Syst. u. ist deshalb zur Behandlung reiner Allergien am besten geeignet. U. BAUMANN. 4622

Stoffwechsel von Arzneimitteln. 21. Mitt. **Isolierung und Nachweis von Hydroxyderivaten aus dem Harn von Kaninchen nach Verabreichung von Äthylhexabital-(5-Cyclohexenyl-5-äthylbarbitursäure) und Normethylhexabital (5-Cyclohexenyl-5-methylbarbitursäure).** Hisao Tsukamoto und Yukio Kuroiwa. (Chem. pharmac. Bull. [Tokyo] **7.** 731—34. Sept. 1959. Katakasu, Fukuoka, Univ. of Kyushu, Med. Fac., Pharmaceutical Inst.) (Engl.) — 20. vgl. C. **1961.** 10651.

Nach peroraler Verabreichung von *Äthylhexabital* (200—300 mg/kg/Tag über 7 Tage) konnte bei Kaninchen aus dem Harn nicht nur 3-Ketoäthylhexabital (5-[3-Oxocyclohexen-(1)-yl]-5-äthylbarbitursäure; **I**) sondern auch *3-Hydroxyäthylhexabital* (*5-[3-Hydroxy-cyclohexen-(1)-yl]-5-äthylbarbitursäure*; **II**) isoliert werden; es handelt sich bei **II** offenbar um das Red.-Prod. von **I**. Nach peroraler Verabreichung von *Normethylhexabital* (*5-Cyclohexenyl-5-methylbarbitursäure*, **III**, in gleicher Dosierung) konnte aus dem Harn der Tiere außer III u. Ketonormethylhexabital auch *3-Hydroxynormethylhexabital* (IV) isoliert werden. Weder II noch IV weisen hypnot. Wrkg. auf. U. TAUSENDFREUND. 4627 □

Zum Stoffwechsel radioaktiv markierter Barbiturate und Thiobarbiturate. 3. Mitt. **Zur Frage der Spaltung des Barbitursäureringes.** Wolfram Block und Irmgard Ebigt. (Arzneimittel-Forsch. **10.** 852—55. Okt. 1960. Hamburg, Chem. Fabrik Promonta GmbH, Isotopen-Abt.) (Dt.) — 2. vgl. C. **1961.** 16189.

Bei der Hydrolyse unter in vivo Bedingungen von $^{14}C_{(2)}$- bzw. $^{14}C_{(5)}$-*Neravan* (*5-Äthyl-5-[1-methylpropyl]-barbitursäure*) entsteht *Äthyl-[1-methylpropyl]-acetamid* (I). Das sich in vitro bildende *Äthyl-[1-methylpropyl]-acetureid* (II) entsteht dabei nicht. Bei der entsprechenden Behandlung von *Inactin* (*Äthyl-[1-methylpropyl]-thiobarbitursäure*) entstehen in vivo Thioharnstoff u. *Äthyl-[1-methylpropyl]-essigsäure* (III). Eine Ringspaltung findet in einem pH-Bereich von 7,4 nur sehr wenig statt. Es sind keine Enzyme verfügbar, welche die Ringspaltung in diesem pH-Bereich zu katalysieren vermögen, dagegen können die fettsäurespaltenden Fermente auf Grund ihrer geringen Spezifität die am $C_{(5)}$ fixierten Seitenketten oxydieren. Diese gelingt aber nur bei Seitenketten, die mehr als 2 C-Atome enthalten. Deswegen wird die Diäthylbarbitursäure kaum angegriffen. Die Synth. für I, II, *Äthyl-[1-methylpropyl]-essigsäurechlorid* u. III werden angegeben. G. KIMMERLE. 4627

Zum Stoffwechsel radioaktiv markierter Barbiturate und Thiobarbiturate. 4. Mitt. **Verteilung in den Organen.** Wolfram Block und Irmgard Ebigt. (Arzneimittel-Forsch. **10.** 949—52. Nov. 1960. Hamburg, Chem. Fabrik Promonta GmbH, Isotopen-Abt.) (Dt.) — 3. vgl. vorst. Referat.

Die Verteilung von $^{14}C_{(5)}$-*Neravan* (I), $^{14}C_{(5)}$-*Inactin* (II) u. $^{14}C_{(5)}$-*Trapanal* (III) in den Organen von Albinomäusen wurde untersucht. Das Aktivitätsmaximum der Organe wird bei I erst nach 20 Min. erreicht, während es bei den Thiobarbituraten II u. III bereits 5 Min. nach der i. v. Injektion erhalten wird. In den Organen werden nur die reinen, unveränderten Barbiturate bzw. Thiobarbiturate gefunden. Die untersuchten Stoffe sind beim physiol. pH 7,4 schwer in W. lösl., aber ihre durch enzymat. Oxydation der Seitenketten erworbene Löslichkeit in W. gibt der Niere durch erschwerte Rückresorption in den Tubuli die Möglichkeit, sie sofort nach dieser Rk. zu eliminieren, so daß sie sich in keinem Organ mehr anreichern können. G. KIMMERLE. 4627

Untersuchungen über das Schicksal eines N-Methylthiobarbiturates im Organismus. H.-H. Frey. (Arch. int. Pharmacodynam. Thérap. **134.** 175—88. 1/11. 1961. Hannover, Tierärztl. Hochschule, Pharmakol. Inst.) (Dt.)

N-Methylbutabarbital wird im Körper des Hundes durch Seitenkettenoxydation u. Demethylierung entgiftet. *N-Methylthiobutabarbital* wird durch Ringspaltung in *N-Methylthioureido-[1-methylpropyl]-äthylmalonsäure* u. *N-[(1-Methylpropyl)-äthylacetyl]-N'-methylthioharnstoff* verwandelt. P. GREGORZEWSKI. 4627 □

Konstitution und Wirkung biologisch aktiver Verbindungen. 9. Mitt. **Weitere schmerzstillende Stoffe.** Werner Perkow. (Arzneimittel-Forsch. **10.** 848—52. Okt. 1960. Hamburg.) (Dt.) — 8. vgl. C. **1961.** 16924.

An Beispielen analyt. wirksamer Verbb. vom Typ des 1-Methyl-4-phenylcarbäthoxypyridins („Dolantin") u. des 2-Dimethylamino-4.4-diphenylheptanons („Polamidon") sowie deren Sulfonhomologen wird das Wrkg.-Prizip des „biol. akt. Zentrums" weiter verfolgt. Das Vorhandensein eines im Mol. zentral lokalisierten Punktes mit induktiv stark verminderter Ladungsdichte wird als Voraussetzung einer Wechsel-Wrkg. des Agens mit Rezeptoren des Organismus angesehen. WALTER SIMON. 4627

Chemie und Pharmakologie mit 4-[4-Hydroxy-4-phenylpiperidino]-butyrophenonen verwandter Verbindungen. 2. Mitt. **Hemmung des Apomorphinerbrechens bei Hunden.** Paul A. J. Janssen und Carlos J. E. Niemegeers. (Arzneimittel-Forsch. **9.** 765—67. Dez. 1959. Beerse, Belgium, Res. Labor. Dr. C. Janssem.) — 1. vgl. J. Med. Pharm. Chem. **1.** [1959.] 281.

Untersuchung der Hemmung des Erbrechens nach Verabreichung von Apomorphin an Hunde durch s. c. Injektion von 8 Verbb. des Typs I u. 7 *Phenothiazin-Derivv.* ergab eine 3—50fach höhere Wirksamkeit der ersten gegenüber *Chlorpromazin* (II). Geprüfte Verbb.: *Perphenazin*, Wirksamkeitsverhältnis (bezogen auf II = 1,0) 31; *Thiopropazat*, 18; *Triflupromazin*, 2,5; *Trichlorperazin*, 2,1; *Acetopromazin*, 1,7; II, 1; *Promazin*, <1/8; 4-Piperidinobutyrophenone: *p-Fluor-γ-[4-p-chlorphenyl-4-hydroxy-*, 50; *p-Fluor-γ-[4-p-tolyl-4-hydroxy-*, 42; *p-Fluor-γ-[4-p-fluorphenyl-4-hydroxy-*, 25; *γ-[4-p-Tolyl-4-hydroxy-*,

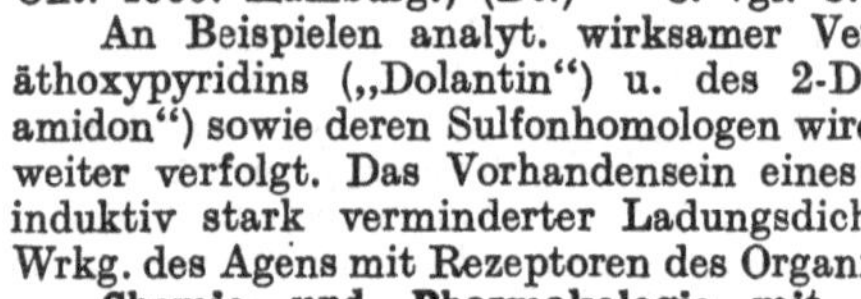

I

25; *γ-[4-p-Chlorphenyl-4-hydroxy-*, 21; *p-Fluor-γ-[4-phenyl-4-hydroxy-*, 12,5; *γ-[4-p-Fluorphenyl-4-hydroxy-*, 6,3; *γ-[4-Phenyl-4-hydroxy-*, 3,1. K. MAIER. 4627□

Beziehungen zwischen den physikalisch-chemischen Eigenschaften und der Wirkung von Lokalanästheticis. 10. Mitt. J. Büchi und X. Perlia. (Arzneimittel-Forsch. **11.** 62—70. Jan. 1961. Zürich, Eidgenöss. Techn. Hochsch., Pharm. Inst.) (Dt.)

Vff. untersuchen die Diffusion von *Cinchocain* (I)-Homologen (*Äthyl-*, *n-Propyl-*, *n-Butyl-*, *n-Amyl-* u. *n-Hexyl-*I) durch Glassinterfilter in wss. u. durch die Blasenschleimhaut des Schweines in gepufferten Lsgg. (pH 7,4). Die Vers.-Anordnung nach dem Prinzip von ANSON u. NORTHROP besteht aus einem porösen Filter oder einer Membran, die das reine Lsgm. von der Lsg. des zu untersuchenden Stoffes trennt. Nach einer Permeationszeit von 48 Std. (20 ± 1°) wird die Gesamtmenge an diffundierter Substanz auf spektrophotometr. Wege ermittelt. Die erhaltenen Permeationswerte für die I-Homologen lassen eine Beziehung zwischen Diffusionsvermögen u. Molgew. des betreffenden I-Deriv. erkennen. Die relative Permeation nimmt in wss. u. gepufferter Lsg. mit steigendem Molgew. ab. Eine bes. starke Abnahme weist das Diffusionsvermögen der *Hexyloxy*-Verb. infolge Schwerlöslichkeit der Base dieses Deriv. auf. Zwischen lokalanästhet. Wrkg. auf die Kaninchencornea, die bei der *Butoxy*-Verb. ein Maximum zeigt, u. der Diffusion lassen sich jedoch keine Beziehungen nachweisen. Das Permeationsvermögen allein ist also nicht für das Auftreten eines lokalanästhet. Wrkg.-Maximums verantwortlich. Die Beziehung zwischen Molgew. u. diffundierter Menge Substanz ist auch bei anderen Lokalanästheticis (*Procain*, *Tutocain*, *Tetracain*, *Larocain*, *Cocain*, I) sowie homologen *Piperazindialkanolen* oder *-dialkoxyalkanolen* feststellbar. Die Permeation kann durch anionen- oder kationenakt. Netzmittel oder — in natürlichen Membranen — durch die Ggw. von *Hyaluronidase* infolge Erleichterung der Ausbreitung von diffundierenden Stoffen erhöht werden. P. FAHRNLAENDER. 4627□

Ist die Stimulierung gewisser Nervenzentren durch Apomorphin mit Tachyphylaxie verbunden? A. Dresse und C. Niemegeers. (C. R. Séances Soc. Biol. Filiales **155.** 1713—15. 1961. Beerse, Turnhout, Res. Labor. Dr. C. Janssen, Inst.Léon Frédéricq.) (Franz.)

Beim Hund verursachen 0,3 mg/kg *Apomorphin* (I) wiederholtes Erbrechen, bei der Ratte u. anderen Nagetieren hingegen treten sehr charakterist. stereotypisierte Kaubewegungen auf. Zuerst wird Hunden in 2std. Rhythmus 0,31 mg I/kg injiziert. Nach der ersten Spritze tritt ca. 15maliges, bei den folgenden nur mehr ca. 3maliges Erbrechen auf. Am nächsten Tag wird nach der gleichen Dosis I wieder vermehrtes Erbrechen festgestellt, ohne daß jedoch die ursprüngliche Häufigkeit erreicht wird. Die Latenzzeit bleibt unverändert. Bei den Ratten treten bei 1,25 mg I/kg (i. v.) die typ. Kaubewegungen mit gleichbleibender Dauer u. progressiv abnehmender Latenzzeit auf. Erst nach der 7. Spritze nimmt die Dauer der Kaubewegungen leicht ab. Beim Hund scheint I am Gehirnstamm an der Area postrema durch Freisetzung eines bestimmten chem. Übertragungsstoffes zu wirken. Dort enthalten drüsenartige Gliazellen Amine, *Noradrenalin*, *5-Hydroxytryptamin* u. *P-Substanz*. Das schnell auftretende Phänomen ist somit mit Tachyphylaxie verbunden. Bei der Ratte hingegen wirkt I direkt auf das Corpus striatum ohne Tachyphylaxieerscheinung. M. BLASCHETTE-HUTTINGER. 4627□

Der Gehalt des Mäusegehirns an Adeninnucleotiden, Kreatinphosphat, Coenzym A und Milchsäure im Exzitations- und Toleranzstadium der Narkose. Cl.-J. Estler. (Naunyn-Schmiedebergs Arch. exp. Pathol. Pharmakol. **238.** 55—57. Erlangen.) (Dt.) — Vgl. C. **1962.** 3171.

Die Chloroformnarkose unterscheidet sich von der Äthernarkose hauptsächlich durch eine zusätzliche signifikante Senkung des *Coenzym-A*-Geh. des Mäusegehirns bei unverändertem *Kreatinphosphat*. Die energiereichen Nucleotide zeigen kaum eine Abnahme, wohl aber die *Milchsäure*. Das wird als Ausdruck verminderten Energiebedarfs gedeutet. Das wesentlich toxischere Chlf. ruft tiefergreifende Stoffwechselveränderungen hervor als Äther. Erscheinungen der gesteigerten oxydativen Phosphorylierung werden erörtert. Im Gegensatz zur Narkose besteht bei ½std. Ätherexcitation starke Zunahme der Motilität u. des O_2-Verbrauchs, wobei eine beträchtliche Erhöhung des Coenzym-A- u. ATP-Geh. des Gehirns u. Zunahme der Milchsäure beobachtet wird. F. O. W. MEYER. 4627□

Die lokalisierte Wirkung von „Endplatten-Arzneimitteln" in den Muskelfasern des Frosches. B. Katz und R. Miledi. (J. Physiology **155.** 399—415. Febr. 1961. London, Univ. Coll., Dep. of Biophys.) (Engl.)

Die direkte Wrkg. von *Acetylcholin* u. *Succinylcholin* erstreckt sich nicht auf die Muskelfaser in ihrer gesamten Länge, sondern ist auf die unmittelbare Nachbarschaft des Endplattenbereichs beschränkt. K. ZINGRAF. 4628□

Die Wirkung von Succinylcholin auf die isotonische Kontraktion des direkt gereizten Rattenskelettmuskels. R. L. Irwin und J. B. Wells. (J. Physiology **155.**

311—19. Febr. 1961. Bethesda, Md., U. S. Dep. of Health, Educ. and Welfare, Publ. Health Serv., Nat. Inst. of Health, Nat. Inst. of Neurol. Dis. and Blindness.) (Engl.)

Am direkt gereizten Tibialismuskel der Ratte unter Belastung verringerte *Succinylcholinchlorid* die Geschw. u. den Grad der Muskelverkürzung, veränderte aber die Gestalt der isoton. Kraft–Geschw.- u. Belastungs-Verkürzungskurven, die die mechan. Eigg. des Muskels darstellen, nicht. Die Latenzzeit der mechan. Rk. wurde verlängert. Die isometr. tetan. Kontraktion infolge direkter Reizung durch kurze Perioden maximaler Reize wurde herabgesetzt. K. ZINGRAF. 4628□

Die muskelentspannende Wirkung von 2.2-Dichlor-1-[p-chlorphenyl]-propandiol-(1.3)-O³-carbaminat. J. C. Burke, D. Papandrianos, L. J. Brannick und G. L. Hassert jun. (Arch. int. Pharmacodynam. Thérap. **134.** 216—23. 1/11. 1961. New Brunswick, N.J., Squibb Inst. for Med. Res.) (Engl.)

Oben genannte Verb. (*SQ 10 220*) erniedrigt die spinalmotor. Leitung u. ist daher zur Behandlung von Skelettmuskelspasmen zentralnervösen Ursprungs geeignet. P. GREGORZEWSKI. 4628□

Intestinale Sekretion und Rückresorption von Diphenylhydantoin bei der Ratte. Vorl. Mitt. E. L. Noach. (Acta physiol. pharmacol. neerl. **8.** 296. Juni 1959. Leiden, Univ. of Leiden, Dep. of Pharmacol.) (Engl.)

Diphenylhydantoin wird bei Ratten nach i. v. Injektion von 66 mg/kg in geringen Mengen in den Magen sezerniert, in größeren in das Duodenum (möglicherweise über die Pankreassekretion) mit partieller Rückresorption, falls der Ausgang aus dem Duodenum für den Darminhalt blockiert ist; ferner wird es im Dünndarm lediglich rückresorbiert, im Dickdarm dagegen wieder sezerniert u. rückresorbiert. U. TAUSENDFREUND. 4628□

Einfluß von Nitranol auf den Tonus der Arteriengefäße bei Stenocardie nach der Bestimmung der Ausbreitungsgeschwindigkeit der Pulswelle. Je. I. Sharow. (Терапевтический Архив [Therap.-Arch.] **32.** Nr. 7. 25—29. Juli 1960. Kalinin, Med. Inst., Lehrst. für Hospitaltherap.) (Russ.; Auszug: Engl.)

Bei 60 Kranken (Stenocardie mit organ. Coronarschaden, z. T. mit Hypertonie, oder mit funktionellen Störungen des Coronarkreislaufs) u. 12 Personen ohne Herz-Kreislauf-Veränderungen wurde u. a. die Geschw. der Pulswelle in den großen Gefäßen vom vorwiegend elast. Typ. gemessen, in Ruhe u. 5—7 u. 25—30 Min. nach 0,002 *Nitranol* (I) perlingual. Die Geschw. betrug normal im Mittel 6,99 (5,82—8,65) m/s. Sie war bei den Kranken bes. im Schmerzanfall, aber auch sonst gesteigert. I verringerte in der Hälfte der Fälle (110 Unterss.) die Geschw., auch noch nach 20—25 Min., bes. stark während eines Angina pectoris-Anfalls. In mehr als $^1/_3$ der Fälle wirkte I nicht, in 31 Unterss. bei 20 Kranken, bes. bei Atherosklerose, steigerte I die Geschwindigkeit. K. RINTELEN. 4630□

Kreislaufwirkungen des Guanethidins beim Hochdruckherzen. Sujoy B. Roy, V. S. Mathur und M. L. Bhatia. (Brit. med. J. **1961. II.** 1315—17. 18/11. New Delhi, Med. Inst., Card. Labor.) (Engl.)

Bei Hochdruckkranken konnte die Wrkg. von intracardial (Herzkatheter) infundiertem *Guanethidin* (0,3—0,5 mg/kg in die A. pulmonalis) bestimmt werden. Es kommt dabei zu einem Anstieg des Schlag-Vol., zu einem Abfall des Ventrikelfüllungsdruckes des Pulmonalarterien- u. Syst.-Blutdruckes sowie des Gefäßwiderstandes. Klin. langfristige Behandlungs-Verss. bestätigen die günstige Wrkg. der Substanz beim hochdrucküberlasteten Herzen. H. JORDAN. 4630□

Über den unterschiedlichen Einfluß des Acetazolamids (Diamox) auf die Ausscheidung der Aminosäuren bei Gesunden und bei Cystinurie. F. Linneweh, M. Ehrlich und H. Bickel. (Klin. Wschr. **39.** 354—58. 1/4. 1961. Marburg a. d. Lahn, Univ., Kinderklinik.) (Dt.)

Die i. v. Injektion von 5 mg/kg *Acetazolamid* führt bei stoffwechselgesunden Personen zu einer Vermehrung der Aminosäurenausscheidung um ca. 38%, indem die endogene Aminosäurenclearance für einige Aminosäuren erhöht wird. Bei Cytinurie mit gesteigerter Cystin-, Lysin- u. Argininausscheidung wurde eine Verminderung ihrer Ausscheidung bei Diamoxbelastung beobachtet. G. KIMMERLE. 4634

Die Niere als Quelle für Blutammoniak. Wirkung von Chlorthiazid. Edward E. Owen, John F. Flanagan und Malcolm P. Tyor. (Proc. Soc. exp. Biol. Med. **102.** 696—97. Dez. 1959. Durham, Duke Univ., Dep. of Med., Med. Center and Vet. Admin. Hosp.) (Engl.)

Die Wrkg. von i. v. verabreichtem *Chlorthiazid* (I) auf die arterielle *Ammoniak*-Konz. u. die Abgabe von NH_3 in die Vena renalis wurde an 7 an LAENNECs Cirrhose erkrankten Patienten untersucht. Nach Zunahme der arteriellen NH_3-Konz. wurde eine steigende Abgabe von NH_3 an die Vena renalis beobachtet. Die Ergebnisse zeigen die

Bedeutung der Niere in der Pathogenese der Hyperammonämie, welche einer i.v. I-Gabe folgt. R. HEINRICH. 4634□

Experimentelles Magenulcus und Wirkung eines neuen Antiulcusmittels, Chlorbenzoxamin. C. Radouco-Thomas, C. Lataste-Dorolle, C. Rogg-Effron, G. Voluter, M. Meyer, J.-G. Chaumontet und D. Larue. (Arzneimittel-Forsch. **10.** 588–601. Aug. 1960. Genf, Fac. of Med., Batelle Mem. Inst.) (Engl.) — Vgl. C. **1962.** 7617.

Chlorbenzoxamin (**I**; *Libratar, U.C.B. 1474, α-[p-Chlorbenzhydryloxy]-β-[p-(o-methylbenzyl)-piperazino]-äthan*) übt bei experimentellen akuten u. subakuten Magengeschwüren der Ratte (durch Pylorusunterbindung, Immobilisierung als psych. Ursache, Serotonin, Reserpin, Glucocorticoide, Corticotropin, Hypothalamusextrakt hervorgerufen) eine echte u. intensive antiulceröse Wrkg. aus; Blutungen u. vasculäre Störungen werden gebessert oder ganz beseitigt, es ist eine Verminderung der Häufigkeit, Anzahl u. Größe der Herde u. Ulcera zu beobachten. **I** entfaltet offenbar eine Schutz-Wrkg. gegen die Devitalisierung der Schleimhaut, die durch die von den akuten u. subakuten ulcerogenen Prozessen ausgelösten Durchblutungsstörungen hervorgebracht wird; anscheinend ist **I** außerdem in der Lage, die Abheilungszeit des experimentellen Magengeschwürs zu verkürzen, Besserung zeigt sich bes. bei Beteiligung hypothalamo-hypophyso-adreno-cortico-gastr. Mechanismen; die Bldg. von Epithel u. Granulationsgewebe wird gefördert. Der Angriffspunkt der Wrkg. von **I** ist entweder lokal oder, was wahrscheinlicher ist, im Diencephalon zu suchen, wo die Auslösung der Störung des nervös-psych.-endokrinen Gleichgewichts, die vermutlich für das experimentelle Geschwür verantwortlich zu machen ist, gehemmt wird. U. TAUSENDFREUND. 4645□

Toxische Wirkungen von Atropin- und Homatropin-Augentropfen bei Kindern. Dick Hoefnagel. (New England J. Med. **264.** 168–71. 26/1. 1961.) (Engl.)

Der klin. Befund von 5 Kindern, bei denen sich durch Applikation von *Atropin-* bzw. *Homatropin*-Augentropfen Vergiftungserscheinungen zeigten, wird gegeben. Eine mögliche Beziehung zwischen dem Auftreten solcher tox. Rkk. u. hoher Außentemp. u. Feuchtigkeit wird bei 4 Fällen vermutet. — 29 Literaturangaben. G. KIMMERLE. 4670

Die akute gewerbliche Dichromatvergiftung und ihre Behandlung. K. W. Fritz, P. Böhm, G. Buntru und C. H. Löwen. (Klin. Wschr. **38.** 856–61. 1/9. 1960. Bonn, Univ., Med. Klinik u. Pathol. Inst.; Krefeld-Ürdingen, Farbenfabriken Bayer A. G., Ärztliche Abt.) (Dt.) — Vgl. C. **1960.** 4087.

Es wird über 2 akute *Dichromat*-Vergiftungen mit tödlichem Ausgang berichtet, die durch Verätzung mit 100° heißer 50%ig. *Alkalidichromat* (**I**)-Lsg. zustande kamen. Die akute **I**-Vergiftung stellt ein lebensbedrohendes Ereignis dar. Hauptsächlich entstehen Schäden an den Nieren u. am Gehirn. **I** wird von der Haut sehr schnell resorbiert. Die tödliche **I**-Dosis liegt wahrscheinlich für den Menschen unter 1 g. Vor der Anwendung von Versenaten wird gewarnt, da sie mit 6wertigem Cr keine Bindung eingehen, ihrerseits aber eine Verstärkung der Nierenschädigung verursachen können.

G. KIMMERLE. 4675

Todesfälle bei Schweinen durch kupferreiches Futter. D. Buntain. (Veterin. Rec. **73.** 707–13. 22/7. 1961. Newcastle-on-Tyne, Min. of Agric. Fisheries and Food, Vet. Invest. Centre.) (Engl.)

Auf Grund hoher *Cu*-Geh. von Lebern u. Nieren verendeter Mastschweine wird die Möglichkeit einer chron. *Cu*-Vergiftung diskutiert. H. D. BOCK. 4675□

Porphobilinogen und Uroporphyrin im Urin von Bleivergifteten. Luciano Moreo. (Med. del Lavoro **52.** 561–68. Okt. 1961. Milano, Univ., Clinica del Lavoro „L. Devoto".) (Ital.)

Während der durch *Pb*-Vergiftung hervorgerufenen Kolik betrug bei 9 Patienten die in 24 Std. ausgeschiedene Menge an *Koproporphyrin* (**I**) 0,39–0,88 mg, in einem Fall sogar 3,69 mg, *Uroporphyrin* (**II**) 0,10–0,39 mg, *Porphobilinogen* (**III**) 0,4–1,7 mg. Bei 14 kolikfreien Patienten mit chron. Saturnismus betrug die Ausscheidung 0,09 bis 1,04 mg **I**/24 Std., bei 10 von ihnen keine **II**-Ausscheidung, bei den verbleibenden 4 Patienten 0,13–0,88 mg **II**/24 Std. u. 0,3–1,5 mg **III**/24 Stunden. — In 2 Fällen, die mit Na_2Ca-Äthylendiamintetraacetat behandelt wurden, ging die Ausscheidung von **I** u. **II** sofort zurück. — Die genauere Unters. von **I** zeigte, daß es aus einem Gemisch mehrerer Porphyrine, vorwiegend des Typs **III**, zum kleinen Teil des Typs **I** bestand. — Es wird angenommen, daß Pb die Porphyrin-Synth. im Endstadium enzymat. blockiert.

P. LOCH. 4675□

Versehentliche Paraffinvergiftung. P. Kossick. (South African med. J. **35.** 112–13. 11/2. 1961. Port Elizabeth.) (Engl.)

Es wird über 61 Vergiftungsfälle durch versehentliche orale Aufnahme von *Paraffin* berichtet. Es kam meist zu einer Pneumonitis durch Aspiration, die aber nicht tödlich war. G. KIMMERLE. 4675

Tödliche Vergiftung durch Einatmen von Dichloräthandämpfen. F. M. Troisi und D. Cavallazzi. (Med. del Lavoro **52.** 612—18. Okt. 1961. Milano, Univ., Ist. di Med. Legale.) (Ital.)

Klin. Erscheinungen u. Obduktionsbefund eines mit der Herst. von Ascorbinsäure beschäftigten Arbeiters, der dabei *Äthylenchlorid* einatmete u. ca. 14 Std. später ad exitum kam. — Toxikol. war der Nachw. von aliphat. Kohlenwasserstoffen in Gehirn, Niere u. Leber stark, in Blut, Lunge u. Herz schwach positiv. P. LOCH. 4675□

Die Verwendung von Bernsteinsäure bei der Behandlung akuter Kohlenmonoxydvergiftung. S. Gershon, E. R. Trethewie und M. Crawford. (Arch. int. Pharmacodynam. Thérap. **134.** 16—27. 1/11. 1961. Melbourne, Univ. of Victoria, Med. Fac., Dep. of Pharmacol.) (Engl.)

Bernsteinsäure (intraperitoneal u. i.v.) stimuliert die Atmung u. erhöht die CO-Ausscheidung, begünstigt die O_2-Hämoglobin-Bldg. vor der CO-Hämoglobin-Bldg. in Ggw. von CO u. O_2 in der Atemluft u. stimuliert den Zellstoffwechsel im Zentralnerven-Syst. u. im funktionellen Herzgewebe. P. GREGORZEWSKI. 4675□

Eine Untersuchung der Wirkung von längerer beruflicher CO-Exposition. S. Åke Lindgren. (Acta med. scand., Suppl. **167.** 1—135. 1961. Stockholm, Karolinska Sjukhuset, Dep. of Occupational Med.) (Engl.)

Bei 970 Personen (16—75 Jahre), die über längere Zeit verschiedenen Konzz. von *CO* in der Luft ausgesetzt waren, wurden klin. Unterss. durchgeführt. Vf. neigt auf Grund seiner Unters.-Ergebnisse dazu, daß die klin. Symptome durch wiederholte akute Vergiftungen mit CO zustande kommen. Das Auftreten einer chron. CO-Vergiftung wird als nicht wahrscheinlich hingestellt. — 121 Literaturangaben. G. KIMMERLE. 4681

F. Pharmazeutische Chemie. Desinfektion

Magensaftresistente Filmüberzüge durch die Luft-Suspensions-Überzugstechnik. Robert E. Singiser und Werner Lowenthal. (J. pharmac. Sci. **50.** 168—70. Febr. 1961. North Chicago, Ill., Sci. Div. of Abbott Labor.) (Engl.)

Es wird eine Vorr. beschrieben, mit der man in einfacher Weise Tabletten mit einem Überzug aus Celluloseacetatphthalat versehen kann. Die Tabletten werden in einer kaminartigen Röhre durch einen Luftstrom von 57—65° in der Schwebe gehalten u. gleichzeitig von unten her durch eine Düse die Überzugsmasse verstäubt. Die fertige Tablette ist nur wenig größer als vor dem Überziehen u. kann auch mit Prägungen versehen sein, die nach der Behandlung noch gut sichtbar bleiben. G. TALSKY. 4766□

Untersuchung über den natürlichen Schwamm beim Zerfall gepreßter Tabletten. Robert C. Crisafi und Charles H. Becker. (J. Amer. pharmac. Assoc., sci. Edit. **47.** 363—65. Mai 1958. Gainesville, Univ. of Florida, Coll. of Pharm.) (Engl.)

Der Einfl. des Schwammes von *Hippospongia lachne* DE LAUBENFELS auf die Zerfallbarkeit von Tabletten wird untersucht. Meth. zur Reinigung, zum Bleichen u. Pulvern des Schwammes werden angegeben. Tabletten, die *Lactose, Ca-Gluconat, Sulfadiazin, Al-Hydroxid, Bismutum subnitricum* oder *$NaHCO_3$* enthalten u. mit unterschiedlicher Härte hergestellt sind, werden geprüft. Als Quellmittel wird in der Serie A 5% gepulverter Schwamm u. in der Serie B 10% Kornstärke während der Granulation zugegeben. Serie C ist wie A u. Serie D wie B angesetzt; C u. D erhalten vor der Pressung noch einen Zusatz von 2% getrockneter Kornstärke. Die Prüfung der Zerfallbarkeit ergab, daß gepulverter Schwamm Kornstärke eindeutig überlegen ist. Die günstigste Zerfallbarkeit ergab Serie C, d. h. ein Zusatz von Kornstärke vor der Pressung war wirksamer als gepulverter Schwamm allein. H. ALTHOFF. 4766

Ein phytochemischer Überblick über die Pflanzen von Malaya. 2. Mitt. **Alkaloide.** A. K. Kiang, Bryce Douglas und Francis Morsingh. (J. Pharmacy Pharmacol. **13.** 98—104. Febr. 1961. Singapur, Univ. of Malaya, Chem. Dep.) (Engl.) — 1. vgl. Malayan Pharm. J. **6.** [1957.] 1.) (Engl.)

708 Pflanzenarten aus 104 Familien wurden auf evtl. Alkaloid-Geh. untersucht. Als Reagentien wurden verwendet: BOUCHARDATS Reagens, DRAGENDORFFS Reagens u. MAYERS Reagens. Bei 66 Arten wurden starke Alkaloidfällungen erhalten. Rohalkaloide wurden aus 19 Arten gewonnen. S. ERBE. 4782□

Beitrag zur Kenntnis der Inhaltsstoffe der Blätter und Früchte der Pflanze Rhamnus fallax Boiss. Branka Akačić und Branko Poje. (Acta pharmac. jugosl.

10. 57—71. 1960. Zagreb, farmac. fak., Zav. za farmakogn.) (Kroat.) — Vgl. C. **1962.** 3900.

In verschiedenen Organen der Pflanze *Rhamnus fallax* BOISS. wurde der Geh. an freien u. gebundenen, oxydierten u. red. Anthracen-Derivv. (I) bestimmt. In Blüten u. jungen Blättern wurden 5,72% Gesamt-I gefunden, in Blätterknospen 12,72%, in Blättern 4,05—5,80%, in Früchten 10,95—14,43%. Der Geh. an I nahm mit fortschreitender Vegetationsperiode ab. Aus den Blättern wurde durch Mikrosublimation bei 95 bis 115° *Chrysophanol* (F. 192—193°, eutekt. F. mit Benzanilid [II] 147°, mit Salophen [III] 161°) u. bei 170—190° *Emodin* (F. 259—260°, eutekt. F. mit II 175°, mit III 202°) u. aus den Früchten ein drittes, nichtidentifiziertes oxydiertes I (F. 224—225°, eutekt. F. mit II 180°, mit III 205°) isoliert u. papierchromatograph. als einheitlich nachgewiesen. An Zuckern wurden papierchromatograph. *Glucose, Xylose* u. *Rhamnose* gefunden. Gerbstoffe der Catechingruppe wurden nachgewiesen u. deren Geh. nach der Hautpulver-Meth. u. photometr. bestimmt: in den Blätterknospen 2,6%, in den Blättern 1,9%, in den Früchten 2,6%. — 58 Literaturangaben. S. BECKMANN. 4782□

Über die Flavonoide einiger einheimischer Dorycnium-Arten (D. herbaceum Vill., D. rectum Ser. und D. suffruticosum Vill.) R. Paris und A. Stambouli. (Ann. pharmac. franç. **18.** 369—80. Juni 1960. Paris, Fac. de Pharm., Labor. de Matière méd.) (Franz.)

Durch Extraktion mit A. wurden aus Blättern von *Dorycnium herbaceum* 0,47%, von *D. suffruticosum* 0,69% u. von *D. rectum* 0,40% *Flavonoide* (I) gewonnen. Papierchromatograph. waren die I aus D. herbaceum u. D. suffruticosum ident. u. wurden durch F., UV- u. IR-Spektrum, Chromatographie, Elementaranalyse, Löslichkeit u. Farb-Rkk. des Heterosids u. seines Genins als *Myricitrin* (3-Rhamno-5.7.3'.4'.5'-pentahydroxyflavonol; II) identifiziert. Die I aus D. rectum wurden auf gleiche Weise als *Kämpferitrin* (3.7-Dirhamno-5.7.4'-trihydroxyflavonol; III), *Robinosid* (IV), Robinobiosidokämpferol (V) u. Monorhamnosidokämpferol (VI) bestimmt. Es wird angenommen, daß V u. VI bei der Extraktion entstehen; III entsteht evtl. durch enzymat. Hydrolyse aus IV in den Blättern. Die pharmakolog. Unters. am Kaninchenileum zeigte eine Tonisierung u. Amplitudenvergrößerung durch II; Adrenalin wirkte antagonistisch. Die Wrkg. von II wurde in der Tinktur durch depressive Substanzen maskiert. III verlangsamte die peristalt. Bewegungen u. verminderte Tonus u. Amplitude. In den Blättern wurden ferner Spuren von Tannin-Derivv. u. zahlreiche Aminosäuren, bes. Prolin, nachgewiesen. — 29 Literaturangaben. W. SCHÖNBORN. 4782□

Chromatographische Trennung der phenolischen Verbindungen von Cannabis sativa. Robert S. de Ropp. (J. Amer. pharmac. Assoc., sci. Edit. **49.** 756—58. Dez. 1960. Pearl River, N. J., Lederle Labor., Biochem. Dep.) (Engl.)

Der Methanolextrakt von mexikan. *Marihuana* wurde an Florisil (I) adsorbiert. Das PAe.-Eluat, ein rotes Öl (II), erzeugte beim Hund bei 25 mg/kg Ataxie. Über eine I-Säule wurde mit PAe. aus II ein unwirksames Öl u. anschließend mit Bzl. eine *phenol. Fraktion* (III) abgetrennt. Durch Chromatographie an Papieren, die mit N.N-Dimethylformamid (IV)-Cyclohexan (V) (1 : 10) getränkt waren, u. mit V als Fließmittel konnten in III *Cannabidiol, Cannabinol* (VI), *Tetrahydrocannabinol* (VII) u. 5 weitere, mit diazotierter Sulfanilsäure reagierende Verbb. nachgewiesen werden. Aus III wurden durch Verteilungschromatographie an einer Celite 545-Säule (stationäre Phase: obere Schicht eines Gemisches 1500 ml V — 200 ml IV; untere Schicht mobile Phase) VI u. VII isoliert. VII wurde durch Hochvakuumsublimation bei 97° u. $<10^{-4}$ mm Hg gereinigt: $[\alpha]_D^{25}$ $-161°$; λ_{min} 251 mμ; λ_{max} 275, 282 mμ (log ε 3,26, 3,28); in 0,1 n NaOH λ_{min} 269 mμ, λ_{max} 292 mμ (log ε 3,53), mit einem zweiten Maximum bei 325 mμ. VI krist. beim Stehen: λ_{max} 283 mμ, λ_{min} 248 mμ (log ε 4,22). IR-Spektren für VI u. VII sind aufgeführt. Die übrigen isolierten Verbb. scheinen keine pharmakolog. Aktivität zu besitzen.

H. ALTHOFF. 4782

Chemische Untersuchung von Erigeron canadensis L. 1. Mitt. **Vorkommen eines gesättigten Kohlenwasserstoffes.** R. Granger und J. Lanet. (Trav. Soc. Pharmac. Montpellier **20.** 8—9. 1960. Montpellier, Fac. de Pharm., Labor. de Chim. organ.) (Franz.)

Aus dem über Al_2O_3 gereinigten PAe.-Extrakt der getrockneten u. gepulverten Blätter von *Erigeron canadensis L.* gewannen Vff. durch Ausziehen mit sd. Bzl. u. weiterer Reinigung mit Aceton *Triakontan*, F. 65—66°, Molgew. 400 (nach RAST).

F. v. GIZYCKI. 4782□

Die innere Lindenrinde, Gewinnung und Eigenschaften. J. Susplugas, M. Lalaurie, G. Privat und J. Tarbouriech. (Trav. Soc. Pharmac. Montpellier **20.** 25—29. 1960. Montpellier, Fac. de Pharm. Labor. de Botan. et de Matière méd.) (Franz.)

Herkunft, Gewinnung, Schnittformen u. pharmakognost.-histolog. Beurteilung der in einigen Gegenden Frankreichs volksmedizin. gegen rheumat. u. arthrit. Beschwerden verwendeten Rinde 20—35jähriger, während des Saftsteigens gefällter Linden. Es handelt sich um die innere, bastreiche Rindenschicht. F. v. Gizycki. 4782□

Bewertung der HPC-Ester als Emulgatoren. S. C. R. Chokhavatia und J. Autian. (Amer. Perfumer **76**. Nr. 11. 30—36. Nov. 1961. Baroda, India, Alembic Chem. Co. Austin, Univ. of Texas, Coll. of Pharm.) (Engl.)

Durch Rk. der Saccharose (**I**) mit Propylenoxid entsteht Oktakis-[2-hydroypropyl]-saccharose, eine viscose, gelblich gefärbte Fl. (kurz als propoxylierte **I** oder HPC bezeichnet), die mit Fettsäuren Ester bildet. Näher untersucht wurden das Mono- (**II**) u. Tetrastearat (**III**) sowie das Mono- (**IV**) u. Tetraoleat (**V**) der HPC, u. zwar wurden Gemische aus **II** u. **III** bzw. **IV** u. **V** mit 4 verschiedenen Ölen (Baumwollsaat-, Oliven-, Cocosnuß- oder Maisöl) emulgiert. Es lassen sich mit den genannten Emulgatoren leicht Emulsionen für pharmazeut. Gebrauch von guter Beschaffenheit herstellen; diese sind aber gegenüber Zusätzen außerordentlich empfindlich u. zeigen im Hinblick auf die Stabilität im Vgl. zu mit anderen nichtionogenen Emulgatoren hergestellten Emulsionen erhebliche Nachteile. H. P. Fiedler. 4786□

Messung des Hydrophil-Lipophil-Gleichgewichtes von oberflächenaktiven Stoffen. Alexander H. C. Chun und Alfred N. Martin. (J. pharmac. Sci. **50**. 732—36. Sept. 1961. Lafayette, Ind., Purdue Univ., School of Pharm.) (Engl.)

Von wasserlösl., oberflächenakt. Stoffen wurde die Interfacialspannung (Zwischenflächenspannung) zwischen einer 0,1%ig. wss. Lsg. u. überschichtetem Toluol gemessen u. festgestellt, daß die hierbei anfallenden Werte einen linearen Verlauf nehmen, wenn sie gegen die HLB-Werte der getesteten Netzmittel aufgetragen werden. Somit kann der HLB-Wert eines wasserlösl. Netzmittels durch Ermittlung der Interfacialspannung seiner wss. Lsg. ermittelt werden. Die Meth. ist nicht anwendbar auf Netzmittelgemische u. natürliche Emulgatoren. Auch die HLB-Werte von Schleimstoffen können nicht durch die Best. der Interfacialspannung der wss. Lsgg. ermittelt werden, da die Wrkg. von Schleimstoffen nicht auf einer Erniedrigung der Oberflächenspannung beruht. Die ermittelten HLB-Werte stimmen mit den H/L (Hydrophil-Lipophil)-Zahlen überein, sofern nicht der Geh. an Äthylenoxidgruppen in dem getesteten Emulgator-Mol. >20 ist. H. P. Fiedler. 4786□

Die pharmazeutischen Suspensionen. Ju. A. Blagowidowa und A. I. Tenzowa. (Аптечное Дело [Apothekenwesen] **10**. Nr. 6. 64—72. Nov./Dez. 1961.) (Russ.)

Übersicht an Hand der Literatur. — 65 Literaturangaben. O. Lebtag. 4790□

Kolloidchemische Untersuchungen an Suspensionen in der Pharmazie. 1. Mitt. **Über Thixotropie bei dem System pflanzliche Öle–Aluminiumstearat.** Hisakichi Matsumura, Sadao Iguchi, Shigeru Miyamoto und Magobei Yamamoto. (Pharmac. Bull. [Tokyo] **3**. 131—37. April 1955. Kyushu, Univ., Med. Fac., Pharmaceut. Inst.) (Engl.)

Rheolog. Unterss. mit dem Rotationsviscosimeter nach Hatschek an dem Syst. Erdnußöl (**I**)- sowie Rhicinusöl (**II**)-Al-Stearat (**III**) werden beschrieben. **I** u. **II** zeigen beide das Verh. einer Newtonschen Fl., ebenso die Lsgg. von **III** in **I** bei Konzz. bis zu 2% an **III**. Dagegen weisen die Lsgg. von **III** in **II** erheblich höhere Viscositäten u. thixotropes Verh. auf. R. Lafferenz. 4790□

Kolloidchemische Untersuchungen an Suspensionen in der Pharmazie. 2. Mitt. **Über das Altern der Thixotropie bei dem System pflanzliche Öle–Aluminiumstearat.** Hisakichi Matsumura, Sadao Iguchi und Magobei Yamamoto. (Pharmac. Bull. [Tokyo] **5**. 21—27. Febr. 1957.) (Engl.) — 1. vgl. vorst. Referat.

Vff. berichten über Unterss. mit dem Rotationsviscosimeter an einem Gel-Syst. von Al-Stearat (2%) in Erdnußöl bei 25°. Die Änderungen des thixotropen Verh. in Abhängigkeit von der Verweilzeit u. der entsprechenden Temp. werden untersucht. Wird das Syst. bei +37° gehalten, so erreichen sowohl die Anfangsviscositäten unmittelbar nach Zerstörung des Gelzustandes wie auch die mechan. Festigkeit des Gels 10 Min. nach Verrühren ein Maximum. R. Lafferenz. 4790□

Isolierung von Saponin aus Gleditschia australis (Familie Leguminosae) und aus Sapindus Mukorossi G der Familie Sapindaceae. A. M. Ssokolskaja, A. A. Ssabirowa und I. Ss. Kolodina. (Аптечное Дело [Apothekenwesen] **9**. Nr. **5**. 23—25. Sept./Okt. 1960. Kasach. Kirow-Univ., Inst. für organ. Chem.) (Russ.; Auszug: Engl.)

Gleditschia australis enthält in den Hülsen 40% u. mehr *Saponin* mit einem hämolyt. Index von 1 : 100000. Die Isolierung erfolgt nach folgender Meth.: 40 g Hülsen werden mit 10mal 150 ml Bzn. entfettet (28 Std.), nach Dekantieren des Bzn. mit Ae. behandelt (3mal), dann mit 80%ig. A. extrahiert, eingedampft, mit 60 ml A. aufgenommen u. mit 180 ml Ae. die Saponine als braune, klebrige Masse ausgefällt. Aus *Sapindus Mukorossi* werden die Saponine folgendermaßen isoliert: 50 g der zerkleinerten Fruchtgehäuse werden mit 150 ml Bzn. in der Hitze entfettet (5 Std.). Anschließend erfolgt eine Behandlung mit Ae., der die Extraktion der Saponine mit 3mal 100 ml Äthylacetat folgt. Nach Reinigung mit Baryt erhält man in einer Ausbeute von 22% physiolog. wirksames Saponin. G. Siewert. 4790□

Pyridin und seine Homologen als chemische Rohstoffe. P. Arnall. (Chem. Products chem. News [N. S.] **24.** 451—57. Nov. 1961.) (Engl.)

Übersicht über die wachsende Bedeutung des Pyridins u. seiner Homologen als chem. Rohstoffe für Pharmazeutika u. Zwischenprodukte. — 42 Literaturangaben. P. Neuland. 4806□

Die Diuretica. A. Lespagnol. (Produits pharmac. **14.** 453—61. Sept. 1959. Lille.) (Franz.)

Übersicht. — 12 Literaturangaben. J. Lehmberg. 4806□

Anthracenderivate als Abführmittel. Eine physikalisch-chemische und biologische Untersuchung. R. Paris und H. Moyse. (Produits pharmac. **14.** 462—73. Sept. 1959. Paris, Fac. de Pharm., Labor. de Matière méd.) (Franz.)

Übersicht. — 148 Literaturangaben. J. Lehmberg. 4806□

Die gegenwärtige Entwicklung der Steroidherstellung. Léon Velluz. (Ann. pharmac. franç. **18.** 229—44. April 1960.) (Franz.)

Übersicht. — Ca. 100 Literaturangaben. K. Maier. 4808□

Die industriellen Probleme der Herstellung von Antibiotica. J. Philippe. (Produits pharmac. **15.** 397—404. Sept. 1960) (Franz.) J. Lehmberg. 4810□

Zusammenstellung der weniger gebräuchlichen als Therapeutica geeigneten Antibiotica. Anonym. (Produits pharmac. **15.** 405—11. Sept. 1960.) (Franz.)

Übersicht. — 36 Literaturangaben. J. Lehmberg. 4810□

Auf der Basis von antibiotica-resistenten Milchsäurebakterien beruhende Kontrollmethoden therapeutischer Präparate. R. Fabre, J. Cheymol, S. Lambin und Bl. Magnier de la Source. (Ann. pharmac. franç. **19.** 24—36. Jan. 1961.) (Franz.)

Da die Darmflora durch Antibiotica leidet, wurde nach zwei Meth., a) in Milch u. b) in Peptonwasser, die bakteriostat. Wrkg. ansteigender Dosen von Chloramphenicol, Streptomycin, Tetramycin, Aureomycin, Penicillin usw. in Dosen von 250—750 μg/ml bei 37° verfolgt. Die Zeitdauer der Latenz in Std. bzw. in Tagen, nach der in den Vers.-Proben gegenüber den Blindproben eine unter Milchsäure-Bldg. eingetretene Koagulation der Milch auftrat bzw. unterblieb, kennzeichnet die antibiot. Resistenz der vorhandenen Milchsäurebakterien. L. Macher. 4810□

Gebräuchliche Untersuchung bakterieider Agentien in Krankenhäusern. Ruth B. Kundsin und Carl W. Walter. (Appl. Microbiol. **9.** 167—70. März 1960. Boston, Mass., Harvard Med. School, Peter Bent Brigham Hosp.) (Engl.)

Vff. untersuchten 5 verschiedene keimtötende Detergentien für Fußbodendesinfektion 6 Monate lang auf ihre Wirksamkeit. Sie beschreiben die Unters.-Meth. u. werten die Vers.-Ergebnisse statist. aus. Auf die Notwendigkeit einer bakteriolog. Überwachung in Krankenhäusern wird hingewiesen. D. Pöhland. 4832□

Eine verbesserte Methode der komplexometrischen Gehaltsbestimmung von Liquor Aluminii acetici als Vorschlag zur Aufnahme in das DAB 7. Ch. Bachmann. (Pharmazie **16.** Nr. 7. Beil.: Pharmaz. Prax. 112—14. Juli 1961. Freital II, Stadt-Apotheke.) (Dt.) — Vgl. C. **1962.** 6129.

Die Geh.-Best. erfolgt nach der Rücktitrations-Meth. gegen Xylenorange. 10,0 g Liquor Aluminii acetici werden im 100-ml-Meßkolben mit 5 ml W., 5 ml NH_4OH-Lsg. u. mit 30 ml 16%ig. H_2SO_4 versetzt. Nach dem Auffüllen werden 20 ml Unters.-Lsg. mit 150 ml W. u. 14 ml $^1/_{10}$m Komplexon-III-Lsg. versetzt u. 1 Min. gekocht. Nach dem Abkühlen auf ca. 60° werden 40 ml 10%ig. wss. Hexamethylentetramin-Lsg. u. 10 Tropfen Pyridin hinzugefügt; nach Zusatz von 5—8 Tropfen 1%ig. wss. Xylenorange-Lsg. wird mit $^1/_{10}$m $ZnSO_4$-Lsg. heiß von Gelb bis zum bleibenden Umschlag nach Cyclamenrot titriert. G. Bormann. 4880□

Ein Beitrag zur Anwendung der Technik der Verbrennung in der Flasche bei schwefelhaltigen Substanzen. C. Vickers und J. V. Wilkinson. (J. Pharmacy Pharmacol. **13.** 72—74. Febr. 1961. Nottingham, Boots Pure Drug Co. Ltd., Analyt. Dev. Group, Standards Dep.) (Engl.)

Vff. untersuchten die Verbrennungs-Meth. auf ihre Eignung zur Best. pharmazeut. S-haltiger Substanzen. Die Titration der entstandenen H_2SO_4 erfolgte mit 0,05n bzw. 0,02n NaOH gegen Methylrot, bzw. mit 0,02m oder 0,01m Ba-Perchlorat-Lsg. gegen Thoronmethylenblau von Gelb auf Rosa. Die alkalimetr. Titration kann nur angewandt werden, wenn außer H_2SO_4 keine anderen sauren bzw. bas. Rk.-Prodd. entstehen. Bei N-freien Substanzen ergibt die Ba-Perchlorat-Meth. gute Ergebnisse, bei N-haltigen Verbb., wie Sulfonamiden, liegen die Werte um 1—2% zu hoch, was durch die Anwesenheit von NO_3^- bedingt ist. S. Erbe. 4880□

Über die quantitative Bestimmung von Sulfonamiden mit langdauernder Wirkung. Irja Rautiainen und Edward Wennström. (Farmaseuttinen Aikakauslehti [Farmac. Notisbl.] **70.** 1—14. Jan. 1961. Helsinki, Yliopiston Farmas. laitos.) (Finn.)

3-Sulfanilamido-6-methoxypyridazin (I), *2.4-Dimethoxy-6-sulfanilamido-1.3-diazin* u. *3-Sulfanilamido-2-phenylpyrazol* können a) nach vorausgegangener Diazotierung durch Dead-stop oder potentiometr. Titration oder b) durch Titration mit Li-Methylat in Dimethylformamid auch in Tabletten mit befriedigender Genauigkeit bestimmt werden. Die bromometr. Titration ist nur für die Best. von I geeignet. Titration mit $HClO_4$ gab keine befriedigenden Ergebnisse. S. Beckmann. 4880 □

Bestimmung von Sulfanilamiden mit Alkylnitriten nach einer potentiometrischen Methode. N. K. Mathur, S. P. Rao und O. P. Kachhawaha. (Analytica chim. Acta [Amsterdam] **24.** 474—75. Mai 1961. Jodhpur, India, Dep. of Chem., Joswant Coll.) (Engl.)

Vff. bestimmen durch potentiometr. Titration (Potentialsprung am Äquivalenzpunkt 80—120 mV) mit Butylnitrit den Geh. von *Sulfadiazin*, *Sulfathiazol*, *Sulfaguanidin*, *Sulfapyridin*, *Sulfamethazin* u. *Sulfamerazin*. Die Dead-stop-Titration wurde ebenfalls mit Erfolg angewandt. U. Uhlich. 4880 □

Der Nachweis von 1-Äthinylcyclohexylcarbamat in toxikologischen Proben und die Abtrennung aus einem Gemisch anderer Arzneimittel. George R. Nakamura. (J. Amer. pharmac. Assoc., sci. Edit. **47.** 366—68. Mai 1958. San Francisco, Calif., 406th Med. General Labor., APO 343.) (Engl.)

1-Äthinylcyclohexylcarbamat (Valamin; I) wird aus toxikolog. Material mit heißem W. bei pH 4—5 extrahiert, die wss. Lsg. nach Zentrifugieren mit Chlf. bei pH 8 ausgeschüttelt u. die Chlf.-Lsg. über Celite gereinigt. Farb-Rk. für I in konz. H_2SO_4 mit folgenden Reagentien (R) werden angegeben: Konz. H_2SO_4, Mecke-R, Marquis-R, Froehde-R, Rosenthaler-R, Erdman-R, Mandelin-R, Dimethylaminobenzaldehyd, Molisch-R u. Phenol–H_2SO_4. Papierchromatograph. Trennungen für I, *Bromisovalum*, *Morphin*, *Dimenhydrinat*, *Benadryl*, *Meperidin*, *Codein*, *Chloroquin* u. *Chlorpromazin* werden beschrieben. Lsgm.-Syst.: 1. Isoamylalkohol (II), Papier mit Eisessig (III) imprägniert. 2. Cyclohexan, Papier mit III imprägniert. 3. II-konz. NH_3 (3:1). Die R_F-Werte der genannten Verbb. u. ihre Färbungen nach Besprühen der getrockneten Chromatogramme, zuerst mit 0,5%ig. Na_2CO_3-Lsg. u. dann nach Trocknen mit 2%ig. $AgNO_3$ in 10%ig. NH_3, sind aufgeführt. H. Althoff. 4880

Thermogravimetrische Charakteristiken von Barbitursäure und einigen ihrer Derivate. Alexandre Berlin, Murray E. Taylor und Rex J. Robinson. (Analytica chim. Acta [Amsterdam] **24.** 427—31. Mai 1961. Seattle, Wash., Univ. of Washington, Dep. of Chem.) (Engl.)

Barbitur-, *Violur- Dilitur-* (I) u. *1.3-Dimethylviolursäure* u. *Barbital* werden thermogravimetr. untersucht. Die ersten 3 Verbb. bilden Hydrate, die letzten 2 sublimieren vor der Zersetzung. I explodiert bei 190°. U. Uhlich. 4880 □

Bestimmung der Hydrochloride von Phenthiazin-N-alkylaminderivaten. Cs. Ömböly und E. Derzsi. (Z. analyt. Chem. **187.** 29—32. 1962. Budapest, Vereinigte Heil- u. Nährmittelwerke.) (Dt.)

Die salzsauren Salze von Phenthiazin-N-alkylamin-Derivv. sind in Eisessig in Ggw. von Hg(II)-Acetat mit $HClO_4$ visuell nicht titrierbar, da sich die Lsg. während der Titration infolge Oxydation verfärbt. Die Best. kann aber in einem vollkommen H_2O-freien Medium durchgeführt werden, u. zwar auch ohne Zusatz von Hg(II)-Salz. Man löst 0,25 g des zu untersuchenden Hydrochlorids in 10—15 ml Essigsäureanhydrid. Das Lsgm. wird vorher mit H_2O-freiem $HClO_4$ (ca. 3 Tropfen) in Ggw. von Kristallviolett auf eine gelbe Farbe eingestellt. Man titriert dann mit abs. H_2O-freiem 0,1n $HClO_4$ bis zum Farbumschlag Grüngelb. Die salzsauren Salze werden durch Essigsäureanhydrid in das Acetat der Base u. in Acetylchlorid umgesetzt, wodurch die störende Wrkg. des HCl beseitigt wird. Abs. H_2O-freies $HClO_4$ ist durch Entwässerung von $HClO_4$-Lsg. in Eisessig mit Essigsäureanhydrid zu erhalten. Das Verf. gibt gut reproduzierbare u. genaue Ergebnisse. J. Peters. 4880 □

Eine colorimetrische Methode zur Bestimmung von Hydroxytetracyclin mit Diazobenzolsulfonsäure. Božena Wesley-Hadžija und Zvonko Fogec. (Acta pharmac. jugosl. **10.** 73—77. 1960. Zagreb, Tvorhica „Pliva".) (Kroat.)

Zur colorimetr. Best. von *Hydroxytetracyclin* (I) gibt man zu dessen Lsg. in 0,01n HCl (1 mg/ml) eine salzsaure Lsg. von diazotierter Sulfanilsäure u. mißt die Transmission der entstandenen gelben Lsg. bei 440 mμ. Das Farbmaximum ist nach 2 Std. erreicht u. bleibt 1 Std. unverändert. Die Intensität der Transmission ist linear im Konz.-Bereich von 0,25—1,25 mg I/ml. Die Meth. ist genau u. einfach. S. Beckmann. 4880 □

Arzneimittelwerk Fischer o. H.G., Bühl, **Herstellung therapeutisch wirksamer Aesculus-Hippocastanum-Auszüge,** dad. gek., daß man die wss. Lsgg. der mit 20—50%ig. A. gewonnenen Extraktstoffe mit verd. Mineralsäure erwärmt u. nach dem Abtrennen der Ndd. auf ein gewünschtes pH einstellt. (**D. A. S. 1 115 412** Kl. 30h vom 29/7. 1960, ausg. 19/10. 1961.) K. KOEBKE. 4791

A. H. Robins Co., Inc., übert. von: Robert S. Murphey, Richmond, Va., V.St.A., **Herstellung einer injizierfähigen Methocarbamol-Lösung,** dad. gek., daß man in die 5—12%ig. Lsg. des Wirkstoffes 40—55 Vol.-% Polyäthylenglykol 300 sowie kleine Mengen eines Antioxydans einarbeitet. — *Muskelrelaxans.* (**A. P. 2 976 213** vom 18/11. 1959, ausg. 21/3. 1961.) W. HEYER. 4791

Farbwerke Hoechst Akt.-Ges., vormals Meister Lucius & Brüning, Frankfurt/M. (Erfinder: Werner Fritsch, Neuenhain, Werner Haede, Hofheim, Helmut Scherer, Bad Soden, und Walter Kempe, Frankfurt/M.), **Stabilisierung anionischer und kationischer Estersalze von 21-Hydroxy-20-ketosteroiden,** z. B. Prednisolon-Na-Succinat, Prednisolon-Hemisuccinat oder 6α-Methylprednisolon-Na-Succinat, dad. gek., daß man den wss. Lsgg. dieser Salze als Stabilisatoren physiolog. verträgliche nichtionogene Lsg.-Vermittler für Steroidhormone zusetzt, z. B. Alkylamide, Alkylphenolformaldehydäthylenoxidkondensate, Milchsäureester, Polyglykole, Polyoxyäthylensorbitoleat, Polyoxyäthylenoxidfettsäureglyceride. Polyvinylpyrrolidon, Propylenglykol, Pyrazol-Derivv., Sarkosinanhydrid, Urethane sowie Dextrine, Dextrane u. wasserlösl. Stärkepräparate. Die so hergestellten Lsgg. können ohne Aktivitätsverlust mehrere Std. auf 100° erhitzt werden. (**D. A. S. 1 119 463** Kl. 30h vom 2/4. 1960, ausg. 14/12. 1961.) W. HEYER. 4791

Roland E. Lerch, Schongau, **Kügelchen oder ähnliche Formkörper zur Herstellung von Unterfüllungen in Zahncavitäten,** dad. gek., daß sie aus Schaumstoff aus Polystyrol bestehen. (**D. A. S. 1 122 220** Kl. 30h vom 20/6. 1959, ausg. 18/1. 1962.) E. PETERSEN. 4799

National Drug Co., Philadelphia, übert. von: Dominic D. Micucci, Havertown, Souren Avakian, Robert R. Brendel, Oreland, und Gustav J. Martin, Philadelphia, Pa., V.St.A., **Allyl-α-phenylalkylessigsäurehydrazide** der allg. Formel **I** (R' = H, Cl, Br, J, F, niedermol. Alkyl oder Alkoxy; R = H, niedermol. Alkyl). Man kondensiert ein KW-Stoffhalogenid mit Malonsäuredialkylester oder Acetessigsäurealkylester in wasserfreiem Alkohol oder Toluol in Ggw. von Alkalimetall, -alkoholat oder -hydrid, setzt den entstandenen Dicarbonsäureester mit einem α-Phenylalkylhalogenid der allg. Formel **II** (X = Halogen) um, verseift den Ester zur freien Dicarbonsäure, decarboxyliert diese, führt die Monocarbonsäure mit $SOCl_2$, PCl_3 oder PCl_5 in das Säurechlorid über u. setzt dieses dann mit Hydrazin um.

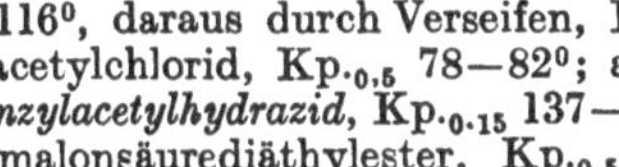

I

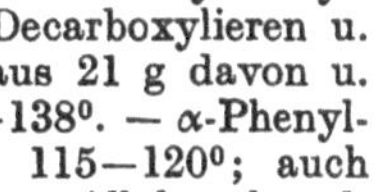

II

— Aus 80 g Malonsäurediäthylester u. 11,5 g Na in 250 ml abs. A., dann Zusatz von 60,5 g Allylbromid unter Rückfluß → Allylmalonsäurediäthylester, $Kp._{30}$ 117 bis 125°; aus 28 g davon, 3,2 g Na in 80 ml abs. A. u. 17,8 g Benzylchlorid → Allylbenzylmalonsäurediäthylester, $Kp._{0,5}$ 108—116°, daraus durch Verseifen, Decarboxylieren u. Behandeln mit $SOCl_2$ → Allylbenzylacetylchlorid, $Kp._{0,5}$ 78—82°; aus 21 g davon u. 16 g Hydrazin in A. bei 0° → *Allylbenzylacetylhydrazid,* $Kp._{0,15}$ 137—138°. — α-Phenyläthylbromid → Allyl-α-phenyläthylmalonsäurediäthylester, $Kp._{0,5}$ 115—120°; auch erhältlich aus α-Phenyläthylmalonsäurediäthylester u. Allylchlorid, → Allyl-α-phenyläthylmalonsäure → Säurechlorid → *Allyl-α-phenyläthylacetylhydrazid,* $Kp._{0,08}$ 145 bis 147°. — p-Fluorbenzylchlorid → Allyl-p-fluorbenzylacetylchlorid → *Allyl-p-fluorbenzylacetylhydrazid,* F. 80—81°. — o-Methylbenzylchlorid → Allyl-o-methylbenzylacetylchlorid → *Allyl-o-methylbenzylacetylhydrazid,* F. 74—75°. — p-Brombenzylchlorid → Allyl-p-brombenzylacetylchlorid → *α-Allyl-α-[p-brombenzyl]-acetylhydrazid.* — Allylacetessigsäureäthylester + p-Chlorbenzylchlorid → Allyl-p-chlorbenzylessigsäure, $Kp._{0,1}$ 143—145°, → *Allyl-p-chlorbenzylacetylhydrazid.* — *Allyl-p-methoxybenzylacetylhydrazid.* — *Hypnotica* u. *Sedativa.* (**A. P. 2 874 189** vom 28/3. 1957, ausg. 17/2. 1959.) G. KRAUSS. 4807

Sterling Drug, Inc., New York, übert. von: Chester J. Cavallito, Ravena, N.Y., V.St.A., **Produkte aus tert.-Aminoalkylaminobenzochinonen und quaternären Ammoniumsalzen.** Zu A. P. 2 701 247; C. **1955.** 10570, ist zu ergänzen: 2.5-Bis-[3-diäthylaminopropylamino]-p-benzochinon-bis-[chlor-o-methoxybenzylat]. (**Can. P. 554 319** vom 28/9. 1950, ausg. 11/3. 1958. A. Prior. 5/10. 1949.) L. GROSSNER. 4807

VEB Farbenfabrik Wolfen, Wolfen (Erfinder: Erich Brand und Kurt Rieckhoff, Dessau), **Herstellung von Sulfonamiden** der allg. Formel H—CO—NH—$C_6H_4 \cdot SO_2 \cdot$NH—R, worin R —H, —C(=NH)—NH_2, —CS—NH_2, —CO—NH_2, sowie unsubstituierte u. substituierte heterocycl. Ring-Syst. bedeuten, dad. gek., daß man auf ein Sulfonamid der allg. Formel $H_2N \cdot C_6H_4 \cdot SO_2 \cdot$NH·R (R = wie vorst.) Formamid in saurem Medium einwirken läßt. — 100 g p-Aminobenzolsulfonylguanidin in 1 Liter W. mit 100 ml konz. HCl in Lsg. gebracht, werden mit 106 g Formamid bei normaler Temp. 24 Std. lang gerührt. F. des N-Formyl-Deriv. 183—189°. — 4-[p-Aminobenzolsulfonamido]-2.6-dimethylpyrimidin u. Formamid — das N-Formyl-Deriv. mit F. 248,5 bis 250,5°. — *Arzneimittel* gegen Darminfektionen. (**D. A. S. 1 122 511** Kl. 12o vom 12/1. 1959, ausg. 25/1. 1962.) G. KÖNIG. 4807

Farbenfabriken Bayer Akt.-Ges., Leverkusen (Erfinder: Werner Meiser, Stefan Breitner, Wolfgang Wirth und Horst Kreiskott, Wuppertal), **Verfahren zur Herstellung von therapeutisch wirksamen Dicarbamaten,** dad. gek., daß man 1-Alkyl-2.3-alkylpropandiole-(1.3) der allg. Formel I, in der R einen Alkylrest mit höchstens 7 C-Atomen u. n die Zahl 1—3 bedeutet, nach an sich bekannten Verf. zunächst mit $COCl_2$ oder einem Chlorameisensäurephenylester in einem organ. Lsgm., ggf. in Ggw. einer Base zu Dichlorkohlensäureestern bzw. Diphenylkohlensäureestern u. anschließend mit NH_3 umsetzt bzw. daß man die Diole ggf. in Ggw. einer Base, in einem indifferenten organ. Lsgm. mit Harnstoffchlorid umsetzt bzw. daß man die Diole in einem indifferenten Lsgm. mit Cyansäure umsetzt bzw. daß man die Diole mit Harnstoff oder Harnstoffsalzen bei höherer Temp. verschmilzt bzw. daß man die Diole mit Alkylurethanen, ggf. in Ggw. eines Katalysators, bei höherer Temp. umsetzt. — *Beruhigungsmittel.* (**D. A. S. 1 064 056** Kl. 12o vom 24/12. 1957, ausg. 27/8. 1959.) G. KÖNIG. 4807

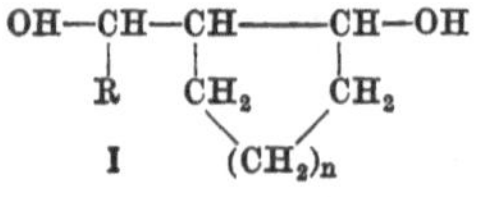

I

Arthur Ernest Wilder Smith, Genf, Schweiz, **Herstellung von neuen Lokalanästhetica** der allg. Formel R—NH—CO—CH_2—CHR′R″, worin R einen ggf. substituierten Phenylrest, R′ H oder einen Alkylrest mit höchstens 5 C-Atomen u. R″ den Pyrrolino- oder Pyrrolidinorest bedeuten, dad. gek., daß man eine Verb. der allg. Formel R—NH—CO—CH=CH—R′ bei 75—150° mit Pyrrolidin oder Pyrrolin, ggf. unter Druck, umsetzt. — Aus Crotonsäure-2.4-dichloranilid u. Pyrrolidin im Überschuß unter Rückfluß → *β-Pyrrolidinobuttersäure-2.4-dichloranilid, Hydrochlorid,* F. 111—114°; *Freie Base,* F. 45—47°. *β-Pyrrolidinobuttersäureanilid,* $Kp._{10}$ 190°; *β-Pyrrolidinobuttersäure-p-chloranilid,* F. 95—97°. (**Schwz. P. 353 362** vom 20/3. 1957, ausg. 31/5. 1961. E. Prior. 29/2. 1956.) W. HEYER. 4807

Ciba Pharmaceutical Products, Inc., Summit, übert. von: Renat H. Mizzoni, Long Valley, N.J., V.St.A., **2-Phenylimino-3-phenyl-4-alkyl-Δ^4-thiazolinderivate** der allg. Formel I [R = niedermol. Alkylgruppe, n = 1 oder 2, Py = ggf. durch den Rest R oder NO_2- oder NH_2-Gruppen oder Halogenatome substituierter 2-, 3- oder 4-Pyridylrest] u. deren Salze werden erhalten durch Rk. eines am N- u. N′-Atom entsprechend substituierten Thioharnstoffs oder seiner Salze mit einem Keton der allg. Formel R—CO—CH_2-Halogen, bes. in Ggw. eines Lsgm. (auch niedermol. Fettsäure in Ggw. ihrer Alkalisalze) ggf. unter Erhitzen bis zu 6 Stunden. — Ein Gemisch von 1,8 (g) N.N′-Bis-{p-[β-Pyridyl-(2)-äthenyl]-phenyl}-thioharnstoff (F. 190—192°, aus 15,7 p-[β-Pyridyl-(2)-äthenyl]-anilin, 7,6 CS_2 u. 0,1 K-Äthylxanthogenat) u. 4,9 Chloraceton (II) in 150 ml abs. A. wird 3 Std. lang unter Rückfluß erhitzt u. der entstandene Nd. abfiltriert u. 2mal aus A./Ae. umkrist. → *2-{p-[β-Pyridyl-(2′)-äthenyl]-phenylimino}-3-{p-[β-pyridyl-(2′)-äthenyl]-phenyl}-4-methyl-Δ^4-thiazolin-HCl.* — Analog werden hergestellt aus II u. N-{p-[β-Pyridyl-(4)-äthenyl]-phenyl}-N′-{p-[γ-pyridyl-(2)-butadienyl]-phenyl}-thioharnstoff. → Gemisch aus *2-{p-[β-Pyridyl-(4′)-äthenyl]-phenylimino}-3-{p-[γ-pyridyl-(2′)-butadienyl]-phenyl}-4-methyl-Δ^4-thiazolin-HCl* u. *2-{p-[γ-Pyridyl-(2′)-butadienyl]-phenylimino}-3-{p-[β-pyridyl-(4′)-äthenyl]-phenyl-{4-methyl-Δ^4-thiazolin-HCl.* — Bei Behandlung des Hydrochlorids mit Ammoniak- oder NaOH-Lsg. in W. → Freie Base, die sich mit Säuren in deren Salze überführen läßt. — *Tuberkulose- u. Lepraheilmittel.* (**A. P. 2 949 456** vom 28/11. 1958, ausg. 16/8. 1960.) F. HIRSCH. 4807

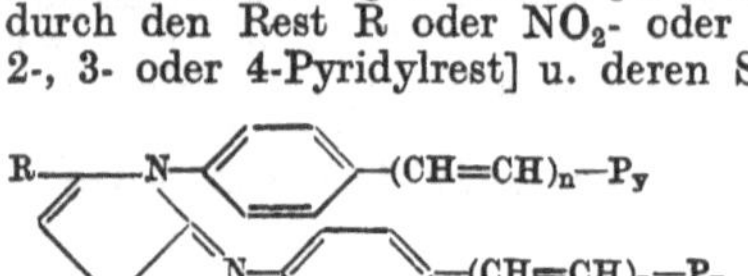

I

Ciba Ltd., Basel, übert. von: Karl Hoffmann, Binningen, Ernst Sury, Basel, und Eugen Tagmann, Therwil, Schweiz, **Herstellung von Azacycloalkanen.**

3-Aryl-3-pyridylmonooxo-1-azacycloalkane erhält man durch Red. von Verbb. der allg. Formel **I** (X u. Y = —COOR, —CN oder —CONHR; R = Alkyl oder H; n = 1 oder 2; mindestens ein Substituent X oder Y = Nitril- oder Säureamidgruppe). — Vgl. Oe. P. 177 417; C. **1954.** 6781. (**Can. P. 554 130** vom 17/2. 1953, ausg. 11/3. 1958. Schwz. Prior. 26/2. 1952 u. 28/1. 1953.) L. GROSSNER. 4807

I

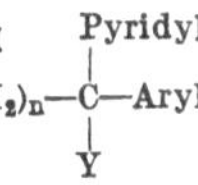

Hermann Engelhard, Göttingen, Carl Credner und Gerhard Renwanz, Berlin, **Herstellung von N-[Pyridyl-(2)]-N-p-brombenzyl-N'-methyl-N'-äthyläthylendiamin,** $Kp._{1-2}$ 180—200°; **Maleat,** F. 108°; *Perchlorat,* F. 147°, durch Rk. von 2-[β-(Methyläthylamino)-äthylamino]-pyridin in Toluol u. in Ggw. von $NaNH_2$ mit p-Brombenzylbromid. — *Antihistamin.* (**A. P. 2 952 686** vom 29/4. 1958, ausg. 13/9. 1960. D. Prior. 12/8. 1954.) W. HEYER. 4807

Dr. F. Raschig G. m. b. H., Ludwigshafen/Rh. (Erfinder: Wilhelm Mathes, Ludwigshafen/Rh., und Anton Wolf, Heidelberg), **Herstellung von 2-Amino-4-alkylpyridinen** durch Erhitzen von 4-Alkylpyridinen mit $NaNH_2$ oder mit Na u. NH_3 in An- oder Abwesenheit von indifferenten organ. Lsgm., dad. gek., daß 4-Alkylpyridine mit wenigstens 5 C-Atomen im Alkylrest der Aminierung unterworfen u. ggf. die erhaltenen Rk.-Prodd. mit Benzaldehyd oder einem Methoxybenzaldehyd in Ggw. von Red.-Mitteln umgesetzt werden. — Aus 4-Isoamylpyridin u. $NaNH_2$ in Xylol, Erhitzen der Lsg. auf 130—140°, Versetzen mit W. unter Kühlung, Abtrennen der Xylolschicht, Abdestillieren des Lsgm. u. Fraktionieren im Vakuum → *4-Isoamyl-2-aminopyridin,* $Kp._{10}$ 150—160°. — Analog werden folgende 2-Aminopyridine hergestellt: 4-sek.-Amyl-, $Kp._{10}$ 145—150°, F. 31—32°, Pikrat, F. 150°; *4-n-Amyl-,* $Kp._6$ 150—160°, F. 54—55°; *4-n-Hexyl-,* $Kp._{20}$ 180—200°, F. 58—60°, *Pikrat,* F. 130—132°; *4-Isohexyl-,* $Kp._{10}$ 175—180°, F. 74°, *Pikrat,* F. 161—162°; *4-n-Heptyl-,* $Kp._7$ 155—165°, F. 59°, *Pikrat,* F. 136°; *4-n-Octyl-,* $Kp._{35}$ 230—240°, F. 64°; *4-[1'-Äthyl-n-hexyl]-,* $Kp._5$ 152—155°, F. 54°, *Pikrat,* F. 134—136°; *4-[1'.2'.4'-Trimethyl-n-amyl]-,* $Kp._4$ 152—154°, *Pikrat,* F. 134°; *4-[1'-Butyl-n-amyl]-,* $Kp._{20}$ 170—180°, F. 56°, *Pikrat,* F. 112°. — Ferner: *4-[1'-Butyl-n-amyl]-2-benzylaminopyridin,* $Kp._{10}$ 220—230°; *4-n-Amyl-2-benzylaminopyridin,* $Kp._{23}$ 250°, F. 66°; *4-Isoamyl-2-benzylaminopyridin,* $Kp._{20}$ 240—250°, *Pikrat,* F. 124° u. *4-[4'-n-Heptyl]-2-[p-methoxybenzylamino]-pyridin,* $Kp._2$ 225—230°, *Pikrat,* F. 130°. — *Spasmolytica.* (**D. A. S. 1 119 274** Kl. 12p vom 19/3. 1954, ausg. 14/12. 1961.) W. HEYER. 4807

Eli Lilly & Co., Indianapolis, Ind., V.St.A., **Herstellung von substituierten Tetrahydropyridinen** der allg. Formel **I** (R, R_1 u. R_2 = H, OH, niedriger Alkoxy- oder Alkanoyloxyrest mit 1—3 C-Atomen in der Alkylgruppe) erfolgt durch Aralkylieren von 4-Phenyl-1.2.3.6-tetrahydropyridin (**II**) mit dem entsprechenden Phenäthylhalogenid. — Aus **II** u. Homoveratrylbromid → *1-Homoveratryl-4-phenyl-1.2.3.6-tetrahydropyridin,* F. 110—111° (**III**); *Hydrochlorid,* F. 242—243° (Zers.) — Aus **III**, gelöst in Eisessig, erhält man nach Sättigen der Lsg. mit HBr, Erhitzen auf 80°, Eindampfen der Lsg. im Vakuum, Lösen des Rückstandes in W. u. Erhitzen unter Rückfluß beim Abkühlen → *1-[3.4-Dihydroxy-phenäthyl]-4-phenyl-1.2.3.6-tetrahydropyridinhydrobromid,* F. 257—258°, u. daraus durch Rk. mit $(CH_3CO)_2O$ oder Propionsäureanhydrid → *1-[3.4-Diacetoxyphenäthyl]-* bzw. *1-[3.4-Dipropionoxyphenäthyl]-4-phenyl-1.2.3.6-tetrahydropyridinhydrobromid,* F. 214—215° bzw. 197—198°. *1-[3.4-Dibutyroxyphenäthyl]-4-phenyl-1.2.3.6-tetrahydropyridinhydrochlorid,* F. 192°. Aus 4-Benzyloxy-3-methoxyphenylessigsäurechlorid u. 4-Phenyl-4-hydroxypiperidin über das N-[4-Benzyloxy-3-methoxyphenylacetyl]-4-phenyl-4-hydroxypiperidin u. Behandeln mit $LiAlH_4$ → 1-[4-Benzyloxy-3-methoxyphenäthyl]-4-phenyl-4-hydroxypiperidin, u. daraus nach Zugabe von 6n HCl u. Erhitzen unter Rückfluß → *1-Homovanillyl-4-phenyl-1.2.3.6-tetrahydropyridinhydrochlorid,* F. 203—204°. *1-[4-Methoxyphenäthyl]-4-phenyl-1.2.3.6-tetrahydropyridinhydrochlorid,* F. 216—217°. — *Zentral angreifende depressive Mittel.* (**E. P. 836 753** vom 13/8. 1958, ausg. 9/6. 1960. A. Prior. 16/8. 1957.) W. HEYER. 4807

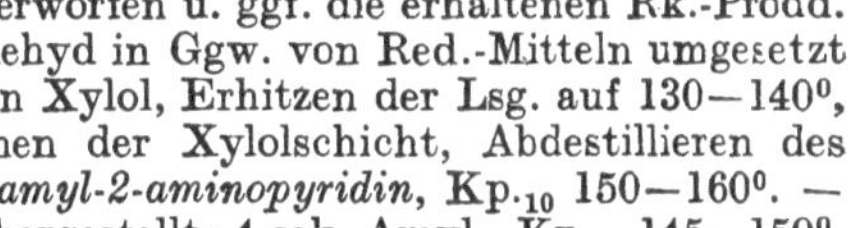

I

J. F. MacFarlan & Co.Ltd., Boreham Wood, Hertfordshire, England, übert. von: Edward Severin Stern und Robert Lawson Watt, Edinburgh, Schottland, England, **Herstellung von 1-[2-(Tetrahydrofurfuryloxy)-äthyl]-4-phenylpiperidinol-(4)** $Kp._{0,5}$ 125—135°, durch Rk. von 4-Phenylpiperidinol-(4) (F. 158—160°; **I**) mit 2-Tetrahydrofurfuryloxyäthylchlorid in Amylalkohol unter Rückfluß u. in Ggw. von festem Na_2CO_3. Beschrieben wird weiter die Herst. von *1-[2-Phenoxyäthyl]-4-phenylpiperidin-ol-(4), Hydrobromid,* F. 134,5°, durch Rk. von **I** mit 2-Phenoxyäthylchlorid; *1-[2-Äth-*

oxyäthyl]-4-phenylpiperidinol-(4), Kp.$_{0,8}$ 155—160°, aus I u. 2-Äthoxyäthylchlorid sowie *1-[2-Benzyloxyäthyl]-4-phenyl-4-propionoxypiperidinhydrochlorid*, F. 168—172°, durch Rk. von 4-Phenyl-4-propionoxypiperidin (F. 170°) mit 2-Benzyloxyäthylchlorid. — *Analgetica*. (**A. P. 2960507** vom 26/2. 1959, ausg. 15/11. 1960. E. Prior. 3/3. 1958.)
W. Heyer. 4807

J. F. MacFarlan & Co. Ltd. (Erfinder: Peter Marshall Frearson und Edward Severin Stern), Boreham Wood, Hertfordshire, England, **Herstellung von Norpethidinderivaten** der allg. Formel I, worin X eine ggf. substituierte Alkoxy-, Aralkoxy-, Aryloxy- oder eine Cycloalkoxygruppe bzw. ein O-haltiger heterocycl. Rest ist u. R eine gerade oder verweigte Alkylengruppe mit 1—7 C-Atomen bedeutet, dad. gek., daß man entweder das Norpethidin (= 4-Phenylpiperidin-4-carbonsäureäthylester) mit einer Verb. der allg. Formel X—R-Halogen umsetzt, oder 1-(Halogenalkyl)-norpethidin mit einer Verb. der Formel X—Na, bzw. ein durch die Gruppe X—R substituiertes Di-[chloräthyl]-amin mit Benzylcyanid zur Rk. bringt u. das entsprechende 4-Phenyl-4-cyanopiperidin hydrolysiert u. mit A. verestert. — Aus 1-[2-Chloräthyl]-norpethidinhydrochlorid (F. 219—220°; Zers.) in W., Zugabe von NaOH, Extraktion mit Ae. u. Dest. der organ. Phase u. Rk. mit Na-Äthylat → *1-[2-Äthoxyäthyl]-norpethidin*, Kp.$_{1-2}$ 125—128°. — Ferner werden folgende Verbb. hergestellt (norpethidin = II) aus Norpethidin u. 4-[2-Chloräthyl]-tetrahydropyran → *1-[2-(4-Tetrahydropyranyl)-äthyl]*-**II**, Kp.$_1$ 190—200°; aus Norpethidin u. 1-Chlor-3-äthoxypropan in A. u. in Ggw. von Na_2CO_3 u. Rk. mit alkohol. HBr → *1-[3-Äthoxypropyl]*-**II**-*hydrobromid*, F. 130—131°; *1-[4-Äthoxybutyl]*-**II**, Kp.$_1$ 176—185°, *Methojodid*, F. 120—122°; *1-[5-Äthoxyamyl]*-**II**, Kp.$_{0,6}$ 190 bis 198°, *Methojodid*, F. 150—154°; *1-[2-(2-Äthoxyäthoxy)-äthyl]*-**II**, Kp.$_1$ 175—185°; *1-[2-Methoxyäthyl]*-**II**, Kp.$_{1,5}$ 168—174°; *1-[2-Propoxyäthyl]*-**II**, Kp.$_1$ 170—175°; *1-[2-Isopropoxyäthyl]*-**II**, Kp.$_1$ 170—181°; *1-[2-n-Butoxyäthyl]*-**II**, Kp.$_1$ 185—195°; *1-[2-Cyclohexyloxyäthyl]*-**II**, *Hydrobromid*, F. 124°; *1-[2-Benzyloxyäthyl]*-**II**, Kp.$_{0,5}$ 220°, *Hydrobromid*, F. 138—139°; *1-[2-Phenoxyäthyl]*-**II**, Kp.$_{0,5}$ 200—220°, *Hydrobromid*, F. 156 bis 157°; *1-[2-(p-Chlorphenoxy)-äthyl]*-**II**-*hydrobromid*, F. 180°; *1-[2-(m-Chlorphenoxy)-äthyl]*-**II**-*hydrobromid*, F. 170—171°; *1-[2-(p-Methoxyphenoxy)-äthyl]*-**II**-*hydrobromid*, F. 166 bis 167°; *1-[2-(p-Aminophenoxy)-äthyl]*-**II**; *1-[2-(p-Carbäthoxyphenoxy)-äthyl]*-**II**, *Hydrobromid*, F. 190°; *1-[2-Tetrahydrofurfuryloxyäthyl]*-**II**, Kp.$_{0,5}$ 210°; *1-{2-[Tetrahydropyranyl-(2)-methoxy]-äthyl]*-**II**, Kp.$_{0,5}$ 198°; aus 2-Chloräthylphenyläther, Diäthanolamin u. Thionylchlorid → über das Bis-[2-chloräthyl]-2′-phenoxyäthylaminhydrochlorid u. Rk.

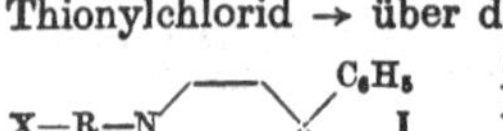

mit Benzylcyanid in Ggw. von $NaNH_2$, anschließende Hydrolyse des entstehenden 4-Cyano-1-[2-phenoxyäthyl]-4-phenylpiperidin mit 90% H_2SO_4 bei 130° u. Veresterung mit A. → *1-[2-Phenoxyäthyl]*-**II**, *Hydrobromid*, F. 156—157°; *1-[2-(p-Nitrophenoxy)-äthyl]*-**II** u. *1-[2-(p-Aminophenoxy)-äthyl]*-**II**, *Dihydrochlorid*; *1-[2-(m-(Methylphenoxy)-äthyl]*-**II**, *Hydrobromid*, F. 168—169°; *1-[2-(o-Methylphenoxy)-äthyl]*-**II**, *Hydrobromid*, F. 160—161° u. *1-[2-Äthoxypropyl]*-**II**, Kp. 175—180°. — *Spasmolytica* u. *Analgetica*. (**E. P. 797448** vom 28/11. 1955, ausg. 2/7. 1958.) W. Heyer. 4807

Farbenfabriken Bayer Akt.-Ges., Leverkusen, **Herstellung von Chinolinchinonderivaten** der allg. Formel I, worin R_1 u. R_2 = H, eine Alkylgruppe mit

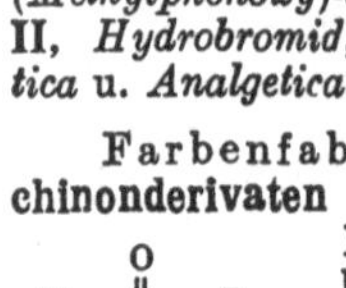

1—4 C-Atomen, ein Acylrest oder zusammen mit dem N-Atom einen heterocycl. Ring, der durch O oder S unterbrochen sein kann, bedeutet u. R_3 = Cl, Br, eine Mercapto- oder Alkylmercaptogruppe ist, dad. gek., daß man ein 6.7-Dihalogenchinolinchinon-(5.8) mit NH_3 oder einem prim. oder sek. Amin in alkohol. oder wss.-alkohol. Lsg. bei 40 bis 100° umsetzt u. ggf. das entstehende prim. oder sek. Amin in dem Rk.-Prod. in Toluol, Xylol oder Chlorbenzol bei 80—120° mit einem Carbonsäure-Deriv. weiter umsetzt. — Aus 6.7-Dichlorchinolinchinon-(5.8) in A. u. konz. NH_4OH → *6-Amino-7-chlor-[chinolinchinon-(5.8)]*, F. 303° (Zers.); analog ([chinolinchinon-(5.8)] = A) *6-Amino-7-brom-A*, F. 287—290°; *6-Acetamido-7-chlor-A*, F. 210—211°; aus 6-Amino-7-chlor-A in A. u. Na_2S unter Zusatz von Dimethylsulfat → *6-Amino-7-methylmercapto-A*, F. 222°; *6-Morpholino-7-chlor-A*, F. 153—154°; *6-n-Butylamino-7-chlor-A*, F. 111—112°, daraus durch Umsetzen mit Na_2S in A., Erhitzen unter N_2 u. Versetzen mit Diäthylsulfat → *6-n-Butylamino-7-äthylmercapto-A*, F. 65—68°; *6-N.N-Dimethylamino-7-chlor-A*, F. 163—165°; *6-Thiomorpholino-7-chlor-A*, F. 168°. — Arzneimittel bei infektiöser rheumat. Arthritis. (**E. P. 856505** vom 25/3. 1959, ausg. 21/12. 1960. D. Prior. 29/3. 1958.) W. Heyer. 4807

Allen & Hanburys Ltd., London, England, **Herstellung chemotherapeutisch wirksamer Chinaldinium-Verbindungen** der Formel I (X = Anion; n = 4—9). Man läßt eine Verb. der Formel **II** mit in 4-Stellung einen reaktionsfähigen Substituenten tragenden Chinaldin reagieren. Die Verbb. der Formel II können z. B. durch Hydrolyse der entsprechenden N-ω-Phthalimidoalkyl-4-aminochinaldiniumsalze (hergestellt z. B. gemäß F. P. 1 172 532; C. **1960**. 13198) mittels Hydrazinhydrat (III) erhalten werden. — Man kocht 1-[6'-Phthalimidohexyl]-4-aminochinaldiniumjodid in Methanol mit 90%ig. wss. III-Lsg., erhitzt das isolierte Rk.-Prod. mit 4-Chlorchinaldin auf 160—170° u. erhält nach Behandlung mit NaJ u. Reinigung das *Hydrojodid von 1-{6'-[Chinaldyl-(4'')-amino]-hexyl}-4-aminochinaldinium* (**IV**)-*jodid*, F. 287—289° (Zers.); Hieraus durch Behandeln mit der entsprechenden Säure *Hydrochlorid von* **IV**-*Chlorid*, F. 297—298° (Zers.); *Hydronitrat von* **IV**-*Nitrat*, F. 263—264° (Zers.); *Hydroperchlorat von* **IV**-*Perchlorat*, F. 224—226° (Zers.); **IV**-*Salz von 2.2'-Dihydroxy-1.1'-dinaphthylmethan-3.3'-dicarbonsäure*, F. >300°. — Analog: *Hydrojodid von 1-{5'-[Chinaldyl-(4'')-amino]-amyl}-4-aminochinaldiniumjodid*, F. 264—266° (Zers.). — *Hydrojodid von 1-{7'-[Chinaldyl-(4'')-amino]-heptyl}-4-aminochinaldiniumjodid*, F. 155—157° (Zers.). — *Hydrojodid von 1-{8'-[Chinaldyl-(4'')-amino]-octyl}-4-aminochinaldiniumjodid*, F. 251—253° (Zers.). — *Hydrojodid von 1-{9'-[Chinaldyl-(4'')-amino]-nonyl}-4-aminochinaldiniumjodid*, F. 190—192° (Zers.) (**Holl. P. 98 205** vom 27/7. 1956, ausg. 15/6. 1961. E. Prior. 27/7. 1955 u. 11/6. 1956.) F. Böhm. 4807

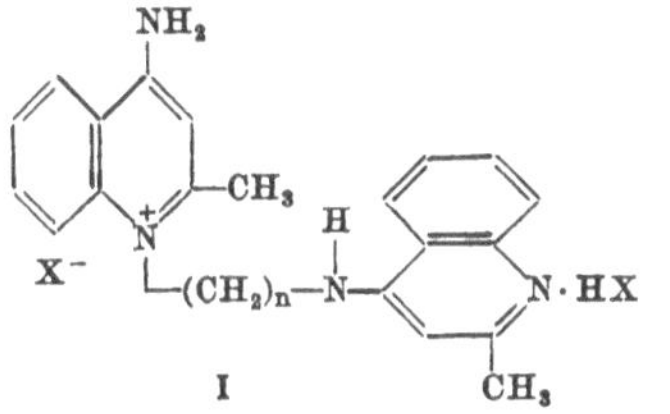

I

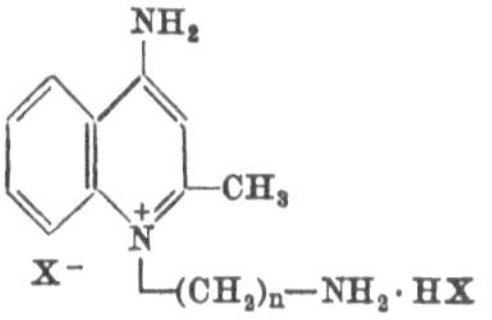

II

Riedel-de Haën Akt.-Ges., Seelze bei Hannover (Erfinder: Albert Heymons und Helmut Croon, Berlin), **Herstellung von 2-[2'-Hydroxyisopropyl]-benzo-1.4-dioxan (I)**, dad. gek., daß man Benzo-1.4-dioxan-2-carbonsäureester oder 2-Acetylbenzo-1.4-dioxan in an sich bekannter Weise mit einer Methylmagnesiumhalogenid-Lsg. in einer Grignard-Rk. umsetzt. F. von **I** 59—60°. $Kp._{0,15}$ von Benzo-1.4-dioxan-2-carbonsäureäthylester 105—107°, n_D^{25} 1,5214. — **I** hat *muskelrelaxierende* u. *narkoseverlängernde Wirkung*. (**D. A. S. 1 114 504** Kl. 12q vom 31/10. 1958, ausg. 5/10. 1961.) G. König. 4807

Smith, Kline & French Laboratories, Philadelphia, Pa., V.St.A. (Erfinder: J. W. Wilson), **Trifluormethoxy- (I), Trifluormethylmercaptophenthiazine (II) und deren N-Derivate** der allg. Formel **III** (Y = O oder S; A = Alkylenrest mit 2—6 C-Atomen; R_1 u. R_2 = H oder niedermol. Alkylreste, die mit dem N zu einem ggf. ein weiteres Heteroatom enthaltenden heterocycl. Ring geschlossen sein können, z. B. Pyrrolidino-, Piperidino-, Morpholino-, Thiomorpholino-, Piperazino- oder substituierter Piperazinorest der allg. Formel **IV** in der R_3, R_4, R_5 u. R_6 = H, $-CH_3$ oder $-C_2H_5$ u. R_7 = H, Alkyl-, Cycloalkyl-, Hydroxyalkylen-, Acyloxyalkylen, z. B. Alkanoyloxyalkylen- oder Aroyloxyalkylen-, wie Benzoyloxyalkylen-, Dialkylaminoalkylen-, Hydroxyalkylenoxyalkylen-, Phenylalkylen-, Acyl-, wie Alkanoyl-, Phenylalkanoyl-, Cycloalkanoyl-, Aroyl-, niedermol. Carbalkoxy-, Carbobenzoxy- oder N-substituierte Carbamylreste, z. B. einen Dialkylcarbamylrest, bedeuten) u. deren *Salze* werden erhalten durch ringschließende Kondens. in 4-Stellung durch eine Trifluormethoxy- bzw. Trifluormethylmercaptogruppe substituierter 2'-Halogen-2-aminodiphenylsulfide oder ringschließende Schwefelung von 3-Trifluormethoxy- bzw. 3-Trifluormethylmercaptodiphenylamin zu **I** bzw. **II** u. Rk. von **I** bzw. **II** mit reaktionsfähigen Estern von entsprechenden Aminoalkoholen in Ggw. eines alkal. Kondens.-Mittels u. eines geeigneten Lsgm. oder durch Red. von **I**- bzw. **II**-10-Alkylnitrilen u. Alkylierung der entstandenen prim. Amine u. ggf. Überführung der erhaltenen Basen nach bekannten Verff. in die Salze. Falls $-N(R_1R_2)$ einen unsubstituierten Piperazinorest bedeutet, kann der Rest R_7 in an sich bekannter Weise eingeführt werden; ein am Piperazinorest vorhandener Rest R_7 kann auch in üblicher Weise abgespalten werden. — 3-Bromphenylmethylsulfid + Cl_2 in Chlf. in Ggw. von Lichtstrahlen (150-W-Lampe) → 3-Bromphenyltrichlormethylsulfid, $Kp._{1,1}$ 102—104°, + SbF_3 → 3-Bromphenyltrifluormethylsulfid, $Kp._{760}$ 192—194°, + Acetanilid + K_2CO_3 + Cu-Pulver 24 Std. bei 220—230° → 3-Trifluormethylmercaptodiphenylamin, $Kp._{0,3}$ 115—119°, + S + J_2 bei 150—160° → *3-Trifluormethylmercaptophenthiazin* (**V**), aus CCl_4 gelbe Blättchen, F. 165—166°. — 4-Aminophenyltrifluormethyläther + Nitriersäure bei 0° → 3-Nitro-4-aminophenyltrifluormethyl-

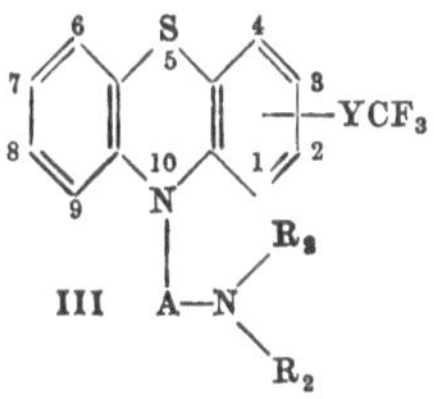

III

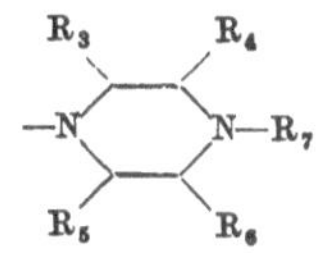

IV

äthyl + HNO_2 + CuCl → 3-Nitro-4-chlorphenyltrifluormethyläther + 2-Bromthiophenol in alkal. Medium → 2'-Brom-2-nitro-4-trifluormethoxydiphenylsulfid $\xrightarrow{\text{Red.}}$ 2'-Brom-2-amino-4-trifluormethoxydiphenylsulfid + K_2CO_3 + Cu-Pulver in Dimethylformamid unter Rückfluß → *3-Trifluormethoxyphenthiazin* (**VI**). — **V** + $NaNH_2$ + 1-[3'-Chlorpropyl]-4-methylpiperazin in Xylol unter Rückfluß → *10-[3'-(4''-Methylpiperazino)-propyl]-3-trifluormethylmercaptophenthiazin*; *Dihydrochlorid*. — Es werden ferner hergestellt: 3-Trifluormethylmercaptophenthiazine von: *10-[3'-(1''.2''.3''.5''.6''-Pentamethylpiperazino)-propyl]-*; *Dimaleinat*. — *10-[3'-Butylaminopropyl]-*; *Maleinat*. — *10-[3'-Methylaminopropyl]-*. — *10-[3'-(4''-Carbobenzoxypiperazino)-propyl]-*. — *10-[3'-Piperazinopropyl]-*. — *10-[3'-(4''-Benzoyloxyäthylpiperazino)-propyl]-*; *Hydrochlorid* u. *Dihydrochlorid*. — *10-[3'-(4''-Hydroxyäthylpiperazino)-propyl]-*. — *10-[3'-(4''-Acetoxyäthylpiperazino)-propyl]-*; *Hydrochlorid* u. *Dihydrochlorid*. — *10-[3'-(4''-ω-Hydroxybutylpiperazino)-propyl]-*. — *10-[3'-(4''-ω-Butyryloxybutylpiperazino)-propyl]-*; *Dihydrochlorid*. — *10-[3'-(4''-Phenylacetylpiperazino)-propyl]-*; *Hydrochlorid*. — *10-[3'-Pyrrolidinopropyl]-*. — *10-[3'-(4''-β-Diäthylaminoäthylpiperazino)-propyl]-*. — *10-[3'-Dimethylamino-2'-methylpropyl]-*; *Hydrobromid*. — *10-[3'-(4''-Nicotinoylpiperazino)-propyl]-*; *Hydrochlorid*. — *10-[3'-(4''-Acetylpiperazino)-propyl]-*; *Hydrochlorid*. — *10-[3'-(4''-Benzoylpiperazino)-propyl]-*; *Hydrochlorid*. — *10-[3'-(4''-Butyrylpiperazino)-propyl]-*; *Hydrochlorid*. — *10-[3'-(4''-Cyclopentylpropionylpiperazino)-propyl]-*. — *10-[3'-(4''-Hydroxyäthoxyäthylpiperazino)-propyl]-*. — *10-[3'-(4''-β-Cyclohexyläthylpiperazino)-propyl]-*. — *10-[3'-(4''-Hydroxybutoxybutylpiperazino)-propyl]-*. — 3-Trifluormethoxyphenthiazine von: *10-[3'-(4''-Methylpiperazino)-propyl]-*; *Dihydrochlorid*. — *10-[2'-Morpholinoäthyl]-*. — *10-[3'-(1''-Methyl-2''.5''-diäthylpiperazino)-propyl]-*. — *10-[3'-Aminopropyl]-*. — *10-[3'-(4''-Diäthylcarbamylpiperazino)-propyl]-*. — *10-[6'-Dimethylaminohexyl]-*. — *10-[3'-Piperidinopropyl]-*. — *10-[3'-Thiomorpholinopropyl]-*. — *10-[3'-(4''-Carbäthoxypiperazino)-2'-methylpropyl]-*. — *10-[3'-Piperazino-2'-methylpropyl]-*; *Dimaleat*. — *10-[3'-(4''-Acetoxyäthylpiperazino)-2'-methylpropyl]-*; *Dihydrochlorid*. — *10-[3'-(4''-Methylpiperazino)-2'-methylpropyl]-*. — *10-[3'-(4''-Benzylpiperazino)-propyl]-*; *Dimaleinat*. — *10-[3'-(4''-Phenylbutylpiperazino)-propyl]-*. — *Heilmittel* mit *beruhigender*, *antiemet.*, *antihistamin.* u. *spasmolyt.* Wirkung. (**E. PP. 851 951** u. **851 952** vom 3/6. 1958, ausg. 19/10. 1960. **Belg. P. 568 701** vom 18/6. 1958, ausg. 18/11. 1960. Alle A. Prior. 18/6. 1957.) H. BRÄUCKER. 4807

Merck & Co., Inc., Rahway, übert. von: Robert L. Clark, Woodbridge, und Karl Pfister, Westfield, N.J., V.St.A., **Herstellung von Morphinderivaten.** Desoxykodein wird mit einem Halogencyan unter Bldg. von N-Cyandesoxynorkodein umgesetzt, diesen mit der wss. Lsg. einer nichtoxydierenden Mineralsäure erwärmt, das erhaltene Desoxynorkodein wird mit einem Allylhalid alkyliert u. das gebildete *N-Allyldesoxynorkodein* in ein *Salz*, bes. das *Sulfat*, übergeführt. (**Can. P. 554 255** vom 17/11. 1953, ausg. 11/3. 1958. A. Prior. 22/11. 1952.) L. GROSSNER. 4807

Ciba Ltd., Basel, Schweiz, **Deserpidindiol, dessen Ester und Salze** erhält man durch Red. von Deserpidinsäure, deren Lacton oder Ester, deren OH-Gruppe frei oder verestert sein kann, mit reduzierenden Mitteln, wodurch die Carboxyl- oder Estergruppe in die Hydroxymethylgruppe übergeführt wird. Das Diol kann anschließend mit aliphat., aromat., araliphat., heterocycl. Carbonsäuren oder organ. Sulfonsäuren, bes. mit deren Anhydriden oder Säurehalogeniden, verestert werden. — Aus 5 g Deserpidin in 400 cm^3 trocknem Tetrahydrofuran u. 10 g $LiAlH_4$ in 240 cm^3 trocknem Ae. unter Rückfluß, nach 4 Std. Zusatz von W. u. konz. HCl → *Diol*, $C_{21}H_{28}N_2O_3$, aus Aceton, F. 231° (Zers.); Sintern ab 194°; daraus mit Essigsäureanhydrid in Ggw. von Pyridin → *Deserpidindioldiacetat*, aus Methanol u. anschließendem Sublimieren, F. 263—266°; $[\alpha]_D^{25}$ $-15 \pm 1°$ (Chlf.); absorbiert UV-Licht von 290—320 mμ. Salze sind herstellbar mit: Halogenwasserstoff, H_2SO_4, HNO_3, H_3PO_4, Alkansulfonsäuren, Essig-, Oxal-, Citronen-, Weinsäure u. Hydroxyäthanschwefelsäureester. Die Diolester können mit alkohol. Alkali verseift werden. — *Zusatzstoffe* für *Lichtschutzmittel*; *Zwischenprodd.* zur Herst. von *blutdrucksenkenden Mitteln*. — Durch Oxydation mit Pb-Tetraacetat entstehen die entsprechenden *Tetrahydro-Verbb.*, die auch UV-Licht absorbieren. (**E. P. 819 172** vom 9/2. 1956, ausg. 2/9. 1959. A. Prior. 9/2. 1955.) G. KRAUSS. 4807

Soc. des Usines Chimiques Rhône-Poulenc, Seine, Frankreich (Erfinder: Paul Gailliot und Jean Baget), **Herstellung von Lysinascorbat** durch Rk. der Komponenten in W. oder wss. A. oder durch doppelte Umsetzung eines Ascorbinsäure (**I**)-Salzes (Ca-, Ba-Salz) mit einem Lysin (**II**)-Salz (Sulfat). — 39,2 (g) **I** werden in 200 W. zu 32,6 **II** in 300 W. gegeben; nach Aufarbeitung u. Trocknen bei 40°/0,1 mm werden 71,8 *Lysinascorbat*; $[\alpha]_D^{20}$ $+57,8°$ (c = 2; W.), erhalten. (**F. P. 1 173 146** vom 7/3. 1956, ausg. 20/2. 1959.) H.-J. NITZSCHKE. 4809

Soc. des Usines Chimiques Rhône-Poulenc, Frankreich, **Herstellung von dl-Lysinascorbat,** dad. gek., daß man Ascorbinsäure in wss.-alkal. Medium mit dl-Lysinhydrochlorid umsetzt. (**F. P. 70 332** vom 11/5. 1956, ausg. 6/4. 1959. **Zusatz zu F. P. 1 173 146; s. vorst. Ref.**) S. Böttcher. 4809

Soc. des Usines Chimiques Rhône-Poulenc, Frankreich, **Herstellung von dl-Lysinascorbat,** $[\alpha]_D^{20}$ $+60^0$ (c = 2; W.), dad. gek., daß man dl-Lysinbicarbonat in wss. Lsg. mit Ascorbinsäure umsetzt. (**F. P. 70 805** vom 15/6. 1956, ausg. 1/9. 1959. **Zusatz zu F. P. 1 173 146; s. vorvorst. Ref.**) S. Böttcher. 4809

Miroslav Protiva und Jiři Jilek, Prag, Tschechoslowakei, **Herstellung von östrogenen wirksamen substituierten 1.2.3.4.9.10.11.12-Oktahydrophenanthren-2-carbonsäuren** der allg. Formel I, in der R_1 = H, OH oder Alkoxy u. R_2 eine niedermol. Alkylgruppe bedeuten, dad. gek., daß man alicycl. Lactone der allg. Formel II (R_1 u. R_2 wie vorst.), z. B. 1-[β-(m-Methoxyphenyl)-äthyl]-2-äthyl-3-methylcyclohexanol-3-carbonsäurelacton, mit Friedel-Crafts-Katalysatoren ($AlCl_3$, $SnCl_4$, BF_3) in Ggw. von freien Halogenwasserstoffen, bes. HCl, zweckmäßig in einem

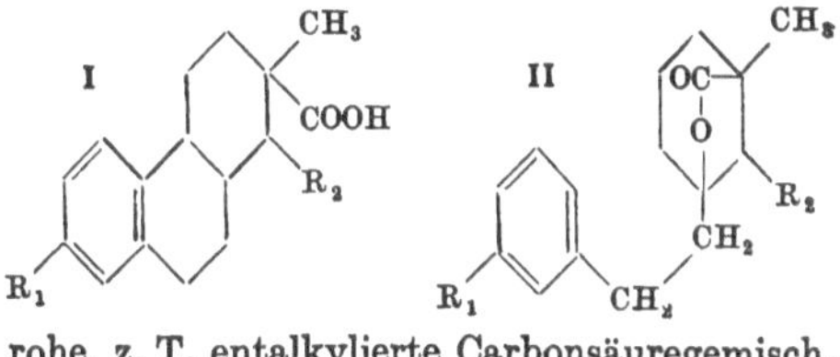

schwach polaren Lsgm. (Bzl.) erhitzt, das rohe, z. T. entalkylierte Carbonsäuregemisch, F. 80—95⁰, ggf. nach vollständiger Entalkylierung der 7-ständigen Alkoxygruppe durch Erwärmen mit Pyridinhydrochlorid, bes. durch Behandeln mit Dimethylsulfat in wss. Lsg. oder überschüssigem CH_2N_2 in Ae.-Lsg. in Methylester, z. B. den *1-Äthyl-2-methyl-7-methoxy-1.2.3.4.9.10.11.12-oktahydrophenanthren-2-carbonsäuremethylester* (Stereoisomerengemisch), $Kp._{0,1-0,2}$ 180—195⁰, überführt, diese durch Dest. unter vermindertem Druck oder chromatograph. fraktioniert, die erhaltenen Fraktionen bei 170—180⁰ alkal. (KOH in A.) verseift, die erhaltenen Na-Salze, z. B. das *Na*-Salz der *1-Äthyl-2-methyl-7-methoxy-1.2.3.4.9.10.11.12-oktahydrophenanthren-2-carbonsäure* (**III**) (Stereoisomerengemisch), durch Umkristallisieren aus 5%ig. Na_2CO_3-Lsg. weiter reinigt u. schließlich durch Ansäuern die freien, *östrogen* wirksamen Säuren, z. B. **III,** F. 190—191⁰ (aus Methanol), gewinnt u. abtrennt. — Das Einleiten von Halogenwasserstoff kann auch unterbleiben, wenn man die Friedel-Crafts-Katalysatoren in Ggw. von Feuchtigkeit anwendet. (**D. A. S. 1 061 778** Kl. 12o vom 1/8. 1957, ausg. 23/7. 1959. **E. P. 865 972** vom 9/8. 1957, ausg. 26/4. 1961. **A. P. 2 940 995** vom 31/7. 1957, ausg. 14/6. 1960. Alle Tschech. Prior. 9/8. 1956.) R. Hauss. 4809

Wisconsin Alumni Research Foundation, übert. von: Jack W. Ralls, William C. Wildmann, Kirtland E. McCaleb und Alfred L. Wilds, Madison, Wis., V.St.A., **Zwischenstufen zur Synthese von Steroiden und steroidähnlichen Verbindungen.** Zu 22,4 (g) Dihydroresorcin gibt man unter N_2 14 Methylvinylketon in 40 (ml) Dioxan. Nach Kühlen im Eisbad tropft man in 10 Min. 4 Piperidin (dest. über Na) in 100 Bzl. zu. Nach 1 Std. bringt man auf Raum-Temp. u. gießt die Rk.-Lsg. nach weiteren 26 Std. in 100 1n HCl, trennt → *2-γ-Ketobutylcyclohexandion-(1.3)* (**I**), F. 104 bis 105,5⁰ (aus PAe./Ae.); UV: λ_{max} 261 mμ; log E = 4,47 (alle UV-Spektren gemessen in 95%ig. A.). — 1-Diäthylaminobutanon-(3)-methojodid u. Dihydroresorcin in Bzl. bei 0⁰ u. Hydrolyse mit HCl → **I. I** u. Diazomethan → *3-Methoxy-2-γ-ketobutylcyclohexen-(2)-on-(1)* (**II**), $Kp._{0,4}$ 138—140⁰; n_D^{25} 1,5190—1,5197; UV: λ_{max} 265 mμ; log E = 4,24. — Dihydroresorcin u. CH_2N_2 → *3-Methoxycyclohexen-(2)-on-(1)*, $Kp._{0,1}$ 65—67⁰; n_D^{25} 1,5118—1,5120; UV: λ_{max} 248 mμ; log E = 4,21. — Aus **II** mit $NaOCH_3$ u. Entmethylierung des Äthers → $\Delta^{4a,5}$- oder $\Delta^{4a,8a}$-*Oktalindion-(1.6)*, $Kp._{0,1}$ 112—118⁰; n_D^{25} 1,5367—1,5436; UV: λ_{max} 248 u. 342 mμ; log E = 3,91 u. 3,27. — Propionylchlorid, $AlCl_3$ u. Acetylen, nach Hydrolyse noch Diäthylamin → 1-Diäthylaminopentanon-(3) (**III**), $Kp._{13}$ 82—83,5⁰; n_D^{25} 1,4327—1,4330; hieraus mit HCl bei 150⁰ → Äthylvinylketon, $Kp._{734}$ 98—100⁰; n_D^{25} 1,4145. — Dihydroresorcinon u. Äthylvinylketon oder **III**-Methojodid → *2-γ-Ketopentylcyclohexandion-(1.3)* (**IV**), $Kp._{0,08}$ 125—131⁰, F. 84,5—85⁰; UV: λ_{max} 264 mμ; log E = 4,17. — **IV** u. CH_2N_2 → *3-Methoxy-2-γ-ketopentylcyclohexen-(2)-on-(1)* (**V**), $Kp._{0,2}$ 130—137⁰; n_D^{25} 1,5178; UV: λ_{max} 265—266 mμ; log E = 4,24. — **V** u. $NaOCH_3$ u. anschließende Ätherspaltung → $\Delta^{4a,5}$- oder $\Delta^{4a,8a}$-*5-Methyloktalindion-(1.6)*, F. 95—98⁰; gelbes Pulver aus $CHCl_3$; UV: λ_{max} 242 u. 345 mμ. — Die vorst. Verb. mit 1-Diäthylaminobutanon-(3)-methojodid oder Methylvinylketon u. $NaOCH_3$ → *5-γ-Ketobutyl-5-methyl-$\Delta^{4a,8a}$-oktalindion-(1.6)*, F. 142,5—143⁰ (aus Bzl./Cyclohexan); UV: λ_{max} 246 mμ; log E = 3,93; hieraus durch Cyclisierung mit Alkalialkoholaten → *4b-Methyl-1.2.3.4.4b.5.6.7.9.10-dekahydrophenanthrendion-(1.7)*, $C_{15}H_{18}O_2$, F. 119—120⁰; UV: λ_{max} 240 mμ; log E = 4,407. — Na-Acetessigester u. γ-Carbäthoxybutyrylchlorid in Ae. bei 0⁰ → α-Acetyl-β-ketopimelinsäurediäthylester, $Kp._{0,4}$ 126—134⁰; n_D^{20} 1,4668;

Entacetylierung mit NH_3 in Ae. bei 0° → β-Ketopimelinsäurediäthylester, $Kp._{0,8}$ 118 bis 130°; n_D^{25} 1,4412. Aus dem Na-Deriv. der vorst. Verb. u. III-Methojodid in abs. A. 3 Std. → α-[3'-Ketopentyl]-β-ketopimelinsäurediäthylester; orangefarbenes Öl; n_D^{24} 1,4712; UV: λ_{max} 237,5—242,5 mμ; log E = 2,86, dieser Ester mit Eisessig u. Piperidin 18 Std. unter Rückfluß → *2-Methyl-3-[γ-carbäthoxypropyl]-4-carbäthoxycyclohexen-(2)-on-(1)*, $Kp._{0,2}$ 152—157°; n_D^{25} 1,4801; UV: λ_{max} 244—245 u. 315 mμ; log E = 3,02 u. 2,41. — Malonester, Mg-Äthylat u. γ-Carbäthoxybutyrylchlorid in Bzl. → α-Carbäthoxy-β-ketopimelinsäurediäthylester (75%), $Kp._{0,2}$ 150—160°; n_D^{25} 1,4511; hieraus mit III-Methojodid u. $NaOC_2H_5$ in A. → gelbes Öl, hauptsächlich von α-Carbäthoxy-α-[3'-ketopentyl]-β-ketopimelinsäurediäthylester; UV: λ_{max} 253 mμ, aus dem nur der Glutarsäurediäthylester, $Kp._{0,3}$ 55°; n_D^{25} 1,4210, herausdest. wird u. das ohne weitere Reinigung mit HF oder Al-tert.-Butylat oder mit Piperidinacetat cyclisiert wird → *2-Methyl-3-[γ-carbäthoxypropyl]-4.4-dicarbäthoxycyclohexen-(2)-on-(1)* u. das isomere *2-[β-Carbäthoxyäthyl]-3-äthyl-6.6-dicarbäthoxycyclohexen-(2)-on-(1)*, gelbes Öl, $Kp._{0,2}$ 160—169°; n_D^{25} 1,4795; UV: λ_{max} 247 mμ; $Kp._{0,15}$ 147—152°; n_D^{25} 1,4811; UV: λ_{max} 246,5 mμ; $Kp._{0,2}$ 165—170°; n_D^{25} 1,4832; UV: λ_{max} 247 mμ. — Die Hydrolyse des Isomerengemisches (HCl, 2 Std. unter Rückfluß) → Gemisch von p-[3-Oxo-2-methylcyclohexen-(1)-yl]-buttersäure u. β-[6-Oxo-2-äthylcyclohexen-(1)-yl]-propionsäure, $Kp._{0,2}$ 158 bis 168°; UV: λ_{max} 245 mμ. (**A. P. 2 838 569** vom 7/4. 1950, ausg. 10/6. 1958.)
A. DEBO. 4809

Upjohn Co., übert. von: Milton E. Herr und Frederick W. Heyl, Kalamazoo, Mich., V.St.A., **3-Ketosteroidalkohole** erhält man durch Umsetzung eines Polyketosteroids mit einem sek. Amin, Red. einer Ketogruppe des gebildeten 3-[tert.-Amino]-steroids u. Hydrolyse des erhaltenen 3-[tert.-Amino]-steroidalkohols. — Δ^4-Androsten-3.17-dion wird mit Pyrrolidin umgesetzt, das erhaltene 3-Pyrrolidino-$\Delta^{3.5}$-androstadien-17-on mit $LiAlH_4$ zu der entsprechenden 17-Hydroxy-Verb. red. u. letzteres zu *Testosteron* hydrolysiert. (**Can. P. 554 337** vom 10/8. 1956, ausg. 11/3. 1958. A. Prior. 17/5. 1952.)
L. GROSSNER. 4809

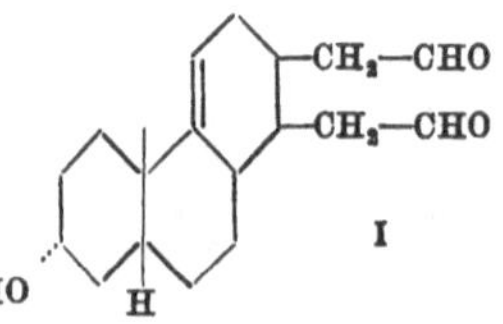

I

Research Corp., New York, N.Y., übert. von: Robert B. Woodward, Belmont, Mass., V.St.A., **Herstellung von 3α-Hydroxy-$\Delta^{9,11,16}$-Androstadien-17-al (I)** durch Erwärmen der Verb. I in einem aromat. KW-Stoff in Ggw. von Piperidinacetat. (**Can. P. 554 299** vom 2/2. 1954, ausg. 11/3. 1958. A. Prior. 19/5. 1953.) L. GROSSNER. 4809

Syntex Soc. An., Mexico, Mexico, **Herstellung von 2α-Methyldihydrotestosteron, 17-Estern, davon sowie von 2α-Methyl-17α-alkyldihydrotestosteron,** dessen Alkylgruppe <7 C-Atome enthält. Man hydriert die entsprechenden 2-Hydroxymethylen-Derivv. in Ggw. eines Katalysators. So erhält man aus 2-Hydroxymethylendihydrotestosteron in Ggw. von Pd/Kohle 2α-Methyldihydrotestosteron. — *Pharmazeutica.* (**Holl. P. 97 376** vom 13/12. 1957, ausg. 15/3. 1961. Mexican. Prior. 17/12. 1956.)
F. BÖHM. 4809

Merck & Co., Inc. (Erfinder: Edward A. Kaczka, John W. Richter und Clifford H. Shunk), **3-Substituierte 4-Hydroxybenzoesäuren und ihre Ester.** Ein Gemisch von 7 (g) metall. Na, 300 cm^3 Toluol u. 50 1-Hydroxybenzol-4-carbonsäureäthylester erhitzt man einige Std. unter Rückfluß, kühlt, verrührt in 2 Std. tropfenweise mit 50 γ.γ-Dimethylallylbromid, rührt 15 Std. bei normaler Temp. u. arbeitet auf. Man erhält *3-[γ.γ-Dimethylallyl]-1-hydroxybenzol-4-carbonsäureäthylester* (I), farblose Prismen aus einem Cyclohexan–PAe.-Gemisch, F. 66—69°. Durch Verseifen von I erhält man die freie Säure (II), Prismen aus Bzl., F. 94—95°, nach weiterer Reinigung durch Lösen in einer Na_2CO_3-Lsg., Extrahieren mit Ae., Ausfällen durch Ansäuern u. Umkristallisieren aus einem W.–Methanol-Gemisch farblose Nadeln, F. 101—103°. Durch Hydrieren von II über einem Pt-Oxidkatalysator oder durch Hydrieren von I u. Verseifen des erhaltenen Esters kann *3-Isoamyl-4-hydroxybenzol-1-carbonsäure* (III), feine Nadeln aus einer Chlf.–Cyclohexan-Mischung, F. 108—109°, hergestellt werden. — II, III, ihre Ester u. Salze sind *bactericid* wirksam u. erhöhen die Ausbeute bei der fermentativen Gewinnung von „*Novobiocin*". (**Aust. P. 222 946** vom 1/4. 1957, ausg. 20/8. 1959. A. Prior. 19/4. 1956.)
O. ROICK. 4811

Farbenfabriken Bayer Akt.-Ges., Leverkusen (Erfinder: Hans Brockmann und Jost Henrich Manegold, Göttingen), **Actinomycin $X_{0\delta}$** erhält man durch Hydrieren von Actinomycin X_2 in Ggw. eines Pt- oder Pd-Oxidkatalysators mit H_2 bei Raum-Temp. u. normalem Druck; aus Äthylacetat–Ligroin (Kp. 80—100°), Rhomben, F. 246—247° (Zers.; BERL-Block; korr.). Es gibt bei der Hydrolyse Threonin,

Valin, Prolin, Sarkosin, N-Methylvalin u. Allohydroxyprolin; *hemmt* das *Wachstum* von *Bacillus subtilis* noch in der Verdünnung von 1 : 20000000. — Chromatogramm; Absorptionskurven im sichtbaren UV u. IR. (**D. A. S. 1 115 742** Kl. 12p vom 11/12. 1959, ausg. 26/10. 1961.) G. KRAUSS. 4811

Farbwerke Hoechst Akt.-Ges., vormals Meister Lucius & Brüning, Frankfurt/M. (Erfinder: Fritz Lindner, Karl-Heinz Wallhäusser, Hofheim/Taunus, und Gerhard Huber, Frankfurt/M.), **Herstellung von Moenomycin** auf üblichem fermentativem Wege unter Verw. von Streptomyces bambergiensis nor spec. 3263 oder eines anderen gleichwertigen Mikroorganismus, wie Str. ghanaensis nor spec. 409, Str. ederensis nor. spec. 2861 oder Str. geysiriensis nor. spec. 3888 bzw. ihrer Varianten oder Mutanten u. Gewinnung des Antibioticums aus dem Mycel u. Kulturmedium. — Tabellar. Gegenüberstellung der grün versporenden Streptomyceten u. der morpholog. u. physiolog. Eigg. obiger Stämme. Beispiele für Herst. des Impfmaterials, Fermentation u. Isolierung. Antibiot. Wrkg.-Spektrum (Tabelle). Moenomycin hat kein charakterist. UV-Spektrum, enthält N, aber kein S u. Halogen. (**D. A. S. 1 113 791** Kl. 30h vom 10/2. 1960, ausg. 14/9. 1961.) H. SCHINDLER. 4811

Teikoku Hormone Mfg. Co. Ltd., Tokyo, Japan, **Herstellung eines Stoffes mit starker physiologischer Wirkung.** Man versetzt menschlichen oder tier. Speichel mit Aceton bis zu einem Aceton-Geh. von 70—80%, trocknet den entstehenden Nd. u. extrahiert ihn mit der 15fachen Menge Eisessig. Anschließend wird aus diesem Extrakt der akt. Bestandteil mittels wenig NaCl u. 1 (Vol.) Ae. je 1 Extrakt niedergeschlagen u. in alkal. reagierendem W. gelöst. Nach Einstellung des pH-Werts auf 7 dialysiert man, bis er 5,6—5,8 beträgt, entfernt die abgeschiedenen Verunreinigungen, stellt die Konz. auf 1% ein, setzt gesätt. $(NH_4)_2SO_4$-Lsg. zu, bis die Konz. hiervon 28% beträgt, löst den dabei gebildeten Nd. in W., dialysiert nochmals, filtriert u. unterwirft das klare Filtrat einer Gefriertrocknung. Das erhaltene, *Saliva-Parotin* genannte Prod. besitzt die gleichen physiolog. Eigg. wie Parotin, jedoch in erheblich verstärktem Maße. (**Holl.P. 97 704** vom 2/7. 1957, ausg. 17/4. 1961. Jap. Prior. 2/4. 1957.) F. BÖHM. 4829

O/Y Medica A/B, Helsinki, Finnland, *Herstellung von medizinischen Dosierungseinheiten.* (**Finn. P. 29 357** vom 11/11. 1954, ausg. 31/3. 1958. — C. **1960.** 6924 [E. P. 795 977].)

D. B. Zilversmit, Memphis, Tenn., V.St.A., *Injizierbare Fettemulsionen.* (**Belg. P. 548 399** vom 5/6. 1956, ausg. 6/11. 1959. A. Prior. 10/6. 1955. — C. **1960.** 4603 [Aust. P. 210 869].)

Chas. Pfizer & Co., Inc., Brooklyn, N.Y., V.St.A., *Lokalanästhetica.* (**Belg. P. 538 438** vom 25/5. 1955, ausg. 3/7. 1959. A. Prior. 27/5. 1954. — C. **1960.** 5576 [Holl. P. 91 799].)

Knud Abildgaard handlende als Løvens Kemiske Fabrik ved A. Kongsted, Kopenhagen, Dänemark, *Herstellung eines Phenylalkindiols.* (**Holl. P. 98 922** vom 2/1. 1959, ausg. 15/8. 1961. E. Prior. 2/1. 1958. — C. **1961.** 936 [D. A. S. 1 082 251].)

British Drug Houses Ltd., London, England (Erfinder: **Vladimir Petrow, Oliver Stephenson** und **Anthony Musgrave Wild**), *Herstellung von Diäthylphenylessigsäureestern.* (**E. P. 801 725** vom 4/1. 1956, ausg. 17/9. 1958. — C. **1962.** 7250 [Ind. P. 59 157].)

Aktiebolaget Pharmacia (Erfinder: **Olle Märtensson**), Uppsala, Schweden, *N.N-Disubstituierte Arylessigsäureamide.* (**D. A. S. 1 122 958** Kl. 12q vom 22/6. 1956, ausg. 1/2. 1962. Schwed. Prior. 23/6. 1955. — C. **1961.** 5540 [E. P. 796 839].)

Merck & Co., Inc., Rahway, N.J., V.St.A. (Erfinder: **E. M. Schultz**), *Diuretisch wirkende 4-Chlor-5-halogenbenzol-1.3-disulfonamide.* (**Belg. P. 557 026** vom 27/4. 1957, ausg. 11/3. 1960. A. Prior. 2/5. 1956. — C. **1961.** 13649 [E. P. 830 821] u. C. **1961.** 9893 [A. P. 2 835 702].)

Ciba Ltd. (Erfinder: **Robert Paul Mull**), *Herstellung von Amidoximen.* (**Aust. P. 225 801** vom 24/4. 1958, ausg. 14/1. 1960. A. Prior. 9/5. u. 18/9. 1957. — C. **1961.** 11183 [Oe. P. 204 562].)

Farbwerke Hoechst Akt.-Ges., vormals Meister Lucius & Brüning, Frankfurt/M., *N-Sulfonyl-N'-Acylharnstoff.* (**E. P. 885 468** vom 27/5. 1958, ausg. 28/12. 1961. D. Prior. 25/5. 1957. — C. **1959.** 10338 [D. A. S. 1 046 026].)

Cilag Ltd. (Erfinder: **Hans Müller**), *Herstellung von Aniliden.* (**Aust. P. 225 860** vom 29/11. 1957, ausg. 21/1. 1960. — C. **1960.** 11748 [Oe. P. 201 584].)

Norwich Pharmacal Co. (Erfinder: **William Barlow Stillmann, Albert B. Scott, James Marion Clampit** und **Robert Francis Raffauf**), Norwich, N.Y., V.St.A., *5-Nitrofuranverbindungen.* (**D. B. P. 974 710** Kl. 12q vom 30/3. 1951, ausg. 6/4. 1961. Anmeldung bekanntgemacht 8/4. 1954. A. Prior. 17/5. 1944 u. 28/8. 1945. — C. **1960.** 2621 [Oe. PP. 198 753 u. 198 754].)

Merck & Co., Inc., Rahway, N.J., V.St.A., *Herstellung von Benzimidazolderivaten.* (**Holl. PP. 98 619** u. **98 620** vom 25/3. 1955, ausg. 17/7. 1961. A. Prior. 12/4. 1954. — C. **1957.** 11101 [D. A. S. 1 011 426].)

Badische Anilin- & Soda-Fabrik Akt.-Ges., Ludwigshafen/Rh. (Erfinder: **Hans Baumann**, Ludwigshafen/Rh., und **Friedrich Arnemann**, Mannheim), *Hydrazone heterocyclischer Ketone.* (**D. A. S. 1 049 381** Kl. 12p vom 5/12. 1956, ausg. 29/1. 1959. — C. **1961.** 15203 [F. P. 1 187 501 u. E. P. 857 198].)

F. Hoffman-La Roche & Co. Akt.-Ges. (Erfinder: **Karl Doebel, Gerald Rey-Bellet, Reinhard Schlapfer** und **Hans Spiegelberg**), *Herstellung von Xanthenderivaten beziehungsweise deren Säureadditionssalzen.* (**Aust. P. 225 838** vom 5/6. 1957, ausg. 14/1. 1960. Schwz. Prior. 12/6., 29/6., 29/6. u. 5/7. 1956. — C. **1959.** 8650 [D. A. S. 1 048 589].)

Sterling Drug, Inc., New York, N.Y., V.St.A., *4-Aryl-1-(substituierte)-piperidin-4-carboxylate.* (**E. P. 801 578** vom 28/8. 1956, ausg. 17/9. 1958. A. Prior. 12/9. 1955. — C. **1962.** 3190 [Holl. P. 95 686].)

Soc. des Usines Chimiques Rhône-Poulenc (Erfinder: **Albert Funke**), Paris, Frankreich, *Herstellung von Benzodioxanderivaten.* (**D. A. S. 1 110 175** Kl. 12q vom 5/12. 1957, ausg. 6/7. 1961. F. Prior. 8/1. 1957. — C. **1960.** 8274 [A. P. 2 887 484].)

Dr. Karl Thomae G. m. b. H., Biberach/Riss (Erfinder: **Franz Gottwald Fischer**, Würzburg, **Josef Roch** und **August Kottler**, Biberach/Riss), *Herstellung von Pyrimido-[5.4:d]-pyrimidinen.* (**D. A. S. 1 116 676** Kl. 12p vom 14/3. 1955, ausg. 9/11. 1961. — C. **1961.** 11185 [F. P. 1 184 519].)

Abbott Laboratories, North Chicago, Ill., V.St.A., *Herstellung von Piperazinverbindungen.* (**Holl. P. 98 629** vom 31/3. 1959, ausg. 17/7. 1961. A. Prior. 31/12. 1958. — C. **1961.** 3087 [A. P. 2 891 063].)

Soc. des Usines Chimiques Rhône-Poulenc, Paris, Frankreich, *Phenthiazinderivate.* (**E. P. 872 164** vom 1/6. 1959, ausg. 5/7. 1961. F. Prior. 10/6. 1958. — C. **1961.** 12567 [D. A. S. 1 095 283].)

Sandoz Akt.-Ges. (Erfinder: **Jany Renz, Jean Pierre Bourquin, Guido Gamboni** und **Gustav Schwarb**), *Phenthiazinderivate.* (**Aust. P. 224 421** vom 18/4. 1957, ausg. 5/11. 1959. Schwz. Prior. 19/4., 25/5., 26/7., 22/11., 20/12. 1956, 29/1., 1/2. u. 22/2. 1957. — C. **1960.** 10681 [Oe. P. 198 273].)

Ciba Pharmaceutical Products, Inc., Summit, N.J., V.St.A., übert. von: **Jean Durey**, Riehen, und **Georg Huber**, Allschwil, Schweiz, *Aminoketosen.* (**A. P. 2 903 443** vom 14/1. 1957, ausg. 8/9. 1959. Schwz. Prior. 20/1. 1956. — C. **1958.** 11954 [D. A. S. 1 022 574].)

Sandoz Akt.-Ges. (Erfinder: **Albert Hoffmann** und **Franz Troxler**), *Substituierte Lysergisäuren.* (**Aust. P. 224 349** vom 2/5. 1957, ausg. 29/10. 1959. Schwz. Prior. 18/5. 1956 u. 20/3. 1957. — C. **1960.** 14117 [D. A. S. 1 076 137].)

Eli Lilly & Co., Indianapolis, Ind., V.St.A. (Erfinder: **W. L. Garbrecht**), *Lysergsäureamide aus gemischten Lysergsäureanhydriden und Aminen.* (**Belg. P. 550 177** vom 8/8. 1956, ausg. 4/12. 1959. A. Prior. 21/11. 1955. — C. **1958.** 13057 [A. P. 2 774 763].)

Merck & Co., Inc., Rahway, N.J., V.St.A. (Erfinder: **H. Conroy**), *Neopin und Codeinon aus 14-Bromcodeinon.* (**Belg. P. 540 347** vom 5/8. 1955, ausg. 31/7. 1959. A. Prior. 16/8. 1954. — C. **1958.** 11318 [D. A. S. 1 014 546].)

Merck & Co., Inc., Rahway, N.J., V.St.A. (Erfinder: **H. Conroy**), *14-Bromcodeinon aus Tebain und N-Bromamiden oder -imiden.* (**Belg. P. 540 348** vom 5/8. 1955, ausg. 31/7. 1959. A. Prior. 16/8. 1954. — C. **1959.** 10342 [D. A. S. 1 043 337].)

E. Merck Akt.-Ges., übert. von: **Otto Zima** und **Georg Seitz**, Darmstadt, *Ester von N-[β-Methylmercaptoäthyl]-nortropin und -pseudotropin.* (**A. P. 2 915 522** vom 6/3. 1957, ausg. 1/12. 1959. **E. P. 813 218** vom 7/2. 1957, ausg. 13/5. 1959. Beide D. Prior. 8/3. 1956. — C. **1959.** 5899 [D. A. S. 1 034 183].)

Sandoz Akt.-Ges., Basel (Erfinder: **Jürg Rutschmann**, Oberwil), Schweiz, *Herstellung von Podophyllsäure- und Pikropodophyllsäureamid.* (**D. A. S. 1 104 519** Kl. 12q vom 9/6. 1958, ausg. 13/4. 1961. Schwz. Prior. 20/6. 1957. — C. **1961.** 16572 [F. P. 1 198 268].)

Sandoz Akt.-Ges., Basel, Schweiz, *Derivate von Podophyll- und Pikropodophyllsäuren.* (**Holl. P. 98 906** vom 14/6. 1958, ausg. 15/8. 1961. Schwz. Prior. 20/6. 1957. — C. **1961.** 16572 [F. P. 1 198 268].)

Van Camp Sea Food Co., Terminal Island, Calif., V.St.A., *Herstellung eines Vitaminpulvers.* (**D. A. S. 1 123 084** Kl. 30h vom 5/11. 1958, ausg. 1/2. 1962. A. Prior. 12/11. 1957. — C. **1961.** 2717 [A. P. 2 897 119].)

Eastman Kodak Co., New York, N.Y., V.St.A., *Herstellung von Vitamin-A-Aldehyd oder Vitamin-A-Alkohol.* (**Holl. P. 98 977** vom 11/9. 1952, ausg. 15/9. 1961. A. Prior. 11/9. 1951. — C. **1957.** 4484 [A. P. 2 676 990].)

Vitarine Co., Inc. (Erfinder: **Harold Leon Newmark**), *Stabilisierung von Vitamin B_{12} (Cyancobalamin).* (**Aust. P. 224 443** vom 25/11. 1957, ausg. 5/11. 1959. — C. **1958.** 7569 [A. P. 2 823 167].)

Merck & Co., Inc., Rahway, übert. von: **Glen E. Arth**, Cranford, **George I. Poos**, Ambler, und **Lewis H. Sarett**, Princeton, N.J., V.St.A., *Herstellung von 1-Carbalkoxy-methyl-2-acetonyl-2.4b-dimethyl-4-ketododekahydrophenanthren-7-ketalen.* (**A. P. 2 958 698** vom 31/12. 1956, ausg. 1/11. 1960. — C. **1958.** 804 [F. P. 1 092 984].)

Merck & Co., Inc., Rahway, übert. von: **Glen E. Arth**, Cranford, **George I. Poos**, Ambler, und **Lewis H. Sarett**, Princeton, N.J., V.St.A., *Herstellung von Osmiateestern von 1-Carbalkoxymethyl-2-[β,γ-dihydroxyisobutyl]-2.4b-dimethyl-4-keto-1.2.3.4.4a.4b.5.6.7.8.10.10a-dodekahydrophenanthren-7-ketalen.* (**A. P. 2 958 699** vom 31/12. 1956, ausg. 1/11. 1960. — C. **1958.** 804 [F. P. 1 092 984].)

Merck & Co., Inc., Rahway, übert. von: **Glen E. Arth**, Cranford, **George I. Poos**, Ambler, und **Lewis H. Sarett**, Princeton, N.J., V.St.A., *Herstellung von 1-Carbalkoxymethyl-2-[β,γ-dihydroxyisobutyl]-2.4b-dimethyl-4-keto-1.2.3.4.4a.4b.5.6.7.8.10.10a-dodekahydrophenanthren-7-ketalen.* (**A. P. 2 958 700** vom 31/12. 1956, ausg. 1/11. 1960. — C. **1958.** 804 [F. P. 1 092 984].)

Laboratoires Français de Chimiothérapie, Paris, Frankreich, *Herstellung polycyclischer Lactone.* (**E. P. 842 944** vom 7/3. 1958, ausg. 27/7. 1960. F. Prior. 22/3. 1957. — C. **1959.** 12327 [D. A. S. 1 046 041].)

Merck & Co., Inc., Rahway, N.J., V.St.A., *Herstellung von Steroiden.* (**E. P. 845 555** vom 29/10. 1956, ausg. 24/8. 1960. A. Prior. 16/11. 1955. — C. **1960.** 17210 [Aust. P. 217 736].)

Glaxo Laboratories Ltd., Greenford, England (Erfinder: **William Graham, Alexander Crawford Ritchie** und **Lewis Aubrey Wetherill**), *Herstellung von Steroiden.* (**E. P. 858 427** vom 31/12. 1957, ausg. 11/1. 1961. — C. **1960.** 15496 [D. A. S. 1 074 041].)

Laboratoires Français de Chimiothérapie, Paris, Frankreich, *Herstellung von Steroidderivaten.* (**Holl. P. 98 609** vom 29/10. 1958, ausg. 17/7. 1961. F. Prior. 6/12. 1957. — C. **1961.** 13653 [D. A. S. 1 088 954].)

Farmaceutici Italia Soc. An., Mailand, Italien, *Herstellung von 4-substituierten Steroiden.* (**E. P. 864 613** vom 27/3. 1957, ausg. 6/4. 1961. It. Prior. 23/4. 1956. — C. **1962.** 4646 [A. P. 2 953 582].)

Laboratoires Français de Chimiothérapie, Frankreich (Erfinder: **Georges Muller**), *Herstellung von 6-Methylsteroiden.* (**F. P. 1 215 558** vom 18/2. 1958, ausg. 19/4. 1960. — C. **1960.** 15146 [D. A. S. 1 073 492].)

Farmaceutici Italia Soc. An., Mailand, Italien, *Herstellung von 4-Hydroxysteroiden.* (**E. P. 864 611** vom 27/3. 1957, ausg. 6/4. 1961. It. Prior. 29/3. 1956. — C. **1959.** 11009 [A. P. 2 842 571].)

Merck & Co., Inc., Rahway, übert. von: **Robert P. Graber**, Elizabeth, und **Norman L. Wendler**, Summit, N.J., V.St.A., *Herstellung von in 11-Stellung durch einen sauerstoffhaltigen Substituenten substituierten 9α-Hydroxysteroiden.* (**A. P. 2 952 692** vom 2/4. 1954, ausg. 13/9. 1960. — C. **1959.** 2559 [E. P. 777 996].)

E. Merck Akt.-Ges., übert. von: **Heinz-Jürgen Mannhardt** und **Harald Metz**, Darmstadt, *Herstellung von 11α-Hydroxysteroiden.* (**A. P. 2 950 226** vom 9/3. 1959, ausg. 23/8. 1960. D. Prior. 19/3. 1958. — C. **1960.** 15496 [D. A. S. 1 069 623].)

Soc. des Usines Chimiques Rhône-Poulenc, Paris, Frankreich, *Herstellung eines 3-Ketosteroids.* (**Holl. P. 99 067** vom 27/6. 1956, ausg. 15/9. 1961. F. Prior. 27/7. 1955. — C. **1959.** 2230 [D. A. S. 1 020 973].)

G. N. R. D. Patent Holdings Ltd., London, übert. von: **John H. Chapman**, Ruislip, und **Leonard J. Wyman**, Southall, Middlesex, England, *3-Hydroxy-11-ketosteroide.* (**Can. P. 558 984** vom 15/11. 1954, ausg. 17/6. 1958. E. Prior. 25/11. 1953. — C. **1958.** 5456 [E. P. 753 239].)

Laboratoires Français de Chimiothérapie, Paris, Frankreich, *Herstellung von 19-Norsteroiden.* (**Belg. P. 568 585** vom 13/6. 1958, ausg. 4/11. 1960. F. Prior. 14/6. 1957. — C. **1960.** 3318 [D. A. S. 1 052 399].)

Schering Akt.-Ges. (Erfinder: **Karl Küster-Sange**), *Acyloxysteroide.* (**Aust. P. 224 420** vom 17/4. 1957, ausg. 5/11. 1959. D. Prior. 20/4. 1956. — C. **1959.** 2231 [D. A. S. 1 015 802].)

Merck & Co., Inc., Rahway, N.J., V.St.A., *Oxydation von Hydroxysteroiden.* (**Holl. P. 98 608** vom 28/10. 1958, ausg. 17/7. 1961. A. Prior. 29/10. 1957. — C. **1961.** 10294 [D. A. S. 1 079 039].)

Glaxo Laboratories Ltd., Greenford, übert. von: **Thomas Eric Holt**, Bushey Heath, und **John Attenburrow**, West Harrow, England, *Hydrolyse von Steroidsemicarbazonen.* (**A. P. 2 961 450** vom 10/11. 1958, ausg. 22/11. 1960. E. Prior. 14/11. 1957. — C. **1960.** 15496 [D. A. S. 1 074 040].)

Olin Mathieson Chemical Corp., New York, N.Y., V.St.A., *12α-Halogen-11β-hydroxysteroide der Pregnanreihe.* (**Holl. P. 99 068** vom 30/6. 1956, ausg. 15/9. 1961. A. Prior. 1/7. 1955. — C. **1960.** 2283 [F. P. 1 167 698].)

Laboratoires Français de Chimiothérapie, Paris, übert. von: **Robert Joly**, Montmorency, und **Julien Warnant**, Neuilly-sur-Seine, Frankreich, *Herstellung von ungesättigten Bromverbindungen der Pregnanreihe.* (**A. P. 2 957 890** vom 10/12. 1956, ausg. 25/10. 1960. F. Prior. 28/5. 1956. — C. **1959.** 14822 [D. A. S. 1 040 546].)

Merck & Co., Inc., Rahway, übert. von: **Richard Miller**, Old Bridge, und **Ralph F. Hirschmann**, Scotch Plains, N.J., V.St.A., *Herstellung von 3-Semicarbazonen von 9α-Fluor-3.20-diketo-11.21-bisoxigenierten 17-Hydroxy-Δ^1-allopregnenen.* (**A. P. 2 964 540** vom 26/5. 1955, ausg. 13/12. 1960. — C. **1959.** 3584 [D. A. S. 1 028 994].)

British Drug Houses Ltd., London, England, *Herstellung von 6β.21-Dimethyl-17α-pregn-20-in-3β.5α.17β-triol.* (**Oe. P. 214 581** vom 16/7. 1958, ausg. 10/4. 1961. E. Prior. 18/7. 1957. — C. **1962.** 4265 [Holl. P. 96 106].)

Merck & Co., Inc., Rahway, N.J., V.St.A., *Herstellung von $\Delta^{1,4}$-Pregnadienderivaten.* (**Holl. P. 98 907** vom 17/6. 1958, ausg. 15/8. 1961. A. Prior. 19/6. 1957. — C. **1960.** 6254 [D. A. S. 1 065 415].)

Merck & Co., Inc., Rahway, N.J., übert. von: **John T. Day**, Danville, Pa., V.St.A., *Herstellung von 3.20-Diketo-$\Delta^{1,4}$-pregnadienen aus ihren Semicarbazonen.* (**A. P. 2 932 656** vom 19/6. 1957, ausg. 12/4. 1960. — C. **1960.** 6254 [D. A. S. 1 065 415].)

Merck & Co., Inc., Rahway (Erfinder: **George Krsek**, Plainfield), N.J., V.St.A., *Herstellung von 3.20-Diketo-11β.17α-dihydroxy-21-acyloxy-$\Delta^{1,4}$-pregnadienen.* (**Schwz. P. 350 288** vom 13/11. 1956, ausg. 14/1. 1961. A. Prior. 16/11. 1955. — C. **1960.** 17210 [Aust. P. 217 736].)

Laboratoires Français de Chimiothérapie, Frankreich (Erfinder: **André Allais** und **Charles Hoffmann**), *Herstellung von cis-Testosteron.* (**F. P. 1 216 222** vom 18/7. 1956, ausg. 22/4. 1960. — C. **1959.** 5239 [D. A. S. 1 035 653].)

Farmaceutici Italia Soc. An., Mailand, Italien, *Herstellung von 4-Chlortestosteron-17β-acylaten.* (**E. P. 864 614** vom 27/3. 1957, ausg. 6/4. 1961. It. Prior. 23/4. 1956. — C. **1962.** 4646 [A. P. 2 953 582].)

Farmaceutici Italia Soc. An., Mailand, Italien, *Herstellung von 4-Chlortestosteronacetat.* (**E. P. 864 615** vom 27/3. 1957, ausg. 6/4. 1961. It. Prior. 23/4. 1956. — C. **1962.** 4646 [A. P. 2 953 582].)

Laboratoires Français de Chimiothérapie, Paris (Erfinder: **Georges Muller**, Nogent-sur-Marne, und **Léon Velluz**, Paris), Frankreich, *Herstellung von 19-Nortestosteron-hexahydrobenzoat.* (**Schwz. P. 352 328** vom 3/12. 1956, ausg. 14/4. 1961. F. Prior. 6/12. 1955. — C. **1958.** 13329 [D. A. S. 1 029 805].)

Chas. Pfizer & Co., Inc. (Erfinder: **Ellis Rex Pinson jun.** und **Gerald David Laubach**), *Nebennierenrindenwirksame Derivate des Hydrocortisons.* (**Aust. P. 225 932** vom 8/7. 1957, ausg. 21/1. 1960. A. Prior. 31/8. 1956. — C. **1961.** 233 [D. A. S. 1 069 624].)

Merck & Co., Inc., Rahway, N.J., übert. von: **George Krsek**, Danville, Pa., V.St.A., *Herstellung von 2-Bromdihydroallohydrocortison.* (**A. P. 2 942 011** vom 16/11. 1955, ausg. 21/6. 1960. — C. **1960.** 15147 [E. P. 829 680] u. C. **1961.** 15125 [E. P. 829 679].)

Parke, Davis & Co., Detroit, Mich., V.St.A., *Herstellung eines Alkalisulfats von Oestron.* (**Holl. P. 98 604** vom 6/10. 1958, ausg. 17/7. 1961. A. Prior. 10/10. 1957. — C. **1960.** 14452 [A. P. 2 917 522].)

Chinoin Gyógyszer és Vegyészeti Termékek Gyára R.T. (**Dr. Kereszty** és **Dr. Wolf**), Budapest, Ungarn, *1-Phenyl-2-dihalogenacetylaminopropandiole-(1.3) und ihre im Phenylrest substituierten Derivate.* (**Holl. P. 98 638** vom 5/10. 1951, ausg. 17/7. 1961. Ung. Prior. 10/10. 1950 u. 17/3. 1951. — C. **1955.** 5373 [F. P. 1 043 453].)

American Cyanamid Co., New York, N.Y., V.St.A., *Herstellung von Tetracyclin.* (**E. P. 846 510** vom 23/10. 1957, ausg. 31/8. 1960. A. Prior. 2/11. 1956. — C. **1959.** 9673 [D. A. S. 1 045 047].)

Merck & Co., Inc., Rahway, N.J., V.St.A. (Erfinder: **E. Walton** und **K. A. Folkers**), *Ester und Äther des Novobiocins.* (**Belg. P. 556 762** vom 17/4. 1957, ausg. 26/2. 1960. A. Prior. 19/4. 1956. — C. **1960.** 11037 [D. A. S. 1 076 141] u. C. **1961.** 585 [D. A. S. 1 088 982].)

Soc. des Usines Chimiques Rhône-Poulenc, Paris (Erfinder: **Serge Tchelitcheff**, Vitry-sur-Seine), Frankreich, *Antibiotisch wirksame Spiramycin- und Hydrospiramycinester.* (**D. A. S. 1 049 867** Kl. 12p vom 20/11. 1956, ausg. 5/2. 1959. F. Prior. 1/12. 1955. — C. **1960.** 16526 [D. P. (DDR) 15 843 u. Belg. P. 553 109].)

Commercial Solvents Corp., New York, N.Y., V.St.A. (Erfinder: **Arlen Rector Elliott**, **Francis William Chornock** und **Eli Zinn**), *Reinigen von Bacitracin.* (**E. P. 864 718** vom 9/6. 1959, ausg. 6/4. 1961. — C. **1961.** 944 [D. A. S. 1 079 278].)

Soc. des Usines Chimiques Rhône-Poulenc, Paris, Frankreich, *Herstellung und Gewinnung des Antibioticums 6798 RP.* (E. P. 846 801 vom 27/5. 1958, ausg. 31/8. 1960. F. Prior. 1/6. 1957. — C. 1960. 16862 [D. A. S. 1 064 687].)

American Cyanamid Co., New York, N.Y., V.St.A., *Herstellung des Fungicids Pimaricin.* (E. P. 846 933 vom 17/7. 1957, ausg. 7/9. 1960. A. Prior. 23/7. 1956. — C. 1960. 1949 [D. A. S. 1 056 785].)

G. Analyse. Laboratorium

Ein neuer Gasometertyp zur genauen Messung der Gasbildung von Trockenzellen. Michael Lorant. (Chem. Rdsch. [Solothurn] **13.** 433—34. 1/9. 1960. London.) (Engl.)

Der Gasometer enthält in einem geschlossenen Syst. 4 wesentliche Teile, ein Rohr zur Aufnahme der Trockenzelle, ein Hg-Vorratsgefäß, ein Manometer sowie ein Bezugsvolumen. Unterss. der Gas-Entw. von Trockenzellen mit bzw. ohne Stromentnahme werden mitgeteilt. H. SCHIRRWITZ. 5014□

Verfahren und Geräte zur Messung kleinster Gasdrücke. 5. Mitt. **Vakuummeter ohne Verstärker.** Helmut Schwarz. (Arch. techn. Messen ind. Messtechn. 1960. **299.** 249—52. Dez. Sommerville, N.J., Radio Corp. of America, Semiconductor and Materials Div.) (Dt.) — 4. vgl. C. **1954.** 4903.

Übersicht. — 60 Literaturangaben. E. KLEVER. 5016□

Indiumwiderstandsthermometer. B. Yates und C. H. Panter. (J. sci. Instruments **38.** 196—97. Mai 1961. Bradford, Bradford Inst. of Technol., Phys. Dep.) (Engl.)

Vff. beschreiben die Konstruktion eines In-Widerstandsthermometers aus In-Draht von 0,010 in. Ø, das bes. für die Verw. in Kryostaten geeignet ist, wo der Arbeitsraum beschränkt ist. Zwischen 323 u. 273° K ist die Charakteristik linear u. ergibt für $(1/R_0) \cdot (d\,R/d\,T) = 0{,}00482$ Grad^{-1} (R = Widerstand bei der abs. Temp. T, R_0 = Widerstand beim Eispunkt). Zwischen 273 u. 120° K werden die Ergebnisse durch die Gleichung $R/R_0 = -4{,}5468 \cdot 10^{-2} + 3{,}33470 \cdot 10^{-3}\,T - 7{,}0822 \cdot 10^{-7}\,T^2 + 1{,}2871 \cdot 10^{-8}\,T^3 - 1{,}3459 \cdot 10^{-11}\,T^4$ wiedergegeben; zwischen 120 u. 40° K gilt eine Gerade, für die $(1/R_0) \cdot (d\,R/d\,T)$ den Wert 0,0035 Grad^{-1} besitzt. Der Widerstand beim Eispunkt veränderte sich nach wiederholtem Abkühlen auf 14° K nicht mehr als um 0,0005 Ω bei 3,4275 Ω. Die Divergenzen zwischen diesen u. den Ergebnissen anderer Vff. weisen auf die Gefahr, anzunehmen, daß krist. Form u. Geh. an Verunreinigungen verschiedener Proben genügend ähnlich seien, um eine individuelle Eichung der Widerstandsthermometer unnötig zu machen, wenn Temp.-Messungen hoher Präzision erforderlich sind.
P. SCHARNER. 5016□

Bau einer Thermobatterie aus feinen Drähten. Clyde A. Glover und Ruth R. Stanley. (Analytic. Chem. **33.** 477—78. März 1961. Kingsport, Tenn., Tennessee Eastman Co., Div. of Eastman Kodak & Co., Res. Labor.) (Engl.)

Es wird beschrieben, wie man durch Überkreuzwickeln von dünnen Cu- u. Constantan-Drähten auf ein mit Führungsleisten versehenes Brettchen u. Verschweißen der Kreuzungsstellen eine Thermobatterie (ca. 80 Verbindungsstellen) herstellen kann.
W. BETCKE. 5016□

Indirekte Messung des Temperaturgradienten durch Interferometrie in einer Zelle mit vertikalem Gradient. Jacques Chanu und Lydie Mousselin. (C. R. hebd. Séances Acad. Sci. **254.** 834—36. 29/1. 1962.) (Franz.)

Bei der Unters. des SORET-Effekts an wss. Lsgg. in Zellen mit vertikalem Temp.-Gradient kann dieser Gradient nach einer vorhergehenden „therm. Tarierung" der Zelle gemessen werden. Hierzu eignet sich die Ermittlung des Gradienten des Brechungsindex, der durch den Temp.-Gradienten in reinem W. hervorgerufen wird: $\mathrm{grad}\,n = (\gamma n/\gamma T)\,\mathrm{grad}\,T$; die experimentelle Funktion $\gamma n/\gamma T$ kann aus Tabellen entnommen werden. Es wird eine Gleichung für die prakt. Auswertung angegeben.
A. BLASCHETTE. 5016□

Mögliche Anwendung der Molekularstrahltechnik auf die Messung von Oberflächentemperaturen. J. H. McFee, Paul M. Marcus und I. Estermann. (Rev. sci. Instruments **31.** 1013—14. Sept. 1960. Pittsburgh, Pa., Carnegie Inst. of Technol.) (Engl.)

Vff. nehmen Bezug auf die von MARCUS u. MCFEE (vgl. Recent Research in Molecular Beams, Academic Press, Inc., New York, 1959) mit einem mechan. Geschw.-Selektor durchgeführten genauen Messungen der Geschw.-Verteilungen in K-Atomstrahlen, die von verschiedenen festen Oberflächen reflektiert worden waren, wobei die gemessenen Punkte fast genau auf einer berechneten Kurve lagen, die eine MAXWELLsche Verteilung zur Grundlage hatte. Sie nehmen auf Grund dieser Ergebnisse an, daß es möglich sein sollte, mit Hilfe dieser Technik die Temp. einer Oberfläche aus der Geschw.-

Verteilung der reflektierten K-Atome zu bestimmen. Temp.-Best. von Cu-Oberflächen zeigten gute Übereinstimmung mit der mit einem Thermoelement gemessenen Temperatur. C. Gottfried. 5016

Filtration mit Papier aus Glasfasern. A. Grüne. (Lab. sci. [Milano] **9.** 115—17. Juli/Aug. 1961.) (Ital.)

Übersicht über die aus Glasfasern hergestellten Filtrierpapiere (Schleicher & Schüll), deren Eigg. [gute chem. Widerstandsfähigkeit gegenüber aggressiven Substanzen u. Säuren, hinreichende mechan. Festigkeit, ausgezeichnete Adsorption (1 g Glasfaser entspricht ca. 26000 cm^2 Oberfläche) u. hohe therm. Stabilität (Erweichungspunkt ca. 700°)] u. deren Verw. zur chromatograph. u. elektrophoret. Trennung von lipophilen Verbb., Kohlenhydraten, Zers.-Prodd. von Cellulose, zu Staubmessungen unter besonderer Berücksichtigung der Verw. als Extraktionshülsen (auch für sehr heiße u. saure Gase) zur quant. Best. von größeren Staubmengen. G. Platzer. 5024☐

Beschreibung eines elektrischen Ofens zur mikroanalytischen Bestimmung des Sauerstoffs in organischen Substanzen. F. Ehrenberger. (Mikrochim. Acta [Wien] **1962.** 265—67. Frankfurt/M.-Höchst, Farbwerke Hoechst Akt.-Ges.) (Dt.)

Um die Gang-Bldg. im Rußkontakt zu vermeiden, hat Vf. einen Verbrennungsofen entwickelt, der den Einsatz eines T-förmigen Verbrennungsrohres ermöglicht. Darin ist der Kohlekontakt vertikal angeordnet, so daß die Substanzdämpfe von oben nach unten durch den Kontakt gesetzt werden. Eine Gang-Bldg. ist bei dieser Anordnung des Kontaktes ausgeschlossen. J. Peters. 5028☐

Neue Entwicklungen in der Anwendung des Ringofens. Herbert Weisz. (Proc. int. Sympos. Microchem., London **1958.** 30—35. 1959. Wien, TH.) (Engl.)

Während der Ringofen zwischen 1954 u. 1958 in seiner Konstruktion nur geringfügig verändert wurde, konnte der Anwendungsbereich stark erweitert werden. In den „Trennungsgang“ für Kationen wurden As, Ag u. Hg aufgenommen. Ein Trennschema für Anionen wird ausgearbeitet. Halbquant. Best. sind mit einer Genauigkeit von ±5% möglich, wobei für Schwermetalle Ag_2S als Standard benutzt wird. Für F^--Ionen ist ein Nachw. mit einer Empfindlichkeit von 0,005 μg angegeben. Mit Hilfe der Ringelektrographie kann man die Zers. von Legg. u. Kunstgegenständen ohne sichtbare Beschädigung der Oberfläche ermitteln, kleinste Menge radioakt. Stoffe werden mittels Autoradiographie nachgewiesen, u. die Ringofen-Meth. läßt sich auch mit anderen Analysen-Verff., wie Polarographie u. Colorimetrie, kombinieren. G. Bock. 5028☐

Öfen zur Beobachtung für das Schmelzen von Mikroobjekten unter dem Mikroskop. I. P. Bassjass und A. P. Paramonowa. (Заводская Лаборатория [Betriebs-Lab.] **27.** 213—14. 1961. Östliches Inst. für feuerfeste Werkstoffe.) (Russ.)

Beschreibung der Konstruktion u. Arbeitsweise eines Geräts (Ofen u. Mikroskop) zur Beobachtung der Umwandlungen (bes. von Schmelzen) von Mikroobjekten (50fache Vergrößerung) bei ihrer Erwärmung bis auf 1600—1700°. Die Umwandlungs-Temp. der zu untersuchenden Substanz kann mit einer Genauigkeit von ±5—10° bestimmt werden. Der F. einer Schlacke kann in 10 Min. erreicht werden. S. Baryschnikow. 5028

Neue Methode zum Schmelzen mit kaltem Kern. W. H. Shepherd. (J. sci. Instruments **37.** 177. Mai 1960. Towcester, Northants., Plessey Co. Ltd., Caswell Res. Labor.) (Engl.)

Zum Induktionsschmelzen von stark reaktionsfähigem, hochschm. Metallpulver wird ein vertikales, von der Spule umgebenes Quarzrohr benutzt, das unten durch Gummidichtungen u. Cu-Zwischenstück mit einem etwas engeren Cu-Rohr beweglich verbunden ist. Dieses ist wassergekühlt u. durch eine $^1/_8$ in. starke runde Cu-Scheibe oben verschlossen. Das Schutzgas (Ar) tritt im Zwischenstück unten zwischen Cu- u. Quarzrohr ein. 3—5 g schwere Stücke aus gepreßtem Pulver wurden mit 9 kV u. 400 kHz oberhalb 2000° bis auf die am Cu-Kern sitzende Haut glatt geschmolzen, wobei die Erhitzungs-Geschw. durch Änderung der Ausgangsspannung der Spule u. der Stellung des Cu-Kerns regulierbar ist. R. Junge. 5028☐

Anordnung zur Kristallisation von Schmelzen mit großer Abkühlungsgeschwindigkeit. I. Ss. Miroschnitschenko und I. W. Ssalli. (Заводская Лаборатория [Betriebs-Lab.] **25.** 1398—99. 1959. Dnepropetrowsk, Univ.) (Russ.)

Beschreibung einer App. zur Kristallisation von Schmelzen mit großer Abkühlungs-Geschw., die eine Herst. bedeutend übergesätt. fester Lsgg. ermöglicht. So konnten in der festen α-Lsg. von Ni–C-Schmelzen mehr als 1,8% C nachgewiesen werden (maximale Löslichkeit bei eutekt. Temp. 0,65% C). In der Leg. Al–Mn enthielt bei Raum-Temp. die feste Lsg. ca. 10% Mn, was mehr als das 5fache der maximalen Löslichkeit des Mn bei der eutekt. Temp. darstellt. S. Baryschnikow. 5048

Zweikammer-Osmometer mit Glasmembran. W. Weber. (Glas-Instrumenten-Techn. **5.** 217—18. Juni 1961. München.) (Dt.)

Die Entw. des Glasmembranosmometers wurde durch Molgew.-Best. von Polyolefinen, Polyamiden u. Polyharnstoffen angeregt, die einerseits nur bei hohen Temp. lösl. sind u. andererseits in konz. H_2SO_4 u. HNO_3 gelöst werden müssen. Das Osmometer ist an Stelle von Folien aus organ. Materialien mit einer aus 95% SiO_2 bestehenden, für Lsgm. durchlässigen Glasmembran ausgerüstet. Die Porenweite des Glases beträgt ca. 30—40 Å nach Brunauer, Emmett u. Teller. Die Lsgm.-Durchlässigkeit nach Kuhn liegt in der Größenordnung von $G = 10^{-13}\ cm^3 \cdot g \cdot s^{-1}$. Das Glasmembranosmometer bietet folgende Vorteile: Wegfall von Dichtungsschwierigkeiten durch Verschmelzung aller Teile, Anwendung dynam. Meth., Hochtemp.-Messungen bis 300°, Messungen in aggressiven Lsgm. u. leichte Reinigung durch HNO_3. H.-J. Taschow. 5048□

Laboratoriumsanordnung zur Ozongewinnung. W. P. Wendillo, Ju. M. Jemeljanow und Ju. W. Filippow. (Заводская Лаборатория [Betriebs-Lab.] **25.** 1401—02. 1959. Moskau, Lomonossow-Univ.) (Russ.)

Beschreibung der Konstruktion u. Arbeitsweise einer Labor.-App. zur Ozongewinnung (stille elektr. Entladungen in der Luft bzw. in reinem O_2). S. Baryschnikow. 5048

Apparatur zur Entfernung geringster Sauerstoffreste aus Stickstoff. Gerhard W. Ströhl. (Glas-Instrumenten-Techn. **5.** 340—42. Sept. 1961. Paris.) (Dt.)

Es wird eine App. zur Entfernung geringster O_2-Mengen aus N_2 beschrieben, deren wesentlicher Teil ein 60 cm langes, 4,5 cm ⌀, Quarzrohr mit CuO in Stäbchenform p. a. in einem elektr. Röhrenofen ist. Das Cu-Präp. wird durch abwechselnde, ca. 4malige Red. u. Oxydation, beginnend bei 500° mit jeweils einer um 100° tieferen Temp., hergestellt. Die Reinigung des N_2 erfolgt bei 200° mit einer Strömungs-Geschw. von 0,003 bis 3 Liter/min. Der Rest-O_2 ist $<$0,0002 Vol.-%. W. Luchsinger. 5048□

Bestimmung des Gasgehaltes in Flüssigkeiten aus der Änderung ihrer Leitfähigkeit. K. Je. Perepelkin. (Заводская Лаборатория [Betriebs-Lab.] **25.** 1210—12. 1959. Allunions Forschungsinst. für Kunstfaser.) (Russ.)

Beschreibung des Schemas einer App. zur Best. des Gas-Geh. in Fll. aus der Änderung ihrer Leitfähigkeit. S. Baryschnikow. 5048

Analytisch-chemische Reaktionen in nichtwässerigen Lösungen. G. Charlot. (Magyar tudományos Akad., kém. tudományok Osztályának Közleményei [Ung. Akad. Wiss., Ber. Abt. chem. Wiss.] **15.** 253—66. Aug. 1961. Paris, Ecole super. de Phys. et de Chim. ind.) (Ung.)

Übersicht über die sich in nichtwss. Lsgm. abspielenden Reaktionen. Anwendungsmöglichkeiten für analyt. Verfahren. I. Naray-Szabó. 5050

Eine Apparatur zur Bestimmung der elektrischen Leitfähigkeit und Zusammensetzung von Lösungen. W. I. Jermakow. (Заводская Лаборатория [Betriebs-Lab.] **26.** 229—30. 1960. Moskau, Chem.-technolog. Mendelejew-Inst.) (Russ.)

Beschreibung der Konstruktion u. Arbeitsweise einer App. zur Best. der elektr. Leitfähigkeit u. Zus. von Lösungen. S. Baryschnikow. 5052

Messung der spezifischen elektrischen Leitfähigkeit von Elektrolyten mit Hilfe von Gleichstrom. N. P. Gnussin und S. I. Belowa. (Заводская Лаборатория [Betriebs-Lab.] **25.** 584—86. 1959. Beloruss. Inst. für Ingenieure des Eisenbahntransportes.) (Russ.)

Beschreibung der App. (elektrolyt. Zelle u. Schema der elektr. Einrichtung) zur Best. der spezif. elektr. Leitfähigkeit von Elektrolyten mit Hilfe von Gleichstrom. Die Fehlergrenze ist $<$1%. S. Baryschnikow. 5052

Anordnung zur Messung der dielektrischen Verluste und der Permeabilität fester Dielektrika. D. A. Dmitrotschenko, A. M. Lobanow, G. P. Michailow und W. A. Schewelew. (Заводская Лаборатория [Betriebs-Lab.] **25.** 1121—24. 1959. Inst. für hochmol. Verbb. der Akad. der Wiss. der UdSSR.) (Russ.)

Beschreibung einer Anordnung zur Messung der dielektr. Verluste u. der Permeabilität fester Dielektrika. S. Baryschnikow. 5052

Coulometrische Titration mit elektrolytisch erzeugten Zinn(II)-Ionen. Takeo Takahashi und Hiroshi Sakurai. (Talanta [London] **9.** 74—76. Jan. 1962. Tokyo, Univ., Inst. of Ind. Sci.) (Engl.)

Vff. untersuchen die Brauchbarkeit von elektrolyt. erzeugtem Sn^{2+} zur coulometr. Titration. Als Generatorkathode dient eine Pt-Elektrode. Als Elektrolyt eignet sich am besten eine Lsg., die 3m an KCl u. 0,3m an $SnCl_4$ ist. Die Meth. ist zur Best. von Ce^{4+}, J_2 u. Br_2 mit einem Fehler bis zu 7% geeignet. J. Peters. 5054□

Analytische Anwendungen der Quecksilberelektrode. Ein Überblick. J. A. Page, J. A. Maxwell und R. P. Graham. (Analyst **87.** 245—72. April 1962. Toronto, Ontario, Univ. of Toronto, Dep. of Chem.; Ottawa, Ontario, Geol. Survey of Canada; Hamilton, Ontario, McMaster Univ., Burke Chem. Labor.) (Engl.)

Übersicht über die Verw. der Hg-Elektrode in der analyt. Chemie unter Berücksichtigung der Literatur von 1948 bis Ende 1960 im Anschluß an eine frühere Arbeit (vgl. Maxwell u. Graham, Chem. Reviews **46.** [1950.] 471). Im einzelnen werden behandelt: Red. ohne äußere Kontrolle des Elektrodenpotential (allg. Betrachtungen, Anwendungen mit tabellar. Übersicht über Trennungen an der Hg-Kathode bei konst. Stromstärke nach zu trennenden Elementen u. nach Art des Probenmaterials geordnet, Elektrolysezellen, Elektroden, Elektrolyt-Lsgg., Einfl. des Rührens u. Rühr-Vorr., Stromdichte, Temp.), Red. u. Oxydationen mit äußerer Kontrolle des Elektrodenpotentials (allg. Betrachtungen, analyt. Anwendungen mit tabellar. Übersicht über Trennungen, Best. u. Herst. von Reagens-Lsgg., polarograph. n-Werte), coulometr. Best. bei kontrollierter Stromstärke (Allgemeines mit Zusammenstellung der Zellenarten, Anwendungen mit tabellar. Übersicht nach der Art der elektrolyt. erzeugten Substanz), Amalgamometrie (Allgemeines, Best. durch direkte Messungen am Amalgam, Trennungen u. Best. unter Zers. des Amalgams mit nichtelektrolyt. Zers. u. elektrolyt. „stripping"-Meth. sowie Best. durch voltametr. Messungen des Amalgams). — 423 Literaturangaben. Gerhard Schulze. 5054□

Papierthermodiffusion. Endre Vámos und Gyula Major. (J. prakt. Chem. [4] **14** (**286**). 4—10. Sept. 1961.) (Dt.) — C. **1962.** 1723. W. Schweers. 5062□

Öffnungsfelder bei der Spaltbeugung. Hwei-Piao Hsu. (J. appl. Physics **31.** 1742—46. Okt. 1960. Cleveland, Ohio, Case Inst. of Technol.) (Engl.)

Es wurden Intensitäts- u. Phasenverlauf des Beugungsfeldes elektr. Wellen in der Spaltöffnung rechner. u. experimentell untersucht. Den Rechnungen liegt die exakte Lsg. in Form einer unendlichen Reihe von Mathieu-Funktionen zugrunde. Die Feldverteilung in der Öffnung von Spalten von 3,5, 3, 2,21 u. 1,27 λ Breite für normalen u. schrägen Einfall wurde mit einer Parallelplattenanordnung gemessen. Für 1,27 u.2,21 λ Spaltbreite ist die Übereinstimmung mit den theoret. Werten befriedigend. Im Anhang wird die exakte Lsg. der Beugung am Spalt für einen linienförmigen Sender gegeben. H. Lindberg. 5063□

Die optimalen Bedingungen zur Messung der Breite von Adsorptionsbanden. G. G. Petrasch. (Оптика и Спектроскопия [Optik u. Spektroskopie] **9.** 423—24. Sept. 1960.) (Russ.)

In Ergänzung zu einer früheren Arbeit (vgl. Petrasch, C. **1962.** 8353) werden Formeln für den Meßfehler der Bandenbreite u. für die optimalen Parameter von Bandenbreitenmessungen abgeleitet. Es ergeben sich folgende Schlußfolgerungen: 1. die Maximalabsorption der Bande soll $>0,5$ bis $<0,7$ betragen, 2. Zeit-Konst. u. Registrier-Geschw. müssen so gewählt werden, daß der daraus resultierende Fehler vernachlässigbar wird, 3. die optimale Spaltbreite kann nach der in oben zitierter Arbeit gegebenen Formel bestimmt werden. R. Gerbatsch. 5063□

Ausnutzung des reflektierten Lichts bei der Anwendung eines Fabry-Pérot-Etalons. W. I. Odinzow. (Оптика и Спектроскопия [Optik u. Spektroskopie] **11.** 553—55. Okt. 1961.) (Russ.)

Es wird gezeigt, daß man die Lichtstärke eines Fabry-Pérot-Etalons auf das Vielfache steigern kann, wenn man das von der ersten Platte reflektierte Licht durch einen hinter der Lichtquelle angebrachten sphär. Spiegel zurückwirft. Dabei muß das Krümmungszentrum des Spiegels in der Fokalfläche der Kondensorlinse vor dem Etalon liegen. Die günstigste Justierung bei photograph. oder photoelektr. Registrierung wird diskutiert. R. Gerbatsch. 5063□

Benutzung eines Fabry-Pérot-Etalons zur Untersuchung der Linienbreite in Impulsentladungsspektren. W. G. Koloschnikow, M. A. Masing, Ss. L. Mandelschtam und Ju. P. Marassanow. (Оптика и Спектроскопия [Optik u. Spektroskopie] **11.** 556—58. Okt. 1961.) (Russ.)

Zur Unters. der Kinetik lichtschwacher Impulsentladungen sind die üblichen Meth. zur Linienbreitenmessung mit Zeitauflösung wenig geeignet. Vff. verwendeten ein Fabry-Perot-Etalon mit Photovervielfacher, dessen Ausgangsstrom oscillograph. gemessen wurde. Zur Wellenlängenänderung wurde die Länge des Etalons variiert, wobei piezoelektr. Keramikstäbe aus $BaTiO_3$, die an einen synchron. zur Zündung der Impulslichtquelle aufgeladenen Kondensator angeschlossen waren, den Abstand der Platten regulierten. R. Gerbatsch. 5063□

Autokollimationschema zur photoelektrischen Registrierung der Hyperfeinstruktur. A. G. Shiglinski, A. N. Saidel und G. G. Kund. (Оптика и Спектроскопия [Optik u. Spektroskopie] **10.** 792—96. Juni 1961.) (Russ.)

Die Messung schwacher Hyperfeinstrukturkomponenten bereitet mit einfachen Fabry-Pérot-Interferometern oftmals wegen des unzureichenden Kontrastes Schwierigkeiten, während Multiplex-Anordnungen sehr hohe Anforderungen an Justierung u.

Wartung stellen. Vff. beschreiben eine opt. Anordnung zum doppelten Strahlendurchgang durch je eine Hälfte des Interferometers. Sie gestattet im Gegensatz zu dem von Defour (vgl. Ann. Physique 6. [1951.] 20) angegebenen Schema das zentrale Interferenzbild auszunutzen u. bei mäßigem Lichtverlust die Auflösung merkbar u. den Kontrast erheblich zu verbessern. Mit einer solchen App. (R = 85%, Durchlässigkeit 25—30%, Vorzerlegung durch ISSP-51) mit photoelektr. Registrierung konnte die schwache Komponente des ^{204}Pb der Linie 4058 Å von natürlichem Pb leicht ausgemessen werden.
R. Gerbatsch. 5063

Eine Lichtquelle hoher Intensität für das Vakuumultraviolett. F. S. Feates, B. Knight und E. W. T. Richards. (Spectrochim. Acta [London] **18.** 485—97. April 1962. Harwell, Didcot, Berks., Atomic Energy Res. Dep., Chem. Div.) (Engl.)

Vff. diskutieren die bei der Konstruktion einer Vakuum-UV-Lichtquelle hoher Intensität auftretenden Probleme u. teilen Einzelheiten über einen Ar-Bogen mit, der eine Lichtstärke von $3 \cdot 10^{16}$ Quanten$\cdot s^{-1} \cdot cm^{-2}$ liefert. Weiterhin werden Meth. zur Eichung der Lichtquelle einschließlich der Messung der Lichtstärke während des Betriebes betrachtet u. der Einfl. des Gasdruckes sowie der Ggw. von Verdünnungsgasen untersucht. Gerhard Schulze. 5063□

Ermittlung der optimalen Bedingungen für quantitative spektrographische Bestimmungen von Stoffen in Pulverform. František Plzák und Boh. Lízal. (Hutnické Listy **14.** 297—301. April 1959. Praha, Státní výzkumný ústav materiálu a technol.) (Tschech.)

Es werden Arbeitsbedingungen für quant. spektrograph. Unterss. von Pulvern mittels einer Ni- oder Cu-Platte angegeben. Ein einfaches Gerät mit mechan. Vorschub ermöglicht die Einhaltung der Anregungsbedingungen. Das Verf. wird auf Preßlinge angewandt. Die optimalen Bedingungen für den zentr. u. exzentr. Funken werden ermittelt, für deren Einhaltung ein Gerät entwickelt wird. W. Wesly. 5063□

Einige grundsätzliche Entwicklungsmöglichkeiten der metallurgischen Spektralanalyse. O. Masi. (Metallurgia ital. **53.** 184—86. Mai 1961. Turin, Fiat, Div. siderurg.) (Ital.)

Überblick über grundsätzliche Entw.-Möglichkeiten der Spektrochemie in der metallurg. Industrie. G. Platzer. 5063□

Ein registrierendes Mikrowellen-Spektrometer zur Untersuchung ferromagnetischer Resonanzen. Erwin Biller. (Z. Instrumentenkunde **69.** 67—71. März 1961. München, Univ., II. Physik. Inst.) (Dt.)

Es wird eine Anordnung zur Unters. der ferromagnet. Resonanz beschrieben. Das Absorptionssignal wird zusammen mit den zugehörigen Stärken des äußeren Feldes selbsttätig aufgezeichnet. Die Erzeugung des Magnetfeldes, die Höchstfrequenz-App. sowie die Signalentstehung u. -aufzeichnung werden beschrieben u. Betrachtungen über den Zusammenhang zwischen dem registrierten Signal u. der interessierenden Absorptionsgröße angestellt. W. Betcke. 5063□

Einige Erfahrungen in der Anwendung des „Quantovac" in einem Hüttenwerkslabor. S. Muir. (J. West Scotland Iron Steel Inst. **67.** 45—60. 1959/60. Stewarts & Lloyds Ltd.) (Engl.)

Beschrieben wird das spektrograph. Gerät „Quantovac" zur Spektralanalyse von Metallen durch Unters. des Funkenspektrums in einer O_2-freien Atmosphäre. Die günstigsten Betriebsbedingungen werden an einer Vers.-Anlage ermittelt, u. es werden Angaben über die Reproduzierbarkeit der Ablesungen gemacht. Eine Probe kann in 5 Min. vorbereitet u. analysiert werden. — Diskussion. H. Hochstein. 5063□

Ein einfacher Reagensglashalter für das Beckman-Spektrophotometer Modell DU. Marven A. Wade. (Chemist-Analyst **50.** 24. März 1961. Reno, Nev., Univ. of Nevada, Dep. of Animal Husbandry.) (Engl.)

Die Herst. eines einfachen Halters aus Hartholz für eine einzelne Reagensglasküvette (19×105 mm) mit den Abmessungen für das Beckman-DU-Spektrophotometer wird beschrieben. W. Betcke. 5063□

Die spektrophotometrischen Untersuchungen von Komplexverbindungen in Lösung. Lumír Sommer und Jin Tsin-Jao. (Chem. Listy **55.** 574—639. Mai 1961. Brno, Univ. J. E. Purkyně, Přírodověd. fak., katedra analyt. chem.) (Tschech.)

Übersicht über die spektrophotometr. Meth., die zur Best. der Zus. u. der Stabilität analyt. verwendeter Komplexe herangezogen wurden. Einleitend befassen sich Vff. mit der Interpretation der Absorptionsspektren komplexer Verbindungen. Ferner werden mehrere Meth., wie z. B. die Variations-Meth. in äquimol. u. nichtäquimol. Lsgg., die Meth. der korrespondierenden Lsgg. u. andere Verff., eingehend diskutiert u. auf Grund der Literaturangaben u. eigener Erfahrungen krit. bewertet. — 197 Literaturangaben.
V. Tomášek/Prag. 5063

Eine Hochtemperaturküvette für spektrophotometrische Studien an geschmolzenen salzartigen Fluoriden. J. P. Young und J. C. White. (Analytic. Chem. **31.** 1892—95. Nov. 1959. Oak Ridge, Tenn., Oak Ridge Nat. Labor., Analyt. Chem. Div.) (Engl.)

Eingehende Beschreibung einer bis zu 780° arbeitenden Küvettenheizung für das Cary-Spektrophotometer 14-M. Die Küvette besteht für Messungen zwischen 300 u. 1800 mμ aus krist. MgO, das gegen geschmolzene Alkalifluoride, auch im Gemisch mit Fluoriden der leichten Übergangsmetalle beständig ist, aber mit U- u. Zr-Fluoriden reagiert. Auch die Meth. des hängenden Tropfens ist für die Probenhalterung brauchbar.
P. Sartori. 5064□

Reinigung von Kohlenwasserstofflösungsmitteln zur Spektrophotometrie. G. Dana Johnson, (Spectrochim. Acta [London] **16.** 1489—91. Jan. 1961. Manhattan, Kans., Kansas State Univ., Dep. of Chem.) (Engl.)

Isooctan, n-Heptan, Cyclohexan u. Decalin wurden nach mehrmaligem Durchlauf durch eine mit aktiviertem Silicagel (Davison 12) gefüllten Säule spektroskop. rein erhalten. W. Betcke. 5064□

Beobachtungen über den Slavinschen Eisenkugelbogen. D. A. Sinclair und H. J. Beale. (Spectrochim. Acta [London] **16.** 759—60. Juli 1960. Sydney, Austral. Defence Sci. Serv., Defence Standards Labor., Dep. of Supply.) (Engl.)

Slavin (Ind. Engng. Chem., analyt. Edit. **12.** [1940.] 131) hatte bei seinen Verss. mit einem Eisenkugelbogen eine Konstanz von $\pm 1\%$ in der integralen Intensität der Emission bei aufeinanderfolgenden Messungen der Fe-Linie 3017,6 Å erhalten. Wiederholung der Verss. durch die Vff. ergaben nur eine Konstanz von $\pm 3\%$, doch eignet sich der Bogen als ein Potentialbezugsstandard. C. Gottfried. 5064

Die Anwendungsmöglichkeiten der klassischen Umkehrpolarographie. Lubor Jenšovský. (Chem. Techn. **13.** 519—22. Sept. 1961. Prag, Inst. für Arb.-Hyg. und Berufskrankheiten.) (Dt.)

Vf. beschreibt ein Verf., das die Umkehrpolarographie in klass. Form anwendet, wobei die anod. Auflösungsvorgänge in einer der Polarographie üblichen Weise verfolgt werden. Die benötigte App. u. der Analysengang werden beschrieben. Es werden *Pb, Ta, Cd, Zn, Ag, Au, As, Sb* u. Metalle der Fe-Gruppe bestimmt. — 15 Literaturzitate.
F. Rosendahl. 5066□

Schrittweises Näherungsverfahren der derivativen Polarographie. Clemens Auerbach, H. L. Finston, George Kissel und Joseph Glickstein. (Analytic. Chem. **33.** 1480—84. Okt. 1961. Upton, N.Y., Brookhaven Nat. Labor.) (Engl.)

Derivative Gleichstrompolarogramme können nach folgendem Verf. gewonnen werden: Die angelegte Gleichspannung wird gegen Ende der Lebensdauer jedes Einzeltropfens in gleichen Schritten ΔE erhöht. Der momentane Strom i wird zu stets gleichen Zeiten kurz vor der Spannungsänderung gemessen u. als eine zu i proportionale Spannung in einem Kondensator gespeichert. Nach Verstärkung wird daraus eine Ausgangsspannung erhalten, die den Strominkrementen Δi je Spannungsinkrement ΔE proportional ist. Die Rechteckimpulse $\Delta i/\Delta E$ ergeben gegen steigendes E aufgetragen derivative Polarogramme hoher Auflösung. Prinzip u. Blockschaltbild der Meth. werden eingehend diskutiert. *Tl, Cd* u. *In* wurden nach dem beschriebenen Verf. in Konzz. bis herab zu $2 \cdot 10^{-6}$n mit einem Fehler von höchstens 3% bestimmt. E. Moisar. 5066□

Polarographie an stationären Elektroden mit treppenförmigem Spannungsanstieg. Charles K. Mann. (Analytic. Chem. **33.** 1484—91. Okt. 1961. Tallahassee, Fla., Florida State Univ., Dep. of Chem.) (Engl.)

Vf. beschreibt eine Modifizierung der voltametr. Meth., die eine Erhöhung der Nachw.-Empfindlichkeit bewirkt u. eine höhere Polarisations-Geschw. u. damit kürzere Vers.-Zeiten zuläßt. Wird an eine Mikroarbeitselektrode eine treppenförmig ansteigende Spannung angelegt, so tritt zunächst ein rasch abklingender Stromstoß auf (Ladungsstrom der Elektrodendoppelschicht), während der Elektrolysenstrom der Elektroden-Rk. wesentlich flacher abklingt u. nach hinreichend langer Zeit einen Endwert annimmt, der dem Massetransport aus dem Inneren der Lsg. entspricht. Dadurch kann, im Gegensatz zum Fall mit linearem Spannungsanstieg, der störende Ladungsstrom der Doppelschicht eliminiert werden. Vf. gibt ein Blockschaltbild der verwendeten App. an, beschreibt Verss. zur Best. von *Cd, Zn* u. *Mn* u. erwähnt den störenden Einfl. oberflächenakt. Verbb., bes. bei langsameren Elektrodenreaktionen. E. Moisar. 5066□

Bestimmung der Ultramikrokonzentration von Substanzen in Lösung durch Amalgampolarographie am stationären Quecksilbertropfen. A. G. Stromberg und E. A. Stromberg. (Заводская Лаборатория [Betriebs-Lab.] **27.** 3—11. 1961.) (Russ.)

Vff. geben einen Überblick über die bisher veröffentlichten Unterss. zur Anwendung hängender Hg-Tropfen als stationäre Elektroden bei der Best. von Konzz. in den Größenordnungen 10^{-7} bis 10^{-9}m. Es werden verschiedene Arten stationärer Hg-Tropfenelektroden angeführt. Der Einfl. der Bedingungen von Vorelektrolyse u. anod. Oxydation auf Empfindlichkeit u. Genauigkeit, Schwierigkeiten bei der Best. mehrerer Elemente nebeneinander u. Probleme der Chemikalienreinigung u. Aufbewahrung von Lsgg. werden besprochen. — 51 Literaturangaben. A. Drescher. 5066□

Die elektrischen Indicatoren in der Maßanalyse. Iginio Napoli. (Boll. Lab. chim. provinc. **10.** 154—63. April/Juni 1959. Frosinone, Labor. chim. provinc.) (Ital.)

Übersicht über die Verw. von einigen vereinfachten elektr. Indicatoren mit geringem apparativen Aufwand in der Maßanalyse unter Hinweis auf die Anwendung von für nahezu alle volumetr. Best. geeigneten Transistoren (Abb.). — 12 Literaturhinweise. G. Platzer. 5068□

Die Verwendung koordinativer Farbstoffe als komplexometrische Indicatoren. N. Sambasiva Rao und G. S. Sidhu. (Proc. Sympos. Chem. Co-ordinat. Compounds, Agra, India **1959.** Nr. 3. 274—84. 1960. Hyderabad, Regional Res. Labor.) (Engl.)

Vff. geben eine Übersicht über die bisher bei komplexometr. Titrationen verwendeten Indicatoren, die zur Bldg. von Chelatkomplexen befähigt sind. Im einzelnen werden besprochen: Murexid, Eriochromschwarz T u. OS, Eriochromblauschwarz R u. B, Eriochromblau SE, Eriochromrot B, PAN, Thorin, SPADNS, SNADNS, Zinkon, Echtschwefelschwarz F, Alizarinschwarz SN, Solochrom 6 B, Omegarot B, Pyrocatecholviolett, Pyrogallolrot, Brompyrogallolrot, 3.4-Dihydroxy-4′-nitroazobenzol, 3.4-Dihydroxyazobenzol-4′-sulfonsäure, Eriochromazunol S, Eriochromcyanin R, Phthalein-Komplexon, Calcein, Xylenolorange, Methylthymolblau, Glycinthymolblau, Glycinkresolrot, Alizarin-Komplexon, Naphtholviolett, Glycinnaphtholviolett u. Parafuchsinhexaacetat. —47 Literaturzitate. W. Hein. 5068□

Phloroglucin-Mercurimetrieindicator. B. D. Beresin und L. G. Pogodina. (Заводская Лаборатория [Betriebs-Lab.] **26.** 1347—51. 1960. Iwanowo, Chem.-Technol. Inst.) (Russ.)

Bei der mercurimetr. Titration von Cl^- (Phloroglucin als Indicator) wird der Titrationsfehler stark vom pH-Wert u. von der Verdünnung der Lsg., nicht aber von der Ggw. einiger organ. Stoffe (z. B. Glucose oder Harnstoff) beeinflußt. Die optimalen Titrationsbedingungen werden erörtert. Die Gleichgewichts-Konst. (GK) der Indicator-Rk. bei 20—25° beträgt $(5{,}5 \pm 1{,}6) \cdot 10^{15}$. Die GK ermöglicht die Korrekturberechnung bei verschiedenen Titrationsbedingungen. S. Baryschnikow. 5068

Blei als Indicator bei der amperometrischen Titration mit Natriumdiäthyldithiocarbamatlösung. Ju. I. Ussatenko und F. M. Tuljupa. (Заводская Лаборатория [Betriebs-Lab.] **24.** 1327—31. 1958. Dnepropetrowsk, Chem.-Technol. Inst.) (Russ.)

Die amperometr. Titration von Pb mit Na-Diäthyldithiocarbamat (**I**)-Lsg. zeigt, daß bei dieser Titration sich zuerst wasserlösl. PbR^+-Ionen [$R = (C_2H_5)_2NC{\overset{S}{\underset{S}{\lessgtr}}}-$] bilden. In den Stromstärke–Spannungs-Diagrammen sind diese Ionen durch deutlich ausgeprägte parallele Abschnitte, deren Höhe der Reagens-Konz. proportional ist, gekennzeichnet. Eine Anwendung von PbR^+ als Indicator bei der amperometr. Titration von Cu u. Hg ohne vorherige Elimination der begleitenden Metalle, die unbeständigere Komplexe mit **I** bilden, wird vorgeschlagen. Die optimale Anodenstromstärke bei der Titration von PbR^+-Ionen in Ggw. von Fe, Mn, Ni, Zn, Cd, Cr, Pb u. Al wurde festgestellt. S. Baryschnikow. 5068

Gemischte Chemiluminescenzindicatoren. J. Erdey, W. F. Pickering und C. L. Wilson. (Talanta [London] **9.** 371—75. April 1962. Belfast, Queen's Univ., Dep. of Chem.) (Engl.)

Vff. beobachteten eine deutliche Intensitätserhöhung der Chemiluminescenz von Lucigenin bei Zusatz von Fluorescein (**I**). Eine ähnliche Zunahme trat beim Vermischen von **I** u. Luminol ein, so daß sich dieses Gemisch als reversibler Indicator für Säure-Base-Titrationen eignet. Der Einfl. des **I** wird diskutiert u. ein Rk.-Mechanismus für den Indicator vorgeschlagen. Setzt man alkal. Lsgg. von Lucigenin oder Luminol, die H_2O_2 enthalten u. auf 60° erhitzt werden, steigende Menge **I** zu, so nimmt die Intensität des emittierten grünlichweißen bzw. hellblauen Lichtes zu, bis die **I**-Konz. etwa doppelt so groß wie die von Luminol ist, u. erreicht schließlich die charakterist. hellgrüne Farbe der Fluorescenz von **I**. Bei höheren **I**-Konzz. nimmt die Intensität wieder ab. Kühlt man die Luminol enthaltenden Lsgg. ab, so verblaßt die Farbe schnell. Die Geschw. des Verblassens sinkt mit steigender **I**-Menge. Als Indicatorgemisch eignet sich am besten eine Mischung gleicher Vol. 0,1%ig. Luminol- u. 0,25%ig. **I**-Lsg. (molares Verhältnis 1:1). Gerhard Schulze. 5068□

a) Elemente und anorganische Verbindungen

Eine einfache Methode zur Umwandlung des Sauerstoffs im Orthophosphat oder Wasser in CO_2 zur ^{18}O-Bestimmung. P. D. Boyer, D. J. Graves, C. H. Suelter und M. E. Dempsey. (Analytic. Chem. **33.** 1906—09. Dez. 1961. Minneapolis, Minn., Univ. of Minnesota, Dep. of Physiol. Chem.) (Engl.)

Zur ^{18}O-Best. in KH_2PO_4 u. H_2O werden die Proben mit Guanidinhydrochlorid erhitzt. Das O-Atom des H_2O u. bis zu 2 O-Atomen des KH_2PO_4 werden in $C^{18}O_2$ verwandelt. Das CO_2 wird nach Entfernen des NH_3 über konz. H_2SO_4 massenspektroskop. analysiert. R. KRÄMER. G 239□

Gaschromatographische Bestimmung von Stickstoff im Argon. I. A. Murdoch. (Analyst **86.** 856—57. Dez. 1961. Harlow, Essex, Stand. Telecommun. Labor. Ltd.) (Engl.)

Bei -72^0 wird N_2 vom LINDE-Mol.-Sieb 5 A festgehalten, während O_2 u. Ar getrennt eluiert werden können. Darauf beruht die gaschromatograph. Best. des N_2 im Ar. Die Ar-Probe von 50—200 ml wird durch eine Falle (mit Mol.-Sieb gefüllt u. mit Aceton–CO_2 gekühlt) geschickt. Dann wird He hindurchgeleitet u. in die Trennsäule, die ebenfalls mit Mol.-Sieb gefüllt ist, bei Zimmer-Temp. eingeleitet. Man erhält eine große Bande von Ar u. O_2. Hat der Zeiger die Nullinie wieder erreicht, wird die Falle erwärmt, N_2 wird abgegeben u. man erhält die N_2-Bande. Eine kleine Probe Luft wurde als N_2-Standard benutzt. Es wurde mit einem Ionisationsdetektor gearbeitet. Eine Serie von 9 Best. ergab einen N_2-Geh. von 9,8 ppm, auf das Vol. bezogen. Der Fehler betrug 16%. R. KRÄMER. G 243□

Nitrosophenolkomplexe für den Nachweis und die Bestimmung von Nitriten. S. M. Peach. (Analyst **86.** 757—58. Nov. 1961. Eastlands, Rugby, Coll. of Engng. Technol., Dep. of Sci. and Math.) (Engl.)

Die Eignung von Resorcin (**I**), Resorcinmonomethyläther (**II**), Dimedon (**III**), Na-2-Naphthol-1-sulphonat (**IV**), Na-1-Naphthol-4-sulfonat (**V**), 4-Chlorresorcin (**VI**) u. 2-Methylresorcin (**VII**) als Reagentien zur colorimetr. *Nitrit*-Best. wird untersucht. Zur Best. wird die wss. *Nitrit*-Lsg. mit dem betreffenden Phenol, etwas Eisessig u. 0,1 g $Fe(NH_4)_2(SO_4)\cdot 6\,H_2O$ oder $CoSO_4\cdot 7\,H_2O$ versetzt (der pH soll 3,1—3,2 betragen). Außer dem Co-II-Komplex, der mit Isopentanol (Isp) extrahiert werden muß, sind alle Fe- bzw. Co-Komplexe der Phenole löslich. Die Isp-Extraktion, die bei allen, außer den Fe(II)-Komplexen von **IV** u. **V**, angewendet werden kann, bringt eine Vergrößerung der Empfindlichkeit mit sich. Die Komplexe mit **III** u. **V** sind von unzureichender Farbtiefe. **VI** u. **VII** geben mit Fe(II) keine grüne Lösung. **V** reagiert nur bei hoher NO_2^--Konzentration. Für **I**, **II**, **III** u. **IV** sind die Wellenlängen der maximalen Absorption für die Fe- u. Co-Komplexe sowie die Farb-Entw.-Dauer (20—360 Min.) u. die opt. Dichte bei verschiedenen NO_2^--Konzz. für die Fe-Komplexe aufgeführt. W. BETCKE. G 243□

Anwendung eines hochempfindlichen selektiven Halogendetektors in der Gaschromatographie. Erika Cremer, Th. Kraus und E. Bechtold. (Chemie-Ing.-Techn. **33.** 632—33. Sept. 1961. Innsbruck, Univ., Physik.-chem. Inst.; Balzers, Liechtenstein, Balzers AG. für Hochvakuumtechn. u. Dünne-Schichten, Forsch.-Labor.) (Dt.)

Halogenhaltige Stoffe lassen sich einfach u. mit großer Empfindlichkeit mit Hilfe von hocherhitzten alkaliaktivierten Elektroden nachweisen. Der durch Anlegen einer Spannung erzeugte Strom positiver Ionen wird durch Spuren halogenhaltiger Substanzen im Gasraum außerordentlich verstärkt. Bei der beschriebenen Detektor-Verstärkerkombination beträgt die Ansprechempfindlichkeit bei 1 ml/s Strömungs-Geschw. 10^{-2} ppm Cl_2 im Trägergas. Dies ermöglicht bei einer Säule mit 2500 Böden den Nachw. von $3\cdot 10^{-10}$ g Cl_2, bei einer Durchbruchszeit von 5 Min. u. einer Strömungs-Geschw. von 1 ml/s. Für Alkohole, Carbonyl-Verbb., Amine u. KW-Stoffe ist der Detektor wenig empfindlich (10—200 ppm). W. HEGENBERG. G 245□

Eine einfache Schnellmethode zur Bestimmung des Fluoridions. D. R. Turner. (Analytic. Chem. **33.** 959—60. Juni 1961. Murray Hill, N.J., Bell Telephone Labor., Inc.) (Engl.)

Vf. beschreibt eine einfache Schnell-Meth. zur Best. von F^-, die auf folgendem Effekt beruht: Wenn eine Si-Elektrode vom n-Typ in einer elektrolyt. Zelle die Anode darstellt u. lichtgeschützt ist, so ist der Strom auf einige A/cm^2 im Anodenraum begrenzt; vorausgesetzt die Lsg. greift die Si-Elektrode nicht chem. an. In ätzenden Lsgg., wie HF u. HNO_3, führt die Gesamt-Rk. an der Si-Oberfläche zur Bldg. von Überschußelektronenlöchern, die ein Ansteigen des anod. Grenzstromes um mehrere Größenordnungen bewirken. Die Anzahl der gebildeten Überschußelektronenlöcher ist der chem. Ätz-Geschw. u. diese der Menge HF in HNO_3 (bis ca. 10 Gew.-% HF) direkt proportional.

Daher ist der anod. Grenzstrom einer Si-Elektrode vom n-Typ in HF- u. HNO_3-Lsgg. der Menge der HF bei chem. Ätzung direkt proportional. Bei der experimentellen Messung der Eichkurve (anod. Grenzstromdichte gegen F^--Konz.) wird jeweils $KF \cdot 2\,H_2O$ zur HNO_3-Lsg. gegeben. Der Strom wächst linear mit ansteigender F^--Konz. bis ca. 3,5 g F^-/Liter, danach bildet sich K_2SiF_6 an der Oberfläche der Si-Elektrode. Gleiche Ergebnisse zeigten sich in Ggw. von Na^+ u. Li^+. Al^{3+} u. Fe^{3+}, die stabile F-Komplexe bilden, dürften stören. Gewisse Anionen, z. B. CH_3COO^-, red. die chem. Ätz-Geschw. an Si in $HF-HNO_3$-Lösungen. Ihr Einfl. kann aber durch Modifizierung der Meth. ausgeschaltet werden. KNUT OHLS. G 246□

Mikrogaskammer für den Nachweis flüchtiger Substanzen. Fluorid-Nachweis. F. L. Hahn. (Chemist-Analyst **49.** 113. Dez. 1960. Mexico, Escuela de Cienc. Quím., U.N.A.M.) (Engl.)

Eine billige, bruchfeste App. zur Best. kleinster Gasmengen besteht aus einem Kunststoff- oder einem Bleiblock, der jeweils eine kleine Aussparung zur Aufnahme der Substanz hat u. durch eine dünne Kunststoffolie verschließbar ist. Diese Deckfolie hat ein Loch, wenn das in Freiheit gesetzte Gas mit einem Reagenspapier nachgewiesen werden soll, oder ist intakt, wenn mit einem hängenden Tropfen oder feuchtem Reagens gearbeitet wird. Man bringt z. B. 1 Tropfen kieselsäurefreies W. an die Unterseite der Deckfolie u. gibt einen winzigen Ammoniummolybdatkristall in diesen Tropfen. Dann fügt man eine Spur der zusammen mit Quarzsand im Mörser zerkleinerten Probe in die Vertiefung des Blocks, den man nach Zugabe von 1 Tropfen konz. H_2SO_4 verschließt. Nach Erwärmen auf dem Dampfbad geht der Ammoniummolybdatkristall in Ggw. von HF in 15 Min. in eine gelbe Schmelze über; es können so noch 0,3 μg F^- identifiziert werden. Bleibt der Kristall farblos, dreht man die Deckfolie um u. hält über den Kristall ein kleines Stück Spurenreagenspapier. Nach Zugabe von 1 Tropfen 10%ig. Benzidin-Lsg. in 10%ig. CH_3COOH können noch 0,1 μg F^- durch die Blaufärbung des Papiers nachgewiesen werden. L. JOHANNSEN. G 246□

Bestimmung des Fluorions im Kryolith durch die trilonometrische Methode. Ja. G. Ssacharowa und N. I. Schischkina. (Заводская Лаборатория [Betriebs-Lab.] **25.** **1442—43.** 1959. Uraler Forsch.-Inst. für Eisenmetalle.) (Russ.)

Vff. beschreiben eine Modifizierung der bekannten trilonometr. F^--Best. in Anwendung auf seine Best. im Kryolith. Das Verf. beruht auf der Fällung von F^- als PbClF mit Pb-Acetat-Lsg. u. der direkten Rücktitration des Pb^{2+} mit 0,05n Lsg. von Trilon B (Chromogenschwarz ET-00 als Indicator). S. BARYSCHNIKOW. G 246

Mikrobestimmung von Halogenen und Schwefel durch katalytische destruktive Hydrierung. M. N. Tschumatschenko und W. P. Miroschina. (Заводская Лаборатория [Betriebs-Lab.] **26.** 1084—87. 1960. Forsch.-Inst. für organ. Zwischenprodd. u. Farbstoffe.) (Russ.)

Die zu untersuchende Substanz (ca. 4—6 g) wird im H_2-Strom in Ggw. eines Pt-Katalysators bei 850—900° zersetzt. Die (quant.) entstandenen H_2S- bzw. HCl-, HBr- u. HJ-Gase werden durch 30%ig. KOH-Lsg. absorbiert. In aliquoten Teilen dieser Lsg. wird S^{2-} jodometr. u. die Halogenide (vorherige Zerstörung der evtl. entstandenen Carbonate u. Cyanide durch Aufkochen der angesäuerten Lsg. u. Oxydation des S^{2-} mit Hilfe alkal. $KMnO_4$-Lsg.) mercurimetr. bestimmt. Die Fehlergrenzen der Best. betrugen: für Halogene −0,24 bis +0,10%, für S −0,27 bis +0,20%. Das Schema einer App. zur Zers. im H_2-Strom ist angegeben. S. BARYSCHNIKOW. G 253

Amperometrische Bestimmung von Arsen und Selen durch direkte Jodidmethode. O. A. Ssongina und A. P. Woiloschnikowa. (Заводская Лаборатория [Betriebs-Lab.] **24.** 1331—36. 1958. Univ. u. Chem. Inst. der Akad. der Wiss. der KasachSSR.) Russ.)

Die amperometr. Best.-Meth. für As(V) u. Se(IV) beruht auf deren direkter Titration in HCl-haltiger Lsg. mit KJ. Bei der Best. von As wird der im Laufe der Titration von J_2 entstehende Kathodenstrom ausgenutzt. Die Best. von Se erfolgt dagegen auf Kosten des Anodenstroms, der Oxydation der überschüssigen J^--Ionen. Zur Beseitigung der die As-Best. störenden Beimengungen werden diese durch Cd-Amalgam reduziert. Die Best. von Se kann in Ggw. von Te durchgeführt werden. Die Meth. ermöglicht eine As- u. Se-Best. bei einer Konz. von ca. 0,005—0,0005 mg/ml.

S. BARYSCHNIKOW. G 265

Flammenphotometrische Schnellbestimmung von Alkalien in Gläsern und Silicaten. P. Bruce Adams. (Analytic. Chem. **33.** 1602—05. Okt. 1961. Corning, N.Y., Corning Glass Works, Res. and Dev. Div.) (Engl.)

Vf. beschreibt eine schnelle flammenphotometr. Best.-Meth. für Alkalien in Glas u. anderen Silicaten, bei der die Probe mit einer HF/HCl-Mischung zersetzt u. nach Verdünnen mit W. direkt analysiert wird. Das Verf., das 30 Min. erfordert, kann durch

Verw. eines rotierenden Mehrfachprobenhalters u. eines Streifenschreibers beschleunigt werden. Die Genauigkeit beträgt für Na_2O 1,5% u. für K_2O 1,1%, wobei die Werte allg. etwas niedriger liegen als bei den konventionellen chem. oder flammenphotometr. Methoden. J. KRAETSCH. G 275□

Maskierung von Zink, Cadmium, Quecksilber, Blei und Zinn mit Unithiol bei der komplexometrischen Bestimmung von Strontium und Barium. L. A. Wolf. (Заводская Лаборатория [Betriebs-Lab.] **26.** 1353–54. 1960. Leningrad, Kirow-Textilinst.) (Russ.)

Die von ANDEREGG u. Mitarbeitern (vgl. C. **1954.** 7709) vorgeschlagene komplexometr. Best. von Sr u. Ba mit Kresolphthaleinkomplexon unter Anwendung von Unithiol zur Maskierung von Zn, Cd, Hg, Pb u. Sn wird erörtert. S. BARYSCHNIKOW. G 285

Spektralphotometrische Bestimmung von Spurenelementen der Schwefelwasserstoffgruppe mit Natriumpyrrolidindithiocarbaminat. 1. Mitt. Die Bestimmung von Wismut, Kupfer, Zinn und Antimon in Fein-, Walz- und Hüttenrohzink. E. Kovács und H. Guyer. (Z. analyt. Chem. **186.** 267–88. 1962. Schaffhausen, Georg Fischer AG., Chem. Labor.) (Dt.)

Na-Pyrrolidindithiocarbaminat (I) ist in W. sehr gut lösl., in Chlf. u. CCl_4 weit weniger. Die wss. Lsg. ist bei Konzz. bis zu 25 g/Liter prakt. farblos; die organ. Extrakte aus wss. Lsgg. zeigen nur geringe Eigenabsorptionen oberhalb von 400nm. Die Eigenabsorption ist stark pH-abhängig. — *Bi*-Best.: Die Absorptionskurve besitzt ein Maximum bei 360 nm; der molare Extinktions-Koeff. beträgt 9860. Für Geh. von 0–30 μg Bi/ml ist das LAMBERT-BEERsche Gesetzt erfüllt. Zur Bi-Best. werden die Zn-Späne in HCl u. H_2O_2 gelöst. Ein aliquoter Teil der Lsg. wird mit EDTA, Citronensäure, KCN u. I versetzt u. bei pH 9–9,5 mit CCl_4 extrahiert. Der Extrakt wird gegen reines CCl_4 bei 360 nm photometriert, wenn keine wesentlichen Mengen von Pb, Ag u. Hg anwesend sind u. eine maximale Empfindlichkeit erreicht werden soll; andernfalls erfolgt die Messung bei 420 nm, wo Pb, Ag u. Hg nicht mehr stören. Tl(III) u. Sn(II) stören; die Störung durch Tl(III) kann durch Red. zu Tl(I) mit H_2SO_3 beseitigt werden. Cu, Cd, As(V), Sb(V), Fe(III), Ni, Mn, Al, Mg stören nicht, wenn ihr Geh. 2 mg nicht übersteigt. — *Cu*-Best.: Die Absorptionskurve besitzt ein Maximum bei 436 nm; der molare Extinktions-Koeff. beträgt 13950. Das LAMBERT-BEERsche Gesetz ist bis zu Geh. von 5 μg Cu/ml erfüllt. Bi u. Tl(III) stören; die Störungen von Pb, Ag u. Hg werden durch die Messung bei 436 nm ausgeschaltet, die Störung durch Sn(II) durch Oxydation zu Sn(IV). Die Störungen durch Bi u. Tl(III) werden durch Differenzmessung beseitigt. Zur Cu-Best. wird ein aliquoter Teil der Zn-Lsg. mit Citronensäure u. EDTA versetzt. Nach dem Einstellen des pH auf 8,2–8,5 u. Versetzen mit I wird mit CCl_4 extrahiert. Ist Bi abwesend, kann der Extrakt direkt zur Cu-Best. herangezogen werden. In Ggw. von Bi wird ein 2., gleicher aliquoter Teil der Zn-Lsg. mit den erwähnten Zusätzen, außerdem noch mit KCN versetzt. Die Extrakte beider Proben werden gegeneinander photometriert. Ist Tl abwesend, kann in der KCN enthaltenden Probe anschließend Bi bestimmt werden. — *Sn*-Best.: Das Maximum der Absorptionskurve des Komplexes von Sn(IV) mit I liegt im UV; der günstigste Meßbereich liegt im Gebiet 400–440 nm, da unterhalb von 390 nm die Eigenabsorption von I im Sauren stark ansteigt. Bei einem Geh. <40 μg Sn/ml ist im Bereich 390–440 nm das LAMBERT-BEERsche Gesetz erfüllt u. die Färbung des Extraktes für eine analyt. Auswertung genügend konstant. Bei kleinen Sn-Geh. ist eine Messung bei 400 nm zu empfehlen, da hier ein molarer Extinktions-Koeff. von 2490 auftritt, gegenüber einem von nur 1490 bei 440 nm. Ist dagegen mit einer Mitextraktion von Pb, Sb, Ag, Hg zu rechnen, empfiehlt sich eine Messung bei 440 nm. Da im alkal. Bereich Zn u. alle üblicherweise vorhandenen Verunreinigungen außer Sn u. As als Carbaminate extrahierbar sind, kann Sn auf diese Weise isoliert werden. Anschließend kann Sn aus saurer Lsg. als Carbaminat extrahiert werden. Zur Sn-Best. wird die Zn-Lsg. mit Citronensäure u. EDTA versetzt u. bei pH 8 nach Zugabe von I einige Male extrahiert. Durch Zugabe von Citronensäure wird der pH der wss. Schicht auf 5,2 gebracht. Nach Zugabe von weiterem I wird das Sn extrahiert; in diesem Extrakt wird Sn durch Messung der Extinktion bei 400 oder 440 nm bestimmt. Dieses Verf. ist bes. für größere Sn-Mengen geeignet, wie sie z. B. in Weißmetallen vorliegen. Bei geringeren Sn-Geh. wird Sn in Anwesenheit von Citrat u. EDTA zusammen mit anderen Störelementen extrahiert. Durch nachfolgendes Waschen des Extraktes mit einer NH_4OH–NH_4Cl-Puffer-Lsg. vom pH 8,5 wird das Sn in die wss. Schicht zurückgeführt u. bei pH 5–5,7 erneut extrahiert. Dieser Extrakt wird photometriert. Nach dieser Meth. lassen sich Sn-Geh. bis zu 0,005% bestimmen. Bei noch geringeren Sn-Geh. oder viel Pb neben sehr wenig Sn läßt man vorteilhafterweise eine BLUMENTHALsche Trennung (Z. analyt. Chem. **74.** [1928.] 33) vorangehen, da ein Überschuß an Mn nicht stört u. mitgefälltes Sb, Bi u. Tl leicht abgetrennt werden können. — *Sb*-Best.: Das Maximum der

Absorptionskurve des Komplexes von I mit Sb(III) liegt im UV; die Messung kann im Bereich 350—380 nm erfolgen, wo die molaren Extinktions-Koeff. zwischen 4500 u. 2805 liegen. Sb(V) reagiert nicht. Das LAMBERT-BEERsche Gesetz gilt in dem angegebenen λ-Bereich bei Sb-Mengen bis zu 300 μg. Bi stört. Zur Sb-Best. werden die Zn-Späne in HCl u. H_2O_2 gelöst; nach Verkochen des überschüssigen H_2O_2 wird mit H_2SO_4 abgeraucht u. evtl. abgeschiedenes $PbSO_4$ abfiltriert. Dann wird mit Hydrazinsulfat red. u. das entstandene Sb(III) nach dem Zusatz von Citronensäure, EDTA, KCN u. I bei pH 8,2 mit Chlf. extrahiert. Es wird sofort bei 350—380 nm photometriert. In der Dunkelheit ist die Extinktion konst., im Tageslicht nimmt sie jedoch deutlich ab. Es lassen sich so Sb-Geh. >0,02% bestimmen. Falls Bi vorhanden ist, kann es durch eine vor der Sb-Extraktion erfolgende Extraktion bei pH 11 abgetrennt werden. Es kann auch eine Differenzmessung durchgeführt werden. 2 gleiche Einwaagen werden in gleicher Weise behandelt, nur unterbleibt bei einer die Red. mit Hydrazin. In dieser Probe liegt Sb als nicht reagierendes Sb(V) vor; die Färbung wird allein durch Bi hervorgerufen. Sie kompensiert die durch Bi hervorgerufene Färbung in der red. Probe, so daß allein die Färbung des Sb-Konplexes gemessen wird. Tl-Geh. über 20 μg stören. Mit geringerer Genauigkeit kann auch die Differenzmessung bei einer Einwaage durchgeführt werden. Bei sehr geringen Sb-Geh. kann auch die BLUMENTHALsche Trennung angewandt werden.
P. KURZMANN. G 358□

Impulspolarometrische Bestimmung von Blei, Zink, Kupfer, Thallium und Indium in mineralischen Rohstoffen. B. Ja. Kaplan. (Заводская Лаборатория [Betriebs-Lab.] **25.** 1168—72. 1959. Geolog. Verwaltung der Zentralbezirke.) (Russ.)

Die Meth. beruht auf der vom Vf. entwickelten polarograph. Best. mit Wechselstrom (C. **1958.** 8143). Die Durchführung der Analyse von Pb, Zn, Cu, Tl u. In wird eingehend beschrieben. S. BARYSCHNIKOW. G 358

Über die colorimetrische Bestimmung von Mikromengen Kupfer in Nickel- und Kobaltlösungen. I. P. Kalinkin und G. Ss. Ssemikosow. (Заводская Лаборатория [Betriebs-Lab.] **27.** 17—20. 1961. Leningrad, Technol. Lensowjet-Inst.) (Russ.)

Cu-Spuren können durch Extraktion mit einer Lsg. von Pb-Diäthyldithiocarbamat (I) in $CHCl_3$ u. Extinktionsmessung bei $\lambda = 436$ mμ bestimmt werden. Literaturangaben über die gleichzeitige Extrahierbarkeit der Co- u. Ni-Komplexe widersprechen sich. Vff. wiesen nach, daß aus konz. wss. Lsgg. Co u. Ni gleichzeitig mit Cu extrahiert werden u. dessen Best. stören. Ihr Einfl. wird vernachlässigbar bei Extraktion aus 10 ml Lsg. mit <20 g/Liter Co bzw. <10 g/Liter Ni. Zur Best. von Cu-Spuren in Co- u. Ni-Lsgg. werden diese entweder vor der Extraktion entsprechend verd., oder die Störelemente werden durch eine zwischengeschaltete Reextraktion des Cu mit HCl beseitigt.
R. GERBATSCH. G 358□

Bestimmung von Kupferspuren in reinem Aluminium und Indium mit Nickeldiäthyldithiophosphat. A. I. Bussew und N. P. Borsenkowa. (Заводская Лаборатория [Betriebs-Lab.] **27.** 13—15. 1961. Moskau, Lomonossow-Univ.) (Russ.)

Zur Best. von Cu-Spuren kann dessen in W. unlösl., mit $CHCl_3$ u. CCl_4 unter intensiver Gelborangefärbung (Absorptionsmaximum bei 420 mμ) im gesamten pH-Bereich gut extrahierbares Diäthyldithiophosphat (I) verwendet werden. Zur Messung der opt. Dichte diente ein SF-4-Spektrophotometer, für Cu-Konz. unter 0,2 μg/ml mit einer speziellen Teflon-Mikroküvette von 50 mm Länge u. 0,63 ml Inhalt, deren Konstruktion u. Justierung im Strahlengang beschrieben wird. Zur Best. von Cu in Al wird 1 g Al in 10n H_2SO_4 im Quarzglas gelöst. Nach Verdünnen auf 1n H_2SO_4 wird 3mal mit 5—10 ml CCl_4 u. 1—5 ml 0,0005m Ni-I je 3 Min. lang geschüttelt, die organ. Phasen werden vereinigt u. die Extinktion gegen eine analog hergestellte Blind-Lsg. gemessen. Bei Best. im Bereich von $5 \cdot 10^{-4}$ bis $7 \cdot 10^{-3}$% Cu liegt der relative Fehler bei 10—20%. Weniger als $2 \cdot 10^{-5}$% Cu können nach Extraktion mit kleinen Mengen CCl_4 in der Mikroküvette bestimmt werden. Die Best. von Cu in In unterscheidet sich nicht wesentlich vom beschriebenen Analysengang. Alle Reagentien werden durch Extraktion mit Ni-I gereinigt. R. GERBATSCH. G 358□

Einige Derivate des Dithiooxamid als Reagentien für die gleichzeitige spektrophotometrische Bestimmung von Kobalt-, Nickel- und Kupferspuren. William D. Jacobs und John H. Yoe. (Proc. Sympos. Chem. Co-ordinat. Compounds, Agra, India **1959.** Nr. 3. 265—73. 1960. Athens, Ga., Univ. of Georgia, Dep. of Chem.; Charlottesville, Va., Univ. of Virginia, Dep. of Chem., Prott Trace Anal. Labor.) (Engl.)

Vff. untersuchen 8 Derivv. des *Dithiooxamids* (I) [*N.N'-Diäthyl*-I; *N.N'-Bis-(carboxymethyl)*-I; *N.N'-Bis-(2-hydroxyäthyl)*-I; *Na-Salz des N.N'-Bis-(2-sulfoäthyl)*-I; *N.N'-Bis-(3-dimethylaminopropyl)*-I (II); *N.N'-Bis-(3-methoxypropyl)*-I; *N.N'-Dicyclohexyl*-I; *N.N'-Didodecyl*-I (III)] auf ihre Verwendbarkeit als Reagentien für die gleichzeitige spektrophotometr. Best. von Co, Ni u. Cu. Die Ionen-Konz. betrug 2,00 ppm u. die der

Reagens-Lsg. $1{,}5 \cdot 10^{-3}$m. Die gegen reines Reagens gemessene Absorption der Lsgg. wird gegen die Wellenlänge aufgetragen. Die aus diesen Kurven ermittelten Werte der Empfindlichkeit der Farb-Rkk., die Wellenlänge der maximalen Absorption u. des molaren Extinktions-Koeff. für die einzelnen metallorgan. Komplexe sind tabelliert u. werden mit den Werten von I verglichen. Die Einführung einer funktionellen Gruppe in I verschiebt beim Ni-Komplex die Maximalabsorption von 640 mμ nach ca. 500 mμ. Außer bei **III** wird die Empfindlichkeit der Ni-Rk. gesenkt, liegt jedoch im Mittel bei 0,012 γ/cm^3. Bei den Co- bzw. Cu-Komplexen bringt die Substitution nur geringe oder keine chromotropen Effekte, obgleich die Empfindlichkeiten der Farb-Rkk. beträchtlich variieren. Nur **II** scheint als Reagens für eine gleichzeitige Best. von Co, Ni u. Cu geeignet zu sein. Eine Struktur-Unters. der Co-, Ni- bzw. Cu-Komplexe von **VI** ergibt, daß in Lsg. $Co_2[R{-}N{=}C({-}S){-}C({=}S){-}N{-}R]_3$ bzw. $Me[R{-}N{=}C({-}S){-}C({-}S){=}N{-}R]$ (mit Me = Ni bzw. Cu u. R = funktionelle Gruppe) vorliegen. W. Hein. G 358 □

Die Bestimmung von Silberspuren in Blei und Bleioxiden mit Dithizon. P. D. Jones und E. J. Newman. (Analyst **87.** 66—68. Jan. 1962. Chadwell Heath, Essex, Hopkin & Williams Ltd.) (Engl.)

Die Probe wird in 60%ig. $HClO_4$ (evtl. unter Zusatz von H_2O_2 oder HNO_3) gelöst u. zur Beseitigung oxydierender Bestandteile mit Ascorbinsäure versetzt. Dann wird mit Dithizon-Lsg. in Chlf. extrahiert, bis die Chlf.-Schicht gelbgrün gefärbt ist. Die leichte Grünfärbung zeigt einen Dithizonüberschuß an. Eine Blindprobe wird in gleicher Weise behandelt u. mit der gleichen Menge Dithizon-Lsg. versetzt. Der Blindprobe wird $AgNO_3$-Standard-Lsg. zugesetzt, bis die Farbe der beiden Chlf.-Schichten übereinstimmt. Bis zu 250 μg Cu u. 5 g Pb rufen bei Best. von μg-Mengen Ag keine Störungen hervor. P. Kurzmann. G 359 □

Die Bestimmung von Goldspuren in Platinproben durch Neutronenaktivierungsanalyse. D. F. C. Morris und R. A. Killick. (Talanta [London] **8.** 793—97. Nov. 1961. London, Brunel Coll. of Technol., Dep. of Chem.) (Engl.)

Bei der Bestrahlung von Au mit therm. Neutronen erhält man nach der Rk. $^{197}Au(n,\gamma)^{198}Au$ radioakt. Gold. Daneben kann mit geringerer Wahrscheinlichkeit die Rk. $^{198}Au(n,\gamma)^{199}Au$ vor sich gehen. Störend für die Best. von Au in Pt ist die Rk. $^{198}Pt(n,\gamma)^{199}Pt$, da das ^{199}Pt unter β-Strahlung in ^{199}Au zerfällt. Für die Best. des Au im Pt werden die Pt-Proben z. Standardproben 2½ Std. lang mit einem therm. Neutronenfluß von $8 \cdot 10^{11}$ n/cm^2/s bestrahlt. Dann wird das Au radiochem. abgetrennt u. der Geh. an ^{198}Au bestimmt. Dazu werden die festen Proben durch einen Al–Pb–Al-Absorber (852 mg/cm^2 Al; 180 g/cm^2 Pb; 98 mg/cm^2 Al) mit einem Scintillationszähler mit NaJ(Tl)-Kristall von 1,5 in. ∅ u. 1 in. Höhe gemessen. Mit einem Diskriminator werden die γ-Strahlen des ^{199}Au ausgeschaltet. R. Krämer. G 360 □

Trennung von trägerfreiem Rhodium-102 aus einem Ruthenium-Target. Hikaru Shimojima. (J. chem. Soc. Japan, pure Chem. Sect. [Nippon Kagaku Zasshi] **81.** 561—64. April 1960. Tôkyô-Meguro, Tôkyô-Daigaku.) (Jap.; Auszug: Engl.)

Ein Target aus Ru-Pulver wird in einem 160 cm-Cyclotron mit Protonen (12,5 MeV) bombardiert, nach dem Bombardement mit Fe gemischt u. mit KOH u. KNO_3 geschmolzen. Der pulverisierte Schmelzkuchen wird mit W. ausgezogen, wobei Ru in Lsg. geht, während Rh im Rückstand bleibt. Der Rückstand wird dann mit $KHSO_4$ geschmolzen, das Rk.-Prod. mit W. ausgezogen u. der Auszug, der neben $K_3Rh(SO_4)_3$ eine große Zahl anderer Kationen enthält, auf eine Ionenaustauschersäule mit Dowex 50W-X 8 gegeben. Das Eluat enthält reines vollkommen trägerfreies ^{102}Rh als $Rh(SO_4)_3^{3-}$. Die Trennung ist leicht in 2 Std. durchführbar. E. Maekawa. G 364 □

Die Mikrochemie der Platinmetalle. Trennung und Bestimmung von Mikromengen Osmium, Iridium und Platin. Fadhil Jasim, Robert J. Magee und Cecil L. Wilson. (Mikrochim. Acta [Wien] **1962.** 160—65. Belfast, Queen's Univ., Chem Dep.) (Engl.)

Es wird eine Meth. zur Trennung u. Best. kleiner Mengen Os, Ir u. Pt beschrieben. Eine Lsg., die bis zu 250 μg Os enthält, wird mit 16 ml einer 5%ig. wss. Brenzcatechin-Lsg. versetzt, der pH-Wert mit 5%ig. CH_3COONa-Lsg. oder HCl auf 3 gebracht, die Lsg. 1 Std. lang im sd. Wasserbad erhitzt u. auf 50 ml aufgefüllt. Es entsteht ein blauvioletter Os(IV)-Brenzcatechin-Komplex, der bei 590 nm photometriert wird. Der farbige Komplex ist mindestens 6 Tage lang stabil u. mit Chlf. oder Hexon extrahierbar. Die anderen Metalle der 8. Nebengruppe stören diesen Os-Nachw. nicht. Zur Best. von Os, Ir u Pt nebeneinander wird eine Lsg. mit bis zu 250 μg von jedem der drei Elemente wie beschrieben behandelt u. anschließend mit Chlf. extrahiert. Die das Os enthaltende Chlf.-Phase wird bei 595 nm photometriert. Die wss. Phase wird mit Methylisobutylketon extrahiert, das Lsgm. abgedampft, der Rückstand nacheinander mit HNO_3, H_2SO_4 u. $HClO_4$ abgeraucht, in W. aufgenommen, mit gesätt. wss. Thiosemicarbazid- u. gesätt. Na_2CO_3-Lsg. versetzt u. mit Amylacetat extrahiert. Die organ. Phase enthält das Pt,

sie wird eingedampft, mit konz. HNO_3 u. danach 2mal mit konz. HCl abgeraucht, der Rückstand in W. aufgenommen u. das Pt nach der $SnCl_2$-Meth. photometr. bestimmt. Die das Ir enthaltende wss. Phase wird nach Zusatz von HNO_3 u. $HClO_4$ abgeraucht, der Rückstand in W. aufgenommen u. das Ir durch Titration mit Hydrochinon gegen 3.3'-Dichlorbenzidin als Indicator bestimmt. Das Verf. gibt reproduzierbare Werte.
F. Sarfert. G 368□

b) Organische Verbindungen

Nachweis spezifischer, organischer Verbindungen. P. Haverkamp Begemann. (Chem. Weekbl. **57.** 293–97. 10/6. 1961. Vlaardingen, Unilever Res. Labor.) (Holl.)

Erörterung der Verff. zum Nachw. von organ. Verbb. in Gemischen mit besonderer Berücksichtigung der aliphat. CO-Verbb. u. ihrer Dinitrophenylhydrazone mit Beispielen von ungesätt. u. verzweigten Aldehyden u. stereoisomeren Derivaten. — 14 Literaturzitate. W. Wesly. 5350□

Anwendung der Chelatometrie für die volumetrische Bestimmung des Diacetylmonoxims. Claude Hennart und Eugène Merlin. (Chim. analytique **43.** 28–29. Jan. 1961. Seine-et-Marne, Orgafrance, Labor. de Villiers-Saint-Georges.) (Franz.)

Das Diacetylmonoxim kann in einer vorgelegten Ni-Lsg. durch Überführung in das Dioxim u. chelatometr. Ermittlung des Ni-Überschusses ermittelt werden.
R. F. Haar. G 720□

Kolloquium über die quantitative Bestimmung von Aminosäuren. Die Methode von Moore und Stein. J. E. Eastoe. (Biochem. J. **80.** 33 P. Sept. 1961. London, Royal Coll. of Surgeons, Dep. of Dental Sci.) (Engl.)

Abriß der Entw. der chromatograph. Aminosäureanalyse bis zur heutigen automatisierten Bestimmung. K. Heyns. G 950□

Kolloquium über die quantitative Bestimmung von Aminosäuren. Einige Aspekte der Automatisierung. A. L. J. Buckle. (Biochem. J. **80.** 33P.–34P. Sept. 1961. London, Guy's Hosp. Med. School, Dep. of Exp. Med.) (Engl.)

Hinweise zur Vereinfachtung u. Beschleunigung des Vers.-Programms bei der automat. Aminosäurebestimmung. K. Heyns. G 950□

Polarographische Kontrolle bei der Darstellung von Kontakt-Anthrachinon. S. I. Fodiman und E. Ss. Lewin. (Заводская Лаборатория [Betriebs-Lab.] **26.** 1088–90. 1960. Forsch.-Inst. für organ. Zwischenprodd. u. Farbstoffe.) (Russ.)

2 Varianten der polarograph. Best. von Anthrachinon (I) in Ggw. von Phthalsäureanhydrid (II) u. Anthracen (III) in den aus Abgasen aufgefangenen Prodd. werden erörtert. Die Abweichungen zwischen den Resultaten der I-Best. nach der polarograph. u. chem. Meth. sind prakt. unbedeutend. Infolge des bedeutenden Geh. an II ist die polarograph. II-Best. unzweckmäßig. Die polarograph. Best. von III kann zweckmäßig u. mit genügender Genauigkeit nur in Gemischen mit > 0,2% III durchgeführt werden.
S. Baryschnikow. G 2800

Trennung von Coffein und Antipyrin mit Hilfe eines Kationenaustauschers in der Eisen(III)-Form. Ereo Sjöström. (Analytica chim. Acta [Amsterdam] **16.** 428–30. Mai 1957. Helsinki, Lääketehdas Orion Oy, Pharm. Manuf., Anal. Labor.) (Engl.)

Zur quant. Trennung von *Coffein* (I) u. *Antipyrin* (II) eignet sich Dowex-50 (Teilchengröße 0,15—0,30 mm), das vorher mit 10%ig. $FeCl_3$-Lsg. in die Fe(III)-Form übergeführt u. mit W. gewaschen wird. Die wss. Lsg. von I u. II (25—100 bzw 100—250 mg in 25 ml W.) wird bei 70° langsam durch die Säule gegeben (9×160 mm), das sorbierte I mit 225 ml W. der gleichen Temp. ausgewaschen u. spektrophotometr. bei 271 mμ ermittelt. II wird quant. in der Säule zurückgehalten (bis zu 750 mg). Evtl. vorhandenes *Phenacetin* findet sich ebenfalls im Eluat u. stört die Best. von I; es kann durch saure Hydrolyse in p-Phenetidin umgewandelt werden, welches im Gegensatz zu I u. II nicht durch Chlf. aus wss. Phase extrahiert wird. A. Blaschette G 3500□

P. N. Kowalenko und **K. N. Bagdassarow**, Physiko-chemische Analysenmethoden. (Prakt. Handbuch.) Rostow/Don: Verl. der Rostower Univ. 1962. (349 S. m. Abb.) 1 Rbl. 20 Kop. [Russ.]

Cecil Leeburn Wilson and **David Woodburn Wilson**, eds., Comprehensive analytical chemistry. Vol. 1 C: Classical analysis. Amsterdam: Elsevier; London: Van Nostrand. 1962. (XXX + 728 S. m. Tab. u. Diagr.) 7 £.

H. Angewandte Chemie

I. Allgemeine chemische Technologie

Diagramme zur Bestimmung der Toleranz von Enthalpiedifferenzen für Wasserdampf. O. Seibert. (Brennstoff. Wärme. Kraft **13.** 446–56. Okt. 1961. Gelsenkirchen.) (Dt.)

Es wird der Fehler (die Toleranz) $\delta \Delta i$ behandelt, der für die Erzeugungswärme bzw. Zwischenüberhitzungswärme des Dampfes, also eine Enthalpiedifferenz $\Delta i = i_1 - i_2$, gilt. Dabei wird vorausgesetzt, daß i_1 u. i_2 selbst durch die zugehörigen Zustandgrößen Temp. u. Druck mit Hilfe der Wasserdampftafeln bestimmt worden sind. Die Fehler in den Meßwerten der Zustandsgrößen δt_1, δp_1, δt_2 u. δp_2 selbst werden aus zeitlichen Schwankungen der Zustandsgrößen u. dem Meßgerätefehler nach den Gesetzen der Statistik berechnet, ebenso ihre Auswirkung auf die Enthalpien u. deren Differenz. Dabei ist berücksichtigt, daß die aus physikal. Messungen bekannten Enthalpien selbst mit Fehlern behaftet sind, deren Beträge als „Tafeltoleranzen" international festgelegt wurden, aber weder den heutigen Bedürfnissen genügen, noch der vorhandenen Unsicherheit in der Kenntnis der Enthalpien entsprechen. P. SCHARNER. 5800☐

Rohrverlegung in chemischen Fabriken. W. H. Homer. (Manufact. Chemist **32.** 447—49. 452. Okt. 1961. William H. Capper and Co. Ltd.) (Engl.)

Erörterung der einzelnen Stufen der Leitungsverlegung in einer mittelgroßen, organ.-chem. Fabrik. W. WESLY. 5802☐

Äthylcellulose-Kombination mit Wachsen, Fettsäuren, Teer usw. Hans Hadert. (Adhäsion **5.** 477—80. Sept. 1961. Berlin.) (Dt.)

Beschreibung der Herst., Eigg. u. Verw. einer größeren Anzahl von Äthylcellulose-Kombinationen mit Wachsen u. Fettsäuren. W. WESLY. 5804☐

Automatische Analyse der Hochofengase durch Chromatographie in der Gasphase. C. Schoedler. (Chim. et Ind. **87.** 231—39. Febr. 1962.) (Franz.)

Vf. behandelt die Analyse eines Gasgemisches, welches aus CO_2 (12%), CO (28%), H_2 (3%), CH_4 (Spuren) u. N_2 (Rest mit etwas O_2 u. H_2O) besteht. Es werden zunächst die dabei auftretenden Schwierigkeiten hinsichtlich der Trennung u. des Nachw. besprochen. Es schließen sich Einzelheiten über App., Probenahme u. Analyse an. Es wird darauf hingewiesen, daß nach dem angeführten Verf. auch andere Gasgemische, wie Rauchgase usw., untersucht werden können. W. RENKER. 5812☐

Gleichzeitiger Wärme- und Massenübergang. 1. Mitt. Jesse Coates und Bernard S. Pressburg. (Chem. Engng. **68.** Nr. 11. 95—100. 29/5. 1961.) (Engl.)

Am Beispiel eines Lufttrocknungs- u. Befeuchtungs-Syst. erörtern Vff. Unters.- u. Berechnungs-Meth. des gleichzeitig verlaufenden Wärme- u. Fl.-Stroms unter Berücksichtigung des in den Grenzschichten beim Begegnen beider fl. Phasen auftretenden Widerstandes. A. SANDER. 5816☐

Gleichzeitiger Wärme- und Massenübergang. 2. Mitt. Jesse Coates und Bernard S. Pressburg. (Chem. Engng. **68.** Nr. 13. 131—34. 26/6. 1961. Louisiana State Univ.) (Engl.) — 1. vgl. vorst. Referat.

Zur mathemat. Berechnung der beim Entfeuchten von Luft oder beim Kühlen von W. durch gegenströmende Luft zwischen W. u. Luft auftretenden Differential-Gleichgewichts-Syst. entwickelten Vff. an einem gegebenen Beispiel die entsprechenden, durch Diagramme veranschaulichten Sättigungs- u. Enthalpieintegrale. A. SANDER. 5816☐

Mischung, Umhüllung oder Granulation fester Partikel. Ihre Trennung und Trocknung. Pierre Korda. (Génie chim. **87.** 38—50. Febr. 1962.) (Franz.)

Es werden zunächst verschiedene Typen von Misch-App. beschrieben; dabei wird bes. auf ihre Genauigkeit u. Schnelligkeit eingegangen. Es schließen sich weitere Ausführungen über App. zur Granulation, Agglomeration, Frittage, Trocknung u. Trennung fester Partikel an. W. RENKER. 5822☐

Über die kationische Flotation von aus Baryt, Fluorit und Quarz zusammengesetzten Rohmaterialien. Marcello Ghiani. (Ind. mineraria [2] **12.** 610—26. Okt. 1961. Cagliari, Univ., Ist. di Arte miner. e prep. dei Minerali.) (Ital.)

Auf dem Gebiet der Anreicherung von $BaSO_4$-Mineralien durch Flotation sind die mit CaF_2 verunreinigten Rohbarytmaterialien (I) am schwersten aufzubereiten. Die beim selektiven Flotationsprozeß im allg. benutzten Reagentien („Kollektoren") sind die sog. „anion.", während die kation. kaum beachtet werden. Es werden die Anreicherungsmöglichkeiten von einigen I mit verschiedenem Geh. an CaF_2 u. SiO_2 durch Flotation mit kation. Reagentien (Sapamin MS, Hexadecyltrimethylammoniumbromid, N-Tetradecylpyridiniumbromid, Arquad C u. T, Amin 220 u. Amin F. B. 110) untersucht. Die Ergebnisse werden mit den bei der anion. Flotation erhaltenen verglichen u. zeigen, daß die kation. Flotation unter Verw. von Amin 220 (II) für I mit niedrigem Geh. an CaF_2 ($<$ 11 bis 12%) u. vorwiegender SiO_2-Gangart geeignet ist, während die anion. Flotation für I mit höheren Geh. an CaF_2 den Vorzug hat. Weiter werden einige der Flotation unter Verw. von II entsprechende kinet. Parameter u. der Einfl. der Reagensmenge, der Temp. der

Brühen, des Schlammes u. des pH-Wertes auf die Flotation untersucht (Diagramme u. Tabellen). — 13 Literaturangaben. G. Platzer. 5828□

Trennung von Gasen aus dissoziiertem Ammoniak nach dem Elektroofen-Verfahren. A. Hegarty. (Mod. Refrigerat. **64.** 630—31. Juni 1961.) (Engl.)

In der 1. Stufe des 2stufigen Verf. wird NH_3 bei hohen Temp. in Ggw. eines Katalysators in H_2 u. N_2 gespalten (50—100 mg/kg ungespaltenes NH_3). Aus dem auf 30° abgekühlten Gemisch von 1 Teil H_2 u. 3 Teilen N_2 wird N_2 (u. Rest-NH_3) unter Druck u. Kühlung in Stahlkammern von akt. Holzkohle absorbiert, wonach der H_2 (99,8% Reinheit) entspannt wird. Die techn. Ausführung des Verf. wird beschrieben. W. Wesly. 5828□

Strömungsverhalten von Flüssigkeiten in Rührbehältern. Shuichi Aiba. (A.I.Ch. E. Journal **4.** 485—89. Dez. 1958. Tokyo, Japan, Univ.) (Engl.)

In Behältern von 11,5 in. Ø u. 14 in. Höhe wurden W./Glycerin-Gemische (0—108 cP) gerührt u. die Geschw.-Profile in Abhängigkeit von Art u. Umdrehungs-Geschw. der Rührer (Paddel-, Turbinen- u. Propellerrührer) aufgenommen sowie der Einfl. von Staublechen bestimmt. In den Lsgg. befand sich, an einem Pt-Draht aufgehängt, eine ^{60}Co-Quelle. Ihre Abweichung von der ursprünglichen Lage gegenüber einem feststehenden G.-M.-Zählrohr bildet ein Maß für die Strömungs-Geschw. der Flüssigkeit. Die Ergebnisse zeigen, daß das Strömungs-Verh. im turbulenten Gebiet bei gegebenem Rühr-Syst. unabhängig von der Drehzahl des Rührers ist, der Einfl. der Viscosität jedoch nicht zu vernachlässigen ist. Abschließend wird eine relativ einfache Beziehung zwischen dem Strömungs-Verh. der Fl. u. dem Hemm-Koeff. des Rührers gefunden. J. Martins. 5840□

Versuche über Rauchentstauber bei der Versuchsstation für Brennstoffe. P. Capponi und F. Renzanigo. (Riv. Combustibili **15.** 615—34. Juli/Aug. 1961. Milano, Staz. sperim. per i combustibili e Centro Riscaldamento Combustibili liquidi.) (Ital.)

Es wird der prakt. Stand des Problems der Verminderung der schädlichen Verbb. unter dem Gesichtspunkt der Luftverunreinigungen, die von mit fl. Brennstoffen gespeisten Heizanlagen des Haushalts erzeugt werden, diskutiert. Einer kurzen Unters. über die Beschaffenheit u. den Einfl. der Haupt-Prodd. dieser Art, einschließlich der festen Schwebeteilchen des unverbrannten Brennstoffs u. der S-Oxide, folgt eine krit. Zusammenfassung der Anwendungsmöglichkeiten u. -grenzen der verschiedenen im Handel verfügbaren Entstaubertypen. Die bisherigen Ergebnisse von Verss. an einer mit 2 Naßentstaubern u. einem Trockenreiniger ausgestatteten Heizanlage von mittelmäßiger Kapazität u. die zur Ausführung der Verss. benutzten Meth. bzgl. der Betriebskontrolle (Regulier-Vorr.), der Analyse der Verbrennungs-Prodd. u. der Auswertung der Entstaubungswirksamkeit werden beschrieben (Tabellen). — 14 Literaturangaben. G. Platzer. 5850□

Radiale Änderung des freien Volumens in Partikelschüttungen. L. H. S. Roblee, R. M. Baird und J. W. Tierney. (A. I. Ch. E. Journal **4.** 460—64. Dez. 1958. Lafayette, Ind., Purdue Univ.) (Engl.)

Die radiale Änderung des freien Vol. ε in regellosen Partikelschüttungen von Kugeln, Zylindern, Raschigringen oder Berlsätteln wurde untersucht. Die Schüttung wurde dabei mit Paraffin ausgegossen u. nach dem Erkalten in Scheiben zerschnitten, die dann in Ringe zerlegt wurden, aus denen das Paraffin durch Schmelzen wieder entfernt wurde. Die Messungen zeigen, daß die Änderung von ε stark von der Form der Partikeln abhängig ist. Für unregelmäßig geformte Körper, dieser Fall tritt in der Praxis am meisten auf, kann angenommen werden, was bei den Verss. mit Berlsätteln gefunden wurde: Im Abstand von einem Partikelradius r von der Wand ist der Wert von ε von 1 auf den Wert der mittleren ε der Schüttung abgesunken. Bei regelmäßigen Körpern liegen die Verhältnisse dagegen ganz anders. Für Kugeln u. Zylinder (Höhe ∼ Ø) wurde ein Minimum von ε im Abstand von 1 r von der Wand beobachtet, darauf mit steigendem Abstand bei jeweils ganzen Vielfachen von r alternierend Maxima u. Minima. Es wird angenommen, daß die Aussagen unabhängig sind vom Verhältnis der Durchmesser Bett/Partikel mit Ausnahme des ersten Maximums im Abstand 1 Partikel-Durchmesser von der Wand. Für Raschigringe ergab sich ein Minimum beim r/4- u. ein Maximum bei r/2-Abstand von der Wand. Oberhalb 1 r bleibt ε dann konstant. J. Martin. 5864□

Abhängigkeit des Wirkungsgrades von Siebböden von Konstruktions- und Betriebsbedingungen. J. D. Hellums, C. J. Braulick, C. D. Lyda und Mathew van Winkle. (A. I. Ch. E. Journal **4.** 465—71. Dez. 1958. Austin, Tex., Univ. of Texas.) (Engl.)

Wrkg.-Grad u. Druckabfall einer Siebbodenkolonne (5 Siebböden) von 6 in. Ø wurden bei der Fraktionierung eines n-Octan/Toluol-Gemischs bei 760 mm Hg bestimmt. Die Böden hatten Bohrungen von $^1/_{16}$, $^1/_8$ u. $^3/_{16}$ in. Ø u. freie Flächen von 5,68 u. 12,5%;

die Wehrhöhen betrugen 1, 2 u. 3 in., die Bodenabstände 6, 12, 18 u. 24 in., die Rücklaufverhältnisse bei den Verss. schließlich 1, 2, 4, 5, 10 u. ∞. Die Messungen ergaben, daß der Lochdurchmesser, die freie Fläche, der Bodenabstand u. das Rücklaufverhältnis innerhalb eines weiten Bereichs keinen nennenswerten Einfl. auf die untersuchten Größen haben, wohl aber die Wehrhöhen u. niedrige Rücklaufverhältnisse. Die erhaltenen Werte für Wrkg.-Grad u. Druckabfall (30—45% u. 0,4—1,8 in. Wassersäule) waren kleiner als die in früheren Veröffentlichungen (63—65% u. 1,1—2,1 in. Wassersäule).
J. Martin. 5864□

Eine Laboratoriumsuntersuchung des Dampftrocknungsverfahrens. 1. Mitt. **Theoretische Ansichten über die Dampftrocknung.** 2. Mitt. **Bau und Betriebsverhalten einer experimentellen Dampftrocknungsanlage.** 3. Mitt. **Die Dampftrocknung von Nutzholz in Tischlereigrößen und als Eisenbahnschwellen.** W. G. Kauman, E. L. Ellwood und J. W. Gottstein. (Commonwealth sci. ind. Res. Organizat., Australia, Divis. Forest Products. technol. Pap. Nr. **14.** 1—43. 1961. Melbourne, CSIRO.) (Engl.)

1. Mitt.: Die Grundlagen der Trocknung (Entwässerung) fester Materialien durch Kontaktierung mit organ. Dämpfen werden erörtert. Es werden Zusammenhänge zwischen der Zus. der Trocknungsatmosphäre u. dem damit im Gleichgewicht stehenden Feuchtigkeits-Geh. von Holz diskutiert, bes. bei Verw. von *Perchloräthylen* als Trocknungsmittel. Die Rk. der Trocknungsatmosphäre mit dem Holz u. der Einfl. auf die Temp. im Holzinnern werden untersucht. Die Bewegung der verdampften Feuchtigkeit innerhalb des Holzes verläuft wahrscheinlich nach Gesetzen der Poiseuille-Strömung.— 2. Mitt.: Die apparative Ausrüstung für ein Dampftrocknungs-Verf. wird in ihren Grundzügen besprochen. Entwurf u. Bau einer Pilotanlage werden beschrieben u. Meth. zur Messung u. Regelung der Verf.-Variablen angegeben. Aus den Ergebnissen von Betriebs-Verss. werden Energiebilanzen errechnet, wobei Resultate über den Wärmeübergang von der Wand der Trocknungskammer auf die Nutzholzcharge sowie über die Temp.-Verteilung innerhalb der Trockenkammer erhalten wurden. — 3. Mitt.: Vff. berichten über Verss. zur Dampftrocknung von zahlreichen austral. Holzarten in Tischlereigrößen u. als Eisenbahnschwellen. Gerhard Günther. 5874□

Herstellung von Brennstoffplatten für Forschungsreaktoren mit der Verbundstrangpreßtechnik. K. Ennerst, K. G. Hackstein und H. J. Hein. (Atomwirtschaft **6.** 325—32. Juni 1961. Wolfgang bei Hanau/M., Nukem, Nuclear-Chemie u. -Metallurgie GmbH.) (Dt.)

Die techn. Herst. von Brennstoffplatten für Reaktoren wird beschrieben: Man mischt U_3O_8 mit Al-Pulver, rüttelt in Al-Preßhülsen ein, verschließt diese durch Einsetzen von Scheiben, verformt die Preßbolzen durch Strangpressen zu einem Band mit dem Fertigprofil, wobei die entstehende Brennstoffmatrix mit dem Hülsenwerkstoff ummantelt u. verbunden wird, schneidet die Brennstoffplatten aus den Bändern u. bearbeitet sie fertig. W. Wesly. 5894□

Prüfungen von Trockenlagern für den Dragon-Reaktor-Versuch. H. Fricker. (Neue Techn. [Zürich] **3.** 360—67. Juni 1961. Winterthur, OEEC High Temp. Reactor Project Dragon u. Gebr. Sulzer.) (Engl.)

Für die unter He arbeitenden unlegierten Trockenlager eignen sich Graphitbuchsen bei hinreichend großer Wasserdampf-Konz., andernfalls behandelt man die Buchsen mit MoS_2. Gutes Verh. zeigen schmiedeeiserne u. phosphatierte Lager nach Imprägnierung mit MoS_2. Unter den Kugeltrockenlagern ist Typ EN 31 bes. mit Fettpackung bei Temp. bis 150° u. Bestrahlungen bis 10^9 rad geeignet, ebenso, wenn das Lager mit MoS_2 behandelt worden ist. Cr-reiche Werkstoffe sind als Lagerwerkstoff ungeeignet; W-reiche Stähle geben einander widersprechende Werte. W. Wesly. 5894□

Die Kinetik der katalytischen Synthese von Blausäure und Formaldehyd nach der Theorie über schnellverlaufende Prozesse in strömenden Gasen. Léonide Andrussow. (Génie chim. **86.** 39—44. Aug. 1961.) (Franz.)

Die Synth. von HCN aus CO u. NH_3 u. von Formaldehyd (I) durch Dehydrierung von CH_3OH weisen gemeinsame Merkmale auf; beide erfolgen in reduzierender Atmosphäre, wobei die O_2-Konz. an den akt. Stellen des Katalysators unmeßbar klein ist. Kinet. Berechnungen werden ausgeführt u. die Probleme der Diffusion, Neben-Rkk. u. katalyt. Oxydation von CH_4 mit Luft zu I werden erörtert.
W. Wesly. 5904□

Erzeugung von Synthesegas und Wasserstoff durch Dampf-Eisen-Verfahren. Untersuchung von Staubfließ- und Freifallbetten in einer Versuchsanlage. S. J. Gasior, A. J. Forney, J. H. Field, Daniel Bienstock und H. E. Benson. (U. S. Dep. Interior, Bur. Mines, Rep. Invest. **1961.** Nr. 5911. 1—49. Pittsburgh, Pa., Bur. of Mines, Coal Res. Center u. Peoples Gas Co.) (Engl.)

Im Staubfließ (Wirbelstrom)- u. frei fallenden Bett (mit Prellblechen) wird die techn. Ausführbarkeit der Gewinnung von H_2 u. Synthesegas nach dem Dampf-Fe-Verf. gezeigt. Dabei wird ein Fe–Fe-Oxid-Gemisch mit Generatorgas teilweise red. u. dann mit Wasserdampf u./oder CO_2 oxydiert. Die Einfl. von Druck, Temp., Betthöhe, Verhältnis Gas:Feststoffe, Art des Fe-Oxids u. Gas-Zus. auf die Konvertierung werden angegeben. W. Wesly. 5904 □

Schutz- und Reaktionsgase aus Brennstoffen. Werner W. Minkler. (Chemiker-Ztg./Chem. Apparatur **85**.395—97. 5/6. 1961. Eßlingen/Neckar.) (Dt.) — Vgl. C. **1962**. 2153.

Übersicht über die Verw. von Rk.-Gasen aus Brennstoffen (N_2, CO_2 u. Gemische, $N_2 + H_2$, $N_2 + CO$, H_2) als Schutzgase zur Verhütung von Explosionen, Bränden, Korrosionen, für oxydationsempfindliche Stoffe u. als Rk.-Gase zur Red. von Katalysatoren, Fetthärtung, Nachreifung von Früchten u. Gewinnung von CO_2 enthaltendem Wasser. W. Wesly. 5906 □

Dow Chemical Co., übert. von: George B. Sterling, Midland, Mich., V.St.A., **Dichtungs- und Kittmasse.** Um Brüche, Risse, Lecke wasserdicht abzudichten, wird eine Mischung verwendet aus: 10—50% weichem, elastomerem Mischpolymerisat mit einer Viscosität der 1%ig. Lsg. in Toluol von 6—10 Millipoise bei 25°, z. B. aus 45—80% Butadien bzw. Isopren oder anderen konjugierten Diolefinen u. 55—20% einer Monovinyl-Verb. wie Methylisopropenylketon oder aromat. substituierte Vinyl-Verbb., deren Benzolkerne halogeniert sein können (es können auch solche Mischpolymere verwendet werden, die außerdem noch 5—25% Acrylsäurealkylester mit 1—4 C-Atomen im Alkylrest enthalten), aus 5—25% eines trocknenden Öls, wie Leinöl mit einer Viscosität von Z 1 bis Z 9 nach Gardner-Holdt, aus 5—15% fl. KW-Stoffen als Lsgm., wie gesätt. aliphat. KW-Stoffen mit Kp. 60—205° u. aus 30—80% Füllstoff, wie Talkum, Kreide u. Asbestfasern. (**A. P. 2 956 972** vom 5/3. 1958, ausg. 18/10. 1960.) E. Fuchs. 5811

William Kwo-Wei Chen, V.St.A., **Herstellung von Ionenaustauschern.** Man sulfoniert oder aminiert Pfropfpolymerisate. — Man legt z. B. einen 0,1 mm starken Polyäthylenfilm von 19,3 cm^2 Oberfläche 30 Min. in Styrol, bestrahlt 5 Std. mit einer ^{60}Co-Quelle bis $1{,}6 \cdot 10^6$ r, laugt nichtpolymerisiertes Styrol mit Bzl. aus, sulfoniert durch 40 Min. langes Eintauchen in Chlorsulfonsäure, danach in CCl_4 u. wäscht mit W. aus, worauf man in ca. 20%ig. NaOH 15 Min. auf 60—70° erhitzt. (**F. P. 1 177 380** vom 18/6. 1957, ausg. 23/4. 1959. A. Prior. 18/6. 1956.) M. Pankow. 5827

Pittsburgh Plate Glass Co. (Erfinder: John J. Jaruzelski), Pittsburgh, Pa., V.St.A., **Herstellung von Ionenaustauschharzen** durch Rk. eines Bis-(halogenmethyl)-alkylbenzols mit einem Polyamin (I), dad. gek., daß als I ein langkettiges Alkylen-I mit prim. u. sek. Aminogruppen verwendet wird, das zwischen den N jeweils 2—4 C aufweist. Diese Rk.-Prodd. können noch alkyliert werden. Als Ausgangsstoffe dienen z. B. Tetraäthylenpentamin oder Triäthylentetramin einerseits u. Bis-(chlormethyl)-xylol oder Bis-(chlormethyl)-mesitylen. Poröse, unlösl. Massen, bes. geeignet zur Säureabsorption u. mit Basen regenerierbar. (**D. A. S. 1 051 499** Kl. 39c vom 4/4. 1957, ausg. 26/2. 1959. A. Prior. 8/5. 1956. **A. P. 2 912 390** vom 8/5. 1956, ausg. 10/11. 1959.) H. Schindler. 5827

Rayonier, Inc., Shelton, Wash., V.St.A., **Herstellung poröser Anionenaustauschharze** aus einem Kunstharz mit prim. u. sek. Aminogruppen, wobei der Kunstharzstoff mit HCOOH u. CH_2O zwecks Methylierung behandelt wird; dabei entstehen tert. Aminogruppen. Die Behandlung wird abgeschlossen, sobald die CO_2-Entw. aufhört. Als Ausgangskunstharz wird Duolite A-2, hergestellt nach A. P. 2 386 865, verwendet. (**Norw. P. 89 192** vom 28/5. 1952, ausg. 6/5. 1957.) K. H. Kähler. 5827

W. Ss. Titow, **Herstellen einer Ionenaustauschermembran** aus Kondens.-Prodd. von Sulfophenol oder Melamin mit CH_2O oder von Methylol-Derivv. des Phenols mit Polyäthylenpolymeren, wobei man zur Verbesserung der Eigg. der Membran in Ggw. von Polyvinylalkohol (I) arbeitet. — Man erwärmt 10 (g) Phenol u. 20 37%ig. CH_2O 1 Std. auf 90—100°, gibt 60 7%ig. wss. I-Lsg. zu u. vermischt unter Abkühlung mit einer kalten Lsg. aus 16 CH_2O, 20 konz. HCl u. 14 Polyäthylenpolyaminen. Danach erwärmt man auf 50°, u. gibt nach ca. 1 Std. 14 ml HCl zu. Man erhält einen Sirup, der wie üblich in Formen gehärtet wird. — Verw. u. a. zur *Wasserenthärtung* u. zur *Dialyse.* (**UdSSR. P. 115 677** vom 15/3. 1958.) B. Pankow. 5827

Norddeutsche Affinerie, Hamburg (Erfinder: Werner Kartenbeck und Wilhelm Schäfer, Hamburg), **Entfernen von Chlorionen aus Säuren und Salzlösungen** durch Ausfällen als unlösl. Chlorverbindung. In Ggw. von Sauerstoffsäuren wird in etwa stöchiometr. Menge Kupfer(I)-oxid zugesetzt u. ggf. erwärmt. Es kann auch anoxydiertes feinkörniges metall. Cu verwendet werden. (**D. A. S. 1 068 668** Kl. 12d vom 11/6. 1958, ausg. 12/11. 1959.) O. STEIL. 5829

Stamicarbon N. V., Heerlen, übert. von: Gerardus Hallie und Johan W. Hoogendonk, Geleen, Holland, **Granulierverfahren.** Die geschmolzenen Stoffe werden in eine Erstarrungs-Fl. eingetropft, deren Temp. unter dem F. der Stoffe liegt. Der Fl. kann dabei eine rotierende Bewegung erteilt werden, so daß die Tropfen eine Spiralbahn beschreiben. — Zum Beispiel wird eine Schmelze aus 5 $Ca(NO_3)_2$ u. 1 NH_4NO_3 mit 14—16 Gew.-% W. durch Eintropfen in ein Mineralöl von 60—80° als Erstarrungs-Fl. granuliert. — Zeichnung. — Vgl. D. A. S. 1 018 885; C. **1958.** 13085. (**A. P. 2 887 723** vom 17/2. 1956, ausg. 26/5. 1959. Holl. Prior. 23/2. 1955.) W. MATTHAES. 5839

Interstate Sanitation Co., Inc., Cincinnati, übert. von: Jack J. Bulloff, Dayton, Ohio, V.St.A., **Mittel zur Verbesserung der Luft,** bestehend aus einem bei normaler Temp. verdampfbaren fl. Gemisch von 95 (%) d-Limonen u. 5 süßem Orangeöl, dem man 0,002—0,1 eines Antioxydans zusetzt. (**A. P. 2 905 591** vom 5/8. 1955, ausg. 22/9. 1959.) K. KOEBKE. 5851

Union Carbide & Carbon Corp. (Erfinder: Jesse Brand Starnes), **Entnehmen von bei tiefen Temperaturen flüssigen Gasen,** bes. von Sauerstoff, aus *wärmeisolierten Behältern,* indem man die Druckverhältnisse in den Behältern u. in den Pumpen durch Kontroll- u. Steuerorgane so regelt, daß keine wesentlichen Druckverluste u. Störungen während des Pumpens durch Verdampfung von Fl. auftreten. — Zeichnungen. (**Aust. P. 219 143** vom 9/11. 1956, ausg. 15/1. 1959. A. Prior. 2/12. 1955.) K. DEMMLER. 5857

American Brake Shoe Co., New York, N.Y., übert. von: Raymond E. Spokes, Ann Arbor, Mich., und James B. Kinzer, Wilmette, Ill., V.St.A., **Reibmaterial für Bremsen,** die hoher Beanspruchung standhalten, temperaturunabhängig u. wärmeleitfähig sind. Ein Gemisch aus feingepulvertem Al_2O_3 u. SiO_2 wird mit einem anorgan. Bindemittel, wie MgO, Kaolinit oder Na_2SiO_3, in der Wärme zu einer Platte verbunden, ohne daß eine Rk. zwischen den Komponenten erfolgt, u. wieder fein zerteilt. Die so hergestellten Teilchen [5—50 Gew.-%] werden mit 95—50% Cu- oder Fe-Pulver gemischt, gepreßt u. gesintert, so daß der Bremskörper aus einzelnen, jedoch miteinander verschweißten Metallkörperchen besteht u. die Teilchen sich in den Zwischenräumen befinden. Die Teilchen werden z. B. hergestellt aus 44,4 (Gew.-Teilen) Al_2O_3 (feiner als 200-Maschensieb), 17,4 SiO_2, 46,6 Regenerat fertiger Teilchen, 21,7 Na_2SiO_3 u. 8,8 Wasser. — Zeichnungen. (**A. P. 2 951 280** vom 30/1. 1958, ausg. 6/9. 1960.) G. FRIKELL. 5893

Friedrich August Henglein, Karlsruhe, **Kernreaktor** mit einem Reaktorbehälter, darin angeordneten Brennelementen u. einem gekörnten Feststoff, der zugleich als Kühlmittel u. Moderator dient u. sich von den Brennelementen zu einem Wärmeaustauscher u. von diesem zurück zu den Brennelementen in geschlossenem Kreislauf bewegt. Der Wärmeaustauscher befindet sich im Reaktorbehälter, der um seine Vertikalachse rotiert, wobei der gekörnte Feststoff an der Rotation teilnimmt, während die Brennelemente u. der Wärmeaustauscher relativ zum gekörnten Feststoff ruhen. (**D. A. S. 1 121 237** Kl. 21g vom 15/1. 1958, ausg. 4/1. 1962.) H. KESSEL. 5895

Deutsche Babcock & Wilcox-Dampfkesselwerke Akt.-Ges. (Erfinder: Arno Müller und Armin Zacharis), Oberhausen/Rhld., **Moderator für Kernreaktoren.** An biegesteifen Stützbalken, die über den Umfang des Aufbaus verteilt senkrecht angeordnet sind, sind keilförmige Auflagerflächen zur beweglichen Aufnahme von biegesteifen, den Moderatoraufbau umschließenden Ringen angebracht. — Zwischen diesen u. den Stützbalken liegen Kraftübertragungsglieder. (**D. A. SS. 1 101 634** Kl. 21g vom 22/2. 1958, ausg. 9/3. 1961 u. **1 122 642** [Zusatz-Anmeldung] Kl. 21g vom 19/1. 1961, ausg. 25/1. 1962.) H. KESSEL. 5895

Commissariat à l'Énergie Atomique, Paris (Erfinder: Jean Bourgeois, Paris, Denis Breton, Montrouge, und René Vidal, Antony), Frankreich, **Tragrost für den Kern von Schwimmbecken-Kernreaktoren.** Vier flache, in einer Ebene liegende, in sich starre rechteckige Teilroste, deren Seiten teilweise aneinanderliegen, begrenzen einen freien Raum quadrat. Querschnitts, dessen Größe durch Verschieben der Teilroste in ihrer Ebene längs gerader Bahnen in einer um 45° gegen die Seiten der quadrat. Querschnittsfläche des freien Raumes geneigten Richtung veränderbar ist. (**D. A. S. 1 119 423** Kl. 21g vom 11/6. 1960, ausg. 14/12. 1961. F. Prior. 11/6. 1959. **F. P. 1 236 605** vom 11/6. 1959, ausg. 18/11. 1960.) H. KESSEL. 5895

Böhme Fettchemie G. m. b. H., Düsseldorf, *Herstellen von Dispersionen.* (**Holl. P. 99 200** vom 5/11. 1954, ausg. 16/10. 1961. D. Prior. 9/11. 1953. — C. **1958.** 820 [F. P. 1 111 923].)

Dow Chemical Co., Midland, Mich. (Erfinder: **Malcolm Everett Pruitt** und **William Albert Rogers**, Lake Jackson, Tex.), V.St.A., *Emulgiermittel.* (**D. A. S. 1 100 035** Kl. 12s vom 4/12. 1954, ausg. 23/2. 1961. A. Prior. 7/12. 1953. — **C. 1959.** 2945 [E. PP. 777 978 u. 778 239].)

Asahi Kasei Kogyo Kabushiki Kaisha, Osaka, übert. von: **Yoshio Tsunoda**, Tokyo, und **Maomi Seko**, Nobeaka-shi, Japan, *Herstellung großdimensionierter, keine Risse bildender Anionenaustauscherharze.* (**A. P. 2 864 776** vom 16/4. 1956, ausg. 16/12. 1958. Jap. Prior. 6/5. 1955. — **C. 1959.** 12346 [Jap. A.S. 1240/1958].)

Rohm & Haas Co., Philadelphia (Erfinder: **Jesse Chia Hsi Hwa**, Levittown), Pa., V.St.A., *Aminieren von Anionenaustauschharzen.* (**D. A. SS. 1 065 180** u. **1 065 181** Kl. 39c vom 26/11. 1957, ausg. 10/9. 1959. Beide A. Prior. 28/11. 1956. Zusätze zu D. A. S. 1058 262; C. 1960. 249. — **C. 1960.** 249 [A.PP. 2 862 893 u. 2 862 894].)

Waagner-Biró Akt.-Ges., Österreich, *Abscheidung feiner Stäube aus Gasen.* (**F. P. 1 229 365** vom 6/7. 1959, ausg. 6/9. 1960. Oe. Prior. 10/7. 1958. — **C. 1961.** 964 [Oe. P. 206 871].)

United States Atomic Energy Commission (Erfinder: **Joseph H. Handwerk** und **Roland A. Beach**), *Brennelement für Atomreaktor.* (**Aust. P. 225 692** vom 30/12. 1957, ausg. 24/12. 1959. — **C. 1961.** 4837 [A. P. 2 900 263].)

United Kingdom Atomic Energy Authority, London, England (Erfinder: **David Thomas Livey** und **Peter Murray**), *Kernbrennstoff.* (**F. P. 1 182 683** vom 12/9. 1957, ausg. 26/6. 1959. E. Prior. 12/9. 1956. — **C. 1960.** 15185 [D. A. S. 1 075 491].)

II. Betriebsschutz. Feuerschutz

Verhütung von Aluminiumstaub-Explosionen. George Long. (Ind. Engng. Chem., int. Edit. **53.** 823—25. Okt. 1961. New Kensington, Pa., Aluminium Comp. of America, Alcoa Res. Labor.) (Engl.)

Auf Grund zahlreicher Verss., die näher beschrieben werden, eignen sich die inerten u. billigen Verbrennungsgase von Kesselanlagen mit beschränktem O_2-Geh. bes. gut zur Verw. für explosionssichere u. wirtschaftliche Fließ- u. Wirbelbetten aus Al-Pulver. A. Sander. 5936 □

Katalytische Methan-Oxydation. R. B. Anderson, K. C. Stein, J. J. Feenan und L. J. E. Hofer. (Ind. Engng. Chem., int. Edit. **53.** 809—12. Okt. 1961. Pittsburgh, Pa., U. S. Bureau of Mines, Pittsburgh Coal Res. Center.) (Engl.)

Entw. eines Mikrowarngeräts zum raschen Nachw. des CH_4-Geh. in Grubenluft mit Hilfe katalyt. Oxydation. Arbeitsweise u. Ergebnisse der Verss. mit verschiedenen Katalysatoren werden näher beschrieben. — 10 Literaturhinweise. A. Sander. 5936 □

Beziehung zwischen dem Gehalt an benzollöslicher organischer Substanz und suspendierten Feststoffpartikeln in der Atmosphäre. Elbert C. Tabor und Donald H. Fair. (J. Air Pollut. Control Assoc. **11.** 403—07. 427. Sept. 1961.) (Engl.)

Bericht über die Ergebnisse der in den USA 1957/58 an einer größeren Anzahl von Luftproben gemachten Untersuchungen. B. Franz. 5948 □

Untersuchungen über den Aldehydgehalt in der dunstigen Atmosphäre der Unterstadt von Los Angeles (1960) und dadurch verursachte Augenreizungen. N. A. Renzetti und R. J. Bryan. (J. Air Pollut. Control Assoc. **11.** 421—24. 427. Sept. 1961.) (Engl.)

Der Grad der Augenreizungen wird durch verschiedene Modellösungen festgelegt. Ferner werden die Analysen-Meth. zur Best. der Gesamtaldehyde u. des Formaldehyds beschrieben. Die Ergebnisse lassen vermuten, daß die Augenreizungen nicht nur auf die untersuchten Verbb. allein zurückzuführen sind, es scheinen sich komplexe Vorgänge abzuspielen. B. Franz. 5948 □

Pyrene Co. Ltd., Brentford, Middlesex, England, **Feuerlöschpulver.** Auf dem (aus Alkalibicarbonat bestehenden) Löschpulver wird ein Überzug aus vernetztem Polysiloxan aufgebracht. Hierzu wird eine fl. oder gasförmige polymerisierbare siliciumorgan. Verb. in Ggw. von W. u. eines Katalysators (Attapulgit, Mg-Silicat) auf dem Löschpulver polymerisiert. (**E. P. 824 107** vom 10/1. 1956, ausg. 25/11. 1959. A. Prior. 10/1. u. 8/7. 1955.) E. Miessgang. 5945

Total K. G. Foerstner & Co. (Erfinder: Rolf Dieberg), Ladenburg/Neckar, **Trockenlöschpulver** mit $>87\%$ *$NaHCO_3$*, sowie anderen löschwirksamen Stoffen, Hydrophobiermitteln u. feinen, wasserunlösl. Bestandteilen, dad. gek., daß ihm so viel $CaCO_3$ oder $MgCO_3$ mit einer spezif. Oberfläche von >50000 cm^2/g u. einem Schütt-Gew. von <100 g/Liter zugesetzt ist, daß die spezif. Oberfläche des fertigen Trockenlöschpulvers 6700—8200 cm^2/g u. sein Schütt-Gew. 495—570 g/Liter beträgt. (**D. A. S. 1 123 210** Kl. 61b vom 15/2. 1957, ausg. 1/2. 1962.) A. Gradl. 5945

Farbwerke Hoechst Akt.-Ges., vormals Meister Lucius & Brüning (Erfinder: Wieland Joos), Frankfurt/M., **Löschmittel für brennende Leichtmetalle,** bestehend aus einem fl. Ester der H_3PO_4, dessen Alkoholkomponente Cl gebunden enthält, bes. *Tris-(β-chloräthyl)-phosphat.* (**D. A. S. 1 123 209** Kl. 61b vom 24/2. 1960, ausg. 1/2. 1962.) A. GRADL. 5945

Koppers Co., Inc., übert. von: Irving S. Goldstein, Pittsburgh, und William A. Dreher, Verona, Pa., V.St.A., **Feuerfestmachen von Holz** erfolgt dadurch, daß das Holz mit einer 10—25% Dicyandiamid (I) u. H_3PO_4 (II) enthaltenden wss. Lsg. (Molverhältnis I:II = 1:1 bis 2:1) imprägniert u. anschließend auf 70—100° erhitzt wird. Um das Holz außerdem gegen Verfall beständig zu machen, kann die Imprägnier-Lsg. noch 2—5% chromhaltiges $ZnCl_2$, Cu- oder Zn-Arsenat enthalten. (**A. P. 2 917 408** vom 1/4. 1958, ausg. 15/12. 1959. **D. A. S. 1 110 853** Kl. **38** h vom 28/3. 1959, ausg. 13/7. 1961. A. Prior. 1/4. 1958.) K. WOLK. 5945

Waldemar Foerstner und Total K. G. Foerstner & Co., Ladenburg, *Trockenlöschpulver.* (E. P. 844 445 vom 23/7. 1956, ausg. 10/8. 1960. D. Prior. 22/7. 1955. — C. 1957. 7750 [D. A. S. 1 000 693].)

III. Elektrotechnik

Fällen von wasserfreiem Calciumhydrogenphosphat aus homogener Lösung. H. L. Burrus. (J. appl. Chem. **11**. 376—82. Okt. 1961. Enfield, Thorn Electr. Ind. Ltd. London, Sir John Cass Coll.) (Engl.)

Die Unterss. erfolgten zum Zwecke der Herst. eines körnigen, wasserfreien Calciumhydrogenphosphats für Leuchtröhren. Die systemat. Änderung der Konz. der Komponenten $(NH_4)_2HPO_4$, *HCl*, HNO_3, $CaCl_2$ u. *Harnstoff* zeigt, daß wasserfreies $CaHPO_4$ aus homogener Lsg. in einem großen Konz.-Bereich erhalten werden kann, wobei die untere Grenze der Ausgangs-Konz. für das Ausfällen krist. Teilchen bzgl. der Ca- bzw. Phosphatmenge in der Größenordnung von 0,03m liegt, während die obere durch die Löslichkeit der Reagentien gegeben ist. Kristalle von farnkrautähnlicher Form können bei annähernd gleicher Ca- u. Phosphat-Konz. von 0,2m erhalten werden. Bei höheren Konzz. bilden sich büschelartige Kristalle aus. Unters. ergaben ferner, daß die Kristallisations-Geschw. direkt von der Konz. des Harnstoffs bzw. dessen Hydrolyse abhängt, die Konz.-Änderungen der übrigen Bestandteile jedoch ohne großen Einfl. sind. Es werden ferner Bedingungen für die Darst. von Teilchen geeigneter Größe beschrieben. Ein Vgl. der Lichtausbeute für das $CaHPO_4$, das nach der herkömmlichen u. der beschriebenen Meth. gewonnen wurde, ergibt 69 gegenüber 72,5 Lumen/Watt.

G. HERZOG. 5972 □

Kondensatoren mit Niob als festem Elektrolyten. H. W. Ling und T. L. Kolski. (J. electrochem. Soc. **109**. 69—70. Jan. 1962. Wilmington, Del., E. I. du Pont de Nemours & Co., Pigments Dep.) (Engl.)

Vff. untersuchen die Lebensdauer von 35 V-Elektrolytkondensatoren mit festem Nb als Anode u. stellen fest, daß diese über 1000 Std. bei Verss. bei 85° aushalten können. Poröse Tabletten von ca. 0,5 g wurden 2 Std. lang in 0,01%ig. wss. H_3PO_4-Lsg. mit einer Stromdichte von 50 mA/g anodisiert. Allg. ist die Änderung der anfänglichen Kapazität durch verschiedene Teilchengrößenverteilung, die des anfänglichen Stromverlustes durch unterschiedlichen Reinheitsgrad des verwendeten Nb-Pulvers bedingt. Vff. sind ebenfalls der Ansicht, daß die Verw. als 35 V-Kondensator von einer Anodisierung bei 200 V u. darüber abhängig ist, wozu hochreines Nb-Pulver als Ausgangsmaterial u. verd. wss. H_3PO_4-Lsgg. als Elektrolyt erforderlich sind. P. FRENZEL. 5982 □

Wacker-Chemie G.m.b.H., München (Erfinder: Eduard Enk und Julius Nickl, Burghausen), **Reinigen von flüssigen Verbindungen, aus denen Halbleitermaterial hergestellt wird,** dad. gek., daß die zu reinigende Fl. in einem möglichst dünnen Film mit einem feuchten oder trocknen inerten Gasstrom behandelt u. dieser nach Abscheidung der mitgeführten Beimengungen erneut im Kreislauf verwendet wird. Die Reinigung erfolgt in einem mit Füllringen gefüllten Austauschturm, der über eine Zuführung mit dem Fl.-Behälter u. über eine Leitung mit einem Sammelbehälter verbunden ist. Aus einem nicht behandelten Siliciumchloroform hergestelltes Si weist einen spezif. Widerstand von 500—800 Ohmzentimeter auf, dagegen das aus einem behandelten erzeugte Si einen solchen von 9000—11000. — Zeichnung. (**D. A. S. 1 072 227** Kl. 12g vom 3/4. 1958, ausg. 31/12. 1959.) W. MATTHAES. 5953

Siemens & Halske Akt.-Ges., Berlin und München, **Herstellung reinster kristalliner Stoffe,** bes. für *Halbleiterzwecke*, z. B. Si oder Ge, oder Verbb. von Elementen der III. u. V. oder II. u. IV. Gruppe des Period. Syst. aus der Gasphase durch therm. Zersetzung. Der zu gewinnende Stoff wird an der Oberfläche eines in fl. Phase befindlichen Körpers aus dem gleichen Stoff, z. B. an einer durch Induktionsheizung erhaltenen Schmelzzone, die ggf. als hängender Tropfen ausgebildet sein kann, abgeschieden, wobei die entstehenden Stäbe aus dem Rk.-Raum gezogen werden. — Abbildungen. — Vgl. D. A. S. 1 017 795; C. **1958.** 8155. (**E. P. 812 818** vom 23/5. 1955, ausg. 29/4. 1959. D. Prior. 25/5. u. 15/9. 1954.) O. Steil. 5953

Bell Telephone Laboratories, Inc., New York, N.Y., übert. von: Joseph R. Ligenza, Westfield, N.J., V.St.A., **Behandeln von Silicium.** Der Si-Einkristall wird in einem Gemisch von HNO_3 u. *HF* gewaschen, mit entionisiertem W. gespült, in fließendem heißem KW-Stoff, z. B. Xylol, gewaschen, danach in HNO_3 getaucht u. in Wasserdampf bei 500° unter einem Druck von 475 at oder bei 850° unter 105 at oxydiert, bis die Oxidschicht eine Dicke von mindestens 300 Å hat. Zwischen den einzelnen Verf.-Stufen wird stets mit entionisiertem, teils heißem, teils kaltem W. gewaschen. Das Verf. dient zur Herst. von *Halbleiterkörpern.* (**A. P. 2 930 722** vom 3/2. 1959, ausg. 29/3. 1960.) F. Vier. 5953

Shockley Transistor Corp., Palo Alto, übert. von: William Shockley, Los Altos, Calif., V.St.A. **Herstellung von Halbleitereinrichtungen.** Ausgegangen wird von Einkristallen oder Teilen von Einkristallen, die an bestimmten Stellen Versetzungen aufweisen, z. B. aus Si. Die zur Diffusion gebrachten Fremdstoffe zur Erzeugung von p–n-Schichten diffundieren entlang diesen Versetzungen schneller als an den übrigen Teilen in den Grundstoff ein, so daß auf diese Weise bestimmte Ausbildungen der p–n-Schichten erzielt werden können. (**A. P. 2 937 114** vom 29/5. 1959, ausg. 17/5. 1960.) F. Vier. 5953

Battelle Development Corp., übert. von: Milton Genser und Worth P. Allred, Columbus, Ohio, V.St.A., **Herstellen von p–n-Übergängen** an der Oberfläche eines Halbleiters des n-Typus aus Al-Antimonid. Der Halbleiter wird im Vakuum schwach erhitzt, so daß ein Teil des Sb an der Oberfläche verdampft u. Gitterleerstellen entstehen, wodurch die Oberfläche p-leitend wird. (**A. P. 2 950 220** vom 13/3. 1956, ausg. 23/8. 1960.) F. Vier. 5953

Texas Instruments, Inc., übert. von: Morton E. Jones, Dallas, Tex., V.St.A., **Herstellen eines n-p-n-Halbleiters** durch Tauchen eines *Si*-Körpers in eine auf 684° erhitzte Schmelze aus einer *Sn*-Leg. mit 10% *Au*, die mit *CsF* abgedeckt ist u. unter einer He-Atmosphäre steht. (**A. P. 2 929 137** vom 4/1. 1957, ausg. 22/3. 1960.) F. Vier. 5953

Radio Corp. of America, Del., übert. von: Jacques I. Pankove, Princeton, N.J., V.St.A., **Herstellen eines p–n-Übergangs bei Halbleitern.** Auf einem Körper aus *Ge* wird eine Scheibe aus *In* aufgelegt u. durch ein Teil aus Graphit, das die Scheibe umgibt, gegen den Ge-Körper gepreßt. Dann wird 20 Min. lang auf 500° erhitzt, wodurch In in den Ge-Körper diffundiert u. einen p–n-leitenden Übergang schafft. (**A. P. 2 937 960** vom 23/3. 1953, ausg. 24/5. 1960.) F. Vier. 5953

Philco Corp., Philadelphia, übert. von: Albert D. Rittmann, Huntingdon Valley, Pa., V.St.A., **Verschmelzen von Metall mit anderen Körpern,** z. B. von *Al,* das auf eine Kristallplatte aus *Si* in einer bestimmten Dicke u. bestimmtem Umfang aufgedampft ist. Das Al wird zugleich mit dem anliegenden Teil der Si-Platte mit feinverteiltem Graphit in einer wss. Lsg. von Na_2SiO_3 abgedeckt. Nach Trocknen des Überzuges wird auf 900° erhitzt, um das Al mit Si zu verschmelzen. Dadurch wird erreicht, daß das Al, ohne zu verlaufen, in dem Ausmaß, wie es aufgedampft wird, in die Si-Platte diffundiert. Das Verf. dient zur Herst. von *Halbleitern* mit p–n-Übergängen. (**A. P. 2 931 743** vom 2/5. 1955, ausg. 5/4. 1960.) F. Vier. 5953

United States of America, Secretary of Navy, übert. von: Sumner P. Wolsky, Lexington, Mass., V.St.A., **Herstellung von Halbleiteranordnungen.** Auf einen Körper aus *Ni* wird ein Körper aus *Si,* der p-leitend ist, aufgebracht, u. zwar unter Anordnung einer Zwischenschicht aus einer *Sb*-Leg. mit 10—20% *Pb.* Durch Erhitzen zunächst auf 450°, dann auf 650° u. zuletzt auf 800° wird die Zwischenschicht in das Si diffundiert, so daß eine n-leitende Zone zwischen dem Ni-Körper u. dem p-leitenden Si entsteht. (**A. P. 2 937 961** vom 15/11. 1955, ausg. 24/5. 1960.) F. Vier. 5953

International Business Machines Corp., New York, N.Y., übert. von: Milton Genser, Linden, N.J., V.St.A., **Herstellung von intermetallischen Halbleiteranordnungen** durch Aufbringen einer *Sn*-Leg. mit 0,1 (%) *Sn* u. 0,1 *Se,* oder mit 0,1 *Zn* u. 0,1 *Te* auf einen Halbleiterkörper aus einer 3—5-intermetall. Verb., wie *In–Antimonid, Al–Antimonid* oder *–Arsenid,* u. Erhitzen über den F. der Leg., so daß unter Auflösen eines Teiles der intermetall. Verb. Se bzw. Te in genügender Menge in den Körpern diffundiert, um eine Zone des n–p-Leitfähigkeitstypus auszubilden. (**A. P. 2 938 819** vom 15/8. 1958, ausg. 31/5. 1960.) F. Vier. 5953

Radio Corp. of America, Del., übert. von: Charles W. Mueller, Princeton, N.J., V.St.A., **Herstellung von Halbleiteranordnungen** durch Auflöten eines Fremdstoffpellets bestimmter Größe, z. B. eine *Pb–As*-Leg. auf eine Halbleitermonokristallplatte, z. B. aus *Si*, in reduzierender Atmosphäre bei einer Temp., bei der das Pellet sich noch nicht auflöst; dann wird das Pellet unter sehr schnellem Erhitzen in leicht oxydierender Atmosphäre einlegiert, z. B. bei 1500°. Auf diese Weise lassen sich z. B. p–n-Übergänge von genau bestimmter Größe u. Form herstellen. (**A. P. 2 932 594** vom 17/9. 1956, ausg. 12/4. 1960.) F. VIER. 5953

General Electric Co. Ltd., London, übert. von: Harold Dennis Blakelock, South Ruislip, England, **Herstellung von Halbleiteranordnungen.** Zur Vermeidung von Gaseinschlüssen bei der Herstellung von p–n-Übergängen, z. B. durch Aufschmelzen von *In* in bestimmter Menge auf eine Kristallplatte aus einem *Ge-Einkristall*, werden die Teile vorher entgast. Zum Aufschmelzen wird im Vakuum aufgeheizt u. dann die weitere Wärmebehandlung zur Durchführung der Diffusion in inerter oder reduzierender Atmosphäre, z. B. unter trocknem Ar, vorgenommen. In derselben Atmosphäre wird abgekühlt. (**A. P. 2 929 751** vom 6/11. 1957, ausg. 22/3. 1960. E. Prior. 15/11. 1956.) F. VIER. 5953

Bell Telephone Laboratories, Inc., New York, N.Y., übert. von: Robert W. MacDonald, Murray Hill, N.J., V.St.A., **Behandeln von Siliciumoberflächen** für Halbleiteranordnungen. Nach Tauchen in *Xylol, Bzn.* oder *Alkohol* u. Waschen in *entionisiertem W.* bei 100°, Behandeln mit HNO_3 bei 100° u. Waschen mit W. bei Raum-Temp. wird bei 920° in trocknem O_2-Strom oxydiert u. danach bei 300° wärmebehandelt. Die SiO_2-Schicht wird durch Behandeln mit *HF*-Dämpfen entfernt u. in einem Gemisch von HNO_3–HF geätzt. Danach wird erneut mit HNO_3 bei 100° behandelt u. *Au* oder *Fe* in den Halbleiterkörper diffundiert, wonach erneut eine Oxidschicht durch Behandeln mit trocknem O_2 aufgebaut u. bei 300° wärmebehandelt wird. (**A. P. 2 948 642** vom 8/5. 1959, ausg. 9/8. 1960.) F. VIER. 5953

International Rectifier Corp., El Segundo, übert. von: Lowell S. Pelfrey, Manhattan Beach, Calif., V.St.A., **Herstellung von Zener-Dioden** durch Anschweißen von Al-Teilen an den Enden eines Halbleiterkörpers aus Si bei 1100°, wobei sich p–n-Leitfähigkeitszonen bilden. Mit derartigen Dioden ist es möglich, temperaturunabhängige konst. Spannungen aufrechtzuerhalten. (**A. P. 2 937 963** vom 14/7. 1958, ausg. 24/5. 1960.) F. VIER. 5953

Westinghouse Electric Corp., übert. von: Gene Strull und John Pilipczak, Pittsburgh, Pa., V.St.A., **Herstellung von Transistoren.** Aus einer Kristallplatte eines *Ge-Einkristalles* mit 2 einander parallelen Flächen, die mit *Sb* gedopt, n-leitend ist, wird aus einer Fläche ein Teil durch Ätzen mit einem Gemisch von HNO_3, CH_3COOH, *HF* u. Br_2 entfernt. Auf die so entstandene Höhlung wird *Al* im Vakuum aufgedampft, dabei beträgt die Temp. der Kristallplatte 480°. Dann wird auf 600° erhitzt, um einen p-leitenden Übergang zu erzielen. Darauf wird erneut bei 460° Al aufgedampft. Schließlich wird auf 300° abgekühlt u. nach weiterem Aufdampfen von Al zusätzlich in zunehmendem Maße mit *Ag* bedampft, bis schließlich Ag allein aufgedampft wird. (**A. P. 2 929 750** vom 5/3. 1956, ausg. 22/3. 1960.) F. VIER. 5953

Beckman Instruments, Inc., Fullerton, übert. von: Robert N. Noyce, Los Altos, Calif., V.St.A., **Herstellung von Transistoren.** 2 Teile desselben Leitfähigkeitstyps werden miteinander so verschweißt, daß die durch Schleifen auf die eine zu verschweißende Fläche aufgebrachten parallel verlaufenden Kerben erhalten bleiben. Entlang diesen Kerben wird ein Fremdstoff eindiffundiert, um eine Zone der entgegengesetzten Leitfähigkeit auszubilden. Wird die Diffusionszeit verkürzt, so bildet sich nicht eine geschlossene Zone aus, sondern nur um die jeweilige Kerbe, u. es entsteht ein unpolarer Transistor. (**A. P. 2 929 753** vom 11/4. 1957, ausg. 22/3. 1960.) F. VIER. 5953

Texas Instruments, Inc., übert. von: Lee G. Kitchens und Boyd Cornelison, Dallas, Tex., V.St.A., **Transistor** mit verbesserter Frequenzempfindlichkeit besteht aus einem Halbleiterkörper, z. B. aus *Ge* oder *Si*, mit einem elektrolyt. aufgebrachten Edelmetallüberzug, z. B. einem *Au-Überzug.* (**A. P. 2 937 962** vom 20/3. 1957, ausg. 24/5. 1960.) F. VIER. 5953

Hans Schulz und Johann Kalb, Gera, **Herstellung schmelzbarer Massen,** bes. *Verguß-* bzw. *Ausgußmassen*, z. B. in der *Elektrotechnik.* Den auf Bitumenbasis hergestellten, geschmolzenen, bes. auf ca. 150° gebrachten Massen wird ein Zusatz von 15 Gew.-Teilen eines phenylsubstituierten Diphenyls, bes. eines festen oder gelösten Diphenyls, mit F. ≧100°, wie Terphenyl, beigegeben. (**D. P. [DDR] 21 431** Kl. 21c vom 10/9. 1954, ausg. 27/6. 1961 [Wirtschaftspatent].) F. VIER. 5957

Westinghouse Electric Corp., V.St.A. (Erfinder: Truman Kear Sloat und James Garman Ford), **Flüssiges Dielektrikum** besteht aus einem Mineralöl, das 0,01—0,1 (Gew.-%) 8-Hydroxychinolin oder 0,1—0,5 Di-tert.-butyl-p-kresol enthält. — Vgl. Aust. P. 207 582; C. **1959.** 10448. (**F. P. 1 145 374** vom 19/1. 1956, ausg. 25/10. 1957. A. Prior. 20/1. 1955.) H. KESSEL. 5957

N. V. Philips' Gloeilampenfabrieken (Erfinder: Evert Willem Gorter, Eindhoven, Gerard Heinrich Jonker, Geldrop, und Henricus Petrus Johannes Wijn, Eindhoven), Holland, **Herstellung von ferromagnetischem Material.** Man sintert bei 1000—1450°, bes. 1200—1350°, eine Mischung von Oxiden, Carbonaten, Oxalaten u./oder Acetaten, die in einem solchen Mischungsverhältnis vorliegt, daß das resultierende Prod. in seiner Zus. der Formel $Ba_3Co_2Fe_{24}O_{41}$ entspricht, wobei Co jedoch mindestens teilweise durch Mn, Fe(II), Ni, Cu, Zn, Mg oder durch gleiche Teile Li u. Fe(III) ersetzt wird. — Zum Beispiel stellt man auf diese Weise ein Material her, das in seiner Zus. der Formel $Ba_3Co_{0,65}Zn_{1,35}Fe_{24}O_{41}$ entspricht. (**Holl. P. 93 511** vom 16/5. 1956, ausg. 15/2. 1960.) F. BÖHM. 5959

Horst-Guido Müller und Günther Heimke, Dresden, Friedrich Henneberger, Bitterfeld, Max Hellermann, Jena, und Karl Krahl, Bad Klosterlausnitz, **Herstellung oxidkeramischer Dauermagnetwerkstoffe** mit Ba-Ferrit als Hauptbestandteil. Den Ausgangs-Prodd. werden 0,5—2,5% SiO_2, das an eine oder mehrere der Bildungskomponenten gebunden ist, zugesetzt. Der SiO_2-Zusatz erfolgt in Form natürlicher oder durch Fällung hergestellter Silicate, z. B. Bariumsilicat. — Diagramme. (**D. P. [DDR] 20 085** Kl. 80b vom 19/9. 1957, ausg. 26/10. 1960 [Wirtschaftspatent].) O. KAYSER. 5959

Westinghouse Electric Corp. (Erfinder: Henry W. Rimbach), V.St.A., **Phosphorescierendes Material zum Überziehen von Leuchtröhren** aus einem Strontiumhalogenphosphat, welches mit Mn oder Sb aktiviert ist. — Man verwendet z. B. ein Gemisch von 3 $Sr_3(PO_4)_2 \cdot SrCl_2$ bzw. SrF_2 oder $SrCl_2 + SrF_2$. — Tabellen; Diagramm. (**F. P. 1 186 938** vom 9/4. 1957, ausg. 3/9. 1959. A. Prior. 10/4. 1956.) M. F. MÜLLER. 5975

Texas Instruments, Inc., Del., übert. von: Heinz R. Pflumm, Plainville, Mass., V.St.A., **Elektrischer Kontakt** besteht aus 0,5 —1,5% *Co* als Kornfeinungsmittel u. 2,5—15% *CdO*, Rest *Ag*. Die Leg. wird hergestellt durch innere Oxydation einer Leg. von 2,15—13,39% Cd, Rest Ag u. folgenden Zusatz von Co. Die CdO-Teilchen sind im Ag dispergiert, Co ist entlang den Ag-Korngrenzen angeordnet. Der Kontakt läßt sich bearbeiten, ohne daß interkristalline Brüche zu befürchten sind. (**A. P. 2 932 595** vom 31/3. 1958, ausg. 12/4. 1960.) F. VIER. 5983

Comp. Générale d'Électricité, Paris, Frankreich, *Herstellung poröser Körper, besonders für Akkumulatoren.* (**E. P. 795 413** vom 10/5. 1956, ausg. 21/5. 1958. F. Prior. 10/5. 1955. — C. **1961.** 14788 [F.P. 1 126 034].)

Egyesült Izzólámpa és Villamossági R.T., Budapest, Ungarn, *Oxidkathode.* (**Ung. P. 144 590** vom 26/4. 1956, ausg. 15/11. 1958. — C. **1961.** 4843 [D. A. S. 1 084 841].)

Egyesült Izzólámpa és Villamossági R.T. (Erfinder: **Ernst Winter**), Budapest, Ungarn, *Glühkathode.* (**Ung. P. 144 505** vom 18/7. 1952, ausg. 15/11. 1958. — C. **1959.** 2580 [D. B. P. 965 431].)

Elektrophysikalische Anstalt Bernhard Berghaus, Vaduz, Liechtenstein (Erfinder: **Bernhard Berghaus**, Zürich, Schweiz), *Glimmentladungsprozesse.* (**Schwz. P. 349 247** vom 14/7. 1956, ausg. 30/11. 1960. — C. **1961.** 6632 [D. A. S. 1 054 427].)

IV. Wasser. Abwasser

Umwandlung von Kohleaschen in gemischte Flockungsmittel für die Wasserbehandlung. Stevan Dj. Janković und Miloje B. Milojević. (Bull. Centre belge Étude Doc. Eaux **1960. I.** 50—53.) (Franz.)

Die Aschen wurden mit verschiedenen Mengen konz. H_2SO_4 unter Rückfluß bei ca. 190° ca. 8 Std. lang behandelt. Bzgl. der Verw.-Möglichkeit als Ersatz für $Al_2(SO_4)_3$ ergaben Unterss. des Sedimentationsvorganges u. Best. des Vol. der sedimentierten Stoffe: Die behandelten Aschen ergeben so klares W., wie es mit guten Rapidfiltern erzielt wird. Für den gleichen Effekt muß 2,5mal mehr akt. Asche (behandelt mit der für die Umwandlung der Oxide von Fe, Al, Ca u. Mg in Sulfate stöchiometr. H_2SO_4-Menge) als reines $Al_2(SO_4)_3$ verwendet werden. Das Verhältnis erhöht sich bei den Aschen, die mit weniger als der stöchiometr. H_2SO_4-Menge behandelt wurden. Die mit behandelter Asche erhaltenen Sedimente sind kompakter als die mit $Al_2(SO_4)_3$ erhaltenen. In beiden Fällen haben die Wässer etwa gleiche pH-Werte. Die Sedimentations-Geschw. ist bei Verw. der akt. Aschen doppelt so groß wie bei $Al_2(SO_4)_3$. Die in das W. eingebrachten $CaSO_4$- u. $MgSO_4$-Mengen sind so gering, daß sie die Gesamthärte nicht verändern. Die behandelte Asche kann sowohl in fester Form als auch in wss. Lsg. zugesetzt werden. M. BEHL. 6016□

Betriebserfahrungen mit Wofatit-Harzen für die Kesselspeisewasseraufbereitung. Hans-Jörg Wünscher. (Chem. Techn. **14.** 41—45. Jan. 1962. Leuna, VEB Leuna-Werke „W. Ulbricht".) (Dt.)

Vf. beschreibt ein Verf. zur Aufbereitung von Saalewasser, wobei als letzte Stufen eine Vorenthärtung mit Wofatit F u. eine Nachenthärtung mit Wofatit P angewendet werden. Bei F stören Abwasserpilze, so daß die NVK (nutzbare Vol.-Kapazität) statt bei 20 g CaO/Liter nur bei 10 g CaO/Liter liegt. Ab u. zu mußte das Filter aufgerissen werden, um es von Bakterien zu befreien. Auch die NaCl-Härte bereitete Schwierigkeiten. Mit Wofatit KPS wurden Verss. durchgeführt, die befriedigende Ergebnisse zeigten, bes. bei der Enthärtung von W. für Hochleistungskessel.
F. Rosendahl. 6030□

Untersuchungen über die Lösung organischer Substanzen im Kreislauf des zum Transport und zum Waschen der Zuckerrüben dienenden Wassers einer Zuckerfabrik. E. Leclerc und F. Edeline. (Bull. Centre belge Étude Doc. Eaux. **1960. I.** 58—61. Cebedeau.) (Franz.)

Unterss. am Kreislauf-Syst. ergaben: Die organ. Stoffe gehen hauptsächlich in der Waschstation in Lsg., in den anderen Wasserkreisläufen sind die Mengen an aufgenommener Substanz unbedeutend. Daher ist der Gebrauch von 2 prozentual sehr unterschiedlichen Rückläufen zu empfehlen: Nahe 100% für die Transportwässer, weniger für die Waschwässer, um eine Konz.-Zunahme an organ. Substanzen zu vermeiden. Ferner könnten 2 getrennte Kreisläufe verwendet werden, da die Reinigung nach 2 verschiedenen Gesichtspunkten durchgeführt wird: Aus dem Waschwasser sind organ. Stoffe u. Schmutz, aus dem Transportwasser ist nur Schmutz zu entfernen.
M. Behl. 6036□

Der Einfluß metallischer Verbindungen auf den Biochemischen Sauerstoffbedarf SB des Abwassers. T. Stones. (J. Proc. Sewage Purificat. **1961.** 516—20.) (Engl.)

Vf. untersuchte den Einfl. von $ZnSO_4$, $CuSO_4$, $Pb(NO_3)_2$, $NiCl_2$, $CdSO_4$, $HgCl_2$, $AgNO_3$, K_2CrO_4 u. $CrCl_3$ auf den Biochem. O_2-Bedarf (BSB). Die Ergebnisse sind in Diagrammen (ppm Metallion in Lsg. gegen % BSB). aufgetragen. H. Schroeder. 6042□

Ein Beitrag zur Entwicklung der Belebtschlammbehandlung. A. Pasveer. (J. Proc. Inst. Sewage Purificat. **1959.** 436—54. Hague, Holland, Res. Inst. for Public Health Engng. T.N.O.) (Engl.)

Theoret. u. experimentelle Behandlung der physikal. u. biochem. Vorgänge bei der Belebtschlammbehandlung des Abwassers. Zunächst wird die Belüftung des W. untersucht u. eine Belüftungstheorie aufgestellt, die Lsg.-Geschw. des O_2 in W. gemessen, die O_2-Kapazität des W. bestimmt, der Einfl. der Temp. auf die Belüftung festgestellt u. die sog. „brush"-Belüftung beschrieben. Dann werden Unterss. der Oxydations-Geschw. in einem Belebtschlammbehälter durchgeführt. Die Ergebnisse sind tabelliert. Ergebnisse von Reinigungsexperimenten in „brush"-Belüftungsbehältern gleicher Größe mit u. ohne Belebtschlamm werden verglichen u. die Überlegenheit der Reinigung mit Belebtschlamm wird gezeigt. Die Änderung der Bakterienmenge in belüfteter Pepton-Lsg. wurde in Abhängigkeit von der Zeit gemessen. Weitere Unterss. wurden an relativ schwach verunreinigten W. durchgeführt, um ein einfaches Reinigungs-Verf. für häusliche u. industrielle Abwässer auszuarbeiten. Es werden „Oxydationsgräben" mit „brush"-Belüftung vorgeschlagen. 2 Typen werden im einzelnen besprochen.
H. Schroeder. 6044□

Eine Übersicht über neuere Forschungen mit Belebtschlamm in Manchester. J. McNicholas und H. B. Tench. (J. Proc. Inst. Sewage Purificat. **1959.** 425—35. Manchester Corp. Rivers Dep.) (Engl.)

Vff. geben einen Überblick über neuere Forschungen mit Belebtschlamm in Manchester, deren Ergebnisse mitgeteilt werden: Erhöhung der O_2-Menge führt zu einer verringerten Verweilzeit der Abwässer; Anlagen mit stärkerer Belüftung (höhere O_2-Konz.) liefern unter sonst gleichen Bedingungen wesentlich mehr Belebtschlamm guter Qualität als vergleichbare Anlagen mit normaler Belüftung. — 11 Literaturangaben. H. Schroeder. 6044□

Berechnung von Belebtschlammbelüftungsanlagen. Roy F. Weston. (J. Water Pollut. Control Federat. **33.** 748—57. Juli 1961. Newtown Square, Pa.) (Engl.)
H. Dorsch. 6044□

Vorschlag für den Betrieb einer Melasse-Futterhefe-Fabrik ohne Abwasseranfall. Alfred Rieche, Günter Hilgetag, Annelise Martini, Martin Lorenz und Joachim Stöcker. (Chem. Techn. **14.** 20—22. Jan. 1962. Berlin.) (Dt.)

Durch Labor-Verss. wurde nachgewiesen, daß für die Zubereitung des Melasse-Würze-Zulaufs an Stelle von W. zum Verdünnen das jeweils vorher angefallene Hefe-filtrat verwendet werden kann. Hierdurch können Salze u. organ. Stoffe, die nicht von

der Hefe angegriffen werden, angereichert u. besser verwertet werden. Das Hefewachstum wird dadurch nicht beeinflußt, sondern es tritt ein verstärktes Hefewachstum (40%) ein. Die Filtratrückführung kann bis zu einer 14fachen Anreicherung des Filtrats durchgeführt werden. An Hand von Beispielen werden die Vorteile des neuen Verf. zur Lösung der Abwasserfrage einer Melasse–Futterhefe-Fabrik dargestellt.
F. Rosendahl. 6044□

Die Messung des spezifischen Widerstandes bei der Filtration und seine Anwendung bei Untersuchungen der Schlammentwässerung. J. D. Swanwick, F. W. Lussignea und K. J. White. (J. Proc. Inst. Sewage Purificat. **1961.** 487—96. Stevenage, Water Pollut. Res. Labor.) (Engl.)

Vff. beschreiben die theoret. Voraussetzungen u. die App. zur Best. des spezif. Widerstandes bei der Filtration u. leiten eine Beziehung zwischen dem spezif. Widerstand u. der Entwässerungszeit des Schlamms nach Behandlung mit verschiedenen Mengen Koagulans ab. Die Entwässerungs-Eigg. des Rohschlamms von 8 Werken werden miteinander verglichen. H. Schroeder. 6048□

Entgasung von Abwasser, das bei der anaeroben Zersetzung von Fleischabfällen entsteht. A. J. Steffen und R. M. Lemen. (Wastes Engng. **32.** 400—02. Aug. **1961.**) (Engl.)

Die Abgase aus der anaeroben Zers., vor allem CH_4 u. etwas H_2S, werden zum Aufheizen des von Feststoffen befreiten Abwassers benutzt, das hierauf im Vakuum entgast wird. Anschließend wird das Abwasser belüftet. Das abgesaugte Gas wird in die Feuerung geleitet. Beschreibung der Anlage, Tabellen über den Reinigungseffekt.
H. Dorsch. 6050□

Einige Anwendungen von Radioisotopen bei der Untersuchung von Abwasserbehandlungsverfahren. G. E. Eden. (J. Proc. Inst. Sewage Purificat. Part 4. **1959.** 522—34. Stevenage, Water Pollution Res. Labor.) (Engl.)

Zunächst geht Vf. näher auf die Grundlagen der Radioindicatortechnik ein u. beschreibt eine Zähleinrichtung zur Messung von ^{82}Br u. ^{198}Au in Wasser (Abb.). Messungen der Aufnahme von $^{24}Na^+$, $^{86}Rb^+$, $^{137}Cs^+$, $^{131}J^-$, $^{131}JO_3^-$, $^{82}Br^-$, $^{36}Cl^-$ durch Flußschlamm werden mitgeteilt. Dann werden die Anwendungsmöglichkeiten der Radioisotope besprochen: Messungen der Fließ-Geschw. durch: a) Salzwanderungs-Geschw., b) Salzverdünnungs-Meth., c) „Gesamtimpuls"-Meth.; eine Reihe von Beispielen werden zu allen 3 Verff. angegeben. — 24 Literaturzitate. H. Schroeder. 6050□

Methodik der quantitativen Spektralanalyse von Wässern auf den Gehalt an Chlor, Brom, Jod und Schwefel. B. Ja. Kudymow, W. I. Malinina und W. P. Warlamow. (Заводская Лаборатория [Betriebs-Lab.] **25.** 583—84. 1959. Allunions Forsch.-Inst. für Geol. u. Förderung des Erdöls.) (Russ.)

Eine Meth. der quant. Spektralanalyse von Wässern auf den Geh. an Cl, Br, J u. S wird beschrieben. Als analyt. Linien werden Cl 4794,54, Br 4704,86, J 5161,19 u. S 5453,88 Å angewandt. Die mittlere Fehlergrenze beträgt ±15%.
S. Baryschnikow. 6060

Metallgesellschaft Akt.-Ges. (Erfinder: Carl Adolf Eschenbach und Heinrich Sontheimer), Frankfurt/M., **Reinigen alkalischer, hemicellulosehaltiger Abwässer** durch Zusatz wss. Lsgg. von Erdalkali- und Mg-Salzen und Abtrennung der hierbei entstehenden Fällung, dad. gek., daß als Erdalkalisalz-Lsg. ein zu enthärtendes Brauchwasser sowie bereits vorher gebildete Fällungs-Prodd. zugegeben werden. (**D. A. S. 1 123 265** Kl. 85c vom 28/2. 1956, ausg. 1/2. 1962.) H. Blachetzki. 6043

Gaz de France, Frankreich (Erfinder: Roger Vignes), **Kontinuierliche Reinigung von Abwasser auf biologischem Wege.** Die Abwässer werden fortlaufend in eine mit übereinander angeordneten Abteilungen versehene Kolonne gegeben u. gleichzeitig mit einer spezif. Bakterienkultur beimpft, ggf. unter Zusatz von Bakteriennährstoffen. Das behandelte Abwasser wird teilweise einer unterhalb der Aufgabestelle liegenden Stelle zugeleitet, so daß ein Wrkg.-Optimum der Bakterien erreicht wird. Außerdem wird in die Kolonne Luft eingeblasen. Bei Behandlung von Kokereiabwässern, die Cyanide, Thiocyanate, Sulfide u. Phenole enthalten, wird zweckmäßig ein phenolyt. Bakterienstamm verwendet. — Vorrichtung. (**F. P. 1 199 690** vom 18/6. 1958, ausg. 15/12. 1959.) W. Wittholz. 6045

V. Anorganische Industrie

Die Gewinnung von Bor durch Salzschmelzelektrolyse. Eine vorläufige Untersuchung. D. Z. Hobbs, T. T. Campbell und F. E. Block. (U. S. Dep. Interior, Bur. Mines, Rep. Invest. **1961.** Nr. 5893. 1—17. Albany, Oreg., Bur. of Mines, Metallurgy Res. Center.) (Engl.)

Zur Gewinnung von *B* durch Salzschmelzelektrolyse eignen sich Gemische von KF, LiF, KBF_4 u. B_2O_3 u. bes. KF, KCl u. B_2O_3 bei Stromdichten von 795—1000 A/sq.ft. Die Stromausbeute beträgt 85%, die optimale Bad-Temp. 800—850°. Der beste Kathodenwerkstoff ist Fe mit geringem C-Geh., auf dem sich eine dünne Boridschutzschicht bildet. Das abgeschiedene B wird mit HF bei 1700° von Si befreit, im Vakuum gesintert u. im Lichtbogen geschmolzen; die Reinheit des raffinierten B beträgt 90—97%.
W. WESLY. H 258□

Einfluß der jüngsten Entwicklungen in der Borchemie auf einige wissenschaftliche und Ingenieurprobleme. Paul F. Winternitz. (Advances Chem. Ser. Nr. **32.** 174—83. 1961. New York, N.Y., New York Univ., Dep. of Chem. Engng.) (Engl.)

Übersicht. B-Verbb. als Düsentreibstoffe, neue B-Verbb. (Borane) in Industrie u. Grundchemie, Bor enthaltende Polymere, B-Verbb. u. Valenztheorie. Literaturangaben (bis 1957). CH. WEISKE. H 258□

Probleme der technischen Reindarstellung phosphorsaurer Salze aus „nasser" Phosphorsäure. 2. Mitt. **Kalkulatorische Überlegungen zur Wirtschaftlichkeit.** Hans Huber. (Chemiker-Ztg./Chem. Apparatur **85.** 380—84. 5/6. 1961.) (Dt.) — 1. vgl. C. **1962.** 263.

Vgl. der Verf.-Kosten der Herst. techn. reiner, aus nasser H_3PO_4 gewonnener Alkaliphosphate. W. WESLY. H 264□

Columbia-Southern Chemical Corp., Pittsburgh, Pa., übert. von: Charles H. Fuchsman, Corpus Christi, Tex., V.St.A., **Gewinnung von NH_3** aus NH_4Cl durch Behandlung bei 200—500° in Ggw. von MgO mit Wasserdampf. Dabei soll der Wasserdampfpartialdruck über der Rk.-Mischung wenigstens 33% der Dampfdrucksumme von Wasserdampf u. dem bei der Umsetzung entstehenden HCl betragen. Der gebildete HCl wird vom MgO absorbiert, während NH_3 abgeleitet wird. Anschließend wird das MgO in der Rk.-Mischung durch Erhitzen auf 500—700° unter einem Wasserdampfpartialdruck von wenigstens 40% regeneriert. — Verf.-Schema. (**Can. P. 552 619** vom 8/4. 1954, ausg. 4/2. 1958. A. Prior. 8/4. 1953.) EBERHARD RIEDEL. H 243

Phillips Petroleum Co., übert. von: William G. Morrison und Byron T. Brown, Phillips, Tex., V.St.A., **Gewinnung von wasserfreiem Ammoniak** aus einem Gemisch aus 10—45 (Gew.-%) NH_3, 15—30 NaCl u. Rest Wasser. Man setzt zunächst so viel NH_3 zu, daß das Gemisch aus 60—85 NH_3, 2—15 NaCl u. Rest W. besteht. Anschließend treibt man in einer Fraktionierkolonne über Kopf wasserfreies NH_3 ab, während am Fuß ein NaCl-W.-Gemisch zurückbleibt. — Zeichnung. (**A. P. 2 964 452** vom 25/7. 1955, ausg. 13/12. 1960.) H. NEBELSIEK. H 243

Pintsch Bamag Akt.-Ges., Berlin (Erfinder: Walter Riedel, Bad Nauheim), **Gewinnung von Chlor nach dem Amalgamverfahren,** wobei durch längsverlaufende Führungsleisten am Boden der wannenförmigen Elektrolysezelle einzelne Strömungskanäle für das Hg abgegrenzt sind, dad. gek., daß jede Führungsleiste von einem Kunststoffstrang, bes. einem Kunststoffschlauch, z. B. aus Polytetrafluoräthylen, gebildet wird, der unter elast. Längsdehnung in Abständen am Wannenboden befestigt ist. — Zeichnungen. (**D. A. S. 1 117 092** Kl. 12i vom 29/3. 1961, ausg. 16/11. 1961.)
K. DEMMLER. H 247

Kali-Chemie Akt.-Ges. (Erfinder: Friedrich Wolstein), Hannover, **Herstellung von Kaliumhydrogencarbonat** durch Umsetzung von KCl mit CO_2 in Ggw. eines Äthylamins erfolgt dadurch, daß einer wss. KCl-Lsg. $N(C_2H_5)_3$ zugesetzt u. in das Gemisch unter kräftigem Rühren CO_2 eingeleitet u. $KHCO_3$ von der Mutterlauge abgetrennt wird, oder aber der KCl-Lsg. Triäthylaminhydrogencarbonat zugesetzt u. dieses unter Rühren mit KCl umgesetzt wird. Den Mutterlaugen wird Kalk zugesetzt u. das freie Amin wird von der wss. Schicht abgetrennt. (**D. A. S. 1 113 686** Kl. 12 l vom 2/1. 1960, ausg. 14/9. 1961.) K. WOLK. H 275

Danske Medicinal- & Kemikalie-Kompagni A/S, Kopenhagen, Dänemark, **Herstellung quecksilberhaltiger Alkylharnstoffverbindungen** von der allg. Formel XHg—CH_2—CH(OR)—CH_2—NH—CO—NH_2, wobei X = Halogen oder einen Säurerest u. R Alkyl bedeutet, dad. gek., daß ein Allylamin mit einem Hg-Salz in wasserfreiem Milieu u. in Ggw. von Alkanolen u. Eisessig umgesetzt wird, worauf das Hg-haltige 2-Alkoxypropylamin nach Zusatz von NaCl mit einem Cyanat umgesetzt wird. *3-Chlormercuri-2-methoxypropylharnstoff,* F. 149—150,5°. *3-Chlormercuri-2-methoxypropylaminacetat,* F. 122—125°. (**Dän. P. 84 183** vom 9/4. 1954, ausg. 6/1. 1958.)
K. H. KÄHLER. H 290

Union Carbide Corp., übert. von: Leo M. Schifferli jun., Kokomo, Ind., V.St. A., **Abtrennen von Tonerdeteilchen** aus einer wss., hochdispersen Al_2O_3-Suspension vom pH <4. Man erniedrigt den pH-Wert auf 7—10, bes. 8—9, unter Zusatz von Monoäthanolamin, NH_4OH, Äthylamin, Di- oder Triäthanolamin oder 2-Aminopropanol als Ausflockungsmittel, zentrifugiert u. trocknet die Al_2O_3-Teilchen. (**A. P. 2 957 821** vom 5/9. 1958, ausg. 25/10. 1960.) H. Nebelsiek. H 294

Anaconda Co., New York, N.Y., übert. von: Frederick Laist, Los Angeles, Calif., V.St.A., **Tonerdegewinnung** aus Fe-haltigem Ton. Man calciniert den Rohton, laugt mit HCl aus u. trennt den SiO_2-haltigen Rückstand ab. Aus der Lsg. krist. man $FeCl_3$ u. $AlCl_3$ aus u. calciniert dieses Gemisch bei 1000—1300° F. Das dabei erhaltene SiO_2-freie, aber Fe-haltige Al_2O_3 wird mit wss. NaOH unter Druck u. höherer Temp. digeriert. Al_2O_3 geht in Lsg., aber Fe nicht, so daß man den Fe-haltigen Rückstand abtrennen kann. Aus dem Filtrat erhält man SiO_2- u. Fe-freies Al_2O_3. (**A. P. 2 947 604** vom 7/12. 1956, ausg. 2/8. 1960.) H. Nebelsiek. H 294

Magyar Állam (Erfinder: Peter Vajk, Andreas Balázs und Karl Martiny), Budapest, Ungarn, **Aufbereitung des aufgebrauchten Kohlefutters aus Al-Elektroöfen** zur Gewinnung von Fluorsalzen u. Al_2O_3. Sie erfolgt durch Erhitzen des feingemahlenen Futters auf 650—700° unter Verbrennen der Kohle u. anschließende Trennung der einzelnen Verbb., z. B. auf Grund ihrer verschiedenen Dichte. (**Ung. P. 144 088** vom 8/10. 1955, ausg. 1/8. 1958.) G. König. H 294

Petrochemicals Ltd., London, England (Erfinder: Edward Robert Anthony Forshaw und Ralph William King), **Alkylaluminiumverbindungen** erhält man durch Rk. von fein zerteiltem Al, einem Al-Alkyl oder Alkyl-Al-Hydrid mit H_2 unter Druck u. Rk. mit einem Gemisch von H_2 u. Olefin im Mol-Verhältnis von 1:1,4 bis 1:1,95. Als Al werden vorzugsweise Flitter verwendet mit einer Oberfläche von >600 cm^2/g, welche zu mindestens 50% ein 100-Maschen-Sieb nicht passieren, wodurch die Rk.-Geschw. erhöht wird. (**E. P. 857 681** vom 20/3. 1959, ausg. 4/1. 1961.) J. Mühleisen. H 294

Nehézvegyipari Kutató Intézet (Erfinder: Albert Horváth, Ladislaus Herédy und Paul Takács), Veszprém, Ungarn, **Galliumgewinnung.** Aus dem bei der Verbrennung von Kohle unter Vermeidung eines O_2-Überschusses anfallenden Gasstrom werden die gröberen Pulverteilchen abgeschieden u. aus dem Gas mittels organ. Fll. (Teer, Bzl.) das Ga herausgelöst. Man kann auch die erhaltenen Teere veraschen u. aus der Asche Ga extrahieren. (**Ung. P. 144 072** vom 24/4. 1956, ausg. 1/8. 1958.) G. König. H 295

Union Carbide Corp., übert. von: Rostislav Didtschenko, Lakewood, Ohio, V.St.A., **Herstellung von wasserfreien Halogeniden der Übergangsmetalle,** bes. $CeCl_3$. Man läßt wenigstens ein Halogenid der Lanthaniden oder des Th mit Pyridinhydrohalogenid, Chinolin-, Anilin- oder einem Alkylaminhydrohalogenid in W., Methanol, Aceton, Ae., A. oder Gemischen derselben reagieren. Das dabei ausgefällte Doppelsalz trennt man ab u. zersetzt es unter Erhitzen in einem Inertgas bei 100—300°. (**A. P. 2 932 553** vom 20/2. 1957, ausg. 12/4. 1960.) H. Nebelsiek. H 303

Horizons Titanium Corp., Princeton, N.J., übert. von: Morris A. Steinberg, University Heights, und Eugene Wainer, Cleveland Heights, Ohio, V.St.A., **Eine feste Lösung von Titancarbid und Titanmonoxid** erhält man durch Erhitzen von TiO_2 mit der 0,5—2fachen Menge C auf 110—1200°, Ableiten des entstehenden CO aus der Rk.-Zone bis zur Bldg. von reinem Ti-Sesquioxid, das mit der 1—3fachen Menge C auf 1500—1800°, bes. 1700—1750°, erhitzt wird, bis kein CO mehr gebildet wird. (**Can. P. 552 707** vom 12/7. 1954, ausg. 4/2. 1958. A. Prior. 21/7. 1953.) Eberhard Riedel. H 321

National Lead Co., New York, übert. von: Marshall B. Alpert, Staten Island, N.Y., und William F. Sullivan, Oak Ridge, Tenn., V.St.A., **Reinigung von $TiCl_4$.** Unreines $TiCl_4$ wird an der Kathode eines elektrolyt. Bades zugegeben, an der Anode wird das gereinigte Prod. erhalten. Das Bad besteht aus einem geschmolzenen eutekt. Gemisch von NaCl u. $SrCl_2$ u. mindestens einem der niederen Ti-Chloride; die Stromdichte beträgt an der Kathode 0,1—0,5, bes. 0,2 (A/cm^2), an der Anode höchstens 5, bes. 1,0. (**Can. P. 553 610** vom 12/6. 1952, ausg. 25/2. 1958. A. Prior. 12/6. 1951.) L. Grossner. H 321

National Lead Co., New York, übert. von: Marshall B. Alpert, Staten Island, N.Y., und Thomas M. Buck, Plainfield, N.J., V.St.A., **Herstellung niederer Titanchloride.** Ein elektrolyt. Bad aus geschmolzenen Alkalimetall-, Erdalkalimetall- oder Mg-Halogeniden wird durch eine hohle Kathode mit $TiCl_4$ beschickt. Bei Stromdurchgang geht der entsprechende Teil der aus metall. Ti bestehenden Anode unter Red. des $TiCl_4$ in Lsg., bei Strommengen von 1,8—2,3 Faraday pro Mol $TiCl_4$ wird ein Chloridgemisch mit überwiegend *$TiCl_2$* erhalten. (**Can. P. 553 611** vom 19/11. 1952, ausg. 25/2. 1958. A. Prior. 20/11. 1951.) L. Grossner. H 321

Norsk Hydro-Elektrisk Kvaelstofaktieselskab, Oslo, Norwegen (Erfinder: Einar Falkum), **Abscheiden von Ferrichlorid aus einer gasförmigen Mischung aus Titantetrachlorid und Ferrichlorid,** wobei die Gasmischung unter den Taupunkt von $FeCl_3$, aber über den Taupunkt von $TiCl_4$ abgekühlt wird. Die Gasmischung wird durch eine sich im Gegenstrom bewegende Säule von kaltem, stückförmigem, inertem Material, z. B. Kies, geleitet, wobei sich $FeCl_3$ auf der Oberfläche des Kieses als Kondensat abscheidet. Das Verf. wird in einer luftdicht verschlossenen, unter Überdruck stehenden App. durchgeführt. (**Norw. P. 91 592** vom 22/6. 1956, ausg. 5/5. 1958.)
K. H. KÄHLER. H 321

Monsanto Chemical Co., St. Louis, Mo., übert. von: John W. Andersen, Dayton, Ohio, V.St.A., **Herstellung von Zirkontetrachlorid** durch Chlorieren von zusammenhängenden Agglomeraten. Man vermischt feingebrochenes ZrO_2-haltiges Erz mit feinteiligem C in stöchiometr. Mengen unter Zusatz eines anorgan. Bindemittels, z. B. Na_2SiO_3 oder NaOH, so daß zusammenhängende Agglomerate entstehen u. chloriert diese im Wirbelbett mit gasförmigem Cl_2 bei 700—1000°, bes. 800—900°. (**A. P. 2 940 826** vom 12/9. 1957, ausg. 14/6. 1960.) H. NEBELSIEK. H 322

E. I. du Pont de Nemours & Co. (Erfinder: Marvin Lawrence Bromberg), Wilmington, Del., V.St.A., **Abtrennen von Zirkontetrachlorid** aus einem in fließfähigem Zustand befindlichen $ZrCl_4$–$HfCl_4$-Gemisch durch fraktionierte Dest. unter Druck. Dabei arbeitet man bei einer Siede-Temp. der Fl. im heißen Ende der Fraktionierzone zwischen 455 u. 520°, bes. 460—495°, u. stellt dabei den Druck auf 30—75 at ein. Vom heißen Ende zieht man $ZrCl_4$ u. vom kühlen Ende ein an $HfCl_4$ angereichertes Prod. ab. (**D. A. S. 1 118 768** Kl. 12m vom 29/5. 1958, ausg. 7/12. 1961.)
H. NEBELSIEK. H 322

Siegfried Ziegenbalg und Eberhard Scheffler, Freiberg, **Selektive Abtrennung von Germanium mittels Ionenaustauscher aus Lösungen mit niedrigem Germaniumgehalt.** Man verwendet Ionenaustauscher, die mit einem das Ge komplex bindenden Stoff beladen sind, z. B. ein Austauscherharz mit weitporig gesperrtem Gitter u. positiv polarer Ladung als Trägersubstanz, beladen mit 3%ig. wss. Tannin-Lsg. als Komplexbildner. Das Ge wird aus dem Absorptionsharz vorteilhaft mit HCl ($>$7n) ausgewaschen. (**D. P. [DDR] 21 896** Kl. 12n vom 27/5. 1959, ausg. 7/9. 1961 [Wirtschaftspatent].) W. WITTHOLZ. H 326

Midwest Research Institute, Kansas City, Mo., übert. von: Walter C. Lapple, Overland Park, und Henry H. Young, Prairie Village, Kans., V.St.A., **Aufbereitung von Germanium.** Das zerkleinerte Material wird im Fließbett vorgewärmt, abwärts im Gegenstrom mit S-Dämpfen bei 1600—1700° F geführt, Fremdmetallsulfide u. andere Begleitstoffe werden kontinuierlich entfernt, u. das gebildete gasförmige *Ge-Sulfid* wird außerhalb der Rk.-Zone unter Hindurchleiten durch ein Ge-Sulfid-Fließbett von 842—1112° F kondensiert, wobei Abscheidung von S vermieden wird. — Zeichnung. (**Can. P. 553 911** vom 20/4. 1956, ausg. 4/3. 1958. A. Prior. 15/9. 1955.) L. GROSSNER. H 326

Charles Lilley Horn, Minneapolis, Minn., V.St.A. (Erfinder: Cortes Frederick Reed), **Gewinnung von Metallsulfiden,** bes. *Ge-Sulfid*, aus alkal. Aschen, die bei der Verbrennung von Kohle entstehen. Die Aschen werden mit heißem W. ausgezogen, u. das Filtrat wird mit einem wasserlösl. Sulfid versetzt u. dann zwecks Ausfällung der Metallsulfide angesäuert. (**E. P. 865 306** vom 25/6. 1959, ausg. 12/4. 1961.)
M. NECKERMANN. H 326

General Electric Co. Ltd., London, England (Erfinder: Stanley Edwin Bradshaw, Peter Le Couteur und John Douglas Michael Wraige), **Gewinnung von Germaniumtetrachlorid** aus fein verteiltes, mit anderen Festteilchen gemischtes Ge enthaltendem Material, indem man das Material mit Alkalihypochlorit u. -hydroxid in wss. Lsg. behandelt, zu der filtrierten Lsg. eine starke anorgan. Säure, z. B. HCl, in solchen Mengen zusetzt, daß der pH-Wert auf $<$7 eingestellt wird, die Lsg. mit überschüssigem NH_3 versetzt u. durch Dest. des erhaltenen Nd. mit HCl $GeCl_4$ gewinnt, das in bekannter Weise auf Ge verarbeitet werden kann, z. B. durch Hydrolyse u. Red. des GeO_2 unter Erhitzen in H_2-Atmosphäre. Wird von Alkaligermanate enthaltenden Abfallätz-Lsgg. ausgegangen, so entfällt die Behandlung mit Alkalihypochlorit u. beim Ausgehen von Fluorogermaniumsäure enthaltenden Abfallätz-Lsgg. beginnt die Aufarbeitung mit dem Versetzen der Lsgg. mit überschüssigem NH_3. (**E. PP. 866 039, 866 040** u. **866 041** vom 29/9. 1958, ausg. 26/4. 1961.) K. DEMMLER. H 326

Badische Anilin- & Soda-Fabrik Akt.-Ges., Ludwigshafen/Rh. (Erfinder: Hermann Klippel, Haßloch), **Herstellung von Metalloxiden,** bes. **Eisenoxiden,** durch Verbrennen der entsprechenden Metallcarbonyle mit Luft in Ggw. von Wasserdampf, dad. gek., daß man W. in fl. Aggregatzustand in den Rk.-Raum einführt u. es erst darin verdampfen läßt. — Zum Beispiel werden durch Verbrennen von Fe-Carbonyl unter Zusatz von fl. W. doppelte Füll-Gew. des erzeugten Fe_2O_3 gegenüber Zusatz von Wasserdampf erhalten. (**D. A. S. 1 116 643** Kl. 12n vom **4/6. 1959**, ausg. **9/11. 1961**.)

K. DEMMLER. H 354

E. R. A. Patents Ltd., Leatherhead (Erfinder: **Francis Thomas Bacon**, Westfield/Little Shelford), England, *Bipolare Elektrode für Wasserzersetzer.* (**Schwz. P. 349 584** vom 21/8. 1957, ausg. 15/12. 1960. E. Prior. 23/8. 1956. — C. **1961.** 9555 [D. A. S. 1 094 247].)

Deutsche Gold- und Silber-Scheideanstalt vormals Roessler, Deutschland (Erfinder: **Leonard R. Darbee, Theodore M. Jenney** und **Donald F. Kreuz**), *Herstellung von Wasserstoffperoxid.* (**F. P. 1 213 765** vom 27/10. 1958, ausg. 4/4. 1960. A. Prior. 4/11. 1957. — C. **1960.** 257 [D. A. S. 1 057 587].)

Deutsche Gold- und Silber-Scheideanstalt vormals Roessler, Deutschland, *Herstellung von Wasserstoffperoxid.* (**F. P. 1 211 221** vom 16/12. 1958, ausg. 15/3. 1960. D. Prior. 24/12. 1957. — C. **1959.** 10032 [D. A. S. 1 051 257].)

VEB Leuna-Werke „Walter Ulbricht" (Erfinder: **Walter Gross**), Leuna, *Ammoniak.* (**Ung. P. 144 560** vom 5/10. 1956, ausg. 15/11. 1958. — C. **1959.** 4933 [D. A. S. 1 034 604].)

Montecatini Soc. Gen. per l'Industria Mineraria e Chimica, Mailand, Italien, *Herstellung von Ammoniumsulfat.* (**It. P. 534 788** vom 22/6. 1955. — C. **1958.** 11928 [D. A. S. 1 023 458].)

Farbenfabriken Bayer Akt.-Ges., Deutschland (Erfinder: **Erich Rahlfs** und **Günter Henrich**), *Entfernung von Aceton aus wässerig-acetonischen Hydrazinlösungen.* (**F. P. 1 211 489** vom 31/7. 1958, ausg. 16/3. 1960. D. Prior. 1/8. 1957. — C. **1959.** 13911 [D. A. S. 1 049 833].)

Donald Edward Ferris, *Elektrolytische Herstellung von Natriumhypochlorit.* (**Aust. P. 225 702** vom 8/4. 1958, ausg. 24/12. 1959. — C. **1960.** 12803 [A. P. 2 873 236].)

VEB Leuna-Werke „Walter Ulbricht", Leuna, *SO_2-Gewinnung.* (**Ung. P. 144 602** vom 11/7. 1955, ausg. 15/11. 1958. — C. **1958.** 2842 [D. A. S. 1 006 836].)

Industrie Chimiche Baslini S.p.A. und **Ugo Sartolini**, Mailand, Italien, *Stabilisieren von flüssigem Schwefeltrioxid.* (**It. P. 536 269** vom 8/6. 1955. — C. **1958.** 2540 [E. P. 780 627].)

R. Tanberg, Drammen, Norwegen, *Gewinnung von Selen.* (**Belg. P. 541 367** vom 16/9. 1955, ausg. 14/8. 1959. Norw. Prior. 2/10. 1954. — C. **1960.** 4636 [Norw. P. 88 127].)

Columbia-Southern Chemical Corp., V.St.A. (Erfinder: **Edward Laverne Priebe**), *Herstellung von Pigmentkieselsäure.* (**F. P. 1 214 275** vom 24/10. 1958, ausg. 7/4. 1960. A. Prior. 1/11. 1957. — C. **1961.** 17704 [A. P. 2 946 660].)

E. I. du Pont de Nemours & Co., V.St.A. (Erfinder: **Harold Leonard Jackson**), *Herstellung von Silan.* (**F. P. 1 213 188** vom 15/11. 1958, ausg. 29/3. 1960. A. Prior. 15/11. 1957. — C. **1961.** 5215 [E. P. 842 825].)

E. I. du Pont de Nemours & Co., V.St.A. (Erfinder: **Charles Perry Green** und **William Riley Jenks**), *Trocknen von kristallinem Alkalicyanid.* (**F. P. 1 214 961** vom 15/10. 1958, ausg. 13/4. 1960. A. Prior. 15/10. 1957. — C. **1961.** 6990 [E. P. 834 765].)

Horizons, Inc., Princeton, N.J., übert. von: **George L. Cunningham**, Cleveland Heights, Ohio, V.St.A., *Herstellung von Alkali- und Erdalkalimetalloxiden.* (**Can. P. 552 706** vom 12/12. 1955, ausg. 4/2. 1958. A. Prior. 16/12. 1954. — C. **1958.** 6645 [A. P. 2 784 061].)

United Kingdom Atomic Energy Authority, England, übert. von: **National Smelting Co. Ltd.**, *Berylliumfluorid.* (**F. P. 1 212 775** vom 10/7. 1958, ausg. 25/3. 1960. E. Prior. 12/7. 1957. — C. **1961.** 9556 [E. P. 833 808].)

VEB Farbenfabrik Wolfen, Wolfen (Erfinder: **Felix Seidel**, Wolfen, und **Walter Singer**, Dessau), *Herstellung von Aluminiumsalzen.* (**Ung. P. 144 161** vom 22/1. 1957, ausg. 1/8. 1958. D. Prior. 5/9. 1956. — C. **1959.** 11378 [D. P. [DDR 15 453].)

VI. Silicatchemie. Baustoffe

Die Auffassung über die Glasstruktur vom atomistischen und vom molekularen Standpunkt. H. Salmang. (Chem. Weekl. **57.** 469—74. 9/9. 1961.) (Holl.) — Vgl. C. **1962.** 4300.

Das im Elektronenmikroskop sichtbar gemachte Glas-„Gefüge" zeigt, daß der Glaszustand eine Sonderstellung neben dem krist. u. fl. Zustand einnimmt. Glas enthält Reste der Kristallstruktur u. krist. erst nach Bldg. von Kristallkeimen. In diesem Zustand ist Glas eine Fl. mit mol. Charakter. Da elektronenmkr. Photographien 2 Phasen zeigen, muß auch ein der kristallchem. Vorstellung entsprechender Zustand bestehen; der atomare u. mol. Zustand bestehen nebeneinander. Genauere Unterss. sind bisher noch nicht möglich. — 26 Literaturangaben. W. WESLY. 6168 □

Die Bedeutung der Granulationstechnik in der keramischen Industrie. Hans B. Ries. (Euro-Ceramic [Düsseldorf] **11.** 272—76 u. 281. Sept. 1961. Hardheim/Nordbaden.) (Dt.)

Unter Granulation versteht man die Überführung fl. Suspensionen oder Lsgg., pastöser Gemische oder pulverförmiger Massen in eine definierte Korngröße mit bestimmter Kornform. Vf. behandelt Probleme u. Anwendung der techn. Granulation in der keram. Industrie. N. PETERS. 6206 □

Neue Versuchsergebnisse über die Festigkeit von Steinzeugrohren. H. G. F. Winkler und F. Freund. (VI. int. keram. Kongr., Wiesbaden **1958.** 389—97. Marburg/Lahn, Univ., Mineralog. Inst.) (Dt.)

Unterschiede der Scheiteldruckfestigkeit haben als Ursache: festigkeitsvermindernde Wrkg. der Textur (es kann gezeigt werden, wie sie vermieden werden kann), Korngröße u. Mengenanteil der Quarzkörner oberhalb ca. 20 μ, unterschiedliche Anzahl der Mullitkristalle pro Vol.-Einheit des Scherbens. — Diskussion. H. VÖLZ. 6206□

Über die Beeinflussung des Aufbaus und der Eigenschaften der Scherben von Talkmassen durch Zugabe von Schrühbrandbruch. A. Reiss und H. Müller-Hesse. (Ber. dtsch. keram. Ges. e. V. **38.** 420—25. Sept. 1961. Aachen, TH, Inst. für Gesteinshüttenkunde.) (Dt.)

In der keram. Industrie ist man bemüht, den nach dem Biskuitbrand anfallenden Bruch weiter zu verwenden. Die Zugabe von Schrühbrandbruch zu Talkmassen begünstigt die Bldg. von Cordierit. Die Erklärung hierfür ergibt sich aus einem kombinierten Rk.-Schema, aus dem bes. die Rolle des Mullits bei der Bldg. von Cordierit hervorgeht. In reinen Steingutmassen ist nur die Teil-Rk. Kaolinit → Mullit möglich. In den Talkmassen ohne Biskuit können beide Teil-Rkk. Kaolinit → Mullit u. Talk → Enstatit ablaufen. Diese Cordierit-Bldg. innerhalb keram. Platten ist für die Haarrißsicherheit der Erzeugnisse so lange unbedenklich, als sie innerhalb der ganzen Platte einheitlich erfolgt u. in bestimmten Grenzen bleibt. N. PETERS. 6206□

Ring- und Tunnelöfen als Gegenstromwärmeaustauscher und deren Berechnung mit dem Universaldiagramm nach Maase. E. Maase und R. Jeschar. (Ber. dtsch. keram. Ges. e. V. **38.** 411—19. Sept. 1961. Duisburg.) (Dt.)

Es wird dargelegt, daß Ring- u. Tunnelöfen der keram. Industrie in erster Linie als Gegenstromwärmeaustauscher anzusehen sind. Daraus geht hervor, daß der Luftbedarf des Ofens durch die abzuführende Kühlluftmenge festgelegt wird u. weniger durch den Brennstoffbedarf. Die direkt durchströmten Öfen müssen daher mit einem Luftfaktor $\lambda = 2{,}5-4{,}0$ gefahren werden. Von erheblichem Einfl. auf den Brennstoffverbrauch des Ofens sind die Umwandlungswärmen des Brenngutes. Diese Zusammenhänge sind in einem vom Vf. entwickelten Diagramm klargelegt. N. PETERS. 6210□

Ursache der Entstehung von Poren in Sanitärporzellanglasuren. G. Rosenthal. (Ber. dtsch. keram. Ges. e. V. **38.** 381—88. Sept. 1961. Würzburg, Max-Planck-Inst. für Silicatforsch.) (Dt.)

Ebenso wie Luft u. Wasserdampf können auch Gase, die während des Brandes von glasierten Sanitätsporzellanscherben frei werden u. durch die aufliegende Glasur entweichen, zur Poren-Bldg. in der Glasur dieser Porzellane führen. Bei einer Masse, die zwei Tone mit relativ hohem C-Geh. enthielt, wurde bes. auf das Verh. des C beim Brand geachtet. Es wird gezeigt, daß sich an der Oberfläche der Probestücke durch Verbrennung gebildetes CO im kälteren Inneren zu reaktionsträgem C u. CO_2 umsetzt u. die beobachteten schwarzen Zonen hervorruft. Die Poren-Bldg. ist andererseits auch dadurch möglich, daß der Scherben relativ früh sintert u. die Glasur sich früh (1050°) zu schließen beginnt. Durch die Rk. von Glasur u. Scherben bildet sich eine dichte Rk.-Schicht, die zusammen mit der Glasur durch den hohen Gasdruck im Inneren abgesprengt wird. N. PETERS. 6212□

Undurchlässige, flammgespritzte keramische Überzüge. Thomas Vasilos und George Harris. (Amer. ceram. Soc. Bull. **41.** 14—17. 15/1. 1962. Wilmington, Mass., USA Arco Corp.) (Engl.)

Herst. u. Eigg. von glaskeram., flammgespritzten Überzügen werden beschrieben. Die für die Spritzpistole verwendeten Stäbe wurden aus wechselnden Gemischen von Borsilicatglas u. ZrO_2 oder Al_2O_3 hergestellt. Die Überzüge wurden bes. zum Schützen von Mo gegen Oxydation verwendet. F. REINHART. 6212□

Über Anomalien in der Dilatometerkurve von ungebrannten Tonen unterhalb und bei 200°. A. Zwetsch. (VI. int. keram. Kongr., Wiesbaden **1958.** 169—82. Mettlach/Saar, Fa. Villeroy u. Boch, Keram. Vers.-Anst.) (Dt.)

Die Anomalien konnten zur Plastizität nach PFEFFERKORN u. der Trockenbiegefestigkeit in Beziehung gebracht werden. Die Reversibilität der Anomalie läßt erkennen, daß Tone ihre plast. Eigg. durch einen Wärmeprozeß nicht verlieren. Die Anomalien wirken sich als Schwindung aus u. bedingen Spannungen beim Anwärmen. — 18 Literaturhinweise. Diskussion. H. VÖLZ. 6216□

Wertung feuerfester Steine. G. R. Eusner und K. K. Kappmeyer. (Amer. ceram. Soc. Bull. **41.** 1—7. 15/1. 1962. Monroeville, Pa., United Steel Corp.) (Engl.)

174 Sorten feuerfester Steine wurden auf Porigkeit (P), Raum-Gew. (D), Druckfeuerbeständigkeit (L), Bruchmodul (MR) u. Widerstand gegen Absplittern untersucht. Ergebnisse von Labor.-Verss. zeigten, daß die Klassifikation nach Brenngrad, Segerkegel oder Klassen, wie hochfeuerfest, feuerfest oder dgl., nicht befriedigen. Es wird eine Formel für eine Bewertungszahl $RN = 3 \cdot 5\, P/D + 2\, L + 10000/MR$ gegeben.
F. REINHART. 6218□

Probleme des Feuerfestmaterials bei der Fabrikation von kondensierten Phosphaten. Th. Chvatal. (VI. int. keram. Kongr., Wiesbaden **1958.** 341—47. Wien, L. Kraft, Dinas- u. Schamottewerke G. m. b. H.) (Dt.)

Es wurden vergleichende Unterss. durchgeführt, um den Angriff kondensierter Phosphate auf verschiedene feuerfeste Materialien festzustellen. Zirkon u. Quarzglas zeigten gute Resistenz. Ein neuer feuerfester Baustoff aus Zirkon u. Quarz in Form von Quarzglas auf Metaphosphat als Bindung wurde entwickelt. Bzgl. der Temp.-Wechselbeständigkeit u. der Resistenz ist dieser Brennstoff den bisher bekannten Materialien überlegen. — Diskussion. H. VÖLZ. 6218□

Aufbau und Eigenschaften von feuerfesten Steinen auf $BaO-Al_2O_3-SiO_2$-Grundlage. H. Müller-Hesse und E. Planz. (VI. int. keram. Kongr., Wiesbaden **1958.** 377—87. Aachen, TH, Inst. für Gesteinshüttenkunde.) (Dt.) — Vgl. C. **1961.** 2065.

Unterss. über Aufbau u. Eigg. der Steine (chem. Analyse, Röntgenographie, Differenzkalorimetrie, Licht- u. Erhitzungsmikroskopie, Dilatometrie, techn. Prüf-Meth.) ermöglichten Aussagen über die günstigste chem. Zus., anzuwendende Rohstoffe, optimale Kornverteilung u. Herst.- u. Brennbedingungen. Im Laufe der Rk. während des Brandes tritt eine instabile Zwischenphase auf, die als Hoch-Temp.-Modifikation des *Celsians* ($BaO \cdot Al_2O_3 \cdot 2\ SiO_2$) gedeutet werden konnte. Celsian besitzt chem. Resistenz gegen Pb- u. B-haltige Ofendämpfe. Bei geeignetem Steinaufbau gelingt es, dieses im Stein festzuhalten u. dadurch Abtropferscheinungen zu vermeiden. — Diskussion. H. VÖLZ. 6218□

Hochdichte feuerfeste Steine. E. Gugel und F. H. Norton. (Amer. ceram. Soc. Bull. **41.** 8—11. 15/1. 1962. Cambridge, Mass., Massachusetts Inst. of Technol.) (Engl.)

Durch hohe Dichte im frischen Zustand, die durch Korngrößenabstufung erreicht wird, u. durch hohe Brenn-Temp. ist es möglich, nach den üblichen Verff. Steine herzustellen, die keine offenen Poren u. weniger als 5% Schwindung haben. — 17 Literaturangaben. F. REINHART. 6218□

Beeinflussung des Porengefüges feuerfester Steine durch technologische Maßnahmen. K. Konopicky und W. Lohre. (VI. int. keram. Kongr., Wiesbaden **1958.** 329—40. Bonn, Forsch.-Inst. der Feuerfest-Industrie.) (Dt.) — Vgl. C. **1958.** 8444.

Die Gasdurchlässigkeit wird zum Anteil an Grob- u. Mittelporen in Beziehung gesetzt. Zur Ermittlung allg. gültiger Gesetzmäßigkeiten wurden Verss. an Schamotte- u. Silicaprobesteinen durchgeführt u. der Einfl. der Körnung auf Schwinden, Wachsen, Festigkeit, Porosität u. Gasdurchlässigkeit bestimmt. Das Porengefüge wird auch durch die Aufheiz-Geschw. u. die Brenn-Temp. z. T. erheblich verschoben. — 12 Literaturhinweise. Diskussion. H. VÖLZ. 6218□

Kupferoxid-Bursting an feuerfesten Magnesit- und Chrom-Magnesitsteinen. F. Trojer. (VI. int. keram. Kongr., Wiesbaden **1958.** 367—75. Radenthein/Kärnten, Österr.-Amerikan. Magnesit AG.) (Dt.)

Es wird versucht, aus den Mineralneubildungen, den Kornstrukturen u. -texturen in gebrauchten feuerfesten Auskleidungen Rückschlüsse auf das zu beobachtende Verh. dieser Steine während ihrer Verw. in Cu-Schmelzöfen zu ziehen. Wahrscheinlich liegt die Ursache des Steinwachstums im Wechsel oxydierender u. reduzierender Atmosphären u. der damit parallellaufenden Umsetzung $Cu \rightarrow Cu_2O \rightarrow CuO$ begründet, welche mit einer Vol.-Vermehrung im Verhältnis 1:1,64:1,75 verbunden ist. — Diskussion. H. VÖLZ. 6218□

Das Fließen feuerfester Stoffe bei hohen Temperaturen. L. Lécrivain. (VI. int. keram. Kongr., Wiesbaden **1958.** 349—58. Paris, Soc. Franç. de Céram., Serv. des Essais Physique.) (Franz.) — Vgl. C. **1958.** 8737.

Die Fließ-Geschw. erwies sich als Funktion der Temp. u. ist je nach Material verschieden. Eine App. zur Best. des Fließ-Verh. wurde entwickelt, die es gestattet, Verss. in oxydierender Atmosphäre durchzuführen. — Diskussion. H. VÖLZ. 6218□

Die Verformbarkeit feuerfester Baustoffe. L. Lécrivain. (Silicates ind. **26.** 353—61. Juli/Aug. 1961. Charleroi.) (Franz.)

Verss. der Warmverformung feuerfester Baustoffe unter gleichbleibend geringem Überdruck zeigten eine starke Abhängigkeit der Probekörper von ihrer Textur. Eine Beeinflussung durch vorherige starke Überhitzung der Materialien vor der Verformung äußert sich in den Werten von $\sigma = K \cdot E_\alpha$ u. $\psi = E_\alpha/R$ (E = Elastizitätsmodul, α = Ausdehnungs-Koeff., R = mechan. Widerstand) der Vers.-Körper. Die Prüfung des plast. Fließens ist industriell von Bedeutung; die prakt. Folgerungen für die Fertigung bes. wärmestoßresistenter Baukörper werden dargelegt. R. KAISER. 6218□

Teilchengrößenkontrolle von Nephelinsyenit für Steingut. G. H. Taylor und R. C. Wilson. (Amer. ceram. Soc. Bull. **41.** 12—13. 15/1. 1962.) (Engl.)

Es wird ein Kurz-Verf. zur Best. der Teilchengrößen von Nephelinsyenit beschrieben, welches es ermöglicht, während des Produktionsablaufs Teilchengrößen, die unterhalb der mit dem Sieb bestimmbaren liegen, zu erfassen. F. REINHART. 6220□

Die Hochofenschlackenzemente. G. Delbart. (Rev. Métallurgie **58.** 735—50. Sept. 1961.) (Franz.)

Nach einem histor. Überblick über die Zement (Z)-Fabrikation in Frankreich u. die wirtschaftliche Lage am Schlacken (Y)-Markt untersucht Vf. die chem. Zus. der Hochofen-Y, die allg. dem Syst. SiO_2–Al_2O_3–CaO angehört. Je nach Verw. benutzt man gewisse Basizitätsindizien, z. B. für normale Y das Verhältnis CaO/SiO_2. Das Dreiecksdiagramm von RANKIN gibt die Phasen für das Syst. SiO_2–CaO–Al_2O_3 wieder. Es gibt eine große Zahl von Schlackenzementen, die 10—80% Y enthalten. Die Portland-Y-Z u. die Fe-Z sind dem Portland-Z vergleichbar. Die gemischt metallurg. Z u. die Hochofen-Z 210/325 verlangen Maßnahmen, um stets genügend Feuchtigkeit trotz langsamerer H_2O-Aufnahme durch die Y zu bewahren. Die Hochofen-Z mit Y- u. Klinker-Zus. sind wertvoll für große u. unterird. Konstruktionen. Das Verhältnis Zugwiderstand/Druckwiderstand ist günstiger als für reinen Portland-Z. A. LEIBBRANDT. 6222□

Die Chemie des Zementes. H. F. W. Taylor. (Res. appl. in Ind. **14.** 154—58. April 1961. Aberdeen, Univ., Dep. of Chem.) (Engl.)

Beschrieben werden Kristallisations-Prodd. des unhydratisierten u. des hydratisierten Zementes sowie Rkk. des Zementes mit Zuschlagstoffen ohne auftretende Wasserverluste durch Verdampfen im Autoklaven bei Temp. über 180°. Tonerdezemente bilden bei Raum-Temp. viel schneller krist. Prodd., sind Fe- u. Si-frei u. bis 1800° temperaturbeständig. H. SCHUMANN. 6222□

Untersuchung der hydrothermalen Reaktion zwischen Asbest–CaO–SiO_2 und die Anwendung von (SiO_2 + CaO) auf Grund der hydrothermalen Reaktion an Stelle von Zement bei der Herstellung von Asbest-Zementplatten. Adnan Göksel. (Istanbul Üniv. Fen Fak. Mecmuasi [Rev. Fac. Sci. Univ. Istanbul], Ser. C **23.** 68—76. Jan. 1958. Istanbul, Univ., Inst. für chem. Technik.) (Dt.)

Verss., den Zement bei der Asbestplatten-Herst. durch das bewährte Kalk–Sand-Gemisch mit hydrothermaler Schnellhärtung zu ersetzen, führte zu Vor-Unterss. über die geeignetste Sandsorte. Mit einem durch teilweises Vermahlen der üblichen Kalksandsteinsorte hergestellten Sand S_7 mit 46% Korn von ∅ = 0,25 mm u. 30% von ∅ = 0,088 mm wurden unter Verw. von 20% CaO ohne NaOH-Zusatz bei 8 std. Härtezeit u. 8 at Dampfdruck 388 kp Druckfestigkeit erzielt. Dieses Rk.-Gemisch diente für die gleichartige Platten-Herst. unter Asbestzusatz. R. KAISER. 6222□

Die Unterscheidung von Mineralien durch optische Anfärbung im Grenzdunkelfeld. O. E. Radezewski. (Ber. dtsch. keram. Ges. e. V. **38.** 389—95. Sept. 1961. Aachen, Rhein.-Westf. Techn. Hochschule, Inst. für Gesteinshüttenkunde.) (Dt.)

Die Unters. der keram. wichtigen Feldspäte u. der sie begleitenden Minerale Quarz, Glimmer u. Kaolinit im Korngrößenbereich zwischen 6,3 μ u. 0,1 mm ist mit Hilfe der opt. Anfärbung im Grenzdunkelfeld sehr gut möglich; das bewährte Phasenkontrast-Verf. wird dagegen bei Teilchengrößen $<6{,}3\,\mu$ angewendet. Die Methodik der Grenzdunkelfeld-Unters. mit dem HEINE-Kondensator wird beschrieben. N. PETERS. 6240□

Über den Glasanteil in Silicasteinen. K. Konopicky, I. Patzak und K. Wohlleben. (Ber. dtsch. keram. Ges. e. V. **38.** 403—10. Sept. 1961. Bonn, Forsch.-Inst. der Feuerfest-Ind.) (Dt.)

Die verschiedenen Verff. zur Feststellung des Glasanteils in Silicasteinen, wie z. B. Lsg.-Verh. in Säuren, DTA u. Röntgenanalyse, werden überprüft u. die Ergebnisse werden miteinander verglichen. Zur quant. Best. des Mineralaufbaus bei Silicasteinen erwies sich die DTA als weniger geeignet, dagegen wurden gute Ergebnisse mit der Röntgenanalyse erhalten. — 19 Literaturangaben. N. PETERS. 6248□

Einige mikroskopische und röntgenographische Beobachtungen an Silicarohstoffen und -steinen. P. Wecht. (Ber. dtsch. keram. Ges. e. V. **38.** 396—402. Sept. 1961. Düsseldorf, Heinrich Koppers G. m. b. H.) (Dt.)

Die Umwandlung Quarz–Cristobalit geht nur an reinem Bergkristall von außen nach innen — entsprechend der Wärme-Einw. — u. bevorzugt an Spalten u. Rissen vor sich. Bei anderen Silica-Rohstoffen verläuft die Umwandlung ganz unregelmäßig meist auf Bahnen u. Kanälen durch die einzelnen Quarzkristalle. In ungebranntem Zustand sind diese Bahnen nicht erkennbar. Zur Erklärung dieser Erscheinung wurden Anschliffe im Auflichtmikroskop angeätzt. Die anätzbaren Bahnen bestehen aus einem Cristobalit mit einem stärkeren Fehlordnungsgrad. Gut geordneter Cristobalit läßt sich nicht mehr auf diese Weise anätzen. N. PETERS. 6248□

Eine einfache und rasche Präpariermethode zur qualitativen Infrarotspektralanalyse keramisch bedeutsamer Silicate. H. Svejda. (Mikrochim. Acta [Wien] **1962.** 560—68. Wien, Vers.-Anst. für industrielle Keramik.) (Dt.)

Als Träger wurde bei der qual. IR-Spektralanalyse keram. wichtiger Silicate eine ca. 0,03 mm dicke Polyäthylenfolie verwandt, die in dem für die Analyse von Silicaten wichtigen Spektralgebiet zwischen ca. 9 u. 15 μ opt. weitgehend leer ist. Die wenigen vorhandenen Absorptionsbanden stören nicht; sie können bei Verw. von Transparentpapier an Stelle von Koordinatenpapier als Bezugspunkte dienen. Das naß gemahlene Probepulver wird trocken auf den mit einem Vaselinefilm versehenen Träger aufgestäubt oder bei sehr wenig Probesubstanz als Verreibung mit Vaseline aufgetragen.

P. KURZMANN. 6248□

Messung der Capillarverteilung in Ziegelmaterialien und ihre mögliche Nutzanwendung. L. Alviset und C. Liger. (VI. int. keram. Kongr., Wiesbaden **1958.** 401—16. Paris, Centre Techn. des Tuiles et Briques, Labor.) (Franz.)

Mit Hilfe des Porosimeters von BRÉMOND wurde die Porengrößenverteilung gemessen u. damit die Beziehung zwischen Frostbeständigkeit u. Struktur sowie die Strukturveränderung als Funktion der Anzahl der Frostwechsel bzw. der Brenn-Temp. untersucht.

H. VÖLZ. 6256□

Owens-Illinois Glass Co., übert. von: Josef Francl und Joseph S. Logiudice, Toledo, Ohio, V.St.A., **Farbige metallische Markierungen auf Glas.** Zum Aufbringen von gefärbten Zeichnungen u. Zeichen auf die Oberfläche von Gläsern, wird auf diese nach sorgfältigem Reinigen durch Glühen oder auf andere Weise mittels direktem mechan. Kontakt eines der Metalle Ti, Zr, Hf, Th, Sn oder Pb aufgebracht u. durch anschließendes Erhitzen eine dauerhafte Verfärbung bewirkt. So ergibt Zr bei 200—330° goldbraune, bei 330—390° blaue u. oberhalb 390° weiße Töne. Die gleichen Farben werden mit Ti bei 330—450° bzw. 450—490° bzw. >490° erreicht. (**A. P. 2 962 383** vom 10/10. 1955, ausg. 29/11. 1960.) G. FRIKELL. 6189

Glas-Industrie F. van Tetterode, Floris van Tetterode und Jan de Gruil (Erfinder: Floris van Tetterode), **Vergüten von Glastafeln.** Man behandelt die in einer abgebildeten Vorr. senkrecht gestellten Tafeln mit einer Ätz-Fl., z. B. einer wss. 18—20%ig. HF-Lsg. von 35°, wobei für einen Gasabzug gesorgt ist, bis mindestens 40μ, zweckmäßig 70—80μ, von der Glasoberfläche abgeätzt sind. Anschließend wird das Gut mit der wss. Lsg., z. B. mit einem Geh. von 0,4 (%) Siliconharz, 1 tert.-Butanol u. 0,7 Polyoxyäthylenmonostearat überzogen. (**Aust. P. 224 209** vom 12/3. 1958, ausg. 22/10. 1959. Holl. Prior. 16/3. u. 11/12. 1957.) H. MÖLLERING. 6189

Ernst Leitz G. m. b. H., Wetzlar/Lahn (Erfinder: Heinz Brömer, Hermannstein, und Norbert Meinert, Wetzlar), **Optisches Glas** mit hohem Brechungsindex, mittlerer Dispersion u. anomaler Teildispersion aus 45—70 (Gew.-%) Bleiphosphat, 10—30 Borsäure, 2—15 Tantaloxid, 8—15 Al_2O_3, <15 Zn- u./oder Cd-Oxid, <5 ZrO_2, <15 Erdalkalioxid, bes. CaO, die als Tantalate zugeführt werden, u. <7 Oxide der Seltenen Erden. (**D. P. [DDR] 22 292** Kl. 32b vom 11/11. 1958, ausg. 22/11. 1961 [Ausschließungspatent].) O. KAYSER. 6201

Ernst Leitz G. m. b. H., Wetzlar/Lahn (Erfinder: Ernst Leitz und Norbert Meinert, Wetzlar, und Heinz Brömer, Hermannstein), **Borsilicatglas,** das 1. zu >50 (%) aus einem Grundglas besteht, dessen Zus. durch folgende Punkte im Dreistoffdiagramm begrenzt ist: 1) [B_2O_3 (I)] 45, [SiO_2 (II)] 10, [La_2O_3 (III)] 45; 2) 5, 10, 85; 3) 5, 40, 55; 4) 25, 20, 55; 5) 35, 20, 45. 2. >7,5—20 Al_2O_3 u./oder Y_2O_3 u. 3. andere bei der Glas-Herst. bekannte Zusätze (Metalloxide), sowie >20 **III** enthält. — Bei Verw. eines Grundglases aus 10 **II,** 15 **I** u. 75 **III** besteht die Schmelze z. B. aus 5 **II,** 7,5 **I,** 37,5 **III,** 10 Al_2O_3, 7,5 CaF_2, 5 ZrO_2, 10 CdO, 7,5 WO_3 u. 10 Ta_2O_5. — Beispiele u. Diagramm. (**D. P. [DDR] 22 365** Kl. 32b vom 3/11. 1958, ausg. 30/11. 1961 [Ausschließungspatent].) O. KAYSER. 6201

E. I. du Pont de Nemours & Co., übert. von: Miles Charles Kumnick und Frederick Kingsbury Watson, Wilmington, Del., V.St.A., **Sicherheitsgläser.** Zwischen 2 Glasplatten wird eine Folie (**I**) gelegt u. die Ecken werden auf ca. 65° unter einem Druck von 30 lbs./sq.in. erwärmt. Sodann wird auf 170° erhitzt, Druck 225 lbs./sq. in., Dauer 15 Minuten. **I** besteht aus 80—100% eines hydrolysierten Mischpolymerisates aus Äthylen u. einem Vinylester einer organ. Carbonsäure u. 20—40% einer sauren P-Verb., z. B. Alkylorthophosphate, -phosphite, Benzolphosphonsäure, mit 3—12 C-Atomen. (**A. P. 2 941 973** vom 29/4. 1955, ausg. 21/6. 1960.) F. KOCH. 6201

E. I. du Pont de Nemours & Co., Wilmington, Del., V.St.A., **Weichmacher für 80—100%ig hydrolysierte Äthylen-Vinylester-Mischpolymerisate,** in denen das mol. Verhältnis von Äthylen zu Vinylester 1,5:1 bis 5:1 beträgt, bestehend aus Trialkylphosphaten oder Dialkylestern von Aryl- u. Alkylphosphonsäuren, in denen die Alkylgruppen 4—12 C-Atome aufweisen, bes. Trioctylphosphat, Dioctylbenzolphosphonat u. Dihexylhexanphosphonat. Die Menge des Weichmacherzusatzes beträgt 20—40%. Das weichgemachte Polymerisat eignet sich bes. als *Klebstoff* zur Herst. von *Sicherheitsglas*. (**E. P. 796 899** vom 3/4. 1956, ausg. 18/6. 1958. A. Prior. 29/4. 1955.) C. LÜTTGEN. 6201

E. I. du Pont de Nemours & Co., Wilmington (Erfinder: Miles Charles Kumnick, Fairfax, und Frederick Kingsbury Watson, Wilmington), Del., V.St.A., **Plastische Masse für Zwischenschichten von Sicherheitsglas** bestehen zu 60—80 Gew.-% aus einem Mischpolymerisat mit einer Viscosität >1 u. einem Mol-Verhältnis Äthylen:Vinylester einer organ. Carbonsäure (Vinylacetat) = 1,5—5:1, das zu 80—100% hydrolysiert worden ist u. zu 40—20 Gew.-% einem sauren Alkylphosphat, Alkylphosphit (Alkyl = 3—12 C-Atome) u. bzw. oder Phenylphosphinsäure. Als saures Alkylphosphit soll Dioctylphosphit u. als saures Alkylphosphat ein Gemisch aus Mono- u. Diisoamylphosphat verwendet werden. Das Vermischen der Mischpolymerisate mit den organ. P-Verbb. muß $<140^0$ erfolgen. Bei 160—190° vernetzen diese mit den Polymeren, wobei die Zähigkeit, die Haftfestigkeit, die Biege- u. Schlagfestigkeit u. die opt. Eigg. des Schichtglases erhöht werden. (**D. A. S. 1 045 090** Kl. 39b vom 12/12. 1956, ausg. 27/11. 1958.) A. JAHN. 6201

Minneapolis-Honeywell Regulator Co., Minneapolis, übert. von: Robert H. Dungan, Hopkins, Minn., V.St.A., **Material für Brennformen für keramische Formkörper.** Eine Masse aus 50—70, bes. 60, (Gew.-Teilen) unstabilisiertem ZrO_2 u. 50—30, bes. 40, ZnO, die nach dem Pressen unter z. B. 500 lbs./sq.in. zu einem Formkörper ca. 2 Std. lang zum Sintern auf 1150—1360° erhitzt wird, erfährt beim Anwärmen u. Durchschreiten der 1000°-Grenze eine Kontraktion, beim Abkühlen von hohen Temp. auf unter 1000° an dieser Stelle eine Expansion. Der Vorgang beruht auf einer Änderung der Kristallstruktur des ZrO_2. Beim Brennen von keram. Massen über 1000° erfolgt so eine Lösung der Masse von der Form u. die Herst. maßgerechter Formkörper. (**A. P. 2 960 747** vom 18/8. 1958, ausg. 22/11. 1960.) G. FRIKELL. 6221

Ministerul Constructiilor si Materialelor de Constructii (Erfinder: Popescu Dumitru Has und Lungu Stelian), Bukarest, Rumänien, **Porzellan- oder steingutähnliche Formkörper aus entglastem Glas.** Aus einer Schmelze von 70—85 (%) $SiO_2 + Al_2O_3$, 0—10 $Na_2O + K_2O$, 10—25 MgO + CaO + BaO + ZnO + PbO u. 3—8 F (1300—1500°) wird ein Formkörper hergestellt. Die Kristallisationswärmebehandlung erfolgt bei 600—1000°. (**D. P. [DDR] 22 465** Kl. 80b vom 3/4. 1957, ausg. 28/12. 1961 [Wirtschaftspatent].) O. KAYSER. 6221

Gulton Industries, Inc., Metuchen, N.J., V.St.A., übert. von Jean Pierre Borel, Vevey, Schweiz, und Lucien A. Petermann, Metuchen, N.J., V.St.A., **Keramisches ferroelektrisches Material.** Formkörper, bes. mit guten physikal. u. elektr. Eigg., hoher Dichte, guter Leitfähigkeit u. geringer innerer Spannung werden hergestellt durch Erhitzen der Masse, wie Zirkonat oder Titanat mit bis zu 6% eines Oxides der Seltenen Erden, auf eine Temp. unterhalb des F. (900—1250°) bei gleichzeitiger Einw. eines Druckes von 5—1000 at, bis die Masse homogen zusammengeschmolzen ist, u. Abkühlen zur Bldg. einer homogenen festen Schmelze. Z. B. werden 0,05 in. dicke Scheiben von $BaTiO_3$ bei 100 at 30 Min. auf 1100° erhitzt. — Vorr., Zeichnung. (**A. P. 2 956 327** vom 22/1. 1954, ausg. 18/10. 1960.) G. FRIKELL. 6221

Vladimir Lach, Jaroslav Slaba und Vladimir Potucek, Prag, Tschechoslowakei, **Herstellung von keramischem Material zum Schutz gegen ionisierende Strahlen.** Die aus dem Bleischmelzprozeß anfallenden Abfall-Prodd. mit den Elementen Pb, Fe, Sn, Si, Cs, Ca, Sb, As, Mn, Mg, Al, W, Cr, Cu, Zn, Na, Ag, Ni, Cd, Li, Ti, die als Absorptionsmittel nach F. P. 1 187 569, C. **1960.** 9336, verwendet werden, vermischt man mit wss. Al-Silicaten bzw. deren Anhydriden oder mit Al_2O_3 u. SiO_2 u. brennt die Masse bei 580° nach Verformung zu Platten oder dgl., worauf diese mit einer Glasur überzogen werden. Hierbei soll das Mischungsverhältnis 6—9,5 Mol PbO + R_2O_3, wobei R_2O_3 gleich Fe_2O_3, Sb_2O_3 u. As_2O_3 ist, auf 1 Mol Al_2O_3 u. 2,0—2,8 Mol SiO_2 betragen. (**Norw. P. 92 210** vom 20/11. 1957, ausg. 4/8. 1958.) K. H. KÄHLER. 6221

Herbert Förster, Altenburg, **Herstellung fußwarmer, elastischer und wasserabweisender Fußbodenplatten** aus Kunststein, z. B. aus Polyvinylchlorid mit wärmedämmenden u. federnden Zuschlägen, aber auch Terazzo- u. Hartgesteinplatten. Die aus duroplast. Kunststoffen, Stahlblech oder Leichtmetall hergestellten Formkästen werden mit einer mit W. verd. Siliconölemulsion, die einen Zusatz von 2% eingedickter Fichtensulfitablauge (35—36° Bé) enthält, eingestrichen u. dann mit der Vorsatzmasse gefüllt. (**D. P. [DDR] 21 203** Kl. 80a vom 4/2. 1957, ausg. 28/4. 1961 [Wirtschaftspatent].) O. KAYSER. 6229

Corning Glass Works, Corning, N.Y., V.St.A., *Herstellung von halbkristallinen keramischen Körpern.* (**E. P. 863 776** vom 7/12. 1959, ausg. 29/3. 1961. A. Prior. 15/12. 1958. — C. **1961.** 7361 [A. P. 2 933 857].)

VII. Agrikulturchemie. Schädlingsbekämpfung

Untersuchung hydrologischer Eigenschaften, der Struktur und der Vorgänge der Wasserübertragung in Dispersionsystemen mit Hilfe markierter Verbindungen. N. Czurajew. (Postępy Nauk Rolniczych **8** (**13**). Nr. **4.** 79—91. 1961.) (Pol.)

Übersicht über die Meth. der Boden-Unters. mit ^{131}J, ^{82}Br u. ^{35}S. — 26 Literaturangaben. F. URBAN. 6302□

Der Einfluß der Wasserspeicherfähigkeit des Bodens auf Masseninfiltration. H. D. Avers und V. E. A. Wikramanayake. (Canad. J. Soil Sci. **38.** 44—48. Febr. 1958. Guelph, Ontario, Canada, Ontario Agric. College.) (Engl.)

Bei Guelph-Lehmboden wurde die Beziehung ermittelt Y = 0,43 + 0,38 X, wobei Y = Masseninfiltration in Zoll für 20 Min., X = Speicherfähigkeit in Zoll. B. SCHEIFELE. 6302

Die Wirkung von DDAC auf Verdunstung und Infiltration der Bodenfeuchtigkeit. S. A. Bowers und R. J. Hanks. (Soil Sci. **92.** 340—46. Nov. 1961.) (Engl.)

Dimethyloctadecylammoniumchlorid (**I**), in Konzz. von 0,01—0,14 % zu leichten u. 0,01—0,24 % zu schweren Böden gegeben, senkt bei der höchsten Konz. die Verdunstung gegenüber unbehandelten Böden auf $^1/_3$. Die Infiltrations-Geschw. war bei mit **I** behandelten Böden in den ersten 6 Min. um vieles geringer. Nach 20 Min. waren die Unterschiede verwischt. **I**-Anwendung verhindert den Kationenaustausch sek. Tonminerale. W. HILLER. 6302□

Über die Wechselwirkung zwischen Kaolinit und Polyanionen. W. Flaig und H. Söchtig. (Z. Pflanzenernähr., Düng., Bodenkunde **87** (**132**). 44—57. Okt. 1959. Braunschweig-Volkenrode, Forschungsanst. für Landwirtsch., Inst. für Biochem. des Bodens.) (Dt.)

Um die Ursachen der günstigsten Wrkg. linearpolymerer, mikrobieller Stoffwechsel-Prodd. u. synthet. hochpolymerer organ. Verbb. auf die Krümelstruktur aufzuklären, wurden umfangreiche Flockungs-Verss. mit Kaolinit u. folgenden synthet. Polyanionen durchgeführt: Polyacrylsäure, Na -u. K-Polyacrylate, Polymethylacrylsäuren, Mischpolymerisat aus Methylacrylsäure u. Methylacrylsäuremethylester, sulfonierte Polystyrole. Es ließen sich in Abhängigkeit von der Konz. der Polyanionen 3 Einw.-Grade auf den Ton unterscheiden: Geringe Konzz. flockten nicht oder schützten die Tonsuspension, mittlere Konzz. verstärkten die Flockung u. hohe Konzz. wirkten dispergierend. Für die Flockung erwies sich nicht das Molgew., sondern die effektive Kettenlänge der Anionen ausschlaggebend. Mit zunehmender Schütteldauer u./oder Einw.-Zeit wird das Flockungsoptimum erst bei höheren Konzz. der Polyanionen erreicht. Die Stabilität der gebildeten Flocken war im allg. gering. Die flockende Wrkg. der Polyanionen wird durch Alterung der Lsg. u. den damit einhergehenden Kettenabbau vermindert. Die austauschbaren Kationen des Kaolinits waren ebenfalls von Einfl. auf die Wrkg. der Polyanionen. Verss. mit steigenden Konzz. an Kaolinit in den Suspensionen lassen auf eine Oberflächen-Rk. u. eine unterschiedliche Geschw. der Wechselwrkg. zwischen Kaolinit u. den Polyanionen schließen. WILFRIED WERNER. 6302□

Der Einfluß der physikalischen Bodeneigenschaften auf die Produktion und Qualität von Gewächshausnelken. O. R. Lunt und H. C. Kohl jun. (Proc. Amer. Soc. horticult. Sci. **69.** 535—42. Juni 1957. Los Angeles, Calif., Univ. of California.) (Engl.)

9 Mischungen aus Boden u. verschiedenen Füllmaterialien wurden als Substrat zur Anzucht von Gewächshausnelken verwandt. Die verschiedenen Mischungen unterscheiden sich deutlich hinsichtlich ihrer physikal. Eigg.: Dichte = 0,80—1,60; Poren-Vol. = 39—64 %; Poren-Vol. bei 20 Millibar Saugdruck = 1,5 u. 20,5 % des Gesamtporen-Vol.; verfügbares W. bei 15 bar = 26—46 Vol.-%. Die Zugabe der Nähr-Lsg. erfolgte jeweils wenn der Saugdruck des Substrates 0,5 bar erreichte. Wachstum u. Qualität der Nelken (gemessen an Blütenzahl, Gew. der Blüten, Stengel-Gew. u. -länge) wichen in keiner Substratmischung mehr als 3,5 % vom Mittelwert aller Substrate ab. Es wird vermutet, daß trotz der starken physikal. Unterschiede der Substrate die Durchlüftung in keinem Falle ungenügend war. WILFRIED WERNER. 6302□

Ein Überblick über einige physikalische Eigenschaften von Böden Neuseelands auf Grauwacke-Urgestein. D. C. McDonald. (New Zealand J. agric. Res. **4.** 161—76. Febr./April 1961. Wellington, Dep. of Sci. and Ind. Res., Soil Bureau.) (Engl.) M. WINIKER. 6302□

Geochemie eines Hochmoors. 3. Mitt. **Die Korrelation von Gesamtstickstoff und Alkalinität der Asche bei Moortorf.** Elisabeth Koutler-Andersson. (Kungl.

Lantbrukshögskolans Ann. **26.** 33—40. 1960.) (Engl.) — 2. vgl. MATTSON, C. **1961.** 7362; 1. vgl. MATTSON u. KOUTLER-ANDERSSON, C. **1955.** 11450.

Bei der Unters. von 12 Hochmoortorfprofilen wurde in allen Fällen eine negative Korrelation von Gesamt-N u. Alkalinität der Asche festgestellt. Dies ist bei Fen-Torf nicht der Fall, so daß die genannte Korrelation zur Unterscheidung dieser beiden Torfarten benutzt werden kann. M. WINIKER. 6304□

Zersetzung der Waldstreu und Kreislauf der Elemente im Eichenwald. N. P. Remesow. (Почвоведение [Bodenkunde] **1961.** Nr. 7. 1—12. Juli. Moskau, Lomonossow-Univ.; Woronesh-Naturschutzgebiet.) (Russ.; Auszug: Engl.)

Im Eichenwald schwanken die Laubstreumenge u. die Intensität der Zers. in Abhängigkeit von den Witterungsverhältnissen. Durch diese Schwankungen wird die Menge von N u. Aschenelementen verändert, die mit der Streu in den Boden gelangt. Die frei gewordenen Elemente werden aus dem Boden in der nachstehenden Reihenfolge ausgewaschen: $Fe < Al < Si < Ca < Mg$, $N < P < K$. Ein Teil der Elemente, vor allem K u. P, wird vom Boden bzw. von Lebewesen in ihm fixiert, wodurch die Reihenfolge der Auswaschung der Elemente aus dem Boden wesentlich beeinflußt wird. Das Wasser von Flüssen mit Zufluß aus Eichen- bzw. Espenbeständen ist reicher an Ca als das W. mit Zufluß aus Kiefernwald. Die Besonderheiten des biolog. Kreislaufes der Elemente unter verschiedenen Pflanzenformationen beeinflussen die chem. Zus. des Flußwassers u. dadurch den großen geolog. Kreislauf der Stoffe in der Natur. M. GORDIENKO. 6304□

Die chemische und mineralogische Zusammensetzung der Lehmfraktionen eines stark podsolierten Bodens im Zusammenhang mit der Migration der Elemente. B. P. Gradussow und G. Ss. Dsjadewitsch. (Почвоведение [Bodenkunde] **1961.** Nr. 7. 59—66. Juli. Dokutschajew-Inst. für Bodenkunde der Akad. der Wiss. der UdSSR.) (Russ.; Auszug: Engl.)

Aus dem Podsolhorizont eines stark podsolierten Bodens unter Tannenwald mit Grünmoos wird Fe stark ausgewaschen. In einer Tiefe >40 cm bildet das ausgewaschene Fe mit beweglichem Ton u. organ. Stoffen in Poren u. Rissen des illuvialen Horizontes Absonderungen in Form von Schalen um die Partikelchen der prim. Mineralien oder von „Manschetten" an ihren Berührungsstellen. Im Podsolhorizont bilden die Elemente nach ihrer Beweglichkeit die folgende Reihe: $K > Ca > Mg > Si > Al \approx Fe$. Die Lehmfraktionen bestehen aus Tonmineralien (Montmorillonit, Kaolinit, Hydroglimmer), aus amorphen Fe- u. Al-Verbb., Goethit u. organomineral. Verbindungen. Der Geh. an K u. Mg ist niedrig; das Verhältnis $SiO_2 : R_2O_3$ beträgt 2,5—2,7. Im oberen Teil des Podsolhorizontes sammelt sich Kaolinit an. Im illuvialen Horizont steigt der Geh. an Montmorillonit u. amorphen U_2O_3-Verbindungen. Der Ton der Ortsandschichten enthält höhere Mengen Hydroglimmer. M. GORDIENKO. 6304□

Die jahreszeitlichen Veränderungen des Humus- und Stickstoffgehaltes in flachen Schwarzerden unter Waldanpflanzungen. D. F. Ssokolow. (Почвоведение [Bodenkunde] **1960.** Nr. 6. 33—43. Juni.) (Russ.; Auszug: Engl.)

Die Unterss. erstreckten sich auf flachen Tschernosemboden unter Anpflanzungen von Eiche, Esche, Ulme u. a. Holzarten. Die Veränderungen im Humus-Geh. waren im Laufe der Vegetationsperiode im allg. nicht groß, obwohl einzelne maximale Variationen zwischen —27,5% u. +24,7% lagen. Die größten Schwankungen wurden in der oberen 0—10 cm-Bodenschicht ermittelt. Die N-Verbb. sind in flachem Tschernosem unter Laubwald noch weniger beweglich als Humus. Dies bezieht sich auch auf die oberen, unmittelbar unter der Waldstreu liegenden Bodenschichten, in denen die biochem. Prozesse intensiv vor sich gehen. Die größten Variationen im N-Geh. (0,07% N) wurden im Juni im Eichen-Eschen-Bestand, die geringsten (0,02%) im gleichen Bestand mit Beimischung von gelber Akazie festgestellt. M. GORDIENKO. 6304□

Die Wanderung von ^{90}Sr im Boden. Adolf Kloke. (Naturwissenschaften **48.** 674. 1. Nov.-H. 1961. Berlin-Dahlem, Biol. Bundesanstalt für Land- u. Forstwirtsch., Inst. für nichtparasitäre Pflanzenkrankheiten.) (Dt.)

Unters. der ^{90}Sr-Geh. von Acker- u. Grünlandböden in der Bundesrepublik Deutschland. In der 5—15 cm Schicht ist der ^{90}Sr-Geh. von Ackerböden ca. 2,5mal höher als in Grünlandböden. In einer Tiefe von 45—55 cm wurde kein ^{90}Sr gefunden. Zwischen den Korngrößenanteilen, dem Humus-Geh., dem pH-Wert, dem Gesamt-Ca, der Sorptionskapazität u. der Abnahme des ^{90}Sr-Geh. im Bodenprofil besteht keine Beziehung. CH. WEISKE. 6304□

Phosphor in verschiedenen Tiefen jungfräulicher Torfböden. Armi Kaila. (Maataloustieteelinen Aikakauskirja [J. sci. agric. Soc. Finland] **28.** 90—104. 1956.) (Engl.) — Vgl. C. **1959.** 599.

Vf. berichtet über *P*-Best. bei 122 Proben von 30 verschiedenen jungfräulichen Torfböden vorwiegend Nordfinnlands. Der Gesamt-P-Geh. war bei allen Proben ziemlich niedrig u. zeigte keine regelmäßige Beziehung zum Profil. Allerdings zeichnete sich bei Böden geringerer Güte eine gewisse Zunahme des Gesamt-P-Geh. mit der Tiefe ab, während bei Böden besserer Qualität oft das Gegenteil zutraf. Ein großer Teil des P lag in organ. Bindung vor. Dieser organ. gebundene P nahm generell mit der Tiefe zu. Der Geh. an anorgan. P nahm mit zunehmender Bodentiefe ab. M. WINIKER. 6304□

Die Beziehung zwischen dem Gehalt alkalischer Böden an verfügbarem Phosphor und dem Wachstum von Pferdebohnen (Vicia faba L. Var. Minor Beck). D. McE. Alexander und R. C. Woodham. (Austral. J. agric. Res. **9.** 633—39. Sept. 1958. Merbein, Victoriá, C.S.I.R.O., Commonwealth Res. Stat.) (Engl.)

In insgesamt 28 Weinbergen auf alkal. Böden (bis zu 20% $CaCO_3$) mittlerer u. schwerer Textur bestand eine enge Korrelation zwischen dem Ansprechen von als Winterdeckfrucht angebauten Pferdebohnen auf eine *Superphosphat* (I)-Zufuhr u. dem Geh. der Böden an „verfügbarem" P, der durch Extraktion mit CO_2-gesätt. W. (**a**) bzw. mit 0,5m $NaHCO_3$ von pH 8,5 (**b**) bestimmt wurde. Die Böden enthielten in der Krume zwischen 0,7 u. 24 ppm (**a**) bzw. 5 u. 91 ppm P (**b**). Der Grünmasse-Mehrertrag durch **I** schwankte zwischen 30% auf Böden mit <3 (**a**) bzw. 20 ppm (**b**) P u. 10% auf Böden mit >10 (**a**) bzw. 46 ppm (**b**) P. WILFRIED WERNER. 6304□

Ammoniakverluste durch Verflüchtigung als Folge einer Oberflächendüngung mit Ammoniumnitratkalkstein. Hans Nömmik und Berndt Warlin. (Kungl. Lantbrukshögskolans Ann. **26.** 303—16. 1960.) (Engl.)

In Labor.-Verss. wurde festgestellt, daß die bei Oberflächendüngung mit *Ammoniumnitrat-Kalkstein* auftretenden NH_3-Verluste von folgenden Eigg. des Bodens abhängen: pH-Wert, $CaCO_3$-Geh., Wasser-Geh., Durchlüftungsgrad, Textur.

M. WINIKER. 6304□

Die Wirkung der zu verschiedenen Zeitpunkten angewendeten Stickstoffdüngung auf die Mineralstoffernährung des Winterweizens. László Dézsi. (Növénytermelés [Pflanzenbau] **9.** 193—204. Sept. 1960. Budapest, Eötvös Loránd Tudományegyetem Növényélettani Intézet.) (Ung.)

Bericht über Verss. mit wss. $Ca(NO_3)_2$-Sprays. Unter den gewählten Vers.-Bedingungen wurden die höchsten Erträge erzielt, wenn die $Ca(NO_3)_2$-Applikation zum Zeitpunkt des Ährenschiebens erfolgte. M. WINIKER. 6304□

Verwendung von Calcium-Blattsprays zur Bekämpfung von Stippigkeit (bei Äpfeln) in Gärten von Huon. C. D. Matthews und A. G. L. Wilson. (Tasmanian J. Agric. **32.** 397—99. Nov. 1961.) (Engl.)

Bericht über Erfolge mit $CaCl_2$-Blattsprays. M. WINIKER. 6304□

Einfluß einiger Bodenbegasungsmethoden auf die Reaktion von Tabak gegenüber Ammonium- und Nitratformen von Stickstoff. C. B. McCants, E. O. Skogley und W. G. Woltz. (Proc. Soil Sci. Soc. America **23.** 466—69. Nov./Dez. 1959. Raleigh, N.C., North Carolina Agric. Exp. Stat.) (Engl.)

45 (lb/acre) N entweder als NH_4, NO_3 oder $NH_4 + NO_3$ (+ 80 P_2O_5, 120 K_2O, 34 MgO, 215 CaO, 239 SO_3 u. 30 Cl) zu sandigem Lehmboden wurden in Verbindung mit verschiedenen Begasungsmitteln [*Dowfume W-85* (**I**; *Äthylendibromid*), *Shell DD* (**II**; *Dichlorpropen* + *Dichlorpropan*) u. *Methylbromid* (**III**)] zu Tabak gegeben. Die Ergebnisse der Wrkg. der Bodenbegasung u. N-Düngung auf 1. NO_3- u. NH_4-Geh. des Bodens während der Wachstumsperiode, 2. den NH_4- u. Cl-Geh. der Tabakblätter verschiedener Wachstumsstadien u. 3. Ertrag u. Qualität der Blätter wurden registriert. **II** u. **III** hemmten die Nitrifikation stärker als **I**. NH_4- u. Cl-Geh. der Blätter 3 Wochen nach dem Auspflanzen waren bei Düngung mit NH_4–N ebenso hoch wie bei Düngung mit NO_3-N allein oder NO_3-N + **I**, jedoch höher als mit NO_3–N + **II** oder **III**. Tabakertrag u. Qualität mit **II**- u. **III**-Behandlung nahmen mit zunehmendem NO_3-Geh. des N-Düngers zu. Bei Behandlung mit **I** wurde der höchste Ertrag mit $NH_4 + NO_3$-Düngung erzielt. Auf nicht begastem Boden bestand kein Unterschied in Qualität u. Ertrag bei den verschiedenen N-Düngungsformen. Bei allen Begasungen waren N- u. Nicotin-Geh. der geheilten Blätter mit NH_4–N höher als mit NO_3–N. G. JAGNOW. 6312□

Die Bekämpfung von Paspalum distichum L. in Bewässerungsgräben mit 3-Amino-1.2.4-triazol (Amizole). E. Levi. (J. Austral. Inst. agric. Sci. **25.** 62. März 1959. Griffith, C.S.I.R.O., Irrigation Res. Stat.) (Engl.)

Bericht über erfolgreiche Bekämpfungsversuche. M. WINIKER. 6312□

Untersuchungen über den Einfluß einiger organischer Salze als Herbicide unter besonderer Berücksichtigung der Weidenverbesserung. 3. Mitt. Unterschied des durch Natriumchlorat bewirkten Schädlichkeitsgrades bei Gras- und Gemüsepflanzen und

Erörterung seiner Ursache. T. Yamada. (Bull. nat. Inst. agric. Sci. [Chiba, Japan] Ser. G **15.** 99–108. Nov. 1958.) (Jap.; Auszug: Engl.) — 2. vgl. Bull. nat. Inst. agric. Sci. [Chiba, Japan] Ser. G **14.** [1958.] 205.

Unterss. über die Einw. von *$NaClO_3$* (**I**)-Lsgg. verschiedener Konzz. auf Sämlinge von Hafer u. Wicken zeigen, daß Hafer in hoher **I**-Konz. 30, in geringer **I**-Konz. 70 Std. zum Welken braucht; Wicken brauchen 106 bzw. 140 Std., wobei die Hafer-, nicht aber die Wickenwurzeln braun werden. Die von Wicken aus hohen **I**-Konzz. absorbierte **I**-Menge ist $>$4mal so groß wie der aus schwachen Konzz. aufgenommene Betrag u. somit proportional dem absorbierten Wasservolumen. Für die Beziehung zwischen der zum Welken notwendigen Zeit u. der Konz. des angewandten Salzes wird eine Gleichung abgeleitet. W. WESLY. 6312□

Ein Vergleich der Wirksamkeit von Naphthalinessigsäure und Naphthylacetamidbesprühungen zur Fruchtausdünnung bei York Imperial-Äpfeln und Induktion von Blütenknospen bei Delicious-Apfelbäumen. C. P. Harley und L. O. Regeimbal. (Proc. Amer. Soc. horticult. Sci. **74.** 64–66. Dez. 1959. Beltsville, Md., U.S. Dep. of Agric., Agric. Res. Serv.; Crops Res. Div.) (Engl.)

16jährige Apfelbäume der Sorte York Imperial wurden 18 Tage nach der Vollblüte mit *Naphthalinessigsäure* (**I**; 5 ppm) bzw. deren *Amid* (**II**; 5 ppm) jeweils mit u. ohne Zusatz von *Tween 20* besprüht. Mit dieser Wuchsstoffbehandlung wurde eine gute Fruchtausdünnung erzielt. Der Fruchtansatz pro 100 Blüten betrug 34 im Vgl. zu 54 in der unbehandelten Kontrolle. Durch Zusatz des Benetzungsmittels zur Sprühlsg. wurde der Ausdünnungseffekt noch verbessert, was auf die hiermit einhergehende erhöhte **I**- u. **II**-Absorption zurückzuführen ist. Die Blüte der unbehandelten Bäume im Folgejahr war sehr gering, der **I**- bzw. **II**-besprühten dagegen sehr gut u. für eine hohe Ernte ausreichend. Der günstige Einfl. einer Wuchstoffbehandlung auf die Bldg. von Blütenknospen im Folgejahr konnte auch in einem weiteren Vers. mit der Sorte Delicious nachgewiesen werden. WILFRIED WERNER. 6312□

Verwendung von Gibberellsäure zur Erleichterung der mechanischen Ernte von Buschbohnen. J. Dancer. (J. Sci. Food Agric. **12.** 648–50. Sept. 1961. Kampala, Uganda, Kawanda Res. Stat.) (Engl.)

Gefäß-Verss. ergaben, daß das Wachstum von Buschbohnen durch eine verd. Lsg. des *K-Salzes* der *Giberellsäure* (0,6 g/Liter) so beeinflußt werden kann, daß der Einsatz von Erntemaschinen erleichtert wird. Die Lsg. muß kurz vor Beginn der Blüte angewandt werden. M. WINIKER. 6312□

Bakterienwelke oder Schwarzfleckigkeit bei Walnüssen. O. M. Goss und R. F. Doepel. (J. Agric. Western Australia [4] **2.** 833–34. 837. Okt. 1961.) (Engl.)

Bei Verss. zur Bekämpfung von Xanthomonas juglandis, dem Erreger der Bakterienwelke oder Schwarzfleckigkeit bei Walnüssen, bewährte sich *Bordeauxbrühe.* •
M. WINIKER. 6312

Biologie und Bekämpfung von Urocystis gladiolicola Ainsw. an Gladiolen. P. K. Schenk. (Tijdschr. Plantenziekten **67.** 313–416. 1961.) (Holl.)

Zur Vernichtung der Sporen von Urocystis gladiolicola Ainsw. im Boden sind folgende Fungicide geeignet: *Formalin, CBP-55, N-521, Trapex* u. *Brassicol.*
M. WINIKER. 6312□

Das Ansprechen von Kakao auf Kupfersprays in Ghana. J. Bowden. (Trop. Agric. **38.** 325–31. Okt. 1961. Vom, Nigeria, Federal Dep. of Veterinary Res.) (Engl.)

Bericht über erfolgreiche Verss. zur Bekämpfung von Phytophthora palmivora Butl. mittels *Perenox*-Sprays. M. WINIKER. 6312□

Pflanzenparasitäre Nematoden im Möhrenbau. Bernhard Weischer. (Nachrichtenbl. dtsch. Pflanzenschutzdienstes [Braunschweig] **13.** 134–40. Sept. 1961. Münster, Westf., Biolog. Bundesanst., Inst. für Hackfruchtkrankheiten u. Nematodenforschung.) (Dt.)

Bericht über Verss. zur Nematodenbekämpfung im Möhrenbau mit *Kalkstickstoff* (**I**), *Ammoniak* (**II**), *Shell-DD* (**III**), *Vapam, Trapex, Mylone* u. *Nemacur.* Die nematicide Wrkg. von **I** u. **II** war unzureichend. **III** erwies sich als bei Möhren ungeeignet, da es denselben einen unangenehmen Beigeschmack verleiht. Die nematicide Wrkg. der anderen Mittel war unter den gewählten Vers.-Bedingungen ausreichend. M. WINIKER. 6312□

Freilandversuche mit Insekticiden zur Bekämpfung des Rosa Kapselwurmes im Jahre 1958. R. L. McGarr, A. J. Chapman und W. L. Lowry. (J. econ. Entomol. **54.** 972–74. Okt. 1961. Brownsville, Tex., Entomol. Res. Div.) (Engl.)

Gegen Pectinophora gossypiella Saunders (a) waren 10%ig. *Sevin*, 2,5%ig. *Guthion* + 5%ig. *DDT* (**I**) u. **I** + *BHC* sehr erfolgreich u. erhöhten den Ertrag, auch *Bayer-29493* u. *Bayer-25141* waren wirksam gegen a, nicht jedoch gegen Heliothis zea Boddie (b).

General Chemicals-3707 u. *Monsanto-CP-7769* waren gegen beide Schädlinge unwirksam, *Barthrin* erschien aussichtsreich gegen a, jedoch nicht gegen b.
FRITZ MÜLLER/Ludwigshafen. 6312 □

Bekämpfung von Kartoffelviren mit Insekticiden. L. Broadbent. (Agriculture [London] **68.** 404—07. Nov. 1961. Littlehampton, Glasshouse Crops Res. Inst.) (Engl.)

Zur Bekämpfung von Viren übertragenden Blattläusen hat sich *DDT* bei Kartoffeln bestens bewährt. M. WINIKER. 6312 □

Wirksamkeit von DDT bei der Kohlraupenbekämpfung in Indiana von 1945 bis 1960. George E. Gould. (J. econ. Entomol. **54.** 475—78. Juni 1961. Lafayette, Ind., Purdue Univ.) (Engl.)

Zur Bekämpfung von Pieris rapea L. u. Trichoplusia ni Hbn. war 1945—1960 *DDT* [1 (lb./acre)] stets erfolgreich, allerdings mußte 1960 die Gabe auf 2 erhöht werden. Unter den zahlreichen geprüften Insekticiden [*Demeton, Schradan, Potasan, Parathion, TDE, BHC, Chlordane, Strobane, Perthane, Malathion, Methoxychlor, Chlorthion, Heptachlor, Pyrenone, Guthion, Dylox, Ronnel, Diazinon, Kepone, SD-4402, Dibrom, Perthane, Dimethoate, Bayer-29493, Endrin* (**I**), *Toxaphen* (**II**), *Dieldrin* (**III**), *Thiodan* (**IV**), *Sevin* (**VI**)] zeitigten bes. **I** u. **II** sowie auch **III** gute Ergebnisse. Die organ. Phosphate waren den chlorierten KW-Stoffen meist unterlegen, weil sie nach guter Anfangs-Wrkg. keine Dauer-Wrkg. hatten, ähnlich wie auch *Thuricide* (*Bacillus thuringiensis Berliner*). **IV** u. **V** erschienen aussichtsreich. FRITZ MÜLLER/Ludwigshafen. 6312 □

Beurteilung von Insekticiden zur Bekämpfung der Weinbeermotte, Paralobesia viteana. James A. Cox. (J. econ. Entomol. **54.** 853—55. Okt. 1961. University Park, Pa., Pennsylvania Agric. Exp. Stat.) (Engl.)

Freiland-Verss. 1957—1960 zur Bekämpfung von Paralobesia viteana Clemens mit 3maliger Sprühung ergaben, daß *Parathion, Guthion, Diazinon* u. *Sevin* ebenso wirksam waren wie *DDT* (**I**), das aber bei später Anwendung übermäßige Rückstände auf dem Erntegut hinterlassen kann. Dies kann vermieden werden, indem **I** bei der letzten Sprühung durch eines der genannten anderen Insekticide ersetzt wird. Von guter Wrkg. waren auch *Ethion* u. *Dimethoate,* letzteres aber nicht ganz sicher, *Bacillus thuringiensis* wirkte ungenügend. FRITZ MÜLLER/Ludwigshafen. 6312 □

Untersuchungen zur Kleemilbenbekämpfung. Donald MacCreary und W. A. Connell. (J. econ. Entomol. **54.** 1062—63. Okt. 1961. Newark, Del., Delaware Agric. Exp. Stat.) (Engl.)

Zur Bekämpfung von Bryobia praetiosa Koch um u. in Wohnungen war Stäuben mit *Schwefel* nutzlos, *Malathion*-Emulsion wirkte nicht vollständig, *Genite EM-923* wirkte gut, bes. aber *Kelthane,* aber auch hier kam später Wiederbefall vor. In den Häusern bewährte sich ein Aerosol mit 2% *Chlordane,* 3% *DDT,* 10% *o-Dichlorbenzol* u. 15% *Petroleum.* FRITZ MÜLLER/Ludwigshafen. 6312 □

Frühzeitige Bekämpfung von Blasenfuß an Baumwolle in Neumexico. S. R. Race. (J. econ. Entomol. **54.** 974—76. Okt. 1961. University Park, N.Mex., New Mexico Agric. Exp. Stat.) (Engl.)

Gekörntes *Disyston* (**I**) oder *Phorate* (**II**) zur Saatzeit in die Furche gegeben, hatte 7—8 Wochen lang gute Wrkg. gegen schweren Befall mit Frankliniella occidentalis Pergande. Auch Sprühungen mit *Methylparathion* allein oder zusammen mit *Toxaphen* (**III**) waren wirkungsvoll, nicht jedoch **III** allein. **I** u. **II** nach 9 Wochen zu den Pflanzen gestreut, war wenig wirksam gegen Lygus lineolaris Palisot de Beauvios, L. hesperus Knight, L. elisus Van Duzee u. Spanogonicus albofasciatus Reuter. Der Pflanzenstand wurde durch **I** nicht beeinflußt, durch **II** wurde Fruchtansatz u. Reife etwas verzögert. Durch diese frühzeitige Insekticidanwendung wurde der Ertrag wesentlich erhöht.
FRITZ MÜLLER/Ludwigshafen. 6312 □

Insekticidrückstände an Rotklee nach der Bekämpfung des Kleewurzelbohrers mit gekörntem Aldrin und Heptachlor. E. A. Dickason und L. C. Terriere. (J. econ. Entomol. **54.** 1058—59. Okt. 1961. Corvallis, Oreg., Oregon State Univ.) (Engl.)

Behandlung des Bodens mit 14 oz./acre *Aldrin* (**I**) oder *Heptachlor* (**II**) hatte zur Erntezeit keine Rückstände zur Folge, jedoch Behandlung mit **I**- oder **II**-Staub während des Wachstums nach 35 Tagen. In einem anderen Vers. mit 6 lbs./acre gekörntem **II** während der Winterruhe waren nach 70 Tagen noch 0,05 ppm **II** u. 0,07 ppm **II**-Epoxyd vorhanden. Behandlung im 2. Wachstumsjahre mit **I** oder **II** erhöhte Pflanzenstand u. Ertrag. FRITZ MÜLLER/Ludwigshafen. 6312 □

Bekämpfung der Apfelfliege und des Pflaumenrüßlers mit Bodeninsekticiden. Earl R. Oatman und E. P. Lichtenstein. (J. econ. Entomol. **54.** 1056—57. Okt. 1961. Madison, Wis., Univ. of Wisconsin.) (Engl.)

Behandlung von Bodenproben im Jahre 1957 mit 5,3 lbs/acre *Aldrin* (I), *Dieldrin* (II), *Endrin* (III) oder *Heptachlor* (IV) verringerte bis 1960 den Befall mit Rhagoletis pomonella Walsh gegenüber der unbehandelten Kontrolle, u. zwar III um 96—99%, II um 62—66%, I u. IV fielen dagegen stark ab. Conotrachelus nenuphar Herbst war von I—IV restlos abgetötet. Der Rückstand war bei III nach $3^1/_2$ Jahren am dauerhaftesten, bei II weniger, am geringsten bei I u. IV. FRITZ MÜLLER/Ludwigshafen. 6312□

Laspeyresia caryana (Fitch) und seine Bekämpfung auf Pecanußbäumen in Florida. Arthur M. Phillips. (Proc. annu. Convent. Southeastern Pecan Growers' Assoc. **51.** 69—72. 26/27. 2. 1958.) (Engl.)

Bei der Unters. des Einfl. von *DDT*, *BHC*, *Toxaphen*, *Chlordan*, *Methoxychlor*, *Lindan*, *EPN*, *Parathion*, *Malathion*, *Guthion* u. *Thiodan* auf Laspeyresia caryana (Fitch) erwiesen sich für seine Bekämpfung nur DDT u. EPN als geeignet. Im Gegensatz zu DDT verhinderte EPN auch weitgehend das Auftreten von Milben u. Melanocallis caryaefoliae (Davis). Pflanzengröße u. Nußqualität wurden kaum beeinträchtigt. W. KREIPE. 6312□

Die Bekämpfung von Laspeyresia caryana (Fitch) auf Pecanußbäumen in Georgia. Max R. Osburn. (Proc. annu. Convent. Southeastern Pecan Growers' Assoc. **51.** 73—76. 26/27. 2. 1958.) (Engl.)

In 2jährigen Verss. erwiesen sich bei der Bekämpfung von Laspeyresia caryana (Fitch) vor allem 3malige Spritzungen in 2wöchigem Abstand nach dem Beginn des Hartwerdens der Nußschalen mit 2 lbs. 25%ig. *EPN* oder 2 lbs. 25%ig. *Guthion* pro 100 gallons als wirksam. Weniger geeignet waren 6 lbs. 100%ig. *Ryania* u. 2 lbs. 50%ig. *Bayer L 13/59* pro 100 gallons. Ferner zeigten die mit EPN oder Guthion behandelten Bäume eine bessere Laub-Entw. als bei Anwendung von Ryania oder Bayer L 13/59 u. bei den Kontrollen, da EPN u. Guthion das Aufkommen von Melanocallis caryaefoliae (Davis) u. Tetranychus hicoriae (Mc Gregor) weitgehend verhinderten. W. KREIPE. 6312□

Untersuchungen über organische Fluorverbindungen als Insekticide. 4. Mitt. **Der insekticide Effekt des Monofluoracetamids bei gepanzerten Gliederfüßlern.** Tadashi Takeuchi. (Annu. Rep. Takamine Lab. **8.** 187—94. Dez. 1956. Sankyō Kabushiki Kaisha, Takamine Kenkyūsho.) (Japan.; Auszug: Engl.)

Es wurde die insekticide Wrkg. von *Monofluoracetamid* (I) u. *Na-Monofluoracetat* (II) gegenüber Ceroplastes rubens Maskell (**a**) u. Pseudanlacepis pentagona Targioni (**b**) untersucht. Der Effekt, der sich durch Farbänderung der Hämolyse ankündigt, setzt bei 0,1%ig. wss. I-Lsg. am 7. Tage, bei 0,5%ig. II-Lsg. am 6. Tage nach Vers.-Beginn ein. Er läßt nach, wenn die Temp. unter 18° heruntergeht. Gegenüber **b** hat I eine weit geringere Wirksamkeit als eine 47%ig. Emulsion von *Parathion* oder eine 80%ig. *Maschinenölemulsion.* F. MOSSNER. 6312

Insektenabschreck- und -anlockmittel. 7. Mitt. **Das Verhalten von Stubenfliegen gegenüber einigen organischen Phosphor-Insekticiden.** Yasunosuke Ikeda. (Botyu-Kagaku [Sci. Insect Control] **24.** 22—25. Febr. 1959.) (Engl.) — 6. vgl. C. **1962.** 11706.

Unterss. über das Verh. von Stubenfliegen gegen mehrere organ. Phosphor-Insekticide zeigen, daß *Diazinon*, *Dipterex*, *Malathion* u. *Korlan* in höherer Konz. als Abschreckmittel, in geringerer Konz. als Anlockmittel wirken. *DDVP* wirkt in jeder Konz. als Anlockmittel. W. WESLY. 6312

Insektenabschreck- und -anlockmittel. 8. Mitt. **Der Unterschied bei der Bewertung der Wirksamkeit einiger Abschreckmittel für Schaben mittels verschiedener Testmethoden.** Yasunosuke Ikeda. (Botyu-Kagaku [Sci. Insect Control] **24.** 83—86. Mai 1959.) (Engl.) — 7. vgl. vorst. Referat.

Ein Vgl. verschiedener Verff. zur Best. der Wirksamkeit eines Abschreckmittels für Schaben zeigt, daß die Verff. der Zwangsfütterung u. der Einnahme vergifteter Köder befriedigende Ergebnisse liefern. Das Schutzdach-Verf. von GOODHUE u. TISSOL (J. econ. Entomol. **45.** [1952.] 133) ist ungeeignet. W. WESLY. 6328□

Insektenabschreck- und -anlockmittel. 11. Mitt. **Einige vereinfachte Methoden zur Bewertung der Wirksamkeit von Fliegenabschreckmitteln im Laboratorium und im Freien.** Yasunosuke Ikeda. (Botyu-Kagaku [Sci. Insect Control] **24.** 175—81. Nov. 1959.) (Engl.) — 8. vgl. vorst. Referat.

Zur Prüfung von Fliegenvertreibungsmitteln wird die Vertreibung in % (gemessen an der Zahl der Fliegen in der Falle) durch eine Gleichung ausgedrückt u. in Abhängigkeit vom Logarithmus der Dosis aufgezeichnet. W. WESLY. 6328□

Nachweis von Cumarin in Pflanzenstoffen. J. E. Heesterman. (Chem. Weekl. **57.** 320—21. 1961. Ber. Afdel. trop. Product Kon. Inst. Tropen Nr. **274.** 1—3. 1961.) (Engl.)

Man versetzt 10 g Blätter mit 150 ml W., filtriert, wäscht den Rückstand erst mit kaltem, dann mit fast sd. W., dest. die vereinigten Filtrate bis auf 10 ml ab, versetzt den Dest.-Rückstand mit 50 ml., dest. erneut auf 10 ml ab, wiederholt diese Operation noch 2mal, extrahiert die vereinigten Destillate 3mal mit Ae., dampft den Ae. ab, löst den Rückstand in 2 ml Puffer-Lsg. von pH = 11 (49,5 ml 0,1 NaOH + 50,5 ml 0,05 m $Na_2B_4O_7$), versetzt mit Diatomeenerde, filtriert u. versetzt das Filtrat mit 4 Tropfen 0,1%ig. alkohol. p-Aminophenol-Lösung. Die von 0,1 mg *Cumarin* (I) (gelöst in 300 ml W.) auf diese Weise erzeugte Blaufärbung hat die gleiche Stärke, wie sie die gleiche I-Menge, unmittelbar in 2 ml Puffer-Lsg. gelöst, ergibt. W. WESLY. 6328□

Bestimmung von Insekticidrückständen und Prüfung von Dauerbelägen, durchgeführt an Thiodan. Dietmar Römer. (Anz. Schädlingskunde, verein. Schädlingsbekämpf. **33.** 138—40. Sept. 1960. Mainz, Univ., Zoolog. Inst.) (Dt.)

Zur biolog. Best. von Insekticiden erwiesen sich Guppies als geeignete Testtiere. M. WINIKER. 6328□

Zur Ermittlung der Phytotoxizität von Pflanzenschutzmitteln. Heinrich Johannes und Walter Heinrich Fuchs. (Nachrichtenbl. dtsch. Pflanzenschutzdienstes [Braunschweig] **12.** 82—85. Juni 1960. Braunschweig, Biolog. Bundesanst., Labor. für Botan. Mittelprüfung; Göttingen, Univ., Inst. für Pflanzenpathologie u. Pflanzenschutz.) (Dt.)

Zur Ermittlung der Phytotoxizität von Pflanzenschutzmitteln wird ein Test an Primärblättern getopfter Phaseolus-Pflanzen u. ein Test an abgeschnittenen Blättern von Phaseolus-Pflanzen mitgeteilt. M. WINIKER. 6328□

Beitrag zur Prüfung der phytotoxischen Wirkungen von Pflanzenschutzmitteln. H. Schmidt. (Nachrichtenbl. dtsch. Pflanzenschutzdienst [Berlin] [N.F.] **15 (41).** 1—3. Jan. 1961. Berlin, Biolog. Zentralanst. der DAL.) (Dt.)

Beschreibung einer einfachen Gewächshaus-Meth. (Klonpflanzen-Tauchtest) zur Feststellung phytotox. Wrkg. von Pflanzenschutzmitteln. M. WINIKER. 6328□

Erfahrungen über die Reinigung von Glasgefäßen bei Biotesten auf Insekticide. H. Huesmann. (Anz. Schädlingskunde verein. Schädlingsbekämpf. **33.** 155—56. Okt. 1960. Göttingen, Univ., Inst. für Pflanzenpathologie u. Pflanzenschutz.) (Dt.)

Als geeignetste Reinigungs-Meth. erwies sich die folgende: Die Gefäße werden zuerst in *Pril*-Lauge (etwa 0,1%ig.) u. darauf 2mal in *Aceton* (I) gewaschen. Sodann werden sie noch 3mal mit I ausgeschwenkt u. schließlich 12 Std. auf 200° erhitzt. M. WINIKER. 6328□

Food Machinery & Chemical Corp., New York (Erfinder: Kenneth Peter Dorschner und Joe Raymond Willard, Middleport), N.Y., V.St.A., **Selektive herbicide Mittel,** enthaltend disubstituierte Anilide der allg. Formel I, in der n eine Zahl von 0—4 u. X u. Y Methylreste oder Cl-Atome bedeuten. — Man erhält I z. B. durch Rk. eines geeigneten disubstituierten Anilins mit einem Acrylhalogenid in Ggw. von Triäthylamin oder durch Rk. einer geeigneten Säure mit einem Phosphenimidamid. — Beispiele: *N-(3.4-Dichlorphenyl)-methacrylamid,* F. 124—126°; *N-(3-Chlor-4-methylphenyl)-methacrylamid,* F. 112—114°; *N-(3.4-Dimethylphenyl)-2-methyl-2-butensäureamid,* F. 99—102°; *N-(4-Chlor-3-methylphenyl)-methacrylamid,* F. 102—104,5°; *N-(3-Chlor-4-methylphenyl)-2-methyl-2-butensäureamid,* F. 95—98°; *N-(3.4-Dichlorphenyl)-2-methyl-2-pentensäureamid,* F. 76—78°; *N-(4-Chlor-3-methylphenyl)-2-methyl-2-pentensäureamid,* Öl. — Die herbicide Wirksamkeit bei den I ist bedingt durch einen α.β-ungesätt. Säureteil u. eine Methylgruppe an α-C-Atom. — Anzuwendende Menge: 5—75 (Gewichtsteile) I auf 95—25 Lsgm., z. B. Xylol, u. 1—15 Emulgiermittel. Dieses Konzentrat wird in 5000—100000 W. je 100 Wirksubstanz unter Bldg. einer zum Versprühen geeigneten Emulsion dispergiert. (**D. A. S. 1116469** Kl. 451 vom 5/5. 1959, ausg. 2/11. 1961. A. Prior. 6/5. 1958 u. 31/3. 1959.) H. NEBELSIEK. 6313

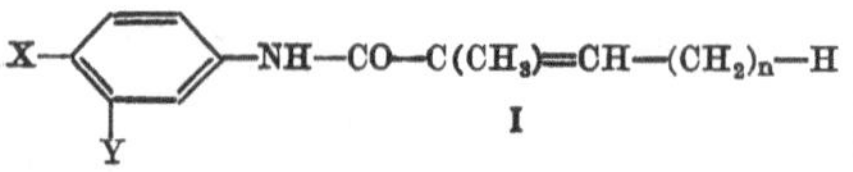

I

Farbwerke Hoechst Akt.-Ges., vormals Meister Lucius & Brüning (Erfinder: Otto Scherer, Karl Reichner und Ludwig Friedrich Emmel), **Mittel gegen Pflanzenschädlinge,** gek., durch den Geh. von 4.6-Dinitro-2-sek.-butylphenolestern bes. der Sorbinsäure, Benzoesäure, Essigsäure, Ölsäure u. o-Phthalsäure. (**Aust. P. 229734** vom 15/5. 1958, ausg. 1/9. 1960. D. Prior. 13/7. 1957.) C. LÜTTGEN. 6313

Dow Chemical Co., übert. von: Charles W. Hinman, Midland, Mich., V.St.A., **N-Alkyl-N-nitroso-3.5-dinitro-o-toluylamide** der allg. Formel **I** (R = Alkyl mit 1—6 C-Atomen) erhält man durch Rk. von N-Alkyl-3.5-dinitrotoluylamid (hergestellt aus 3.5-Dinitro-o-toluylsäure u. $SOCl_2$ oder PCl_5 u. Rk. des entstandenen Säurechlorids mit 2 Mol Alkylamin) mit $NaNO_2$ in Ggw. einer aliphat. Carbonsäure, die gleichzeitig als Verdünnungsmittel dient, bei —10 bis +20°. — Aus 0,015 Mol N-Methyl-3.5-dinitro-o-toluylamid in 0,35 Mol Essigsäure. u. 100 cm^3 Essigsäureanhydrid u. 0,22 Mol $NaNO_2$ bei 0° → *N-Methyl-N-nitroso-3.5-dinitro-o-toluylamid,* aus A. F. 131°. — *N-Äthyl-N-nitroso-3.5-dinitro-o-toluylamid,* aus A., F. 106°. — *N-n-Propyl-N-nitroso-3.5-dinitro-o-toluylamid,* aus Isopropanol-W., F. 94—94,5°. — *N-Isobutyl-N-nitroso-3.5-dinitro-o-toluylamid.* — *N-n-Hexyl-N-nitroso-3.5-dinitro-o-toluylamid,* aus Isopropanol, F. 49—50°. — *Insekticide, Fungicide, Wurmmittel,* bes. gegen *Blattläuse, mexikan. Bohnenkäfer, Alternaria solani, Eimeria tenella* u. *Eimeria necatrix.* (**A. P. 2 945 062** vom 4/8. 1958, ausg. 12/7. 1960.)

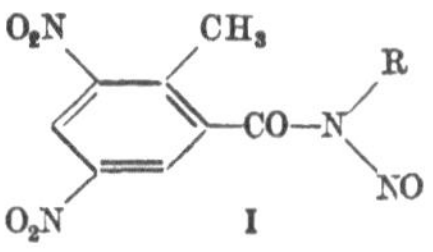

G. KRAUSS. 6313

„Shell" Research Ltd. (Erfinder: Philip Gerdt), London, England, **Insekticide Mittel,** enthaltend Aldrin, Dieldrin, Endrin oder Isodrin in Verbindung mit einem dafür geeigneten festen Lsgm., d. h. einem Lsgm., welches in der Wärme fl. ist, wie S_2 oder einem Harz, wie Cumaronharz, Cumaron-Indenharz oder einem festen, polychlorierten Polyphenyl, einem Bitumen, Asphalt, Erdöl- oder Kohlenteerpech. (**E. P. 815 511** vom 7/5. 1956, ausg. 24/6. 1959.) H. NEBELSIEK. 6313

Chas. Pfizer & Co., Inc. (Erfinder: Abraham Bavley und Donald Peter Cameron), **Herstellung von Dithiophosphaten** der allg. Formel I (R = prim. oder sek. Alkyl- oder Aralkylrest, mono- oder dichlorierter, mononitro- oder alkoxysubstituierter Aralkylrest; R' = Alkyl-, Aryl- oder Aralkylrest; R_1 = H, CH_3 oder $-CH_2\cdot$COOR'; R_2 = H, CH_3, wenn R_1 = H oder COOR', wenn R_1 = CH_3 oder CH_2COOR') durch Erhitzen eines Gemisches aus einem α,β-ungesätt. Carboxylester, aus wenigstens 0,5 Mol. P_2S_5 pro Mol. Ester u. aus wenigstens 4 Mol. eines Alkohols pro Mol. PS_5 auf 50—140 ° in einem inerten organ. Lsgm. in Ggw. eines tert. Amins als Katalysator. Folgende *Dithiophosphatopropane* wurden hergestellt: *1.2-Dicarbomethoxy-3-[O.O-dimethyl]-, 1.2-Dicarboxy-n-butoxy-3-[O.O-dimethyl]-, 1.2-Dicarbomethoxy-3-[O.O-di-n-butyl]-, 1.2-Dicarbobenzyloxy-3-[O.O-di-n-propyl]-, 1.2-Dicarbodecyloxy-3-[O.O-diäthyl]-, 1.2-Dicarbomethoxy-3-[O.O-diphenyl]-, 1.2-Dicarbo-bis-(m-äthoxybenzyloxy)-[O.O-di-octyl]-;* außerdem *1-Carboäthoxy-2-[O.O-dibenzyl]-* u. *1-Carbo-p-methylbenzyloxy-2-[O.O-bis-(p-isopropyldibenzyl)]-dithiophosphatoäthan.* — *Insekticide.* (**Aust. P. 228 198** vom 25/2. 1958, ausg. 9/6. 1960. A. Prior. 11/3. 1957.) K. DEMMLER. 6313

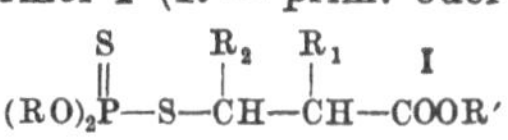

Badische Anilin- & Soda-Fabrik Akt.-Ges., Deutschland (Erfinder: **Adolf Fischer**), *Herbicide.* (**F. P. 1 213 313** vom 14/1. 1959, ausg. 31/3. 1960. D. Prior. 17/1. 1958. — C. **1959.** 12982 [D. A. S. 1 057 382].)

N. V. Philips' Gloeilampenfabrieken, Holland, *Bekämpfung von einkeimblättrigem Unkraut.* (**F. P. 1 213 536** vom 25/8. 1958, ausg. 1/4. 1960. Holl. Prior. 26/8. 1957. — C. **1961.** 7005 [Oe. P. 206 697].)

Badische Anilin- & Soda-Fabrik Akt.-Ges., Deutschland (Erfinder: **Adolf Fischer, Günter Scheuerer, Otto Schlichting** und **Herbert Stummeyer**), *Unkrautvernichtungsmittel.* (**F. P. 1 212 696** vom 8/1. 1959, ausg. 25/3. 1960. D. Prior. 8/1. 1958. — C. **1959.** 13922 [D. A. S. 1 055 288].)

Dominion Rubber Co. Ltd., Montreal, Quebec, Canada, übert. von: **Allen E. Smith**, Oxford, und **Albert W. Feldman**, North Haven, Conn., V.St.A., *N-[Naphthyl-(1)]-mono- und -dichlorphthalamidsäure.* (**Can. P. 552 632** vom 17/2. 1954, ausg. 4/2. 1958. A. Prior. 24/2. 1953. — C. **1956.** 13538 [D. B. P. 942 057].)

Chas. Pfizer & Co., Inc., Brooklyn, N.Y., V.St.A., *Monoallylacetondicarbonsäureester und Nona-8-en-2.5-dion-3-ol.* (**E. P. 803 164** vom 14/4. 1955, ausg. 22/10. 1958. A. Prior. 22/4. 1954. — C. **1960.** 3357 [D. A. S. 1 030 331].)

Chemische Werke Albert (Erfinder: **Johannes Reese** und **E. August Bartels**), Wiesbaden, *Herstellung fungicid wirksamer Salze von Dithiocarbaminsäuren.* (**Oe. P. 211 839** vom 13/4. 1959, ausg. 10/11. 1960. D. Prior. 30/7. 1958. — C. **1961.** 3458 [D. A. S. 1 086 692].)

Chemische Werke Albert, Deutschland, *Fungicide.* (**F. P. 1 211 701** vom 30/9. 1958, ausg. 17/3. 1960. D. Prior. 31/10. 1957. — C. **1961.** 7727 [D. A. S. 1 097 749].)

N. V. Aagrunol, Chemische Fabriek, Holland, *Fungicide und Insekticide.* (**F. P. 1 209 977** vom 5/6. 1958, ausg. 4/3. 1960. Holl. Prior. 17/6. 1957. — C. **1960.** 970 [Holl. P. 90 773].)

VEB Farbenfabrik Wolfen, Wolfen, Kr. Bitterfeld (Erfinder: **Hans Baier-Bode**, Wolfen, und **Gottfried Kötz**, Dessau), *Schädlingsbekämpfungsmittel.* (**Ung. P. 144 306** vom 13/3. 1957, ausg. 1/9. 1958. D. Prior. 12/10. 1956. — C. **1960.** 1305 [Oe. P. 197 395].)

Ruhrchemie Akt.-Ges., Oberhausen-Holten, *Insektenvertilgungsmittel.* (**Ung. P. 144 199** vom 1/2. 1957, ausg. 1/9. 1958. D. Prior. 4/2. 1956. — C. **1958.** 6081 [D. A. S. 1 013 290].)

Ruhrchemie Akt.-Ges., Oberhausen, *Insekticide.* (**Ung. P. 144 630** vom 5/9. 1956, ausg. 15/11. 1958. — C. **1960.** 971 [F. P. 1 112 478].)

Rohm & Haas Co., V.St.A. (Erfinder: **Joseph William Nemec** und **Edward Albert Nolan jun.**), *Trägermaterial für Schädlingsbekämpfungsmittel.* (**F. P. 1 209 609** vom 20/8. 1958, ausg. 2/3. 1960. A. Prior. 20/8. 1957. — C. **1961.** 273 [D. A. S. 1 079 383].)

D. J. Kuenen, Symposium. The ecological effects of biological and chemical control of undesirable plants and animals. 8th Technical meeting. Warszawa 15—24.VII. 1960. Leiden: E. J. Brill. 1961. (128 S.) hfl. 9,—.

L. D. Stonow, Defolianten und Dessikanten. Chemikalien für die Defoliation und Trocknung von Kulturpflanzen. Moskau: Gosschimisdat. 1961. (100 S. m. Abb.) 32 Kop. [Russ.]

VIII. Metallurgie. Korrosion

Mineralgewinnung in Südwest-Tasmania. B. Scott und H. W. Spooner. (Australas. Inst. Mining Metallurgy, Proc. **1960.** Nr. 195. 37—63. Sept. 1960.) (Engl.)
Bericht über die Prospektrierung eines Gebiets von 4500 Quadratmeilen mit Hilfe von Hubschraubern nach geolog. u. physikal. Methoden. F. Ensslin. 6354□

Die Beziehungen zwischen der Struktur und der Erzabscheidung in der Stawell-Goldlagerstätte, Victoria. R. J. S. Clappison. (Australas. Inst. Mining Metallurgy, Proc. **1960.** Nr. 195. 1—9. 2 Tafeln. Sept. 1960.) (Engl.)
Die Erzgänge sind Quarzreefs u. sulfid. Körper in Sedimenten des unteren Ordoviciens u. oberen Cambriums. Der Sulfidkörper enthält bis 50% *Pyrrhotit.* Unters. der Zusammenhänge zwischen der Faltungsstruktur u. den dazugehörenden Vorgängen u. der Erzabscheidung. F. Ensslin. 6354□

Die Bohr- und Schießarbeit im Blei-Zink-Erzgang der Zeche Auguste Victoria. Walter Pohl. (Z. Erzbergbau Metallhüttenwes. **14.** 338—44. Juli 1961. Marl i. W.) (Dt.)
Der Erzgang in der Zeche Auguste Victoria wird in bohrtechn. Hinsicht erläutert, u. die verwendeten Bohrgeräte u. die Schießarbeit werden beschrieben. F. Vier. 6360□

Aufbereitung von Manganoxid-Erzen aus der Staatsreserve Butte-Philipsburg. G. V. Sullivan, W. A. Stickney und R. C. Bush. (U.S. Dep. Interior, Bur. Mines, Rep. Invest. **1961.** Nr. 5728. 1—19. Albany, Oreg.) (Engl.)
Der eine Teil der Erze ist von rein oxid., der andere von oxid.-carbonat. Beschaffenheit. Jede Art kann durch Ölemulsion konzentriert werden; erstere ergab ein gesintertes Prod. mit 48 (%) *Mn* bei 88% Ausbeute, letztere eines mit 41 Mn bei 95% Ausbeute. Aus einer Mischung von beiden erhielt man ein Sintergut mit 45 Mn bei 90% Ausbeute. Dieses benötigt beim Einschmelzen weniger Flußmittel als solches aus den einzelnen Erzen. F. Hochstetter. 6360□

Gewinnung und Trennung von im Euxenit gefundenen Yttrium und Elementen der Seltenen Erden. William G. Gruzensky. (U. S. Dep. Interior, Bur. Mines, Rep. Invest. **1961.** Nr. 5910. 1—22. Albany, Oreg.) (Engl.)
Der Aufschluß des Euxenits kann durch *NaOH*-Schmelze oder Chlorierung erfolgen. Die Trennung des Y von den schweren Lanthaniden (Ordnungszahlen 63—71) kann chem., z. B. über $K_4Fe(CN)_6$, mit organ. Lsgg. u. Anionenaustausch durchgeführt werden. Aus einer Mischung von Y mit Seltenen Erden lassen sich die leichten Lanthaniden (57—62) als unlösl. Doppelsulfate abtrennen. Eine große Zahl von organ. Lsgg. wurde auf ihre Mischbarkeit mit anderen organ. Lsgg. untersucht. Die beste Trennung des Y fand statt, wenn die Nitrate mit einer Mischung von *Tri-n-butylamin* u. *3-Methyl-2-butanon* behandelt wurden. So erhielt man nach 6maliger Umsetzung ein Erzeugnis mit 83% Y_2O_3. — 21 Literaturangaben. F. Hochstetter. 6360□

Extraktion des Wismuts aus Wolframkonzentraten. 2. Mitt. R. Vázquez. (Rev. Fac. Ing. Quím. **28.** 35—36. 1959. Inst. de Investigac.-Labor. Quím. I.) (Span.) — 1. vgl. C. **1961.** 12224.
Beschreibung der Abtrennung von *Bi* aus einem *Scheelit*-Konzentrat mit (%) 65—71 WO_3, 3,92—4,4 *Bi*, 2,1 *Fe* u. 0,1 *Cu*, gek. durch Verw. einer verd. Mischsäure mit (g) 36 konz. H_2SO_4 + 80 KNO_3 auf 500 ml Erzkonzentrat. Bei 35std. Rühren ließen sich 3,9 g Bi sowie 0,4 g Bi aus den Waschwässern in Form des bas. Oxids abtrennen, entsprechend einer Ausbeute von 98%. Die Verw. von *Chlorat* an Stelle von KNO_3 wird gestreift. A. Sander. 6360□

Flotationsversuche mit Kupfer-Nickel-Sulfiderzen von den Lagerstätten bei Rockport, Maine. John E. Shelton. (U. S. Dep. Interior, Bur. Mines, Rep. Invest. **1961.** Nr. 5793. 1—17.) (Engl.)
Ein Erz mit 0,38 (%) *Cu* u. 0,71 *Ni* aus *Pyrrhotit* in einem *Hypersthen* bestehend, mit *Pentlandit, Kupferkies, Pyrit* u. *Millerit* fein verwachsen mit dem Pyrrhotit ergab bei der Sammelflotation mit Sammlern mit -SH-Gruppen in alkal. Trübe ein Konzentrat mit 3,47 Cu u. 5,34 Ni bei einem Ausbringen von 87,4 an Cu u. 73,4 an Ni. Die selektive Flotation des Sammelkonzentrats ergab ein Cu-Konzentrat mit 20,3 Cu u. nach 2,67 Ni. Ein weiteres Erz mit 0,31 Cu u. 0,85 Ni mit *Talk* u. Hypersthen als Bergematerial ergab bei der Flotation ein Sammelkonzentrat mit 2,33 Cu u. 4,7 Ni mit einem Ausbringen von 70 bzw. 54,4%. Bei einer Nachflotation des Talks konnte im Sammelkonzentrat mit

Ni-Geh. über 5 erhalten werden. Bei einer selektiven Flotation des Sammelkonzentrats konnten nur Konzentrate mit mehr Ni als Cu erhalten werden. F. ENSSLIN. 6362□

Wiedergewinnung von Germanium, Cadmium und Blei als Sulfide durch Erhitzen von Zinkkonzentraten, ruhend und in Bewegung. A. G. Starliper, H. Kenworthy und P. T. Goin. (U.S. Dep. Interior, Bur. Mines, Rep. Invest. **1961**. Nr. 5891. 1—21. Rolla, Mo.) (Engl.)

Bei der 1. Vers.-Gruppe strichen die Gase, bes. N_2 bzw. *He* ggf. mit *S* angereichert, ~ 3 Std. lang über die in einem waagerechten Rohr gelagerte *Zinkblende* bei 1080° hinweg. Die Sulfide von *Ge*, *Cd* u. *Pb* wurden in günstigen Fällen fast völlig aus der Zinkblende entfernt u. in einer Kondens.-Kammer aufgefangen. Für den techn. Betrieb wurde ein fortlaufendes Verf. gewünscht u. daher eine 2. Vers.-Gruppe durchgeführt. Hierbei wurde ein senkrecht stehendes Rohr (30″ ∅, 50″ Länge) unten mit einer Lochplatte abgeschlossen, auf welche die Zinkblende in einer Schichthöhe von 6—9″ kam. Diese lag zunächst als feines Pulver von 0,045—0,147 mm Korngröße vor u. wurde zu einem gröberen Korn (etwa 1 mm) agglomeriert. Ein Strom von inertem Gas wurde von unten durch die Lochplatte getrieben u. hielt die Zinkblendekörnchen in Bewegung; er ging dann unter Mitführung der *Ge-*, *Cd-* u. *Pb-Sulfide* durch eine Abscheidekammer u. nach Aufheizen wieder durch die Lochplatte in das Rk.-Rohr. Es wurde mit Glühstäben von außen geheizt, wobei eine Temp. von 950° genügte, um prakt. alles Ge aus der Zinkblende zu entfernen. Diese wurde fortlaufend von einer Seite zugegeben u. nach der anderen abgeführt; sie war ~ 40 Min. in der Rk.-Zone. Die angereicherten Sulfid-Kondens. wurden in Luft bei 160—340° oder in He bei 180—440° geröstet; bzgl. Ge war He wesentlich günstiger. Die Erzeugnisse konnten auf *Ge-*, *Cd-* u. *Pb-Metall* verarbeitet werden.
F. HOCHSTETTER. 6378□

Chlorierung der Sulfide von Blei, Zink und Kupfer. K. K. Kershner und J. G. Donaldson. (U.S. Dep. Interior, Bur. Mines, Rep. Invest. **1961**. Nr. 5894. 1—19. Rolla, Mo.) (Engl.)

Die Chlorierung von *Bleiglanz*, *Zinkblende*, *Kupferglanz* u. der entsprechenden *Sulfide* wurde zwar schon früher beschrieben, jedoch fehlen genaue Angaben über optimale Einw. des Chlors. Die für Labor.-Verss. übliche App. wird für mineral. Proben —100 mesh beschrieben. Beim *Bleiglanz* tritt zwischen 300 u. 400° eine auffallende Rk.-Verminderung ein, die Strukturveränderungen zugeschrieben wird; bei 500° war die Chlorierung nach 30 Min. vollkommen. Bei *Zinkblende* ist ebenfalls zwischen 300 u. 400° die Chlorierung unvollständig; in diesem Fall wurde das Auftreten von zerfließlichem $ZnCl_2$, das die Körnchen zusammenbackt, beobachtet. Bei 600° war die Chlorierung nach 45 Min. beendet. *Kupferglanz* wird bei 250° in 45 Min. restlos chloriert. Die oben erwähnte Lücke war hier nicht festzustellen; jedoch tritt unterhalb 150° ein schützender Film von $CuCl_2$ auf, der die Chlorierung weitgehend verhindert.
F. HOCHSTETTER. 6380□

Das Wachsen von Molybdän-, Wolfram- und Niob-Kristallen durch das Auftriebs-Zonen-Schmelzen im Vakuum. E. Buehler. (Trans. metallurg. Soc. AIME **212**. 694—98. 1958, herausgeg. 1959. Murray Hill, Bell Telephone Labor.) (Engl.)

Eine Vakuum-Zonen-Schmelzvorr. mit Elektronen-Beschießungsbeheizung (v. f. heating) wurde zur Herst. von *W-*, *Mo-* u. *Nb*-Einkristallen verwendet. Eine merkliche Verbesserung in der Reinheit wird durch das einstufige Durchlaufen der Schmelzzone durch W u. Mo erzielt. H. HOCHSTEIN. 6380□

Statistische Güteüberwachung in der Gießerei. A. H. Žaludová. (Wiss. Z. Hochschule Schwermaschinenbau Magdeburg **5**. 33—49. 1961. Prag, Nat. Res. Inst. of Heat Engng.) (Engl.)

Einführung u. Beispiele des SQC (statistical quality control)-Schemas in der Gießerei zur Überwachung der Formen- u. Kerngemische, der Kern-Herst., des Formens, des Kupolofenprozesses, des Gießens sowie der ersten Gußstückprüfung.
H. HOCHSTEIN. 6382□

Der derzeitige Stand der Verwendung von Epoxyharzen zur Herstellung von Modellen. Radko Kaska. (Slévárenství **7**. 85—91. März 1959. Praha.) (Tschech.)

Beschreibung der Vers. von Epoxyharzen (EH) zur Herst. von Modellen, Kernkästen u. Präzisionsformen unter Vibration der abgegossenen Form zur Erzielung sauberer Oberflächen. Zum Färben der EH-Gemische u. als Füllstoff dient farbiges Glasmehl. Beispiele. 18 Literaturangaben. W. WESLY. 6382□

Verwendung von formbaren exothermischen Materialien in der Gießerei. D. V. Atterton. (Kohászati Lapok [Ung. Z. Hüttenwes.] **95**. Nr. 2. Öntöde **13**. 25—39. Febr. 1962. England.) (Ung.)

Vf. behandelt jene Materialien bzw. ihre prakt. Verw., welche ermöglichen, daß die Erstarrung des Steigers später eintritt als die der Legierung. Dies sind die sog. exotherm. Materialien. Es wird die Zus. der im Forschungs-Labor. FOSESCO (England) ausgearbeiten Materialien, die Herst. der exotherm. Steiger, das exotherm. Ausfuttern u. die Wirtschaftlichkeit des Verf. beschrieben. L. ZOMBORY. 6382

Die Erhitzung des Blockkopfes durch exotherme Gemische. Ss. P. Bakumenko, Ss. G. Wyssotin, E. W. Werchowzew, A. M. Swisstunow und B. B. Guljajew. (Сталь [Stahl] **21.** 590—98. Juli 1961. Ishewsk, Metallurg. Werk.) (Russ.)

Entwickelt wurde ein einfach vorzubereitendes rauchloses u. verhältnismäßig billiges exothermes Gemisch für die Erwärmung von frisch abgegossenen Stahlblockköpfen, das eine Abfallminderung von 10—12% bei Verw. einer zusätzlichen wärmeisolierenden Pulverschicht ergab. Diese hohe Wrkg. wird bei entsprechender Erwärmungsdauer u. -höhe der Stahlblockköpfe beobachtet, wodurch die Erstarrung des noch fl. Kopfteils beeinflußt wird. Die Zus. des Gemisches muß so sein, daß in der Restschmelze nach der Verbrennung des Gemisches der Geh. an nichtoxydiertem *Si* mindestens 35—40% beträgt. H. HOCHSTEIN. 6382 □

Beitrag zur Theorie der umgekehrten Seigerung. J. S. Kirkaldy und W. V. Youdelis. (Trans. metallurg. Soc. AIME **212.** 833—40. 1958, herausgegeben 1959. Montreal, McGill Univ.) (Engl.)

Auf Grund der Vol.-Kontraktion u. des interdendrit. Fließvorganges der umgekehrten Seigerung wird die Konz.-Verteilung in einem gleichgerichtet abgekühlten Block von bin. eutekt. Beschaffenheit berechnet. Das Ergebnis zeigt eine gute quant. Übereinstimmung mit Experimenten an *Al–Cu*-Legierungen. H. HOCHSTEIN. 6382 □

Die Agglomeration von Eisenerzen und Konzentraten. D. J. Hains. (Canad. Mining metallurg. Bull. **54.** 430—36. Juni 1961. Hains Engineering Co.-Ltd.) (Engl.)

Allgemeines über die Möglichkeiten zum Stückigmachen von Feinerzen u. Konzentraten durch Sintern u. Pelletisieren mit einer Beschreibung der hierzu dienenden Geräte u. Vorrichtungen. H. HOCHSTEIN. 6390 □

Gängig gemachtes Agglomerat mit einem erhöhten Gehalt an Magnesia. D. G. Chochlow. (Металлург [Metallurge] **6.** Nr. 1. 4—5. Jan. 1961.) (Russ.)

Durch teilweisen Ersatz des *Kalksteins* durch *Dolomit* im gängig gemachten Agglomerat wird der *MgO*-Geh. von 1% auf 2,4—4% erhöht, was zu einer breiteren u. höheren Temp.-Zone des Erstarrens der Erze im Hochofen mit weniger fl. Anteilen in diesem Bereich führt. Die Produktivität des Hochofens steigt um 5,4%, der Erzdurchsatz um 8,9%; der Koksverbrauch sinkt um 4%. H. JÄGER. 6390 □

Untersuchung des Schmelzvorganges im Kupolofen vom Standpunkt der Güte der Schlacke und ihres Einflusses auf die Güte des Gußeisens. 2. Mitt. Ivan Pavlík. (Slévárenství **7.** Nr. 3. Práce českoslov. Výzkumu slévárenského **6.** Nr. 3. 121—26. März 1959. Brno, Státní výzkumný úst. materiálu a technol.) (Tschech.)

In einem Kupolofen mit gekühlter Schmelzzone u. mit 500° warmem Wind ausgeführte Unterss. über den Einfl. verschiedener Schlacken mit Zusätzen von 2—16,6% *Kalkstein* (I), bezogen auf das Gew. des Metalleinsatzes, auf die mechan. Eigg. des Gußeisens zeigen, daß ein übermäßiger I-Zusatz zwecklos ist. Die Eigg. von sauer erschmolzenem Gußeisen sind prakt. denen bas. erschmolzenen Gußeisens gleich. Zusätze von *Na*- u. *Ti*-Verbb. erhöhen die Festigkeit des Gußeisens um 25—30% u. haben sich bewährt. W. WESLY. 6402 □

Erzeugung von Grauguß-Formstücken in Kokillen. Sándor Hargitay. (Kohászati Lapok [Ung. Z. Hüttenwes.] **95.** Nr. 1. Öntöde **13.** 20—23. Jan. 1962.) (Ung.)

Die Grauerstarrung des in Kokillen erstarrenden Gußeisens wird von der chem. Zus. u. von der Abkühlungs-Geschw. beeinflußt. Letztere hängt vor allem von der Wandstärke der Kokillen ab. L. ZOMBORY. 6402

Bildung von Graphitknötchen durch eine Wärmebehandlung unterhalb des A_c-Punktes von weißem, zur Temperung bestimmten Gußeisen. Jean Menat, Gabrielle Aubrion und Jean-Claude Margerie. (Fonderie **1961.** 397—409. Nov.) (Franz.) — C. **1962.** 7305. H. HOCHSTEIN. 6404 □

Untersuchungen über den Einfluß der Eisenbegleiter auf die Ausscheidung der Temperkohle im Temperguß. Gerhard Scherreik. (Giessereitechnik **7.** 160—62. Juni 1961. Leipzig, Ing.-Schule für Gießereitechnik „Georg Schwarz".) (Dt.)

Die einzelnen Einfl. der Fe-Begleiter auf den Carbidzerfall bzw. über die Ausscheidung der Temperkohle während des Temperprozesses werden erörtert. Die Wechselwrkg. zweier oder mehrerer Elemente ist in starkem Maße von der Menge der vorhandenen einzelnen Komponenten abhängig. So wurde z. B. festgestellt, daß ein *B*-Geh. bis 0,08% den Carbidzerfall fördert, ein solcher über 0,08% jedoch eine komplexcarbidbildende Wrkg. hervorruft. Liegt ein gewisser *Cr*-Geh. vor, so wird die Grenze entsprechend verschoben. Die Wrkg. der einzelnen Fe-Begleiter sind von ihrer Verkettung untereinander abhängig u. verschieden voneinander. H. HOCHSTEIN. 6406 □

Beitrag zur Desoxydation des Stahls mit technischen Calcium–Silicium–Aluminium-Legierungen. Manfred Wahlster und Walter Feldhaus. (Stahl u. Eisen **82.** 193—206. 15/2. 1962. Essen.) (Dt.)

Die Unterss. an unlegierten, O-reichen Schmelzen, die in der Gießpfanne sowohl mit reinem Si u. Al als auch mit einer Reihe techn. Legg. auf der Grundlage von Ca, Si u. Al desoxydiert u. fallend zu Vierkantblöcken vergossen wurden, ergaben Aufschlüsse über das Abscheidungs- u. Verformungs-Verh. der gebildeten Einschlüsse. Die Abscheidbarkeit oxid. Einschlüsse wird nur durch deren physikal. Eigg., die von der chem. Zus. abhängen, bestimmt. Eine starke Turbulenz des Bades begünstigt das Desoxydationsergebnis. Während einer starken Badbewegung werden bes. Al_2O_3-reiche Einschlüsse abgeschieden, während in einer ruhenden Schmelze die Zus. der Einschlüsse einen Einfl. auf die Abscheidbarkeit nicht erkennen läßt. In den Gußblöcken werden für die Menge an Einschlüssen u. deren chem. Zus. charakterist. Unterschiede zwischen Blockwand, -mitte u. -fuß gefunden. Das in den Legg. enthaltene Ca beteiligt sich in sehr unterschiedlichem Ausmaß an der Rk. der O-Abbindung. Bei einer Warmverformung im Temp.-Gebiet zwischen 1000 u. 1100^0 sind Al_2O_3- u. SiO_2-reiche Einschlüsse nicht verformbar. Die Plastizität der Einschlüsse nach der Ca–Si-Desoxydation nimmt mit steigendem Kalk-Geh. der Einschlüsse zu. Steigende Al-Geh. einer Al–Si-Leg. führen zunächst zu leicht verformbaren homogenen Einschlüssen, dann aber zu vorzugsweise 2phasig aufgebauten Oxiden, in denen jeweils nur die äußere silicat. Hülle plast. Eigg. aufweist. Die Ggw. von Ca in der Leg. begünstigt die Bldg. zweiphasiger Oxide. Ein aus den Vers.-Ergebnissen aufgestelltes Nomogramm gestattet für unlegierte O-reiche Schmelzen die Berechnung der Einschlußmenge u. -Zus. im Block aus den zugegebenen Si- u. Al-Mengen der Desoxydations-Legierung. Die Höhe des Ausgangs-O-Geh. der Schmelze bestimmt hierbei die Mengen an metall. Si u. Al im Block. — Diskussion. H. HOCHSTEIN. 6408 □

Das Schmelzen von Sauerstoff-Konverterstahl. Ss. G. Afanassjew. (Металлург [Metallurge] **6.** Nr. 10. 18—20. Okt. 1961. Zentr. Forsch.-Inst. für Eisenhüttenwesen.) (Russ.)

Die nach dem O_2-Konverter-Verf,. (Durchblasen von O_2 durch schmelzfl. Roheisen in einem bodenblasenden Konverter) hergestellten Stähle werden hinsichtlich ihrer mechan. Eigg. mit unberuhigten SIEMENS-MARTIN-Stählen verglichen, wobei sich zeigt, daß die Festigkeitseigg. beider Stahlarten sich prakt. nicht unterscheiden.
H. HOCHSTEIN. 6408 □

Mit Aluminium beruhigter Stahl. W. P. Connor und D. J. Miller. (Proc. Conf., nat. Open Hearth Committee Iron Steel Divis., Amer. Inst. Mining metallurg. Petroleum Engr. **43.** 4—19. April 1960.) (Engl.)

Die mit Al beruhigten Stähle dienen als Werkstoffe mit hoher Tiefziehfähigkeit. Es werden Angaben über die Herst. dieser Stähle, über die Ausbldg. von Seigerungen in den Stahlblöcken, ihre Makrostruktur, Oberflächenqualität sowie über ihre physikal. Eigg., Verarbeitungsfähigkeit zu Bändern oder Blechen u. deren Mikrostruktur gemacht. Es wird nachgewiesen, daß bei den mit Al beruhigten Stählen der Grad der S-Seigerung wesentlich gegenüber unberuhigt vergossenen Stählen vermindert ist. Infolge des feineren Kornes der mit Al beruhigten Stähle weisen diese gleichmäßigere physikal. u. chem. Eigg. auf. H. HOCHSTEIN. 6408 □

Über die Ursache von Bändergefügen. Die Rolle von P, Mn, Cr und Ni. Koichi Furusawa. (Nippon Kinzoku Gakkai-Si [J. Japan Inst. Metals] **24.** 833—36. 1960.) (Jap.; Auszug: Engl.)

Unterss. an einem durch Schweißen erzeugten Seigerungsbereich von *Stählen* mit 0,49 u. 0,22% C zeigen: Bei langsamer Abkühlung erscheint im P-reichen Bereich ein *Ferrit*-Band u. im Mn-, Cr- u. Ni-reichen Bereich ein *Perlit*-Band. Bei Luftabkühlung treten diese Bänder nicht oder undeutlich auf. Für diese Beobachtungen wird eine Erklärung gegeben. W. WESLY. 6408 □

Das Schmelzen von natürlich legiertem Stahl. A. F. Leonow, A. N. Morosow, R. M. Iwanow, I. N. Warnawski, Ju. B. Tachtajew, N. P. Isotow und Ss. Ss. Wolkow. (Металлург [Metallurge] **6.** Nr. 10. 20—21. Okt. 1961. Metallurg. Kombinat Orsk-Chalilowo; Tscheljabinsk; Forsch.-Inst. für Metallurgie.) (Russ.)

Aus örtlichen Erzen, die neben *Fe* noch *Cr*, *Ni*, *Ti* andere Metalle u. einen erhöhten *P*-Geh. besitzen, wird im Hochofen ein legiertes *Roheisen* folgender Zus. erschmolzen: 3,9—4,5 (%) C, 0,5—0,7 Mn, 1,7—3,5 Si, 0,50—0,70 Ni, 1,5—3,0 Cr, 0,30—0,45 P u. 0,030—0,060 S. Der hohe Cr-Geh. im Roheisen erschwert seine Weiterverarbeitung im normalen SM-Ofen. Deshalb wird hierzu das *Duplex*-Verf. (saurer Konverter–bas.

SM-Ofen) verwendet. Das durch Windfrischen entstehende Halb-Prod. hat die Zus.: 2,70—2,90 C, 0,20—0,40 Cr, 0,45—0,65 Ni, 0,30—0,45 P u. 0,045—0,0065 S, Rest Fe. Aus diesem Halb-Prod. werden sodann im SM-Ofen ohne Zusatz von metall. *Ni* oder Ni-Verbb. die natürlich legierten Stähle *10 ChND, 15 ChSsND, 14 GN* u. dgl. hergestellt. Beim Abgießen des Halb-Prod. aus dem Konverter in den SM-Ofen wird eine verhältnismäßig geringe Schlackenmenge gebildet. Das Fehlen von *Si* u. *Mn* sowie auch der niedrige C-Geh. im Halb-Prod. bedingen niedrigen Aufwand an Eisenerz im Einsatz. Auch die Menge *Kalk* im Einsatz ist klein (5—7%). Zum Schmelzbeginn ist in der Schlacke viel Cr_2O_3 (4—7% u. in Sonderfällen 9—11%) u. verhältnismäßig viel P_2O_5 (4—9%) bei geringem SiO_2-Geh. (17—19%) enthalten, so daß die Schlackenbasizität 1,9—2,0 beträgt. Während des Schmelzverlaufs nimmt die Schlackenmenge zu, der *CaO*-Geh. in ihr steigt an, aber SiO_2 nimmt ab. Die Basizität nimmt dabei zu u. beträgt im Augenblick des Niederschmelzens 1,8—3,5. Der P_2O_5-Geh. der Schlacke ändert sich nur wenig u. schwankt beim Einschmelzen in den Grenzen von 4,5—7,5% bei einem gleichzeitigen P-Geh. in der Stahlschmelze von 0,015—0,040%. Das Verhältnis P_2O_5/P wird zu diesem Zeitpunkt auf 200—350 erhöht. Die Schlackenbasizität verändert sich während der Desoxydation von 2,7 auf 4,0. Der P_2O_5-Geh. wird dabei auf 2—3% erniedrigt u. der P-Geh. im Stahl auf 0,020—0,022 bei einem Cr-Geh. von 0,10—0,15% eingestellt. Bei der Desoxydation der legierten Schmelze im Ofen mit Mn u. Silicomangan sowie in der Pfanne mit Silicomangan, Ferromangan, Ferrotitan u. Al tritt eine starke P-Red. von ca. 300—350% ein. Eine wirksame Maßnahme zur Senkung des P-Geh. im fertigen *14 GN*-Stahl ist die Verringerung des Vordesoxydierungsgrades der Schmelze im Ofen. Es werden Mengenangaben über den Desoxydationsmittelverbrauch während der Schmelzführung gemacht. H. HOCHSTEIN. 6410□

Berechnung der Sauerstoffgehalte in geschmolzenen nichtrostenden Stählen. S. Ramachandran, R. A. Walsh und J. C. Fulton. (J. Metals **13.** 912—17. Dez. 1961.) (Engl.)

Es wird die Anwendung der Thermodynamik zur Berechnung der O-Konzz. in schmelzfl. Bädern aus nichtrostendem Stahl erörtert, eine Berechnungs-Meth. wird mitgeteilt u. ihre Anwendung auf die prakt. Erzeugung nichtrostender Stähle erklärt. H. HOCHSTEIN. 6410□

Der Einfluß der Elemente der Seltenen Erden auf die Empfindlichkeit von legierten Baustählen gegenüber Flockenbildung. A. M. Jakuschew, Ju. W. Krjakowski, Ju. I. Tjurin, Ss. P. Ssorokin, W. I. Jawoisski und M. W. Gluschzow. (Металлург [Metallurge] **6.** Nr. 12. 9—11. Dez. 1961.) (Russ.)

Auf Grund von Betriebsbeobachtungen wird festgestellt, daß die Einführung Seltener Erdmetalle in einer Menge über 2,7 kg/t Stahl die Flocken-Bldg. in den Stählen *37 ChS* u. *36 G 2 S* mit einem Querschnitt von 195·225 mm sowie bei Luftabkühlung einzelner Blöcke vermeidet. Infolgedessen wird durch den Zusatz der Seltenen Erdmetalle bei der Herst. von Baustählen die Möglichkeit einer beschleunigten Abkühlung des Walzgutes ermöglicht. Im Zusammenhang hiermit kann auch die Abkühlung des Walzgutes in offenen Stapeln erfolgen. H. HOCHSTEIN. 6410□

Der Einfluß der Legierung auf die Eigenschaften eines übereutektoiden Werkzeugstahls. Ju. A. Geller und Je. A. Lebedewa. (Металловедение и Термическая Обработка Металлов [Metallkunde therm. Metallbearb.] **1960.** Nr. 3. 31—40. März. Wiss. Allunions-Forsch.-Inst. für Werkzeuge.) (Russ.)

An einer großen Anzahl genormter übereutektoider Werkzeugstähle wurde der Einfl. des *C*-Geh. in den Grenzen von 0,98—1,4% u. der Leg.-Elemente untersucht. Hierbei wurden die im Hochfrequenzofen erschmolzenen Blöcke mit einem Gew. von 35 kg bei 1050—1100° bzw. 1000—1050° (je nach Stahlart) auf verschiedene Stärken ausgeschmiedet. Ermittelt wurden die Struktur u. Härte der verschiedenen Stähle nach dem Schmieden u. nach einem anschließenden Glühen bei 780 bzw. 805°, wobei bes. auch die Neigung zur Carbidnetz-Bldg. festgestellt wurde. Ferner wurden von den gehärteten Stählen das Gefüge u. die Eigg., bes. auch die günstigste Härte-Temp., die Härte des erkalteten Stahls, die Restaustenitmenge, Festigkeit, Durchhärtbarkeit, Härtefähigkeit u. die Entkohlungsneigung sowie von den ferner noch angelassenen Stählen die Anlaßbeständigkeit u. Festigkeit in Abhängigkeit von der Leg.-Art u. -menge festgestellt. Als Ergebnis der Unters. wurden allg. Richtlinien für die Auswahl der günstigsten Zus. der legierten Stähle in Abhängigkeit von den für den vorgesehenen Verwendungszweck notwendigen Eigg. mitgeteilt, wobei bes. die durch die C-, *Cr*-, *Mn*- u. *Si*-Geh. beeinflußten Eigg. erwähnt wurden. H. HOCHSTEIN. 6410□

Strukturveränderungen in einigen modifizierten 12% Chrom enthaltenden Stählen. Ja. Koutsky. (Металловедение и Термическая Обработка Металлов [Metallkunde therm. Metallbearb.] **1960.** Nr. 6. 10—20. Juni. Pilsen, Lenin-Werk.) (Russ.)

Die Struktur von 12%-Cr-Stählen, die mit viel *W* (3—4%) u. zusätzlich mit *Mo* u. *V* legiert sind u. eine Strukturungleichmäßigkeit aufweisen, ist bei hohen Betriebs-Temp. unbeständig, weil *δ-Ferrit* unter Hervorrufung einer Aushärtung zerfällt. Durch die Meth. der elektrolyt. Ausscheidung von Ndd. u. ihrer elektron. u. röntgenograph. Strukturanalyse wird festgestellt, daß bei einer langen Erwärmung aus δ-Ferrit die Phase Fe_2W ausgeschieden wird. Die Unterss. der Warmfestigkeits-Eigg. zeigen, daß der Zerfall von δ-Ferrit nicht von einer Erniedrigung der Kriechfestigkeit begleitet ist. Eine Analyse läßt die Wirksamkeit des Geh. geringer Mengen V u. Mo in Ggw. von W erkennen. Die Unters. bestätigt, daß eine sehr große Menge von δ-Ferrit die Stahlsprödigkeit erhöht. H. HOCHSTEIN. 6410□

Einige Einflüsse auf die intergranulare Sprödigkeit von im Kern oxydierten Legierungen. R. H. Seebohm und J. W. Martin. (Metallurgia [Manchester] **61.** 201—04. Mai 1960. Oxford, Univ., Dep. of Metallurgy.) (Engl.)

Cu-Legg. mit 0,3% *Si* werden bei 950° u. mit 0,21% *Be* bei 1000° oxydierend geglüht, so daß O_2 einwandert u. eine Dispersion von Oxiden im Grundmetall bildet. Durch starke Ausscheidungen an den Korngrenzen entsteht eine intergranulare Sprödigkeit, sie kann durch Rekristallisation aufgehoben werden. Die Ausscheidung an den Korngrenzen kann weiter vermindert werden durch eine Verformung, die die Korngrenzen beeinflußt u. richtet. — 19 Literaturangaben. K. STEIN. 6432□

Über die regelwidrige Erweichung und Gefügeänderung von Cu-Legierungen mit 2% Be als Folge einer diskontinuierlichen Ausscheidung. Takuichi Morinaga, Takeo Goto und Tsuneo Takahashi. (Nippon Kinzoku Gakkai-Si [J. Japan Inst. Metals] **24.** 777—81. 1960.) (Jap.; Auszug: Engl.)

Eine durch Schmelzen in Öl gewonnene Cu-2% Be-Leg. zeigt bei Alterung bei 310° anfangs eine rasche Härtung mit folgender, rascher Erweichung. Eine importierte Leg. mit unbekannter Schmelzbehandlung zeigt dieses Verh. in 6 Std. nicht, wogegen Proben, die durch Induktionswärmeschmelzem an der Luft oder im Vakuum erzeugt worden sind, wenig erweichen. Eine Überalterung ist verknüpft mit rascher Anfangshärtung u. anschließender Knollen-Bldg. an den Korngenzen; sie breitet sich allmählich bis in die Grundmasse u. entlang den Korngrenzen aus, bis ein Netzwerk um die Körner entsteht. W. WESLY. 6432□

Chrom und wärmebeständige Chromlegierungen. Susumu Yoshida und Yukio Ohba. (J. chem. Soc. Japan, ind. Chem. Sect. [Kogyo Kagaku Zassi] **63.** 1113—16. Juli 1960. Tōkyō-Nakameguro, Kinzoku-Zairyo-Gizyutu-Kenkyuzyo.) (Jap.)

Übersicht. — 20 Literaturangaben. E. MAEKAWA. 6440□

Der Einfluß von Ultraschallschwingungen bei der Erstarrung von Leichtmetallen. Takashi Araki. (Light Metals [Tokyo] **11.** Nr. 4 (49). 32—39. Juli 1961. Nat. Res. Inst. for Metals.) (Jap.; Auszug: Engl.)

50 Schwingungen je Sek. vermögen das Korn von reinstem *Al* nicht, wohl aber von einigen Al-Legg. zu feinen. Dagegen machen 20000 Schwingungen das Korn von Reinst-Al fein u. das einiger Al- u. *Mg*-Legg. dem von Dauerformenguß nach langsamer Abkühlung gleich. Das Korn hat keine Dendrite. W. WESLY. 6442□

Zonenschmelzen von Magnesium. A. S. Yue und J. B. Clark. (Trans. metallurg. Soc. AIME **212.** 881—84. 1958, herausgeg. 1959. Midland, Mich., Dow Chem. Co.) (Engl.)

Durch Verss. wird nachgewiesen, daß Mg zu einem beträchtlichen Grade durch das Schmelzzonenreinigungs-Verf. gereinigt werden kann, vorausgesetzt, daß das Auftreten einer Verdampfung aus der Schmelzzone vermieden wird. Bei den letzten 6 Durchgängen der Schmelzzone ist zur Erzielung einer wirkungsvollen Reinigung eine Geschw. von 0,3 in./Std. oder weniger einzuhalten. H. HOCHSTEIN. 6444□

Untersuchung der Durchgangsverhältnisse in Dorr-Eindickern mittels radioaktiver Isotope. Ernö Bujdosó und Aladár Imre. (Kohászati Lapok [Ung. Z. Hüttenwes.] **95.** 81—88. Febr. 1962. Budapest, Forsch.-Inst. NE-Metalle.) (Ung.)

Zur Unters. der Durchgangs-Geschw. der festen bzw. fl. Phase der aufgeschlossenen *Bauxit*-Trübe in den DORR-Eindickern u. der dort auftretenden Strömungsverhältnisse wurde die feste Phase mit ^{59}Fe u. die fl. mit ^{65}Zn indiziert. Aus den Ergebnissen geht hervor, daß im DORR-Eindicker auch eine nach oben gerichtete Strömung der Lauge stattfindet u. in dem Einkammer-DORR-Syst. keine solche schädliche Strömung auftritt. L. ZOMBORY. 6446

Der Einfluß geringer Zusätze von Titan, Beryllium, Gallium, Rhenium und Niob auf die Korngröße von Aluminium nach Erhitzen und Deformation. A. P. Beljajew und R. M. Golstein. (Металловедение и Термическая Обработка Металлов [Metallkunde therm. Metallbearb.] **1961.** Nr. 7. 37—38. Juli.) (Russ.)

Durch Rekristallisation bei 500° tritt nach voraufgegangener 7—15%ig. Verformung in einem Al-Blech eine grobkrist. Struktur auf. Ein Zusatz von 0,2% Ti verhindert das Auftreten der grobkristallinen Struktur des so behandelten Al vollständig. Bei einem *Ti*-Geh. von 0,1 (%) oder von 0,05 tritt dagegen eine grobkristalline Struktur auf. Ein Zusatz von 0,05—0,5 *Be*, 0,05—0,2 *Nb* oder 0,1—0,5 *Ga* zeigt keinen merklichen Einfl. auf die Korngröße bei voraufgegangener 1,5—15%ig. Verformung. Bei einem Geh. von 0,2 *Re* tritt die grobkristalline Struktur im Al nur nach einer 15%ig. Verformung, die einer Rekristallisationsglühung bei hoher Temp. voraufgegangen ist, auf, während geringe Re-Zusätze von 0,05—0,1 keinen positiven Einfl. erkennen lassen.

H. HOCHSTEIN. 6446 □

Einfluß von Wasserstoff auf Fehlererscheinungen bei großen Schmiedestücken aus Aluminiumlegierungen. Stanislav Burda und Antonín Lüftner. (Hutnické Listy **14.** 17—22. Jan. 1959. Plzeň, Závody V. I. Lenina.) (Tschech.)

Die prim. Ursache der Riß-Bldg. an einem Schmiedestück eines Turbinenlaufrades aus *Al–Cu–Mg–Si*-Leg. ist H. Die Risse entstanden während der Verarbeitung. Mit steigendem H-Geh. der Schmelze steigt die Gefahr der Riß-Bldg., der man durch stufenweise erfolgende Stauchung bis zum Geh. von 0,23 ml H/100 g vorbeugen kann. Wichtige Faktoren sind ferner: Spannungsverteilung im Barrenquerschnitt, Seigerungen, Gas-Geh. usw. Die Risse entstehen im Eutektikum, an den Korngrenzen u. an Stellen geringer Verformung.

W. WESLY. 6446 □

Wasserstoff in Titan-Aluminium-Legierungen. L. W. Berger, D. N. Williams und R. I. Jaffee. (Trans. metallurg. Soc. AIME **212.** 509—13. 1958, herausgeg. 1959. Columbus, Ohio, Battelle Mem. Inst.) (Engl.)

Der Einfl. von H auf die Eigg. bin. Ti–Al-Legg. mit 2,5, 5 u. 7% *Al* sowie tern. Legg. mit gleicher Zus. u. Zusatz von Einlagerungselementen, wie O, N u. C, werden untersucht. Al erhöht die H-Löslichkeit der α-Phase u. ruft einen ausgeprägten Anstieg im Widerstand gegen die Schlagversprödung hervor. In den Legg. *Ti–5 Al* u. *Ti–7 Al* verursacht z. B. ein Zusatz von 180 bzw. 305$^0/_{00}$ H_2 keine Versprödung, während unlegiertes Ti durch 75$^0/_{00}$ H_2 bereits spröde geworden war. Die Bedeutung von Al bei der zunehmenden H-Löslichkeit der α-Phase erklärt die ausgezeichnete H-Toleranz von α–β-Legg., die beträchtliche Mengen Al enthalten. Al verzögert die Geschw. der Hydridausscheidung.

H. HOCHSTEIN. 6448 □

Ausscheidung von β-Titan–Vanadium-Legierungen. Otto Krisement. (Z. Metallkunde **52.** 695—704. Okt. 1961. Düsseldorf, MPI für Eisenforschung.) (Dt.)

Beim Anlassen von β-Ti-V-Legg. treten 2 Stufen auf, eine Kaltaushärtung von Raum-Temp. bis 400° u. eine sich ab 400° überlagernde Ausscheidung der hexagonalen α-Gleichgewichtsphase. Aus dem Verlauf der ($\alpha + \beta$)-Phasengrenzen wurde die Mischungswärme der β-Legg. berechnet. Aus der positiven Mischungswärme ist auf eine bisher nicht beobachtete Mischungslücke zu schließen. Bei der Kaltaushärtung, die sich bei den untersuchten Ti-Legg. mit 14,7—19,1 At.-% V bis 475° erstreckt, wurde das Auftreten der metastabilen *ω-Phase* durch Neutronenbeugungsaufnahmen nachgewiesen. Die Kinetik der Kaltaushärtung folgt einem hyperbol. Zeitgesetz. Die α-Ausscheidung geht über homogene Keim-Bldg. u. diffusionsgesteuertes Wachstum vor sich.

F. VIER. 6448 □

Bestimmung der Grenz-Galliumseigerung in zonengereinigtem Germanium. L. W. Davies. (Trans. metallurg. Soc. AIME **212.** 799—801. 1958, herausgegeben 1959. Sydney, Commonwealth Sci. and Ind. Res. Organ.) (Engl.)

Die Endverteilung des Verunreinigungselementes *Ga* in einem zonengereinigten Block aus *Ge* wird gemessen. Die Ergebnisse stehen in guter Übereinstimmung mit einer aufgestellten Berechnungsgleichung für diese Endverteilung, wenn der Wert k = 0,18 als Verteilungs-Koeff. verwendet wird.

H. HOCHSTEIN. 6448 □

Die Oxydierbarkeit verfestigter und rekristallisierter Wolfram–Platin-Legierungen. R. F. Woitowitsch. (Металловедение и Термическая Обработка Металлов [Metallkunde therm. Metallbearb.] **1961.** Nr. 7. 47—48. Juli. Inst. für Metallkeramik u. Sonder-Legg. der Akad. der Wiss. der UkrainSSR.) (Russ.)

Es wird der Einfl. einer Kaltverfestigung auf die Oxydation einer *W*-Leg. mit 1,5% *Pt* bei hoher Temp. (500—900°) untersucht u. nachgewiesen, daß der geringe Pt-Zusatz die Beständigkeit des W gegenüber Zunder-Bldg., bes. bei Temp. über 650°, herabsetzt.

H. HOCHSTEIN. 6464 □

Ein technisches Sinterdiagramm. G. Ritzau. (2. Planseeseminar „De Re Metallica", warmfeste u. korrosionsbeständige Sinterwerkstoffe **1955.** 442—56. 1956. Krefeld, Deutsche Edelstahlwerke AG.) (Dt.)

Der Ablauf des Sintervorganges unter techn. Bedingungen wird durch Wiedergabe von Eig.-Änderungen in Abhängigkeit von Sinter-Temp. u. Zeit dargestellt. — Diskussion.

M. GEHLEN-KELLER. 6474 □

Einige Hochtemperatur-Eigenschaften von nichtmetallische Ausscheidungen enthaltenden Pulverpreßlingen aus einer Nickellegierung. Eric Gregory und Claus G. Goetzel. (Trans. metallurg. Soc. AIME **212.** 868—74. 1958, herausgegeben 1959. Yonkers, Sintercast Corp. of America; New York, N.Y., Univ.) (Engl.)

Auf pulverkeram. Wege werden unter Anwendung des Fließpressens Preßlinge aus einer Grundmasse aus einer *80/20 Ni–Cr*-Leg. mit verschiedenen Zusätzen einer harten Phase hergestellt. Mehrere Meth. zur Erzielung einer gleichmäßigen Verteilung der harten Phase über ein duktiles Grundmetall werden erörtert, wobei die mechan. Misch-Meth., d. h. das direkte Vermischen der weichen u. harten Bestandteile als die bei der Unters. anzuwendende Meth. ausgewählt wurde. Zerreiß-Verss. werden mit den Preßlingen bei 1500 u. bei 1800° F ausgeführt, die zeigten, daß die Hochtemp.-Festigkeit der Grundmasse beträchtlich durch bestimmte Oxid- u. Carbidzusätze erhöht wird. Die Hochtemp.-Bildsamkeit u. die Schlagzähigkeitswerte bei Raum-Temp. waren gegenüber den Werten von gegossenen oder geschmiedeten, sonst aber gleich zusammengesetzten Legg. niedrig. Opt. u. elektronenmkr. Unterss. ließen Unterschiede in der Struktur der Pulver-Legg. erkennen, die aus Veränderungen in den Bedingungen u. den Meth. der Herst. herrühren.
H. HOCHSTEIN. 6474□

Die Legierungen von Rhenium mit Molybdän oder mit Wolfram, die gute Hochtemperatureigenschaften haben. G. A. Geach und J. E. Hughes. (2. Planseeseminar „De Re Metallica", warmfeste u. korrosionsbeständige Sinterwerkstoffe **1955.** 245—53. 1956. Aldermaston, Berks., Arbor. Eletr. Ind. Ltd.) (Engl.)
M. GEHLEN-KELLER. 6474□

Die Hauptlinien der Entwicklung der Hartmetallerzeugung. Miklós Dévényi. (Kohászati Lapok [Ung. Z. Hüttenwes.] **95.** 31—39. Jan. 1962. Budapest, Hartmetallfabr.) (Ung.)

Die Lage der Hartmetallerzeugung in Ungarn. L. ZOMBORY. 6476

Hochtemperaturwerkstoffe und Methoden zu ihrer Bewertung. W. B. Crandall und J. R. Tinklepaugh. (2. Planseeseminar „De Re Metallica", warmfeste u. korrosionsbeständige Sinterwerkstoffe **1955.** **344**—60. 1956. Alfred, N.Y., Alfred Univ.) (Engl.)

Verf. zur Best. der Temperaturwechsel-Beständigkeit eines spröden Materials.
M. GEHLEN-KELLER. 6480□

Niedertemperatur-Widerstandsmessungen als Untersuchungsmittel für die Verteilungen von Verunreinigungen in durch das Zonenschmelzverfahren gereinigten Metallblöcken. J. E. Kunzler und J. H. Wernick. (Trans. metallurg. Soc. AIME **212.** 856—60. 1958, herausgegeben 1959. Murray Hill, N.J., Bell Telephone Labor., Inc.) (Engl.)

Zur Beurteilung der Reinheit der Metalle u. einer erfolgreichen Auswahl der Reinigungsmaßnahmen für Metalle, die schwer zu reinigen sind, wird eine Technik entwickelt, bei welcher der elektr. Widerstand der Metalle bei der Temp. des fl. He zur Unters. der Verteilung der Verunreinigungen in den schmelzzonenbehandelten oder in anderen Proben gemessen wird. Gegenüber den gewöhnlichen analyt. Meth. ist diese Meth. der Widerstandsmessung rasch, empfindlich u. erfordert keinen bedeutenden Aufwand zur Herst. von Proben mit zweckmäßigen Formen. H. HOCHSTEIN. 6480□

Bruchproben zur Beurteilung von Grauguß. Hans Kohrs. (Giessereipraxis **1960.** 365—68. 3/10.) (Dt.)

Grundzüge, Ausführung u. Anwendung von Bruchproben (Keilprobe, Blockprobe) zur Beurteilung von Grauguß. W. WESLY. 6480□

Der Bruch von Titan mit 0,5 bis 1 Gewichts-% Sauerstoff. C. Feng und C. Elbaum. (Trans. metallurg. Soc. AIME **212.** 820—21. 1958, herausgegeben 1959. Toronto, Univ.; Cambridge, Mass., Harvard Univ.) (Engl.)

Bei der Unters. von Ti-Proben mit 0,5—1,0% O wird festgestellt, daß bei Proben aus mehreren Kristallen von verschiedenen Orientierungen der Bruch in dem Kristall mit dem größten Winkel zwischen der Grundfläche u. der Richtung der angelegten Kraft auftrat. Wenn jedoch dieser Winkel für alle Kristalle in der Probe kleiner als 50° war, dann trat in keinem Kristall eine Bruchbevorzugung auf. Es scheint, daß bei einem O-Geh. von unter ca. 0,5% Sprödbruch in einem in bezug auf die Kraftrichtung irgendwie orientierten Kristall selten ist. Bei 0,5—1,0% O tritt Sprödbruch bei Zugbeanspruchung dann auf, wenn der Kristall günstig orientiert ist u. die Bruchflächen können gewöhnlich als $\{1\,2\,\bar{3}\,0\}$ oder $\{1\,2\,\bar{3}\,2\}$ in Abhängigkeit von der Prüf-Temp. bestimmt werden. Eine Änderung der Bruchfläche in Abhängigkeit vom O-Geh. der Ti-Proben wird nicht beobachtet. H. HOCHSTEIN. 6480□

Vergleich von Kriech–Bruch-Eigenschaften von Widmanstättenschen und gleichachsigen Gefügen einer Ti–7 Al–3 Mo-Legierung. F. A. Crossley und W. F. Carew.

(Trans. metallurg. Soc. AIME **212.** 748—50. 1958, herausgeg. 1959. Chicago, Ill., Illinois Inst. of Technol. u. Joliet, Metallurgical Labor., Inc.) (Engl.)

Obwohl die Festigkeits-Eigg., bes. die Verformbarkeit, einer Ti-Leg. mit 7% Al u. 3% Mo mit einem gleichachsigen Gefüge bei Raum-Temp. besser als die derselben Leg. mit WIDMANNSTÄTTENschem Gefüge ist, erscheint jedoch das WIDMANNSTÄTTENsche Gefüge für eine maximale Kriechfestigkeit an der oberen Temp.-Grenze günstiger zu sein H. HOCHSTEIN. 6480□

Der Einfluß der Reck- und Anlaßversprödung auf die Schlag-Übergangstemperatur eines AISI F-6150-Stahls. Edwin F. Steeb und Philip C. Rosenthal. (Trans. metallurg. Soc. AIME **212.** 706—07. 1958, herausgegeben 1959. New York, N.Y., California Texas Oil Co. u. Univ. of Wisconsin.) (Engl.)

Proben aus dem Stahl AISI *E-6150* wurden 1 Std. bei 1560° F austenitisert, in Öl abgeschreckt, darauf 1 Std. lang bei 1140° F angelassen u. in W. abgeschreckt. Einige der Proben wurden 24 Std. lang einer Anlaßversprödungsbehandlung bei 900° F unterworfen u. vor der nachfolgenden Reckbehandlung bis zu 5% an Luft abgekühlt. Diese Reckbehandlung wurde entweder bei Raum-Temp. oder bei 900° F vorgenommen. Anschließend wurde der Einfl. der Reck- u. Anlaßversprödung auf die Lage der Übergangs-Temp. bei Kerbschlagzähigkeitsprüfungen ermittelt. Die Verss. ergaben, daß der Stahl sehr empfindlich für die Anlaßversprödung ist u. die Versprödungsbehandlung die Übergangs-Temp. auf 165° F ansteigen läßt. Wenn die Streckung der Proben vor der Versprödungsbehandlung erfolgt, dann hat sie einen geringeren Einfl., als wenn sie danach vorgenommen wird. Der Grad der Anlaßsprödigkeit, der in gestreckten Proben während der 900° F-Behandlung auftrat, war geringer als derjenige, der in einem nicht gestreckten Material bei gleicher Anlaßbehandlung ermittelt wurde. Eine Nachreckung der Proben bei 900° F ruft einen merklichen Anstieg in der Übergangs-Temp. hervor. Die um 2% gereckten Proben hatten eine geringere Übergangs-Temp. als die um 0,2% gestreckten Proben. Die um 2% bei 900° F gereckten Proben besaßen eine geringere Übergangs-Temp. als die nur einer Versprödungsbehandlung unterworfenen Proben. Es wird angenommen, daß die Übergangs-Temp. der um 2% vorgestreckten Proben erniedrigt wurde, weil einige der gelösten Versprödungsatome zu den Subkörnern diffundieren u. die während der Reckbehandlung gebildeten Versetzungen zerstreuen, wodurch eine Abnahme in ihrer Konz. an den Korngrenzen bewirkt wird. H. HOCHSTEIN. 6480□

Hochtemperatur-Formänderungsvermögen von einem mit Bor behandeltem Stahl. F. K. Bloom und E. E. Denhard jun. (J. Metals **13.** 908—11. Dez. 1961. Baltimore, Md., Armco Steel Corp.) (Engl.)

Zugproben von mit B behandelten u. unbehandelten Stählen mit 25 (%) Cr u. 20 *Ni* wurden mit verschiedener Verformungs-Geschw. u. bei Temp. im Bereich von 1700—2300° F zwecks Erzielung einer quantitativen Information über das Formänderungsvermögen der beiden Stähle zerrissen. Die Ergebnisse bestätigen frühere Beobachtungen, wonach B das Formänderungsvermögen der austenit. nichtrostenden Stähle im Warmverformungsbereich wesentlich verbessert. Dieser Einfl. ist bei 2000—2130° F am stärksten ausgeprägt u. wird bei 2300° F, bes. bei hohen Verformungs-Geschw., bei denen sowohl die mit B behandelten als auch die unbehandelten Stähle gut verformbar sind, vernachlässigbar klein. H. HOCHSTEIN. 6480□

Die Temperaturabhängigkeit der Streckgrenze von Kupfer und Aluminium. W. D. Sylwestrowicz. (Trans. metallurg. Soc. AIME **212.** 617—24. 1958, herausgegeben 1959. Murray Hill N.J., Bell Telephone Labor., Inc.) (Engl.)

Bei Prüfungen an vielkristallinem Cu u. Al wird gefunden, daß das Verhältnis der Streckspannung zum Elastizitätsmodul stark von der Temp. abhängig ist u. daß die Veränderung der Streckspannung mit der Temp. von einem Material bei einer gegebenen Temp., das auf eine gegebene Streckspannung, jedoch nicht notwendigerweise auf denselben Reckgrad verformt ist, nicht von mechan.-therm. Vorbehandlung abhängt. Für ein Material ist bei einer gegebenen Temp. u. mit einer durch Kaltverformung erzielten Streckspannung die Geschw. der Verfestigung von der Temp. der Vorspannung unabhängig. H. HOCHSTEIN. 6480□

Ein Verfahren zur Ermittlung der Warmverformbarkeit von Aluminium-Magnesium-Legierungen. Horst Gravemann. (Z. Metallkunde **52.** 611—14. Okt. 1961. Osnabrück, Osnabrücker Kupfer- und Drahtwerk.) (Dt.)

Durch den Warmschlagzerreiß-Vers. kann die Druckeinschnürung metall. Werkstoffe in Abhängigkeit von der Temp. bei einer Zerreiß-Geschw., die der Verformungs-Geschw. bei den techn. Walz-Verff. entspricht, bestimmt u. damit ein Kriterium über die Formänderungsfähigkeit bei erhöhter Temp. erhalten werden. Tatsächlich besteht eine Beziehung zwischen den Brucheinschnürungskurven von Warmschlagzerreiß-Verss. u.

dem betriebsmäßigen Verh. von *Al*-Legg mit 4,4% *Mg* beim Drahtwalzen. Es wird gezeigt, daß Zusätze von 0,001% *Na* zur Versprödung der Leg. führen.

F. VIER. 6480□

Gesinterte Kobaltlegierungen für Gasturbinenschaufeln. E. R. Perry und I. Jenkins. (2. Planseeseminar „De Re Metallica", warmfeste u. korrosionsbeständige Sinterwerkstoffe **1955.** 326—34. 1956. Wembley, General Electric Co.) (Engl.)

Zeitstandfestigkeitsuntersuchungen. — Diskussion. M. GEHLEN-KELLER. 6480□

Kriechen von vielkristallinem α- und β-Thallium. Oleg D. Sherby. (Trans. metallurg. Soc. AIME **212.** 708—16. 1958, herausgegeben 1959. Stanford, Univ.) (Engl.)

Die gleichmäßige Kriech-Geschw. von vielkristallinem α- u. β-Tl über einem weiten Spannungsbereich kann durch die empir. Formel $\varepsilon = 35\ D\sigma^{5,2}$ beschrieben werden, worin D die Selbstdiffusions-Geschw. in cm^2/Std. u. σ die Kriechspannung in kg/cm^2 bedeuten. Die experimentellen Ergebnisse an Tl zeigen an, daß seine Hochtemp.-Kriech-Geschw. durch einen Versetzungskletterprozeß bestimmt wird. — 19 Literaturangaben.

H. HOCHSTEIN. 6480□

Gußqualitätssteigerung durch Röntgenprüfung. Hans Reininger. (Giessereipraxis **1960.** 351—64. 31/10.) (Dt.)

Übersicht über Grundlagen, Ausführung, Zubehör u. Anwendung der Röntgenprüfung zur Unters. der Beschaffenheit von Gußstücken. W. WESLY. 6484□

Phasenprüfung von Stählen mittels der Röntgendiffraktionsmethode bei hoher Temperatur. Petr Skutari. (Kohászati Lapok [Ung. Z. Hüttenwes.] **95.** 40—45. Jan. 1962.) (Ung.)

Vf. behandelt die große Bedeutung der Röntgen-Unterss. in der Metallurgie, die Rolle der Phasenprüfungen u. die Ursachen, warum diese wichtige Prüf-Meth. in der Praxis nicht genügend verbreitet ist. Die Grundprinzipien der bei hoher Temp. ausgeführten Röntgen-Diffraktions-Unterss. werden besprochen. Vf. beschreibt ein unter seiner Leitung ausgearbeitetes neuartiges Prüfgerät, wodurch die Intensität von 2 Diffraktionslinien mittels eines GM-App. gleichzeitig gemessen werden können. Mit dieser Einrichtung ist es gelungen, die Phasenprüfungen von *Stählen* u. *Ti-Legg.* bei hohen Temp. auszuführen. L. ZOMBORY. 6484

Kontinuierlicher Gammastrahlen-Dickenmesser mit Scintillationszähler. László Barta und János Kakas. (Energia és Atomtechn. **14.** 570—75. Dez. 1961. Budapest, Csepel Eisen- u. Metallwerke.) (Ung.)

Am Ende einer Stange ist die mit 5 mg Ra äquivalente Strahlenquelle ^{170}Tu in einer Dose eingeschlossen. Als Scintillationskristall wird mit *Tl* aktiviertes *NaJ* verwendet. Die Scintillationen nehmen ein Photomultiplier auf u. die Impulse gehen über einen Verstärker zum Meßgerät. Letzteres ist mittels Platten bekannter Dicke kalibriert. Das Gerät wird zur Kontrolle der Wandstärke von O_2-Flaschen derart verwendet, daß der Strahler in der Achse der langsam rotierenden Flasche kontinuierlich weitergeschoben wird. J. PLANK. 6484

Die mechanischen und werkstoffkundlichen Vorgänge beim Walzplattieren von Aluminium und seinen Legierungen. Franzjosef Emonds. (Z. Metallkunde **52.** 615—25. Okt. 1961. Bonn.) (Dt.)

Die Vorgänge beim Walzplattieren werden an Hand eines Plattierdiagramms u. von Schliffbildern erörtert u. in Abhängigkeit von den Walzbedingungen u. den Werkstoff-Eigg. untersucht. F. VIER. 6490□

Über die durch Zusatzelemente beeinflußte Richtfähigkeit von Aluminiumblech. 3. Mitt. **Über den Nachweis der Richtfähigkeit mittels Dämpfungskapazität und Röntgenstrahlenuntersuchung.** Takuichi Morinaga, Shigeo Muromachi und Shigeo Zaima. (Light Metals [Tokyo] **11.** Nr. 4 (49). 9—16. Juli 1961. Tokyo, Inst. of Technol., Toyama Univ. u. Yamanashi Univ.) (Jap.; Auszug: Engl.) — 2. vgl. C.**1962.** 639.

Mg u. *Sn* beeinflussen die Richtfähigkeit von Al-Blech. W. WESLY. 6490□

Walz- und Glühtexturen von Beryllium- und Hafnium-Blech. J. H. Keeler. (Trans. metallurg. Soc. AIME **212.** 781—82. 1958, herausgeg. 1959. Schenectady, General Electric Co.) (Engl.)

Da die c/a-Verhältnisse von Be u. Hf mit 1,568 u. 1,584 unterhalb derjenigen der dichtesten Packung von 1,633 liegen, wurde angenommen, daß die bevorzugten Orientierungen von Be u. Hf ähnlich denen von Zr u. Ti sein würden, eine Annahme, die durch Unterss. bestätigt wurde. Die bei dieser Unters. mit dem Röntgenstrahlspektrogoniometer an kaltgewalzten Be- u. Hf-Blechen (Kaltverformung um 84% bzw. 70%) sowie nach 1 std. Glühung bei 1000° ermittelten Walz- u. Glühtexturen von Be u. Hf werden mitgeteilt. H. HOCHSTEIN. 6490□

Vorzugsorientierung in gewalzten Uranstangen. Melvin H. Mueller, Harold W. Knott, Warren P. Chernock und Paul A. Beck. (Trans. metallurg. Soc. AIME **212.** 793—98. 1958, herausgeg. 1959. Lemont, Ill., Argonne Nat. Labor. u. Urbana, Univ. of Illinois.) (Engl.)

Die Vorzugsorientierung in mit verschiedenen Abwalzgraden bei 300 u. 600° ausgewalzten U-Stangen wird untersucht. Die für die Endwalzung bei 300° verwendeten Stangen wurden drei verschiedenen Serien entnommen, die entweder bei 600° oder bei 300° vorgewalzt oder bei 550° (β-Glühung) warmbehandelt waren. Es wurde gefunden, daß ohne Berücksichtigung des Ausgangsmaterials die erzielte Orientierung die gleiche war, wenn die Red. bei 300° annähernd 70% oder mehr betrug. Eine beträchtliche Schwankung in der Orientierung wurde in den Stangen mit niedrigeren Abnahmen beobachtet. Die Orientierungsart, die beim Walzen bei 600° entwickelt wurde, ist etwas von der beim 300°-Walzen entstehenden verschieden. Die Rekristallisationstextur in bei 300° gewalzten U-Stangen läßt sich durch (0 1 0)- u. (1 4 0)-Fasertexturkomponenten beschreiben. Von den untersuchten Stangen werden die Wärmeausdehnungswerte angegeben. H. HOCHSTEIN. 6490□

Bestimmung der Erwärmungszeit. Vladimír Sedláček. (Hutnické Listy **14.** 22—30. Jan. 1959. Panenské Břežany, Výzkumný úst. kovů) (Tschech.)

Ein Vgl. der Berechnung der Erwärmungszeit eines *Ti*-Bolzens mit den beim Erwärmen gemessenen Werten zeigt, daß man die zum Erwärmen beliebiger Barren notwendige Zeit u. die Temp.-Verteilung während der Erwärmung berechnen kann. Der Einfl. der Anbringung des Thermoelementes auf die Meßergebnisse wird beschrieben. Bei Berechnung der Erwärmungszeit von Ti-Bolzen setzt man einen Strahlungs-Koeff. von 2—2,5 für glatte u. gedrehte u. von 2,8—3,0 für oxydierte (nach Erwärmung auf 900°) Oberflächen ein. W. WESLY. 6492□

Einfluß der Glühtemperaturführung auf die Eigenschaften von Schnelldrehstahl. A. G. Iwanow und Je. M. Latasch. (Сталь [Stahl] **21.** 637—42. Juli 1961. Zentr. Forsch.-Inst. für Eisenmetallurgie.) (Russ.)

Eine Änderung der Glühtemp. in den Grenzen von 750—900° u. der Haltezeit von 2—100 Std. übt keinen merklichen Einfl. auf die Härte nach der Abschreckhärtung, auf die Anlaßhärte nach dreimaligem Anlassen bei 560° sowie auf die Härte bei erhöhten Temp. bei den Schnelldrehstählen *R18*, *R9*, *R9K10* u. *R9F5* aus. Nach einer Erhöhung der Glüh-Temp. auf 900° u. der Haltezeit auf 100 Std. zeigt das Röntgenbild des geglühten Stahls *R18* keine Ggw. von stabilen Carbiden *MeC*. Die Möglichkeit eines isotherm. Glühens wird festgestellt. Die Temp.-Erhöhung u. die Glühzeitverlängerung in Luft zeigen einen starken Einfl. auf die Oxydation, den Abbrand des Stahles u. auf die Entkohlung der Oberfläche. H. HOCHSTEIN. 6492□

Messung des Abkühlungsgrades beim Abschrecken in Wasser. Vladimír Kraus. (Hutnické Listy **14.** 9—17. Jan. 1959. Praha, Státny výzkumny úst. materiálu a technol.) (Tschech.)

Die Kühlwrkg. von W. hängt vor allem von seiner Temp. ab. Mit steigender Bad-Temp. erhöht sich die Beständigkeit der Dampfschicht u. der Abkühlungsverlauf wird unregelmäßig. Gase u. Verunreinigungen beeinflussen die Kühlwrkg., indem sich die Abkühlung verlangsamt u. unregelmäßig wird. Die Abschreck-Temp. beeinflußt die Beständigkeit der Dampfschicht, nicht aber die Abkühlungs-Geschw. bei verschiedenen Temp., so daß das Abkühlen eines Werkstückes bei bestimmter Temp. stets in der gleichen Weise, unabhängig von der Abschreck-Temp., verläuft. Der Abkühlungsverlauf im W. kann durch Kreislauf des Bades oder Bewegung des Werkstückes beschleunigt werden. — 18 Literaturangaben. W. WESLY. 6492□

Die Verteilung des Kohlenstoffes in der zementierten Schicht legierter Stähle. A. P. Guljejaw und W. D. Selenowa. (Металловедение и Термическая Обработка Металлов [Metallkunde therm. Metallbearb.] **1960.** Nr. 3. 2—7. März.) (Russ.)

Zementations-Verss. an verschiedenen Stählen ohne u. mit unterschiedlichem Cr-Geh. ergaben, daß zwei Fälle einer verschiedenen C-Verteilung in der Zementationsschicht auftreten, u. zwar eine normale (z. B. in den Stählen *20*, *Ch 13* u. *Ch 17*) u. eine anomale (z. B. im Stahl *18ChGT*). Für die normale C-Verteilung ist die maximale C-Konz. an der Oberfläche u. eine allmähliche Erniedrigung mit zunehmendem Abstand von der Oberfläche charakteristisch. Die Austenitmenge an der Oberfläche ist ebenfalls maximal u. fällt zum Kern hin allmählich ab. Der gesamte C-Geh. (z. B. im Stahl *20* bei einer Zementation ohne größe Übersättigung) ist gleich dem C-Geh. in Lsg., da die Struktur nach der Härtung ohne Abkühlung aus Martensit u. Restaustenit ohne überschüssige Carbide besteht. Für die anomale C-Verteilung ist kennzeichnend, daß sein maximaler C-Geh. in Lsg. nicht an der Oberfläche, sondern in einem gewissen Abstand von ihr

auftritt, wenn auch der Gesamt-C-Geh. in der Schicht maximal an der Oberfläche vorliegt. Somit besteht an der Oberfläche eine Schicht, in der der allg. C-Geh. größer ist als in der Lsg.; der überschüssige C liegt in Carbiden vor. Die Unterschiede in der C-Verteilung werden theoret. erläutert. Hierbei wird u. a. festgestellt, daß der Zementationsvorgang der Cr-reichen Stähle bei hoher Temp. (950°) u. langer Dauer (15 Std.) eintritt. Unter diesen Bedingungen wird die Erreichung des Gleichgewichtes oder eines Zustandes nahe dem des Gleichgewichtes erreicht, so daß eine Diffusions-Neuverteilung des Cr auftreten kann. Die Zementation des Stahls *18 Ch GT* tritt bei wesentlich niedrigerer Temp. (920°) u. geringerer Dauer (6 Std.) ein. Unter Gleichgewichtsbedingungen würde daher der Prozeß der Zementitsättigung an Cr u. auch eine Cr-Verarmung des Austenits u. dessen Anreicherung an C auftreten. In diesem Falle ruft die Bldg. u. das Wachsen der Carbidteilchen die Verarmung an C u. Cr der benachbarten Austenitbereiche hervor, was zu einer Verringerung der gesamten C-Konz. im Austenit führt. Als Ergebnis bildet sich in den Oberflächenschichten eine Carbidphase; der Austenit ist nicht an C gesätt. u. dies in einem um so stärkeren Grade, je mehr Carbide gebildet wurden.
H. HOCHSTEIN. 6492□

Einfluß von Kaltvorlagerungen auf den Verlauf der Ausscheidungshärtung. Heinz Borchers und Max Kainz. (Z. Metallkunde **52.** 685—92. Okt. 1961. München, TH.) (Dt.)

Die Einfl. von Vorlagerungen bei —195° bis 30° auf eine anschließende Ausscheidungshärtung bei *AlZnMg, Fe–C-, Fe–N-, PbSb-* u. *AlMgSi*-Legg. wird an Hand der Literatur diskutiert. Der Härteverlauf bei Ausscheidungs-Verss. nach unterschiedlichem Abschrecken u. nach Vorlagerung bei —40° u. bei +20° wurde an Proben aus AlMgSi untersucht. Durch kurzzeitige Vorlagerung bei Raum-Temp. u. durch Vorlagerung bei tieferer Temp. wurde die nachgeschaltete Warmaushärtung beschleunigt u. verstärkt. Bei längeren Vorlagerungszeiten bei Raum-Temp. wurde die Warmaushärtung gehemmt. Durch Messung des elektr. Widerstandes wurde die Bldg. der Vorzustände bei tieferen Temp. verfolgt. — 23 Literaturangaben. F. VIER. 6492□

Erhöhung der Sprödigkeit der nitrierten Schicht des Stahls 38. N. A. Fertik. (Металловедение и Термическая Обработка Металлов [Metallkunde therm. Metallbearb.] **1960.** Nr. 3. 13—17. März.) (Russ.)

Die Sprödigkeit der nitrierten Schicht des Stahls *38* bei der Prüfung mit der Diamantpyramide kann als Kriterium für die Beurteilung des Verh. beim Schleifen dienen. Die mit dem Diamant bestimmte Sprödigkeit hängt nicht nur von der tatsächlichen Sprödfestigkeit der Schicht ab, sondern auch von der Größe der Druckspannungen in ihr. Die erhöhte Sprödigkeit in der nitrierten Schicht hängt mit Druckspannungen, die durch eine starke Oberflächenerhitzung hervorgerufen sind, zusammen. Mit zunehmender Härte des Kernes nehmen auch die N-Menge u. die Druckspannungen in der nitrierten Schicht zu, was zur Verstärkung der Sprödigkeit führt. Je höher die Härte nach der Abschreckung ist, desto niedriger ist die Sprödigkeit der nitrierten Schicht. Eine Abschreckung von 900° statt von 950° führt nicht nur zur Erhöhung der Sprödfestigkeit der Schicht bei einer Biegeprüfung, sondern auch zur Erniedrigung ihrer Sprödigkeit bei der Prüfung mit der Diamantpyramide. Die bei einer Temp.-Erhöhung der Nitrierung beobachtete Erniedrigung der Sprödigkeit der Schicht bei der Prüfung mit der Diamantpyramide hängt mit einer Erniedrigung der Druckspannungen zusammen. H. HOCHSTEIN. 6492□

Die Diffusion von Silicium in chromhaltigem Stahl. S. G. Ordina. (Металловедение и Термическая Обработка Металлов [Metallkunde therm. Metallbearb.] **1960.** Nr. 6. 46—47. Juni. Leningrad, technol. Inst. der Lebensmittelind.) (Russ.)

Bei der Sättigung eines Cr-Stahls mit 0,13—0,17 (%) C u. 1—12,4 Cr mit Si bildet sich an der Oberfläche eine helle, nicht ätzbare Si-haltige Schicht, die sich als eine homogene feste Lsg. darstellt, welche gleichzeitig sowohl Cr als auch Si enthält u. einen säulenförmigen Aufbau aufweist. Cr im Stahl verringert die Tiefe dieser Schicht, jedoch ist diese Verringerung nur unbedeutend. Die Schicht ist dicht u. gleichmäßig. Die Ggw. von Cr fördert die Bldg. der dichten u. gleichmäßigen Schicht. Diese Oberflächenschicht gewährleistet eine größere Korrosionsbeständigkeit als eine nur Si enthaltende Schicht.
H. HOCHSTEIN. 6492□

Beizversuche an rostfreiem Stahl unter spezieller Berücksichtigung der Anwendung am Schwerwasserreaktor DIORIT. A. F. Steinegger. (Neue Techn. [Zürich] 2. Nr. 12. 8—18. Dez. 1960. Würmlingen, Eidg. Inst. für Reaktorforschung.) (Dt.)

Unter den zahlreichen Variablen, die das Beizergebnis an unstabilisiertem, austenit. 18–8-Stahl ohne *Mo*-Zusatz beeinflussen, sind die wichtigsten Faktoren der *C* u. der metallurg. Zustand des Werkstoffs. Die zur Beizung der Leitungen des Schwerwasserreaktors DIORIT angewandten Arbeitsbedingungen (Konz. des HNO_3–HF-Gemisches, Temp., Dauer der Beizung, Durchfluß-Geschw. werden angegeben. W. WESLY. 6512□

Profilätzung von Stahl. P. F. Langstone, D. C. Hoyle und J. H. Adams. (Aircraft Product. **22.** 218–25. Juni 1960. Bristol Aerojet Ltd.) (Engl.)

Zur Profilätzung von getempertem, entfettetem, entzundertem u. getrocknetem Stahl mit 0,80–1,10 (%) Cr u. 0,15–0,25 Mo werden die nicht zu ätzenden Flächen mit einem geeigneten Werkstoff (Äthyl- oder Nitrocellulose, Chlorkautschuk, Styrol–Butadien-Mischpolymerisat, chlorsulfoniertes Polyäthylen, Polyisopren, Vinylharz, Epoxyvinylharz, Polyester, PVC) abgedeckt u. mit einem Gemisch von 18 (%) konz. H_2SO_4 u. 5 konz. HNO_3 bei 150°F geätzt. W. WESLY. 6512□

Änderungen des pH-Wertes in Nickelbädern. R. G. Maling. (Electroplating Metal Finishing **14.** 191–96. Juni 1961.) (Engl.)

Untersucht wird die Änderung des pH-Wertes in verschiedenen Ni-Elektrolyten bei Zusatz von kleinen Mengen an Säuren oder Alkalien. Die Ergebnisse werden graph. dargestellt u. zeigen, daß sich der pH-Wert in hochchloridhaltigen Ni-Lsgg. viel schneller ändert als in hochsulfathaltigen. F. VIER. 6520□

Elektrolytische Abscheidung von Zinnüberzügen aus sauren Bädern. Vl. Klapka. (Korose Ochrana Mater. **3.** 125–29. 1959. Státní výzk. úst. ochr. materiálu.) (Tschech.)

In Verss. werden für die Zus. von sauren Verzinnungsbädern folgende zulässige (bzw. optialen) Werte (g/Liter) ermittelt: *SnSO₄* 45–63 (54) mit 25–35 (30) Sn, freie *H₂SO₄* 60–110 (90), *Brenzcatechin* 0,5–2 (1), 60%ig. *m-Kresol* 5–7 (6), *Anilinharz* 0,8–2 (1); Verhältnis Sn: H_2SO_4 1:2–4 (1:3), Anilinharz:Kresol 1:5–7 (1:6). Die optimale Arbeits-Temp. ist 20°, Stromdichte (kathod. u. anod.) 1–1,5 A/dm², Flächenverhältnis Anode:Kathode 1:1, Stromausbeute kathod. 90–99%, anod. 100%. Einzelheiten der Arbeitsweise werden erörtert. — 14 Literaturangaben.

R. K. MÜLLER. 6524□

Schutz der Metalloberfläche mit Keramik. Takeshi Takei und Hideo Nagasaka. (J. chem. Soc. Japan, ind. Chem. Sect. [Kogyo Kagaku Zasshi] **63.** 1100–04. Juli 1960. Tôkyô-Komagome, Rikagaku-Kenkyûzyo) (Jap.)

Übersicht. — 28 Literaturangaben. E. MAEKAWA. 6528□

Über die Verwendung von Öfen bei der Messung der Oxydationsgeschwindigkeit von Platin und anderen, flüchtige Oxide bildenden Metallen. George C. Fryburg und Helen M. Murphy. (Trans. metallurg. Soc. AIME **212.** 660–61. 1958, herausg. 1959. Cleveland, Ohio, NACA Lewis Flight Propulsion Labor.) (Engl.)

Erörtert werden die Vorzüge der Verw. eines elektr. oder induktiv beheizten Ofens bei der Messung der Oxydations-Geschw. von Pt bei Temp. von 900° bis 1400° an Luft.

H. HOCHSTEIN. 6530□

Die Oxydation von flüssigem Blei. T. F. Archbold und R. E. Grace. (Trans. metallurg. Soc. AIME **212.** 658–59. 1958, herausgeg. 1959. West Lafayette, Ind., Purdue Univ.) (Engl.)

Die Oxydations-Geschw. von reinem Pb wurde an der Luft im Temp.-Bereich von 453–643° unter Feststellung der Bldg.-Geschw. von Farbinterferenzen im Bereich von 0–2000 Å Filmdicke gemessen. Die GesamtAktivierungsenergie des Oxydationsprozesses wurde auf annähernd 13 kcal/Mol bestimmt. H. HOCHSTEIN. 6530□

Oxydationsbeständigkeit einer Nb–Zr–Ti-Legierung. G. M. Gordon, J. W. Spretnak und Rudolph Speiser. (Trans. metallurg. Soc. AIME **212.** 659–60. 1958, herausgeg. 1959. Ohio State Univ.) (Engl.)

Bei der Unters. der Oxydationsbeständigkeit von Nb-Zr–Ti-Legg., bes. mit der Zus. 44,5 (Atom-%) *Nb*, 50,1 *Zr* u. 5,4 *Ti*, wird nach einer 100std. Haltezeit auf Prüf-Temp. ein sehr harter u. kohärenter Oxidfilm festgestellt, der 5 Mils dick war. Die Leg. erfährt eine ziemlich schnelle Anfangsoxydations-Geschw. (5 mg/cm²·h bei einer insgesamt 5std. Prüfdauer), jedoch, wenn der Anfangsoxidfilm gebildet ist, dann wirkt dieser gegenüber der weiteren Oxydation hemmend. H. HOCHSTEIN. 6530□

Die Kennwerte von inneren oxydierten Titan–Cer-Legierungen bei erhöhter Temperatur. R. H. Hiltz jun. und N. H. Grant. (Trans. metallurg. Soc. AIME **212.** 383–87. 1958, herausgeg. 1959. Cambridge, Massachusetts Inst. of Technol.) (Engl.)

Mischkristall–Ti–Ce-Legg., die auf 0,010 in. Dicke kaltgewalzt u. darauf geglüht waren, wurden einer Innenoxydation unterworfen, um eine feine CeO_2-Verteilung in der Ti-Grundmasse zu erreichen. Die oxydierten Legg. wurden zu blechförmigen Zerreißproben geschnitten u. bei 426°, 538 u. 648° auf Zerreißfestigkeit geprüft. Hierbei wurde eine Festigkeitsverbesserung gegenüber Proben aus reinem Ti festgestellt, wobei die oxydierten Proben Kurven mit einer viel flacheren Neigung der Kurve log Spannung zum log Bruchfestigkeit ergeben, die für solche Legg. charakterist. ist.

H. HOCHSTEIN. 6530□

Weitere Untersuchungen über die Metallurgie von Eisen–Silicium-Legierungen. Einige Beobachtungen über die selektive Oxydation. A. U. Seybolt und E. I. Alessandrini. (Trans. metallurg. Soc. AIME **212.** 507–09. 1958, herausgeg. 1959. Schenectady, General Electric Res. Labor.) (Engl.)

Selektive Oxydation (bevorzugte Oxydation einer Einzel-Leg.-Komponente) kann eine wichtige Oxydationsart im Falle solcher Legg. wie *Si–Fe*, *Al–Fe* u. dgl. sein, wenn diese in Atmosphären von geringem O_2-Potential wärmebehandelt werden. Es wird vorgeschlagen, die auf *Fe* mit 3,25% *Si* bei geringem O_2-Potential gebildeten Oxidfilme zu identifizieren u. einige Beobachtungen über die H_2O/H_2-Verhältnisse, die zur Film-Bldg. erforderlich sind, anzustellen. H. HOCHSTEIN. 6530□

Die Korrosion durch Salpetersäure auf hochlegierte Stähle. 2. Mitt. Johannes Bünger. (Werkstoffe u. Korrosion **12.** 141–48. März 1961. Engelskirchen, Edelstahlwerk Schmidt & Clemens, Berghausen.) (Dt.) — I. vgl. C. **1960.** 983.

Mit Stählen, die 13–30(%) Cr u. 0,3–20 Ni, 0,10–1,1 Mo enthalten, werden Beständigkeitsdiagramme für HNO_3 bis 67% ausgearbeitet. Hierbei erweist sich ein Stahl mit 0,10 C, 30 Cr u. 20 N als bes. gut korrosionsbeständig; er ist auch gegen therm. Sensibilisierung unempfindlich. Sowohl *C* als auch *Cr* beeinflussen die Korrosion nach einem parabol. Gesetz, wobei C im entgegengesetzten Sinne wirkt als Cr. Vom Gesamtchrom ist für die Bindung an C der 13fache Betrag des C, entsprechend dem Carbid Cr_3C, abzuziehen, um zu dem für die Beständigkeit wirksamen Cr-Geh. zu kommen. H. HOCHSTEIN. 6538□

Untersuchung über die Grübchenbildung an ungehärteten Zahnrädern. Dieter Pohl. (Stahl u. Eisen **82.** 211–15. 15/2. 1962. Göppingen, Gebr. Boehringer GmbH.) (Dt.)

Die Ursachen der Grübchen-Bldg. werden erörtert u. Unters.-Ergebnisse mitgeteilt, die an Zahnrädern aus vergütetem unlegiertem Stahl *C 45* u. *C 60* gewonnen wurden. Dabei werden Risse beschrieben, die als Anfangsstadium der Grübchen-Bldg. anzusehen sind u. die fast immer im Ferrit als dem weichsten Gefügebestandteil verlaufen. Die chem. Zus., die Härte u. die Zugfestigkeit geben keine Erklärung für das unterschiedliche Verh. der Räder. Jedoch trug ein Rad, dessen Gefüge sehr fein war, trotz verhältnismäßig hohe Beanspruchung keine Schäden davon. Es wird daher an Stelle der bisher als Werkstoffkenngröße bei der Zahnradberechnung verwendeten Härte die Schubfließgrenze des weichsten Gefügebestandteils eingesetzt. H. HOCHSTEIN. 6538□

Untersuchungen an Korrosionsschutz — N-Polyoxyäthylenamide der Fettsäuren als Schutzmittel vor Korrosion durch Säure. Tomio Baba und Takeshi Bushita. (J. chem. Soc. Japan, ind. Chem. Sect. [Kōgyō Kagaku Zassi] **63.** 1238–40. Juli 1960. Urawa, Nittô-Rikagaku-Kenkyûzyo.) (Jap.; Auszug: Engl. S. A67.)

Aus *Rindertalgamid* bzw. *Sojabohnenölamid* (**I**), *Leinölamid*, *Cocosölamid*, dem Kondens.-Prod. aus *Rindertalgamin* (**II**) u. *Ölsäure*, dem aus **II** u. *Leinölfettsäuren* oder *Methylen-bis-rindertalgamid* ($RCONHCH_2NHCOR$ aus Rindertalg) werden durch Einführung von *Äthylenoxid* (**III**) in Ggw. von KOH bei 150–180° *N-Polyoxyäthylenamide* hergestellt, welche auf korrosionsschützende Wrkg. auf Stahl in verd. *HCl* geprüft werden. Das Addukt aus 1 Mol **I** u. 15 Moll. **III** zeigt die besten Ergebnisse. E. MAEKAWA. 6538□

Die Korrosionsbeständigkeit von Nickel–Molybdän–Eisen-Legierungen. G. N. Flint. (Metallurgia [Manchester] **62.** 195–200. Nov. 1960. Birmingham, Mond Nickel Co. Ltd.) (Engl.)

Für verschiedene Ni-Legg. mit ca. 20–30(%) *Mo* u. bis 30 *Fe* wird der Einfl. der Zus. u. Wärmebehandlung auf Härte u. Korrosionsbeständigkeit gegen starke Säuren mitgeteilt. Am besten ist eine Leg. mit 26–30 Mo u. 4–7 Fe geeignet, deren Korrosionsbeständigkeit im Gußzustand wie nach dem Glühen von 5 Std. bei 1180° gleich ist. Für Verschleißbeanspruchung u. Korrosionsbeständigkeit eignet sich am besten eine Ni-Leg. mit 30 Mo u. 1 Fe. K. STEIN. 6538□

Die Einwirkung von γ-Strahlen auf die Korrosion von rostfreiem Stahl 347 in 5%iger Schwefelsäure. Takashi Mukaibô, Keichi Oshima, Hisashi Mori und Taiji Nagatani. (Nippon Kinzoku Gakkai -Si [J. Japan Inst. Metals] **24.** 829–32. 1960.) (Jap.; Auszug: Engl.)

Die Korrosions-Geschw. von rostfreiem Stahl *AISI 347* verläuft zunächst linear, später nach einer exponentiellen Beziehung. Letztere wird durch Bestrahlung mit ^{60}Co beeinflußt; die Korrosions-Geschw. steigt mit der Dosis. H_2O_2 ohne Bestrahlung hemmt die Korrosion. Vff. nehmen an, daß die Bestrahlungs-Wrkg. durch die reduzierenden Moll. verursacht wird, die durch höhere Reaktionsfähigkeit u. höhere Diffusions-Koeff. als die oxydierenden Moll. gek. sind. Beide Mol.-Arten entstehen bei der Radiolyse des Wassers. W. WESLY. 6538□

Untersuchung über Spannungskorrosionsrisse von austenitischen, rostfreien Stählen. 1. Mitt. **Die Einwirkung der Schrotabstrahlung auf Spannungskorrosionsrisse von austenitischen, rostfreien Stählen.** Hideo Togano und Kazuo Osato. (Nippon Kinzoku Gakkai-Si [J. Japan Inst. Metals] **24.** 786—90. 1960.) (Jap.; Auszug: Engl.)

Schwache Abstrahlung ist prakt. wirkungslos, aber oberhalb einer gewissen Abstrahlstärke werden die Spannungskorrosionsrisse vermindert. Ein deutlicher Erfolg liegt vor, wenn die „Deckkraft" der Abstrahlung 90—100% u. die „Bogenhöhe" 0,013 bis 0,015 Å beträgt. W. WESLY. 6538□

Einige Erörterungen über den Kathodenschutz amerikanischer Anlagen in Spanien. A. Schnock, E. G. McLellan und J. E. Catlin. (Quím. e Ind. [Bilbao] **8.** 45—49. März/April 1961. Gouv. amér. pour les Inst. militaires amér. en Espagne.) (Franz.)

Übersicht über das Wesen der Korrosion, ihre Bekämpfung durch Kathodenschutz u. Beschreibung seiner Anwendung an Treibstoffvorratsbehältern u. -leitungen. W. WESLY. 6538□

Interkristalline Kavitation in unter Spannung stehenden Kupfer-Nickel-Legierungen. B. J. Reid und J. N. Greenwood. (Trans. metallurg. Soc. AIME **212.** 503—06. 1958, herausgeg. 1959. Melbourne, Univ., Baillieu Labor.) (Engl.)

Es wird nachgewiesen, daß Hohlräume in den Korngrenzen von Cu u. 70:30-Messung durch Anwendung von Zugspannungen bei erhöhten Temp. gebildet werden. Für eine gegebene Verformungs-Geschw. werden diese Hohlräume im Messing bei niedrigeren Temp. als im Cu gebildet; auch sind sie größer. Es wird angenommen, daß dieser frühere Angriff von Kavitation in der Leg. durch Verzug verursacht wird, der im Metallgitter durch das Leg.-Element hervorgerufen wird. Wenn die Kavitation durch Leerstellen-Wanderungs-Mechanismus hervorgerufen wird, so kann der Gitterverzug die für Leerstellen-Bldg. erforderliche Energie verringern u. so leichter Leerstellen schaffen, um den Kavitationsprozeß zu unterstützen. H. HOCHSTEIN. 6538□

Der Einfluß künstlicher Schutzschichten auf die Exoemission von Elektronen von Zink und von Aluminium und ihr Zusammenhang mit der Korrosionsbeständigkeit. Antonin Hrbek, Robert Bartoníček, Ladislav Červený und Jitka Němcová. (Hutnické Listy **14.** 239—42. März 1959. Praha, SVUOM.) (Tschech.)

Zur Unters. der Bldg.-Kinetik u. der Eigg. von künstlichen Schutzschichten dient ein Photoelektronenemissions-Verf., bei dem als kennzeichnende Größen der Anfangs-Emissionsstrom, der gesätt. Emissionsstrom ε_m u. die Aktivierungszeit mitwirken. Die Bldg.-Kinetik der bei der Passivierung von Zn mit Dampf von tert. Butanolchromat, der Oxydation u. der Passivierung von Al auftretenden Schutzschichten u. die ihre Eigg. beeinflussenden Faktoren werden untersucht. Der ermittelte Zusammenhang zwischen ε_m u. den Korrosions-Gew.-Verlusten stützt die Anschauung, daß die emissionsfähigen Elektronen bei der Korrosion durch Bldg. von festen Korrosions-Prodd. nach Zuführung geringer Energie eine Rolle spielen. Als Elektronenquelle dient das Metall; der Übergang verläuft über die Auffangflächen der Oberflächenschicht. — 29 Literaturangaben. W. WESLY. 6540□

Natur, Ursache und Wirkung der Porosität von galvanischen Niederschlägen. 6. Mitt. **Bemerkung zu einer magnetischen Methode zur Anzeige von Korrosionsströmen.** Fielding Ogburn und William H. Roberts. (Plating **48.** 168—69. Febr. 1961.) (Engl.) — 5. vgl. C. **1961.** 3473.

Ein Experiment wird beschrieben, das eine magnet. Meth. zur Feststellung elektr. Ströme in einer galvan. Zelle demonstriert. Die Zelle ist in einem magnet. Feld angeordnet. Auftreten sich bewegender elektr. Ladungen im magnet. Feld resultiert in Bewegung des Elektrolyten. F. VIER. 6540□

Natur, Ursache und Wirkung der Porosität von galvanischen Niederschlägen. 7. Mitt. **Mikroskopische Untersuchung von Nickel-Chrom-Überzügen nach atmosphärischer Korrosion.** Donald W. Ernst und Fielding Ogburn. (Plating **48.** 491—97. Mai 1961. Washington, D.C., Nat. Bur. of Standards.) (Engl.) — 6. vgl. vorst. Referat.

Galvan. Ni-Cr-Überzüge auf Stahl wurden nach atmosphär. Korrosion mkr. untersucht. Glanz-Ni-Überzüge mit Cr waren häufiger infolge Lochfraß durchfressen als WATTS-Ni-Überzüge. Aber letztere hatten mehr Mikrolöcher. Lochfraß, der nicht bis zum Grundmetall durchdrang, trat bei allen Arten von Ni-Überzügen u. bei allen Atmosphären auf. Brüche wurden in Ca-plattierten Glanz-Ni-Überzügen nach Lochfraß im Ni beobachtet. Beobachtungen in galvan. Zellen zeigten, daß die Polarität von Ni-Stahl- u. Ni-Cr-Element stark von Elektrolyten abhängig ist. Diese Änderungen beeinflussen die Form des Lochfraßes u. das Auftreten von Rost. Ein Ni-Glanz-Ni-Element war aktiver als ein Ni-Cr-Element. F. VIER. 6540□

Metallgesellschaft Akt.-Ges., Frankfurt/M., **Erhöhung der Wärmewirtschaftlichkeit von Sinterapparaten** für die Durchführung endothermer Prozesse. Ein Teil des Wärmebedarfs wird durch heiße Gase u. der andere Teil durch Verbrennung festen Brennstoffes gedeckt, wobei die Erhitzung durch die heißen Gase so weit gesteigert wird, daß der Durchsatz weniger betragen würde, als durch die Erhitzung mit festem Brennstoff allein u. wobei der Durchsatz bei oder nahe dem Wert aufrechterhalten wird, der mit festem Brennstoff allein erzielt würde, entweder durch Zusatz von gebranntem Kalk oder durch Krümeln des Materials in Misch-App. u. nachfolgender Granulierung, bevor es auf das Sinterband gebracht wird. (**E. P. 867 254** vom 16/1. 1959, ausg. 3/5. 1961. D. Prior. 25/1. 1958.) M. NECKERMANN. 6379

Dorr-Oliver, Inc., Stamford, Conn., V.St.A. (Erfinder: Cyril Hewson Knight), **Durchführung von Reaktionen bei hohen Temperaturen in der Wirbelschicht** in einem Wirbelschichtreaktor mit kreisringförmigem Querschnitt u. innen liegendem Schacht. Das zu behandelnde Gut wird durch entsprechende Anordnung des Beschickungsrohres u. des Überlaufrohres gezwungen, nahezu eine volle Kreisbahn zu durchlaufen. Die Brennstoffzufuhr geschieht sowohl von der äußeren als auch von der inneren Wand aus. Die beschriebene Bauart erlaubt größere Auslegung des Reaktorquerschnitts. Beispiel: *Calcinierung, Sulfidröstung* u. *Fe-Erzreduktion.* — Abbildung. (**E. P. 859 367** vom 24/1. 1957, ausg. 18/1. 1961.) M. NECKERMANN. 6381

Hills-McCanna Co., Chicago, Ill., V.St.A. (Erfinder: R. F. Dalton), **Herstellung von Metallgußstücken mit Kanälen.** Die für die Bdlg. von Kanälen angewendeten Glaskerne werden mit *Mg, Al,* TiO_2, *BaO*, BaF_2 oder WO_3 überzogen, wobei ggf. noch eine radioakt. Verb. zugesetzt sein kann. Die Glaskerne werden dann in bekannter Weise auf chem. Wege herausgelöst, z. B. durch *HF.* (**Schwed. P. 162 937** vom 6/7. 1956, ausg. 15/4. 1958.) K. H. KÄHLER. 6383

Comp. des Métaux d'Overpelt-Lommel et de Corphalie, Overpelt-lez-Neerpelt, Belgien (Erfinder: Albert André Joseph Quintin), **Reduktion von Zinkerzen und anderen Zink-enthaltenden Materialien** in einem Ofen mit horizontal liegenden Muffeln mit gemeinsamen Kondensator, der durch die Vorderseite des Ofens u. einer dieser gegenüberliegenden wärmeisolierten u. entfernbaren Wand gebildet wird. Diesem Kondensator sind 2 oder mehrere Kondensatoren in Reihe nachgeschaltet, in denen *Zn* höherer Reinheit als in der 1. Fraktion niedergeschlagen wird. — Abbildung. (**E. P. 863 786** vom 16/3. 1959, ausg. 29/3. 1961.) M. NECKERMANN. 6427

Comp. des Métaux d'Overpelt-Lommel et de Corphalie, Overpelt-lez-Neerpelt, Belgien (Erfinder: Albert André Joseph Quintin), **Behandlung von oxidischen Zinkerzen.** Das zerkleinerte, ungesinterte Zn-Erz wird mit einem festen Red.-Mittel gemischt u. in einen Drehofen chargiert, in dem die Erhitzung ausschließlich durch direkten Stromdurchgang erfolgt. Die Charge wird ständig in Bewegung gehalten, so daß der Strom von Teilchen zu Teilchen dauernd unterbrochen wird u. dadurch die Temp. unterhalb des F. der Charge gehalten werden kann. Die hierbei gebildeten Zn-Dämpfe werden abgezogen u. kondensiert, der Rückstand ebenfalls kontinuierlich entfernt. — Abbildung. (**E. P. 863 331** vom 15/9. 1958, ausg. 22/3. 1961.) M. NECKERMANN. 6427

Mond Nickel Co. Ltd., London, England (Erfinder: John Henry Gittus), **Raffination von Nickel- u. Nickel-Kobalt-Legierungen** mit *Cr-*, *Al-* u. *Ti*-Gehalt. Die Oberfläche der geschmolzenen Leg. wird örtlich begrenzt über den Kp. der Verunreinigungen durch Kontakt mit dem Plasma eines elektr. Lichtbogens in inerter Gasatmosphäre u. bei atmosphär. Druck erhitzt. — Abbildung. (**E. P. 866 078** vom 2/1. 1959, ausg. 26/4. 1961.) M. NECKERMANN. 6435

Oregon Metallurgical Corp., Albany, Oreg., V.St.A., **Wiedergewinnung von Nickel und Kobalt aus Legierungen.** Die wenigstens 10 Gew.-% *Ni* oder *Co* oder Gemische davon enthaltenden Legg. werden mit *Al* legiert; das 13—60 Gew.-% Al enthaltende bröckelige Leg.-Prod. wird mit H_2SO_4, HCl, HNO_3, HF oder Gemischen davon in Lsg. gebracht u. aufgearbeitet. — Zum Beispiel werden 100 Teile einer 62 (%) Co, 27 Cr, 6 Mo, 2 Ni, 3 Fe, Mn, Si u. C enthaltenden Leg. mit 25 Teilen Al durch Zusammenschmelzen legiert. (**E. P. 867 165** vom 13/10. 1959, ausg. 3/5. 1961. A. Prior. 24/11. 1958.) K. DEMMLER. 6435

E. I. du Pont de Nemours & Co., Wilmington, Del., V.St.A., **Entfernen von auf unebenen Flächen abgeschiedenem und fest darauf haftendem Niob und Tantal.** Die Metalle werden mit H_2 behandelt, wobei sich brüchiges *Metallhydrid* bildet, das leicht von der Oberfläche, z. B. den Wänden der Reaktoren, zu entfernen ist. (**E. P. 865 742** vom 8/5. 1959, ausg. 19/4. 1961. A. Prior. 29/5. 1958.) M. NECKERMANN. 6449

Elektroschmelzwerk Kempten G. m. b. H., München (Erfinder: Georg Rieder, Grefrath bei Köln, und Adolf Vogt, München), **Grünes Siliciumcarbid,** aus einem in üblicher Weise zusammengesetzten Möller in Ggw. von N_2 bzw. bei Rk.-Bedingungen N_2 abgebenden Substanzen wird dadurch erhalten, daß dem Möller halogenfreie Verbb. der II. Gruppe des Period. Syst. einzeln oder im Gemisch zugesetzt werden, bes. Mg-Verbb., z. B. synthet. oder natürliches *$MgCO_3$* bzw. *MgO*. (**D. A. S. 1 114 791** Kl. 12i vom 6/11. 1958, ausg. 12/10. 1961.) K. WOLK. 6477

General Electric Co., Schenectady, N.Y., V.St.A., **Schweißlegierung** mit hoher Temp.-Festigkeit. Eine Leg. aus 0,10—0,25 (%) *C*, 0,75—1,25 *Cu*, 0,75—1,25 *Mo* u. 0,20—60 *V*, 0,3—0,8 *Si*, 0,4—0,9 *Mn*, bis zu 0,03 *S* u. bis zu 0,03 *P*. Rest Fe, wird 2—12 Std. auf 1025—1075° erhitzt, dann bis zu 250° u. weniger luftgekühlt. Hierauf wird sie 24—32 Std. auf 675—705° erhitzt u. im Ofen auf Raum-Temp. abgekühlt. (**E. P. 859 935** vom 18/3. 1959, ausg. 25/1. 1961. A. Prior. 22/5. 1958.) W. HAUSWALD. 6507

Othmar Ruthner, Wien, Österreich, **Beizen von Stahllegierungen.** Die Legg. werden zuerst in Neutralsalzen von Mineralsäuren, bes. in *Na_2SO_4*-Lsgg., anod. oder nacheinander anod. u. kathod. behandelt u. dann rein chem. in *H_2SO_4*, *HNO_3* oder in einem Gemisch von *HNO_3* u. *HF* gebeizt. (**E. P. 860 709** vom 26/6. 1959, ausg. 8/2. 1961. Oe. Prior. 23/12. 1958.) F. MARKHOFF. 6513

United Kingdom Atomic Energy Authority, London, England (Erfinder: James Henry Stephen), **Elektrolytische Erzeugung von dünnen, spannungsfreien Filmen aus Nickel-Eisen-Legierungen (80/20) mit rechtwinkliger Hysteresisschleife.** Der Film wird elektrolyt. auf einer in einem magnet. Feld befindlichen Kathode abgeschieden. Als Elektrolyt dient eine Lsg. von *Ni*- u. *Fe-Sulfamat*. Die Konz. der Ni-Ionen soll >100 mg/Liter sein, das Verhältnis der Ni-Ionen-Konz. zur Fe-Ionen-Konz. soll zwischen 35:1 u. 40:1, der pH-Wert zwischen 2 u. 3,5, die Temp. unter 30° liegen. Die Abscheidungsspannung soll auf über 890 mV gehalten werden. (**E. P. 859 725** vom 9/10. 1958, ausg. 25/1. 1961.) F. MARKHOFF. 6515

VEB Carl Zeiss, Jena (Erfinder: Paul Ganswein, Karl Gundlach, Ernst Muller und Georg Triemer), **Herstellung von feinen Metallnetzen, zum Beispiel für Fernsehzwecke.** Auf eine Glasplatte wird auf photomechan. Wege ein Negativ eines fertigen Metallnetzes aufgebracht. Die nicht von dem Negativ bedeckten Teile der Glasoberfläche werden dann durch Aufdampfen mit einer *Cr*-Schicht überzogen. Auf diese wird dann eine genügend dicke Schicht eines Metalls, wie *Cu*, elektrolyt. niedergeschlagen. Diese Cu-Schicht läßt sich von der Cr-Schicht leicht ablösen u. stellt nun ein Positiv des ursprünglichen Netzes oder Gitters dar. Nach entsprechender Zwischenbehandlung der Cr-Oberfläche kann man weitere Kopien herstellen. (**E. P. 862 814** vom 12/4. 1957, ausg. 15/3. 1961.) F. MARKHOFF. 6515

Platecraft of America, Inc., Buffalo, N.Y., V.St.A., **Galvanoplastische Herstellung von Gegenständen, insbesondere von Schraubenlehren.** Auf das galvanoplast. abzuformende Modell wird elektrolyt. eine Metallschicht niedergeschlagen, in welcher feinverteilte Körnchen von harten Metalloxiden oder -carbiden eingeschlossen sind. Die Schicht wird dann durch Niederschlagen einer reinen Metallschicht verstärkt. Das Modell wird aus einem Material hergestellt, das chem. leicht aufgelöst werden kann, ohne die galvan. erzeugten Schichten anzugreifen. Die Gegenstände sind gegen Abnutzung sehr widerstandsfähig. — Nach E. P. 860 291 wird das Verf. allg. zur Herst. widerstandsfähiger Überzüge angewendet. Die Abscheidung der Überzüge erfolgt aus einem *Ni*- oder *Cr*-Bad, in dem Teilchen harter Metalloxide oder -carbide suspendiert sind. (**E. PP. 860 290** u. **860 291** vom 7/5. 1958, ausg. 1/2. 1961. A. Prior. 19/7. 1957.) F. MARKHOFF. 6515

Stahl- und Walzwerke Rasselstein/Andernach Akt.-Ges., Neuwied/Rh., **Passivieren von Zinn-Oberflächen.** Die Oberfläche wird kathod. in einem sauren Bad, z. B. einer Lsg. von *Alkalibichromat* mit einem pH-Wert zwischen 4 u. 6 u. mit einer Stromdichte von 2—4 A/dm², behandelt. (**E. P. 863 234** vom 9/2. 1959, ausg. 22/3. 1961. D. Prior. 8/2. 1958.) F. MARKHOFF. 6515

Josef Heyes, Düsseldorf, und Wilhelm Fischer, Ratingen, **Elektrolytisches Polieren von Metallen, wie Eisen oder Aluminium.** Als Elektrolyt wird ein Gemisch von *Essigsäure* u. *$HClO_4$* oder einem *Perchlorat* verwendet, das mit einer Schutzschicht aus gesätt. KW-Stoff, wie *Paraffinöl*, überschichtet ist. Abb. einer Vorrichtung. (**E. P. 862 381** vom 9/2. 1959, ausg. 8/3. 1961. D. Prior. 11/2. 1958.) F. MARKHOFF. 6515

Union Carbide Corp., New York, N.Y., übert. von: Elmer Robert Breining, Dayton, Wilbur M. Bolton, Piqua, und Fritz O. Deutscher, Dayton, Ohio, V.St.A., **Herstellung von Aluminiumüberzügen** durch therm. Zers. von gasförmigen organ. Al-Verbindungen. Dabei wird eine organ. Al-Verb. verwendet, die zur Al-Hydrid-Bldg. neigt, z. B. *Al-Triisobutyl*, u. ein Gas, das das Hydrid in die zersetzbare Al-Verb. umwandelt, z. B. *Isobutylen*. Als Trägergas wird *Ar* verwendet. Der zu überziehende Gegenstand wird auf 525° F erhitzt. — Vorrichtung. (**A. P. 2 929 739** vom 7/11. 1958, ausg. 22/3. 1960.) F. VIER. 6517

Günter Müschenig, Karl Wirtz, Max Schmidtberg und Hubert Offermanns, Solingen, **Galvanische Erzeugung korrosionsbeständiger Metallüberzüge.** Die zu schützende Metalloberfläche wird zunächst galvan. *verkupfert,* dann galvan. *verbleit* oder *verzinnt,* anschließend *vernickelt* u. schließlich *verchromt.* Die Pb- oder Sn-Schicht verbessert die Korrosionsbeständigkeit, wobei die Stärke der Cu- u. der Ni-Schichten gegenüber den üblichen Verff. vermindert werden kann. (**E. P. 860 700** vom 5/1. 1959, ausg. 8/2. 1961. D. Prior. 13/1. 1958.) F. MARKHOFF. 6519

Schering Akt.-Ges., Berlin (Erfinder: Hans Günther Todt), **Glanzzusatz für galvanische Nickelbäder** besteht aus einer quart. NH_4-Verb. der allg. Formel: In dieser ist R eine Alkylgruppe — u. zwar bei allen die gleiche — u. X ist ein Halogenatom oder eine OH-Gruppe. Eine solche Verb. ist z. B. *Triäthylpropargylammoniumchlorid.* (**E. P. 858 718** vom 12/4. 1957, ausg. 11/1. 1961.) F. MARKHOFF. 6521

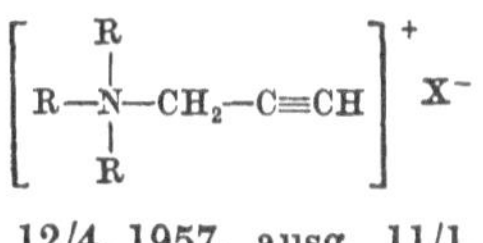

André Riesser, Frankreich, **Herstellung von Stannofluoborat.** Aus Fluoborsäure u. CuO wird zunächst Cu-Fluoborat hergestellt u. auf dieses Sn in feinverteilter Form unter lebhafter Bewegung der Fl. zur Einw. gebracht, wobei sich die Lsg. auf 80—90° erwärmt. Die filtrierte, eine rein blaue Farbe aufweisende Lsg. wird bei 40 bis 90° u. 40—50 mm Hg zur Kristallisation eingedampft. Die kompakte Kristallmasse ist unter Ausschluß von Feuchtigkeit fast unbegrenzt haltbar u. dient zum *elektrolyt. Verzinnen.* (**F. P. 1 199 639** vom 30/4. 1958, ausg. 15/12. 1959.) W. WITTHOLZ. 6525

International Business Machines Corp., New York, N.Y., V.St.A., **Aufbringen von Überzügen aus festen Schmiermitteln auf wärmeempfindlichen Oberflächen.** Die als Schmiermittel wirksamen *Sulfide, Selenide* u. *Telluride* des *W* u. *Mo* werden in der Weise erzeugt, daß zunächst eine dünne Schicht W oder Mo elektrolyt. auf der Oberfläche niedergeschlagen wird. Dann wird diese Oberfläche in einer Atmosphäre von H_2S, H_2Se oder H_2Te unter Druck u. bei einer Temp. erhitzt, die unterhalb der für das Material der Oberfläche krit. Temp. liegt. Hierbei bilden sich entsprechende Verbb. des W oder Mo. — Abbildungen. (**E. P. 862 818** vom 17/9. 1957, ausg. 15/3. 1961. A. Prior. 19/9. 1956.) F. MARKHOFF. 6529

Yves Prado, Frankreich, **Schützen von Oberflächen,** bes. von unter W. befindlichen *Schiffsteilen.* Auf die zu schützende Oberfläche, die vorher sorgfältig, z. B. durch Sandstrahlen, gereinigt ist, wird eine aus mehreren Überzügen bestehende Schutzschicht bündig aufgebracht. Diese Schicht besteht aus: 1. 45 (%) eines mit Katalysator versetzten Polyesterharzes, 50 Styrol, 3 Benzoylperoxyd u. 2 eines Amins, darüber 2. einem weißen Anstrich: 63 mit Katalysator versetztes Polyesterharz, 25 $CaCO_3$, 7 koll. SiO_2 u. 5 Weißpigment (TiO_2), 3. einer mit Katalysator versetzten Polyesterharzschicht ohne Füllstoff u. Bindemittel, 4. Glasfasergewebe, 5. einer Harzschicht wie 3. u. 6. einem hochglänzenden Harzlack. Durch Verw. solcher Überzüge werden Kielreparaturen sowie das Kalfatern vermieden. — 4 Zeichnungen. (**F. P. 1 201 423** vom 20/12. 1956, ausg. 30/12. 1959.) W. WITTHOLZ. 6529

Jack F. Govan und Roy H. Govan, übert. von: Carl A. M. Rex, Hoboken, N.J., V.St.A., **Glasartiger Überzug für Preßlinge aus Metallpulver** zum Schutz bei hohen Tempp. gegen Oxydation u. Korrosion. Der z. B. aus Mo bestehende Preßling wird mit einer Na-Metaborat enthaltenden Mischung (I) überzogen, getrocknet u. bei 2300° F u. wenigstens 200 lbs./sq.in. verdichtet. Beispiel für I: 95 lbs. $Na_2B_2O_4 \cdot 8\,H_2O$, 75 plast. Ton („Kentucky ball clay"), 20 Dextrin, 10 Graphitpulver, 26 TiO_2 u. 25 Gallonen Wasser. (**A. P. 2 858 235** vom 17/3. 1953, ausg. 28/10. 1958.) E. WEISS. 6529

Paul Hunt Taylor, Yucaipa, Calif., V.St.A., **Anodische Erzeugung von Oxidschichten auf Aluminium.** Als Elektrolyt wird eine wss. Lsg. von *Mellitsäure* u. H_2SO_4, CrO_3, H_3PO_4 oder *Oxalsäure* verwendet. Temp. 5—45° F. Stromdichte 6—36 A/sq.ft. Beispielsweise enthält die Lsg. 0,5—1,5 (Gew.-%) Mellitsäure u. 7—10 CrO_3. (**E. P. 862 908** vom 7/12. 1959, ausg. 15/3. 1961.) F. MARKHOFF. 6531

VEB Volkswerft Stralsund (Erfinder: Wilhelm Nowak), Stralsund, **Kathodischer Schutz gegen die Korrosion von Schiffen.** An der Schiffsaußenhaut wird eine Meßelektrode angebracht, die über ein Voltmeter mit der Schiffswandung verbunden ist. Durch an dem Voltmeter angebrachte Anschläge, die den für den Schutz erforderlichen Spannungsbereich abgrenzen u. die mit einer Schalt-Vorr. verbunden sind, wird der von außen zugeführte Strom zu- oder abgeschaltet, wodurch die zum Schutz erforderliche Spannung weder unter- noch überschritten wird. — Schaltschema. (**E. P. 859 096** vom 12/3. 1958, ausg. 18/1. 1961.) F. MARKHOFF. 6539

A. R. B. E. D. Aciéries Réunies de Burbach-Eich-Dudelange Soc. An., Luxemburg, Luxemburg, *Herstellung von Stahl durch Windfrischen von Roheisen in einem Konverter.* (**E. P. 868 619** vom 16/10. 1958, ausg. 25/5. 1961. Luxemburg. Prior. 2/12. 1957. — C. **1961.** 12637 [F. P. 1 210 459].)

Crucible Steel Co. of America, Pittsburgh, Pa., V.St.A., *Aushärtbare Stahllegierung mit hoher Dauerstandfestigkeit.* (**E. P. 869 010** vom 20/3. 1958, ausg. 25/5. 1961. A. Prior. 3/4. 1957. — C. **1961.** 5957 [F. P. 1 204 437].)

Soc. Métallurgique d'Imphy, Paris (Erfinder: **Émile René André Josso**, Nievre), Frankreich, *Herstellung einer nichtoxydierenden oder korrosionsbeständigen, magnetisch weichen Legierung.* (**E. P. 863 730** vom 4/2. 1959, ausg. 22/3. 1961. F. Prior. 6/2. 1958. — C. **1961.** 6306 [F. P. 1 198 754].)

Bochumer Verein für Gußstahlfabrikation Akt.-Ges., Bochum, *Herstellung von ferritischen oder ferritisch-perlitischen Stahllegierungen.* (**E. P. 868 938** vom 5/9. 1957, ausg. 25/5. 1961. D. Prior. 28/9. 1956. — C. **1960.** 15209 [F. P. 1 183 410].)

Dow Chemical Co., Midland, Mich. (Erfinder: **David J. Pye**, Concord, und **George F. Schurz**, Oakley, Calif.), V.St.A., *Elektrolytische Gewinnung von Metallen, insbesondere von Zink aus wässerigen Lösungen.* (**D. A. S. 1 112 638** Kl. 40c vom 31/8. 1956, ausg. 10/8. 1961. A. Prior. 15/9. 1955. — C. **1961.** 8106 [A. P. 2 798 040].)

Thompson Products, Inc., Cleveland (Erfinder: **Herbert F. Prasse**, Gates Mills, und **Adna A. Armstrong**, Mentor), Ohio, V.St.A., *Verwendung einer Nickel–Chrom-Legierung als Werkstoff für gegossene Ventilsitzringe.* (**D. A. S. 1 080 312** Kl. 40b vom 21/2. 1956, ausg. 21/4. 1960. — C. **1960.** 5311 [E. P. 779 544].)

Union Carbide Corp., New York (Erfinder: **Claude Rothwell Bishop**, Niagara Falls), N.Y., V.St.A., *Verwendung einer Legierung für Gegenstände, die gegen stark oxydierende Medien, insbesondere rauchende Salpetersäure, beständig sein müssen.* (**D. A. S. 1 080 311** Kl. 40b vom 4/10. 1957, aus. 21/4. 1960. A. Prior. 8/10. 1956. — C. **1961.** 6671 [F. P. 1 184 094].)

Mond Nickel Co. Ltd., London, England (Erfinder: **Edmond Norton Skinner**, Point Pleasant, N.J., V.St.A.), *Verwendung einer Legierung für Gegenstände, die im Gebrauch der Berührung mit Kohlenstoff oder einer aufkohlenden Atmosphäre ausgesetzt sind.* (**D. A. S. 1 078 775** Kl. 40b vom 16/10. 1957, ausg. 31/3. 1960. — C. **1960.** 13190 [F. P. 1 184 261].)

Soc. d'Électro-Chimie, d'Électro-Métallurgie et des Aciéries Électriques d'Ugine, Paris, übert. von: **Francis Reynaud**, Pombliere St.-Marcel, und **André Roth**, Moutiers, Frankreich, *Trennung von Nickel aus Lösungen von Nickel- und Kobaltsalzen.* (**A. P. 2 960 400** vom 5/5. 1958, ausg. 15/11. 1960. F. Prior. 7/5. 1957. — C. **1960.** 9715 [F. P. 1 174 631].)

Pechiney Comp. de Produits Chimiques et Électrométallurgiques, Paris (Erfinder: **René Perieres**, La Tronche, und **Louis Ruelle**, Vallier, Grenoble, Isère), Frankreich, *Herstellung von Aluminium aus Aluminiumnitrid.* (**D. A. S. 1 087 812** Kl. 40a vom 3/11. 1956, ausg. 25/8. 1960. F. Prior. 4/11. 1955. — C. **1961.** 4156 [Oe. P. 204 791].)

Laporte Titanium Ltd. (Erfinder: **Raymond James Wigginton**), *Titandioxid aus Titaneisenerzen.* (**Aust. P. 225 183** vom 28/11. 1957, ausg. 3/12. 1959. E. Prior. 4/12. 1956. — C. **1961.** 7742 [Belg. P. 562 886].)

Union Carbide Corp., New York (Erfinder: **Ralph Michael Sarla**, Lewiston), N.Y., V.St.A., *Herstellung von Metallen der IV., V. und VI. Gruppe des Periodischen Systems durch Schmelzflußelektrolyse.* (**D. A. S. 1 113 580** Kl. 40c vom 26/5. 1956, ausg. 7/9. 1961. A. Prior. 31/5. 1955. — C. **1961.** 3475 [Aust. P. 215 201 u. Oe. P. 203 225].)

William Jessop & Sons Ltd., England, *Titanlegierungen.* (**F. P. 71 943** vom 16/11. 1956, ausg. 14/3. 1960. E. Prior. 19/11. 1955 u. 2/11. 1956. Zusatz zu F. P. 1 141 963; C. 1959. 13626. — C. **1960.** 16928 [Oe. P. 201 868].)

General Electric Co., Schenectady, N.Y., V.St.A., *Herstellung von Niob- und/oder Tantallegierungen.* (**Holl. P. 99 133** vom 27/12. 1957, ausg. 15/9. 1961. A. Prior. 28/12. 1956. — C. **1961.** 9193 [D.A.S. 1 088 720].)

Commonwealth Engineering Co. of Ohio, Dayton, Ohio, V.St.A. (Erfinder: **H. J. Homer** und **J. R. Whitacre**), *Schutz von Metallen.* (**Belg. P. 567 860** vom 20/5. 1958, ausg. 12/8. 1960. A. Prior. 3/6. 1955. — C. **1960.** 9374 [A. P. 2 839 423].)

Deutsche Gold- und Silber-Scheideanstalt vormals Roessler, Frankfurt/M., *Herstellung von feinporigen Metallfiltern.* (**E. P. 832 317** vom 3/4. 1958, ausg. 6/4. 1960. D. Prior. 5/4. 1957. — C. **1959.** 8324 [D. A. S. 1 036 834].)

Metallgesellschaft Akt.-Ges., übert. von: **Richard Weber**, Frankfurt/M., *Herstellung von Werkzeugen aus Metallpulver.* (**A. P. 2 932 883** vom 5/8. 1955, ausg. 19/4. 1960. D. Prior. 5/8. 1954. — C. **1959.** 12685 [E. P. 773 859].)

Deutsche Edelstahlwerke Akt.-Ges., Krefeld, *Chromieren von Stahl.* (**Finn. P. 29 657** vom 24/10. 1955, ausg. 15/9. 1958. — C. **1960.** 12501 [Belg. P. 539 025].)

Chromalloy Corp., White Plains, N.Y., V.St.A., *Chromieren von Metallen.* (**E. P. 828 700** vom 19/4. 1956, ausg. 24/2. 1960. A. Prior. 2/5. 1955. — C. **1960.** 15902 [A. P. 2 837 442].)

Heinz Teves, Ernst August Teves und **Martin Tausend**, Frankfurt/M., *Herstellung von Ventilstößeln aus Hartguß.* (**E. P. 868 645** vom 6/1. 1958, ausg. 25/5. 1961. D. Prior. 16/1. u. 23/10. 1957. — C. **1961.** 18118 [F. P. 1188 384].)

Atlantic Zinc Works, Inc., Brooklyn, N.Y., V.St.A., *Schnellätzbad für Metalle.* (**Belg. P. 569 265** vom 9/7. 1958, ausg. 7/4. 1961. A. Prior. 8/10. 1957. — C. **1961.** 14090 [F. P. 1 199 927].)

Food Machinery & Chemical Corp., San Jose, Calif., übert. von: **Paul H. Margulies**, Snyder, und **James E. Kressbach**, Eggertsville, N.Y., V.St.A., *Auflösen von Metallen.* (**A. P. 2 978 301** vom 11/1. 1957, ausg. 4/4. 1961. — C. **1961.** 5962 [F. P. 1 186 757].)

Imperial Chemical Industries Ltd., London, England (Erfinder: **Richard Elliott Shaw**), *Bäder zur Behandlung von Metalloberflächen.* (**E. P. 865 210** vom 25/9. 1956, ausg. 12/4. 1961. — C. **1961.** 5241 [F.P. 1 183 345].)

Westinghouse Electric Corp., East Pittsburgh, übert. von: **Earl K. Hann**, Penn Township, Pa., V.St.A., *Herstellung von Schutzschichten auf Molybdän.* (**A. P. 2 952 904** vom 15/1. 1957, ausg. 20/9. 1960. — C. **1961.** 18119 [E. P. 837 349].)

General American Transportation Corp., V.St.A. (Erfinder: **Donald E. Metheny** und **Emilian Browar**). *Stromloses Vernickeln.* (**F. P. 1 233 526** vom 2/7. 1958, ausg. 12/10. 1960. A. Prior. 7/11. 1957. — C. **1960.** 16930 [A. P. 2 874 073].)

Amchem Products, Inc., Ambler, übert. von: **Ferdinand P. Heller**, Philadelphia, Pa., V.St.A., *Herstellung von Chromatüberzügen auf Magnesium.* (**A. P. 2 961 358** vom 8/3. 1957, ausg. 22/11. 1960. — C. **1961.** 5243 [E. P. 812 665].)

Metallgesellschaft Akt.-Ges., Frankfurt/M. (Erfinder: **Werner Rausch** und **Wolfgang Mann**, Frankfurt/M.), *Regenerierung von sauren Lösungen, die zur Erzeugung von Überzügen auf Aluminium und dessen Legierungen dienen.* (**Oe. P. 210 703** vom 30/9. 1958, ausg. 25/8. 1960. **F. P. 1 215 762** vom 15/11. 1958, ausg. 20/4. 1960. Beide D. Prior. 16/11. 1957. — C. **1961.** 6309 [D. A. S. 1 072 056].)

Amchem Products, Inc. (Erfinder: **Nelson James Newhard jun.** und **David Yeats Dollman**), V.St.A., *Herstellung von Schutzüberzügen auf Aluminium und Aluminiumlegierungen.* (**F. P. 1 236 376** vom 22/9. 1959, ausg. 16/11. 1960. A. Prior. 24/9. 1958. — C. **1961.** 13347 [A. P. 2 909 455].)

Pennsalt Chemicals Corp., übert. von: **Charles M. Swalm**, Fort Washington, Pa., und **Samuel Spring**, Los Angeles, Calif., V.St.A., *Phosphatieren von Eisen, Zink und ihren Legierungen.* (**A. P. 2 954 309** vom 17/8. 1956, ausg. 27/9. 1960. — C. **1961.** 14824 [D. A. S. 1 094 551].)

Institut Français du Pétrole, des Carburants et Lubrifiants, Paris, Frankreich, *Verhinderung der Korrosion von Metallen.* (**Belg. P. 569 193** vom 5/7. 1958, ausg. 24/3. 1961. F. Prior. 5/7. 1957. — C. **1961.** 8109 [F. P. 1 187 761].)

Martin Donath, Chrom. Stuttgart: Enke. 1962. (XVI + 371 S. m. 94 Abb. u. 73 Tab.) 8°. — Die metallischen Rohstoffe. Bd. 14. DM 111,—.

N. S. Dnesstrowski und **Ss. N. Pomeranzew**, Kurzes Handbuch zur Bearbeitung von Buntmetallen und Legierungen. Moskau: Metallurgisdat. 1961. (410 S. m. Zeichnung.) 1 Rbl. 20 Kop. [Russ.]

A. W. Lakedemonski und **W. Je. Chrjapin**, Löten und Lötstoffe. Moskau: Metallurgisdat. 1961. (230 S. m. Abb.) 31 Kop. [Russ.]

Ss. A. Leibenson und **A. F. Tregubenko**, Herstellung von Stahl durch das Elektroschlackenschmelzen. Moskau: Metallurgisdat. 1962. (237 S. m. Abb.; 1 Bl. Abb.) 86 Kop. [Russ.]

A. D. Manassewitsch, Physikalische Grundlagen des Spannungszustandes und der Festigkeit von Metallen. Moskau-Kiew: Maschgis. 1962. (198 S. m. Abb.) 80 Kop. [Russ.]

W. P. Nikitin, Grundlagen der Antikorrosionstechnik. Usst-Kamenogorsk: Republik u. Ost-Kasach. Räte NTO. 1961. (313 S. m. Abb.; 9 Bl. Tab.) 1 Rbl. [Russ.]

N. M. Pulzin, Titanlegierungen und ihre Anwendung im Maschinenbau. Moskau-Leningrad, Maschgis, 1962. (168 S. m. Abb.) 66 Kop. [Russ.]

IX. Organische Industrie

Herstellung von synthetischen Fettsäuren und -alkoholen aus flüssigen Paraffinen. W. W. Sredin und Je. I. Lurje. (Маслобойно Жировая Промышленность [Öl- u. Fett-Ind.] **27.** Nr. 2. 22—25. Febr. 1961. Leningrad, Inst. für Projektierung der Gasind.) (Russ.)

Die Oxydation der fl. Paraffine C_{10}—C_{20} [Kp. 240—350°, n-Paraffine ≧93 (%); Naphthene u. Isoparaffine ≦5; aromat. KW-Stoffe ≦2; S ≦0,005] mit Luft-O_2 erfolgt in Ggw. von Mn- u. K-Naphthenaten bei 130° u. 2,5 atm. Die Rk. erfolgt in 20 Minuten. Das Oxydat (**I**; SZ. 2,3—2,8; VZ. 17,5—22) wird kontinuierlich abgetrennt u. geht zur Verseifung, die mit 10%ig. Na_2CO_3- u. 4%ig. NaOH-Lsg. durchgeführt wird. Die durch Zentrifugieren vom neutralisierten **I** separierte Seifen-Lsg. wird zur Abtrennung von Unverseifbarem u. von W. therm. behandelt; der Rest von neutralisiertem **I** wird in den Oxydationscyclus zurückgeführt. Die Zers. der Seife (mit H_2SO_4) u. die Rektifizierung der entwässerten Fettsäuren erfolgt wie üblich. Als Handels-Prodd. werden die Fettsäurefraktionen C_5—C_9 u. C_{10}—C_{20}, oder C_5—C_6, C_7—C_9, C_{10}—C_{16} u. C_{17}—C_{20} hergestellt. Aus den sauren Abwässern (Nebenprod. der Fabrikation) werden verwertbare Fettsäuren C_1—C_4 u. Na_2SO_4 ausgeschieden. Die direkte Hydrierung der in Fettalkohol gelösten höheren Fettsäuren erfolgt bei 250° u. 300 atü am Cu-Ni-Katalysator. Als Handels-Prodd. werden die zur Fabrikation von feinen Waschmitteln verwendeten Alkoholfraktionen (AF) C_{10}—C_{16} u. die als Verdickungsmittel für Öle angewandten AF C_{17}—C_{20} hergestellt. Die Mengen der verwendeten Rohstoffe, die Ausbeuten an allen erwähnten Haupt-, Zwischen- u. Nebenprodd. u. Abfällen sind prozentual (Paraffin = 100%) bzw. in Gew.-Teilen angegeben. S. BARYSCHNIKOW. H 810

Über die Eigenschaften und chemische Zusammensetzung der Blasenrückstände von synthetischen Fettsäuren. Je. W. Orobtschenko, N. Ju. Prjanischnikowa und M. N. Weprinskaja. (Маслобойно-Жировая Промышленность [Öl- u. Fett-Ind.] **27.** Nr. 2. 25—26. Febr. 1961. Forsch.-Inst. für Baumaterialien.) (Russ.)

Die nach Abdestillieren (310°/5 Torr) von synthet. Fettsäuren gewonnenen Rückstände (R) sind hell- bis dunkelbraune Prodd. von fester bis salbenartiger Konsistenz. Bei einem Fettsäure-Geh. von ≧ 85% sind SZ. u. EZ. des R ≧ 100 bzw. ≦40. Als F. u. Erweichungs-Temp. werden 58 u. 52,5° angegeben. Die Substanz enthält 20 (%)

Unverseifbares, 1,5 Hydroxysäuren u. 5 in PAe. Unlösliches. Durch aufeinanderfolgende Zugaben von W. zu 10%ig. R-Lsg. in Dioxan wurde R in 4 Fraktionen zerlegt. Für jede Fraktion wurden F., n_D^{20}, Molgew., SZ., VZ., EZ., JZ. u. Geh. an Unverseifbarem bestimmt. Auf Grund dieser Daten enthält R: Polymersäuren (Molgew. >522) u. deren Kondens.-Prodd. 17,8 (%), verseifbare Kondens.-Prodd. (Molgew. >592) 17,2, polymeres Unverseifbares (Molgew. >592) 17,0 bzw. polymere Prodd. insgesamt 52,0; Säuren $C_{25}-C_{40}$ u. deren Kondens.-Prodd. 13,8 (%), Säuren C <25, 22,6 u. Unverseifbares (Molgew. <592) 11,6 bzw. nichtpolymere Prodd. insgesamt 48,0. Der Geh. von R an Mn (Katalysator) betrug 0,16%. S. Baryschnikow. H 810

Reinigung von Steinkohlenteernaphthalin durch Hydrierung. Gerald Gilbert, Richard C. Weil und Richard H. Hunter. (Ind. Engng. Chem., int. Edit. **53.** 993–96. Dez. 1961. Monroeville, Pa., U.S. Steel Corp., Appl. Res. Labor.) (Engl.)

Die Reinigung von Naphthalin (I) durch Hydrierung über einem Co–Mo-Beschleuniger erfolgt zur Entfernung von S-, O- oder N-haltigen Verunreinigungen, um I zu erhalten, das weniger als 8 ppm S enthält. 200 Vol. Roh-I können je Vol. Beschleuniger gereinigt werden, bevor eine Vergiftung des Beschleunigers einsetzt. Erhaltenes reines I ist als Rohstoff für die Herst. von Phthalsäureanhydrid oder von hydriertem I über einem S-empfindlichen Beschleuniger geeignet. Die verwendete Vers.-App. wird beschrieben u. der Einfl. verschiedener Vers.-Bedingungen auf die Hydrierung erörtert. Bei der Hydrierung der Verunreinigungen werden die OH- u. NH_2-Gruppen durch H ersetzt, CN geht in CH_3 über u. der Furan- bzw. Thiophenring werden unter Bldg. eines Äthyl-Deriv. abgespalten, was beim Thionaphthen quant. verläuft. — 13 Literaturhinweise. F. Rosendahl. H 2700 □

Distillers Co. Ltd., Edinburgh (Erfinder: Robert Norman Maclean, Hessle East Yorkshire), England, **Kontinuierliche Herstellung von Carbonsäureestern** erfolgt durch Rk. von Carbonsäuren, deren Anhydriden oder Estern mit Alkoholen in einer Rk.-Kolonne bei 105—250°, ggf. in Ggw. eines Veresterungskatalysators (H_2SO_4, p-Toluolsulfonsäure), u. fortlaufender Entfernung des gebildeten Wassers. Das Gemisch der Ausgangsstoffe, in der ein Rk.-Teilnehmer, der flüchtiger als der entstehende Ester ist, im Überschuß vorhanden ist, wird in ein durch Böden unterteiltes Rk.-Gefäß eingeführt, dessen einzelne Abschnitte ggf. unabhängige Heiz-Vorr. enthalten, dann in Ggw. eines inerten Gases (N_2, CO_2, H_2, Luft, Butan) erhitzt, wodurch entstandenes W. entfernt wird. Das aus dem Ester u. dem nicht umgesetzten Rk.-Teilnehmer bestehende Veresterungs-Prod. wird in eine mit Böden versehene Trennkolonne eingeführt, durch die ein Strom des aus dem Rk.-Gefäß entweichenden Gases geleitet wird, um den vorhandenen nicht umgesetzten Teilnehmer zu entfernen. Das Gemisch aus nicht umgesetztem Teilnehmer u. Gas wird ganz oder teilweise in das Rk.-Gefäß zurückgeführt, während der Ester am Boden der Kolonne abgezogen wird. Es können verestert werden: Phthal-, Sebacin-, Malein-, Stearin-, Adipin-, Isophthal-, Terephthal-, Isosebacinsäure, deren Anhydride oder Ester mit Butyl-, Amyl-, Hexyl-, Heptyl-, Octyl-, Nonyl-, Decylalkohol, Cyclohexanol u. 2- oder 3wertigen Alkoholen. — Vorr., Zeichnung. (**D. A. S. 1 115 251** Kl. 12o vom 8/12. 1959, ausg. 19/10. 1961. E. Prior. 17/12. 1958.) G. Krauss. 6573

N. V. de Bataafsche Petroleum Mij., Den Haag, Holland, **Dehydrierung organischer Verbindungen** erfolgt mit J_2 bei 450—800°, bes. 550—650°, im Gaszustand. Entstandenes HJ wird mit O_2 zu J_2 u. W. oxydiert. Ein anderer Teil von entstandenem HJ wird mit W. ausgewaschen, dann ebenfalls mit O_2 zu J_2 oxydiert u. das entstandene Gemisch in den Kreislauf zurückgeführt. — Vgl. E. PP. 793 135; C. **1959.** 4968, 793 214; C. **1960.** 3695 u. 793 215; C. **1959.** 11402. Die Oxydation erfolgt bei 450 bis 800°, bes. wenigstens 525°. Es können dehydriert werden: Äthan zu *Äthylen* u. *Acetylen*; Propan → *Propylen, Methylacetylen* oder *Allen*; n-Butan → *Buten-(1)*, *Buten-(2)* u. *Butadien-(1.3)*; n-Pentan → *Penten-(1)*, *Penten-(2)* u. *Pentadien-(1.3)*; Isopentan → *3-Methylbuten-(1)*, *3-Methylbuten-(2)*, *2-Methylbuten-(1)* u. *Isopren*; n-Hexan → *Bzl.*; Heptene → *Toluol* + wenig *Bzl.*; Monomethylhexane → *Toluol*; n-Octan → *Äthylbenzol* + *o-Xylol*; Monomethylheptane u. -heptene → *Xylole*; 5-Methylnonan → *n-Butylbenzol, Propyltoluol, 1.4-Dimethyl-2-äthylbenzol, m-Äthyltoluol, p-Xylol* u. *Toluol*; Cyclopentan → *Cyclopenten* u. *Cyclopentadien-(1.3)-dien*; Cyclohexan → *Bzl.*; Methylcyclohexan → *Toluol*; 1.4-Dimethylcyclohexan → *p-Xylol*; Äthylbenzol → *Styrol*; n-Propylbenzol → *β-Methylstyrol.* Bzl. u. Naphthalin regieren nicht, sie dienen als Verdünnungsmittel. Die Verweilzeit der organ. Verbb. beträgt 0,01—5 Min., bes. 0,1—10 Sekunden. Je Mol organ. Verb. ist mindestens 0,1, bes. 0,2, Mol J_2 erforderlich, um Cracken zu verhindern. — Fließbilder, Vorr., Zeichnungen. (**E. P. 810 340** vom 27/6. 1957, ausg. 11/3. 1959. A. Prior. 29/6., 31/7. u. 11/9. 1956.) G. Krauss. 6583

Sun Oil Co., Philadelphia, übert. von: James L. Jezl, Swarthmore, Pa., V.St.A., **Partielle Oxydation aliphatischer und naphthenischer Kohlenwasserstoffe** liefert Gemische aus Mono- u. Polycarbonsäuren u. deren Estern. Aromatenfreie, entasphaltierte u. entwachste Erdölfraktionen, z. B. mit einem $Kp._2$ 335—569° F, werden in fl. Phase in Ggw. eines Metallkatalysators u. von 5—50 Vol.-% eines aliphat. Polyalkohols, z. B. Glycerin, Mannit, Äthylenglykol, mit einem O_2-haltigen Gas bei 200—400° F u. einem Druck $\leq$400 lbs./sq.in.g behandelt u. ggf. die im Rk.-Gemisch noch vorhandenen freien Carbonsäuren verestert oder durch Behandeln mit wss. Alkali von den Estern abgetrennt. (**A. P. 2 970 164** vom 7/9. 1956, ausg. 31/1. 1961.)
O. MÜLLER-MEININGEN. 6583

Celanese Corp. of America, New York, N.Y., übert. von: Alexander F. MacLean und Charles C. Hobbs jun., Corpus Christi, Tex., V.St.A., **Elektrolytische Oxydation organischer Verbindungen** erfolgt durch Sättigen der bes. fl. Verbb. mit O_2 oder Luft u. anschließendes Durchleiten der Fl. durch eine elektrolyt. Zelle in der bei —30 bis 50° C eine Stromdichte von nicht >10 mA/cm^2 herrscht u. die O_2-Menge mindestens 100 Mol, bes. 100—5000 Mol/Faraday beträgt. — Beispiele zur Herst. von Peressigsäure aus CH_3CHO. Das Verf. läßt sich außer zur Oxydation anderer aliphat. u. aromat. Aldehyde auch auf Alkohole, z. B. Isopropanol, auf Isopropylbenzol u. andere aliphat. substituierte aromat. KW-Stoffe anwenden. (**A. P. 2 978 392** vom 12/8. 1957, ausg. 4/4. 1961.) O. MÜLLER-MEININGEN. 6583

Farbenfabriken Bayer Akt.-Ges., Leverkusen (Erfinder: Gustav v. Schuckmann, Krefeld), **Partielle Hydrierung mehrkerniger aromatischer Verbindungen** bei erhöhter Temp. u. unter Druck mit Cu-Chromitkatalysatoren, die mit 10—300% trockenen Erdalkalioxiden, bes. gebranntem Kalk (I), vermischt sind. — 100 (g) Naphthalin werden mit 3 Cu-Chromit, die mit 5 pulverisiertem I gemischt sind, unter 150—200 atü H_2-Druck bei 190° in 155 Min. hydriert → *Tetrahydronaphthalin* (ca. 100%). — Analog *Phenylcyclohexan* (ca. 100%) aus Diphenyl u. *Cyclohexylphenylmethan* (ca. 100%), n_D^{20} 1,5130, aus Diphenylmethan. (**D. A. S. 1 094 740** Kl. 12o vom 9/9. 1959, ausg. 15/12. 1960.) A. DEBO. 6585

Monsanto Chemical Co., St. Louis, Mo., übert. von: Robert G. Roth, Edgewood, Md., und William F. Yates, Texas City, Tex., V.St.A., **Antipolymerisationsmittel für Vinylchlorid.** Verwendet werden Diarylcarbonate der allg. Formel R_1—O—C(O)—O—R_2, in der R_1 u. R_2 für je einen ggf. durch Halogen-, Nitro-, OH- oder C_{1-8}-Alkylgruppen substituierten Phenylrest stehen, in Mengen von ca. 1—1000, bes. 10 bis 500 (Gew.-Teilen) auf 111 Vinylchlorid. Zum Beispiel Diphenyl-, Bis-[2-, 3- oder 4-methylphenyl]-, Bis-[2.3-, 2.4- oder 2.5-dimethylphenyl]-, Bis-[2-nitrophenyl]-, Bis-[2.4-dichlorphenyl]-, Bis-[4-isopropylphenyl]-, Bis-[2-hydroxyphenyl]-, Bis-[2.4.5-tribromphenyl]- oder Bis-[4-(2-äthylhexyl)-phenyl]-carbonat. (**A. P. 2 846 481** vom 7/12. 1955, ausg. 5/8. 1958.) W. GRÄGER. H 520

Monsanto Chemical Co., St. Louis, Mo., übert. von: Robert G. Roth, Edgewood, Md., und William F. Yates, Texas City, Tex., V.St.A., **Stabilisieren von Vinylchlorid** durch Polymerisationsinhibitoren. Dem Vinylchlorid werden auf 1000 (Gew.-Teile) geringe Mengen, ca. 1—1000, bes. 10—500, eines Phenylhalogenformiats der allg. Formel X—(O)C—O—R zugesetzt, in der X für ein Halogen, bes. Cl, u. R für den Phenylrest, der substituiert sein kann, ggf. mit einer Alkylgruppe mit nicht >8 C-Atomen. — Beispiele: Phenyl-, Tolyl-, Xylyl-, 2-Hydroxyphenyl-, 4-Nitrophenyl-, 2- oder 3-Methylphenyl-, 2.3- oder 2.5-Dimethylphenyl-, 2.4-Dibromphenyl-, 2-Chlorphenyl-, 4-Isopropylphenyl- oder 4-[2-Äthylhexyl]-phenylchlorformiat, -bromformiat, -jodformiat oder -fluorformiat. (**A. P. 2 846 482** vom 7/12. 1955, ausg. 5/8. 1958.)
W. GRÄGER. H 520

Dow Chemical Co., übert. von: Robert P. Ruh, Midland, Mich., V.St.A., **Herstellung von 1.3-Dichlor-2.3.3-trifluorpropen** durch Behandlung von 1.1.2.3-Tetrachlor-2.3.3-trifluorpropan mit Zn in Ggw. eines aliphat. Alkohols als Lsgm. für das gebildete $ZnCl_2$. (**Can. P. 553 165** vom 15/9. 1952, ausg. 11/2. 1958.)
L. GROSSNER. H 520

Shell Development Co., New York, N.Y., übert. von: Lee M. Porter, Concord, und Frederick F. Rust, Orinda, Calif., V.St.A., **Herstellung von Diallylverbindungen** durch Pyrolyse einer polyhalogenierten Verb., bes. $SOCl_2$, in Ggw. eines Allyl-KW-Stoffes, bes. Propylen (I), >400°. — *Diallyl* wird erhalten durch 1 bis 30 Sek. langes Erhitzen von CCl_4 u. I im Mol-Verhältnis 1:4—1:8 auf 500—600°. (**Can. P. 553 216** vom 19/1. 1954, ausg. 11/2. 1958. A. Prior. 27/4. 1953.)
L. GROSSNER. H 520

Gulf Oil Corp., Pittsburgh, Pa., übert. von: William S. Bonnell und Herbert B. Willard, Port Arthur, Tex., V.St.A., **Alkohole** werden aus einem Rk.-

Gemisch erhalten, das bei der Oxo-Synth. aus Olefinen mit CO u. H_2 erhalten wird, indem das Rk.-Prod. mit Wasserdampf bei hohen Temp. zur Zers. des Metallcarbonyls behandelt, anschließend das red. Metall abgeschieden, dann die wss. Schicht entfernt u. das von W. befreite Prod. mit einer wss. alkal. Lsg. 1 Sek. bis 2 Min. lang behandelt wird, um die in der Rk.-Fl. vorhandenen Carbonsäuren in die wasserlösl. Salze überzuführen. Nach dem Abscheiden der Salze werden die vorhandenen Aldehyde zu den entsprechenden Alkoholen hydriert. — Vorr., Zeichnung. (**A. P. 2 880 244** vom 25/10. 1955, ausg. 31/3. 1959.) G. KÖNIG. H 560

Pan American Petroleum Corp., übert. von: Shelby P. Sharp und Alfred Steitz jun., Tulsa, Okla., V.St.A., **Entfernen färbender Stoffe aus Alkoholen,** die bei der Synth. von KW-Stoffen aus CO u. H_2 als Nebenprodd. anfallen, erfolgt durch Bldg. der Borsäureester, die anschließend mit Wasserdampf hydrolysiert werden. Die freigewordenen Alkohole werden hydriert, die hydrierten Prodd. fraktioniert u. Alkohole oder Alkoholgemische mit geringen färbenden Bestandteilen erhalten, so daß sie zur Herst. von Plastifikatoren für Phthalate geeignet sind. (**A. P. 2 885 446** vom 5/8. 1957, ausg. 5/5. 1959.) G. KÖNIG. H 560

Pure Oil Co., Chicago, übert. von: Harvey Hennig, Crystal Lake, Ill., V.St.A., **Aliphatische Alkohole,** bes. *Propyl-* u. *Isopropylalkohol,* werden aus aus Olefinen u. gesätt. KW-Stoffen bestehenden Gemischen nach dem H_2SO_4-Verf. erhalten, wobei die aus dem Absorptionsgefäß abgeleiteten gasförmigen gesätt. KW-Stoffe auf eine unter der Spalt-Temp. liegende Temp., bes. 600—1100° F, erhitzt werden. Mit diesen heißen KW-Stoffen wird die Hydrolyse der Schwefelsäureester u. gleichzeitig die Konz. der verd. H_2SO_4 auf wenigstens 75% durchgeführt. Das aus dem Hydrolysiergefäß als Kopf-Prod. entweichende Gemisch aus Alkohol u. diesen begleitende gesätt. KW-Stoffe wird mit Alkalien gewaschen u. anschließend der Alkohol verflüssigt. Die nicht verflüssigten Teile gelangen in ein Absorptionsgefäß, um mitgerissene Alkohole von den Gasen zu trennen. — Vorr., Zeichnung. (**A. P. 2 868 848** vom 19/8. 1955, ausg. 13/1. 1959.) G. KÖNIG. H 560

Collier Carbon & Chemical Corp., übert. von: Art C. McKinnis, Long Beach, Calif., V.St.A., **Nitro-tert.-butylalkohol und Nitroisobuten** werden bei der Einw. von handelsüblichem HNO_3 (30—85 Gew.-%) auf tert.-Butylalkohol u./oder Isobuten bei $>120°$, jedoch unterhalb der Zers.-Temp. der Prodd. u. bei Drucken, die die fl. Phase aufrechterhalten, gewonnen. — 200 (Teile) Isobuten u. 22 70%ig. HNO_3 werden im geschlossenen Gefäß auf 55° erhitzt. Die Temp. steigt auf 120° u. wird einige Zeit gehalten. Bei 130 mm wird dampfdest. u. *Nitro-tert.-butylalkohol* [*2-Methyl-1-nitropropanol-(2)*] u. *α-Nitroisobuten* erhalten. (**A. P. 2 886 602** vom 14/10. 1955, ausg. 12/5. 1959.) G. KÖNIG. H 560

Olin Mathieson Chemical Corp., Va., übert. von: Guenter K. Weisse, Niagara Falls, N.Y., V.St.A., **Gewinnung der Dialkyläther des Diäthylenglykols** aus wss. Lsgg. durch Sättigen der wss. Lsg. mit einem Alkalihalogenid u. Zugabe von NaOH oder KOH oder Alkalicarbonaten oder deren Gemischen in Mengen von 5—35 Gew.-% des Äthers. Die Lsg. wird auf 0—80°, bes. auf ca. 25—60°, erwärmt u. die Ätherschicht von der wss. Schicht abgetrennt. Die Ätherschicht enthält höchstens 15% W., aus der der Äther durch fraktionierte Dest., ggf. nach Zugabe von z. B. Tetralin gewonnen wird. — *Bis-*[*2-methoxyäthyl*]*-äther* (*Diäthylenglykoldimethyläther*), Kp. 158—182,8°; *Diäthylenglykoldiäthyläther.* — Sättigungsdiagramm. (**A. P. 2 919 293** vom 23/7. 1958, ausg. 29/12. 1959.) G. KÖNIG. H 570

General Aniline & Film Corp., New York, N.Y., übert. von: Eugene V. Hort, Westfield, N.J., V.St.A., **Butandiol-(1.4)** wird bei der Hydrierung von Butindiol-(1.4) mit H_2 in der fl., bes. wss. Phase, bei einem nicht 7 überschreitenden pH u. bei 15—100° sowie 0—40 at in Ggw. eines 3—15% Cu enthaltenden Ni-Katalysators, bes. in Form des RANEY-Katalysators, erhalten. (**A. P. 2 953 605** vom 23/12. 1957, ausg. 20/9. 1960.) G. KÖNIG. H 570

General Aniline & Film Corp., New York, N.Y., übert. von: Eugene V. Hort und David E. Graham, Westfield, N.J., V.St.A., **Butandiol-(1.4)** wird bei der katalyt. Hydrierung von Butin-(2)-diol-(1.4) in fl. Form, in Ggw. eines Ni-Katalysators, vorteilhaft RANEY-Ni, bei ca. 20—80° u. 0—20 at bis kein H_2 mehr aufgenommen wird, erhalten. Anschließend wird die Temp. auf 80—140° unter gleichzeitiger H_2-Behandlung erhöht. Der Katalysator kann 3—25 Gew.-% Cu enthalten. Der Beginn der Hydrierung erfolgt bei einem alkal. pH des fl. Mediums. (**A. P. 2 967 893** vom 30/12. 1958, ausg. 10/1. 1961.) G. KÖNIG. H 570

Gyógyszeripari Kutató Intézet (Erfinder: Tiberius Horváth, Vladimir Sekariuk, Árpád Lázár und Tiberius Somogyi), Budapest, Ungarn, **Herstellung von 2-Methyl-2-n-propylpropandiol-(1.3)** (**I**) erfolgt durch katalyt. Hydrierung von

2-Methylpenten-(2)-al-(1) mit H_2 zu 2-Methylpentanal-(1) in Ggw. von Raney-Ni bei ca. 3 at u. in Ggw. eines Lösungsmittels. Der Katalysator wird unter N_2 abfiltriert, mit CH_3OH gewaschen u. das gewaschene Filtrat fraktioniert. Der gesätt. Aldehyd, Kp. 114 bis 125°, wird mit in 96%ig. A. gelöstem KOH vermischt u. mit 40%ig. wss. CH_2O versetzt. Das Gemisch wird 6—8 Std. lang im leichten Kochen gehalten, der A. abdestilliert, mehrmals mit Ae. extrahiert u. die vereinigten Extrakte mit wenig 10%ig. HCl angesäuert, über wasserfreiem Na_2SO_4 getrocknet, vom Na_2SO_4 abfiltriert u. fraktioniert dest.; es entsteht **I**, F. 59—60°. (**Ung. P. 145737** vom 3/12. 1957, ausg. 15/12. 1959.) G. König. H 570

Shell Development Co., New York, N.Y., übert. von: Kenneth B. Cofer, Pasadena, Tex., V.St.A., **Glycerin** wird durch Hydrolyse einer rohen, $C_3H_5Cl_3$ enthaltenden wss. Epi-, Mono- u. Dichlorhydrin-Lsg. (**I**) erhalten, die noch geringe Mengen Tetrachlorpropyläther enthält, indem der Wasser-Geh. der rohen Lsg. so hoch eingestellt wird, daß der **I**-Anteil ca. 5 bis ca. 15% beträgt. Die organ. wird von der wss. Schicht, die zur Glycerin-Herst. dient, getrennt. Die organ. Schicht wird mit Wasserdampf erhitzt, wobei vorhandenes Epichlorhydrin zu Monochlorhydrin hydratisiert wird. Durch Schichten-Bldg. wird getrennt u. bei 70—150° die untere organ. Schicht mit W. extrahiert, um vorhandenes **I** zu gewinnen, das mit der oberen wss. Schicht in das Hydrolysiergefäß gelangt. Die gesammelten Monochlorhydrin-Lsgg. werden zu *Glycerin* hydrolysiert. — Vorr., Zeichnung. (**A. P. 2873298** vom 5/4. 1957, ausg. 10/2. 1959.) G. König. H 580

Atlas Powder Co., Wilmington, Del., V.St.A., **Reines Glycerin** wird aus einem Gemisch mit anderen organ. Verbb., die bei der katalyt. Hydrogenolyse von Sacchariden erhalten werden, gewonnen, indem das Gemisch mit 0,05—2,5 Gew.-% konz. H_2SO_4 bei 100—140° höchstens 6 Std. lang behandelt wird. Es wird neutralisiert u. fraktioniert dest., wobei *Glycerin* bei 166—167°/10 Torr erhalten wird. (**E. P. 851006** vom 6/2. 1959, ausg. 12/10. 1960. A. Prior. 10/2. 1958.) G. König. H 580

Montecatini Soc. Gen. per l'Industria Mineraria e Chimica, Mailand, Italien, **Pentaerythrit** u. Calcium- oder Alkaliformiate werden aus der aufkonz. Mutterlauge durch Zugabe von CH_3OH erhalten, wobei die Formiate ausfallen u. abfiltriert werden. Aus dem Filtrat wird CH_3OH abdest. u. *Pentaerythrit* auskristallisiert. Das anfallende Filtrat wird in den Kreislauf geführt. Nach Abscheiden von CH_3OH kann der verbleibende Dest.-Rückstand, ohne Abscheiden von Pentaerythrit in den Kreislauf geleitet werden. (**E. P. 848632** vom 27/4. 1959, ausg. 21/9. 1960. It. Prior. 30/4. 1958.) G. König. H 580

Ledoga S. p. A., Mailand, Italien (Erfinder: Luciano Nobile und Anteo Poma), **Herstellung von Xylitestern von Carbonsäuren.** 1 Mol einer aliphat. Carbonsäure mit 6—30 C-Atomen, bes. von Stearin-, Palmitin- oder Ölsäure, wird bei 180—260° mit etwas mehr als 1 Mol Xylit umgesetzt. Das Rk.-Prod. kann dann noch durch Einw. von Äthylenoxid in ein Hydroxyäthyl-Deriv. des betreffenden Esters verwandelt werden. (**Port. P. 37951** vom 4/1. 1961, Auszug veröff. 29/3. 1961. It. Prior. 5/1. 1960.) A. Kalix. H 580

Callery Chemical Co., Pittsburgh, Pa., übert. von: George L. Cunningham und Frank Pretka, Cleveland, Ohio, V.St.A., **Niedrigmolekulare Trialkylborate** werden bei der Einw. von CO_2 auf niedrigmol. Metalltetraalkoxyborate (**I**) bei normaler u. bis zur Zers. des bei der Rk. entstehenden Monometallalkylcarbonats reichenden Temp. erhalten, wobei als Verdünnungsmittel ein Alkohol verwendet wird, der der Alkylgruppe des herzustellenden Borates entspricht. Die Behandlung mit CO_2 erfolgt vorteilhaft in mehreren hintereinander geschalteten Rk.-Gefäßen. Es werden hergestellt: *Trimethyl-, -äthyl-, -propyl-, -butylborat.* — Skizze. (**A. P. 2894975** vom 21/12. 1955, ausg. 14/7. 1959.) G. König. H 590

A. Boake Roberts & Co. Ltd. und Borax Consolidated Ltd. (Erfinder: Ronald George Mason), London, England, **Trimethylborat** (**I**) wird beim Erhitzen von H_3BO_3 mit CH_3OH (**II**) in der 1. Stufe mit einem dehydratisierend wirkenden Stoff u. anschließendes Abdestillieren eines azeotropen Gemisches aus **I** u. **II** erhalten. Dieses wird in der 2. Stufe mit einem Salz vermischt, welches mit **II** eine krist. Additions-Verb. bildet, in **I** jedoch nicht lösl. ist. Von der Additions-Verb. wird abgetrennt, die an **I** angereicherte Schicht dest. u. bei der fraktionierten Dest. bis 68° werden Fraktionen erhalten, die **I** u. **II** enthalten, während zwischen 68—68,7° **I** erhalten wird. Die bei der Aufbereitung anfallenden Zwischenfraktionen u. Rückstände gelangen in den Kreislauf zur Aufarbeitung. Dehydratisierend wirkende Stoffe sind: $CaCl_2$, $MgCl_2$, CuCl, $FeCl_2$, $MgSO_4$ u. $ZnSO_4$. In beiden Stufen können die gleichen Salze verwendet werden. — Fließbild. (**E. P. 818062** vom 8/11. 1955, ausg. 12/8. 1959.) G. König. H 590

Olin Mathieson Chemical Corp., V.St.A., **Gewinnung von Trimethylborat** aus seinen methanol. Lsgg. durch Behandlung mit Mineralölen bis zur Löslichkeitsgrenze des Öles, wobei eine ölreiche, mit CH_3OH u. Trimethylborat angereicherte Phase entsteht, die durch Dest. abgetrennt u. fraktioniert werden kann. (**F. P. 1 210 578** vom 12/12. 1958, ausg. 9/3. 1960.) S. BÖTTCHER. H 590

J. W. Ayers & Co., Easton, Pa., übert. von: Jacobus Rinse, Bernardville, N.J., V.St.A., **Phosphorsäuretriester** der allg. Formel $OP(OR)_3$ (I) werden bei der Rk. von Al-Alkoholaten oder -Phenolaten mit P_2O_5 in annähernd wasserfreiem Medium, vorteilhaft in Ggw. eines Amins, bei ca. 250° u. darüber erhalten. H_3PO_4 soll nicht zugegen sein. — $Al(OC_6H_4CH_3)_3$ wird geschmolzen u. auf 170° erhitzt. Es wird P_2O_5 zugesetzt u. 2 Std. lang auf 320° erhitzt. Der erhaltene *Trikresylphosphorsäureester* wird mit Bzl. aus der erstarrten Masse extrahiert. — Es werden ferner hergestellt: *Tributyl-* u. *Triphenylphosphat.* (**A. P. 2 886 586** vom 22/10. 1954, ausg. 12/5. 1959.) G. KÖNIG. H 590

Monsanto Chemical Co., St. Louis, Mo., übert. von: Joachim Dazzi, Dayton, Ohio, V.St.A., **Alkylphenylalkansulfonate** der allg. Formel **I** (R = C_6—C_9-Alkylrest; X = C_4—C_6-Alkylrest oder H; Y = C_4—C_{12}-Alkylrest; Gesamtzahl der C-Atome von X + Y = 8—12) werden durch Rk. der entsprechenden substituierten Phenole mit Alkansulfonylhaliden in Ggw. einer Base erhalten. — Aus Di-sek.-amylphenol u. n-Heptansulfonylchlorid *Di-sek.-amylphenyl-n-heptansulfonat.* (**Can. P. 554 262** vom 23/12. 1953, ausg. 11/3. 1958.) L. GROSSNER. H 600

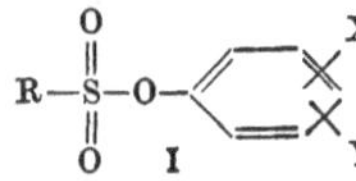

Lever Brothers Co., New York, N.Y., übert. von: Cheves T. Walling, Upper Montclair, Leo F. McKenney, Upper Saddle River, und Robert Geitz, Westwood, N.J., V.St.A., **Acyltauride** der allg. Formel $R \cdot CO \cdot N(R') \cdot CH_2CH_2 \cdot SO_3M$ (R = Alkyl mit 10—24 C-Atomen; R' = H oder Alkyl mit 1—4 C-Atomen; M = Alkalimetall) werden in bes. reiner Form u. in kontinuierlichem Verf. dadurch erhalten, daß ein Strom von Rk.-Komponenten, der ein Acylchlorid $R \cdot CO \cdot Cl$ enthält, mit einem zweiten Strom von Komponenten, der aus einer wss. Alkalihydroxid-Lsg. (I) u. einem Alkalitaurid (**II**) der Formel $R' \cdot NH \cdot CH_2 \cdot CH_2 \cdot SO_3M$ besteht, kontinuierlich u. unter lebhafter Durchwirbelung bei 140—190° F vermischt u. das Rk.-Prod. kontinuierlich abgezweigt wird, wobei das Mol-Verhältnis von **I**:**II** 1,1:1 bis 1,4:1 beträgt. Zu diesem Zweck kann z. B. ein Strom aus 80% Palmitinsäurechlorid u. 20% Ölsäurechlorid einerseits u. ein Strom aus einem Gemisch von 5370 (Teilen) 30%ig. $H_3C \cdot NH \cdot CH_2 \cdot CH_2 \cdot SO_3Na$-Lsg., 930 50%ig. wss. NaOH, 880 NaCl u. 6575 W. in etwa äquimol. Anteilen mit einer Geschw. von ca. 13 Mol pro Std. bei pH 8 u. einer Temp. von 145° F unter lebhafter Bewegung vermischt werden. Dabei werden Prodd. erhalten, deren Geh. an der unerwünschten freien Fettsäure nur 3,5—3,7% beträgt, während die auf dem Markt befindlichen Prodd. 5—12% enthalten. (**A. P. 2 903 466** vom 5/11. 1954, ausg. 8/9. 1959.) A. MOHR. H 600

Distillers Co. Ltd., Edinburgh, übert. von: Richard Norman Lacey, Hull, England, **Gesättigte Aldehyde** werden durch katalyt. Hydrierung von ungesätt. Aldehyden mit H_2 in Ggw. von Pt-Metallen als Katalysator erhalten, der in folgender Weise hergestellt wird: Al_2O_3, MgO, TiO_2, Cr-Oxid, Holzkohle, Silicagel oder Bimsstein werden mit wss. Alkalihydroxiden, -carbonaten oder -bicarbonaten behandelt u. anschließend getrocknet. Dieser schwach alkal. Träger wird mit den Oxiden, Hydroxiden oder deren Gemischen von Ru, Rh, Pd, Os, Ir u. Pt in einem organ. Lsgm. (Aceton, Äthylmethylketon, Diäthylketon) unter Erhitzen getränkt u. anschließend das Oxid zum Metall reduziert. — Magnesit wird bei 100° mit 5%ig. wss. Na_2CO_3 10 Min. lang behandelt, dann getrocknet u. mit einer Lsg. von $PdCl_2$ in wenig W. u. viel Aceton 4 Std. lang gekocht. Nach der Entfernung von W. wird die Masse 16 Std. lang mit 1%ig. wss. Na_2CO_3 behandelt u. getrocknet. Durch Hydrieren mit H_2 wird ein Katalysator mit 0,2% Pd auf MgO, der zum Hydrieren von Crotonaldehyd bei 140° zu *n-Butyraldehyd* verwendet wird, erhalten. Ausbeute 95%. (**A. P. 2 930 766** vom 18/2. 1957, ausg. 29/3. 1960. E. Prior. 6/3. 1956.) G. KRAUSS. H 670

Badische Anilin- & Soda-Fabrik Akt.-Ges., übert. von: Heinrich Pasedach, Ludwigshafen/Rh., und Georg Schmidt-Thomée, Heidelberg, **Propargylaldehydacetale** werden durch Rk. von Propargylaldehyd (**I**) oder dessen Monoacetalen mit gesätt. oder ungesätt. Alkanolen mit 1—4 C-Atomen u. 1 oder 2 OH-Gruppen in Ggw. von 10—60% $CaCl_2$, $ZnCl_2$ oder K_2SO_4 als wasserabspaltende Mittel u. unter Durchleiten von 1—20% SO_2 bei 0—60° erhalten. — Aus 200 (Teilen) **I** u. 120 CH_3OH in Ggw. von 110 $CaCl_2$ in 200 CH_3OH u. 40 SO_2 bei 15—20° unter Kühlen → **I**-*Dimethylacetal*, $Kp._{170}$ 70°; 89% Ausbeute. — **I** + Propargylalkohol + Methanol → **I**-*Methylpropargylacetal*, $Kp._{30}$ 82° neben **I**-Dimethylacetal. — **I** + A. → **I**-*Diäthyl-*

acetal, $Kp._{50}$ 66°. — Propanol → I-*Dipropylacetal*, $Kp._{20}$ 77°. — Butanol → I-*Dibutylacetal*, $Kp._{0,6}$ 69°. Mit Äthylenglykol entsteht ein cycl. Acetal. — Zwischenprodd. zur Herst. von Methylglyoxal u. 2-Aminopyrimidin. (**A. P. 2 879 305** vom 23/11. 1956, ausg. 24/3. 1959.) G. KRAUSS. H 670

E. I. du Pont de Nemours & Co., übert. von: Blaine C. McKusick, Wilmington, Del., V.St.A., **Carbonsäuren** werden durch ionisierende Bestrahlung mit wenigstens 50 eV eines Gemisches aus CO_2 u. einer Verb., die wenigstens eine aliphat. Gruppe $-\overset{\diagdown}{\underset{\diagup}{C}}-H$ enthält (aliphat. u. araliphat. KW-Stoffe, Alkohole, Äther oder Amine), im Mol.-Verhältnis 1:50 bis 50:1, bes. 1:1, bei —100° bis zur Zers.-Temp. der Rk.-Teilnehmer erhalten. — Aus Cyclohexan unter Einleiten von CO_2 bei 7—8° u. unter Bestrahlung mit $2 \cdot 10^6$ eV → *Cyclohexancarbonsäure*; *p-Bromphenacylester*, F. 89—91°. — Toluol → *Phenylessigsäure*; *p-Bromphenacylester*, F. 86—88°. — Methan → *Essigsäure*. — A. + festes CO_2 → *Milchsäure*. — Heptan → *Heptancarbonsäure*. — Cyclohexen → *Cyclohexencarbonsäure*; *p-Bromphenacylester*, F. 78—83°. — Äthylamin → *α-Alanin*. — Zur Bestrahlung sind noch verwendbar: radioakt. Isotopen, wie ^{14}C, ^{32}P, ^{90}Sr, ^{60}Co, Röntgenstrahlen u. Elektronen, die in einem VAN DE GRAAFF-Beschleuniger oder Betatron beschleunigt wurden. (**A. P. 2 940 913** vom 1/10. 1956, ausg. 14/6. 1960.) G. KRAUSS. H 800

Ethyl Corp., New York, N.Y., übert. von: Sigurd O. Rue, Birmingham, Mich., V.St.A., **In Wasser unlösliche, in Kohlenwasserstoffen lösliche und hydrolysebeständige zweiwertige basische Metallsalze von einwertigen Carbonsäuren** der allg. Formel $R-COOMeOH \cdot H_2O$ (R = Säurerest; Me = 2wertiges Metall der 2., 4. u. 5. Gruppe des Period. Syst.) werden durch Rk. eines wss. Alkalisalzes einer einbas. Carbonsäure mit dem entsprechenden Metallhalogenid bei 30—80° erhalten. — Aus 0,05 Mol Na-Oleat in 300 cm^3 W. u. 0,5 Mol $MgCl_2 \cdot 6\,H_2O$ in 100 cm^3 W. unter Zusatz von 0,05 Mol NaOH in 50 cm^3 W. bei 50° → 12 Teile *Mg-Oleathydrat*, $Mg(C_{18}H_{33}O_2)OH \cdot H_2O$, Mg-Geh. 7,13%. — Ferner sind herstellbar die bas. Hydrate von: Ca, Sr, Ba, Zn, Cd, Hg, Sn, Pb u. V mit Laurin-, Myristin-, Palmitin-, Stearin-, Arachin-, Behen-, Lignocerin-, Cerotin-, Melissin-, Psyllastearin-, Naphthen-, Eruca-, Elaidin-, Ricinol-, Brassidin-, Tiglin-, Citronell-, Undecylen-, Geranium-, Linol-, Dehydrogeranium- u. Linolensäure; bes. geeignet sind ungesätt. Carbonsäuren mit 10—30 C-Atomen. — Zusatzmittel zu KW-Stoffen; wasserabstoßend machende Mittel; Siccative für Linoleum, Lacke u. Firnisse; Zusatzmittel für pharmazeut. Zubereitungen. (**A. P. 2 862 014** vom 28/5. 1953, ausg. 25/11. 1958.) G. KRAUSS. H 810

Union Carbide Corp., New York, N.Y. (Erfinder: Eugene Whitman Hanszen und Lawrence Barrett Trenholme, LaMarque, Tex.), V.St.A., **Vinylester** werden durch Rk. von C_2H_2 mit einer organ. Säure (Essig-, Propion-, Buttersäure) im Dampfzustand bei 130—350° in Ggw. von Zn- oder Cd-Acetat auf Aktivkohle, die geringe Mengen Cu als Verunreinigung u. außerdem 0,001—0,5% BiJ_3 oder BiOJ, bezogen auf Aktivkohle, enthält, wodurch die Abscheidung von Polymeren auf dem Katalysator herabgesetzt u. die Ausbeute erhöht wird, erhalten. — Vgl. A. P. 2 750 410; C. **1957**. 7175. (**D. A. S. 1 064 501** Kl. 12o vom 12/11. 1953, ausg. 3/9. 1959. A. Prior. 22/11. 1952.) G. KRAUSS. H 810

Farbwerke Hoechst Akt.-Ges., vormals Meister Lucius & Brüning, Frankfurt/M. (Erfinder: Hans Fernholz, Bad Soden/Taunus, und Eberhard Mundlos, Frankfurt/M.), **Sorbinsäure** wird durch Rk. von Keten mit Crotonaldehyd in Ggw. eines Lsgm. u. einer geringen Menge mindestens eines fettsauren Salzes mit mindestens 4 C-Atomen im Fettsäurerest, mindestens eines 2wertigen Metalls der 2.—8. Gruppe des Period. Syst. bei mindestens 25° u. Verseifen des entstandenen, noch katalysatorhaltigen polymeren Prod. (Polyester) bei 190—210°, bes. in Ggw. von katalyt. Mengen, bes. 1—5% Alkalihydroxiden oder bas. reagierenden Alkalisalzen (Na-Sorbat) erhalten, wodurch bessere Ausbeuten erhalten werden, z. B. 65—69%. (**D. A. S. 1 049 852** Kl. 12o vom 7/6. 1956, ausg. 5/2. 1959. **Zusatz zu D. A. S. 1 042 573; C. 1959. 12382.**) G. KRAUSS. H 810

Union Carbide Corp., übert. von: Amelio E. Montagna, South Charleston, und Everett R. Lashley, Charleston, W.Va., V.St.A., **Stabilisieren von Lösungen wasserlöslicher Salze der Sorbinsäure gegen Verfärbung** durch O_2 erfolgt durch Zusatz von wenigstens 0,0005, bes. 0,001—0,5 (Teilen), *Glucono-δ-lacton*, *Citronensäure* oder von *Aminen* der allg. Formeln $(R)_2N-R_1$, $N(R)_3$ oder $(R)_2N-CH_2-CH_2-N(R)_2$ [R =, $-CH_2-CH_2OH$, $-CH_2-COOH$, $-CH_2-COONa$; R_1 = R oder $-CH_2-CH_2-N(R)_2$] je 100 Sorbat. Es werden stabilisiert: Na-, K-, Ca-, Li-, Ba-, Ru-, Cs-, Be-, Mg, Sr-Sorbat in wss., bes. 25%ig. Lsg. mit bes. 0,04 Glucono-δ-lacton, Citronensäure u. den Mono-,

Di-, Tri- u. Tetra-Na-Salzen von N.N-Bis-[2-hydroxyäthyl]-glycin, Äthylendiamintetraessigsäure, N-Hydroxyäthyläthylendiamintriessigsäure. — Die Sorbate werden z. B. durch Oxydation von Hexadienal-(2.4) erhalten. (**A. PP. 2 866 817, 2 866 818** u. **2 866 819** vom 4/2. 1957, ausg. 30/12. 1958.) G. KRAUSS. H 810

Dow Chemical Co., Midland, Mich., übert. von: John H. Brown jun., Freeport, und Nicholas B. Lorette, Lake Jackson, Tex., V.St.A., **Ester** werden durch Rk. von ca. äquimol. Mengen eines niedermol. Dialkylketals mit einer aliphat. Carbonsäure C_2—C_{20} (I) in Ggw. von mindestens 10 Mol-% W. oder eines niederen Alkohols, berechnet auf I, u. eines sauren Katalysators bei 0—100°, bes. 20—50°, u. anschließendes Abdestillieren des abgespaltenen Alkohols u. Ketons erhalten. Die Rk. verläuft nach: $RCOOH + (R')_2C(OR'')_2 \rightarrow RCOOR'' + (R'')_2CO + R''OH$. — Zum Beispiel wird ein Gemisch aus 0,25 (Mol) Propionsäure (II), 0,55 CH_3OH, 0,0056 HCl, 0,275 2.2-Dimethoxypropan u. so viel Dioxan, daß das Vol. des Rk.-Gemisches 100 cm^3 beträgt bei Normaltemp. ca. 10 Std. lang stehengelassen u. II-*Methylester* in $>$99%ig. Ausbeute erhalten. — Weitere Beispiele zur Herst. von II-*Äthylester, Isobuttersäureäthylester, Adipinsäuredimethylester* (Ausbeute 94%), $Kp._{10}$ 109°; n_D^{25} 1,4263. — *Oxalsäuredimethylester*, F. 51—53° (Ausbeute 91%). (**A. P. 2 978 469** vom 10/7. 1958, ausg. 4/4. 1961.) O. MÜLLER-MEININGEN. H 820

Centre National de la Recherche Scientifique, Frankreich (Erfinder: Charles Paquot und Roger Perron), **Herstellung und Reinigung höherer aliphatischer Dicarbonsäuren und Fettsäuren**, dad. gek., daß das Oxydationsmittel H_2SO_4/HNO_3 kontinuierlich so zugegeben wird, daß die Rk. bei normaler Temp. von selbst abläuft. — 2 Abbildungen. (**F. P. 72 073** vom 22/6. 1957, ausg. 21/3. 1960. **Zusatz zu F. P. 1 112 068; C. 1958. 4029.**) S. BÖTTCHER. H 820

Union Chimique Belge Soc. An., Belgien, **Herstellung von reinem Maleinsäureanhydrid**, dad. gek., daß 40—60%ig. wss. Lsgg. von Maleinsäure in einer Kolonne mit zirkulierenden Tetrachloräthandämpfen behandelt werden u. das bin. W./Lsgm.-Gemisch laufend dest. wird, wobei im unteren Teil der App. 175—190°, im unteren Teil der Kolonne 160—185°, an der Einführungsstelle der wss. Lsg. 115—125° u. im oberen Teil der Kolonne 100—120° herrschen. — Schema der Anlage. (**F. P. 1 210 519** vom 10/12. 1958, ausg. 9/3. 1960. E. Prior. 12/12. 1957.) S. BÖTTCHER. H 820

Montecatini Soc. Gen per l'Industria Mineraria e Chimica, Italien, **Herstellung von Estern des β-Hydromuconsäuremononitrils**, dad. gek., daß das Dinitril mit H_2SO_4 oder HCl, W. u. Alkoholen behandelt wird. — *1-Cyanbuten-(2)-4-carbonsäuremethylester*, $Kp._{0,8}$ 92—94°, *-äthylester*, $Kp._{0,5}$ 92—95°, *-isopropylester*, $Kp._{0,7}$ 92—96° u. *-butylester*, $Kp._{0,7}$ 115—120°, aus 1,4-Dicyanbuten-(2) u. CH_3OH, A., Isopropanol bzw. n-Butanol. (**F. P. 1 214 759** vom 2/2. 1959, ausg. 12/4. 1960. It. Prior. 12/6. 1958.) S. BÖTTCHER. H 820

Henkel & Cie. G. m. b. H. (Erfinder: Helmut Hartmann), Düsseldorf, **Aliphatische Hydroxyverbindungen** werden durch Anlagern von bei jeder Temp. in W. unlösl. aliphat. Carbonsäuren mit 6—26, bes. 12—18 C-Atomen an eine ungesätt. Carbonsäure oder deren Ester oder an den Carbonsäureester eines ungesätt. Fettalkoholes oder deren Gemischen oder an einen ungesätt. Äther höhermol. Alkohole bei 40—200° in Ggw. von H_2SO_4, $HClO_4$, BF_4H oder BF_3-Dihydrat als Katalysator u. Verseifen der entstandenen Ester-Verbb. erhalten. Die olefin. Ausgangs-Verbb. können eine oder mehrere Doppelbindungen u. sollen 6—70, bes. 10—36 C-Atome enthalten. — Techn. Olein (bestehend aus 75% Ölsäure, 10% Linolsäure u. 15% gesätt. Fettsäuren) wird in Ggw. von 2% konz. H_2SO_4 3 Std. lang bei 95° gerührt, mit W. säurefrei gewaschen u. bis Kp. 250°/2 Torr destilliert. Der als Rückstand erhaltene Ester, SZ. 90; VZ. 196; JZ. 47, wird mit wss. Alkali verseift u. die Fettsäure mit verd. H_2SO_4 abgeschieden. Das entstandene Gemisch aus Ölsäure u. Hydroxystearinsäure wird geschmolzen u. nach dem Abkühlen die *Hydroxystearinsäure* abgepreßt; nach Kristallisieren aus CH_2OH SZ. 189; VZ. 190; OHZ. 181. Durch Rk. des vorst. erhaltenen Fettsäuregemisches mit den Hydroxiden von Li, Ca, Al oder durch Umsalzen der Alkalisalze mit $CaCl_2$ oder $Al(SO_4)_3$ werden die entsprechenden Salze erhalten, die als Zusatzmittel für Schmierstoffe geeignet sind. — Tallolein (Tallöl mit $<$1% Harzsäuren) → *Gemisch* aus gesätt. u. *ungesätt. Hydroxyfettsäuren*. — Undecylensäure → *Hydroxyundecansäure*. — Dioleyläther → Gemisch aus *Bis-[hydroxystearyl]-äther* u. *Oleylhydroxystearyläther*. — Spermöl → *Gemisch* aus *Fett-* u. *Hydroxyfettsäuren*. — *Zwischenprodd.* u. *Zusatzmittel*, bes. in Form der *Alkali-*, *Erdalkali-* oder *Schwermetallsalze* für Schmieröle. (**D. A. S. 1 121 615** Kl. 12o vom 18/7. 1957, ausg. 11/1. 1962.) G. KRAUSS. H 850

Pure Oil Co., übert. von: George W. Ayers, Chicago, William A. Krewer, Arlington Heights, Thomas W. Martinek, Crystal Lake, und Le Roi E. Hutchings, Crystal Lake, Ill., V.St.A., **Stabilisierung von Carbaminsäureestern**

gegen Hydrolyse und Verwendung derselben zur Trennung von Gemischen aus aliphatischen und aromatischen Kohlenwasserstoffen. Carbaminsäureester der allg. Formel (X) (X') N—CO—OY (in der X u. X' gleich oder verschieden sein können u. H, Alkyl-, Cycloalkyl-, Aryl-, Aralkyl- u. heterocycl. Reste, u. Y polar substituierte Alkyl-, Aryl-, Alkaryl-, Aralkyl-, Cycloalkylreste sein können) werden durch Zusatz von 0,05—5% CH_3COOH, H_3PO_4, HCl, NH_4Cl, $FeCl_3$ stabilisiert. Der pH-Wert soll 4,5—5, 5—7 betragen. Zur Trennung aromat. KW-Stoffe von nicht aromat. KW-Stoffen werden diese mit den polaren Carbaminsäureestern in Ggw. von W. in Berührung gebracht. (**A. PP. 2 954 397** vom 25/9. 1958 u. **2 954 396** vom 16/5. 1958, beide ausg. 27/9. 1960.) A. DANDL. H 880

Unilever Ltd., Port Sunlight, England (Erfinder: Denis Szabo), **Reduktion von Nitrilen zu primären Aminen.** Nitrile (**I**) von aliphat. Carbonsäuren mit 6 bis 22 C-Atomen werden in Dampfform, mit einem inerten Gas gemischt, mit H_2 (**II**) unter einem Druck von 1—2, höchstens 5 at, bei 200—250° hydriert, wobei der Katalysator (**III**) im Gasgemisch suspendiert ist. Als **III** werden ZnO, Cr_2O_3 oder Zn-Chromit verwendet, die auf einem Träger aus Al_2O_3 oder $Al_2O_3 + SiO_2$ mit einer Korngröße von 60—120 μ niedergeschlagen sind; **III** enthält vorteilhaft 5—7½% seines Gew. an CuO. Das Mengenverhältnis von **I**:**II** im Rk.-Gemisch soll 1:2—8, bes. 1:3,5 betragen, die Strömungs-Geschw. im Rk.-Gefäß 15 g **I** in der Stunde. Nach 3½ Std. wird noch ½ Std. lang nur **II** durchströmen gelassen u. das Rk.-Gemisch durch Salz-Bldg. mit dem Amin getrennt; Ausbeute: 60% prim., keine sek. u. tert. Aminzwischenprodd., bes. zur Herst. von Wasch- u. Textilhilfsmitteln. (**E. P. 855 027** vom 15/7. 1958, ausg. 30/11. 1960.) A. KALIX. H 910

Rohm & Haas Co., Philadelphia, Pa., übert. von: Warren D. Niederhauser, Huntsville, Ala., und Edward Broderick, Branford, Conn., V.St.A., **Sekundäre, verzweigtkettige Amine** der allg. Formel R—NH—R' (R u. R' = Alkyl, Alkenyl mit je 12—24 C-Atomen; R enthält ein an den N gebundenes tert. C-Atom; das von R' soll wenigstens in γ-Stellung zu N stehen) werden durch Rk. eines Amins der allg. Formel R—NH_2 mit einem Alkyl- oder Alkenylhalogenid bei 75—200° in Ggw. eines säurebindenden Mittels (Alkali- oder Erdalkalihydroxide oder das Amin selbst), ggf. in Ggw. eines Lsgm. (Toluol, Xylol) erhalten. Die Ausbeute beträgt 75—95% u. mehr. — Aus 223 (Teilen) 1-Chlor-5.5.7.7-tetramethylocten-(2) (**I**) u. 396 eines Gemisches aus $C_{12}H_{25}NH_2$ u. $C_{13}H_{27}NH_2$ zuerst bei 130—140°, dann bei 180°, Neutralisieren mit 40 NaOH in 200 W., Erhitzen auf 80°, Abtrennen der wss. u. Dest. der organ. Schicht → Gemisch aus sek. Aminen. — 1-Brom-5.5.7.7-tetramethylocten + Gemisch aus $C_{21}H_{43}NH_2$ u. $C_{22}H_{45}\cdot NH_2$. — **I** + Amin mit 24 C-Atomen → *N-[5.5.7.7-Tetramethylocten-(2)-yl]-N-tetrakosylamin.* — Trialkylcarbinylbutenylchlorid (18 C-Atome) + Trikosylcarbinylamin → *N-Octadecenyl-N-tetrakosylamin.* — Trialkylcarbinylamin (12 C-Atome) + Eikosylbromid → *N-Dodecyl-N-eikosylamin.* — Tetrakosenylchlorid → *N-Tetrakosyl-N-tetrakosenylamin.* — *N-Tetradecyl-N-octadecenylamin.* — *N-Hexadecenyl-N-dokosylamin.* — Die Verbb. dienen zum *Entfernen* von *Mineralsäuren* (HCl, H_2SO_4, HNO_3) aus ihren wss. Lsgg. oder Proteinhydrolysaten oder zum Abtrennen von *Metallen* aus hydrometallurg. Systemen. — *Zusatzmittel* zu *Schmier-*, *Diesel-*, *Heizölen* u. schlammbildenden Destillaten zur *Verhinderung* der *Schlammbildung.* (**A. P. 2 870 207** Kl. 12o vom 29/1. 1957, ausg. 20/1. 1959.) G. KRAUSS. H 910

Soc. per la Distillazione Moleculare SODIMO S. p. A., Neapel, Italien, **Trennung von Aminosäuren** aus den bei der Proteinhydrolyse entstehenden Gemischen, dad. gek., daß eine Molekular-Dest. mit zwei oder mehr Stadien angewendet wird. (**It. P. 526 377** vom 12/10. 1954.) K. KOEBKE. H 950

Gyógyszeripari Kutató Intézet (Erfinder: Andreas Hajos), Budapest, Ungarn, **Zerlegung der racemischen Glutaminsäure** in ihre opt. Isomeren erfolgt durch Bldg. von Salzen mit D-(—)- oder L-(+)-threo-1-[p-Nitrophenyl]-2-aminopropandiolen-(1.3) in einem wss. organ. Lsgm. u. anschließende fraktionierte Kristallisation des schwerlösl. isomeren Salzes, während das andere Isomere in der Mutterlauge verbleibt, durch Zugabe von Salzsäure abgeschieden u. durch erneute Umkristallisation in hoher Reinheit gewonnen werden kann. — 4,41 (g) rac. Glutaminsäure u. 6,36 L-(+)-threo-1-[p-Nitrophenyl]-2-aminopropandiol-(1.3) in 12,7 cm^3 W. gelöst, werden zum Sieden erhitzt u. hierzu 42 ml 96%ig. A. zugesetzt. Bei 15—16° wird mehrere Std. lang stehen gelassen, die ausgeschiedenen Kristalle abgeschieden, mit wenig 96%ig. A. gewaschen u. 5,2 L-(+)-threo-1-[p-Nitrophenyl]-2-aminopropandiol-(1.3)-L-(+)-glutaminsaures Salz erhalten. Hieraus nach bekannten Methoden die L-(+)-Glutaminsäure, F. 190°, $[\alpha]_D + 30°$. Aus der Mutterlauge erhält man mittels Salzsäure als Nd.-D(—)-*Glutaminsäure.* — Versetzt man die rac. Glutaminsäure mit D-(—)-threo-1-p-Nitrophenyl-2-amino-1.3-propandiol u. arbeitet wie vorstehend angegeben, erhält man das Salz aus D-(—)-threo-

1-p-Nitrophenyl-2-amino-1.3-propandiol u. D-(—)-Glutaminsäure u. daraus wird mittels Salzsäure in wss. Lsg. die D-(—)-*Glutaminsäure* ausgefällt. (**Ung. P. 145 734** vom 31/10. 1957, ausg. 15/12. 1959.) G. KÖNIG. H 950

Aschaffenburger Zellstoffwerke Akt.-Ges., Redenfelden, übert. von: Paul Rambacher, Rosenheim, **Cysteinhydrochlorid** wird durch elektrolyt. Red. von Cystin in salzsaurer Lsg. an einer Cu-, Ag- oder Sn-Kathode, auf die ein elektrolyt. regenerierbarer Sn-Überzug aufgebracht ist, bei einer Stromdichte von 0,02—0,5 A/cm² erhalten. (**A. P. 2 907 703** vom 2/11. 1956, ausg. 6/10. 1959. D. Prior. 29/11. 1955.) O. MÜLLER-MEININGEN. H 950

E. I. du Pont de Nemours & Co., Wilmington, Del., V.St.A., **ω-Aminonitrile** der Formel $H_2N-(CH_2)_n-CN$ (n > 4) werden aus entsprechenden Dinitrilen durch partielle Hydrierung in fl. Phase in Ggw. von NH_3 zwischen 90 u. 130° bei 35—300 at gewonnen. — *ω-Aminocaprinsäurenitril*, $Kp._{0,33}$ 104°, aus Sebacinsäuredinitril durch ³/₄ std. Hydrieren in Ggw. von NH_3 u. von auf Al_2O_3 niedergeschlagenem Ni-Katalysator bei 140 at u. 120° u. fraktionierte Dest.; Öl. Daneben *Dekamethylenimin*, $Kp._{10}$ 72°, u. *Dekamethylendiamin*, $Kp._{10}$ 140°. — Analog: *ω-Aminocapronsäurenitril*, $Kp._{27}$ 126°, aus Adipinsäuredinitril; Ausbeute 53%; daneben *Hexamethylendiamin*. (**Oe. P. 209 890** vom 30/6. 1958, ausg. 25/6. 1960. A. Prior. 24/9. 1938.) EBERHARD RIEDEL. H 950

Günther Seitz und Winfried Müller, Dresden, **Herstellung eines hochaktiven Kupferkatalysators** zur Synth. von *Organohalogensilanen* aus Alkyl- oder Arylhalogeniden u. Si durch Behandlung von Zement-Cu mit heißer, luftfreier 10—30%ig. HCl unter Luftausschluß u. ggf. Regenerierung bereits verwendeten Katalysators durch Hydrieren mit H_2 bei 200—450°. (**D. P. [DDR] 21 380** Kl. 12o vom 16/3. 1959, ausg. 31/5. 1961 [Wirtschaftspatent].) L. GROSSNER. H 980

Union Carbide Corp., übert. von: Frank Fekete, Verona, Pa., V.St.A., **Phosphinylalkoxysilane** der allg. Formel $[(R''')_{2-p}(R)_pP(:O)R'']_mSi(R')_n(alkoxy)_{4-n-m}$, worin R u. R' KW-Stoff-Reste, R'' 2wertige KW-Stoff-Reste, R''' H oder Alkoxyl, Aroxyl, Cycloalkoxyl, Alkaroxyl bedeuten u. m 1 oder 2, n 0, 1 oder 2, n + m 1, 2 oder 3 u. p 1 oder 2 darstellen, werden durch Rk. von 5wertigen P-Verbb. der allg. Formel $(R''')_{2-p}(R)_p-P(:O)Y$, worin Y H oder ein Alkalimetall darstellt, mit Silanen der allg. Formel $[XR'']_mSi(R')_n$ $(alkoxy)_{4-n-m}$, worin X ein Halogen ist, unter Abspaltung von XY erhalten. Weiter werden die Verbb. durch Addition der obigen P-Verbb., bei denen YH bedeutet an entsprechende Silane, die einen olefin. KW-Stoff-Rest am Si enthalten in Ggw. von freie Radikale bildenden Katalysatoren erhalten. Es können auch P-Verbb. der allg. Formel $(R''')_{2-p}(R)_pP(:O)R^0$, worin R^0 einen olefin. KW-Stoff-Rest bedeutet, mit H-Silanen der allg. Formel $H_mSi(R')_n$ $(alkoxy)_{4-m-n}$ in Ggw. von Di-tert.-alkylperoxyden unter Addition umgesetzt werden. — Zu 0,2 (Mol) Octylphenylphosphinoxid, erhitzt auf 140°, wird eine Lsg. von 0,2 Vinyltriäthoxysilan u. 3,0 g Di-tert.-butylperoxid bei 140—155° gegeben, 1¹/₂ Std. lang auf 160° erhitzt. Bei der Fraktionierung werden 60,9 g [*Octylphenylphosphinyläthyl*]-*triäthoxysilan*, $Kp._1$ 211 bis 215°, n_D^{25} 1,4802—1,4770 erhalten. Weiter wird beschrieben die Herst. von *γ-[Phenyläthylphosphino]-propyltriäthoxysilan* (I), $C_6H_5(C_2H_5)PC_3H_6Si(OC_2H_5)_3$, $Kp._{0,55}$ 129 bis 132°, aus Phenyläthylphosphin-Na u. γ-Chlorpropyltriäthoxysilan; I gibt mit O_2 unter Druck erhitzt das entsprechende Phosphinoxid. *Zusätze* zu *Siliconölen* u. *-fetten* u. *Ausgangsstoffe* für *Siloxane*. (**A. P. 2 978 471** vom 23/12. 1958, ausg. 4/4. 1961.) J. MÜHLEISEN. H 980

Pure Oil Co., Chicago, übert. von: William A. Krewer, Arlington Heights, Ill., und Nathaniel L. Remes, Miami, Fla., V.St.A., **Gewinnung von Aromaten aus Kohlenwasserstoffgemischen.** Das Gemisch wird mit Methyläthylammoniummethyläthylcarbamat, das 1—5 Vol-% W. enthält, extrahiert. Die Raffinatphase u. die Extraktphase werden getrennt erhitzt, wobei ein Teil dest. u. teilweise das Lsgm. in Methyläthylamin u. CO_2 zersetzt wird. Die zersetzten Prodd. werden gekühlt, dabei die stöchiometr. Menge an CO_2 zugegeben u. das dabei rückgebildete Lsgm. zurückgeführt. — Zeichnung. (**A. P. 2 956 088** vom 27/12. 1957, ausg. 11/10. 1960.) E. KAHLES. H 1010

Pure Oil Co., übert. von: George W. Ayers, Chicago, und William A. Krewer, Arlington Heights, Ill., V.St.A., **Abtrennen von Aromaten aus Kohlenwasserstoffgemischen durch Extraktion.** Als Extraktionsmittel dient ein Glykolester, der durch Rk. einer Ketosäure mit einem Glykol, wie Glykol, Diglykoläther oder Polyglykol hergestellt worden ist. (**A. P. 2 960 548** vom 19/9. 1958, ausg. 15/11. 1960.) E. KAHLES H 1010

Cosden Petroleum Corp., übert. von: Dan M. Krausse, Big Spring, Tex., und George A. Randall, Cambridge, Mass., V.St.A., **Abtrennen von Äthylbenzol aus Gemischen mit Xylolisomeren und anderen Kohlenwasserstoffen.** Zuerst wird eine Konzentratfraktion von C_8-KW-Stoffen abgetrennt. Aus dieser Fraktion wird das

Äthylbenzol in einer Kolonne mit 150 Böden u. einem Rückflußverhältnis von 40:1 abdestilliert. — Zeichnungen. (**A. P. 2 959 626** vom 15/7. 1957, ausg. 8/11. 1960.) E. KAHLES. H 1010

Union Oil Co. of California, Los Angeles, übert. von: Frank H. Seubold jun., Claremont, Calif., V.St.A., **Entmethylieren von Pseudocumol.** Um *p-Xylol* zu erhalten, wird das Gemisch aus Pseudocumol, H_2 u. Dampf bei 950 bis 1050°F, einer Raumströmungs-Geschw. von 0,2—8 u. 500—2000 lbs./sq.in. über einen Hydrodesalkylierungskatalysator geleitet. Der Katalysator besteht aus einem amorphen Träger aus Tonerdegel, auf dem Oxide oder Sulfide der Metalle der Gruppen VIB u. VIII des Period. Syst. sowie Alkalihydroxid aufgebracht sind. (**A. P. 2 960 545** vom 17/11. 1958, ausg. 15/11. 1960.) E. KAHLES. H 1010

Canadian Industries Ltd. und Du Pont Co. of Canada (1956) Ltd., Montreal, übert. von: John H. Shipley, Mount Royal, und Howard W. Umphrey, St. Genevieve de Pierrefonds, Quebec, Canada, **Herstellung von Phenol.** Das bei der Dampfphasenhydrolyse von Chlorbenzol erhaltene Phenol–HCl-Gemisch wird mit einer Aufschlämmung von Kalk in wss. $CaCl_2$-Lsg. neutralisiert, die organ. Schicht abgetrennt u. destilliert. — Verf.-Schema. (**Can. P. 553 642** vom 27/11. 1951, ausg. 25/2. 1958.) L. GROSSNER. H 1060

N. V. de Bataafsche Petroleum Mij., Den Haag, Holland, **2.4.6-Trialkylphenole** werden durch Erhitzen von 1 Mol eines Phenols der allg. Formel **I** mit 10—50 Mol, bes. 15—35 Mol eines Alkanols mit 1—6 C-Atomen auf 150—350°, bes. 175—250°, in Ggw. von 0,05—15, bes. 0,5—5 Mol einer Base (Alkali- u. Erdalkalioxide, -hydroxide, carbonate, sek. u. tert. Amine, quart. Ammoniumbasen oder Salze, NH_3 u. Amine) (R = Alkyl; R_1 = H, Alkyl; R_2 = **II** oder $-OCH_2-R_3$; R_3 = H oder Alkyl) erhalten. — Zu A. P. 2 841 624 C. **1959**. 12697 ist nachzutragen: 2.6-Diisopropyl-4-äthoxymethylphenol (erhältlich aus 2.6-Diisopropylphenol, CH_3CHO u. CH_3OH) → *2.6-Diisopropyl-4-methylphenol.* — 2.6-Dimethyl-4-methoxymethylphenol → *2.4.6-Trimethylphenol.* — 2.6-Di-tert.-butyl-4-[1-äthoxyäthyl]-phenol → *2.6-Di-tert.-butyl-4-äthylphenol.* — 2.6-Diisopropyl-4-[1-methoxyäthyl]-phenol + Propanol → *2.6-Diisopropyl-4-äthylphenol.* — 4.4'-Methylen-bis-[2.6-di-tert.-butyl]-phenol → *2.6-Di-tert.-butyl-p-kresol*, F. 69—70°, Kp.$_3$ 105—107°. — 2.2-Bis-[4-hydroxy-3.5-di-tert.-butylphenyl]-propan → *2.6-Di-tert.-butyl-p-kresol* + *2.6-Di-tert.-butyl-4-isopropylphenol.* — *2.6-Diisopropyl-p-kresol.* — *Antioxydationsmittel.* (**E. P. 825 599** vom 6/5. 1958, ausg. 16/12. 1959. A. Prior. 8/5. 1957.) G. KRAUSS. H 1060

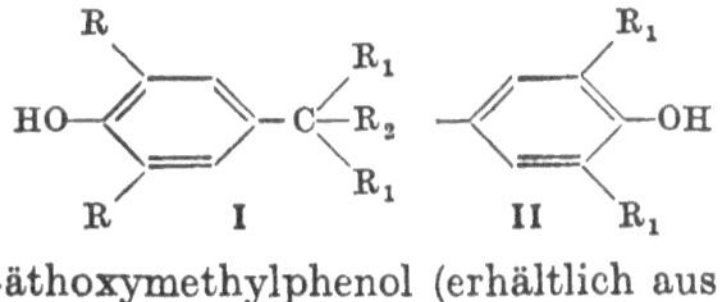

Hercules Powder Co., übert. von: Leo J. Filar, Wilmington, Del., V.St.A., **Reinigung von zweiwertigen Phenolen,** bes. *Hydrochinon, Resorcin* u. *Brenzcatechin,* durch azeotrope Dest. mit einem chlorierten Diphenyl mit 20—35% Cl-Geh. u. Abtrennung des Phenols aus dem Destillat. (**Can. P. 553 860** vom 23/7. 1954, ausg. 4/3. 1958. A. Prior. 24/12. 1953.) L. GROSSNER. H 1060

Ilford Ltd., Ilford, Essex, England (Erfinder: John Davis Kendall und Anthony Joseph Axford), **Reinigung von Hydrochinonlösungen,** die z. B. durch Red. von Chinon mit Fe erhalten wurden, erfolgt durch deren Behandeln mit Kationenaustauscherharzen (sulfonierte Polystyrole, wie „Zeo-Karb 225"), um in der Lsg. vorhandene Metallionen zu entfernen. Die Lsg. kann vorher noch mit Aktivkohle behandelt werden. — Die Lsgg. sind zur Herst. von *photograph. Entwicklern* geeignet. (**E. P. 811 519** vom 29/6. 1956, ausg. 8/4. 1959.) G. KRAUSS. H 1060

Fisons Pest Control Ltd., Harston, Cambridgeshire (Erfinder: Alan Edgar Crouch, Stapleford, und John Frederick Harris, Meldreth, Royston), England, **Verfahren zur Anreicherung von 2.3.6-Trichlorbenzoesäure** in Gemischen aus Polychlorbenzoesäuren, dad. gek., daß wss. Lsgg. von Salzen eines 2.3.6-Trichlorbenzoesäure enthaltenden Gemisches aus Polychlorbenzoesäuren in Ggw. eines prakt. mit W. nicht mischbaren Lsgm. in einer Menge von 10—1000 Vol.%, bezogen auf die wss. Phase, mit einer anorgan. oder organ. Säure, die mit den Kationen der Polychlorbenzoesäuresalze ein wasserlösl. Salz bildet u. eine gesätt. wss. Lsg. mit einem pH-Wert < 2 liefert, in einer Menge, die 20—150%, bes. 70—100% der Menge entspricht, die sämtlichen nicht in 2,6-Stellung substituierten Polychlorbenzoesäuren äquivalent ist, angesäuert werden, die wss., das Salz von 2.3.6-Trichlorbenzoesäure enthaltende Phase abgetrennt u. ggf. durch weiteres Ansäuern ein an 2.3.6-Trichlorbenzoesäure angereichertes Gemisch abgeschieden wird. (**D. A. S. 1 121 041** Kl. 120 vom 26/10. 1959, ausg. 4/1. 1962. E. Prior. 29/10. 1958.) L. STADELMANN. H 1210

Shell Development Co., New York, N.Y., übert. von: Lloyd C. Fetterly, El Cerrito, Calif., V.St.A., **Oxydationsprozeß.** *Aromat. Dicarbonsäuren* u. deren *partielle Ester* werden durch katalyt. Oxydation einer alkylierten aromat. Monocarbonsäure bzw. deren Ester mit einem O_2 enthaltenden Gas u. NO_2 u./oder organ. Nitraten u./oder Nitriten, die $-ONO$- u. $-NO_2$-Ionen abspalten, in einem inerten organ. Lsgm. in Ggw. einer mehrwertigen Metall-Verb. als Katalysator erhalten. (**Can. P. 553 969** vom 8/3. 1955, ausg. 4/3. 1958. A. Prior. 27/5. 1954.) L. Grossner. H 1220

Shell Development Co., New York, N.Y., übert. von: Lloyd C. Fetterly, El Cerrito, Calif., V. St.A., **Oxydationsprozeß.** *Aromat. Säuren* erhält man durch katalyt. Oxydation eines Gemisches von alkylierten Benzolen, bes. Xylolen, deren Monocarbonsäuren, bes. Toluylsäuren, u. aliphat. Estern mit einem O_2 enthaltenden Gas in Ggw. der 1—5fachen Menge eines gesätt. aliphat. KW-Stoffes. (**Can. P. 553 970** vom 8/3. 1955, ausg. 4/3. 1958. A. Prior. 27/5. 1954.) L. Grossner. H 1220

Chemon Corp., New York, N.Y., V.St.A., **Herstellung von Phthalsäuren** durch Oxydation von Xylolen in 2 Stufen, zunächst mit einem O_2-haltigen Gas in Ggw. von Co-Naphthenat, bei 125—250°, bes. 155—175°, zur Toluylsäure, dann mit 5—60%ig., bes. 12—35%ig. HNO_3 bei 125—250°, bes. 175—210°, wobei nach Beendigung der 1. Stufe das erhaltene Gemisch ohne Isolierung der Zwischenprodd. weiter oxydiert u. ggf. in einer der beiden Stufen ein Überdruck ($<$30 at) angewendet wird. — Beispiele zur Herst. von *Terephthalsäure* u. *Isophthalsäure* aus p- bzw. m-Xylol. (**Oe. P. 204 027** vom 26/2. 1957, ausg. 25/6. 1959.) H.-J. Nitzschke. H 1220

Alexander Buchelt, Budapest, Ungarn, **Reinigung von Phthalsäure und/oder Phthalsäureanhydrid** erfolgt durch 1—2std. Behandeln der wss. Lsgg. bei 90—100° mit 1—30% adsorbierend wirkenden Stoffen, wie Füllererde, u./oder akt. C, u. Abkühlen des filtrierten heißen Gemisches. An der Luft wird getrocknet u. ggf. die erhaltene Phthalsäure in Phthalsäureanhydrid übergeführt. (**Ung. P. 143 831** vom 29/6. 1956, ausg. 30/11. 1957.) G. König. H 1220

E. I. du Pont de Nemours & Co., Wilmington, übert. von: Harry R. Billica, Seaford, Del., V.St.A., **Katalyse von Umesterungsreaktionen.** Terephthalsäure-C_{1-4}-alkylester, bes. der Dimethylester, werden durch Erhitzen mit Glykolen $HO-(CH_2)_n-OH$ (n = 2 — 10) in Ggw. von LiH, NaH oder CaH_2 auf 110—260° umgeestert. (**Can. P. 552 241** vom 20/5. 1953, ausg. 28/1. 1958.) Eberhard Riedel. H 1220

Union Carbide Corp., New York, N. Y., übert. von: William F. Goldsmith, South Charleston, W.Va., V.St.A., **Stabilisieren von Arylaminen.** Arylamine (I), bes. Anilin, Phenylendiamin, Mono- u. Diaminonaphthalin, sowie I, die durch niedermol. Alkyl-, Alkoxygruppen oder Halogenatome substituiert sind, werden bes. gegen Verfärbung dadurch stabilisiert, daß sie mit einer kleinen Menge Diketen (II) versetzt werden, um einen kleinen Teil von I in das entsprechende Acetoacet-arylamid (III) in situ überzuführen (wenigstens 0,01 Gew.-Teile III auf 100 I). — So wird eine gute Stabilisierung gegen Verfärbung erreicht, wenn z. B. o-Toluidin mit 0,4% II versetzt wird, wobei sich eine Acetoacet-o-toluididkonz. von ca. 1 Gew.-% einstellt. I kann auch direkt durch den Zusatz des entsprechenden III, das auch aus einem anderen Arylamin hergestellt sein kann, stabilisiert werden. (**A. P. 2 913 495** vom 25/3. 1957, ausg. 17/11. 1959.) A. Mohr. H 1310

E. I. du Pont de Nemours & Co., Wilmington, Del., V.St.A., **Herstellung von aromatischen Dicarbonsäuren.** Ein Gemisch von *2.2-Bis-[m-carboxyphenyl]-propan* (I) u. *2.2-Bis-[p-carboxyphenyl]-propan* (II) wird erhalten, indem 2.2-Dichlorpropan in Ggw. von $LiAlH_4$ mit Toluol zur Rk. gebracht wird, die entstandenen Ditolylpropane abgetrennt u. mit wss. HNO_3 oxydiert werden. Die Verbb. sind verwendbar zur *Herst. von Polyamiden.* — I (F. 297—299°) u. II (F. 315—316°) können auch getrennt erhalten werden. *2.2-Bis-[p-cyanphenyl]-propan,* F. 139,2—140,5°; *Dimethylester* von I, F. 115,8 bis 116,1°; *Dimethylester* von II F. 101—102°; weiter wird genannt *2.2-Bis-[p-chlormethylphenyl]-propan* F. 49,1—50°, das aus dem Dimethylester von II über *2.2-Bis-[p-hydroxymethylphenyl]-propan,* F. 129,9—130,9°, erhalten wird. (**It. P. 516 293** vom 10/5. 1954. A. Prior. 11/5. 1953.) K. Koebke. H 2420

Rütgerswerke Akt.-Ges., Frankfurt/M., **Entschwefeln von Rohnaphthalin.** Dieses wird mit einem Komplex von $BF_3 \cdot 2\,CH_3COOH$ in Ggw. eines Lsgm., wie Nitrobenzol oder Acetophenon, behandelt. (**E. P. 857 939** vom 28/9. 1959, ausg. 4/1. 1961. D. Prior. 27/9. 1958.) E. Kahles. H 2700

Badische Anilin- & Soda-Fabrik Akt.-Ges. (Erfinder: Karl Adam), Ludwigshafen/Rh., **Herstellung von ac-Tetrahydronaphtholen** durch katalyt. Hydrierung bei Temp. von 100—200° u. Drücken von 100—450 at in Ggw. von Co-Katalysatoren, ggf. mit Zusätzen von Zn, Ag, Cu, bes. Cr u. Mn u. ggf. in Ggw. von Säuren, bes. solchen, die eine Pyro- oder Polyform bilden können. — In ein Druckgefäß mit Rührer werden 296 (Teile)α-Naphthol, 500 Dekahydronaphthalin u. 30 red. Katalysator, der 18 (%) Co, 0,3 Cr u. 0,25 H_3PO_4 auf SiO_2 enthält, gegeben, auf 120° erhitzt u. ein Druck von 300 at so lange gehalten, bis er konst. bleibt. Nach Dest. → 278,5 Teile *ac-α-Tetrahydronaphthol*, $Kp._{15}$ 140,5° (90,5% Ausbeute). — Analog mit einem Katalysator aus 18 (%) Co, 0,3 Mn u. 1,2 H_3PO_4 auf SiO_2 u. CH_3OH als Lsgm. → *ac-β-Tetrahydronaphthol*, $Kp._{15}$ 149—150° (95%). — Mit einem Katalysator aus 30 Co, 1,7 Mn u. 1 H_3PO_4 auf SiO_2 wird ein Gemisch isomerer Isoheptyl-β-naphthole zu einem Isomerengemisch von *Isoheptyltetrahydro-β-naphthol* (60 Teile $Kp._{1,8}$ 160—170°; 35 Teile $Kp._{0,4}$ 150—210°) hydriert. — *Zwischenprodukte.* (**D. A. S. 1 082 256** Kl. 12o vom 6/8. 1958, ausg. 25/5. 1960.) A. DEBO. H 2700

Farbwerke Hoechst Akt.-Ges., vormals Meister Lucius & Brüning, Frankfurt/M. (Erfinder: Hans Muxfeldt, Braunschweig, und Klaus Striegler, Urbana, Ill., V.St.A.), **Herstellung von Tetraloncrotonsäurederivaten** der allg. Formel I (R = Alkyl; R' = H, Cl; X = H oder KW-Stoffrest) durch Rk. von Aldehyden der allg. Formel II mit Malonsäure oder deren Estern in Ggw. starker organ. Basen bei erhöhter Temp., ggf. anschließende Veresterung oder Verseifung der Carboxylgruppe. — 2,15 (g) des Aldehyds II (R = CH_3, R' = Cl), 1,7 Malonsäure in Pyridin u. 1 Tropfen Piperidin werden 3 Std. lang auf dem Wasserbad erhitzt, anschließend

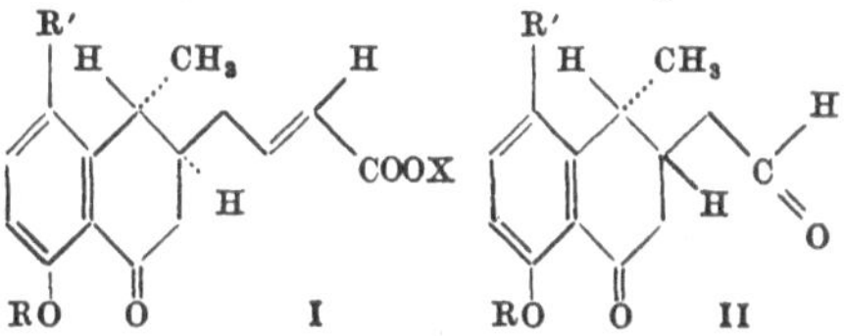

auf überschüssige, verd. HCl/Eismischung gegossen, extrahiert mit Chlf. u. aufgearbeitet → 1,25 *γ-[4-Methyl-5-chlor-8-methoxy-1-oxo-tetrahydronaphthyl-(3)]-crotonsäure*, F. 129—131° (50%); *Methylester*, $Kp._{0,001}$ 170—180° (90%). *Äthylester*, $Kp._{0,001}$ 200° (87%). — *Zwischenprodd.* zur Herst. von Pharmazeutika, bes. der Tetracyclinreihe. (**D. A. S. 1 107 223** Kl. 12o vom 22/4. 1959, ausg. 25/5. 1961.) A. DEBO. H 2700

Randolph Riemschneider, Berlin, **2.3-Bis-hydroxymethyl, -tetra-, -penta- und -hexachlorbicyclo-[2.2.1]-hepten-(5)** werden aus den entsprechenden 2.3-Dicarbonsäuren, deren Anhydriden oder Estern durch, ggf. stufenweise, Red. mit $LiAlH_4$, katalyt. mit H_2 unter Druck oder elektrochem. Red. erhalten. — 1.4.5.6.7.7-Hexachlor-[2.2.1]-bicyclohepten-(5) (I)-2.3-dicarbonsäure, F. 232°, wird mit $LiAlH_4$ in Ae. 24 Std. unter Rückfluß gekocht → *2.3-Bis-hydroxymethyl-I* (83%), F. 205° (Bzl. u. Ae.); *Formaldehyd-Deriv.*, F. 107—108° (Ae.). Aus vorst. Verb. mit $SOCl_2$ → *2.3-Bis-hydroxymethyl-I-Sulfit*, F. 96—99° (PAe.), 95% (Ausbeute). — Analog *2.3-Bis-hydroxymethyl-1.4.5.6.7-pentachlorbicyclo-[2.2.1]-hepten-(5)*; 90%, identifiziert als *Sulfit*, $Kp._{0,3-0,4}$ 151—153°. — *2.3-Bis-hydroxymethyl-1.4.5.6-tetrachlorbicyclo-[2.2.1]-hepten-(5)* aus dem entsprechenden Dicarbonsäureanhydrid, isoliert als *Sulfit*, $Kp._{2,1}$ 185—187°; 90%. (**D. A. S. 1 081 886** Kl. 12o vom 2/5. 1958, ausg. 19/5. 1960.) A. DEBO. H 2950

Badische Anilin- & Soda-Fabrik Akt.-Ges. (Erfinder: Wilhelm Friedrichsen und Albert Palm), Ludwigshafen/Rh., **Herstellung von reiner 1.4.5.6.7.7-Hexachlorbicyclo-[2.2.1]-hepten-(5)-dicarbonsäure-(2.3)** (I) aus ungereinigtem Hexachlorcyclopentadien u. Maleinsäureanhydrid bei erhöhter Temp. in Ggw. eines hydroaromat. KW-Stoffes. Zur Reinigung wird I oder I-Anhydrid bei erhöhter Temp. mit wss. Lsgg. niederer aliphat. Säuren behandelt, wobei gleichzeitig die Hydrolyse des Anhydrids erfolgt. — 546 (Teile) Hexachlorcyclopentadien, 206 Maleinsäureanhydrid u. 1200 peroxidfreies Dekalin werden in einem mit Ag ausgekleideten Rührgefäß langsam unter Rühren auf 160° erhitzt. Nach 8 Std. wird erkalten gelassen u. vom Anhydrid von I abgesaugt. 96,5% Ausbeute. 700 I-Anhydrid werden mit 700 15%ig. wss. CH_3COOH 4 Std. lang gerührt, wobei die Temp. auf 40° ansteigt. Nach Abkühlung u. 1 std. Rühren bei 20° wird I abgesaugt, mit 200 15%ig. CH_3COOH u. 2mal mit 500 W. gewaschen → 684 *1.4.5.6.7.7-Hexachlorbicyclo-[2.2.1]-hepten-(5)-dicarbonsäure-(2.3)*, Hazenzahl 35, nach anderen Beispielen kann eine Hazenzahl bis 30 erreicht werden. — Verw. zur Herst. von hellen Polyesterharzen. (**D. A. S. 1 088 050** Kl. 12o vom 14/4. 1959, ausg. 1/9. 1960.) A. DEBO. H 2950

Hooker Electrochemical Co., Niagara Falls (Erfinder: Richard Hazen Kimball und George Willard Darling, Youngstown), N.Y., V.St.A., **Reine 1.4.5.6.7.7-Hexachlorbicyclo-[2.2.1]-Δ^5-hepten-2.3-dicarbonsäure** (I) mit einer Hazenfärbung von 15—35 wird in z. B. 90%ig. Ausbeute u. 99%ig. Reinheit durch Rk. von Hexachlorcyclopentadien u. Maleinsäureanhydrid bei erhöhter Temp. (135—150°) in Ggw. von Monochlorbenzol, Hydrolyse des erhaltenen I-Anhydrids mit überschüssigem W. bei z. B. 85°, Kristallisation von I in Ggw. einer ausreichenden Menge W. u. eines damit prakt. nicht mischbaren organ. Lsgm. (Monochlorbenzol, Bzl., CCl_4, Perchloräthylen), Waschen der I-Kristalle mit W. u. dem organ. Lsgm. u. Trocknen derselben bei erhöhter Temp. erhalten. — W. u. organ. Lsgm. werden mindestens im Gew.-Verhältnis von 1 : 1, bes. aber im Gew.-Verhältnis 3 : 1—1 : 3, angewendet. — Wird I nur aus W. oder aus einem organ. Lsgm., das nur 25% mehr W. enthält, als zur Hydrolyse erforderlich ist, krist., so werden Prodd. mit einer Hazenfärbung von 220—270, die nicht geeignet zur Herst. heller Polyesterharze sind, erhalten. (**D. A. S. 1 045 394** Kl. 12o vom 23/4. 1957, ausg. 4/12. 1958. **E. P. 855 586** vom 10/4. 1957, ausg. 7/12. 1960. **Belg. P. 556 657** vom 12/4. 1957, ausg. 26/2. 1960. Alle A. Prior. 26/4. 1956.) R. Hauss. H 2950

Farbenfabriken Bayer Akt.-Ges., Leverkusen (Erfinder: Hermann Stetter, Aachen, und Claus Wulff, Düsseldorf), **Polyhalogenadamantane** werden durch Halogenierung von, ggf. niedriger halogenierten, Adamantanen in Ggw. von Friedel-Crafts-Katalysatoren hergestellt. — 13,6 (Gew.-Teile) Adamantan (I) wird innerhalb von 30 Min. zu 5 $FeBr_3$ oder $FeCl_3$ in 50 (Vol.-Teilen) Br_2 gegeben, 3 Std. lang gekocht, in 500 W. gegossen u. in 200 CCl_4 aufgenommen. Überschüssiges Br_2 wird mit $NaHSO_3$ entfernt → 8 Gew.-Teile *1.3.5-Tribromadamantan* (II), F. 128° (n-Hexan). — Aus 13,6 (Gew.-Teilen) I, 3 $AlBr_3$ u. 50 Vol.-Teilen Br_2 → 25,8 II. — Analog mit BBr_3 → *1.3-Dibrom*-I, F. 112—113° (n-Hexan). — Aus II mit $AlBr_3$ 2 Std. bei 150° im Bombenrohr → *1.3.5.7-Tetrabrom*-I, F. 246—247° (Eisessig). — Aus I, $AlCl_3$ u. Cl_2 bei —60° → *1.3-Dichlor*-I, F. 133° (CH_3OH), 60% (Ausbeute). — Die vorst. Verb. auch aus I in CCl_4 u. $FeCl_3$ u. Cl_2-Einleiten unter Kochen mit 41% Ausbeute. — Analog mit $AlCl_3$ → *1.3.5-Trichlor*-I, F. 115—116°, sublimiert bei 120°/12 Torr. — Strukturbeweis von 1.3-Dihalogen-I durch Überführung in I-*Dicarbonsäure-(1.3)*. (**D. A. S. 1 101 410** Kl. 12o vom 29/2. 1960, ausg. 9/3. 1961.) A. Debo. H 2950

Shell Oil Co., Del., übert. von: Martin L. Courter, Walnut Creek, und John W. Mecorney, Lafayette, Calif., V.St.A., **Äthylenoxid** wird bei der katalyt. Oxydation von C_2H_4 mit O_2 bei ca. 150—450° in Ggw. eines Ag-Katalysators in einem Rk.-Gefäß aus Stahl sowie bei Einhalten eines Verhältnisses von $C_2H_4 : O_2$ zwischen 1—7 erhalten, wobei der Rest des Gasgemisches aus N_2, CO_2, Ar oder C_2H_6 bestehen kann. Höhere Drücke können angewendet werden. (**A. P. 2 960 511** vom 16/2. 1959, ausg. 15/11. 1960.) G. König. H 3030

Laboratoires Français de Chimiothérapie, Paris (Erfinder: Léon Velluz, Paris, Georges Muller, Nogent-sur-Marne, und André Allais, Paris), Frankreich, **Herstellung von 6-Chlortryptamin,** dad. gek., daß in bekannter Weise 6-Chlorindol mit Dimethylamin u. CH_2O in Ggw. von CH_3COOH umgesetzt, auf das erhaltene *6-Chlorgramin,* F. 139—140°, $(CH_3O)_2SO_2$ in essigsaurem Tetrahydrofuran einwirken gelassen, die quart. Ammonium-Verb. mit Alkalicyanid umgesetzt u. erhaltenes *6-Chlorindolyl-(3)-acetonitril,* F. 103° unter Verw. von Raney-Ni als Katalysator in NH_3-haltigem CH_3OH zu *6-Chlortryptamin,* F. 113°, hydriert wird. — *Zwischenprodukt.* (**D. A. S. 1 118 203** Kl. 12p vom 12/4. 1958, ausg. 30/11. 1961. F. Prior. 13/4. 1957.) W. Heyer. H 3081

Laboratoires Français de Chimiothérapie, Paris, Frankreich, **Herstellung von 4.5-Benzotryptamin** (I), F. 196°, dad. gek., daß das Diazoniumsalz von β-Naphthylamin mit einem Salz von 3-Carboxypiperidon-(2) zu dem 3-[β-Naphthylhydrazon] von 2.3-Dioxopiperidin (F. 275°) kondensiert, dieses Prod. bes. mit HCl zu *5.6-Benzo-1-oxo-1.2.3.4-tetrahydro-β-carbolin* cyclisiert (F. 275°), das Carbolin z. B. mit Alkalihydroxid zu dem entsprechenden Salz der 4.5-Benzotryptamin-2-carbonsäure verseift [F. der freien Säure 330° (Zers.)] u. die freie Säure zu I decarboxyliert wird. — *Zwischenprodd.* für Herst. von physiolog. akt. Verbb. der Reserpinreihe. (**E. PP. 862 611** u. **862 612** vom 19/8. 1958, ausg. 15/3. 1961. F. Prior. 18/9. 1957.) W. Heyer. H 3081

Badische Anilin- & Soda-Fabrik Akt.-Ges. (Erfinder: Mathias Seefelder und Herbert Maisack), Ludwigshafen/Rh., **Herstellung von Carbazolen,** dad. gek., daß Cyclohexanonazin (I) in Ggw. von BF_3, NH_4Cl, NH_4NO_3, NH_4J, NH_4Br, NH_4-Bifluorid, $(NH_4)_2SO_4$, NH_4-Phosphat, 80%ig. H_3PO_4 oder dem Komplexsalz von BF_3 mit Ae. oder A. als Katalysator auf 150—370° erhitzt u. das entstehende Oktahydrocarbazol durch Erhitzen auf 200—620°, bes. 300—450°, in Ggw. eines dehydrierenden Katalysators in das Carbazol überführt wird. — 384 (g) I u. 2 NH_4Cl werden langsam bis auf 250° erhitzt, wobei zwischen 200 u. 210° starke NH_3-Entw. auftritt. Nach 2 bis 3 Std. wird in Abwesenheit von O_2 dest. u. anfallendes Oktahydrocarbazol (Kp.$_{15}$ 165 bis 171°) über CuO, Cr-Oxid u. BaO als Katalysator bei 430° unter Einleiten von H_2 (3 Liter/Std.) dehydriert → *Carbazol,* F. 204°. — *Zwischenprodukt.* (**E. P. 862 606** vom 1/10. 1959, ausg. 15/3. 1961. D. Prior. 2/10. 1958.) W. Heyer. H 3081

Dr. Karl Thomae G. m. b. H., Biberach a. d. Riss, **Herstellung von Dihydro- und Tetrahydropyranylcarbinolen.** Aldehyde vom Typus R_1CHO werden mit Organo-Mg-Halogeniden vom Typus Hal·Mg—Z—R_2 zu Verbb. der allg. Formel R_1—CH(OH)—Z—R_2 umgesetzt. Hierbei ist R_1 ein nichtsubstituierter Dihydro- oder Tetrahydropyranylrest, R_2 ein H-Atom, ein (ggf. substituierter) Phenylrest oder ein Acyl-Deriv.

davon u. Z ein Alkylrest mit 1—6 C-Atomen. Wenn R_1 ein Dihydropyranylrest ist, werden die Rk.-Prodd. ggf. mit nascierendem oder katalyt. erregtem H hydriert oder in Acyl-Derivv. umgewandelt; die Hydrierung wird bei mäßig erhöhtem Druck u. z. B. in Ggw. von RANEY-Ni durchgeführt, die Acylierung mit ein- oder mehrbas. Carbonsäuren (aliphat. oder aromat.), ihren Anhydriden oder Chloriden. Die Rkk. zwischen R_1CHO u. Hal·Mg—Z—R_2 erfolgen in inerten organ. Lsgm., wie Ae., Bzl., Dioxan, Tetrahydrofuran, Dibutyläther oder Gemischen davon. (**Port. P. 37 973** vom 14/1. 1961. Auszug veröff. 29/3. 1961. D. Prior. 15/1. 1960.) A. KALIX. H 3211

Standard Oil Co., Chicago, übert. von: Alfred W. Weitkamp, Lansing, Ill., Jerome W. Arkis, Hammond, Ind., und George W. Flint, Flossmoor, Ill., V.St.A., **Herstellung von Harnstoff-Addukten von quartären heterocyclischen N-Verbindungen.** Die quart. Verbb., z. B. N-Laurylpyridiniumchlorid, N-n-Octadecylpyridiniumbromid, N-Cetyl-α-picoliniumbromid, N-Myristyl-β-picoliniumchlorid, N-Cetylchinoliniumbromid oder N-Cetyl-N-methylpiperidiniumbromid, werden in einem organ. Lsgm., wie CH_3OH, A., n-Butanol oder Äthylenglykol gelöst u. die Lsg. bei 0—60°, bes. 20—40°, mit Harnstoff versetzt, nach ca. 2 Std. filtriert u. das Addukt mit kaltem Lsgm. gewaschen u. getrocknet. Die Prodd. sind nicht hygroskop. u. können mit anderen Wirkstoffen, z. B. mit Schädlingsbekämpfungsmitteln, verarbeitet werden. (**A. P. 2 830 039** vom 31/8. 1953, ausg. 8/4. 1958.) W. HEYER. H 3231

Roche Products Ltd. (Erfinder: Aaron Cohen und John Mervin Osbond), Melvin Garden City, England, **Herstellung von 4-Methyl-5-alkylpyridon-(2),** dad. gek., daß z. B. 2.6-Dichlor-4-methyl-5-äthylpyridin (I) mit Na-Benzylat oder einer Lsg. aus Na u. Benzhydrol durch Kochen umgesetzt u. gebildetes 2-Benzyloxy-6-chlor-4-methyl-5-äthylpyridin bzw. entstehendes 6-Chlor-2-[α-phenylbenzyloxy]-4-methyl-5-äthylpyridin in Ggw. von Pd/Kohle hydriert wird → *4-Methyl-5-äthylpyridon-(2)*, F. 160 bis 162°, — *Hydrochlorid*, F. 161—168°. Aus I u. Na-Isopropylat in Xylol über *2-Isopropyloxy-6-chlor-4-methyl-5-äthylpyridin* ($Kp._{0,8}$ 78—80°) durch Hydrieren → *2-Isopropyloxy-4-methyl-5-äthylpyridin*, $Kp._{7,2}$ 132—134°, u. daraus durch Erhitzen mit konz. HCl im Bombenrohr auf 118° → *4-Methyl-5-äthylpyridon-(2)*, F. 159,5—162°. — *Zwischenprodukte.* (**E. P. 808 045** vom 13/12. 1955, ausg. 28/1. 1959.) W. HEYER. H 3231

A/B Bofors, Bofors, Schweden (Erfinder: B. T. af Ekenstam und B. G. Petterson), **Herstellung von N-Alkylpiperidin-α-carbonsäureaniliden** der allg. Formel I (R = Alkylgruppe mit <8 C-Atomen u. Ar = 2-, 3-, 4-Alkylphenyl-, 2.6-Dialkylphenyl- oder 2.4.6-Trimethylphenylrest). Ein Picolinsäuresalz der Formel II wird mit einem wasserentziehenden Mittel, z. B. $POCl_3$ bei 90—140° behandelt, wobei sich das entsprechende Picolylanilid bildet, worauf der Pyridinring hydriert u. das N-Atom im Piperidinring in bekannter Weise alkyliert wird. Als Lsgm. wird N-Methylpyrrolidin angewendet. *N-Methylpipecolyl-2.6-xylidid*, F. 148—150°. *N-n-Amylpipecolyl-2.6-xylidid*, F. 70—71°. *N-n-Octylpipecolyl-2.6-xylidid*, F. 54—55°. *N-n-Amylpipecolyl-2.4.6-mesidid*, F. 92—94°. — 7 *Beispiele.* (**Schwed. P. 164 063** vom 15/5. 1957, ausg. 22/7. 1958.) K. H. KÄHLER. 3231

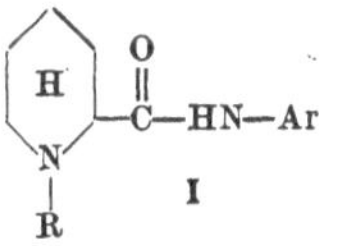

I

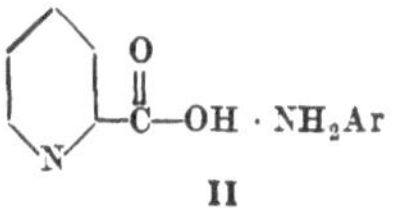

II

Farmaceutici Italia Soc. An., Mailand, Italien, **Herstellung von Aminopyrazinderivaten.** Verbb. der allg. Formel I werden mit Hilfe von bekannten Rkk. hergestellt. Hierbei ist X ein Br-Atom, ein ·OCH_3- oder ·OC_2H_5-Rest, Y ist ein H- oder Br-Atom, R_1 ist ein H-Atom oder ein Alkylrest, R_2 ist ein H-Atom, ein $H_2N—C_6H_4—p—SO_2$- oder NH-Alkyl—C_6H_4—p—SO_2-Rest. — Beispiele: *2-Amino-3.5-dibrompyrazin* durch Bromierung von 2-Aminopyrazin (**II**) in Ggw. von $CH_3COONa + CH_3COOH$; *2-Amino-3-alkoxy-5-brompyrazine* durch Einw. von Alkalialkoholaten auf 3.5-Dibrom-**II**; *2-[p-Acetylaminobenzolsulfonamido]-3-methoxy-5-brompyrazin* durch Rk. zwischen 3-Methoxy-5-brom-**II** u. p-Acetylaminobenzolsulfonylchlorid; *2-[p-Nitrobenzolsulfonamido]-3-methoxypyrazin* (**III**) aus 3-Methoxy-**II** u. p-Nitrobenzolsulfonylchlorid; *2-[N-Acetyl-p-nitrobenzolsulfonamido]-3-methoxypyrazin* aus **III** u. $(CH_3CO)_2O$ in Ggw. von Pyridin, durch katalyt. Hydrierung in Ggw. von Pd auf Aktivkohle entsteht hieraus *2-[N-Acetyl-p-aminobenzolsulfonamido]-3-methoxypyrazin*; *2-Cyan-3-methoxypyrazin* aus 2-Carboxamido-3-methoxypyrazin + H_2O_2 in alkal. Milieu oder aus einem 2-Cyanhalogenpyrazin u. einem Alkalimethoxylat; *3-Methoxy*-**II** aus 1 Mol 3-Chlor-**II** u. 3 Mol Alkalimethoxylat; *2-[p-Aminobenzolsulfonamido]-3-chlorpyrazin* aus 2-[p-Diacetylaminobenzolsulfonamido]-3-chlorpyrazin (**IV**) u. wss. Alkalihydroxid-Lsg.; *2-[p-Aminobenzolsulfonamido]-3-methoxypyrazin* aus **IV** u. einem Alkalimethoxylat. (**Port. P. 37 386** vom 9/7. 1960. Auszug veröff. 29/3. 1961. E. Prior. 14/7. 1959, 14/3. u. 25/4. 1960.)

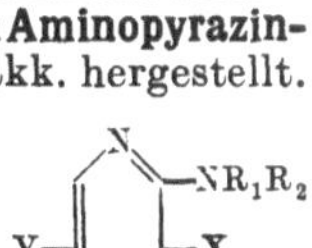

I

A. KALIX. H 3272

Union Chimique Belge Soc. An., Brüssel (Erfinder: Henri Morren, Forest-Brüssel), Belgien, **1-Benzhydryl-4-benzylpiperazine,** deren Phenylkerne ggf. Halogenatome, Alkyl- oder Alkoxyreste enthalten, werden durch Rk. von 1-Benzhydryl-, bes. 1-[p-Chlorbenzhydryl]-, 1-[m-Chlorbenzhydryl]-, 1-[p-Brombenzhydryl]-, 1-[o-Brombenzhydryl]- oder 1-[p.p'-Dichlorbenzhydryl]-piperazinen, oder von 1-Benzyl-, bes. 1-[Methylbenzyl]-, 1-[3.5-Dimethylbenzyl]-, 1-[Methoxybenzyl]-, 1-[p-n (oder tert.)-Butylbenzyl]- oder 1-[m-tert.-Butylbenzyl]-piperazinen mit entsprechenden Benzyl- bzw. Benzhydrylhalogeniden in Ggw. von Halogenwasserstoffacceptoren erhalten. (**Can. P. 551 765** vom 14/2. 1952, ausg. 14/1. 1958. Belg. Prior. 15/2., 22/3., 28/4. 1951, 12/1. u. 23/1. 1952.) EBERHARD RIEDEL. H 3272

American Cyanamid Co., New York, übert. von: Coy W. Waller, Bernard R. Baker, Nanuet, N.Y., Joseph P. Joseph, Cliffside Park, N.J., und Peter W. Fryth, New York, N.Y., V.St.A., **Herstellung von 6-[tert.-Amino]-purinen,** bes. 6-Dialkylamino- oder 6-Piperidinopurin, durch Red. entsprechender 2-[substituierter Mercapto]-, 2-[substituierter Mercapto]-8-mercapto- oder 2.8-Di-[substituierter mercapto]-6-[disubstituierter amino]-purine in Ggw. von RANEY-Ni. (**Can. P. 552 566** vom 14/8. 1953, ausg. 4/2. 1958. A. Prior. 11/10. 1952.) EBERHARD RIEDEL. H 3272

Imperial Chemical Industries Ltd. (Erfinder: Sydney Horrobin), **Stabilisieren von Triazinylhalogeniden** durch Zusatz eines Puffergemisches aus einer Aminoarylsulfonsäure (I), deren Aminogruppe durch 2 gleiche oder verschiedene Alkyl- oder Aralkylgruppen mit $\geqq 2$ C-Atomen substituiert ist, u. einem Salz von I in solchem Verhältnis, daß eine wss. Lsg. einen pH-Wert von 3—7, bes. 4,5—6, aufweist. (**Aust. P. 229 526** vom 23/7. 1958, ausg. 18/8. 1960. E. Prior. 7/8. 1957.) C. LÜTTGEN. H 3313

Alfred Wende und Heinz Priebe, Berlin, **Herstellung von monosubstituierten Triazindiepoxiden** durch Rk. von Cyanurchlorid (I) mit 1 Mol Alkohol bei 10—30° in Ggw. wasserfreier Lsgm. u. Alkalimetall u. anschließende Umsetzung mit 2 Mol Epoxidalkohol oder dem entsprechenden Chlorhydrin bei 5—15°. — Zu 100 (g) I in 1300 ml abs. Bzl. werden 24,8 abs. A. u. 40 Glycid (II) gegeben, danach 12,5 Na-Draht zugesetzt. Dem Rk.-Prod. werden unter Kühlung 40,3 II u. 25 Na zugesetzt, die Lsg. wird filtriert, mit CO_2 neutralisiert u. das Lsgm. bei 60—70° entfernt: 95% *2-Äthoxy-4.6-diglycidoxy-1.3.5-triazin*; Epoxidäquivalent 134. — Analog folgende 4.6-Diglycidoxy-1.3.5-triazine: Aus 184,5 I, 94 Phenol u. 148 II 90% *2-Phenoxy-*, Epoxidäquivalent 185. — Aus 184,5 I, 100 Cyclohexanol u. 148 II 89% *2-Cyclohexyloxy-*, Epoxidäquivalent 190. — Aus 184,5 I, 98 Furfurylalkohol u. 148 II 75% *2-Furfuryloxy-*, Epoxidäquivalent 165. (**D. P. [DDR] 21 812** Kl. 12p vom 10/1. 1957, ausg. 22/8. 1961 [Wirtschaftspatent].) L. GROSSNER. H 3313

Süddeutsche Kalkstickstoffwerke Akt.-Ges. (Erfinder: Lothar Strassberger und Gerhard Wendlberger), Trostberg/Obb., **Herstellung von Alkaliverbindungen des Tricyanmelamins.** Alkalimetall-Verbb. (I), deren nichtmetall. Bestandteil sich bei Temp. >100 verflüchtigt, werden bei Temp. zwischen 460 u. 660° bei vermindertem Druck mit Dicyandiamid (II) in einer Menge umgesetzt, daß auf 1—2 Mol II 1 Metalläquivalent kommt. — Beispiele für I: Alkalicarbonate, Hydroxide, Amide, Acetate, Formiate, Alkoholate, Sulfite u. Sulfide, ggf. Gemische davon. Verw.-Zweck ist nicht angegeben. (**D. A. S. 1 112 985** Kl. 12p vom 29/4. 1960, ausg. 24/8. 1961.) A. KALIX. H 3313

Sun Oil Co., Philadelphia, übert. von: Sterling E. Voltz, Brookhaven, Pa., V.St.A., **Herstellung von viscosen Polymeren aus α-Olefinen.** Diese werden bei 0—150° mit einer Dispersion in einer organ. Fl. von $PbCl_2$ u. einem Al-Alkyldihalogenid, wobei das Mol-Verhältnis von Al-Alkyldihalogenid zum $PbCl_2$ zwischen 0,1—10 ist, oder von TiH_2, Hg-Halogenid u. Al-Trialkyl in einer organ. Fl. in Kontakt gebracht. So wird 4-Methylpenten-(1) polymerisiert. (**A. PP. 2 965 691** u. **2 965 692** vom 6/4. 1959, ausg. 20/12. 1960.) E. KAHLES. H 4010

Union Carbide Corp., New York, N.Y. (Erfinder: Howard Russell Guest, Charleston, Ben Wilton Kiff, Ona, und Calvert Bernard Halstead, St. Albans, W.Va.), V.St.A., **Polymere Reaktionsprodukte aus mehrwertigen Alkoholen und ungesättigten Acetalen** werden durch Rk. eines ungesätt. Acetals der allg. Formel I

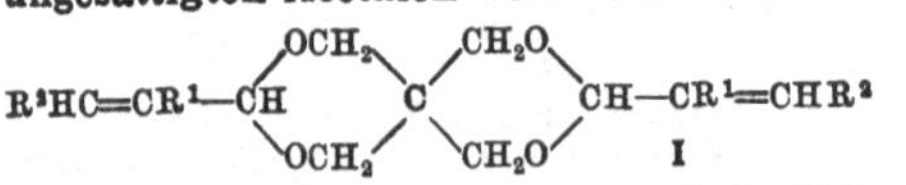

I

(R^1 = H, Cl oder CH_3, R^2 = H oder CH_3) mit einem mehrwertigen Alkohol bei 90—170° in Ggw. von 0,05% eines Schwefelsäureesters hergestellt. Als mehrwertiger Alkohol dient Pentaerythrit, Trimethylolpropan, Trimethyloläthan, Sorbit oder Mannit. Als Acetale dienen 3.9-Diisopropenyl-spiro-bis-[m-dioxan], 3.9-Divinyl-spiro-bis-[m-dioxan], 3.9-Bis-[1-chlorvinyl]-spiro-bis-[m-dioxan]. Als Schwefelsäureester dienen diejenigen von Pentaerythrit u. von Äthyl- oder Octylalkohol. — 318 (g) 3.9-Divinyl-spiro-bis-[m-dioxan], 68 Pentaerythrit u. 3,01 $(C_2H_5O)_2SO_2$ werden auf 110° erhitzt u. die Temp. in 40 Min. auf 140° gesteigert. Nach dem Ausgießen in Formen wird weiter wärmegehärtet. (**D. A. S. 1 113 091** Kl. 39c vom 28/7. 1958, ausg. 24/8. 1961. A. Prior. 1/8. 1957.) A. Dandl. H 4010

Farbwerke Hoechst Akt.-Ges., vormals Meister Lucius & Brüning, Frankfurt/M., **Herstellung makromolekularer linearer Polyester** aus Diolen u. Estern von Dicarbonsäuren mit 1wertigen Alkoholen. Als Katalysator wird $Mn_3(PO_4)_2$, ggf. im Gemisch mit für diesen Zweck bekannten Katalysatoren verwendet. Pro Mol Dicarbonsäureester werden nur 0,005—0,05 Mol Katalysator benötigt. Vgl. F. P. 1 151 814; C. **1960.** 3743. (**Holl. P. 97 296** vom 12/6. 1956, ausg. 15/3. 1961. D. Prior. 24/6. 1955.) F. Böhm. H 4010

Sandoz Akt.-Ges., Basel (Erfinder: Roger Boissonas, Bottmingen, und Stephan Guttmann, Basel), Schweiz, **Herstellung eines neuen Polypeptids** der Formel I. Als Ausgangs-Prod. wird ein Nonapeptid benutzt, in dem beide S-Atome (in Formel I) nicht mit einander verbunden, sondern durch Reste substituiert sind. Durch eine Red. mit Hilfe einer Lsg. eines Alkalimetalls in fl. NH_3 werden NH_2^*- u. SH-Reste gebildet. Das so entstehende Zwischenprod. wird in wss. Lsg. durch Luft, O_2 oder H_2O_2 zum Endprod. der Formel I oxydiert. (**Port. P. 37 993** vom 20/1. 1961. Auszug veröff. 29/3. 1961.) A. Kalix. H 4070

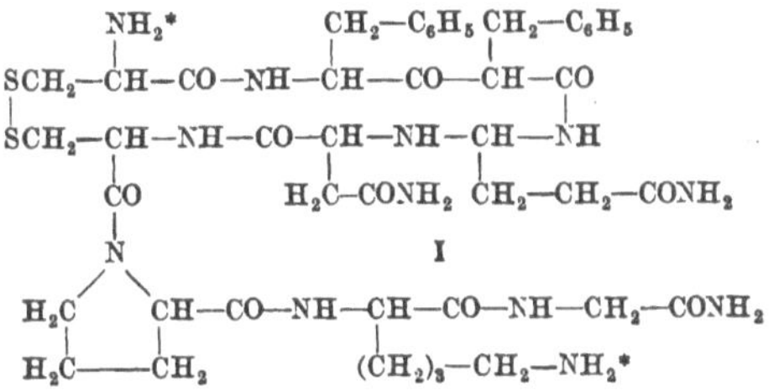

Farbenfabriken Bayer Akt.-Ges., Leverkusen, **Kondensationsprodukte** werden durch Rk. von Proteinen mit Pyrokohlensäureestern der allg. Formel R—O—COO—COO—R (R = gleiches oder verschiedenes Alkyl, Cycloalkyl, Aryl, Aralkyl oder heterocycl. Rest, bes. Furfuryl) in W. bei 35—50° unter Abspaltung von Alkohol u. CO_2 erhalten. Es wird 15%ig. wss. Gelatine mit Pyrokohlensäurediäthylester umgesetzt. Weitere Ausgangsstoffe sind: Casein, Zein, Sojaprotein u. Leim; Pyrokohlensäuredimethyl-, -propyl-, -isopropyl-, -butyl-, -isoamyl-, -cyclohexyl-, -phenyl-, -benzyl- u. -furfurylester (erhältlich aus Chlorameisensäureestern u. Alkalisalzen von Kohlensäuremonoestern). Die Kondens.-Prodd. haben eine höhere Viscosität als die Ausgangsstoffe; die Fähigkeit, mit HCHO gehärtet zu werden, bleibt auch beim Lagern der getrockneten Prodd. erhalten. (**E. P. 819 006** vom 4/7. 1957, ausg. 26/8. 1959. D. Prior. 5/7. 1956.) G. Krauss. H 4070

X. Färberei. Organische Farbstoffe

Bestimmung der Adsorption von Küpenfarbstoffen. Je. Ss. Nekrassowa und Ss. G. Abramowitsch. (Текстильная Промышленность [Textil-Ind.] **20.** Nr. 7. 49—52. Juli 1960. Woroschilow-Forschungs-Inst. für organ. Zwischenprodd. u. Farbstoffe.) (Russ.)

Küpenfarbstoffe werden von mercerisierter u. nichtmercerisierter Baumwolle in N_2 stärker als an Luft adsorbiert, bes. Indanthren u. indigoide Farbstoffe. In der Struktur ähnliche Farbstoffe werden in gleicher Weise adsorbiert. J. v. Schroeder. 7002□

Einfluß einiger intermolekularer Änderungen der Maisstärke auf ihre Eigenschaften als Verdickungsmittel beim Druck mit Küpenfarbstoffen. K. Dimov, Rosa Valtschewa, Rosa Gvosdieva und Ewg. Kaltschev. (Melliand Textilber. **43.** 270—72. März 1962. Sofia, Bulgarien.) (Dt.)

Verss. über den Zusammenhang zwischen Güte, Struktur u. chem. Bau der Verdickungsmittel werden durchgeführt u. die optimalen Bedingungen für den therm. u. säuretherm. Abbau von Maisstärke mit HCl u. HNO_3 festgestellt. Dabei werden Carbonyl- u. Carboxylgruppen gebildet, wobei die Bldg. der Carbonylgruppen bei längerer Prozeßdauer u. Temp.-Erhöhung bevorzugt erfolgt. Die Güte des Verdickungsmittels ist nicht allein von der Intensität des Stärkeabbaus abhängig, sondern auch von der Menge der sich bildenden Carbonyl- u. Carboxylgruppen. H.-H. Michel. 7006□

Färben von Polyesterfasern. J. Monheim. (Chemiefasern **12.** 121—23. Febr. 1962.) (Dt.)

Die Schwierigkeiten beim Färben von Polyesterfasern u. ihre Ursachen werden beschrieben u. die Möglichkeiten zu ihrer Behebung angegeben. Von den Farbstoffen, die sich bes. für die Polyesterfärbung eignen, werden die Dispersionsfarbstoffe hervorgehoben. Von den speziellen Färbeverff. werden bes. das Hochtemp.-Verf. für Polyesterfasern u. das Thermosol-Verf. für Fasergemische mit Wolle oder Cellulosefasern bes. behandelt. R. Kiessling. 7020□

Färben von Polyamidfasern mit Blauholzschwarz. Heinz Dunkel. (Textil-Prax. **16.** 1129—31. Nov. 1961.) (Dt.)

Zu den wenigen Farbstoffen auf Basis von Natur-Prodd., die eine gewisse Bedeutung behalten haben, gehört das *Blauholzschwarz*, das sich zum Färben echter Schwarztöne auf Seide, Wolle, Acetat u. Polyamidfasern gut eignet. Es wird auf das Herkommen hingewiesen u. die Konstit. des als färbender Bestandteil angenommenen Hämateins angegeben sowie die mutmaßliche Rk. mit den Polyamidfasern auf Grund einer Salz-Bldg. erläutert. Von Interesse sind wegen der besseren Echtheiten jedoch nur die mit Metallsalzen erhaltenen Färbungen, von denen die Chromlack-Verb. zu den wichtigsten gehört. Der Chromierprozeß wird beschrieben u. auf die Punkte hingewiesen, die bei der prakt. Durchführung einen einwandfreien Farbausfall gewährleisten. Beispiele für das Jigger- u. App.-Färben werden angeführt. Das Abziehen einer mißlungenen Färbung auf Reinweiß ist nicht möglich. L. Jentgen. 7020□

Das Färben von Perlon-Socken bei gleichzeitiger kurzer Betrachtung der Strumpffärberei. W. Hentschke. (Textil-Prax. **16.** 1143—44. Nov. 1961.) (Dt.)

Die heute üblichen Arbeitsvorgänge von der Zwirnfixierung bis zur Ausrüstung werden beschrieben. Hingewiesen wird auf die Notwendigkeit einer gründlichen Wäsche vor dem Färben. Rezepte für das Färben mit Elanylfarbstoffen, einem Spezialsortiment aus Dispersions- u. 1 : 2-Metallkomplexfarbstoffen, ausgewählten sauren Wollfarbstoffen u. für das Bleichen mit $NaClO_2$ bzw. Na_3PO_4 u. opt. Aufheller werden angegeben. L. Jentgen. 7020□

Neue Wege des Färbens und Austüstens von Maschenware. F. Schmidt. (Textil-Prax. **16.** 1145—47. Nov. 1961.) (Dt.)

Eine neuartige Färbemaschine wird beschrieben, mit der Maschenware nach den verschiedensten Foulard-Verff. gefärbt u. ausgerüstet werden kann. Ihre Konstruktion wird bes. den Erfordernissen der verschiedenen Breiten, des möglichst geringen Verzugs der Ware in Längsrichtung u. ganz allg. der Forderung einer Qualitätsverbesserung gerecht. Eingesetzt wird dieser als Zwickelfoulard konstruierte Foulard zum Färben u. Bleichen von Baumwollschlauchware, Färben von Kettenstuhlware aus synthet. Fasern u. zur Appretur. L. Jentgen. 7020□

Die praktische Anwendung der Remazol-Farbstoffe im Zweiphasen-Druckverfahren. G. Dillmann. (Melliand Textilber. **43.** 265—69. März 1962. Farbwerke Höchst AG, ATA-Farben-Druckerei.) (Dt.)

Die Rk.-Weise der Remazolfarbstoffe, die als reakt. Gruppen Na-β-Fluorsulfonyläthylsulfat enthalten, mit der Faser u. W. wird beschrieben. Das Prinzip, die Farbstoffe nach dem Zweiphasendruck-Verf. zu fixieren, besteht darin, den Farbstoff mit Verdickungsmittel ohne Zusatz eines Fixierungsmittels aufzudrucken, nach dem Trocknen durch eine alkal., elektrolythaltige wss. Lsg. zu fahren u. unmittelbar darauf in einer Schnelldämpfanlage zu fixieren. Das Verf. ist für Maschinen- u. Filmdruck geeignet. Die Schwierigkeit des Anblutens vom Weißfonds durch den wasserlösl. Farbstoff kann durch eine alkal. Flotte mit hohem Elektrolyt-Geh. ausgeschaltet werden. Angaben der Arbeitsweise für die Praxis, Funktion der Zusätze u. Hinweise auf geeignete Verdickungsmittel werden gegeben. Die Durchführung des Druckes u. die Abmusterung wird in Einzelheiten beschrieben. Die Vorteile dieses Verf. liegen in der guten Farbausbeute, der unbegrenzten Haltbarkeit der Druckfarben, der guten Lauf-Eigg. beim Druck, der guten Lagerfähigkeit der bedruckten Ware, der geringen Dämpfzeit sowie der sicheren Reproduzierbarkeit der Farbtöne. Eine Abwandlung des Verf. liegt darin, die Farbstoffe durch eine Naßentw. ohne Dämpfen auf der Faser zu fixieren. Das Verf., für Baumwolle u. Regeneratfasern geeignet, wird in Einzelheiten beschrieben. Weitere Anwendungsgebiete ergeben sich in Kombination mit Echtfärbesalzen auf naphtholierter Ware, als Buntreserven unter Naphthol AS-Färbungen u. unter Anilinschwarz. Die Verff. werden beschrieben. H.-H. Michel. 7022□

Badische Anilin- & Soda-Fabrik Akt.-Ges., Ludwigshafen/Rh., **Färben von Acrylonitrilpolymerisaten und -mischpolymerisaten linearer Struktur** in gelben u. orangefarbenen Tönen durch Verw. von bas. Farbstoffen der allg. Formel **I** oder **II**, in der

I

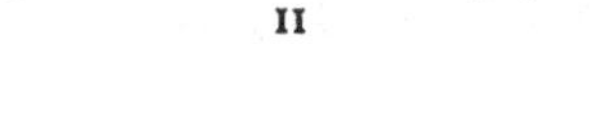

II

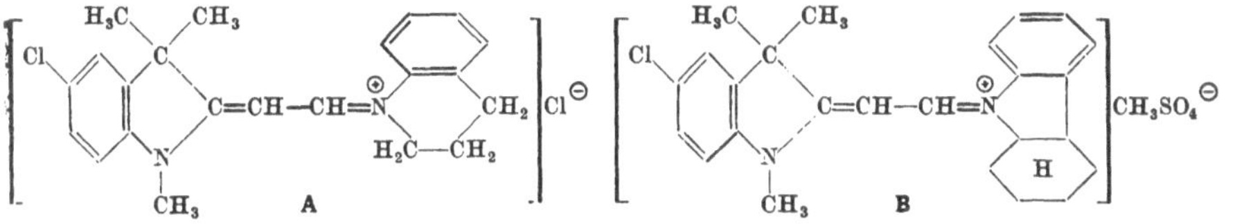

X u. Y 2-wertige Gruppen, die 2 N-haltige 5- oder 6-Ringe bilden, R einen Alkyl-, Cycloalkyl-, Aryl- oder Aralkylrest u. Z⊖ das Anion einer mittelstarken bis starken Säure bedeuten. — Beispiele: **A** u. **B**. (**E. P. 809 382** vom 22/10. 1956, ausg. 25/2. 1959. D. Prior. 25/10. 1955.) C. Lüttgen. 7021

Ciba Ltd. (Erfinder: Eduard Moser und Albert Bolleter), **Druckpräparat für Textilien,** das unter neutralen Bedingungen entwickelt werden kann. Es enthält als Kupplungskomponente ein von wasserlösl.-machenden Gruppen freies 4-Arylazo-1-amino-7-hydroxynaphthalin u. als stabilisierte Diazo-Verb. eine Diazoamino-Verb. der Zus. **I** (R = einen höchstens bicycl. von wasserlösl.-machenden Gruppen freien Arylrest, X = KW-Stoffrest, der wasserlösl.-machenden Gruppen enthalten kann, Y = H oder SO_3H. — Tabelle. (**Aust. P. 225 169** vom 14/10. 1957, ausg. 3/12. 1959. Schwz. Prior. 18/10. 1956.) O. Roick. 7023

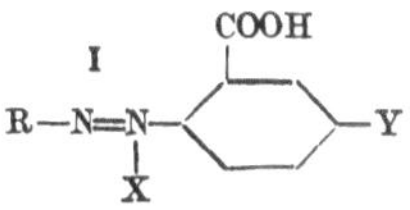

Sandoz Akt.-Ges., Basel (Erfinder: Ernest Merian, Bottmingen, und Bruno Nicolaus, Basel), Schweiz, **Herstellung von Monoazofarbstoffen der Benzothiazolreihe.** Die Diazo-Verb. aus einem 2-Aminobenzothiazol der allg. Formel **I** (R_3 = niedrigmol. Alkyl oder Alkylen oder eine ggf. durch Alkyl, Aryl, Aralkyl oder Cycloalkyl substituierte NH_2-Gruppe; R_4 = H oder niedrigmol. Alkyl u. R_5 = Halogen) wird mit einer Azokomponente der allg. Formel **II** [R_1 = Alkylen; R_2 = Hydroxyalkyl, Dihydroxyalkyl, Alkoxyalkyl, Acetoxyalkyl (ggf. weiter substituiert), Cyanalkyl, CHF_2, CF_3, fluoriertes Cyanalkyl, Carbalkoxyalkyl oder Carbaminsäurealkylester; M = H, OH, Alkoxy, Acetoxy oder Carbaminsäurealkylester; Y = H, Halogen, niedrigmol. Alkyl oder Alkoxy, CF_3, $NHCOCF_3$ oder Alkanoylamino u. Z = H, Halogen, niedrigmol. Alkyl oder Alkoxy oder zusammen mit $-\overset{|}{N}-CH_2-R_2$ u. dem angrenzenden Benzolkern = Tetrahydrochinolin] gekuppelt. Die unlösl. Farbstoffe eignen sich zum Färben von synthet. Polyamid-, Celluloseester-, Polyvinyl-, Polyacrylonitril- u. Terephthalsäureesterfasern in brillanten roten u. violetten Tönen u. sehr guten Allgemeinechtheiten. — 15,35 (Teile) *2-Amino-4-brom-6-methansulfonylbenzothiazol* → 10 *N-Cyanäthyl-N-hydroxyäthylaminobenzol* (**III**). Der isolierte Farbstoff ist ein dunkelrotes Pulver (F. 232°) u. löst sich in A., Dioxan u. Essigester. Er färbt Celluloseesterfasern blaustichig rot u. ist sehr licht-, wasch-, schweiß-, sublimier- u. plissierecht. Die Färbungen sind ätzbar. *2-Amino-4-chlor-6-methansulfonylbenzothiazol* → **III** (F. 214—218°). In den folgenden Farbstoffen ist in den allg. Formeln: $R_3 = CH_3$; R_4 = H u. Z = H. [R_1 =] $-CH_2-CH_2-$, [R_3 =] $-CH_2-OH$, [R_5 =] Br, [Y =] CH_3, [M =] OH (F. 214°); $-CH_2-CH_2-$, $-CH_2-CN$, Br, CH_3, H (F. 220°); $-CH_2-$, $-CH_2-CN$, Br, H, H (F. 263°); $-CH_2-CH_2-$, $-CH_2-CN$, Cl, CH_3, H (F. 221°) u. $-CH_2-CH_2-$, $-CH_2-O-CO-NH-C_6H_5$, Br, Cl, $-O-CO-NH-C_6H_5$ (F. >275°). Die Diazokomponenten sind neu u. werden wie folgt hergestellt: 46 (Teile) 2-Amino-6-methansulfonylbenzothiazol (**IV**), in 766 Eisessig u. 144 Propionsäure heiß gelöst, werden auf 0° gekühlt, wobei das Amin in feiner Form ausfällt. Zugabe von 25 Br_2 in 50 Eisessig u. 10 Propionsäure. Das Gemisch wird mehrere Std. lang bei Raum-Temp. u. dann 1 Std. lang bei 100° gerührt. Die gelbe Br-Verb. wird abfiltriert, gewaschen u. im Vakuum getrocknet (F. 278°). Die Cl-Verb. wird wie folgt erhalten: 22,5 (Teile) **IV** werden in 200 $HCON(CH_3)_2$ gelöst. Nach Zugabe von 1 $FeCl_3$ (Katalysator) wird bei 40—80° 2 Std. lang Cl_2 eingeleitet. Nach dem Erkalten krist. die Cl-Verb. aus. Durch Umlösen aus 20% ig. HCl oder Umkristallisieren aus A. läßt sie sich reinigen (F. 295—296°). (**D. A. S. 1 113 772** Kl. 22a vom 31/1. 1959, ausg. 14/9. 1961. **F. P. 1 220 194** vom 3/2. 1959, ausg. 23/5. 1960. **E. P. 868 037** vom 4/2. 1959, ausg. 17/5. 1961. Alle Schwz. Prior. 5/2. 1958 u. 26/1. 1959.) F. Rath. 7053

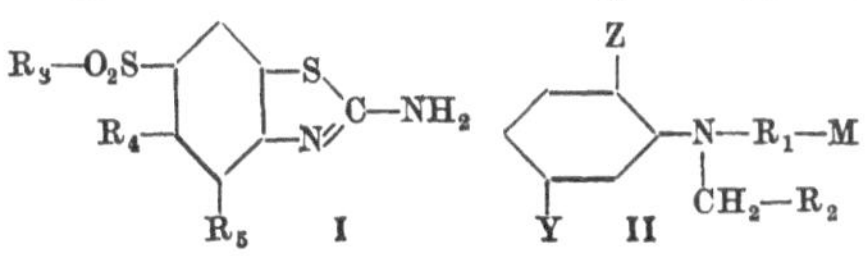

Farbenfabriken Bayer Akt.-Ges., Leverkusen (Erfinder: Horst Nickel, Karl-Heinz Schmidt, Köln, Karl-Heinz Schündehütte und Fritz Suckfüll, Leverkusen), **Herstellung metallhaltiger Azofarbstoffe.** Diazo-Verbb. mit metallkomplexbildender Gruppe in o-Stellung zur Diazoniumgruppe werden mit Verbb.

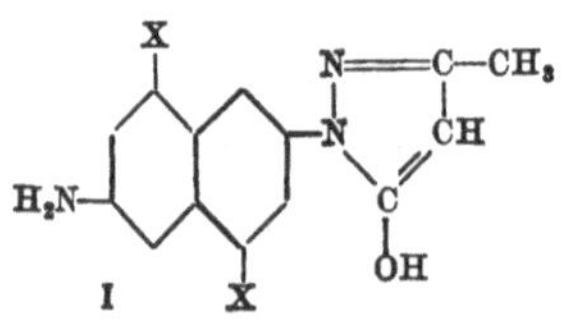

der allg. Formel I (ein X = SO_3H, das andere X = H oder SO_3H) in o-Stellung zur enol. OH-Gruppe gekuppelt, erneut diazotiert u. mit Amino-Verbb. der Benzol- oder Naphthalinreihe, die in o-Stellung zur Aminogruppe eine komplexbildende Gruppe besitzen, in p-Stellung zur Aminogruppe gekuppelt, weiterdiazotiert u. mit Azokomponenten gekuppelt, die in o-Stellung zur Kupplungsstelle eine OH-Gruppe besitzen. Anschließend werden die *Trisazofarbstoffe* metallisiert. — *1-Carboxy-2-aminobenzol-4-sulfonsäure* → *1-[6'-Amino-4'.8'-disulfonaphthyl-(2')]-3-methylpyrazolon-(5)* → *1-Amino-2-äthoxynaphthalin-6-sulfonsäure* → *2-Hydroxynaphthalin-3.6-disulfonsäure*. Der wie üblich isolierte Farbstoff wird gekuppelt u. färbt dann Baumwolle in grünen Tönen. Die Färbungen sind bes. lichtecht. (**D. A. S. 1 098 648** Kl. 22a vom 10/9. 1958, ausg. 2/2. 1961. **F. P. 1 236 711** vom 4/9. 1959, ausg. 18/11. 1960. D. Prior. 10/9. 1958.) F. Rath. 7055

Badische Anilin- & Soda-Fabrik Akt.-Ges. (Erfinder: Karl Maier), Ludwigshafen/Rh., **Saure Anthrachinonfarbstoffe**, die Polyamide gut naßecht kräftig u. gleichmäßig rotstichigblau färben u. auch Wolle in leuchtendblauen Tönen färben, werden durch Rk. von 1-Amino-4-halogenanthrachinon-2-sulfonsäuren oder deren Salzen mit Isocamphanylmethylamin (I) erhalten. — Ein Gemisch von 47 (Teilen) Na-1-Amino-4-bromanthrachinon-2-sulfonat u. 19 I ($Kp._{15}$ 112—115°, Aminzahl 233, erhältlich durch Einleiten von CO u. H_2 in Camphen in Ggw. von Raney-Co im Druckgefäß bei 150 atü bis zur konst. Gasaufnahme u. Erhitzen des erhaltenen Aldehyds in CH_3OH zusammen mit Raney-Co u. fl. NH_3 bei 200 atü auf 120°) wird in einem Gemisch aus 300 W. u. 100 CH_3OH zusammen mit 12 Na_2CO_3 u. 1 CuCl 14 Std. lang bei 75—80° gerührt. Der Farbstoff schmilzt bei 213—215° (CH_3OH). (**D. A. S. 1 117 244** Kl. 22b vom 13/6. 1959, ausg. 16/11. 1961.) O. Roick. 7059

Ciba Ltd., Basel, Schweiz, *Bedrucken und Klotzen von Textilien.* (**E. P. 863 216** vom 18/10. 1957, ausg. 22/3. 1961. **Belg. P. 561 694** vom 17/10. 1957, ausg. 20/5. 1960. Beide Schwz. Prior. 18/10. 1956. — C. **1962.** 658 [Schwz. P. 347 168].)

Böhme Fettchemie G. m. b. H. (Erfinder: **Karl Goldann**), Düsseldorf, *Verbesserung der Eigenschaften von Carbonamidgruppen enthaltenden Formgebilden.* (**Jap. A. S. 4992/1960** vom 5/7. 1957, ausg. 12/5. 1960. D. Prior. 8/8., 16/8. 1956 u. 2/3. 1957. — C. **1960.** 10768 [F. P. 1 178 102].)

Montecatini Soc. Gen. per l'Industria Mineraria e Chimica, Mailand, Italien, *Herstellung von Kunstharzartikeln mit verbesserter Oberflächeneigenschaft und Anfärbbarkeit.* (**Belg. P. 558 004** vom 31/5. 1957, ausg. 25/3. 1960. It. Prior. 1/6., 26/11. 1956 u. 3/5. 1957. — C. **1960.** 5981 [Oe. P. 201 862].)

Montecatini Soc. Gen. per l'Industria Mineraria e Chimica, Mailand, Italien, *Harzformkörper mit verbesserten Oberflächeneigenschaften.* (**E. P. 850 471** vom 31/5. 1957, ausg. 5/10. 1960. It. Prior. 1/6., 26/11. 1956 u. 3/5. 1957. — C. **1960.** 5981 [Oe. P. 201 862].)

Polyplastic, Paris, Frankreich, *Pfropfen von Gegenständen aus Polymeren.* (**Oe. P. 212 571** vom 30/1. 1958, ausg. 27/12. 1960. F. Prior. 2/2. 1957. — C. **1960.** 5323 [F. P. 1 166 173].)

Badische Anilin- & Soda-Fabrik Akt.-Ges. (Erfinder: **Roland Müller** und **Julius Eisele**), Ludwigshafen/Rh., *Färben von Fasermischungen.* (**D. A. S. 1 111 142** Kl. 8m vom 18/4. 1956, ausg. 20/7. 1961. **Belg. P. 556 803** vom 18/4. 1957, ausg. 26/2. 1960. D. Prior. 18/4. 1956. — C. **1962.** 658 [A. P. 2 922 690].)

Badische Anilin- & Soda-Fabrik Akt.-Ges. (Erfinder: **Julius Eisele, Roland Müller, Wilhelm Rümens** und **Josef Stadler**), Ludwigshafen/Rh., *Färben und gegebenenfalls gleichzeitiges Veredeln von Textilien.* (**D. A. S. 1 114 774** Kl. 8m vom 13/3. 1957, ausg. 12/10. 1961. — C. **1962.** 2551 [E. P. 843 720].)

Badische Anilin- & Soda-Fabrik Akt.-Ges., Deutschland, *Färben von Mischgeweben.* (**F. P. 1 184 563** vom 18/4. 1957, ausg. 23/7. 1959. D. Prior. 18/4. 1956. — C. **1962.** 658 [A. P. 2 922 960].)

Chemstrand Corp., Decatur, Ala., V.St.A., *Färben von Geweben.* (**Belg. P. 560 259** vom 23/8. 1957, ausg. 22/4. 1960. A. Prior. 24/8. 1956. — C. **1960.** 6328 [E. P. 806 026].)

Ciba Ltd. (Erfinder: **Jacques Wegmann** und **Peter Stahel**), *Färben von polyhydroxyliertem Fasermaterial mit wasserlöslichen β-Chloracylaminofarbstoffen.* (**Aust. P. 225 602** vom 12/8. 1957, ausg. 24/12. 1959. Schwz. Prior. 15/8. 1956 u. 11/1. 1957. — C. **1960.** 3046 [D. A. S. 1 058 467].)

Ciba Soc. An., Basel, Schweiz, *Färben von Polyacrylonitrilfasern.* (**Belg. P. 559 679** vom 30/7. 1957, ausg. 8/4. 1960. Schwz. Prior. 10/10. 1956. — C. **1960.** 11826 [A. P. 2 891 835].)

Farbenfabriken Bayer Akt.-Ges., Leverkusen (Erfinder: **K. Weis, H. Kleiner** und **O. Bayer**), *Oxydationsfärbungen und -drucke.* (**Belg. P. 555 777** vom 14/3. 1957, ausg. 12/2. 1960. D. Prior. 15/3., 11/7. u. 10/10. 1956. — C. **1958.** 1432 [D. B. P. 1 011 849], C. **1958.** 13637 [D. A. S. 1 028 968] u. C. **1959.** 6639 [D. A. SS. 1 039 480 u. 1 039 481].)

Farbenfabriken Bayer Akt.-Ges., Leverkusen (Erfinder: **W. Hees** und **O. Schneider**), *Färben von geformten Gebilden aus Polyestern oder Cellulosetriacetat.* (**Belg. P. 560 281** vom 24/8. 1957, ausg. 22/4. 1960. D. Prior. 30/8. 1956. — C. **1959.** 6640 [D. A. S. 1 039 478].)

Farbenfabriken Bayer Akt.-Ges., Leverkusen (Erfinder: **W. Hees, M. Quaevlieg** und **G. Ruhlig**), *Färben von geformten Gebilden aus Polyacrylonitril.* (**Belg. P. 564 802** vom 14/2. 1958, ausg. 15/7. 1960. D. Prior. 15/2. u. 31/10. 1957. — C. **1962.** 313 [A. P. 2 953 420].)

Farbenfabriken Bayer Akt.-Ges. (Erfinder: **Konrad Weis**, Leverkusen, **Helmut Kleiner**, Opladen, und **Otto Bayer**, Leverkusen), *Färben und Bedrucken von Textilien.* (**Holl. P. 98 821** vom 14/3. 1957, ausg. 15/8. 1961. **Schwz. P. 354 058** vom 22/2. 1957, ausg. 30/6. 1961. Beide D. Prior. 15/3., 11/7. u. 10/10. 1956. — C. **1958.** 1432 [D. A. S. 1 011 849], C. **1958.** 13637 [D. A. S. 1 028 968] u. C. **1959.** 6639 [D. A. SS. 1 039 480 u. 1 039 481].)

Farbenfabriken Bayer Akt.-Ges., Leverkusen (Erfinder: **Roland Dietrich**, Köln), *Haltbares Egalisiermittel.* (**Schwz. P. 353 717** vom 14/8. 1957, ausg. 15/6. 1961. **Belg. P. 560 280** vom 24/8. 1957, ausg. 22/4. 1960. Beide D. Prior. 29/8. 1956. — C. **1961.** 10756 [E. P. 824 459].)

Farbwerke Hoechst Akt.-Ges., vormals Meister Lucius & Brüning, Frankfurt/M. (Erfinder: **Walter Staab**, Offenbach), *Erzeugung von wasserunlöslichen Azofarbstoffen aus animalischen Fasern.* (**D. A. S. 1 114 776** Kl. 8m vom 12/7. 1955, ausg. 12/10. 1961. **E. P. 841 260** vom 12/7. 1956, ausg. 13/7. 1960. D. Prior. 12/7. 1955. — C. **1961.** 17395 [F. P. 1 167 705].)

Farbwerke Hoechst Akt.-Ges., vormals Meister Lucius & Brüning, Deutschland, *Färben und Bedrucken von Fasern aus natürlicher oder regenerierter Cellulose.* (**F. P. 1 203 796** vom 10/4. 1958, ausg. 21/1. 1960. **Oe. P. 205 956** vom 8/4. 1958, ausg. 26/10. 1959. Beide D. Prior. 10/4. 1957. — C. **1962.** 2914 [Belg. P. 566 648].)

Farbwerke Hoechst Akt.-Ges., vormals Meister Lucius & Brüning, Frankfurt/M.-Höchst, *Fixieren von Pigmenten mit Carboxyl- und/oder hydroxylgruppenhaltigen hochmolekularen Verbindungen auf Fasermaterial.* (**Oe. P. 212 268** vom 25/3. 1959, ausg. 12/12. 1960. D. Prior. 27/3. 1958. — C. **1961.** 9603 [D. A. S. 1 092 880].)

Farbwerke Hoechst Akt.-Ges., vormals Meister Lucius & Brüning (Erfinder: **Robert Sedlmayer, Otto Wiese** und **Erwin Bohnert**), Frankfurt/M., *Färben von weichmacherhaltigem Polyvinylchlorid.* (**Schwz. P. 351 103** vom 5/7. 1956, ausg. 15/2. 1961. D. Prior. 6/7. 1955. — C. **1962.** 1423 [Holl. P. 95 168].)

General Aniline & Film Corp., V.St.A. (Erfinder: **Frederick W. Posselt** und **Lester N. Stanley**), *Wässerige alkalische Lösung zur Erzeugung von Azofarbstoffen auf der Faser.* (**F. P. 1 187 366** vom 29/11. 1957, ausg. 10/9. 1959. A. Prior. 31/12. 1956.— C. **1960.** 17623 [D. A. S. 1 081 411].)

General Aniline & Film Corp., New York, N.Y. (Erfinder: **Robert E. Brouillard**, Westfield, **Thomas D. Mutaffis**, North Plainfield, N.J., und **Marvin O. Shrader**, Pittsburgh, Pa.), V.St.A., *Verbesserung der Eigenschaften von verküpbaren organischen Farbstoffen.* (**Schwz. P. 352 765** vom 26/7. 1956, ausg. 28/4. 1961. — C. **1959.** 1275 [A. P. 2 796 418].)

General Aniline & Film Corp., New York (Erfinder: **Frederick William Posselt** und **Lester Nelson Stanley**, Delmar), N.Y., V.St.A., *Stabile Lösung zur Herstellung von Eisfarben.* (**Schwz. P. 355 768** vom 6/12. 1957, ausg. 15/9. 1961. A. Prior. 31/12. 1956. — C. **1960.** 17623 [D. A. S. 1 081 411].)

Montecatini Soc. Gen. per l'Industria Mineraria e Chimica, Mailand, Italien, und **Karl Ziegler**, Mülheim/Ruhr (Erfinder: **Francesco Vacanti**, Mailand, Italien), *Herstellung von gleichmäßig gefärbten länglichen Gebilden aus Polypropylen.* (**Schwz. P. 355 250** vom 14/11. 1957, ausg. 15/8. 1961. It. Prior. 15/11. 1956. — C. **1962.** 1467 [D. A. S. 1 073 681].)

Badische Anilin- & Soda-Fabrik Akt.-Ges., Ludwigshafen/Rh., *Färben und Bedrucken von Gebilden aus Triacetylcellulose.* (**Belg. P. 558 009** vom 1/6. 1957, ausg. 25/3. 1960. D. Prior. 26/6. 1956. — C. **1960.** 10417 [D. A. S. 1 069 114].)

Comp. Française des Matières Colorantes, Paris (Erfinder: **Pierre Petitcolas**, Rouen, **André Paul Richard**, Oissel, **Robert Frédéric Michel Sureau**, Enghien, und **René Pierre Victor Roe**, Rouen), Frankreich, *Färbepräparate.* (**E. P. 866 510** vom 7/6. 1957, ausg. 26/4. 1961. F. Prior. 11/6. 1956. Zusatz zu E. P. 729 156; C. 1958. 5218. — C. **1960.** 11478 [A. P. 2 893 817].)

E. I. du Pont de Nemours & Co. (Erfinder: **Arthur Kenneth Saville**), Wilmington, Del., V.St.A., *Haltbare Druckpaste zum Färben von Textilmaterial.* (**Schwz. P. 355 127** vom 10/9. 1957, ausg. 15/8. 1961. **E. P. 856 325** vom 19/8. 1957, ausg. 14/12. 1960. Beide A. Prior. 12/9. 1956 u. 5/8. 1957. — C. **1961.** 16663 [A. P. 2 907 624].)

Farbenfabriken Bayer Akt.-Ges., Leverkusen (Erfinder: **K. Wagner, R. Schwaebel, W. Kass, W. Graulich** und **H. Kleiner**), *Färben und Bedrucken von Textilien mit Pigmenten.* (**Belg. P. 562 726** vom 27/11. 1957, ausg. 3/6. 1960. D. Prior. 1/12. 1956. — C. **1960.** 15913 [D. A. S. 1 074 002].)

Farbenfabriken Bayer Akt.-Ges. (Erfinder: **Rütger Neeff**), Leverkusen, *Färben von Fasermaterialien aus Polyestern oder Polyamiden.* (**Schwz. P. 355 435** vom 14/3. 1959, ausg. 31/8. 1961. D. Prior. 26/4. 1958. — C. **1960.** 4361 [D. A. S. 1 061 737].)

Interchemical Corp., New York, N.Y. (Erfinder: **Joyce Lois Johnson**, Fair Lawn, **Robert Emison Score**, Ho-Ho-Kus, und **Zeno Waterbury Wicks**, Glen Rock, N.J.), V.St.A., *Druckpasten zum farbigen Bedrucken von Textilien.* (**D. B. P. 975 142** Kl. 8n vom 21/1. 1955, ausg. 7/9. 1961. Anmeldung bekanntgemacht 2/8. 1956. A. Prior. 20/1. 1954. — C. **1959.** 14886 [F. P. 1 119 835].)

Badische Anilin- & Soda-Fabrik Akt.-Ges., Ludwigshafen/Rh., übert. von: **Otto Markgraf**, Neckargemund, **Curt Schuster, Karl Herrle** und **Ernst Boehm**, Ludwigshafen/Rh., *Partielles Färben von Pelzfellen und Leder.* (**A. P. 2 969 271** vom 21/5. 1957, ausg. 24/1. 1961. D. Prior. 25/5. 1956. — C. **1959.** 5960 [D. A. S. 1 035 095].)

Farbwerke Hoechst Akt.-Ges., vormals Meister Lucius & Brüning, Frankfurt/M., *Färben von Leder.* (**E. P. 868 142** vom 3/3. 1958, ausg. 17/5. 1961. D. Prior. 1/3. 1957. — C. **1959.** 10402 [D. A. S. 1 042 523].)

Badische Anilin- & Soda-Fabrik Akt.-Ges., Ludwigshafen/Rh. (Erfinder: **Max Bräuer**, Limburgerhof, und **Bjarne Hartmark**, Hambach), *Abziehen von mit Küpen- oder Schwefelfarbstoffen erzeugten Färbungen.* (**D. A. S. 1 112 042** Kl. 8m vom 3/6. 1955, ausg. 3/8. 1961. — C. **1961.** 14839 [F. P. 1 150 224].)

Badische Anilin- & Soda-Fabrik Akt.-Ges. (Erfinder: **Curt Schuster, Robert Gehm, Julius Eisele**, Ludwigshafen/Rh., und **Wilhelm Federkiel**, Frankenthal), *Verbessern der Echtheitseigenschaften von gefärbtem Textilmaterial.* (**D. B. P. 975 111** Kl. 8m vom 2/7. 1953, ausg. 17/8. 1961. Anmeldung bekanntgemacht 31/10. 1956. Zusatz zu D. B. P. 973 954; C. 1961. 11534. — C. **1957.** 9782 [E. P. 735 557].)

Farbenfabriken Bayer Akt.-Ges., Leverkusen, *Herstellung von polyquartären Verbindungen.* (**E. P. 869 423** vom 4/9. 1957, ausg. 31/5. 1961. D. Prior. 8/9. u. 20/10. 1956. — C. **1961.** 12653 [F. P. 1 182 074].)

J. R. Geigy Akt.-Ges., Basel, Schweiz, *Herstellung von 3.3-Dihalogenisoindolinonen-(1).* (**Oe. P. 208 851** vom 9/10. 1958, ausg. 10/5. 1960. Schwz. Prior. 10/12. 1957. — C. **1961.** 3821 [D. A. S. 1 090 213].)

Badische Anilin- & Soda-Fabrik Akt.-Ges., Ludwigshafen/Rh., *Herstellung komplexer Chromverbindungen von o.o'-Dihydroxymono- oder -disazofarbstoffen.* (**Holl. P. 98 772** vom 28/3. 1956, ausg. 15/8. 1961. D. Prior. 1/4. 1955. — C. **1961.** 10758 [F. P. 1 144 971].)

Ciba Akt.-Ges., Basel (Erfinder: **René de Montmollin**, Neuallschwil, und **Henri Riat**, Arlesheim), Schweiz, *Herstellung von Monoazofarbstoffen.* (**Schwz. P. 352 425** vom 8/3. 1957, ausg. 14/4. 1961. **A. P. 2 973 351** vom 3/3. 1958, ausg. 28/2. 1961. Schwz. Prior. 8/3. 1957. — C. **1962.** 3270 [D. A. S. 1 086 366].)

Ciba Ltd. (Erfinder: **Alfred Fasciati**), *Monoazofarbstoffe.* **(Aust. P. 224 278** vom 28/6. 1957, ausg. 29/10. 1959. Schwz. Prior. 29/6. u. 3/8. 1956. — C. **1960.** 16943 [D. A. S. 1 066 301].)

Ciba Ltd., Basel, übert. von: **Arthur Buehler**, Rheinfelden, **Alfred Fasciati**, Bottmingen, und **Christian Zickendraht**, Binningen, Schweiz, *Herstellung kobaltierter Azofarbstoffe.* **(Can. P. 552 610** vom 13/12. 1952, ausg. 4/2. 1958. Schwz. Prior. 15/12. 1951 u. 30/10. 1952. — C. **1956.** 4286 [D. B. P. 922 728].)

Ciba Ltd., Basel, übert. von: **Christian Zickendraht**, Binningen, und **Arthur Buehler**, Rheinfelden, Schweiz, *Co- und Cr-Komplexe von Monoazofarbstoffen.* **(Can. P. 552 614** vom 4/5. 1954, ausg. 4/2. 1958. Schwz. Prior. 5/5. 1953 u. 2/4. 1954. — C. **1961.** 5621 [D. B. P. 959 395].)

Ciba Ltd., Basel, übert. von: **Arthur Buehler**, Rheinfelden, und **Christian Zickendraht**, Binningen, Schweiz, *Herstellung kobaltierter Azofarbstoffe.* **(Can. P. 552 615** vom 31/8. 1954, ausg. 4/2. 1958. Schwz. Prior. 8/9. 1953. — C. **1958.** 11375 [D. B. P. 957 506].)

Ciba Ltd., Basel, übert. von: **Arthur Buehler**, Rheinfelden, Schweiz, *Co-Komplexe von Monazofarbstoffen.* **(Can. P. 553 318** vom 8/2. 1954, ausg. 18/2. 1958. Schwz. Prior. 11/2. 1953 u. 7/1. 1954. — C. **1957.** 9519 [D. B. P. 944 447].)

Ciba Ltd., Basel, übert. von: **Heinrich Zollinger**, Binningen, und **Alfred Fasciati**, Bottmingen, Schweiz, *Monoazofarbstoffe.* **(Can. P. 553 319** vom 9/8. 1954, ausg. 18/2. 1958. Schwz. Prior. 19/8. 1953 u. 2/7. 1954. — C. **1959.** 306 [D. B. P. 960 484].)

Ciba Ltd., Basel, übert. von: **Max Schmid, Willy Müller**, Riehen, **Eduard Moser**, Basel, **Jakob Danuser**, Arlesheim, **Rudlof Mory**, Binningen, und **Jakob Würgler**, Neuewelt, Schweiz, *Herstellung von Säureamidderivaten von Azoverbindungen.* **(Can. P. 554 129** vom 25/2. 1952, ausg. 11/3. 1958. Schwz. Prior. 2/3. 1951 u. 22/1. 1952. — C. **1955.** 6856 [D. B. P. 921 223].)

Farbwerke Hoechst Akt.-Ges., vormals Meister Lucius & Brüning, Frankfurt/M., *Färben von geformten Gebilden aus Polyestern.* **(Holl. P. 98 093** vom 13/3. 1959, ausg. 15/5. 1961. D. Prior. 13/3. 1958. — C. **1960.** 4680 [D. A. S. 1 061 738].)

Imperial Chemical Industries Ltd., London (Erfinder: **William Elliot Stephen**, Manchester), England, *Herstellung von Monoazofarbstoffen.* **(Schwz. P. 351 690** vom 22/11. 1955, ausg. 15/3. 1961. E. Prior. 29/11. 1954 u. 14/11. 1955. — C. **1961.** 11904 [F. P. 1 139 796].)

J. R. Geigy Akt.-Ges., übert. von: **Guido Schetty**, Basel, Schweiz, *Kobaltierte Monoazofarbstoffe.* **(Can. P. 552 675** vom 2/1. 1953, ausg. 4/2. 1958. Schwz. Prior. 5/1. 1952. — C. **1956.** 13263 [F. P. 1 077 552].)

J. R. Geigy Akt.-Ges., Basel, übert. von: **Achille Conzetti**, Lugano, und **Meinrad Hürbin**, Basel, Schweiz, *Metallisierbare Monoazofarbstoffe.* **(Can. P. 553 179** vom 2/2. 1954, ausg. 11/2. 1958. Schwz. Prior. 4/2. 1953 u. 8/1. 1954. — C. **1960.** 307 [D. B. P. 945 642].)

J. R. Geigy Akt.-Ges., Basel, übert. von: **Achille Conzetti**, Lugano, Schweiz, *Monoazofarbstoffe mit einer 2-Amino-2-hydroxynaphthalin-6-sulfonsäuregruppe.* **(Can. P. 553 180** vom 16/2. 1954, ausg. 11/2. 1958. Schwz. Prior. 18/2. 1953. — C. **1957.** 273 [D. B. P. 941 988].)

Allied Chemical & Dye Corp., New York, übert. von: **Norman L. Anderson**, Hamburg, N.Y., V.St.A., *Unsymmetrische Trisazofarbstoffe.* **(Can. P. 552 942** vom 7/3. 1953, ausg. 11/2. 1958. A. Prior. 29/4. 1952. — C. **1960.** 1337 [A. P. 2 775 582].)

American Cyanamid Co., New York, N.Y., übert. von: **Mario Scalera**, Somerville, **Frederick Brody**, Plainfield, und **Frank Fazio**, Bound Brook, N.J., V.St.A., *Stabilisierung von gekupferten Azofarbstoffen.* **(Can. P. 552 565** vom 14/11. 1952, ausg. 4/2. 1958. A. Prior. 23/9. 1952. — C. **1956.** 8492 [D. B. P. 934 906].)

Ciba Ltd., Basel, übert. von: **Henri Riat**, Arlesheim, Schweiz, *Gekupferte Trisazofarbstoffe.* **(Can. 552 609** vom 28/10. 1952, ausg. 4/2. 1958. Schwz. Prior. 8/11. 1951 u. 14/10. 1952. — C. **1956.** 12693 [D. B. P. 927 042].)

Ciba Ltd., Basel, übert. von: **Walter Hanhart**, Riehen, Schweiz, *Herstellung metallisierter Trisazofarbstoffe.* **(Can. P. 552 611** vom 24/3. 1953, ausg. 4/2. 1958. Schwz. Prior. 31/3. 1952 u. 17/2. 1953. — C. **1956.** 2886 [D. B. P. 930 222].)

Ciba Ltd., Basel, übert. von: **Paul Dreyfuß** und **Fritz Oesterlein**, Basel, und **Henri Riat**, Arlesheim, Schweiz, *Kupferung von Diazofarbstoffen.* **(Can. P. 552 612** vom 23/12. 1953, ausg. 4/2. 1958. Schwz. Prior. 24/12. 1952 u. 27/11. 1953. — C. **1957.** 3668 [D. B. P. 942 345].)

Ciba Ltd., Basel, übert. von: **Jakob Danuser**, Arlesheim, und **Hans-Luzi Schucan**, Bettingen, Schweiz, *Disazofarbstoffe.* **(Can. P. 552 616** vom 17/9. 1954, ausg. 4/2. 1958. Schwz. Prior. 29/9. 1953 u. 7/7. 1954. — C. **1959.** 307 [Belg. P. 532 140].)

Farbenfabriken Bayer Akt.-Ges., Leverkusen (Erfinder: **Klaus Böckmann**, Köln, und **Carl Taube**, Leverkusen), *Kupferhaltige Disazofarbstoffe.* **(Holl. P. 98 853** vom 16/8. 1957, ausg. 15/8. 1961. D. Prior. 17/8. 1956. — C. **1960.** 16945 [D. A. S. 1 032 449].)

VEB Farbenfabrik Wolfen (Erfinder: **Otto Hoffmann** und **Günther Essbach**), Wolfen, *Azofarbstoff.* **(Ung. P. 144 456** vom 8/4. 1957, ausg. 1/11. 1958. D. Prior. 14/6. 1956. — C. **1960.** 13532 [D.P. (DDR) 15 300].)

Farbwerke Hoechst Akt.-Ges., vormals Meister Lucius & Brüning, Frankfurt/M., *Herstellung wasserunlöslicher Disazofarbstoffe.* **(Holl. P. 98 072** vom 25/9. 1958, ausg. 15/5. 1961. D. Prior. 27/9. 1957. — C. **1961.** 16665 [D. A. S. 1 086 370].)

J. R. Geigy Akt.-Ges., Basel, übert. von: **Ernst Keller**, Binningen, und **Rudolf Dürig**, Basel, Schweiz, *Komplexe Cu-Verbindungen von Disazofarbstoffen.* **(Can. P. 553 008** vom 16/9. 1955, ausg. 11/2. 1958. Schwz. Prior. 17/9. 1954. — C. **1958.** 13908 [D. A. S. 1 010 214].)

Ciba Ltd., übert. von: **Paul Rhyner**, Basel, Schweiz, *Herstellung von Aminotriarylcarbinolen und Triarylmethanfarbstoffen.* **(Can. P. 554 133** vom 8/2. 1955, ausg. 11/3. 1958. Schwz. Prior. 15/2. 1954 u. 14/1. 1955. — C. **1960.** 14526 [Belg. P. 535 718].)

Farbwerke Hoechst Akt.-Ges., vormals Meister Lucius & Brüning, Frankfurt/M., *Farbstoffe der Triphenylrosanilinreihe.* **(E. P. 872 561** vom 14/10. 1957, ausg. 12/7. 1961. D. Prior. 13/10. 1956. — C. **1961.** 15209 [D. A. S. 1 098 652].)

Sterling Drug, Inc., New York, N.Y., übert. von: **Nathan N. Crounse**, Cincinnati, Ohio, V.St.A., *Herstellung des Kristallviolettlactons.* **(Can. P. 553 414** vom 13/5. 1955, ausg. 18/2. 1958. A. Prior. 14/6. 1954. — C. **1957.** 12311 [A. P. 2 742 483].)

Ciba Akt.-Ges. (Erfinder: **Jakob Brassel** und **Max Stäuble**), Basel, Schweiz, *Farbstoffe der Anthrachinonreihe.* **(D. A. S. 1 117 245** Kl. 22b vom 4/9. 1957, ausg. 16/11. 1961. Schwz. Prior. 12/9. 1956, 19/2. u. 23/7. 1957. — C. **1961.** 14840 [F. P. 1 182 124].)

Ciba Akt.-Ges., Basel (Erfinder: **Max Stäuble**, Basel, und **Kurt Weber**, Bottmingen), Schweiz, *Farbstoffe der Peridicarbonsäureimidreihe.* (**D. A. S. 1 120 042** Kl. 22e vom 7/3. 1958, ausg. 21/12. 1961. Schwz. Prior. 18/3. 1957. — C. **1961.** 5974 [A. P. 2 914 531].)

Ciba Akt.-Ges. (Erfinder: **Maurice Grêlat**, Basel, und **Walter Kern**, Sissach), Schweiz, *Küpenfarbstoffe.* (**D. B. P. 975 600** Kl. 22b vom 17/6. 1951, ausg. 8/2. 1962. Anmeldung bekanntgemacht 24/7. 1952. Schwz. Prior. 23/6. 1950 u. 5/5. 1951. — C. **1955.** 6860 [Schwz. P. 287 870] u. C. **1955.** 10145 [Schwz. PP. 292 304, 292 305 u. 292 306].)

Ciba Ltd., Basel, Schweiz, *Anthrachinonderivate.* (**E. P. 866 062** vom 7/11. 1957, ausg. 26/4. 1961. Schwz. Prior. 9/11. 1956. — C. **1961.** 18515 [Schwz. P. 347 921].)

E. I. du Pont de Nemours & Co., Wilmington, Del. (Erfinder: **William Scott Struve**, Chatham, N.J.), V. St.A., *Herstellung von 4.9-Dinitro-5H.8H-chinolino-[3.2:a]-acridindion-(13.14).* (**D. A. S. 1 122 192** Kl. 22b vom 8/1. 1957, ausg. 18/1. 1962. A. Prior. 13/1. 1956. — C. **1959.** 9059 [A. P. 2 830 990].)

E. I. du Pont de Nemours & Co., Wilmington, Del. (Erfinder: **William Scott Struve**, Chatham, N.J.), V.St.A., *Herstellung von 4.9-Dinitro-5H.8H-chinolino-[3.2:a]-acridindion-(13.14).* (**Schwz. P. 357 494** vom 11/1. 1957, ausg. 30/11. 1961. A. Prior. 13/1. 1956. — C. **1959.** 9058 [A. P. 2 830 990].)

Durand & Huguenin Akt.-Ges., übert. von: **Walter Oppliger, Karl Glenz**, Basel, und **Hans Schenkel**, Neue Welt, Schweiz, *Herstellung wasserlöslicher Schwefelsäureestersalze von Anthrachinonküpenfarbstoffen.* (**Can. P. 553 535** vom 27/5. 1953, ausg. 25/2. 1958. Schwz. Prior. 30/5. 1952. — C. **1956.** 5136 [Belg. P. 516 938].)

Durand & Huguenin Akt.-Ges., Basel (Erfinder: **Hans Schenkel**, Neue Welt, **Karl Glenz**, Binningen, **Walter Oppliger** und **Eduard Peyer**, Basel), Schweiz, *Herstellung von Leukoschwefelsäureestersalzen aus schwer veresterbaren Küpenfarbstoffen der Anthrachinonreihe.* (**Schwz. P. 356 229** vom 3/10. 1956, ausg. 29/9. 1961. — C. **1961.** 3823 [D. A. S. 1 080 242].)

Farbenfabriken Bayer Akt.-Ges., Leverkusen (Erfinder: **Heinz Haubrich** und **Reinhold Hörnle**, Köln), *Herstellung wasserunlöslicher Azofarbstoffe.* (**D. A. S. 1 085 986** Kl. 22a vom 2/1. 1958, ausg. 28/7. 1960. — C. **1962.** 2182 [F. P. 1 218 055].)

J. R. Geigy Akt.-Ges., übert. von: **Peter Hintermann, Hans-Peter Kölliker** und **Peter Trautzl**, Basel, Schweiz, *Saure Anthrachinonfarbstoffe.* (**Can. P. 554 187** vom 30/12. 1955, ausg. 11/3. 1958. Schwz. Prior. 31/12. 1954. — C. **1959.** 4637 [E. P. 787 371].)

Imperial Chemical Industries Ltd., London (Erfinder: **Robert Norman Heslop**, Manchester), England, *Farbstoffe der Anthrachinonreihe.* (**Schwz. P. 356 552** vom 18/1. 1957, ausg. 13/10. 1961. E. Prior. 20/1. 1956 u. 4/1. 1957. — C. **1961.** 11151 [F. P. 1 164 876].)

Sandoz Akt.-Ges., Basel (Erfinder: **Paul Bückeler**, Reinach/Basel), Schweiz, *Blaue Dispersionsfarbstoffe der Anthrachinonreihe.* (**D. A. S. 1 117 243** Kl. 22b vom 29/5. 1959, ausg. 16/11. 1961. Schwz. Prior. 30/5. 1958. — C. **1962.** 3634 [A. P. 2 967 752].)

J. R. Geigy Akt.-Ges., Basel (Erfinder: **André Pugin**, Basel, und **Emil Stocker**, Riehen), Schweiz, *Pigmente der Dioxazinreihe.* (**Schwz. P. 355 883** vom 10/5. 1957, ausg. 15/9. 1961. — C. **1961.** 16291 [D. A. S. 1 088 636].)

J. R. Geigy Akt.-Ges., Basel (Erfinder: **André Pugin**, Basel, und **Emil Stocker**, Riehen), Schweiz, *Dioxazinfarbstoffe.* (**Schwz. P. 356 230** vom 10/5. 1957, ausg. 29/9. 1961. — C. **1961.** 3493 [D. A. S. 1 079 251].)

Ciba Ltd., übert. von: **Theodor Holbro**, Basel, und **Walter Kern**, Sissach, Schweiz, *Anthrachinonküpenfarbstoffe.* (**Can. P. 554 132** vom 26/1. 1955, ausg. 11/3. 1958. Schwz. Prior. 28/1. u. 31/12. 1954. — C. **1959.** 6304 [A. P. 2 792 384].)

General Aniline & Film Corp., New York, N.Y., V.St.A., *Heterocyclische Küpenfarbstoffe.* (**E. P. 856 803** vom 24/12. 1956, ausg. 21/12. 1960. A. Prior. 30/12. 1955. — C. **1961.** 13010 [F. P. 1 166 580].)

General Aniline & Film Corp., New York, N.Y., V.St.A., *Heterocyclische Küpenfarbstoffe.* (**E. P. 856 804** vom 24/12. 1956, ausg. 21/12. 1960. A. Prior. 30/12. 1955. — C. **1961.** 13009 [F. P. 1 166 578].)

Farbenfabriken Bayer Akt.-Ges., Leverkusen (Erfinder: **Berthold Bienert**, Leverkusen, **Kurt Breig** und **Manfred Groll**, Köln), *Haltbare Mischung zum Färben und Bedrucken von Textilien.* (**Schwz. P. 353 718** vom 17/9. 1956, ausg. 15/6. 1961. D. Prior. 11/10. 1955. — C. **1960.** 17288 [D. A. S. 1 071 863].)

General Aniline & Film Corp., New York, N.Y. (Erfinder: **David Irvin Randall**, Easton, Pa., und **John Taras**, Alpha, N.J.), V.St.A., *Umwandlung eines Kobaltphthalocyanins in einen Küpfenfarbstoff mit verbesserter Löslichkeit in der Küpe.* (**D. A. S. 1 120 043** Kl. 22e vom 17/12. 1955, ausg. 21/12. 1961. A. Prior. 30/12. 1954. — C. **1959.** 2974 [E. P. 781 749].)

Farbenfabriken Bayer Akt.-Ges. (Erfinder: **Berthold Bienert**, Leverkusen, **Kurt Breig** und **Manfred Groll**, Köln), *Farbstoffe der Phthalocyaninreihe.* (**D. A. S. 1 123 418** Kl. 22e vom 11/10. 1955, ausg. 8/2. 1962. — C. **1960.** 7006 [A. P. 2 873 280].)

Farbenfabriken Bayer Akt.-Ges., Leverkusen, *Herstellung von Azofarbstoffen der Phthalocyaninreihe.* (**E. P. 858 070** vom 27/3. 1958, ausg. 4/1. 1961. D. Prior. 27/3. 1957. — C. **1961.** 18885 [D. A. S. 1 109 288].)

Sandoz Akt.-Ges., Basel, Schweiz, *Herstellung von Pyrimidinfarbstoffen.* (**Oe. P. 214 545** vom 4/5. 1959, ausg. 10/4. 1961. **F. P. 1 221 621** vom 27/11. 1958, ausg. 2/6. 1960. Schwz. Prior. 29/11. 1957. — C. **1962.** 2180 [D. P. (DDR) 20788].)

XIa. Farben. Anstriche. Lacke. Naturharze

Vor- und Nachteile der modernen Farben für Bauten. M. G. Guillaume. (Peintures, Pigments, Vernis **37.** 692—96 Dez. 1961. Peintures Gauthier.) (Franz.)
Allg. Betrachtungen über die notwendige Vorbehandlung, Anforderungen u. Wirtschaftlichkeit. H.-G. MOSLÉ. 7090□

Mikronisierte Pigmente auf Einwalzenstühlen. B. A. Taylor und W. G. Wade. (Farbe u. Lack **67.** 705—07. Nov. 1961.) (Dt.)
Mikronisierte Pigmente sind so fein, daß das Mahlgut in einem Arbeitsgang beim geringen Druck oder in einer hydraul. Stabmühle bei einem Druck von 7 kg/cm² ab-

gerieben werden kann. Die Ausbeute an qual. hochwertigen Anstrichmitteln ist groß. An Hand von Verss. werden der günstigste Harz–Festkörper-Geh. u. die zweckmäßigste Pigment-Konz. ermittelt. K. WEKUA. 7092□

Deckkraft und Ergiebigkeit von Farben und Lacken. A. Lehmann-Lefranc. (Peintures, Pigments, Vernis **37.** 687—91. Dez. 1961. Et. Lefranc.) (Franz.)

Vf. diskutiert die verschiedenen Meth. zur Best. der Deckkraft u. der Farbergiebigkeit. H.-G. MOSLÉ. 7158□

E. I. du Pont de Nemours & Co., Wilmington, übert. von: Oswin B. Willcox, Newcastle, Del., V.St.A., **Herstellung verbesserter Pigmente.** TiO_2-Pigmente mit Al_2O_3-Überzug erhält man durch Vermahlen des Pigments mit 0,1—10% Al-Alkoholat oder -Phenylat, bes. Al-Isopropylat, in Ggw. von überhitztem Wasserdampf. (**Can. P. 553 534** vom 12/12. 1956, ausg. 25/2. 1958.) L. GROSSNER 7093

Ciba Soc. An., Schweiz, **Herstellung von organischen Pigmentfarben in fein verteilter Form** aus Rohpigmenten, z. B. aus hochchlorierten Phthalocyaninen, durch Erhitzen in wss. Medium auf 100—300° unter Rühren. Als Ausgangsfarbstoffe sind weiterhin Dibromanthanthron u. 5.5'-Dibenzoylaminodianthrimidcarbazol genannt. Die Endprodd. sind leicht dispergierbar. (**F. P. 1 180 748** vom 19/7. 1957, ausg. 9/6. 1959. Schwz. Prior. 20/7. u. 21/9. 1956 u. 26/3. 1957.) M. F. MÜLLER. 7093

Carsten F. Boe und Lloyd I. Osipow, V.St.A., **Herstellung von Überzügen** auf Möbeln, Wänden, Mauerwerk. Man versprüht oder verspritzt verharzendes Material aus einem Behälter mittels Gasen. Die vorzeitige Verharzung kann durch Verzögerer, die nicht mit versprüht werden, verhindert u. durch Beschleuniger, die z. B. beim Versprühen zugemischt werden, erleichtert werden. So werden Silane, organ. Titanate, Furfurol, das $NaHSO_3$ oder $AlCl_3$ enthält, ungesätt. Alkydharze, die Metalltrockner u. anorgan. Persalze enthalten, oder Phenol-, Harnstoff- oder Melamin-HCHO-, bzw. Furfurolharze in Mischung mit $NaHSO_4$ durch Luftfeuchtigkeit verharzt. Vinyl-Verbb. kann man mit FRIEDEL-CRAFTS-Katalysatoren mischen, worauf sie nach Versprühen an der Luft schnell polymerisieren. Epoxydharze werden mit Basen ($H_2NC_2H_4OH$) trocken gemischt u. kondensieren mit W. weiter. — Man mischt 2 (Gew.-Teile) Dimethyldichlorsilan u. je 49 Trichlorfluor- u. Dichlordifluormethan oder 40 Styrol, 0,5 $SnCl_4$ u. 59,5 Dichlordifluormethan. Letztere Mischung dient zum Füllen von Rissen in Holz. (**F. P. 1 174 825** vom 7/5. 1957, ausg. 17/3. 1959. A. Prior. 7/5. 1956.) M. PANKOW. 7107

E. I. du Pont de Nemours & Co., V.St.A. (Erfinder: Leon Edward Wolinski), **Herstellung von hochmolekularen Polyäthylenfilmen und anderen Formkörpern.** Man mischt Polyäthylenschmelze mit wenigstens 0,1% eines aliphat. äthylen. ungesätt. KW-Stoffes, bes. solchen mit 20—35 C-Atomen in gerader Kette, z. B. Nonen, Decen, Hexadecen, Tricosen, Eicosadien, 1-Cyclopentylbuten-(2), Balata, niedere Polymere von Äthylen, Propylen oder Butadien (Molgew. 1000—5000) oder Hydrierungs-Prodd. des letzteren, die trans-Form von Kautschuk-, bes. aber Tricosen-(11), Pentatriaconten-(17) u. Polybutadien mit Molgew. 1500. — Man mischt im Banbury bei 180—200° Polyäthylen (Bakelite DYNH-3, Molgew. 750000—1000000) mit 0,8% Tricosen-(11), gibt die Mischung auf eine Kautschukwalze, zieht bei 145—150° zu einer Folie u. spritzt diese bei 285° zu einem Film, der eine Mischung von Luft mit 1,2% O_3 durchläuft. Der Film erhält dadurch eine gut klebende u. Druckfarben gut annehmende Oberfläche. — Verw. als *Verpackungsmaterial.* — Statt den ungesätt. KW-Stoff in das Polyäthylen zu mischen, kann man auch Filme daraus mit den KW-Stoffen überziehen u. sie dann trocknen. Man kann auch andere Hilfsmittel, wie elektr. Entladungen oder Behandlung mit der Flamme, zur Verbesserung der Oberfläche anwenden. (**F. P. 1 175 842** vom 29/5. 1957, ausg. 2/4. 1959. A. Prior. 20/6. 1956.) M. PANKOW. 7107

Comp. Française Thomson-Houston, Seine, Frankreich (Erfinder: Max Myron Lee), **Behandlung von orientierten polymeren Äthylenterephthalatfilmen** (I), z. B. in Form von *Überzügen auf elektr. Leitern,* mit organ. Polyisocyanaten oder Polyisothiocyanaten u. Erhitzen auf 75—200°. — Man taucht **I** 30 Sek. in fl. Toluoldiisocyanat von 80° u. hält noch 10 Min. im Ofen von 125°. Der Film bleibt auch bei höheren Temp. längere Zeit biegsam. (**F. P. 1 173 972** vom 20/2. 1957, ausg. 4/3. 1959. A. Prior. 24/2. u. 30/7. 1956.) M. PANKOW. 7107

Godfrey L. Cabot, Inc., V.St.A. (Erfinder: Merrill E. Jordan und Eli M. Dannenberg), **Verbesserung von Polyäthylen.** Polyäthylen mit einem Molgew. $\geqq$50000 u. F. $\geqq$125° wird in der Schmelze mit geringen Mengen eines Stoffes vermischt, der bei der Schmelz-Temp. freie Radikale entwickelt, wie Peroxyde, Verbb. mit der Gruppe >NCl, Metallalkyle, Aminoxyde, Hydrazinsalze u. -Derivv., organ. Disulfide u. Azoverbindungen. — Man gibt ein Niederdruckpolyäthylen (D. ca. 0,96) auf die

Brechwalze von 149°, nachdem man 0,2 Gew.-% techn. Dicumylperoxyd zugesetzt hat, u. zieht zu *Folien* aus, die erhöhte Bruchfestigkeit aufweisen. (**F. P. 1 198 844** vom 12/2. 1958, ausg. 9/12. 1959. A. Prior. 13/2. 1957.) M. PANKOW. 7107

E. I. du Pont de Nemours & Co., Wilmington, Del., V.St.A., *Eisenhydratpigmente*. (**Belg. P. 566 798** vom 15/4. 1958, ausg. 12/8. 1960. A. Prior. 15/4. 1957. — C. **1961.** 5622 [A. P. 2 917 400].)

Soc. Fabriques de Produits Chimiques de Thann et de Mulhouse, Thann, Frankreich, *Organophile Pigmente*. (**Belg. P. 566 165** vom 28/3. 1958, ausg. 29/7. 1960. F. Prior. 28/3. 1957. — C. **1961.** 9992 [D. A. S. 1 063 733].)

Wacker Chemie G.m.b.H., Deutschland, *Calciumtetracuproxychlorid*. (**F. P. 1 212 680** vom 6/1. 1959, ausg. 25/3. 1960. D. Prior. 30/6. 1958. — C. **1960.** 17626 [D. A. S. 1 083 794].)

Rütgerswerke Akt.-Ges., Frankfurt/M. (Erfinder: **Hubert Sauer**, Letmathe), *Ungesättigte Polyester*. (**Schwz. P. 355 616** vom 5/1. 1957, ausg. 31/8. 1961. D. Prior. 11/2. 1956. — C. **1959.** 4639 [D. A. S. 1 028 336].)

Farbwerke Hoechst Akt.-Ges., vormals Meister Lucius & Brüning, Frankfurt/M., *Herstellung von Mischpolymeren auf Basis Vinylchlorid*. (**E. P. 856 818** vom 9/5. 1957, ausg. 21/12. 1960. D. Prior. 9/5. 1956. — C. **1959.** 16171 [D. A. S. 1 027 874].)

E. I. du Pont de Nemours & Co., Wilmington, Del., übert. von: **John L. Evans**, Springfield, Pa., V.St.A., *Überzugsmittel*. (**A. P. 2 849 409** vom 7/2. 1956, ausg. 26/8. 1958. — C. **1959.** 14266 [E. P. 801 337].)

Dow Chemical Co., übert. von: **Paul H. Wolf** und **Francis J. Bobalek**, Midland, Mich., V.St.A., *Wässerige kolloidale Dispersionen*. (**A. P. 2 861 968** vom 19/12. 1955, ausg. 25/11. 1958. — C. **1960.** 16271 [E. P. 804 030].)

Imperial Chemical Industries Ltd., London, übert. von: **William E. F. Gates**, Welwyn Garden City, Hertfordshire, England, *Schichtfolie*. (**Can. P. 553 590** vom 31/3. 1956, ausg. 25/2. 1958. E. Prior. 20/4. 1955. — C. **1959.** 7304 [F. P. 1 147 391].)

Badische Anilin- & Soda-Fabrik Akt.-Ges. (Erfinder: **Hans Fikentscher, Hans Burkert, Elsa Neufeld, Ernst Ploetz** und **Karlhugo Kuespert**), Ludwigshafen/Rh., *Kälte- und elektrolytbeständige Dispersionen von Polymerisaten*. (**E. P. 842 672** vom 22/4. 1958, ausg. 27/7. 1960. D. Prior. 26/4., 18/5., 24/8. u. 24/10. 1957. — C. **1960.** 6670 [D. A. S. 1 044 408], C. **1960.** 12853 [D. A. S. 1 055 058] u. C. **1960.** 10773 [D. A. S. 1 055 239].)

Badische Anilin- & Soda-Fabrik Akt.-Ges., Ludwigshafen/Rh. (Erfinder: **Herbert Willersinn, Hans Scheuermann** und **Alfred Waerner**), *Ungesättigte Polyester*. (**E. P. 848 400** vom 1/6. 1959, ausg. 14/9. 1960. D. Prior. 31/5. 1958. — C. **1960.** 9041 [D. A. S. 1 067 210].)

XIb. Plaste (Kunstharze. Plastische Massen)

Wärmeleitfähigkeit von Thermoplasten im Erweichungsgebiet. W. Holzmüller und J. Lorenz. (Plaste u. Kautschuk **8.** 351—52. Juli 1961. Leipzig, Karl-Marx-Univ., Physikal. Inst., Abt. Techn. Physik.) (Dt.) — Vgl. C. **1961.** 4535.

Messungen der Wärmeleitfähigkeit von Thermoplasten (Polystyrol, Polyamid, Polyäthylen, PVC) wurden im Erweichungsgebiet durchgeführt. Im Erweichungsgebiet nimmt die Wärmeleitfähigkeit bei den einzelnen Thermoplasten um 20—50% ab. B. SCHEIFELE. 7170□

Tauchüberzüge aus Kunststoffen. Fortschritte bei Material und Verfahren. F. L. Hate. (Rubber Plastics Weekly **141.** 674—77. 21/10. 1961. Telcon Plastics Ltd.)

Fortschritte u. Probleme auf dem Gebiet der Herst. von Kunststoffüberzügen nach dem Tauch-Verf. im Fließbett werden besprochen. R. SCHÄFF. 7170□

Bemusterung von Kunststoffen. T. E. Hayden und John Scharnberg. (SPE Journal **17.** 576—79. Juni 1961. Bee Chemical Co.) (Engl.)

Beim Aufspritzen werden tief-, mittel- u. höhersd. Lsgm. verwendet. Folgende Meth. werden erörtert: Spritzen u. Wischen. — Siebdruck bei glatten u. unebenen Flächen. — Aufwalzen bei großer, Heißdruck bei kleiner Oberfläche. — Das Bedampfungs-Syst. besteht aus Grundüberzug, Al, u. Metalldeck- oder -schutzstrich. Behandlung kann durch Fließ- oder Tauchüberzug erfolgen. H. JACOBI. 7170□

Beschleunigung und Verzögerung der Vernetzung von Polyvinylchlorid-Systemen. Charles H. Fuchsman. (SPE Journal **17.** 590—93. Juni 1961. Ferro Chem. Div. of Ferro Corp.) (Engl.)

Auf Grund einer früheren Arbeit (vgl. SPE Journal **1959.** Jan.) teilt Vf. mit, daß sehr stark vernetzte Polymere nur wenig quellen. Tetrahydrofuran löst nicht vernetztes hocherhitztes PVC. — Zn- (u. nicht Ba- oder Cd-) Naphthenate sowie Amine steigern die Quellbarkeit; Phosphate u. Phenole wirken nur gering. (Als Vgl. dient das $\log_{10}$: Verhältnis des gequollenen Prod. zum Anfangszustand.) H. JACOBI. 7172□

Vergleich des Befilmens von stranggepreßtem Plastisol mit anderen Beschichtungsmethoden. C. H. Brower und R. A. Nunn. (SPE Journal **17.** 587—89. Juni 1961. Union Carbids Plastics Co., Waldron-Hartig Div., Midland-Ross Corp.) (Engl.)

Zweckmäßig wird Vinylplastisol aufgetragen, indem es zwischen Messerklinge u. Walze, oder unter einem trägerlosen Messer, bei geknüpftem Material zwischen Klinge u. einem endlosen Band (auf 2 Walzen) weiter verarbeitet wird. Bewährt hat sich auch der Umkehrwalzenschichter. Unter anderem fällt das „Durchschlagen" fort, unzuverlässiger ist dagegen die Regulierung des Aufdrucks. H. JACOBI. 7172□

Synergetische oder komplementäre Wirkung von gemischten Peroxidkatalysator-Systemen. J. W. Cywinski und P. H. Stoor. (Kunststoff-Rdsch. **8.** 593—97. Dez. 1961. Novadel Ltd., Lucidol Products Div.) (Dt.)

Vff. führen experimentelle Beispiele der Wrkg. dieser Katalysator-Syst. an. Diese sind Peroxidkatalysator-Syst. von: Benzoylperoxyd (LUCIDOL-M-60), Methyläthylketon (Isobutanox M-60) u. Acetylperoxid (Trigonox-RM-25). Nach der Durchführung einer Reihe von Verss. an Polyestern sprechen Vff. die Überzeugung aus, daß die Zukunft der Erzeugung verstärkter Polyesterharze eng mit der Entw. spezieller Katalysator-Syst., die komplizierte Mischungen von organ. Peroxiden sind, verbunden ist. K. WEKUA. 7176□

Zwei elastische Epoxidharze. R. F. Helmreich und L. D. Harry. (SPE Journal **17.** 583—86. Juni 1961. Dow Chem. Co.) (Engl.)

Epoxidharze auf der Grundlage von Bis-phenol sind meist sehr brüchig. Dieser Nachteil wird durch Zusatz von Diglycidäthern aliphat. Glykole vermieden. Der mit höherem Molgew. u. höherer Viscosität wird als X-2673.2 gek., jener mit entsprechend tieferen Werten als X-2673.6. Sie lockern das Netz von innen her u. verbessern u. a. den Glanz. — Diskutiert wird die Aushärtung mit Prodd., wie z. B. Diäthylentriamin, Methylendianilin. — Zugabe von 10% genügen zum Weichmachen, trotzdem wirkt sich die Red. bei hoher Verformungs-Temp. aus. H. JACOBI. 7176□

Thermische Eigenschaften verstärkter Kunststoffe. Paul T. Howse jun. und C. D. Pears. (Mod. Plastics **39.** Nr. 1. 140—53. 246—47. Sept. 1961. Birmingham, Ala., Southern Res. Inst., Analysis and Measurements Section.) (Engl.)

Vff. untersuchten spezif. Wärme, therm. Ausdehnung u. Wärmeleitfähigkeit an Probeplatten von 12 verschiedenen Harz-Verstärkungsmittel-Kombinationen im Temp.-Bereich von —50 bis 700° F. Ergebnisse: Die spezif. Wärme erwies sich als der Temp. fast proportional u. scheint in 1. Linie von dem zur Verstärkung verwendeten Material abhängig zu sein. Der therm. Ausdehnungs-Koeff. erwies sich als im wesentlichen durch Typ des Harzes u. Orientierung der Fasern des Verstärkungsmaterials bestimmt, wobei das Harz den Charakter, die Faserorientierung den Grad der Ausdehnung bestimmt. Durch Einw. einer krit. Temp. können die Ausdehnungs-Eigg. völlig geändert werden. Die Wärmeleitfähigkeit nahm bis zu einer bestimmten, jeweils spezif. Grenze mit steigender Temp. zu u. war abhängig von den Herst.-Bedingungen des Kunststoffes, der Orientierung der Verstärkungsfasern u. der Art der Harzverstärkungsmaterialkombination, wobei sich die Meßwerte als richtungsabhängig erwiesen: Bei Messung an den Kanten der Probeplatten war der Einfl. des Verstärkungsmaterials, bei Messungen senkrecht dazu der des Harzes vorherrschend. H. SONTAG. 7204□

Spannungsverteilung im Harz von verstärkten Kunststoffen. J. O. Outwater und D. C. West. (Mod. Plastics **39.** Nr. 1. 154—57. 251—52. Sept. 1961. Burlington, Vt., Univ.; Newark, Del., E. I. du Pont de Nemours & Co., Inc., Engng. Dep.) (Engl.)

Die Unterss. wurden mit Hilfe photoelast. Verff. an Modell-Präpp., bei denen das Epoxyharz in die Fläche eines aus Pyrexglas bestehenden Dreiecks gegossen u. gehärtet wurde, durchgeführt. Ergebnisse: In dem zwischen den Glasfasern befindlichen Harz treten Spannungskräfte in der Größenordnung von einigen Tausend lbs./sq.in. auf, die in 1. Linie von der unterschiedlichen therm. Schrumpfung zwischen Harz u. Glas, nicht von der Polymerisation, herrühren. Diese Spannungen werden durch Nachhärten des Harzes erhöht. Wenn z. B. infolge zu starker Spannung zwischen Glas u. Harz diese Bindung unterbrochen wird, wird die Spannung völlig aufgehoben u. in dem Laminat bilden sich Kanäle aus, durch die W. eindringen u. das Laminat schädigen u. zerstören kann. H. SONTAG. 7204□

Neue Erkenntnisse über die Elastizität von Schmelzen. Robert A. McCord und Bryce Maxwell. (Mod. Plastics **39.** Nr. 1. 116—26. 130. 232—35. 238—40. Sept. 1961. Princeton, N.J., Univ., Plastics Labor.) (Engl.)

Vff. untersuchten das Verh. während der elast. Erholung bei Schmelzen verzweigter u. linearer *Polyolefine* mit Hilfe eines schemat. erläuterten Rotationsplastometers, in dem die Schmelzen sowohl hohen als auch niederen Scherkräften ausgesetzt wurden. Zur Unters. wurden 11 verschiedene Polyolefintypen herangezogen, u. zwar: Polyäthylen niederer Dichte (4), ZIEGLER-Polyäthylen (4), PHILLIPS-Polyäthylen (2) u. Polypropylen (1). Der Einfl. von Schmelz-Temp., Scherbeanspruchung, Struktur, Molgew. u. Grad der Seitenverzweigung auf die elast. Erholung der Polymeren wird an Hand graph. Darst. erörtert. Die so erhaltenen Kurven lassen erkennen, daß lineare u. verzweigte Polyolefine ein grundsätzlich verschiedenes Verh. der elast. Nachwrkg. zeigen: Die elast. Eigg. verzweigter Polyolefine sind im wesentlichen durch die strukturelle Anordnung ihrer Seitenketten bestimmt u. sind sehr temperaturempfindlich, d. h. Einw. höherer Schmelz-Temp. verursacht einen beinahe völligen Verlust der elast. Erholung. Die elast. Eigg. der linearen Polymere sind dagegen von der strukturellen Lage der Kette des Hauptpolymers bestimmt u. zeigen sich nicht sehr temperaturabhängig. Grundsätzlich wird als Ergebnis der Unterss. der geschmolzenen Polymeren nach geringer u. starker Scherbeanspruchung festgestellt, daß diese Schmelzen eine hohe Elastizität aufweisen, die bei der Bewertung der Fließ- u. Verformungs-Eigg. dieser Polymere zu berücksichtigen ist. H. SONTAG. 7210□

Bestimmung der Reckspannung von plastischen Filmen und Folien. C. T. Hathaway. (SPE Journal **17.** 567—70. Juni 1961. Monsanto Chemical Co.) (Engl.) H. JACOBI. 7210□

Thermische Oberflächenresistenz von Isoliermitteln unter Spannung. J. Vannod und R. Herou. (Ind. Plast. mod. **13.** Nr. 5. 30—32. Juni 1961. Soc. Radio-Énergie, Labor. Central du Indust. Électr.) (Franz.)

Proben von Isolierstoffen (Phenol-, Melamin-, Harnstoff-, Alkyd-, Polyesterharze mit verschiedenen Füllstoffzusätzen) werden mittels zweier Elektroden einer Wechselstromquelle angeschlossen u. der Einw. einer äußeren Wärmequelle ausgesetzt. Ermittelt wird die Zeitdauer bis zum Auftreten von Knickströmen, die eine Funktion von Temp. u. angelegter Spannung sind. Beschreibung von Prüfgerät u. Vers.-Daten. B. SCHEIFELE. 7210□

Vorrichtung zur Farbbestimmung. David Penn und Harold Baker. (SPE Journal **17.** 580—82. Juni 1961. Gen. Dynamics Corp.) (Engl.)

Es wird das Reflektometer (R) beschrieben. Reflektiertes Licht wird mittels einer vervielfältigenden Photoröhre gemessen u. durch das R angezeigt. Die Abstimmung der zu messenden Farbe auf eine ähnlich gefärbte Probe fällt weg (Einstellung des R erfolgt gegenüber $MgCO_3$). — Es werden geschätzte u. abgelesene Werte türkisartiger Farben miteinander verglichen. H. JACOBI. 7210□

Farbwerke Hoechst Akt.-Ges., vormals Meister Lucius & Brüning (Erfinder: Claus Beermann), Frankfurt/M., **Polymerisation von Olefinen** ohne oder mit geringem Druck bei $\gtreqless$ 100° in Ggw. eines Dispersionsmediums nach D. A. S. 1 026 964, dad. gek., daß man als Katalysator mindestens eine Alkyl–Ti-Verb. der Formeln $R—Ti(Hal)_3$ u./oder $R_1(R_2)Ti(Hal)_2$ verwendet, in denen R einen aliphat. KW-Stoffrest (C_{2-6}), R_1 u. R_2 gleiche oder verschiedene aliphat. KW-Stoffreste (C_{1-6}) u. Hal F, Cl, Br oder J bedeuten. Beispiel mit Äthylen u. $(C_2H_5)TiCl_3$. In gleicher Weise sind Isobutyl-$TiCl_3$ u. $(CH_3)_2TiCl_2$ wirksam. (**D. A. S. 1 091 331** Kl. 39c vom 12/10. 1956, ausg. 20/10. 1960. **Zusatz zu D. A. S. 1 026 964; C. 1959. 15203.**) H. SCHINDLER. 7173

California Research Corp., V.St.A. (Erfinder: William G. Toland), **Polymerisieren von Äthylen** mit einem Katalysator aus $TiCl_4$ u. 0,01—100 Gew.-% eines Alkalimetalls (bezogen auf $TiCl_4$). — 100 ml trockenes n-Pentan, ca. 2 g Na-Grieß u. 5 ml $TiCl_4$ werden in der 360-ml-Bombe unter Äthylen auf 150° erhitzt, dann nach Abkühlen mit Äthylen bis 63 kg/cm² versetzt u. 8 Std. lang von 27 auf 112° erhitzt; der Druck wird bei 63 kg/cm² gehalten, mit Isopropylalkohol u. danach mit verd. HCl u. W. gewaschen. Das Polymere schmilzt bei 187—190° (FISHER-JONES-Block). (**F. P. 1 178 914** vom 15/7. 1957, ausg. 19/5. 1959. A. Prior. 16/7. 1956.) M. PANKOW. 7173

Celanese Corp. of America, V.St.A. (Erfinder: William Charles Mills), **Isolierung von Polyolefinen aus Lösungen.** Man versprüht heiße Polyäthylen-Lsg. in einen kälteren Wasserstrom, der unter Überdruck steht, u. hält die Mischung unter einem solchen Druck, daß Lsgm. u. W. in fl. Phase vorliegen, worauf man die Mischung in ein Gefäß fließen läßt, bei dessen Innendruck das Lsgm. verdampft u. abgezogen wird. — Zeichnung. (**F. P. 1 193 465** vom 19/3. 1958, ausg. 3/11. 1959. A. Prior. 18/11. 1957.) M. PANKOW. 7173

General Electric Co., übert. von: Kenneth J. Mackenzie jun., Pittsfield, Mass., V.St.A., **Bestrahlen von Polyäthylen** mit Elektronen von großer Energie in der Größenordnung von 1×10^6 bis 15×10^6 r. Färbt man das Polyäthylen mit 0,001 bis 0,5% Sudan, so kann der Bestrahlungsvorgang an der Abnahme der Farbintensität kontrolliert werden. (**A. P. 2 830 943** vom 3/11. 1955, ausg. 15/4. 1958.) C. LÜTTGEN. 7173

Farbwerke Hoechst Akt.-Ges., vormals Meister Lucius & Brüning (Erfinder: Hans Wilski), Frankfurt/M., **Verbesserung der Eigenschaften von Niederdruckpolyäthylenmassen durch Ultraviolettbestrahlung** in Ggw. von Sensibilisierungsmitteln, dad. gek., daß man als solches Mittel 1.2-Dichloräthylen u./oder aliphat. Halogen-Verbb. mit $\leqq 4$ C- u. $\geqq 3$ Halogenatomen je Mol. u./oder Halogen-Verbb. des Bzl. oder Naphthalins u./oder Halogen-Verbb. des teilweise oder ganz hydrierten Bzl. oder Naphthalins verwendet u. diese Mittel ggf. nach der Bestrahlung in bekannter

Weise entfernt. Man löst die Mittel bes. in nichtsensibilisierenden Lsgm. oder läßt sie als Gas eindiffundieren. Genannt sind z. B. $CHCl{=}CCl_2$, Hexachlortetrafluorbutan u. 1.2.3.4.5.8-Hexachlor-1.2.3.4-tetrahydronaphthalin bzw. als Lsgm. CCl_4 u. spektralreines Hexan. Bestrahlung von Folien, Platten, Drähten, Rohren, oder des pulverigen Ausgangspolyolefins in einer Lsg. des Sensibilisierungsmittels bzw. des mit dem Mittel imprägnierten Pulvers. — Beispiele. Tabellen. (**D. A. S. 1 062 007** Kl. 39b vom 16/3. 1957, ausg. 23/7. 1959.) G. VOGEL. 7173

Farbwerke Hoechst Akt.-Ges., vormals Meister Lucius & Brüning, Frankfurt/M. (Erfinder: Arnold Fischer, Wilhelm Müller, Frankfurt/M., und Hellmut Beuschel, Kelkheim/Taunus), **Oberflächenvergütung von Formkörpern aus Niederdruck-Polyäthylen** durch Einw. von Vernetzungsmitteln, dad. gek., daß man ein Vernetzungsmittel in fl. Form u. in feinster Verteilung auf den beim Verlassen der Maschine noch thermoplast. Formkörper aufsprüht. — Man sprüht z. B. auf eine stranggepreßte 0,05 mm starke Folie 5 cm vom Extrudermundstück entfernt eine 1%ig. Lsg. von Benzoylperoxyd in Toluol auf die (ca. 135—140° heiße) Folie auf. — Als Vernetzungsmittel sind noch genannt: 0,5%ig. Lsg. von Dicumylperoxyd in Aceton, 0,1%ig. Lsg. von Di-tert.-butylperoxyd in CH_2Cl_2 u. eine 1%ig. Suspension von $(NH_4)_2S_2O_8$ im F_2CCl_2. Verbesserung der *Reißfestigkeit, Quellbeständigkeit, Bedruckbarkeit* u. bes. *Verminderung* der *Spannungsrißbildung*. — Beispiele, Kurven. (**D. A. S. 1 056 822** Kl. 39b vom 28/8. 1957, ausg. 6/5. 1959.) G. VOGEL. 7173

Minnesota Mining & Mfg. Co., St. Paul, Minn., übert. von: Lester E. Robb, Westfield, und Elizabeth Shen Lo, Elizabeth, N.J., V.St.A., **Modifizieren hochmolekularer Polymerisate von fluorhaltigen Olefinen mit nicht mehr als 10 C-Atomen.** Man schüttelt die Dispersion eines hochmol. Polytrifluorchloräthylens (I), das durch Emulsionspolymerisation in Ggw. von K_2SO_5 bei 22° hergestellt wurde u. das einen N.S.T.-Wert von 300 aufweist, 48 Std. lang bei 20° mit Dipropyl-3.5.7-trichloroctafluorsuberat oder einem anderen gesätt. Ester einer Perfluorhalogenmono- oder -dicarbonsäure (II), wobei das Verhältnis von II:I 0,0001:1—2:1 beträgt, koaguliert das Prod. durch Gefrieren in einem CO_2–Aceton-Gemisch, trennt das Polymerisat ab, wäscht es mit heißem W. u. trocknet im Vakuum bei 35°. Nach A. P. 2 828 274 wird in gleicher Weise gearbeitet, jedoch mit dem Unterschied, daß an Stelle von II auch ungesätt. Ester, wie 3.5.7-Trichlornonafluorkorksäurediallylester, zur Anwendung kommen u. das Verf. in Ggw. einer Peroxyd-Verb., bes. K_2SO_5, bei 0—100°, bes. 10—50°, durchgeführt wird. In beiden Fällen werden Prodd. erhalten, die in Form von Pulvern zu Formkörpern verpreßt werden können, ohne daß ein „Ausbluten" des zugesetzten Esters erfolgt. Gleichzeitig wird der Fließpunkt herabgesetzt. (**A. PP. 2 828 273** u. **2 828 274** vom 29/6. 1955, ausg. 25/3. 1958.) C. LÜTTGEN. 7173

Minnesota Mining & Mfg. Co., St. Paul, Minn., übert. von: Francis J. Honn, Bloomfield, N. J., V. St. A., **Herstellung von Perfluorchloräthylen-Fluoräthylen-Copolymeren.** Man polymerisiert ein Gemisch von $CF_2 = CH_2$ u. 75 bis 85 Mol-% $CF_2{=}CFCl$ bei —20 bis 0° in Ggw. eines halogensubstituierten Acetylperoxyds. (**Can. P. 553 605** vom 28/10. 1953, ausg. 25/2. 1958. A. Prior. 21/1. 1953.) L. GROSSNER. 7173

Farbenfabriken Bayer Akt.-Ges., Leverkusen (Erfinder: Ernst Roos, Friedrich Lober, Leverkusen, und Jürgen Körner, Opladen), **Herstellung stabilisierter halogenhaltiger Polymerisate und Mischpolymerisate,** dad. gek., daß als Hitze- u. Lichtstabilisatoren Pyrazole der allg. Formel I verwendet werden (R, R′ u. R″ = H, Halogen oder ggf. durch Halogen, OH- oder Alkoxyrest substituierter Alkyl-, Aralkyl- oder Arylrest). — Man mischt z. B. 60 (Teile) durch Emulsions-Verf. hergestelltes Polyvinylchlorid mit 40 eines Weichmachers aus gleichen Teilen Dioctylphthalat u. Benzyloctyladipinat, setzt dem Gemisch 1% 3.5-Diphenylpyrazol zu u. walzt bei 175° zu einem farblos bleibenden Fell aus. — Beispiele. (**D. A. S. 1 039 743** Kl. 39b vom 27/3. 1957, ausg. 25/9. 1958.) G. VOGEL. 7173

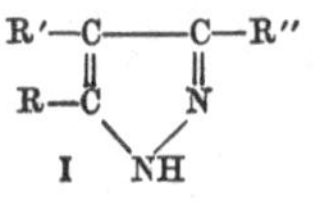

I

Union Carbide Corp., New York, N.Y., V.St.A. (Erfinder: Benjamin Phillips, Charles Wesley McCary jun. und Charles Theo Patrick jun.), **Polymerisation von Divinylbenzoldioxid.** Die o-, m- oder p-Verb. oder deren Gemische werden in Ggw. von 0,005—25 Gew.-% eines Katalysators (starke Mineralsäuren, teilveresterte H_3PO_4, Sulfonsäure, LEWIS-Säuren, Alkalimetallhydroxide, quatern. Ammoniumbasen, tert. Amine) in Lsg. bei 10—250° polymerisiert. Es entstehen dunkelgefärbte, harte Harze. (**E. P. 857 122** vom 11/10. 1958, ausg. 29/12. 1960.) F. KOCH. 7173

B. F. Goodrich Co., New York, N.Y., übert. von: Donald Gene Dobay, Brecksville, Ohio, V.St.A., **Weichmacher für Vinylidencyanid-Polymerisate**, bestehend

aus einem Ester einer 4-Ketocarbonsäure mit 5—10 C-Atomen mit einem einwertigen C_1—C_6-Alkohol oder einem 2wertigen C_2—C_6-Alkohol, bes. der Äthyl- u. Äthylenglykolester der Lävulinsäure. (**A. P. 2 838 467** vom 30/8. 1955, ausg. 10/6. 1958.)
C. LÜTTGEN. 7173

Rohm & Haas Co., Philadelphia (Erfinder: William Edward Goode, Yardley), Pa., V.St.A., **Polymerisieren von (Meth-) Acrylsäureestern,** dad. gek., daß man diese Ester unter Luftabschluß u. bei wasserfreien Bedingungen zwischen ca. —90 u. +100°, bes. 0—80°, in Ggw. von 0,001—5, bes. 0,1—3 Gew.-%, einer organ. Al-Verb. der allg. Formel R'—Al(R")R''' polymerisiert, wobei R' = H, Alkyl, Cycloalkyl, Benzyl oder Phenyl, R" u. R''' = Alkyl, Cycloalkyl, Benzyl oder Phenyl bedeuten. Das entstehende Polymere kann mit einer organ. Verb., bes. einem Alkanol, die ein akt. H besitzt, behandelt werden. Dies kann bes. durch Eingießen des Rk.-Gemisches in ein großes Vol. Methanol erreicht werden. Als Katalysator kann auch ein Gemisch der genannten organ. Al-Verbb. angewendet werden. In den Mengenbeispielen sind genannt: $Al(C_2H_5)_3$, Al-Triisobutyl, Al-Triisopropyl, $Al(C_6H_5)_3$, $AlH(C_2H_5)_2$ u. das Gemisch von AlH-Diisobutyl u. Al-Triisobutyl. Als Ausgangsstoffe sind Methylmethacrylat, tert. Butylacrylat, Methyl-, Äthyl-, Allyl- u. Trimethylcyclohexylacrylat sowie ein Gemisch aus Decyl- u. Octylacrylat eingesetzt. Die Endprodd. haben Molgew. von ca. 10000 oder 20000 bis zu 8000000 u. sind wachsartig, kautschukartig, fest oder hart. (**D. A. S. 1 067 218** Kl. 39c vom 3/4. 1958, ausg. 15/10. 1959. A. Prior. 11/4. 1957.)
H. SCHINDLER. 7173

Rohm & Haas Co., Philadelphia (Erfinder: Robert Clarke Fettes, Feasterville), Pa., V.St.A., **Herstellung von Polymerisaten aus (Meth-) Acrylsäureestern** mit einem Molgew. von 90000—1000000 in Ggw. von Katalysatoren (I), dad. gek., daß man einen Ester obiger Art, der einen Alkylrest mit nicht >8 (C-Atomen), einen Alkenylrest mit 3—18, einen Benzyl-, Phenyl- oder einen alicycl. KW-Stoff-Rest mit bis zu 10 C-Atomen enthält, in einem inerten Lsgm. unter wasserfreien Bedingungen in Abwesenheit eines kettenabbrechenden Mittels u. in Ggw. eines Katalysatorgemisches polymerisiert, das aus einem 1. I in Form eines Alkalimetalls mit einem Atom-Gew. von 23 u. höher u. einem 2. I auf Basis Li, Ca, Sr oder Ba besteht, wobei mindestens einer dieser I als Salz einer Säure mit einem pK_a-Wert von 16—36 vorliegt u. das Verhältnis des 1.:2. I, berechnet als Metallatome, zwischen 0,6:1—0,1:1 für die Polymerisation von Methacrylaten u. zwischen 10:1 u. 1:1 für die von Acrylaten gewählt wird. In 21 Mengenbeispielen wird die Polymerisation von Methyl-, Butylmethacrylat u. Äthylacrylat bei —30 bis —70° beschrieben, wobei I-Gemische aus Na u. Li, K u. Li, Na u. Ca in wechselnden Mengenverhältnissen angewendet wurden. Hierbei kann das Li, Ca, Sr oder Ba in der Form von Salzen einer LEWIS-Säure vorliegen, z. B. mischt man Na u. Li in fl. NH_3 bei —70° u. setzt so lange kleine Mengen von Methylisobutyrat zu, bis die blaue Farbe verschwindet. Die Endprodd. eignen sich bes. zur Herst. von *Form-Prodd.* u. *Überzugsmassen* mit erhöhter Zähigkeit. (**D. A. S. 1 094 986** Kl. 39c vom 2/4. 1958, ausg. 15/12. 1960. A. Prior. 4/4. 1957. **A. P. 2 956 990** vom 4/4. 1957, ausg. 18/10. 1960.)
H. SCHINDLER. 7173

American-Marietta Co., Stoner-Mudge Co. Division, Chicago, Ill., übert. von: David Scroggs McKinney, Ross Township, Allegheny County, und James Paul Fugassi, Churchill, Pa., V.St.A., **Elektrolytische Polymerisation von Phenol.** Dieses wird im elektr. Feld (Kathode aus Graphit, Annode aus Fe, 50 V, 35 A/sq.foot) bei ca. 140° F partiell oxydiert, wobei die Ringstruktur erhalten bleibt. Es entsteht ein unlösl., hitzebeständiges Polymerisat, das mindestens 2 unsubstituierte Stellen in o -oder p-Stellung zur phenol. OH-Gruppe beibehält u. sich an der Anode als Film niederschlägt. (**A. P. 2 961 384** vom 27/12. 1956, ausg. 22/11. 1960. **E. P. 871 078** vom 8/11. 1957, ausg. 21/6. 1961. A. Prior. 27/12. 1956.)
F. KOCH. 7177

General Mills, Inc., übert. von: Lawrence W. Berglund, Stuart A. Harrison, Minneapolis, Minn., und Erwin L. Capener, China Lake, Calif., V.St.A., **Azeotrope Veresterung von Phenolharzen,** bes. von durch einen C_1—C_8-Alkylrest substituierten, mit einer ungesätt. höheren Fettsäure bei 250—300° in Ggw. eines Phosphitesterkatalysators, wobei das Rk.-Gemisch von einem Azeotrop, bes. Xylol, mit mindestens 2 cm^3/Min. pro 100 g Harz durchströmt wird. — Verf.-Schema. (**Can. P. 553 568** vom 23/11. 1955, ausg. 25/2. 1958. A. Prior. 3/5. 1955.)
L. GROSSNER. 7177

Monsanto Chemical Co., St. Louis, Mo., übert. von: Henry A. Walter, Longmeadow, Mass., V.St.A., **Aromatische lineare Polyester** aus dem gemischten Anhydrid einer gesätt., aliphat. Monocarbonsäure mit 2—4 C-Atomen u. einer Dicarbonsäure sowie einem 2wertigen aromat. Alkohol (I). I ist Bis-(p-hydroxyphenyl)-methan; 1.1-Bis-(p-hydroxyphenyl)-äthan; 2.2-Bis-(p-hydroxyphenyl)-propan; 2.2-Bis-(p-hydroxyphenyl)-octan; 1.1-Bis-(p-hydroxyphenyl)-cyclohexan; Bis-(p-hydroxyphenyl)-

phenylmethan; Bis-(p-hydroxyphenyl)-methylphenylmethan; 2.2-Bis-(4-hydroxycyclohexyl)-propan; 2.2-Bis-(2.3.5.6-tetrachlor-4-hydroxyphenyl)-propan. Die Rk. wird bei 135—250° durchgeführt. (**A. P. 2 961 427** vom 2/1. 1958, ausg. 22/11. 1960.) F. KOCH. 7177

Standard Oil Co., Chicago, Ill., übert. von: Benjamin A. Bolton, Gary, und Richard E. Van Strien, Griffith, Ind., V.St.A., **Öl-modifiziertes Alkydharz.** Das Rk.-Prod. eines mindestens 3wertigen Alkohols mit einem Naturöl (Pflanzen-, Fischöl) u. einer Fettsäure mit höchstens 10 C-Atomen wird mit o-Phthal-, Isophthal-, Terephthalsäure oder deren Anhydriden kondensiert u. das entstandene Prod. mit einer 3bas. Säure (Trimelith-, Hemilithsäure oder deren Anhydriden) umgesetzt. Das gebildete Rk.-Prod., gelöst in einem inerten organ. Lsgm., ist zu *Überzügen* geeignet. (**A. P. 2 960 485** vom 14/6. 1957, ausg. 15/11. 1960.) F. KOCH. 7177

Badische Anilin- & Soda-Fabrik Akt.-Ges., Ludwigshafen/Rh., übert. von: Hans Krzikalla, Heidelberg, und Frederic van Taack Trakranen†, Ludwigshafen/Rh., **Herstellung beständiger, harzartiger Naphthalin-Formaldehyd-Harze** für Lacke, dad. gek., daß man bei 50—100° Naphthalin mit HCHO im Mol.-Verhältnis 1:1—1:1,5 in Ggw. von 20—60%ig. wss. H_2SO_4 kondensiert, bis der O-Geh. des Harzes höchstens 3%, dessen Erweichungspunkt 60—110° beträgt u. es in Toluol in jedem Verhältnis lösl. u. in Butylacetat nur begrenzt lösl. ist. Das Harz ist gegen mineral. u. organ. Säuren beständig, die *Überzüge* daraus sind korrosionsfest. (**A. P. 2 958 676** vom 26/11. 1957, ausg. 1/11. 1960.) W. SCHLITT. 7177

Pittsburgh Plate Glass Co., V.St.A. (Erfinder: John Jan Jaruzelski), **Herstellung von Di-[tert.-aminomethyl]-xylolen** u. ihren *Dimeren* durch Erhitzen entsprechender Di-[halogenmethyl]-xylole mit einem Mono- oder Dialkylamin. — *4.6-Di-[diäthylaminomethyl]-m-xylol*, Kp.$_{0,8}$ 126—130°, durch 8std. Rk. von 180 ml abs. Diäthylamin mit 51 g 4.6-Di-[chlormethyl]-m-xylol; n_D^{24} 1,5003. — *2.5-Di-[diäthylaminomethyl]-p-xylol*, Kp.$_{0,8}$ 124—127°, aus 2.5-Di-[chlormethyl]-p-xylol; n_D^{24} 1,5018; Ausbeute 82%. — Aus Äthylamin u. einem Di-[chlormethyl]-xylol entsteht in Ggw. von Bzl. u. wenig CH_3OH bei 75° nach 8std. Rk. unter Druck eine viscose Masse, die *Bis-[N-äthylaminomethylxylylmethyl]-äthylamin* enthält. — *Katalysatoren* für die *Herst. von Polyurethanen* u. *Härtemittel für Epoxyharze.* (**F. P. 1 173 280** vom 21/3. 1957, ausg. 23/2. 1959. A. Prior. 24/4. 1956.) H.-J. NITZSCHKE. 7181

Studiengesellschaft Kohle m.b.H. (Erfinder: Günther Wilke), Mülheim/Ruhr, **Cyclododecadienmonoepoxid,** Kp$_{0,5}$ 68—71°; n_D^{20} 1,5060, erhält man in Ausbeuten bis zu 98% durch Epoxydation von Cyclododecatrien-(1.5.9) mit organ. Persäuren oder anderen Per-Verbb., z. B. Acetaldehydmonoperacetat, bei 0—100°, bes. 20—50°, in indifferenten Lsgm., wie aliphat. oder aromat. KW-Stoffen oder deren Halogen- oder Sauerstoff-Derivv., Waschen der Rk.-Lsg. mit $NaHCO_3$-Lsg., Abdestillieren des Lsgm. u. Reinigen des Rk.-Prod. durch Vakuumdestillation. — Wertvolles Zwischenprod., das zu Cyclododecanol hydriert, zu Cyclododecanon katalyt. umgelagert, durch HNO_3-Oxydation von Cyclododecanol in Dodecan, -1.12-disäure aufgespalten werden kann, die in Polyamide u. Polyester übergeführt werden kann u. auch durch Rk. des Cyclododecanons mit NH_2OH ins Oxim, durch BECKMANN-Umlagerung in das Lactam der ω-Aminododecancarbonsäure u. schließlich in Polyamidkunststoffe umgewandelt werden kann. (**D. A. S. 1 058 987** Kl. 12o vom 26/4. 1957, ausg. 11/6. 1959. **Belg. P. 567 041** vom 23/4. 1958, ausg. 12/8. 1960. **E. P. 849 238** vom 28/4. 1958, ausg. 21/9. 1960. Beide D. Prior. 26/4. 1957.) R. HAUSS. 7181

Imperial Chemical Industries Ltd. (Erfinder: Guillaume Ward Jamin und Eric Arthur Packer), **Herstellung von Polyurethanerzeugnissen.** Die Zuspeisung der Rk.-Teilnehmer in die Misch- u. Formkammer mittels intermittierend arbeitender Dosierpumpen erfolgt über eine zwischengeschaltete Ausgleichkammer, die die Pulsation der Zuspeisung eliminiert. — 2 Abbildungen. (**Aust. P. 224 259** vom 28/8. 1958, ausg. 29/10. 1959. E. Prior. 11/9. 1957.) H. MÖLLERING. 7181

Imperial Chemical Industries Ltd. (Erfinder: Arthur Lowe und Walter Fairbairn Smith), **Flexible geschäumte Polyurethanformkörper** enthalten eine Be- oder Zwischenschichtung aus geschäumtem Polyurethan (**I**). Zum Beispiel wird auf eine Schicht aus geschäumtem u. verfestigtem flexiblem **I** ein Ansatz aus 100 (Teilen) Polyester, 2 Octylphenol-Äthylenoxyd-Kondensat, 3 W., 5. N.N-Diäthylbenzylamin unter Zumischung von Toluyldiisocyanat aufgesprüht, geschäumt u. ggf. vor der Abbindung unter leichtem Druck mit einer **I**-Schichtung abgedeckt. (**Aust. P. 224 265** vom 7/1. 1959, ausg. 29/10. 1959. E. Prior. 10/1. 1958.) H. MÖLLERING. 7181

Union Carbide Corp., New York, N.Y., V.St.A. (Erfinder: Arthur Noah Pines), **Herstellung von cyclischen Dimethylsiloxanen** $[(CH_3)_2SiO]_n$ (n = 3—7) aus mit Trimethyl- u. Methylsiloxangruppen verunreinigtem Dimethylsiloxan (**I**) durch

Erhitzen auf 80—200° in Ggw. eines sauren oder alkal. Katalysators u. einer organ. indifferenten Fl., die I wenigstens z. T. löst, wobei I mindestens 85% Dimethylsiloxangruppen enthält. Die cycl. Siloxane können zu Ölen bis gummiartigen Stoffen weiter polymerisiert werden. — Techn. $(CH_3)_2SiCl_2$ wird hydrolysiert, das Hydrolysat entwässert u. in Ggw. eines alkal. Katalysators erhitzt. 3165 (g) Dimethylpolysiloxan, 31 K-Dimethylsilanolat u. 202 Dimethylpolysiloxan, dessen Enden durch Trimethylsiloxygruppen blockiert sind, werden 2 Std. lang bei 150° u. kurze Zeit bei 200° gehalten: *Öl*, von dem 131 mit 20 Diisopropyläther 1½ Std. lang unter Rückfluß (Temp.-Anstieg von 120 auf 150°) u. noch 2 Std. lang bei 150° gehalten werden. Nach Neutralisierung mit HCl u. $NaHCO_3$ entfernt man Flüchtiges bei 0,5 mm u. bis 205°: Öl von 150 cSt bei 24°. — Man kann nach dem Verf. auch *kautschukartige Stoffe* herstellen, z. B., wenn man Oktamethylcyclotetrasiloxan mit K-Dimethylsilanolat 2½ Std. lang auf 150° erhitzt. Das Rk.-Prod. kann mit SiO_2 gemischt u. mit Benzoylperoxyd bei 120 u. 250° zu einem *Elastomeren* vulkanisiert werden. (**F. P. 1 176 541** vom 5/6. 1957, ausg. 13/4. 1959. **Jap. A. S. 4240/1960** vom 5/6. 1957, ausg. 25/4. 1960. **D. A. S. 1 083 820** Kl. 12o vom 6/6. 1957, ausg. 23/6. 1960. **E. P. 843 273** vom 5/6. 1957, ausg. 4/8. 1960. **Belg. P. 558 079** vom 4/6. 1957, ausg. 25/3. 1960. Alle A. Prior. 6/6. 1956.) M. PANKOW. 7189

Aktiebolaget Statens Skogsindustrier (Erfinder: Nils Strandberg), Stockholm, Schweden, **Herstellung flammfestimprägnierter Hartfaserplatten** durch Imprägnieren mit Harnstoff (I) u. Ammonphosphat, bes. $NH_4H_2PO_4$, enthaltenden Lsgg., dad. gek., daß man mit der I u. Ammonphosphat im Mol-Verhältnis 3:1—10:1 enthaltenden Lsg. die feuchten Fasenstoffbahnen behandelt, wie üblich preßt u. härtet oder die wie üblich gepreßten Platten mit dem Mittel nach bekannten Verff. imprägniert u. härtet. — Mengenbeispiele. (**D. A. S. 1 091 423** Kl. 54e vom 11/6. 1958, ausg. 20/10. 1960. **Belg. P. 568 610** vom 14/6. 1958, ausg. 18/11. 1960. Beide Schwed. Prior. 17/6. 1957.) G. VOGEL. 7205

Centre National de la Recherche Scientifique (Erfinder: **Adolphe Chapiro**, Paris, **Michel Magat**, Bourg-la-Reine, und **Jeanne Sebban**, Paris), Frankreich, *Copolymere*. (**Ung. P. 144 629** vom 4/5. 1956, ausg. 15/11. 1958. F. Prior. 31/5. 1955. — C. **1958.** 12256 [F. P. 1 130 099].)

Centre National de la Recherche Scientifique (Erfinder: **Adolphe Chapiro**, Paris, **Michael Magat**, Bourg-la-Reine, **Jeanne Sebban**, Paris), Frankreich, *Copolymere*. (**Ung. P. 144 503** vom 27/4. 1956, ausg. 15/11. 1958. F. Prior. 29/4. 1955. — C. **1958.** 3175 [F. P. 1 125 537].)

Ciba Akt.-Ges., Basel, Schweiz, *Schutzmittel gegen Ultraviolette Strahlung*. (**Oe. P. 208 821** vom 5/12. 1958, ausg. 25/4. 1960. Schwz. Prior. 6/12. 1957. — C. **1961.** 17766 [Schwz. P. 350 461].)

Badische Anilin- & Soda-Fabrik Akt.-Ges., Ludwigshafen/Rh., *Polymerisation von ungesättigten Verbindungen*. (**E. P. 836 220** vom 23/1. 1957, ausg. 1/6. 1960. D. Prior. 27/1. 1956. — C. **1960.** 2360 [D. A. S. 1 039 749].)

Badische Anilin- & Soda-Fabrik Akt.-Ges., Ludwigshafen/Rh., *Herstellung von Polymerisaten olefinisch ungesättigter Kohlenwasserstoffe*. (**E. P. 838 227** vom 1/11. 1956, ausg. 22/6. 1960. D. Prior. 3/11. 1955. — C. **1961.** 13375 [F. P. 1 163 926].)

Farbwerke Hoechst Akt.-Ges., vormals Meister Lucius & Brüning, Frankfurt/M., *Herstellung von Mischpolymerisaten*. (**E. P. 832 207** vom 23/4. 1956, ausg. 6/4. 1960. D. Prior. 21/4. 1955. — C. **1960.** 12856 [Oe. P. 206 641].)

Montecatini Soc. Gen. per l'Industria Mineraria e Chimica, Mailand, Italien, und **Karl Ziegler**, Mülheim/Ruhr (Erfinder: **Giulio Natta**, Mailand, Italien, **Karl Ziegler**, **Heinz Martin**, Mülheim/Ruhr, **Giorgio Mazzanti** und **Piero Pino**, Mailand, Italien), *Polymerisieren von Olefinen*. (**Schwz. P. 356 913** vom 25/5. 1955, ausg. 31/10. 1961. It. Prior. 8/6. u. 27/7. 1954. D. Prior. 3/8. 1954. — C. **1959.** 10740 [F. P. 1 138 290].)

Badische Anilin- & Soda-Fabrik Akt.-Ges., Ludwigshafen/Rh., *Herstellung wasserlöslicher Mischpolymerisate*. (**E. P. 831 832** vom 5/7. 1957, ausg. 6/4. 1960. D. Prior. 7/7. 1956. — C. **1960.** 667 [D. A. S. 1 037 129].)

Farbwerke Hoechst Akt.-Ges., vormals Meister Lucius & Brüning, Frankfurt/M., *Polymerisation von Olefinen*. (**E. P. 853 309** vom 5/11. 1956, ausg. 2/11. 1960. D. Prior. 4/11. 1955. — C. **1960.** 2705 [F. P. 1 159 508].)

Montecatini Soc. Gen. per l'Industria Mineraria e Chimica, Mailand, Italien, *Herstellung von Olefinpolymeren*. (**E. P. 851 175** vom 7/11. 1956, ausg. 12/10. 1960. It. Prior. 8/11. 1955. — C. **1959.** 11083 [F. P. 1 160 135].)

Farbwerke Hoechst Akt.-Ges., vormals Meister Lucius & Brüning, Frankfurt/M., *Polymerisation niederer Olefine*. (**E. P. 849 112** vom 10/12. 1956, ausg. 21/9. 1960. D. Prior. 9/12. 1955. — C. **1960.** 7356 [F. P. 1 169 583].)

Farbwerke Hoechst Akt.-Ges., vormals Meister Lucius & Brüning, Frankfurt/M., *Herstellung von hochmolekularen Polyolefinen*. (**E. P. 851 073** vom 22/10. 1956, ausg. 12/10. 1960. D. Prior. 21/10. 1955. — C. **1960.** 2020 [F. P. 1 161 241].)

Farbwerke Hoechst Akt.-Ges., vormals Meister Lucius & Brüning, Frankfurt/M., *Herstellung hochmolekularer Polyolefine*. (**E. P. 852 187** vom 7/1. 1957, ausg. 26/10. 1960. D. Prior. 7/1. 1956. — C. **1960.** 5991 [D. A. S. 1 048 414].)

Montecatini Soc. Gen. per l'Industria Mineraria e Chimica, Mailand, Italien, *Herstellung von kristallinen hochmolekularen Polyolefinen*. (**E. P. 837 301** vom 24/9. 1956, ausg. 9/6. 1960. It. Prior. 26/9. 1955. — C. **1959.** 12067 [F. P. 1 163 071].)

Montecatini Soc. Gen. per l'Industria Mineraria e Chimica, Mailand, Italien, *Kristalline α-Olefinpolymere*. (**E. P. 850 585** vom 15/10. 1956, ausg. 5/10. 1960. It. Prior. 19/10. 1955. — C. **1959.** 10740 [F. P. 1 161 557].)

Montecatini Soc. Gen. per l'Industria Mineraria e Chimica, Mailand, Italien, *Herstellung hochmolekularer Olefinmischpolymerer.* (**E. P. 856 733** vom 17/12. 1956, ausg. 21/12. 1960. It. Prior. 23/12. 1955. — C. **1960.** 2706 [F. P. 1 162 882].)

Montecatini Soc. Gen. per l'Industria Mineraria e Chimica, Mailand, Italien, *Blockpolymerisation von α-Olefinen.* (**E. P. 849 106** vom 1/8. 1956, ausg. 21/9. 1960. It. Prior. 6/8. 1955. — C. **1959.** 11417 [F. P. 1 157 793].)

Karl Ziegler, Mühlheim/Ruhr, *Reinigung von Polyolefinen.* (**Ung. P. 144 377** vom 27/12. 1955, ausg. 15/9. 1958. D. Prior. 27/12. 1954. — C. **1959.** 2299 [Oe. P. 196 126].)

Farbwerke Hoechst Akt.-Ges., vormals Meister Lucius & Brüning, Frankfurt/M., *Äthylenpolymerisation.* (**E. P. 836 588** vom 5/4. 1956, ausg. 9/6. 1960. D. Prior. 6/4. 1955. — C. **1959.** 11743 [Oe. P. 196 127].)

Badische Anilin- & Soda-Fabrik Akt.-Ges., Ludwigshafen/Rh., *Herstellung von Polyäthylen.* (**E. P. 834 161** vom 12/3. 1958, ausg. 4/5. 1960. D. Prior. 14/3. 1957. — C. **1961.** 1028 [D. A. S. 1 060 597].)

General Electric Co., Schenectady, N.Y., V.St.A., *Härten von Polyäthylen.* (**E. P. 831 126** vom 9/5. 1956, ausg. 23/3. 1960. A. Prior. 18/5. 1955. — C. **1960.** 15589 [Jap. A. S. 6095/1958].)

Montecatini Soc. Gen. per l'Industria Mineraria e Chimica, Mailand, Italien, *Katalysatorsystem für Äthylenpolymerisation.* (**E. P. 853 229** vom 25/7. 1957, ausg. 2/11. 1960. It. Prior. 25/7. 1956. — C. **1961.** 674 [E. P. 1 179 677].)

Montecatini Soc. Gen. per l'Industria Mineraria e Chimica, Mailand, Italien, *Katalysatorkomplex für Polyäthylen-Herstellung.* (**E. P. 841 679** vom 3/11. 1958, ausg. 20/7. 1960. It. Prior. 6/11. 1957. — C. **1961.** 2806 [F. P. 1 205 100].)

Chemische Werke Hüls Akt.-Ges., Marl, Kr. Recklinghausen, *Entfernen von Katalysatorresten aus Niederdruckpolyolefinen.* (**E. P. 804 081** vom 4/9. 1956, ausg. 5/11. 1958. D. Prior. 1/10. 1955. — C. **1959.** 13329 [F. P. 1 159 840].)

Dow Chemical Co., Midland, Mich., übert. von: **Richard E. Edmonson**, Freeport, und **William F. Wroth**, Lake Jackson, Tex., V.St.A., *Umwandlung von feinteiligen Äthylenpolymerisaten in eine für das Preßgußverfahren geeignete Form.* (**A. P. 2 831 846** vom 31/10. 1955, ausg. 22/4. 1958. **E. P. 802 768** vom 3/10. 1956, ausg. 8/10. 1958. A. Prior. 31/10. 1955. — C. **1959.** 15851 [D. A. S. 1 033 404].)

Farbwerke Hoechst Akt.-Ges., vormals Meister Lucius & Brüning, Frankfurt/M., *Herstellung halogenhaltiger Polymerer.* (**E. P. 838 651** vom 22/10. 1956, ausg. 22/6. 1960. D. Prior. 22/10. 1955. — C. **1958.** 6978 [D. A. S. 1 018 224].)

Farbwerke Hoechst Akt.-Ges., vormals Meister Lucius & Brüning, Frankfurt/M., *Herstellung von gemischten Chlorierungsprodukten von Niederdruckpolyolefinen und Kohlenwasserstoffen.* (**E. P. 845 361** vom 18/10. 1956, ausg. 24/8. 1960. D. Prior. 18/10. 1955. — C. **1959.** 6970 [Oe. P. 198 945].)

Ruhrchemie Akt.-Ges., übert. von: **Heinz Noeske**, Oberhausen, *Chlorieren von Polyäthylenen.* (**A. P. 2 928 819** vom 30/7. 1957, ausg. 15/3. 1960. D. Prior. 8/8. 1956. — C. **1959.** 8726 [Oe. P. 199 868].)

Montecatini Soc. Gen. per l'Industria Mineraria e Chimica, Mailand, Italien, *Herstellung von Äthylen-Buten-Mischpolymerisaten.* (**E. P. 856 737** vom 17/12. 1956, ausg. 21/12. 1960. It. Prior. 23/12. 1955. — C. **1960.** 2706 [F. P. 1 162 882].)

Lewis Berger & Sons Ltd. (Erfinder: **Leslie Ernest Wakeford** und **Donald Helmsly Hewitt**), London, England, *Herstellung von Lackharzen aus Styrol und Mischestern.* (**D. B. P. 975 352** Kl. 39c vom 17/12. 1949, ausg. 9/11. 1961. Anmeldung bekanntgemacht 27/8. 1953. E. Prior. 28/7. 1942 u. 4/5. 1943. — C. **1949.** E. 3603 [E. P. 573 809].)

Farbwerke Hoechst Akt.-Ges., vormals Meister Lucius & Brüning, Frankfurt/M., *Stabilisierung von Niederdruckpolyäthylen.* (**Holl. P. 99 178** vom 4/4. 1956, ausg. 15/9. 1961. D. Prior. 4/4. 1955. — C. **1959.** 4980 [F. P. 1 145 034].)

Solvic Soc. An., Brüssel, Belgien, *Polymerisation von Vinylchlorid.* (**Holl. P. 99 136** vom 12/3. 1958, ausg. 15/9. 1961. Belg. Prior. 14/3. 1957. — C. **1960.** 7700 [Oe. P. 204 779].)

Rohm & Haas Co., Philadelphia (Erfinder: **Thomas Ferdinand Protzman**, Levittown), Pa., V.St.A., *Polymerisierbare Mischung.* (**Schwz. P. 350 463** vom 3/8. 1955, ausg. 14/1. 1961. A. Prior. 4/8. 1954. — C. **1957.** 7189 [A. P. 2 744 886].)

American Cyanamid Co., New York, N.Y. (Erfinder: **Percival William Cummings jun.**, Cos Cob, und **Allan Olaf Mogensen**, Stamford, Conn.), V.St.A., *Wiedergewinnung von Polymeren aus Abfalllösungen.* (**Schwz. P. 355 296** vom 31/8. 1956, ausg. 15/8. 1961. A. Prior. 11/10. 1955. — C. **1961.** 17406 [F. P. 1 154 203].)

Phillips Petroleum Co. (Erfinder: **Gene Nowlin, Harold Dwight Lyons** und **James Thomas Edmonds jun.**), Bartlesville, Okla., V.St.A., *Katalysator für die Polymerisation ungesättigter Kohlenwasserstoffe.* (**Schwz. P. 355 295** vom 10/7. 1956, ausg. 15/8. 1961. A. Prior. 11/7. 1955. — C. **1961.** 13020 [E. P. 816 513].)

Houillères du Bassin du Nord et du Pas-de-Calais, Douai, Frankreich, *Herstellung von Pfropfmischpolymerisaten.* (**E. P. 866 131** vom 20/9. 1957, ausg. 26/4. 1961. F. Prior. 26/10. 1956. — C. **1960.** 13209 [F. PP. 1 160 106, 1 160 107 u. 1 160 108].)

Farbwerke Hoechst Akt.-Ges., vormals Meister Lucius & Brüning, Frankfurt/M., *Herstellung phosphorhaltiger Polymerisate.* (**E. P. 865 047** vom 25/9. 1957, ausg. 12/4. 1961. D. Prior. 26/9. 1956. — C. **1959.** 16491 [D. A. S. 1 029 156].)

Farbenfabriken Bayer Akt.-Ges., Leverkusen, *Chlormethylierung von aromatischen Vinylpolymeren.* (**E. P. 867 769** vom 18/12. 1958, ausg. 10/5. 1961. D. Prior. 24/12. 1957. — C. **1960.** 7701 [D. A. S. 1 058 737].)

Monsanto Chemical Co., St. Louis, Mo., V.St.A., *Herstellung von (Misch-)-Polymerisaten aus (ringhalogenierten) vinylidenaromatischen Kohlenwasserstoffen.* (**E. PP. 866 366** vom 28/3. 1958, ausg. 26/4. 1961 u. **867 480** vom 28/3. 1958, ausg. 10/5. 1961. Beide A. Prior. 1/4. 1957. — C. **1960.** 9741 [A. PP. 2 862 906 u. 2 862 907].)

Wacker-Chemie G.m.b.H., München, *Dispersionspolymerisation von Vinylchlorid.* (**E. P. 865 399** vom 9/10. 1957, ausg. 19/4. 1961. D. Prior. 9/10. 1956. — C. **1960.** 11835 [D. A. S. 1 069 387].)

Dow Chemical Co., Midland, Mich., V.St.A., *Nichtkorrodierendes Präparat aus polymeren Olefinen.* (**E. P. 819 277** vom 4/12. 1956, ausg. 2/9. 1959. A. Prior. 19/12. 1955. — C. **1960.** 4687 [Jap. A. S. 3541/1958].)

N.V. de Bataafsche Petroleum Mij., Den Haag, Holland (Erfinder: **Han Hoog** und **Johannes Cornelis Vlugter**), *Verarbeiten von Alkylenpolymerisaten insbesondere Polyäthylen.* (**E. P. 816 292** vom 27/7. 1955, ausg. 8/7. 1959. — C. **1959.** 7641 [F. P. 1 159 196].)

Montecatini Soc. Gen. per l'Industria Mineraria e Chimica, Mailand, Italien, und **Karl Ziegler**, Mülheim/Ruhr (Erfinder: **Achille Bosoni**, Mailand, Italien), *Herstellung von Formkörpern aus kristallinen Polymeren.* (**Jap. A. S. 4224/1960** vom 18/10. 1957, ausg. 25/4. 1960. **Oe. P. 212 002** vom 22/10. 1957, ausg. 25/11. 1960. Beide It. Prior. 23/10. 1956. — C. **1960.** 7012 [F. P. 1 184 477].)

B. F. Goodrich Co., New York, N.Y., V.St.A. (Erfinder: **John F. Jones** und **Alfred J. Mital**), *Herstellung von vernetzten Mischpolymerisaten.* (**Jap. A. S. 2693/1960** vom 27/8. 1958, ausg. 24/3. 1960. **F. P. 1 224 066** vom 15/11. 1958, ausg. 22/6. 1960. Beide A. Prior. 9/12. 1957. — C. **1961.** 9619 [D. A. S. 1 088 718].)

American Cyanamid Co., New York (Erfinder: **Irwin Henry Hess**, White Plains), N.Y., V.St.A., *Abscheiden wasserlöslicher Polymerer aus Dispersionen.* (**Jap. A. S. 1143/1960** vom 1/10. 1958, ausg. 25/2. 1960. **F. P. 1 213 671** vom 30/9. 1958, ausg. 4/4. 1960. Beide A. Prior. 1/10. 1957. — C. **1962.** 1048 [E. P. 851 638].)

Phillips Petroleum Co., Bartlesville, Okla., V.St.A., *Chlorieren von Polyäthylen.* (**Oe. P. 208 581** vom 8/9. 1956, ausg. 11/4. 1960. A. Prior. 9/9. 1955. — C. **1961.** 4901 [Jap. A. S. 8087/1958].)

Montecatini Soc. Gen. per l'Industria Mineraria e Chimica, Mailand, Italien, *Massen für Schaumkörper.* (**E. P. 856 735** vom 3/10. 1957, ausg. 21/12. 1960. It. Prior. 4/10. 1956. Zusatz zu E. P. 810 023; C. 1960. 7360. — C. **1960.** 7013 [F. P. 1 184 734].)

Deutsche Amphibolin-Werke von Robert Murjahn, Oberramstadt, Hessen, *Emulsionspolymerisation.* (**Oe. P. 216 762** vom 10/4. 1959, ausg. 25/8. 1961. D. Prior. 24/4. 1958. — C. **1961.** 8134 [D. A. S. 1 092 656].)

Union Carbide Corp., New York, N.Y., V.St.A., *Entfernung von Katalysatorrückständen aus einem festen Olefinpolymerisat.* (**Oe. P. 214 634** vom 29/7. 1957, ausg. 25/4. 1961. A. Prior. 30/7. 1956. — C. **1961.** 13736 [E. P. 835 616].)

Union Carbide Corp., New York, N.Y., V.St.A., *Herstellung von hochkristallinem Polystyrol.* (**Oe. P. 217 210** vom 9/4. 1957, ausg. 11/9. 1961. A. Prior. 10/4. 1956. — C. **1962.** 668 [E. P. 823 306].)

Hercules Powder Co., Wilmington, Del., V.St.A., *Polymerisation ungesättigter Kohlenwasserstoffe.* (**Oe. P. 213 049** vom 17/7. 1956, ausg. 25/1. 1961. A. Prior. 29/7. 1955. — C. **1959.** 14268 [E. P. 795 182].)

Montecatini Soc. Gen. per l'Industria Mineraria e Chimica, Mailand, Italien, und **Karl Ziegler**, Mülheim/Ruhr (Erfinder: **Giulio Natta** und **Giovanni Crespi**, Mailand, Italien), *Gewinnung von Blockpolymeren aus α-Olefinen.* (**Jap. A. S. 4234/1960** vom 1/8. 1956, ausg. 25/4. 1960. It. Prior. 6/8. 1955. — C. **1959.** 11417 [F. P. 1 157 793].)

Sun Oil Co., Philadelphia, Pa., V.St.A. (Erfinder: **Peter B. Murray**), *Polymerisieren von Olefinen.* (**Jap. A. S. 3394/1960** vom 18/4. 1957, ausg. 9/4. 1960. A. Prior. 1/5. 1956 u. 27/2. 1957. — C. **1960.** 13209 [A. P. 2 890 212].)

Phillips Petroleum Co., Bartlesville, Okla., V.St.A., *Entfernung von Verunreinigungen von einem olefinischen Polymeren.* (**Oe. P. 208 067** vom 21/1. 1957, ausg. 25/3. 1960. A. Prior. 20/1., 4/4. u. 22/8. 1956. — C. **1961.** 14480 [Belg. P. 554 363].)

Phillips Petroleum Co., Bartlesville, Okla., V.St.A., *Modifizieren eines Polymeren.* (**Oe. P. 211 044** vom 29/12. 1956, ausg. 10/9. 1960. A. Prior. 30/12. 1955 u. 29/11. 1956. — C. **1961.** 15582 [F. P. 1 163 689].)

Dow Chemical Co. (Erfinder: **Fred D. Hoerger** und **E. K. Morris**), Midland, Mich., V.St.A., *Halogenieren von Polyäthylenen.* (**Jap. A. S. 3248/1960** vom 19/10. 1956, ausg. 7/4. 1960. A. Prior. 28/10. 1955. — C. **1961.** 7769 [Aust. P. 219 209].)

Farbenfabriken Bayer Akt.-Ges., Leverkusen, *Polymerisieren von Chloropren.* (**Jap. A. S. 2196/1960** vom 25/1. 1958, ausg. 12/3. 1960. D. Prior. 25/1. 1957. — C. **1959.** 5311 [D. A. S. 1 042 241].)

Esso Research and Engineering Co., Elizabeth, N.J., V.St.A. (Erfinder: **Bruce R. Tegge**, **Joseph F. Nelson**, **Robert F. Leary** und **Lester M. Welch**), *Herstellung von Mischpolymerisaten aus aliphatischen und cyclischen Monoolefinen.* (**Jap. A. S. 1838/1960** vom 26/4. 1952, ausg. 8/3. 1960. — C. **1955.** 11471 [A. P. 2 643 993] u. C. **1955.** 3365 [A. P. 2 666 046].)

Montecatini Soc. Gen. per l'Industria Mineraria e Chimica (Erfinder: **Giulio Natta** und **Giovanni Crespi**), Mailand, Italien, *Formgebung von Polystyrol.* (**Jap. A. S. 1544/1960** vom 4/11. 1957, ausg. 1/3. 1960. It. Prior. 8/11. 1956. — C. **1961.** 2808 [F. P. 1 188 563].)

Argus Chemical Corp., Brooklyn, N.Y., V.St.A. (Erfinder: **Arhur Calvin Hecker**, **Olga Helen Knoepke** und **William Edwards Leistner**), *Stabilisieren von Polyvinylchlorid.* (**F. P. 1 175 086** vom 14/5. 1957, ausg. 19/3. 1959. **Belg. P. 557 489** vom 14/5. 1957, ausg. 11/3. 1960. Beide A. Prior. 15/5. 1956. **Oe. P. 214 151** vom 6/6. 1957, ausg. 27/3. 1961. — C. **1960.** 5661 [Holl. P. 91 341].)

Montecatini Soc. Gen. per l'Industria Mineraria e Chimica, Mailand, Italien, und **Karl Ziegler**, Mülheim/Ruhr (Erfinder: **Ettore Bua**, **Luiano Luciani** und **Alessandro Negromanti**, Mailand, Italien), *Propylen polymerisation* (**Jap. A. S. 1241/1960** vom 5/11. 1956, ausg. 26/2. 1960. It. Prior. 8/11. 1955. — C. **1959.** 11083 [F. P. 1 160 135].)

Dow Chemical Co., Midland, Mich., übert. von: **Henno Keskkula**, **Raymond M. Price**, Midland, und **Arthur F. Roche**, Freeland, Mich., V.St.A., *Polymere alkenylaromatische Verbindungen und Copolymere aus Monovinylaromaten und Butadien.* (**A. P. 2 958 671** vom 4/10. 1954, ausg. 1/11. 1960. — C. **1958.** 3463 [E. P. 776 511].)

Montecatini Soc. Gen. per l'Industria Mineraria e Chimica, Mailand, Italien, *Herstellung von Hydroperoxyden von hochmolekularen (Misch-) Polymerisaten.* (**E. P. 832 068** vom 1/8. 1956, ausg. 6/4. 1960. It. Prior. 6/8. 1955. — C. **1959.** 12068 [F. P. 1 157 790].)

Montecatini Soc. Gen. per l'Industria Mineraria e Chimica, Mailand, Italien, *Herstellung von Olefin-Vinylchlorid-Pfropfpolymerisaten.* (**E. P. 852 042** vom 27/6. 1957, ausg. 19/10. 1960. It. Prior. 28/6. 1956. — C. **1960.** 17631 [D. A. S. 1 065 618].)

Montecatini Soc. Gen. per l'Industria Mineraria e Chimica, Mailand, Italien, *Herstellung von linearen Polymeren aus Vinyl-Kohlenwasserstoffen.* (**E. P. 844 944** vom 15/2. 1957, ausg. 17/8. 1960. It. Prior. 23/2. 1956 u. 15/1. 1957. — C. **1959.** 11083 [Oe. P. 200 334].)

Chemische Werke Hüls Akt.-Ges., Marl, Kr. Recklinghausen, *Herstellung von Hohlkörpern und Überzügen aus weichmacherhaltigem Polyvinylchlorid.* (**E. P. 800 122** vom 19/4. 1956, ausg. 20/8. 1958. D. Prior. 20/8. 1955. — C. **1958.** 10791 [D. A. S. 1 011 616].)

Badische Anilin- & Soda-Fabrik Akt.-Ges., Ludwigshafen/Rh., *Wasserlösliche Mischpolymerisate von (Meth-) Acrylamid und Acrylsäureestern.* (**E. P. 831 881** vom 15/3. 1957, ausg. 6/4. 1960. D. Prior. 17/3. u. 30/4. 1956. — C. **1960.** 2708 [D. A. S. 1 037 128].)

Kodak S.p.A., Mailand, Italien, *Mischpolymerisation von Acrylnitril mit anderen Monomeren in Gegenwart vorgeformter Polymere.* (**It. P. 536 593** vom 3/2. 1955. A. Prior. 3/2. 1954. — C. **1959.** 1284 [E. P. 781 434].)

Farbwerke Hoechst Akt.-Ges., vormals Meister Lucius & Brüning, Frankfurt/M., *Herstellung von Acrylnitrilmischpolymerisaten.* (**E. P. 830 898** vom 11/5. 1956, ausg. 23/3. 1960. D. Prior. 11/5. 1955. — C. **1960.** 15237 [D. A. S. 1 052 118].)

Koppers Co., Inc., übert. von: **John C. Houston** und **John J. Tress**, Beaver Falls, Pa., V.St.A., *Kunststoffmischung aus Polystyrol, einem flüchtigen Lösungsmittel und einem Kohlensäure abgebenden Treibmittel, und Verfahren zum gleichzeitigen Schäumen und Extrudern dieser Mischung.* (**A. P. 2 941 964** vom 16/11. 1954. ausg. 21/6. 1960. — C. **1959.** 4319 [F. P. 1 138 901].)

Montecatini Soc. Gen. per l'Industria Mineraria e Chimica, Mailand, Italien, *Herstellung von kristallinem Polystyrol.* (**E. P. 847 102** vom 15/2. 1957, ausg. 7/9. 1960. **It.** Prior. 24/2. 1956. — C. **1959.** 12068 [Oe. P. 199 869].)

Dow Chemical Co., übert. von: **James L. Amos**, Midland, und **Arthur F. Roche**, Freeland, Mich., V.St.A., *Entfernen flüchtiger Bestandteile aus thermoplastischen Polymeren.* (**A. P. 2 849 430** vom 7/7. 1955, ausg. 26/8. 1958. — C. **1959.** 16491 [E. P. 795 999].)

Dow Chemical Co., übert. von: **Raymond M. Price**, Midland, **Lewis J. Young**, Sanford, **Bernard H. Tubbs**, Clare, und **Robert E. Lee**, Midland, Mich., V.St.A., *Harzartiger Kunststoff.* (**A. P. 2 864 802** vom 28/11. 1955, ausg. 16/12. 1958. **E. P. 801 036** vom 14/11. 1956, ausg. 3/9. 1958. A. Prior. 28/11. 1955. — C. **1961.** 675 [Jap. A. S. 6986/1958].)

E. I. du Pont de Nemours & Co., Wilmington (Erfinder: **Grant Thompson**, Wilmington), Del., V.St.A., *Herstellung einer mit Schwefel vulkanisierbaren Formmasse.* (**D. A. S. 1 048 023** Kl. 39b vom 29/6. 1957, ausg. 31/12. 1958. A. Prior. 24/7. 1956. — C. **1960.** 10080 [A. P. 2 852 497].)

Farbenfabriken Bayer Akt.-Ges., Leverkusen, *Polyester.* (**E. P. 842 264** vom 24/1. 1957, ausg. 27/7. 1960. D. Prior. 28/1. 1956. — C. **1959.** 7647 [Oe. P. 198 951].)

Badische Anilin- & Soda-Fabrik Akt.-Ges., Ludwigshafen/Rh., *Polyester aus Carbonsäuren.* (**E. P. 843 314** vom 10/4. 1958, ausg. 4/8. 1960. D. Prior. 11/4. 1957. — C. **1960.** 8362 [D. A. S. 1 044 406].)

Farbwerke Hoechst Akt.-Ges., vormals Meister Lucius & Brüning, Frankfurt/M., *Ungesättigte Polyester.* (**E. P. 852 886** vom 21/12. 1956, ausg. 2/11. 1960. D. Prior. 24/12. 1955. — C. **1958.** 10513 [D. A. S. 1 017 789].)

Badische Anilin- & Soda-Fabrik Akt.-Ges. (Erfinder: **Herbert Willersinn**), Ludwigshafen/Rh., *Beschleuniger beim Polymerisieren von ungesättigten Polyestern.* (**E. P. 839 825** vom 20/8. 1958, ausg. 29/6. 1960. D. Prior. 27/8. 1957. — C. **1960.** 5994 [D. A. S. 1 060 590].)

Rohm & Haas Co., Philadelphia, Pa., V.St.A., *(Misch-) Polymerisate von Vinylgruppen enthaltenden Verbindungen.* (**E. P. 834 575** vom 6/7. 1956, ausg. 11/5. 1960. A. Prior. 15/7. 1955. — C. **1959.** 3991 [A. P. 2 806 840].)

VEB Leuna-Werke „Walter Ulbricht", Leuna, *Polyamidspritzgußmassen.* (**Ung. P. 144 613** vom 17/9. 1956, ausg. 15/11. 1958. — C. **1959.** 320 [Oe. P. 197 082].)

VEB Leuna-Werke „Walter Ulbricht" (Erfinder: **Alfred Haas**), Leuna, *Druckpasten aus Phenoplasten.* (**Ung. P. 144 538** vom 6/2. 1956, ausg. 15/11. 1958. — C. **1959.** 12071 [D. A. S. 1 049 089].)

Imperial Chemical Industries Ltd., London, übert. von: **William E. F. Gates**, Welwyn Garden City, Hertfordshiere, England, *Schichtkörper.* (**Can. P. 553 584** vom 7/4. 1955, ausg. 25/2. 1958. E. Prior. 21/5. 1954. — C. **1958.** 10212 [F. P. 1 122 933].)

Dominion Rubber Co. Ltd., Montreal, Quebec, Canada, übert. von: **Marvin C. Brooks**, Packanack Lake, N.J., V.St.A., *Herstellung glasfaserverstärkter Harze.* (**Can. P. 553 790** vom 9/10. 1954, ausg. 4/3. 1958. A. Prior. 6/11. 1953. — C. **1957.** 6633 [A. P. 2 754 237].)

Allied Chemical & Dye Corp., New York, N.Y., übert. von: **David E. Cordier**, Toledo, Ohio, V.St.A., *Mit Amin-Formaldehydharz überzogenes Kaolin als Füllstoff für polymerisierbare Diallylphthalate.* (**Can. P. 553 715** vom 8/2. 1954, ausg. 4/3. 1958. A. Prior 20/2. 1953. — C. **1958.** 12836 [E. P. 752 805].)

Farbenfabriken Bayer Akt.-Ges., Leverkusen, übert. von: **Günter Kolb**, Köln, *Tauchverfahren zur Herstellung von Netzmitteln im Koagulationsbad.* (**A. P. 2 959 821** vom 8/2. 1956, ausg. 15/11. 1960. D. Prior. 11/2. 1955. — C. **1959.** 2631 [F. P. 1 146 136].)

XII. Kautschuk

Entwicklungen bei der Herstellung von Kautschukmischungen. C. H. J. Avons. (Rubber Plastics Weekly **141.** 671—73. 21/10. 1961. Monsanto Chem. Ltd.) (Engl.)

Die 2 Haupt-Entw. auf dem Gebiet der Mischungs-Herst., die chem. Modifikation von Allzweckkautschuken (Modifizierungsmittel für Kautschuk) u. vor allem der verbesserte O_3-Schutz (Wachse, p-Phenylendiamino-Derivv., 6-Alkoxy-2.2.4-trimethyldihydrochinoline) werden (stat. Spannung, kontinuierliche bzw. intermittierende dynam. Biegebeanspruchung) besprochen. Die Praxis-Verss. an Reifen bestätigen die Labor.-Verss. [2(% auf Kautschuk)| Spezialwachs, 1 6-Äthoxy-2.2.4-trimethyl-1.2-dihydrochinolin, 0,5 N-Isopropyl-N'-phenyl-p-phenylendiamin] u. zeigen, daß beste Ergebnisse in Ggw. aller 3 Typen von O_3-Schutzmitteln erhalten werden. R. SCHÄFF. 7220□

Über die Dämpfung von Naturkautschuk und Elastomeren. Maurice A. Julien. (Rev. gén. Caoutchouc **38.** 1465—82. Okt. 1961. S. A. Usines Paulstra.) (Franz. u. Engl.)

Übersicht über die Theorie der Dämpfung u. Erörterung der Hysteresis von Naturkautschuk u. Elastomeren. — 10 Schrifttumshinweise. W. WESLY. 7222□

Untersuchungen über Gemische von natürlichem Kautschuk und Butadien-Styrol-Kautschuk. 2. Mitt. **Einwirkung des Mischverfahrens auf das NR-SBR-System.** T. Kasuya. (J. Soc. Rubber Ind., Japan **34.** 330—34. 1961. Ind. Res. Inst.) (Jap.; Auszug: Engl.) — 1. vgl. C. **1961. 13743.**

Unterss. über die Einw. des Mischverf. auf das NR–SBR-Syst. zeigen, daß die physikal. Eigg., die Kristallinität u. die Plastizität von beiden Rohstoffen oder Gemischen

sich nicht nennenswert ändern. Über eine bestimmte Grenze hinaus erscheint eine homogene Mischung schwierig, obwohl Natur- u. Butadien–Styrol-Kautscuk bis zu einer bestimmten Grenze vermischt werden können. Wenn beide Rohstoffe unter Verw. von Bzl. gemischt werden, ist die Kristallinität von Naturkautschuk im Mischsyst. gering im Vgl. mit den bei der allg. Mischarbeitsweise erhaltenen Werten.
W. WESLY. 7222□

Übersicht der chemischen Vorgänge beim Faktisieren im Licht weiterer Forschung. A. H. Clark, C. Falconer Flint und D. L. McGee. (Trans. Proc. Instn. Rubber Ind., Trans. **37.** 193—205. Dez. 1961. Fallowfield, Manchester, Factice Res. and Dev. Assoc.) (Engl.)

Es wurde beobachtet, daß Temp.-Erhöhung u. H_2S-Entw. beim Erhitzen von Leinöl u. seinen Methylestern auf 160° mit S_8 größer als erwartet sind, vermutlich durch die gegenüber einer isolierten Bindung doppelt so stark wirksame Pentadien-Gruppierung in Linol- u. Linolensäure. Die H_2S-Bldg. erfolgt mittels Rk. von Protonen mit Schwefel. Dessen Rk. mit Öl scheint eher polarer Natur zu sein als über Radikale zu erfolgen. Das Faktisieren durch Mischen synthet. Trioleine u. Dilinolmonooleine zeigt, daß die Zeit zur Herbeiführung des Gel-Zustandes umgekehrt proportional zum %-Geh. an Dilinolmonoolein ist. — Die Dunkelfärbung tritt beim Vorhandensein von Linol- u. Linolen-Gruppen auf.
H. JACOBI. 7226□

Anwendung von Resorcin-Formaldehyd-Harzen zur Verbindung von Geweben mit Gummi. 2. Mitt. **Untersuchung des Einflusses verschiedener Latices in den Resorcin-Formaldehydharz-haltigen Bädern auf die Haftfestigkeit der Gewebe an Gummi.** D. Sowa und L. Pawłowski. (Tworzywa, Guma, Lakiery **5.** 343—48. Nov./Dez. 1960. Inst. Przem. Gumowego.) (Pol.) — 1. vgl. C. **1962.** 3652.

Die beste Haftung von Reifencord an Gummi wird bei Anwendung von Vinylpyridin-, die schlechtes bei Naturkautschuk-, eine mittlere bei Butadien–Styrol-Latex erhalten. Die optimale Konz. an Formaldehyd–Resorcin-Harz im Imprägnierbad ist von der Art des Latex u. vom Cord abhängig. In den meisten Fällen existiert ein Konz.-Optimum. Die optimale Reifungszeit des Bades ist ebenfalls von Latex u. Cord abhängig. Die Reifungszeit kann durch Erhöhung der Temp. verkürzt werden.
F. URBAN. 7226□

Organische Zinnverbindungen als Stabilisatoren. H. Verity. (Rubber Plastics Weekly **141.** 669—70. 677. 21/10. 1961. Basel, Meister A.G.) (Engl.)

Anwendung u. Probleme werden besprochen.
R. SCHÄFF. 7226□

Dithiol-Vulkanisation von chloriertem Butylkautschuk. R. Hodges. (Rubber Plastics Weekly **141.** 666—68. 21/10. 1961. Esso Petrol. Co. Ltd.) (Engl.)

Butyl-HT (**I**) der Esso PETROL. Co. LDT. (chlorierter Butylkautschuk) wurde mit verschiedenen Dithiolen [1.2-Äthan-, 1.3-Propan-, 1.4-Butan- u. 1.5-Pentandithiol, Glykoldimercaptoacetat (**II**)] bzw. zum Vgl. mit Tetramethylthiuramdisulfid vulkanisiert. **II** liefert schnell vulkanisierende Mischungen mit hohem Modul, niedriger bleibender Verformung u. guten Biege-Eigg. u. zeigt nicht den Nachteil des schlechten Geruchs, wie die meisten Dithiole.
R. SCHÄFF. 7228□

Chemische Werke Hüls Akt.-Ges. (Erfinder: Heinrich Weber), Marl, Kr. Recklinghausen, **Polymerisation von Diolefinen.** Man verwendet Mischkatalysatoren aus Verbb. der Metalle der IV.—VI. Nebengruppe des Period. Syst. einschließlich Th, U, Co u. Fe einerseits mit metall. Al, Al-Hydrid oder metallorgan. Verbb. von Al, Mg, Zn oder Alkalimetallen oder Alkalimetallen andererseits, welche durch Zusatz von Ni-Salzen als dritter Katalysatorkomponente modifiziert worden sind. — Beispiel: Butadienpolymerisation mit Mischkatalysator aus: Nickelacetonylacetonat, $TiCl_4$ u. Al-triäthyl. Hohe Rk.-Geschw. u. Ausbeute an *kautschukartigen klebrigen Polymerisaten* mit geringem Gelanteil u. hohem Geh. an 1.4-cis-Struktur. (**D. A. S. 1 123 113** Kl. 39c vom 25/6. 1958, ausg. 1/2. 1962.)
L. STADELMANN. 7225

Comp. Française Thomson-Houston, Seine, Frankreich (Erfinder: Stephen Kutosh), **Polymerisieren von Organopolysiloxanen** mit kaust. Alkalien durch Erhitzen [z. B. von Oktamethylcyclotetrasiloxan (**I**)] mit 0,75—15 Gew.-Teilen (pro Million Teile des Organopolysiloxans) KOH. Die erhaltenen Polymeren kann man mit Peroxyden härten. — 100 (Gew.-Teile) **I**, 0,001 Gew.-% KOH u. 0,033 Dekamethyltetrasiloxan werden auf 170—175° bis zu einer Viscosität von 40000 cP (BROOKFIELD) erhitzt, mit 15 Oktaphenylcyclotetrasiloxan noch 6 Std. weiter erhitzt u. gerührt. Man erhält ein *gummiartiges Methylphenylpolysiloxan.* (**F. P. 1 177 254** vom 12/6. 1957, ausg. 22/4. 1959. A. Prior. 13/6. 1956.)
M. PANKOW. 7225

Columbian Carbon Co., V.St.A. (Erfinder: George Louis Heller), **Rußbehandlung.** Ruß von erhöhtem Strukturindex, wie man ihn aus höhermol. aromat. fl. KW-Stoffen erhält u. der sich nicht zur Verarbeitung in Naturkautschuk

eignet, wird kontinuierlich zwischen unelast. Walzen mit einem Spalt von ≦0,75 mm u. einer maximalen peripheren Geschw. von ≦45 m/Min., wobei die Geschw. der einen Walze die der anderen um 25% übertrifft, durchgeführt. Der Ruß ergibt danach in Kautschuk höhere Zugfestigkeits- u. Dehnungswerte u. geringeren Modul als unbehandelter Ruß. (**F. P. 1 176 163** vom 19/4. 1957, ausg. 7/4. 1959. A. Prior. 24/5. 1956.)
M. PANKOW. 7227

Dominion Rubber Co. Ltd., Montreal, Quebec, Canada, übert. von: Byron A. Hunter, Waterbury, Conn., V.St.A., **Durch Sb-Verbindungen stabilisierter Kautschuk.** Naturkautschuk, Butadien- u. Butadien–Styrol-Polymerisate enthalten 0,1—5% eines Antimonyl-Deriv. von Polyphenolen mit o-ständigen Hydroxygruppen, bes. Antimonylbrenzcatechinchlorid. (**Can. P. 553 787** vom 14/6. 1947, ausg. 4/3. 1958.)
L. GROSSNER. 7227

Firestone Tire & Rubber Co., Akron, übert. von: Frederick J. Webb, Cuyahoga Falls, Ohio, V.St.A., **Herstellung von Oxydationsprodukten von 6-substituierten 2.2.4-Trialkyl-1.2-dihydrochinolin,** wie 2.2.4-Trimethyl-6-alkoxy-, -aryl- oder -aryloxy-1.2-dihydrochinoline, dad. gek., daß man z. B. das 2.2.4-Trimethyl-6-phenyl- oder -6-äthoxy-1.2-dihydrochinolin in Aceton bei 3° mit $KMnO_4$ versetzt, nach ca. 3½ Std. die Lsg. filtriert, das Lsgm. bei Raum-Temp. abdampft u. den Rückstand bei —50° mit A. extrahiert u. trocknet. F. 121—122° bzw. 109—110°. — *Antioxydantien* für Kautschuk. (**A. P. 2 849 452** vom 29/7. 1955, ausg. 26/8. 1958.)
W. HEYER. 7227

Montecatini Soc. Gen. per l'Industria Mineraria e Chimica, Mailand, Italien, *Herstellung von linearen ungesättigten hochmolekularen Polymerisaten.* (**E. P. 856 734** vom 24/6. 1957, ausg. 21/12. 1960. It. Prior. 27/6. 1956. — C. **1960.** 5666 [F. P. 1 176 850].)

Esso Research and Engineering Co., Elizabeth, N.J., V.St.A., *Weichmacher für Isoolefinpolymerisate und -mischpolymerisate.* (**D. A. S. 1 093 081** Kl. 39b vom 11/1. 1956, ausg. 17/11. 1960. A. Prior. 11/1. u. 6/12. 1955. — C. **1959.** 3993 [A. P. 2 821 515].)

Farbenfabriken Bayer Akt.-Ges. (Erfinder: **Ernst Podschus** und **Odilo Kollmann**), Leverkusen, *Herstellung von Erdalkalisilicaten.* (**D. B. P. 975 294** vom 2/12. 1953, ausg. 2/11. 1961. Anmeldung bekanntgemacht 9/5. 1956. — C. **1958.** 12260 [E. P. 783 712].)

Esso Research and Engineering Co., übert. von: **Francis P. Ford,** Wateburg, N.J., V.St.A., *Vulkanisierverfahren.* (**A. P. 2 948 320** vom 2/5. 1955, ausg. 9/8. 1960. — C. **1961.** 14854 [F. P. 1 153 168].)

R. T. Vanderbilt Co., Inc., New York, N.Y. (Erfinder: **Jack C. Bacon,** Noroton Heights, Conn.), V.St.A., *Vulkanisieren von Polychloropren.* (**D. A. S. 1 122 694** Kl. 39b vom 9/8. 1957, ausg. 25/1. 1962. A. Prior. 26/2. 1957. — C. **1960.** 11843 [E. P. 813 779].)

XIII. Ätherische Öle. Parfümerie. Kosmetik

Die Citrone und das Citronenöl. Pierre Muller. (Soap, Perfum. Cosmet. **34.** 1145—48. Dez. 1961.) (Engl.)

Vf. geht auf den Citronenanbau, die Gewinnung von Citronensaft u. Citronenöl in Italien ein. Physikal. u. chem. Eigg. des Citronenöls werden beschrieben. Das in dem UV-Spektrum des natürlichen Citronenöls bei **310** mμ auftretende Minimum rührt vom 5.7-Dimethoxycumarin her. Durch H_2O-Dampf-Dest. gewonnene Öle liefern dieses Spektrum nicht. G. LOSSNER. 7262□

Chemische Untersuchung des Blütenknospenöles von Eucalyptus citriodora. P. S. Rao und V. K. Sood. (Soap, Perfum. Cosmet. **34.** 1123—24. Dez. **1961.** India, Bangalore and Dehra Dun, Forest Res. Labor.) (Engl.)

Bei der Wasserdampf-Dest. lieferten die frischen Blütenknospen von *Eucalyptus citriodora* 0,50—0,85% eines angenehm riechenden, schwach bis dunkel gelb gefärbten Öles. Dieses Öl besaß folgende Konst.: $D.^{30}$ 0,9786; n_D^{25} 1,4736; $[\alpha]_D^{30}$ —28° (in 95% ig. A.); SZ. 27,7; EZ. 86,12; % Aldehyd (nach der Hydroxylaminhydrochlorid-Meth.) 28,8, berechnet als Citronellal; Löslichkeit: in 2 Vol. 90% ig. Alkohol. Anschließend erfolgte eine Fraktionierung bei **14** mm u. die Identifizierung der einzelnen Fraktionen. Die folgenden Bestandteile wurden nachgewiesen: *α-Phellandren, Citronellal, Citral, Geraniol* u. *Ester* von *Essig-* u. *Isovaleriansäure* mit *Geraniol.* G. LOSSNER. 7262□

Das konkrete Öl von Atractylis. Bericht über eine vorläufige Untersuchung. F. V. Wells. (Soap, Perfum. Cosmet. **32. 261**—**64.** März **1959.** London.) (Engl.)

Atractylis-Konkret wird durch Dest. der getrockneten Wurzeln von *Atractylis lancea, Atractylis ovata* u. anderer Species der genannten Gattung gewonnen. Die Dest. bei 50—60° liefert 2,5—4% eines viscosen u. klebrigen Öles, das bei Raum-Temp. zu einer milchig-weißen bis gelb oder braun gefärbten wachsartigen Substanz erstarrt. Der Geruch des Konkretes ist intensiv blumig, würzig, etwas holzig. Nach eingehenden Mischungsexperimenten mit gebräuchlichen Riechstoffen schlägt Vf. Einsatzmöglichkeiten für diesen wertvollen Parfümerierohstoff vor. G. LOSSNER. 7276□

Herstellung und Eigenschaften der α-Diketone. Kurt Kulka. (Amer. Perfumer **76.** Nr. 11. 23—29. Nov. **1961.** New York, N.Y., Fritzsche Brothers Inc.) (Engl.)

α-Diketone (I) kommen in der Natur selten vor, andererseits sind sie oft gut geeignet, die Duft-Eigg. von Parfümölkompositionen zu verbessern. An Hand des Schrifttums werden Herst. u. Eigg. der I ausführlich besprochen. — 33 Literaturhinweise.

H. P. FIEDLER. 7276□

Cyclohexanol, seine Derivate und deren Verwendung in der Riechstoff- und Aromenindustrie. W. L. Hoffmann. (Riechstoffe u. Aromen **8.** 297—98. Okt. 332 bis 334. Nov. **1958.**) (Dt.)

Im Rahmen seiner Unterss. über Einsatzmöglichkeiten von Cyclohexyl-Derivv. stellte Vf. folgende für die Riech- u. Geschmacksstoffindustrie interessanten neuen Verbb. her, die — soweit nicht anders angegeben — durch azeotrope Veresterung von Cyclohexanol mit den entsprechenden Säuren bzw. deren Salzen gewonnen wurden: *Cyclohexylpropionat* ($Kp._7$ 64—67°; $D.^{20}$ 0,9558; n_D^{20} 1,4415); *Cyclohexylbutyrat* ($Kp._{10-12}$ 90—91°; $D.^{20}$ 0,9361; n_D^{20} 1,4379); *Cyclohexylisobutyrat* ($Kp._{10-12}$ 80°; $D.^{15}$ 0,9387; n_D^{20} 1,4371); *Cyclohexylvalerianat* ($Kp._7$ 93—94°; $D.^{20}$ 0,9284; n_D^{23} 1,4438); *Cyclohexylcapronat* ($Kp._7$ 106—107°; $D.^{25}$ 0,9286; n_D^{20} 1,4443); *Cyclohexyloenanthat* ($Kp._7$ 135°; $D.^{20}$ 0,9243; n_D^{20} 1,4459); *Cyclohexylcaprylat* ($Kp._7$ 131—134°; $D.^{15}$ 0,9208; n_D^{23} 1,4488); *Cyclohexylpelargonat* ($Kp._7$ 143—144°; $D.^{15}$ 0,9148; n_D^{23} 1,4498); *Cyclohexylphenylacetat* ($Kp._5$ 160—162°; $D.^{20}$ 1,0419; n_D^{20} 1,5122); *Cyclohexylcinnamat* ($Kp._{10-12}$ 203°; $D.^{20}$ 1,0580; n_D^{20} 1,5617); *Cyclohexylessigsäure* (I) aus o-Acetylmandelsäureester ($Kp._{10}$ 116°); I-*Äthylester* ($Kp._{10}$ 95—96°); I-*Amylester* u. I-*Allylester*. Vff. kennzeichnet jeweils die Geruchs- u. Geschmacksnoten dieser Verbb. u. verweist auf ihre Einsatzmöglichkeiten. — 21 Literaturangaben.

H. SONTAG. 7276□

Anwendung der Kosmetika. Hanna Reuss. (Soap, Perfum. Cosmet. **32.** 302 bis 304. März **1959.** Hamburg.) (Engl.)

Vf. gibt einen Überblick über die Anwendungsmöglichkeiten der Kosmetika zur Reinigung, Schutz u. Verschönerung der verschiedenen Hauttypen.

G. LOSSNER. 7284□

Metallverbindungen in Dermatologie und Kosmetologie. Zinkverbindungen in Dermatologie und Kosmetologie. G. Proserpio. (Riv. ital. Essenze, Profumi, Piante officin., Olii veget., Saponi **43.** 497—501. Nov. **1961.**) (Ital.)

Übersicht über die verschiedenen anorgan. u. organ. Zn-Verbb., die zur Herst. pharmazeut. u. kosmet. Zubereitungen Verw. finden. An Hand des Schrifttums werden bisher vorgeschlagene, Zn-haltige Rezepturen aufgeführt. H. P. FIEDLER. 7284□

Kolloidale Lösungen von Wollfett in Ölen. Rachel C. Heald. (Amer. Perfumer **76.** Nr. 11. 37—38. Nov. 1961. New York, N.Y., Schimmel & Co.) (Engl.)

Um wasserfreies Wollfett (I) bei Verw. in Hautpflegemitteln in pflanzlichen Ölen oder Paraffinöl koll. zu lösen, können nach vorliegenden Patenten als Lösungsvermittler eingesetzt werden: Isopropylmyristat, Oleylalkohol, Polypropylenglykoläther des Butanols (Ucon LB 135 oder LB 385) oder verschiedene I-Derivv., z. B. Lanosol. Es werden einige Richtrezepturen angegeben. H. P. FIEDLER. 7284□

Erfahrungen mit den nichtionogenen, hydrophilen Plastifizierungsmitteln. Das Plastifizierungs- und Wasserhaltevermögen der Saccharoseester und Saccharoglyceride. G. L. Fasola und P. Rovesti. (Riv. ital. Essenze, Profumi, Piante officin., Olii veget., Saponi **43.** 507—11. Nov. 1961. Bergamo, Cesalpina S.A., Labor. di Richerche; Milano, Ist. di Ricerche sui Deriv. vegetali.) (Ital.)

Das Plastifizierungsvermögen der Saccharoseester (I) u. der Saccharoglyceride (II) entspricht etwa dem der Polyoxyäthylen-Derivv., das Wasserhaltevermögen dem des Sorbits. In bezug auf das Wasserhaltevermögen in fetthaltigen Zubereitungen sind die I u. II dem K- bzw. Triäthanolaminstearat überlegen. Die beste Wrkg. zeigte das Palmölsaccharoglycerid, dann folgte das Cocosölsaccharoglycerid, das Saccharosemono- u. -distearat. In nichtfetthaltigen Zubereitungen erweisen sich die I u. II als nicht hygroskopisch. Sie neigen zur Gel-Bldg., wobei an der Oberfläche ein netzartiger Film entsteht, der die Verdunstung verzögert. H. P. FIEDLER. 7284□

Wickham Products, Inc. (Erfinder: **Günther Weitzel**), *Hautschutzsalbe.* (Aust. P. **225 943** vom 3/10. 1957, ausg. 21/1. 1960. D. Prior. 18/10. 1956. — C. **1960.** 17641 [D. A. S. 1 084 441].)

XIV. Zucker. Kohlenhydrate. Stärke

Hinweise zur Wahl der richtigen Aussaatzeit bei Zuckerrüben. L. Bachmann. (Zuckererzeugung **5.** 141—43. Mai 1961. Kleinwanzleben, Inst. für Pflanzenzüchtung der Dt. Akad. der Landwirtschaftswiss. zu Berlin.) (Dt.)

Zur Zeit der Blattentfaltung von Stachelbeersträuchern herrschen im Boden Temp., die zur Keimung des Zuckerrübensaatgutes ausreichen. Es wird vorgeschlagen, mit der Aussaat vor diesem Zeitpunkt zu beginnen u. sie bis zur Süßkirschenblüte zu beenden. Spätere Aussaat führt zu großen Verlusten. — 9 Literaturangaben. M. Reiher. 7406□

Die Wurmfäule der Beta-Rüben. W. Feucht. (Zuckererzeugung **5.** 144—45. Mai 1961. Kleinwanzleben, Inst. für Pflanzenzüchtung der Dt. Akad. der Landwirtschaftswiss. zu Berlin.) (Dt.)

Es wird über das 1960 in Thüringen erfolgte Auftreten der Wurmfäule durch *Ditylenchus dipsaci* berichtet. Befallssymptome, Lebensweise des Schädlings sowie Hinweise zur Feststellung der Älchen nach der Trichter-Meth. werden beschrieben. Zur Verhütung der Wurmfäule muß das befallene Pflanzgut restlos vom Felde entfernt u. vernichtet werden. Die chem. Bekämpfung gelingt mit gewissen Nematiciden, die jedoch recht teuer u. nur schwierig auszubringen sind. M. Reiher. 7406□

Beurteilung der Verwertbarkeit von Rübenschwänzen mit Hilfe des MW-Faktors. H. Mühlpforte. (Zuckererzeugung **3.** 296—97. Nov. 1959. Nordgermersleben.) (Dt.)

Es werden Unterss. über die Verwertbarkeit von Rübenschwänzen zur Zuckergewinnung mitgeteilt. Im Schwanzfänger abgeschiedene Rübenteile können durchaus zur Zuckergewinnung eingesetzt werden, so lange das angelieferte Rübenmaterial gesund ist. Manfred Schulz. 7406□

Der Hydrocyclon für die Filtration des Schlammsaftes II. Hartwig Stefan. (Zuckererzeugung **3.** 292—93. Nov. 1959. Tirgu-Mures, Rumänien.) (Dt.)

Zur Abtrennung des Schlammes aus dem Schlammsaft II eignet sich ein Hydrocyclon von 80 mm ∅, wobei Trenneffekte von über 90% bei 4—6 μ Teilchengröße erreichbar sind. In einigen Meßreihen wurde der Trennungseffekt als Funktion der Dickschlammenge bzw. bei Änderung der Länge der Überfalldüse untersucht. Die Dickschlammrücknahme von über 10% wird für unzweckmäßig gehalten. Manfred Schulz. 7412□

Die Eigenprojektierung einer kontinuierlichen Schlammsaftfiltration. E. Gleich. (Zuckererzeugung **5.** 148—51. Mai 1961.) (Dt.)

Übersicht. — 15 Literaturangaben. M. Reiher. 7412□

Betriebsmäßige, kontinuierliche Behandlung anfallender Flüssigkeiten mit Aktivkohle zur Verbesserung der Zuckerqualität. 1. Mitt. T. W. Baker, D. R. Haskell und I. A. Resch. (Sugar y Azucar **56.** Nr. 5. 33—36. Mai 1961.) (Engl.)

Aufbau, Betriebs-Verh. u. Überwachung kontinuierlich arbeitender Adsorptionsanlagen zur Reinigung von in Zuckerfabriken anfallenden Fll. mit Aktivkohle. M. Reiher. 7412□

Betriebsmäßige, kontinuierliche Behandlung anfallender Flüssigkeiten mit Aktivkohle zur Verbesserung der Zuckerqualität. 2. Mitt. T. W. Baker, D. R. Haskell und I. A. Resch. (Sugar y Azucar **56.** Nr. 6. 54—56. Juni 1961.) (Engl.) — 1. vgl. vorst. Referat.

Bericht über Erfahrungen verschiedener Zuckerfabriken mit kontinuierlich arbeitenden Adsorptionsanlagen, in denen die anfallenden Fl.. mit Aktivkohle gereinigt werden. Die Ergebnisse werden mit denen herkömmlicher Verff. verglichen. Durch kontinuierliches Arbeiten werden die Kosten gesenkt u. die Qualität des Zuckers verbessert. M. Reiher. 7412□

Steigerung des Ertrages von Zuckerrohr durch Wärmebehandlung. M. Cornuet. (C. R. hebd. Séances Acad. Agric. France **43.** 925—28. 1957. I.N.R.A., Stat. centrale de pathol. végétale.) (Franz.)

Zuckerrohrstecklinge der Sorte H 37, durchschnittlicher Durchmesser 20—30 cm, wurden zur Bekämpfung von 2 verbreiteten Viruskrankheiten (Ratoonsche Wachstumskrankheit nach Steindl u. Hugues u. Streifenkrankheit nach Abbott u. Ingram) 1—2 Std. in W. bei Temp. von 50—54° in Ggw. von KCN, Na-Bisulfit, Harnstoff oder Hydrochinon behandelt. Während der Behandlung geht die Farbe der Stecklinge von Grün über gelblich-schwarz bis ins Braune über. Pflanzungs-Verss. der behandelten Stecklinge bei 27° ergaben, daß nur eine 0,005% ig. KCN-Lsg. u. eine 2 std. Hitzebehandlung bei 51° die jungen Pflanzen ohne Verluste gedeihen läßt. Nachteil der Hitzebehandlung ist eine gesteigerte mechan. Zerbrechlichkeit der Knospen. R. Rutkowski. 7440□

Studien über die saure Hydrolyse der Glykosidbindungen. 3. Mitt. **Untersuchung der die saure Stärkehydrolyse beeinflussenden Faktoren.** J. Holló und J. Szejtli. (Brauwissenschaft **14.** 219—22. Mai/Juni; 327—35. Juli 1961. Budapest, Techn. Univ., Inst. für Landwirtschaft u. Chem. Technol.) (Dt.) — 2. vgl. C. **1960.** 7027.

Am Beispiel der *Amylose* (I) zeigen Vff., daß man es bei der HCl-Hydrolyse derselben mit recht komplizierten Verhältnissen zu tun hat. Das Gleiche gilt naturgemäß auch von der Stärke. Nicht nur die Rk.-Geschw., sondern auch der Verlauf der Hydrolyse ist von äußeren Bedingungen abhängig. Die vom chem. Standpunkt im I-Mol. ident. α-1.4-Bindungen sind vom Standpunkt der Spaltung verschieden. Die terminalen Glucosidbindungen werden 3,1mal schneller gespalten, als die nicht terminalen, aber auch letztere verhalten sich nicht alle gleich. Auf Grund von Unterss. der die Geschw.-Konst. der Hydrolyse von I beeinflussenden Faktoren wird eine Gleichung aufgestellt, aus der durch Substitution der entsprechenden Konst. für die Säure-Konz. u. die Temp. der Wert der Geschw.-Konst. errechnet werden kann. Zwischen den eine Hydrolyse katalysierenden Aktivitäten verschiedener Säuren (HCl, H_2SO_4) besteht kein konst. Verhältnis. Die hydrolysierende Aktivität der HCl ist etwa doppelt so groß wie die von H_2SO_4. Dieses Verhältnis hängt aber auch von der Säure-Konz. u. der Temp. ab. — 32 Literaturangaben. M. ULMANN. 7448□

Studien über die saure Hydrolyse der Glykosidbindung. 4. Mitt. **Die Auswirkung der Beschaffenheit und der Konzentration von verschiedenen Säuren auf die Stärkehydrolyse.** J. Holló und J. Szejtli. (Stärke **13.** 327—31. Sept. 1961. Budapest, Techn. Univ.) (Dt.) — 3. vgl. vorst. Referat.

Die eine Hydrolyse von *Stärke* katalysierende Wrkg. von Säuren ist je nach der Art derselben verschieden. Das bezieht sich auf die Haupt-Rk., wie auch auf die Nebenreaktion. Die Aktivität von H_2SO_4 u. HCl läßt sich nicht durch ein konst. Verhältnis ausdrücken, da deren Wert sowohl von der Säure-Konz., als auch von der Temp. abhängt. Vff. schlagen vor, die Ergebnisse von hydrolyt. Verss. unter Berücksichtigung des Dissoziationsgrades der Säure durch die sog. „red." Geschw.-Konst. der Hydrolyse auszudrücken. Mit Hilfe einer angegebenen Gleichung gelingt es den Wert dieser Konst. annähernd genau zu berechnen. M. ULMANN. 7448□

Ein Instrument zur Messung der Konzentration oder Übersättigung kochender Zuckerlösungen. G. V. Genie. (Int. Sugar J. **60.** 10—15. Jan. 1958. Tirlemont, Belgien, Raffinerie Tirlemontoise S.A.) (Engl.) — Vgl. C. **1957.** 10634.

Das Meßgerät ist durch Einsetzen von Korrekturfaktoren u. entsprechender Schaltung der Meßbrücken geeignet zur Messung von Zuckersäften mit Reinheit zwischen 70—100% reinem Zucker. Auch die Messung übersätt. Lsgg. ist möglich. R. RUTKOWSKI. 7474□

Zusammensetzung von Flocken, die sich in angesäuerten, aus raffinierten granulierten Rohrzuckern stammenden Sirupen bilden. Mack F. Stansbury und Carroll L. Hoffpauir. (J. Agric. Food Chem. **7.** 353—58. Mai 1959. New Orleans, La., Southern Reg. Res. Labor.) (Engl.)

Die Isolierung der Flockensubstanz aus Zucker-Lsgg. von anfangs 50—55 Brix u. pH 1,5—1,6 wird beschrieben. In 5 Proben wurde der Geh. an flockenbildender Asche, Stärke, Lipoiden (Wachs), Rohprotein u. freiem Kohlenstoff bestimmt. Die Lipoid-Wachs-Fraktion wurde an mit SiO_2 imprägniertem Glasfaserpapier chromatographiert (2% Ae. in Isooctan bzw. reines Isooctan) u. verhielt sich dabei größtenteils ähnlich dem Cuticulawachs von Zuckerrohr. Ein modifiziertes Unters.-Verf. auf Flocken wurde ausgearbeitet sowie Best.-Meth. für Stärke u. Entfärbungskohle. — 27 Literaturangaben. W. WILLENBERG. 7474□

Bilanz der Farbsubstanzen bei der Zuckerraffination. Josef Buriánek, Jarmila Bernatová und Karla Paulfranzová. (Listy Cukrovarnické **77.** 153—65. 15/7. 1961.) (Tschech.)

Bei den Zwischenprodd. der Zuckerraffination kann das Verhältnis der Farbstoffmenge zur Menge der anorgan. Substanzen als Maßstab für die Zufärbung oder Entfärbung dienen (Zufärbung = relative Farbzunahme, die erst beim Raffinieren zum Vorschein kommt). Die anorgan. Verbb. lassen sich titrimetr. (nach Überführung in die Hydroxide durch Ionenaustauscher) oder konduktometr. bestimmen. Es wurde gefunden, daß bei der Raffination (bes. bei der Kristallisation der Füllmassen mit niedrigeren Reinheitsgraden in den Verkochern) 3,9—6,5mal mehr Farbsubstanzen entstehen als im Dicksaft im Anlieferungszustand vorhanden sind. — 11 Literaturangaben. M. REIHER. 7474□

National Starch Products, Inc., New York, N.Y., V.St.A., *Herstellung von Sulfaten von Stärke oder Stärkederivaten.* (**Holl. P. 98 996** vom 1/6. 1954, ausg. 15/9. 1961. A. Prior. 24/11. 1953. — **C. 1957.** 5720 [E. P. 755 461].)

Corn Products Co., New York, N.Y., V.St.A., *Phosphorsäureester der Stärke.* (**E. P. 855 731** vom 1/4. 1957, ausg. 7/12. 1960. A. Prior. 6/4. 1956. — **C. 1960.** 7366 [A. P. 2 884 413].)

XV. Gärungsindustrie

Größte Hefefabrik der Welt. Eiweiß aus Zucker auf Taiwan. Wan-chun Hsu. (Sugar y Azúcar **56.** Nr. 7. 33—36. Juli 1961. Taiwan Sugar Corp.) (Engl.; Span. 52—54.)

Nach einer Beschreibung der Zus. u. Verwendungsmöglichkeiten von Hefe wird die Arbeitsweise einer von der TAIWAN SUGAR CORP. in Hsingying (Taiwan) errichteten modernen Hefefabrik beschrieben. Als Ausgangsmaterialien dienen Zuckerrohrmelassen [sowie Harnstoff, Ca- u. NH_4-Phosphat, $(NH_4)_2SO_4$, W.]. Die Kapazität beträgt 40 t Hefe täglich. M. REIHER. 7506 □

Die Problematik der Hefereinkulturen in der Brauindustrie. Anna Kocková-Kratochvílová. (Kvasný Průmysl **8.** 11—14. Jan. 1962. Bratislava, Chem. úst. SAV.) (Tschech.)

Übersicht über die in den letzten Jahren erzielten Ergebnisse der Hefeforschung. Die gegenwärtige Forschung befaßt sich mit der Ausnützung verschiedener Zuckerarten durch Hefe, der Auswahl neuer Hefestämme, die spezif. Anforderungen an den Stoffwechsel entsprachen, u. der Agglutination u. Sedimentation der Bierhefen, wobei theoret. Erkenntnisse angewandt werden. W. WESLY. 7506 □

Die Technik kontinuierlicher Kulturen und ihre industrielle Anwendung. M. J. Harte. (J. Ramsey Soc. chem. Engr. **8.** 28—37. 1961.) (Engl.)

Übersicht über die Merkmale u. die Herst. von kontinuierlichen, sich selbst regelnden Kulturen von Mikroorganismen u. ihre techn. Anwendung, bes. zur Gewinnung von Backhefe. — 11 Literaturangaben. W. WESLY. 7506 □

Faktoren, welche die Laboratoriumsendvergärungsergebnisse beeinflussen. Gärungslose Vergärungsgradbestimmung. R. H. Stocker. (Schweiz. Brauerei-Rdsch. **72.** 41—44. März 1961.) (Dt.)

Die unterschiedliche Vergärbarkeit von Würzen mit gleichem Stammwürze-Geh. beruht auf den schwankenden Geh. an nichtvergärbaren Kohlenhydraten. Die Ursache des Extrakt-Geh.-Anstiegs ist die Verdunstung von Wasser. Zur Best. des Endvergärungsgrades ohne Gärung ermittelt man in den filtrierten Sudhauswürzen papierchromatograph. die vergärbaren Kohlenhydrate (Maltotriose, Maltose, Glucose, Saccharose, Fructose u. den Gesamt-Geh. an Kohlenhydraten als potentielle Glucose). — 10 Literaturhinweise. W. WESLY. 7510 □

Fermentative Raffinierung des Maisglutens. Jozef Tamchyna, Anton Matušik, Peter Prvý und Marián Švoňáva. (Průmysl Potravin **11.** 354—56. Juli 1960. Boleraž, Slovenské škobárne n. p.) (Slowak.)

Vff. beschreiben Gerät u. Verf. nach dem man aus dem Nebenprod. Gluten, das bei der Stärke-Herst. aus Mais anfällt, Eiweißstoffe zum Verfüttern u. Ä. gewinnen kann. E. VEVERA. 7536

Über die Entwicklung und Abführung von CO_2 während des Weichens von Gerste. W. Kleber, U. D. Runkel und W. Steinhoff. (Brauwissenschaft **14.** 159—62. April 1961. Beil. zu: Brauwelt, Ausg. B. München, Wissenschaftl. Stat. für Brauereien.) (Dt.)

Vff. untersuchten in einer Mälzerei die Absaugung des CO_2 während des Weichens. Die Messungen der CO_2-Konzz. ergaben, daß bei einer Ventilatorleistung von 0,27 cm^3 Luft/Min./t Gerste ein 5 Min. langes Durchsaugen von Luft einmal in 1 Std. genügt, um die gebildete CO_2-Menge zu entfernen. S. ZAAKE. 7540 □

Zur Frage der Unentbehrlichkeit des Bors für die Hopfenpflanze. Wilhelm Schropp. (Brauwissenschaft **14.** 167—68. April 1961. Beil. zu: Brauwelt, Ausg. B. Weihenstephan.) (Dt.)

Bor ist als ein wichtiges Spurenelement für das Wachstum der Hopfenpflanze unbedingt notwendig. Es wird in Form von Borax (5—10 kg/ha) der Pflanze zugeführt. S. ZAAKE. 7540 □

Zur biologischen Qualität verschiedener schweiz. Brauereibetriebswässer. H. Pfenninger. (Schweiz. Brauerei-Rdsch. **72.** 35—41. März 1961. Zürich, Vers.-Anst. Schweiz. Brauereien.) (Dt.)

Die zur biolog. Unters. von 24 Brauereibetriebswässern angewandten Verff. u. die erzielten Ergebnisse werden angegeben (Zahlentafel). Eine brauereibiolog. Prüfung mittels der Technik der Bebrütung von Platten-, Membran- u. Röhrchenkulturen wird beschrieben: Man legt mit 1 ml W. je 1 Platte mit Hefewasser u. mit ungehopftem Würze-Agar-Agar an, von denen die 1. in 6 Tagen in Luft, die 2. unter CO_2 bebrütet wird. Zur Membranfiltration filtriert man 100 ml W. u. bebrütet die Membran 48 Std. bei 25^0 unter CO_2 entweder auf einer mit ungehopfter Würze getränkten Pappscheibe oder gibt sie in eine geschlossene, ammoniakal. Gärprobe u. stellt mit Hefe an. Nach 6tägiger Bebrütung bei 25^0 untersucht man den Bodensatz mkr. auf Bakterien. Die 48 Std. in PETRI-Schalen bebrüteten Membrane trocknet man an der Luft u. färbt sie mit Methylenblau-Lösung. Zur Unterscheidung der einzelnen Keime werden charakterist. Kolonien abgeimpft u. mkr. identifiziert. Unter Berücksichtigung der abgeimpften Keime zählt man dann die Keime. Für die Röhrchenkultur dient gehopfte Würze, wovon 10 ml mit 1 ml Probe geimpft u. 6 Tage unter CO_2 bebrütet werden. Danach untersucht man das Röhrchen auf Trübung oder Bodensatz. — 10 Literaturhinweise. W. WESLY. 7544☐

Bildung von Diacetyl und Acetoin bei der Vergärung von Bierwürze. M. T. Denschtschikow, Ss. Ss. Rylkin und A. Ju. Shwirbljanskaja. (Микробиология [Mikrobiologie] **31.** 140—45. Jan./Febr. 1962. Moskau, Allunions-Inst. für Brauerei-Ind.) (Russ.; Auszug: Engl.)

Sowohl im period. als auch kontinuierlichen Prozeß bildet die untergärige *Sacch. carlsbergensis*, Rasse II, *Diacetyl* (**I**) u. *Acetoin* (**II**), die bei weiterer Red. in *2.3-Butylenglykol* (**III**) übergehen. Auf die Bldg. von **I** u. **II** haben die Temp., die Zus. des Mediums u. die technolog. Bedingungen des Gärprozesses (bedingt durch die verschiedene Zubereitung der Biersorten) Einfluß. Da diese enge Verknüpfung zwischen Gärverlauf u. Bldg. von **I**, **II** u. **III** besteht, ist es zweckmäßig, sie als Parameter für den Gesamtprozeß zu benutzen. K. SATTLER. 7544☐

Untersuchung des Kohlenhydratumsatzes der untergärigen Bierhefen bei der kontinuierlichen Bierherstellung. M. T. Denschtschikow, Ss. Ss. Rylkin und A. Ju. Shwirbljanskaja. (Микробиология [Mikrobiologie] **30.** 990—94. Nov./Dez. 1961. Moskau, Allunions-Inst. für die Bierbrauerei-Ind.) (Russ.; Auszug: Engl.)

Die Vergärung der Zucker einer Bierwürze im kontinuierlichen Verf. verläuft in der Reihenfolge: Saccharose, Fructose, Glucose u. zuletzt Maltose u. a. kompliziertere Zucker. Es wird angenommen, daß es im Verlauf der Gärung nicht zur Bldg. neuer Zucker kommt. K. SATTLER. 7544☐

Die kolloidale Stabilität des Bieres. Marcel Strobbe. (Fermentatio [Gand] **1961.** 126—29. Katanga, Brasseries.) (Franz.)

Eiweißtrübungen des Bieres lassen sich durch die Kieselgurfiltration der gekühlten Würze, durch tiefe Lagerkeller-Temp. von -1^0 bis -2^0, durch die Kontrolle der Bierfeinfiltration mittels Nephelometer (Trübungsmesser), durch die Beseitigung der Luft aus dem Leerraum der gefüllten Flasche, durch Verminderung des Licht-Einfl. (braune Flaschen) umgehen. L. MACHER. 7550☐

Der Charakter und die Ursachen nichtbiologischer Biertrübungen. Josef Moštek und Josef Dyr. (Kvasný Průmysl **8.** 3—10. Jan. 1962. Praha, Kat. kvasné chem. a technol. VŠCHT.) (Tschech.)

Die Bldg. nichtbiolog. Trübungen des Bieres kann durch Verminderung der Alterungs-Geschw. u. des Umfangs des koll. Syst. begrenzt werden. Diese Faktoren hängen ab von der Menge des Gesamt- u. des hochmol. N, der Gerbstoffe, der Polysaccharide u. der anderen hochmol. Stoffe u. deren kinet. Rk.-Gleichgewicht. — 83 Literaturangaben. W. WESLY. 7550☐

Beitrag zur Adsorption des Kälte-Trübung-Proteins aus Gerste, Malz, Würze und Bier durch Nylon. W. O. S. Meredith. (J. Inst. Brewing **67** ([N. S.] **58**). 255—56. Mai/Juni 1961. Winnipeg, Manitoba, Board of Grain Commissioners for Canada, Grain Res. Labor.) (Engl.)

Es wurde beobachtet, daß Nylon aus wss. Extrakten von Gerste, Malz, Würze u. Bier außer Anthocyanogenen geringe Proteinmengen adsorbiert. Diese wurden desorbiert u. nach Hydrolyse ihr Aminosäuren-Geh. papierchromatograph. mit dem des Proteinanteiles einer Kälte-Trübung verglichen. Der Aminosäure-Geh. beider Proteine ist ähnlich. R. RISTOW. 7550☐

Stabilisieren von Bier mittels Nylon. Gerhard Krauss, Heinz Egner und Werner Hanika. (Brauwissenschaft **14.** 165—66. April 1961. Beil. zu: Brauwelt, Ausg. B. Stuttgart-Vaihingen, Brauerei Robert Leicht A.G.) (Dt.)

Die Adsorptions-Wrkg. eines im Handel erhältlichen Nylon-Pulver-Präp. auf Bier wurde untersucht. Die angewandten Mengen betrugen 10—20 g/hl, die Einw.-Zeit bis zu 48 Std.; Schaum, Bitterstoff- u. Extrakt-Geh., pH u. Geschmack änderten sich prakt. nicht. Adsorbiert werden vor allem Anthocyanogene (A). Die Abnahme des A-Geh. bewirkt eine Erhöhung der koll. Stabilität des Bieres. S. ZAAKE. 7550☐

Gärungsbakterien und Gärungsmikroorganismen der Weintrauben und Traubenmoste. Erich Minárik. (Vinarství **54.** 103—04. Juli 1961. Bratislava, ČSSR, C. Sc.) (Tschech.)

Mikrobiolog. Unterss. an Trauben, Mosten u. Weinen zeigten, daß jene Hefen, wie *Saccharomyces vini*, *Sacch. oviformis*, *Sacch. pastorianus*, *Sacch. uvarum*, *Torulaspora rosei, Candida pulcherrima, Klöckeraspora apiculata,* die am prim. Standort, d. h. an Trauben vegetieren, die Zus. der Mikroflora von Mosten u. der Weingärung am meisten beeinflussen. Hautbildende Kahmhefen, wie *Candida mycoderma. Candida zeylanoides, Pichia membranaefaciens, Hansenula anomala,* die an Trauben oder Mosten seltener vorkommen u. die von sek. Standorten (Keller) in den Most gelangen, üben einen nicht zu unterschätzenden Einfl. auf die Mikroflora der Jungweine aus. L. MACHER. 7554 □

Mykologische Erzeugung von Citronen- und Oxalsäure aus Rohrzuckermelassen. 1. Mitt. **Die Wirkung einiger Kulturbedingungen und von Zusätzen an Ferrocyanid und Phosphat.** Ibrahim R. Shimi und Moustafa S. Nour El Dein. (J. Sci. Food Agric. **11.** 592—600. Okt. 1960. Heliopolis-Cairo, Ain Shams Univ., Bot. Dep. u. High Training Coll.) (Engl.)

Die Biosynth. von Citronen- u. Oxalsäure neben verschiedenen Mengen Glucon-, Äpfel-, Fumar-, α-Ketoglutar-, Bernstein-, Pyruvin-, Milch- u. Aconitsäure durch verschiedene Stämme von *Aspergillus niger* (NI, $C_{11\,e}$) verlief in Oberflächenkulturen unter stimulierendem Zusatz von Monokaliumphosphat (0,001—0,05 g/100 ml) oder von Ferrocyanid (0,14—0,16 g/100 ml) oder von beiden zusammen. Der Nachw. der gebildeten organ. Säuren erfolgte papierchromatographisch. — 23 Literaturangaben.

L. MACHER. 7578 □

Eine Schnellmethode zur Bestimmung der Amylaseaktivität im Malz- und Gerstenextrakt für die Züchtung. Dieter Lau. (Brauwissenschaft **14.** 183—87. April 1961. Beil. zu Brauwelt, Ausg. B. Kloster Hadmersleben, Forschungsstelle für Getreidezüchtung.) (Dt.)

Zur Beurteilung von Gerstenzuchtstämmen wurde eine Schnellmeth. zur Best. der Amylasenaktivität in Gersten- u. Malzextrakt ausgearbeitet u. mit der Best. der diastat. Kraft nach WINDISCH-KOLBACH verglichen. Die Meth., die auf einer colorimetr. Ermittlung der gebildeten reduzierenden Zucker beruht, ergab gute Übereinstimmung u. wird daher vom Vf. zur Anwendung empfohlen. S. ZAAKE. 7594 □

Anwendung automatischer Analysenverfahren beim Brauen. 1. Mitt. **Bestimmung vergärbarer Zucker.** A. H. Cooper, J. R. Hudson und I. C. MacWilliam. (J. Inst. Brewing **67** ([N. S.] **58**). 432—35. Sept./Okt. 1961. Nutfield, Brewing Ind. Res. Found.) (Engl.)

Es wurde ein Verf. zur automat. Zucker-Best. in einer für die Brauanalyse verwendbaren Weise entwickelt. Weiterhin wurde ein Weg zur Best. der Gesamt-Konz. vergärbarer Zucker einer Würze ausgearbeitet. Das Verf. beruht auf der linearen Beziehung zwischen Gesamtmenge vergärbarer Zucker einer Würze u. deren Red.-Vermögen. Letzteres kann automat. unter Verw. von K-Hexacyanoferrat (III) colorimetr. bestimmt werden. REINHARD RISTOW. 7598 □

Anwendung automatischer Analysenverfahren beim Brauen. 2. Mitt. **Bestimmung der Bittersubstanzen des Hopfens.** A. H. Cooper und J. R. Hudson. (J. Inst. Brewing **67** ([N. S.] **58**). 436—38. Sept./Okt. 1961.) (Engl.) — 1. vgl. vorst. Referat.

Es wurde ein Gegenstrom-Extraktor entwickelt, der die bei der Extraktion von angesäuertem Bier mit Isooctan leicht auftretende Emulsions-Bldg. vermeidet u. dadurch gestattet, kontinuierlich zu extrahieren. Im Extrakt kann die Konz. der Bitterstoffe kontinuierlich u. automat. durch Messung der Extinktion bei 275 mμ bestimmt werden.

REINHARD RISTOW. 7598 □

Elektrophoretische Auftrennung von Hopfenharzen und deren Umwandlungsprodukten. I. C. Mac William. (J. Inst. Brewing **67** ([N. S.] **58**). 444. Sept./Okt. 1961. Nutfield, Brewing Ind. Res. Found.) (Engl.)

Papierelektrophorese kann zur Trennung der Hopfenharze benutzt werden. Humulon, Lupulon, Hulupon u. deren Oxydations- u. Umwandlungs-Prodd. Humulinsäure u. Isohumulon sind im UV-Licht bei 254 mμ durch rote Fluorescenz erkennbar. Geeignete experimentelle Bedingungen: 0,2m Essigsäure–Na-Acetat-Puffer pH 5/Methanol (1 : 3) als Elektroden-Fl.; Probengröße: 0,01 ml bei 2%ig. Lsgg.; Spannungsgradient 10—20 V/cm, Stromstärke 5 mA. REINHARD RISTOW. 7598 □

Polarographische Bestimmung des Furfurogengehaltes im Bier. Jaroslav Hummel. (Brauwissenschaft **13.** 318—20. Okt. 1960. Beil. zu: Brauwelt, Ausg. B. Prag, Forschungsanst. für Brauerei u. Mälzerei.) (Dt.)

Vf. hat zwecks Beschleunigung des Verf. zu analyt. Best. des *Furfurols* nach Hydrolyse, wodurch eine Bewertung des *Furfurogens* möglich ist, versuchsweise rechtsdrehende Arabinose unter Druck im sd. Wasserbad mit 12% HCl hydrolysiert u. nach der Neutralisation mit Ammoniak u. Filtration die Eignung des Filtrates zur polarograph. Analyse erprobt. Vf. hat festgestellt, daß bei einer Hydrolyse über 6 Std. sich die Wellenhöhe des Furfurols bei der polarograph. Best. nur in geringem Maße erhöht, u. daß die Lsgg., welche Hydrolysate aus Arabinose oder Bier enthalten, sich gut polarograph. bearbeiten lassen, wenn der Grundelektrolyt aus 2,6n NH_4Cl-, 0,3n NH_3- u. 0,07n LiCl-Lsg. besteht. Die Menge des Furfurogen-Geh. wird aus der Eichkurve bestimmt, welche aus den Hydrolysaten reiner Arabinose aufgestellt wurde. I. SPINKA. 7600 □

Verwendung des Photometers Zeiss-Pulfrich zur Bewertung der Klarheit des filtrierten Bieres. Zdeněk Šauer und Jan Voborský. (Kvasný Průmysl 7. 274—80. Dez. 1961. Praha, VÚPS.) (Tschech.)

Die mit dem ZEISS-PULFRICH-Nephelometer ermittelten Formazintrübungen werden graph. mit der abs. Trübung verglichen. Die Eichung mittels Formazintrübungen, die Bewertung der Bierklarheit u. die weiteren Anwendungsmöglichkeiten des Gerätes werden beschrieben. W. WESLY. 7600 □

Aminosäuren des Branntweinessigs. 2. Mitt. **Quantitative Bestimmung der Aminosäuren; Unterscheidung von Gärungs- und Essenzessig.** K. G. Bergner und H. R. Petri. (Z. Lebensmittel-Unters. u. -Forsch. **111.** 494—504. 18/3. 1960. Stuttgart, Chem. Landesuntersuchungsanst.) (Dt.) — 1. vgl. C. **1961.** 17781.

Für die Feststellung der sehr geringen Gesamtmenge der freien Aminosäuren im Branntweinessig erwies sich die Meth. nach SPIER u. PASCHER [1954] am geeignetsten. Auftretende Störungen durch Citronensäure u. mehrwertige anorgan. Kationen konnten durch die bereits beschriebene Ionenaustauscherbehandlung (1. Mitt.) beseitigt werden, u. nach dieser Isolierung ließ sich die Aminosäuremenge in der vorgeschriebenen Weise colorimetr. als Cu-Komplex bestimmen. Der Gesamtaminosäure-Geh. lag zwischen 3,1 u. 11,4 mg/Liter. In Ggw. der Essigbakterien nahm er mit der Lagerzeit zu (nach 2 Jahren doppelt so hoch wie nach $^1/_2$ Jahr). Die Best. der Aminosäuren im Branntweinessig u. in den Essigbakterien erfolgte halbquant. nach papierchromatograph. Trennung mit Hilfe von Vgl.-Chromatogrammen. Prolin (I), Alanin, Glykokoll, Asparaginsäure u. Glutaminsäure wurden am reichlichsten im Branntweinessig gefunden. In größeren Mengen waren auch Phenylalanin, Valin, Leucin (II), Isoleucin (III), Serin, Lysin, Arginin u. Threonin vorhanden, während deutlich weniger Tyrosin u. Histidin u. nur sehr wenig γ-Aminobuttersäure, Methionin (IV) u. Cystin nachgewiesen wurden. Abgesehen von einem deutlich höheren **IV**-Geh. u. einer geringen Verschiebung des **II/III**-Verhältnisses zu Gunsten des **II**, entsprechen die Mengenverhältnisse der einzelnen Aminosäuren in den Submers-Essigbakterien prakt. denen im Branntweinessig, so daß die in ihm enthaltenen Aminosäuren vorwiegend Autolyse-Prodd. der Bakterien darstellen dürften. Auf Grund des Aminosäure-Geh. ließ sich ein Verf. zur Unterscheidung des Gärungs- vom Essenzessig entwickeln. Danach werden aus dem Abdampfrückstand des Essigkonzentrats die Aminosäuren mit HCl-haltigem Aceton extrahiert u. nach dem Abdampfen des Acetons direkt im Rundfilterchromatogramm nachgewiesen. Dabei erfaßt man neben den gesamten Aminosäuren vor allem das im Branntweinessig in bes. großen Mengen enthaltene I. Eine genaue Arbeitsvorschrift wird mitgeteilt. — 21 Literaturangaben. W. KREIPE. 7612 □

Gyógyszeripari Kutató Intézet (Erfinder: Daniel Bagdy, Ilona Banga, Josef Baló und Andreas Hegyeli), Budapest, Ungarn, **Selektive Trennung der einzelnen aus der Bauchspeicheldrüse gewonnenen und elastolytische Wirkung aufweisenden Enzyme,** erfolgt durch Auflösen des rohen Enzymkomplexes in einem verd., eine saure Rk. aufweisenden organ. Lsgm. u. Ausfällen der mucolyt. Enzyme u. der Kollagenmucoproteinase durch Erhöhen der Konz. des organ. Lsgm. u. anschließende weitere Erhöhung der Konz. des Lsgm., wobei die Ausfällung der Elastase erfolgt. Man kann nach der Abscheidung der mucolyt. Enzyme die Konz. des organ. Lsgm. nur so weit erhöhen, daß lediglich inerte Eiweißstoffe ausfallen u. nach Abscheidung derselben die Konz. erhöhen, um das Ausfällen der Elastase herbeizuführen. Das pH der wss. Ausgangsmischung wird auf 4—7 eingestellt u. vorteilhaft Pufferstoffe, wie NH_4Cl, NH_4-Acetat, K-Biphthalat, zugesetzt. Die 1. fraktionierte Fällung wird mit 20 bis 25 (Vol.-%) Methylalkohol oder A. bzw. 15—20 Aceton u. die 2. fraktionierte Fällung mit 60—85 Methylalkohol oder A. bzw. mit 35—55 Aceton bewirkt. Die Fällungen werden vorteilhaft zwischen —2 bis —8° durchgeführt. (**Ung. P. 144 524** vom 21/9. 1956, ausg. 15/8. 1959.) G. KÖNIG. 7509

A/B Chematur, Schweden, *Rektifizierung von Äthanol.* (**F. P. 1 232 310** vom 25/1. 1957, ausg. 7/10. 1960. Schwed. Prior. 20/2. 1956. — C. **1959.** 13965 [D. A. S. 1 052 344].)

British Filters Ltd., Maidenhead, England, *Herstellung von Auflagefiltern.* (**Oe. P. 203 019** vom 24/9. 1957, ausg. 25/4. 1959. E. Prior. 24/9. 1956. **F. P. 1 183 299** vom 24/9. 1957, ausg. 6/7. 1959. E. Prior. 24/9. 1956 u. 13/9. 1957. — C. **1962.** 1445 [Ind. P. 61 784].)

XVI. Nahrungs-, Genuß- und Futtermittel

Untersuchungen über Proteinhydrolyse. 3. Mitt. Die Gewinnung und Analyse von Schwefligsäurehydrolysaten von Casein. T. R. Parsons und B. R. Baker. (J. Sci. Food Agric. **7.** 261—65. April 1956.) (Engl.) — 1. vgl. PEDERSEN u. BAKER, C. **1956.** 11088.

Casein (I) wird mit einem H_2SO_3—HCl-Gemisch hydrolysiert. Das durch Eindampfen im Vakuum von SO_2 u. mittels eines Anionenaustauschers von HCl befreite Hydrolysat enthält weniger saure u. mehr bas. Aminosäuren als I; der Tryptophan-Geh. ist etwa halb so groß wie der von I. Der an Ratten ermittelte Nährwert des Hydrolysats unterscheidet sich nicht nennenswert von dem von I. W. WESLY. 7646□

Einfluß von γ-Strahlen auf die Backfähigkeit von Hardredwinter-Weizen. W. Seibel. (Arbeitsgemeinsch. Getreideforsch. E.V., Ber. Getreidechem. Tag. **1959.** 18—33. Juni. Detmold.) (Dt.)

Vortrag. Hardredwinter-Weizen wurde mit verschiedenen Dosen (bis zu 3 mrep) γ-Strahlen behandelt u. anschließend im BÜHLER-Automaten vermahlen. Die am Mehl durchgeführten Unterss. ergaben im wesentlichen folgende Resultate: Der Gesamt-Pentosan-Geh. erfährt keine Veränderung, während der Geh. an wasserlösl. Pentosanen mit zunehmender Bestrahlungsintensität ansteigt. Ab 0,5 mrep büßen die wasserlösl. Pentosane die Eig., unter dem Einfl. von Oxydationsmitteln Gele zu bilden, ein. Das Gas-Red.-Vermögen erhöht sich infolge der Zunahme des Geh. an reduzierenden Zuckern kontinuierlich. Ab 0,5 mrep wird das Gashaltevermögen der Teige ständig geschwächt. Sowohl die Mehl- als auch die Krumenfarbe wurden durch die Bestrahlung verschlechtert. Bei keinem der durchgeführten Backverss. konnte eine Backverbesserung als Folge der Bestrahlung beobachtet werden. — 35 Literaturangaben. M. WINIKER. 7670□

Ein Blick auf Methoden und Probleme der heutigen Makkaroni-Industrie. Charles M. Hoskins. (Cereal Sci. today **4.** 31—37. Febr. 1959. Libertyville, Ill., Glenn G. Hoskins Co.) (Engl.) M. WINIKER. 7672□

Untersuchungen zur Chemie des Tabaks. G. Ss. Iljin. (Табак [Tabak] **21.** Nr. 4. 30—32. 1960. Akad. der Wiss. der UdSSR, Bach-Inst. für Biochem.) (Russ.)

Übersicht. A. v. WILPERT. 7734□

Bestimmung von Nicotin in gewöhnlichem Tabak und Tabakrauch. S. P. Mathur. (Agra Univ. J. Res. **7.** 97—101. Jan. 1958. Agra, Medical College, Dep. of Ophthalmol.) (Engl.)

Der Geh. der Tabakblätter an *Nicotin* (I) wurde nach der Meth. von TOTH [1901] ermittelt, der I-Geh. des Tabakrauchs wurde durch Absorption in mit 2n H_2SO_4 befeuchteter Glaswolle, Herauswaschen mit A.-W. (1 : 1), Dampf-Dest. der alkal. gemachten Lsg., Fällung des I als Dipikrat, Dest. aus alkal. Lsg. u. Titration des Destillats mit 0,01n HCl gegen Methylrot bestimmt. Beispiele für den I-Geh. von Pfeifen-, Zigarren-, Zigaretten-, Schnupf- u. Kautabak sowie für den I-Geh. des Rauches von Pfeifen-, Zigarren- u. Zigarettentabak u. der Wasserpfeife werden angegeben. Der Hauptstrom des Rauches einer gewöhnlichen Zigarette enthält ca. 25% des I des Tabaks, während der Rauch einer Filterzigarette nur 8% des I enthielt. Auf Grund der I-Resorption sind Kauen u. vielleicht Schnupfen die schädlichsten Formen des Tabakkonsums; darauf folgen mit abnehmender Toxizität der ind. „Bidi"-Tabak, Zigarre, Pfeife, Zigarette u. als harmloseste die Wasserpfeife. EBERHARD MÜLLER. 7734□

Anwendung von Natriumglutaminat bei der Bereitung von Salzheringen und Fischkonserven. W. A. Beloglasowa. (Рыбное Хозяйство [Fischerei-Wirtsch.] **37.** Nr. 11. 73—75. 1961. Verwaltung für Fischind. des Volkswirtschaftsrats der LitauSSR.) (Russ.)

Die Unters. von Heringen, denen beim Salzen 12% (des Fisch-Gew.) *NaCl* u. 1% *Na-Glutaminat* (I) zugesetzt wurde, u. die 3 Monate bei 0 bis -5^0 aufbewahrt worden waren, ergab: Der Geh. des Fleisches an NaCl beträgt 8,9% (9,2% ohne I-Zugabe), die Pufferung 117,8% (statt 98,2% ohne I). Die Oxydation der Fettkomponente des Fleisches wurde durch Zugabe von I verhindert. Das hergestellte Prod. war zart, saftig u. von gutem Geschmack. S. BARYSCHNIKOW. 7752

Tryptophan und Lysin in Schafsmilch. L.-M. Buruiana, C. Stoian, El. Hadarag und A. Dema. (Lait **40.** 129—34. März/April 1960. Bukarest, Fac. de Méd. Véténiraire, Labor. de Biochim.) (Franz.)

Schafsmilch enthält 0,141—0,200 g/100 ml *Tryptophan*, entsprechend 2,01 bis 4,32 g/100 ml Eiweiß. Die entsprechenden Werte für *Lysin* sind 0,309—0,836 u. 5,27 bis 16,83. Beide Verbb. gehen größtenteils in den Käse über. W. WESLY. 7756□

Der Säuregehalt von Milch und Fett. Antonino Goded y Mur. (Ind. lechera **41.** 77—78. Febr. 1959. Zaragoza, Cons. sup. Invest. ci., Dep. de Bromatol.) (Span.)

Vergleichende Übersicht über Ursachen der Veränderung des Säure-Geh. in Milch u. Milchfett. R. K. MÜLLER. 7756□

Einiges zum Problem der Gewinnung keimarmer Milch. G. Kielwein. (Arch. Lebensmittelhyg. **12.** 37—40. 20/2. 1961. Beil. zu: Dtsch. tierärztl. Wschr. Aulendorf, Staatl. Tierärztl. Untersuchungsamt.) (Dt.)

Vortrag. — 22 Literaturangaben. M. WINIKER. 7756□

Versuche zur Inaktivierung von Milchkeimen durch Kobaltbestrahlung. Michel Worseck. (Milchwissenschaft **16.** 78—81. Febr. 1961. Potsdam, Veterinäruntersuchungs- u. Tiergesundheitsamt.) (Dt.)

Milchproben wurden mit einem Telekobalttherapiegerät mit einer Dosis von 456rep/ Min. bei $+5^0$ u. $+25^0$ bestrahlt. 98,56% der Gesamtmilchkeime, 100% der Caseolyten u. 100% der coliformen Keime konnten bei $+5^0$ durch eine Dosis von $53{,}8 \cdot 10^3$rep abgetötet werden. Bei $+25^0$ verlief die Abtötung bedeutend langsamer. Als Erklärung hierfür wird eine gewisse Vermehrung der Keime während der Bestrahlung angenommen. M. WINIKER. 7756□

Einfluß der Temperatur auf die Vermehrung der Bakterienzahl von frischer und pasteurisierter Milch. Ernestina Saavedra Rasso. (An. Fac. Farmac. Bioquím. **7.** 201. 1956.) (Span.)

Allg. Ausführungen. K. KAPPELLER. 7756□

Hitzebehandlung von Rahm in Vakuum-Desodorierungsanlagen. 1. Mitt. **Ein Vergleich der doppelten und dreifachen Behandlung von Rahm in „Vacreator".** W. D. Mitchell. (Queensland J. agric. Sci. **18.** 241—53. Juni 1961. Queensland Dep. of Agric. and Stock.) (Engl.)

Vf. verglich den Effekt doppelter u. dreifacher Vakuumbehandlung von Rahm nach Pasteurisierung bei 93—99° im Hinblick auf die Entfernung von Geschmacksfehlern, die Keim-Red. u. den Verlust von Butterfett mit der Buttermilch nach dem Buttern. Für die Verss. wurde „choice grade"-Rahm der Kategorien „sound", „fair" u. „borderline" verwandt. Der angewandte Unterdruck lag für das Doppel-Verf. bei 13 u. 29 in., für das Dreifach-Verf. bei 12, 15 u. 29 in. Hg. In bezug auf die Geschmacks-Verbesserung von „borderline choice"-Rahm war das Dreifach-Verf. dem Doppel-Verf. überlegen, während für „fair" u. „sound choice"-Rahm mit beiden Verff. gleiche Ergebnisse erzielt wurden. Bzgl. der bakteriolog. u. chem. Beschaffenheit zeigten sich prakt. gleiche Resultate, jedoch bedingte das Dreifach-Verf. etwas stärkere Keim-Red., sowie höhere Peroxidwerte nach 6monatiger Lagerung der Butter unter Tiefkühlung. Die Butterfettverluste mit der Buttermilch nach dem Buttern waren für beide Verff. etwa gleich. HANS THIELE. 7756□

Die Gefrierstabilisierung von Milch und Rahm, ein Problem der Wärmeleitfähigkeit. Hans Lagoni und Karl-Heinz Peters. (Milchwissenschaft **16.** 197—200. April 1961. Kiel, Bundesforschungsanst. für Milchwirtschaft, Physikal. Inst.) (Dt.)

28 Literaturangaben. M. WINIKER. 7756□

Viscositätsmessungen an Caseinen. Richard Schober, Walter Christ und Inge Prinz. (Milchwissenschaft **16.** 81—86. Febr. 1961. Wangen/Allgäu, Staatl. Milchwirtschaftl. Lehr- u. Forschungsanstalt.) (Dt.)

Bei der Vorreifung der Kesselmilch finden Veränderungen des *Casein* (**I**)-Mol. statt, für deren Deutung die Änderung des Hydratationszustands allein nicht ausreicht. Vff. untersuchten daher den Einfl. von Bedingungen, die zur Vorreifung der Milch in Beziehung stehen (pH-Verschiebung, Ca^{2+}-Ionen-Konz.) sowie von Agentien, die Wasserstoff- u. Disulfidbrücken zu lösen vermögen (*Harnstoff* bzw. *Natriumborhydrid*), auf das Viscositäts-Verh. von **I**. Die erzielten Ergebnisse werden vom Standpunkt der sek. u. tert. Strukturen des **I** diskutiert. M. WINIKER. 7760□

Beitrag zur Struktur des Edamerkäses. Alfons Fricker und Günther F. Meyer. (Milchwissenschaft **15.** 281—86. Juni 1960. Hohenheim, Landw. Hochschule, Inst. für Milchwirtschaft u. Gärungswesen u. Inst. für Physik u. Meteorologie.) (Dt.)

Die Ergebnisse licht- u. elektronenmkr. Unterss. der Feinstruktur von Edamerkäse sprechen dafür, daß das Eiweiß in dieser Käseart eine gleichförmige Phase darstellt, in welcher die Fettkügelchen eingelagert sind. M. WINIKER. 7760□

Coix lacryma-jobi: chemische Zusammensetzung, Verdaulichkeit und Energiewert für das Schwein. A. Scaut. (Bull. agric. Congo **52.** Nr. 2. Bull. Inform. de l'INÉAC **10.** 265—70. April 1961.) (Franz.)

Die Unters. von enthülstem Coix lacryma-jobi ergab (in % Trockensubstanz): 99,0 organ. Substanz, 16,2 Rohprotein, 0,8 Rohfaser, 0,6 Ae -Extrakt, 81,4 N-freier Extrakt, 1,0 Rohasche. Der Stärkewert von 1 kg enthülstem Coix lacryma-jobi betrug 0,94. M. WINIKER 7782□

Verdaulichkeit von geschnittener mit Zink-Bacitracin haltbar gemachter Hafersilage bei der Verfütterung an Rinder und Schafe. R. A. Alexander, J. T. McCall, J. F. Hentges jun., P. E. Loggins und G. K. Davis. (J. Dairy Sci. **44.** 1928—32. Okt. 1961. Gainesville, Fla., Univ. of Florida, Dep. of Anim. Sci.) (Engl.)

Zugabe von *Zink-Bacitracin* (I) zu Hafersilage ergibt ein ausgezeichnetes Prod., das vom Vieh gewöhnlicher Silage eindeutig vorgezogen wird. Vff. untersuchten derartige mit I bereitete Hafersilage (5 g I/t) vergleichend mit entsprechender Silage ohne I-Zusatz in einem Fütterungs-Vers. an Rindern u. Schafen. Es wurde festgestellt, daß der prozentuale Geh. an Trockensubstanz, Protein, N-freiem Extrakt u. Asche der I-Silage höher ist als der der gewöhnlichen Silage. Dagegen lagen die Geh. an Ae.-Extrakt u. Rohfaser sowie der kalor. Wert der Hauptenergieträger (Kohlenhydrate) unter den normalen Werten. I-behandelte Hafersilage enthielt 12% mehr Rohprotein u. 11% weniger Rohfaser als unbehandelte Silage. Die Verdaulichkeit des Proteins war gegenüber den für normale Silage ermittelten Werten signifikant erhöht. Obgleich es keine weiteren statist. signifikanten Behandlungsunterschiede gab, waren sämtliche Verdauungs-Koeff. der I-Silage wesentlich höher. HANS THIELE. 7782□

Der Einfluß der Zugabe von Citrolas beim Einsäuern von Grünfutter hohen Wassergehalts auf den Nährstoffverlust und das Verhalten der Tiere. W. J. Miller und H. L. Dalton. (J. Dairy Sci. **44.** 1915—20. Okt. 1961. Athens, Ga., Univ. of Georgia, Dairy Dep.) (Engl.)

Beim Einsäuern nährstoffreichen unreifen Grünfutters (während der Blüte geschnitten) kommt es infolge des hohen Wasser-Geh. oft zu starken Verlusten durch Versickern sowie unerwünschten Gärungen. Es ist immer wieder versucht worden, durch Erhöhung des Feststoff-Geh. zu besseren Resultaten zu kommen. Vff. beschickten 4 Turmsilos mit Hafergrünfutter mäßigen Wasser-Geh. unter Zusatz von 0, 149, 274 u. 425 lbs. *Citrolas* (I)/ton Frischfutter. I setzt sich aus 33% Citrusmelasse, 20% Citrusmehl, 37% Citrusabrieb u. 10% Citruspulpe zusammen u. wird nach dem Pressen granuliert. Der Verlust an Gesamttrockensubstanz in % der Trockensubstanz des Frischfutters betrug für die verschiedenen Ansätze 14, 14, 24 u. 31%. Die entsprechenden Trockensubstanzverluste durch Versickern lagen bei 5,3, 7,3, 2,7 u. 1,7%. Die höchsten Fermentationsverluste wurden bei höchstem Geh. an I ermittelt. Der Trockensubstanz-Geh. sowie das spezif. Gew. des Sickerwassers waren bei höheren I-Gaben höher, jedoch war hier die Menge des Zusatzes nicht ausschlaggebend. Die mittleren Maximal-Temp. wurden nicht beeinflußt. Verfütterung der verschiedenen Ansätze an jeweils 6 melkende Kühe ergab keine Unterschiede in Gew.-Anstieg, Milchproduktion u. Fett-Geh. der Milch. Von den beiden Ansätzen mit mittlerer I-Zugabe wurde, auf Trockensubstanz bezogen, signifikant mehr gefressen als von den anderen Silagen.

HANS THIELE. 7782□

Anwendung von Antioxydantien und Untersuchung der Veränderung des Fettes während der Herstellung von Fischmehl. L. N. Jegorowa und W. I. Treschtschewa. (Рыбное Хозяйство [Fischerei-Wirtsch.] **37.** Nr. **11.** 76—81. 1961. Allunions Forsch.-Inst. für Fischwirtschaft u. Ozeanographie.) (Russ.)

Es wurde festgestellt, daß bei der Herst. von Fischmehl eine Zugabe von 0,01 bis 0,10% Antioxydantien (I; Propylgallat u. bes. Butylhydroxytoluol) zum verarbeiteten Rohstoff die Oxydation des Fettes im Fertig-Prod. verhindert. Durch Zusatz von I werden SZ. u. Geh. der Fettkomponente des Prod. an Hydroxysäuren u. an Epoxy-O erniedrigt, die JZ. des Fettes erhöht. Die Zerstörung des Vitamins PP in gelagerten Prodd. wird durch I-Zugabe verlangsamt. So enthielt ein 5 Monate lang gelagertes Fischmehl 86—100% seines ursprünglichen Geh. an Vitamin PP (55—69% ohne I-Zugabe). Die Konservierbarkeit der Vitamine B_2 u. B_{12} wird dagegen durch I-Zusatz nicht beeinflußt.

S. BARYSCHNIKOW. 7786

Über die Fehlermöglichkeiten der quantitativen Untersuchungsverfahren in der Lebensmittelmikrobiologie. K. Csaba. (Arch. Lebensmittelhyg. **10.** 273—76. 20/12. 1959. Beilage zu: Dtsch. tierärztl. Wschr. Budapest, Inst. für Ernährungswissensch.) (Dt.)

M. WINIKER. 7788□

Die für die Lebensmittelkunde interessanten künstlichen Farbstoffe. 6. Mitt. **Kennwerte, Eigenschaften, Spektrophotometrie und Rundfilterpapierchromatographie von (für Lebensmittel) verbotenen wasserlöslichen (Farbstoffen).** L. Villanúa, A. Carballido, R. Garcia Olmedo und M. T. Valdehita. (An. Bromatol. [Madrid] **13.** 59—106. 1961.) (Span.) — 5. vgl. C. **1961.** 5285.

Untersucht wurden folgende Farbstoffe: *Trypanrot, Fuchsin, Fluorescein, Eosin, Rhodamin B, Chrysoidin, Orange I, Auramin O, Naphtholgelb S, Säuregrün B, Lichtgrün S.F., Methylgrün, Fast green F.C.F., Trypanblau, Evansblau, Brillantblau F.C.F., Säureviolett 5 B, Nigrosin.* — 45 Literaturangaben. M. WINIKER. 7788□

Bedeutung und Nachweis von Spurenelementen in Lebensmitteln. Jean-Pierre Minne. (Ing. Chimiste [Bruxelles] **43.** 33—51. Jan. 1961.) (Franz.)

Allg. Ausführungen. — 40 Literaturangaben. M. WINIKER. 7788□

Über die Erfassung des Gesamt-Riboflavin-Gehaltes in Getreide und Getreide-Produkten. J. Janicki und E. Kaminski. (Arbeitsgemeinsch. Getreideforsch. E.V., Ber. Getreidechem. Tag. **1958.** 186—208. 1959. — C. **1960.** 1360.) (Dt.)

M. WINIKER. 7796□

Bestimmung von Thiamin, Riboflavin und Niacin in eßbaren Hülsenfrüchten. Julio Eduardo Nuñez Salazar. (An. Fac. Farmac. Bioquím. **7.** 184—89. 1956.) (Span.)

Beschreibung einer Meth. zur Extraktion der Vitamine sowie Angaben über den Geh. an Vitamin B_1, Vitamin B_2, Nicotinsäure u. Nicotinamid von Kichererbsen, Linsen, weißen Bohnen u. anderen Bohnensorten. K. KAPPELLER. 7804□

Infrarotspektrographische Bestimmung von Captanrückständen auf Erdbeeren. Walter Fischer und Ursula Uhlich. (Nachrichtenbl. dtsch. Pflanzenschutzdienstes [Braunschweig] **12.** 187—88. Dez. 1960. Berlin-Dahlem, Biolog. Bundesanst., Inst. für Pflanzenschutzmittelforschung.) (Dt.)

Beschreibung der Methode. M. WINIKER. 7808□

Zur Problematik der quantitativen Diastasebestimmung in Honig. H. Hadorn. (Mitt. Gebiete Lebensmittelunters. Hyg. [Bern] **52.** 67—103. 1961. Basel, Labor. VSK.) (Dt.)

Die bisher bekannten Verff. zur Best. der *Diastasezahl* (*DZ*) in *Honig* (**I**) sind sehr unzuverlässig, weil bei der subjektiven Beurteilung der Färbungen Zweifel möglich sind, ob die *Stärke* (**II**) völlig abgebaut ist, u. weil die im Handel erhältlichen lösl. **II**-Präpp., auch wenn sie von verschiedenen Sendungen der gleichen Firma stammen, sehr unterschiedliche Eigg. aufweisen. Vf. beschreibt ein Verf. zur Herst. kontrollierter Standard-**II** vom Blauwert 1,00 u. die photometr. Best. des **II**-Abbaus. Eine gepufferte **I**-Lsg. wird bei 40° auf eine Lsg. von Standard-**II** einwirken gelassen. Die von Zeit zu Zeit entnommenen Proben werden mit J-Lsg. versetzt u. photometr. geprüft. Als Endpunkt gilt die willkürlich festgesetzte Lichtdurchlässigkeit von 50%. Die DZ, welche der zum Abbau erforderlichen Zeit umgekehrt proportional ist, gibt an, wieviele Diastase-Einheiten in 1 g **I** enthalten sind. Die Einheit der Diastaseaktivität ist jene Enzymmenge (α-Amylase), die in 1 Std. 0,010 g **II** bis zum vorgeschriebenen Endpunkt abbaut. Die Streuung des Verf. beträgt auf Grund von 54 Best. an 18 **I**-Proben 1,4%. Bei naturreinen **I** wurden DZ von 11—34 gefunden. — Ferner wurde auch *Hydroxymethylfurfurol* bestimmt u. gefunden: In 12 schweizer. **I** 0,02—0,60, in 3 während 20 Jahren gelagerten **I** 12,1—25,5 u. in 2 wärmegeschädigten ausländ. **I** 8,4—10,2 mg%. In diesen letzten 5 Proben war auch die DZ auffallend niedrig, 4,9—7,0. K. SCHLEICH. 7812□

Spektrophotometrische Versuche über die Farbe und Qualität einiger Obstsäfte und Sirupe. M. B. Wojtowicz. (Nahrung **5.** 138—54. 1961. Warschau, Landw. Hochschule, Inst. für Lebensmittelindustrie.) (Dt.)

Es konnte gezeigt werden, daß eine Schätzung der Farbenqualität in Kirschsäften durch Vgl. der Extinktionskurven von Sirup-Lsgg. vor u. nach Zugabe von $AlCl_3$ insofern möglich ist, als dadurch charakterist. Veränderungen in den Absorptionskurven der Anthocyane vom Typ des Cyanidins bewirkt werden. Weiter wurde festgestellt, daß die Best. der Farbe roter Sirupe mittels des „trichromat. Normalvalenz-Syst." zur Beurteilung der Farbenqualität ungeeignet ist. Schließlich wurde eine Meth. zur einfachen Berechnung der Parameter der Kirschsirupfarbe auf Grund des Verf. von MESCHTER erarbeitet. Grundlage hierfür sind Extinktionsmessungen bei 420 u. 530 mμ in einer Lsg. mit $AlCl_3$ sowie eine Messung bei 650 mμ zur Korrektur der Trübung der Lösung.

M. WINIKER. 7818□

Einfache Methode zur Untersuchung und zum Nachweis von für die Herstellung von kohlensäurehaltigen Getränken verwendeten Farbstoffen. Armando Canuti. (Boll. Lab. chim. provinc. **9.** 414—24. Okt./Dez. 1958. Frosinone, Labor. chim. provinc.) (Ital.)

Es wird eine papierchromatograph. Meth. zur Identifizierung von zur Färbung von CO_2-haltigen Getränken („Aranciata" usw.) benutzten Farbstoffen beschrieben. — Man engt eine geeignete Menge der zu untersuchenden Substanz (500 ml) auf dem Wasserbad auf 10% des Anfangs-Vol. ein, säuert nach der Meth. von ARATA-KÖNIG [1945] mit einigen Tropfen verd. HCl an, gibt mehrere (vorher mit Ae. entfettete) Weißwollfäden zu u. läßt einige Min. kochen. Wenn der größte Anteil der Teerfarbstoffe an den Wollfäden fixiert ist, entfernt man diese aus dem Becherglas, wäscht u. kocht wenige Min. in einem großen Becherglas unter Verw. von stark mit HCl angesäuertem W. auf, führt die Wolle nach gründlichem Waschen in ein 25- oder 50-ml-Becherglas über, gibt 5 ml mit einigen Tropfen verd. NH_3 versetztem W. zu u. gießt den in der ammoniakal. Fl. gelösten Farbstoff in ein Reagensglas. Man benutzt eine in 0,01 ml unterteilte Pipette, pipettiert jeweils 0,005 ml der Farbstoff-Lsg. auf die vorgezeichnete Linie des Papierstreifens (WHATMAN Nr. 1), läßt trocknen, wiederholt diese Operation bis ein Vol. von 0,04 ml aufgetragen ist, stellt den Streifen in die 200 (Teile) W., 50 Aceton u. 5 konz. HCl als Elutionsmittel enthaltende Entw.-Kammer. Der zur Färbung von Getränken benutzte Farbstoff wird größtenteils vom sauren Lsgm. verdrängt. Zur chromatograph. Entw. genügen einige Stunden. Die Lage der Flecken bzw. R_F-Werte zeigen konst. Eigg. für jeden Farbstoff u. liefern einen deutlichen Nachweis. Im Zweifelsfalle wird die zu untersuchende Substanz mit einer bestimmten Menge eines identifizierten Farbstoffs gemischt u. dann nach vorst. Meth. behandelt. Die Chromatogramme u. R_F-Werte (Tabellen) von verschiedenen identifizierten Farbstoffen (z. B. Brillantschwarz BN, Ponceau 2 R, Orange I, Tartrazin, Brillantgrün u. a.) sind wiedergegeben. G. PLATZER. 7818 □

Zum Wert der Untersuchung von Gewürzen auf proteolytische Keime mit Hilfe des Calcium–Casein–Pepton-Agars und gleichzeitig zur Prüfung der Frage des Einflusses der Temperatur auf das Wachstum der in Gewürzen vorkommenden Bazillen. F. Schönberg. (Arch. Lebensmittelhyg. **10.** 281—82. 20/12. 1959. Beil. zu: Dtsch. tierärztl. Wschr.) (Dt.) M. WINIKER. 7826 □

Spektrophotometrische Unterscheidung von Kakaopreßbutter und Kakaoextraktionsfett. E. Lauber. (Mitt. Gebiete Lebensmittelunters. Hyg. [Bern] **52.** 116—22. 1961. Bern, Labor. des Eidg. Gesundheitsamtes.) (Dt.)

Unverdorbene *Kakaopreßbutter* (**I**) hat angenehmen Geschmack u. enthält Fettsäuren ohne konjugierte Doppelbindungen, während *Kakaoextraktionsfette* (**II**) unrein, unangenehm u. sogar ranzig schmecken, weil sie infolge des Geh. an Keim- u. Schalenfett u. je nach Verdorbenheitsgrad der Rohstoffe mehr oder weniger oxydierte u. veränderte Fettsäuren enthalten. **I** u. **II** lassen sich spektrophotometr. im Wellenbereich von 230—300 mμ sehr gut unterscheiden. Zusätze von 10% u. mehr **II** zu **I** können so eindeutig nachgewiesen werden. K. SCHLEICH. 7832 □

Ein Beitrag zur Frage der Qualitätsprüfung von Rohwurst mit Hilfe vergleichender histologischer und chemischer Methoden. E. Lienhop. (Arch. Lebensmittelhyg. **11.** 54—58. 20/3. 1960. Beil. zu: Dtsch. tierärztl. Wschr. Hannover.) (Dt.)

50 Proben von im Handel befindlichen *Rohwürsten* (**a**) verschiedener Qualität wurden histolog. u. chem. [Best. des *A-Wertes* (= Anteil des Leim-N am Gesamt-N) sowie des *BE-Wertes* (= Geh. an Bindegewebeeiweiß, ermittelt auf der Basis des Hydroxyprolin-Geh.)] untersucht. Ein Vgl. der erzielten Ergebnisse ergab: Bei der Gruppe der Spitzenqualität der **a** war die A-Wert-Best. unterlegen, während die BE-Wert-Best. hinsichtlich des Sicherheitsfaktors dominierte. Bei einfachen Qualitäten von **a** scheint hingegen die Best. des A-Wertes als Ergänzungs-Meth. zur histolog. Unters. prädestiniert zu sein, während die Best. des BE-Wertes weniger geeignet ist. Bei Mittelqualitäten der **a** wichen beide chem. Meth. relativ stark vom histolog. Befund ab. Wurde die A-Wert-Best. zur Ergänzung des histolog. Befundes herangezogen, so sprach das Ergebnis meist für eine niedrigere Qualitätsstufe, während die BE-Werte eine höhere Bewertung der **a** als gerechtfertigt erscheinen ließen. M. WINIKER. 7850 □

Bemerkungen zu dem Artikel von Lienhop: Ein Beitrag zur Frage der Qualitätsprüfung von Rohwurst mit Hilfe vergleichender histologischer und chemischer Methoden. O. Prändl. (Arch. Lebensmittelhyg. **11.** 132—33. 20/6. 1960. Beil. zu: Dtsch. tierärztl. Wschr. München, Univ., Tierärztl. Fak., Inst. für Nahrungsmittelkunde.) (Dt.)

Unter Bezugnahme auf die Ausführungen von LIENHOP (vgl. vorst. Ref.) führt Vf. aus, daß bei histometr. Kollagen-Best. keine weitere chem. Unters. zur Sicherung der Qualität von Rohwurst erforderlich ist. M. WINIKER. 7850 □

Nochmals zur Qualitätsprüfung von Rohwurst mit Hilfe vergleichender histologischer und chemischer Methoden. Abschlußbemerkung zu dem Beitrag von Prändl. E. Lienhop. (Arch. Lebensmittelhyg. **11.** 211—12. 20/9. 1960. Beil. zu: Dtsch. tierärztl. Wschr.) (Dt.)

In Erwiderung auf die Darlegungen von PRÄNDL (vgl. vorst. Ref.) vertritt Vf. die Auffassung, daß die histometr. Kollagen-Best. als Routine-Meth. ungeeignet ist. M. WINIKER. 7850 □

Zur Frage der Einbettung mit Alginat in der histologischen Wurstuntersuchung. Hans-Jürgen Sinell. (Arch. Lebensmittelhyg. **12.** 41—44. 20/2. 1961. Beil. zu: Dtsch. tierärztl. Wschr. Berlin, FU, Inst. für Lebensmittelhygiene.) (Dt.)

Die von PRÄNDL für die histolog. Unters. von Wurst empfohlene Alginat-Einbettung hat sich hervorragend bewährt. Hingegen entspricht die noch vielfach geübte Einbettung mit Gelatine nicht mehr den Erfordernissen der modernen Wursthistologie. M. WINIKER. 7850 □

Über das mikroskopisch nachweisbare Verhalten des Kollagens und der Bindegewebssubstanzen bei der Brühwurstherstellung. F. Schönberg. (Arch. Lebensmittelhyg. **12.** 133—36. 20/6. 1961. Beil. zu: Dtsch. tierärztl. Wschr. Hannover, Tierärztl. Hochschule, Inst. für tierärztl. Lebensmittelkunde u. Milchhygiene.)
M. WINIKER. 7850□

Zur Ergänzung der histologischen Fleischwarenuntersuchung dienenden Untersuchungsmethoden für die quantitative Ermittlung des Anteils an kollagenen Substanzen in Fleisch und Fleischwaren, unter besonderer Berücksichtigung des Trypsin-Verdauungs-Verfahrens. E.-H. Lochmann. (Arch. Lebensmittelhyg. **12.** 103—05. 20/5. 1961. Beil. zu: Dtsch. tierärztl. Wschr. Hannover, Tierärztl. Hochschule, Inst. für tierärztl. Lebensmittelkunde u. Milchhygiene.) (Dt.)

Vortrag. — 19 Literaturangaben. M. WINIKER. 7850□

Ein Beitrag zur Frage der Feststellung des Bindegewebsgehaltes in Rohwürsten. E.-H. Lochmann. (Arch. Lebensmittelhyg. **11.** 107—13. 20/5. 1960. Beil. zu: Dtsch. tierärztl. Wschr. Hannover, Tierärztl. Hochschule, Inst. für tierärztl. Lebensmittelkunde u. Milchhygiene.) (Dt.)

Zur Feststellung des Bindegewebe-Geh. in Rohwürsten empfiehlt Vf. das Trypsinverdauungs-Verf. nach SCHÖNBERG u. LOCHMANN. — Arbeitsvorschrift.
M. WINIKER. 7850□

Die Bestimmung des Bindegewebsanteils bei Rohwürsten unter besonderer Berücksichtigung des Verdauungsverfahrens. St. Wersching. (Arch. Lebensmittelhyg. **11.** 130—32. 20/6. 1960. Beil. zu: Dtsch. tierärztl. Wschr. Hamburg, Veterinäruntersuchungsanst.) (Dt.)

Zur Best. des prozentualen Anteils an Bindegewebe in der fettfreien Trockensubstanz von Fleisch u. Rohwürsten hat sich das Trypsinverdauungs-Verf. nach SCHÖNBERG u. LOCHMANN als sehr gut geeignet erwiesen. M. WINIKER. 7850□

Rath Packing Co., Waterloo, übert. von: John J. Gleason, Cedar Falls, Iowa, V.St.A., **Herstellung eines verbesserten genießbaren Kürzungsmittels.** Man estert ein von Mono- u. Diglyceriden freies Triglyceridfett durch Erhitzen bei einer Temp. um, bei der alle darin befindlichen Bestandteile geschmolzen sind. Die Erhitzung führt man in Ggw. von <1 Gew.-% Na-Methylat als Umesterungskatalysator unter Zusatz von 0,1—4 Gew.-% Itaconsäure solange durch, bis die Itaconsäure die entsprechende Menge Fettsäure ersetzt hat. (**A. P. 2 966 412** vom 14/12. 1959, ausg. 27/12. 1960.) H. MAASS. 7675□

Food Machinery & Chemical Corp. (Erfinder: Robert W. Kilburn und Frank D. Hickey), **Schälen von Früchten und Vegetabilien.** Man taucht das Gut, z. B. Pfirsiche oder Tomaten, kurze Zeit in eine Alkali-Lsg. solcher Konz., die die Fruchtschale angreift, u. behandelt die imprägnierte Frucht mit Wasserdampf von erhöhtem Druck. — Tomaten werden 10 Sek. in eine wss. Lsg. mit Geh. von 18% NaOH u. 0,3% Fettalkoholsulfat bei 93° eingetaucht, dann 10 Sek. gedämpft u. anschließend von der Schale befreit. (**Aust. P. 224 250** vom 23/9. 1957, ausg. 29/10. 1959. A. Prior. 8/10. 1956.)
H. MÖLLERING. 7689

Albert Rödiger, Deutschland, **Herstellung von Schokolade** unter Verw. von Traubenzucker. Eine geeignete Mischung besteht z. B. aus 33 (%) Kakao, 7 Kakaobutter u. 60 Dextrosehydrat. Zunächst wird die Kakaomasse für sich geläutert, dann bei gewöhnlicher Temp. mit der Kakaobutter u. dem Dextrosehydrat gemischt u. in geeigneten Maschinen geknetet u. gewalzt. Die verflüssigte Masse wird in besonderen App. zu Tafeln gegossen. (**F. P. 1 178 390** vom 11/7.1957, ausg. 6/5. 1959.)
W. HEYNE. 7727

Chas. Pfizer & Co., Inc. (Erfinder: Charlton Lewis Wrenshall, John Raymond Mc Mahan und Robert Crittenden Ottke), **Konservieren von Fleisch.** Kurz vor dem Schlachten, bei Rindern z. B. 1 Std. zuvor, wird dem Tier ein Breitband-Antibioticum injiziert, z. B. 0,5—10 mg *Tetracyclin, Hydroxy-* oder *Chlortetracyclin* je lb. Lebendgewicht. Geeignet sind auch Lsgg. mit einem zusätzlichen Geh. an Citronen- oder Ascorbinsäure. Das erhaltene Fleisch soll 1—4 Tage bei 10—49° gealtert werden. (**Aust. P. 224 242** vom 28/8. 1957, ausg. 29/10. 1959. A. Prior. 2/11. 1956.)
H. MÖLLERING. 7751

Tee-Pak, Inc., V.St.A. (Erfinder: Kenneth Parlour), **Herstellung von röhrenförmigen Gebilden,** bes. *Wursthüllen.* Man behandelt die Längsränder einer regenerierte Cellulose enthaltenden Folie aus Fasermaterial mit einem die Cellulose erweichenden Lsgm., bringt die beiden so behandelten Längsränder in Kontakt u. entfernt dann das Lösungsmittel. (**F. P. 1 184 333** vom 14/10. 1957, ausg. 20/7. 1959. A. Prior. 15/10. 1956.) T. OPPERMANN. 7751

XVII. Fette. Seifen. Wasch- u. Reinigungsmittel. Wachse. Bohnermassen usw.

Über den Bildungsmechanismus des Hydrierungskatalysators aus Nickelformiat. B. N. Tjutjunnikow und I. I. Nowitzkaja. (Маслобойно-Жировая Промышленность [Öl- u. Fett-Ind.] **27**. Nr. 12. 17—21. Dez. 1961. Charkow, Polytechn. Lenin-Inst.) (Russ.)

Fein dispergiertes u. H-freies Ni hat kein katalyt. Vermögen. Die Absorption von H_2 (bzw. die entsprechende Aktivierung des Katalysators) in Ggw. von Fett erfolgt bei 250° nur langsam, die des H in statu nascendi vollzieht sich dagegen rasch. Die Fettstoffe verhindern im allg. das Sintern der eingeschlossenen Katalysatorteilchen. Der Einfl. der chem. Zus. des Substrats auf die Aktivität des Ni-Katalysators wird von Vff. gleichfalls erörtert. So aktivierten Fette den in ihnen gelösten H_2 u. erleichtern demzufolge die Auflsg. des H_2 im Metall stärker als das Paraffin; diese Aktivierung des Katalysators wird durch die höhere Lösungs- u. Diffusions-Geschw. des H_2 in Fetten (im Vgl. zu Paraffin) weiter verstärkt. S. BARYSCHNIKOW. 7880

Versuch der Verarbeitung von hochsaurem technischem Fett. B. A. Dechterman und I. A. Batrakowa. (Маслобойно-Жировая Промышленность [Öl- u. Fett-Ind.] **27**. Nr. 12. 41. Dez. 1961. Winnitza, Kombinat für Öle u. Fette.) (Russ.)

Hochsaure techn. Fette werden nach Neutralisation, Waschen, Trocknen, Bleichen u. Filtration unter Anwendung eines frischen Ni-Katalysators (0,04—0,08% metall. Ni), der im Laufe der Hydrierung 2mal zugefügt wird, bei 230° hydriert. Alle 40—50 Min. sollen durch das behandelte Prod. 15—20 m^3/t H_2 geleitet werden.

S. BARYSCHNIKOW. 7880

Zweistufige Extraktion roher zerkleinerter Baumwollsamenkerne. A. L. Markman und S. Ss. Ssabirow. (Маслобойно-Жировая Промышленность [Öl- u. Fett-Ind.] **28**. Nr. 2. 14—17. Febr. 1962. Inst. für Chemie der Pflanzenstoffe der Akad. der Wiss. der UsbekSSR.) (Russ.)

Durch 2stufige Extraktion der zerkleinerten rohen Baumwollsamenkerne mit 50- bis 80% ig. Aceton, dann mit wasserfreiem Aceton, wird gossypolfreies Öl der Farbzahl 8—9 (rote Einheiten; Beobachtung bei Schichtdicke 13,5 cm) gewonnen. Das zurückbleibende Schrot ist hellgelb, enthält wenig denaturierte Proteine u. ist für die weitere fraktionierte Extraktion gut geeignet. Aus der W.-Aceton-Lsg. wurden Zucker, Gossypol (als Anthranilat) u. Fettsäuren isoliert. S. BARYSCHNIKOW. 7894

Fortschritte auf dem Gebiet der Raffination der Speiseöle. Arnaldo Foschini. (Rass. chim. **13**. 36—37. Jan./Febr. 1961.) (Ital.)

Es wird das von RAFFAETÁ entwickelte kontinuierliche Ölraffinations-Verf. beschrieben, welches in 3 Stufen (Entschleimung, Entfärbung u. Entsäuerung u. Desodorierung) arbeitet u., wie an einem Beispiel aufgezeigt wird, eine schonende Raffination, z. B. von Olivenöl, gewährleistet. H. P. FIEDLER. 7894□

Der heutige Stand der Waschmittelchemie. E. Jaag. (Chimia [Schweiz] **15**. 450—61. 15/9. 1961. Biel, Seifenfabrik Schnyder.) (Dt.)

Übersicht über Arten, Herst., Eigg. u. Verw. von Waschmitteln. — 22 Literaturhinweise. W. WESLY. 7912□

Einfluß von Natriumphosphat und Natriumpolyphosphaten auf die Solubilisierung von Kohlenwasserstoffen in Seifenlösungen. P. A. Demtschenko. (Маслобойно-Жировая Промышленность [Öl- u. Fett-Ind.] **28**. Nr. 2. 23—26. Febr. 1962. Inst. für allg. u. anorgan. Chemie der Akad. der Wiss. der UkrainSSR.) (Russ.)

Die graph. Darst. der Einw. von Na-Phosphat, -Tripolyphosphat u. Hexametaphosphat auf die Solubilisation von Toluol u. Heptan in wss. 0,1 m Na-Laurat-Lsg. zeigt, daß die Koll.-Stufe der Waschmittel (WM)-Lsgg. durch Zugabe von Polyphosphaten verschoben werden kann, was für die Regulierung der kolloidchem. Eigg. der WM von Bedeutung ist. S. BARYSCHNIKOW. 7912

Celluloseester und Polyvinylpyrrolidon als Antiresorptionsstoffe. F. W. Newolin und T. G. Tipissewa. (Маслобойно-Жировая Промышленность [Öl- u. Fett-Ind.] **28**. Nr. 2. 18—20. Febr. 1962. Allunions Forsch.-Inst. für Fette.) (Russ.)

Das hohe Antiresorptionsvermögen (AR) von *Carboxymethylcellulose* gegenüber Baumwollgewebe ist von ihrer Veresterungsstufe (innerhalb 50—70) nicht abhängig u. übertrifft das AR des Cellulosesulfats. Die Anwendung von *Polyvinylpyrrolidon* verleiht den Woll- u. Seidegeweben ein hohes AR beim Waschen. Durch Zugabe von Elektrolyten wird das AR etwas erniedrigt. S. BARYSCHNIKOW. 7912

Vervollkommnung der Reinigung von Alkylsulfaten. I. K. Getmanski und W. M. Kuprijanow. (Маслобойно-Жировая Промышленность [Öl- u. Fett-Ind.] **28**. Nr. 1. 37—38. Jan. 1962. Forsch.-Inst. für synthet. Fette u. Waschmittel.) (Russ.) — Vgl. C. **1960**. 16976.

Die zur Feststellung des zweckmäßigen Reinigungs-Verf. angewandte Paste enthielt: *Na-Alkylsulfate* (I) 12,0 (%); nicht sulfurierte Stoffe (II) 9,0; Na_2SO_4 23,5; Fe-Salze 0,1 u. W. 55,4. Verss. zeigen, daß zur maximalen Abtrennung von Na_2SO_4 in der fl. Phase der Wasser-Geh. des behandelten Prod. auf 62—63% erhöht werden muß. Nach Zugabe von 5—6% A. bzw. von 3—4% Isopropylalkohol wird das Gemisch (pH 8,0—8,5) auf 50—60° erwärmt u. zwecks Abtrennung der 3 fl. Phasen 45—60 Min. stehengelassen. Die abgetrennten Phasen sind: 1. Na_2SO_4-Lsg., 2. „$Fe(OH)_3$-Schicht" u. 3. „organ. Schicht" (hier 96% des ursprünglichen I). Das nach der üblichen Meth. gereinigte Prod. enthält: **I** 25 (%), **II** 1,2, Na_2SO_4 9,0 u. W. 64,8.
S. BARYSCHNIKOW. 7912

Zuckerrohrwachs. Alberto Cavalcanti de Figueiredo. (Rev. Quím. ind. **38.** Nr. 330. 21—23. Okt. 1959. Recife, Pernambuco, Inst. do Açúcar e do Álcool.) (Port.)
Das aus Zuckerrohr durch Extraktion (optimal mit techn. Bzl. 13,5%) gewonnene Wachs ist ein grüner, fast geruchloser fester Stoff mit spezif. Gew. 0,963—0,973, F. 72 bis 76°, VZ. 30—33, JZ. 14—18, SZ. 7—13 u. 56—62% Unverseifbarem. Die Farbe beruht auf einem Geh. an Chlorophyll, Anthocyanin, Xanthophyll u. anderen Pigmenten; eine Extraktion der Farbstoffe durch Vorbehandlung des Ausgangsmaterials mit A. gelang nicht. Auf die bisherigen Erfahrungen bei der techn. Gewinnung wird hingewiesen. R. K. MÜLLER. 7924□

Sedimentometrische Analyse des Kupferkatalysators. A. A. Schmidt und K. W. Geischina. (Маслобойно-Жировая Промышленность [Öl- u. Fett-Ind.] **27.** Nr. 7. 20—23. Juli 1961. Moskau, Zentr. Forsch.-Labor. für Fettind. des Stadtvolkswirtschaftsrates.) (Russ.)
Die sedimentometr. Analyse (SA) kann zur Best. der Teilchengröße u. der Sedimentationsdauer des Cu–Ni-Katalysators (K) angewandt werden. Der Hydrierungsprozeß der Fette zerstört (dispergiert) die Teilchen des angewandten K; die Verschiedenheit zwischen der Sedimentations-Geschw. der verbrauchten K-Teilchen in Toluol u. in Öl (η_{20} 3,3 cP) ermöglicht das Messen der Adsorptions- u. Solvatationsoberflächen der Teilchen. Im Laufe des Sedimentationsprozesses kann eine partielle Agglomeration der feineren Teilchen stattfinden. Die Best. der Teilchengröße nach der SA ermöglicht die Wahl des geeigneten Verf. der stufenweisen Filtration hydrierter Fette. Erschwerte Filtrationen werden durch strukturelle Veränderungen des **K**, während des Hydrierungsprozesses verursacht; sie können durch Anwendung stationärer **K** beseitigt werden.
S. BARYSCHNIKOW. 7930

Mikrobestimmung der Verseifungszahl. Frank A. Lee. (J. Assoc. off. agric. Chemists **41.** 899—900. Nov. 1958. Geneva, N.Y., Cornell Univ., New York State Agric. Exp. Stat.) (Engl.)

Beschreibung einer Mikro-Meth. zur Best. der VZ. von Ölen u. Fetten für Proben von 40 mg u. darunter. Die Verseifung erfolgt mit 0,5 ml alkohol. KOH (40 g/Liter) in Mikro-KJELDAHL-Kolben bei 75° im Thermostat (50 Min.). Das unverbrauchte Alkali wird mit 0,1 n HCl zurücktitriert. Die Meth. entspricht, abgesehen von der Temp., der A.O.A.C-Methode. H. SPOHN. 7932□

Zur Identifizierung der Äthylester höherer Fettsäuren in Ölen. Luigi Lipparini. (Rass. chim. **13.** 15—19. Jan./Febr. 1961. Bologna, Univ., Ist. di Merceologia.) (Ital.)
Am Beispiel des Olivenöls, des Sesamöls u. des Pferdefettes wird gezeigt, daß die Zugabe von nach angegebener Vorschrift hergestellten Öl- oder Stearinsäureäthylester die Kennzahlen so verändert, daß Verschnitte mit Hilfe der Kennzahlen erkannt werden können. Um auch noch geringe Zusätze an z. B. Fettsäuremethyl- oder -äthylester, die auch aus Umesterungen stammen können, nachzuweisen, wird die zu untersuchende Probe nach angegebener Vorschrift verseift u. in 10 ml des bei der nachfolgenden Dest. anfallenden Destillats der Methyl- bzw. Äthylalkohol in der von KIRK u. Mitarbeitern beschriebenen App. (Analytic Chem. **30.** [1958.] 1418) durch Oxydation zu Ameisen- bzw. Essigsäure u. nachfolgende Titration bestimmt. Sollte sich eine vorherige Abtrennung der Fettsäureester von den Glyceriden als notwendig erweisen, kann dies durch Chromatographie über Al_2O_3 u. nachfolgende Elution der Fettsäureester mittels 95% ig. A. erreicht werden. H. P. FIEDLER. 7932□

Institut des Corps Gras (Centre Technique Industriel), Seine, Frankreich (Erfinder: André Dangoumau), **Extraktion von ölhaltigen Samen** mittels W., dad. gek., daß man das Verf. in mehreren Stufen durchführt, wobei die Samen in jeder Stufe fortlaufend mehr u. mehr zerkleinert werden u. während der Zerkleinerung oder hinterher extrahiert werden. (**F. P. 1 190 779** vom 22/1. 1958, ausg. 15/10. 1959.)
T. OPPERMANN. 7895

Vincenzo Bedolino, Mailand, Italien, **Herstellung eines Bodenpflegemittels,** bes. für Parkettböden. Man schmilzt 90 (Teile) Spermacetin u. 10 Paraffin bei 70° u. gießt das warme Gemisch zu 900 Trichloräthylen. (**It. P. 525 253** vom 3/4. 1954.) K. KOEBKE. 7927

Unilever N.V., Rotterdam, Holland, *Stabiles flüssiges Grobwaschmittel.* (**Belg. P. 569 765** vom 25/7. 1958, ausg. 16/6. 1961. A. Prior. 25/7. 1957. — C. **1960.** 5035 [A. P. 2 860 107].)

XVIIIa. Holz. Cellulose. Zellsoff. Papier. Papierdruck. Celluloid. Linoleum

Die chemische Zusammensetzung und einige physikalische Eigenschaften von Hölzern der Wälder von Hawaii. C. T. Mabuni und A. M. Unrau. (Tappi **44.** 227—29. März 1961. Univ. of Hawaii, Nat. Sci. Found.) (Engl.)

Nach üblichen Meth. werden 15 Nadel- u. Laubhözer der Hawaii-Inseln auf Extraktstoffe (in W. u. in A. lösl. Stoffe), Hemicellulosen, α-Cellulose, Lignin u. Asche analysiert. Die Ergebnisse sind tabellar. zusammengestellt u. werden mit denen von Pseudotsuga taxifolia verglichen. Die einheimischen Hölzer zeigen z. T. einen hohen Geh. an Extraktstoffen u. niedrige Werte für α-Cellulose. Überraschenderweise ergaben die Eucalyptusarten hohe Ligninwerte (29,5—32,5%). Angegeben werden DP-Werte u. Molgew. für α-Cellulose, Feuchtigkeitsgeh. des Sägemehls u. Dichte der Hölzer (Eucalyptus 0,86 bis 1,05). W. WERGIN. 7952□

Untersuchungen über die Entfärbung von Arabogalaktan aus Larix occidentalis Nutt. Kurt H. Ekman. (Tappi **44.** 762—65. Nov. 1961. Pullman, Wash., Washington State Univ., Div. of Ind. Res.) (Engl.)

Die Entfärbung von 1—30%ig. Lsgg. von Arabogalaktan (**I**) aus dem Gummiharz von L. occidentalis Nutt. mit verschiedenen Aktivkohlen (**II**) wird untersucht. Die lohfarbenen Verunreinigungen in **I** sind phenol. Natur. Der Entfärbungseffekt mit **II** wird mit FOLIN-DENIS-Reagens colorimetr. über FREUNDLICH-Adsorptionsisothermen gemessen; dabei wird nicht die molare Konz. der Phenole ermittelt, sondern ihre Befähigung zur Bldg. von Molybdänblau vor u. nach der Behandlung von **I** mit **II**. Die Phenole werden von **II** unterschiedlich erfaßt; fallender pH-Wert fördert die Absorptions-Geschwindigkeit, entfärbtes **I** weist Verbesserungen nach Farbe, Klarheit u. Geruch auf. M. HAGEDORN. 7952□

Untersuchung der „amorphen" Cellulose. W. I. Scharkow und W. P. Lewanowa. (Журнал Прикладной Химии [J. angew. Chem.] **33.** 2563—71. Nov. 1960. Forschungsinst. für die Hydrolysen- u. Sulfitalkohol-Ind.) (Russ.)

Bei Einw. hoher Drücke (bis 12000 at) auf *Cellulose* (**I**) oder beim Kalandrieren, am wirkungsvollsten bei verschieden schnell laufenden Walzen, wird „amorphe" **I** wie bei der Einw. von Schwingmühlen erhalten. „Amorphe" **I** zeigt eine geringere Dichte als natürliches **I**, hat eine um ca. 13% erniedrigte Wärmekapazität u. besitzt eine gesteigerte Löslichkeit bei der Äthanolyse. Durch Einw. von W., bes. bei höheren Temp., kann der ursprüngliche krist. Zustand von **I** wieder teilweise erhalten werden, was sich auch röntgenograph. zeigen läßt. Der Übergang krist.-amorph bei **I** wird mit dem Übergang von Saccharose oder Glucose aus dem krist. in den durch Schmelzen u. schnelles Abkühlen erhaltbaren glasartigen Zustand in Parallele gesetzt. Es wird erneut betont, daß in natürlichem **I** eine hochorientierte krist. Struktur vorliegt, während vermahlenes **I** einen typ. amorphen Aufbau besitzt. M. ULMANN. 7954□

Biologische Wertminderung von Zellstoffholz und Zellstoffholzschnitzeln während der Lagerung. Ralph M. Lindgren und Wallace E. Eslyn. (Tappi **44.** 419—29. Juni 1961. Madison, Wis., Forest Prod. Lab.) (Engl.)

Bei der Lagerung von Holzschnitzeln für Zellstoff oder von Zellstoff treten mikrobiolog. Zerstörungen auf, die im allgemeinen von Pilzen herrühren. Dabei dringen die Pilze von der Oberfläche der Lagerhaufen langsam in das Innere vor. Kiefernholz verrottet langsamer als Laubholz. Die beteiligten Pilze werden genannt, ihre Wirksamkeit u. Gegenmaßnahmen für die Praxis besprochen. W. WERGIN. 7956□

Der hydrotrope und Alkaliaufschluß von Laubholz zur Zellstoffgewinnung bei gleichzeitiger Hydrierung von Lignin. 2. Mitt. Fraktionierung der Hydrierungsprodukte des Lignins und Abtrennung der Phenole. W. Gromow und M. Pormale. (Известия Академии Наук Латвийской ССР [Nachr. Akad. Wiss. LettSSR] **1961.** Nr. 4. 85—92. Inst. für forstwirtsch. Probleme u. die Chem. des Holzes der Akad. der Wiss. der LettSSR. (Russ.; Auszug: Engl.) — 1. vgl. C. **1961. 13398.**

Bei Aufschluß von Espenholz mit einer 30%ig. Lsg. von Na-Xylolsulfonat bei gleichzeitiger Hydrierung unter Druck mit einem Ni-Katalysator in fast neutralem Medium wird ein *Halbzellstoff* in einer Ausbeute von 72,2% erhalten. Vom vorliegenden *Lignin* (**I**)

sind 45,1 % in Lsg. gegangen. 5,7 % von I werden in *Phenole* (II) umgewandelt. Im Verhältnis zum gelösten I beträgt die II-Menge 12,5 %. Etwa die gleiche II-Menge wird auch beim Hydrieren von isoliertem I gewonnen. Das II-Gemisch enthält Prodd. vom Molgew. 830—360, die eine verschiedene Löslichkeit in Chlf., Ae. u. W. zeigen.
M. ULMANN. 7958 □

Der Celluloseaufschluß mit Säure bei Vorliegen der Natriumbase. Ju. N. Nepenin, A. D. Bujewskaja, W. Je. Galachowa und K. S. Jefremenko. (Бумажная Промышленность [Papier-Ind.] **36.** Nr. 9. 23—26. Sept. 1961. Holztechn. Kirow-Akad. u. Kombinat Sloka.) (Russ.)

Die Umstellung einer Sulfitzellstoffanlage von Ca auf *Na* als Base bringt eine Steigerung der Kapazität der Zellstoffgewinnung um 17% u. der angeschlossenen Anlage um 20%. Für einen Zellstoff mittlerer Härte benötigt man eine Aufschlußsäure mit 4,64% Gesamt-SO_2 u. 1,18% Na_2O. Aufschlußdauer 7,5 Stunden. Bei 1,68 Unaufgeschlossenem zeigt der Na-Zellstoff gute mechan. Eigenschaften.
M. ULMANN. 7962 □

Optische Bleiche. István Hegedüs und Andor Nemes. (Papiripar [Papierind.] **5.** 212—16. Dez. 1961.) (Ung.)

Labor- u. Großverss. zeigen, daß der in Ungarn erzeugte Aufheller *Optinol VD* ausländ. Aufhellern gleichwertig ist u. um besten in Mengen von 1% zugesetzt wird. Die Aufhellung ist auch bei unter Zugabe von Carboxymethylcellulose hergestellten Papieren tadellos. Bläuen ist überflüssig. J. PLANK. 7978

Die Dimensionsstabilität von Papier. 2. Mitt. D. R. Coles und F. Lyth Hudson. (Paper Technol. **2.** 473—80. Okt. 1961. Manchester, Coll. of Sci., and Technol.) (Engl.) — 1. vgl. C. **1960.** 4067.

Feuchte Papiere, die unter Spannung in Querrichtung getrocknet wurden, zeigen bei späterer Befeuchtung eine reversible u. eine irreversible Dehnung. Diese beiden Werte werden durch die Trocknungs-Temp. beeinflußt. Durch sorgfältige Steuerung der Trocknungsverhältnisse ist es möglich, Papiere mit nur noch sehr geringen Dehnungswerten zu erhalten. H. MEYER. 7984 □

Eine Methode zum Analysieren von Monosacchariden und Uronsäuren in Holzhydrolysaten. Olavi Perilä und Teuvo Seppä. (Suomen Kemistilehti B **31.** 383—84. 1958. Helsinki, Inst. of Technol., Labor. for Wood Chem.) (Engl.)

Eine papierchromatograph. Meth. zur Best. der Monosaccharide u. Uronsäuren in Holzhydrolysaten wird beschrieben. Dazu wird nach der totalen Hydrolyse mit H_2SO_4 die Lsg. mit $BaCO_3$ bis zu pH 4 neutralisiert, filtriert u. in einer SAEMAN-App. konzentriert. Das für die Chromatographie verwendete Papier wird mit einer 0,05 n wss. $Ba(OH)_2$-Lsg. getränkt, zwischen trockenem Papier abgepreßt u. getrocknet. Die Eluierung erfolgt mit neutralen Lösungsmitteln. Eluierung, Entw. u. quant. Best. werden nach bekannten Meth. durchgeführt. In einer Tabelle werden die R_x-Werte von *D-Galaktose, D-Glucose, D-Mannose, L-Arabinose, D-Xylose* u. *L-Rhamnose* angegeben. Zur Trennung der Uronsäuren wird eine zweidimensionale Chromatographie verwendet. Dazu wird das Papier nur an einem Ende mit 0,05 n $Ba(OH)_2$-Lsg. wie oben behandelt u. die 1. Elution wie oben beschrieben durchgeführt. Nach dem Trocknen wird in kreuzweiser Richtung mit einem saurem Lsgm. eluiert. J. WEINER. 8004 □

Bestimmung des relativen Molekulargewichts von Ligninsulfonaten durch Diffusion. 1. Mitt. **Methoden zur Molekulargewichtsbestimmung und zur Trennung von störenden Substanzen durch Ionenausschluß oder erschöpfende Dialyse.** Julius Benko. (Tappi **44.** 766—71. Nov. 1961. Appleton, Wis.; Sulphite Pulp Manufact. Res. League.) (Engl.)

Bei der Best. des relativen Molgew. von wasserlösl. Ligninsulfonaten ($<$ 1000 bis 100000) nach der Diffusions-Meth. stören niedrigmol. organ. Zers.-Prodd. der Kohlenhydrate u. des Lignins die opt. Ablesungen bei 281,5 mμ für die Dichtebestimmung. Zwei Abhilfen werden beschrieben. Durch Ionenausschluß über Diffusion durch Glasfritten in einer Glaszelle, wobei gleichzeitig eine wenn auch sich überschneidende Fraktionierung des Ligninsulfonats stattfindet, gelangt man zu relativen Molgew. bis zu 60000. Die erschöpfende, tagelange Diffusion durch Cellophan führt zu Molgew. von 10000 bis 100000. Genaue Verf.-Beschreibung. Die Ionenausschluß-Meth. ist zuverläßig u. erlaubt täglich sechs Best. je Arbeitskraft. M. HAGEDORN. 8006 □

Bestimmung des relativen Molekulargewichts von Ligninsulfonaten durch Diffusion. 2. Mitt. **Bestimmung der relativen Molekulargewichte bei verschiedenen Ligninsulfonaten.** Julius Benko. (Tappi **44.** 771—75. Nov. 1961.) (Engl.) — 1. vgl. vorst. Referat.

Anwendung der Ionenausschluß-Diffusions-Meth. zur Best. der relativen Molgew. von Ligninsulfonaten (I) auf 5 Beispiele der Praxis. Der Umrechnungsfaktor vom relativen Molgew. (10^3-10^5) auf das abs. Molgew. ($350-4\cdot10^4$) wird zu ca. 2,5 ermittelt. Bei der Unters. des Kochprozesses wird festgestellt, daß das Molgew. von in die Kochlauge in Lsg. gehender I während des Kochens steigt u. diese Zunahme für bestimmte Kochverhältnisse charakterist. ist. Weitere Beispiele betreffen u. a.: das relative Molgew. von I, die aus erschöpften Kochlaugen durch Extraktion isoliert werden; den Einfl. niedrigmol. Verunreinigungen; Wirksamkeit des Ionenausschlusses; Diffusionsmessungen an reinen organ. Substanzen. M. HAGEDORN. 8006 □

Untersuchungen über die Spanherstellung und die Bedeutung der Teilcheneigenschaften bei der Spanplattenherstellung. 2. Mitt. Osmo Liiri. (Paperi ja Puu **42.** 105–09. 31/3. 1960. Helsinki, The State Institute for Techn. Research.) (Finn.) — 1. vgl. C. **1961.** 18180; 3. vgl. C. **1962.** 11049.

Von Birkenfurnierkernen u. von Birkenknüppeln werden Späne hergestellt für die Außenschicht von Spanplatten, die anschließend in 5 Korngrößenfraktionen aufgeteilt wurden bei gleichzeitiger Ermittlung der Verteilungskurven der Fraktionen. Weiter werden aus Birke, Kiefer, Fichte, Espe u. Ahorn Späne nach verschiedenen mechan. Verff. hergestellt u. ebenfalls auf Korngrößenverteilung geprüft. Die Ergebnisse werden mitgeteilt. — 7 Abb., 5 Tabellen. E. BORCHERS. 8016 □

Dse Ning Tjian, Leblon, Rio de Janeiro, Brasilien, **Gewinnung von Zell- oder Papierstoff,** bes. aus trop. Hölzern, gek. durch die Anwendung bekannter chem. oder halbchem. Kochverf., wobei Holzspäne von < 1 mm Dicke verwendet werden. (**D. A. S. 1 116 047** Kl. 55b vom 13/6. 1958, ausg. 26/10. 1961. Brasilian. Prior. 6/6. 1958.) A. GRADL. 7957

Avesta Jernverks A/B (Erfinder: Stig Oskar Berg, Torsten Berg und Sten Erik Ekberg), **Herstellung von Bisulfitlösungen,** bes. Calciumbisulfitlaugen *für die Cellulosegewinnung,* dad. gek., daß fl. oder gasförmiges SO_2 mit einer Konz., die über der durch Rösten von Pyriten oder Verbrennen von S erhältlichen Konz. liegt, bes. > 8%, mit W. u. Metallhydroxiden oder -salzen, bes. 1,5% CaO, unter Druck, bes. > 1,4 p.s.i., durch eine Rk.-Kammer geleitet wird. — Zeichnung. (**Aust. P. 229 482** vom 18/9. 1958, ausg. 11/8. 1960. Schwed. Prior. 28/9. 1957.) C. LÜTTGEN. 7963

Johannes Dullin, Berlin-Adlershof, **Papierrohstoff** aus Cellulose- u. Glasfasern. (**D. P. [DDR] 11 231** Kl. 55c vom 30/12. 1953, ausg. 12/3. 1956 [Wirtschaftspatent].) O. KAYSER. 7975

Johannes Dullin, Berlin-Adlershof (Erfinder: Johannes Dullin, Berlin-Adlershof, und Herbert Flemming, Dresden), **Schwach oder nichtflexible Platten** oder Formkörper werden durch Zugabe von Glasfasersträngen in nicht zerkleinertem Zustand zu einem aus Gips oder Holzfasern bestehenden Grundstoffbrei vor dessen Weiterverarbeitung erhalten. (**D. P. [DDR] 19 089** vom 9/1. 1957, ausg. 3/6. 1960 [Wirtschaftspatent]. **Zusatz zu D. P. [DDR] 11231; s. vorst. Ref.**) O. KAYSER. 7975

American Cyanamid Co., New York, N.Y., übert. von: Yun Jen und Sewell T. Moore, Stamford, und Tzeng Jiueq Suen, New Canaan, Conn., V.St.A., **Naßfestes Papier.** Als Bindemittel werden 0,05–5%, bezogen auf das Fasertrockengewicht eines wasserlösl. wärmehärtenden Poly-[N-methylolcarbamyl]-polyalkylenpolyaminharzes in gehärteter Form verwendet, dessen Methylolcarbamylgruppen die Formel $-C(=X)NHCH_2OH$ haben (X = O oder S). Das Harz wird hergestellt durch Rk. eines nichtcycl. Polyalkylenpolyamins mit einem solchen Molgew., daß eine 33%ig. wss. Lsg. eine Viscosität von wenigstens B der GARDNER-HOLDSKALA bei 25° besitzt, mit einem wasserlösl. Metallcyanat u. dann mit HCHO. (**A. P. 2 885 318** vom 11/7. 1956, ausg. 5/5. 1959.) P. MAYER. 7985

Alfred Stecher, Oberlichtenau, **Mittel zur Zurückhaltung von Faser- und Füllstoffen bei der Blattbildung** auf dem Sieb der Papiermaschine aus Kolophoniumharzseife u. Casein, u. zwar wird aus 4 (Gew.-Teilen) Harzseife u. 74 W. ein Gemisch hergestellt, das auf 60° erwärmt wird. Darauf werden 6 eines mit β-Naphthol konservierten Caseins zugesetzt, u. die Temp. wird auf 80° gesteigert. Es wird ein gelblichweißes Prod. von dicklicher Konsistenz erhalten. (**D. P. [DDR] 20 183** Kl. 55c vom 19/7. 1958, ausg. 15/5. 1961 [Wirtschaftspatent].) M. F. MÜLLER. 7985

Midland Silicones Ltd., London, England, **Oberflächenbehandlung von Papier,** dad. gek., daß eine Lsg. oder wss. Emulsion eines Gemisches aus 0,1–<5 (%) eines Methylhydrogensiloxans u. >95–99,9 eines Hydroxysiloxans mit einer Viscosität von mindestens 100 cP/25° u. der allg. Zus. $Me_xSi\ OH_{-x/2}$ aufgetragen wird (x = 1 9–2), wobei die Hydroxysiloxan-Moll. mindestens 2 an Si gebundene OH-Reste besitzen, ein Härtungskatalysator zugefügt, die behandelte Oberfläche getrocknet wird u. die Siloxane gehärtet werden. Mengenbeispiele. — *Verpackungsmaterial* für gefrorene Lebensmittel, Asphalt, Harze, Pech u. andere klebrige Stoffe. (**E. P. 804 198** vom 5/9. 1956, ausg. 12/11. 1958. A. Prior. 22/12. 1955.) G. VOGEL. 7987

Columbian Carbon Co. (Erfinder: Louis Heller), V.St.A., **Dispergieren von Ruß** in Mineralöl, W. u. anderen Fll. für die Herst. von *Druckerschwärze*, z. B. für den Zeitungsdruck, unter Vermeidung von Klumpen-Bldg. in einer Kolloidmühle. Die rohrförmige Umkleidung der Mühle ist mit einer Wärmeaustauschkammer umgeben. — 3 Abbildungen. (**F. P. 1 192 294** vom 22/11. 1957, ausg. 26/10. 1959. A. Prior. 16/1. 1957.) M. F. MÜLLER. 7991

British Cellophane Ltd., Bridgwater, Somerset, England (Erfinder: Cyril Howard Phillips), **Herstellung von wasserdichtem Verpackungsmaterial.** Eine bewegte Bahn eines wasserdampfempfindlichen Materials wird mit einem dünnen Überzug einer wss. Dispersion eines synthet. organ. filmbildenden Polymeren versehen u. in Kontakt mit einer feuchten rotierenden Walze gebracht, während der Überzug noch feucht ist. Die Walze dreht sich in der Berührungszone entgegengesetzt zur Transportrichtung der Bahn. — Vorr., Zeichnung. (**E. P. 809 749** vom 28/5. 1956, ausg. 4/3. 1959.) P. MAYER. 7993

XVIII b. Textilfasern

Fortschrittliche Appreturmethoden durch Anwendung von Spezialalginaten. Herbert Schulzen. (Textil-Prax. **16.** 1135—43. Nov. 1961.) (Dt.)

Geschichte, Herkunft u. Chemie von Alginsäure, ihren Salzen u. Derivv. werden behandelt. Letztere sind äußerst wirksame Kolloide mit schutzkoll. u. emulsionsstabilisierenden Eigg. u. verbessern zahlreiche Appreturmanipulationen. Sie sind verträglich mit vielen Ingredenzien, begünstigen Imprägnier-Meth. u. geben neue Möglichkeiten für die Flammfestausrüstung. In Verbindung mit den verschiedensten Daueräppreturen auf Kunstharzbasis verändern die Alginate den Griff zur textilen Seite. Es werden die Ergebnisse von Labor.-Verss. mit entsprechenden theoret. Erörterungen aufgeführt. L. JENTGEN. 8032□

Schimmel- und fäulnisbeständige Ausrüstung von Textilien. György Matolcsy, Viktor Andriska und Béla Mihalik. (Koloristzikai Értesitő [Kolorist. Rdsch.] **3.** 267—78. Okt. 1961. Budapest, Pflanzenschutzm. Forsch.-Inst., Forsch.-Inst. chem. Schwerind., Ujpesti Wollwäsche.) (Ung.)

Die an schimmel- u. fäulnisverhütende Wirkstoffe gestellten Anforderungen werden besprochen. Verss. zur Verhütung von Schäden werden mit $CuCO_3$ (I), Antivegetol (Cu-Naphthenat) (**II**), Cu-Al-Seife (**III**) u. Zn-Dimethyldithiocarbaminat (**IV**) werden durchgeführt. **I, II** u. **III** führen bei Textilien zur Flecken-Bldg., so daß die behandelte Ware nur z. B. als Zeltdecke benutzt werden kann. Bei Leinen u. Baumwolle erwiesen sich alle Wirkstoffe als gute Fungicide bzw. Fungistatika, bei Viscose nur **III** u. **IV**, bei Wolle **I, III** u. **IX**. Im allg. Gebrauch wird **IV** empfohlen. P. TOLNAY. 8032

Studien über das Wachstum der Cellulosefaser. 8. Mitt. **Reduzierende Zucker in der Fasersubstanz beim Wachsen von Baumwollfasern.** Yasuo Ōno und Kazu Sato. (J. Soc. Textile Cellulose Ind., Japan [Sen-i Gakkaishi] **13.** 360—363. Juni 1957.) (Jap.; Auszug: Engl.) — 6. vgl. C. **1959.** 13975.

Bei einer Upland-Baumwolle japan. Ursprungs „Rikuchimen Kanno Nr. 1" werden innerhalb von 60 Tagen nach der Blüte die Anteile an Glucose, Fructose u. Pentose untersucht u. festgestellt, daß nach dem 30. Tage alle diese Zucker in Cellulose übergegangen sind. Die verwendeten Analysen-Meth. werden angegeben. In den 4 Diagrammen wird die Veränderung der angegebenen Anteile aufgezeigt. W. BERNARD. 8044□

Die Beziehung zwischen der Röntgenanalyse und dem Modul von Baumwollfasern und Garnen. Louis C. Weiss, Rollin S. Orr, Jerome J. Redmann und James N. Grant. (Textile Res. J. **31.** 787—93. Sept. 1961. New Orleans/La., U.S. Depart. of Agricult., Southern Reg. Res. Labor.) (Engl.)

Baumwollproben mit stark unterschiedlichen Faser-Eigg. werden auf ihre Kristallorientierung hin untersucht sowie der Sekant-Modul an den Einzelfasern, den Faserbündeln u. den hieraus hergestellten Garnen ermittelt. Hierbei wird festgestellt, daß sich die unterschiedlichen Faser-Eigg. verringern, wenn die aus den Fasern hergestellten Garne untersucht werden. — 15 Literaturangaben, 4 Figuren, 1 Tabelle. H. G. FRÖHLICH. 8044□

Die Festlegung der technologischen Bedingungen für die Carbonisierung von Hadern. B. Srebrow. (Лека Промышленность (София) [Leicht-Ind. (Sofia)] **4.** Nr. 7. 13—17. 1955.)

Die technolog. Bedingungen der Carbonisierung von Hadern werden untersucht u. folgende Arbeitsweise wird vorgeschlagen: Die Hadern werden in einem H_2SO_4-Bad (3° Bé) unter Zusatz von 2 g/Liter Netzmittel 20 Min. lang gerührt; es wird 10 Min. lang abtropfen gelassen, zentrifugiert, 30 Min. lang bei 55—60° u. 30—35 Min. bei 95—100° getrocknet. Aus dem carbonisierten Material wird die Hydrocellulose entfernt; mit calcinierter Soda (2—2,5 g/Liter) neutralisiert, bei 30—35° mit W. ausgewaschen, dem zuletzt 1 g/Liter 96% ig. H_2SO_4 zugesetzt wird, zentrifugiert u. getrocknet.
O. POLLAK v. EMHOFEN. 8064

Die Anwendung radioaktiver Tracer zur Untersuchung der Absorption aus Lösungen durch Faserstoffe. Howard J. White jun. (Proc. int. Conf. peaceful Uses Atomic Energy **15.** 39—41. 1956. Princeton, N.J., Textile Res. Inst.) (Engl.) — Vgl. C. **1956.** 5692.

Die Aufnahme von ^{22}NaBr, Na^{82}Br, $^{22}Na_2SO_4$ u. $Na_2{}^{35}SO_4$ aus wss. Lsg. durch menschliches Haar wird untersucht (vgl. BARNARD u. Mitarbeiter; C. **1955.** 7579; UNDERWOOD u. Mitarbeiter, Gen. Discuss. Faraday Soc. **16** [1954.] 66.)
A. BLASCHETTE. 8066☐

Faktoren, die die Viscosereifung beeinflussen. Marie Easterwood und W. A. Mueller. (J. appl. Polymer Sci. **4.** 16—24. Juli/Aug. 1961. Memphis, Tenn., Buckeye Cell. Corp.) (Engl.)

Der Reifevorgang von *Viscose* (I) in Lsg. wird unter verschiedenen Bedingungen über einen größeren Zeitraum verfolgt, log α (α-Substitutionsgrad) von Sulfatzellstoff fällt linear mit wachsender Zeit t ab; die Steigung der Geraden beträgt $K_1 = 1{,}08 \cdot 10^{-3}$ (prim. Dexanthogenierungs-Rk., gilt für I aus Kiefern u. Baumwolle). K_1 von Sulfitzellstoff ist etwas größer. Die Geschw.-Konst. der sek. Dexanthogenierung ergibt sich zu $1{,}19 \cdot 10^{-2}$. Die Geschw. v der Dexanthogenierung wird durch die Alkalimenge wenig, stärker durch den S- u. Cellulose-Geh. beeinflußt. v steigt beim Verdünnen der I-Lsg. an. Die Aktivierungsenergie der Dexanthogenierung ergibt sich aus Verss. zwischen 15 u. 33° zu 23 kcal/Molekül. Die Änderung des Salzindex β mit α erfolgt für alle bei 25° xanthogenierten u. gelösten I-Proben nach der gleichen linearen Beziehung. Für bei tieferer Temp. hergestellte I-Proben zeigen die Reifungskurven einen Anstieg am Anfang, der auf die gleichzeitig stattfindenden Vorgänge der Dexanthogenierung u. des statist. Ausgleiches der Substitution zurückgeführt wird. Die Viscosität der I-Lsgg. geht bei wachsendem α durch ein bei ca. $\alpha = 0{,}40$—$0{,}45$ liegendes Minimum (unabhängig von der Temp.). Die „Spalt"-Xanthogenierung liefert I mit statist. Substitution u. mit bes. hohem β. Beim Reifen dieser Lsgg. nimmt β linear mit α ab, wobei dieselbe Abhängigkeit wie für normalxanthogeniertes I gilt (Hinweis auf das Vorliegen der gleichen inneren Struktur beider I-Lösungen.). O. FUCHS. 8074☐

Vergleichende Untersuchungen der Feinstruktur verschiedener Chemiefasern auf Cellulosebasis mit dem Elektronenmikroskop. Claude Sella, Dominique Chaperot und Jean-Jaques Trillat. (C.R. hebd. Séances Acad. Sci. **252.** 2349—53. 17/4. 1961.) (Franz.)

Mittels elektronenmkr. Unterss. werden 3 Faserarten, klass. Reyon, Zellwolle, polynos. Fasern, auf Grund ihrer Kristallisationsbedingungen unterschieden u. gleichzeitig das Verh. der Mikrofibrillen gegen Säuren u. Alkalien ermittelt. Die Unters. ihrer seitlichen Oberfläche gibt wenig Aufklärung über die innere Struktur. Um die elementaren Mikrofibrillen zu beobachten, werden die Fasern durch Ultraschallwellen niedriger Frequenz defibrilliert. Die klass. Reyons zeigen unter dem Elektronenmikroskop wenig Fibrillenstruktur, die Zellwollen u. hochfesten Reyons eine ausgesprochene, während die polynos. Fasern wohlausgebildete u. gut orientierte Kristallite aufweisen, die sich zu sehr langen Fibrillen organisieren. Der Zusammenhang mit den Spinnvorgängen wird erläutert. Entsprechende Unterss. der vorher mit starken Säuren oder Alkalien behandelten Fasern zeigen, daß die polynos. Fasern weitaus widerstandsfähiger sind.
L. JENTGEN. 8074☐

Herstellung von unter Erhalt der Faserstruktur partiell veresterten Celluloseisobutyraten und ihre Eigenschaften. Hubert H. St. Mard, Carl Hamalainen und Albert S. Cooper jun. (Amer. Dyestuff Reporter **50.** 27—31. 16/10. 1961. New Orleans, La., Southern Regional Res. Labor.) (Engl.)

Entfettetes Baumwollgarn u. -gewebe wird nach verschiedenen Meth. vorbehandelt u., nach Verdrängen der Aktivierfll., mit Isobuttersäure-(I)-Anhydrid u. 2% K-Isobutyrat als Katalysator in wasserfreiem Pyridin als Verdünnungsmittel verestert. Wasserfreies $C_2H_5NH_2$ aktiviert am besten, Mercerisieren in 23%ig. NaOH ist auch günstig. Aktivieren mit $C_2H_5NH_2$ u. Verestern mit I-Anhydrid u. Pyridin (gleiche Vol.) durch $6^1/_2$std. Kochen führt zu einem Substitutionsgrad von 2,65% (= 54,1% I). Die Veresterung wird schließlich durch die entstehende I blockiert, für deren Fortschaffung bei techn. Darst. gesorgt werden müßte. Die partiell mit I veresterten Baumwollgarne u. -gewebe behalten wie die entsprechenden partiellen Acetate die meisten der guten Baumwoll-Eigg. unverändert bei. In ihren physikal. Eigg. sind sie den Faseracetaten, -propionaten oder -acetat/-isobutyraten der Cellulose gleichwertig oder teilweise überlegen. Die Wetterbeständigkeit ist wie bei den meisten Faserestern der Cellulose schlecht. M. HAGEDORN. 8076 □

Die Animalisierung von Polyvinylalkoholfasern, die aktiven Wasserstoff enthalten, durch die Mannichreaktion. Kanji Matsubayashi und Ken-ichi Tanabe. (J. chem. Soc. Japan, ind. Chem. Sect. [Kōgyō Kagaku Zassi] **62.** 1753—58. Nov. 1959.) (Jap.; Auszug: Engl.)

Um die Anfärbbarkeit von Polyvinylalkoholfasern (PF) zu verbessern, wird akt. H in die Fasern durch 2 Meth. eingeführt. Anschließend werden die Fasern der MANNICH-Rk. unterworfen. Bei der einen Meth. wird ein Gemisch von Polyvinylalkohol u. Polyacrylamid oder teilweise carbamoyläthyliertem Polyvinylalkohol gesponnen u. heiß behandelt. Bei der anderen wird eine heiß behandelte PF mit Methylglyoxal (I) oder Hydroxybenzaldehyden (II) acetalisiert. Die akt. H enthaltenden Fasern werden mit HCHO u. NH_3, CH_3NH_2, $(CH_3)_2NH$ oder deren Salzen behandelt. Wenn nötig, werden Formalisier- oder Benzalisier-Verff. angeschlossen, um die Fasern beständig gegen kochendes W. zu machen. Wenn die Fasern, die saure Amidgruppen enthalten, mit HCHO, $(NH_4)_2SO_4$ u. H_2SO_4 behandelt werden, können Formalisierung u. MANNICH-Rk. nebeneinander vor sich gehen. Die MANNICH-Basen solcher Gruppen waren nicht genügend stabil unter den üblichen Färbebedingungen, so daß die Verbesserung der Färbbarkeit unbefriedigend war. Andrerseits können in mit I oder II acetalisierte Fasern stabile MANNICH-Basen eingeführt werden. Mit II geht die MANNICH-Rk schnell vor sich u. die Verbesserung der Färbbarkeit ist ausgeziechnet. Durch zusätzliche Benzalisierung kann eine elast., gut färbbare Faser erhalten werden. L. JENTGEN. 8080 □

Thermisches und hydrothermisches Verhalten von Polyesterfaserstoffen und dessen Nutzanwendung für die Veredlung. Wolf Dietrich Köhler. (Dtsch. Textiltechn. **11.** 653—59. Dez. 1961.) (Dt.)

Synth.-Faserstoffe werden durch Thermo- u. Thermohydro-Einw. in ihren wesentlichen Eigg. verändert. Es wird über Wrkg. auf Festigkeit, Dehnung, Scheuerfestigkeit, Längen- u. Dickenänderungs-Verh. in Abhängigkeit von der Spannung, Faserfeinstruktur u. Farbaffinität berichtet. Polyesterfasern in -u. ausländ. Provenienz werden im Labor.- u. halbtechn. Maßstab untersucht. Auch der Einfl. der Konstruktion des textilen Flächengebildes auf die Gewährleistung optimaler Werte wird erörtert. Aus den Unterss. werden Vorschläge für optimale Thermo- u. Thermohydrofixierungsbedingungen abgeleitet. L. JENTGEN. 8080 □

Kraft–Dehnungs-Beziehungen in Garnen, die einer schnellen Stoßbelastung ausgesetzt sind. 7. Mitt. **Ergebnisse über die Bruchenergie und Kraft–Dehnungs-Kurven an Textilgarnen.** Jack C. Smith, Paul J. Shouse, Josephine M. Blandford und Kathryn M. Towne. (Textile Res. J. **31.** 721—34. Aug. 1961. Washington, D.C., V. St. A., National Bureau of Standards.) (Engl.) — 5. vgl. C. **1959. 3338.**

Es werden die Reißenergien bei Reißgeschw. von 50 m/s sowie die Kraft–Dehnungs-Diagramme von Haaren, Seide, Baumwolle, Reyon, Acetat- u. Triacetatfasern, Glasfaser sowie Polyamid-, Polyvinyl-, Polyacryl- u. Polyesterfasern bei Stoßbelastungen bis zu 440000%/min bestimmt. Die Ergebnisse zeigen, daß prakt. alle untersuchten Fasern derartige Belastungen ohne merkliche Deformation überleben. Beim Vgl. mit Metallen wurde gefunden, daß die meisten Fasern Al, Cu, Fe in der Fähigkeit Stoßbeanspruchungen abzufangen, übertreffen, jedoch nicht der Fähigkeit, dem Stoß zu widerstehen. — 20 Figuren, 5 Tabellen, 10 Literaturzitate. H. G. FRÖHLICH. 8096 □

Ein papierchromatographisches Nachweisverfahren für Kunstharzappreturen und ihre Vorkondensate. L. Cusveller. (De Tex **20.** 727—34. 39. Dez. 1961.) (Holl.)

Zum papierchromatograph. Nachw. von Kunstharz-Vorkondensaten wird eine 2%ig. wss. (von Epoxyharz alkohol.) Lsg. u. als mobile Phase ein Gemisch von 3 (Teilen) Isobutanol, 1 A. u. W. verwendet, das aufsteigend gewonnene, getrocknete Chromatogramm mit einem Gemisch aus 90 (Teilen) 10%ig. NH_4Cl-Lsg. u. 10 35%ig. Formaldehyd-Lsg. besprüht, getrocknet, auf 125° erhitzt, mit wss. Neocarmin-W.-Lsg. gefärbt, gespült u. getrocknet. Die zahlreiche Vorkondensate kennzeichnenden R_F-Werte u. Fleckenfarben werden angegeben. Zum Nachw. von Kunstharzappreturen wird ein durch Kochen des Gewebes mit verd. HCl gewonnener, gefilterter u. eingeengter Extrakt verwendet. Als Vgl.-Lsg. dient ein mit HCl gekochtes Gemisch von 1,5 (g) Harnstoff (I), 0,5 Äthylen-I u. 0,2 Melamin als mobile Phase ein Gemisch von 3 (Teilen) n-Butanol, 1 A. u. 1 Wasser. Das aufsteigend erzeugte Chromatogramm wird getrocknet, mit einem Gemisch aus 2 (Teilen) 30%ig. Formaldehyd-, 1 10%ig. NH_4NO_3- u. 1 10%ig. Na-Acetat-

Lsg. besprüht, bei 170—180° mit einem Bügeleisen getrocknet, mit einer Lsg. von 0,2 g Kristall-Ponceau 6R extra u. 0,1 ml Eisessig in 1 Liter W. gefärbt u. getrocknet. Die R_F-Werte betrugen für I 0,35 ± 0,03, Äthylen-I 0,11 ± 0,02, Melamin 0,16 ± 0,03, Hydroxyäthylenharnstofformaldehyd ca. 0,25, Äthylendiharnstofformaldehyd ca. 0,35. — 13 Literaturhinweise. W. WESLY. 8098□

Spektrographische Spurenanalyse von Textilfaserasche nach der Pyrrolidin-Dithiocarbaminat-Dithizon-Extraktion. O. G. Koch und G. A. Dedic. (Chemist-Analyst **46.** 88—91. Dez. 1957. Neunkirchen, Saarland, Neunkirchener Eisenwerk A.G.) (Dt.)

Eine Reihe von Spurenelementen (Ag, As, Au, Bi, Cd, Co, Cr, Cu, Fe, Ga. Hg, In, Mn, Mo, Nb, Ni, Pb, Pd, Pt, Sb, Se, Sn, Te, Tl, U, V u. Zn) in Textilfaserasche läßt sich mit NH_4- (oder Na-) Pyrrolidindithiocarbaminat (**I**)/Dithizon (**II**) in Chlf. extrahieren u. mit Be als innerem Standard spektrograph. bestimmen. Die synthet. Fasern (ca. 10 g) werden bei 450° verascht. Die Asche wird mit Soda/Borax verschmolzen, die Schmelze in 6n HCl u. W. gelöst u. mit 15 ml 25%ig. NH_4-Tartrat-Lsg. versetzt. Nach Einstellung des pH auf 3,0 (mit 6n NH_4OH-Lsg.) wird die Lsg. 10 Sek. mit 2 ml 5%ig. wss. **I**-Lsg. u. nach Zusatz von 15 ml 0,01%ig. **II**-Lsg. in Chlf. noch eine Min. lang geschüttelt. Die Extraktion wird 3—4mal wiederholt, bis die Chlf.-Phase grün bleibt. Die Extraktion der wss. Phase wird dann bei pH 5,0 u. nach Zusatz weiterer 15 ml Tartrat-Lsg. bei pH 7,0 u. 9,0 wiederholt. Das Chlf. wird aus den vereinigten Extrakten abgezogen, der Rückstand nach völliger Trocknung auf einer Quarzplatte mit 4 µl $Be(NO_3)_2$-Lsg. [2,0756 g $Be(NO_3)_2 \cdot 3\,H_2O$ + 1,0 g KNO_3/100 ml) versetzt u. trocken bei 350° oder naß mit $HNO_3/HClO_4$ verascht. Die Asche wird mit einigen Tropfen Königswasser abgeraucht u. in 40 µl verd. HCl aufgenommen. Zur Analyse wird auf 100 ml verdünnt. W. BETCKE. 8116□

Ciba Akt.-Ges., Basel (Erfinder: Erich Matter, Riehen, Otto Albrecht, Neue Welt, und Armin Hiestand, Binningen), Schweiz, **Textilweichmachungsmittel.** Verwendet werden diquart. Ammonium-Verbb. der Formel I, wobei R_1 u. R_1' = höhermol. aliphat. KW-Stoff-Reste (Alkylrest mit 10—18 C-Atomen), R_2, R_2', R_3 u. R_3' = gleiche oder verschiedene aliphat., cycloaliphat., araliphat. oder aromat. Reste

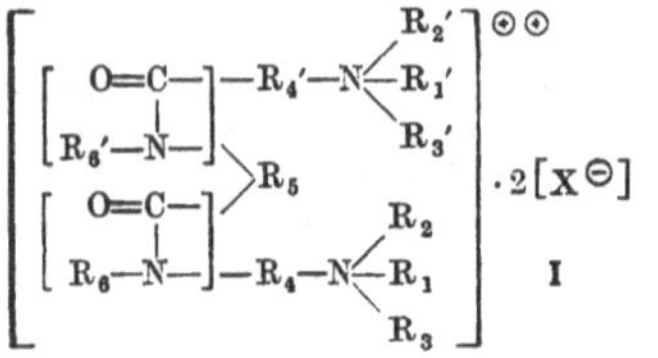

I

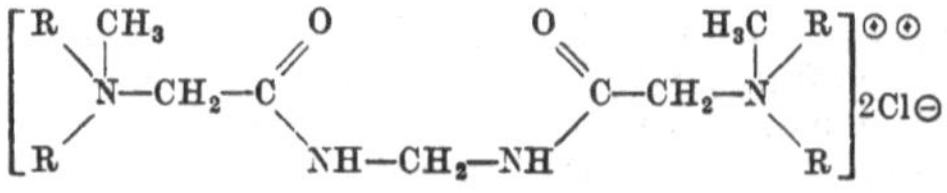

II

(R_2 u. R_3 bzw. R_2' u. R_3' zusammen auch = 2wertiger Alkylrest), R_4 u. R_4' = Alkylenrest, R_5 = 2wertiger aliphat. oder aromat. Rest, R_6 u. R_6' = H oder niedrigmol. Alkylrest u. X = Anion ist. — Verbb. der angegebenen Formel werden z. B. erhalten durch Rk. von Dimethyllaurylamin mit dem Kondensat aus 2 Mol $ClCH_2COOCH_3$ u. 1 Mol $H_2NCH_2CH_2NH_2$ bei 100°; wachsartige, in W. klar lösl. Masse; ferner durch Rk. des handelsüblichen tert. Amins der Formel (R) (R)·N·CH_3(R = dem von hydrierter Talgfettsäure abgeleiteten Alkyl) mit *N.N'-Methylen-bis-[chloracetamid]* bei 100° (Bad-Temp.) unter Durchleiten von N_2. Das erhaltene diquatern. Ammoniumsalz hat die Formel **II** (R = vorst. angegebene Bedeutung). Zum Beispiel wird auf *Nylon-*, *Viscose-*, *Polyacrylonitril-* oder *Polyestergarne* 0,08—0,4% Prod. aus wss. Lsg. aufgebracht. (**D. A. S. 1 122 489** Kl. 8k vom 7/1. 1958, ausg. 25/1. 1962. Schwz. Prior. 14/1. u. 17/4. 1957. **A. P. 2 984 587** vom 20/1. 1959, ausg. 16/5. 1961. Schwz. Prior. 14/1. 1957.) H. MÖLLERING. 8029

Arnold, Hoffmann & Co., Inc., Providence, R. I., V.St.A., **Herstellung von quaternären Ammoniumsalzen von Polyhydroxydiamin-Fettsäureestern.** Tert. Amine (**I**) der allg. Formel $[-CH_2-N=(CH_2CH_2OR)_2]_2$ werden mit Verbb. der allg. Formel M_nX durch langsames Hinzufügen u. Verrühren der M_nX in die auf 100—130° erwärmten **I** quarternisiert. Bei Anwendung äquimol. Mengen der beiden Komponenten entstehen monoquart., bei Rkk. von 2 Mol M_nX mit 1 Mol **I** diquart. Verbindungen. Hierbei sind R (gleiche oder verschiedene) Lauroyl-, Stearoyl-, Oleoyl-, Myristoyl- oder Palmitoylgruppen; **M** ist eine gesätt. oder ungesätt. KW-Stoffgruppe, n die Wertigkeit von X, das ein Anion, z. B. Halogenid, eine Benzol- oder Toluolsulfonatgruppe, oder einen Borat- oder Phosphatrest darstellt. Wenn zwei einwertige M-Gruppen erforderlich sind, können sie untereinander verschieden sein. Die Rk.-Prodd. sind wachsartige Substanzen u. werden als *Schmälzmittel* u. *antistat. machende Zusätze zu Textilien* verwendet. Als Ausgangs-Prodd. benötigte **I** werden durch Rk. zwischen N.N.N'.N'-Tetrakis-[2-hydroxyäthyl]-äthylendiamin u. einem Fettsäurealkylester, der in der Alkylgruppe 1—4 u. im Säurerest 12—18 C-Atome enthält, erhalten. — Beispiele: Monoquart. Ammoniumsalze aus N.N.N'.N'-Tetrakis-[2-hydroxyäthyl]-äthylendiaminmonostearat u. $(CH_3O)_2SO_2$ u. Methyltoluolsulfonat, monoquart. Ammoniumsalze aus dem entsprechenden Distearat u. $(CH_3O)_2SO_2$, Methyltoluolsulfonat, N-Butylbromid, Allylchlorid u. CH_3Br sowie aus dem Tristearat u. $(CH_3O)_2SO_2$; diquart. Salz aus dem Distearat u. $(CH_3O)_2SO_2$, monoquart. Salze aus dem Dioleat oder Dilaurat u. $(CH_3O)_2SO_2$, monoquart. Salz aus dem Tetrastearat u. $(CH_3O)_2SO_2$. (**E. P. 808 265** vom 23/8. 1957, ausg. 28/1. 1959. A. Prior. 6/9. 1956.) A. KALIX. 8033

Weverij „De Ploeg" N. V., Bergeijk (Erfinder: Henderikus Johannes Albertus Almoes, Tilburg), Holland, **Stabilisierung von Celluloseprodukten gegen die Einwirkung des Lichtes.** Gefärbte oder ungefärbte Textilien aus natürlicher oder regenerierter Cellulose werden mit einer wss. Lsg. einer UV-Licht absorbierenden Substanz der Formel **I** ($R_{1,2}$ = ggf. substituierte aromat. Reste; X = Halogen oder NH_2-Gruppe, die durch einen aromat. oder heterocycl. Rest substituiert ist, der als Substituent mindestens eine OH-, SO_3H- oder COOH-Gruppe trägt; Y = H oder die Gruppe **II**; Z = Halogen), z. B. 2.4-Dichlor-6-[benzoylphenylamino]-1.3.5-triazin behandelt. Diese Substanzen werden durch Waschen u. Trockenreinigung nicht entfernt. (**Holl. P. 97 776** vom 26/11. 1958, ausg. 17/4. 1961.) F. BÖHM. 8033

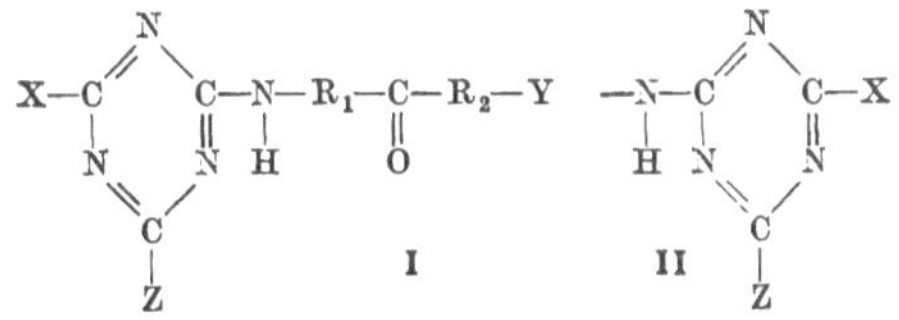

Ciba Soc. An., Schweiz, **Herstellung von farblosen fluorescierenden Verbindungen,** die mindestens einen Aryl-1.2.3-triazolring u. wenigstens einen Oxazol-, Thiazol- oder Imidazolring enthalten, z. B. **I**. Die Verbb. entsprechen der allg. Formel **II** (A = Oxazol-, Thiazol- oder Imidazolring; X = Brücke zwischen 2 Heterocyclen; B_1 = Benzolring; B_2 = Benzol- oder Naphthalinring, der mit einem Triazolring verbunden ist). — Beipsiel: 20,9 (Gew.-Teile) 2-[4'-Aminophenyl]-benzimidazol werden diazotiert u. mit 2-Aminonaphthalin in essigsaurer Lsg. gekuppelt. Der erhaltene o-Aminoazofarbstoff wird in Pyridin mit Cu-Acetat

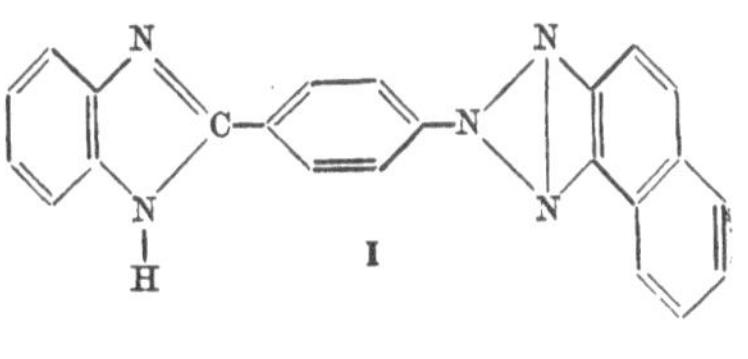

I

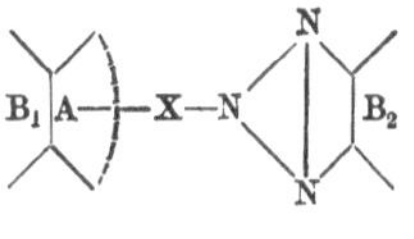

II

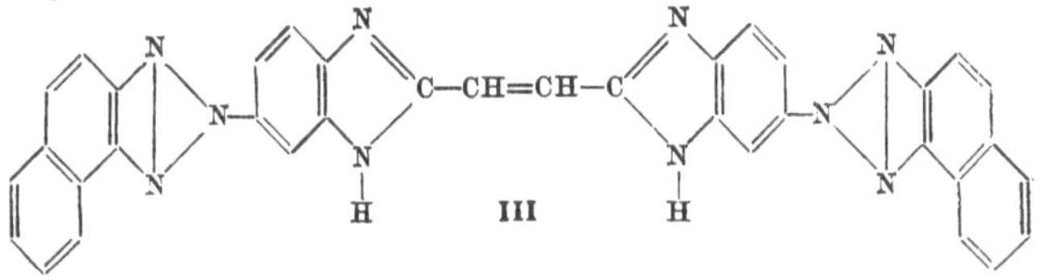

III

6 Std. lang gekocht. Das entstandene Oxydations-Prod. wird mit Na_2S in 90%ig. A. entkupfert u. mit W. gefällt. Das erhaltene Prod. I, F. 208° (Dioxan) zeigt im UV-Licht eine bläuliche Fluorescenz. Wird von diazotiertem α.β-Bis-[6'-aminobenzimidazyl-(2')]-äthylen ausgegangen u. mit 2-Aminonaphthalin gekuppelt, so wird **III** erhalten. — *Opt. Bleichmittel.* (**F. P. 1 172 134** vom 26/1. 1957, ausg. 5/2. 1959. Schwz. Prior. 27/1. 1956.) M. F. MÜLLER. 8033

Commonwealth Engineering Co. of Ohio, Dayton, Ohio, V.St.A. (Erfinder: Folsom E. Drummond), **Gasplattieren von wärmeempfindlichen Geweben, Fäden und Stoffen** durch Überziehen mit einem wärmebeständigen Harz, z. B. Siliconharz, u. darauffolgendes Aufbringen eines Metallüberzuges durch therm. Zers. von gasförmigen Metall-Verbb., z. B. *Carbonylen*, z. B. *Ni-*, *Fe-*, *Cr-*, *Mo-*, *Co-Carbonylen* oder einem Gemisch von Carbonylen oder einem *Sn-Hydrid*. Das Siliconharz soll bei 315° wärmebeständig sein. (**E. P. 830 635** vom 7/3. 1958, ausg. 16/3. 1960.) F. VIER. 8037

A/B Svenskt Konstsilke, Borås, Schweden (Erfinder: M. Studer), **Herstellung von Fasern, Folien aus Viscoselösungen.** Es werden Viscose-Lsgg., bestehend aus 9% α-Cellulose u. 8,5% NaOH mit Xanthogenierungsgrad 0,25—0,45 u. einem Cellulosepolymerisationsgrad von 400 in einem Spinnbad mit 50—75% NaOH bei 50—100° versponnen; der Faden wird mit Wasserdampf bei 100° behandelt, dann laugenfrei gewaschen, gestreckt u. getrocknet. (**Schwed. P. 162 844** vom 31/3. 1955, ausg. 8/4. 1958. D. Prior. 2/4. 1954.) K. H. KÄHLER. 8075

Glanzstoff-Courtaulds G. m. b. H. (Erfinder: Werner Koblitz und Rudolf Ortner), Köln, **Herstellung von Gebilden wie Fäden oder Fasern aus Viscose.**

Fäden mit Vollmantelstruktur u. verbesserten physikal. Eigg. werden erhalten, wenn die Viscose oder das saure, mindestens 5(%) Zn-Salz enthaltende Spinnbad 0,05—0,5 eines Phenylthiosemicarbazids der Formel $H_2N \cdot NH \cdot CS \cdot NH \cdot C_6H_4 \cdot R$-p enthält (R = H, CH_3, OCH_3, C_2H_5 oder OC_2H_5). (**D. A. S. 1 102 966** Kl. 29b vom 5/12. 1959, ausg. 23/3. 1961.) F. BÖHM. 8075

American Viscose Corp., V.St.A. (Erfinder: Leland B. Ticknor), **Herstellung von sehr feinen Regeneratcellulosefäden.** Viscose wird durch feine Düsen (z. B. 0,05 mm) in ein Koagulationsbad, das nicht regeneriert, gesponnen, die Fäden werden gstreckt u. in ein Regenerationsbad mit starker Dehnung (4—10faches der Viscose-Geschw. beim Spinnen) geführt, so daß Fäden von <0,5, bei 0,01 den entstehen. — Verw. der Fäden in *Textilien* u. *Zigarettenfilter*. — Viscose von 7,4(%) Cellulose, 6,6 NaOH u. 36 CS_2 (Salzzahl 4,5) wird durch 0,051 mm-Düsen in ein Bad aus 8% Na_2SO_4 u. 7,7% (auf Na_3PO_4 berechnet) eines Mono-, Di- u. Tri-Na-Phosphatgemisches vom pH 7,5 u. 40° gesponnen, auf eine mit 11,4 m/Min. sich drehende Trommel (Verhältnis dieser zur Spinn-Geschw. = 6,3), danach in ein Bad von 70° mit 10% H_2SO_4, 20% Na_2SO_4 u. wenig H_3PO_4 u. von dort auf eine sich mit 20 m/Min. drehende Trommel gebracht, worauf gewaschen u. getrocknet wird: 0,14 den. (**F. P. 1 191 337** vom 16/12. 1957, ausg. 19/10. 1959. A. Prior. 17/12. 1956.) M. PANKOW. 8075

Shozo Tachikawa, Japan, **Herstellung von Fäden aus Regeneratcellulose** erhöhten Polymerisationsgrades. Alkalicellulose wird mit einem Gemisch aus CS_2, oberflächenakt. Mittel u. einem Alkylamin (0,5—4% des Gew. des Ausgangsbreies) xanthogeniert u. das Material in eine verd. Lsg. von H_2SO_4 u./oder $(-COOH)_2$ (höchstens 20 g/Liter H_2SO_4, 50 g/Liter $(COOH)_2$ bzw. 30 g $(COOH)_2$ u. 15 g H_2SO_4) gesponnen, die höchstens 20 g/Liter Na-Ionen enthält, u. der Faden in ein zweites Bad mit höchstens 15 g/Liter H_2SO_4 getaucht. Alkalicellulose wird 2½ Std. lang mit einem Gemisch aus 53% CS_2, 3,5% $(CH_3)_3N$ u. 2% Türkischrotöl (berechnet auf das Anfangs-Gew. des Zellstoffes) behandelt, in verd. NaOH zu einer Cellulose-Konz. von 5% gelöst, filtriert, in H_2SO_4 von 12 g/Liter Konz. gesponnen u. in einem zweiten Bad mit 15 g/Liter H_2SO_4 von 85° nachbehandelt. (**F. P. 1 198 820** vom 10/2. 1958, ausg. 9/12. 1959. Jap. Prior. 11/2. u. 19/12. 1957.) M. PANKOW. 8075

Stockholms Superfosfat Fabriks A/B, Stockholm, Schweden (Erfinder: O. Sundén und S.H. Sönnerskog), **Herstellung von Acrylonitril- und Vinylpolymeren mit verringerter statischer Aufladung.** Ein polymeres Acrylonitril, enthaltend freie Säuregruppen, wird zu Folien oder Fäden verarbeitet u. diese werden anschließend mit einem höhermol. aliphat. Amin, z. B. *Stearyl-*, *Oleyl-* oder *Laurylamin* zur Bindung der freien Säuregruppen behandelt. Das Amin kann auch dem Koagulierbad zugesetzt werden, wenn das Polymere naß versponnen wird. (**Schwed. P. 162 843** vom 3/11. 1952, ausg. 8/4. 1958.) K. H. KÄHLER. 8081

E. I. du Pont de Nemours & Co., Wilmington, Del., V.St.A. (Erfinder: Edward Terry Cline), **Herstellung von Pfropfpolymeren und Überzügen.** Die Oberfläche eines geformten Polymeren wird mit ionisierenden Strahlen von mindestens 0,01 W s/cm² in Ggw. von 10^{13}—$5 \cdot 10^{16}$ Moll. O_2/cm² der Oberfläche bestrahlt, diese Oberfläche mit einem polymerisierbaren Monomeren zusammengebracht u. in Ggw. von zusätzlichem O_2 auf der Oberfläche des Formkörpers polymerisiert. — Gewebe aus Polyamid u. Polyäthylenterephthalat werden im Vakuum in Ggw. von $4{,}2 \cdot 10^{13}$ Moll. O_2/cm² der Faseroberfläche im Glasgefäß mit dem VAN DE GRAAFF-Beschleuniger mit 125 W s/cm² Elektronen mit 2 MeV bestrahlt, nach der Bestrahlung 24 Std. lang bei normaler Temp. gehalten, auf 0,05 Torr evakuiert, Methylacrylatdämpfe in das Gefäß eingeleitet u. 15 Std. lang gehalten, wobei ein härteres, gegen W. widerstandsfähigeres *Gewebe* für Zeltplane erhalten wird. (**F. P. 1 182 165** vom 9/9. 1957, ausg. 23/6. 1959. **Belg. P. 561 742** vom 18/10. 1957, ausg. 20/5. 1960. Beide A. Prior. 18/10. 1956.) M. PANKOW. 8081

Toyo Koatsu Industries, Inc., Tokyo (Erfinder: Yanosuke Inaba, Fujisawa-shi, Kunihiko Miyake, Kamakura-shi, Koji Kimoto und Goro Kimura, Fujisawa-shi), Japan, **Faserbildende Polyharnstoffe** werden hergestellt durch Rk. von Harnstoff, Thioharnstoff, Alkylendiharnstoff oder Alkylendithioharnstoff mit mindestens einem Alkylendiamin mit mindestens 6 C-Atomen im Alkylenrest oder dessen Carbonat u. mindestens einem Alkylendiamin mit mindestens einer Äther- oder Thioäthergruppierung, in der jeder Alkylenrest 2 bis 8 C-Atome enthält oder dessen Carbonat, ggf. in einem Lsgm. (W., Phenol oder m-Kresol) u. ggf. in Ggw. eines Alkylenmonoamids, N-Acylalkylendiamins oder einer einbas. Säure, bei 80—130° in der 1. Stufe (dimolekulare Kondensate), 130—200° in der 2. Stufe (Vorpolymerisate) u. Auskondensieren bei 230—260° unter vermindertem Druck in der 3. Stufe. — Herst. von *Fäden*. (**D. A. S. 1 113 815** Kl. 39c vom 30/3. 1960, ausg. 14/9. 1961. Jap. Prior. 30/3. 1959.) E. DÖRFEL. 8081

ACNA Aziende Colori Nazionali Affini, Mailand, Italien, **Verbesserung der Anfärbbarkeit von Polyacrylonitrilfasern.** Die Fasern werden bei 80—150° mit organ. N-Verbb., die Cuprokomplexe enthalten, in Ggw. kleiner Mengen Harnstoff (I) oder acycl. I-Verbb., dann mit wss. CH_2O-Lsg. in Ggw. eines sauren Katalysators behandelt. — 2,5 (Teile) $CuSO_4$ u. 5 I werden in 50 Äthanolamin gelöst. Die Lsg. wird mit 5—8 NH_2OH entfärbt. Orlonfasern werden 1—2 Min. lang bei 120° mit dieser Lsg. behandelt, mit kaltem W. gewaschen u. 20 Min. lang mit 50 20—30%ig. wss. CH_2O-Lsg. in Ggw. von 2 NH_4Cl behandelt. (**It. P. 523 991** vom 16/11. 1954.)

K. KOEBKE. 8081

Owens-Corning Fiberglas Corp. (Erfinder: Alfred Marzocchi und Nicholas S. Janetos), **Herstellung von Glasfasermatten.** Als Bindemittel für Glasfasern wird eine wss. Dispersion von Polyestern (I) aus gesätt. u. ungesätt. Dicarbonsäuren, die in monomerem Styrol (II) gelöst sind, u. von einem Silan verwendet. Eine solche Dispersion besteht z. B. aus 7—10(%) I „Paraplex P-47", 1—2 I „Paraplex P-13", 0,05—0,2 Benzoylperoxid, 1—3 II, 0,03—0,1 Polyvinylalkohol, 0,1—0,6 Netzmittel, z. B. Phenylpolyglykoläther, 0,3—0,9 Tris-β-methoxyäthoxyvinylsilan, 1—3 Aceton, Rest Wasser. (**Aust. P. 229 721** vom 9/12. 1957, ausg. 1/9. 1960. A. Prior. 10/12. 1956.)

C. LÜTTGEN. 8083

Owen-Corning Fiberglas Corp., V.St.A. (Erfinder: Harry B. Whitehurst und Alfred Marzocchi), **Metallisieren von Textilgewebe aus Glasfasern.** Die Fasern werden nur auf der einen Seite nach bekannten Verff. mit Metall überzogen, wodurch besondere Lichteffekte des Gewebes erzielt werden können. An Stelle von Geweben aus Glasfasern können auch Gewebe aus Kunststoffasern in derselben Weise behandelt werden. — Vorrichtung. (**F. P. 1 210 136** vom 3/9. 1958, ausg. 7/3. 1960. E. Prior. 11/9. 1957.)

F. VIER. 8083

XIX. Brennstoffe. Erdöl. Mineralöle

Die Natur und Entstehung der Mikrobestandteile in den Kohlen des Pench-Tals. P. N. Ganju. (Proc. mat. Inst. Sci. India, Part A, Suppl. 1 **26.** 26—35. Dez. 1960. Aligark, Univ., Dep. of Geol.) (Engl.)

Paläobotan. Unters. der kaum gebärderten, dagegen duritreichen Penchtalkohle, in deren Vitrinitpartie reichliche Holzreste vorhanden sind. H. MOENKE. 8126□

Untersuchungen über die chemische Konstitution der bituminösen Kohle von Yubari. Tsutomu Sakabe. (Rep. Resources Res. Inst. [Kawaguchi], A **1961.** Nr. 10 (49). 1—61. März 1961.) (Jap.; Auszug: Engl. 1—3.)

Yubari-Kohle ist eine typ. japan. Kokskohle. Um einen Einblick in ihre Konstit. zu bekommen, wird die Kohle verschiedenen Behandlungen unterworfen. Durch Behandlung mit H_2 bei 360—370° in Ggw. eines Cu-Ba-Cr-Beschleunigers wird ein in PAe. lösl. Öl erhalten: Ausbeute 56,8%, bezogen auf die C-Bilanz. 77% des Öls ($Kp._{2-3}$ 315°) bestehen zu 6,3% aus Basen, 10,7% aus sauren Ölen u. zu 83% aus Neutralöl, aus dem mit Harnstoff 4,1% Paraffin erhalten wurden. Bei Zerlegung des bas. Ölanteils in 4 Fraktionen haben diese ein Molgew. von 159—246. 56—86% davon sind tert. Amine, deren Geh. mit steigendem Molgew. zunimmt, der Geh. an sek. Aminen zeigt ein gegenteiliges Verhalten. Das Neutralöl gibt 13 Fraktionen mit einem Molgew. von 151—398, die nach der Entfernung von Paraffin u. Dehydrierung an Pt untersucht werden. Der Geh. an OH- u. bas. N-Gruppen steigt mit steigendem Molgewicht. Daneben enthalten die Neutralöle inakt. O u. nichtbas. N. Das saure Öl wird in 5 Fraktionen zerlegt mit einem Molgew. von 125—283 nach Methylierung der OH-Gruppen. Die Neutralölfraktionen enthalten 1—4 aromat. Ringe je Mol, die katakondensiert sind, mit 53—63% aromat. C. Die meisten methylierten sauren Öle enthalten 1 Benzolring je Mol. Der PAe.-Extrakt der Kohle ist ein viscoses Öl. Aus dem Öl werden geringe Mengen *4.11-Dimethylpicen* erhalten. Festbitumen u. Pseudobitumen, durch Druckextraktion mit Bzl. erhalten, anschließend unter milden Bedingungen hydriert, werden mit Ligroin, CH_3OH, Ae., Aceton u. CCl_4 in 7 Anteile zerlegt. Das Molgew. der Anteile steigt von 300 auf 1400. Alle Anteile enthalten OH- u. Gruppen mit inakt. O. Einige enthalten wenige CO-Gruppen. Unter Eliminierung von O- u. N-Gruppen werden Beziehungen festgestellt zwischen dem H je Mol, dem Mol-Vol., der Mol-Wärme bei der Verbrennung u. der Zahl der C-Atome je Mol Fest- u. Pseudobitumen. Mit Pyridin werden ca. 4% Extrakt aus der Kohle erhalten, wobei angenommen wird, daß das in Lsg. befindliche Mol. einen Durchmesser von 10—20 Å hat. Aus Unterss. ergibt sich: Yubari-Kohle hat eine durchschnittliche Zus. von $C_{22}H_{24,3}N_{0,3}O_{1,6}$ u. enthält 2,9 katakondensierte aromat. Ringe je Mol., daneben 8 aliphat. C-Atome u. 0,4 acetylierbare OH-Gruppen. Das Verhältnis von aromat. C zu dem Gesamt-C schwankt stark. Einige der aromat. Ringe sind durch ein C-Atom miteinander verbunden u. bilden so das Kohlen-Mol., von denen etliche einen Durchmesser von 10—20 Å haben. Ein hoher Geh. an H u. Flüchtigem bedingt einen niederen Aromaten-Geh. von nur 64%. — 137 Literaturhinweise. F. ROSENDAHL. 8126□

Der Einfluß der Feuchtigkeit auf den Selbsterwärmungsprozeß der Kohlen. Wojciech Olpiński. (Arch. Górnictwa 6. 75—93. 1961.) (Pol.)

Die Oxydations-Rk. von leicht entzündlicher Flammenkohle (trocken bzw. feucht mit Luft abgesätt.) wird calorimetr. untersucht. Der Wärmeeffekt der Sorption von W. durch trockne Kohle beträgt 0,2 cal/mg bei 0,53—1,83% W., 0,1 cal/mg bei 1,83—4,47% u. 0,0 cal/mg bei >4,47% H_2O. In gesätt. Zustand beträgt der Wasser-Geh. der Kohle 21,3%. — Es wird festgestellt, daß im Anfangsstadium der Oxydation der trocknen Kohle die Luftfeuchtigkeit keine besondere Bedeutung hat, die weitere Rk. jedoch stark durch den Feuchtigkeits-Geh. der Luft beschleunigt wird. Bei feuchter Kohle ist umgekehrt die Rk. intensiver mit stärker getrockneter Luft. Die Verdampfungswärme des W. verringert den Selbsterwärmungsprozeß der Kohle. M. SZMYTÓWNA. 8126□

Die Oxydation von Anthrazit mit konzentrierter Salpetersäure. M. A. Hammer, G. A. Brady und J. W. Eckerd. (U. S. Dep. Interior, Bur. Mines Rep. Invest **1961.** Nr. 5782. 1—18. Schuylkill Haven, Pa., Bur. of Mines, Anthracite Res. Center.) (Engl.)

Die Oxydation von Anthrazit mit HNO_3 wird bei 100° (Bad-Temp.) während 24 bis 1000 Std. durchgeführt. Aus den in der Säure unlösl. Rückständen wird mit n-NaOH ein Teil in Form einer klaren Lsg. erhalten. Bei geringerer NaOH-Konz. tritt Peptisierung ein. Je länger die Oxydation dauert, um so größer ist der in Alkali lösl. Anteil, doch bleibt der Wert bis zu 192 Std. konst., woraus gefolgert wird, daß in dem Maße, wie alkalilösl. Substanzen entstehen, auch säurelösl. gebildet werden. Als Folge der Peptisierung mit Alkali des in Säure unlösl. Anteils wird eine Micellenstruktur erkannt, so daß die Säure nicht nur an der Oberfläche der Kohle angreift, sondern in die Poren eindringt, die Asche auflöst u. die Micellenbindung ändert. Diese Änderung der Bindungen verändert die physikal. u. chem. Adsorption von HNO_3. Einige der veränderten Bindungen sind nicht thermostabil, so daß sie durch Erhitzen auf 200° ihre Peptisierbarkeit verlieren. Dieser Verlust ist verbunden mit der Abgabe von W., N-Oxiden u. HCN.

F. ROSENDAHL. 8126□

Die Aufbereitung der Kohle. L. Pozzetto. (Ann. Mines Carburants **1961.** 53—66. Febr. Dep. Centre d'Études et Rech. Phosphates Mineraux.) (Franz.)

Allg. Betrachtungen über die Zus. der Kohle als Grundlage für das anzuwendende Verf. der Kohleaufbereitung werden angestellt. Ein umfassender Überblick über die verwendeten App. u. die Frage der Behandlung der Abwässer wird gegeben.

F. ROSENDAHL. 8134□

Verringerung der Korngrößen von Kohlen durch Abrieb in einem Rohr. J. L. Konchesky, P. G. Salgado und R. F. Stewart. (U. S. Dep. Interior, Bur. Mines, Rep. Invest **1961.** Nr. 5824. 1—16.) (Engl.)

Bei der Vergasung staubförmiger Kohle mit Dampf u. O_2 wird ein möglichst feines Korn angestrebt. Zur Verringerung der Korngröße wird eine Meth. entwickelt, bei der ein Kohle/Dampf-Gemisch unter hoher Geschw. durch eine beheizte Rohrschlange vor dem Eintritt in den Gaserzeuger geschickt wird. In einer Vers.-Anlage wird der mittlere Korndurchmesser einer Braunkohle von 190 auf 110 μ bei einer Austritts-Geschw. von 330 ft./s verringert. Eine zweite App. verkleinert den mittleren Durchmesser bei der gleichen Austritts-Geschw. von 250 auf 140 μ. Vergrößerte Geschw. hat eine feinere Kohle zur Folge, während eine Veränderung von Temp. u. Druck nur auf die Geschw. einen Einfl. ausübt. Die Zunahme der Kornverkleinerung mit erhöhter Geschw. verringert sich mit der Abnahme der Korngröße. Es wird angenommen, daß es sich bei der Pulverisierung um einen Abrieb der Teilchen gegeneinander u. an der Rohrwand handelt. Indem Kohleschlamm durch ein beheiztes Rohr gepumpt wird, kann eine Erwärmung des Schlamms u. eine Red. der Korngröße der Kohleteilchen gleichzeitig erzielt werden. Damit ist es möglich, den Wrkg.-Grad des Vergasungsprozesses zu erhöhen.

H. SCHÖBERL. 8134□

Untersuchungen über den Trocknungsvorgang von Kohlen nach dem Verfahren von Baum. 2. Mitt. **Untersuchung über die Feinkohlen-Aufbereitung in einer Windsichtanlage.** Kanemasa Izuin, Satoru Takamura, Shiro Omori und Hiroshi Kamegaya. (Rep. Resourc. Res. Inst. [Kawaguchi], E **1961.** Nr. 9 (50). 1—54. März.) (Jap.; Auszug: Engl. 1—2.) — 1. vgl. C. **1960.** 343.

Über Verss. (seit 1956) im Labor. u. in der Praxis zur Trennung von Fein- u. Grobkohle durch Windsichten wird berichtet. Es werden 6 mm-Kohlen untersucht, die unterschiedliche Wascheigg. aufwiesen. Zahl der Setzkästen u. Güte der darin enthaltenen Prodd., Verf.-Bedingungen, Ausbeuten, Trennschärfe, die Beziehungen zwischen Trennschärfe u. der Länge jeden Windstoßes, der Zahl der Windstöße u. dem Luftkreislauf werden bestimmt. F. ROSENDAHL. 8134□

Die Reinigung von Feinkohle in einem 3stufigen Wasserumlauf-Zerstäuber. J. Visman. (Canad. Mining metallurg. Bull. **54.** 442—46. Juni 1961.) (Engl.)

Die Vers.-Anlage u. die Durchführung der Verss. werden eingehend beschrieben. Beim Vgl. der Wirkungsweise dieser Anlage mit der von Anlagen anderer Bauart ergeben sich eine einfache Arbeitsweise, niedrigere Kapital- u. Arbeitskosten sowie hohe Wirksamkeit. E. BOYE. 8134□

Verkokungsuntersuchungen mit dem Tuscaloosa-Ofen: Untersuchung der Ausstoßdrücke. J. B. Gayle und W. H. Eddy (U. S. Dep. Interior, Bur. Mines, Rep. Invest. **1961.** Nr. 5807. 1—14.) (Engl.)

Einige Ergebnisse einer 10 jährigen Unters. an einem Vers.-Koksofen (Chargengröße 350—500 kg) über die Auswirkung verschiedener Arbeitsbedingungen (Rk.-, Endkoks-Temp., Koksgröße, Ofenbreite, Zusatz inerter Stoffe, Kohleschrumpfung bzw. -aufblähung) auf den Ausstoßdruck der Ofenramme. H. P. RETTIG. 8142□

Verkokungsversuche im Tuscaloosa-Ofen: Die Härte von Koksen aus Gemischen mit Inerten. J. B. Gayle und W. H. Eddy. (U. S. Dep. Interior, Bur. Mines, Rep. Invest. **1961.** Nr. 5912. 1—22. Tuscaloosa, Ala., Metallurgy Res. Center.) (Engl.)

Die Wrkg. der Zumischung von Inerten zu Kokskohle erfolgt aus 2 Gründen: Beeinflussung der Dichte der Charge u. der Kokungs-Eigg. des Gemisches. Durch diese Beeinflussung wird auch die Härte des Kokses erhöht, u. zwar um 0,9% je lbs. Inertmaterial auf 1 cu.ft. Kohle. Auch die Größe der Teilchen der Inerten, z. B. Feinkohle, muß berücksichtigt werden, denn Teilchen, die durch ein 48-Maschen-Sieb gehen, sind unwirksam. Bei Verw. von oxydierter Kohle als Zusatz wird festgestellt, daß die Wrkg. der Feinkohle auf die Struktur des Kokses auf der Addition von rohen Feinkohlen beruht. — 10 Zitate. F. ROSENDAHL. 8142□

Untertagevergasung von Kohle: Betrieb eines Mehrwegsystems. John P. Capp, Robert W. Lowe und Everett F. House. (U. S. Dep. Interior, Bur. Mines, Rep. Invest. **1961.** Nr. 5830. 1—13.) (Engl.)

In 2 Verss. wird die Durchführbarkeit einer Mehrweg-Untertagevergasung untersucht. Im 1. Vers. werden in einem Abstand von ca. 50 ft. von einem in der Mitte gelegenen Bohrloch mehrere Löcher durch die Deckschicht in die Kohle gebohrt u. hierauf Luft in das zentrale Bohrloch gedrückt. An den anderen Stellen wird die Kohle entzündet u. die Verbrennung gegen den Luftstrom zum Zentrum hin vorwärts getrieben. Während der ersten 5 Tage werden 2 Wege miteinander verbunden u. deren Ausgänge gedrosselt, wobei mehr Luft zugeführt wird, um die Vergasung in Gang zu halten. Zur Überwindung von Betriebsschwierigkeiten werden anschließend die äußeren Bohrlöcher zur Luftzufuhr verwendet u. das Gas wird im Zentrum abgezogen. Der Heizwert des Gases lag bei mehr als 100 B.t.u. per std. cu.ft. (British thermal units per standard cubic foot). In einem 2. Vers. wird von vornherein die Luft in 8 außen liegende Bohrlöcher geblasen u. das Gas im Zentrum abgesaugt. Während 24 Tagen können in 6—8 gleichzeitig fortschreitenden Vergasungsrichtungen ca. 900 Millionen B.t.u. gewonnen werden bei einem Heizwert des Gases von ca. 90 B.t.u. per std. cu.ft. Es ist jedoch nur möglich, 3,5% der gebundenen Energie in der Kohle als brennbares Gas zu gewinnen, da bereits vorher eine erhebliche Teilverbrennung stattfindet. H. SCHÖBERL. 8148□

Neue Entwicklungen auf dem Gebiet der Entschwefelung von Kohlenwasserstoffen. P. W. Sherwood. (Riv. Combustibili **15.** 402—08. April 1961.) (Ital.)

Überblick über die chem. Behandlungs-Meth. von KW-Stoffen, bes. die Entschwefelung im alkal. Medium, mit Inhibitoren, Äthylenoxid, unter Verw. von S-Farbstoffen u. Regenerierung der alkal. Lsgg. (mit Epoxiden, durch elektrolyt. Oxydation, Oxydation der Sulfide, mit Hilfe der auf der Kontrolle der wss. Verdünnung beruhenden Meth.), extraktive Meth. (Entschwefelung in saurem Medium u. auf elektrostat. Wege, mit adsorbierenden Materialien u. mit katalyt. Meth.). — 12 Literaturangaben. G. PLATZER. 8172□

Der Verlauf der Verkokung von ungarischen Braunkohlenteeren als Funktion der Temperatur. 1. Mitt. **Untersuchungen charakteristischer Braunkohlenteertypen.** B. Ráskai. (Nehézvegyipari Kutató Intézet Közleményei [Mitt. Forsch.-Inst. chem. Schwerind.] **2.** 45—54. 1960. Veszprém, Nehézvegyipari Kut. Int.) (Ung.)

6 verschiedene Braunkohlenteere werden vergleichend untersucht u. charakterisiert. Durch Behandlung mit H_2SO_4 können Verunreinigungen, polymerisierende saure Bestandteile, Asphaltstoffe sowie ein Teil der N- u. S-haltigen Verbb. entfernt werden, so daß die behandelten Teere prakt. ein Gemisch von Paraffin-KW-Stoffen u. durch Säure-Einw. nicht polymerisierbare Säuren darstellen. N. SEILER. 8178□

Zusammensetzung von Schieferöl-Naphtha. G. U. Dinneen, R. A. van Meter, J. R. Smith, C. W. Bailey, G. L. Cook, C. S. Allbright und John S. Ball. (U. S. Dep. Interior, Bur. Mines, Bull. **1961.** Nr. 593. 1—74. Washington, D.C., U. S. Dep. of Interior, Bur. of Mines.) (Engl.)

Eine umfassende Übersicht über die qual. u. quant. Analyse von 40 verschiedenen Schieferölnaphtha (**I**) wird gegeben; die verwendeten Analysen-Meth. werden ausführlich beschrieben. Die Zus. der einzelnen **I** weist keine erheblichen Schwankungen auf, sofern die Gewinnung bei niedrigen Temp. erfolgt. Bei höherer Temp. gewonnenes **I** enthält wesentlich mehr aromat. Verbb.; bei Temp. $>1500^0$ F werden fast ausschließlich aromat. Verbb. erhalten. Der S- u. N-Geh. ist weitgehend von der Zus. des Ölschiefers u. prakt. kaum von der Gewinnungs-Meth. abhängig. Aus Coloradoschiefer gewonnenes **I** enthält 85—95% KW-Stoff- u. 5—15% S-, N- u. O-haltige Verbindungen. Nachgewiesen werden 12 gesätt., 7 olefin. u. 19 aromat. KW-Stoffe, 18 Thiophene, 1 Sulfid-Verb., 16 Pyridine, Chinolin, 4 Pyrrole, 3 Nitrile, 13 Phenole, 2 Carbonsäuren u. Benzofuran. Die gesätt. u. z. T. auch die olefin. KW-Stoffe bestehen aus 3 Teilen geradkettigen, 2 Teilen verzweigtkettigen u. 1 Teil cycl. Verbb., die Menge der monosubstituierten aromat. Verbb. nimmt mit steigendem Molgew. ab. Die Molgew.-Verteilung der KW-Stoffe zeigt eine Anhäufung im Bereich der 10—11 C-Atome pro Mol. enthaltenden Verbindungen. Bei den Thiophenen sind mehr 3-mono- als 2-mono-, mehr 2.5-di- als andere disubstituierte u. mehr 2.3.5-tri- als 2.3.4-trisubstituierte Verbb. nachweisbar. — 62 Tabellen. H. P. FIEDLER. 8180□

Einige Bemerkungen über die Notwendigkeit der Behandlung der Mineralöle. Peter Stoll. (Rev. Soc. roy. belge Ing. Industriels **1961.** 69—73. Febr. Zürich, ETH; Micafil, S. A.) (Franz.)

Auf die Notwendigkeit, Mineralöle von anhaftender Feuchtigkeit u. gelöstem O_2 zu befreien, wird hingewiesen, da beide an der Alterung der Öle beteiligt sind. Durch Behandlung mit Fullererde können verbrauchte Öle wieder regeneriert werden. Nach der Regenerierung kann der Zusatz von *Topanol* als Inhibitor die Lebensdauer des Öls beträchtlich verlängern. F. ROSENDAHL. 8186□

Über die Prinzipien der geochemischen Erdölprospektion. L. Stegena. (Geophysics **26.** 447—51. Aug. 1961. Budapest, Roland Eötvös Geophysic. Inst.) (Engl.)

Bei der geochem. Erdölprospektion wird vor allem die aus der Lagerstätte abgewanderte Gaskomponente I analyt. erfaßt. Der Anteil von I, der durch Diffusion bewegt wurde, wird untersucht. Es werden 2 mögliche Fälle unterschieden: 1. Die Lagerstätte liegt in großer Teufe, u. die überlagernden Schichten sind höchst undurchlässig; dann ist ein Zeitraum erforderlich, um eine stetige Diffusion zu erreichen, der beachtlich über der Existenzzeit der Lagerstätte liegt. 2. Bei flacher Lagerung des Erdöls u. Überdeckung durch relativ gut durchlässige Gesteine ist mit einer baldigen ständigen Diffusion von I zu rechnen. H. MOENKE. 8188□

Hydrierung von Kohle bei kurzen Verweilzeiten. Paul S. Lewis, Henry H. Ginsberg und Raymond W. Hiteshue. (U. S. Dep. Interior, Bur. Mines, Rep. Invest. **1961.** Nr. 5908. 1—14. Pittsburgh, Pa., Bur. of Mines, Coal Res. Center.) (Engl.)

Hochflüchtige bituminöse Kohle wird zwischen 0,1 u. 14,5 Min. bei 400, 450 u. 538^0 u. 30, 70 u. 130 at in Abwesenheit eines Beschleunigers hydriert. Die prozentuale Umsetzung der Kohle nimmt in den ersten 3 Min. zu u. nähert sich unter allen Bedingungen nach 7 Min. einem Maximum. Es werden die günstigsten Beziehungen zwischen Umwandlungszeit, Druck u. Temp. ermittelt. Die interessantesten Ergebnisse werden bei 900^0 u. 1 Min. Verweilzeit erhalten, weil hier lediglich gasförmige KW-Stoffe entstehen, während die zurückbleibende, vom Flüchtigen befreite Kohle als fester Brennstoff eingesetzt werden kann. Der verwendete Reaktor ist mit 13 halben Rippen ausgerüstet, auf denen der Brennstoff mit einem Rührwerk von Stufe zu Stufe befördert wird. Die Geschw. des Rührwerks bestimmt die Verweilzeit. Der Reaktor wird beschrieben. Eine Steigerung der Temp. ist günstiger im Hinblick auf die Umwandlung einer größeren Menge an Kohle als eine Durchsatzerhöhung; dadurch wird ebenso die Ausbeute an gasförmigen KW-Stoffen auf Kosten der Asphaltene u. schweren Öle gesteigert. Zwischen 700 u. 900^0 bei 1 Min. Verweilzeit wird in der Hauptsache CH_4 erhalten.
F. ROSENDAHL. 8198□

Die Fischer-Tropsch-Synthese im Öl-Zirkulationsverfahren; Versuche mit einem Katalysator, der Eisennitrid enthält. D. Bienstock, J. H. Field, A. J. Forney,

J. G. Myers und H. E. Benson. (U. S. Dep. Interior, Bur. Mines, Rep. Invest. **1960.** Nr. 5603. 1—32.) (Engl.)

In einer Vers.-Anlage wird Synth.-Gas ($CO + H_2$) über einem oberflächlich nitrierten Katalysator aus red. Magnetit der FISCHER-TROPSCH-Hochdruck-Synth. unterworfen. Im Gegensatz zum nicht nitrierten Katalysator (längste ununterbrochene Lebensdauer 1745 Std.) ist der nitrierte noch nach 3700 Std. akt., doch ist der Aktivitäts-Koeff. des nitrierten geringer. Das Synth.-Prod. hat ein niedrigeres mittleres Molgew.; es entstehen weniger feste Paraffine, die Ausbeute an Benzinfraktionen steigt, zugleich aber auch die Menge an gasförmigen ($C_1 + C_2$) KW-Stoffen. Die Ausbeute an O-haltigen Prodd., hiervon bes. diejenige an A., vergrößert sich ebenfalls. Die Variationen der Synth.-Bedingungen werden eingehend beschrieben. Das erzeugte Bzn. erreicht bereits mit sehr geringen Mengen Tetraäthyl-Pb sehr hohe Octanzahlen. E. TIEDEMANN. 8200□

Weitere Untersuchungen über die Fischer-Tropsch-Synthese unter Verwendung von Kreislaufgas zur Kühlung (Heiß-Gas-Kreislauf-Verfahren). J. H. Field, D. Bienstock, A. J. Forney und R. J. Demski. (U. S. Dep. Interior, Bur. Mines, Rep. Invest. **1961.** Nr. 5871. 1—32. Pittsburgh, Pa., Bur. of Mines, Coal Res. Center.) (Engl.)

Aus den durchgeführten Verss. folgt, daß eine Synth. von KW-Stoffen nach dem FISCHER-TROPSCH-Verf. in einem Heißgaskreislauf-Syst. möglich ist. Wendeln aus C-Stahl mit einem Hohlraum von 88—90% waren befriedigende Beschleuniger, reiner Stahl mit noch größerem Hohlraum war nicht so aktiv. Eine gute Einhaltung der Temp. unter möglichst geringem Druckabfall durch Zusatz von 20% Rückgas zum Frischgut u. Aufteilung des gesamten Gasstroms in mehrere Teile durch Einspritzen an verschiedenen Stellen der App. ist erforderlich. Bei 300—320° u. einer Durchsatz-Geschw. von 1000 je Std. werden 90%, bei 1500 88% umgewandelt. Der Geh. an Bzn. im End-Prod. beträgt 55—66%, dessen Octanzahl in Ggw. von 3 ml Tetraäthyl-Pb bei 90 bis 96 liegt. F. ROSENDAHL. 8200□

Synthetischer Kraftstoff aus Kohle für Überschallflugzeuge. M. D. Schlesinger und R. W. Hiteshue. (U. S. Dep. Interior, Bur. Mines, Rep. Invest. **1961.** Nr. 5902. 1—19. Bruceton, Pa., Bur. of Mines, Pittsburgh Coal Res. Center.) (Engl.)

In einer Vers.-Anlage wird eine Teerölfraktion von 230—300°, die durch Schwelung bituminöser Kohle erhalten wurde, als Ausgangsmaterial für Düsentreibstoff eingesetzt. Die Anforderungen lauteten: Siedebereich 200—240°, D. mindestens 0,850, Stockpunkt maximal —51°, Viscosität bei 0° maximal 4,5 cSt, Verbrennungswärme mindestens 18400 BTU/lb. Ergebnisse nach Entschwefelung, H_2-Sättigung u. Dest.: Siedebereich 194—247°, D. 0,8463, Stockpunkt <—62°, Viscosität 4,5 cs, ca. 86,2% C, 13,8% H, S, O u. N in Spuren, 40,8% nichtkondensierte u. 56,1% kondensierte Cycloalkane, Ausbeute 20,4% des Einsatzstoffes bzw. 2% der Kohle. Es werden Co-Mo- u. Ni-Kieselgur-Katalysatoren verwendet. Die Stabilität des Prod bei hohen Temp. ist noch ungenügend, daher ist die Analyse u. die Entfernung der instabilen Komponenten wichtig. I. BRAMER. 8204□

Strukturelle Änderungen beim katalytischen Desulfurierungsprozeß von Gasöl. A. Girelli und M. Nuzzi. (Riv. Combustibili **14.** 99—117. Febr. 1960. Milano, Staz. Sperim. per i Combustibili.) (Ital.)

An einem dest. u. einem gecrackten Gasöl werden die strukturellen Änderungen bei der Hydroentschwefelung bestimmt. Vor allem werden aromat. Syst. hydriert u. Ringe aufgesprengt. Die Analyse erfolgt auf Grund physikal. Daten, UV-Spektral- u. Fluorescenzanalyse. W. HOLLAND. 8212□

Fließeigenschaften moderner Schmieröle. Roger S. Porter und Julian F. Johnson. (J. Amer. Soc. Naval Engr., Inc. **73.** 511—14. Aug. 1961. Richmond, Calif., California Res. Corp.) (Engl.)

Mit einem Zylinderviscosimeter nach BARBER wird der Viscositätsindex von Cetan mit Zusatz von 10% Polyisobutan u. Polyäthylen in Abhängigkeit vom Molgew. der Polymeren bestimmt. O. HENNING. 8220□

Die Wirkung der Änderung der Viscosität des Grundschmiermittels auf den Reibungskoeffizienten während der Metalldeformation. — Die Technik der Mikrointerferometrie. L. H. Butler. (J. Inst. Petroleum **48.** 27—31. Febr. 1962. Cardiff, Univ. Coll., Dep. of Mechan. Engng.) (Engl.)

Unter Berücksichtigung verschiedener Meth. zur Unters. metall. Oberflächen wird ausführlich die Technik der Mikrointerferometrie geschildert. F. ROSENDAHL. 8222□

Die Wirkung der Änderung der Viscosität des Grundschmiermittels auf den Reibungskoeffizienten während der Metalldeformation. L. H. Butler. (J. Inst. Petroleum **48.** 32—44. Febr. 1962.) (Engl.) — Vgl. vorst. Referat.

Preßverss. wurden mit reinem, unter bestimmten Walz- u. Härtebedingungen erhaltenen Al-Blech unter Bldg. der metall. Grenzschichten durch Gesenk u. unter Anwendung einer Reihe von rein paraffin. Schmierölen mit verschiedener Viscosität durchgeführt. Mit scheibenförmigen Stücken konnte eine qual. Schätzung der Wrkg. der Viscosität des Schmiermittels auf den Reibungs-Koeff. erhalten, bei Anwendung rechteckiger Stücke zahlreiche Werte von μ abgeleitet werden. Die verschiedenen Ergebnisse stimmen gut miteinander überein u. zeigen, daß bei steigendem Wert der Viscosität des Schmiermittels ein merklicher Abfall des Wertes von μ eintritt. Die zahlreichen Werte von μ sind im Vgl. zu den Werten niedrig, die normalerweise im Falle einer elast. Berührung erhalten werden, doch stimmen sie mit den von anderer Seite erhaltenen überein. Die Ergebnisse bestätigen ältere Verss., bei denen Werte beim Wachsen der Oberflächenberührung in Ggw. von Schmiermitteln erhalten werden, u. bestätigen, daß niedere Werte von μ durch die Ggw. größerer Flächen von Schmiermitteln erhalten werden, wenn letztere von den verformten Grenzschichten eingeschlossen werden.

F. ROSENDAHL. 8222 □

Natur der Stoffe, die den Wert der Esterzahl des oxydierten Paraffins bedingen. L. I. Slominski. (Маслобойно-Жировая Промышленность [Öl- u. Fett-Ind.] **28.** Nr. 1. 22—26. Jan. 1962. Charkow, Polytechn. Lenin-Inst.) (Russ.)

Außer freien Fettsäuren u. ihren Estern enthalten Paraffinoxydate eine bedeutende Menge von Gruppen mit mehreren O-Atomen, deren schwach saure Eigg. nicht durch das Vorhandensein einer Carbonylgruppe, sondern durch Enolisationserscheinungen bedingt sind. Bei erschöpfender Verseifung des Oxydats gehen diese Verbb. mit mehreren O-Atomen in die erhaltenen Fettsäuren über; sie verursachen den unangenehmen Geruch u. die dunkle Färbung des erzeugten Produkts. Die Ggw. dieser Verbb. mit tautomeren Eigg. macht es unmöglich, den tatsächlichen Geh. des Oxydats an Esterbindungen bzw. an Hydroxyl-, Carbonyl- u. Carboxylgruppen zu ermitteln.

S. BARYSCHNIKOW. 8226

Messen und Bedeutung der Peptisierung der Asphaltene. J. J. Heithaus. (J. Inst. Petroleum **48.** 45—53. Febr. 1962. Wood River, Ill., Shell Oil Co.) (Engl.)

Die Peptisierung ist ein Parameter, um die Eigg. von Asphaltene (**I**)-Dispersion zu erkennen. Der Begriff der Peptisierung wird definiert u. die verschiedenen Best.-Meth. verglichen. Am besten hat sich die Floculation–Ratio–Dilution-Meth. bewährt, da sie gute u. reproduzierbare Werte gibt. Mit ihr kann die peptisierende Kraft der Maltene u. die Peptisierbarkeit von I bestimmt werden, ohne daß vorher die beiden Komponenten auseinandergetrennt werden müssen. Die Peptisierung ist in allen Asphalten zu berücksichtigen, bei denen Lsgm. zur Anwendung kommen. — 27 Zitate. F. ROSENDAHL. 8228 □

Schnellmethode zur Bestimmung des Aschgehaltes von Kohlen auf der Basis der Reflektion von β-Strahlen. R. A. Irkowski. (Заводская Лаборатория [Betriebs-Lab.] **26.** 832. 1960. Ostrawa, ČSSR, Bergbauinst.) (Russ.)

Die Messungen werden an Proben aus dem Ostrawer Revier mit einer Ionisationskammeranordnung durchgeführt. Als Quelle wird ein Gemisch von $^{90}Sr/^{90}Y$ (1 : 1) mit einer Aktivität von 20 mc verwendet. Die Probe in Pulverform wird durch ein Al-Filter gemessen u. das Meßergebnis mit einem Etalon verglichen. Der Unterschied der Stromstärke bei der Messung der β-Strahlung des Musters u. der Probe ist dem Asche-Geh. proportional. Die Dicke (ab 4 mm) sowie eine Veränderung der Korngröße von 0,30 auf 0,75 mm haben keinen Einfluß. Die Meßmeth. ist gegenüber Feuchtigkeits-Einfl. empfindlich. G. EWALD. 8244 □

Analysen von angelieferten Kohlen und von Kohleproben, die während der Verladung genommen wurden (aus dem Fiskaljahr 1960). S. J. Aresco, C. P. Haller und R. F. Abernethy. (U. S. Dep. Interior, Bur. Mines, Rep. Invest. **1961.** Nr. 5792. 1—44. Pittsburgh, Pa., Bur. of Mines, Coal Sampling and Inspect.) (Engl.)

Tabellar. Zusammenstellung von Kohlenanalysen aus verschiedenen Revieren der USA. F. ROSENDAHL. 8246 □

Untersuchungen zur Niedertemperaturbehandlung von Kohlen und die Abhängigkeit der Ausbeuten von den Analysen. W. S. Landers, J. B. Goodman und D. J. Donaven. (U. S. Dep. Interior, Bur. Mines, Rep. Invest. **1961.** Nr. 5904. 1—41. Denver, Colo., Bur. of Mines, Denver Coal Res. Labor.) (Engl.)

Das Verh. der Kohlen der westlichen USA, vor allem aus Colorado, Utah, Wyoming, New Mexico u. Texas, u. einiger ausländ. Kohlen bei einer End-Temp. von 500° wird untersucht. In umfangreichen Tabellen wird die Abhängigkeit der Ausbeuten an festen, fl. u. gasförmigen Prodd. sowie des Heizwertes von den Kohlenanalysen dargestellt. I. BRAMER. 8246 □

Bestimmung von destillierbaren Teersäuren und Teerbasen in einem Tieftemperaturteer einer bituminösen Kohle. Clarence Karr jun., Patricia A. Estep, Ta-Chuan Lo Chang und Joseph R. Comberiati. (U. S. Dep. Interior, Bur. Mines, Bull. **1961.** Nr. 591. 1–228.) (Engl.)

Aus dem Tieftemp.-Teer einer bituminösen Kohle werden durch verschiedene Maßnahmen 130 Verbb. gewonnen u. ihr Geh. in allen Fraktionen bestimmt. Die angewendeten Meth., qual. u. quant. Art, werden beschrieben; darunter Mikrovakuum-Dest., IR- u. UV-Spektrometrie, Fl./Gas-Chromatographie u. Gegenstromverteilung. Es werden Darst.-Vorschriften für viele Phenole u. Basen mitgeteilt u. in einem Anhang für 186 Verbb. die IR- u. UV-Spektren zusammengestellt. Es wird der Vers. unternommen, Beziehungen zwischen der Zus. der Teersäuren u. Basen u. der Konstit. der Kohle aufzufinden, doch wird kein eindeutiges Ergebnis erhalten. — 121 Literaturhinweise. F. ROSENDAHL. 8248 □

Kontinuierliche Heliumbestimmung in Naturgasen durch Chromatographie. C. L. Klingman und J. D. Marshall. (U. S. Dep. Interior, Bur. Mines, Rep. Invest. **1961.** Nr. 5873. 1–17. Amarillo, Tex., Bur. of Mines, He-Res. Center.) (Engl.)

Der neu entwickelte App. dient zur Kontrolle bei der Gewinnung von He aus Naturgasen, indem am Eingang u. am Ausgang der Gewinnungs-App. gemessen wird. Der Geh. an He wird dabei alle 5 Min. vollautomat. unter Anwendung der Erfahrungen bei der Gaschromatographie gemessen. Aktivkohle dient als Verteiler, N_2 als Trägergas u. eine Wärmeleitzelle als Analysator. Die Analysenmenge beträgt 0,37 ml u. die Menge des Trägergases 75 ml je Minute. Die verwendete App. wird beschrieben. Mit Hilfe der Einrichtung konnten verschiedene He-Gewinnungsanlagen wesentlich verbessert werden. F. ROSENDAHL. 8252 □

Dampfphasenchromatographie von Auspuffgasen. J. van Rysselberghe, J. Vaerman und M. van der Stricht. (Ind. chem. belge **26.** 780–87. 1961. Bruxelles, Labofina S. A., Div. Physique et Serv. Combustion.) (Franz.)

Nach einer Literaturübersicht werden gaschromatograph. Best.-Meth. der Auspuffgase beschrieben. Die anorgan. Gase H_2, O_2, N_2, CO u. CO_2 werden an einer Doppelsäule von Silicagel u. Molekularsieb 5 A durch Umschalten mit elektromagnet. Ventilen auf einem Chromatogramm getrennt. Die KW-Stoffe werden zur Analyse bei -78^0 ausgefroren u. gaschromatograph. an Silicagel getrennt. W. LUCHSINGER. 8254 □

Hydrocarbon Research, Inc., New York, N.Y., übert. von: Percival C. Keith, Peapack, N.J., V.St.A., **Gaserzeugung.** Ein CO–H_2-Gemisch wird durch Rk. eines KW-Stoffs, bes. CH_4, mit einem mindestens 95 Vol.-% O_2 enthaltenden Gas bei 2100–3000° F in Abwesenheit von Feststoffen u. Katalysatoren unter selbständiger Aufrechterhaltung der Rk.-Temp. u. rasche Abkühlung der Rk.-Gase auf 500–1000° F durch Einleiten in ein Feststofffließbett erhalten. — Zeichnung. (**Can. P. 554 220** vom 10/6. 1947, ausg. 11/3. 1958. A. Prior. 24/8. 1946.) L. GROSSNER. 8155

Hydrocarbon Research, Inc., New York, übert. von: Paul W. Garbo, Freeport, N.Y., V.St.A., **Herstellung von Synthesegas.** KW-Stoffe u. ein O_2-haltiges Gas werden in einer Rk.-Zone, die zur Vermeidung von C-Abscheidung frei von Feststoffen ist u. eine kleine innere Oberfläche hat, bei $\geqq 2100^0$ F u. $\geqq 200$ lbs./sq.in. umgesetzt; die Rk.-Wärme wird außerhalb der Rk.-Zone von granulierten Wärmeüberträgern aufgenommen, die im Gegenstrom zunächst das O_2-haltige Gas u. darauf bei niedrigerer Temp. den KW-Stoff vorwärmen. — Zeichnungen. (**Can. P. 554 221** vom 14/7. 1950, ausg. 11/3. 1958.) L. GROSSNER. 8155

Socony Mobil Oil Co., Inc., übert. von: Frank G. Ciapetta, Upper Darby, Pa., V.St.A., **Hydro-Cracken von hochsiedenden Kohlenwasserstoffölen** vom Kp. $>400^0$ F u. einem 50%-Kp. $>500^0$ F sowie einem End-Kp. $>600^0$ F, die kontinuierlich zwischen den Siedegrenzen sd., wobei Heizöl, Leichtbenzin u. prakt. kein Koks u. C_1-, C_2- u. C_3-KW-Stoffe höchstens zu 10% anfallen. Die hochsd. KW-Stoff-Ölfraktion wird mit einem Katalysator aus 0,05–20 Gew.-% eines Metalls der Ordnungszahl 44–46 u. 76–78 auf einem synthet. Träger aus Al_2O_3 u. 3 Gew.-% Al-Halogenid oder aus Kieselsäure u. 3 Gew.-% Al-Halogenid mit einem Aktivitätsindex >30 bei 400–850° F, einem H_2-Druck von 100–2000 lbs./sq.in., einer Raumströmungs-Geschw. von 0,1–10 u. einem molaren Verhältnis von H_2 : KW-Stoff von 2–80 in Kontakt gebracht. — Zeichnungen. (**A. P. 2 914 461** vom 9/11. 1954, ausg. 24/11. 1959.) E. KAHLES. 8197

Ruhrchemie Akt.-Ges., Oberhausen-Holten, übert. von: Heinrich Tramm, Mülheim/Ruhr-Speldorf, **Katalytische CO-Hydrierung.** CO-haltige Gase werden mit einem Druck >5 at in Ggw. von Wasserdampf katalyt. bei 200—300° konvertiert; das Rk.-Prod. wird unmittelbar an Fe-Katalysatoren bei 300—350° hydriert, wobei mindestens einer der Katalysatoren in fl. Form vorliegt. — Vgl. D. B. P. 921 565; C. **1955.** 11093. (**Can. P. 553 982** vom 8/10. 1952, ausg. 4/3. 1958. D. Prior. 9/10. 1951.) L. GROSSNER. 8201

Sun Oil Co., Philadelphia (Erfinder: Richard Fleming, Broomall, und Robert Condit Jagel, Swarthmore), Pa., V.St.A., **Reformieren von Kohlenwasserstoffen,** dad. gek., daß diese in einer oder mehreren Stufen zu einem prakt. naphthenfreien Prod. reformiert werden u. dieses Prod. mit dem Katalysator in Ggw. von 0,0002 bis 0,01% NH_3 in Berührung gebracht wird. — Zeichnungen. (**D. A. S. 1 121 253** Kl. 23b vom 29/8. 1960, ausg. 4/1. 1962.) E. KAHLES. 8201

Modesto Monge, Turin, Italien, **Treibstoffzusatz** mit Antiklopf- u. Schmierwrkg., enthaltend 100 (g) Bienenwachs, 100 wasserfreies Lanolin, 25 Ceresin, 10 Naphthalin, 10 Campher, 10 Tropfen Triäthanolamin u. Vaselinöl zur Korrektur der Konsistenz. (**It. P. 525 993** vom 18/9. 1954.) K. KOEBKE. 8205

Shell Oil Co., New York, N.Y., V.St.A., übert. von: Willem J. Wolfson, Den Haag, Holland, **Oxydationsbeständige Destillate, die durch katalytische Spaltung von Petroleum erhalten wurden,** bes. mit Kp. 50—410°, wie Gasolin, Gasöle. Zu dem Destillat (I), das Arylmercaptane u. Olefine enthält, werden 0,001—0,05 Gew.-% alkaliunlösl. Polyalkylphenol gegeben, bevor I mit O_2 in Berührung kommt. Anschließend wird I mit wss. Alkalihydroxid behandelt, wobei Luft nicht ferngehalten werden muß. Abgetrenntes I hat einen verringerten S-Gehalt. (**A. P. 2 953 522** vom 25/6. 1956, ausg. 20/9. 1960. Holl. Prior. 30/6. 1955.) P. UNGER. 8213

Esso Research and Engineering Co., Del., übert. von: William P. Fitzgerald, Florham Park, Anthony H. Gleason, Westfield, Arnold J. Morway, Clark, und Alfred H. Matuszak, Westfield, N.J., V.St.A., **Schmieröle** enthalten zur Erhöhung ihrer Belastbarkeit 0,01—10 Gew.-% Polymere vom Molgew. 1000—3500 von Bis-[β-chloräthyl]-vinylphosphonat der Formel $(Cl{-}CH_2{-}CH_2{-}O)_2P(O){-}CH{=}CH_2$ (I) oder dessen Mischpolymerisate vom Molgew. 500—5000 mit C_{2-8}-Alkenen (II) im Mol-Verhältnis I : II = 1 : 10 bis 1 : 100. (**A. P. 2 956 952** vom 8/8. 1955, ausg. 18/10. 1960.) E. DREWS. 8221

Esso Research and Engineering Co., Elizabeth, N.J., V.St.A., **Schmieröle** enthalten 1—5 (Gew.-%) C_{16-36}-tert.-Alkyl-prim.-amine, 2,5—8 Erdalkalisalze von C_{1-5}-Carbonsäuren (I) u. C_{7-12}-Carbonsäuren (II), wobei 2,5—20 Mol Salze von I pro Mol Salze von II vorliegen. Weiterer Zusatz von Zn-Dialkyldithiophosphaten (C_{3-6}-Alkyl) oder Alkoxypolyalkylenoxymono- oder -diestern der Phosphorsäure mit 2—10 C-Atomen in der Alkoxygruppe (III) u. 2—8 C-Atomen in der Alkylenoxygruppe (IV) u. dem Verhältnis III : IV = 1 : 8 bis 18. — Beispiel: 4,24 Eisessig, 1,01 „Welcoline AAC-Säure" (Capryl-, Capron-, Laurinsäure), 3,1 $Ca(OH)_2$, 0,14 Phenyl-α-naphthylamin, 86,5 Mineralöl, 2,5 C_{18-24}-tert.-Alkyl-prim.-amin, 2,5 einer 50%ig. Lsg. von n-Butyl-(propoxy)$_{12}$-phosphat. (**E. P. 832 166** vom 21/10. 1958, ausg. 6/4. 1960. A. Prior. 13/11. 1957.) E. DREWS. 8221

Shell Oil Co., New York, N.Y., übert. von: Richard G. Cunningham, Edwardsville, Theodore W. Havely und James R. Price, Alton, Ill., V.St.A., **Schmieröle,** die nicht korrodierend gegen Ag wirken, enthalten in einer Mineralschmierölbasis 0,01—15(%) öllösl. Erdalkali-Petroleum-Sulfonate, 0,05—15 öllösl. Erdalkalisalze von Alkylphenol/HCHO-Kondens.-Prodd. u. als Korrosionsschutzmittel 0,01—5 5wertige P-Chloride, die eine P—C-Bindung enthalten u. aus Phenyl-P-thiodichlorid u. Bis-[β-chloräthyl]-vinylphosphonat bestehen. (**A. P. 2 961 405** vom 17/2. 1956, ausg. 22/11. 1960.) E. DREWS. 8221

Esso Research and Engineering Co., Elizabeth, N.J., übert. von: James R. Miller, Baytown, Tex., V.St.A., **Hochdruckschmieröle** bestehen aus 93—98,5 (Gew.-%) Schmieröl, 0,5—2 2.6-Di-tert.-butyl-α-dimethylamino-p-kresol u. 1—5 Erdalkalisulfonat (I) u. neutralisiertem geschwefeltem Nonylphenolat (II) in Mengen I : II = 2 : 1. (**A. P. 2 954 344** vom 11/12. 1957, ausg. 27/9. 1960.) E. DREWS. 8221

Texaco, Inc., Del., übert. von: Terence B. Jordan, Fishkill, und Howard A. Kirsch, Poughkeepsie, N.Y., V.St.A., **Hochdruck-Mineralschmieröle** enthalten als Zusätze 3—15 (Gew.-%) öllösl. Pb-Naphthenat, -Oleat, -Menhadenat, -Resinat, 2—20 öllösl. Chlorkohlenwasserstoffe, 8—12 sulfochlorierte fette Öle u. 0,5—5 2-tert.-Butylthiophen. (**A. P. 2 932 615** vom 22/7. 1957, ausg. 12/4. 1960.) E. DREWS. 8221

Badische Anilin- & Soda-Fabrik Akt.-Ges. (Erfinder: Friedrich Hölscher, Diether Fischer und Günther Schmötzer), Ludwigshafen/Rh., **Schmierölzusatz,** bestehend aus 0,2—10 Gew.-%, bezogen auf die Schmierölbasis eines Mischpolymerisats, aus a) 55—90 Gew.-% eines oder mehrerer Acrylsäurealkylester mit 10—18 C-Atomen im Alkylrest; b) 5—45 Gew.-% eines oder mehrerer Acrylsäure- oder Methacrylsäurealkylester mit 1—4 C-Atomen im Alkylrest u. c) 2—20 Gew.-% Styrol u./oder durch Halogen oder Methylgruppen im Kern substituiertes Styrol. — Beispiel: Zusatz aus a) 65(%) Acrylsäureester eines C_{12}—C_{14}-Alkohols, 16 Acrylsäure-2-äthylhexylester u. 19 Acrylsäuremethylester; b) 65 Acrylsäureester eines C_{12}—C_{14}-Alkohols, 16 Acrylsäurebutylester, 11 Acrylsäuremethylester u. c) Styrol. (**D. A. S. 1 122 197** Kl. 23c vom 26/8. 1960, ausg. 18/1. 1962.) E. DREWS. 8221

Farbwerke Hoechst Akt.-Ges., vormals Meister Lucius & Brüning, Frankfurt/M. (Erfinder: Erich Lück, Wiesbaden, und Wieland Joos, Frankfurt/M.), **Zusätze zu Schmierölen auf Mineralölbasis,** bestehend aus bromierten Carbonsäuren, in denen die C-Atome jeweils durch nicht mehr als ein Br-Atom substituiert sind, sowie deren Ester, Amide oder Salze einzeln oder im Gemisch miteinander, ggf. in Verbindung mit anderen bekannten Zusätzen. — Beispiel: Tetrabromcapronsäure, Dibrombuttersäure. — Diagramme. (**D. A. S. 1 121 257** Kl. 23c vom 31/7. 1959, ausg. 4/1. 1962.) E. DREWS. 8221

Esso Research and Engineering Co., Elizabeth, N.J., V.St.A. (Erfinder: Arthur L. Morris und Mervyn R. White, Didcot, Berkshire, England), **Schmierfett und Verfahren zur Herstellung desselben** auf der Basis eines Öles, das mit einem Bentonit–Amin-Komplex in einer Menge von mindestens 10 Gew.-%, bezogen auf die Gesamtmenge, verdickt ist, dad. gek., daß es eine geringe Menge Ruß enthält u. das Gew.-Verhältnis von Ruß zu Bentonit–Amin-Komplex im Bereich von 1:1—1:20 liegt. Das Fett ist strahlungsfest. Verw. in Kernreaktoren. — Diagramm. (**D. A. S. 1 122 655** Kl. 23c vom 6/4. 1961, ausg. 25/1. 1962. E. Prior. 11/4. 1960.) E. DREWS. 8223

Esso Research and Engineering Co., Elizabeth, übert. von: Robert H. Jones, Roselle, N.J., V.St.A., **Reaktionsprodukte von Kohlenwasserstoffen, Phosphor und Schwefel mit Semicarbazidderivaten.** Zunächst wird P_2S_5 oder P u. S mit der 2—5fachen mol. Menge eines KW-Stoffes, bes. Polyisobutylen, bei 300—550° F umgesetzt u. die erhaltenen Prodd. werden mit Semicarbazid oder Thiosemicarbazid, dessen N-Atome ggf. durch C_1—C_{20}-KW-Stoff-Reste substituiert sind, behandelt. — *Schmiermittel.* (**Can. P. 553 541** vom 6/6. 1950, ausg. 25/2. 1958. A. Prior. 17/9. 1949.) L. GROSSNER. 8223

Chemische Fabrik Hoesch K. G. (Erfinder: Alfred Szczepanek), Düren, **Lithiumseifenschmierfett** auf Schmierölbasis, dad. gek., daß der Verdicker aus einem Li-Seifengemisch oder einer Li-Mischseife gesätt. u. epoxidierter Fettsäuren (I) besteht. — Beispiel für I: Epoxidierte Ölsäure, Linolsäure, Linolensäure, epoxidiertes Ricinusöl, Sojabohnenöl, Leinöl. — Diagramme. (**D. A. S. 1 122 654** Kl. 23c vom 1/7. 1960, ausg. 25/1. 1962.) E. DREWS. 8223

Esso Research and Engineering Co., Del., übert. von: Michael J. Furey, Berkeley Heights, N.J., V.St.A., **Schmiermittel auf Wasserbasis** enthalten 1—5 (Gew.-%) wasserlösl. Celluloseäther als Verdicker u. 1—3 Dialkylsulfoxide (C_{1-3}-Alkyl). Weiterer Geh. an Metalldesaktivatoren, Netzmitteln, bakteriostat. Mitteln. Das Schmiermittel ist eine klare Lösung. (**A. P. 2 956 951** vom 26/10. 1956, ausg. 18/10. 1960.) E. DREWS. 8223

Esso Research and Engineering Co., Elizabeth (Erfinder: Arnold J. Morway, Clark, und Carroll L. Knapp jun., Cranford), N.J., V.St.A., **Verfahren zum Dispergieren von Natriumnitrit in Schmierfette,** dad. gek., daß dem Schmierfett bei einer Temp. $<52°$ eine Dispersion von feinstgemahlenem $NaNO_2$ von einer Teilchengröße im Bereich von 5—40 μ in Mineralöl beigemischt wird. (**D. A. S. 1 121 260** Kl. 23c vom 18/5. 1960, ausg. 4/1. 1962. A. Prior. 9/6. 1959.) E. DREWS. 8223

Établissements Lassailly & Bichebois Soc. An., Frankreich (Erfinder: Pierre Deligne und Jean Pierre Margot), **Herstellung einer bituminösen Masse für wasserdichte Überzüge.** Durch mindestens 2std. Mischen bei 120° wird ein Brei hergestellt, der zu wenigstens 45 (Gew.-%) aus einem teerfreien Bitumen (I) mit einem Erweichungspunkt $<120°$, 5 eines Elastomeren, wie Kerosin, welches auch in Form eines in I gelösten Konzentrates verwendet werden kann, 10—20 eines aus einem KW-Stoff bestehenden Flußmittels u. als Rest aus feinverteilten Mineralien, die das 200-Maschensieb passieren, wie Kalksteinmehl im Gemisch mit kurzfaserigem Asbest, besteht. (**F. P. 1 191 696** vom 17/2. 1958, ausg. 21/10. 1959.) HANS HOFFMANN. 8231

Établissements Lassailly & Bichebois Soc. An., Frankreich (Erfinder: Pierre Deligne und Jean Pierre Margot), **Isolieren und Wasserdichtmachen von Dachterrassen oder ähnlichen Bauwerken.** Auf eine Zementbetonunterlage wird ein bituminöses Gemisch aufgebracht, das aus ca. 90 (Gew.-%) porigen Leichtstoffen, wie

Puzzolan, Schaumschlacke, Zellbeton, Bimsstein u. dgl., mit einer Korngröße zwischen 2 u. 40 mm, u. 10 eines bituminösen Bindemittels, z. B. einer sauren Bitumenemulsion oder einem zurückgeschnittenen Asphalt, besteht. Das Ganze wird dann mit einem wasserdichten Überzug nach F. P. 1 191 696 (vgl. vorst. Ref.) versehen. (**F. P. 1 191 697** vom 17/2. 1958, ausg. 21/10. 1959.) HANS HOFFMANN. 8231

Salviam Soc. An., Frankreich (Erfinder: Arthur Joseph Jean Baptiste Pinçon und Jacques Henri Lucien Fournier), **Halbstarrer Überzug für Böden, Straßen** u. dgl., wobei die zu überziehende Unterlage mit einer bituminösen Masse, bestehend aus Füllstoffen u. einem Bindemittel, wie Teer, Bitumen u. dgl., ohne Ergreifen besonderer Verdichtungsmaßnahmen bedeckt wird. Die in der Deckschicht enthaltenen Hohlräume werden durch Aufbringen eines wss., mit feinverteilten Füllstoffen versetzten Zementschlickers gefüllt, worauf das Ganze verdichtet wird. (**F. P. 1 191 666** vom 18/2. 1958, ausg. 21/10. 1959.) HANS HOFFMANN. 8237

XX. Schieß- und Sprengstoffe. Zündmittel

Über den Reaktionsmechanismus bei der Detonation von Schwermetallaziden. E. Strømsøe. (Tidsskr. Kjemi, Bergves. Metallurgi **19.** 95–101. 20/8. 1959. Kjeller, Forsvarets Forskn.-Inst.) (Norw.)

Auf Grund der hydrodynam. Detonationstheorie werden die Bedingungen der Einleitung u. des Wachstums einer Explosion erörtert. Aus den Abweichungen von der idealen Detonation kann auf die Natur der chem. Rk. bei detonierenden Explosivstoffen geschlossen werden. Aus Messungen ergibt sich für $Pb(N_3)_2$-Einzelkristalle eine Länge der Rk.-Zone von 0,2 mm, für $Pb(N_3)_2$-Pulver eine solche von 0,45 mm. Bei AgN_3-Einzelkristallen wird die krit. Dicke für das Ausbleiben einer Detonation zu 0,022 mm ermittelt. Die Unterss. scheinen die Theorie der Oberflächenverbrennung bei der Detonation von Explosivstoffen zu bestätigen; dagegen sprechen sie gegen die Theorie des Ausbleibens einer Detonation bei abnehmender Dicke. R. K. MÜLLER. 8294□

Nichtgleichgewichtsreaktionen in gaserzeugenden Feststoff-Treibsatzsystemen. Frank R. Gessner jun. (ARS Journal **30.** 1104–05. Nov. 1960. McGregor, Tex., North American Aviation, Inc., Rocketdyne Div.) (Engl.)

Bei Verbrennungsvorgängen liegt normalerweise die effektive Gas-Temp. unterhalb der theoret. berechneten, wenn sich kein Gleichgewicht einstellen kann. Im Gegensatz hierzu wird festgestellt, daß in Feststoff-Syst. im Nichtgleichgewichtszustand die Gas-Temp. um einige 100° höher liegen kann. Das ist möglicherweise darauf zurückzuführen, daß neben den normalen Verbrennungs-Prodd., wie CO, CO_2, W., H_2, N_2 u. a. bei den relativ niederen Temp. (ca. 1000°) andere Verbb. gebildet werden können. So z. B. erhöht ein CH_4-Geh. von 2% die Verbrennungs-Temp. um ca. 150° gegenüber den aus den Gleichgewichtswerten ohne CH_4-Bldg. berechneten Temperaturen. Ebenso gibt ein C-Geh. von 2% eine um ca. 100° höhere Gastemperatur. Andererseits liegt die Temp. bei einer 10%ig. Verschiebung der Gasgleichgewichts-Zus., z. B. im Wasser–Gas-Gleichgewicht, nur einige Grade tiefer. H. PFÖRTNER. 8310□

Olin Mathieson Chemical Corp., New York, N.Y. (Erfinder: John J. O'Neill jun., Alton, Ill.), V.St.A., **Herstellung von rauchlosem Nitrocellulosetreibpulver** mit Zusatz eines feinpulverigen, unlösl. Modifizierungsmittels (Ruß, Cyclotrimethylentrinitramin), wobei eine in einem flüchtigen Lsgm. gelöste rauchlose Pulverbasis in einem nichtlösenden Träger gerührt u. das flüchtige Lsgm. zwecks Erzeugung gehärteter Körner abgetrieben wird, dad. gek., daß das Modifizierungsmittel mit einem flüchtigen Lsgm. für Nitrocellulose durchfeuchtet u. dann dieses durchfeuchtete Modifizierungsmittel dem Träger einverleibt wird. (**D. A. S. 1 120 959** Kl. 78c vom 12/4. 1960, ausg. 28/12. 1961.) A. GRADL. 8301

Melvin Alonzo Cook und Henry Earl Farnham jun., Salt Lake City, Utah, V.St.A., **Sprengmischung,** bestehend aus 15–95% TNT mit einer Korngröße von <30 Tyler-Maschen, mehr als 5 (Teile) W. pro 100 TNT, Rest Wasser. 5–100 Al können pro 80 TNT zugesetzt sein. Das Gemisch ist eine gießfähige Suspension. — Beispiel: 42(%) NH_4NO_3, 32 Al, 16 TNT, 10 Wasser. (**E. P. 869 155** vom 4/11. 1958, ausg. 31/5. 1961. Can. Prior. 21/11. 1957.) A. GRADL. 8305

Standard Pyrotechnik Meissner G. m. b. H. (Erfinder: Wilhelm Schübel und Ägidius Paulus), Mannheim, **Gasarmer Verzögerungssatz** auf Basis O_2-Träger u. Metall, gek. durch mehrere selbständige, einander nachgeschaltete Teile bzw. Zonen unterschiedlicher prozentualer Zus., wobei die dem Zünder benachbarten Teile eine höhere Zündempfindlichkeit u./oder eine höhere Wärmeentw.-Fähigkeit haben als die übrigen Teile. — Beispiel: 55(%) PbO_2, 25 $KClO_4$, 20 Si für den zündempfindlicheren Teil, u. 23 PbO_2, 27 $BaCrO_4$, 40 Si, 10 $Ba(FO_2)_2$ für den anderen Teil. (**D. A. S. 1 121 519** Kl. 78e vom 21/7. 1960, ausg. 4/1. 1962.) A. GRADL. 8309

Aerojet-General Corp., Azusa (Erfinder: George Washington Batchelder, Santa Monica), Calif., V.St.A., **Rauchloses und langsam mit niedriger Temperatur brennendes Treibmittel,** bes. für Düsenantriebe, bestehend aus 4—14 (%) eines Polyesterharzes, erhalten durch Kondens. von 10—11 Mol Diäthylenglykol mit 8—9 Mol Adipinsäure u. 1—2 Mol Maleinsäureanhydrid, sowie 1—6 Styrol, 4—16 Acrylsäuremethylester u. 65—80 NH_4NO_3. (**D. A. S. 1 121 986** Kl. 78d vom 12/11. 1960, ausg. 11/1. 1962.) A. GRADL. 8311

Esso Research and Engineering Co., Elizabeth, N.J. (Erfinder: William R. Edwards, Baytown, Tex.), V.St.A., **Flüssiger Treibstoff** für Raketen u. Geschosse, dad. gek., daß er als Brennstoffkomponente ein im wesentlichen aus Alkylcyclohexan mit 4—5 C-Atomen in der oder den Alkylgruppen bestehendes KW-Stoff-Gemisch mit einem F. unter -73^0, einem Aromaten-Geh. von $<1\%$ u. einem H:C-Verhältnis von ca. 2:1 enthält. (**D. A. S. 1 120 960** Kl. 78d vom 1/2. 1960, ausg. 28/12. 1961. A. Prior. 13/2. 1959.) A. GRADL. 8311

Magyar Állam (Erfinder: Franz Merényi und Johann Tész), Budapest, Ungarn, **Flimmerkerzen.** Auf einen Metalldraht wird in einem 1. Arbeitsgang eine Schicht, bestehend aus gepulvertem Ferrosilicium, bekannten Binde- u. Oxydationsmitteln u. im 2. Arbeitsgang ein Pulvergemisch aus einer Al/Mg-Legierung im Verhältnis von 50:50(%) u. ein Oxydationsgemisch aus $Ba(NO_3)_2$–MnO_2 im Verhältnis von 95:5 neben Fe-Pulver u. einem bekannten Bindemittel gebracht. (**Ung. P. 144 682** vom 7/3. 1956, ausg. 15/3. 1959.) G. KÖNIG. 8313

XXI. Leder. Gerbstoffe

Über Chromgerbung in organischen Lösungsmitteln. 1. Mitt. **Löslichkeits- und Basizitäts-Grenzen und Verolung von Chromsalzen verschiedener Basizität in alkoholischer Lösung.** A. Küntzel und P. Hanumanta Rao. (Leder **12.** 96—102. Mai 1961. Darmstadt, TH, Inst. für Gerbereichemie.) (Dt.)

Es wird die Löslichkeit von $CrCl_3$ u. $Cr(NO_3)_3$ in verschiedenen Alkoholen untersucht u. das Verh. der methylalkohol. Lsgg. dieser Salze beim Alkalisieren mit NaOH, wobei zum Unterschied zu den wss. Lsgg. sofort säureunempfindliche (verolte) irreversible, bas., noch alterungsfähige Salze entstehen. Vff. erklären diesen Unterschied durch Austausch von Wasser-Moll. im Bindungs-Syst. des Cr-Atoms durch Alkohol-Moll., deren schnellere Eliminierung zur sofortigen Bldg. der bas., verolten Salze führt. A. BEUTHER. 8336

Anwendung von Chromkomplexsalzen mit Fettsäuren zur Imprägnierung von Leder. Leon Koczur und Józef Staniewski. (Przegląd skórzany **16.** 82—85. April 1961. Kraków, Krakowskie Zakł. Garb.) (Pol.)

Übersicht über die Darst. von Cr-Fettsäurekomplexen u. ihre Verw. zum Imprägnieren von Leder. F. URBAN. 8338 □

Über die Zusammenhänge zwischen einigen physikalischen Eigenschaften des Leders. E. Raabe. (Leder **12.** 111—15. Mai 1961. Warszawa, Inst. für die Leder-Ind.) (Dt.)

Luftdurchlässigkeit, Wasserdampfdurchlässigkeit u. Wärmeleitfähigkeit sind abhängig von der Porosität, der Grund-Eig. des Leders. Nach Best. dieser 4 physikal. Eigg. bei verschiedenen vegetabil. u. Cr-vegetabil. gegerbten Ledersorten wird diese Abhängigkeit ausgedrückt durch 3 mathemat. Formeln. A. BEUTHER. 8340 □

Die papierchromatographische Untersuchung der synthetischen Gerbstoffe. Gy. Vágó und I. Malovecz. (Acta chim. Acad. Sci. hung. **10.** 169—78. 1956. Leder **8.** 81—85. April 1957. Budapest, Forschungsinst. für die Lederind.) (Dt.)

Vff. untersuchten die papierchromatograph. Trennung verschiedener synthet. Gerbstoffe. Hierzu wurde mit dem Lsgm. n-Butanol/Eisessig/W. (4:1:5) auf Rundfilterpapier chromatographiert. Zum Anfärben wurde nacheinander mit $FeCl_3$-Lsg., NH_3 u. Diazonium-Verbb. (Echtviolettsalz B u. a.) behandelt. Mit zunehmender Hydrophilie der untersuchten Prodd. nehmen die beobachteten R_F-Werte ab. E. MOISAR. 8364 □

A/S Toten Cellulosefabrik, Nygard, Norwegen, **Gerbverfahren.** Die Vor- u. Nachgerbung erfolgt im gleichen Gerbgefäß, das in je eine Mehrkammernvorgerb- u. -nachgerbzone unterteilt ist. Das Vorgerben erfolgt mit Sulfitablauge („Totanin") im Gegenstrom, die Nachgerbung z. B. mit Pflanzengerbstoffen in den darunterliegenden Kammern ebenfalls im Gegenstrom. — Zeichnung. (**E. P. 849 876** vom 19/3. 1959, ausg. 28/9. 1960. Norw. Prior. 19/3. 1958.) E. DREWS. 8337

Farbenfabriken Bayer Akt.-Ges., Leverkusen, **Herstellung von synthetischen Gerbstoffen.** Man dispergiert 1—150, bes. 25—100 Gew.-% eines Rk.-Prod. aus einem Mono- oder Polyphenol oder einem „empyreumat. Öl" (z. B. aus der Lignit-Herst.) mit einem Aldehyd, bes. CH_2O, in einem Rk.-Prod. aus einer polynuclearen aromat. Sulfonsäure, z. B. Naphthalinsulfonsäure, mit einem Aldehyd u. einem Halogenphenol, z. B. Chlorphenol. (**E. P. 855 571** vom 2/4. 1958, ausg. 7/12. 1960. D. Prior. 6/4. 1957.) O. MÜLLER-MEININGEN. 8337

Farbenfabriken Bayer Akt.-Ges., Leverkusen, übert. von: Martin Meister, Leverkusen, Wolfhard Luck, Köln, und Gustav Mauthe, Opladen, **Herstellung von Leder.** Man behandelt die Häute vor oder nach einer Gerbung mit Mineralgerbstoffen mit wss. Lsgg. der Alkalisalze von Kondens.-Prodd., die sowohl phenol. OH-Gruppen, wie auch COOH-Gruppen enthalten u. als freie Säuren in W. unlösl. sind. Dann wird das Leder in der Brühe auf ein pH zwischen 2 u. 6 eingestellt, wodurch die Kondens.-Prodd. völlig ausfallen. Verwendet werden z. B. Kondens.-Prodd. einwertiger monocycl. Phenole mit CH_2O, in welchen die freien OH-Gruppen partiell mit CH_3COOH-Gruppen veräthert sind, Kondens.-Prodd. aus Salicylsäure-4.4'-dihydroxydiphenylsulfon u. CH_2O, Phenol u. Chlormethylsalicylsäure oder Kresol–Formaldehyd-Novolak mit NaOH u. Chloressigsäure in Verbindung mit Vor- oder Nachgerbungen mit Cr- oder Al-Gerbbrühen. Man erhält weiche, volle Leder. (**A. P. 2 955 013** vom 3/9. 1958, ausg. 4/10. 1960. D. Prior. 12/9. 1957.) E. LINDEMANN. 8337

Farbenfabriken Bayer Akt.-Ges., Leverkusen, **Füllen von Leder** mittels wss. Dispersionen von Füllern, die eine Teilchengröße von 0,1—50 μ besitzen (SiO_2, Ca-, Mg-, Al-Silicat, Al_2O_3, Ca-, Mg-Aluminat, TiO_2, Ruß, Fe-Oxidpigmente, Metalltitanate, Chinaerde, Kaolin, Kieselgur, Talcum, Gips, $BaSO_4$, ZnS, Polyvinylchlorid, Vinylmischpolymerisate, Butadien–Styrol-Polymerisate, Cellulose, Stärke u. ihre Derivv., unlösl. Harnstoff–Formaldehyd-Kondensate. Die Behandlung erfolgt in Ggw. in W. lösl. Dispergatoren, welche mit Säuren fällbar sind u. durch Kondens. einer oder mehrerer Carbamide mit CH_2O in nichtsaurem Medium erhalten wurden, welches ein in W. lösl. Salz einer organ. Sulfonsäure enthält. Solche Prodd. werden z. B. hergestellt durch Kondens. von Dicyandiamid mit CH_2O bei einem pH >7, ggf. in Ggw. ein- oder mehrwertiger Alkohole u./oder in W. lösl. Mono- oder Polysaccharide u. oder in W. lösl. Sulfite, wobei vor, während oder nach der Kondens. ein in W. lösl. Salz einer organ. Sulfonsäure, bes. dinaphthylmethandisulfonsaures Na zugesetzt u. die Kondens. fortgesetzt wird, solange die Prodd. noch in W. lösl. sind. Das Behandlungsgemisch kann 1—90(%), bes. 10—50, Füller enthalten; es wird in einer Menge von 1—30, bes. 3—10, Trockenmasse, bezogen auf das feuchte Leder, angewendet. Nach der Behandlung des Leders hiermit stellt man den pH-Wert durch Zusatz einer Säure oder sauren Verb., z. B. HCl, Sulfonsäuren, $B(OH)_3$, Ameisen-, Essig-, Propion-, Milchsäure, Methan- oder Benzolsulfonsäure, Dinaphthylmethandisulfonsäure, oder eines sauer reagierenden Cr-, Al-, Zr- oder ZrO-Salzes auf <7, bes. 3,5—5,5, ein. Hierdurch werden die Dispergatoren unlösl. u. tragen unter Fixierung der Füller selbst zur Füllung der Leder bei. (**E. P. 832 664** vom 7/5. 1958, ausg. 13/4. 1960. D. Prior. 17/5. 1957.) E. LINDEMANN. 8341

Imperial Chemical Industries Ltd., London, England (Erfinder: Bernard James Habgood und John Francis Wood), **Imprägnieren von Leder** mit Polyäthern in Ggw. polyfunktioneller Isocyanate. — Beispiel: Man imprägniert mit einer Lsg. von 100 (Teilen) Polytetramethylenglykol (Molgew. 2000) in Methyläthylketon, der 100 einer 60/40-Mischung von 2.4-Tolylen u. 2.6-Diisocyanat zugegeben sind u. verdampft das Lösungsmittel. (**E. P. 837 356** vom 22/1. 1958, ausg. 15/6. 1960.) E. DREWS. 8341

Clemencia Giraudier Claramunt, *Enthaaren von Häuten.* (**Aust. P. 224 350** vom 5/7. 1957, ausg. 29/10. 1959. Span. Prior. 7/7. 1956 u. 22/6. 1957. — C. **1960.** 13244 [F. P. 1 178 276].)

VEB Fettchemie, Karl-Marx-Stadt (Erfinder: **Günter Reich,** Freiberg, und **Egon Döring,** Karl-Marx-Stadt), *Herstellung von wasserhaltigen Konzentraten organischer synthetischer Gerbstoffe.* (**D. A. S. 1 121 270** Kl. 28a vom 14/2. 1959, ausg. 4/1. 1962. — C. **1960.** 15969 [D. P. [DDR] 17 838].)

Deutsche Gold- und Silber-Scheideanstalt vormals Roessler, Frankfurt/M., *Gas- und wasserdampfdurchlässiges Kunstleder.* (**Holl. P. 98 699** vom 16/10. 1953, ausg. 15/8. 1961. D. Prior. 25/10. 1952. — C. **1957.** 2640 [F. P. 1 091 060].)

E. I. du Pont de Nemours & Co. (Erfinder: **Alfred Bruce Malmquist**), *Überzogene Gewebe.* (**Aust. P. 224449** vom 13/1. 1958, ausg. 5/11. 1959. A. Prior. 21/3. 1957. — C. **1960.** 9436 [D. A. S. 1 067 771].)

Deutsche Gold- und Silber-Scheideanstalt vormals Roessler, Frankfurt/M., *Versteifungsstoff.* (**Oe.P. 210 321** vom 6/3. 1958, ausg. 25/7. 1960. D. Prior. 9/3. 1957. — C. **1961.** 8899 [F. P. 1 191 924].)

XXIV. Photographie

Die theoretischen Grenzen der photographischen Empfindlichkeit. E. Klein. (J. photogr. Sci. **10.** 26—31. Jan./Febr. 1962. Leverkusen, AGFA AG.) (Engl.)

Vf. gibt einen Überblick über die statist. Theorie der Schwärzungskurve. Form u. Lage des Durchhanges einer „Elementarschwärzungskurve", der charakterist. Kurve einer Emulsion mit einheitlicher Korngröße, wird durch die POISSON-Verteilung der einfallenden Quanten, die Empfindlichkeitsstreuung der Körner u. die Korngrößenverteilung bestimmt. An Beispielen wird gezeigt, wie man Schwärzungskurven berechnen kann. Man gelangt jedoch zu falschen Ergebnissen, wenn man prakt. Schwärzungskurven nur mit den Empfindlichkeitskurven vergleicht. Bei einem Vgl. muß vielmehr die Korngrößenverteilung berücksichtigt werden. Es wird bestätigt, daß es Halogensilberkörner gibt, die nach Absorption von 4 Quanten entwickelbar werden. Die prakt. Empfindlichkeit ließ sich um den Faktor 4—10 erhöhen, wenn es möglich wäre, Emulsionen herzustellen, die ausschließlich Körner enthielten, die nach der Absorption von einem Quant entwickelbar würden. — 9 Literaturhinweise.

W. GÜNTHER. 8604□

Über den Wasser-Effekt II. Hans Arens. (Z. wiss. Photogr., Photophysik Photochem. **56.** 65—70. 1962. Wolfen, VEB Filmfabrik AGFA.) (Dt.) — 1. vgl. C. **1962.** 9583.

Eine unter bestimmten Bedingungen hergestellte photograph. Schicht nimmt an Empfindlichkeit zu, wenn man sie vor dem Belichten 5 Min. in W. badet u. wieder trocknet, um sie dann regulär zu verwenden. Zur Erklärung des „Wassereffekts" wurde angenommen, daß der Empfindlichkeitsgewinn durch ein Zusammentreten der Körner beim Wiedertrocknen der Schicht hervorgerufen wird. Diese Koagulationstheorie wird einer versuchsmäßigen Prüfung unterworfen. Eine Bromjodsilberemulsion (Rezeptangaben vgl. Orig.) wird in einer Verdünnungsreihe mit 5%ig. Gelatine-Lsg. in den Verhältnissen 1:0 bis 1:20 verdünnt. Von diesen Vers.-Emulsionen werden die Schwärzungskurven in unbehandeltem u. mit W. behandeltem Zustand bestimmt. Als quant. Maß für den Wassereffekt wurde einmal die Empfindlichkeitssteigerung bei gleichen Schwärzungen, außerdem die relative Schwärzungserhöhung bei gleicher Belichtungsstufe gewählt. Beide Meßgrößen steigen mit der Verdünnung an, woraus zu schließen ist, daß die Koagulation der Halogensilberkörner beim Trocknungsvorgang zum mindesten allein nicht für den Wassereffekt verantwortlich gemacht werden kann.

W. GÜNTHER. 8604□

Wie kann man die photographische Empfindlichkeit durch den Entwicklungs- und den Kopierprozeß verbessern? P. L. Luyten. (J. photogr. Sci. **10.** 36—39. Jan./Febr. 1962. Antwerpen-Mortsel, Belgien, Gevaert Photo-Producten.) (Engl.)

Es wurden Verss. mit zahlreichen photograph. Entwicklern durchgeführt mit dem Ziel, den Entwickler zu finden, der die höchste Empfindlichkeit aus einer Emulsion herausholt u. der das beste Verhältnis zwischen Empfindlichkeit u. Körnigkeit ergibt. Bei gleichem Kontrast u. gleicher Empfindlichkeit ist die Körnigkeit von den Entw.-Bedingungen unabhängig. Lediglich bei Anwendung langer Entw.-Zeiten wurde eine kleine Abweichung von dieser Regel gefunden. — Die besten Ergebnisse wurden mit einem *Phenidon-Hydrochinon*-Entwickler mit hoher Sulfit-Konz. u. pH 8 erhalten; er liefert ohne Kornvergröberung den niedrigsten Kontrast u. die höchste Empfindlichkeit. Es werden Vgl. zwischen diesem „Gevafin"-Entwickler u. dem ASA-Entwickler angestellt. Ein weiterer Empfindlichkeitsgewinn kann erzielt werden, wenn man das nach diesem Verf. erhaltene relativ kontrastarme Negativ auf ein härteres Papier kopiert.

W. GÜNTHER. 8604□

Über die Möglichkeit zur Erhöhung des Sensibilisierungseffektes. S. V. Natanson. (J. photogr. Sci. **10.** 9—14. Jan./Febr. 1962.) (Engl.)

Vf. kann zeigen, daß die relative Quantenausbeute bei der Sensibilisierung photograph. Emulsionen durch zahlreiche *Polymethinfarbstoffe* sowohl bas. als auch saurer Natur erheblich verbessert werden kann, wenn man den Überschuß an Bromidionen in der Emulsion weitgehend eleminiert. Den gleichen Effekt erreicht man durch Zugabe einiger anion. oder anderer oberflächenakt. Substanzen. Es wird dadurch eine höhere Allgemein- u. eine intensivere Spektralempfindlichkeit erzielt. Der Effekt wird durch die Annahme einer besseren Energieübertragung durch den Sensibilisierungsfarbstoff erklärt. — 26 Literaturhinweise. W. GÜNTHER. 8604□

Hurters Theorie über die Charakteristik photographischer Materialien. C. Candler. (Z. wiss. Photogr., Photophysik Photochem. **56.** 16—54. 1962. Adelaide, South Australian Inst. of Technol.) (Engl.)

HURTER nahm an, daß die Schwärzungskurve als Charakteristik einer photograph. Schicht durch vier Parameter bestimmt ist. Einer von diesen, HURTERS „Opazität vor der Entw.", bestimmt die Dicke der Schicht. Ein zweiter tritt als Multiplikator der Belichtung auf u. bestimmt die Lage der Schwärzungskurve zur log E-Achse, nicht jedoch ihre Steilheit. HURTER nennt sie „die Energie, die benötigt wird, ein Bromsilberkorn in den Zustand der Entwickelbarkeit zu versetzen". Sein reziproker Wert, der Rk.-Querschnitt (s) des Halogensilberkristalls würde besser unserer heutigen Auffassung entsprechen. Bei sehr geringen Schwärzungen, bei denen man die Absorption vernachlässigen kann, gilt folgende Gleichung für die Abhängigkeit der Dichte von der Belichtung: $D = kE^P$, wobei P „die Anzahl der Photonen genannt" wird, heute besser definiert als die Anzahl von Photonen, die ein Entw.-Zentrum bilden. HURTER erkannte die Wichtigkeit dieses Exponenten; auf Grund fehlerhafter Verss. glaubte er, P sei gleich 1; deswegen ließ er den Exponent bei der Gleichung weg. Ein weiterer Parameter ist das Verhältnis des Absorptionsquerschnittes des Halogensilberkristalls vor u. nach der Entwicklung. Die verbesserte Differentialgleichung HURTERS, die für eine so dicke Emulsion anwendbar ist, daß kein Licht aus der rückseitigen Oberfläche herausfällt, lautet: $K(dD/dE) = e^{-PKD} \cdot (sE)^{P-1}$. Die natürliche Schwärzung D ist gleich ln(1/T). Nach Integration entsteht die Gleichung der Schwärzungskurve in der Form $(sE)^P = e^{PKD} - 1$. Verss. haben gezeigt, daß die Gleichung für eine Einkornschicht $(sE)^P = n/(1-n)$ lautet, wo n der Bruchteil der Kristalle ist, die nach der Belichtung E entwickelt werden. Wenn man nach der Tiefe integriert, so entsteht die Gleichung der dicken Emulsion in der HURTERschen Form. Vorausgesetzt, daß die Belichtung mit der Tiefe exponentiell abnimmt, ist die Integration nach der Tiefe ein einfaches mathemat. Verfahren. Die HURTER-Gleichung erklärt die beiden empir. Gesetzmäßigkeiten von HURTER u. DRIFFIELD: die Invarianz der Inertia u. der Gradation mit der Entw., vorausgesetzt, daß drei Parameter konst. bleiben u. nur K sich ändert. Die HURTER-Gleichung einer dicken Emulsion beschreibt die monochromat. Merkmale aller Schichten, die in der Spektralanalyse von 214—809 mμ gebraucht werden mit einem P zwischen 1,5 u. 3,5. Sie beschreibt auch die Eigg. der Schichten, die mit 50-kV-Elektronen bestrahlt werden, mit einem P zwischen 0,6 u. 1,3. Die Gleichung für Einkornschichten beschreibt nicht nur die Keimzahlen, wie sie im sichtbaren Licht entstehen, sondern auch die Eigg. der SCHUMANN-Platten von 197—480 mμ u. von Schichten, die mit Röntgenstrahlen belichtet werden. Daher scheint der diatomare Mechanismus für alle elektromagnet. Strahlen gültig zu sein. — Literaturhinweise. W. GÜNTHER. 8604□

Die Gradation und Inertia von Hurter und Driffield. C. Candler. (Z. wiss. Photogr., Photophysik Photochem. **56.** 55—64. 1962. Adelaide, South Australian Inst. of Technol.) (Engl.)

Die Gesetze von HURTER u. DRIFFIELD über die Gradation u. Inertia wurden aus der Gleichung von CHANNON: $KD = f(E) - f(E/R)$ abgeleitet. f(E) ist bestimmt für den Augenblick der Belichtung, u. nur der Entw.-Faktor von CHANNON K ändert sich während der Entwicklung. R gibt das Verhältnis zwischen Belichtung der Oberfläche u. Rückseite der Schicht an. Wenn die HURTER-Gleichung $(sE)^P - e^{KPD} - 1$ für eine dicke Emulsionsschicht gilt, ändert sich bei einer Schwärzungskurve, die durch monochromat. Licht entsteht, die Photonenzahl u. der Rk.-Querschnitt s mit der Entw. nicht, vorausgesetzt, daß der Entwickler „gut ausgeglichen" ist. Verss., um diese Voraussagen zu prüfen, werden diskutiert. — 17 Literaturhinweise. W. GÜNTHER. 8604□

Der spektroskopische Nachweis einer Methylenblau-Silberhalogenidwechselwirkung. Ein Beitrag zur Deutung der photographischen Desensibilisierung. Siegfried Dähne. (Z. wiss. Photogr., Photophysik Photochem. **56.** 71—78. 1962. Berlin, Deutsche Akad. der Wissenschaften, Inst. für Optik u. Spektroskopie.) (Dt.)

Methylenblau findet wie die verwandten Farbstoffe der Phenazinreihe als Desensibilisator für photograph. Emulsionen keine Verw., weil es eine stark schleiernde Wrkg. zeigt. Sensitometr. u. spektroskop. Messungen an mit Methylenblau desensibilisierten Halogensilberemulsionen ergaben, daß nur die monomeren Farbstoffadsorbate desensibilisieren, während die dimeren Adsorbate für die Schleier-Bldg. verantwortlich sind. Außerdem entsteht in den sichtbaren Spektren des auf Halogensilber adsorbierten Farbstoffes bei geringen Belegungsdichten neben der Monomerbande eine neue Absorptionsbande bei 717 nm, die einer LEWIS-Säureblockierung des Thiazinstickstoffs durch die Ag-Ionen zugeordnet werden kann. Diese Ergebnisse werden mit der Annahme gedeutet, daß bei der Desensibilisierung der Weg eines Photoelektrons vom Halogensilber über die Dimethylaminostickstoffatome zum Farbstoffrumpf führt, wo das Elektron unter Semichinon-Bldg. verbraucht wird. — 5 Literaturhinweise.

W. GÜNTHER. 8606□

Das photographische Verhalten von Nucleinsäuren und einigen ihrer Abbauprodukte. P. Bassignana, G. B. Tagliafico, L. Valbusa und F. Pocchiari. (J. photogr. Sci. **10.** 50—56. Jan./Febr. 1962. Ferrania, Italien, Ferrania S.p.A.) (Engl.)

In photograph. Gelatinen vorkommende Nucleinsäuren u. Purinbasen wirken als Hemmstoffe bei der Reifung von Halogensilberemulsionen. Es wurden folgende Verbb. in Konzz. von 0,37, 0,74 u. 1,48 mMol auf 100 g Gelatine zugegeben: *Adenin, Guanin, Xanthin, Hypoxanthin, Theobromin, Harnsäure, Theophyllin, Coffein, Histidin, Histamin, Arginin, Hydantoin, Benzimidazol, Kreatinin, Thymin, Cytosin, Adenosin, Adenosin-5-monophosphorsäure, Adenosin-5-diphosphorsäure, Adenosin-5-triphosphorsäure* u. *Desoxyribonucleinsäure.* Nach weiterer Zugabe von 4 mg $Na_2S_2O_3 \cdot 5\,H_2O$ auf obige 100 g Gelatine wurden Trübungsmessungen nach AMMAN-BRASS durchgeführt. Parallel hierzu wurden Vers.-Emulsionen mit den gleichen Zusätzen hergestellt u. nach dem Entwickeln sensitometr. ausgewertet. — Es wurden folgende Beobachtungen gemacht: Nur *Adenin, Guanin, Xanthin, Hypoxanthin* u. *Desoxyribonucleinsäure* wirken bei der Emulsionsreifung als Hemmkörper. Die Hemmwrkg. nimmt in der angegebenen Reihenfolge von Adenin bis Hypoxanthin ab. Sie wird erklärt durch die Fähigkeit dieser Verbb., eine Lactim–Lactam-Tautomerie zu geben. — 10 Literaturhinweise.

W. GÜNTHER. 8610□

Halbtonreproduktionen auf Diazomaterialien. R. Landau. (J. photogr. Sci. **10.** 32—35. Jan./Febr. 1962. Loughton, Essex, Ozalid Comp.) (Engl.)

Die charakterist. Kurve von Diazopapieren besitzt nur einen geringen Durchhang u. steigt unmittelbar zu maximalem Kontrast auf, so daß Halbtonkopien auf diesem Material nicht befriedigen. Es wird gezeigt, daß die Verw. von Diazopapieren als Kopiermaterial möglich ist, wenn man dabei nach den in der Reproduktionstechnik angewandten Raster-Verff. arbeitet u. das Rasternegativ auf den ultraharten Filmen des „Lith-Typs“ herstellt u. zum Kopieren verwendet. Es werden Hinweise zur Entw. von diesen Rastermaterialien gegeben. W. GÜNTHER. 8624□

Ein Verfahren zur Bestimmung der Belichtungszeit für Luftbildaufnahmen Ulrich Zeth. (Z. wiss. Photogr., Photophysik Photochem. **56.** 1—15. 1962. Jena, VEB Carl Zeiss.) (Dt.)

Bei der Erprobung der von ZEISS-Jena neu entwickelten Luftbildmeßkammer MRB 21/1818 wird zur Belichtungsmessung ein Verf. angewandt, bei dem die Objekthelligkeit mit Hilfe eines Luxmeters durch das opt. Syst. des Steuergerätes hindurch bestimmt wird. Für die am Luxmeter angezeigten Skalenteile kann man einem Nomogramm, das auf Grund von Testaufnahmen aufgestellt wurde, die verschiedenen Filmempfindlichkeiten zugehörigen Belichtungszeiten entnehmen. — Um zu einer optimalen Schwärzungsverteilung im Negativ zu kommen, wurden vor der Auswertung der Testaufnahmen grundsätzliche Überlegungen u. Unterss. über die Lichtverteilung in der Bildebene, über das Emulsionsauflösungsvermögen u. des sich daraus ergebenden nutzbaren Schwärzungsbereiches u. Belichtungsspielraumes sowie des normalerweise auftretenden Objekthelligkeitsumfangs angestellt. — 4 Literaturhinweise.

W. GÜNTHER. 8662□

Polaroid Corp., übert. von: Edwin Land, Cambridge, Mass., V.St.A., **Gleichzeitiges Entwickeln, auch Farbentwickeln von mindestens zwei auf einem Träger befindlichen lichtempfindlichen Schichten.** Mindestens 2 fl. Entwickler, die sich in zerbrechlichen Behältern, bes. aus plast. Material, befinden, werden zusammen mit einer starren Platte zwischen die beiden belichteten lichtempfindlichen Schichten eingeführt. Dann werden die folienförmigen Träger mit diesen Schichten zusammen mit der starren Platte zwischen einem Paar Druckwalzen hindurchgeführt, wobei die Gefäße, die den Entwickler enthalten, zerbrechen u. sich der Entwickler zwischen je einer der belichteten Schichten u. der starren Platte in dünner Schicht ausbreitet. Nach einiger Zeit wird die starre Platte herausgezogen. Diese Art der Entw. dient auch für das Silbersalzdiffusionsübertragungsverfahren. Für diesen Zweck enthält jede der beiden mit lichtempfindlichen Schichten versehenen Folien noch eine das Positivbild aufnehmende Schicht, die sich zwischen der lichtempfindlichen Schicht u. dem Schichtträger befindet. — Abbildungen. (**A. P. 2 977 226** vom 9/10. 1956, ausg. 28/3. 1961.) E. Fuchs. 8631

VEB Filmfabrik Agfa Wolfen, Wolfen (Erfinder: Lew Polakow, Warschau, Polen), **Stabilisierung photographischer Farbbilder.** Farbbilder, die aus Farbkupplern bei der farbigen Entw. mit Hilfe von aromat. Amino-Verbb. als Entwicklersubstanz hergestellt sind, werden nach der Bleichung, Fixierung u. Wässerung mit wss. Lsgg. von Cu-, Mn-, U-, Ni- oder Pb-Salzen behandelt u. nach evtl. Waschen getrocknet. Die Bilder werden hierdurch bes. gegenüber klimat. Einw. beständig. (**D. A. S. 1 119 667** Kl. 57b vom 2/3. 1961, ausg. 14/12. 1961. Pol. Prior. 25/3. 1960.) E. Fuchs. 8631

N. V. Philips' Gloeilampenfabrieken, Eindhoven, Holland, **Optisches Kopieren von Tonbildfilmen.** Auf einem Positivfilm, dessen Emulsion nicht angefärbt ist, wird der Tonteil mit UV-Strahlen, bes. monochromat. Strahlen, u. der Bildteil mit anderer Lichtart, bes. mit weißem Licht, kopiert. — 2 Abbildungen. (**D. B. P. 975 133** Kl. 57b vom 30/10. 1929, ausg. 24/8. 1961. A. Prior. 29/10. 1928. Anmeldung bekanntgemacht 28/1. 1937.) E. Fuchs. 8631

Renker-Belipa G.m.b.H. (Erfinder: Hans Schmitz), Düren, **Lichtempfindliches Leinen.** Vor dem Auftragen der lichtempfindlichen Diazo-Lsg. wird auf das Leinen in einer Schichtdicke von ca. 2—7 g je m^2 eine dünne Zwischenschicht aus Polyamid-Mischkondens.-Prodd. (Kondens.-Prodd. aus adipinsaurem Hexamethylendiamin, ε-Caprolactam u. einem Diamin) aufgetragen. Die Haftfestigkeit dieser Zwischenschicht wird durch Zusatz von Harzen (Harnstoff–Formaldehyd-Harzen, Polyvinylacetaten, -acetalen oder Äthylcellulose) geregelt. Vor Aufstrich der Polyamidschicht kann das Leinen auf der nicht zu sensibilisierenden Seite noch mit einem Vorstrich aus Natur- oder Kunstharzen sowie sonstigen Kunststoffen versehen werden. (**D. B. P. 975 031** Kl. 57b vom 1/4. 1955, ausg. 13/7. 1961. Anmeldung bekanntgemacht 29/11. 1956.) E. Fuchs. 8647

Agfa Akt.-Ges., Leverkusen, *Filmhaftschichten aus Polycarbonaten.* (**E. P. 862 205** vom 27/3. 1958, ausg. 1/3. 1961. D. Prior. 29/3. 1957. — C. **1959.** 12741 [D. A. S. 1 055 949].)

Polychrome Corp., New York, N.Y., V.St.A., *Fixierung von Übertragungsbildern auf lithographischen Platten.* (**E. P. 863 311** vom 17/6. 1957, ausg. 22/3. 1961. A. Prior. 13/7. 1956. Zusatz zu E. P. 824 174; C. 1962. 7767. — C. **1960.** 15280 [F. P. 1 179 536].)

Kodak Soc. An., Brüssel, Belgien, *Beizen für Farbstoffe in photographischen Schichten.* (**Belg. P. 553 517** vom 18/12. 1956, ausg. 15/1. 1960. A. Prior. 19/12. 1955. — C. **1961.** 2158 [F. P. 1 168 210].)

Kodak Ltd., London, England, übert. von: **Cornelius Charles Unruh, Gerhard Walter Leubner** und **Albert Charles Smith jun.**, *Herstellung von lichtempfindlichen Polymeren für photomechanische Druckerei.* (**E. P. 843 545** vom 30/7. 1956, ausg. 4/8. 1960. A. Prior. 29/7. 1955. — C. **1960.** 6028 [A. P. 2 861 058].)

Redaktionsschluss: 1. Juni 1962

Herausgeber: Prof. Dr. Heinrich Bertsch, Berlin, u. Prof. Dr. Dr. h. c. Wilhelm Klemm, Münster. Chefredakteure und verantwortlich für den Inhalt: Dr. Eugen Klever, Berlin W 30, Geisbergstraße 39, Fernsprecher: 24 95 41, u. Dr. Willi Barz, Berlin N 4, Schiffbauerdamm 19, Fernsprecher: 42 55 71.

Verlag: Akademie-Verlag GmbH, Berlin W 8, Leipziger Str. 3—4 (Fernsprecher: 22 04 41, Telex-Nr. 011773, Postscheckkonto Berlin 35021), und Verlag Chemie, GmbH, Weinheim/Bergstr. (Fernsprecher: Weinheim 3635 [Sammelnummer]; Fernschreiber: 0465516 chemieverlwnh; Postscheckkonten: Frankfurt/M. 145314 u. Berlin [West] 7430). Bestellnummer: 1007/133. Das Chemische Zentralblatt erscheint wöchentlich. Preis des Jahrganges einschl. Autoren-, Patent-, Sach- u. Formelregister: DM 1200,—; einseitig bedruckte Ausgabe: DM 1350,—. Abgabe der Zeitschrift nur mit sämtlichen Registern. Abbestellungen nur bis spätestens 6 Wochen vor Ablauf des Kalenderjahres.

Satz u. Druck: VEB Leipziger Druckhaus, Leipzig, III/18/203. VIII. 62.
Veröffentlicht unter der Lizenznummer ZLN 5002 des Ministeriums für Kultur, Hauptverwaltung Verlagswesen.
Printed in Germany.

MIX
Papier | Fördert gute Waldnutzung
FSC® C083411

Kolibri 360 GmbH
Ferdinand-Jühlke-Straße 7
99095 Erfurt, Deutschland
produktsicherheit@kolibri360.de